自然科学のための
はかる百科

渥美茂明　尾関　徹　越桐國雄　関　隆晴
西村年晴　松村京子　横井邦彦
［編］

丸善出版

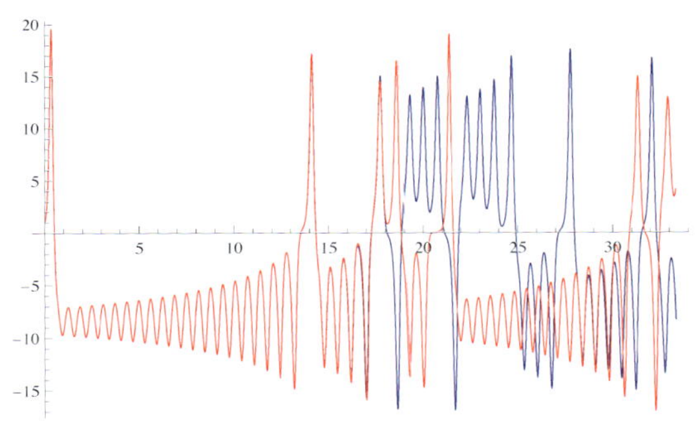

口絵 1　$x(t)$ の時間的な変化（カオス）

本文（145 ページ，図 24）

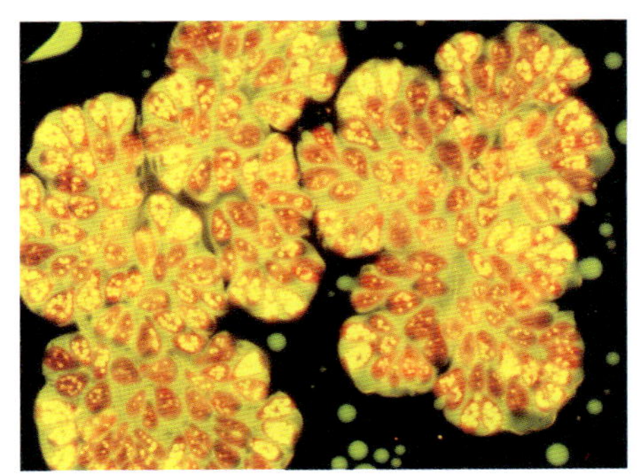

口絵 2　*Botryococcus braunii* のオイルボディ

ナイルレッド染色で脂質が黄色く染まる。赤は葉緑体の一次蛍光。

（本文 296 ページ，図 9）

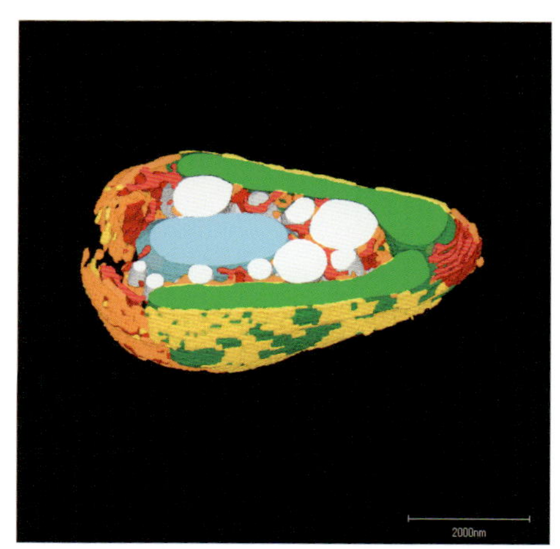

口絵3　透過型電子顕微鏡の連続切片法による *Botryococcus braunii* の立体構築

小胞体系（両面にリボソームを付けた領域：赤，片面にのみリボソームを付けた領域：橙，リボソームを付着していない領域：黄色），核：水色，オイルボディ：白，葉緑体：黄緑。

（本文298ページ，図11）

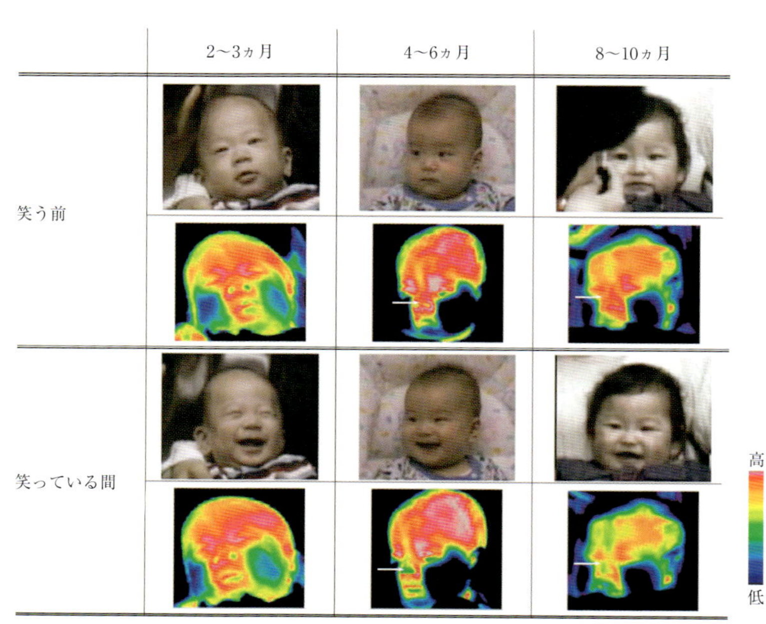

口絵4　乳児の快情動時のサーモグラム

（本文496ページ，図3）

まえがき

私たちは日常生活の中で生じた現象を理解しようとするとき，視覚，聴覚，嗅覚，味覚，触覚のいわゆる五感を使います。五感だけでは十分に理解できないときには，様々な道具を新しく開発して使います。また，五感は個人的な感覚なので，それを他の人と共有するためには，適当な道具を使って数値化したり，グラフ化したりする必要があります。このように，現象を客観的に理解できる形に数値化したり，グラフ化したりすることを，私たちは「はかる」と呼びます。「はかる」ことを日常で意識することは少ないかもしれませんが，私たちが社会生活を営む上で常に行っていることです。この本では，日ごろ縁の下に隠れている「はかる」ことにスポットライトをあてて，自然科学全般で，どのような現象が「どのようにはかられているか」を一冊の本にしました。

この本の第Ⅰ部第1章では，科学者とよばれる人たちが「はかる」努力を積み重ねてきた結果，様々な理解がなされた歴史を，いくつかの科学的分野におけるキーポイントで振り返ってみます。

第Ⅰ部第2章では「はかる」ことによって見えてきた宇宙における人が，どこまで人と人の周りの世界を理解することができるようになったのかを垣間見てみます。

そして，第Ⅱ部では自然科学の様々な分野で，どのようにはかられ，どこまで理解できているのかということを，各章に分けて解説します。

各分野での編集の基本的な考え方は以下の通りです。

物理では，様々な科学の分野で「はかる」ことの基礎になっているのが，物理法則に基づく測定原理とそれを応用した測定装置であることをわかりやすく説明します。「はかる」ための基準となる基本的な物理量の測定精度が高まったため，2018年ごろには国際単位系における基本単位の定義の大幅な改訂が行われる予定です。人間が，素粒子から宇宙にいたるスケールの現象を「はかる」ことで世界の全体像を理解してきたことの一端をお伝えします。

化学は物質認識の学問ですが，物質には，鉱物由来の無機物質から，生物由来の有機物質，はたまた，自然にはない物質を新たに創造した新機能性物質まで，さまざまな物質があります。化学では，歴史的に，それらの物質を物理的な方法や化学的な方法を駆使して分類してきました。しかし，沈殿反応などによる金属イオンの分属や有機化合物の官能基の化学反応による検出は，ほとんど，教育的な学生実験でしか行われないものになり，一方，指紋判定で人を特定できるように，質量分析器やNMRなどとコンピュータを用いると，化合物の組成や構造が簡便かつ迅速に判定できる時代になってきました。この本では，物質をはかり認識する基本から最先端の実例まで紹介します。

生物では，生命現象を解明するために，分子レベル，細胞レベル，個体レベル，生態系レベルといった各階層に応じて「はかる」ことを通し，生物の形，代謝（光合成や呼吸など），増殖，進化，適応などの現象を理解することを目指しています。生き物とは何か，生命とは何か。人は生き物の存在をさまざまに説明してきました。この本では，モダニズムとともに神秘的な力への依存を脱却し，まずは，生き物の形や組成を客観的にはかる方法を説明します。また，近年，科学の発展に支えられ，生命現象をはかり，子が親に似る仕組み（遺伝）や，新しい生き物が出現する仕組み（進化）がわかってきました。そこで，生き物の形から機能や生き物間の相互作用まで，分子の言葉ではかり，記述することができることを紹介します。

地学では，宇宙，地球の大気圏と水圏，および固体地球の三つに大別して記述します。星の高さや位置関係，気温・気圧・降水量などの気象要素，地層の厚さや鉱物の大きさなどをはかることから，さらには，実際に手に取ってみることのできない遠い星の温度・成分やそこまでの距離，あるいは地球の質量・大きさ・形などをどのようにして「はかって」いるのか，実に巧妙な考え方を楽しんでいただきたいと思います。固体地球に関する分野では，これまでは観察による分類が主体で数値にすることがそれほど多くはなかったのですが，最近の各種機器の進歩により緩やかな地殻変動すらはかれるようになり，気候変動のリズムまでも理解できるようになったことも紹介します。また，近年とみに多くなった自然災害についても解説します。

人と生活では，生物としてのヒトではなく，人としての「からだ」と「こころ」，「人を取り巻く環境」を取り上げます。病気の予防と治療のために「からだ」の状態や働きを，自分や他者の感情や思考を知り人とかかわるために「こころ」を，健康で快適な生活を整えるために生活環境を「はかり」ます。人間の脳や心理など，今までにできなかった様々な「はかる」方法が開発されています。本書では，それらの最新の方法を紹介します。

私たちは，この本の読者として，中学校ならびに高等学校の先生，高校生，低学年の大学生を想定することにしました。今は簡単に学校教育で教えていることでも，そのような理解に到達するまでには自然科学における多くの先人の様々な研究と議論があったことを，身近に感じていただきたいと思います。そして，自然科学の様々な分野で今も「はかる」ことが繰り広げられていることに思いを馳せていただければ幸いです。

本書を編集するに当たり，丸善企画・編集部の安平進氏，中村俊司氏には，本書の企画のスタート時点から多大なご支援とご協力をいただきました。この場をお借りして感謝いたします。

2016 年　初秋

編集委員一同

編集委員一覧

執筆者一覧

第Ⅰ部　総　論

第１章　自然認識の歴史

編　集　委　員

第２章　「はかる」ことからみえてきた宇宙における人

編　集　委　員

第Ⅱ部　各　論

第１章　物　理

安　積　典　子　　大阪教育大学
石　原　　　諭　　兵庫教育大学
沖　花　　　彰　　京都教育大学
川　越　　　毅　　大阪教育大学
喜　綿　洋　人　　大阪教育大学
越　桐　國　雄　　大阪教育大学
鈴　木　康　文　　大阪教育大学
谷　口　和　成　　京都教育大学
辻　岡　　　強　　大阪教育大学
中　田　博　保　　大阪教育大学名誉教授
中　村　元　彦　　奈良教育大学
難　波　孝　夫　　神戸大学名誉教授
庭　瀬　敬　右　　兵庫教育大学
萩　原　　　亮　　京都工芸繊維大学電気電子工学系
松　山　豊　樹　　奈良教育大学

第2章　化　学

大堺利行　神戸大学大学院理学研究科
岡　勝仁　大阪府立大学名誉教授
小川信明　秋田大学理事・総括副学長
尾関　徹　兵庫教育大学
梶原　篤　奈良教育大学
加納健司　京都大学大学院農学研究科
神鳥和彦　大阪教育大学
紀本岳志　紀本電子工業株式会社
久保埜公二　大阪教育大学
小和田善之　兵庫教育大学
谷　敬太　大阪教育大学
中田隆二　福井大学教育学部
西脇永敏　高知工科大学環境理工学群
樋上照男　信州大学理学部
向井　浩　京都教育大学
文珠四郎秀昭　高エネルギー加速器研究機構放射線科学センター
山口忠承　兵庫教育大学
横井邦彦　大阪教育大学

第3章　生　物

猪飼　篤　東京工業大学名誉教授
大西純一　埼玉大学大学院理工学研究科
大西武雄　奈良県立医科大学名誉教授
笠原　恵　兵庫教育大学
河田雅圭　東北大学大学院生命科学研究科
川村三志夫　大阪教育大学
柴田英昭　北海道大学北方生物圏フィールド科学センター
嶋田正和　東京大学大学院総合文化研究科
関　隆晴　大阪教育大学名誉教授
豊田ふみよ　奈良県立医科大学
野口哲子　奈良女子大学名誉教授
宮下　直　東京大学大学院農学生命科学研究科
米澤義彦　鳴門教育大学名誉教授

和田野　　晃　大阪府立大学名誉教授

第4章　地　学

小　西　啓　之　大阪教育大学
定　金　晃　三　大阪教育大学名誉教授
竹　村　厚　司　兵庫教育大学
竹　村　静　夫　兵庫教育大学
西　村　年　晴　兵庫教育大学名誉教授

第5章　人と生活

勝　野　眞　吾　岐阜薬科大学名誉教授
香　山　雪　彦　福島県立医科大学名誉教授
川　西　尋　子　元畿央大学
岸　田　恵　津　兵庫教育大学
鬼　頭　英　明　法政大学スポーツ健康学部
鳴　原　良　仁　University College London，Wellcome Trust Centre for Neuroimaging
高　橋　佳　代　理化学研究所ライフサイエンス技術基盤研究センター
中　岡　義　介　兵庫教育大学名誉教授
福　田　光　完　兵庫教育大学
冨士田　亮　子　岡山大学名誉教授
細　野　剛　良　大阪電気通信大学医療福祉工学部
前　田　智　子　兵庫教育大学
松　村　京　子　兵庫教育大学
松　村　　　潔　大阪工業大学工学部
水　野　　　敬　理化学研究所ライフサイエンス技術基盤研究センター
山　本　　　隆　畿央大学健康科学部

(2016年7月現在，五十音順)

目　次

（より詳しい目次は各章の扉参照）

ギリシャ文字

大文字	小文字	読み	大文字	小文字	読み
Α	α	アルファ	Ν	ν	ニュー
Β	β	ベータ	Ξ	ξ	グザイ
Γ	γ	ガンマ	Ο	o	オミクロン
Δ	δ	デルタ	Π	π	パイ
Ε	ε	イプシロン	Ρ	ρ	ロー
Ζ	ζ	ゼータ	Σ	σ	シグマ
Η	η	イータ	Τ	τ	タウ
Θ	θ	シータ	Υ	υ	ウプシロン
Ι	ι	イオタ	Φ	ϕ，φ	ファイ
Κ	κ	カッパ	Χ	χ	カイ
Λ	λ	ラムダ	Ψ	ψ	プサイ
Μ	μ	ミュー	Ω	ω	オメガ

第 I 部

総　　論

第 1 章　自然認識の歴史

1.1　はじめに

人類は「はかる」ことによって世界を認識してきました。しかし「自然認識の歴史」は決して簡単なものではなく，古くはエジプト・ギリシャ時代から，実質的にはルネッサンス以降（16世紀以降）多くの科学者によって，いろいろな解釈が提案され，大論争を繰り返し，それを修正して，「もっとも確からしい」と大多数の科学者が納得できるような説明に落ち着いてきたのです。科学史をひも解くと，大科学者とよばれた人が間違った解釈に固執し，それを覆すのに何十年という時間がかかったこともありました。しかし，真摯に現象を観察する態度が自然をより正しく理解し，物質世界を説明するうえで非常に重要な役割を果たしてきました。「自然を真摯に観察すること」それが，本書の主題である「はかること」なのです。それでは，「自然認識の歴史」の過程を一緒に見ていくことにしましょう。

1.2　宇宙と地球の認識

1.2.1　宇宙像

米国の天文学者 E. P. Hubble（ハッブル，1889－1953）は地球と星の距離を「はかる」ことで，アンドロメダ星雲がわれわれの天の川銀河の外にある，すなわちアンドロメダ銀河とよぶべきものであることを発見しました。その後，様々な銀河の距離と動きを「はかる」中で，近くの銀河を除くと，すべての銀河が地球から遠ざかっており，その速さは遠いものほど速いことがわかったのです。このことより，ハッブルは「宇宙は一様に膨張している」と主張しました。天才物理学者といわれた A. Einstein（アインシュタイン，1879－1955）でさえ「宇宙の物質分布は一様であり，静止している」と信じていたのですから，ハッブルの発見は驚くべきものでした。一方，宇宙の年齢はハッブルの結果から導き出されますが，当時の値は約20億年程度で，地球上の岩石の年齢よりも若いことから，宇宙が膨張するという考え方はすぐに一般に受け入れられたわけではありませんでした。その後，ハッブルと同じ方法で測定した多くの研究者の結果や他の研究結果から，現在では宇宙年齢は138億年とされています。

次には，宇宙からの電波がはかられました。電波天文学では電波の波長と絶対温度を関連づけますが，その結果，宇宙の絶対温度が3K（ケルビン），摂氏 －270度（－270℃）であることが示されました。また，ビッグバンの瞬間の温度である10^{32} Kから，宇宙は膨張の結果冷却され，数Kになるという理論と一致しました。この結果は宇宙背景放射として理解され，ビッグバンの直接的な証拠とされています。Aristoteles（アリストテレス，紀元前384－前322）は「宇宙には始まりも終わりもない」と考えましたが，Galileo Galilei（ガリレオ・ガリレイ，1564－1642）の用いた望遠鏡をはじめ様々な望遠鏡が開発，大型化され，宇宙を「はかる」ことができたことで，現在のわれわれの宇宙像が成立しています（第Ⅱ部4.1参照）。

1.2.2　地球像

a.　地球の年齢

地球は約46億年前に生まれたことになっていますが，地球の年齢を最初に科学的に推定したのは，18世紀のフランスの G.L.de Buffon（ビュフォン，1707－1788）です。地球が太陽からちぎれ，冷えることでできたと考えた彼は，様々な材質，大きさの玉を加熱し，冷却するのに必要な時間をはかりました。その結果，地球は74800年前に生まれたと推定しました。その後，19世紀の半ばにイギリスのW. Thomson (Load Kelvin)（トムソン（ケルビン卿），1824－1907）は，重力的収縮が地球の熱源であり，それに太陽の熱を加味し1200℃の球が0℃にまで冷えるのに2000～4000万年を要すると結論しました。この計算は熱物性を計測した結果に基づくものでしたが，地質学者は侵食作用や海水中の塩分濃度をはかることで地球の年齢を推定し反論しました。しかし1億年を越える値は導かれず，19世紀の終わる頃まで標準値として用いられました。

その後，20世紀の初めに放射性同位体を用いる年代測定法が開発され，ウラン－ラジウム－鉛の崩壊系列より，岩石の年齢が10億年以上であることがわかりました。さらには，鉛の同位体の存在比の測定，カリウム，ルビジウム，サマリウムなどの崩壊を利用した年代測定法が開発されました。今では，地球上で最古の岩石の年齢は約38億年とされています。ただ，岩石は地球の大地ができた後のものなので，地球自身はそれ以前に形があったと考えられ，地球の年齢を直接求めるための試料とはいえません。そこで，隕石が用いられました。地球に落ちてきた各種の隕石の年代の平均は約45.5億年と求められています。さらには，月から持ち帰った岩石試料の年代をはかると，最古のものが約46億年前であることがわかったのです。これらのことより，地球の年齢は約46億年であると考えられています（第Ⅱ部4.7参照）。

b. 地球の大きさ

さて，46億年前に地球が生まれましたが，地球が球形であることは，古代でも月食のときに見られる地球の影の輪郭が湾曲していることや，星の現れる様子などから推定されていました。その大きさについて最初にはかったのは，紀元前3世紀のEratosthenes（エラトステネス，紀元前276頃－前194頃）とされています。彼は夏至のときに太陽が南エジプトのシエネでは正午に天頂を通り，地上に垂直に立てた棒はほとんど影をつくらないが，アレキサンドリアでは影をつくることから影の長さをはかり，地球を球形とした場合に地球の中心とシエネを結ぶ直線と，地球の中心とアレキサンドリアを結ぶ直線のなす角度が7.2°であることがわかりました。次に，シエネとアレキサンドリアが同じ子午線上にあると考えると，その2点の距離をはかり，360/7.2をかけると地球の円周が約46000 kmと求まりました。現在知られている距離は約40000 kmなので，少し誤差があるとはいうものの，紀元前の昔に，これほどまで正確に地球の大きさがはかられていたのは驚くべきことです。その後，17世紀のフランスでも原理的にはエラトステネスと同様な方法で子午線1°分の距離がはかられ，これを360倍して子午線の全長が推定されました。

一方，周期をはかることを利用した振り子時計の示す時刻が，緯度が大きく異なる地点では異なることがわかり，地球が完全な球形ではなく，赤道付近でふくらんでいる楕円形（回転楕円体）であるとの考え方が現れました。その後，I. Newton（ニュートン，1642－1727）やC. Huygens（ホイヘンス，1629－1695）などの研究を経て，現在では地球の偏平率（赤道半径＝長径と極半径＝短径との差を赤道半径で割った値）は約1/298であることがわかっています（第Ⅱ部4.3参照）。

c. 大陸移動説

さて，回転楕円体の地球の大陸上にわれわれは住んでいます。この大陸について少し考えてみましょう。1915年にA. L. Wegener（ヴェーゲナー，1880－1930）は南アメリカの東海岸とアフリカの西海岸の形および両海岸の岩石が大変よく似ていることに気付き，大昔はこの二つの大陸が分かれることなく，一つの超大陸をつくっており，その後，分裂と移動をつづけて現在の形になったのではないかと考えました。これが大陸移動説です。当時は，なぜ大陸が移動するのかについての理由が明らかではなかったために，いつしか話題にされることがなくなりましたが，地球磁場をはかることからこの考えが再び注目されました。

地球は磁石としてふるまいN極とS極がありますが，この二つの極が太古の昔から存在するという前提で，年代のわかっている岩石の磁場をはかると，その岩石ができた当時の地球の磁極の位置を決めることができます。この作業により，磁極の位置が年代に応じて変化していたことがわかりました。一方，北アメリカ大陸から見つかった岩石を用いて描かれた磁極の移動曲線は，ヨーロッパ大陸の岩石によるものと一致しませんでした。時代が同じであれば磁極の位置が同じはずですから，これは不思議な問題です。ところが，アメリカ大陸とアフリカ大陸との海岸線が接するように回転させると，上記の二つの磁極移動曲線が大部分重なることがわかったのです。また，大西洋の底にある中央海嶺からつくり出される海洋底から採取された岩石の年代を測定すると，両大陸のものよりずっと新しいことがわかりました。今では，中央海嶺で生まれる海洋地殻は巨大なプレートとなり，その上に乗っている大陸も移動すると考えられています。

d.　地球の内部

さて，われわれが見ることのできない地球の内部はどのようにして「はかる」のでしょうか。18〜19世紀では重力をはかることに基づいた密度分布の測定がしばしば行われました。その後，海の干満を調査する際に時折記録される異常な信号を遠方で起こる地震によるものと考え，地震波の伝わる速度をはかる研究がスタートしました。それに伴い様々な地震がはかられた結果，地表に近い部分と深い部分では，地震の波が伝わる速さが不連続であることがわかりました。速さは岩質により変わりますが，この岩質の変化する場所は至る所にあり，境界面をなしていることを A. Mohorovicic（モホロビチッチ，1857－1936）が発見し，その面をモホロビチッチ面とよんでいます（図1)。現在では地震の伝わり方を精密に測定することにより，地球内部が断層撮影されたと思えるような画像も得られ，ニュートリノなどの素粒子を用いた地球内部の観測も始まっています（第Ⅱ部4.4参照)。

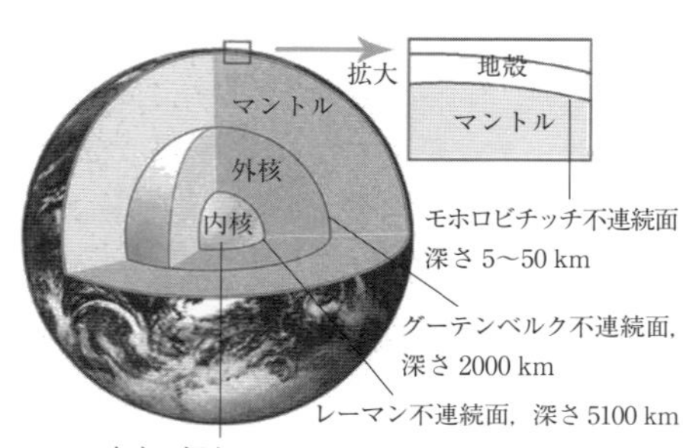

図1　地球の内部構造

［© 2004 — 2015 高卒資格．com；http://www.kousotu.com/lect_earth/naibu.php］

1.3　生命に関する理解の移り変わり

さて，生命に目を移してみましょう。地球が誕生してから私たち人類が生まれるまでの過程は，主として目や顕微鏡による観察と年代測定および化学的分析に基づいて考えられてきました。

1.3.1　目による生物の理解

動物を分類することは紀元前4世紀のアリストテレスがすでに行っていました。すべての動物が有血動物（今でいう脊椎動物）と無血動物（用語的に明らかに間違いですが，今でいう無脊椎動物）に分けられました。有血動物は胎生四足類（哺乳類)，鳥類，卵生四足類（爬虫類と両生類)，鯨類および魚類の5類に細分され，無血動物は頭足類（イカ類)，軟殻類（甲殻類)，昆虫類（クモ類，多足類などを含む)，殻動物類の4類と，5番目の部類としてナマコ，ヒトデ，カイメンがまとめられていました。明らかに外見や解剖に基づく個体レベルでの観察結果の分類であり，まさに「目ではかる」ことで動物を理解しようとしました。生物の分類は18世紀に，C. von Linné（リンネ，1707－1778）により，生物の学名を属名と種小名の2語のラテン語で表す二命名法を用いて体系づけられました。たとえば，ヒトはホモ属サピエンス種（*Homo sapience*）ということです。さらに，19世紀にG. Cuvier（キュヴィエ，1769－1832）が実証的に構造と機能を関連付けることを加味した分類法を用い，化石まで含めた体系化を始めました（第II部3.10参照）。

「目ではかる」分類は非常に重要な結論を導きます。C. R. Darwin（ダーウィン，1809－1882）の進化論がその一つです。19世紀までのヨーロッパでは，聖書に書かれているように，生物は神によって創造されたことになっていました。すなわち，似ているけれども少しずつではあるが異なる形をしている生物は，その各々が神によって創られたことになっていたのです。しかし，ダーウィンはガラパゴス諸島の鳥やカメの形態を詳細に観察し，南米大陸に生息する種とガラパゴス諸島内の各々の島に生息する種との類似や相違を考察した結果，生物は異なる環境のもとで，長い間に少しずつ形を変えるとの結論に達したのです。この結論は宗教関係者をはじめとした多くの人々を含んで，数十年にわたる大きな論争に発展しました。20世紀のはじめには基本的に了解されましたが，いくつかの矛盾を解決するために，複数の進化論が現在でも展開されています。

さらには，G. J. Mendel（メンデル，1822－1884）によって提唱された遺伝の法則もまた個体レベルでの観察と計測に基づいた成果だといえます。すなわち，エンドウの交配実験において，両親のもつ異なる純系の形質（たとえば，丸い種子とシワのある種子）が雑種にどのように現れるかを七つの形質について観察し，子や孫に現れる形質の「出現数を数えた」のです。ここでも，個体レベルの現象を厳密に観察することが基本となって重要な法則が導かれました（第II部3.3参照）。

1.3.2 細胞レベルでの生物の理解

しかし「目ではかる」こと，すなわち肉眼での観察には限界があり，凸レンズや顕微鏡による拡大像を見ることで微生物の研究も進みました。

単レンズ顕微鏡を使って細菌を初めて観察したA. van Leeuwenhoek（レーウェンフック，1632－1723）は「微生物学の父」とよばれています。さらには，R. Hooke（フック，1635－1701）が改良した顕微鏡を用いてコルクの薄片を覗いたとき，多数の小さな部屋（cell）を認めたことが細胞を最初に見たときとされています。その後，M. J. Schleiden（シュライデン，1804－1881）が様々な植物は細胞の集合体であることを発表し，T. A. H. Schwann（シュワァン，1810－1882）は細胞の中身については動物と植物で大差がないことを明らかにし，生物は細胞が基本単位であると考えられるようになりました。その後も顕微鏡の性能と観察技術の向上，さらには20世紀後半の電子顕微鏡の開発によって，細胞内小器官（核，ミトコンドリアなど）や細胞膜についても観察できるようになり細胞レベルでの研究が進みました（第II部3.1参照）。

また，解剖学の発展とも影響しあって，19世紀はじめに発生学のK. E. von Baer（ベア，1792－1876）は顕微鏡による観察の結果，発生の段階をさかのぼれば，さかのぼるほど，まるでちがった動物についても，ますます多くの一致を見出すことができました。

さて，顕微鏡による観察が進むにつれて，細胞が分裂するとき核の中で分裂の直前につくられた物質が半分に分けられた後二つの同じ核をつくり，分裂後の細胞の各々に収められることが明らかになりました。この物質は色素によく染まるため，染色体とよばれました。メンデルの考えた形質を決める因子（後に遺伝子とよばれます）が，この染色体によって運ばれると考えれば説明できることにW. Sutton（サットン，1877－1916）が気づき，この物質の性質を詳しく調べる気運が高まりました。一方，遺伝子の実在に対して懐疑的であったT. H. Morgan（モルガン，1866－1945）のショウジョウバエの突然変異体を用いた実験により，皮肉なことに染色体の上に遺伝子が存在することが証明されました。そしてモルガン一派の人たちの研究により，染色体上の遺伝子間の距離を「はかる」ことができるようになり，染色体の遺伝子地図が作成されました（第Ⅱ部 3.2，3.3 参照）。

1.3.3　分子レベルでの生物の理解

他方，J. F. Miescher（ミーシャー，1844－1895）が核から取り出したリンを含む酸性物質，すなわち，核酸（nucleic acid）が生化学者によって分子レベルで研究されていました。その結果，核酸の成分を分析するとリン酸，糖，塩基があることがわかり，糖としてリボースをもつ核酸がリボ核酸（ribonucleic acid：RNA），デオキシリボースをもつ核酸がデオキシリボ核酸（deoxyribonucleic acid：DNA）とよばれるようになりました。

ところが，1940 年代まで遺伝の担い手はタンパク質であると信じられていたため，O. T. Avery（アベリー，1877－1955）が肺炎双球菌の形質転換物質を同定することにより，遺伝子の本体は DNA であるという結論に達したとき，その結論に驚いたのは彼自身でした。なぜなら 1944 年当時，DNA の構造は四つのヌクレオチドからなる簡単な物質で，遺伝子を担う物質ではないと考えられていたからです。

DNA 中の塩基はアデニン（A），グアニン（G），シトシン（C），チミン（T）の 4 種類であることはわかっていました。しかし，DNA を分解して構成成分の比率を正確にはかることはなされていませんでした。そこで，E. Chargaff（シャルガフ，1905－2002）がウシ，ブタ，ニワトリなどから取り出した DNA 中の各々の塩基の量をはかったところ，A と T，G と C の存在比が，各々1 に近い（A/T ＝ G/C ＝ 1）ことがわかったのでした。

また，DNA を酸塩基滴定すると，DNA 中のリン酸には酸解離できる水素イオンが一つしかないことがわかりました。通常のリン酸は酸解離できる水素イオンが三つありますので，リン酸中の二つの酸素原子が，隣の分子とジエステル結合をし，高分子としての DNA を形成していると考えられるようになりました。時を同じくして DNA の空間構造が規則性のある二重らせん構造であることを示す M. H. F. Wilkins（ウィルキンス，1916－2004）らの X 線解析写真を知った J. D. Watson（ワトソン，1928－）と F. H. C. Crick（クリック，1916－2004）が，DNA の構造模型として，A と T そして G と C が水素結合で対をなす二重らせん構造を思いついたのです。この DNA の構造に基づき DNA の複製機構が解明され，さらに DNA の塩基配列に基づくタンパク質のアミノ酸配列が決まる仕組みが多くの研究者によって明らかにされ，遺伝の現象が分子レベルで理解できるようになりました。そのおかげで，進化も現在では進化の原因となる突然変異と自然淘汰も分子レベルから理解することができるようになったのです（第Ⅱ部 3.3，3.9 参照）。

1.4　物体の運動に関する基礎的理解

さて，地球や生命を様々に「はかる」ことから，私たち人類は「身の回りの風景」や「私たち自身」について理解を深めてきましたが，一方で，それらの理解の基礎となる「身の回りの物質」や「身の回りの物体の運動」に関する基礎・基本となる法則も，だんだんと理解されるようになってきました。そこでまず，「身の回りの物体の運動」についての理解の過程を眺めてみることにしましょう。

1.4.1　重力と運動

a.　万有引力

ニュートンはリンゴの実が木から落ちるのを見て万有引力の法則を導いたといわれますが，それ以前に，彼は惑星の運動を明らかにしようとしていました。当時すでに，地球と月の距離および月の移動速度ははかられていました。また，地球上の物質の落下速度もはかられていました。ニュートンは，二つの物体の間には，それぞれの質量に正比例し，距離の二乗に逆比例するような力（万有引力）が存在すると仮定し，月が地球から受ける引力と，地球上の物体が地球から受ける引力もまた，万有引力であることを見出しました。そして，万有引力が惑星，木星の衛星，潮の干満，彗星の運動など様々な運動を説明するのに利用できることを確かめたのです。このニュートンの発見した法則はすべての物体について適用できることが認められ，今日，万有引力の法則として広く知られるようになりました（第Ⅱ部1.2参照）。

b. 重力加速度

物体を落下させたとき，その落下速度がだんだん大きくなりますが，時間とともに速度が増加する割合を加速度とよんでいます。物体と地球との間に働く重力によって生じる加速度を特に重力加速度といいます。重力加速度の値は陸上と海の上では違いますし，また，同じ陸上でも赤道付近と極付近で違います。そこで，重力加速度を精密にはかると，地球内部の特徴がわかってきました。

ガリレオ・ガリレイは物体の落下運動に関する観察をつづける中で「落下速度の大きさは時間に比例する」および「落下距離は時間の二乗に比例する」ことを発見しました。ホイヘンスは振り子の運動を観察し，振り子の長さと振動周期をはかることより重力加速度が得られることを導きました。G. Atwood（アトウッド，1745－1807）は質量のわずかに異なる二つの円盤状のおもりを絹糸で結んで滑車に吊り下げ，重い方のおもりが落下する際の距離と時間をはかることで重力加速度を求めました。20世紀の半ば以後は，真空中で実際に物体を自由落下させたり，投げ上げたりさせた際の物体の垂直方向の移動距離と時間をはかることにより，重力加速度の高精度な値が求められています（第Ⅱ部1.2参照）。

1.4.2 エネルギーの保存

ところで，両手のひらを思い切り強くたたくと，手のひらが熱くなります。また，拳銃で撃った弾が木の壁に打ち込まれると，その部分が焦げたようになります。今でこそ熱と仕事は互いに変換可能な量であることがエネルギー保存則として知られていますが，それが確立される発端もまた「五感ではかる」ことからでした。

後にランフォード伯爵となったB. Thompson（トンプソン，1753－1814）は大砲の砲身の中をえぐる作業の中で，砲身や金属の破片に膨大な熱が発生することに注目しました。この穴開け作業を水中で行うと，水の温度が上昇することも見出しています。また，医師であったJ. R. Mayer（マイヤー，1814－1878）は1840年にジャワに滞在中，人々の静脈から採った血の色が動脈と見間違うほど赤いことに気付き，熱帯では体温を維持するために必要な酸素の消費量が寒い地方よりも少ないためであると思い当たりました。その後，彼は仕事と熱の関係を考えつづけ，位置エネルギーが熱に変わることも見出しました。

このような概念が法則として認められるためには，有名なJ. P. Joule（ジュール，1818－1889）の研究によるところが大きいといえます。彼はおもりが落下する際のエネルギーが羽根車によるかくはんを通して水に伝えられ，水の温度を上昇させることを長年にわたってはかりつづけました。これ以外の方法も合わせて用いることで，電気的なエネルギーをも含めてエネルギー保存則を導くうえで多大な貢献をしたのです（第Ⅱ部1.3参照）。

1.4.3 光の速度

さて次に，光の速度cをはかることについて歴史を眺めましょう。光の速度は現在では長さの基準として，あるいはエネルギーEと質量mを関係づける際に重要な定数として認識されており（$E = mc^2$），私たちの生活にも密着した重要な量です。日本から見て地球の反対側の地域の人とテレビの同時会談をしたとき，一方の会話と他方の会話の間に微妙に「間」が空きますが，遠く離れたこれらの二つの地点を電波が行き来するのに時間がかかるためです。電波は光と同様に電磁波の一種であり，ともに光速度で伝わるのです。

古来，光の速度が無限に速いと考えられていた中で，ガリレオ・ガリレイは光の速度が有限であるとして，それをはかってみようとしました。ランプを手に持った2人が，ある距離をおいて向かい合って立ち，相手の光が見えた瞬間に自分のランプを覆っているものを取り除くのです。この間隔が距離に応じて変われば，光の速度が有限ということになりますが，現実には（当然のことながら）変化が認められませんでした。後に，O. C. Rømer（レーマー，1644－1710）や J. Bradley（ブラッドリー，1693－1762）による天文学的観測により概略値が得られ，最初の地球上での観測は A. H. Fizeau（フィゾー，1819－1896）により行われた回転する歯車を用いた測定でした。その後，A. A. Michelson（マイケルソン，1852－1931）と E. W. Morley（モーリー，1838－1923）によって改良された方法で光速度の測定の精度は高まり，さらには特殊相対性理論の誕生にもつながることになりました（第Ⅱ部 1.4 参照）。

重力加速度や光の速度を「はかる」際には，長さや時間の基準をどのように決めるかが重要です。長さや時間については，古代より五感に基づいた様々な基準が世界各地で用いられてきましたが，現在では国際単位系（SI 単位系）として承認された共通の基準が用いられています。長さ，時間の他，質量，熱力学温度，電流，物質量，光度について統一された基準が定められ，様々な量をはかる際に用いられています。これらを組み合わせることで，われわれの「はかる」すべての量を表現することができます（第Ⅱ部 1.1 参照）。

1.5　物質の最小単位に関する基礎的理解

1.5.1　錬金術の時代

私たちの身の回りにはいろいろな物質が存在します。物体の運動は 1.4.1 で説明しましたが，それらの物体をつくっている物質にはいくつの種類があるのでしょうか？ 新しい物質を手に入れることで新しい時代をつくってきた人類は，最初，砂金など単体として産出する自然金を地中から見出し，銅器の時代（紀元前 4,000 年頃），青銅器の時代（紀元前 3,000 年頃），鉄器の時代（紀元前 2,000 年頃以降）を経て，現在はアルミニウムの時代ともいわれています。アリストテレスは世界は四つの元素，すなわち空気・火・土・水からつくられていると考えました。これをアリストテレスの四元素説といいます。しかし，その当時はまだ物質を分けたり，性質をはかったりする系統だった方法が知られていなかったので，物質の最小単位を「はかる」旅は中断しました。しかし，化学的に安定で，きらびやかな金は富の象徴になり，鉛のような卑金属を金に変える実験や不老不死の薬をつくる研究が，王侯貴族に庇護された科学者の手によってつづけられました。このような時代が紀元前数百年から 17 世紀までつづきますが，一般的に錬金術の時代とよばれています。しかし，この錬金術の時代に，多くの化学物質に関する知識と化学操作の技術が蓄積されていきました（第Ⅱ部 2.1 参照）。

1.5.2　原子説，分子説

17 世紀に入って，それらの知識をもう一度系統的に見直す機運が生じました。これにはニュートンの思想が強く働いています。ニュートンは運動の法則を取り扱うときに，鋼体球を念頭においていました。ニュートンは宇宙から光に至るまですべての自然界を粒子の立場で解釈していたのです。その概念を，それまでに知られていた物質に適用して，物質が粒子でできていると提案したのが，J. Dalton（ドルトン，1766－1844）の原子説と A. Avogadro（アボガドロ，1776－1856）の分子説です。また，それまでに知られていた元素の中で最も軽い元素は水素だったので，1860 年に開かれた原子量に関する国際会議で，水素の原子量を 1 として，水素分子を H_2 で表すことを提案したのが S. Cannizzaro（カニッツァーロ，1826－1910）です。しかしこの時代には，まだ1個の水素原子の大きさについて知るすべはありませんでした（第Ⅱ部2.6，2.7参照）。

1.5.3　電気の歴史

ここでちょっと寄り道をして電気の歴史を見てみましょう。ガラスを絹でこすると，そこに紙の小片が引き寄せられるという摩擦電気に関する現象は古くから知られていました。これは異なる物質どうしの摩擦によって電気が生じる現象です。この摩擦電気が生じたかどうかを調べたり，生じた電気を蓄えたりするために，ライデン大学のP. van Musschenbroek（ミュッセンブルーク，1692－1761）がつくったのが，ガラス瓶の内側と外側にスズ箔を糊付けした器具でライデン瓶とよばれています。

B. Franklin（フランクリン，1706－1790）は，このライデン瓶を使って雷が電気と同一であることを証明し，避雷針を発明しました。ライデン瓶は極小容量の蓄電器としては有用でしたが，すぐに電気はなくなってしまいます。その後，A. Volta（ボルタ，1745－1827）が食塩水で湿らせた布を銅と亜鉛の板で挟むと，両金属間に電気が生じることを見出しました。これによりライデン瓶よりも定常的に電気が取り出せるようになり，この原理に基づいた電池がボルタ電池とよばれるようになりました。

また，H. C. Oersted（エルステッド，1777－1851）は導線に電流を流すと，その近くに置いた方位磁針の針が動くことから，電流の磁気作用を見出しました。この現象を利用して1820年に電流計が発明されます。これで，安定した直流電源と電流計が得られたので，G. S. Ohm（オーム，1789－1854）によるオームの法則やG. R. Kirchhoff（キルヒホッフ，1824－1887）によるキルヒホッフの法則など，電気に関する研究が大きく進みました（第Ⅱ部1.5参照）。

1.5.4　電　子

ここで再び物質の最小単位の話に戻ります。1833年，イギリスのM. Faraday（ファラデー，1791－1867）は電解質溶液を電気分解するとき析出する物質の量は電解に要した電気量に比例するという電気分解の法則を見出しました。このことは，物質に原子という最小単位があるならば，電気にも何らかの最小単位があることを想起させます。アイルランドのG. J. Stoney（ストーニー，1826－1911）はこれに電子（electron）という名前を与えました。いよいよ電子を探す旅の始まりです。

W. Crookes（クルックス，1832－1919）は低圧真空放電管の両端に高い電圧をかけると，陽極側で蛍光が見られることや，陰極と陽極の間に物体を置くと影ができること，羽根車を置くと，羽根車が陽極側に回転することを見出しました。これは，負の電気と質量をもった粒子が陰極で発生して陽極側に飛んでいることを意味します。まさに，電気をもった粒子である電子の存在を見た最初の実験といえます。当時，これを陰極線とよんでいましたが，その実体を調べる研究が進みます。

1897年，J. J. Thomson（トムソン，1856－1940）はクルックスの用いた放電管を改良して，そこに電場や磁場をかけられるようにした巧妙な実験から，陰極線すなわち電子の比電荷 e/m（e は電気素量，m は電子の質量）を決定しました。このトムソンが用いた放電管はその後，テレビのブラウン管として私たちの家庭で用いられました。また，R. A. Millikan（ミリカン，1868－1953）は，X線で帯電させた油滴を用いた実験から1909年に電気素量，すなわち一つの電子の電荷を決定しました。そこで，ミリカンの得た電気素量 e とトムソンの得た電子の比電荷 e/m から電子の質量 m が求まります。また，正の電気をもった粒子，陽子の比電荷や質量も求まりました。一方，水素の原子量を1と決めていましたから，この原子量1gになるだけ水素原子（陽子1個と電子1個のセット）を集めるには，およそ 6.0×10^{23} 個の水素原子が必要なこともわかりました。この数をアボガドロ数とよび，アボガドロ数を単位とする物質の量の単位をmol（モル）とよんでいます。その後，アボガドロ数の正しい値がはかられてきました。（第Ⅱ部1.6，2.6，2.7参照）。

1.5.5　原子の構造と波動方程式

前節で述べたように，負の電気をもった電子の他に正の電気をもった陽子が存在し，原子の中心には原子核があり，この原子核は無電荷の中性子と正電荷の陽子からできていること，原子核は原子の中心の非常に小さな体積を占めているにすぎず，そのまわりの原子のほとんどの体積の中を非常に小さな質量の電子が運動していること，などがわかってきました。これをE. Rutherford（ラザフォード，1871－1937）の原子モデルとよんでいます。そして，通常は電子の個数と陽子の個数は等しいのですが，条件によっては原子は他の種類の原子に電子を与えたり，もらったりすることもわかってきました。原子核の中の陽子の個数は通常の条件では変化せず，この陽子の個数が原子の化学的な性質を決めていることもわかってきました。そこで，この陽子の数を原子番号とよんでいます（図2，図3）（第Ⅱ部1.6，2.6参照）。

原子は単独で存在すること（単原子分子）もありますが，通常は複数の原子が集まって分子をつくります。その際に，原子間で電子を与えたり，もらったり，共有したりします。

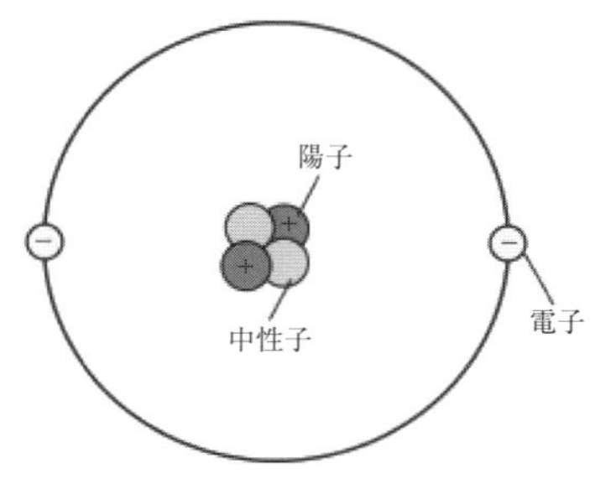

図2　歴史的な原子モデル（ヘリウム原子）

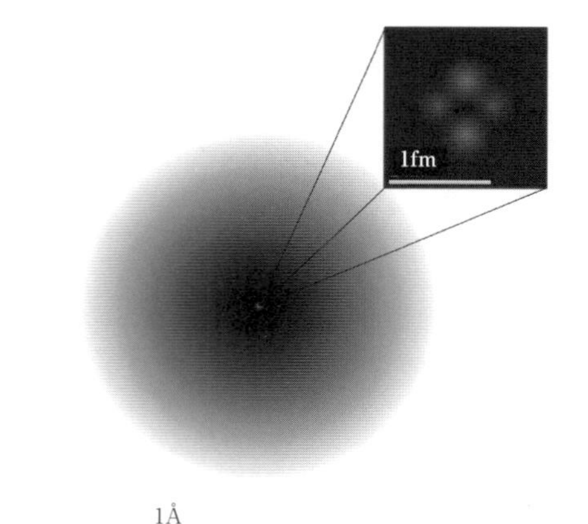

図3　現在の原子のモデル（ヘリウム原子）
$1\,Å = 1 \times 10^{-10}$m，$1\,fm = 1 \times 10^{-15}$m
［Wikipedia］

水素原子の中の電子の運動は，最初N. Bohr（ボーア，1885－1962）によって提案されましたが，このモデル（ボーアモデル）は他の原子の電子の運動を説明できなかったことから，原子中の電子は粒子としての性質と波動としての性質を併せもっているという考えに基づき，波動で原子の中の電子の運動を記述するようになりました。これがE. Schrödinger（シュレディンガー，1887－1961）の波動方程式とよばれているものです。これを発展させた量子力学に基づく分子軌道法計算によって，既存の分子の物性の説明のみならず，まだつくられていない分子のもつ物性の予測などもできるようになってきました（第Ⅱ部1.6，2.6，2.10参照）。

1.6　環境をはかる

さて，科学技術が進歩して私たちの生活も豊かになりましたが，その反面，工場や自動車などから排出される化学物質によって，私たちは今，多くの環境問題を抱えるようになってきました。しかし，それらの環境問題もまた「はかる」ことによって理解され，それに対する対策も考えられてきています。ここでは，いくつかの環境問題について「はかる」ことが果たしてきた役割について考えてみましょう。

1.6.1　地球温暖化

スクリップス海洋学研究所のC. D. Keeling（キーリング, 1928－2005）はハワイ島のマウナ・ロア観測所において1957年から大気中の二酸化炭素濃度の調査を行ってきました。その結果，大気中の二酸化炭素濃度が，1年間に約1.5 ppmの割合で増加していることがわかったのです。一方，地球全体的に平均気温が増加するなど温暖化が進んでいることから，大気中の二酸化炭素濃度の増加が地球の温暖化を起こしているという説が有力になりました。

二酸化炭素は地球が宇宙に放射している赤外線（地球放射）を吸収しその一部を地球へ向けて放出することから，温室効果ガスとして働きます。また，気温と大気中の二酸化炭素濃度との間の相関は，南極のボストーク基地で行われた氷床コアの分析から，過去20万年間の気温と二酸化炭素およびメタン濃度の変動を調べた結果からも得られています。

ところで，海洋は非常に大きな二酸化炭素の吸収体であり，また放出も行っていますが，森林もまた二酸化炭素の吸収と放出を行っています。実際のところ，1年あたりの海洋と森林の二酸化炭素の吸収量，放出量は，人間の活動によって放出している二酸化炭素の量より大きいのです。また，ボストーク基地で測定されたデータを見ると，メタン濃度も二酸化炭素や温度と非常によい相関を示しています。このメタンの発生源は湿地，沼，農地（水田），動物の消化管などのメタン生成古細菌による生物活動です。メタン濃度の増減は，気温の変動に伴う生物活動との相関も考えられます。また，大気中の水蒸気も非常に大きな温室効果を示します。

太陽からの距離や宇宙に対する地球放射から計算すると，地表の平均気温は－18℃ になるという試算があります。しかし実際には，地球の平均気温は約＋15℃ であり，実に＋33℃ 分の温室効果を温室効果ガスが担っていることになります。そして，この温室効果に占める水蒸気の割合は約48％，二酸化炭素の占める割合は約21％，雲が約19％，オゾンが約6％，その他（一酸化二窒素やフロンガスなど）が約5％と計算されています。

二酸化炭素の温室効果と区別するため，水を天然起源の温室効果物質とよんでいますが，大気中の水蒸気濃度は飽和水蒸気圧によって上限が決まり，人間の活動にはあまり影響を受けることはありません。これに対し，科学技術の発展による世界人口の急激な増加や，産業革命以降の人間の活動に伴う大気中二酸化炭素濃度の上昇と地球の温暖化の関係が疑われるようになりました。

1970年代以降，地球の有限性に気付き始めた人類は1988年，各国の政府から推薦された科学者の参加のもと，地球温暖化に関する科学的・技術的・社会経済的な評価を行い，得られた知見を政策決定者をはじめ広く一般に利用してもらうことを任務として「気候変動に関する政府間パネル（IPCC：Intergovernmental Panel on Climate Change）」を国連の下に設置しました。そして，世界の科学者が発表する論文や観測・予測データをもとに，第1作業部会（科学的根拠），第2作業部会（影響・適応・脆弱性），第3作業部会（緩和策）それぞれの報告書と三つの報告書を統合した統合報告書の四つの報告書を数年ごとに発表しています。2013～2014年の第5次評価報告書では「気候システムの温暖化には疑う余地がなく（95％以上），1950年代以降，観測された変化の多くは数十年～数千年間で前例のないものである。大気と海洋は温暖化し，雪氷の量は減少し，海面水位は上昇し，温室効果ガス濃度は上昇している」と述べています。

地球の気温が上昇すると，海水からの水蒸気の蒸発量が増加し，それによって水の温室効果が高まり，さらに地球の気温が上昇するという考え方もなりたちます。これを水蒸気フィードバックといいます（章末参考図書9）参照）。

IPCC第5次報告書を踏まえ，2015年12月パリで気候変動枠組条約第21回締結国会議（COP21）が開催され，「2℃ シナリオ」（気温上昇を産業革命前に比べて2℃ 未満に抑制する可能性の高いシナリオ）を目指すパリ協定を全会一致で採択しました。

1.6.2　オゾン層破壊

地球温暖化と同様，大気中の物質が世界的な環境問題を引き起こしている例に，フロンによる「オゾン層破壊」の問題があります。46億年前，誕生当時の地球の大気にはオゾンはありませんでしたが，やがて酸素遊離型の光合成を行う細菌が誕生し，海水から大気中に酸素が放出され，大気上層で太陽光の紫外線によってオゾンがつくられオゾン層が形成されました。このオゾン層の生成によって，それまで地球表面に届いていた有害な（DNAに吸収される）紫外線が到達しにくくなり，4.2億年ほど前に最初の生物（植物）が陸上に進出できるようになりました。

光のエネルギーは波長が短いほど大きくなります。波長400〜315 nmの範囲の紫外線をUV-A，315〜280 nmの紫外線をUV-B，280〜100 nmの紫外線をUV-Cとよんでいます。UV-Aの紫外線を浴びても日焼けを起こす程度ですが，UV-BやUV-C領域の紫外線を浴びるとDNA（吸収極大波長260 nm）が傷つき，皮膚がんの原因ともなります。UV-Cの紫外線は大気中の酸素などによって吸収されるので，地表にはほぼ来ません。UV-Bの紫外線はオゾン（吸収極大波長254 nm）によって吸収されますが，一部は地表に到達しています。そこで，このオゾン層に穴が開くと地表まで到達する有害なUV-B領域の紫外線が増加することになります。

オゾン層を壊している物質がフロンです。フロンはメタンCH_4やエタンC_2H_6の水素をフッ素Fや塩素Cl原子に置き換えたものです。常温で液体または気体で存在し，化学的に安定で，人体に安全な物質なので，冷蔵庫やエアコンなどの冷媒，工場での電子部品を洗浄する洗浄液として1970年代に広く使われていました。そのフロンが大気中に放出されたとき，化学変化を受けることなく大気を上昇し，オゾン層において初めて紫外線によって分解され，活性の強い塩素ラジカルをつくります。一つの塩素ラジカルが数万個のオゾンを分解するといわれ，そのためにオゾン層に穴が開いたのです。

事態を重くみたアメリカやヨーロッパは，1985年にオゾン層の保護の枠組みを決めたウィーン条約を締結し，1987年には規制物質を具体的に決めたモントリオール議定書を締結しました。そして，1995年末には関係主要国において主要フロンの生産が全廃されました。このように，フロンによるオゾン層破壊に対しては比較的早い段階で政治的に対応されましたが，フロンに代わる物質として開発された代替フロンが二酸化炭素よりはるかに強い温室効果作用をもつことがわかってきました。代替フロンとはハイドロクロロフルオロカーボン（HCFC：hydrochlorofluorocarbon）とよばれる一連の化合物で，フロンの分子中のハロゲンを水素に置き換えたもので，分解しやすくなっています。現在は，この代替フロンを使用後も空気中に放出しないように回収することが重要とされています（第II部3.2，4.2，5.1参照）。

1.6.3　酸性雨

日本は1970年代以前に地域公害の時代を経験しています。この時代に北関東を中心に酸性霧や酸性雨が観測されました。石炭や石油などの化石燃料を燃焼させた結果生じる窒素酸化物や硫黄酸化物が空気中に放出され，それが雨水に溶けて酸性雨を生じたのです。この時代は，各地の工業地帯を発生源とする地域公害の時代であったといえます。そして，1970年代の汚染物質の総量規制の法律によって，それまで垂れ流しだった公害物質の環境への流出は減少し，酸性雨や酸性霧の報告も減少しました。

ところが，1980年代に入って杉の衰退や酸性雨の報告が再びもたらされました。特に，日本海側の冬季に酸性の降水が観測されたのです。日本海側の地域には，原因物質を排出する大規模な工場や道路はなく，冬季の季節風によってユーラシア大陸から大気汚染物質が長距離輸送（越境汚染）されていることがわかってきました。また最近の調査では，汚染物質の越境汚染には，冬の季節風だけでなく春先のジェット気流によってもたらされているものもあることが明らかになってきました。酸性雨の被害は，北アメリカやヨーロッパでは1970年代から報告され，工場や自動車の排ガスから出てくる大気汚染物質の規制がされています。日本の場合，東アジア全体として，大気汚染物質の排出を削減するように国際的な協力が始まっています（第Ⅱ部2.3，3.9，4.2参照）。

［執筆：本書編集委員］

1.7 まとめ

自然科学を中心として，私たちと私たちを取り巻く世界の現在の姿を理解するうえで重要な事柄を見てきましたが，これらの認識をもつようになるまでに，多くの科学者の「はかる」ことの積み重ねが果たしてきた役割の重要性を認識してもらえれば幸いです。

また，学校教育では自然科学を物理，化学，生物，地学という科学の領域分けに即して学ぶことが一般的ですが，たとえば，地球温暖化を深く知るためには，熱放射（物理），二酸化炭素の性質（化学），光合成による二酸化炭素固定量（生物），地表上空の大気構造（地学）などを理解する必要があります。すなわち，実は互いに関連が深いのです。細分化されると互いに関連がないように思えてしまいますが，実は密接に関係しているのです。実際，各分野の知識を組み合わせることで，全体像をはじめて正しく把握することができるのです。

第Ⅱ部では「生活」も含めた場面で，「はかられているもの」が説明されますが，各分野にとらわれるのではなく，全体的な視野をつねにもっていてほしいと思います。［執筆：本書編集委員］

参考図書

1） F. Dannemann，安田徳太郎 訳・編，“新訳 ダンネマン大自然科学史（復刻版）”，第1～12巻，三省堂（2002）.
2） 地学団体研究会 編，“新版地学教育講座 地球をはかる”，東海大学出版会（1994）.
3） 地学団体研究会 編，“新版地学教育講座 地球内部の構造と運動”，東海大学出版会（1995）.
4） 地学団体研究会 編，“新版地学教育講座 宇宙・銀河・星”，東海大学出版会（1996）.
5） 松井孝典，“地球－誕生と進化の謎”，講談社現代新書（1997）.
6） 村上枝彦，“入門生化学”，培風館（1977）.
7） 西條敏美，“物理定数とは何か”，講談社ブルーバックス（1996）.
8） 全国地球温暖化防止活動センター「IPCC第5次評価報告書特設ページ」；http://www.jccca.org/ipcc/
9） 地球環境研究センター「ココが知りたい地球温暖化」；http://www.cger.nies.go.jp/ja/library/qa/qa_index-j.html
10） 松見 豊，文部科学省科学技術・学術審議会・資源調査分科会報告書「光資源を活用し，創造する科学技術の振興－持続可能な「光の世紀」に向けて」第1章：光と地球環境（2007）；http://www.mext.go.jp/b_menu/shingi/gijyutu/gijyutu3/toushin/07091111.htm
11） 村野健太郎，“ポピュラーサイエンス 酸性雨と酸性霧”，裳華房（1993）.
12） 日本化学会・酸性雨問題研究会 編，“続 身近な地球環境問題―酸性雨を考える”，コロナ社（2002）.
13） 藤田慎一，“気象ブックス036 酸性雨から越境大気汚染へ”，成山堂（2012）.

第2章 「はかる」ことからみえてきた宇宙における人

2.1　人の生まれた宇宙の歴史

人は宇宙の中にいる生物の一員です。ヒトは強い武器も鎧も持たず，中位の大きさのひ弱な，しかも「本能を失った動物」ともいわれる生物です。そんな変わりものの生き物であるヒトが，今や地上の隅々にまで生活圏を広げ，指数関数的に人口を増やし，大気中二酸化炭素を増やして地球環境を変えつつあります。

人はまた「わかって」安心する生き物のようです。人類はまず自分と自分の外にあるものをわかろうとして神話を生み出し，科学に発展させてきました。1 m そこそこの人間が今や138億年前の宇宙の起源から原子を構成する素粒子の世界まで知識の幅を広げてきています。最初は，身近な世界の観察と測定（「はかる」こと）により現象を正確に説明する論理を構築し，さらに技術を駆使して実験や観察（「はかる」こと）を繰り返して仮説を検証し，人類共通の世界認識を構築しつつあります。

ここでは，前章で見た科学者たちの研究成果に基づく第 II 部のデータを時間軸に沿って並べなおし，宇宙誕生から人の誕生に至るまでの全体像を概観してみましょう（図1）。それはまた，言葉（記号体系）により世界をできるだけ厳密に再構築しようとしている人類の自分探しの旅でもあるはずです。

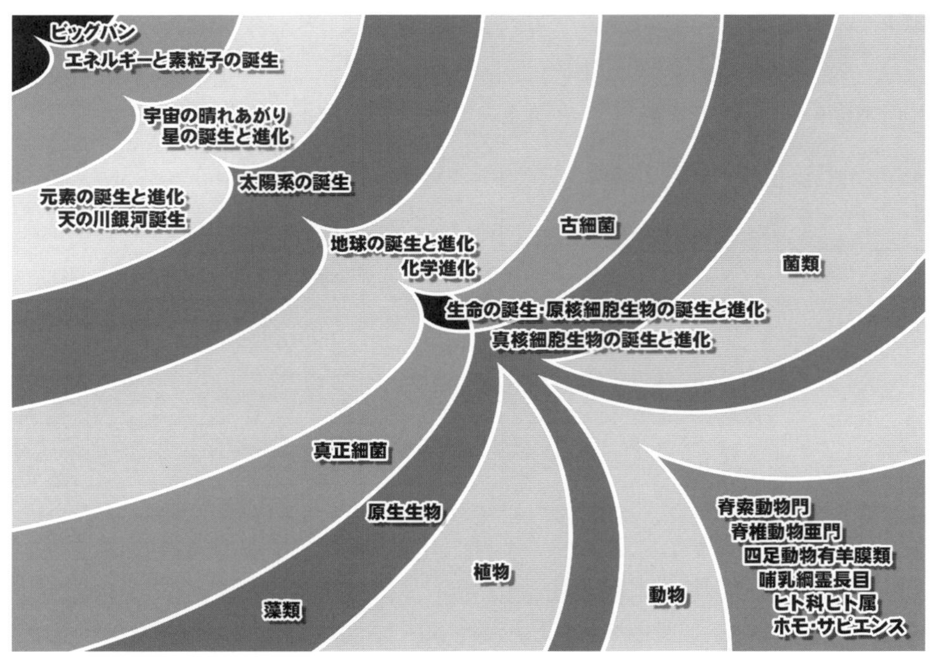

図1　宇宙におけるホモ・サピエンスの位置

［© 関　隆晴］

2.2　ビッグバンから太陽系の誕生まで（138 億年前〜46 億年前）

2.2.1　素粒子と原子の誕生

遠方の銀河を観測すると，どの銀河も私たちから遠ざかっていることから，私たちの宇宙は膨張していると考えられています。そうすると，昔は遠くの銀河ももっと近くにあったことになります。さらに時間をさかのぼると，すべての銀河は 1 点に集まります。138 億年前，原子 1 個よりも小さな点として生じた超高温高密度の宇宙は，急激に膨張する「ビッグバン（大爆発）」とよばれる状態であったと考えられています。現在，私たち人類が知っているすべての物質をつくる元となる原子は，陽子と中性子からなる原子核と電子からできていますが，陽子と中性子はさらに小さな粒子でできています。ビッグバンの中で，原子を構成する素粒子も誕生しました。

a.　素粒子の誕生

素粒子は大きく二つのグループ（フェルミ粒子とボース粒子）に分けられ，フェルミ粒子はさらに二つのグループ（クォークとレプトン）に分類されます。そして，陽子と中性子はアップとダウンとよばれる二つのクォークと，グルーオンとよばれるボース粒子でできています。電子はレプトンの一つですが，レプトンには様々なニュートリノも含まれています。グルーオンはアップクォークとダウンクォークをつなぎとめる強い力を伝えるボース粒子の一つですが，ボース粒子の中には電磁力を伝える光子や原子核の放射性崩壊にかかわる弱い力を伝える粒子や，重力に関係するヒッグス粒子なども含まれます（表 1）。

ビッグバンの 1 秒後にはこれらの素粒子が生まれ，アップクォークとダウンクォークの結び付いた陽子と中性子も誕生したと考えられています。急速に膨張する宇宙の中でどのようにしてクォークが結び付いたのかは，未だ解明されていません。

私たちの「知っている」物質は多くの素粒子の中のごく一部の素粒子からなりたっているようです。そして，さらに多くの私たちの「知らない」素粒子もあるようです。宇宙の構造を説明するために必要とされる未知の物質・暗黒物質（ダークマター）についても研究が進められ

表 1　宇宙を構成する素粒子

	素粒子	スピン	電荷	質量〔MeV〕
フェルミ粒子	第 1 世代			
	クォーク			
	アップ	1/2	+2/3	2.3
	ダウン	1/2	−1/3	4.8
	レプトン			
	電子ニュートリノ	1/2	0	$< 2\times10^{-6}$
	電子	1/2	−1	0.511
	第 2 世代			
	クォーク			
	チャーム	1/2	+2/3	1,275
	ストレンジ	1/2	−1/3	95
	レプトン			
	ミューニュートリノ	1/2	0	< 0.19
	ミュー粒子	1/2	−1	105.7
	第 3 世代			
	クォーク			
	トップ	1/2	+2/3	173,500
	ボトム	1/2	−1/3	4,186
	レプトン			
	タウニュートリノ	1/2	0	< 18.2
	タウ粒子	1/2	−1	1776.8
ボース粒子	光子（電磁気力）	1	0	0
	グルーオン（強い力）	1	0	0
	Z 粒子（弱い力）	1	0	91,188
	W 粒子（弱い力）	1	±1	80,385
	ヒッグス粒子	0	0	125,000

ています。

b.　原子の誕生

いずれにせよ，陽子と中性子を構成する素粒子がつくられ，原子核が誕生したのはビッグバンから数秒後のことでした。陽子は水素の原子核 ${}^{1}_{1}\mathrm{H}$ ですが，陽子1個と中性子1個が結合した重水素原子核 ${}^{2}_{1}\mathrm{D}$ や，陽子2個と中性子2個が結合したヘリウム原子核 ${}^{4}_{2}\mathrm{He}$ もつくられました。ここで，原子記号の前の数字は上が質量数（陽子と中性子の合計数），下が原子番号（陽子の数）を表します。

しかし，その後も宇宙の膨張は急速に進み，温度が低下したため，それらより大きな原子核はつくられませんでした。陽子の数が3個のリチウム ${}_{3}\mathrm{Li}$，4個のベリリウム ${}_{4}\mathrm{Be}$，5個ホウ素 ${}_{5}\mathrm{B}$ の原子核は不安定なため残ることができず，水素とヘリウムの原子核と電子と光子，そして他の多くの素粒子の宇宙が誕生しました。

ところが温度は下がったとはいえ，まだ電子が原子核の回りの軌道を安定して回るには高すぎます。原子核と電子がばらばらに飛び回っているプラズマ状態の宇宙でした。電子が原子核に捕捉され原子になることができたのはそれから38万年程後，宇宙全体の温度が数千度くらいにまで下がった頃のことです。無秩序に飛び回っていた電子との相互作用でそれまで直進できなかった光子が始めて直進できるようになり，宇宙は霧が晴れたように透明になりました。これを「宇宙の晴れ上がり」といいます。ビッグバンの頃の光は宇宙の膨張とともに引き伸ばされて（ドップラー効果により），光よりも波長の長い電磁波である電波として現在も観測することができます。宇宙の全方角からつねに届いている電波を宇宙のマイクロ波背景放射とよび，ビッグバンによって宇宙が誕生した証拠とされています（地球に住む私たちは膨張するビッグバン宇宙の中にいるということです，図2）。このとき，宇宙の元素組成は約75％の水素と25％のヘリウムからなりたっていました。

2.2.2　星の誕生と元素の進化

その後も宇宙は膨張をつづけたため温度は下がりつづけましたが，なぜか水素とヘリウムの密度にはムラ（濃淡）があり，濃度の高いとこ

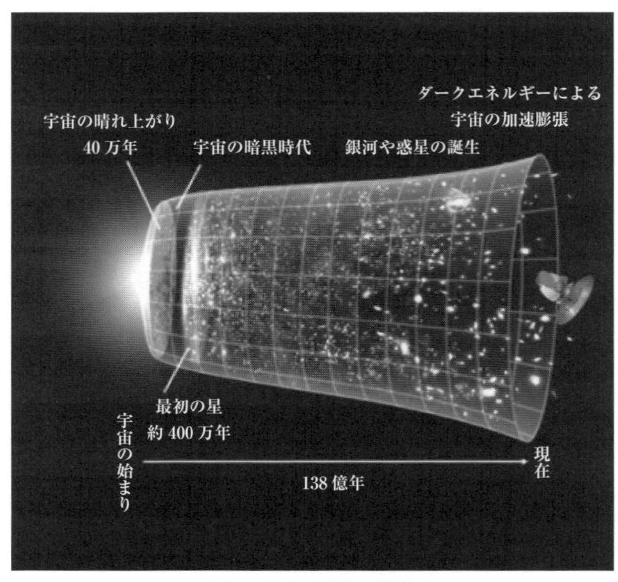

図2　宇宙の誕生と進化

［© NASA；理化学研究所計算科学研究機構］

ろにはどんどん水素やヘリウムが集まり，薄いところはますます薄くなってゆきました。そして，宇宙の始まりから1億年ほど経った頃，水素やヘリウムが高濃度に存在する領域の中にさらに密度の高い領域ができ，その中に星が生まれ始めました。

星とはいってもそれは水素とヘリウムのかたまりです。太陽よりもはるかに大きなかたまりで，星の中心部分は超高圧，温度は1千万度を超え，水素原子核は核融合を始めました。燃え盛る恒星の誕生です。

宇宙の晴れ上がりによりマイクロ波背景放射だけの暗黒宇宙に光り輝く星が生まれたのです（図2）。

恒星の中では水素の核融合によってヘリウムの原子核ができます。太陽よりも重い星では中心部の温度が上がり，1億度に近づくとついにヘリウムの原子核 ${}_{2}\mathrm{He}$ どうしの核融合が始まり，炭素 ${}_{6}\mathrm{C}$，窒素 ${}_{7}\mathrm{N}$ および酸素 ${}_{8}\mathrm{O}$ の原子核が生まれます。ヘリウムが核融合によって消費されるとさらに収縮が進み，恒星は高温になり炭素，窒素，酸素が核融合するようになります。炭素の核融合によってネオン ${}_{10}\mathrm{Ne}$ やマグネシウム ${}_{12}\mathrm{Mg}$ が生まれ，酸素の核融合によって硫黄 ${}_{16}\mathrm{S}$ やケイ素 ${}_{14}\mathrm{Si}$ が誕生します。さらに，ケイ素の核融合により鉄 ${}_{26}\mathrm{Fe}$ がつくられます。星の中心部で水素から出発して鉄までの新たな元素が核融合により生まれました。

ところが，鉄は元素の中では最も安定な原子核であるため，それ以上の核融合は進行しません。巨大な星の中心部に鉄の核が成長すると，巨大な重力によって星全体が押しつぶされ，急激にエネルギーを放出する現象（爆発）が起こります。これを超新星爆発とよびます。このとき，星の中につくられていた酸素や炭素などの元素が宇宙空間に撒き散らされると同時に，中性子捕捉により鉄よりも大きな元素が生成するのです。銅 ${}_{29}\mathrm{Cu}$ や銀 ${}_{47}\mathrm{Ag}$ あるいは金 ${}_{79}\mathrm{Au}$ やウラン ${}_{92}\mathrm{U}$ も超新星爆発によって誕生し宇宙空間にまき散らされました。太陽の質量の250倍以下の星が押しつぶされると超新星爆発を起こし，そのあとに中性子星や小型のブラックホールが残ると考えられています。

一方，太陽質量の250倍を超えるような巨大な星では，あまりに巨大な質量のために爆発することなくつぶれ，大質量のブラックホールへ成長したと考えられています。ビッグバンから8億年ほど後に形成された巨大なブラックホールが発見され，星の誕生し始めた初期になぜそんなに大きなブラックホールが形成されたのか，研究が進められています。

ところで，星が大きいほど中心部にかかる圧力も高いため，この一連の反応も早く進行します。太陽の20倍ほどの星では1千万年ぐらいで超新星爆発を起こし，100倍を超えるような星では300万年ほどでその寿命を終えると考えられます。今も宇宙のどこかで超新星爆発が起こり，そのときに宇宙空間にまき散らされた元素から新たな星が生まれています。こうして星の誕生と死を繰り返す中で，水素とヘリウムを主成分とする現在の宇宙には，水素の千分の1程度の量の酸素や炭素，水素の1万分の1程度の量の窒素や鉄など，そしてさらに少ない割合の鉄よりも大きな元素が存在しています（図3，表2）。

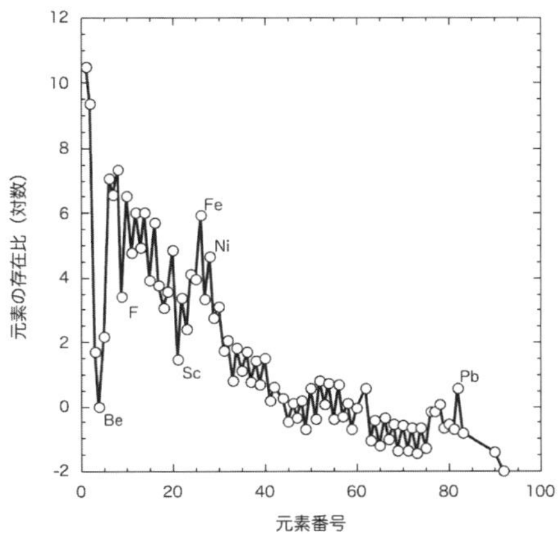

図3　宇宙の元素組成

宇宙に存在する各元素の原子数比を対数で表した。人工的につくられた元素（Tc，Pm，Po〜Ac，Pa，Np以降）は除いた。

［ⓒ 渥美茂明］

表2 宇宙の元素組成

原子番号・元素	個数密度比	原子番号・元素	個数密度比	原子番号・元素	個数密度比
$_{1}$H	3.09×10^{10}	$_{31}$Ga	37.2	$_{62}$Sm	0.269
$_{2}$He	2.63×10^{9}	$_{32}$Ge	117	$_{63}$Eu	0.1
$_{3}$Li	56.2	$_{33}$As	6.17	$_{64}$Gd	0.347
$_{4}$Be	0.617	$_{34}$Se	67.6	$_{65}$Tb	0.046
$_{5}$B	19.1	$_{35}$Br	10.7	$_{66}$Dy	0.417
$_{6}$C	8.32×10^{6}	$_{36}$Kr	55	$_{67}$Ho	0.0912
$_{7}$N	2.09×10^{6}	$_{37}$Rb	7.08	$_{68}$Er	0.257
$_{8}$O	1.51×10^{7}	$_{38}$Sr	23.4	$_{69}$Tm	0.0407
$_{9}$F	8.13×10^{2}	$_{39}$Y	4.57	$_{70}$Yb	0.257
$_{10}$Ne	2.63×10^{6}	$_{40}$Zr	10.5	$_{71}$Lu	0.0380
$_{11}$Na	5.75×10^{4}	$_{41}$Nb	0.794	$_{72}$Hf	0.158
$_{12}$Mg	1.05×10^{6}	$_{42}$Mo	2.69	$_{73}$Ta	0.0234
$_{13}$Al	8.32×10^{4}	$_{44}$Ru	1.78	$_{74}$W	0.138
$_{14}$Si	1.00×10^{6}	$_{45}$Rh	0.355	$_{75}$Re	0.0562
$_{15}$P	8.32×10^{3}	$_{46}$Pd	1.38	$_{76}$Os	0.692
$_{16}$S	4.37×10^{5}	$_{47}$Ag	0.49	$_{77}$Ir	0.646
$_{17}$Cl	5.25×10^{3}	$_{48}$Cd	1.58	$_{78}$Pt	1.29
$_{18}$Ar	7.76×10^{4}	$_{49}$In	0.178	$_{79}$Au	0.195
$_{19}$K	3.72×10^{3}	$_{50}$Sn	3.63	$_{80}$Hg	0.457
$_{20}$Ca	6.03×10^{4}	$_{51}$Sb	0.316	$_{81}$TI	0.182
$_{21}$Sc	34.7	$_{52}$Te	4.68	$_{82}$Pb	3.39
$_{22}$Ti	2.51×10^{3}	$_{53}$I	1.1	$_{83}$Bi	0.138
$_{23}$V	282	$_{54}$Xe	5.37	$_{90}$Th	0.0335
$_{24}$Cr	1.35×10^{4}	$_{55}$Cs	0.372	$_{92}$U	0.00891
$_{25}$Mn	9.33×10^{3}	$_{56}$Ba	4.68		
$_{26}$Fe	8.71×10^{5}	$_{57}$La	0.457		
$_{27}$Co	2.29×10^{3}	$_{58}$Ce	1.17		
$_{28}$Ni	4.90×10^{4}	$_{59}$Pr	0.178		
$_{29}$Cu	550	$_{60}$Nd	0.871		
$_{30}$Zn	1.32×10^{3}				

［国立天文台 編，"理科年表 平成28年"，p.141，丸善出版（2015）；原典 M. Asplund, N. Grevesse, A. J. Sauval, P. Scott, *ARA & A*, **47**, 481（2009）］

2.2.3 銀河と宇宙の大規模構造

やがて数千億個の星が集まった銀河が何千億も生まれました。それらはなぜか均一に分布せず，宇宙にはたくさんの銀河が集まった領域（銀河団）と，さらに銀河団が集まった超銀河団とよばれる領域があります。そして，超銀河団は壁状に集まり（グレートウォール），超銀河団のない暗い空間（ボイド）を包み込むたくさんの泡のような構造をつくっていることがわかってきました。これは，宇宙の大規模構造とよばれています。このような構造をつくり出したのは暗黒物質の働きによると考えられています。

現在の宇宙で私たちに見える物質（陽子と中性子と電子でできている）は4% ほどであり，暗黒物質が27% ほどを占め，現在の宇宙を膨張させている謎のエネルギー（暗黒エネルギー）が68% ほどを占めていると考えられています。

ところで，夜空に見える星は何千億という数の銀河や銀河団ですが，夜空の星と星の間はなぜ暗いのでしょう？ 137億年ほど前から生まれ始め，さらに超新星爆発とその残骸によって生まれた無数の星の光は夜空の宇宙空間に満ち溢れているはずです。しかし，私たちの目にも宇宙望遠鏡にもその光は見えません。どこかに消えたのでしょうか？ それとも見えないだけなのでしょうか？　この光は銀河系外背景光とよばれ，最近やっと「はかる」ことができるようになってきました。宇宙は銀河系外背景光の光が見えなくなるほど広く，また膨張をつづけているのです。銀河系外背景光の測定により，人類はさらに詳しく宇宙の歴史を解明することができるようになることでしょう。

そんな宇宙の銀河の一つが天の川銀河です。そして天の川銀河の片隅で今から40数億年前に生まれた星の一つが太陽です。太陽ぐらいの大きさの星の場合，核反応による燃焼が進行するとヘリウムからなる星の核は収縮し，さらに高温・高圧になり，その外側の燃え残った水素を加熱して，水素は再び盛んに核融合するようになります。外層は膨張し，恒星は赤色巨星とよばれる非常に大きな星になります。今から50億年ほど後には太陽もこのような運命をたどり，地球は膨張した太陽に飲み込まれることでしょう。その後，太陽の核はどんどん収縮し白色矮星となって死を迎えますが，周りに吹き飛ばしたガスを照らし，惑星状星雲として輝くことでしょう。

2.3　地球の誕生と原始地球環境（46億年前～40億年前）

2.3.1　太陽系における地球の誕生

a.　太陽系惑星の誕生

原始太陽も水素を主成分とする星間ガスが集まってできましたが，その周りにはガスやチリのような小さな物質がたくさん取り残され円盤状に回転していました。これを原始太陽系星雲とよびます。この星雲の中で徐々にガスやチリが集まり小さな塊に成長していきます。その中で，直径が10 kmほどの大きさになったものは微惑星とよばれています。当然，微惑星どうしの衝突もあります。同じ位の大きさのものどうしの衝突なら粉々に砕け散るでしょうが，小さなものは大きなものに取り込まれ，大きなものはますます大きくなります。このような微惑星の衝突により原始惑星が生まれ，さらに惑星にまで成長しました（図4）。

星間ガスの主成分は水素ですが，太陽が核融合により燃え始めると，太陽からの放射エネルギー（太陽風）によって太陽に近い惑星周辺の星間ガスは吹き飛ばされ，太陽の近くでは多くの原始惑星から水星，金星，地球，火星の四つの岩石惑星が成長しました。火星より遠方では太陽からの放射エネルギーの影響が弱く，水素をまとった木星，土星，天王星，海王星という四つの大きなガス惑星が残りました（図4）。そして，火星と木星の間には惑星になれなかった小惑星が今もたくさん残り，小惑星帯とよばれています。小惑星探査機「はやぶさ２号」が現在，現地調査に向かっています。

b.　地球の誕生

幼い地球が今の地球（直径12,742 km）の5分の1ほどの大きさになると，微惑星が地球に衝突しても地球はそれらを受け止め成長してゆきます。しかし，10 kmほどの微惑星の衝突といっても秒速30 kmほどのスピードで落ちてくるのですから，衝突地点の温度は数千度，圧力は数万気圧にも達します。衝突した微惑星は粉々に砕け散り，衝突地点の地球表面も深くえぐられ，微粒子が飛び散り舞い上がることでしょう。そして熱とともに水素H_2や水蒸気H_2O，二酸化炭素CO_2，窒素N_2などは気体となって上空に放出されました。これを衝突脱ガスとよんでいます。水素は宇宙空間に逃げてしまいますが，残った気体は地球表面を覆い，原始大気となります。地球が現在の半分くらいの大きさの原始惑星にまで成長した頃，地表付近の原始大気は数十気圧の二酸化炭素，100気圧ほどの水蒸気，および1気圧足らずの窒素を主成分としたものでした。

この頃，連日連夜の微惑星の衝突によってもたらされる熱エネルギーは，大量の二酸化炭素と水蒸気の温室効果によりほとんど宇宙に逃げることなく地球に蓄積されました。そのため，

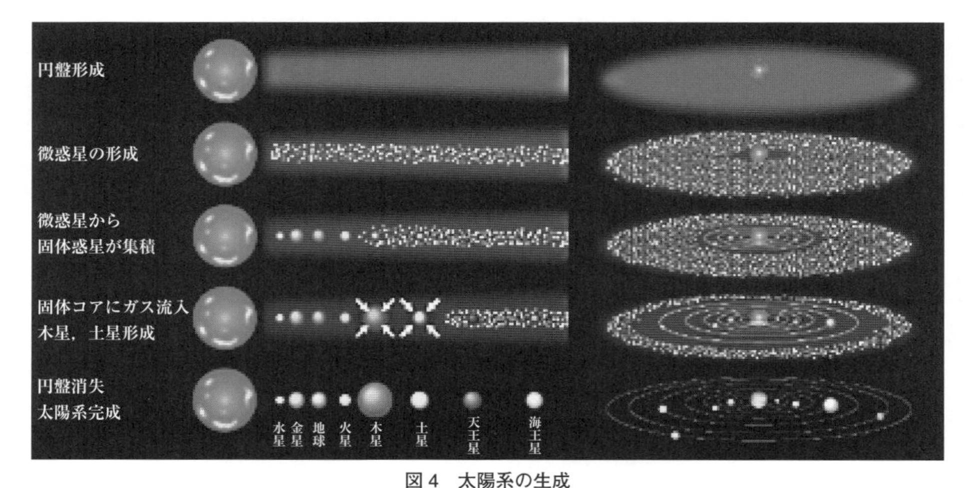

図4　太陽系の生成

［© 東京工業大学大学院地球惑星科学専攻・井田研究室］

1000度をも超す温度になると地表は火山の溶岩のようにドロドロに溶け一面マグマの海。そのマグマの海に猛烈な勢いで降りつづく微惑星。まさに地獄のような様相の中で地球はさらに成長してゆきました。

そんな地球に別の原始惑星が衝突し，地球の一部とともに粉々に砕け散る出来事が起こりました。これをジャイアントインパクトとよびます。このときに砕け散った粒子が幼い地球の周りを回転しつつ衝突合体して誕生したものが，月として今も地球の周りを回っています。

ジャイアントインパクトの後も微惑星と彗星の衝突により，地球は成長してゆきます。しかし，微惑星の数にも限りはあります。何十億という数の微惑星が地球の周りにあったといわれていますが，だんだん落ちてくる微惑星の数が減ってくると地球に供給される衝突のエネルギーも減ってゆきます。生まれたばかりの太陽からくるエネルギーはまだ小さく，地球の地表温度も下がり始めました。大気中の水蒸気は冷やされると，気体の状態から液体の状態になります。現在の1気圧の地表では100℃で水蒸気は水になりますが，100気圧を超える高圧の原始大気の下では300℃近くで水蒸気は液体になります。そして，水は雨となって熱い地表に落ちてきました。地球最初の雨です。とはいえ，それは地球全体に降り注ぐ灼熱の大地を覆い尽くす雨でした。こうして地球に熱い海が生まれました。地球の水は大量の水を含んだ隕石や彗星の衝突によってもたらされたという説もありますが，いずれにせよ他のどの惑星とも異なる「水惑星」が誕生したのです。

2.3.2　生れたばかりの地球

ところで，現在の地球は78%の窒素と21%の酸素を主成分とする1気圧の大気をもっています。水蒸気は1〜3%，二酸化炭素濃度は0.04%ぐらいです。原始大気の組成は現在の大気組成と大きく違っていました。ちなみに，現在の金星の大気は96%の二酸化炭素と3〜4%の窒素を主成分とする90気圧の大気，そして火星は95%の二酸化炭素と2〜3%の窒素を主成分とする0.006気圧の大気です。地球の原始大気の組成も，現在の金星や火星と同じように二酸化炭素が95%程度で，窒素が3%程度であったと考えられています。

何が地球の原始大気中の二酸化炭素を減らしたのでしょう？　初期の原始海洋は0.5 $\mathrm{mol\,L^{-1}}$程度の塩酸水溶液（HCl）で，酸性であったと考えられています。そのような酸性の海水に二酸化炭素は溶け込むことはできません。しかし，この酸性の海水はマグマ由来のケイ酸塩鉱物と中和反応（$H^+ + OH^- \rightarrow H_2O$）して，カルシウムイオン Ca^{2+} やマグネシウムイオン Mg^{2+}，鉄イオン Fe^{2+} などを海水中に溶かし出し，一方，海水中の水素イオン濃度は減り，pH は上がってゆきました。原始の海は塩酸の海水から，塩化ナトリウム（NaCl）を主成分とする電解質の海水に変わっていったのです。海水の pH が 4 付近にまで上昇すると大気中の二酸化炭素は海水に溶解します。そして，海水中で炭酸となった二酸化炭素（$H_2O + CO_2 \rightarrow H_2CO_3$）は岩石から溶解したカルシウムイオンと反応して，炭酸カルシウム $CaCO_3$ の沈殿（石灰岩）となりました（$CO_3^{2-} + Ca^{2+} \rightarrow CaCO_3$）。海水には次々に大気中の二酸化炭素が溶け込み，大気中の二酸化炭素の濃度はどんどん減りました。これを二酸化炭素の無機的固定とよんでいます。

一方，太陽から 0.72 天文単位の金星（太陽から地球までの距離 149,597,870.7 km の 0.72 倍）では，大気中に存在した水蒸気は太陽からの強い紫外線によって水素と酸素に分解されました。水素は宇宙空間に逃げ，硫黄と結びついた酸素は厚い硫酸 H_2SO_4 の雲をつくっているといわれていますが，現在，金星探査機「あかつき」が日夜調査中です。太陽から少し遠い（1.5 天文単位）火星では，二酸化炭素さえもドライアイスになるほどの低温の世界なので，水は固体の氷としてしか存在しません。火星が誕生してから冷えるまでの間に，液体の水が存在した時代もあったようですが，大気中から二酸化炭素を取り除くのに大きな役割を果たした大量の水が存在できたのは，地球だけのようです。それは，地球が太陽からちょうど適当な距離だけ離れ，また，ちょうど適当な重力をもつ大きさだったからでしょう。こうして生命の誕生と生存に適した三態の水（氷，水，水蒸気）を備えた地球が誕生しました。

2.4　原始地球における化学進化と生命の誕生（40 億年前，前後）

2.4.1　化学進化

40 億年ほど前の地球には，太陽からの紫外線や放射線が直接降り注いでいました。微惑星（隕石）もまだ頻繁に衝突していました。空からは雷が落ち，海底では熱水も噴出していたことでしょう。大気中の二酸化炭素が減少し，大気圧と気温も下がったとはいえ，今よりもはるかに高温高圧の超臨界状態であったと考えられます。大きなエネルギーが日夜，地表に供給され，水 H_2O や二酸化炭素 CO_2 や窒素分子 N_2 を原料として，いろいろな新しい化合物がつくられてゆきました。このような変化は化学進化とよばれています。当時の地球は丸ごと化学実験室だったといってもいいでしょう。原始の海には新しい化合物がつくられ，溜まってゆきました。数億年間，地球上で新しくつくられた化合物の濃縮された海は生命の素材をたっぷり含んだ「原始スープ」でした。

そのなかには，タンパク質の素材となるアミノ酸とよばれる一群の分子がありました。アミノ酸とは一つの分子の中にアミノ基 $-NH_2$ とカルボキシ基（カルボン酸） $-COOH$ をもつ分子のことですが，構成元素は水素 H，炭素 C，窒素 N，酸素 O，および硫黄 S だけです。アミノ酸の他に，糖（構成元素：H，C，O），脂肪酸（構成元素：H，C，O），核酸塩基（構成元素：H，C，N，O），といった分子量の小さな有機化合物もつくられていました。どれも水，二酸化炭素，窒素分子の構成元素からできています。原始の海には硫黄 S も含まれていました。

生物の構成分子は水，タンパク質，糖質（炭水化物），脂質，核酸（DNA と RNA），および分子量の小さな有機化合物と少量のミネラルです。原始スープの中でこれらの生命の素材となる物質がつくられ，寄り集まることにより，生命の誕生へとつながったと考えられています。

どのようにして？　それはわかりません。しかし，その前に問うべき問いがあります。「生命とは何？」という問いです。生命のなかった地球にどんなものが出現したとき，私たちは「生命が誕生した」といえるのでしょう？

2.4.2　生命とは？

a.　タンパク質

タンパク質はアミノ酸がたくさんつながった大きな分子です。細胞内で様々な化学反応を進める（触媒する）酵素，細胞内外に分子を出し入れするポンプやイオンチャンネル，細胞外からの刺激を受け取る受容体など，タンパク質は様々な生物学的仕事（生命活動）の担い手です。いろいろな働きをするタンパク質は，それぞれ決まった数のアミノ酸が決まった順序でペプチド結合によりつながっています。そして，地球上の生命体のもつタンパク質を構成しているアミノ酸は基本的に20種類です。ヒトの酵素と同じ働きをする大腸菌の酵素は，20種類のアミノ酸の並ぶ数と順番（アミノ酸配列）がヒトと違うだけです。

b.　糖　質

ヒトの主食であるパンやご飯やトウモロコシの主成分は糖質の一つであるデンプンです。デンプンはブドウ糖がたくさんエステル結合によってつながったものです。グリコーゲンもブドウ糖がたくさんつながった分子で，植物はデンプンとして，動物はグリコーゲンとしてブドウ糖を蓄えています。それは，ブドウ糖は生物にとって重要なエネルギー源，車にたとえればガソリンのようなものだからです。ブドウ糖は炭素C 6個，水素H 12個，酸素O 6個がつながってできていて$C_6H_{12}O_6$と書くことができます。炭素6個からできている糖なので，六炭糖とよばれますが，一番小さい糖は炭素3個からなる三炭糖$C_3H_6O_3$です。糖は$(CH_2O)_n$と書き表すことができ，炭(C)水(H_2O)化物ともよばれます。実は，ヒトも大腸菌も地球上の生物はすべて，酸素がなくても三炭糖をピルビン酸$C_3H_4O_3$という分子に化学変化させるときに出るエネルギー（$C_3H_6O_3 \rightarrow C_3H_4O_3 + H_2 +$ エネルギー）を使い，生命活動を営むために必要なアデノシン三リン酸（ATP：adenosine triphosphate）という分子をつくることができます（図5）。

アデノシン二リン酸 ＋ リン酸 ＋
　　エネルギー ⟶ アデノシン三リン酸

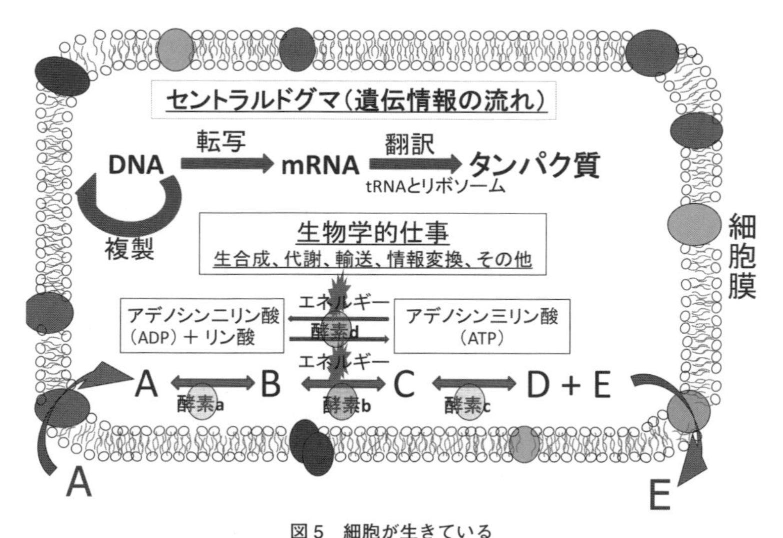

図5　細胞が生きている

細胞膜の●と酵素と生物学的仕事の担い手はタンパク質
A，B，C，D，Eは細胞に取り込まれ代謝される物質。
は細胞膜を構成するリン脂質，○は親水基，は疎水基を表す。
［© 関　隆晴］

それは，おそらくまだ酸素のほとんどない地球に最初に誕生した生命体が，原始スープの中にあった三炭糖をエネルギー源として生物学的仕事（生命活動）に利用したからでしょう。

2.4.3　代謝能をもった袋の誕生

a. 脂　質

脂質は水に溶けにくい生体構成成分のことで，脂肪酸を主成分として含んでいるものがたくさんあります。脂肪酸とは水素のついた炭素が数個から20個あまりつながった炭化水素鎖 $CH_3(CH_2)_nCH_3$ の端にカルボキシ基 $-COOH$ がついた分子 $CH_3(CH_2)_nCOOH$ のことです。

脂肪酸の炭化水素鎖は水となじみにくい（疎水性）ので，水の中では炭化水素鎖は炭化水素鎖どうしで寄り集まり，できるだけ水に触れないような構造をとります（これを疎水結合とよぶこともあります）。脂肪酸のもつカルボキシ基は水となじみやすい（親水性）ので，脂肪酸は水の中ではカルボキシ基を外に，炭化水素鎖を内にした球状の構造（ミセルとよびます）をつくります（この性質を利用して油汚れを落とすのがセッケンです）。

b. 細胞膜

脂肪酸は実はすべての生物の細胞膜の主要構成要素でもあります。地球上の生物はすべて細胞からできていますが，細胞はすべて細胞膜という閉じた袋でつくられています。細胞膜をつくる脂質分子は親水性の部分（親水基）と2本の炭化水素鎖をもつため，水の中では親水基を外に，炭化水素鎖を内にした膜が二層になって球状構造をつくるのです。このような脂質二重層にタンパク質が埋め込まれた袋状構造が，すべての細胞の細胞膜の共通な構造です（図5）。ですから，細胞の外の水に溶けた三炭糖やアミノ酸を細胞の内側に取り込むためには，脂質二重層に埋め込まれた運搬タンパク質が働き，また細胞の外の様子を細胞の中に伝えるためには，脂質二重層に埋め込まれた受容体タンパク質が外部からの刺激を受け取り，内部に情報を伝えています。

実験室で脂質とタンパク質を適当な条件下で水中に置いておくと，「脂質二重層にタンパク質が埋め込まれた袋状構造」が簡単にできます。丸ごと化学実験室のような幼い地球の原始の海でも，このような袋がたくさんつくられたことでしょう。

もしこのような袋（形あるもの）ができるとき，中にたまたま酵素の働きをするタンパク質も包み込んでいたら，その袋は外から取り込んだ分子を化学変化させ（これを物質代謝といいます），エネルギーを取り出したり使ったりするエネルギー代謝を行って，生物学的仕事（生命活動）をするものもできたことでしょう。

しかし，これだけでは，「生きている」というにはまだ何かが足りません。

2.4.4　増殖能

ヒトの精子と卵子の核にはヒトの設計図の働きをするDNAとよばれる核酸が入っています。ある生物のすべての設計図（遺伝子）を含むDNAのことをゲノムとよびます。羊の精子と卵子が合体すると，1個の受精卵は「分裂」を繰り返して羊の体になります。1個の受精卵が分裂により何十兆という数の体をつくる細胞（体細胞）に増えますが，一つの体細胞の核には，もとになった1個の受精卵の核に入っていたのと同じゲノムDNAが入っていることをクローン羊のドリーは示してくれました。それは，乳腺の細胞から取り出した核からドリーは誕生したからです（後述）。

核酸はヌクレオチドとよばれる部品がたくさんつながってできています。ヌクレオチドとは，核酸塩基，糖，およびリン酸 H_3PO_4 という3種の分子（いずれも原始スープの中に含まれていたと考えても不思議ではありません）がエステル結合によりつながったものです。

DNAはデオキシリボースという五炭糖をもち，核の中から見つかった酸性物質（核酸）なので，デオキシリボ核酸（deoxyribonucleic acid）とよばれ，その英語名の頭文字を取ってDNAとよばれます。そして，DNAを構成する核酸塩基はアデニン（A），グアニン（G），シトシン（C），チミン（T）とよばれる4種類で，この4種の核酸塩基をもったヌクレオチドが糖とリン酸を介して，多数（何億個にも及ぶ）

エステル結合によってつながっています。DNAは2本の長い糸状の分子がらせん階段のように向き合い，Aのパートナーには必ずT，Gのパートナーには必ずCが水素結合によってつながる（塩基対を形成する）ことにより，二重らせん構造という安定な構造が保たれています（第Ⅱ部3.3の図1，図2参照）。そして，二重らせんを解いてそれぞれの糸を鋳型にして塩基対を形成し，ヌクレオチドの糖－リン酸エステル結合により二重らせんをつくると，もとと同じ核酸塩基の並び（塩基配列）をもった二重らせんが2本できることになります。これをDNA複製といいます。DNA複製の担い手はタンパク質（酵素）で，素材は4種の核酸塩基（A，G，C，T）をもつヌクレオチドです。こうして，複製したDNAを細胞分裂により二つの細胞に分けると，どちらの細胞にも同じ塩基配列をもったDNAが入ることになります。

2.4.5　生命の誕生

a.　タンパク質の合成

ところで，不思議なことにDNAの塩基配列はタンパク質のアミノ酸配列を決める暗号になっています。DNAの中にある三つの核酸塩基の並び方で，一つのアミノ酸を指定しているのです。4種の核酸塩基（A，G，C，T）から三つ選んで並べると，$4^3 = 64$ 個の「言葉」をつくることができます。この「言葉」を遺伝暗号（コード）とよびます。TACとかCATとかGTAとかです。細胞にとってはこの遺伝暗号が20種のアミノ酸を意味します。たとえば，TACはメチオニン，CATはバリン，そしてGTAはヒスチジンというアミノ酸を意味するのです。なんとアミノ酸に対応しない遺伝暗号（終止コード）も三つあります。

ただし，細胞がこの遺伝暗号を解読するには，まずDNAの塩基配列の一部をRNAの塩基配列に「転写」し（このRNAをメッセンジャーRNA（mRNA）とよびます），mRNAの塩基配列をリボソームというタンパク質合成工場で転移RNA（tRNA）によって運ばれてきたアミノ酸を遺伝暗号に基づいて並べ，一つ一つつないでタンパク質のアミノ酸配列に「翻訳」するという複雑で精巧な工程が必要です。この工程全体（遺伝情報の流れ）はセントラルドグマとよばれ，地球上の生き物すべてが同じ工程でタンパク質を合成しています（図5）。そのうえ，この遺伝暗号の解読の仕方までも，地球上のすべての生物で同じため，「普遍遺伝暗号」とよばれています。ヒトもホタルもバラも大腸菌も同じ普遍遺伝暗号を使っているのですから，ヒトのmRNAを大腸菌の中に入れると，大腸菌は人間のタンパク質を合成し，ホタルのmRNAをバラの細胞に入れるとバラの細胞の中にホタルのタンパク質をつくらせることができるのです。

遺伝暗号の解読の仕方は無数にあるはずです。CATはグリシンでもシステインでもいいはずです。しかし，地球上の生物はすべてCATはバリンと解読するのです。それは，現在の地球上の生物はすべて現在の遺伝暗号を使った最初の一つの細胞（共通祖先）の子孫だからではないでしょうか。違う遺伝暗号を使った細胞もあったかもしれませんが，その子孫は現在の地球上にはいないのです。

b.　細胞の増殖

原始の海で，細胞膜の袋がたまたまDNAとその複製酵素と転写酵素とタンパク質合成システムも取り込んだとします。すると，その袋が複製してできた同じDNAをもった二つの袋に分裂したとき，これは同じ細胞が増殖したということができます。なぜなら，それは同じ遺伝子の組み合わせ（ゲノム）をもつ細胞だからです。そして，セントラルドグマによってつくられるタンパク質が代謝能をもち生命活動を営むことができれば，これはもう生命が誕生したといわざるをえないでしょう（図5）。

このような複雑で高度な機能をもった細胞がいつどこでどのようにしてできたのかはわかっていません。ただし，地球が誕生して数億年という時間の中で共通祖先となる最初の細胞が誕生すれば，その後増殖して地球上に生命体が満ち溢れる始まりになったことは容易に納得することができます。

最初の細胞がそうであったように，細胞膜の中に裸のDNAをもって生活を営んでいる生物が，現在も生き延びています。それは細菌（バクテリア）です。細菌はヒトや羊の細胞にある「核」をもっていませんので，原核細胞（prokaryote）とよばれています。原核細胞は最初の細胞の直系の子孫といってもいいでしょう。

2.5　原核細胞の進化と地球環境の変化（40億年前〜20億年前）

2.5.1　突然変異による生命の多様化

a. DNAの損傷と突然変異

海の中で細菌（原核細胞）はDNAを複製して分裂し，子孫を増やしていきました。ところで，DNAの複製は塩基対形成により正確に行われます。とすると，ひとつの細菌の子孫はいつまでたっても同じ細菌のままのはずです。ところが，現在の地球上には何百万，何千万という種類の生き物がいます。それはDNAの塩基配列が何らかの原因で変わったためです。その原因の一つは紫外線や放射線あるいは化学物質などによりDNAに傷がつくことです。その傷（DNA損傷）は細菌にとって致命傷となる場合もありますが，すべての生物はDNA損傷を修復する酵素をもっています。というよりDNA損傷を修復する酵素をもつものだけが生き延びたという方が正しいでしょう。しかしDNA損傷が多くなると全部完全に修復する訳にはいきません。傷をもったままDNAが複製されるとDNAの塩基配列が変わることもあります。また，傷が大きいと，修復ミスによってDNAの塩基配列が変わることもあります。このようにDNAの塩基配列が変わることを分子レベルの突然変異といいます。

何度か分裂するうちに突然変異が蓄積され，もとの細胞と大きく異なる性質をもった細胞ができたとき，それは違う種類の細胞（突然変異体）ができたことになります。

b. 真正細菌と古細菌

最初の細胞の子孫も突然変異を繰り返し，いくつかの系統に分かれたことでしょう。少なくとも，そのうちの二つの系統の子孫が現在の地球に生き残っています。一つは私たちに馴染みの深い細菌で，真正細菌（eubacteria）とよばれています。大腸菌，黄色ブドウ球菌，乳酸菌，結核菌，シアノバクテリアなどは真正細菌の仲間です。これに対し，古細菌（archaea，始原菌ともいいます）とよばれる系統があります。それらは，死海やソルトレークのような塩湖や塩田に生活している高度好塩菌，温泉や海底熱水噴出孔の熱湯の中で生活している超好熱性古細菌，そして深海や水田，消化管の中など酸素のないところでメタンをつくって生活しているメタン生成古細菌といった，人間から見るととてつもない環境で生活している細菌です。

真正細菌と古細菌は端のない環状のDNAをもつ点は共通していますが，DNAの塩基配列が大きく異なり，また細胞膜をつくる脂質も異なります。

2.5.2　水を分解する光合成の始まり

a. 無酸素呼吸

ところで，すべての生物は生命活動を営むためのエネルギー源として，ATP（アデノシン三リン酸）を分解するときに出るエネルギーを利用しています。そしてすべての生き物はATPを自らつくる能力をもっています。細胞レベルで見ると，ATPをつくり出すことを呼吸といいます。

三炭糖をピルビン酸にまで代謝するときに出るエネルギーを使ってATPをつくるときには分子状酸素（O_2：以下酸素とよぶ）は必要ありません。酸素を使わないでATPをつくり出すことを無酸素呼吸（嫌気呼吸）といいます。酸素のない幼い地球に誕生した細菌は当初，酸素のない海水中の無機物（鉄，マンガン，硫黄など）を酸化し，その電子をエネルギー源として二酸化炭素の固定と還元に利用する細菌（化学合成細菌）や，原始スープのなかに豊富にあった糖を取り込んで，無酸素呼吸で少しずつATPをつくり，子孫を増やしていた細菌もいたことでしょう。しかし，地球の資源には限りがあります。

b. 光合成

原始スープの中にあった糖が枯渇してくると，彼らは飢え死の危機に直面することになります。ところが，生命が誕生して数億年間，突然変異を積み重ねて多様化した真正細菌の中に，自前で糖をつくり出すものが出現しました。その細菌は原材料として二酸化炭素を用い，糖の合成に必要な水素とエネルギー源となるATPをつくるために，太陽の光エネルギーを利用しました。光エネルギーを利用して糖を合成するので，この一連の仕組みを光合成とよびます。

$$n\,CO_2 + 2n\,H_2 + \text{光エネルギー} \longrightarrow (CH_2O)_n + n\,H_2O$$

クロロフィル（葉緑素）という色素に吸収された太陽光のエネルギーは水素の電子を高いエネルギー状態にし，その電子のもつエネルギーを利用して，糖の合成に利用できる形の水素やATPのエネルギーに変換するのです。きわめて高度な化学反応機構を駆使する光合成細菌が出現したのです。必要な電子を供給するために，いくつかの化合物が利用されています。硫化水素H_2Sを利用するものを硫黄細菌といいます。H_2Sの電子がクロロフィルに渡されると，いらなくなった硫黄Sは捨てられます。同様に，水2分子を電子の供給源として利用するものも現れました。それは，以前はラン藻とよばれていましたが，現在はシアノバクテリア（藍色細菌）とよばれている真正細菌の一種です。水を分解してできた水素の電子をクロロフィルに渡すと，残った酸素分子O_2が不要物として捨てられます（第Ⅱ部3.7参照）。この結果，今から30億年あまり前から，地球上に酸素分子が増え始めることになりました（図6，図7）。

$$6\,CO_2 + 12\,H_2O + \text{光エネルギー} \longrightarrow (CH_2O)_6 + 6\,H_2O + 6\,O_2$$

2.5.3 酸素による環境汚染と酸素呼吸

a. 活性酸素

ところが，こうして地球に出現した酸素は，当時の原核細胞生物にとっては大変危険な分子でした。酸素分子は周りから一つ電子を奪うとスーパーオキシドO_2^-，さらにもう一つ電子をもらい水素と化合すると過酸化水素H_2O_2，これが高エネルギーを得て分解するとヒドロキシルラジカルOH•というきわめて反応性の高い物質になります。ヒドロキシルラジカルは他の分子からさらに電子を奪い，やっと安定な水H_2Oになります。このように電子をもって，他の分子からさらに電子を奪いやすくなった状態の酸素のことを活性酸素種とよびます。

活性酸素は脂質やタンパク質，核酸などとも手当たり次第に反応します。タンパク質のアミノ酸が活性酸素に攻撃される（反応する）と，タンパク質はまともに働けなくなります。脂肪酸も活性酸素と反応すると過酸化脂質となり，正常な細胞膜の機能が損なわれます。そして，DNAと反応すると活性酸素はDNA損傷を引き起こすのです。生体構成分子が機能を損なわれるため，細菌にとっては致命的です。

活性酸素は酸素毒ともよばれ，ヒトも含めた真核細胞生物にも重篤な影響を及ぼしています（老化の原因の一つでもあります）。当時，活性酸素に対する有効な防御方法をまだ身につけていなかった細菌にとっては，酸素分子の出現は壊滅的な打撃を与える出来事でした。地球最初の環境汚染ともいわれます。

b. 金属イオンの酸化とSOD

しかし，このような壊滅的な状況の中，細菌は全滅することなく生き延びてきました。その一つの要因は，海の中に豊富に溶けていた鉄などの金属イオンでした。2価の鉄イオンFe^{2+}は水溶液中で酸素分子によって容易に酸化され，3価の鉄イオンの水酸化物である$Fe(OH)_3$となって沈澱します。この過程で海水中の酸素分子が急激に増加することを防ぎました。このときにできた$Fe(OH)_3$は縞状鉄鉱石として現在まで残り，鉄による現代文明の礎となりました。

もう一つの大きな要因は，活性酸素を除去する酵素をもった細菌が生き延びたことです。現在の地球の大気環境で生活する生物はすべてスーパーオキシドジスムターゼ（SOD：superoxide dismutase）とよばれる酵素をもち，ス

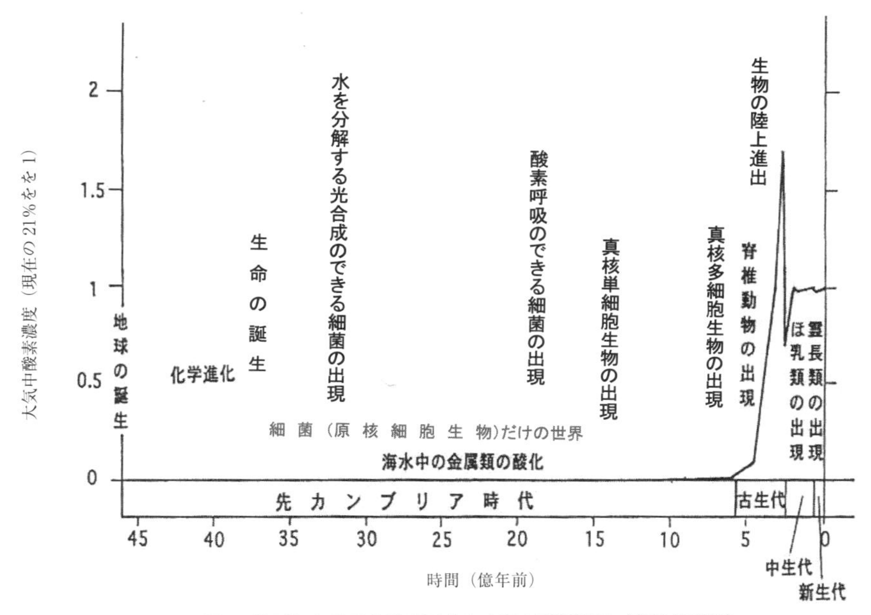

図6　地球における生物の歴史と大気中酸素濃度（普通目盛り）

［浅田浩二，蛋白質核酸酵素　臨時増刊，**33**（16），9（1988）を改変；関　隆晴；原著文献　L. V. Berkner, L. C. Marshall, *J. Atm. Sci.*, **22**, 225-261（1965）］

ーパーオキシドを除去しています。この酵素をもたなかった細菌は死に絶えたか，あるいは現在でも酸素のないところでなければ生きていけない細菌（絶対嫌気性細菌）なのです。酸素を発生する光合成を行ったシアノバクテリアは，抗酸化物質であるカロテノイド以外に，おそらくそれ以前からSODをもっていたのでしょう。SOD以外に過酸化水素を除去する酵素も生物はもっていますが，ヒドロキシルラジカルを除去する酵素は知られていません。

こうして，酸素のある環境で生き残ることのできた細菌の子孫が生き延びたわけですが，活性酸素はDNA損傷も引き起こします。酸素の出現は，放射線や紫外線，その他の化学物質に加え，突然変異の原因を新たに一つ増やしたことにもなりました。

ところで，その後海水中に飽和した酸素分子は大気中に出て，大気中の酸素濃度を増加させました（図6，図7）。

c.　酸素呼吸

そのおかげといえるかどうかわかりませんが，その後，酸素を逆に有効利用し，無酸素呼吸の10倍も効率よくATPをつくることができる細菌が現れました。

それは，まず三炭糖の代謝産物であるピルビン酸をさらに二酸化炭素と水素にまで分解します。そして，水素の電子を酸素に渡し，そのときに出るエネルギーでATPを合成する，つまり酸素呼吸をする細菌の出現です（図6）。

酸素呼吸により糖を水素と二酸化炭素に分解する反応は，光合成により水素と二酸化炭素から糖を合成する反応とちょうど逆の反応にも見えます。

この高度で高効率な化学反応はまだ人類のまねのできない技術であり，今後，人類のエネルギー問題解決に大きな道標となることでしょう。

2.5.4 真核細胞生物の出現

やがて，十数億年ほど前の地層から細菌より10倍ほども大きな（体積にすると約千倍）細胞の化石が見られるようになります。それは大きいだけでなく核ももっています。それまで真正細菌と古細菌という二つの大きな系統の原核細胞生物しかいなかった地球に，三番目の生物，真核細胞生物が出現しました（図6）。

ほとんどの真核細胞はミトコンドリアというATP製造工場をもっています。葉緑体という光合成工場をもつものもいます。ミトコンドリアは環状のDNAをもち，紅色細菌とよばれる真正細菌の仲間とよく似た特徴をたくさんもっています。葉緑体も環状のDNAをもち，シアノバクテリアと似た特徴をたくさんもっています。ところが，核のDNAを複製する酵素や転写する酵素，あるいはDNAの構造には，古細菌と共通する特徴がいくつか見られます。あたかも真核細胞は古細菌と真正細菌の寄り合い所帯のようです。

白血球やアメーバは細胞の外の細菌を，細胞膜で包み込んで細胞の中に取り込みます。これは真核細胞の貪食作用（ファゴサイトーシスまたはエンドサイトーシス）とよばれます。真核細胞の祖先になった細菌は貪食作用によって取り込んだ細菌を殺してしまわず，逆に共生することによって新しい細胞に変身したのではないかと考えられています（共生説）。ミトコンドリアも葉緑体も貪食作用によってつくられるであろう包膜で包まれています。

最近，ゲノムDNAの解析から真核細胞と共通する特徴的な遺伝子をたくさんもった古細菌（ロト始原菌）が発見され，真核細胞生物の共通祖先ではないかと考えている研究者もいます。

2.6 真核細胞生物の進化（20億年前～5億年前）

2.6.1 性と有糸分裂

a. 染色体

真核細胞が誕生したのは今から十数億年ほど前のこと。アメーバやゾウリムシのような単細胞の真核細胞生物（真核単細胞生物）は原生生物ともよばれ，単純な生き物のように思われがちですが，それは細菌の積み重なる突然変異と共生によって誕生した，とても複雑な生き物です。基本的にヒトの細胞と同じです（第Ⅱ部3.1の図4参照）。穴のあいた二重の膜で包まれた袋（核）の中に，きれいにタンパク質に巻きついたゲノムDNAが何本かに分かれて入っています。DNAは両端のある線状DNAです。細胞が分裂して増えるときには染色体とよばれる構造物になり，その本数を数えることができます（ヒトの体細胞の染色体数は46本です）が，分裂しないときには核の中に広がっていて染色体の形は見えません。

ところで，ヒトの体細胞の46本の染色体は同じ形をした22対（44本）の常染色体（相同染色体）と1対（2本）の性染色体からなりたっています。それは，卵子のもつ22本の常染色体と1本のX染色体，精子のもつ22本の常染色体と1本のXまたはY染色体です。

卵子と精子（生殖細胞）のもつ1組のゲノム（n，n'とします）が合体して生じた2組のゲノム（$2n = n + n'$）をもつ受精卵が体細胞分裂を繰り返し，同じ$2n$のゲノムをもつ細胞の集まりとしてヒトも羊もできます。この分子レベルでの基本的な仕組（DNA複製によってできた2本のDNAが細胞分裂によって二つの細胞に分けて取り込まれること）はすでに述べましたが，それでは，ヒトの細胞はどのようにして46本の染色体を二つの細胞に46本ずつ正確に分けて入れるのでしょう？

b. 有糸体細胞分裂

ヒト（真核細胞）も原核細胞と同様，分裂する前には必ずゲノムDNA（$2n$）が複製されて2倍（$4n = n + n'$）になります。真核細胞ではゲノムDNAは何本かの染色体に分かれていますので，DNAが複製されると染色体の数が2倍になります。DNAが複製されて1本の染色体が2本になったとき，その2本（姉妹染色分体）はくっついていますが，分裂の際にタンパク質でできた糸（微小管）で，それぞれの姉妹染色分体は両極に引っ張られて分離されます。すると元と同じ染色体の組み合わせ（$2n = n + n'$）が二組できることになります。これを核分裂といいます。そして一つの核を一つの細胞に入れるように細胞膜で仕切ると，元の細胞とまったく同じ$2n$のゲノムをもった細胞が二つできます。このような分裂の仕方を有糸体細胞分裂とよびます。

クローン羊のドリーが誕生するもとになった母羊の乳腺の細胞が，母羊の受精卵の$2n$のゲノムをもっていたから羊のドリーが誕生したということです。これは，この有糸体細胞分裂がいかに驚異的な正確さで行われていたかということを示しています。

c. 性

一方，ヒトの生殖細胞は23本のゲノム染色体（n）をもっています。それは受精卵が分裂してできた体細胞（$2n$）の中で，なぜか生殖細胞になるように運命づけられた細胞（始原生殖細胞）は染色体数を半分の23本（n）にする細胞分裂（減数分裂）を始めるからです。

減数分裂を始める前に体細胞（$2n$）はまずDNA複製を行い，姉妹染色分体をつくり$4n$になります。ところが，ここでなぜか両親に由来する同じ形をした相同染色体が対になり，2本の性染色体も対になります。そして，不思議なことに対になった相同染色体と性染色体がそれぞれ微小管によってできた糸で細胞の両極に引っ張って分けられ，細胞膜によって仕切られて二つの細胞になります。このとき，それぞれの細胞には姉妹染色分体をもつ23組ずつの染色体があります。引きつづいてそれぞれの細胞で姉妹染色分体が微小管の糸によって両極に分けられ，23本ずつの新たな組み合わせ（2^{23}通り）の染色体［$n'' = (n + n')/2$］をもつ四つの細胞になります（第Ⅱ部3.10図5参照）。

こうしてできた新たな生殖細胞が合体してまったく新しい受精卵が誕生します（$2n = n'' + n'''$）。何種類の受精卵ができ得るか，計算してみてください。

このように異なるゲノムをもつ二つの細胞が合体し，新たな遺伝子の組み合わせをもつ細胞をつくり出すことを性（sex）といいます。これは，これまでの突然変異による遺伝子の多様化機構に加え，真核単細胞生物で見られるようになった生物多様化の新たな仕組みです。

2.6.2　真核多細胞生物の出現

a. エディアカラ生物群

有糸体細胞分裂して増殖した細胞が一つ一つばらばらに生活すれば，それは単細胞生物のままです。地球に生命が誕生して30億年あまり，地球は単細胞生物だけの世界でした。しかし，今から6億年ほど前の地層から肉眼でも見える大きさの生物の化石が発見されました。最古の多細胞生物です。オーストラリアのエディアカラ丘陵で初めて発見されたため，エディアカラ生物群とよばれています。このエアーマットのような基本構造からなる不思議な生き物は，水中での数千万年の栄華の後，あたかもエデンの園から去るかのようにその姿を消したと考えられます。

b. バージェス頁岩動物群

5億4千万年ほど前から5億年ほど前までの間，突然のように大量の多様な大型化石が見られるようになります（カンブリア大爆発）。初めカナダのバージェス山で発見され，バージェス頁岩（けつがん）動物群と名づけられましたが，その後世界各地で見つかり，当時の海で広く栄えていたことがわかりました。それらは，節足動物門（エビやカニの仲間），軟体動物門（イカ，タコ，貝の仲間），環形動物門（ミミズやゴカイの仲間），刺胞動物門（サンゴやクラゲの仲間），棘皮動物門（ウニやヒトデの仲間），海綿動物門といった現在の地球で見られる動物のグループ（門）の祖先にあたる生き物です。ところが，現在の動物群に当てはまらない「奇妙な」形をした動物達のグループ（門）も，数多く存在していたことがわかりました。ということは，この時代，現在の動物のほとんどすべ

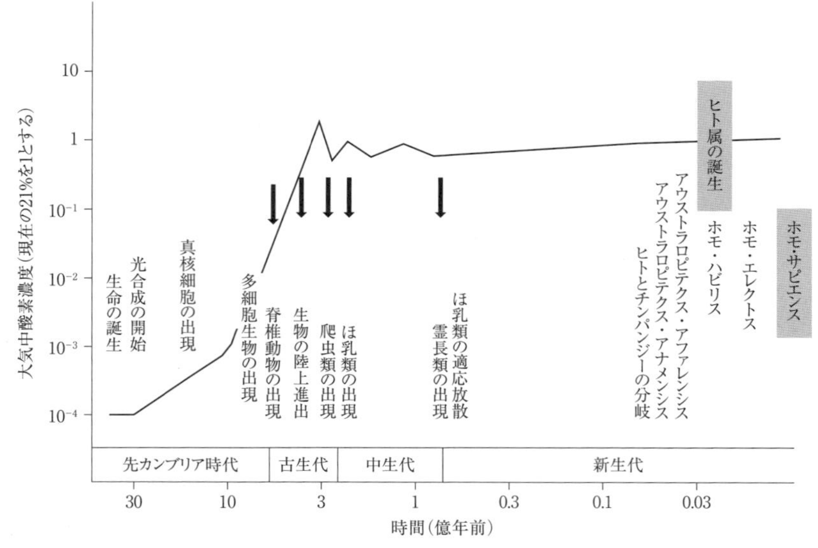

図7　大絶滅の歴史の中でのヒトの誕生（対数目盛り）

図中の矢印は5回の生物大絶滅を示す。

［浅田浩二，蛋白質核酸酵素　臨時増刊，**33**（16），9（1988）を改変；関　隆晴；原著文献　L. V. Berkner, L. C. Marshall, *J. Atm. Sci.*, **22**, 225-261（1965）］

ての祖先を含む様々な種類の多細胞動物が，あたかも体づくりを試行錯誤するかのように出揃っていたことになります。それらの動物の中の一部のものが生き残り，その子孫が多様化して生き延びていると考えられます。

c．脊索動物

この時代，背中を前後に走る1本の棒状構造（脊索）を持った動物（ピカイア）も出現していました。それらは脊索動物門とよばれるグループに分類されます。私たちヒトはこのグループの中の一つである脊椎動物亜門に属しますから，ヒトの祖先にあたる動物もこの時代に出現したことになります。

脊椎動物である魚，カエル，ワニ，鳥もヒトも，パクパクと上下に動く口をもっていますが，最初に現れた脊椎動物はパクパクと動く口をもっていませんでした。それは顎がなかったからです。そのため無顎類（あるいは円口類）とよばれ，その末裔はヤツメウナギやメクラウナギとして現在まで生き延びています。やがて，エラを顎につくり変えたものも数多く現れました。その子孫の中に，軟骨でできた骨をもつ軟骨魚類（サメやエイの仲間）や硬い骨でできた背骨をもつ硬骨魚類も誕生しました。しかしこの時代，すべての生き物はまだ水の中で生活していました（図7）。

2.7　生物の陸上進出と大絶滅の歴史（5 億年前～500 万年前）

2.7.1　生物の陸上進出

水の中で誕生し多様化してきた生き物が陸上に上がるには，多くの克服すべき問題がありました。たとえば，呼吸，重力，乾燥，紫外線，栄養源などです。これらの問題がどのように克服されて生物は陸上に進出したのでしょう？

a.　オゾン層の形成

2.5.3 c ですでに述べたように，海水に溶けきれなくなった酸素は大気中に出て，10 億年ほど前から急速に大気中酸素濃度は増加し始めました（図 6，図 7）。

酸素分子 O_2 は紫外線（UVC）を吸収すると二つの酸素原子 O に分解され，周りの酸素分子と結合してオゾン O_3 になります（$O_2 + O \rightarrow O_3$）。そして，大気圏（対流圏）の上方，高度 15～50 km の成層圏にオゾン層ができたのです。ところが，このオゾンは偶然にも DNA やタンパク質の吸収する紫外線（UVB）を吸収します。本来，この紫外線は DNA やタンパク質に損傷を与えるので，シアノバクテリアがつくり始めた酸素のおかげで，生物はオゾンでできた UV カットフィルターの下で生活することができるようになったのです。

b.　独立栄養生物の陸上進出

4 億 2 千万年ほど前，植物のように見える生物の最古の化石が見られるようになりました。光合成により自前で栄養分をつくる独立栄養生物がまず陸上進出しなければ，生き物を栄養源とする従属栄養生物は陸上進出できません。コケやシダ植物とともに細菌や菌類，小さな無脊椎動物も陸上進出したことでしょう。

c.　両生類の出現

栄養分となる植物や無脊椎動物も豊富になった 4 億年ほど前（デボン紀），脊椎動物も陸上進出し始めました。それは，細胞活動に重要なリンとカルシウムを骨の形で体に蓄えた硬骨魚類の仲間から，胸鰭と尻鰭を脊柱につないで 4 本の足（四肢）に変え，水から出ても体を支えて移動できるようになりました。陸上に進出した脊椎動物は四肢動物あるいは四足動物とよばれています。一部の原始的な魚類は消化管の一部に膨れた袋（肺）をもっていたのですが，この袋を外呼吸（ガス交換）に使うものも現れました。

しかし，殻をもたない卵は乾燥に耐えられないため，水の中に産まなければなりません。そのため，最初に上陸した脊椎動物の幼生は水中でエラ呼吸をし，成体になると肺呼吸に変わる動物で両生類とよばれています。現在はカエルの仲間，イモリの仲間，およびアシナシイモリの仲間という三つのグループの両生類しか生存していませんが，今から 3 億 5 千万年ほど前（石炭紀）には，はるかに多くの仲間が陸上進出した脊椎動物のパイオニアとして生活していました。

d.　爬虫類の出現

今から 3 億年ほど前になると硬い殻をもった卵を産む四肢動物も現れました。呼吸に必要な空気は通すけれども，乾燥には強い殻の中で羊膜に包まれた水（羊水）に浸って胚が成長します（このグループの末裔である哺乳類も有羊膜類とよばれます）。そして，殻を破って出てくるときには，乾燥に耐える丈夫な鱗のある皮膚をもち，ふ化直後から肺呼吸をすることができるようになっています。そのうえ，水中で卵子に精子を振りかけるようにして受精する両生類と異なり，メスの生殖孔の中に精子を直接注入することにより，生涯陸上で生活して子孫も残すことのできる脊椎動物，爬虫類が出現したのです。

e.　単孔類の出現

2 億数千万年前（ペルム紀）には，子供を汗腺から出る乳で育てる四肢動物，哺乳類も現れていました。しかしまだ子供は卵で産み，糞と尿と卵の出口は一つ（総排出口）しかないところは爬虫類と同じです。単孔類（カモノハシ目）とよばれ，現在はオーストラリアとニューギニアでしか見られないカモノハシやハリモグラのような生き物ではないかと考えられます。

2.7.2 生物大絶滅の歴史

a. 古生代

シアノバクテリアが光合成を始め，酸素を捨てたことによって当時の原核細胞の世界に壊滅的な打撃を与えたことは想像に難くないところですが，その検証は困難です。ところが今から2億5千万年ほど前に，なんと地球の歴史上最大規模の生物大絶滅が化石の研究から明らかになっています。それ以前にも，カンブリア紀に栄えた生物の大絶滅（約4億5千万年前，オルドビス紀末）や多くの初期魚類が滅んだデボン紀後期（約3億7千万年前）の大絶滅がありましたが，2億5千万年前の大絶滅では生物種の90% 以上，科の約半分が滅んだといわれています。脊椎動物の陸上進出のパイオニアであった両生類も多くが滅びました。

なぜこんな大絶滅が起こったのか，その確かな原因はまだよくわかりません。しかし，その頃の地球は超大陸パンゲアとよばれる一つの大陸で，地殻の下にあるマントルの中の大きな対流により上昇してきたマントル（ホットプルーム）がこの超大陸を引き裂いたようです。シベリアントラップとよばれる爆発的な火山の大噴火の時期と一致するという研究が進んでいます。

b. 中生代

多細胞生物が爆発的に出現したカンブリア紀からこの大絶滅で幕を閉じたペルム紀末までを地質年代では古生代とよび，新たな時代を中生代とよんでいます（図7）。中生代の始まった三畳紀には，陸上では生き延びた爬虫類が多様化し栄え始めました。ところが5千万年ほど後，今から2億年ほど前に4度目の大絶滅が起こりました。これにより，哺乳類型爬虫類とよばれる恐竜（単弓類）も滅びましたが，つづくジュラ紀には大型化した恐竜が地球上のあらゆる生態系を占めるようになりました。二本足で歩くもの，草食のもの，肉食のもの，水中で生活するもの，あるいはグライダーのように滑空するものまで現れ，地球上を我が物顔で生活していました。恐竜が闊歩する中，発達した胎盤をもたず未熟な赤ちゃんを産んでお腹の袋の中の乳腺で育てる哺乳類（有袋類）や，発達した胎盤をもちお腹の中で育った子どもを産む哺乳類（真獣類）も現れ，鱗が羽毛に変わった恐竜も現れました。羽毛のついた前肢をはばたかせて空を飛ぶ鳥類もジュラ紀末には現れました。つづく白亜紀も恐竜の世界でしたが，水の中では硬骨魚や水生爬虫類，アンモナイト（頭足類）なども繁栄し，花咲く森や野原には蝶も飛ぶ賑やかな地球になりました。

ところが，6,500万年前を境に，それまで栄えていた恐竜やアンモナイトの化石が絶えて見えなくなりました。1億年以上にわたって地球の支配者の地位を誇っていた恐竜が絶滅したのです。この原因についても多くの説（近年，火山の大噴火説が有力）がありますが，ユカタン半島の近くで隕石による6,500万年前の巨大なクレーターが発見されたことにより，巨大隕石の衝突が白亜紀末の大絶滅の最終的な原因であったと考えられています。

c. 新生代

白亜紀末の大絶滅で中生代は終わり，つづく新しい時代を新生代とよびます。白亜紀末の大絶滅で哺乳類も大打撃を受けましたが，全滅することなく幸運にも生き残ったものがいました。恐竜の絶滅によって大きく空いた生態系の穴を埋めるかのように，多様化した哺乳類の子孫達はさまざまなニッチ（生態的地位）を占めるようになりました。真獣類ではモグラの仲間（食虫目），アリクイの仲間，コウモリの仲間，ウシの仲間，ウマの仲間，クジラの仲間，ゾウの仲間，ネコの仲間，ネズミの仲間，ウサギの仲間，そして，森の木に住むサルの仲間（霊長目）も現れました。手や足をうまく使い，発達した目と大脳を駆使して機敏に枝から枝に渡り歩いていました。そんな木の上で生活する霊長類の中に，木から降りて二本足で立って歩くものも現れました。それは今から500万年ほど前のことでした（図7）。

2.8　人類の誕生と変遷（500 万年前〜現在）

2.8.1　ヒト属の出現

a. ヒト科

人は長い間，オランウータン，ゴリラ，チンパンジーを類人猿（オランウータン科）とよび，ヒト（ヒト科）とは別の仲間だと考えていました。ところが DNA や DNA からつくられるタンパク質を抽出してその違いを比べたところ，人間とチンパンジー，ゴリラが分かれたのは約 500 万年前のことであり，オランウータンの祖先と分かれた時代（約 1 千万年前）より後であることがわかりました。このことから，ゴリラとチンパンジーはオランウータンよりもヒトに近いと考えられるようになり，ゴリラ，チンパンジー，およびヒトがヒト科に分類されるようになりました。

b. 猿　人

チンパンジーと同じくらいの脳の大きさをもち，二本足で立って歩くことができたと考えられる初期人類は猿人とよばれています。現生のチンパンジーよりもヒトに近い特徴をもった 600〜700 万年前の頭蓋骨と歯がアフリカのチャドで見つかりました（サヘラントロプス・チャデンシス）。約 600 万年前のケニアの地層からは二本足で歩いたと考えられる脚の骨が見つかり（オロリン・ツゲネンシス），またエチオピアでは 580〜440 万年ほど前のアルディピテクス・ラミダスと名づけられた猿人も発見されています。ケニアでは 410 万年程前のアウストラロピテクス・アナメンシスといった，チンパンジーよりもヒトに近い化石が見つかっています。

本当に二本足で歩いていたという確証は，約 360 万年前のタンザニアの火山灰の地層で見つかりました。それは二足歩行の足跡化石です。チンパンジーの足の親指はヒトの手のように開いていますが，その足跡化石はヒトの足跡と同じように親指が人差し指に沿っています。この時代に生存していた猿人はアウストラロピテクス・アファレンシス（390〜300 万年前）とよばれています。東アフリカや南アフリカで，猿人の化石は他にもたくさん発見されています。しかし，それらの猿人はすべて現在はいません。みんな絶滅した初期人類です（図 8）。

c. ホモ・ハビリス

1964 年，猿人の大脳容積（380〜530 mL）よりも大きな頭蓋容積（約 650 mL）をもった初期人類の化石が，東アフリカのタンザニアで発見されました。その地域，オルドバイ渓谷ではそれ以前から石器が発見され，オルドワン式石器とよばれていました。「脳が著しく発達した二足歩行の霊長類」であるその化石人類は，180 万年前の石器製作者という栄誉とともに，最初のヒトとしてホモ・ハビリス（器用なヒト）と名づけられました。その時代はアウストラロピテクスも生存していた時代で，石器を最初に使ったのもアウストラロピテクスではないかと考える人もいます。事実，最古の石器はエチオピアで出土する 260 万年前のものといわれており，その時代のホモ属は見つかっていません。

ところで，石器とはその辺に転がっている手ごろな石ころとは違います。それは石英や溶岩を打ち欠いてつくった人工品です。現在地球上には 2 種類のチンパンジーがいますが，カンジと名付けられたヒトに最も近いピグミーチンパンジー（ボノボ）の中の優等生に石器のつくり方を教えても，オルドワン式石器のようなものはつくれません。そんな石器をつくって，初期人類は何に使っていたのでしょうか？　手に持つ石器だけではとても動物の狩猟はできません。彼らは肉食獣の食べ残した動物の死肉をあさって食べていたのではないかと想像されています。骨に付いた肉を削ぎ落とすには石器が役に立ったことでしょう。また，骨を石器で割れば中には栄養豊富な骨髄が詰まっています。死肉あさりをして手に入れた肉や骨髄は，貴重な栄養補

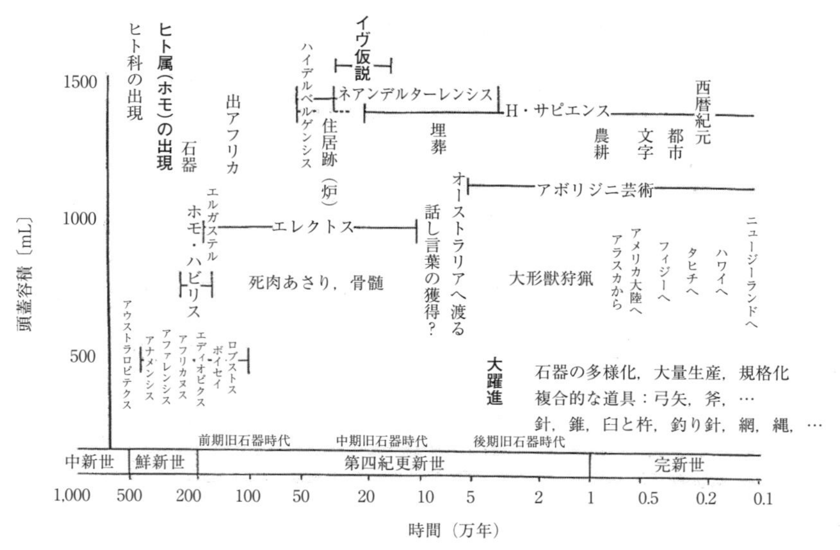

図8　ヒト科におけるホモ・サピエンスの出現と大躍進（片対数目盛り）

［原図：関 隆晴］

給源であったろうと考えられます。

d. ホモ・エレクトス

ここまで登場した初期化石人類の舞台はすべてアフリカです。しかし，現在の人類は地球上のありとあらゆる所で生活しています。かの有名なジャワ原人（インドネシア，100～80万年前）と北京原人（中国，78～68万年前）はいずれもホモ・エレクトスとよばれるヒト属の一種です。その頭蓋容積は800～1,000 mLで，猿人やチンパンジーの2倍ほどもあります。同じような化石はアフリカのケニアでも発見され，ホモ・エルガスター（180～140万年前）と名付けられました。それはトゥルカナ湖畔で発見された160万年前の少年のほぼ完全な全身骨格で，トゥルカナ・ボーイとよばれています。成人になると180 cmにもなったであろうと推定される足の長い，がっしりとした体格です。どうやら，一段と大きくなった脳とがっしりした体格をもったものがアフリカに現れ，アフリカからはじめて別の大陸に旅立ったようです（出アフリカ）。

私たちホモ・サピエンスは最初に出アフリカを果たし，ユーラシア大陸に広がったホモ・エレクトスの末裔なのでしょうか？

2.8.2　ホモ・サピエンスの出現と大躍進

a. ホモ・サピエンスの出現

現在世界中で生活している私たち（ホモ・サピエンス）のDNAを抽出し，その塩基配列を比較すると，現代人の祖先は何種類いたか推定することができます。その結果，われわれは十数万年前のアフリカに由来する1種類の人類の子孫であることが分かりました。はじめは母親由来の遺伝子（ミトコンドリアのDNA）を使って調べられたので「イヴ仮説」とよばれましたが，その後，父親由来の遺伝子でも同様の結論が得られました。ホモ・エレクトスよりも大きな頭蓋容積をもつもの，ホモ・サピエンスがアフリカに現れ，再び世界に広がったようです。エチオピアで約16万年前の最古のホモ・サピエンスが発見されています。

b. 古代型ホモ・サピエンス

ホモ・サピエンスよりも少し古い年代に発見された人類化石は他にもいくつか発見され，古代型ホモ・サピエンスとよばれています。ドイツで発見されたホモ・ハイデルベルゲンシスや，ホモ・サピエンスより少し大きめの頭蓋容積をもち，35 万年ほど前から約 4 万年前まで，中東からヨーロッパにかけて生活していたネアンデルタール人（ホモ・ネアンデルターレンシス）も含まれています。そして約 10 万年前のイスラエルでは，ホモ・サピエンスがネアンデルタール人と同じような石器を使って生活し，その後もヨーロッパ各地で同じ時代を生きていました。

約 7 万年前，南アフリカでは骨角器を使って暮らしていたホモ・サピエンスの化石が見つかり，オーストラリアには約 5 万年前にアボリジニの祖先が海を越えて渡ったと考えられています。

c. ホモ・サピエンスの大躍進

4 万年前以降，ヨーロッパでは石刃技法という高度な新しい技術による石器や弓矢や銛などが大量につくられるようになり，最古の壁画や骨を使った笛なども見られるようになり，文明の兆しが突如現れ始めました。大型動物の狩猟ができるようになったのもこのころからです（図 8）。それはおそらく，話し言葉を自在に操れるようになったホモ・サピエンスの祖先が，言葉による世界の再構築と意思伝達を上達させたからではないかと考えられています。ホモ・サピエンスのこの大きな変化を「大躍進」とよんでいる人もいます（図 8）。この大躍進のしばらく後から，ネアンデルタール人の化石と遺跡は見られなくなりました。現在生存する人類はホモ・サピエンス 1 種だけです。

ホモ・サピエンスはその後，今から 1 万年ほど前にメソポタミアの地で農耕牧畜をはじめ，5 千年ほど前に文字を使い始め，4 千年ほど前から各地で古代文明が花開きました。そして 2 千年ほど前から世界をできるだけ厳密に言葉（記号体系）で再構築しようとする営み（自然科学）が育ち始め，ここまで見てきたように，宇宙の起源から人の出現までの共通認識を深めつつあります。

2.8.3 宇宙から生まれた人，人を見る

「人間は宇宙が自らを知るために創り出した存在である」といった人もいます。「自然科学は自然と人間の共同作業である」といった人もいます。私たち人類は宇宙に生まれた不思議な「人」をわかろうとして，神話や経典を生み出し，科学的なものの見方，考え方でも「人」をわかろうとし始めています。1 kg あたり約 1 兆個の細胞でできた真核多細胞生物である人が人と宇宙を「わかる」とは？

科学技術の発展により，多くの人が豊かな生

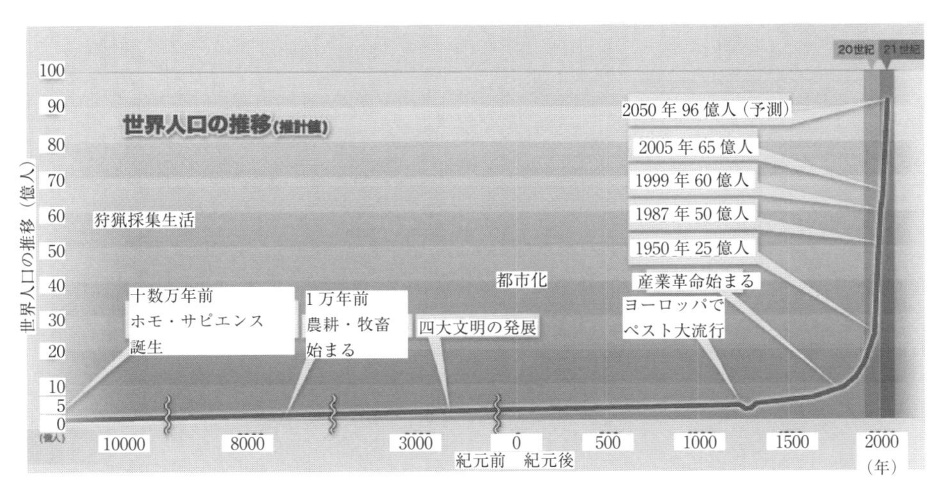

図 9 ホモ・サピエンスの人口の変遷（推計値）（普通目盛り）

［© 国連人口基金東京事務所作成のグラフに加筆］

活を手に入れ，ITの発達により人類全体での情報共有が可能になった現在，人口の指数関数的増加（図9）に伴う地球環境の変化は6度目の生物大絶滅の時代をもたらしているともいわれています。ホモ・サピエンスはどのような未来を築くのでしょう？　そしてそれを見届けるのは人？アンドロイド？サイボーグ？

［執筆：本書編集委員，構成：関 隆晴］

参考図書

1) “ナショナルジオグラフィック（日本語版）” 日経ナショナルジオグラフィック社
2) “日経サイエンス”，日経サイエンス社
3) “雑誌「ニュートン」”，ニュートンプレス
4) 国立天文台　編，“理科年表”，丸善出版
5) J. M. Diamond 著，長谷川真理子 訳，“人間はどこまでチンパンジーか？―人類進化の栄光と翳り”，新曜社（1993）.
6) C. E. Sagan 著，木村　繁 訳，“コスモス”，朝日新聞社出版局（1980）.
7) P. Morrison，P. Morrison，The Office Charles and Ray Eames 著，村上陽一郎，村上公子 訳，“パワーズ　オブ　テン―宇宙・人間・素粒子をめぐる大きさの旅”，日経サイエンス（1983）.
8) 観山正見，小久保英一郎，“宇宙の地図”，朝日新聞出版（2011）.
9) 日本光生物学協会　光と生命編集委員会 編，“光と生命の事典”，朝倉書店（2016）.

第 II 部

各　　論

第1章　物　理

編集担当：越桐國雄

1.1　単位の基礎

1.1.1　時　間

a. 時間の歴史

時間は宇宙が生まれたときから過去から未来へと一方向に進んでいる。その流れに沿って自然界は変化していく。時間の長さをはかることは日常的にも科学的にも古くから必要不可欠なものであった。知りたい時間のスケールに応じてさまざまな時間をはかるものが発明されてきた。天体の動きから比較的長い時間を知るようになり，紀元前3000年頃には棒とその影の長さから時刻をはかる日時計が用いられるようになった。現在，紀元前1500年頃のエジプトの日時計が最古のものとして残っているが，それは持ち運びができる簡単なものであった。現在でもモニュメントとして日時計は各所につくられているが，日本のほぼ中央に位置する岐阜県郡上市美並町には高さ37.3 mの世界有数の日時計がある。

日時計は地球の自転に対する太陽の位置の変化がもとになっているので，通常日時計に使われる棒は鉛直方向ではなく地軸に平行に立てられる。棒の傾きは緯度によって異なる。いくつかの地点での日時計をつくるための台紙がダウンロードできるウェブサイトがある。

水時計　比較的短い時間には水時計や砂時計が用いられ，紀元前1400年頃のエジプトの水時計が現存する最古のものとして残っている。日本では日本書紀に天智天皇が水時計を用いたとの記録がある。水時計は流れる流量をはかるものと，流れ出すことによる水位の変化をはかるものがある。水が溜まる方に浮きをつけ，それが指す目盛りを読むことで時刻を知った。中国では水が流れ出すものを漏壺（ろうこ）といい，水を溜めて時刻を知る方を刻箭（こくせん）とよぶため，水時計は漏刻（ろうこく）ともよばれる。流量は流れ出す器の水圧に依存するので，水を溜める容器を何段にも重ねることによって流量の変化を少なくできる。たとえば，容器が一つなら水が流れ出す分，元の水の量は減っていくので流量も減っていき水が溜まる速度は遅くなる。そのため，目盛りを補正しないと一定の時間間隔は得られない。容器を出る水量に比べて容器を十分に大きくすれば，かなりの間流量を一定に保つことはできるが限界がある。

そこで，同じ大きさの容器をもう一つ上流に置き水の量もはじめそろえておく。下の容器から水が出るのと上の容器から水が入るのは，両方の容器の水の量が等しい場合同じになるので，下の容器から水は減らない。そうすると下の容器から出る水の量はつねに一定となる。やがて上の容器の水が減るため上から来る水の量が減り，下の容器の水が減っていくので流れる水は減り始め一定時間を刻まなくなる。そのためさらにもう一つ容器を重ねると，一番下の容器の水の減り方はもっと緩やかになる。そのため同じような容器を数段重ね，一番下の水の変化を抑えた上で適当な時間間隔で一番上の容器に水を足していけば，一番下の水はかなり正確に一定量の水を流すことになる。

b. 原子時計

現在では時間をはかるものとして原子時計が用いられ1秒という時間の単位は^{133}Cs（セシウム133）原子の超微細構造を用いて決められている。^{133}Cs原子の基底状態には二つのエネルギー準位（状態）があり，そのエネルギー間隔は一定でかつそれぞれのエネルギー状態は非常に安定である。つまり，エネルギー間隔の値は非常によい精度で一定を保っている。一般に，低い方のエネルギー状態（A）にある原子はエネルギー間隔に等しいエネルギーをもらうと高い状態（B）に遷移する。プランク定数をh，電磁波の周波数をνとすると，そのエネルギーは$h\times\nu$と表されるので周波数が9192631770 Hzのマイクロ波をあてたときその遷移が起きる。

いま，熱せられガス状になった^{133}Cs原子にレーザー光を照射して高いエネルギー状態（B）をポンピングすると，低いエネルギー状態（A）のみにすることができる（光ポンピング式セシウム周波数標準器という）。その^{133}Csガスにほぼ上記の周波数に設定されたマイクロ波を照射すると，^{133}Cs原子の多くは高い状態に遷移する。高い状態に移った^{133}Cs原子に再度レーザー光を照射すると低い状態に戻るが，その際蛍光を発生する。その蛍光の強度を計測すればマイクロ波によって遷移した原子の数がわかる。遷移した原子の数が少なくなれば周波数を変えて増やすようにフィードバックさせておくと，つねにマイクロ波をきわめて精度よく上記の最適な周波数にしておくことができる。その周波数を基準に1秒を決めている。

原子時計はGPS（global positioning system：全地球測位システム）にも利用され運用中の約30基の衛星には原子時計が搭載されている。また，セシウムより精度は劣るが安価で小型化できるルビジウム原子時計やセシウムが10^{-12}～10^{-14}の精度をもつのに対し，10^{-15}の正確さをもつ水素メーザーによる原子時計も開発されている。

c. 原子時とうるう秒

“時間”が時間の長さを表すのに対し，“時刻”は時間の位置を表す。時間の位置は原点をどこに置くかによるので，物理的にはあまり意味がないが日常生活では重要である。世界の標準時は1884年，英国のグリニッジ天文台を通る子午線上の時刻を世界時とすることが決められた。原子時計の登場で時刻が正確に刻まれるようになると，地球が自転をする周期がいつも正確に24時間ということではないことがわかる。つまり，地球が1回自転する時間である1日と原子時計の刻む24時間との間にずれが生じてくる。このずれをそのまま放置すると極端な場合，日の出が午前6時や7時でなくなったり，昼が12時ではなくなることになる。これは日常生活にとっては非常に困ることである。そのため，時間の刻みは原子時計によって決められた1秒をもとにし，原子時とよぶが，1日は地球の自転周期をもとにして決める。そうして，この両者に0.9秒以上の違いが生じないよう1秒分の補正（うるう秒という）を入れて調整することとした。これが協定世界時である。うるう秒が決められた1972年以降2015年7月までに26回うるう秒が実施された。

d. 同時性

時間の長さは誰がどのようにはかろうとも変わらないいわゆる絶対的物理量と考えられていたが，A. Einstein（アインシュタイン，1879－1955）の特殊相対性理論によって，はかる人により時間の長さが異なる相対的な物理量であることがわかった（1.6.8「相対性理論」参照）。たとえば，湯川秀樹（1907－1981）によって存在が予言されたπ（パイ）中間子という素粒子は静止しているときは約26 nsという短い半減期でμ（ミュー）中間子に崩壊する。ところが，この素粒子が光速の約0.9倍という速さで走っていると，それを見ている観測者がその半減期をはかると60 nsと倍以上に伸びる。そのため，崩壊現象を測定する場合は26 nsで走る距離ではなく60 nsで走る距離のところに検出器を置いておかないと捕らえることができない。ただし，パイ中間子自身にとっては半減期は決して変化していない。つまり，高速で走る人の時計を止まっている人が見ると止まっている時計より進み方が遅くなっているのである。

［沖花　彰］

1.1.2　長　さ

a. 長さの歴史

ものの長さを基準のものと比較してはかることは古くから行われていたが，共通の基準となる長さは国や時代によってその都度変わっていった。多くは人間のからだの一部を基準に取っていた。たとえば，尺（一尺は30.3 cm）はもとは親指の先から中指の先までの長さを基準として決められたもので，フィート（1 ftは304.8 mm）は人の足の踵からつま先までの長さからきている。1789年のフランス革命のあと，地球の子午線の極から赤道までの長さの1000万分の1を1メートルとし長さの基準とすることが決められた。1875年，国際条約で全世界の単位をメートルに統一することが決まった

（メートル条約）。その際メートル原器がつくられた。日本も明治18年（1885）にこの条約に加入しメートル副原器を保有している。この基準では長さの精度は10^{-7}程度であるが，科学技術の発展に伴って，より小さなミクロな世界をさぐるときなどこれ以上の精度が求められるようになった。そこでより不変な長さの基準として，1960年クリプトン原子の出す赤い光の波長の1650763.73倍を1メートルとしたが，時間の測定の方が長さより精度よく求められるようになり1983年に1秒間に真空中を光が伝わる長さの299792458分の1を1メートルとするようになった。

b. メートル原器

1メートルの基準となる長さを刻んだもので，白金90%，イリジウム10%の合金でつくられ，表面の2線間の距離が1mになっている。1875年のメートル法の際に作成され，原器はフランスの国際度量衡局におかれ，各国に副原器が配られている。日本には1890年にメートル副原器が到着し，現在は産業技術総合研究所が管理している。

c. 長さの測定

長さをはかるといっても，そのサイズによってはかり方はさまざまである。直接ものさしを使ってはかったり，レーザー光をあてて反射して戻ってくるまでの時間をはかる（距離センサー）こともある。土地の測量で一般的な方法に三角測量がある。ある地点Aから別の地点Bまでの距離を調べたいときは，まず地点Aから距離のわかっている地点Cを選びAから見てACとABのなす角を望遠鏡を使って求める。次に地点Cから同様の方法でCAとCBのなす角を求める。一辺（AC）の長さと2角（∠CABと∠ACB）がわかれば△ABCは決まるのでAからBまでの距離も求まる。この方法はわかっている地点までの距離ACに比べかなり遠方までの距離ははかれないので，三角測量を繰り返して遠くまでをはかるものである。

比較的近い天体の測定も同様で，ある星までの距離をはかるには，まずその星を観測し半年後に再度観測すると，地球の公転直径分違う方向に見えるので，公転軌道上の地球の位置がわかっていれば，星までの距離はその視差からわかることになる。これも地球の公転軌道に比べて遠くなるほど視差は小さくなるため限りがある。それ以上遠い星までの距離は，真の明るさや大きさのわかった星（標準光源）の見掛けの明るさや大きさを調べることで，そこまでの距離を割り出している。

小さな長さをはかるにはノギスやマイクロメーターがある。ノギスには主尺と副尺があり，たとえば主尺に目盛りが1mmごとに刻んであって副尺には9mmを10等分した目盛りがあるとする。2.4mmのものをはかる場合，ものの端は主尺の2mmから3mmの間，0.4mmずれたところに位置する。副尺はものの端からはじまるが主尺より0.1mm短いので，副尺1目盛りごとに0.1mm補正される。つまり副尺4目盛りで主尺の目盛りと一致する（図1）。言い換えると副尺の目盛りと主尺の目盛りが一致する副尺の目盛りを読めば主尺の目盛りの1/10まではかれることになる。一般のノギスでは0.1mmから0.05mm程度まではかることができる。マイクロメーターは1回転に進む距離を回転角度に変換することで1/100mm程度ははかることができる。もっと短い長さをはかるには波長のわかっているレーザー光をあて，生じる干渉パターンを利用してはかる。

物体のごくわずかな移動距離を精度良くはかるためにレーザー干渉測長器が用いられるが，これは波長が若干異なり互いに直交する偏光面

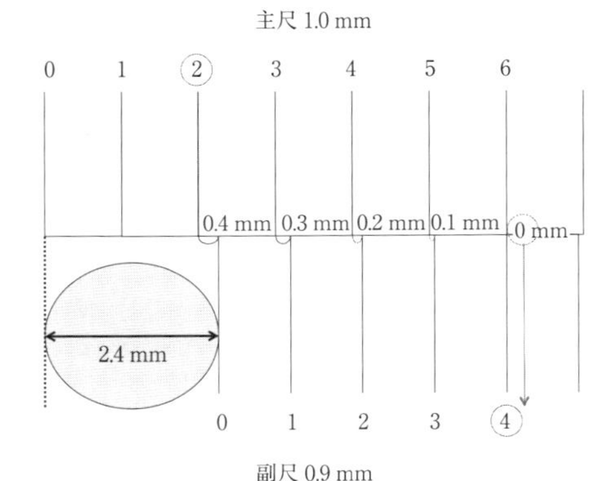

図1　ノギスの主尺と副尺の関係

をもつ二つのレーザー光を発生させるものである。一方は干渉計で反射させて装置内の固定反射鏡にあて，もう一方は透過させてはかるものに設置された測定反射鏡で反射させる。両者が再度一緒になるとき干渉を起こす。はかるものがわずかに移動すると測定反射鏡から反射されるほうの光がドップラー効果によって波長が変化する。そのずれをはかることによって微妙な移動量をはかることができる。

d. 全地球測位システム（GPS：global positioning system）

六つの円軌道上に四つずつ配置された24基の静止衛星（実際には30基程度が運用中）によって，自分が地球上のどこにいてもその位置を10 m以内の精度で割り出すシステム。静止衛星には時間を精度よく刻む原子時計（1.1.1「時間」参照）が設置されており，つねに地球に対して正確な発信時間情報を乗せた電波が送られている。地球上でその電波を受信し，自分の時計と比較すると発信されてから受信されるまでにかかった時間がわかる。つまり衛星までの距離がわかることになる。一つの衛星からの距離がわかると，衛星を中心とする球面上に自分がいることがわかる。別の衛星からの距離もわかると，二つの球面の交差した円上にいることがわかる。さらに三つ目の衛星からの距離もわかると，それぞれの円が重なる2点のどちらかにいることがわかる。2点はかけ離れているのでどちらかを決めることができる。つまり，原理的には三つの衛星からの距離がわかると自分の位置が決められることになる。実際には，三つではかなり誤差が生じるので四つの衛星からの電波を受けて自分の位置を決めるようになっている。

e. 長さの相対性

長さは時間と同じように誰がどのようにはかろうとも変わらないいわゆる絶対的物理量と考えられていたが，これもアインシュタインの特殊相対性理論によって，はかる人によりものの長さが異なる相対的な物理量であることがわかった（1.6.8「相対性理論」参照）。長さをはかるときは必ずその両端の位置を同時にはかることによってその差を求めている。動いているものの長さをはかるときは，そうしないと意味がなくなってしまう。ところが，相対性理論ではある観測者が離れた2点を同時にはかっても，別の運動をしている観測者にとってはその2点の時刻は違っており同時ではない。同時刻になる点は別の位置になる。そのため観測者ごとに長さに違いが生じることになる。　［沖花　彰］

1.1.3　質　量

「はかり」という言葉は日本語では普通，長さや他の物理量をはかるための道具ではなく，重さをはかるための道具を指す。質量とは物体の重さを重力加速度で割ったものをいう。重力加速度が場所によって少しずつ変わるので物体の重さは場所によって変わるといえるが，質量は場所によらない物体固有の量である。質量をはかるということは，人類が数の概念を獲得し，計量を行い始めた頃から関わってきたことである。

質量をはかるのには古くから天秤が用いられてきた。天秤は中国では紀元前2000年くらいから使われていたといわれている。また，竿ばかりとか棒ばかりなど，てこの原理を利用したはかりは日本でも古くから用いられている。このほかにばねばかり，台ばかりなども物体の重さ（したがって質量）をはかるのに用いられる。

図2に精密な天秤の写真を示し，図3に分銅をのせたりする手間を避けるように工夫されて

図2　精密な天秤

［© 工作と実験 / 精密天秤］

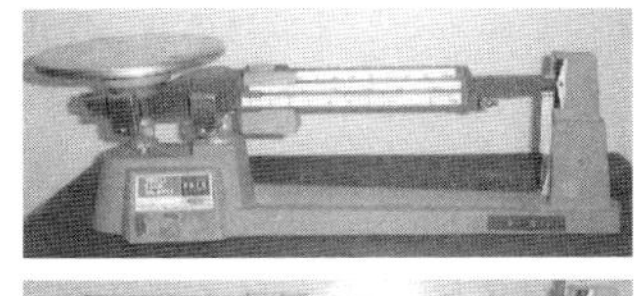

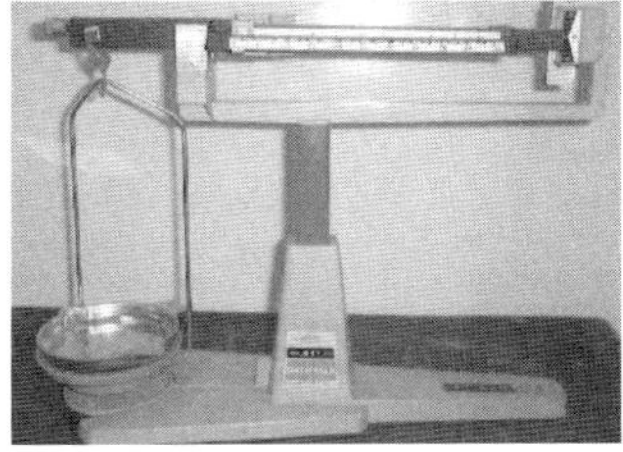

図3　天秤（台ばかり）

［© OHAUS SCALE, TRIPLE BEAM BALANCE:CENT-0-GRAM®］

図4　電子天秤

［© 島津製作所 TW223N］

いる天秤（台ばかり）を示す。最近は重さがデジタルで表示されることに加え，コンピューターに接続できる図4に示すような電子天秤がよく用いられるようになった。時代は進んでも，従来の天秤による測定には，子どもの頃に味わった，はかることの基本ともいえる釣り合う喜びがある。

a. 質量の基準

質量のSI単位はkgである。初め1kgは0℃ の水の1000 cm^3 の質量と決められた。18世紀末に白金円柱のキログラム原器がつくられることになり，このとき水が最大の密度になる4℃ のときの水の1000 cm^3 の質量を1kgと改めた。現在のキログラム原器は19世紀終わり頃，メートル原器と一緒につくられたもので，白金90% イリジウム10% の合金でできている。日本にはこのとき一緒につくられた原器No.6（日本国キログラム原器）が来て，産総研計量標準総合センターに保管されている。現在1mは真空中を1秒の299792458分の1の時間に光が進む長さとして定義されているので，メートル原器は用いられなくなった。また，質量もキログラム原器を使わない高精度のもので定義変更しようという試みが進んでいる。このため空気の浮力はもちろん，吸着気体分子の質量まで補正できる高精度の天秤が開発されている。

キログラム原器に対しては0.1 μgの精度をもつ原器用天秤がある。これは，真空容器内に入れられた遠隔操作型の高精度天秤である。1kgの原器に対して精度が0.1 μgだから，分解能は 10^{-10} にも及ぶ。すなわち，測定器の有効数字が10桁もあるということである。

b. 重力質量

一方，ばねばかりはのびた長さが掛かった重力に比例するという，いわゆるフックの法則とよばれる性質に従うことを用いて物体の質量をはかる道具である。天秤と同様に，重力加速度が一定なら重力が質量に比例するということを用いて質量をはかるという考えに立っている。この質量を重力質量とよぶことがある。これに対し，もし二つの物体に同じ力 F を与えればどうなるであろうか。I. Newton（ニュートン，1642－1727）の運動方程式は $F = ma$ で与えられるから，加速度 a は質量 m に反比例するはずである。すなわち基準となる質量 m_s の物体があり，これに力を加えたときの加速度が a_s のとき，質量の分からない方の物体の質量は

$$m = m_s a_s / a$$

で決めることができる。こうして決めた質量を慣性質量とよぶ。慣性質量は重力質量と等価であることが実験的に確められており，はかるのは重力質量だけでよく両者を区別する必要はない。

c. 質量分析器

物体は必ず質量をもつ。物体を形づくる物質は原子からできていて，原子は原子核と電子からできている。それでは，まず電子の質量はどうやってはかったかというと，これは19世紀末のJ. J. Thomson（トムソン，1856－1940）

の電子の比電荷（電荷 e ／質量 m_e）の測定から始まる。彼は，当時は陰極線とよばれていた電子線の軌道を電場や磁場で曲げることによって，その曲がり具合で比電荷をはかった。これに加え，R. A. Millikan（ミリカン，1868－1953）は油滴の実験によって電子の電荷（電気素量）e の精密な測定を行った。e と e/m_e がわかれば m_e が求まる。これらの結果から電子の質量 m_e は 9.109×10^{-31} kg であることがわかった。

次に，原子核の質量は，もう電気素量が分かっているので，一定の運動エネルギーをもつイオンの軌道を磁場や電場で曲げて，その曲がり具合からはかることができるようになった。これを最初に行ったのはトムソンの弟子の F. W. Aston（アストン，1877－1945）である。この装置は質量分析器とよばれるものであり，1950年代中頃から化学者達によって原子量の精密測定に用いられた。図5に現在のイオン加速器に用いられている質量分析器を示す。ここに示したのはイオンビームの軌道を曲げるための電磁石である。特定のエネルギーで加速されたイオンを90°曲げるときに必要な磁場を，ホール素子や NMR（nuclear magnetic resonance）ではかることによって，精密に質量を求めることができる。

図5　質量分析器の電磁石の例
［奈良女子大学理学部・物質分析用加速器パンフレット］

d. 質量と速度

質量は場所によらない物体固有の量であると述べたが，実は運動している物体ならばその物体の速度によるのである。相対性理論によれば，止まっているときの質量が m_0 の物体が速さ v で運動しているなら，運動している物体の質量は

$$m = m_0/\sqrt{1 - (v/c)^2}$$

で与えられる。ここで，c は光の速度であるので，われわれが日常で目にする一般的な速さで運動していてもその質量は速度とは関係ないといってよい。しかし，物体の速度が光の速度に近づくと分母が0に近づくので，質量がどんどん大きくなる。したがって，物体は光の速度を超えて運動することはできないことになる。高エネルギーの電子ビームやイオンビームに対しては質量が速度に依存することが無視できなくなる。これらのビームに対して，速度に応じて質量が重くなる様子も質量分析器ではかることができる。

e. 質量エネルギー

また，質量は $E = mc^2$ という式を通してエネルギーと等価である。原子核分裂が起こると，その前後で質量が保存されなくなり，分裂後の質量の和が初めの質量より小さくなる。質量が減った分だけ，分裂後の破片（核分裂片）や γ 線の運動エネルギーなどに変わる。このエネルギーを一旦熱のエネルギーに変え，最後に電気のエネルギーとして取り出しているのが原子力発電である。単に資源としてのエネルギーを取り出すということにおいては，質量エネルギーは非常に大きい。たとえば，一つのウラン $^{235}_{92}U$ が核分裂を起こすと，平均 200 MeV 近くのエネルギーが放出される。わずか 1 g のウランで 8×10^{10} J のエネルギーが得られる。エネルギーの変換や輸送による損失を考えないとして，1ヵ月に 200 kWh の電力を使っている家庭で計算すれば，これだけで100戸の電力を1ヵ月間供給できることになる。　［鈴木 康文］

1.1.4　国際単位系

度量衡の単位系は地球上の様々な文化の中でそれぞれ独自の体系を形づくってきた。18世紀のフランス革命における合理主義的な思想が契機となって1799年にフランスでメートル法が成立する。これは，10進法に基づいた度量衡の単位を国際的に統一することを目標にしていたが実際には普及に時間がかかり，1875年のメートル条約，国際度量衡局の設立の後，1889年の第1回国際度量衡総会によってようやくメートル法が確立した。

その後，基本単位の選択や誘導単位の構成によって複数の実用単位系が派生し，これらが並立して混乱がみられたため，1901年にイタリアのG. Giorgi（ジョルジ）によって提唱されたMKS単位系をもとに，これを発展させた国際単位系（SI：Le Système international d'unités）が検討され，1960年の国際度量衡総会で決定した。1971年には物質量の単位が基本単位に追加されて現在の形になっている。

国際単位系はSI基本単位（SI base unit）として，長さ（メートル：m），質量（キログラム：kg），時間（秒：s），電流（アンペア：A），熱力学温度（ケルビン：K），物質量（モル：mol），光度（カンデラ：cd）の七つをとっている。これに加えSI補助単位（SI supplementary unit）として，平面角（ラジアン：rad）と立体角（ステラジアン：sr）がそれぞれ無次元の量として設定されている（表1）。

SI基本単位はそれぞれ物理量の独立の次元を構成しているが，これ以外の次元をもった物

表1　平面角と立体角の定義

角　度	定　義
平面角（plane angle）	円の周上で，円の半径の長さと等しい弧を切り取る2本の半径の間に含まれる平面角を1ラジアン（1 rad）とする。
立体角（solid angle）	球の表面上で，球の半径を1辺とする正方形と同じ面積を，球の中心を頂点として切り取る立体角を1ステラジアン（1 sr）とする。

表2　特別な名称のSI組立単位

物理量	名　称	記号	別の表現	定　義
周波数	ヘルツ	Hz	–	s^{-1}
力	ニュートン	N	–	$m \cdot kg \cdot s^{-2}$
圧力・応力	パスカル	Pa	N/m^2	$m^{-1} \cdot kg \cdot s^{-2}$
エネルギー・仕事・熱量	ジュール	J	$N \cdot m$	$m^2 \cdot kg \cdot s^{-2}$
仕事率・電力	ワット	W	J/s	$m^2 \cdot kg \cdot s^{-3}$
電気量・電荷	クーロン	C	–	$s \cdot A$
電位・電圧・起電力	ボルト	V	W/A	$m^2 \cdot kg \cdot s^{-3} \cdot A^{-1}$
静電容量	ファラド	F	C/V	$m^{-2} \cdot kg^{-1} \cdot s^4 \cdot A^2$
電気抵抗	オーム	Ω	V/A	$m^2 \cdot kg \cdot s^{-3} \cdot A^{-2}$
コンダクタンス	ジーメンス	S	A/V	$m^{-2} \cdot kg^{-1} \cdot s^3 \cdot A^2$
磁束	ウェーバー	Wb	$V \cdot s$	$m^2 \cdot kg \cdot s^{-2} \cdot A^{-1}$
磁束密度	テスラ	T	Wb/m^2	$kg \cdot s^{-2} \cdot A^{-1}$
インダクタンス	ヘンリー	H	Wb/A	$m^2 \cdot kg \cdot s^{-2} \cdot A^{-2}$
光束	ルーメン	lm	–	$cd \cdot sr$
照度	ルクス	lx	lm/m^2	$m^{-2} \cdot cd \cdot sr$
放射能	ベクレル	Bq	–	s^{-1}
吸収線量	グレイ	Gy	J/kg	$m^2 \cdot s^{-2}$
線量当量	シーベルト	Sv	J/kg	$m^2 \cdot s^{-2}$

表3　SIと併用される単位

物理量	名　称	記号	定　義
時間	分	min	1 min = 60 s
時間	時	h	1 h = 60 min
時間	日	d	1 d = 24 h
平面角	度	°	° = (π/180) rad
平面角	分	′	′ = (1/60)°
平面角	秒	″	″ = (1/60)′
面積	ヘクタール	ha	1 ha = 10^4 m^2
体積	リットル	L	1 L = 10^{-3} m^3
質量	トン	t	1 t = 10^3 kg
エネルギー	電子ボルト	eV	1 eV = 1.6021766208(98) × 10^{-19} J
質量	統一原子質量単位	u	1 u = 1.660539040(20) × 10^{-27} kg
長さ	天文単位	au	1 au = 1.495978707 × 10^{11} m

理量は，基本単位や補助単位の乗除で得られるSI組立単位（SI derived unit）によって表される。SI組立単位には特別の数係数がつかないため，その大きさは一意的に定まる。慣習に基づいて，表2（前ページ）に示すように特別の名称と記号を与えられた組立単位が存在する。なお，SI基本単位，SI補助単位，SI組立単位を一括してSI単位（SI unit）と称している。

国際度量衡委員会では，SIと併用される単位系として，分・時・日（時間），度・分・秒（角度），ヘクタール（面積），リットル（体積），トン（質量）の九つの単位を一定の範囲で認めている。また，特定の分野で有用な電子ボルト（エネルギー），統一原子質量単位（質量），天文単位（長さ）のSI単位との併用も許容されている。その具体的な定義を表3に示す。

また，推奨されないがSIと併用されるその他の単位として，バール（圧力），水銀柱ミリメートル（圧力），オングストローム（長さ），海里（長さ），バーン（面積），ノット（速度）などがある。

SI単位の大きさを指定するために，表4に示すSI接頭語（SI prefix）をつけることによって，SI倍量単位とSI分量単位が定義される。

［越桐　國雄］

表4　SI接頭語

接頭語	記号	倍数	接頭語	記号	倍数
デカ	da	10^1	デシ	d	10^{-1}
ヘクト	h	10^2	センチ	c	10^{-2}
キロ	k	10^3	ミリ	m	10^{-3}
メガ	M	10^6	マイクロ	μ	10^{-6}
ギガ	G	10^9	ナノ	n	10^{-9}
テラ	T	10^{12}	ピコ	p	10^{-12}
ペタ	P	10^{15}	フェムト	f	10^{-15}
エクサ	E	10^{18}	アト	a	10^{-18}
ゼタ	Z	10^{21}	ゼプト	z	10^{-21}
ヨタ	Y	10^{24}	ヨクト	y	10^{-24}

1.1.5　電　流

われわれの日常生活において電気回路は欠くことのできないものである。テレビ・コンピューター・電話などの通信機器，照明やクーラーなどの電気器具，電車などの公共の輸送交通機関にいたるまで幅広く利用されている。今日の文明の象徴ともいえるものである。

電気回路は基本的に電源，抵抗，コンデンサー，コイルなどを組み合わせて構成されており，その動作や性能を知るためには，回路を流れる電流や電圧を解析・計測することは不可欠である。原理的には個々の現象は電磁気学で記述できるものである。複雑な回路であっても，キルヒホッフの第一法則:「回路の任意の節点に流入，流失する電流の総和は0に等しい（電流の連続性）」，および，第二法則：「任意の閉回路を1周するとき，その各部の電圧（電位差）の総和は0に等しい（電圧平衡の法則）」を用いれば解析できる。

回路内の電流を測定するには，その測定したい場所に直列に電流計をつなげばよい。電流計がない場合には，直列に既知の抵抗をつなぎ両端の電圧降下を測定すればよい。ただし，電流計には内部抵抗があることに注意を要する。

電流は大別して電荷の移動に伴う“伝導電流”と電荷の移動によらない“変位電流”に大別できる。通常は前者のことを意味し，後者についてはここでは触れない。電流の大きさは1本の導線を考え，導線の断面を単位時間に通過する電荷量で表す。単位はA（アンペア）で1Aは1C（クーロン）s^{-1}に相当する。

導線の断面積をS〔m^2〕とし，導線内には単位体積あたりn個（n〔m^{-3}〕）の電荷q〔C〕をもつ荷電粒子が速度v〔$m\ s^{-1}$〕で運動しているとすれば次式となる。

$$I = qnvS \qquad \text{〔C s}^{-1}\text{〕}$$

国際単位系では，2本の平行導線に電流を流したときに働く力を基準に1A電流の大きさを定義している。すなわち，真空中で1m隔てた平行導線に2×10^{-7} Nの力を及ぼし合うときの電流を1A電流と定義する。これはA. M. Ampere（アンペール，1775－1836）が発見した2本の平行に置かれた導線に同（逆）方向に電流を流すと，導線間には引（斥）力が働くことに起因する。

導体（金属）内の電流を微視的な立場で考えてみる。金属内での電流の担い手は電子である。通常電子は原子内に束縛されているが，金属中には自由に移動できる電子が存在し，電気伝導を担う。この電子のことを自由電子（または伝導電子）とよぶ。電場が存在しない自由電子はランダムに運動（熱運動）しているため（図6），その平均速度は0である。すなわち電流は流れていない。電場Eが存在すると電子は$-eE$の力を受けて電場方向とは逆向きの力を受け，加速される。しかし，金属中には多数の自由電子が存在するために電場によって加速された電子は，イオンなどと衝突を繰り返しながら運動し，やがて平均速度vで電場とは逆方向に運動する。この電子の運動が電流である。また，導体の抵抗の原因は自由電子がイオンなどと衝突することで電場に沿って加速された速度の成分が失われるためと理解できる。抵抗の大きさは電子が自由に運動している時間 τ で記述することができる。　［川越　毅］

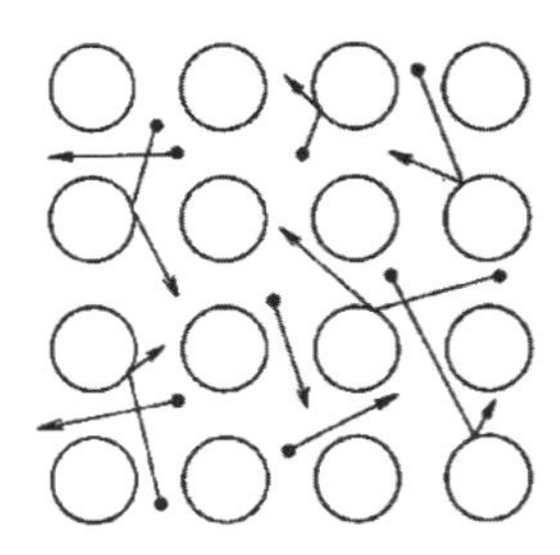

図6　金属内の電子の運動

1.1.6　温　度

a. 歴　史

温度は，人間の生物的感覚として認識される寒･暖や冷たさ･熱さを大本にして，その程度を客観的かつ定量的に表現すべく確立されてきた概念である。そのためにはまず，温度の違いによって生じる（客観的に認識される）物質の性状の変化に着目することが必要であった。気体の体積がその冷たさ･熱さに応じて変わる現象は，たとえば，古代ローマ時代のHero（ヘロン，BC 10－70頃）が考案した機構に利用さ

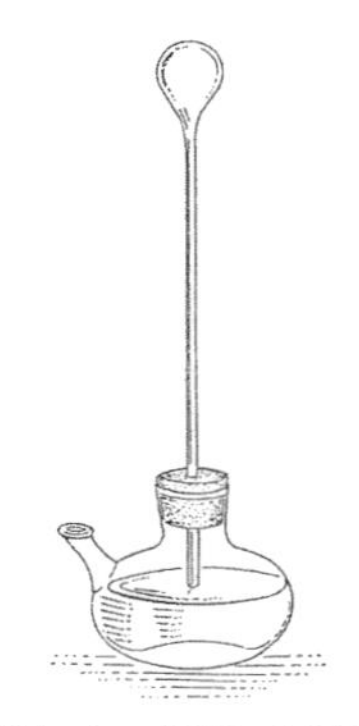

図7　ガリレオ・ガリレイの温度表示器

れており，大変古くから知られていたことが窺える。しかし，気体の膨張を用いて温度をはかる科学的装置は，16世紀後半以降の近代科学の時代に至って登場することになり，さらに，量としての温度の正確な理解と定義が確立するためには，ニュートン力学の成立以後さらに約160年間に及ぶ先人たちの知恵の積み上げが必要であった。

記録が残る最初期の温度変化をはかる装置は，1590年代にGalileo Galilei（ガリレオ・ガリレイ，1564－1642）がつくった空気膨張を利用した温度表示器（図7）である。その後，17世紀のフィレンツェで，大気圧の影響を受けにくい液体の体積変化を利用した精密なガラス製のアルコール温度計がつくられた。18世紀に入るとG. Fahrenheit（ファーレンハイト，1686－1736）は，氷水と塩化アンモニウムからなる寒剤の温度をゼロとして目盛った温度計をつくり，次いでA. Celsius（セルシウス，1701－1744）が水の凝固点と沸点を基準にした温度目盛を提唱した。これらによって，客観性・一貫性のある温度がはかられるようになり，熱的な現象を定量的に研究する道がひらかれた。

定量的な実験を通して，J. Black（ブラック，1728－1799）は物体の熱的状態を指定する温度と，移動する実体としての熱を区別する理解に到達した。その後，J. Charles（シャルル，1746－1823）の発見とJ. L. Gay-Lussac（ゲーリュサック，1778－1850）の研究により，気体の体積と温度の間の直線関係（シャルルの法則）が明らかにされ，温度目盛の振り方の基礎が与えられた。

19世紀に入り，N. L. S. Carnot（カルノー，1796－1832）の研究を端緒とする近代熱力学成立の過程で，Load Kelvin（ケルビン卿，1824－1907）（＝W. Thomson（トムソン））は，温度計に使う物質の性質によらずに，温度の絶対値を決める原理が存在することを見出し，普遍的温度のゼロ点（絶対零度）からの増し高として温度を表現する方法（熱力学的絶対温度）を提唱した。このケルビンの考えに基づく絶対温度を物理量と見なしたものが今日の物理学的な温度になっている。温度を原子運動などのミクロな視点から説明することは，J. W. Gibbs（ギブズ，1839－1903）やL. E. Boltzmann（ボルツマン，1844－1906）らにより築かれた統計力学によって達成された。

b.　熱力学的温度の意味

熱的な状態の異なる2物体AとBを接触させ，外界から孤立した状態におくと，A，Bそれぞれの状態が変化し，やがてそれ以上変化しない安定な状態（熱平衡状態）に至る。熱平衡状態のAとBで共通化する状態変数が温度である。熱平衡は組み合わせる物質の種類と関係なくなりたつから，温度は物体の種類によらずに熱平衡状態を判別するパラメーターであるといえる。温度は物体の量によらない状態量（示強量）である。

熱力学的温度は理想熱機関であるカルノーサイクルを使って定義される。カルノー機関が温度T_Aの高温熱源からQ_Aの熱をもらい，温度T_Bの低温熱源にQ_Bの熱を排出して動作したとき，熱源の温度の比は，使う気体の種類によらずQ_AとQ_Bの比で決まる。

$$T_A/T_B = Q_A/Q_B$$

そこで，温度の基準となる熱源を定め，これと温度未知の熱源間でカルノー機関を動作させたときの熱の出入りを測定すれば，任意の物体の温度が原理的に決定できる。

以上の現象論的な定義に対し，統計力学は微視的な温度の意味づけを与える。統計力学の立場では，物体の内部エネルギーが増すに連れて，物体内部の微視的状態数（の対数）がどれほどの勾配で増えるかが絶対温度の逆数を決める。古典力学的描像が有効である場合は，物体内部の構成要素の乱雑な運動エネルギーの平均値が絶対温度に比例する量であり，とくに単原子分子理想気体ならば，気体内部で原子が個々ばらばらに飛び交う運動エネルギーの平均値の 2/(3 k) 倍が絶対温度になる（k はボルツマン定数）。ただし，微視的な量の詳細を実測によって知ることは根本的に不可能であるから，'はかる'ことのできる温度は熱力学的温度であるととらえるのが基本である。

c. 温度の単位と計測法

単　位　熱力学的温度の単位を決めるために，絶対零度以外の温度定点（基本定点）が必要であり，現在では水の固相・液相・気相の共存する温度（水の三重点）が基本定点になっている。これにより，温度の単位 K（ケルビン）は水の三重点の熱力学的絶対温度の 1/273.16 と定義される。

また，温度という用語は（量でなく）温度目盛の値の意味にも使われる。温度目盛値は基準点とそこからの温度変化量を使って表現される。絶対零度を基準にした絶対温度目盛値は，絶対温度の値と同一である。最もよく使われるのは，1 気圧下の水の凝固点に近い値の 273.15 K を基準点として表現するセルシウス（摂氏）温度目盛である。摂氏温度の単位変化量も K であるが，絶対温度目盛の値と区別するために，単位記号には ℃ を使う約束になっている。たとえば，摂氏温度で表した水の三重点は 0.01℃ となる。また，摂氏温度は，量としての温度を K と異なる単位で表すものではないことに注意を要する（たとえば，1℃ と 2℃ は，温度として 1：2 の大きさの関係にない）。

温度定点と国際温度目盛　以上の基本定義だけを用いて温度計をつくることは困難であるため，複数の温度定点とその補間の実際的な方法を定めた規約（国際温度目盛（ITS：international temperature scale））が設けられている。1990 年版の ITS では，低温側から順に He 蒸気圧温度計，He 気体温度計，白金抵抗温度計，放射温度計の 4 種類を用い，H_2 の三重点から始まる 14 個の温度定点を定めている（表 5）。

温度計　温度計は ITS の定義に基づいて基準温度を示す標準温度計と，それを使って校正された種々の方式の実用温度計に分けられる。以下に，よく使われる実用温度計を紹介する。

・抵抗温度計：抵抗温度計は物質の電気抵抗の変化によって温度を知る装置で，センサー，印加電流源，電圧測定系で構成される。回路には 4 端子法などの電極やリード線の抵抗の影響を避ける方式が使われる。センサーの物質には様々な金属や半導体が用いられるが，正確を要する用途では主として白金が使われる。白金抵抗センサーは温度領域に応じたいくつかのタイプがあり，全体として −200〜＋650℃ の広い温度範囲で使うことができる。半導体としては，シリコンダイオードが使われ，極低温から 230℃ 程度までの測定が可能である。電化製品などに組み込まれ使用されるサーミスター温度計（温度範囲 −60〜＋150℃ ）も，半導体型の抵抗温度計の一種であるが，個体差が大きいため正確を要する用途には適さない。

・熱電対：熱電能の異なる 2 種の金属線を接合すれば，それだけで，熱電対とよばれる温

表 5　ITS-90 の（挿入）温度定義定点

定　点	定義温度〔K〕
Cu の凝固点	1357.77
Au の凝固点	1337.33
Ag の凝固点	1234.93
Al の凝固点	933.473
Zn の凝固点	692.677
Sn の凝固点	505.078
In の凝固点	429.7485
Ga の融点	302.9146
H_2O の三重点	273.16
Hg の三重点	234.3156
Ar の三重点	83.8058
O_2 の三重点	54.3584
Ne の三重点	24.5561
H_2 の三重点	13.8033

度センサーの基本部分となる。異なる金属材料の2本の線の端を（導通するように）接合し，その接合端をある温度環境（測温点）におくと，反対側の二つの開放端の間に，両物質の熱電能の差に応じ，接合端の温度を反映する電圧（熱起電力）が発生する。この電圧が生じた両端を，（電圧計測に適した）温度状態におけば，熱起電力を検出することが可能となる。ただしこのとき，電圧計の回路系もある種の金属であり，熱電対との接続部分が（目的外の）熱電対になっていることに注意を要する。電圧計と（目的の）熱電対をつなぐ二つの接続部分の温度が等しければ，目的外の熱起電力が相殺され，結果として観測される熱起電力は，測温点と，等しく保った接続点の温度差に対する（定数項のない）関数になる。その特性は，金属の種類の組み合わせ方によって決まり，主要なものはJISによって規格化されている。測定点とは別の場所で温度を一定に保つ接点は「基準接点」または「冷接点」とよばれ，0℃ の氷水を採用することが基本である。ただし最近では，基準接点は便宜的に室温として，室温センサーの出力を用いて0℃ の場合との差を補正する機能を備えた，熱電対用の温度表示機器が使われることも多い。熱電対は比較的過酷な環境に耐え，応答が速いなどの特徴をもち，工業計測や研究において広く使われている。主な熱電対は銅 - コンスタンタン（記号T）（温度範囲 −200℃ ～ + 250℃），クロメル - アルメル（記号K）（−200～ + 950℃），白金 - 白金ロジウム（記号R）（0～1500℃）である。さらに高温用としてタングステン - レニウム（0～2700℃ 不活性ガス中）がある。

・ガラス製温度計：ガラスを加工して先端の球部とそこにつながる管（毛管）を形成し，その中に入れた水銀や着色した有機物の液体の熱膨張による体積変化を読み取る温度計。高い精度と確度をもたせることも可能であるが，目視によるという制約があり，主に化学実験用などに使われる。また，ごくせまい範囲の温度変化を精密にはかるためのベックマン温度計が，特殊なガラス製温度計としてつくられている。

・放射温度計：熱電対の測定範囲を越えた高い温度，あるいは遠方にある比較的高温の物体の温度をはかるためには，物体から放射される電磁波を非接触的に捉えて温度に換算する方法がとられる。

あらゆる物体は，基本的に物体の温度だけで決まる波長分布をもつ電磁波（主に赤外線から可視光の範囲）を放射する。これを基礎づけるのが，エネルギー放射を最大効率で与えるように理想化した完全黒体に関するプランク放射の理論であり，波長に対する放射輝度の関係は図8（ただし両対数表示）のように与えられる。

この特性に基づき，放射電磁波から温度を知る装置は放射温度計と総称される。最も古典的なものは，視野にとらえた光を機器の参照光源の光と目視で比べる方式の光高温計である。より近代的な放射温度計は，ある特定範囲の波長の放射エネルギーを測定するエネルギー強度型と，波長分布のピークの変化を検出する波長分布型に分けられる。また，放射エネルギーのセンサーとして，半導体の励起を利用する光電型と，電磁波を熱に変えたうえで熱的な物性を利用する熱電型がある。実際の物質は完全黒体ではないため，正確な温度をはかる目的には不利であるが，近年の光学センサーと演算機能の進歩による性能向上と普及が目覚ましく，温度領域ごとに装置を使い分ければ，−50～4000℃ の範囲の絶対温度を，数K程度の誤差で計測

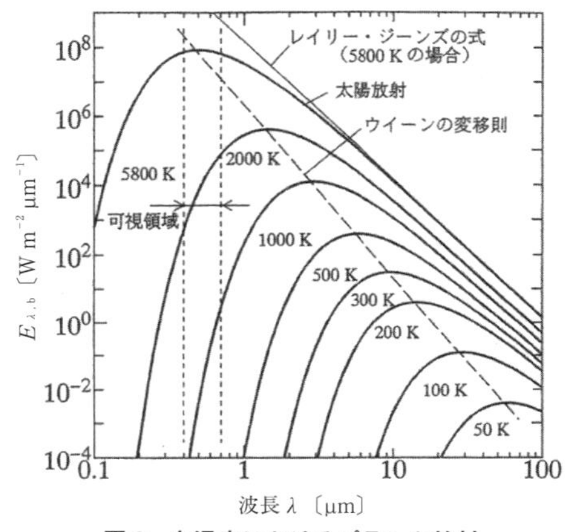

図8　各温度におけるプランク放射

［正司正弘，"伝熱工学"，p.191，東京大学出版会（1995）］

することが可能になっている。体温などの比較的低温の計測にも広く使われるようになりつつある。［萩原 亮］

1.1.7　物質量

a. 物質量とは

ある物質の物質量は，それを構成する要素粒子（原子，分子，イオン，電子，その他の粒子やその特定の集合体）の数によって表される量として定義される。物質の量を表現するために，質量や体積だけでなく物質量という概念が必要となるのは，自然界の物質が原子からなりたっており，それらの組み合わせで物質の構造と反応が決定されるからである。

国際単位系（SI：Le Système international d'unités）における物質量の基本単位はモルであり記号 mol で表す。0.012 kg の炭素 12 の中に存在する原子の数をアボガドロ定数とよび，1 モルはアボガドロ定数と等しい数の要素粒子を含む系の物質量であると定義する。

アボガドロ定数はイタリアの A. Avogadro（アボガドロ，1776－1856）による仮説「同温，同圧，同体積の気体は同じ数の分子を含む」に由来する基礎定数であり記号 N_A で表す。科学技術データ委員会（CODATA）の現在の推奨値は $N_A = 6.022140857(74) \times 10^{23}\ \mathrm{mol}^{-1}$ である。

1 モルの原子や分子の平均相対質量を原子量，分子量とよんでいる。したがって，炭素 12 の原子量は 12 になる。なお，1961 年以前は酸素の原子量を 16 と定義していたが，酸素 16 の同位体を 16 とする物理的原子量と，自然界の同位体混合による酸素を 16 にする化学的原子量が併用されていた。

b. アボガドロ定数をはかる

それでは，このアボガドロ定数はどのようにして実験的にはかられるのだろうか。

ブラウン運動の観察　A. Einstein（アインシュタイン，1879－1955）のブラウン運動の理論によれば，半径 a の球形粒子が温度 T，粘性係数 η の溶液中でブラウン運動して t 秒間に生ずる二次元の変位の二乗平均を λ^2 とすると，アボガドロ定数は

$$N_A = 2tRT/(3\pi\eta a\lambda^2)$$

で与えられる。ここで，R は気体定数である。したがって，顕微鏡などで変位を観測して λ^2 を計算することでアボガドロ定数が得られる。

単分子層の観察　水面上で単分子層をつくる高分子を質量 M だけ水面に滴下したところ，その面積が S になったとする。高分子のモル質量を μ とし，この 1 分子が水面上に占める面積を σ とすると，M と S を測定することによって

$$N_A = S\mu/(\sigma M)$$

からアボガドロ定数が求まる。

ファラデー定数と電気素量の比　電気分解において電気量 Q を流した結果，モル質量 μ で価数 v の原子が質量 M だけ析出したとする。Q と M は比例することがわかっており，その比例定数から $F = Q\mu/(Mv)$ で与えられる量をファラデー定数と定義している。Q を与えて M を測定し，ファラデー定数 F が求まれば，アボガドロ定数は

$$N_A = F/e$$

から求まる。ただし，e は電気素量を表す。

結晶密度と格子定数　シリコン結晶はあらゆる材料の中で最も密度の均一性に優れており，高純度に精製することが可能である。現在のアボガドロ定数の最も精度の良い値は，このシリコン 28 同位体単結晶の密度と格子定数から求められている。

1 kg の単結晶シリコン球は約 10 cm の直径をもつが，これを研磨して表面の凹凸を 10 nm 以下にすることができる。このシリコン球の直径をレーザー干渉計により測定する。レーザー干渉計ではヨウ素安定化ヘリウムネオンレーザーが基準として用いられ，真空中（大気中）では 10^{-11}（10^{-7}）の相対精度で長さを測定することが可能である。これにより，シリコン球の体積を決定でき，密度 ρ が 3×10^{-8} の相対精度で求まる。

次に，このシリコン単結晶の格子定数（約 192 pm）を X 線干渉計により測定する。結晶格子による X 線回折の干渉像から格子定数を精密に求めるために，シリコン結晶を移動させ，その距離を光学干渉計で同時測定している。シリコン単結晶の密度を ρ，格子定数を d，モ

ル質量を μ とすると，単位格子にシリコンが8原子含まれることから，アボガドロ定数は

$$N_A = 8\mu/(\rho d^3)$$

で得られる。　　　　　　　　　　　〔越桐 國雄〕

1.1.8 光　度

光の強さは様々な単位で表現される。物理学の計測で比較的よく使用する単位としては，単位時間あたりのエネルギー輸送量（仕事率）を表すワット〔W〕がある。これは単位時間あたりに光が運ぶエネルギーの大きさを表す。光をこのような単位ではかった場合の値は"放射量"とよばれ純物理量である。これに対して，人間の視感度の因子を入れて光の明るさをはかることで得られた物理量を"測光量"とよぶ。"測光量"は人間の感覚の因子が入るいわゆる心理物理量である。光刺激に対する生物学的効果には非線形性があるので，この数値が意味するところは純物理量のように単純明快ではない。"測光量"と"放射量"の間には視感度による重み付けの因子があるだけで，立体角や面積，時間との関連においてはまったく同じ概念が対応して存在している。

"測光量"の中でも，点光源から光が放射されたと考えて，与えられた方向を含む微小立体角を含む光束をその微小立体角で割った量のことを光度とよび，単位をカンデラ〔cd〕で表す。測光量は人間の視感度の因子を含むので，同じ放射量であっても紫外線などの人の目に感じない波長の光ではゼロになり，視感度が高い緑色の光は視感度の低い紫や赤色の光よりも大きな値となる。1979年の国際度量衡総会で，「1カンデラは周波数 540×10^{12} Hz の単色光が所定の方向におけるその放射強度が 1/683 W sr^{-1} である光源の，その方向における光度である」と定義されている。

光の強度を測定するには，特に可視光・近赤外光・近紫外光領域ではシリコン半導体を用いたフォトダイオードがよく用いられる。図9に示すように，フォトダイオードに逆バイアス電圧をかけた状態で光が入射すると，光電効果により光電流が流れる。このようにして得られた光電流は光に含まれる光子の数との線形性が優れており，シリコン材料の分光感度特性を考慮すれば直接光の放射強度を求めることができる。これにさらに図10の標準比視感度曲線による重み補正を行えば，対応する光度を測定することができる。なお，視感度曲線は明所と暗所では異なるので注意が必要である。放射量である放射束 ϕ〔W（ワット）〕と測光量である光束 ϕ_v〔lm（ルーメン）〕は次の関係式で与えられる。

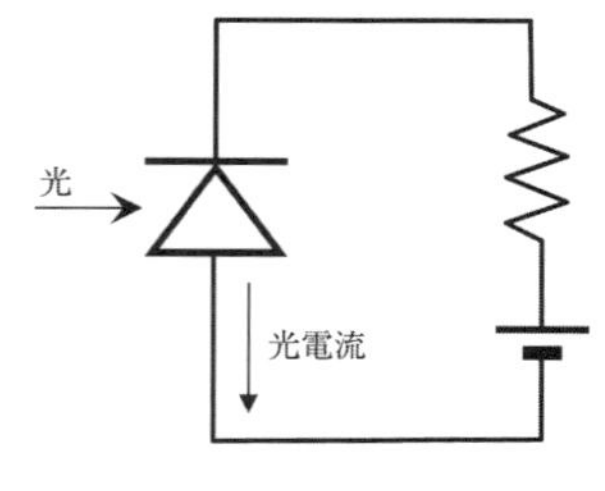

図9　光電流

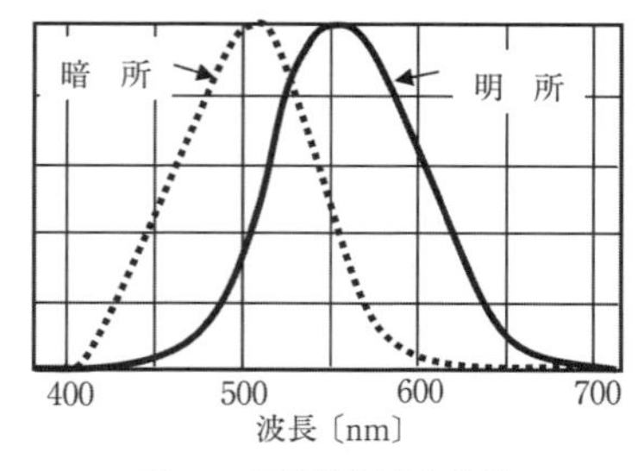

図10　標準比視感度曲線

$$\phi_v = K_m \int \phi(\lambda) V(\lambda) d\lambda$$

ここで，K_m は"放射量"と"測光量"を結びつける係数で最大視感度とよばれ，明所視で $K_m = 683$ lm W^{-1}，暗所視で $K_m = 1700$ lm W^{-1} で与えられる。また，$V(\lambda)$ は図10の視感度曲線である。このようにして得られた光束を立体角あたりの値に換算すれば光度〔cd〕が得られる。　　　　　　　　　　　〔辻岡 強〕

1.1.9 次　元

ある二つの物理量を考えるとき，それらがたとえば1mと2cmであれば，互いの大小関係を比べたり（1m ＞ 2cm）足し合わせたり（1m ＋ 2cm ＝ 1.02m ＝ 102cm）することが

できる。ところが，たとえば1mと2kgの二つの量については，相互の比較や加減算を行うことができない（意味をなさない）。後者の例の二つの量は物理的に別種のものであり，このようなときに二つの量の次元が異なっていると考える。

一般に，物理量は比較可能性で区別される属性を伴っており，この属性が“次元”とよばれる概念に相当する。次元を伴う物理量は数学における数とは本質的に異なるものである。こうした物理量を定量的に表現するためには，何らかの約束により基準となる量（単位）を定め，その何倍（実数倍）になるかを示す以外に方法がない。

$$q\ （物理量）= R\ （実数）\times u\ （単位）$$

各物理量の単位の大きさは人間の便宜によって決められる。一方，物理法則は人間の都合と関係なく定まっている。したがって，物理法則を表す式は，登場する各物理量の単位の大きさの選び方によらない形に記述されるはずである。この条件を満たす各物理量の直接の関数形はべき乗関数に限られる。一般に，ある物理量を表す式は，他の物理量のべき乗関数の積に無次元量の関数としての数値をかけた形，すなわち，$q_1, q_2, \cdots$のべき乗を伴う物理量Qであれば以下の形に書ける。

$$Q = f(X) \cdot q_1^{\alpha} \times q_2^{\beta} \times q_3^{\gamma} \cdots$$

物理量のべき乗の計算は，たとえば$q_1 = R_1 \times u_1$について$q_1^{\alpha} = R_1^{\alpha} \times u_1^{\alpha}$のように行い，これを単位量$u_1^{\alpha}$の$R_1^{\alpha}$倍と見なすものと約束する。また，$X$は$q_1, q_2, \cdots$のべき乗と乗除算で単位が相殺され無次元となった実数，$f(\ )$は実関数，べき指数$\alpha, \beta, \cdots$は有理数定数である。

ここで，$u_1, u_2, \cdots$が（ある単位系における）基本単位であれば，任意のQに対する単位部分の表式$u_1^{\alpha} \times u_2^{\beta}, \cdots$は一意的に決まり，これが物理量の次元を区分する役目を果たす。一般には，基本単位の種類を表6のような記号で表し，これらべき乗の積の形で物理量Qの単位量を表現した表式が，Qの次元式（または次元）とよばれる。

$$Q の次元：[Q] = \mathrm{L}^{\alpha}\mathrm{M}^{\beta}\mathrm{T}^{\gamma}\mathrm{I}^{\delta}\Theta^{\varepsilon}\Gamma^{\zeta}\Xi^{\eta}$$

各物理量の次元式は，着目する物理量を基礎づける物理法則の式を使って順次定まっていく。微・積分は極限をとる前の積・商の形で考えればよい。たとえば，位置ベクトルの時間に対する2階微分である加速度の次元は$\mathrm{L}^1\ \mathrm{T}^{-2}$，運動の第二法則を考えると力の次元は$\mathrm{L}^1\ \mathrm{M}^1\ \mathrm{T}^{-2}$，仕事と等価のエネルギーの次元は$\mathrm{L}^2\ \mathrm{M}^1\ \mathrm{T}^{-2}$となる。電磁気量については，出発点となる基本法則と基本単位の選び方に複数の方法があるため，同じ量の次元が単位系によって異なる場合があるので注意が必要である。

表6　SI単位系における基本量とそれぞれの次元を表す記号

基本量	記　号	基本量	記　号
長さ	L	温度	Θ
質量	M	物質量	Γ
時間	T	光量	Ξ
電流	I		

次元の概念は，単位の大きさの決め方に任意性がある場合に有用である。ところが，基礎理論の分野では，次元を異にする物理量であっても，それらを結びつける光速やプランク定数などの普遍定数を含んだ物理法則の式に基づいて，人為的な選び方によらない絶対尺度で表現されると考える場合がある。その立場では，基本においた普遍定数をすべて1とする単位系（自然単位系）をつくることができ，それらの定数のべき乗の積が物理量の次元式を与えるとする。自然単位系には複数の流儀があるが，代表的なものが“プランク単位系”である。自然単位系においては，物理量は数値で表され，形式的には次元の有無や違いが表に出ないため，本項目で述べた次元の意味と役割は消失していると見なすことができる。

次元解析

物理量を含む等式の左右両辺の次元は必ず等しくなる。このことを利用すると，ある現象に関わる（既知の次元をもつ）物理量の間の未知の関係式を推定することができる。この方法は次元解析とよばれ，以下のように行われる。

まず，目的の物理量が，既知物理量の何と何から表されるかを物理的に推察する。これによって，目的の物理量 Q を既知の物理量 q_1，q_2，… のべき乗の積の形で表す式をたてる。このとき，各べき指数は未知数 $a, b, \cdots$ とおく。

$$Q = \varphi q_1^a q_2^b q_3^c \cdots \ (\varphi \text{は数値定数})$$

左右両辺の各物理量を基本量に分解して，次元式の等式をつくる。

$$\mathrm{L}^{\alpha}\mathrm{M}^{\beta}\mathrm{T}^{\gamma}\mathrm{I}^{\delta}\Theta^{\varepsilon}\Gamma^{\zeta}\Xi^{\eta} = \mathrm{L}^{A}\mathrm{M}^{B}\mathrm{T}^{C}\mathrm{I}^{D}\Theta^{E}\Gamma^{F}\Xi^{G}$$

（$A, B, \cdots$ は $a, b, \cdots$ の一次式）

これが恒等的になりたつ条件：$\alpha = A$，$\beta = B$，…から得られる $a, b, \cdots$に関する連立方程式を解く（$a, b, \cdots$を既知数 α，β，…で表す）ことができれば Q を表す式の形が決まる。

次元解析で式が決まるのは，登場する物理量変数の個数が現れる基本量の種類の数に等しいかそれ以下の場合である。また，次元解析では数値としての係数部分は決定できない。

［萩原　亮］

1.1.10　角　度

幾何学的図形や座標空間において，ある点から周囲に向かう線分の向きが，ひと続きの限られた範囲を形成する場合に，その向きの広がりの程度を表す量。角度を表現する座標系の平行移動，回転，拡大・縮小，鏡映のいずれに対しても値を変えない性格をもつ。また，1周が角度の絶対基準となり得るため，物理量としての次元をもたない量として扱われる。角度には，平面内の向きの広がりを示す平面角と，空間内の向きの広がりを示す立体角がある。単に角度と称する場合には平面角を指すのが通例である。なお，広がりの大きさだけを示す角度に対して，回転方向を符号で表した角度（方位角，回転角など）もしばしば使われる。

a.　平面角

共通の端点で交わる二つの半直線があれば，その2直線を含む平面内に，交点のまわりの一定の平面角（角度）をもつ領域が形成される。その角度の値は，交点を中心として平面内に描いた任意の円の，円周長に対する，半直線に挟まれた（着目する範囲の側の）円弧の長さの比に比例する量となる。そこで，角度の値は，円周長と比例関係にある様々な長さを分母とした，切り取られた円弧の長さの比の値で表現される。角度の単位量は，この比を決める分母の選び方によって定まる。実測，工作，設計などで多く採用されるのは，円周の1/360を基準にして，その弧長に相当する角度を1度（1°）とする方法である。この場合，(1/60) 度を1分（1′），(1/60) 分を1秒（1″）で表す。一方，物理学的な数式中で角度変数を用いる場合や，SI単位系においては，円の半径に等しい長さの弧を基準にして，それに相当する角度を1 rad（ラジアン）とする方法（弧度法）が採用される（図11）。

平面内の任意の方位は，基準方位に対する角度の変化量として表すことができる。この角度の変化量は，正・負の値をとるスカラーであり，大きさだけを示す角度と区別して“方位角”（あるいは“偏角”）とよばれることがある。符号を伴う方位角は，鏡映に対しては反対称的に変化する。このような角度と方位角の関係は，長さと位置座標の関係と類似している（図12）。さらに，空間中の方位は，基準面内の方位角と，その基準面に垂直な円弧に沿う“仰角”の二つを指定することで表現される。

方位角が通例 2π rad（$=360°$）の変動の範囲で用いられるのに対して，それ以上の範囲を許した任意実数としての“回転角”が使われることがある。また，方位角や回転角は，周期的現象の進み具合を表す変数にもなる。その場合の変数は，特に“位相角”とよばれ，角度 2π rad（$=360°$）を繰り返しの周期（1回）に対

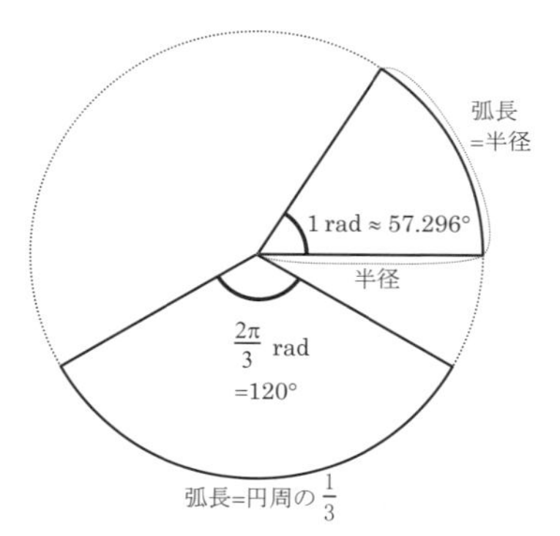

図11　平面角の例（弧度法の単位角度および円周の1/3の角度）

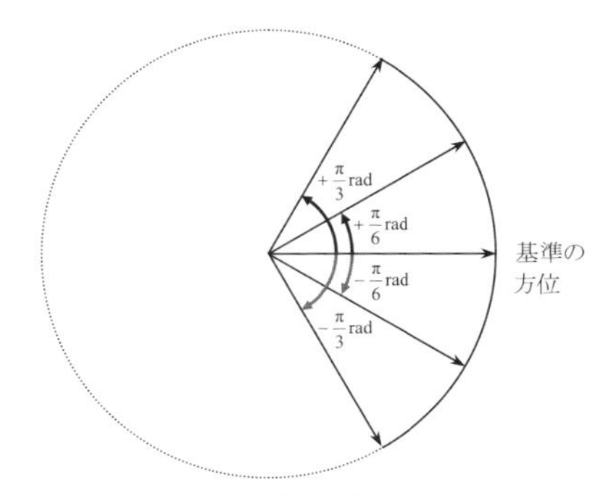

図 12　方位角の例（$(\pi/6)$rad の間隔の五つの方位を示す）

応させる。基本周期関数である正弦・余弦関数は，解析学的には rad 単位の位相角を変数とする周期 2π の関数であり，振動数 ν の周期現象の位相角は，時間 t に対して $2\pi\nu t$ の形で変化することになる。

b. 平面角の測定

平面角の大きさは，基本的には，対象となる角を決める二つの線の向きの相違を，何らかの方法によって角度目盛りを刻んだ器具上に写しとることで計測される。

対象物との機械的な接触をとおして角度をはかるものは接触測角器と総称される。それらのうち，角度目盛り盤だけからなる簡単なものは分度器，測定対象とする角度の面をつかむための回転する竿を備えた計測工具はプロトラクター（または角度計）とよばれる。プロトラクターの角度分解能は，バーニヤをもつものでは5分（(1/12) 度），マイクロメーターを備えたもので1分，デジタル表示方式ならば0.01 度から 30 秒程度である。微小角から 180 度を超える角度まで一貫して高精度に計測できるように工夫されたものは，ユニバーサルベベルプロトラクターともよばれる。また，地上における物体の設置平面の水平を確かめるためには，気泡式または重錘式の水準器が多く使われ，これらも接触測角器の一種に含まれる。

遠方の点によって角度を決める向きが定まる場合には，望遠鏡を備えた角度計測器が用いられる。その中で，視認による正確な設定を行うために鏡の反射像を利用した器具が，（17 世紀に発達し歴史的に重要な役割を果たした）六分儀である。今日の専門的な方位計測や測量には，セオドライド（またはトランシット）とよばれるさらに精密な据え置き型の装置が使われる。最新のセオドライドは，センサーとデジタル処理の技術を取り入れ，水平角と仰角のそれぞれを 1 秒の分解能ではかることができる。

室内の物体などに対しても，光学的な手法を適用することで角度の精密な測定が可能になる。被測定物に取り付けた鏡による反射面を含む光路の終端スポットが，遠方ではより大きく変位することを利用して，角度変化を高精度にとらえる技法は“光のてこ”とよばれ，角度変化を検出する実験に広く利用されている。特に，光源を備え，それによって平行光線を得て，反射前後の往復光路の角度変化を顕微鏡で検出する装置系はオートコリメーターとよばれ，研究実験あるいは工業計測設備の精密な角度設定の目的に使われる。光源にレーザーを採用したタイプでは，0.01 秒程度の微小角度変化が検出可能である。また，プリズムの角度傾斜による光路長の変化を干渉の原理で読み取って角度に換算する角度干渉計などがある。

なお，回転機構をもつ機械部分の設定のために，歯車を利用して精密な角度微調整ができるようにした装置は，ゴニオメーターとよばれ，電磁波や粒子線などによる回折・散乱現象を扱う実験装置などに広く利用されている。円周の等分角を設定する工具である角度割出盤なども，機械的に角度をはかる技法の一環である。

c. 立体角

立体角は，ある点のまわりの立体的な向きの範囲の広がりを，その点を中心に描いた球面に対する，広がりに相当する円錐領域が切り取る球面上の面積の比（に比例する量）として表した量である。SI に基づく単位は，球の半径を r とするとき，面積 r^2（1 辺 r の正方形に相当）の球面範囲に対応する立体角を sr（ステラジアン）とするもので（図 13），このとき，球面の全範囲に相当する立体角は 4π sr となる。立体角は，主に，天文観測，測光，放射測定などの分野で使われる。　［萩原　亮］

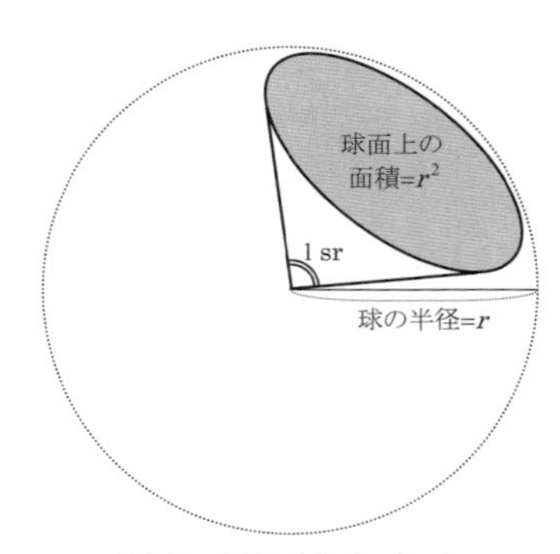

図13　単位立体角（1sr）

参考図書（1.1）

質　量

1）M. Jammer 著，大槻義彦，葉田野義和，斉藤威 訳，"質量の概念"，講談社（1977）.

2）B. Clegg 著，谷口義明 訳，"重力はなぜ生まれたのか－ヒッグス粒子発見に至る希代の物理学者たちの重力探求の道"，ソフトバンククリエイティブ（2012）.

次　元

3）青野　修，"物理学 One Point 16　次元と次元解析"，共立出版（1982）.

1.2　力と運動

1.2.1　圧　力

図1に示すように，底面積 S〔m^2〕で床面に接している重さ W〔N〕の物体が床面に及ぼす圧力 p は

$$p = W/S \quad (1)$$

で定義される。面積 $1\,m^2$ 当たりに 1 N の力が加わるときの圧力を1パスカル〔Pa〕といい，$1\,N\,m^{-2} = 1\,Pa$ である。また，10^2 Pa を1ヘクトパスカル〔hPa〕という。

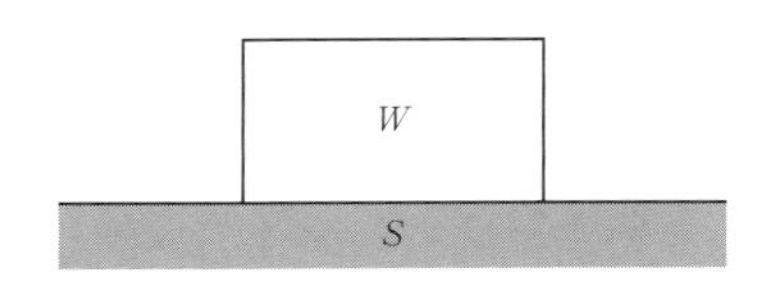

図1　床面に接している物体が床面に及ぼす圧力

水中にもぐったときに感じられる水圧は式(1)で理解できる。水深 h〔m〕での水圧は図2に示すように底面積 S，高さ h の立方体を考えて，その底面の上にある水の重さは ρhSg であるから，水深 h での圧力は

$$p = \rho gh \quad (2)$$

で与えられる。ただし，ここで ρ〔$kg\ m^{-3}$〕は水の密度，g〔$m\ s^{-2}$〕は重力加速度である。式(2)より水圧は水深 h に比例しており，水深が深くなればなるほど大きくなる。床面が物体から受ける圧力は鉛直下向きで向きをもつが，水圧の場合は向きをもたない量である。つまり，水深 h ではあらゆる方向から同じ水圧を受ける。水（液体）の場合は自由に動きえるので，もし，水中で方向によって圧力の差がある場合は差をなくすように水が移動する。よって，平衡状態では同じ水深の場所では水圧は等しくなる。

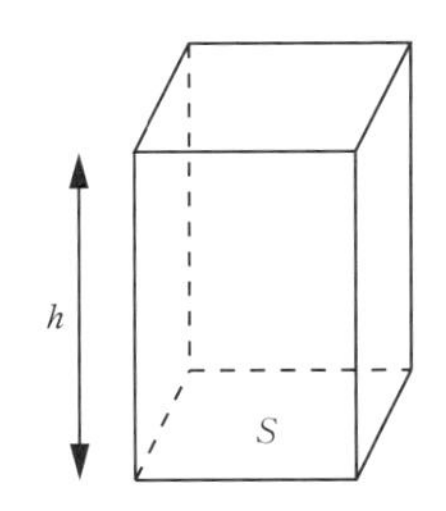

図2　水深 h における水圧

一方，普段は感じることがないが，気体からの圧力（気圧）もある。1種類の気体のマクロな性質は圧力 p，温度 T〔K〕，および体積 V〔m^3〕で特徴付けられる。ただし，これら三つの物理量は自由に変化できるわけではなく，状態方程式とよばれる以下の関係式で結ばれている。

$$f\ (p, T, V) = 0 \quad (3)$$

ここで，f は三つの変数を持つ任意の関数である。式(3)を用いると，温度 T と体積 V がわかれば圧力 p が求まる。状態方程式の特別な場合として，特に理想気体の状態方程式が有名である。理想気体は現実の気体を理想化したもので，現実の気体は希薄な極限で理想気体の性質をもつようになる。気体の圧力と最初に出てきた床面の感じる圧力の関係は次のように理解される。気体は空間を飛んでいる多数の分子からなっている。この分子が面に次々とぶつかることによってその面に力を及ぼす。その及ぼした力の時間的な平均が気体の圧力である。

気圧を測定する方法として液柱圧力計がある。図3に示すように，液体の入ったU字管に左右から異なる圧力を加えると左右の液面に差が出る。左右の圧力差と液面の高さの差は

$$p_1 - p_0 = \rho gh \quad (4)$$

で関係づけられる。ただし，ρ は内部の液体の密度である。p_0 を既知の圧力，p_1 をはかりたい圧力とする。左の端を閉じて真空にすると $p_0 = 0$ となり，p_1 を標準大気圧（1気圧〔atm〕）1013.25 hPa とする。液体として水銀を用いると $h = 760$ mm，水を用いると $h = 10.33$ m となる。水銀柱の高さを気圧の単位として用いた

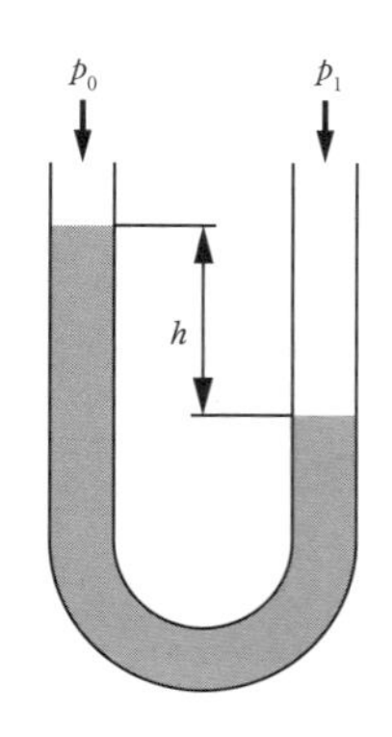

図3　液体のはいったU字管

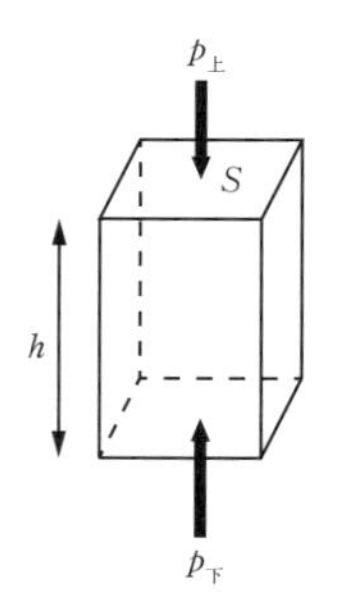

図4　高さ h，底面積 S の直方体

のが mmHg（水銀柱ミリメートル）であり，他に Torr（トル）という単位があり，1 mmHg = 1 Torr である。水柱の高さを気圧の単位として用いたのが mmH_2O（水柱ミリメートル）である。つまり，1 atm = 760 mmHg = 1.033×10^4 mmH_2O である。

ここまでは，静止している流体（気体，液体）の圧力であり，これを静圧という。運動している流体の圧力を動圧とよび静圧と異なる。外力のない定常な速度 v で流れている流体に対して，流線に沿って

$$(1/2)\ v^2 + p/\rho = \text{定数} \qquad (5)$$

がなりたつ。これより速度の速い流体の圧力は小さくなる。式（5）を用いて，動圧と静圧の差から流体の速度を測定することができる。この原理を利用して流体の速度を測定する装置をピトー管とよぶ。　［喜綿 洋人］

1.2.2　浮　力

水につかったときに体が軽く感じられることがある。この体を浮き上がらせようとする力が浮力である。鉄でできた船が水に浮くのも浮力が働くためである。浮力は沈めた物体の表面に働く圧力の差から理解できる。簡単のため，高さ h，底面積 S の直方体を水の中に沈めてみる（図4）。上の面への圧力は，その水深を z とすると $p_上 = \rho gz$ である。ただし，ρ は水の密度，g は重力加速度である。これより上の面に働く力は $F_上 = \rho gzS$ となる。一方，下の面への圧力は，$p_下 = \rho g\ (z + h)$ である。これより，下の面に働く力は $F_下 = \rho g\ (z + h)\ S$ となる。側面への圧力による力は合計で0である。よって，この物体に働く力は正味，

$$F_下 - F_上 = \rho ghS = \rho gV = (\text{水の密度}) \times (\text{重力加速度}) \times (\text{物体の体積}) \qquad (6)$$

となり上向きの浮力となる。この浮力の公式はどんな形の物体に対してもなりたつ。式（6）より，物体を水につけることによって，その物体は排除された水の重さ分の浮力を受けることになる（アルキメデスの原理）。浮力は物体の表面に働く圧力の合計であるから，水中のどの深さにあっても，水の密度と重力加速度に変化がないとすると同じ物体であれば同じ大きさとなる。

浮力の測定方法として次のような方法がある。おもりをばねばかりに吊るし重さをはかる。次に，おもりを液体の中につけてばねばかりで重さをはかる。その重さの差が浮力である（図5）。さらに，別の方法として次のものがある。図6左図では台ばかりの上に水の入った容器を載せる。台ばかりの目盛は水と容器の重さを示す。図6右図のようにひもからおもりをつるした状態で水の中に浸ける。このとき，台ばかりは左図と異なった目盛を示す。この左右の目盛の差がおもりに働く浮力である。右図ではひもに働く力はおもりの重さから浮力を引いたものになる。その浮力の反作用が台ばかりに働き，浮力の分だけ重さが増す。

温度によって液体の密度が変化するのであるが，密度の温度変化により浮力が変化すること

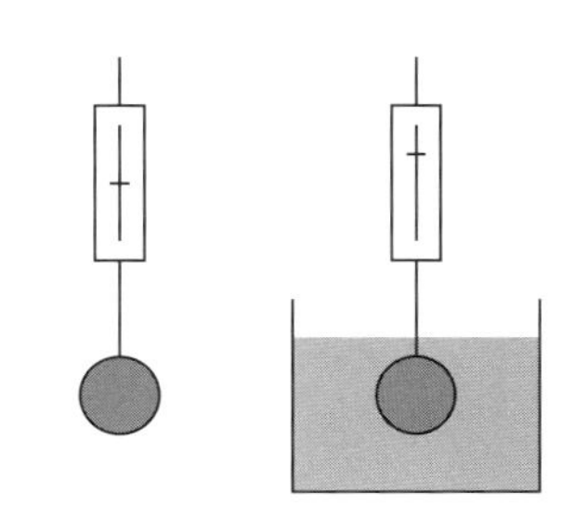

図 5　浮力の測定方法 1

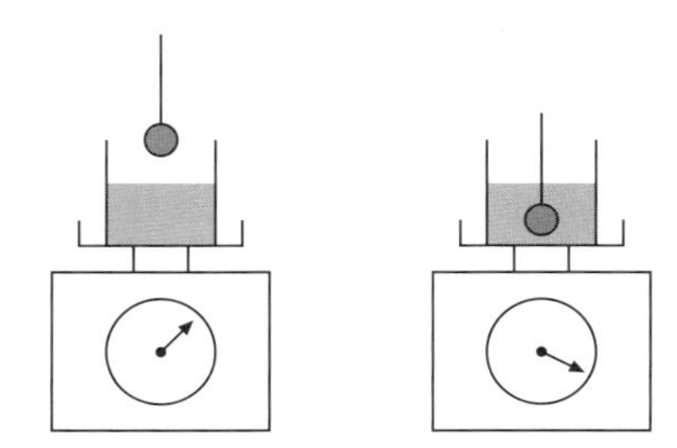

図 6　浮力の測定方法 2

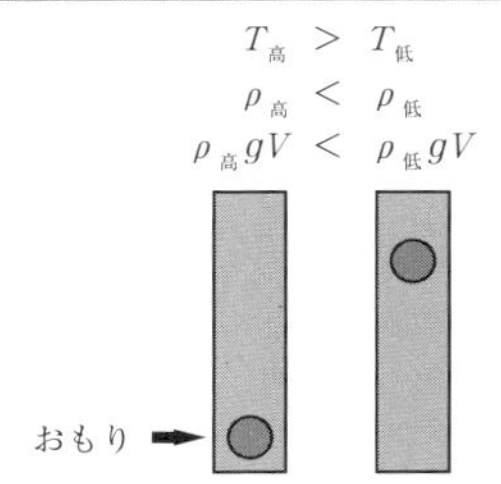

図 7　浮力の変化を利用した温度計

を利用した温度計がガリレオ温度計である（図7)。一般に，液体の温度が上昇すると密度が小さくなる。密度が小さくなると式（6）より浮力が減少する。高温のときに浮力が小さいため沈んでいた物体が，温度が下がることによって浮力が大きくなって物体が浮かび上がる。色々な密度のおもりに温度目盛りを付けておき，温度変化したとき，適当な温度になると沈んでいたおもりが浮いて，そのときの温度がわかるしくみである。

気体の中の物体にも浮力は働く。気体の中の浮力の大きさも式（6）で表されるが（ただしρを気体の密度とする)，気体の密度は液体の密度よりはるかに小さいので，気体中で働く浮力は液体中で働く浮力よりもはるかに小さい。気球が空気中に浮くのも浮力が働くためである。気球の中の空気を熱することにより，気球の中の空気の密度が小さくなり鉛直上向きの力が働く。気球に働く力は鉛直上向きに

$$F = \{(\rho - \rho')V - M\}g \qquad (7)$$

である。ただし，ρ は気球の外にある空気の密度，ρ'は気球の中にある空気の密度，Vは気球の体積，Mは気球全体の質量である。式(7)の（$\rho - \rho'$)Vgは浮力，$\rho' Vg$は気球内の空気の重さ，そしてMgは気球の重さである。気球内の空気を熱することにより，$\rho > \rho'$となり，さらにρ'が小さくなりFが正になれば気球は空気中に浮き始める。　　　　　　［喜綿 洋人］

1.2.3　密　度

密度とはある温度における物質の単位体積がもつ質量のことである。密度に関係した言葉に比重がある。比重は，ある温度である体積を占める物質の質量とそれと同体積の4℃における水の質量との比をいう。質量の単位にグラム，体積の単位に立方センチメートルをとれば密度と比重はほぼ同じ値をとる。鉄は水に対して密度が大きいので沈み，発泡スチロールは小さいので浮く。木は水に浮くものの代表と思われているが，ブラックアイアンウッドや黒檀，紫檀，ウバメガシは水に沈む木として知られている。ちなみに超新星爆発した後に残る中性子星は米粒一つが1億トンもするほどの高密度であると

いわれている。質量以外にも各種の物理量，たとえば電気量に関して電荷密度，電流密度や磁気量に関して磁力線などの分布の度合を表すためにも密度という表現が用いられる。対象とする量が線や面，そして三次元空間のどのような空間に含まれているかによって，それぞれ線密度，面密度，体積密度と区別する。一般に科学の分野で単に密度と言えば質量の密度を表す。ここでは均一な物質に関する質量密度の測定方法について述べる。

a. 浮力法

物体を液体もしくは気体中に入れると，浮力によって物体の重さは物体の体積 V に対応する液体もしくは気体の重さだけ軽くなる。浮力法では測定試料が固体の場合には，密度既知の液体を用いて液体中と空気中の浮力の差を天秤で測定することにより試料の密度を得る。一方，測定試料が液体，気体の場合には体積が既知の物体（シンカー）を用いて，大気中と液体中などにおける浮力の差を測定することにより密度を得る。実際には天秤を使って測定するため天秤法ともいわれ，密度の基本的な測定法として知られる。以下に測定試料が固体の場合の原理を述べる。

物体の体積を V，密度を d，その質量を m とすれば $m = Vd$ であり，真空中の物体の重さ W_0 は $W_0 = Vdg$ となる。空気の密度を σ とすると空気中で物体に働く空気の浮力を A とすると，$A = V\sigma g$ であり，空気中での物体の重さ W は

$$W = W_0 - A = V(d-\sigma)g \qquad (8)$$

である。同様に密度 ρ の液体中での浮力を B とすると，$B = V\rho g$ であるから，液体中の重さ W' は，$W' = W_0 - B = V(d-\rho)g$ になる。そのため，空気中と液体中での物体の重さの差は

$$W - W' = V(\rho-\sigma)g \qquad (9)$$

となる。式 (8) と式 (9) の連立方程式から体積の項を消去して，

$$W/(W-W') = (d-\sigma)/(\rho-\sigma) \qquad (10)$$

を得る。空気の密度 σ と水の密度 ρ の値は既知であるとすると，空気中での物体の重さ W，液体中での重さ W' を測定することによって物体の密度 d を求めることができる。

b. 液面高さ法

液体の密度の測定法である。図8に示すように，2本のガラス管を並べて板に鉛直に取り付ける。2本のガラス管の上部はU字型に連結されて1本のガラス管に導かれ，そのガラス管の端には2個のピンチコックを付けたゴム管をはめる。2本のガラス管の下にはそれぞれ異なる液体を入れたビーカーを置く。ピンチコックを開いてゴム管の端を口で吸うと2本のガラス管中の液面がそれぞれのガラス管に上がってくる。そのときの液面の位置を測定する。その後，ピンチコックを緩めて空気を送ったために変化した液面の位置を測定する。片方の液体の密度がわかっていれば，測定した液面の位置から未知の液体の密度を求めることができる。この方法では異なる条件で複数回測定しているのでビーカーの液面からの高さを直接測定せずに密度を求めることができる。

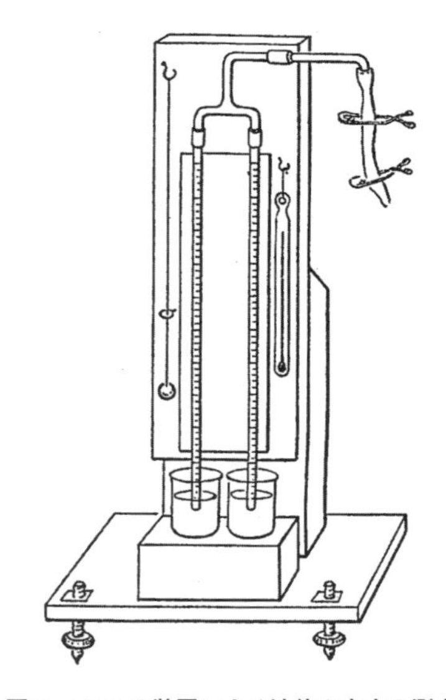

図8　Hareの装置による液体の密度の測定法

［吉田卯三郎，武居文助，橘 芳實，武居文雄，“六訂　物理学実験”，p.64，三省堂（1979）］

c. その他

密度勾配をもつ液体中での試料の静止位置から試料の密度を求める密度勾配法，体積一定の比重瓶内に試料を入れてその質量測定から密度を得る体積法，パイプまたは円筒形状の振動子の液体中での振動数の依存性から液体の密度を求める振動法，気体の小孔からの流出速度が気体の密度の平方根に反比例する関係を用いて気体の密度を求める流出法などがある。

［庭瀬　敬右］

1.2.4　速　度

速度は位置の時間的な変化を表し，次元は〔長さ／時間〕である。位置の変化（変位という）をある時間間隔ではかれば速度が求まる。位置の変化の様子に比べて時間間隔が長ければ平均の速度になり，十分短ければその時刻の瞬間の速度とみなしてよい。物体の位置の変化は大きさとともに向きをもつので速度はベクトルになる。速度の大きさも向きも変わらない運動を等速直線運動とよぶ。運動の一方向のみ考える場合，ある時間間隔で位置を測定していけば時間（横軸）と位置（縦軸）のグラフが得られるが，2点を結ぶ線分の傾きが平均の速度で，その曲線の接線の傾きがその瞬間の速度を表す。

物理では1秒あたりの速さで表すのが基本だが，日常的にはそのスケールによって時速や分速でも表す。台風のときの風速は秒速で表すが，その影響を示すには時速にしたほうがわかりやすい場合もある。たとえば，秒速 40 m の風といわずに時速 144 km の電車の窓から顔を出して受ける風といったほうがわかりやすい。逆に，地球が太陽の周りを公転する速さを1年に1回転という代わりに毎秒約 30 km というとまた違った印象を受ける。自然界でもっとも大きな速さは，真空中の光の速さで毎秒約 30 万 km（299,792,458 $\mathrm{m\ s^{-1}}$）である。

回転運動の場合は円周上を進む速さは一般に円弧の長さではなく，進んだ角度の割合で表し角速度〔ラジアン／秒〕という。また，天体の公転運動の様子などを表すときは，原点からの位置を表す位置ベクトルが掃引した面積の時間的割合を用いる場合がある。これを面積速度〔$\mathrm{m^2\ s^{-1}}$〕という。このように速度は位置の時間的変化を表すのみならず，広い意味で時間的に変化するさまざまな物事の進み具合を表す。

速さの測定にはドップラー効果がよく用いられる。音波や電磁波はその発生源が観測者に近づいているとき，観測者のところでは振動数が大きくなり，逆に遠ざかるときは小さくなる。これをドップラー効果とよび，関係式は，

$$\text{観測者が測定した波の振動数} = \frac{\text{波の速さ}}{\text{波の速さ} - \text{発生源の速さ}} \times (\text{発生源での波の振動数})$$

となるので，やってくる波の振動数の変化を測定すれば発生源の速さがわかる。スピードガンは電波（数十 GHz の振動数をもつ電磁波）をボールや自動車に当て，反射した電波を捕える。動いている物体によって反射された電波は近づく（遠ざかる）物体の速度分，その振動数が発射したときとは異なっているので，反射した電波と発射した電波の振動数差をはかれば対象物の速さがわかる。船の場合は，船自身から海底に超音波を当て跳ね返ってくる超音波を測定している。実際には，対象となる物体がまっすぐ近づく（遠ざかる）場合は少なく，観測者は物体の運動方向に対し斜めに電波（音波）を送るので，測定される速度は観測者の方向の成分となる。したがって，複数の地点から電波や音波を発して反射する波を受信したものから，総合的に物体の速度の大きさと向きを求めている。気象庁が風速を求める場合も上空何箇所かに向けて電波を発射し，空気中の微粒子によって反射した電波との振動数差をはかることによって微粒子の速度つまり風の流れを求めている。

最近では衛星を利用して位置を測定し物体の移動速度を求める GPS（global positioning system：全地球測位システム）も使われだしている。衛星には原子時計が搭載されており，複数の衛星から出る時刻情報の入った電波を受信し，自分の時刻との差から衛星までの距離を求める。複数の衛星からの距離が求まれば自分の位置がわかる。受信側の時刻精度は原子時計に比べて低いので，位置の精度を出すため四つ以上の衛星からの電波を受信する仕組みになっている。

時刻ごとの位置情報をはかることによって同時に速度が求められる。

特殊相対性理論によってどんな速さも真空中の光の速さを超えることはできないが，物質中における光速は屈折率で割った量になるために真空中よりも遅くなるので，物質中では粒子が光速を超えて運動することができる場合がある。物質中での光の速さより速く走る荷電粒子はチェレンコフ光とよばれる光を進行方向に対しある角度をもって放射する。この角度を θ とすると $\cos\theta$ =（物質中の光の速さ／粒子の速さ）となるので，チェレンコフ光と粒子の方向をはかれば粒子の速度が求められる。　［沖花　彰］

1.2.5　加速度

加速度は速度の時間的な変化を表し，次元は〔長さ／時間^2〕となる。直接加速度をはかるには，ある時間間隔で運動している物体の速度を測定し，その変化の割合を求めればよい。速度は大きさと向きをもつベクトルとして表されるので，その変化もベクトルの差になる。速度の変化の様子に比べて時間間隔が長ければ平均の加速度を表し，短い時間間隔であればその時刻の瞬間の加速度とみなしてよい。運動の一方向のみを考える場合は，時間を追って速度を測定すれば時間（横軸）と速度（縦軸）のグラフができるが，そのグラフで2点間の線分の傾きが平均の加速度で，その曲線の接線の傾きが瞬間の加速度になる。等速で運動している場合でも，速度の向きが変われば加速度が生じている。等速運動の場合は加速度は曲がり具合（曲率 $1/r$）に比例するので，大回りするより小回りするほうが大きな加速度が必要になる。物体に力を加えない限り速度は一定である。その場合加速度は0である。逆に，物体に力を加えるとその物体は力／質量だけの加速度で運動する。

加速度運動を行う物体に固定された座標系を用いる観測者にとっては，直接加速度運動をしていることを意識する代わりに，質量 × 加速度分の見掛けの力が加速度と逆方向に働くように感じる。電車が加速するときつり革が進行方向に逆向きに傾くのはそのためである。回転運動する物体が感じる遠心力も見掛けの力である。この見掛けの力を用いて加速度をはかることができる。加速度運動する電車の中のつり革は重力と見掛けの力による合力で傾くので，傾いた角度をはかると電車の加速度が求められる。実際には，傾く角度は小さいのでこの方法ではむずかしい。

電車が一直線上にある駅と駅の間を走る場合，その加速度はおおよそ次のような簡単な方法で求められる。電車の運動を，①等加速度運動（速度が一定の割合で増える），②等速度運動（速度が一定），③等加速度運動（速度が一定の割合で減る）と仮定すると，5円玉をつけた糸を電車のつり革を支える棒からたらして，上記3区間の時間を振り子の揺れからはかる。①や③の区間では糸が傾くのでおおよその時間はわかる。この場合，時間と速度のグラフは台形となり，その上底と下底ははかった時間から求められる。駅と駅の距離はこの台形の面積になるので地図などで調べておくと，高さつまり②での速度が求められ，同時に①，③の加速度もわかる。だいたい電車の加速度は0.5～1 m s^{-2} 程度である。

また，地震によって建物にかかる力を調べるために，地震計では加速度を測定している。地面がどんなに速くても一定の速さで動いている限り，その上に乗った物体はその運動を感じることはない。速度が変化し加速度を生じた場合のみ，地面の上のものは見掛けの力を感じる。つまり，地震の加速度を求めることが地面の上の建築物にかかる力を求めることになる。地震計の振り子は地震の揺れが振り子の周期より速い場合は揺れについていかず静止したままで，地面に固定された記録計が揺れるため，記録紙には地震の揺れそのものが記録される。ところが，地震の揺れが振り子の周期より遅い場合は，振り子は電車の中の5円玉をつけた糸と同じようになり記録計と一緒に動くが，加速度を生じているときだけ見掛けの力によって傾き，その揺れを記録するので振り子の揺れから地震による加速度を求めることができる。そのため，加速度を求めるために使われる地震計の振り子には非常に短い固有周期をもったものが用いられる。地震による加速度の単位は1 Gal = 1 cm s^{-2}

で表され，震度5（強震）の地震による加速度はおおよそ80～250 Gal程度である。

このように運動によって生じる加速度に対し，日常的によく知られている重力加速度は地球に引かれて落下する物体の加速度であると同時に重力の強さの指標でもある。月では地球の重力加速度の約1/6というとき月の重力が地球のそれに比べて1/6であるという意味になる。このように，重力加速度はまわりの空間から受ける重力の大きさを表し，空間のゆがみを表す指標にもなる。A. Einstein（アインシュタイン，1879－1955）は運動によって生じる加速度と重力の指標である加速度には区別がないことを提唱して一般相対性理論を打ちたてた。つまり，加速度運動をしてその物体に見掛けの力が生じたということと，何か新たにその物体を引っ張るものが現れて重力が変化したというのとは同じことなのである（1.6.8「相対性理論」参照）。

［沖花 彰］

1.2.6　弾　性

物体に力を加えると変形し，力を取り除くともとに形に戻る。このもとの形に戻る性質が弾性である。このような弾性の性質はすべての固体がもっている。一番なじみのある弾性はフックの法則であろう。ばねに力 F〔N〕を加えたとき，ばねは x〔m〕だけ伸びたり縮んだりするが，力の大きさと伸び縮みの距離の間には

$$F = kx \qquad (11)$$

の関係がある。ここで，k〔N m^{-1}〕はばね定数である。図9上図のように，長さ l，幅 w，高さ h の直方体の立体を考える。両側面に力 F を加えて引いて，長さ Δl だけ増加したとする。直方体の材料におけるフックの法則は

$$F = Ewh\ (\Delta l/l) \qquad (12)$$

と表される。ここで，E〔N m^{-2}〕はヤング率とよばれる。式（12）の両辺を力の働いている面の面積で割ると

$$F/wh = E\ (\Delta l/l) \qquad (13)$$

と表せる。単位面積あたりの力 $F/(wh)$ を応力，単位長さあたりの伸び $\Delta l/l$ をひずみというが，式（13）は（応力）＝（ヤング率）×（ひずみ）と表せる。物質を一方向に伸ばすと，伸びと垂直な方向に縮む。幅の縮み Δw は幅 w と $\Delta l/l$ に比例する。また，高さの縮み Δh も幅の縮みと同様の関係があり

$$\Delta w/w = \Delta h/h = -\nu\ (\Delta l/l) \qquad (14)$$

となる。ここで，定数 ν は物質の一つの特性を表す量でポアソン比とよばれる。ヤング率とポアソン比で，一様で等方的な物質の弾性的性質を完全に決めることができる。ただし，結晶性の物質の場合，伸び縮みは方向によって違うことがあり，もっと多数の弾性定数が必要となる。

直方体の立体が一様な静水圧のもとにあるとする。物体のすべての面に力が働き，物体の各面に働く応力（単位面積あたりの力）はすべて等しく p〔N m^{-2}〕とする（図10）。このときの体積の変化を ΔV とすると，体積ひずみは $\Delta V/V$ であり，応力と体積ひずみの間には

$$p = -K\ (\Delta V/V) \qquad (15)$$

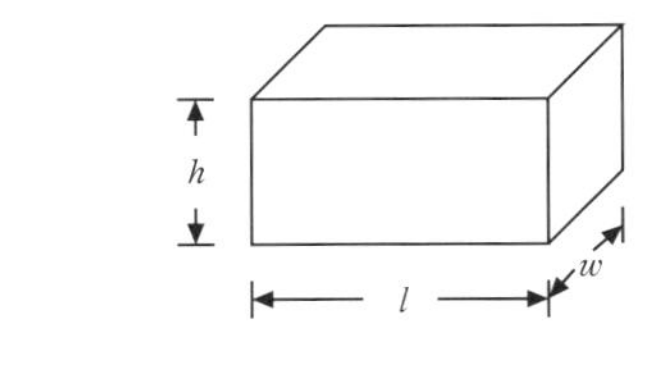

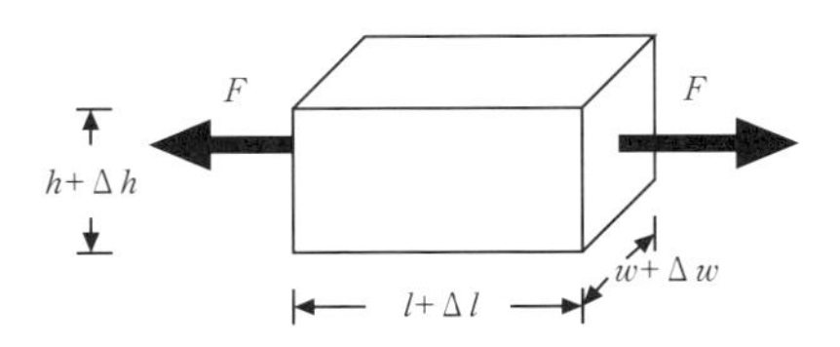

図9　直方体におけるフックの法則

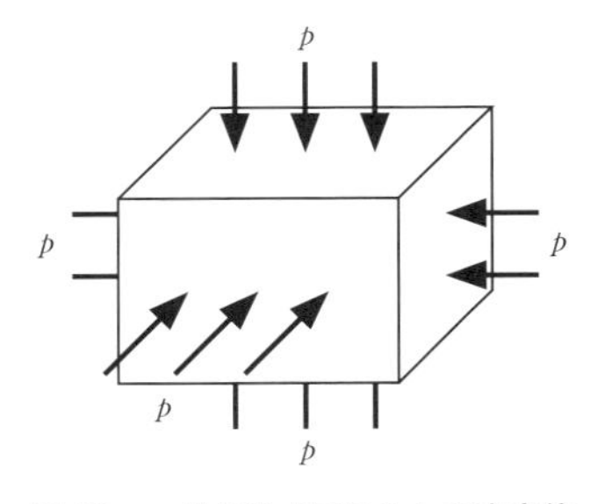

図10　一様な静水圧のもとの直方体

の関係がある。ただし，ここで，K〔N m^{-2}〕は体積弾性率とよばれる量であり，ヤング率とポアソン比とは

$$K = \frac{E}{3(1-2\nu)} \qquad (16)$$

の関係がある。

物体にずりのひずみを与えるとする。ずりとは図11上図の直方体の上面と下面に大きさFの力を面に水平にかけたときの変形である。ずりのひずみは図11下図の角度で表す。ずりの応力fは面に接する力をその面積で割ったもので定義される。ずりのひずみを与えたときも，(応力) = (定数) × (ひずみ)の関係があり

$$f = F/S = G\theta \qquad (17)$$

と表せる。ここで，Gは剛性率とよばれ，ヤング率とポアソン比で表すと

$$G = \frac{E}{2(1+\nu)} \qquad (18)$$

の関係がある。弾性率の種類は複数あるが，そのうち2種類の値が求まれば他の弾性率がわかる。

ヤング率を測定する方法としてユーイングの装置によるものがある。加えた力と物質のたわみ具合からヤング率を求める。図12の中点降下量hが測定できれば

$$E = (L^3/4bd^3)\cdot(Mg/h) \qquad (19)$$

でヤング率が求まる。ただし，ここで，g〔m s^{-2}〕は重力加速度である。　［喜綿 洋人］

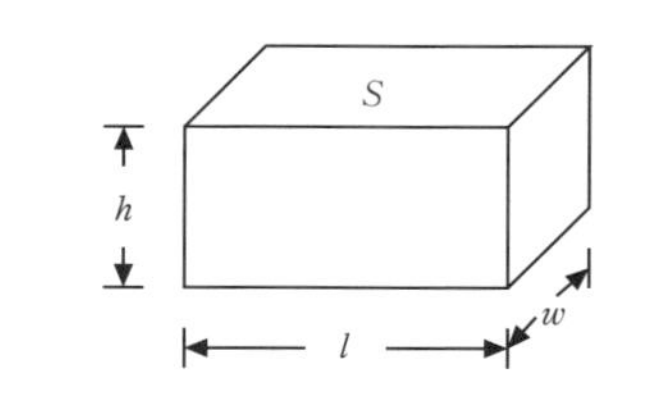

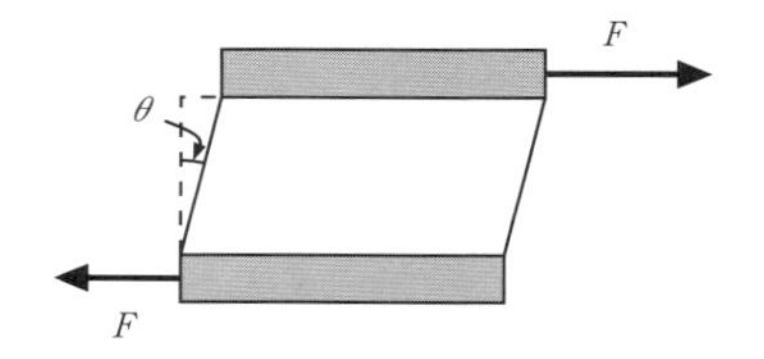

図11　直方体とずりのひずみ

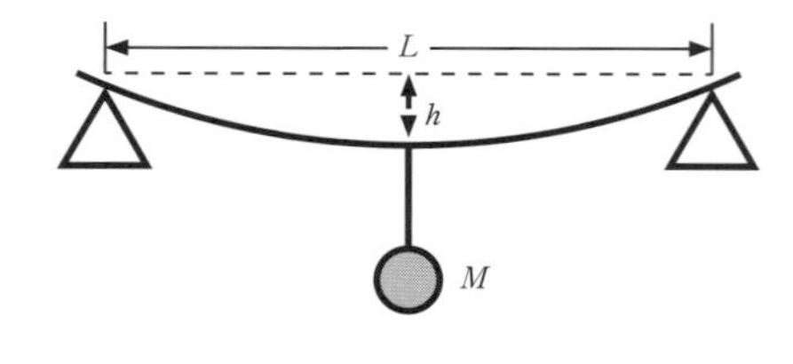

棒の断面図

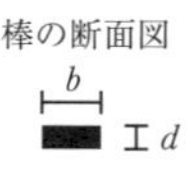

図12　ユーイングの装置

1.2.7　摩　擦

摩擦にはやっかいなものというイメージをもっている人が多い。しかし，摩擦力があってこそ，人は歩くこともできるし走ることもできる。摩擦はこのように古くからつねに人類が関わってきた現象であるのに，その科学的研究は最近まで非常に遅れていたといわれる。摩擦が生じる原因に関し，現在最も確からしいものは接触面どうしに働く分子間相互作用による瞬間的な接着である。見掛けの接触面は広くても真に接触しているのはそのごく一部であり，そこにある原子や分子どうしが結合しようとする力のため摩擦が生じるというのである。

摩擦力に関する法則はG. Amontons（アモントン，1663－1705）によって17世紀末に導かれた。彼は固体どうしがすべり合うときに働く摩擦力をはかって，摩擦力は固体と固体との接触面にかかるこの面に垂直な力（垂直抗力）に比例し，見掛けの接触面積とすべり速度に無関係であることを導いた。この比例係数を摩擦係数（運動摩擦係数）という。

巨視的な物体の摩擦は生活に身近なものなので，はかりなどを使っていろんな方法ではかることができる。工業や専門的な研究においては，一般に摩擦試験機とか摩擦力測定機とかよばれるものではかる。これを使って移動板または移動軸の往復運動時の試料との間の摩擦力をはかる。完全にきれいな金属表面どうしを真空中で接触させて摩擦係数をはかると，空気中での値より約10～20倍大きくなる。また，一般に異

種の金属間の摩擦に比べ，同じ種類の純金属間の摩擦が2～5倍程度大きい。同じ種類の原子や分子間の方が一般に結合力が強くなるからである。

測定される摩擦力は接触面の状況によって異なる。原子レベルでの接触による摩擦力をはかることによって，ナノスケールで物体の表面の摩擦を制御しようという分野が開かれている。摩擦力顕微鏡とよばれるものである。これは，原子間力顕微鏡（AFM：atomic force microscope）の一種で，探針が斥力を受けるまで表面に接触させ，水平に動かすときの力をはかるものである。これによって得られる像を摩擦力像とよぶ。摩擦力像がどういう物理量を反映しているのか，急速に研究が進んでいるが，単純ではなさそうである。

摩擦には運動摩擦と静止摩擦がある。前者は物体がすべっているときの摩擦で，後者は物体がすべり始めるときの摩擦である。一般に運動摩擦の方が静止摩擦より小さい。物体が転がるときの摩擦を転がり摩擦とよぶ。日常経験から分かるように，転がり摩擦はすべりを起こしながら動くときの摩擦よりもずっと小さい。丸いものがすべらず，転がり落ちようとするのはこのためである。転がり摩擦にも転がりの運動摩擦と静止摩擦がある。

もちろん，摩擦がなければ，人というより生物すべてが困るわけだが，それでも摩擦は何かをはかるためなどに，滑らかに動く機械を開発しようとするときには，やっかいなものである。また一方で，摩擦を減らすことはわれわれの社会全体の省エネルギーにも大きく貢献できる。

摩擦を少なくするために潤滑油を用いることが多い。また転がり摩擦が小さいことを利用してベアリングを挟んだりもする。潤滑油としてミシン油，時計油，グリース，二硫化モリブデンのコート剤などが用いられる。真空を保つためのゴム製Oリングの可動部には真空用のグリースが用いられる。超高真空の中など，油を嫌うところでは固体の潤滑材料を用いる。テフロン（ポリテトラフルオロエチレン）は摩擦が少なく好都合であることが多い。ドライベアリングとよばれるものも合金や樹脂をベースにして盛んに開発され，実用されている。これは，他の金属などの固体とかみ合わせたとき，固体の材料そのものがベアリングの役目を果たすのである。

電気抵抗がまったくなくなる現象を超伝導とよぶが，摩擦が減るということに関しては，近年，原子レベルでの摩擦がまったくなくなる超潤滑現象という興味深い現象も発見され，研究されている。こういった研究においても，AFMや走査トンネル顕微鏡（STM：scanning tunneling microscopy）を用いて，固体の表面の原子レベルでの性質の観察とともに，摩擦力がはかられている。　［鈴木 康文］

1.2.8　粘　性

気体や液体をピストンの付いたシリンダーに封入してピストンを押すと反発を感じる。気体や液体は圧縮に反発する。これが原因となって，気体中や液体中を音が伝わるとき圧力の高い部分と圧力の低い部分ができて，疎密波が縦波になって伝わっていく。固体中でも音は伝わるが，この場合，音の種類には縦波と横波がある。気体と液体をひとくくりにして流体とよぶが，流体と固体を区別する性質に，流体ではずりの応力を保つことができない点がある。これは，流体に横波の音が生じない原因となる。流体にずりの応力を加えると，ずりにつれて動いてしまう。流体の中にも流れやすい流体と流れにくい流体がある。この流れにくさを表す性質が粘性であり，ずり応力を用いて定義される。

流体が流れるとき固体表面における流体の速度は0である。粘性は動いている流体中に働くずり応力を用いて定義される。図13に示すように，面積S〔m^2〕の2枚の平行板間に流体があるとする。下の面を固定し，上の面を力F〔N〕で引っ張る。このとき，上の面は速度V_0〔$m\ s^{-1}$〕

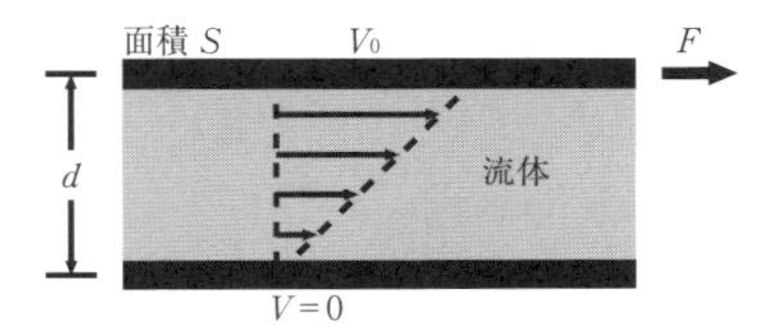

図13　2枚の平行板間の流体の粘性

で動いたとすると，上の面に接している流体は速度 V_0 で動き，下の面に接している流体の速度は0である。粘性率 η〔Pa s〕は

$$F/S = \eta\,(V_0/d) \qquad (20)$$

で定義される。ただし，d〔m〕は2枚の板の間の距離である。式（20）より粘性率の小さな流体よりも粘性率の大きな流体の場合，上の面を速度 V_0 で動かすとき，大きな力が必要になることがわかる。

粘性率を測定する装置に回転粘度計がある。図14左図のように，高さ l〔m〕の二つの同心円筒の間に流体を入れる。右図のように，内側の円筒は半径を a〔m〕で，回転速度 V_a〔m s^{-1}〕をもち，外側の円筒は半径 b〔m〕で，回転速度 V_b〔m s^{-1}〕をもつとする。円筒に働く力のモーメント（トルク）T は

$$T = \frac{4\pi\eta l a^2 b^2}{b^2 - a^2}\left(\frac{V_b}{b} - \frac{V_a}{a}\right) \qquad (21)$$

で与えられる。円筒に働く力のモーメントが測定できれば式（21）を用いて粘性率を求めることができる。

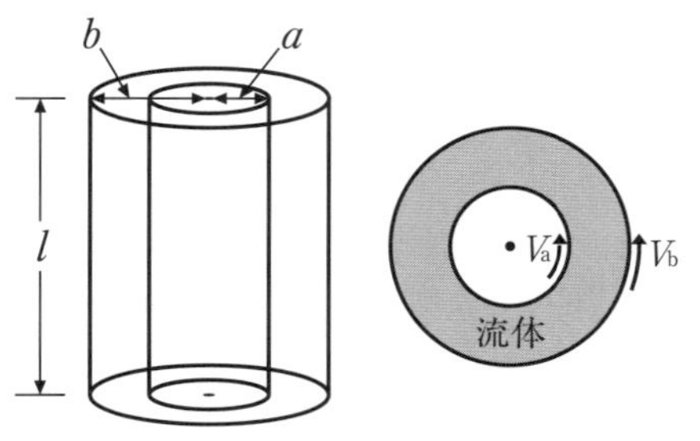

図14　回転粘度計の原理

毛管粘度計では，一定体積の流体が毛管を通るのに要する時間から粘性率を求める。図15のように長さ l〔m〕，半径 R〔m〕の管の左から圧力 p_1〔Pa〕をかけて流体を流し，管の右の出口での圧力が p_2〔Pa〕だったとする。単位時間あたりに流れ出す流体の体積を流量といい，それを Q〔m^3 s^{-1}〕と表すと

$$Q = \frac{\pi R^4}{8\eta}\,\frac{p_1 - p_2}{l} \qquad (22)$$

の関係がある。流量がわかれば式（22）を用いて粘性率を求めることができる。

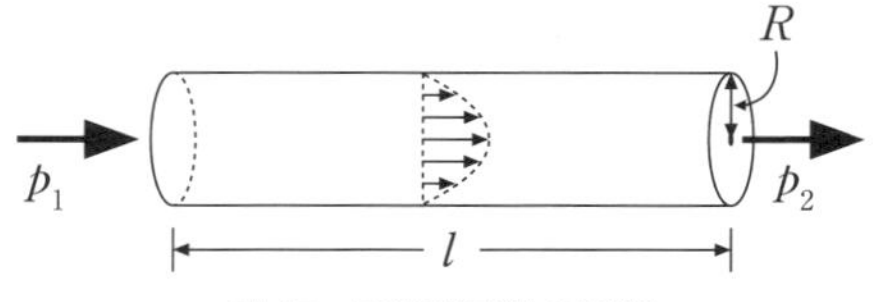

図15　毛管粘度計の原理

落球粘度計では，小球が流体中を落下する時間より粘性率を求める。流体中を落下する小球に働く力は重力 mg（m〔kg〕は小球の質量，g〔m s^{-2}〕は重力加速度），および浮力 $\rho_0 Vg$（ρ_0〔kg m^{-3}〕は流体の密度，V〔m^3〕は小球の体積），さらに小球が流体中を速度 v〔m s^{-1}〕で落下運動するとき，その小球の受ける抵抗力は

$$F = 6\pi r\eta v \qquad (23)$$

で与えられる。ただし，r〔m〕は小球の半径である。小球が流体中を落下するときの速度は，力のつりあいの式より

$$v = \frac{2}{9}\,\frac{r^2\,(\rho - \rho_0)g}{\eta} \qquad (24)$$

となる。ただし，ρ〔kg m^{-3}〕は小球の密度である。小球の落下速度が求まれば流体の粘性率が求まる。　［喜綿 洋人］

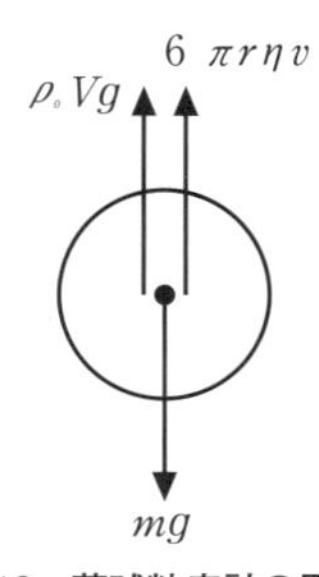

図16　落球粘度計の原理図

1.2.9　力

a.　力とは何か

物を持ち上げたり動かしたりするときにその物の重量に応じた力が要るという素朴な感覚は古代から認識されていたに違いないし，力を増大させる技術である“てこ”の原理はBC 3世紀のArchmedes（アルキメデス）によって正しく論じられている。しかし，このような静力

学的な見方からは，たとえば円運動する物体が受ける力を見抜くことができない。物理現象を説明・予測しうる近代物理学開闢の端緒となった力の概念の正しい理解は，I. Newton（ニュートン，1642－1727）が17世紀に築いた力学において初めて与えられた。

力はニュートンの運動の第二法則によって基礎づけられる。すなわち，質量mの質点と見なせる物体が加速度$\boldsymbol{a}$をもつならば，それは，物体に対して$\boldsymbol{a}$と同じ向きに$m|\boldsymbol{a}|$に比例する大きさの力が作用していることによると考える。このときの比例係数を1とおいた関係式$\boldsymbol{F} = m\boldsymbol{a}$が，ベクトル量としての力$\boldsymbol{F}$の基本定義となる。このように，力は（起源の側でなく）運動学的な効果として現れる結果の側から意味が与えられる。

ある質点に作用する力は，その力が生じるための条件として必要な外部系との間に相互的に働くのが原則である。そのような相手側の系が複数ある場合には，それぞれに割り当てられる分力のベクトル和が質点の運動を決める実効的な力（合力）である。このとき，各相手系の側にはそれぞれの分力の反作用が働く。

ポテンシャルエネルギーの（下り）勾配として記述できる力を保存力，それ以外の力を非保存力とよぶ。摩擦力は典型的な非保存力である。ただし適当な微視的スケールで見れば，摩擦力を含むほとんどの力は，分子などの2体間の相互作用から導かれる保存力の総和になっており，巨視的に均した変数ではそのポテンシャルが記述できなくなる場合があるということにすぎない。

大きさの無視できない物体が受ける力は作用点を伴うベクトルとして扱う必要があり，作用点の異なる力を単純にベクトル合成することは許されない。一つの物体に作用点の異なる力が複数作用する場合は，物体の重心まわりのトルク（力のモーメント）が生じて物体の回転運動状況が変化する，あるいは，物体内の仮想断面に対して両側から働く力（応力）が生じて物体の変形に結びつく可能性がある。

物体を構成要素の集まりの系として扱う場合は，構成要素間相互に働く力を内力，それ以外による力を外力とよぶ。物体の重心の運動の時間的変化は外力だけで決まる。

b.　力の測定

SIにおける力の単位は先に述べた基本定義に基づき組み立てられた$\mathrm{kg \cdot m \cdot s^{-2}}$であり，これをN（ニュートン）で表す。基本定義を測定に適用するならば，物体の時刻tにおける位置$\boldsymbol{r}(t)$を適当な短時間ごとに記録し，数値計算などによって時間に対する2階微分$\mathrm{d}^2\boldsymbol{r}(t)/\mathrm{d}t^2$を見積もって，質量を掛けることで力$\boldsymbol{F}(t)$が求まる。この方法は，物体の質量が既知であり，かつ測定したい力だけを受けて運動が生じている場合に有効である。しかし，多くの実際的な問題では，目的外の種々の力の成分が同時に作用して合力がほとんどゼロになっている場合が少なくない。このような場合には，問題にする力学的状況とは別途に，機械的な変位や変形，あるいは電気的な設定条件などに基づいて外部と及ぼし合う力が決定されるような機構を準備して，その（前もって校正され得る）力を，はかりたい目的の力の成分と釣り合わせる（または置き換える）ことで計測を実行する。力をはかる装置の大部分はこの方法によるものである。以下によく使われる方法や装置を紹介する。

バランス法　測定装置系の可動部分の変位をゼロに保つことで，明らかになっている既知の力とはかりたい力を釣り合わせる方法の総称であり，正確さを要する用途に適する。分銅を使う通常の天秤は，力を基準の物体の重力と釣り合わせてはかるバランス法である。重力のアンバランス分を電磁気的な力で補償する方式にすれば，手動操作をなくし電気信号の出力が得られる。

弾性体の変位を利用する方法　固体の応力とひずみとの関係が線形･可逆な条件範囲を利用する方法。一般的なものは，コイルばねや板ばねの変位を読み取る計測器で，いわゆるばねばかりが含まれる。

力を電気信号にして出力する方式として，基準弾性体とひずみゲージを使う方法がある。ひずみゲージは，貼り付けた物体とともに伸び縮みするときの物性変化を利用したひずみのセンサーで，金属線の電気抵抗の形状による変化をとらえるものと，より感度の高い半導体のピエゾ抵抗効果を使うものがある。実用的には，弾性体とひずみゲージが容器に封入され，力と電気的出力の関係が規格化された製品（ロードセル）を利用するのが便利である。引張，圧縮に対応し，0.1 N〜1 MN 程度の間の様々な力のレンジに応じた製品がある。外付け回路系はブリッジ方式によるが，これにもロードセル指示計とよばれる市販品が使用できる。

物性を直接利用する方法　応力を受けると結晶自体が電圧を発生させる圧電素子を使って力をはかることができる。この方法は時間とともに急峻に変動する力をとらえるのに適しており，ロードセル化されたセンサーが市販されている。また，磁気ひずみ型のロードセルや，半導体で p-n 接合を形成しその電圧－電流特性の応力依存性を使うピエゾ接合素子やトンネルダイオード接合素子もある。

その他の方法　ジャイロが軸を倒す方向のトルクに比例する角速度で首振り運動する性質を用い，回転速度計で力の絶対測定を行うことができる。正確で経時変化がほとんどない利点をもつが，精密加工によるジャイロ機構を要するため通常の市販装置にはなっていない。

［萩原　亮］

1.2.10　万有引力

a.　万有引力定数

惑星の運動についてのケプラーの三法則，および地上の物体についてのガリレオの慣性の法則をよりどころに，I. Newton（ニュートン，1642－1722）は物体の運動の三法則および万有引力の法則を発見した。ニュートンの万有引力の法則によると，すべての物体は互いに引き合う。二つの物体の間には引力が働き，その大きさは質量の積に比例し，物体間の距離の二乗に反比例する。二つの物体の質量を m_1 と m_2，物体間の距離を r とすると，力の大きさ F は

$$F = Gm_1m_2/r^2$$

と与えられる。比例係数 G が万有引力定数である。G の測定の原理は質量のわかっている 2 物体間の距離と力を測定することである。しかし，重力は電磁気力などと比べてきわめて弱いために測定は困難であった。地上の実験では二つの物体の質量はわかるが，それ以外の物体からの電磁気力の影響を除くのがむずかしい。また，電磁気力をシールドしても，地球からの重力を消すことは不可能である。また，天体の運動の観測では質量もわからないため，G のみを決めることはできない。ニュートンは G の値は小さすぎて，当時の技術では G の測定は困難であると考えていた。

万有引力定数 G の測定に初めて成功したのは H. Cavendish（キャベンディッシュ，1731－1810）である。彼はねじりばかりを用いることにより，鉛直方向に働く地球からの大きな重力を相殺すると同時に，質量のわかっている物体間に働くわずかな万有引力による回転方向のねじれの力を測定し G を求めた。現在の測定値は

$$G = (6.67408 \pm 0.00031) \times 10^{-11}\ \mathrm{N \cdot m^2 \cdot kg^{-2}}$$

である。これは他の基本的な物理定数に比べて測定精度が桁違いに悪い。また，G の実験室での測定は 1 cm〜1 m 程度の距離のみで実施されている。

G の値の決定は重要な意味がある。重力により運動している物体の位置と加速度を測定すれば，重力源の質量を決定することができる。たとえば，地上で物体の重力加速度を測定すれば地球の質量を決定できる。実際，キャベンディッシュの実験の目的は普遍定数 G の測定ではなく，地球の質量や密度を求めることであった。また，地球の公転運動から太陽の質量を，木星の衛星の公転運動の観測から木星の質量を決められる。さらには，銀河や銀河団などの回転運動を観測すると，回転速度が万有引力の法則から予想される回転速度よりも速くなることが観測された。これは光では見えない重力源があり，天体の運動に影響していると考えられるようになり，そのような重力源は暗黒物質（1.7.11 参照）とよばれるようになった。

b.　重力加速度

長さ l の振り子の周期 T は $T = 2\pi\sqrt{(l/g)}$ であり振り子の質量にはよらない（振り子の等時性）。したがって，T と l を精密に測定すれば g を精密に測定できる。この原理を用いた測

定手法として，ボルダの振り子やケーター振子が知られている。ケーターの振り子（可逆振子）には支点が2ヵ所ある。二つの支点回りの振動周期が等しくなるように，振り子についたおもりの位置を微調整する。そして，支点間の距離 l と周期 T を精密に測定し重力加速度を求める。この方法の利点は振り子のモーメントを精密に測定しなくても，重力加速度を測定できることである。

現在は振り子による測定よりも，高真空中の自由落下による直接測定のほうが精度が良い。真空中で物体（コーナーキューブ）を落下させ，その位置と時間の関係を精密に測定することにより重力加速度を測定する。距離の測定には落下する物体にレーザー光を当て，その反射光と参照光を干渉させる。物体の落下に伴い光路差が変化し，波長毎に干渉縞の強弱が変わるので，それを計数して距離を測定できる。また，時間の測定には原子時計を用いる。その結果 10^{-8} 以上の精度で g が測定されている。

c. 重力場

ニュートンの万有引力の法則には適用限界がある。重力が強い状況では正しくない。20世紀初頭，A. Einstein（アインシュタイン，1879－1955）は重力を時間空間のゆがみとしてとらえ直した（一般相対論）。一般相対論によれば，光でさえ重力により曲げられる。特に質量の大きい天体が重力源となりレンズの働きをし，重力レンズとよばれている。図17の中心以外の四つの天体は実は一つの天体で，重力レンズ効果で複数にわかれて見えている。光のスペクトルを比較することで同一の天体であることが証明された。

また，一般相対論によれば重力の効果により時計の進みが遅くなる（重力赤方偏移）。身近な例では，カーナビゲーションに使われているGPS（global positioning system）に応用されている。人工衛星からの電波を受信して車の位置を正確に決めているが，そのためには時間も正確に決める必要がある。重力赤方偏移により地上の時計は衛星の時計に比べて，毎秒 5×10^{-10} 秒程度遅れる（特殊相対論の効果もあわせた）。1時間経つと 2×10^{-6} 秒程度時間が遅れ，

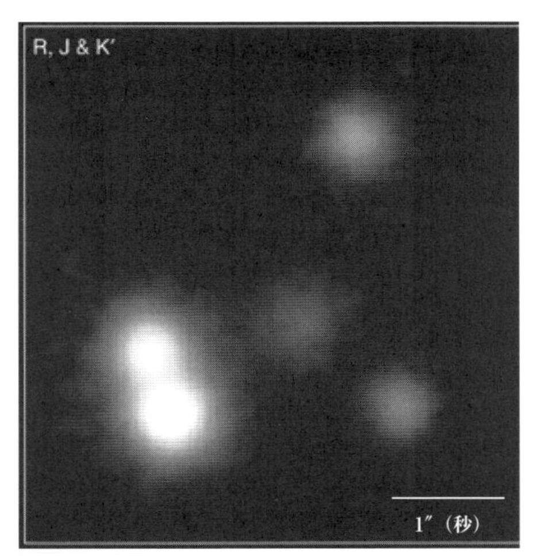

図17 重力レンズによる天体の像（すばる天体望遠鏡による撮影）
［http://www.naoj.org/Pressrelease/1999/01/28h/PG1115.jpg］

電波は光速 c で伝わるため，距離にして600 m程度に相当する。つまり，一般相対論の補正を考慮しないで，カーナビを1時間使いつづけると，位置が600 m程度も狂うことになる。難解な一般相対論の成果が身近なGPSの中に活かされている。 ［石原 諭］

参考図書（1.2）

摩 擦

1) 角田和雄 著，“とことんやさしい摩擦の本”，日刊工業新聞社（2006）.
2) 角田和雄 著，“摩擦の世界”，岩波新書（1994）.
3) 田中幸，結城千代子 著，“摩擦のしわざ”，太郎次郎社エディタス（2015）.

弾性・粘性

4) R.P. Feynman 著，戸田盛和 訳，“ファインマン物理学 Ⅳ 電磁波と物性”，岩波書店（2002）.

力

5) 砂川重信，“物理の考え方 1 力学の考え方”，岩波書店（1993）.
6) C. Kittel, W.D. Walter, M.A. Ruderman 著，A. C. Helmholz, B.J. Moyer 改訂，今井 功 監訳，“〈復刻版〉バークレー物理学コース 力学”，丸善出版（2011）.

1.3　熱とエネルギー

1.3.1　真　空

真空に関する歴史は17世紀に始まった。G. Berti（ベルティ，1600－1643）の真空実現の実験やE. Torricelli（トリチェリ，1608－1647）が演示した有名なトリチェリの真空がその出発である。O. von Guericke（ゲーリケ，1602－1686）はマグデブルク市民の前で，互いの接合面をきれいに仕上げた2個の銅の半球を合わせ，自分が発明したフイゴ型真空ポンプで球の中の空気を抜き，左右を馬で引かせた。馬は半球を切り放すことができなかったそうである。これはマグデブルクの半球実験として知られている。その後時代を経て，現在の物理学の実験や工業的に用いられている真空装置は，容器内を真空にするための真空ポンプも容器内の真空度をはかるための真空計も，20世紀になってから開発されたものがほとんどである。

一般に，真空といっても気体分子がまったくない状態を指すのではなく，大気圧の数分の1以下くらいに圧力が減った状態からを指す。真空の程度を表す言葉を真空度といい，真空容器内の気体の圧力で表す。このSI単位は$N\ m^{-2}$（ニュートン毎平方メートル）であるが，これはPa（パスカル）とよばれている。また，トリチェリの名前からとられたTorr（トル）という単位も昔から用いられている。真空は真空度に応じ，低真空（100 Pa以上の圧力），中真空（100～10^{-1} Pa），高真空（10^{-1}～10^{-5} Pa），超高真空（10^{-5}～10^{-9} Pa），極高真空（10^{-9} Pa以下の圧力）に大きく分けられる。それぞれが目的に応じ産業や科学技術に利用されている。実験室で実現できる真空は10^{-10} Pa程度で，これは大気圧の10^{-15}倍である。アボガドロ定数は6.02×10^{23}個であるから，この真空でも数リットルの真空容器の中にまだ1億個の気体分子を含むことになる。

真空度をはかるのに用いる装置が真空計である。代表的な真空計にはガイスラー管（図1），電離真空計（図2），ピラニーゲージ，ペニングゲージなどがある。最も興味深いのがガイスラー管である。一般に，図1に示すようなT字型の管を真空中に差し込んで，この下の写真にあるようなコイルで両側の電極の間に交流の数kVの高電圧をかける。真空中に残っている気体分子が何らかの理由で電子を放出すれば，これが高電圧による電場で加速されて，他の気体分子にあたりイオン化する。それが繰り返される結果放電が起こる。この放電の様子は真空度に依存し，発する光の色は真空容器内に残っている気体の種類による。真空放電が起こるような真空度（中真空）でしか使えないが，目で

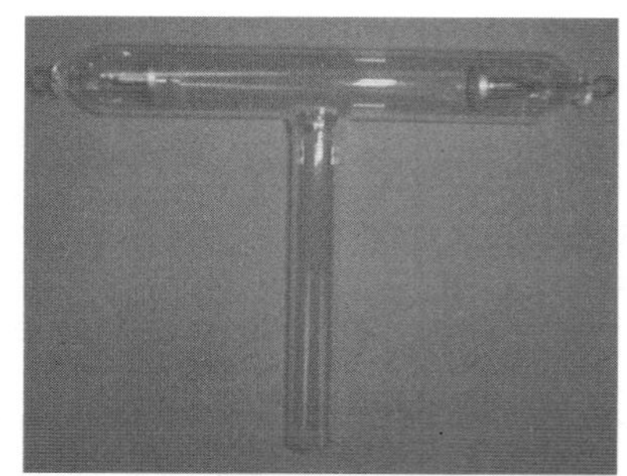

図1　ガイスラー管とそこに高電圧をかけるためのコイル
［© 大阪変圧器，高力率ネオン変圧器］

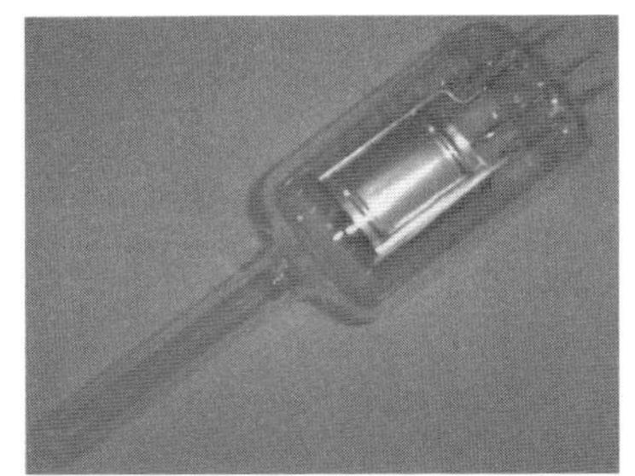

図2　電離真空計と電離真空計用の回路
［下図：Ⓒ（株）アルバック，GI-M2］

真空度と残っている気体の成分をある程度判断できる。図2に示した電離真空計は気体分子をイオン化して，それを電極に引き付け，流れた電流から真空中に存在する分子の数を求めるものである。真空度を表示するが，これだけでは残留気体の成分ははかれない。

物性の実験においては，気体分子の影響を避けるため，真空はごく普通に使われている。図3に小型の真空装置を示す。超高真空を必要とする実験においては，真空度は十分であっても，残留気体の成分が問題になることもある。したがってガイスラー管のように，真空度と残留気体の成分を同時にはかることが望まれる。高真空や超高真空では四重極型質量分析器でこれらを同時にはかる。［鈴木 康文］

1.3.2　熱膨張

熱膨張とは物質の温度が上昇することによって物質の体積が増加することである。鉄道線路のレールをよく見るとその継ぎ目には所々に隙間が開けられている。これは，夏の季節にレールの熱膨張が原因で線路が曲がらないようにするためである。熱膨張による体積と温度の比例的な関係を直接用いているのがアルコール温度計や水銀温度計である。熱膨張は微視的に見る

図3　小型真空散乱槽

と温度上昇によって物質内部の原子の動きが活発になることに関係している。

熱による物質の体積膨張は3方向の変化として現れる。特に1方向の長さの変化を線膨張という。線膨張率は固体の場合には定義できるが，気体および液体では膨張に関して異方性をもたない場合は，本質的に体膨張率のみが意味をもつ。固体の熱膨張は微小な変化であるので，精密にはかるためのいくつかの方法がある。測定においては試料温度の均一性や熱履歴に注意しなければならない。

a.　体膨張率

固体の体膨張率βは

$$\beta = (V - V_0) / \{V_0 (T - T_0)\}$$

と定義され，単位はK^{-1}である。ここで，V_0とVは基準温度および測定温度での試料体積，T_0とTは基準温度および測定温度である。βの測定は測定する試料を液体の入った容器の中で沈ませて，熱膨張による試料の体積変化を液面の変化から測定する。温度に対する体積の変化を精密に測定するために容器に細い管を取り付けて，その管での液面の変化から体積の変化を求める。容器と液体も温度に対して体積変化するので，温度に対する液面の位置の校正が必要である。ガラス転移などでは転移温度で試料の熱膨張率が大きく変化するので，液面の急激な変化の測定で転移点の温度が求められる。現在では示差走査熱量測定法（DSC：differential scanning calorimetry）が普及したので，ガラス転移点温度の測定にこの方法はあまり行

われなくなった。試料が液体の場合はそのまま液面の変化から体積膨張が測定される。液体中での物体の浮力の変化を測定する方法からも液体の熱膨張率は間接的に測定できる。

b. 線膨張率

固体の線膨張率 α は

$$\alpha = (L - L_0)/\{L_0(T - T_0)\}$$

と定義され，単位はK^{-1}である。ここで，L_0とLは基準温度および測定温度での試料長，T_0とTは基準温度および測定温度である。単結晶の試料では，各軸方向の線膨張率を独立に求めることができて，結晶の異方性について重要な知見が得られる。X線や中性子回折の格子定数の温度依存性からも熱膨張率を求めることができる。

直読法　目印になる線を2本試料につけて，外部から望遠鏡を用いて測定する方法である。測定のために恒温槽には窓が必要であり，長さを実測するためには十分な大きさの試料が必要である。

押棒法　測定試料に熱膨張率の非常に小さい石英ガラスなどの棒を軽く押し付け，変位検出器で試料の熱膨張率を測定する簡便な装置であるが，かなりの精度が得られる。変位測定器としては，ダイヤルゲージ，ストレインゲージ，差動トランス，光学的測定器あるいは平行板コンデンサーが用いられる。

レーザー走査法　測定物質の長さ測定にレーザー光を使用する。レーザー光を試料の測定方向に対して一定速度で走査する。試料によってレーザー光が遮られている時間を計測し，走査速度をもとに試料長さに換算する。

光干渉法　光を測定のための光線として使用するのではなく，その干渉を利用すれば光の波長に相当する分解能が得られる。試料を2枚の光学平面で挟んでレーザー光を照射し，試料の上と下から反射した光を重ねて干渉させる。試料が膨張すると干渉縞が移動するので，その数を数える。干渉縞の一つが波長の1/2に対応する。雰囲気ガスを用いる場合は，ガスの屈折率による波長の補正が必要である。この方法は非常に高感度であるので石英ガラスなどの熱膨張率の小さい試料に適している。

SQUID法　位置検出器として超伝導量子干渉計(SQUID:superconducting quantum interference device) を用いる。試料の熱膨張によって永久磁石中で検出コイルの位置が変化する。このとき磁気信号がSQUID検出器に伝えられ，高感度の位置測定が可能となっている。

［庭瀬 敬右］

1.3.3　比　熱

大陸性気候では気温の日較差・年較差がともに大きく，日中は高温になるが夜は低温となる。また，夏と冬の温度の較差も大きい。一方，海洋性気候は気温の日較差・年較差が小さい。その原因となっているのは温まりにくく冷めにくい性質をもつ水を大量に湛えた海の存在である。

ある物質に熱を与えるとその物体の温度は上昇する。与えた熱量をQ，上昇した温度をΔTとすると，一般にΔTはQに比例するため

$$Q = C\Delta T$$

となる。ここで，Cは比例定数で物質の熱容量という。その物質の質量をm，単位質量あたりの熱容量をcとすると

$$c = Q/\Delta Tm$$

となる。cは比熱で物質の単位質量あたりの温度を1℃上昇させるのに必要なエネルギーであり物質固有の値である。温度変化によって物体の体積が変化する場合では，物体が外圧に対して仕事を行うエネルギーが余分に必要となる(熱力学第一法則)。このため体積が一定な場合と圧力が一定な場合の比熱を定積比熱C_V，定圧比熱C_Pと区別する。固体や液体では温度変化に対する体積の変化が小さいので，この両比熱の差は小さいが気体では大きくなる。

比熱の測定は外部との熱の出入りを遮断した断熱法，外部への熱の放出を利用した熱緩和法に分類される。

a. 断熱法

断熱法には熱平衡状態への変化から比熱を求める混合法，断熱状態で測定試料に電気エネルギーや光エネルギーを流入させ，そのときの試料の温度変化より比熱の値を求める交流法，およびレーザーフラッシュ法がある。

混合法では，温めた試料を水熱量計に入れて熱平衡になった温度を測定する。この場合，試料から放出された熱量は水熱量計が得た熱量に等しいという関係式を用いて比熱を求める。正確な測定のためには外部との熱の出入りの影響が無視できるくらい測定試料の質量が大きいことが望ましい。

交流法では，試料に周期的に交流電流を与えてエネルギーを加えると，試料の温度差も周期的に変化する。このときの温度振幅が比熱に比例するため，比熱の温度依存性に関する情報が得られるが，比熱の絶対値は測定できない。

レーザーフラッシュ法では，レーザー照射によってエネルギーを流入させる。測定時間が100 ms 以下と短く，その間だけ断熱条件に保てばよいので，断熱状態をつくりにくい高温領域で有効である。

b. 熱緩和法

熱緩和法には測定試料から熱を一定条件で外界に放出させる冷却法と，熱伝導体を用いて試料から熱を熱浴に放出させて，そのときの試料の温度変化から比熱を求める伝導法がある。

物体の熱放射を利用して外界に熱を流出させる冷却法では，熱を失う速さは物体と外界の温度に関係している（ニュートンの冷却法則）。同一の熱量計を用いて比熱既知の物体と未知の物体が一定の温度区間を冷却される場合，熱量計から放出される熱量は同一である。この二つの物質の熱緩和に関する比熱を含んだ等式をつくり比熱を求める。

一方，伝導法では試料は熱浴に熱伝導体でつないで，熱を試料から熱浴に熱伝導体を通して流出させる。試料を加熱しつづけた状態で試料と熱浴の温度差を一定の状態にしたあと加熱を止めると，熱は試料から伝導体（熱リーク線）を伝わって熱浴に流出する。この場合，試料と熱浴の温度差は指数関数で緩和する。この変化を解析することによって比熱が求められる。

固体の比熱は定積比熱とみなせるために，内部エネルギーを温度に関して微分した量になる。そのため固体の比熱は格子振動，電子系のエネルギー，そして相転移などの物理情報を反映する。磁気転移などは第二次の相転移であり，転移温度では比熱に不連続な“とび”が現れる。低温での固体の比熱を電子系の比熱と格子系の比熱に分離すると，それぞれ電子比熱係数とデバイ温度が求められる。電子比熱係数はフェルミ面での状態密度に密接な関係を持っているので，アモルファス合金，準結晶などの物質の電子物性とその安定性に関する情報が与えられる。

［庭瀬 敬右］

1.3.4　熱　量

熱を与えることによって一般に物体の温度は上昇する。熱量とは熱を量的にとらえるときの用語である。熱量は力学的仕事と同じエネルギーであり，その単位はジュールである。日常的に使用されるカロリーは，当初水 1 g を 1 気圧のもとで，温度を 14.5～15.5℃ までの 1℃（1 K）だけ上げるのに必要な熱量と定義されたが，現在は 4.184 J を 1 cal と定義している（「1.3.5 エネルギー」参照）。熱は物質の温度上昇以外に，氷が溶けたり水が凍ったりする場合のように，物質の状態変化のためにも使用されたり放出されたりする。

熱量の精密測定の重要性は，1783 年に A. Lavoisier（ラボアジェ，1743－1794）と P. S. Laplace（ラプラス，1749－1827）によって示された。彼らは化合物が元素に分解する際に要する熱量が，その元素から化合物が生成するときに出る熱量に等しいことを明らかにした。その後，熱の本性を明らかにするため，様々なタイプのカロリメーター（熱量計）が開発された。そのような熱量計を用いて物質の熱容量（比熱），融解熱，気化熱，燃焼熱などを測定する操作を熱量測定という。

熱量計には，水のような熱容量既知の物体を用いてその温度変化を測定する水熱量計や，氷が融解して水になる過程や水が沸騰して水蒸気になる過程の物質の潜熱を用いて測定する氷熱量計や蒸気熱量計などがある。また，熱的平衡状態にあるときの流水の温度変化とその質量から熱量を求める流水式測定法や，燃焼熱のような多量の熱量の測定では一般に定容熱量計いわゆるボンベ型熱量計が用いられる。示差熱分析では広い温度範囲のデータが容易に得られる。

温度測定を伴うものにあっては精度の高い温度計を用いること，状態変化量を測定するものにあっては微小な変化量を求めることが大切である。また，目的に応じた適当な熱量計を選択することや，熱源において発生する熱がすべての試料に与えられるように配慮することが必要である。測定室内の雰囲気を一定に保つことも重要である。ここでは，示差熱分析と示差走査熱量測定計について詳しく述べる。

a. 示差熱分析（DTA：differential thermal analysis）

反応熱や相転移熱を求める方法として示差熱分析がある。図4に示すように，試料および基準物質を炉内に等しい環境になるように置き，それらの温度を一定速度で上昇または下降させて，二つの試料間の温度差を時間または温度に対して記録する。試料が融解・ガラス転移・結晶化などの転移を起こすと，それに伴って吸熱や発熱が起きるので，両者の温度の変化に差が生じる。その温度差から転移の起きる温度および熱量を検出することができる。

b. 示差走査熱量測定計（DSC：differential scanning calorimeter）

示差熱分析では試料と基準物質との温度差をそのまま記録したが，示差走査熱量測定では物質および基準物質を一定速度で加熱または冷却する環境中で，両者の温度差が生じないように温度センサーを用いてヒーターを制御し，そのために必要なエネルギーを温度または時間に対して記録する。試料から放出あるいは試料に吸収される熱量（エンタルピー）の測定に適している。

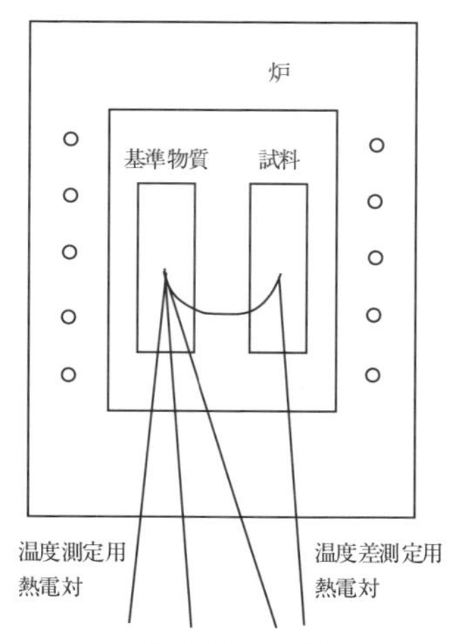

図4　示差熱分析装置の概略

パーキンエルマー社が1963年にこの原理の装置を発売し，示差走査熱量計とよんだ。その後，この方法は一般に普及し，広く示差走査熱量測定とよばれるようになった。この方法では，熱エネルギーを電気抵抗線のジュール熱として与える。一定電圧のもとに入力電流の差がエネルギー入力に比例し，試料と基準物質の比熱の差，または反応熱の差を与える。不活性ガスや低温アタッチメントを用いての広い温度変化域での測定や昇温速度，降温速度を幅広く変えることができ，高い熱量感度の分析が可能となる。材料の転移現象，比熱，反応熱の測定などに広範に使われている。　　　　　［庭瀬　敬右］

1.3.5　エネルギー

エネルギーは，あらゆる自然科学の分野で（ときには社会的用語としても）他に代わる言葉のない重要な量概念として登場する。こうした対象を越えて現れる普遍性がエネルギーの本質をよく示している。自然界で何らかの変化が起こるとき，着目する系の間でエネルギーとよばれる量が移動する。その際，エネルギーの形態は変わるが，総量は増えも減りもせずに受け渡しされる。このように，エネルギーは変化の前後を定量的に結びつける役目を担う量概念として導入される。

様々な形態をとり，様々な効果に結びつくことがエネルギーの本質であるから，それらに応じた多種多様のエネルギーの測定原理がある。エネルギー以外の量の測定においても，現象の変換を利用して出力信号を得るときには，どこかにエネルギーの効果を見る要素が含まれるといえる。以下では，代表的なエネルギーの種類をあげ，関連する測定原理を含めて概説する。

a. 力学的エネルギー

運動し得る物体の，速さに依存して決まるエネルギー（運動エネルギー）と，位置の関数として決まるエネルギー（位置エネルギーまたはポテンシャルエネルギー）の総和を物体の力学的エネルギーとよぶ。物体に作用する力が位置エネルギーの勾配で決まる保存力の場合は，物体の運動エネルギーと位置エネルギーは総和を保ちながら相互に転換する（力学的エネルギーの保存則）。非保存力が作用するとき（「1.2.9　力」参照）は，その非保存力による仕事の分だけ力学的エネルギーが減少する。仕事は，力と微小変位の内積の総和で表され，力を介してエネルギーの形態や担い場所が移るときのエネルギーの移動に対応する量である。この仕事の定義に対応させた（質量 m，速さ v の）質点の運動エネルギーは $mv^2/2$ になる。SI におけるエネルギーの単位は仕事に基づく $\mathrm{kg \cdot m^2 \cdot s^{-2}}$ であり，これを J（ジュール）で表す。

運動エネルギーは m と v から，位置エネルギーは基準を決めれば位置の関数としての力の積分計算によって決められる。これらと独立の方法で実測を行うためには，なされた仕事の量を読み取ることができる外部装置を用意して，これに力学的エネルギーを消費させればよい。たとえば，運動する物体に一定の動摩擦力で制動をかけてやれば，静止するまでの（延べの）移動距離から力学的エネルギーの変化量を知ることができる。

大きさや変形の無視できない物体では，回転の運動エネルギーと，ひずみに伴う弾性エネルギーが力学的エネルギーに含まれる。

b. 熱的エネルギー

温度の高い物体から低い物体へ自然に移るエネルギーを熱または熱量とよぶ。熱は物体の温度変化に結びつくエネルギーであるともいえる。したがって，熱の源となり得るのは，物体の内部エネルギーのうち，温度を決めている乱雑な運動に基づいた部分である（「1.1.6 温度」を参照のこと）。ただし，そのエネルギーが熱として移動するためには，エネルギーをやりとりできるように“熱接触”した相手系が必要である。この熱接触の機構の主要な 2 種類が，接触界面を介した微視的かつ乱雑な撃力（の力積）によるエネルギー移動として説明される（熱）伝導，および，物質の微視的構成粒子の熱振動で引き起こされる電気双極子振動に由来して電磁波の放射と吸収が起こり（プランク放射），これにより非接触的にエネルギーが伝わる（熱）放射である。これらの乱雑性が介在する機構に基づいて，熱接触した物体間では，両物体の材料や熱接触の種類によらずに，温度差がある限り熱エネルギーの移動が起こることになる。なお，物体が体積変化を起こす場合には，一つの物体に流入した熱は内部エネルギーの増加と外界への力学的な仕事の双方に使われるが（熱力学第一法則），熱のすべてを力学的な仕事にすることはできない（熱力学第二法則）。

熱がエネルギーの一形態であることが理解された今日的な立場では，熱固有の単位量を定める必要はなくなっている（J を使えば表現できる）。ただし歴史的には，温度変化をもたらす熱の概念は，エネルギーとは独立に認識・定義されてきた経緯があり，基準物質とする水 1 g に対して（ある温度から）1 K だけ温度上昇させるさいの熱量を単位量 cal（カロリー）としてはかる方法が長らく採用されてきた。そこで今日においても，その歴史的意味づけに近づけた cal を単位として使うことがある。その場合，水の比熱の温度変化に由来する定義の曖昧さを防ぐために，（約 17℃ の水の比熱に相当する）4.184 J を 1 cal の厳密な定義値とする方法などが採用される。熱の歴史や測定法については，「1.3.4 熱量」を参照されたい。

c. 電磁気学的エネルギー

電気エネルギー　導線を伝わる電流によって，十分離れた場所へほとんど時間を要さずにエネルギーを伝えることができる。このとき，たとえば燃料の化学エネルギーを消費して作動する発電機が，電線中の電荷の変位という形の仕事を行い，この変位の効果が遠方に及んで，利用者の目的に応じた形の仕事をするという多段のエネルギー変換が起きる。このように伝わるエネルギーを電気エネルギーとよび，その際なされる仕事の仕事率を電力（単位:$\mathrm{J\ s^{-1} = W}$），仕事の総量を電力量とよぶ。実用上の機器による電力量を表現するさいには，（J に代えて）1 h の仕事である Wh（ワット時）を単位にすることがある。

直流の場合は，負荷に流れる電流 I と，負荷の両端電圧 V の積が電力を与える。負荷が単純に抵抗値 R の抵抗のときは，電力は I^2R または V^2/R に等しく，この仕事率で消費されたエネルギーはジュール熱になる。

交流の場合には，電力を1周期よりも十分長い時間スケールで均して考える。そのさい，電力を表す式が直流の場合と同様になるように電流と電圧の実効値が導入される。ただし，負荷の種類によっては，電流波形と電圧波形の間に位相差 ϕ が生じることがあり，このとき負荷における実際の仕事率（有効電力）は，電流・電圧の実効値の積 P（皮相電力）より小さい値 $P \cdot \cos\phi$ になる。交流の有効電力をはかる代表的な装置は，電流を導いた固定コイル中に電圧に比例した電流が流れるような指針付の可動コイルを置き，その振れを読み取る方式の電流力計形電力計である。近年は，電圧・電流値をデジタル処理する方式の電力計も多用される。MHz を越える高周波領域では，抵抗負荷のジュール熱による温度上昇を計り電力を求める方式などがとられる。

電磁場と電磁波のエネルギー　電場および磁場は空間にエネルギーが蓄えられた形態である。電荷 $\pm Q$ を帯びた容量 C のコンデンサーのエネルギー $Q^2/(2C)$ や，電流 I の流れるインダクタンス L のコイルのエネルギー $LI^2/2$ は，こうした電磁場のエネルギーである。電磁波は電場と磁場が交互に誘起し合う形で，真空中でも電磁場のエネルギーを光の速さで伝える。これが電磁波による放射現象である。熱が離れたところに伝わるのは，波長の分布した電磁波のエネルギーが伝わる現象であり，特に熱放射とよばれる。放射の程度を表す単位としては，放射源の仕事率としての W（ワット）を基本として，さらに立体角あたり，あるいは入射側の面積あたりの量とするなどの表現法がある。一例として，太陽の全放射エネルギーは約 3.85×10^{26} W，そのうち地球の大気圏上部に達するエネルギーは平均で 1.4 kW m^{-2} 程である。放射エネルギーの計測は，電波領域ではアンテナを使った高周波電力測定，可視光に近い領域では種々の光センサーを利用するいわゆる測光の問題になる。

d. 物性におけるエネルギー－電磁波と物質の相互作用

物質はミクロな構造に由来する様々な固有のエネルギー値をもっている。たとえば，分子の振動状態や結晶中の電子の運動状態に対応するエネルギーは，量子力学の原理に基づくとびとびの値（準位）をとる。こうした物質の状態に変化が起こるとき，対応するエネルギー準位の差 ΔE だけの電磁波のエネルギーが吸収または放出される。ただし，このときの電磁波については，振動数 ν（または波長 λ）に制約があり，$\Delta E = h\nu$ の関係を満たさなければならない。h はプランク定数である。したがって，物質がもつエネルギー準位は，吸収・放出される電磁波の波長または振動数を計ること（分光）により決めることができ，これから物質のミクロな構造や性格を探ることができる。γ 線吸収を見るメスバウアー分光法，磁場を印加しラジオ波の吸収を見る核磁気共鳴法，その他これらの中間波長領域における様々な分光実験が物性研究の手段として使われている。

以上の例からも分かるように，電磁波（光）のエネルギーには，マクロに運ばれる量としての捉え方とは独立に，ミクロな世界での相互作用に関係した $h\nu$ とする見方が必要である（光量子の概念）。

可視光付近の電磁波に対応するエネルギーを表す単位には，1 V の電位差で電子1個が加速されたときに得る運動エネルギー eV（電子ボルト）が使われることが多い。

e. 化学エネルギー

原子が結合してできた物質には，化学結合に伴う一種の位置エネルギーが蓄えられている。化学反応が起こってエネルギーの低い物質に変化するときには，エネルギーの差額が（主として）熱となって放出される。等圧条件に近い場合は体積膨張による仕事も行われる。燃料から得られるエネルギーや生命が代謝するエネルギーは，こうした化学エネルギーである。化学反応に伴う吸発熱のエネルギーは熱量測定によって決められるが，実測によらず既知の標準反応についてのデータから算出・推定される場合が

表1　エネルギー（あるいはその相当量）の各種単位量とJに対する関係

単位量 （読み方）	定義その他の説明	Jとの間の換算
J （ジュール）	$\equiv kg \cdot m^2 \cdot s^{-2} = N \cdot m$ 力学的仕事をSI基本単位で組み立てた単位量。あらゆるエネルギーの単位として使うことができる。	—
erg （エルグ）	$\equiv g \cdot cm^2 \cdot s^{-2} = dyn \cdot cm$ cm，g，sを基本単位としたときの仕事の単位量。	$erg = 10^{-7}$ J $1 J = 10^7$ erg
eV （電子ボルト）	電気素量をもつ1粒子が真空中で電位差1Vの区間を移動するさいになされる仕事。VはJ/Cで表されるため，eVは1Jの（電気素量/C）倍に相当する。	$eV = 1.6021766 \times 10^{-19}$ J $1 J = 0.62415092 \times 10^{19}$ eV
cal_{20} （20度カロリー）	標準大気圧下で，純水を20℃を中心にして1Kだけ温度上昇させる熱量。	$cal_{20} = 4.1819$ J $1 J = 0.2391\ cal_{20}$
cal_{th} （熱力学カロリー）	物理的な測定に基づかない定義値である。ただし，17度カロリーに近い値に設定されている。計量法のcalもこれに等しい。	$cal_{th} = 4.184$ J（定義） $1 J = 0.2390\ cal_{th}$
W･h （ワット時）	1Wの電力によって1hの間になされる仕事。	$W \cdot h = 3600$ J $1 J = 2.777\cdots \times 10^{-4}\ W \cdot h$
K （ケルビン）	絶対温度にボルツマン定数を乗じた値を，エネルギーと対応づける。主に統計力学において有用なとらえ方。	$1 K \Leftrightarrow 1.3806485 \times 10^{-23}$ J $1 J \Leftrightarrow 7.2429731 \times 10^{22}$ K
Hz （ヘルツ）	振動数にプランク定数を乗じた値を，エネルギーと対応づける。光量子のエネルギーを考える場合に有用。	$1 Hz \Leftrightarrow 6.6260700 \times 10^{-34}$ J $1 J \Leftrightarrow 1.5091902 \times 10^{33}$ Hz
cm^{-1} （カイザー）	（波の線密度としての）波数に光の速さとプランク定数を乗じた値を，エネルギーと対応づける。主に分光実験の分野で使われるとらえ方。	$1 cm^{-1} \Leftrightarrow 1.9864458 \times 10^{-23}$ J $1 J \Leftrightarrow 5.0341167 \times 10^{22}\ cm^{-1}$

多い。

f.　その他のエネルギー

電子や中性子などの粒子線のエネルギーは粒子の運動エネルギーと考えてよい。原子核子間の相互作用エネルギーは非常に強力な成分を含んでいる。ある種の不安定な原子核は，一定量以上を1ヵ所に集めることで，連鎖的に分裂して，相互作用のエネルギーの差にあたる巨大なエネルギーを外部に放出する。これが原子力発電などで活かされる核エネルギーである。また，γ線などの電磁波のエネルギーが，質量をもつ粒子と反粒子の対に転化する現象も知られており，（相対性理論に基づく）質量がエネルギーの一形態であることの直接的な例になっている。さらにまた，比較的軽い元素の原子核が連鎖的に融合するさいに相互作用のエネルギーを放出する現象は核融合とよばれ，宇宙空間の様々な恒星が発する莫大なエネルギーは，星を形成する物質の核融合反応を源にしている。

種々の分野で使われるエネルギー（あるいはその相当量）に関する単位量を表1に示す。

［萩原　亮］

1.3.6　熱伝導

物質内を高温部から低温部へ物質の移動なしに熱が伝わることを熱伝導という。一般に熱の移動の機構には，熱伝導以外に気体や液体の移動に伴って熱が移動する対流，電磁波である熱線のかたちで熱が移動する熱放射がある。夏の昼間の野外に置かれた木板と金属板を触った場合，木板より金属板の方が熱く感じられ，冬では逆に冷たく感じる。これは金属の方が木に比べて100倍ほど熱伝導率が高いことによる。熱は固体中では一般に結晶格子の振動として伝えられる。金属が木に対して大きな熱伝導性をもつ理由は，格子振動とは別に自由電子による熱伝導の寄与が大きくなるためである。

熱伝導率 k〔$\mathrm{W\,m^{-1}\,K^{-1}}$〕は熱流ベクトル Q〔$\mathrm{W\,m^{-2}}$〕と温度勾配 ∇T〔$\mathrm{K\,m^{-1}}$〕との比として

$$k = -Q/\nabla T$$　（フーリエの法則）

と定義される。これは，1807年にフランスの数学者J. Fourier（フーリエ，1768－1830）がフーリエの定理とよばれる理論を発見し，1822年にこの定理を応用して“熱の解析理論”と題する書物にまとめた結果である。フーリエの定理とは，いかなる複雑な波も単純な波の組み合わせに分解可能で，逆にそうした波をすべて足し合わせると，元の複雑な波に一致するというものである。

熱伝導率は単結晶では一般的には異方性をもち2階のテンソルである。そのことは水晶の単結晶の結晶軸に平行に切り出した板を用いてパラフィンを1滴たらして固めた後にその中心点を温めると，パラフィンが溶けて軸方向に長い楕円形の輪をつくることから確かめることができる。単結晶以外では熱伝導率はすべてスカラーとなる。

熱伝導率は工学的に非常に重要な量である。耐火材，断熱材，保温材の熱伝導率は様々な炉の効率に関係する。半導体素子においても熱伝導率は，その性能を決定する重要な因子である。ダイヤモンドは非金属であるが，その熱伝導率は例外的に大きく電子基盤材料として有望視されている。宇宙工学では液体酸素，液体水素を保存する場合に熱の流入を防ぐ必要がある。

熱伝導率の測定法

熱伝導率の測定法には以下に述べる定常法と非定常法がある。

定常法　定常法は試料に一定の熱を与えて定常状態になるまでその状態を保持し，そのときの熱流量と温度勾配とから熱伝導率を求める方法であり，絶対測定と比較測定がある。

絶対測定では，棒状の試料の一端に単位時間あたり一定の熱を発生する発熱体を取り付け，長さ方向に温度勾配を生じさせる。試料の2ヵ所に取り付けた熱電対によって温度を測定し，温度勾配を決める。熱流の大きさは発熱体において電気的に発生した熱量，もしくは低温側の熱量計で冷却水の流量とその温度上昇の積を求めることなどによって測定する。定常状態に達するのを待てば，試料両端の温度差と発熱体の単位時間あたりの発熱量から熱伝導率が求められる。定常状態に適当な時間内で到達させるには，試料の長さと断面積を制約する必要がある。また，高温では放射による熱漏れも考慮しなければならない。熱漏れの影響を小さくするためには試料と同じ温度勾配をつけた断熱壁が使われる。電気的に加熱する場合のリード線や試料の温度測定に用いる熱電対自身も熱漏れの経路になることに注意しなければならない。

高温では熱伝導率の絶対値を求める直接法が熱放射による熱損の点から精度が悪くなる。そのため，熱伝導率が既知の物質と比較して間接的に熱伝導率を求める方法が比較測定である。試料を比較物質と直列に接続し，同一の熱流によって生じる温度勾配の比から試料の熱伝導率が求められる。この方法では，熱源からの熱損や試料表面からの熱損から生じる誤差も小さくなる。

非定常法　測定試料の温度分布が定常状態に達していない場合の試料温度の時間変化は境界条件を考慮して熱拡散方程式によって解くことができる。この場合，定常状態における温度勾配を測定する代わりに，ヒーターに周期的または階段的に変化する熱を発生させて，その際の温度変化の速度から熱伝導率を測定する。非定常法では，熱放射などによる熱損の影響が軽減され測定が比較的短時間で行えるので，高温度の測定に適している。測定の試料は多くの場合棒状（針金状）である。これは表面からの熱損があっても差し支えないからである。針金状の試料が得がたい場合，電子線照射によって試料を加熱し，温度の測定は試料表面からの放射を放電管で受けて行う方法もある。

［庭瀬 敬右］

1.3.7 エントロピー

エントロピーはエネルギーと同列に論じられるべき重要な概念であるが，エネルギーの概念に輪をかけて一層分かりにくい概念ではないだろうか。しかし，この分かりにくい概念は，どのようにすればエネルギーを有効に使って仕事ができるかという，むしろ実用的な必要性に迫られて構築された体系から生み出された。

a. エントロピー増大則

19 世紀，科学技術の急速な発展の中で熱の発生・移動が伴う力学現象全般を扱うために考え出されたのが熱力学である。熱力学の建設で重要な役割を果たしたのが W. Thomson（トムソン，1824－1907），後の Baron Kelvin（ケルビン卿）である。この体系の土台となるのが熱力学の三法則である。第一法則は力学的エネルギーからさらに熱エネルギーまで対象を広げたエネルギー保存則である。第二，三法則にエントロピーが登場する。

宇宙の中の今注目している一部分を系とよぶ。系以外を外界とよぶ。たとえば，エンジンを系の一例と考えることができる。系がもつ全エネルギーを内部エネルギーとよび U で表し，内部エネルギーの変化量を ΔU で表す（以下，変化量には Δ を付ける）。系に変化が起こって外界に仕事をしたとする。ガソリンエンジンでは，ガソリンの燃焼という化学変化を起こし外界に仕事をする。実用的観点からはなるべく多くの仕事を取り出したい。ところが，ここですぐ気付くのは，そもそも仕事に変えようとした折角の内部エネルギーが，すべて仕事に変わっていないという現実である。実際，エンジンでも必要以上の熱が発生し，取り出した仕事の一部を使ってファンを回して冷却するくらいである。より多くの内部エネルギーを使えば，より多くの仕事を取り出せるが，その効率が悪ければ資源の無駄になる。

この効率向上のため，内部エネルギーから仕事への変換の法則を調べて行くうちに，

$$\Delta U = T\Delta S + \Delta F$$

という関係式にたどり着いた。ここで，T は考えている系の絶対温度，S がエントロピーである。F を（ヘルムホルツの）自由エネルギーとよぶ。ΔF が仕事として利用できるエネルギーで，外界へ仕事をすれば $\Delta F < 0$ となる。$T = 0$ ならばすべての内部エネルギーが仕事に使えるが，われわれの日常は $T = 0$ の環境にはない。したがって，右辺の第 1 項 $T\Delta S$ が発動する。エントロピー S は熱揺らぎの度合いを指標する量である。熱揺らぎとは突き詰めるとその系を構成する原子がでたらめな方向に揺らぐ運動である。結局は運動エネルギーであるが，その運動方向がランダムなため巨視的な 1 方向への運動として取り出せないのである。そのため，仕事として利用できない。その乱雑さの度合いを与えるのがエントロピーである。

熱力学第二法則は $\Delta S > 0$ すなわちエントロピー増大則を主張する。自然現象は乱雑さの度合いが増える方向に進行するのである。物理学のより基礎的な法則は，ほとんどすべて等式によって与えられる。おそらく唯一の例外が，不等式によって与えられるこのエントロピー増大則である。

ちなみに，絶対温度がゼロでエントロピーはゼロになるというのが熱力学第三法則である。

b. ボルツマンのエントロピー

熱力学は温度，体積，圧力，エネルギー，エントロピーなどの巨視的物理量に対する理論であるが，これを微視的な運動学から再構築したのが統計力学である。特に L. E. Boltzmann（ボルツマン，1844－1906）はエントロピーの微視的意味付けを与える式を見出した。それは，

$$S = k_B \log \Omega$$

で，上式がボルツマン自身の墓石に刻まれている話は有名である。ここで，S はやはりエントロピーで，Ω が状態数とよばれ，k_B がボルツマン定数である。状態数がエントロピーを定義している。

新しく出てきた状態数とは何だろう。コイン 10 個を 1 列に並べるとして，その並べ方は何通りあるか考えよう。コイン 1 枚に表裏の 2 通りがあるので，2^{10} 通りある。これが状態数である。サイコロ 10 個を並べるときは，サイコロは 6 面あるので状態数は 6^{10} となる。コインやサイコロが系を構成する原子に相当し，表裏

や面が1個1個の原子が取り得る物理的状態に当たる。状態数は原子数のべき乗で増えていく。その対数をとったものがエントロピーなので，エントロピー自体は原子数に比例して増える。さらに，エントロピーは物理的状態の数の対数に比例して増える。状態そのものではなくその数からエントロピーが決定されるという点こそがエントロピーの深遠さであろう。

c. シャノンの情報エントロピー

エントロピーは熱を伴う物理現象を理解するための概念として登場し大きな成功を収める。今日もう一つの分野，情報科学で大活躍している。C. E. Shannon（シャノン，1916－2001）の情報理論である。

どのように情報とエントロピーが関係するのだろうか。ジグソウパズルがよい例である。ピースが所定の場所に収まった状態にあるときは，そこに描かれた図柄がはっきり見て取れる。このとき，エントロピーが低い。ピースが所定の位置から外れてバラバラになるに従って，図柄が段々と読み取りずらくなる。すなわち段々，乱雑さが増しエントロピーが増えると，図柄についての情報が失われるのである。このように情報エントロピーは情報の喪失を示す量となる。

［松山 豊樹］

1.3.8　分子運動論

分子運動論は気体が分子の集団であることを基礎にして，気体の熱的現象を力学の立場から解明する方法である。一般に，物質の熱的状態は熱力学と統計力学の二つの異なるアプローチによって説明される。熱力学は物質の熱現象に対して，温度や圧力，体積などの実験や経験的事実をもとにして巨視的な立場から現象論的に組み立てる。熱素説をとなえて多くの重要な発見をしたが，現象論的であったためにその発展には限界があった。これに対して，統計力学は物質を分子，原子の集団とみて，これに力学的法則を適用して熱的現象を微視的な立場から理論的に論ずる。分子運動論は統計力学の出発点になったものである。気体に限らず液体，固体についても物質の熱の運動論的研究は行われているが，数学的取り扱いの簡単さから厳密な理論は気体に対して最も早く立てられた。このため分子運動論は気体分子運動論ともよばれる。

a. 歴史的背景

ギリシャのDemocritus（デモクリトス，BC 460－BC 370）は構成要素に分割できないものを“アトム”と命名して，分子運動論の発端となる原子論を唱えた。近代に入ってフランスのD. Bernoulli（ベルヌーイ，1700－1782）は1738年に，気体の圧力は気体分子の器壁への衝突によるものであることを指摘し，圧力と体積の関係を示すボイルの法則を説明した。1803年に質量保存の法則や定比例の法則を説明するための近代原子論がJ. Dalton（ドルトン，1766－1844）によって提出され，1811年には，A. Avogadro（アボガドロ，1776－1856）によってどの気体も同積，同温，同圧では同数の分子を含むことを示したアボガドロ仮説が出された。これらの原子論が熱の運動説と結びついて，熱は分子の運動であるという気体分子運動論の基礎がR. Clausius（クラウジウス，1822－1888）らにより確立した。これをJ. C. Maxwell（マクスウェル，1831－1879），L. E. Boltzmann（ボルツマン，1844－1906），J. W. Gibbs（ギブズ，1839－1903）らが発展させて，今日の統計力学に至っている。

マクスウェルは気体の分子の運動は衝突の結果，その速度が絶えず変化するとした。そうすると，気体の温度が一定の場合でも気体分子は様々な速度をもっていることになる。この速度の分布について，分子の大きさと分子間力を無視してマクスウェルの速度分布則を導いた。ボルツマンはマクスウェルとともに分子の大きさと分子間力を考慮して，1859年マクスウェル－ボルツマン分布則を導いた。さらに，ボルツマンは1872年熱力学第二法則に確率的意味付けをして熱現象の不可逆性の意味を明らかにした。

b. 分子運動論

質量 m の同種の分子 N 個からなる気体が体積 V の容器に入っている場合を考える。気体の圧力 p は分子が容器の壁に衝突してはね返されるときに壁に与える衝撃の平均であるとする。分子と壁の衝突は完全弾性的であると仮定し，さらに分子は全部同じ速さ v でいろいろな方向にでたらめに運動しているものとする。気体の平均圧力は，分子全体が衝突によって壁に及ぼす力から求められる。気体分子全体のもつ運動エネルギー K は，$K = Nmv^2/2$ であることを考慮して，$pV = Nmv^2/3$ が導かれることを1738年にベルヌーイが示した。ベルヌーイの式において1モル中での分子数であるアボガドロ定数 N_A を用いると，$pV = mN_Av^2/3$ が得られる。一方，1モルの理想気体の状態方程式は $pV = RT$ である。これらの式より $mN_Av^2/3 = RT$ を得る。この式を変形すると

$$mv^2/2 = 3RT/(2N_A) = 3kT/2$$

となる。ここで，$R/N_A = k$ とする。k は分子論的に議論するとき必ず現れるもので，分子1個あたりの気体定数を表し，ボルツマン定数とよばれる。その値は $k = R/N_A = 8.314/(6.023 \times 10^{23}) = 1.381 \times 10^{-23}$ J K^{-1} である。気体分子の平均運動エネルギー ω は $mv^2/2$ であるので，$\omega = 3kT/2$ と書くことができる。これから，気体分子の並進運動エネルギーは絶対温度に比例し，絶対零度では分子の平均運動エネルギーはゼロになる。つまり分子は静止することを示している。　［庭瀬 敬右］

参考図書（1.3）

真　空

1）（株)アルバック 著，“入門ビジュアル・テクノロジー よくわかる真空技術”，日本実業出版社（2007）．

2）飯島徹穂 著，“図解入門 よくわかる最新真空の基本と仕組み”，秀和システム（2009）．

3）堀越源一 著，“物理工学実験シリーズ4 真空技術（第3版）”，東京大学出版会（1994）．

熱　量

4）日本熱測定学会 編，“熱量測定・熱分析ハンドブック（第2版）”，丸善（2010）．

5）押田勇雄，藤城敏幸 著，“基礎物理学選書7 熱力学（改訂版）”，裳華房（1998）．

エネルギー

6）小出昭一郎，大内　昭，村上　悟，“エネルギー／総合科学的アプローチ”，培風館（1977）．

7）数理科学，「特集／エネルギーとは何か—様々な物理量と物理学的思考の原点」，No.486，2003年12月号，サイエンス社（全編が参考になるが，特に冒頭 pp.5-11 の記事「エネルギーって何だろう（阿部龍蔵）」が発展的な勉強に役立つ）

エントロピー

8）H.B. Callen 著，小田垣　孝 訳，“物理学叢書 熱力学および統計物理入門（上）”，吉岡書店（1998）．

9）H.B. Callen 著，小田垣　孝 訳，“物理学叢書 熱力学および統計物理入門（下）”，吉岡書店（1999）．

10）I. Prigogine，D. Kondepudi 著，妹尾　学，岩元和敏 訳，“現代熱力学—熱機関から散逸構造へ”，朝倉書店（2001）．

1.4　波と光

1.4.1　波　長

波には，静かな池に石を投げこんだときにできる輪のような波，浜辺によせてはかえす波などの水面波，砂丘などに見られる波紋，田などに風が吹く際の稲穂やすすきなどの振動による波，長い綱の一端をもって左右に動かすと蛇のように伝わる波，音波，X 線や光などの電磁波，地震の振動が伝わる波などがあり，身近に多くの現象として見られる。波は1点の振動が次々と伝わっていく現象で，まったく同一な振る舞いをする波の上の任意の2点の間の最小距離を波長という。たとえば，水の波の場合，波長は隣接する波の山から山，または谷から谷までの長さである。この波長以外に，波を特徴づける物理量として振動数と速度があげられる。波長の単位は長さの単位で表される。波長をはかるには多くの方法があるが，一定の連続した波の現象についていくつかの測定方法を取り上げる。

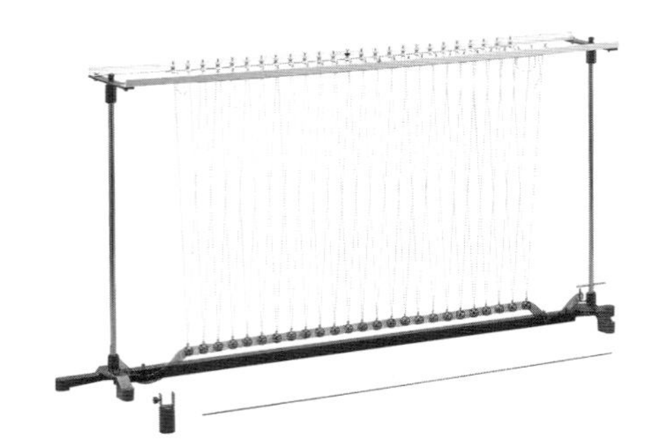

図1　波動説明器
「株式会社内田洋行，ウチダ波動説明器 2-121-1510DK-25」

図2　ウェーブマシン

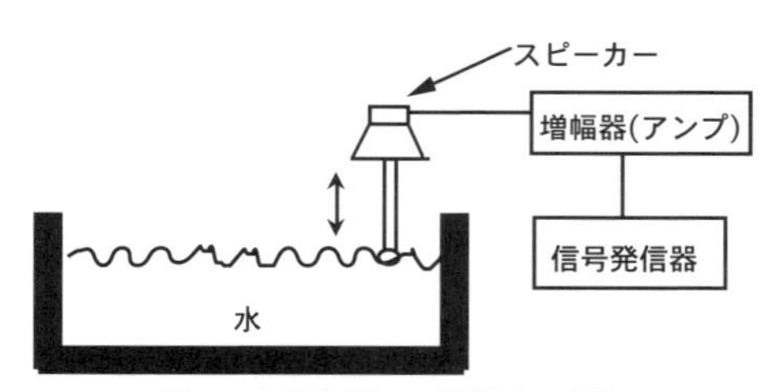

図3　水波を用いて観測する方法

a.　波動実験器を用いて観測する方法

図1のような小球をつけた糸を水平な棒に等間隔に結び，小球を軽くて細いばねにつないだ波動実験器を用いた測定方法がある。波長を測定するだけでなく，波の現象を観察・説明するのに適している。小球は振動する粒子（媒質），ばねは粒子間の力を表す。横波の場合は，真上から観察して，同時刻において二つ以上の山または谷の位置を測定し，その差として波長を求めることができる。縦波の場合は，同時刻において二つ以上の最も密な部分または疎な部分を測定し，その差として波長を求めることができる。これと同じ原理で，等間隔に並べた鉄棒の中央を薄い鉄片でつないだウェーブマシン（図2）でも観測できる。

b.　水波を用いて観測する方法

水の波を直接に観察することもできる。図3のようにステレオなどに用いるスピーカーに棒などを装着し，スピーカーの振動を図のように水面に伝える。信号発信器からの信号をステレオなどで用いるアンプで増幅してスピーカーに伝えることで，一定の周期をもった振動を繰り返し発生することができ，それに対応した連続的な水波をつくることができる。増幅器の出力を適当に調節し，目で水波が見えるようにして，隣接する山と山の距離を，または5〜6個の山の間の距離をまとめてものさし，またはノギスで測定し，波長を求めることができる。さらに，進行波が停止して見えるように，適当な角度，適当な時間間隔でストロボスコープを使って照明すれば測定を行いやすい。

c．弦の振動を用いて観測する方法

図4のようにスピーカーに弦を固定し，スピーカーの振動が弦に伝わるようにする。スピーカーには信号発信器からの一定の信号を増幅した信号が入り，スピーカーは一定の周期をもった振動をする。弦の一方は目盛り板にかけられ，さらにおもりをつけられて張られている（これが張力となる）。両端を固定されて一定の張力で張られている弦が直角の方向に振動する場合が図4である。この実験では，スピーカーによって生じる波と固定端から反射されてくる波とが合成された定常波を観察することができる。両端を固定された場合の定常波は，弦の長さをLとすると，波長が$2L$，L，$2L/3$，…というような波になる。よって，長さLの弦にいくつの山または谷ができたかを測定することで波長がわかる。

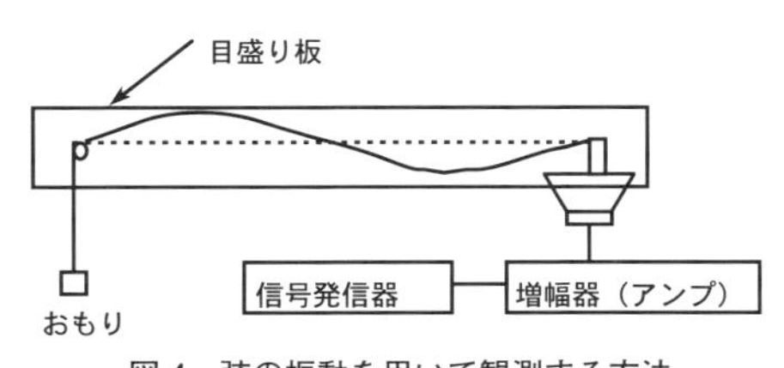

図4　弦の振動を用いて観測する方法

d．音を電気信号に変換して観測する方法

スピーカーから一定の音を出し，その音の波形をオシロスコープで観測する。適当な距離にマイクとして同じ別のスピーカーを用いて，その音を受ける。その波形も同じオシロスコープで観測する。山と山が一致するように，二つのスピーカーの距離を調節する。マイクとなるスピーカーを移動させ隣の山と一致させるようにすると，このとき移動した距離が，音の波長となる。

e．音の共鳴現象を利用して観測する方法

金属棒中に発生した音波を気柱の音の共鳴現象によって，その波長を測定することができる。これはクントの実験として知られている。図5のように水平に支えたよく乾燥したきれいなガラス管（たとえば直径5 cm，長さ約1 m 程度）内にリコディウム粉またはコルク細粉（ノコギリ屑など）少量を薄く一様にまき，金属棒を音源としてガラス管内の空気の振動を粉の濃淡で観察するものである。金属棒でなくスピーカーでも実験は可能である。金属棒の中点を万力で固定し，金属棒の端（図5中のA点）に松脂粉をつけた鹿皮（セーム皮）（摩擦が起きやすいものならなんでも可）で摩擦するようにこする。これによって金属棒に縦振動を与えることができ，スピーカーと同じように音を発生させることができる。適当に左側の円板を移動させ，ある条件で，気柱内で定常波が生じ共鳴する。ガラス管内の細粉はその空気の振動の影響を受けて管内で濃淡をつくる（細粉が大きく振動するところ（腹）とほとんど静止している（節）ところ）ので，隣接する腹間または節間の距離の測定，あるいは5〜6個の腹間または節間の距離を測定し平均すると，気柱内の音波の波長がわかる。

f．簡易分光器を作成して観測する方法

ここでは可視光の波長を測定することを考える。プリズムと同様に，回折現象を利用することにより，光を分光し波長を測定することがで

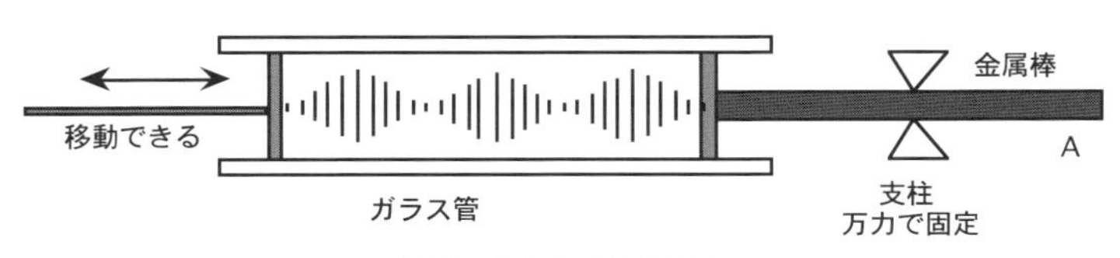

図5　クントの実験方法

きる（分光した光の線をスペクトル線という）。これは一つの簡易分光器である。簡易分光器は以下のような形状となる。回折格子，目盛窓にはる方眼紙，ボール紙，のりとセロテープ，スリット用として黒ラシャ紙の間隔を 0.5 mm から 1 mm 程度で張りつける。波長 λ の回折光が観測される条件は，回折格子の間隔（格子定数）を d とすれば，

$$d \sin\theta = n\lambda \quad (n \text{ は整数}) \qquad (1)$$

となる。実際に明るい像として観測にたえうるのは，$n = 1$ の場合である。図6より幾何学的に

$$\sin\theta = \frac{x}{\sqrt{L^2 + x^2}}$$

となることより，式（1）に代入すると

$$\lambda = \frac{xd}{\sqrt{L^2 + x^2}}$$

となる。今，回折格子の格子定数 d，L がわかれば，上式より x をはかれば波長が求められることになる。ただし，L と x を正確に測定することはむずかしいので，波長がわかっているスペクトル線（たとえば，カドミウムや水銀などのスペクトル線）を用いて校正表を作成しておくとよい。

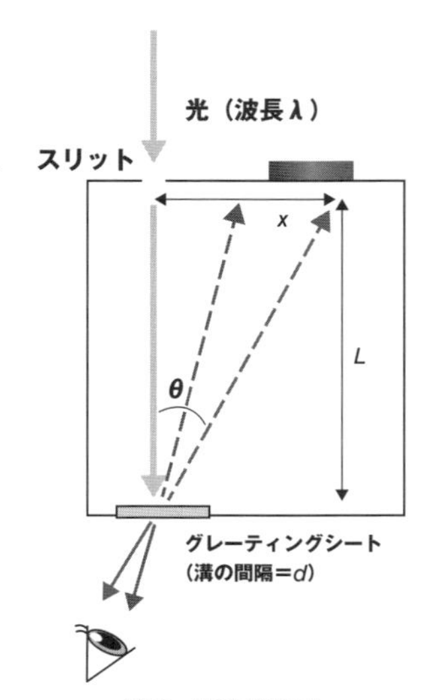

図6　簡易分光器

［宇宙航空研究開発機構宇宙教育センター，『科学工作―光のスペクトル観測器を作ろう』，p.16-8（2012）］

g.　干渉効果を用いて観測する方法

代表的なのはニュートンリングである。ガラス平板の上に曲率半径 R の大きいレンズを置き，上から単一波長の光を垂直に入射させ，上から見ると多くの明暗の同心環が観測される。用いるレンズの曲率半径を R とし，第 m 番目と第 $m+n$ 番目の暗輪の直径を D_m と D_{mn} とすると，

$$n\lambda = \frac{D_{mn}^2 - D_m^2}{4R}$$

となることから，波長を求めることができる。白色光を入射すると環は着色して見える。

［中村　元彦］

1.4.2　振動数

波のように時間的な周期現象があるとき，単位時間あたりに同じ運動状態が繰り返される回数をいう。振動の周期の逆数に等しく，また波の速さをその波長で割ったものに等しい。ギリシャ時代に，弦の長さにより音階（ピタゴラス音階）が考案され，音の高さと特定の振動数との関連づけは，1638 年の Galileo Galilei（ガリレオ・ガリレイ，1564－1642）の“新科学対話”の中に書かれている。また，M. Mersenne（メルセンヌ，1588－1648）も弦楽器の振動数を測定し“音階一般”を著した。光においては，L. Euler（オイラー，1707－1783）が 1746 年の“光と色についての新理論”の中で光の振動説を提出した。一方，電気振動の場合には，振動数とはいわず周波数またはサイクルという。また，振動の角振動数（$= 2\pi \times$ 振動数）のことを単に振動数ということがある。単位は Hz（ヘルツ）を用いる。連続した周期的な波の振動数をはかるには，波長と同様な方法ではかることができる。

a.　波長の項 a. での波動実験器またはウェーブマシンを用いる方法

ストップウォッチを用いて球が同じ位置に戻ってきた回数と時間をはかれば，振動数が求められる。

b.　波長の項 b. での水波を用いる方法

連続的にできる水波に，適当な角度で，ある時間間隔でストロボスコープを使って照明した

とき，水波が止まって見えれば，その時間間隔が水波の周期に対応する。周期の逆数をとって振動数を求めることができる。

c.　波長の項 c. での弦の振動を用いる方法

ストップウォッチを用いて弦が同じ位置に戻ってきた回数と時間をはかれば，振動数が求められる。

d.　オシロスコープを用いる方法

電子オルガンやシンセサイザーなどから発生された音の波形を，スピーカーなどのマイクで電気信号に変えてオシロスコープで観測する。測定画面上で，どれだけの時間で 1 波長進むか，つまり周期がわかるので，これより振動数を求めることができる。音ではなく家庭電源からの交流電圧の波形を観測し，その周波数を測定することもできる。

e.　周波数カウンターを用いる方法

電磁波特に高周波（振動数の高い電磁波（マイクロ波など））の単位時間内の波数を測定する装置で，正弦関数様の波である入力高周波を矩形パルスに変換し，所定の時間だけゲートを開け，その時間にいくつのパルス信号がきたかを観測する方法。振動数が高くなればなるほど，ある特定の振動数（水晶やセシウムビームの原子共鳴振動数など）を基準にして，それとの振動数の差を測定するヘテロダイン検波を行うことによって観測できる。この他に，可変容量のコンデンサーとインダクタンスとからなる回路で，測定したい入力振動数と共鳴させることによって測定する周波数計がある。

f.　光電効果を利用する方法

A. Einstein（アインシュタイン，1879－1955）の光量子説を説明する実験方法で，R. A. Millikan（ミリカン，1868－1953）が 1919 年に確かめた実験方法である。白色光源から回折格子を利用して波長が一定の光を光電子増倍管の中の光電面に入射し，光電面が光を吸収して光電面から飛び出してきた光電子の最大エネルギーを測定する方法である。光電子増倍管は，光の粒子がどれだけ管に入ってきたかを電流に変換することでその数を測定できるものである。これを様々な波長の光で行う。この実験より，①物質に光を当てると光電子が飛び出す，②光電子のエネルギーは光の強さに関係なく光の振動数に関係している，③光の強さを大きくすると光電子の数が増える，④物質に依存して光電子を飛び出させる最小の光の振動数があるなど，光の波としての性質以外に粒子性をもつことがわかる。

波長の逆数に光の速さをかけたものが振動数になることから，実験結果を光電子の最大エネルギーを縦軸，光の振動数を横軸としてグラフ化することで，光のエネルギーは光の振動数に比例することがわかる。その比例係数はプランク定数であり，振動数がゼロであるときの値が，光電面を形成している物質に依存した仕事関数 W であることが導ける。［中村　元彦］

1.4.3　反　射

波が異なる媒質の境界面に入ろうとする際，進行方向を変えて元の媒質中へ戻る現象をいう。Euclides（ユークリッド）の著した“光学”には，人間の目に物が見えるのは視覚光線が目から出ているからだと述べられ，幾何学的光学の発展の礎を築いた。その後，Alhazen（アルハーゼン，965－1040），R. Descartes（デカルト，1596－1650）と引き継がれて，幾何学的な光の性質が徐々に明らかになった。図 7 のように，均質で等方性の媒質 1 と 2 の境界で波が反射する場合，スネルの公式より反射角と入射角は等しい。光の場合，境界面の凹凸が入射する波の波長より大きいときには乱反射される。入射波の強度（またはエネルギー）に対する反射波の強度（またはエネルギー）の比を反射率といい，単位は % で表す。

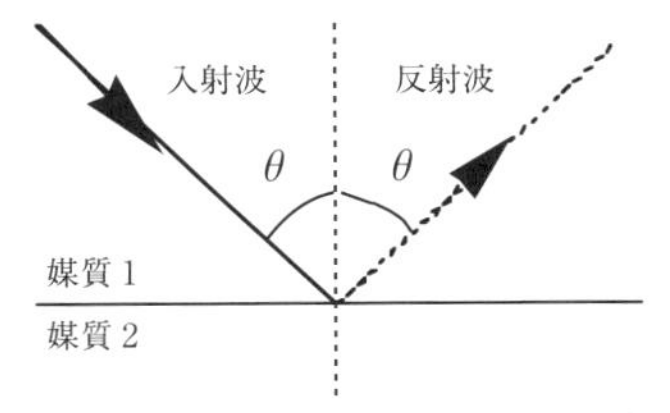

図 7　媒質 1 と 2 の境界における波の反射

a. 光を用いた入射角と反射角の関係の測定方法1

ボール紙などの紙で図8のような箱を作成する。細かい隙間をつくり，これをスリットの代わりとし日光や懐中電灯などの光を入射する。その光を鏡で反射させると光の道筋が光って見える。分度器などを使って角度を測定すれば，入射角と反射角の観測をすることができる。

b. 入射角と反射角の関係の測定方法2

図9のように机の上に方眼紙などを置き，方眼紙の上に直線を引いて，その線の上に鏡を垂直に置く。鏡のまん中に適当な角度で光が入射するとしてその光の線を方眼紙に書く。その線の上に針を3本程度見通して，そろえて立たせる。鏡に写っている針すべてを，一直線に見通せることのできるところに目をもっていき，それに重なるように針を3本程度立てる。鏡や針を全部取り外し，針のあとを直線で結ぶと光の入射と反射の経路を作成できる。A の針は A′，B は B′，C は C′ にあるように見え，ABC から入射される光の反射光は，A′B′C′ から出射してくる光と同じように見える。さらに，入射角と反射角を測定すれば反射と入射の角度の関係も測定することができる。

c. 超音波を使って測定する方法

指向性のあるマイクを2個用意し，発信器と受信器として用いる。発信器はある距離で固定

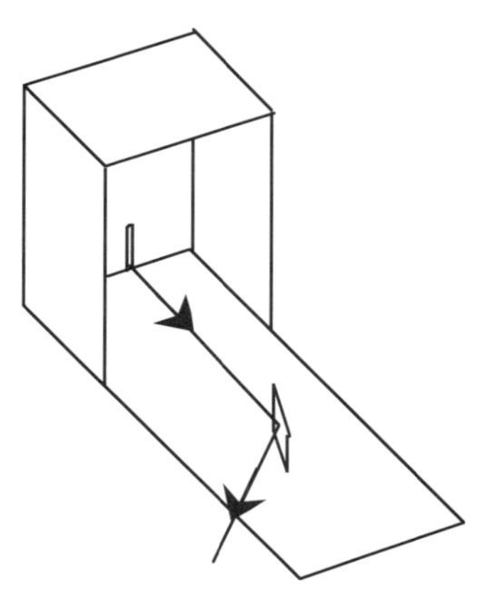

図8　入射角と反射角の関係の測定方法1

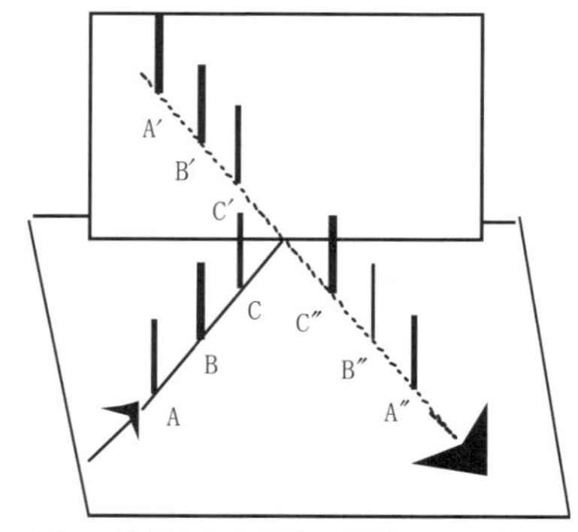

図9　入射角と反射角の関係の測定方法2

し，反射板を発信器に対してある角度で配置する。受信器は反射板を中心にして回転できるようにしておけば，受信器が受信する超音波の強度の一番大きいところは，反射の法則に従った角度となることがわかる。

d. 反射率を測定する方法

電磁波の場合，光の強度は光子の数に対応するので，これを検出するものを用いれば，入射光と反射光の強度を測定することができ，反射光の強度を入射光の強度で割れば反射率が得られる。光検出器としては，光電効果を利用した光電子増倍管，光伝導セル，熱電対とゴーレイセルなどを使ったものがあり，光の波長にあったものを使う。ただし，入射される光以外の光は，すべてノイズ原因となるので，実験は暗室で行う必要がある。これらを簡単に測定できる装置として，分光光度計といわれるものがある。光源部分，波長分解部分，試料部分，検出器部分と電気処理・データ処理部分とからなる装置である。特徴として，波長とその波長での反射率（または透過率）の関数を測定するもので，部屋全体を暗室にする必要がなく，ほとんどがデータを自動記録する機能をもっている。［中村 元彦］

1.4.4 屈　折

波が異なる媒質の境界面を通過する際，反射せず透過する波は，その進行方向を変える。このような現象を屈折という。W. Snell（スネル，1580－1626）は屈折の法則を発見し，R. Descartes（デカルト，1596－1650）は著書“屈折光学”で数学的手法によって光におけるその法則を導いた。さらに，I. Newton（ニュートン，1642－1727）は屈折によっていろいろな波長の光（色）に分解されることを示した。図10のように，均質で等方性の媒質1と2の境界で波が屈折するとき，入射角 θ と屈折角 θ_r において，スネルの公式

$$\sin\theta / \sin\theta_r = n_{12}$$

がなりたつ。n_{12} を相対屈折率という。電磁波において真空中の速さと媒質中の位相速度との比を絶対屈折率という。媒質1，2での絶対屈折率を n_1，n_2 とすると，$n_{12} = n_2/n_1$ の関係がなりたつ。逃げ水現象，あるいは茶わんの底にコインを入れコインが見えなくなるところに目をおき，水を入れるとコインが見える現象，水やガラスなどが球形になったところに光を入れることで虹ができる現象などはすべて屈折が原因である。いくつかの屈折の現象と屈折率を測定する方法を見てみる。

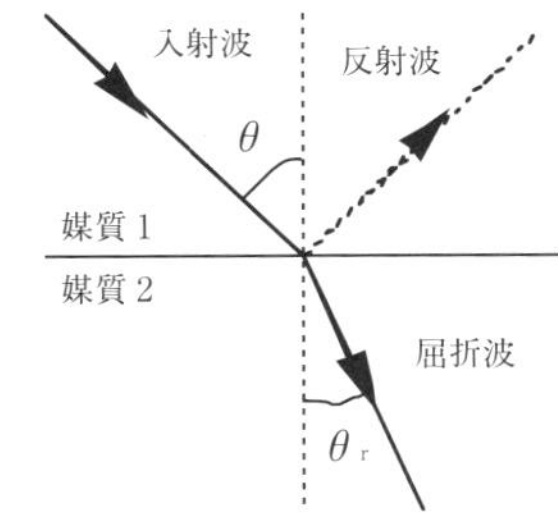

図10　媒質1と2の境界における波の屈折

a. 水槽を用いる方法

ガラスの水槽に水を入れ，せっけんなどを溶かして水を白く濁らし，水面の上には煙を入れ，そこに可視光を画用紙などで作成したスリットを通して入れて，入射波に対して反射波と屈折波を目で観察する。水槽の反対側に分度器の目盛りの拡大したものを貼り付けておくと，入射角度はいくらで，屈折角度はいくらになるかを測定することができる。これからスネルの公式を用いて屈折率を求めることができる。

b. 全反射の臨界角を測定して屈折率を求める方法

屈折率 n がわかっているガラスブロックの上に測定したい液体または固体を置き，側面から可視光を入射させ，載物面と正確に90°をなす反対側の端面から出てくる光を角度つきの望遠鏡で観察すると，臨界角 θ を明暗の境界から読み取れる。このとき試料の屈折率は，$\sqrt{n^2 - \sin^2\theta}$ である。ガラスブロックより大きい屈折率の試料を測定することができない欠点がある。

c. 分光計を用いる方法

分光計は角度目盛をもつ図11のようなもので，いろいろなガラス成分でできたプリズムを用いて，プリズムの頂角 α と光の波長ごとの最小偏角（最小ふれ角）δ を測定することにより，プリズムの屈折率を求めるものである。通常，プリズムは三角プリズム（上からみると正三角形）を用いるので頂角 α は60°付近となる。頂角 α と最小偏角 δ を用いて，プリズムの屈折率 n は次式

$$n = \frac{\sin(\delta + \alpha)/2}{\sin(\alpha/2)}$$

で表され，プリズムの屈折率を求めることができる。光源としては，光学上の副標準波長である ^{86}Kr，^{198}Hg，^{114}Cd を放電させることにより観測されるスペクトル線がよく用いられる。たとえば，^{198}Hg のスペクトル線の場合，黄色2本，緑1本，青1本が強く見られる。プリズムの素材としては，クラウン，フリントなどが用いられる。異なる波長によって同じ素材でも屈折率が変化する（分散曲線）ことを実験できる。

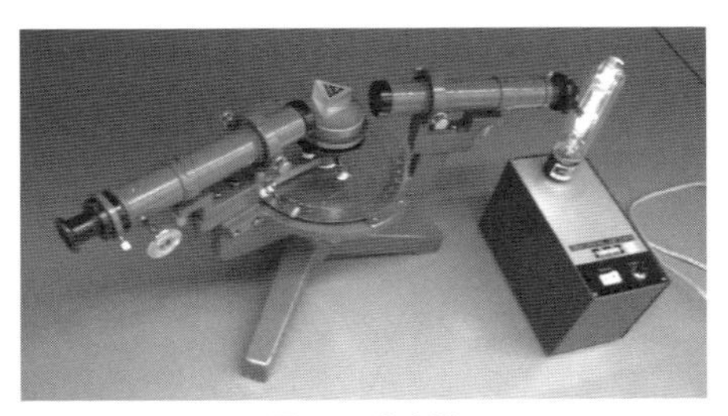

図11　分光計

d. 光の干渉を用いる方法

干渉縞は光学距離の差が光の波長程度変化するごとに明暗を繰り返すことを利用したレイリーの干渉計によって，気体の屈折率を測定できる。これはヤングの干渉実験と媒質中を通る光の速さは一定ではないことを用いたものである。二つの同等距離の経路（光路の長さは L）を用意し，一方を真空，他方をいろいろな気体で満たし，これら二つの経路を通ってきた光を干渉させると縞模様が観測される。この縞模様の移動量を測定し，二つの光学距離差 $\Delta n \times L$ から二つの経路におかれた媒質の屈折率の差 Δn を求めることができる。同様な干渉計として，マッハ・ツェンダー干渉計，ファブリー・ベロー干渉計などがある。　［中村 元彦］

1.4.5 干　渉

二つ以上の波が重ね合わさったとき，互いの波が強め合ったり，または弱め合ったりする現象のことをいう。干渉することによりうなりが生じたり，強度の空間分布が周期的に変化することにより縞模様が観測される。これが干渉効果とよばれるものである。光においては T. Young（ヤング，1773 − 1829）がテムズ川の水が左右から来てぶつかっては干渉現象を起こしているのを見て，光は横波であるとして波動論を主張した。このような干渉効果は物体間の距離，屈折率などの測定や，分光学や天文学の分野での測定精度をあげる方法として応用されている。

a. 水波を用いて観測する方法

回折の項 a. と同様な実験で，板の枚数を増やし図 12 のように隙間を多数つくると，それぞれの隙間から伝わる波が重なって直線に近い波となって進む現象を観測することができる。これは，回折した波が干渉することによって生じる現象である。図 12 のような現象より，波の伝搬の原理であるホイヘンスの原理を説明することができる。

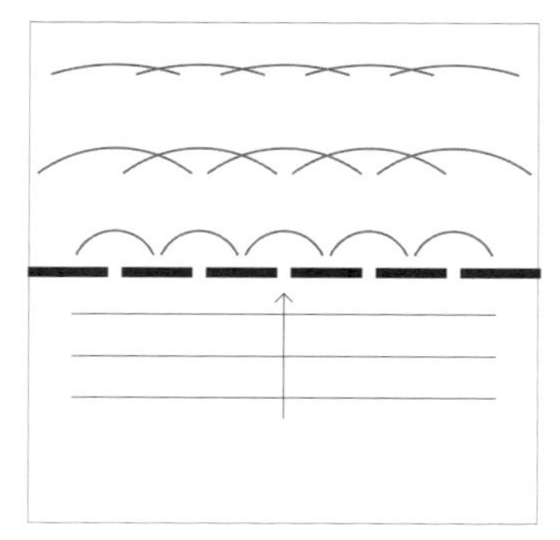

図 12　水波の干渉

b. 光で二つのピンホールにより観測する方法

近接した二つの同じ大きさのピンホールをもった板に対して，垂直に波長 λ の平行光線を入射し，ピンホールを通り抜けた光を十分離れたスクリーンに当てるとスクリーン上には干渉縞が観測される。板からスクリーンまでの距離を L とすると，$L = m\lambda$（m は整数）のとき明るく，$L = (m + 1/2)\lambda$ のとき暗い縞が観測される。また，ピンホールの間隔が波長と同程度かさらに小さい場合は，光は拡散されてピンホールを中心とした球面波にように広がっていく。これと同様な実験で歴史的には，ヤングの干渉実験や A. J. Fresnel（フレネル，1788 − 1827）の複鏡の実験が有名である。

c. ガラス板により観測する方法

2 枚のガラス板を用いて，ガラス板の間に空間があくように上下に重ねると干渉縞が観測される。これは，上のガラス板の下の部分で反射された光と下のガラス板の表面で反射された光との干渉によるものである。ガラスから空気への反射は自由端での反射と同様になるが，空気からガラスへ入射しようとして反射されるとき固定端の反射と同様になる。よって，ガラスの隙間の距離を L とすると，$L = m\lambda$ のとき暗く，$L = (m + 1/2)\lambda$ のとき明るくなる。これと同様な干渉縞を観測する方法は，波長の項 g.（90 ページ）にあげたニュートンリングがある。

d. 薄膜により観測する方法

屈折率 n_1 と n_3 である物質の中間に屈折率 n_2 の薄い平行平板を置いて平行光線を入射させ，平行平板の上下の境界面で 1 回だけ反射した場合の明るさがどうなるかを図 13 のような図で考える。BEF と BCDG の二つの経路の光路差は $L = 2d\sqrt{n_2^2 - n_1^2 \sin^2\theta}$ と計算できる。$n_1 >$

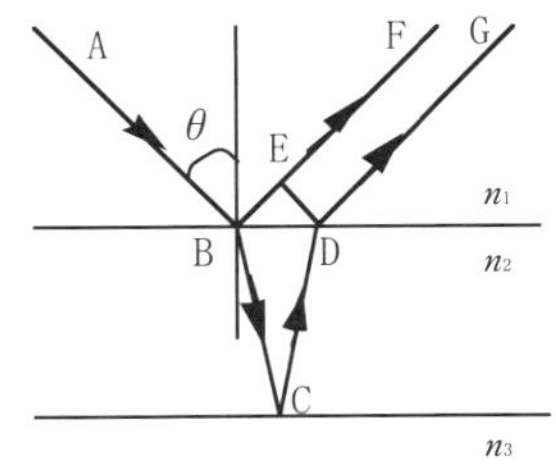

図 13　薄膜により観測する方法

$n_2 > n_3$ または $n_1 < n_2 < n_3$ のとき，$L = m\lambda$（m は整数）の条件で明るくなり，$n_2 > n_1$，n_3 または $n_2 < n_1$，n_3 のとき，$L = (m + 1/2)\lambda$ の条件で明るくなる。ここで，λ は真空中の光の波長である。

たとえば，屈折率 n_1 の空気中で屈折率 n_3 のガラスの表面に垂直に光が入射する場合，そのガラスの面上に屈折率 n_2 の厚さ $d = \lambda/4n_2$ の透明なアクリル板などの物質を置くと，$n_2 > n_3$ か $n_2 < n_3$ であるかによって，反射してくる光が増えるか減るかを観測することができる。反射してくる光で強め合う必要がある誘電体多層膜を用いた反射鏡は，この性質を利用している。また，反射光を減らす必要があるカメラレンズなどに利用される反射防止膜も，この性質を利用している。

また，水の上に浮かんだ薄い油膜やシャボン玉に白色光が入射すると色づいて見える場合がある。光が膜の表面と裏面とから反射し干渉することによって，特定の波長付近の光については強め合うからである。いろいろな色に見えるのは膜の厚さが場所によって均一でないためである。　［中村 元彦］

1.4.6　回　折

光や音などの波が，障害物の背後の部分に回り込んで進んでいく現象をいう。回折現象が明確にみられるかどうかは，波の波長と障害物の大きさや形状に依存する。光の回折現象は F. M. Grimaldi（グリマルディ，1618－1663）が発見した。この現象は，当時の I. Newton（ニュートン，1642－1727）の光の粒子説や振動説では説明できないさいたるもので，T. Young（ヤング，1773－1829）と A. J. Fresnel（フレネル，1788－1827）によって光の波動説を完成させるきっかけをつくった。

高い塀の後で人の声がするなど身近にも体験できる。クレジットカードやお金のお札に三次元画像として「ホログラム」が偽造防止のために施されているが，これも回折現象と干渉効果を利用したものである。これは，回折によって生じた干渉縞に光の振幅と位相を記録し，元の光の波面を復元させる方法で，D. Gábor（ガボール，1900－1979）によって考案されホログラフィーとよばれている。また，雨の夜に傘越しに街灯を見るといろいろな光の像が見える現象や，指と指で触れ合わない程度に隙間をつくり，そこから光源を見ると形のパターンが見えるのも回折現象である。

a.　水波を用いて観測する方法

波長の項 b. で見た水波発生装置を用いて，図 14 に示すように水槽に水波を発生させ，途中で 2 枚の板で障害物をつくり隙間をあけるように置けば，隙間から伝わった波が障害物の背後に円形に伝わっていく現象を観測することができる。

b.　光を用いて観測する方法

幅 D の細長い単一スリットに波長 λ のレーザー光を当てると，スリットから距離 R 離れたところのスクリーンには，図 15 のようにある明暗のパターンが現れる。暗といっても明るさは完全にゼロではなく，このパターンはスリット幅以上に広がっているので回折現象である。スリットのすぐ近くに置いたとき，明るい部分

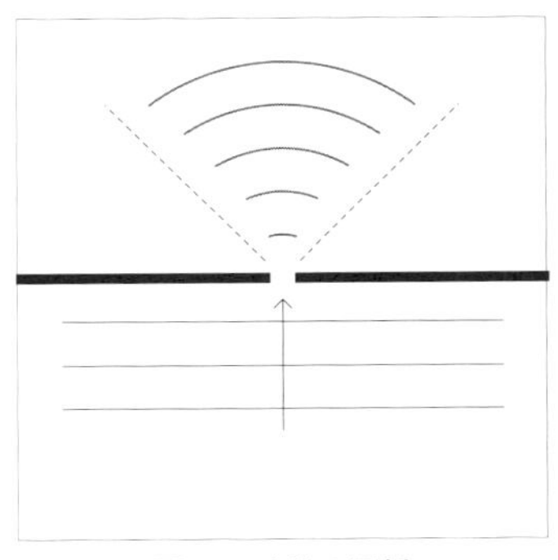

図 14　水波の回折

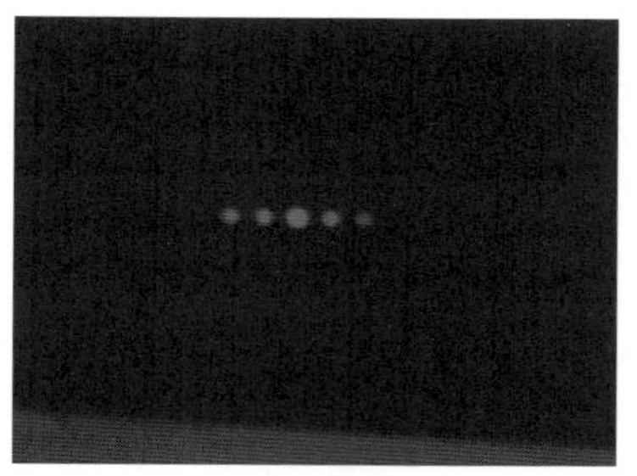

図15　スリットにレーザー光を当てて現れるスクリーン上の明暗のパターン

と影の部分の境目に縞が観測される。これを回折縞という。単一波長ではない光を用いてスクリーン上のパターンを観測すると，波長によってパターンが違うので，いろいろな光のスペクトルに分解される。

スリットの近くで観測される回折現象をフレネル回折，距離 R が十分に大きくパターンが角度だけで決まる場合をフラウンホーファー回折という。$L = D^2/\lambda$ なる距離を考え，$R < L$ の場合フレネル回折の領域，$R > L$ の場合フラウンホーファー回折の領域とし，この境界となる距離 L をレイリーの距離という。フラウンホーファー回折の領域では，レーザーの回折角を θ，明点間の距離を a とすると，

$$D \sin \theta = (2m+1)\lambda/2 \quad (m = 0,1,2,\cdots)$$

の関係を満たし，$m = 0$ のとき，$\sin\theta = a/R$ となるように，波長，回折角とパターンに関係づけられる。

c. 電子線を用いる方法

運動量の大きさと向きがほぼそろった電子の流れを電子線という。電子は波の性質をもつために電子線も回折現象を起こす。格子のつくる面間隔を d，電子線が角度 θ で入射したとすると，格子によって回折される。隣り合う格子面の格子による回折波どうしの干渉により，θ が $2d\sin\theta = n\lambda$（n は整数）の条件のときに回折波が強くなる。ここで，λ は電子のド・ブロイ波長である。この条件はブラッグの回折条件である。ブラウン管に用いられる電子銃から電子線を出して多結晶グラファイトに入射させ回折させると，スクリーン（蛍光面）には同心円上の回折像が得られる。また，X 線のラウエ写真などによる結晶格子観察も同じ原理であり，レーザー光をニッケルなどの金属の薄膜に当て透過させると，スクリーンには規則正しい斑点が観測される現象も同じ原理である。このような現象をブラッグ回折またはブラッグ反射という。［中村　元彦］

1.4.7　偏　光

電磁波である光は，電場ベクトル E および磁場ベクトル H が空間・時間とともに変化し，その状態はマクスウェルの方程式（波動方程式）によって記述される。真空中（自由空間）では光速 c で伝搬する平面波であり，E と H は互いに直交しており，かつ進行方向（波数ベクトル）に垂直な平面内にある。光の進行方向と H を含む面を偏光面，E を含む面は振動面とよばれる。偏光面の方向がそろっているものを偏光とよぶ。偏光のうち偏光面が一つの平面に限られるものを直線偏光とよぶ。

ある位置で見た電場ベクトルが時間とともに回転する偏光を一般に楕円偏光という。いま，z 方向に進行する一般の楕円偏光の電場の x 成分，y 成分は次式のように書ける

$$E_x = R_e[a_x \exp\{i(\omega t - 2\pi z/\lambda + \delta_x)\}]$$

$$E_y = R_e[a_y \exp\{i(\omega t - 2\pi z/\lambda + \delta_y)\}]$$

ここで，R_e［　］は複素数の実数部分，a は振幅，ω は角周波数，t は時間，λ は波長，δ は位相を表す。E_x と E_y の軌跡が楕円となることは簡単に示すことができる。

偏光状態を記述するには，複素振幅を要素とするジョーンズベクトルによる扱いと，測定が可能な光強度の次元の要素からなるストークスパラメーターによる扱いがよく使われている。

偏光を用いて測定を行う代表例は偏光解析である。偏光した光を物体に斜め入射させたとき，物質表面の複素振幅反射率比が入射面内の振動成分とそれに垂直な成分とでは異なるため，反射光の偏光状態は，入射光の偏光状態から変化する。偏光解析法とは，この反射光の偏光状態を検出し，光学的な性質を調べるものである。

偏光解析法は反射率の測定などと異なり，光の絶対強度でなく複素振幅反射率比を求めるた

め，感度が高い測定が可能なことが大きな特徴である。このため薄膜の膜厚モニターとして利用されたり，表面物理の分野では単分子層以下の吸着の検出にも利用されている。

偏光解析では必ず試料の入射面があり，これを基準にとる。入射面とは試料の法線と光の進行方向とを含む面のことである。入射面内方向をp偏光とよび，それに垂直な成分をs偏光とよぶ。偏光状態は直交する2成分の振幅比と相対的な位相差で決まる。試料面でのp成分の複素振幅反射率を $R_p = r_p \exp(i\delta_p)$，s成分に対するものを $R_s = r_s \exp(i\delta_s)$ とする。入射光の偏光状態を χ_i とすれば，反射光の偏光状態 χ_r は $(R_p/R_s)\chi_i$ と書ける。偏光状態の変化から試料面の光学的な情報をもたらすパラメーターとして求まるものは R_p/R_s であるが，偏光解析ではこれを通常次式のように表す。

$$\rho = R_p/R_s = (r_p/r_s)\exp\{i(\delta_p - \delta_s)\}$$
$$= \tan\phi \ \exp(i\Delta)$$

偏光解析法では通常入射偏光として方位角45°の直線偏光（p偏光とs偏光の振幅が等しく位相差がないもの）が用いられる。この場合には，$\chi_r = 1/\rho$ となり偏光状態からただちに $\tan\phi$ と Δ が求まる。反射光の偏光状態を検出する方法として，消光法と測光法の二つに大別できる。

a. 消光法

1/4波長板を用いて楕円偏光を直線偏光に変換したのち，偏光子，検光子を回転させて消光位置を求める方法で古くから用いられている。精度は偏光子，検光子の消光比と方位角の読み取りで決まる。この条件を満たせば，正確度，精度ともに優れているが，測定に時間がかかり分光測定するためには広い波長域で使用可能な1/4波長板を用いなければならない。

b. 測光法

測光法とは光の強度を直接測定することにより偏光状態を解析する方法で，代表的なものとして，検光子を回転させながら光の強度を測定する回転検光子法がある。この方法の大きな特徴はコンピューターと組み合わせて自動測定が比較的容易に行えること，位相子を用いないため分光測定も容易に行える点である。しかし，光の強度を直接測定するため検出器の非線形性が問題となり，正確度は消光法より劣っているが精密度には優れている。 ［川越 毅］

1.4.8 光速度

光を巡る物理学は人類の英知の前進の中で主導的役割を果たしてきた。特に量子論，相対論の誕生では決定的な役割を担った。まさしくわれわれを導く「光」となっている。光のもつ特性の中で最も顕著なものは，その速さに現れる。それが相対性理論誕生の引き金となった。

では，光の速さ，光速度はどのようにしてはかられるのだろう。日常体験に照らしてすぐに思うのは，光はあまりに速いという点である。実際問題，光の速さを意識することがないくらい速い。古代ギリシャの賢者たちも光の速さは無限大と思っていたようである。

a. ガリレオの実験

光速度を初めて測定しようと思い立ったのは，かのGalileo Galilei（ガリレオ・ガリレイ，1564－1642）といわれている。彼は著書“新科学対話”にその測定法を記している。その方法は非常に素朴である。

まず，数km離れた二つの山の山頂にランプを持った人を立たせる。最初は二つのランプに覆いをしておく。一方のランプの覆いを外して光を放つ。もう一方のランプを持った人は，向こうの山頂の光が見えたらただちに自分のランプの覆いを外して光を発射する。最初に覆いを外した人は，自分のランプの覆いを外してから向こうの山のランプの光が見えるまでの時間を測定する。このようにすれば，光が二つの山の山頂間を往復する時間が分かる。山頂間の距離を片道の時間で割ったものが光速度である。

しかし，この方法はうまくいかなかった。光の速さが速すぎるのである。仮に山頂間の距離を5kmとすると光が山頂間を往復する所要時間 1.7×10^{-5} 秒ほどである。人間の目が光を感知し，脳が判断を行い，覆いを取り除くといった一連の反応に要する時間の方がはるかに長いのである。実際，ガリレオも山頂間の距離が変わっても光の往復時間が有意に変化しないことから，この方法では光速度をはかれないと断念した。

b. 天体を利用した光速度測定

1676年, デンマークの天文学者 O. Rømer（レーマー, 1644－1710）が, 初めて実際に光速度をはかることに成功した。惑星の周りを衛星が回っているのを地球から観測するとしよう。その衛星が惑星本体に遮られて地球から見えなくなるときがある。それを「食」とよぶ。レーマーは木星の衛星の食の開始時間が, 木星と地球が近いときと遠いときとでずれを生じることに気が付いた。そして, このずれは木星の衛星から地球に光が到達するまでの距離の違いによるものと考えた。すなわち, 地球のほぼ公転軌道の直径を光が通過するのに必要な時間分だけ食の開始時間にずれが生じる。こうしてレーマーは光速度を約 21400 km s^{-1} と算出した。値の正確さはともかく, 少なくとも光速度が有限であることを初めて明示的に示したのである。

1728年には, イギリスの J. Bradley（ブラッドリー, 1693－1762）が地球の太陽の周りの運動を利用して光速度を測定することに成功した。恒星に対して地球が公転運動によって移動しているため, 恒星の光が斜めに飛んでくるように見える。たとえていうと, 無風状態で雨が地面に垂直に落下しているとし, そこを電車で通過すると窓から雨は斜めに落下して行くように見える。これが光で起きることを光行差という。さらに, 地球は公転運動をしているので光行差は1年周期で変化する。これは年周光行差とよばれる。年周光行差と地球の公転速度が分かれば光の速さが計算できる。ブラッドリーの出した光速度は 301000 km s^{-1} であった。

c. 地上での光速度測定

レーマーやブラッドリーは地球外の天体を使って光速度を測定したが, 地上の実験で光速度を測定することに初めて成功したのはフランスの物理学者 A. H. L. Fizeau（フィゾー, 1819－1896）である。前述のガリレオ・ガリレイの方法には二つの難点があった。第1は目視して覆いを外すという操作であり, 第2はきわめて短い時間間隔を測定できる時間分解能の欠如である。

1849年, フィゾーは実に巧妙なアイデアによってこの二つの困難を克服し, 光速度の測定に成功した。まず, 目視して覆いを外して進行方向を反転させた光を送るのではなく, 鏡を使って反射させた。次に, 光が発射されて戻って来るまでの時間を測定するために, 高速回転する歯車を使った。発射された光は歯車の歯の間を通過して行く。反射して戻って来た光は歯車の回転速度をうまく調整すれば, 出ていった光が通過した隙間の隣の隙間を通過する。歯車の回転数から光速度を計算できる。フィゾーは 8.6 km 先に設置した鏡と歯数720の歯車を使って実験を行い, 光速度を 315000 km s^{-1} と評価した。

フィゾーの共同研究者だったのがフーコーの振り子で有名な L. Foucault（フーコー, 1819－1869）である。フィゾーの実験の翌年の1850年に, フーコーは別のタイプの装置を考案し光速度の測定を行った。フーコーは高速回転する鏡と複数枚の固定した鏡を使った。発射された光は高速回転する鏡で反射される。そして, 複数枚の固定された鏡に次々反射されながらジグザグに進み, 最後の鏡で進行方向を反転し, またジグザグに戻って来て, 高速回転する鏡にぶつかる。このとき, 鏡の反射面はその回転により最初の反射を行った角度からほんの少しずれている。したがって, 光は発射された位置からわずかにずれた位置に戻る。そのずれから光速度を算出できる。フーコーの求めた光速度は約 298000 km s^{-1} であった。フーコーの装置の最大の特長は装置を小さくつくれる点にある。そのため, 空気中だけでなく水などの透明な物質中の光速度をはかることができた。

他にも, アメリカの A. Michelson（マイケルソン, 1852－1931）が, 1879年に回転する8面鏡に光を反射させ光が往復する時間を測定して光速度を求めた。結果は 299910 km s^{-1} であった。このように, 当時は時間分解能を上げるために高速回転する物体を利用したのである。

d. 電磁気学に基づく光速度測定

これまでに見てきた測定法は, いずれにしろ光が進んだ距離とそれに要した時間を測定していた。速度を求めるためには最も基本な測定方法である。一方で, 1867年に J. C. Maxwell（マクスウェル, 1831－1879）によって電磁気現象の基礎理論，電磁気学が打ち立てられた。それによると光はマクスウェル方程式に従う電磁波であるというのである。電磁波自体は1887年にドイツのH. Hertz（ヘルツ，1857－1894）によってその存在が実験的に証明された。電磁波を支配する方程式が分かってしまえば，それから導かれる理論的帰結を利用して光の速度を測定することが可能となる。

光が電磁波という波であることから，ただちに帰結されるのは，光の速度は(振動数)×(波長)で与えられるということである。1891年，R. Brondlot（ブロンドロット，1849－1930）は電磁波の波長と振動数を測定し，(電磁波の速度)＝(振動数)×(波長)の関係式より速度を求め，それが光の速度と一致することを確かめた。以降，光速度の測定は光が進んだ距離と所要時間の測定から，振動数と波長の測定へとその方法が大きく転換された。

1958年，K. D. Froome（フルーム，1921－）はミリ波という波長の短い電磁波の波長と振動数を測定し，光速度が299792500 $\mathrm{m\,s^{-1}}$であることを±100 $\mathrm{m\,s^{-1}}$の誤差で測定した。誤差の主要な原因は波長の測定での誤差である。

その他の電磁気学の帰結を利用した測定方法として，誘電率と透磁率をはかる方法がある。これら二つの積の平方根が電磁波の速度となる。1907年にE. B. Rosa（ロサ，1873－1921）とN. E. Dorsey（ドルセイ，1873－1959）がこの方法で光速度を測定し，299788 $\mathrm{km\,s^{-1}}$という値を得ている。

e. 現在の光速度測定法

現在は，より安定した波長と振動数をもつレーザー光を用いて光速度の測定が行われている。たとえば，波長 3.39×10^{-6} m のヘリウムネオンレーザー，1.0×10^{-5} m の炭酸ガスレーザーなどから光速度が求められている。

1974年，メートル定義審議会(CCDM：Consultative Committee for the Definition of the Meter)で，光速度として299792458 $\mathrm{m\,s^{-1}}$の値を採用した。そして，1983年の国際度量衡総会で1 mを「光が真空中を1秒間に進む距離の299792458分の1」と定義した。

このように光速度は，相対性理論，量子論の誕生で重要な役割を果たしたのみならず，長さの単位を定義する物理量としてその重要性をますます高めてきたのである。 ［松山 豊樹］

1.4.9 スペクトル

一般的にスペクトルといえば，光や音の波を正弦波に分解したときのおのおのの周波数成分の強さを表したものである。要するに，光または音の振動数や波長と強度の関係を図に表したものをいう。これに対して，たとえばイオンの質量分析などの場合にいうスペクトルとは，元々物理的に正弦波分解するのに適さないイオンの質量数を横軸にして，縦軸にその強度を示したものである。

特に光のスペクトルの場合，横軸に対して連続的に分布しているものを連続スペクトル，特定のところに強いピークをもつものを輝線スペクトルという。これらは一般に，プリズムや回折格子が入れられた分光器ではかる。図16にプリズム分光器の例を示す。図の左が分光器，右が光源である。分光器の中央の黒く丸い部分に，ガラスでできた三角形のプリズムが入れられている。

光のスペクトル研究の歴史は，I. Newton（ニュートン，1642－1727）が窓の隙間から差し込む太陽光線が7色に分かれていることを発見したことから始まった。19世紀はじめにはJ. Fraunhofer（フラウンホーファー，1787－1826）が太陽光線の中の574本の暗線（フラウンホーファー線）を探しだし，G. Kirchhoff（キルヒホッフ，1824－1887）はその暗線の解釈から光のスペクトルに関するキルヒホッフの法則を見出した。19世紀後半になると鉄工業が進み，熟練した職人達は溶鉱炉の温度の加減を一目見ただけで判断できるようになっていた。こういった職人の技を代行できる機械をつくれないかという思いから，高温の物体から放出される光のスペクトルが熱心にはかられた。これらは一つの山をもつ連続スペクトルになったが，当時の物理学ではこの結果を説明することができなかった。そのため試行錯誤されるなかで，仮説を取り入れた理論が展開された。その結果，M. Planck（プランク，1858－1947）の量子仮

図 16　プリズム分光器および光源
［© 島津理化，KB-2］

説が生まれた。その後 A. Einstein（アインシュタイン，1879－1955）の光量子説により，光が波動性と粒子性をもつという，いわゆる光の二重性が明らかになった。はかる道具をつくりたいという産業・技術からの要求が，基礎学問である物理学を覆して現代物理学へと導いたのである。

恒星からの光のスペクトルは，高温の物体から放射される連続スペクトルに，まわりに存在する原子によって放射または吸収される線スペクトルが混じったものになる。したがって，これをはかることでその星の表面温度やその大気中に含有される元素がわかる。A. J. Ångström（オングストローム，1814－1874）は太陽からの光のスペクトルをはかり，太陽の大気中に水素が存在することを見つけた。J. J. Balmer（バルマー，1825－1898）はオングストロームの示した水素原子の出す 4 本のスペクトル線を取り上げ，その波長の間になりたつ関係式を導いた。バルマー系列といわれるものがそれである。その後 T. Lyman（ライマン，1874－1954），F. Paschen（パッシェン，1865－1947）なども紫外光，赤外光に対応する関係式を導き，J. Rydberg（リュードベリ，1854－1919）によって水素原子から放出される光の波長に対する一般的な公式が整理された。後に水素原子に対する N. Bohr（ボーア，1885－1962）の原子模型が登場することになったが，それはこれらの測定結果を正確に導ける模型であった。

一方，音のスペクトルをはかるには，音響リアルタイムアナライザーや FFT（fast Fourier transform，高速フーリエ変換）アナライザーというものを使う。音を周波数成分，すなわちフーリエ成分に分けて，各々の成分の強弱を表示するのである。これらは工業的には自動車のエンジンの振動や騒音などの測定や設備機械の音による故障診断，叩いたときの音による製品検査などに用いられる。これに加え，オーディオ技術，地殻変動の診断，医療用として健康診断などにも用いられる。光のスペクトルをはかるのと同じように，熟練した職人の耳で聞いた音による判断を機械が代行しているともいえるであろう。　　　　　　　　　［鈴木 康文］

1.4.10　音

音は人間の聴覚で感じることのできる振動であり，普通は空気の弾性波のうち振動数がおよそ 20～20000 Hz の範囲のものを指す。さらに高い振動数の超音波やさらに低い振動数の超低周波音なども広い意味の音とみなすことができる。また，音は流体や固体を伝わることができるため，これらの振動も音という現象として扱える場合がある。

音をはかるということは何を意味するだろう。人間が感じる音は，その大きさと高さと音色で特徴づけられるが，物理現象としての音を表す物理量を客観的に測定することを考えてみよう。

音は空気の圧力変化と考えられ，大気圧からの圧力変化を音圧とよぶ。音圧が 20 μPa～200 Pa 程度のものが人間の聴く通常の音に対応している。音が伝わる場の中で，音の進行方向に垂直にとった単位面積を単位時間に通過する音のエネルギーを音の強さという。音圧を p，媒質の密度を ρ，音速を c とすると，音の強さ I は次式で与えられる。

$$I = p^2/\rho c$$

音圧は大気圧の約 10^{-10}～10^{-3} と 7 桁の範囲で変わる量であり，また，人間の感覚は刺激の対数に比例すると考えられるため，音の強さを実用的に表すには音圧の 2 乗の相対値の常用対数をとった音圧レベル L を用いる。その基準となるのは，人間の感じる最小の音圧に相当する p_0 = 20 μPa であり，これに対応する音の強さは ρ や c に依存するが，約 1 pW m^{-2} である。

音圧レベルの単位はデシベル（dB）であり，ある音の音圧を p〔μPa〕とすると音圧レベルは

$$L = 10 \log_{10}(p/p_0)^2$$

で定義される。全体に 10 の因子をかけて，単位にベル（B）ではなくデシベル（dB）を用いるのは，日常的な現象の音圧レベルが 2～3 桁で表されるようにするためである。

音をはかるためには，これをマイクロフォンで電気信号に変換する。マイクロフォンには，①永久磁石とコイルを組み合わせ，磁場中でのコイルの運動から電流を取り出す動電型（ダイナミック型）マイクロフォン，②変形させると電圧を発生する圧電材料を用いた圧電型（セラミック型）マイクロフォン，③振動板をコンデンサーの電極として用い，振動によってコンデンサーの静電容量が変化することを利用した静電型（コンデンサー型）マイクロフォンなどがある。超音波や水中の音の観測には圧電型マイクロフォンが用いられるが，通常の音にはエレクトレットという誘電材料を利用した，エレクトレットコンデンサーマイクロフォンを用いることが多い。

標準となるマイクロフォンを校正するために，音響カプラとよばれる装置にマイクロフォンとピストンを取り付け，ピストンを振動させることで音圧を発生すると同時にマイクロフォンの出力を測定する。ピストンの位置はレーザー干渉法で決定されるため音響カプラ内の圧力は精度よく求まり，音圧レベルとマイクロフォン出力の関係が定まる。

物理的には同じ音圧レベルであっても，振動数によって人間の感じる音の大きさは異なる。そこで，このような振動数依存性を補正することで，人間の感じる音の強さを定義することができる。そのうちの一つが騒音レベル（A 特性音圧レベル）であり，ほぼ先程の音圧レベルに対応しており，デシベル単位（dB）で表現する。その一例を表 1 に示す。　［越桐　國雄］

表 1　騒音レベルの例

騒音レベル〔dB〕	例
120	ジェットエンジン
100	電車が通るガード下
80	地下鉄の車内
60	静かな乗用車
40	小さな声の会話
20	深夜の郊外

1.4.11　音速度

日常生活で音速度が有限であることが意識されるのは，遠くで雷が鳴ったときであろう。光の速さは秒速約 30 万 km であり，一方，音速度は気温 15℃ で約 340 m s^{-1} である。雷の光は瞬間的に伝わるが，音が伝わるまでにはタイムラグがある。この時間のずれに音速度をかけると，雷の鳴った場所までの距離がわかる。日常生活での音は空気を媒体にして伝わる。1 気圧，温度 t〔℃〕の空気中の音速度 V〔m s^{-1}〕は

$$V = 331.5 + 0.6\,t \qquad (1)$$

で近似的に表される。この式より 15℃ の空気中を伝わる音速度は約 340 m s^{-1} と求まる。式 (1) からわかるように，温度が上昇すると音速

度も速くなる。これは空気を構成している分子の速度は温度が高くなると速くなることと関係する。式 (1) が温度に依存していることから，音速度は熱力学に関係していることが予想される。音速度は

$$V = \sqrt{\kappa / \rho} \tag{2}$$

で与えられる。ただし，κ〔$\mathrm{N\,m^{-2}}$〕は気体の体積弾性率で，ρ〔$\mathrm{kg\,m^{-3}}$〕は気体の密度である。気体が断熱変化するときの体積弾性率を用いると音速度は

$$V = \sqrt{\gamma p / \rho} = \sqrt{\gamma RT/M} \tag{3}$$

で与えられる。ただし，γ は気体の比熱比，p〔$\mathrm{N\,m^{-2}}$〕は圧力，R〔$\mathrm{J\ (K\,mol)^{-1}}$〕は気体定数，$T$〔K〕は絶対温度，および，$M$〔kg〕は気体の平均分子量である。式 (3) より，分子量 M の小さい物質からなる気体を媒体とする場合の音速度は速くなることがわかる。

音が正弦波である場合，音速度を表す別の表式として，

$$V = f\lambda \tag{4}$$

がある。ここで，f〔Hz〕は振動数，λ〔m〕は波長である。振動数と波長がわかれば音速度が求まる。

振動数がわかっている音の波長を測定する方法として，閉管内の気柱の固有振動から求めることができる。図 17 のようにガラス管にピストンを取り付けて閉管とし，管口にスピーカーを置いて振動数のわかっている音をスピーカーから発生させる。ピストンの位置を管口から少しずつ遠ざけていくとある位置で気柱の固有振動が起こる。図 18 上図は基本振動が生じた場合，下図は 3 倍振動が生じた場合を表す。いずれの場合も，スピーカーが振動の腹であり，ピストンの位置が振動の節となっている。管口からピストンまでの距離をそれぞれ L_1，L_2 とすると波長は $\lambda = 2\ (L_2 - L_1)$ で求まる。振動数に測定した波長をかければ音速度が求まる。また，固有振動は 5 倍振動，7 倍振動，…と継続していくので複数回の波長の測定が可能である。

音源が移動している場合や観測者が移動している場合，または双方が移動する場合，音の振動数が変化する。サイレンを鳴らした救急車が通過するときに音の高さは低くなる。この現象はドップラー効果とよばれる。音源が静止していて，動いている物体に向けて音を発生させたとする。その音が物体によって反射され，反射された音を観測する場合を考える。このとき音源の音の振動数を f〔Hz〕とし，反射された音の振動数を f'〔Hz〕とすると，f と f' の間には

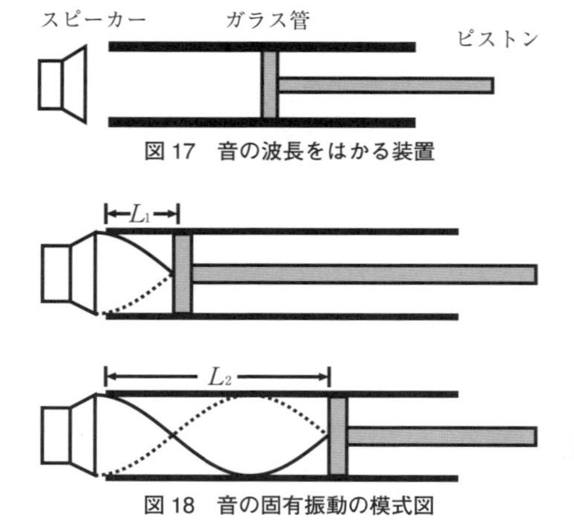

図 17　音の波長をはかる装置

図 18　音の固有振動の模式図

$$f' = \frac{V + u}{V - u} \times f \tag{5}$$

の関係がある。ここで，u〔$\mathrm{m\,s^{-1}}$〕は物体が音源に近づく向きの速さである。f' が測定で求まれば，式 (5) を u について解くことによって u の値，すなわち物体の速さがわかる。

気体以外，液体や固体を媒体にしても音は伝わる。液体中の音速度は気体中の音速度の数倍速い。固体中の音速度は液体中の音速度よりも速い。速度の式 (2) は液体や固体中を伝わる音速度に対しても有効である。ただし，固体の場合は体積弾性率の代わりに弾性率を用いる。液体中や固体中の音は色々な量の測定に利用されている。水中の音を利用して水深をはかる音響測定器がある。海面から海底に向かって音を発生させ，海底で反射された音が返ってくるまでの時間を測定することによって，海底までの深さがわかる。水中を伝わる音を用いて海中や海底の物体を探索，探知する装置はソナーとよばれる。これらは，水中の音は空気中と比べて弱まりにくく，遠くまで伝わるという性質を利用している。

気体や液体中を伝わる音は疎密波として伝わる縦波である。固体中では縦波だけではなく横波も生じる。空気中の音と同じように，固体中の音も異なる性質の物質の表面で反射する。この性質は医療診断に応用されている。超音波診断装置（エコー）は，超音波（振動数20 kHz以上の音）を身体に当て，それが臓器や組織にぶつかってはね返ってくる信号を受信し，臓器などの様子を映像化することができる。

［喜綿 洋人］

参考図書（1.4）

光

1）櫛田孝司，“共立物理学講座11 光物理学”，共立出版（1983）.

2）E. Hecht 著，尾崎義治，朝倉利光 訳，“ヘクト光学Ⅰ～Ⅲ”，丸善（Ⅰ 2002，Ⅱ・Ⅲ 2003）.

3）The Optical Society of America，“Handbook of Optics”，3rd Ed.,Vol. Ⅰ～Ⅴ，McGraw-Hill（2009）.

光速度

4）長岡洋介，“物理入門コース　3　電磁気学　1　電場と磁場”，岩波書店（1982）.

5）長岡洋介，“物理入門コース　4　電磁気学　2　変動する電磁場”，岩波書店（1983）.

6）R.P. Feynman 著，宮島龍興 訳，“ファインマン物理学　Ⅲ　電磁気学”，岩波書店（1986）.

スペクトル

7）伏見康治 著，“光る原子，波うつ電子”，丸善（2008）.

8）G.Herzberg 著，堀　建夫 訳，“原子スペクトルと原子構造”，丸善（1964）.

音

9）音の百科事典編集委員会 編，“音の百科事典”，丸善（2006）.

10）戸井武司，“トコトンやさしい音の本”，日刊工業新聞社（2004）.

1.5　電気と磁気

1.5.1　磁　化

単位体積あたりの磁気モーメントの大きさを磁化とよぶ。磁気モーメントの定義を微小電流ループとする E-B 対応の電磁気学では〔A m^{-1}〕であり，磁場と同じ単位となる。

磁化の測定法は大別して，以下の方法がある。

a. 磁場勾配中で磁性体に働く力を測定する方法（ファラデー法）

磁性体を不均一な磁場中に置くと，磁性体に働く力の大きさは磁場勾配と磁気モーメントの大きさに比例する。この力を天秤・振り子・ピエゾ素子を用いて高感度に測定するものである。実際には磁場勾配を正確に知ることはむずかしいので，あらかじめ磁気モーメントの大きさがわかっている標準試料を用いて，磁化の大きさを求めている。

b. 磁化がつくる磁束を変化させて，それによる電磁誘導を利用するもの

磁束密度 B の時間変化が誘導起電力を与える。磁化測定の多くは試料を均一磁場中に置いて行われることが多く，均一磁場の微小な変動による磁場からの誘導起電力の寄与を何らかの方法で取り除く必要がある。いくつかの方法があるが，代表的なものは試料振動型磁力計である。この方法はその名のとおり，均一磁場中に置かれた試料を周波数 f で振動させ，誘起される誘導起電力を検出コイルによって測定するものである。感度を上げるために通常ロックインアンプを用いて誘導起電力を測定する。

c. 量子磁束を検出するもの

超伝導体では，磁束が $\Phi_0 = h/2e$（h はプランク定数，e は電子の電荷）の単位で量子化されており，Φ_0 を量子磁束という。量子磁束を利用するものはSQUID（superconducting quantum interference device）磁力計とよばれている。市販品があり広く利用されている。量子磁束を利用するため高感度の測定が可能である。

［川越　毅］

1.5.2　電　荷

電荷は荷電粒子とよばれる，あらゆる電気的・磁気的現象の根源と考えられる実体であり，電荷量を表す単位はクーロン〔C〕である。その量を含めて電荷とよぶこともある。また，電荷は正，負の性質をもち，電磁場中において，その符号に応じた方向に力を受けて加速度運動する。その流れは「電流」とよばれ，1秒間に移動した電荷量がアンペア〔A〕である。したがって，任意の断面を電流 i が $t = 0$ から t 秒間流れた場合，その断面を通過した電荷量 q は

$$q = \int_0^t i\mathrm{d}t$$

で与えられる。つまり定義的には，電流を任意の時間にわたって積分すれば電荷を求めることができる。

物質どうしの摩擦などにより生じる静電気などの微小な電荷をはかるには，高インピーダンスのオペアンプとコンデンサー（電気容量 C：0.1～1 μF 程度）を用いた図1に示すようなクーロンメーター（積分回路）が用いられる。その動作原理を以下に述べる。

はじめに，スイッチSを閉じて，コンデン

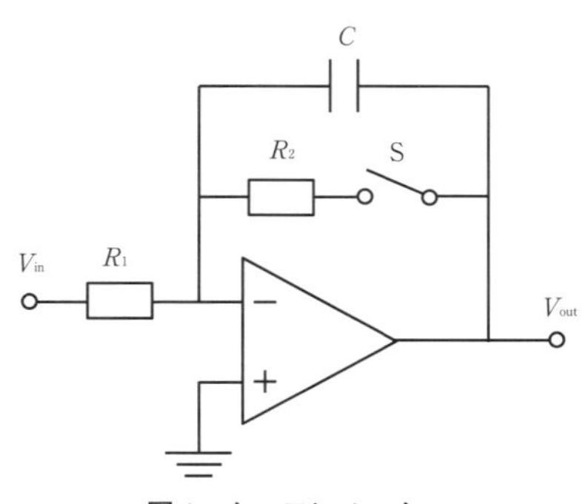

図1　クーロンメーター

サーを完全に放電させる。その後，Sを開いた状態で，計測したい帯電体を接触させると，その電荷量Qに応じた電圧V_{in}が入力される。このとき，オペアンプの反転入力端子（−）は仮想接地されているため，R_1を流れる電流は

$$I_{in} = V_{in}/R_1 \qquad (1)$$

で与えられる。オペアンプの入力抵抗を理想的に無限大とみなすと，反転入力端子に電流は流入しないため，I_{in}によってコンデンサーが充電される。このとき，流れ込む電荷量qはI_{in}の時間積分

$$q = \int_0^t I_{in}\mathrm{d}t \qquad (2)$$

で与えられる。また，コンデンサーの端子電圧V_cは

$$V_c = \frac{q}{C} \quad (C：コンデンサーの電気容量)$$

より，式（1），式（2）を用いると，

$$V_c = \frac{1}{C}\int I_{in}\mathrm{d}t = \frac{1}{C}\int \frac{V_{in}}{R_1}\mathrm{d}t = \frac{1}{CR_1}\int V_{in}\mathrm{d}t$$

で与えられる。ここで，入力端子側は仮想接地されているため，出力される電圧V_{out}は

$$V_{out} = -\frac{1}{CR_1}\int V_{in}\mathrm{d}t$$

となる。したがって，コンデンサーの充電後にV_{out}を計測することにより，帯電していた電荷量Qを$Q = CV_{out}$より求めることができる。

粉体や複雑な形状の物体の帯電量をはかる方法として，ファラデーケージを用いた方法がある。ファラデーケージとは，導体に囲まれた空間または導体製の容器を指す。その内部は，静電遮蔽により外部の電場が遮られ，容器内の内部の電位はすべて等しくなるため，その性質を用いれば正確な電荷量測定が可能になる。その原理を以下に述べる。

図2に示すように，二重構造の導体製の容器がコンデンサーを通して接続され，外側の容器は接地，内側の容器は外の容器と絶縁されている。内側の容器内に計測したい帯電体を入れると，静電誘導により内側の容器の表面に同符号，同量の電荷が誘導され，それによりコンデンサーが充電される。したがって，その電位差Vを計測し，コンデンサーの電気容量Cを用いて，帯電量Q（$= CV$）を求めることができる。ここで，図中の破線で囲まれた部分を上述のクーロンメーターと置き換えることより，より正確な計測も可能である。

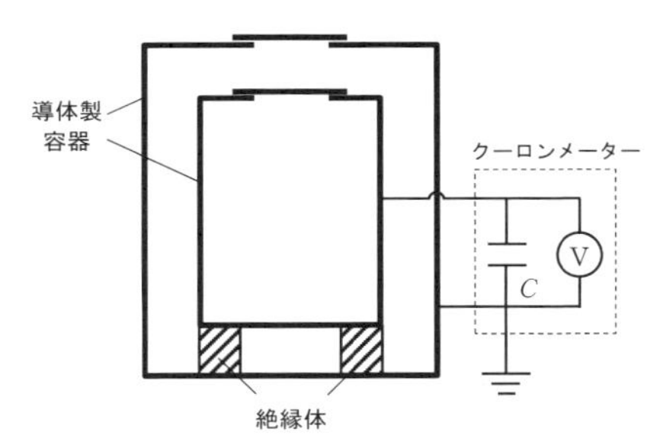

図2　ファラデーケージを用いた方法

電荷をはかる応用的（教育的）な方法として，未知の電気容量Cのコンデンサーに蓄えられた電荷をはかる方法を述べる。既知の抵抗R_1，R_2，コンデンサーC，スイッチS，直流電源を用いて，図3のような回路を組む。

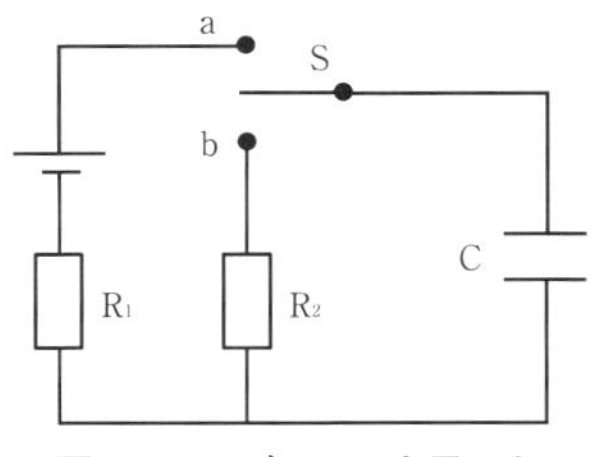

図3　コンデンサーを用いた充放電回路

はじめに，スイッチSをaに接続すると，電気容量Cのコンデンサーには，電源の電圧に比例した電荷Q_0（$= CV_0$）が充電される。十分な時間経過の後，Sをbに接続する（$t = 0$）と，電荷Qは抵抗R_2〔Ω〕を通して電流として流れ出し，蓄えられていたエネルギーはR_2において熱となり，電荷Qは時間とともに減

少する。このとき，ある時刻 t におけるコンデンサーの電荷 Q は次式で表される。

$$Q = Q_0 \exp(-t/CR_2)$$

ここで，コンデンサーの電気容量 C で両辺を割ると，

$$V = V_0 \exp(-t/CR_2)$$

となることから，抵抗 R_2 にかかる電圧の時間変化を計測し，その近似式を求めることにより，未知の電気容量 C が見積もられる。もしくは，はじめの電圧の $1/e$ になる時間（時定数）は，$t = CR_2$ であることから，その時間を求めて，C を見積もることも可能である。

以上の方法により C を求め，$t = 0$ のときの電圧 V_0 と C との積により，はじめの電荷量 Q_0 を求めることができる。　　　［谷口 和成］

1.5.3　電気容量

絶縁された二つの導体に電荷 $\pm Q$ を与えたとき，その電位差が V となる場合に，Q/V を電気容量という。導体の形状や周囲の絶縁体によって決まる定数であり，静電容量ともいう。単位は MKSA 系ではファラド〔F〕である。

大容量コンデンサーの電気容量の測定には，コンデンサーを充電し，大きな抵抗 R を接続して放電させ，その電圧 V または電流 I の変化を測定すれば求めることができる（図4）。たとえば，電流の時間変化は

$$I \propto \exp(-t/CR)$$

のように指数関数的に減少するので，時間 t に対して電流 I を対数プロットすれば，その傾きから C を計算により求めることができる。電圧を用いる場合も同様である。

電気容量が小さなコンデンサーの場合は，電流は短時間しか流れず，上記のような測定はできない。このような場合には衝撃検流計を用いた測定が行われる。衝撃検流計は短時間内に回路を流れる全電気量を測定する装置であり，図5に示すように，永久磁石による静磁場中の可動コイルが短時間に流れる電気量によってねじれ，振動するときの振れ角を測定するものである。短時間に可動コイルを流れた電気量 Q はコイルの最大の振れ角 θ に比例する。

$$Q = k\theta$$

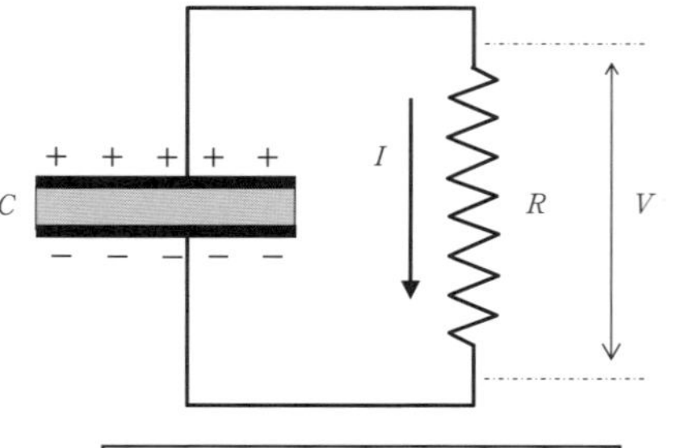

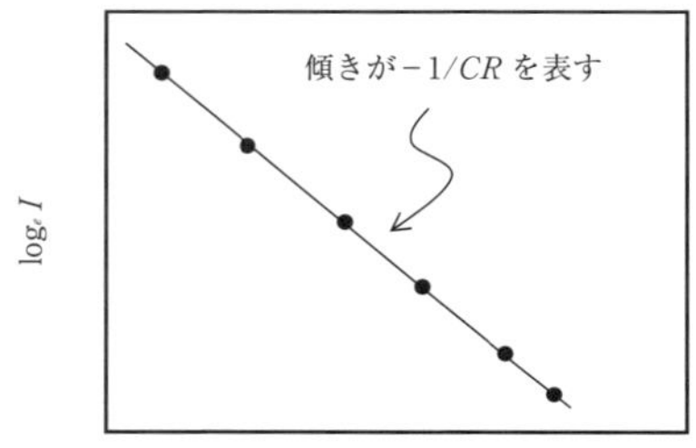

図4　コンデンサーの放電による容量の計算

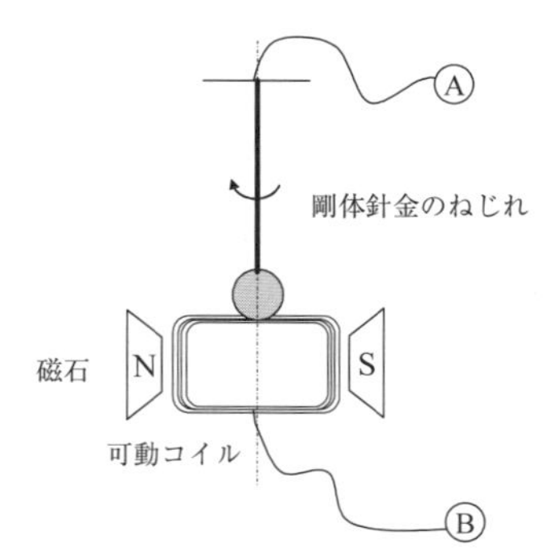

図5　衝撃検流計の構成

剛体の吊り線の固定軸まわりの力のモーメントに関する考察から，衝撃検流計のひねり振動運動の周期 T は

$$T = 2\pi\sqrt{I/G}$$

で与えられる。ここで，I は可動部の慣性モーメント，G は吊り線のひねり剛性率である。最大の振れ角 θ を測定しやすいように，周期 T がある程度長くなるように慣性モーメント I を調節しておく。既知の容量を有する標準コンデンサー（容量 C_s）に対して，電位差 V で充電したときの電荷 Q_s を衝撃検流計を通して放電

したときの最大の振れ角がθ_sとすれば

$$Q_s = C_s V = k\theta_s$$

次にC_sの代わりに未知容量C_xを接続し，同様の測定を行うと

$$Q_x = C_x V = k\theta_x$$

したがって

$$\frac{Q_x}{Q_s} = \frac{C_x}{C_s} = \frac{\theta_x}{\theta_s}$$

すなわち，最大の振れ角を測定することで既存のC_sとの比較によりC_xがわかる。［辻岡 強］

1.5.4　誘電体

静電場を加えたときに電流が流れず，電気分極が生じるような物質を誘電体という。電気的絶縁体と同義である。一般に，誘電体の電気的な性質は電気分極と電場の強さの比である誘電率によって表される。大抵の物質は電場の強さを大きく変えても，それには無関係に一定の値を保つが，交流電場の場合にはその周波数に関係して電気分極の遅れによる誘電損失が発生する。特に光の周波数領域において，光の交流電場に対応する誘電率は屈折率と密接に関係し，誘電損失は光の吸収に対応する。

シート状の誘電体の静電場に対する誘電率εの測定には，通常電極間に誘電体を設置し，試料の容量を測定して計算により比誘電率$\varepsilon_r = \varepsilon / \varepsilon_0$を求めることが行われている。図6のように，一定間隔の測定電極の間に誘電体試料を挿入し，電極を接触させて，その電極間容量から誘電率が求められる。比誘電率ε_rは，測定容量C，試料の厚みd，主電極の面積S，真空の誘電率ε_0とすると

$$\varepsilon_r = dC/(S\varepsilon_0) \quad (3)$$

で求められる。電気容量をCとすると，印加電圧Vに対して蓄積された電荷は$Q = CV$で与えられる。

その状態でそのまま試料を取り出したとすると，電極の面積と間隔は変わらず，誘電率だけが真空のそれに一致するので

$$1 = dC'/(S\varepsilon_0) \quad (4)$$

の関係が成立する。このとき電荷は保たれたまま容量と電圧が変化して$Q = C'V'$がなりたつ。したがって，次の関係が得られる。

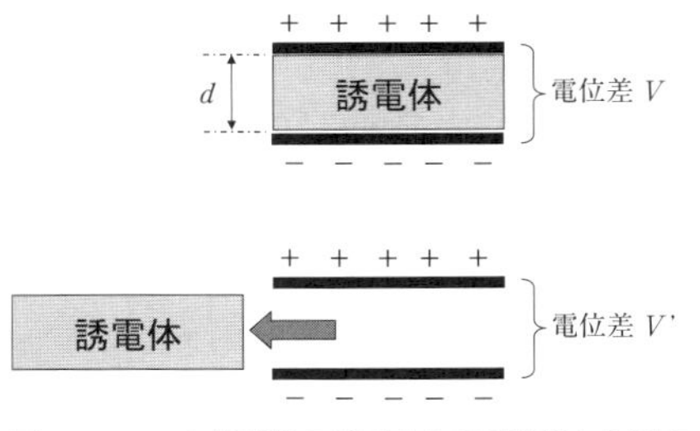

図6　フィルム状試料の誘電率を容量変化から測定

$$\frac{C'}{C} = \frac{V}{V'}$$

式（3）と式（4），および上式から

$$\varepsilon_r = \frac{C}{C'} = \frac{V'}{V}$$

結局，電極間に試料が存在するとき，存在しないときの電圧を，電圧計により測定することにより，その試料の比誘電率を求めることができる。

この測定方法は，厚さの厚い試料，表面が平らな試料，やや圧縮性のある試料などに適している。利点としては，容量の測定が容易で単純な計算式で誘電率が得られるなどが挙げられるが，電極と試料間のエアフィルム（空気の隙間）による誤差が大きいことが欠点である。

そこで，同様の方法をあらかじめエアフィルムの影響を見込んだ形で計算する方法もある。このとき誘電率ε_rは，試料を挿入しないときの容量C_1，挿入したときの容量C_2，試料の厚みd_a，電極間隔d_gとして，式（3）の代わりに次式で与えられる。容量の比は上記と同様に測定できる。

$$\varepsilon_r = \frac{1}{1 - (1 - C_1/C_2) \cdot (d_g/d_a)}$$

［辻岡 強］

1.5.5　電　圧

1ボルト（V）の電圧とは，1アンペア（A）の電流が流れるのに1ワット（W）の仕事を要する2点間の電位差に等しい。2点間A－Bを結ぶ一定の経路に沿っての積分が電圧である。

$$\int_A^B E_s \mathrm{d}s$$

ここで，E_s は電場の経路 d_s の方向成分である。

電圧は電圧計を測定しようとする回路系に並列に接続することで測定できる。アナログ表示の電圧計は，ふつう電流計に直列に抵抗 R を挿入して内部抵抗を大きくしたものが用いられる。電圧を V とすれば，電圧計の電流は V/R であるが，電圧 V を表すように表示が設定してある。交流用の電圧計では，周波数 ν の電圧の変化 $V = V_0 \sin 2\pi\nu t$ に対して，実効電圧

$$V_{\mathrm{eff}} = V_0/\sqrt{2}$$

を表示するようになっている。

次に，一般の電圧計が使えないときに標準電圧発生器が与えられたとして，電位差計を用いて未知の電池の起電力や回路系の直流電圧を測定する方法を説明する。図7において，V_s は標準電圧，V_x は測定対象の電池（あるいは任意の回路系の電圧），V_0 は電位差計回路用の電源である。電位差回路用の電源は十分な電源容量を有し，$V_0 > V_s, V_x$ である。R は可変抵抗器，AC は太さが一様な抵抗線，D は切り替えスイッチ，K はスイッチ，G は検流計である。最初 R を適当な位置に保ち，回路電流 i を流して切り替えスイッチを V_S 側に接続し，K を閉じても G に電流が流れないような位置 L_1 を探す。このとき AC に沿って電流 i が流れるだけで G 側には電流が流れないから，AKGESDA の閉回路についてキルヒホッフの法則を応用すれば，

$$V_s = R_1 i$$

である。ここで，長さ L_1 に相当する抵抗の値を R_1 とする。

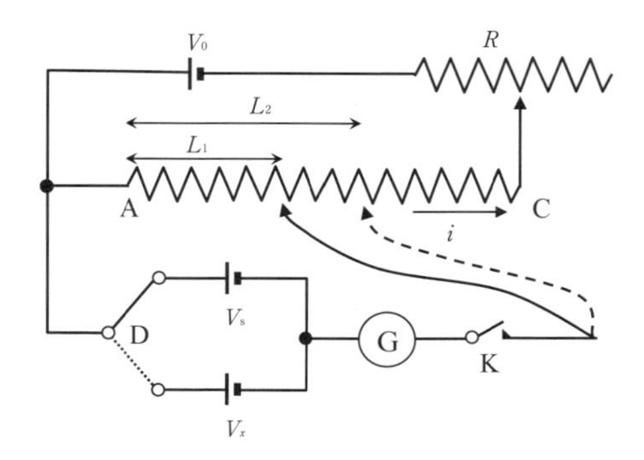

図7　電位差計による電圧の測定

次に，スイッチを V_x 側に切り替え，再び K を閉じても G の表示がゼロとなるように AC の接点を L_2 に調整したものとする。このとき，やはり AKGEXDA の閉回路についてキルヒホッフの法則を適用すれば

$$V_x = R_2 i$$

が得られる。ここで，長さ L_2 に相当する抵抗の値を R_2 とする。

このようにして得られた二つの式から，

$$V_x = (L_2/L_1)$$

となり，V_s が既知のときに L_1，L_2 を測定することにより，未知の電圧 V_x を求めることができる。　［辻岡 強］

1.5.6　抵　抗

装置や物質に電流を流そうとする力に抗する量を電気抵抗，あるいは単に抵抗とよぶ。直流電流に対しては，電流が流れる素子の両端間の電圧降下を，素子を流れる電流で割った値に等しい。交流において抵抗に相当するものは，複素インピーダンスの実数部（以下，単にインピーダンスとよぶ）である。

直流抵抗の最も単純な測定は，電圧計，電流計を図8上のように接続し，未知抵抗 R に電流 I を流し，その両端の電圧降下 V を測定することで，オームの法則（$V = IR$）から抵抗値 R が求まる。実際の電圧計，電流計の接続方法には，図8上の他に図8下のような接続も考えられる。図8上では，電流計の指示 I の中に電圧計に分流する電流 i が含まれ，一方図8下では，電圧計の指示 V の中に電流計の電圧降下 v が含まれているので，$R = V/I$ で抵抗を求めると，いずれも誤差を生じることになる。

電圧計の内部抵抗を R_V，電流計の内部抵抗を R_A とすると，これらの抵抗を考慮に入れた抵抗 R の正しい値は，図8上では

$$R = \frac{V}{I - V/R_V}$$

図8下では，

$$R = V/I - R_A$$

となる。$R_V \gg R$，$R_A \ll R$ ならば，上記2式は

$$R = V/I$$

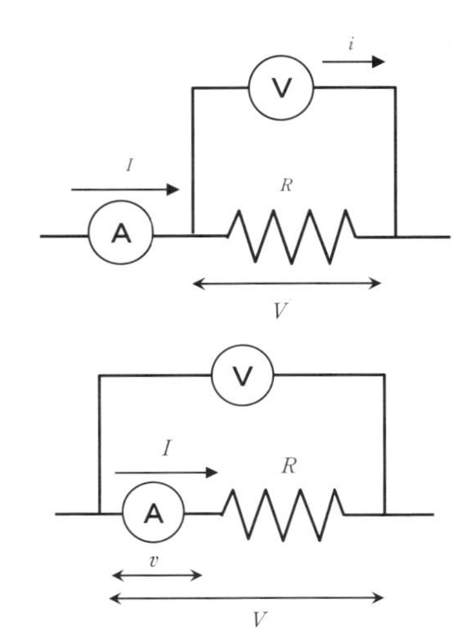

図 8　抵抗の測定法（オームの法則の利用）

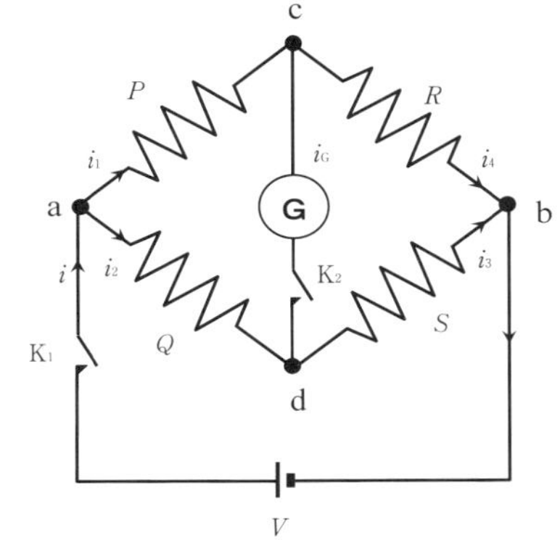

図 9　ホイートストンブリッジ

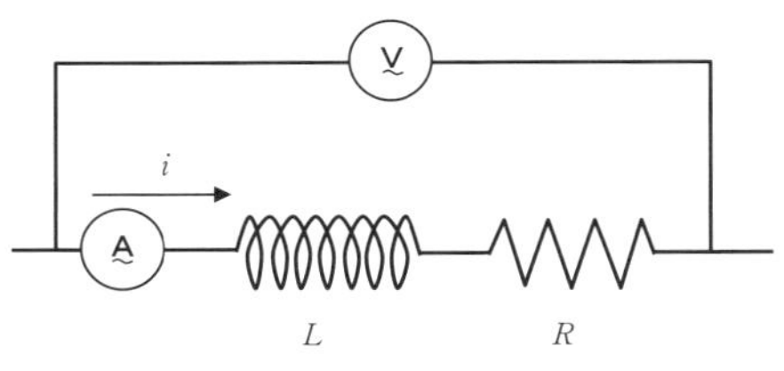

図 10　直流抵抗 R と自己インダクタンス L を有する回路

と近似できるので，未知抵抗の抵抗値が小さいときには図 8 上が，大きいときには図 8 下の配線が適している。

多種類の既知の抵抗がそろっている場合に，上記のような測定計器の内部抵抗を考慮しなくてよい測定方法として，ホイートストンブリッジによるものがある。既知抵抗 P，Q，S と，未知抵抗 R を図 9 のように接続し，直流電源 V を a，b に，検流計 G を c，d に接続する。スイッチ K_1 を閉じて電流を流し，スイッチ K_2 を閉じても検流計 G のふれがゼロ（$i_G = 0$）になるように P, Q, S の値を調整したものとする。

このとき全電流 i は，P, R を流れる電流 i_1 と，Q，S を流れる電流 i_2 に分れる。$i_G = 0$ なので c－d 間に電位差はなく，a－c 間の電位差は a－d 間の電位差に，c－b 間の電位差は d－b 間の電位差にそれぞれ等しい。

$$Pi_1 = Qi_2 \qquad Ri_1 = Si_2$$

これらから i_1，i_2 を消去して

$$R = (P/Q)S$$

すなわち，検流計を流れる電流が 0 のとき，既知抵抗 S および二つの抵抗 P，Q の比から，未知抵抗 R を求めることができる。

なお，最近のデジタルマルチメーターなどを用いた実際の測定では，電流計，電圧計の内部抵抗を考慮する必要性は少なく，表示される値をそのまま採用しても問題はないであろう。また，金属導線などは一般に抵抗値が温度依存性を有する。電流を流すことによる温度上昇が無視できないような場合には，注意が必要である。

次に，交流に対する抵抗であるインピーダンスについて説明する。図 10 に示すように直流抵抗 R と自己インダクタンス L とを直列に接続した回路に，$V = V_0 \sin 2\pi\nu t$ の交流電圧を与えれば，一般化されたオームの法則から

$$L\frac{\mathrm{d}i}{\mathrm{d}t} + Ri = V_0 \sin 2\pi\nu t$$

この解は

$$i = i_0 \sin(2\pi\nu t - \varphi)$$

となる。ただし，

$$i_0 = \frac{V_0}{\sqrt{R^2 + 4\pi^2\nu^2L^2}}$$

$$\varphi = \tan^{-1}\frac{2\pi\nu L}{R}$$

そして

$$\sqrt{R^2+4\pi^2\nu^2L^2}=V_0/i_0=V_{eff}/i_{eff}$$

がこの回路のインピーダンスを表す。$V_{eff}=V_0/\sqrt{2}$ および $i_{eff}=i_0\sqrt{2}$ は，それぞれ実効電圧および実効電流で，交流用の計器で測定した値はこれらを表す。　［辻岡 強］

1.5.7　電　場

二つの電荷は同種（同符号）の場合には斥力を及ぼし，異種（異符号）の場合には互いに引力を及ぼしあう。また二つの電荷に働く力はそれぞれの電荷量に比例し，その相対距離 r に反比例する。これは1785年にC.-A. de Coulomb（クーロン，1736－1806）によって発見されたものである（クーロンの法則）。

これらの電気的な力を記述するのには，以下に述べる電場の概念が大切である。

電場は試験電荷 δQ をもってきたときに，試験電荷がその場から生じる力を $\delta\boldsymbol{F}$ とすると

$$\boldsymbol{E}=\lim_{\delta Q\to 0}\frac{\delta\boldsymbol{F}}{\delta Q}$$

と定義されるベクトル量である。単位は $\mathrm{N\,C^{-1}}$ だが，通常は $\mathrm{V\,m^{-1}}$ が用いられる。ただし，試験電荷を置くことによってそこでの電場が影響を受けないことが必要である。

クーロンが行った二つの電荷に働く力を測定することは可能だが，現実には試験電荷を置くことによって電場が影響を受けてしまう。したがって，電場を測定するには電位 φ を測定して等電位面を描き，そこから

$$\boldsymbol{E}=-\mathrm{grad}\varphi$$

によって電場を求める。また，電荷分布が与えられた場合には，ある閉曲面を通る電場 $\boldsymbol{E}$ の全電束はその閉曲面内にある全電荷に等しい，すなわちガウスの法則によって求めることができる。

$$\varepsilon_0\int\boldsymbol{E}\mathrm{d}\boldsymbol{A}=Q=\int\rho\mathrm{d}V$$

ただし，ρ は電荷密度である。有限要素法を用いて，さまざまな電磁場を解析するソフトウエアなども市販されている。

電位のようなスカラー場を表すには，天気図の等温線や等高線のように同じスカラー量の場所を線で結ぶものが用いられる。しかし電場のようなベクトル場では，方向と大きさを同時に表すことが必要である。これには，図11に示すような力線で表す。電場の大きさと方向を表したものを電気力線という。ある点での電場の方向は，その点における電気力線の接線の方向と一致し，電場の大きさは電気力線の密度に比例する。点電荷が存在する特異点を除いて，滑らかで連続な曲線群である。　［川越 毅］

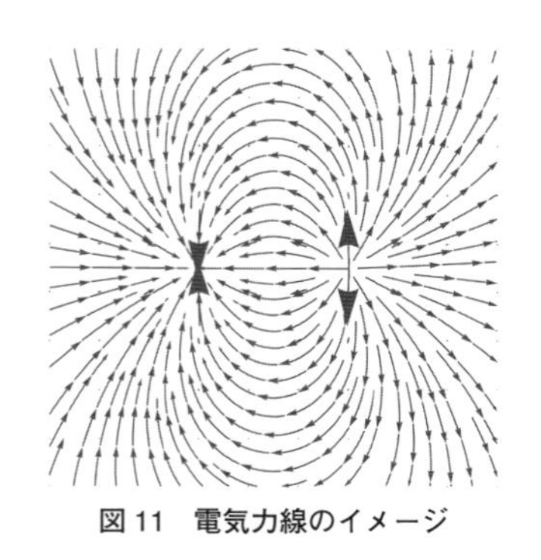

図11　電気力線のイメージ

1.5.8　磁　場

磁場の発生方法には，さまざまな方法がある。およそ0.1 T（テスラ，磁場の単位，$\mathrm{T=Wb\,m^{-2}}$）まではソレノイドコイル，0.1～2 Tまでは電磁石が用いられる。磁場の大きさと空間一様性はソレノイドおよび電磁石の大きさ・形状に依存し，それぞれの目的に応じて選択すればよい。2 T以上の強磁場の発生には超伝導磁石や大型施設に設置されているハイブリッド型磁石，パルス強磁場などがある。

磁場が交流か直流かによって検出法は異なる。以下に代表的な磁場測定法について述べる。

a.　電磁誘導を用いる方法

検出コイルによって時間変化する磁束を簡単に計測することができる。いま，角周波数 ω で変動する磁場中に，面積 S，n 巻きの検出コイルを置くと，コイルを通過する磁束 Ψ は

$$\Psi=\mu_0 nSH\sin\omega t$$

で与えられる。ここで，H は磁場である。その誘導起電力 V は

$$V = -(\partial \Psi/\partial t) = -\mu_0 n\omega SH\cos\omega t$$

で与えられる。したがって，誘導起電力 V の大きさから磁場 H の大きさを知ることができる。検出コイルを磁場中で一定の速度で回転すれば，直流磁場にも応用できる簡便な方法である。

b. ホール効果を用いる方法

直流磁場を検出する際，もっともよく用いられるのは半導体のホール効果を利用したものである。ホール電圧を測定する機器は“ガウスメーター”として市販されている。

c. 核磁気共鳴を用いる方法

高精度の磁場の計測にはプロトン ^{1}H を用いた核磁気共鳴法が用いられる。

共鳴条件を与える角周波数 ω は

$$\omega = \gamma H$$

ここで，γ は磁気回転比（角運動量と磁気モーメントの比）が既知であるため，角周波数 ω を高精度で測定することができるため，精度の高い測定が可能である。　［川越 毅］

1.5.9　電磁波

a. 電磁波とは

ある閉じた閉回路Cを考え，Cを貫く定常電流を $\boldsymbol{I}(\boldsymbol{r})$，Cに沿った単位ベクトルを $\boldsymbol{t}$，Cを縁とする閉曲面をSとすると，電流周りに生じる磁束密度 $\boldsymbol{B}$ はアンペールの法則とよばれている次の式（1）で与えられる。アンペールの法則はSのとり方によらない。

$$\int_C \left\{\boldsymbol{B}(\boldsymbol{r})\cdot\boldsymbol{t}(\boldsymbol{r})\right\}dl = \boldsymbol{I}(\boldsymbol{r}) \qquad (1)$$

いま，式（1）を電場が時間変動する場合に適用するために図12aのような閉回路Cをとり，その縁を含む二つの閉曲面 S_1 と S_2 を考える。あらかじめ充電したコンデンサーに導線をつないで放電させると，S_1 では式（1）の右辺の値はゼロではないが S_2 では電流が流れていないからゼロになり，Sの取り方に依存しないはずのアンペールの式と矛盾する。J. Maxwell（マクスウェル，1831－1879）はコンデンサーの極板間では電流が流れない代わりに，放電により極板間の電場が時間変動を始めることに着目し，真空の誘電率を ε_0 として極板間の真空では

$$\boldsymbol{i}_d = \varepsilon_0 \frac{d\boldsymbol{E}}{dt}$$

で与えられる項が電流の代わりをしていることを導いた。つまり，コンデンサーのような開いた回路には「変位電流」とよばれる一種の電流 $\boldsymbol{i}_d$ が流れ，その周りに磁場が誘起されるという訳である。S_2 についてアンペールの法則を微分形で表すと次の式（2）となる。

$$\nabla \times \boldsymbol{B}(\boldsymbol{r},t) = \varepsilon_0\mu_0 \frac{\partial \boldsymbol{E}(\boldsymbol{r},t)}{\partial t} \qquad (2)$$

一方，M. Faraday（ファラデー，1791－1867）は電流計をつないだコイルに対して近づけた棒磁石を抜き差しするとコイルに電流が流れることを発見し，ファラデーの電磁誘導の式といわれる次の式（3）を得た。この式はコイルを貫く磁束密度 $\boldsymbol{B}(\boldsymbol{r}, t)$ の時間変化が電場 $\boldsymbol{E}(\boldsymbol{r}, t)$ を誘起することを示している。

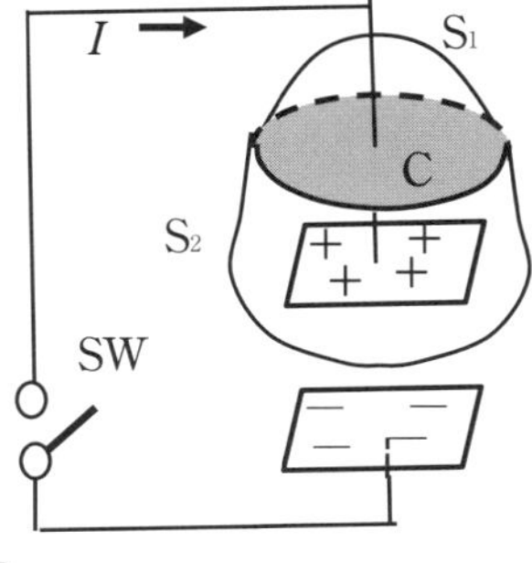

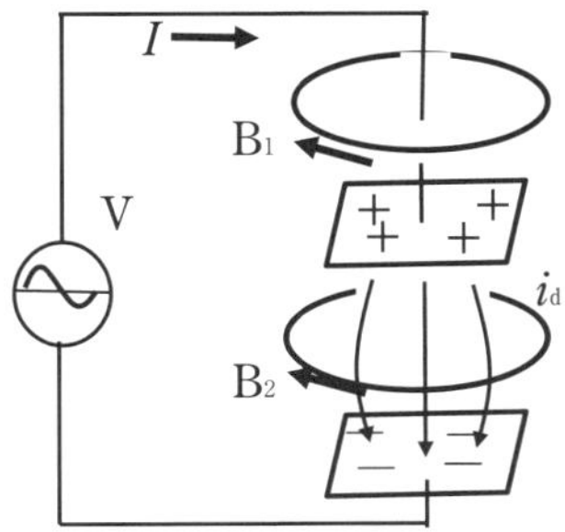

図12　a　閉回路Cを縁とする二つの曲面 S_1 と S_2 の取り方
b　変動電場が与える変位電流 i_d

$$\nabla \times \boldsymbol{E}(\boldsymbol{r}, t) + \frac{\partial \boldsymbol{B}(\boldsymbol{r}, t)}{\partial t} = 0 \quad (3)$$

変動電磁場に関する式（2），式（3）から $\boldsymbol{E}$ と $\boldsymbol{B}$ について連立方程式を解くと次の式（4），式（5）が求まる。

$$\nabla^2 \boldsymbol{E}(\boldsymbol{r}, t) - \varepsilon_0 \mu_0 \frac{\partial^2 \boldsymbol{E}(\boldsymbol{r}, t)}{\partial t^2} = 0 \quad (4)$$

$$\nabla^2 \boldsymbol{B}(\boldsymbol{r}, t) - \varepsilon_0 \mu_0 \frac{\partial^2 \boldsymbol{B}(\boldsymbol{r}, t)}{\partial t^2} = 0 \quad (5)$$

この式は，波動を平面波で考え，媒質中を速度 v，振幅 $u(z, t)$ で z 軸方向に伝搬する波動が満たす波動方程式

$$\frac{\partial u^2(z, t)}{\partial z^2} - \frac{1}{v^2} \frac{\partial^2 u(z, t)}{\partial t^2} = 0$$

と数学的に同型であるので，式（2），式（3）と電場と磁場に関するガウスの式を組にして，マクスウェルの電磁方程式とよんでいる。変位電流の存在を予言したマクスウェルは空間を光速 $c = 1/\sqrt{\varepsilon_0 \mu_0}$ で伝搬する「電磁波」の存在を予言し，その存在は電波を用いたヘルツの実験で明らかにされた。このように，電磁波はマクスウェルの電磁方程式から導出される波動の一般的な総称で，X 線から電波までの広範囲の波動を含んでいるが，分光学上は X 線〜赤外・遠赤外領域の電磁波を「光」，それよりも長波長の電磁波をマイクロ波・電波とよんで区別している。電磁波の大まかな波長区分を図 13 に示す（破線は領域間の大まかな境を示す）。このうちの光については，すでに本書の前節で言及されているので以下ではマイクロ波・電波について述べる。

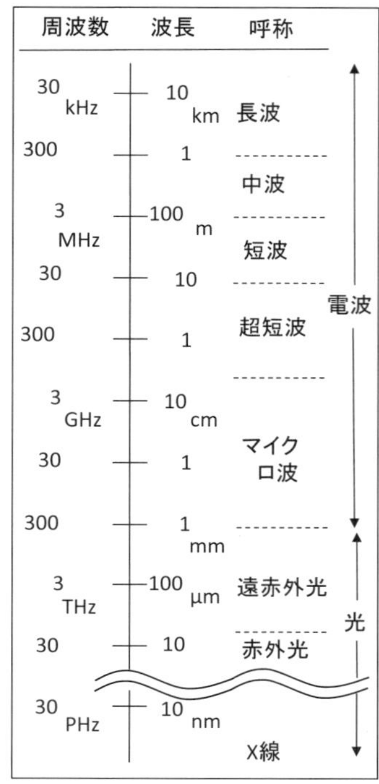

G（ギガ）: 10^9，T（テラ）: 10^{12}，P（ペタ）: 10^{15}

図 13　電磁波のスペクトル

b.　電波の発生とその送・受信

図 12b に示したように周波数 f の高周波電源 V をコンデンサーにつなげればその極板間には同じ振動数 f で時間変化する変位電流 $\boldsymbol{i}_d$ が流れ，その周辺に電波が発生する。しかし，コンデンサーの極板間に発生する電磁場の大部分はその内部に留まるので，コンデンサーの代わりに平行な 2 本の導線の先端を開き，電波が外部に出やすく工夫したものがアンテナである。

図 14 に高周波電源とアンテナを含む回路を例にとって電波の送信（a）と受信（b）を模式的に示す。a では線状アンテナの代表的な半波長ダイポールアンテナ（上段）とその等価回路（下段）を示す。「半波長ダイポールアンテナ」とは，平行 2 線の先端を折り曲げて開いた線の全体の長さを送信する電波の半波長 $\lambda/2$ にしたもので，開口の両端 A，B には正負の電荷が周波数 f で交互に現れて振動する。その振る舞いは丁度単振動する電気双極子と同じで，同様の電磁波を周りの空間に放射するのでこの名前が付けられた。b に示すようにこのアンテナを受信アンテナとして用いると，送信電波の振動電場でアンテナ中の自由電子が周波数 f の強制振動を受けるので開口部 A′ − B′ 部に開放電圧 V_0 が発生する。この端子に電波計測器系として外部インピーダンス Z_p の負荷を接続すれば負荷に電力を取り出せる（受信）。

次に，偏光した電波の測定について述べる。電磁波の電場ベクトルが特定の軸方向にのみ振

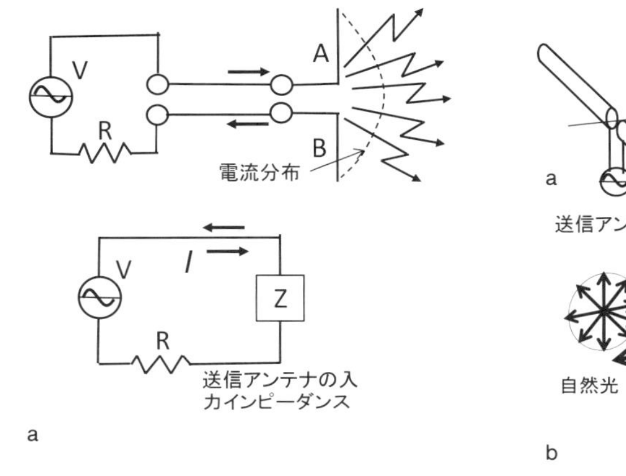

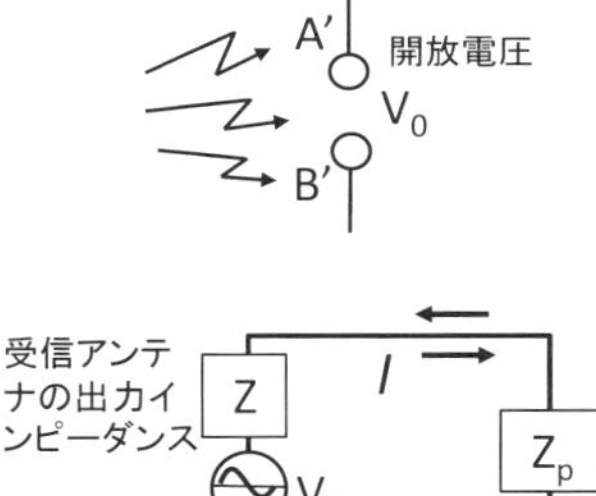

図 14　a　送信アンテナの動作（上段）とその等価回路（下段）
b　受信アンテナの動作（上段）と外部負荷 Z_p をつないだときの等価回路（下段）

動する電波を直線偏波とよぶ（光学では「偏波」を「偏光」とよんでいるがどちらも同じことを意味している）。図 15a はわかりやすい例として送・受信とも半波長アンテナを用いた場合の偏波の測定図である。地表に対して電場の振動方向が水平な偏波（「水平偏波」）に対して受信アンテナが同じ方向を向く場合 1 には，アンテナ方向に沿って自由電子が強制振動を受けるので信号を受信できるが，破線で示したように垂直に向けた場合 2 は，アンテナ内で自由電子の振動制限されるので受信できない。したがって，入射電波に対して受信側のアンテナを回転しながらその強度を測定すれば送信電波の偏波度が

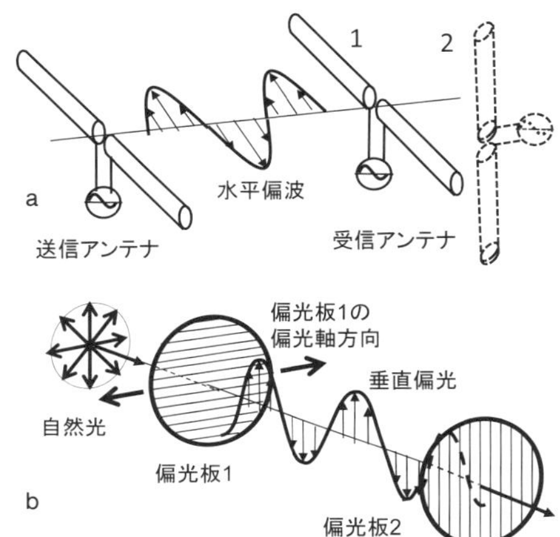

図 15　a　偏波の測定，b　偏光板の仕組み

はかれる。

電波領域におけるこの偏波に対するアンテナの動作原理は可視・赤外から遠赤外域までの光の領域において使われている一般的な偏光板の動作原理と同じである。図 15b にその一例として可視－遠赤外域で用いられる代表的な偏光板の機能を模式的に示す。偏光板は利用する光に対して高い透過率をもつ基板上に等間隔の無数の一次元導電性の格子を配置し，これを偏光板の偏光軸とする構造をもっている。入射する自然光の内でその電場の振動方向がこの偏光軸と平行な成分は，a の受信アンテナ 1 の場合と同じように一次元導電性格子内の自由電子を振動させてそのエネルギーを失うので通過できないが，偏光軸に対して垂直方向の成分をもつ電磁波（図 14b の垂直偏光）は格子内の自由電子を振動させないので偏光板 1 を通過する。

アンテナとしては図 14a に示した線状アンテナの他に，複数個の線状アンテナを並列に並べてさらに指向性を高めたアレーアンテナ，放物面鏡を利用して発生源からの電波を効率よく平行ビームにして遠方まで送るパラボラアンテナなどがある。放送局から送信された電波を受信アンテナから取り込んだ高周波入力を電圧・電流の電気信号に変換する電波検出器（センサー）としては 0.1 MHz～18 GHz の広帯域で稼働するサーモカップルのような感熱素子があるが，

より良好な検波能力と周波数特性をもつ検出としては，一般にダイオードセンサーやGaAs-FET（電界効果トランジスター）に代表される半導体デバイスが用いられる。受信した電波やそこから得られる電気信号は多くの場合微弱なので増幅器が必要である。以下に通信の例を示す。

衛星通信　衛星通信は電波の送・受信の中継地として地球局の代わりに衛星を利用する通信である。地上約36000 kmの上空から電波を送受信するので広域性や多元接続性など多くの利点がある。

図16に衛星通信の概要を示す。衛星は地球局と電波をやり取りするアンテナと中継器の二つで構成される。衛星から見たら実線が地球局からの受信電波，破線が衛星から地球局への送信電波となる。中継器は大別してアンテナで受信した電波の電場によって誘起された電圧を測定する受信器，周波数変換器，信号強度を増幅して地球局に送信するための電力増幅器からなる。地球局との間で電波を送受信するアンテナは送・受信共用で，ループアンテナやパラボラアンテナなど複数のアンテナからなる複合アンテナが使用される。受信した電波から得られる電気信号の増幅器としては受信器では，トランジスターの増幅作用を利用した化合物半導体GaAs-FETなど，送信用信号増幅器は真空管の一種である進行波管TWTなどが用いられる。増幅器としての半導体素子は受信した電波のエネルギーを内部に流れる電子流のエネルギーに変換するものである。

マイクロ波の伝送と利用　マイクロ波は波長が1 mmから数10 cmの電磁波を指し，その身近な利用例の一つに新幹線や自動車の電話通信がある。遮断周波数以下の振動数をもつ電波は導波管内を伝搬できないのと同じで，波長の長い電波は長いトンネルの奥まで伝搬できない。そこで，トンネル近辺に設置したアンテナで受信したマイクロ波の信号を敷設した漏洩同軸ケーブルでトンネル内に送り込む。漏洩ケーブルには一定間隔でスロットとよばれる穴が周期的に細工されており，ここからケーブル内を伝搬する電波の一部がトンネル内に漏れ出て新幹線や自動車のアンテナで受信される。

［難波 孝夫］

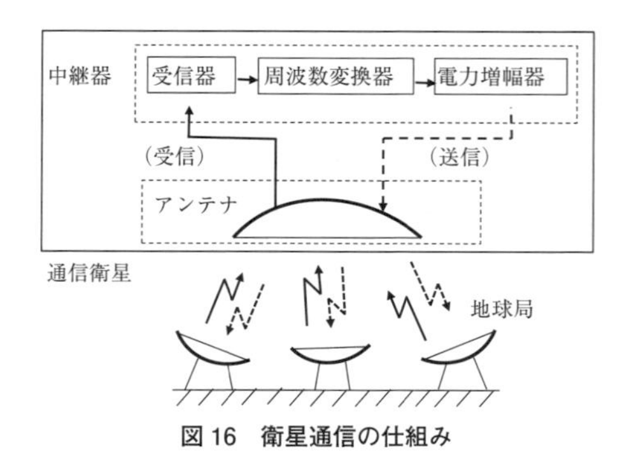

図16　衛星通信の仕組み

参考図書（1.5）

1)　雨宮好文，“現代 電磁波工学”，オーム社（1984）．
2)　管滋正，櫛田孝司 共編，“実験物理学講座 第8巻 分光測定”，丸善（1999）．
3)　R. Feynman 著，宮島龍興 訳，“ファインマン物理学　Ⅲ　電磁気学”，岩波書店（1986）．

1.6 原　子

1.6.1 X　線

X線は波長約1 pm〜10 nm（約100 eV〜1 MeV）の電磁波である。一般に波長約0.5〜数10 nmの低エネルギー領域（約0.1〜2 keV）を軟X線，それ以上を硬X線とよぶ。X線は原子や分子を電離させるエネルギーをもつ電離放射線の一種である。γ線もX線と同じ電磁波であるが，X線とは異なり核反応により発生する。

1895年，W. Röntgen（レントゲン，1845-1923）がクルックス管の実験中に発見，翌年には世界初のX線写真が発表され，大きな注目を浴びた。

a. X線の発生

特性X線　高電圧で加速した電子を真空中で陽極の金属に衝突させると，内殻電子が電離し，その上の軌道より電子が遷移する。そのとき放出される電磁波を特性X線といい，元素固有の波長をもつ単色光である。

連続X線　電子が陽極に衝突する際には，特性X線の他，制動放射（電子の急な減速や，運動方向の変化に伴う電磁波放出）による連続X線も発生する。

ほぼ光速に加速された電子が，磁場などにより円運動や蛇行運動するときの制動放射電磁波をシンクロトロン放射光とよぶ。シンクロトロン放射光は赤外から硬X線までの幅広い連続光である。1960年代前半より分析用光源として注目され，現在では高輝度光科学研究センターのSpring-8他，加速エネルギーが数GeVの大型施設が国内外に存在する。近年は小型シンクロトロン装置の開発も進んでいる。

b. X線の利用

透過像撮影　X線には物質を透過する性質があり，その透過度は透過する物質の元素組成などにより異なる。X線透過像の撮影は，内部構造を非破壊的に観察できるため，医療の他，セキュリティチェック，材料検査などに広く利用されている。

X線吸収分析　X線の吸収強度は原子の内殻電子（K,L,M,…）の遷移エネルギーに相当する波長の所で，崖のように急上昇する（吸収端）。吸収端近傍のスペクトルから，電子軌道や原子間の相互作用に関する情報が得られる。

蛍光X線分析　硬X線の照射により放出される特性X線の強度を測定する。特性X線の波長は元素固有なので，元素の同定，定量分析，元素分布のマッピングなどができる。

X線光電子分光分析　超高真空下で軟X線を照射すると，光電効果により試料表面から真空中に電子が放出される（光電子）。そのエネルギースペクトルから，表面の元素組成や電子状態に関する情報が得られる。

X線回折による分析　位相のそろった平行な単色X線を試料に照射すると回折を起こす。結晶性試料の回折スポットや回折線の強度をフーリエ変換すると，分子や結晶の構造が決定できる。

X線を用いたいろいろな分析法を図1に示す。

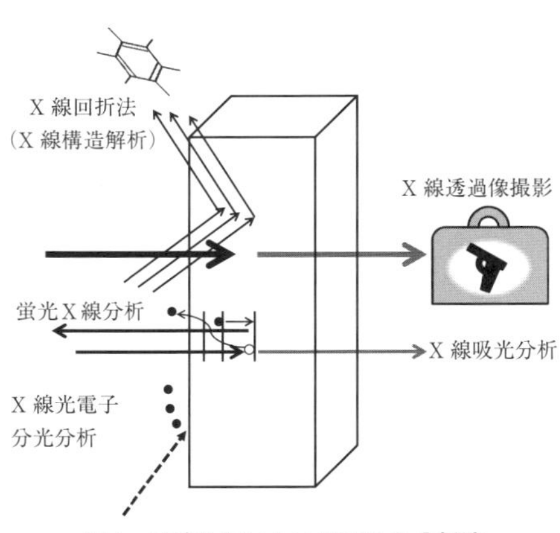

図1　X線を用いたいろいろな分析法

c. X線の測定法

フィルム　透過・散乱・回折X線の記録に長く用いられてきた。X線強度と黒化度の直線性がなりたつ領域が広くないので，現在では定量測定に用いられることは少ないが，被曝線量管理用のフィルムバッジ他，広範に使用されている。

シンチレーションカウンター　放射線の入射により蛍光発光する物質（シンチレーター）を用いた測定器である。発生した光を光電子増倍管で電気信号として増幅し，計数回路で積算する。

半導体検出器　両端に電圧をかけた半導体結晶に放射線が入射すると，励起電子により結晶中に電子・正孔が生じ，パルス信号として測定される。信号一つの強度は入射光子1個のエネルギーに比例するので，パルス波高分析によりX線をエネルギー（波長）スペクトルとして観測できる。

イメージングプレート　輝尽性蛍光体とよばれる物質を塗布したフィルムである。1970年代に富士フイルムが開発をはじめ，1980～90年代から二次元のデジタル記憶媒体として利用が広まった。X線照射による励起電子は輝尽性蛍光体中の不純物に捕獲され，準安定状態となる。これをレーザー光でスキャンすると照射X線の強度に応じて発光し，基底状態に戻る。読み出し後は情報を消去し，再使用できる。感度がフィルムに比べて3桁高く，レントゲン撮影時の被曝量を画期的に減らせる。その半面，準安定状態が時間とともに減少（フェーディング）するため，時間積算強度が記録できない欠点をもつ。

蛍光ガラス　銀イオンを含むリン酸ガラスに放射線を照射すると，電離した電子と正孔は銀イオンに捕獲され，準安定状態となるが，紫外線レーザー照射により発光する。この準安定状態はフェーディングしないため，積算被曝量記録用のガラスバッジとして利用されている。

［安積 典子］

1.6.2 電　子

電子の発見は1897年，J. J. Thomson（トムソン，1856–1940）が陰極線の実験において，電場および磁場によってその軌道が曲げられ，比電荷（e/m）の値を発見したことによる。その結果“陰極線は粒子の流れであって，この粒子はあらゆる化学的元素をつくる構成要素である”と結論した。

現在まで電子は ① $-e$ の電荷をもつ，② 電気（熱）伝導を担う，③ 粒子性と波動性の二重性をもつ，④ パウリの排他律に従う，⑤ 固体の凝集に寄与する，⑥ スピン・軌道角運動量をもつ，などさまざまな性質をもつことが知られている。

現代科学の分野で電子が主役を演じる分野は数多い。トランジスターに代表される電子デバイスの進展が今日の情報化社会を支えていることに疑いの余地はない。特に固体中の電子は多様な振る舞いを示し，半導体・磁性体・超伝導体などに代表される現代物理学の新しい概念を構築している研究対象である。

電子を用いてさまざまな性質を調べることもできる。ここでは電子線を利用した計測について述べる。電子などの粒子が波動性をもつことを提唱したのは，L. de Broglie（ド・ブロイ，1892－1987）である。物質粒子が波動として振る舞うときの波は物質（ド・ブロイ）波とよばれる。電子の場合，波長 λ は次式で与えられる。

$$\lambda = \frac{h}{mv} = \frac{h}{\sqrt{2meV}} \tag{1}$$

ここで，h はプランク定数，m は電子の質量，V は電子の加速電圧である。加速電圧を150Vとすると，$\lambda \simeq 0.1$ nm となる。X線と同様に物質構造を決定するのに利用できることがわかる。

電子線をつくるには，タングステンなどの高融点金属を加熱し，固体内の電子を仕事関数以上に励起して取り出す方法（熱電子放射）が多く利用されている。他にも電子のトンネル効果を利用する強電界電子放射なども用いられている。電子ビームは容易に絞ることが（数nm以下）でき，走査することもできる。このため微小な領域の分析や微細加工にも用いられている。これらの利点は各種電子顕微鏡に応用されている。

次に電子顕微鏡の二つの例を紹介する。

a. 透過型電子顕微鏡（TEM：transmission electron microscope）

光学顕微鏡では光の波長程度の空間分解能しか得られない。これに対して電子顕微鏡では，式（1）に示すように加速電圧によって，波長を短くできるため nm 以下の空間分解能を得ることができる。図 2 にその原理を示す。

光学顕微鏡と同様にレンズによって，物体を透過した電子を蛍光板やフィルム上に拡大させて結像する。電子が透過するときの強弱の像であり，いわば影絵のようなものである。電子線は電場や磁場によってその軌道が曲がるため，電場や磁場によってレンズをつくることができる。ただし，照射した電子線は試料を透過しなければならないため，100 keV に加速した電子線の場合でも，試料を数十 nm まで薄くしなければならない。微小領域の回折像やエネルギー損失から試料の組成を分析することもできる。

b. 走査型電子顕微鏡（SEM: scanning electron microscope）

前述の透過電子顕微鏡では，観察試料を数十 nm まで薄くしなければならない。この作業はそれほど簡単ではない。これに対して，厚い試料でも電子線を照射したときに，反射してくる 2 次電子の強度を計測し，照射する電子線を走査することにより像を得ることができる。これが走査型電子顕微鏡である。空間分解能は透過型電子顕微鏡に比べて劣るが，汎用性が高い。最近では輝度が高い電界放射型の電子銃を用いることにより数十 nm の空間分解能が実現している。通常の SEM では 30 keV 程度に加速した電子線を用いるが，内殻電子が励起され試料の元素に固有な特性 X 線が発生する。この特性 X 線のエネルギーを分析することによって，試料の元素を同定することもできる。［川越　毅］

1.6.3 放射線

a. 放射線とは

放射線とは元々原子核の放射性崩壊によって放出される α 線，β 線，γ 線や原子内の電子がエネルギーレベルを下げることで出される X 線を指す言葉であったが，宇宙線や加速器からのイオンビーム，原子核反応で生じる核分裂片や中性子線を指すことも多い。放射線は大きく，α 線，β 線や各種のイオンビームのように電荷をもったものと，X 線，γ 線といった電磁波，または中性子線のように電荷をもたないものに分けられる。放射線は物質に入ると，物質中の原子を励起したり，電離したり，生体なら組織を破壊する。一般に，その作用は電荷をもった放射線の方が大きい。物質との相互作用の大き

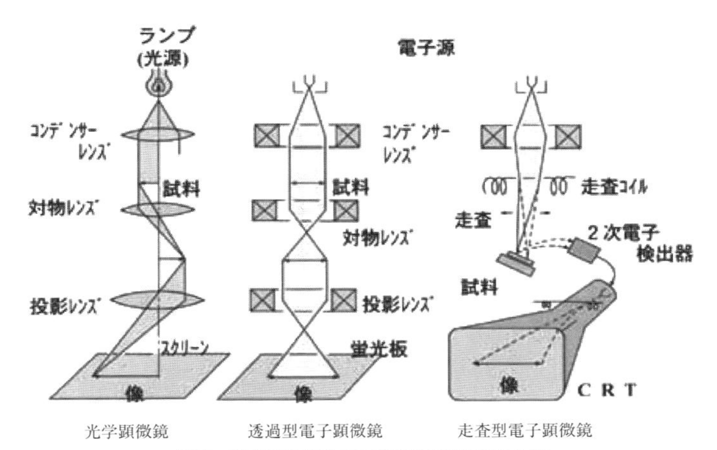

図 2　光学顕微鏡と電子顕微鏡の原理の比較

さは同じ放射線でもエネルギーによって異なるが，物質中でのエネルギー損失をだいたいの目安とみなすことができる。

b.　放射線の発生装置

実験や産業または医療用に用いられる放射線を発生するために，イオン加速器，電子加速器，放射光装置などが用いられる。特に実験室レベルでのX線の発生には封入管型X線発生装置が用いられ，低速中性子線の発生には原子炉，高速中性子線の発生には原子核反応を利用した大型の装置が用いられる。しかし，放射線は人体に有害なので，これを扱う実験室ではこの遮蔽に十分な注意を払わなければならない。大きな放射線施設では，阻止能（一定の距離を進む間に失うエネルギー）の大きい鉛やコンクリートブロックなどが用いられるが，実験室内のX線の遮蔽などには，目的に応じて塩化ビニルやアクリル板も用いる。このような施設では，実験室内の線量分布といわれる放射線の量も適宜モニターする必要がある。

c.　放射線検出器

放射線をはかるためには，様々な放射線検出器（測定器）を用いる。最も身近な放射線測定器は放射線の数だけをはかるものである。放射線の数だけではなくエネルギーもはかるための測定器や，放射線があたった場所をはかるための位置検出器というものも用いられる。また，それぞれの検出器がα線，β線，γ線，重粒子線などのうち，どの放射線をはかるのに適しているかということもあり，検出器や測定器の種類は多様性がある。ここでは環境放射線の測定に最も身近なガイガーカウンター（GM管，図3）を例に放射線をはかる仕組みについて述べる。

ガイガーカウンター　ガイガーカウンターはα線，β線，γ線などの放射線が気体を電離するはたらきをもつことを利用する。気体に電圧をかけておくと，電離してできた電子は陽極に，イオンは陰極に引き寄せられるが，陽極に向かう電子がさらに別の気体原子をイオン化することを繰り返し，瞬間的に小さな放電を起こす。この放電で得られる電気信号を増幅し，放射線が一つ入ったことを知らせる。放射線が入ればその線量に応じ計器の針も振れるが，ピ，ピとかプ，プとかブザー音も出すものが一般的である。おもにβ線やγ線の線量測定に用いられる。手軽に持ち運びができる大きさなので，これを持ち歩きながら，住空間の線量分布や実験室の線量分布を測定する。これはGMサーベイメーターともよばれ，放射線施設の線量分布の測定には欠かせないものになっている。

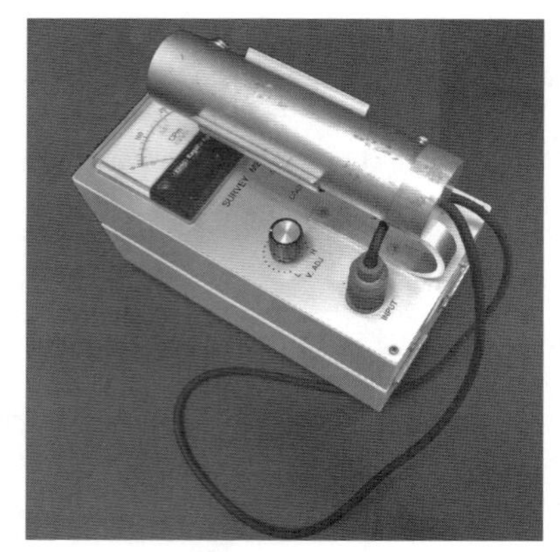

図3　ガイガーカウンターの外観
［Ⓒ KENIS社 SURVEY METAR AL-81］

線量分布に用いられる線量の単位には，かつてはrem（レム）/年やrem/hが用いられていたが，今ではμSv/h（マイクロシーベルト毎時）が統一的に用いられるようになった。1 μSv/hは線量当量率とよばれる放射線の強さを表すSI単位であり，β線やγ線に対しては，1 kgのものに1時間あたり1 μJ（マイクロジュール）の仕事を与えることに相当する。

d.　放射線計測

放射線をはかることの中には，上に示したような放射線の線量そのものを環境のために測定する立場とは違って，放射線を使って実験を行い，これをはかることによってものの性質を明らかにしようという立場がある。医学に応用されたX線撮影（レントゲン写真やCT：computed tomography）もこの一つであるが，放射性核種が指数関数的に崩壊することを使った年代測定は生物学，考古学，歴史学などに応用されている。

物理学においては，放射線は物質の分析，表面の分析などに用いられている。イオン加速器を用いて加速したイオンを固体の表面に照射し，後方に散乱されるイオンのエネルギーの測定から，固体表面の元素の分析やその元素が表面を締める割合を求めることなどが行われてきた。これをラザフォード後方散乱法（RBS：Rutherford back scattering）とよぶ。また，このとき固体から放出される特性X線も固体内部の元素分析に役に立つ。

ラザフォード後方散乱法では，入射イオンと標的原子を合わせて考えれば，散乱時に運動量とエネルギーが保存されるため，元素分析が可能である。試料表面にぶつかり，後方に散乱されたイオンのエネルギーが，入射したときのものより減った分は，標的原子が受け取る運動エネルギーになる。標的原子が軽いほど大きな運動エネルギーを受け取ることができるので，イオンの方は大きなエネルギーを失って跳ね返ることになる。このように，跳ね返ったイオンのエネルギーをはかるだけで標的原子の質量数がわかる。特性X線は原子のエネルギーレベル間の差に応じたエネルギーをもって原子から飛び出すため，これらのエネルギーをはかれば元素が分析できる。

こういった物理実験は，総称して放射線計測とよばれている。計測された放射線の数を表す単位は，1秒間にいくつ数えたかを表すcps（counts per second）である。

図4にイオン加速器に接続された散乱槽を示す。一般に真空中に試料をおいて実験が行われるので，放射線の検出器も真空中に入れられる。X線やγ線は窓や空気を透過する力が強いため，別の容器内に封入して液体窒素で冷却してある検出器で，真空槽の窓の外から測定することも多い（図4右上）。このような検出器はX線やγ線のエネルギーも同時に測定できる。

X線やγ線以外の放射線に対しても，検出器そのものが放射線のエネルギー（運動エネルギー）もはかれることが多いが，これより高い分解能で運動エネルギーをはかるためにはエネルギー分析器というものを用いる。これには大きく分けて二つのタイプがある。一つはイオンの軌道を電場や磁場で偏向し，その曲がり具合から運動エネルギーをはかるものである。分析器に1種類の放射線が入ったとき，その運動エネルギーに幅を持てば，それによって曲がり具合が異なることを利用するのである。もう一つは決まった距離の間を飛行する時間をはかるものである。距離と飛行時間から速度が求められるので，運動エネルギーが計算できる。これは飛行時間法（TOF：time of flight）とよばれている。電荷をもった放射線に対しては前者を用いるのが一般的であり，電荷をもたない放射線に対しては後者を用いる。 ［鈴木 康文］

図4 加速器に接続された散乱槽
［奈良女子大学理学部・物質分析用加速器パンフレット］

1.6.4 原 子

古代ギリシャ時代に，物質を細かく細かく切っていったとき最後に残る物質の単位として原子という言葉が登場した。それから長い時代を経て，19世紀には原子の中には正の電荷をもった部分と負の電荷をもった部分があることが分かっていた。熱せられた物体が発する光の研究など，古典物理学では説明できない多くの現象が発見されていく中で，原子の構造がモデルによってはっきり示されるようになったのは20世紀になってからである。

a. 原子の構造

E. Rutherford（ラザフォード，1871－1937）は金箔にα線をぶつけ，後ろに跳ね返ってくるα線の量をはかることで，原子は10^{-14} m程度の大きさの原子核とその周りをとりまく電子で構成されていることを明らかにした。原子の直径は2〜3 × 10^{-10} m であるので，原子核の大きさはこの1万分の1程度にすぎないことになる。しかし，原子核を構成する陽子や中性子の質量が電子の質量よりはるかに重いことから，原子の質量の大部分は小さな原子核に集中しているといえる。この後，N. Bohr（ボーア，1885－1962）によって水素原子の模型がつくられた。そこに用いられた量子条件は，水素原子の中の電子が波であり，この波が原子核（陽子）をとりまく定在波をつくるときのみ水素原子が安定に存在することに対応していることが分かった。電子のような物質の波動性によるこのような波を物質波またはド・ブロイ波という。原子の中の電子の波は三次元的な広がりをもつはずで，それの従う法則を明らかにしたのはE. Schrödinger（シュレディンガー，1887－1961）の波動方程式である。

b.　原子を見る

物質がすべて原子でできていることは今日疑うべきことではないが，原子をはかるということになると，まず原子は見えるのかと疑問になるであろう。C.J. Davisson（デビソン，1881－1958）と L.H. Germer（ジャマー，1896－1971）による反射電子線回折実験，および G.P. Thomson（トムソン，1892－1975）や菊池正士（1902－1974）による透過電子線回折実験に端を発した電子線回折法は，E. Ruska（ルスカ，1906－1988）らによって電子顕微鏡の技術に発展した。電子顕微鏡は光学顕微鏡では見えないマイクロメートル（μm）の大きさの構造を観察するのに適した道具であったが，これでナノメートル（nm）以下の大きさの原子を直接見ることは困難ではあった。近年，電子顕微鏡を用いて結晶格子を平面上に投影した結果の格子像を観察することで，原子を見ることができるまでに至った。

さらに最近になって，電子顕微鏡とは違った方法で原子を見ることに成功している。一つは表面上に並んだ原子の一つ一つを観察する方法である。走査型トンネル顕微鏡（STM：scanning tunneling microscope）や原子間力顕微鏡（AFM：atomic force microscope）がその例である。図5にSTMの探針および試料原子の模式図を示す。これらは探針やレバーで試料の表面を軽くなでることにより表面の原子レベルでの構造を見るものである。表面の上に並んだ二次元的ともいえる原子の配置を見るのに適している。

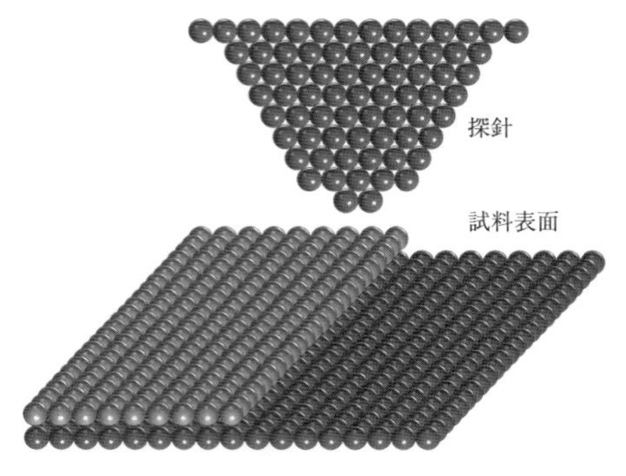

図5　STMの探針および試料原子の模式図

もう一つの方法は，X線を当てたときに出てくる光電子を観測することで原子配列を立体的に観察するというものである（X線光電子分光法）。原子を見ることができるとともに，原子1個ずつを自由に動かしたり並べたりできる技術も進み，それを用いて今まで知られていなかった物性をはかったり，新しい電子回路素子をつくったりすることが可能になることが期待されている。

c.　原子の分析

原子をはかるというともちろん，目的の原子がなんの原子だったのかを見定めなければならない。このための技術や方法は原子を見ることよりずっと以前から行われていた。気体の原子なら，放電管の中に封入し電圧をかけることで，放電管の中で加速された電子が原子に当たってこれらを励起し，それらから放出される光の波長を分光器ではかれば原子の種類が分かる。金属や固体であっても，特別な放電管の中に封入し，同じような分析が可能である。光が原子のエネルギーレベル間の差に応じたエネルギーをもって原子から飛び出すため，光を出した原子の種類（元素）がわかるのである。

電子を照射することにより，放出されるオージェ電子のエネルギーを調べることで原子の種類をはかることもできる。加速器からのイオンビームを用いれば，ラザフォード後方散乱法（RBS：Rutherford back scattering）や粒子線励起X線分析法（PIXE：particle induced X-ray emission）でも原子の種類をはかることができる。ラザフォード後方散乱法では，散乱時に衝突系の運動量とエネルギーが保存されるため原子の種類がわかる。試料表面にぶつかり，後方に散乱されたイオンのエネルギーが，入射したときのものより減った分は，標的原子が受け取る運動エネルギーになる。したがって，跳ね返ったイオンのエネルギーをはかれば標的原子の質量数がわかる。

粒子線励起X線分析法では粒子（イオン）を試料に入射したときに試料から放出されるX線のエネルギーをはかる。先に示した原子から放出される光を分光して原子の種類をはかるときの原理と同様に，特性X線も原子のエネルギーレベル間の差に応じたエネルギーをもって原子から飛び出すため，これらのエネルギーをはかれば，それがなんの原子かが分かる。

次にそこにある原子をはかるというのではなく，高いエネルギーで飛んできた原子を一つずつはかる方法はというと，これらは放射線計測用の検出器ではかることができる。放射線検出器にもいろいろあるが，図6にチャンネルトロンを，図7にMCP（micro-channel plate）を示す。原子がチャンネルトロンの入り口のコーン状の表面にぶつかったときに出す二次電子は，かけてある電圧によって細い筒の中に加速され，さらに二次電子をつくる。この方式で次々になだれ増幅を行ういわゆる二次電子増倍管である。MCPは細いチャンネルトロンを束ねて板状の検出器にしたものである。MCPでは結果的に有感部の面積が広げられるので，背面に特別な抵抗体のアノードをおき，これで二次電子を拾い，アノードの二つまたは四つの隅から拾った信号を割り算処理することにより，原子が当たった位置を検出することができる。このような装置を位置検出器とよぶが，MCPはこのような位置検出器として用いられることも多い。

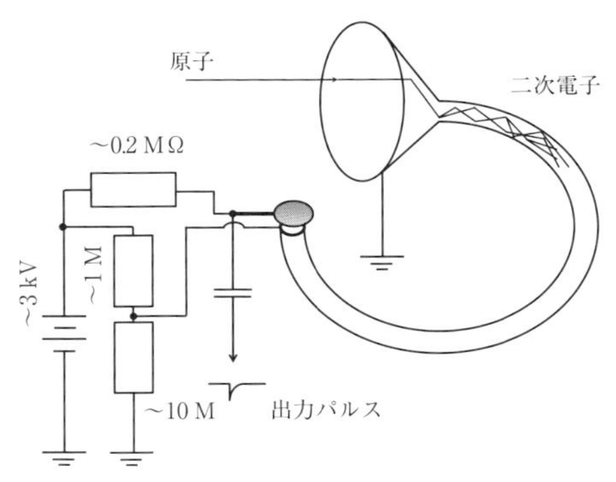

図6 チャンネルトロン

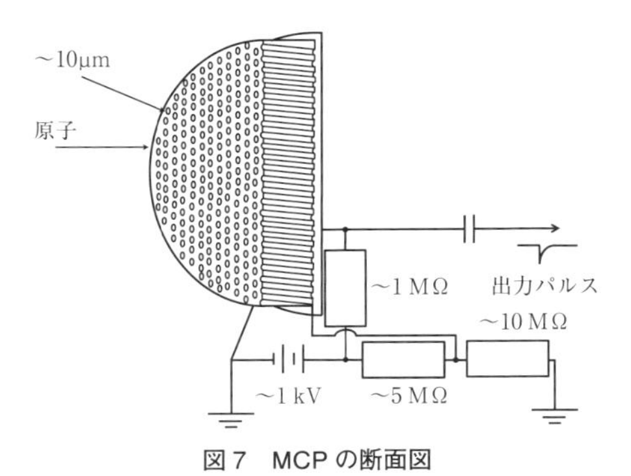

図7 MCPの断面図

d. 原子ではかる

最後に，原子をはかるというより原子ではかれるものはあるのかというと，先に示したSTMやAFMは原子を見るために，チップの先端の原子と試料表面の原子の相互作用を用いているし，RBSやPIXEもイオン（原子）をぶつけることで原子をはかっている。そういった意味では原子で原子をはかっていることになっている。また，真空装置の中の真空度も，たとえば電離真空計ではかれば，気体分子をイオン化して，それを電極に引きつけ，その電流から存在する分子の数を求めることにより真空度を表示する。原子で圧力をはかっていることになる。

一方，電子線回折は電子の波動性を用いて，それに伴う回折像から試料の結晶性を判断するが，原子も電子と同じような波動性をもつ。これは原子線回折とよばれ，電子線回折が成功したすぐ後の1930年頃から始められ，当時量子力学の有効性を実験的に検証するものとして注目された。ヘリウム原子などは電子に比べずっと重いので，運動エネルギーが小さくてもド・ブロイ波長が短くなることや，表面に深く浸透できないという利点をもつ。現在，固体表面のステップを伴う原子配列に関する測定などに用いられている。　［鈴木 康文］

1.6.5　半減期

a.　原子核の崩壊

原子核にはエネルギー的に安定なものと，不安定で時間とともにより安定な別の原子核や同じ原子核のより安定な別の状態へ移っていくものがある。原子核がより安定な別の原子核や別の状態に移ることを原子核の崩壊とよび，その際崩壊前と崩壊後のエネルギー差を放射線という形で放出する。このときの崩壊の仕方は原子核の種類や状態によって異なるが，崩壊が進む速さはそのとき存在する原子核の数に比例する。その比例定数を崩壊定数 λ とよび，崩壊定数の大きいものほど崩壊が速く進む。式で書けば次のような関係になる。

単位時間内に崩壊する割合＝
崩壊定数 × 崩壊する原子核の数

この関係式から，はじめあった原子核（親核）の数は時間とともに指数関数的に減少することがわかる。

ある時間（t）経たときの原子核の数 ＝
はじめあった原子核の数 × $e^{-\lambda t}$

通常は崩壊の速さを表すのに崩壊定数を用いることは少なく，親核の数が半分になるまでの時間（半減期）を用いる。一方，放出される放射線の量をはかると，その量も時間とともに指数関数的に減少し，半減期で放射線の量もはじめの半分になる。半減期は何億年以上と長いものから1秒の何分の1以下と短いものまでさまざまで，半減期が長いほど壊れにくく比較的安定で半減期が短いと壊れやすく不安定である。

半減期をはかるには時間を追って親核の数を調べる方法と，出てくる放射線の量を調べる方法がある。出てくる放射線をはかる方法は放射線の種類によって異なるが，β 線（高速の電子線）の場合は比例計数管のように，放射線の検出器内での電離作用を利用して変換される電気信号の大きさをはかる。また，半減期が長く崩壊しにくいものは元の親核を加速器でイオン化して加速させ，質量の違いから電磁石を用いて識別してその数を測定する。

b.　年代測定

これらを応用すると数万年前までの生物の年代測定ができる。自然界では炭素は安定で崩壊しない ^{12}C（陽子6個と中性子6個からなる安定な原子核）の他に不安定で崩壊する ^{14}C（陽子6個と中性子8個）がごくわずか含まれている。炭素1g中約 6×10^{10} 個程度である。^{14}C は中性子の数が多い分不安定で半減期が約5730年で，β 線を出して ^{14}N（陽子7個と中性子7個）という安定な原子核に崩壊する。

一方，宇宙からの中性子線が大気中の ^{14}N と反応して ^{14}C が生成される。大気中では炭素はほとんど CO_2 という形で循環しているので，その中に含まれる ^{14}C もこれらの消滅と生成の反応がほぼ平衡を保ち，炭素における ^{14}C の濃度は，つねに大気中では一定を保っている。このような環境の中で生物は光合成などを通じて，またその生物を食べることによって体内に CO_2 を取り込み，逆に呼吸によって体外に排出している。そのため体内の ^{14}C の濃度は体外と同じに保たれている。ところが，その生物が死ぬと光合成や食べることや呼吸活動が停止するため体内と体外とで CO_2 の出入りがなくなり，体内に残された ^{14}C は崩壊し減少しつづける。一方，体内の安定な ^{12}C や ^{13}C は変化しないので体内の ^{14}C の濃度は減少する。つまり，現在の ^{14}C の濃度を求めることで，その生物が死んでからの時間がわかる。たとえば，ある生物の体内に炭素1g中に 3×10^{10} 個の ^{14}C が含まれているとすると，大気中に比べ半分に減っているので死後半減期分5730年程度経っていることになる。

^{14}C は半減期が長く，崩壊によって放出される β 線の量はきわめて微量であるため，現在では放出される β 線を捕えるより，^{14}C の量を直接加速器と電磁石で測定する方法が主流である。

ただし，この測定法では大気中の ^{14}C の濃度がつねに一定であると仮定しているが，正確にはその濃度は変化しており，^{14}C 年代測定法によって得られた年代は他で得られたものと若干異なる。そのため他の方法（年輪法など）で得られた年代と相互比較することによって補正されている。　　　　　　　　［沖花　彰］

1.6.6　原子核

a.　原子核の発見

原子核はプラスの電気をもった陽子と電気的に中性の中性子からなる。1911 年，E. Rutherford（ラザフォード，1871－1937）は真空中で金箔に α 線を衝突させ，金原子によって散乱される α 線の強度分布を散乱角度ごとに測定した。それまで，原子にはマイナスの電気をもった質量の小さな電子が存在することが明らかになっていた。原子は全体として中性で，ある質量をもつので原子内にプラスの電気をもち質量の担い手となるものが必要であった。その担い手の原子内での分布が一様であれば平均の密度は小さいので，質量の大きな α 線はほとんどその進路を曲げられることはない。つまりほとんど前方に散乱される。逆に，内部に大きな質量をもつ核があれば，その大きさに応じて α 線は大きな角度で散乱される。90° を越える大きな角度で散乱される α 線が検出されたことから，約 1 兆分の 1 cm という原子核の存在が明らかになった。原子核は当初電子と陽子から構成されると考えられていたが 1932 年，J. Chadwick（チャドウィック，1891－1974）が陽子とほぼ同じ質量をもち電気的に中性の素粒子（中性子）を発見し，その後すぐに W. Heisenberg（ハイゼンベルク，1901－1976）が原子核が陽子と中性子からなることを示した。

b.　原子核の種類

エネルギー的に安定な原子核の種類は 300 程度であるが，不安定なものを入れると数千の原子核が発見されている。それらはすべて陽子数と中性子数で区別される。陽子数は原子核の周りを回る電子数と同数で原子番号（Z）にあたる。また，陽子数と中性子数の和を質量数（A）という。元素名がわかれば陽子数が決まり，さらに質量数がわかれば中性子数が決まるので，元素名の左肩に質量数を書くことによって原子核を区別できる。

同じ元素に属する原子核には，陽子数は同じだが中性子数の異なるいくつかの原子核が存在する。それらを同位体（アイソトープ）とよぶ。そのうちエネルギー的に不安定で時間とともに他の原子核に崩壊するものを放射性同位体（ラジオアイソトープ）とよぶ。たとえば，炭素原子核には安定に存在する ^{12}C，^{13}C の他に年代測定に利用される不安定な原子核 ^{14}C がある。^{14}C は炭素なので陽子数は 6，質量数が 14 なので中性子数が 8 の原子核とわかる。原子核を構成する陽子と中性子は核力とよばれる強い力で結合しているが，陽子数が多すぎると電気的にはプラスどうしで反発しあいエネルギー的に不安定になり，その一方で中性子は単独では不安定なので，中性子数が多すぎるとエネルギー的に不安定になる。そのため安定に存在する原子核の陽子数と中性子数が限定される。

原子核の中で一番小さなものは水素原子核 ^{1}H で陽子 1 個からなる。安定に存在する原子核の中でもっとも大きなものは鉛原子核 ^{208}Pb で陽子 82 個，中性子 126 個からなる。不安定ではあるが，半減期が約 45 億年と長く地球上に存在する原子核のもっとも大きなものはウラン原子核 ^{238}U である。

c.　原子核の質量

原子核の質量はそれを構成している陽子の質量と中性子の質量の和より小さい。原子核の中で陽子や中性子が強く結びついていると，それぞれ別々にいるときよりエネルギー的には安定になる。その差を結合エネルギーとよび，結合エネルギーが大きいほど結びつきは強い。質量はエネルギーと等価なのでエネルギーが小さいと質量も小さくなり，質量の小さくなった分を質量欠損とよぶ。原子核の質量は非常に小さいので中性炭素原子 ^{12}C の質量を 12.0000 u とし，それを基準にしている。u を統一原子質量単位（unified atomic mass unit）とよぶ。1 u は約 1.66×10^{-27} kg である。また，エネルギーの単位を使って MeV/c^2（c は光速）で表すことも多い。

原子核の質量をはかるには質量分析器を用いる。原子をイオン化して電場で加速し磁場で曲げることによって，進む軌道が原子核の比電荷（電荷と質量の比）によって異なるので区別できる。同位体の分離などによく用いられる。また既知の原子核と衝突させ，放出される原子核のエネルギーや放出角度を測定し，エネルギーと運動量保存則を使って求めることもできる。

d. 原子核の大きさ

原子核の大きさはその種類によって異なるが 10^{-15} m から 10^{-13} m 程度で，単位として 10^{-15} m = 1 fm（フェムトメートル）で表すことが多い。原子核の大きさといってもここまでが原子核という物質の境界は明確でない。表面ほど分布が薄くなるので，一般に原子核の半径は密度が中心の半分になるところまでをいう。また，質量の分布と電荷の分布も厳密には異なる。電荷分布を求めるには加速器で高速に加速した電子を原子核に衝突させ，電気力によって散乱される電子の角度ごとの強度分布を測定する。散乱の強度分布は電荷密度に依存するので求めることができる。質量分布の場合は陽子を原子核に衝突させ，核力によって散乱される陽子の角度ごとの強度分布から求める。陽子を用いた場合は電気力による散乱の影響も入るので，分析する際それを省く必要がある。

原子核は多くのものが球形をしており，その半径はおおよそ $1.2 \times A^{1/3}$ fm と表される。原子核は質量数が大きくなっても中心部分の密度は増えない。これを密度の飽和性という。原子核の密度が一定であれば陽子や中性子の数は体積として増えるので，半径はその 1/3 乗に比例して増えることになる。密度が減っていく表面の厚みはおおよそ 2〜3 fm ある。

e. 原子核の形

原子核は陽子数や中性子数がいくつかの決まった数のところで結合が強く，原子でいうとちょうど希ガスのような安定性をもつ。その数を魔法数といい，2, 8, 20, 28, 50, 82, 126 になる。そのような原子核はほぼ球形をしている。陽子数や中性子数が魔法の数から離れるに従って原子核が変形し，次の魔法の数に近づくとまた球形になる。原子核の変形は回転楕円体というある軸の周りに空間対称な形で表され，対称軸方向に伸びたレモン型（プロレート）と対称軸方向に扁平したみかん型（オブレート）がある。安定な原子核の中でもっとも変形度の大きいもので長軸のほうが短軸より 40% 程度大きい。

原子核にエネルギーを与えるとさまざまな内部運動を行い，それに伴って原子核の形も変化する。比較的エネルギーの低い場合は表面のみが振動する。変形核の場合は回転運動を行う。高いエネルギー状態のものでは原子核内の陽子と中性子が全体として互いに逆の位相で振動したり，回転によって長軸と短軸が 3：1 にもなる超変形の状態も観測されている。

いろいろなエネルギー状態の原子核の様子を調べるには，陽子などの素粒子を加速して原子核に衝突させる。放出された陽子などのエネルギーや角度ごとの強度分布を調べると，原子核内で変化したエネルギーや角運動量などがもとまり原子核内の様子がわかる。また，エネルギーをもらって不安定になった原子核は γ 線などを放出してより安定な状態に遷移するので，その γ 線などのエネルギーや角度ごとの強度分布を調べることによってもわかる。　［沖花　彰］

1.6.7　量子力学

a. 物質の二重性

人間のスケールで獲得した自然認識では，数えられる粒子と干渉する波は別のものである。しかしこの認識がミクロの世界ではなりたつとは限らない。すべての物質は粒子性と波動性をあわせもつ，つまり二重性をもつ。これが量子力学の物質観である。

外村彰（1942－2012）による電子線の回折実験（図 8）はこの二重性を明解に示している。電子を電子線源から 1 ms に 1 個程度ときわめて少なく放出する。平均電流は 1.6×10^{-16}A と極微小である。放出された電子は装置の中を光速の約半分の速さで移動し，途中に設置されているプリズムで中央向きに屈折されて，約 10 ns で検出器に到達する。電子が存在する確率は 10^{-5} ときわめて小さく，装置内を通過する電子は一度に高々 1 個であり，2 個以上同時に通過することはほぼありえない。

センサーで検出された電子は，モニター上に輝点として表示される。一つ一つの輝点は検出された電子を表している。図 8 a,b を見ると，電子は確かに一つ一つ粒子として検出されている。さらに観測をつづけると，図 8 c のように明暗の偏りが見え始める。約 30 分つづけると，図 8 d のように干渉縞が明確に現れる。つまり電子は波動性をもつ。

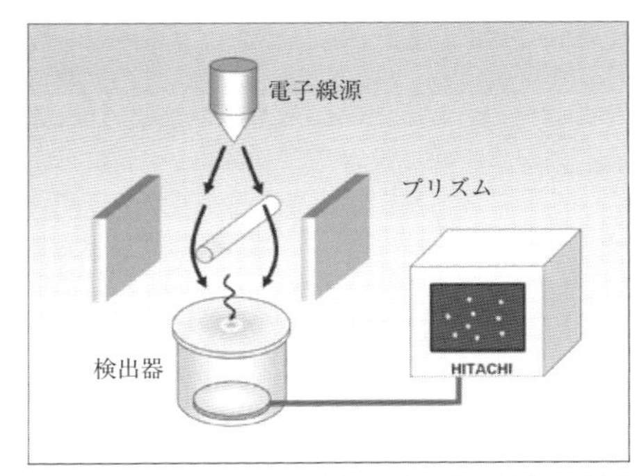

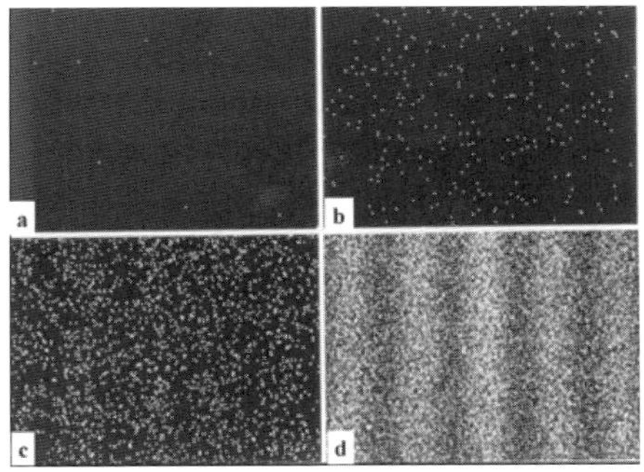

図 8　電子線回折の装置概略と検出された電子

複数の電子が干渉して波動性を示したのではない。スリットには高々一つの電子しか通過していないので，一つ一つの電子が波動性ももつことを意味している。しかも検出器で検出されるときは粒子として捕えられている。つまり，一つの電子が波動性と粒子性の両方の性質をもっている（流体や弾性体の中に現れる波動とはまったく異なる）。

b. 量子論黎明期の実験

1. 19 世紀末，当時の物理学（古典力学）では理解できない現象がいくつか認識され始めていた。その謎を解き明かす突破口となったのは，M. Planck（プランク，1858－1947）の量子仮説（1900）である。プランクは高温物体の出す黒体放射のスペクトル分布についての研究から，光のエネルギーの離散性を発見し，プランク定数 h を導入した。

2. 波長の短い光を金属に照射すると，電子が飛び出す（光電効果）。1905 年 A. Einstein（アインシュタイン，1879－1955）は，振動数 ν の光がエネルギー $E = h\nu$ をもつ粒子であるという説（光量子仮説）を唱え，光電効果を解明した。1916 年 R. Millikan（ミリカン，1868－1953）は光電効果の精密な実験を行い，プランク定数を測定した。さらに 1923 年コンプトン効果が発見された。波長 λ の光は運動量 $p = h/\lambda$ をもつ粒子であるとして解明されて，光の粒子説が確立した。

3. 古典力学では原子の安定性が問題であった。水素原子のスペクトルの規則性と，プランクによるエネルギーの離散性の考え方を押し進めて，1913 年 N. Bohr（ボーア，1885－1962）は量子論的な原子模型を唱えた。そして量子論と古典力学とを結びつける手法を対応原理にまで一般化した。さらに 1925 年 W. Heisenberg（ハイゼンベルク，1901－1976）による行列力学の発見につながった。

4. 相対性理論やボーアの原子模型をもとに，L. de Broglie（ド・ブロイ，1892－1987）は物質波概念を唱え，1926 年 E. Schrödinger（シュレディンガー，1887－1961）による波動方程式の発見につながった。

c. プランク定数と量子力学

ミクロの世界を特徴づけるのはプランク定数 h である。h は量子力学を特徴づける普遍定数であり，現在の測定値は

$$h = 6.626070040(81) \times 10^{-34}\ \mathrm{J\,s}$$

(CODATA 2014)

である。h は作用量の次元をもつので，作用量子ともよばれる。プランク定数 h を 2π で割った量は $\hbar = h/2\pi$ と表され，量子力学の基礎方程式に現れる。これもプランク定数とよばれる。プランク定数 h はミクロな現象を量子力学で扱うときに現れる。h が小さくて無視できるよ

うなマクロな状況では量子力学は古典力学に移行する。量子力学は化学結合，化学反応や固体の物性などを原子・分子のミクロな方向から理解するためには不可欠である．またミクロな現象だけではなく，超伝導や超流動のようにマクロなスケールで量子現象が現れる例もある。

d. プランク定数の利用

二次元電子系に磁場を加えたときに起こる量子ホール効果によると，電気伝導度は e^2/h の整数倍となる。その逆数はホール抵抗とよばれ，電気抵抗の標準として利用されている。

ジョセフソン効果によると，振動数 ν のミリ波をジョセフソン接合に加えると $h\nu/2e$ の整数倍の電圧が生じる。これは電圧の基準として利用されている。

質量の基準として，現在はキログラム原器を用いているが，自然の物理法則や普遍定数を用いて定めることも可能である。質量 m と静止エネルギー E の関係 $E = mc^2$ および光量子仮説 $E = h\nu$ により，$m = h\nu/c^2$ となる。つまり，原理的にはプランク定数，振動数 ν，光速 c から質量の基準を定めることが可能である。将来プランク定数を用いた方法に変更することが国際度量衡委員会で検討されている。

e. プランクスケール

自然界の物理定数として光速 c，万有引力定数 G_N が知られていた。プランク定数 h が発見され，3番目の物理定数として加わり，自然界の質量，長さ，時間をはかる標準的な物差しが見出された。

$$\text{プランク質量：}\quad m_{\mathrm{P}} = \sqrt{\frac{\hbar c}{G_N}} = 2.2 \times 10^{-8}\,\mathrm{kg}$$

$$\text{プランク長さ：}\quad l_{\mathrm{P}} = \sqrt{\frac{\hbar G_N}{c^3}} = 1.6 \times 10^{-35}\,\mathrm{m}$$

$$\text{プランク時間：}\quad t_{\mathrm{P}} = \sqrt{\frac{\hbar G_N}{c^5}} = 5.4 \times 10^{-44}\,\mathrm{s}$$

このようなスケールでは重力の量子論的な効果が必要となるが，基礎となるべき「量子重力」の理論は完成していない。

［石原　諭］

1.6.8　相対性理論

相対性理論は孤高の物理学者 A. Einstein（アインシュタイン，1879－1955）によって構築された。相対性理論には，1905年に発表された特殊相対性理論と1916年に発表された一般相対性理論がある。その名の示す通り，後者は前者を一般化したものである。

a. ガリレオ・ガリレイの速度合成則

相対性理論誕生の大きなきっかけとなったのは光速度である。ここでもはかることが，重要な役割を果たすのであるが，特に重要なのは「誰が」はかるのかという問いの意味を慎重に考え直すことにあった。ここで「誰が」という問いは，測定の上手い下手をいっているのではない。測定はまったくミスのない理想的な測定者によってなされるものとする。

上記のことを説明するために，次のような思考実験を行う。車が時速50 km で走っているとき，この車に乗っている人が車の進行方向に時速100 km でボールを投げたとする。ただし，車は真っ直ぐに時速50 km の速度を維持しつづけるものとする。これを等速直線運動という。そのとき，車に乗った人からは当然，ボールの速度は時速100 km に見える。では，地上に立っている人から見てボールの速度はいくらに見えるだろうか。「誰が」に該当するのが，今の場合「車に乗った人が」と「地上に立った人が」である。少し専門的ないい方をすると，車に乗った人が見た世界を車の「座標系」という。地上に立った人にも自分の座標系がある。

それまでの常識では，地上に立っている人から見たボールの速度は，ボールと車の速度を合成した時速100 + 50 = 150 km になる。これがガリレイの速度合成則である。ボールは，車の座標系では時速100 km に，地上に立った人の座標系では時速150 km に見える。

b. マイケルソン・モーリーの実験

19世紀末になるまで誰もこの速度合成則に疑いをもたなかった。そうなると今度は，光の速さといったときに誰から見た速さなのかが問題となる。地球上で測定された光速度は，あくまで地球の座標系から見た光速度である。地球は太陽の周りを回っているので，太陽の座標系から見た光速度はまた違う値になるのだろうか。太陽も渦巻き銀河の腕の中の恒星の一つにすぎず，腕の回転とともに銀河中心の周りを回っている。銀河中心の座標系も当然考えられる。このように考えていくと，本来の光速度を定義する座標系はどれなのだろうか。こういう疑問が湧いてくる。こうして生まれたのがエーテル仮説である。この宇宙にはエーテルとよばれる光を伝達する媒体が存在し，エーテルが静止して見える絶対静止系での光速度がマクスウェルの電磁気学が与える光速度であるという仮説である。

19 世紀末，A. Michelson（マイケルソン，1852－1931）と E. Morley（モーリー，1838－1923）はこの疑問に答えるべく，異なる座標系から見ると光速度がどのように変化するかを測定した。彼らの実験の原理は，以下の通りである。

地球が絶対静止系に対して動いているなら，それはエーテルに対して動いている。ということは地球にはいわばエーテルの風が吹いている。したがって，光の進む方向によって速さが違って見えるはずである。具体的には，図 9 のような装置を用いた。光源から出た光はハーフミラーでそのままミラー 1 に直進する光と直角に曲がってミラー 2 に向かう光に分けられる。それぞれの光はミラー 1，2 で反射されてハーフミラーに戻り，さらに測定器に導かれる。測定器が地上に設置され地球が右方向に動いているとするとエーテルは右から左に移動する。ミラー 1 に向かって右方向に進む波は遅くなり，ミラー 1 に反射され左方向に進む波は速くなる。ミラー2 に進んだ光は進行方向に直角に流れるエーテルのため，いわば川の流れを小舟で横切るように，速さが目減りする。このように，測定器に入ってきた光はエーテルの影響を受けているため位相差を生じ干渉する。それを測定すれば地球の絶対座標系に対する移動速度がわかる。

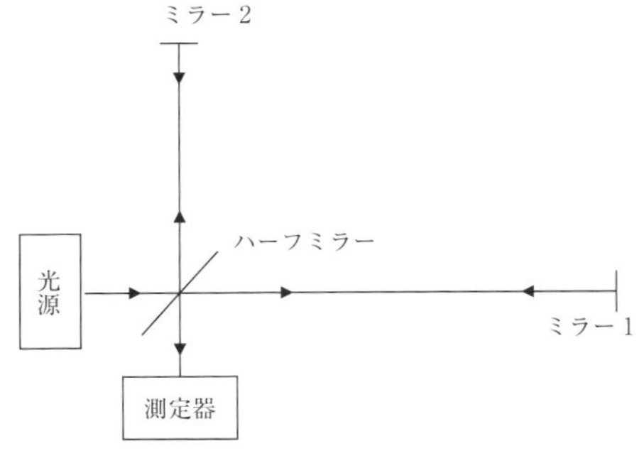

図 9　マイケルソン・モーリーの実験原理の概念図

結果は，「地球の絶対静止系に対する移動速度はゼロ，すなわち地球の座標系そのものが絶対静止系である」という意外なものであった。これでは，天動説の再来である。しかし，今やわれわれは地球が太陽系第 3 惑星というそれほど特別な存在ではないことを知っている。そこで，マイケルソン・モーリーの実験事実を素直に解釈すると「光速度はどの座標系から見ても一定である。」となる。前述の車を使った思考実験でいうと，車がヘッドライトをパッと点灯させたとして，その光の速さは車に乗った人から見ても地上に立った人から見ても同じであるというのである。これは，ガリレオ・ガリレイの速度合成則が破綻することを意味する。

それまで揺るぎなかった物理学が崩壊する瞬間であった。何とか辻褄を合わせようといろんな細工が施されたが，それでは対処しきれなかった。

c. 特殊相対性理論

1905 年，アインシュタインは特殊相対性理論を発表した。アインシュタインは数少ない基本原理から純粋に演繹的思考によってこの理論を構築した。その原理とは，以下のたった二つである。

1. 特殊相対性原理：すべての慣性系で物理法則は同じ形式に表される。

2. 光速度一定の原理：（真空中の）光速度はすべての慣性系で同じ値をとる。

ここで，慣性系とは慣性の法則がなりたつ座標系のことである。すなわち，等速直線運動をする物体はその物体に外力が働かない限り等速直線運動をしつづける座標系である。車が等速度で走っているとき車内は慣性系である。アクセルを踏み込んで加速したり，ブレーキを踏んで減速したら慣性系ではない。特殊相対性理論は慣性系に限定される。この制限を外したのが一般相対性理論である。

特殊相対性理論は，「運動する物体の時間は遅れ，長さが縮み，質量が重くなる」などの数々の新しい物理現象を予言し，すべて正しいことが確認されてきた。なかでも人類に多大な影響を与えたのが $E = mc^2$ という質量 m とエネルギー E の関係式である。この c こそが光速度を意味し，その値がきわめて大きいため，少しの質量から莫大なエネルギーを取り出せる。不幸にもこの画期的な結果を初めて応用したのが原子爆弾であった。

さて，最初の車からのボール投げの思考実験に戻ると，結局，何が変わるのだろうか。地上に立った人の座標系のボールの速度は厳密には時速 150 km ではない。特殊相対性理論は，ガリレイ変換に変わる新しい変換則，ローレンツ変換を導く。ただし，日常的に体験する速度では両変換の差はあまりにも小さくて区別がつかない。光速度に近づくとその差が顕著になってくる。それよりもローレンツ変換の重要な特徴は時間と空間の変数を混ぜこぜにする点にある。すなわち，特殊相対性理論は今までの時間，空間というそれぞれ独立した概念を「時空間」という融合した概念に変革した。幾何学的には，特殊相対性理論はミンコフスキー空間での物理学である。

d. 一般相対性理論

特殊相対性理論は慣性系に限定された理論であるが，この制限を外したのが一般相対性理論である。一般相対性理論の出発点も二つの基本原理である。それは，

1. 一般相対性原理：すべての座標系で物理法則は同じ形式をとる。

2. 等価原理：加速度運動によって生じる慣性力は重力と等価である。

一般相対性原理は，すべての座標系で物理法則が同じであると主張する。実にすっきりしていて気持ちがよい。等価原理も，今まで何となくもやもやしたものを感じていた慣性力とよばれる見掛けの力のイメージを払拭する。車がスピードを増すとシートに体が押しつけられたり，ブレーキをかけると前のめりになったりすることは日常的に経験する。等価原理は，この慣性力がそのものずばり質量によって生じる重力と同等であると主張する。

こうした原理から出発して，構築された一般相対性理論もまた驚くべき結果を導く。ただ，われわれの日常ではそれらが起きることはまずない。一般相対性理論の予言する現象が顕著になるのは，重力が強い所である。太陽系で最も強い重力源というともちろん太陽である。その重力の影響を最も受けているのが第1惑星の水星である。この水星にまつわって古くから一つの大きな謎があった。ニュートン力学によると惑星は決まった楕円軌道上を公転するはずである。ところが，水星の楕円軌道は少しずつブレていて近日点（惑星が太陽に最も近づく点）が移動しているという観測事実があった。他の惑星の重力の影響を考慮した近日点移動の理論値と，実際の観測値に 100 年あたり 43 秒の角度のずれがあった。（1 秒 = 1/3600 度）アインシュタインは，一般相対性理論によって計算し，この 43 秒のずれを打ち消し観測値と一致する理論値を得たのである。一般相対性理論の正しさを証明する最初の成果であった。

一般相対性理論が予言する象徴的な現象が重力によって光が曲がる現象である。媒質の屈折率の変化による屈折ではなく，真空中で重力によって光が曲がるというのである。1919 年，Sir A. Eddington（エディントン卿，1882－1944）をリーダーとする英国の観測隊は，アフリカで起きた皆既日食を利用し，太陽のすぐ側に見える星の位置が本来の位置からずれることを見出した。すなわち，星から放射され太陽の側をかすめて地上に到達する光が太陽の重力によって曲げられるため，地球から見たその星の見掛けの位置がずれるのである。これによって一般相対性理論はさらに信頼を勝ち取ることとなったのである。この重力による光の曲がりは，現在，重力レンズ効果として興味深い研究対象になっている。

e. 時空間の幾何学

物理学において幾何学が重要な役割を果たし

てきたことはいうまでもない。ニュートン力学では，三次元のユークリッド空間を物体が運動するという描像である。ニュートン方程式を解き，三次元ユークリッド空間内の軌跡を時間の関数として決定する。したがって，ニュートン力学はユークリッド幾何学の世界である。

特殊相対性理論では，時間と空間を対等に扱い，空間三次元，時間一次元，合わせて（3 + 1）次元のミンコフスキー空間がその舞台となる。わざわざ（3 + 1）と記すのには理由がある。三次元ユークリッド空間でのピタゴラスの定理は，微小線素 ds の x，y，z 方向の成分を dx，dy，dz とすると，

$$\mathrm{d}s^2 = \mathrm{d}x^2 + \mathrm{d}y^2 + \mathrm{d}z^2$$

で表される。これに時間成分 dt が，

$$\mathrm{d}s^2 = \mathrm{d}x^2 + \mathrm{d}y^2 + \mathrm{d}z^2 - c^2\mathrm{d}t^2$$

と引き算で入った形をピタゴラスの定理にもつ空間が（3 + 1）次元ミンコフスキー空間である。一方，

$$\mathrm{d}s^2 = \mathrm{d}x^2 + \mathrm{d}y^2 + \mathrm{d}z^2 + c^2\mathrm{d}t^2$$

と足し算で加えると四次元ユークリッド空間になる。特殊相対性理論の時空間はミンコフスキー空間である。

一般相対性理論は重力によって光が曲がることを帰結する。これを幾何学的には重力によって時空間が曲がると解釈することができる。曲がった空間の幾何学がリーマン幾何学である。一般相対性理論の時空間はリーマン空間よって数学的に記述されるのである。

このように，相対性理論は物理学と幾何学を強力に結び付けるという大きな貢献をしたといえるであろう。幾何学（微分幾何学，位相幾何学）は，その後の統一理論に向けた物理学の発展の中で主導的な役割を果たすことになる。

［松山 豊樹］

参考図書（1.6）

X　線

1）日本分光学会 編，“X 線・放射光の分析”，講談社サイエンティフィク（2009）.

2）渡辺誠，佐藤繁 編，“放射光化学入門”，東北大学出版会（2010）.

3）山田廣成，「卓上型シンクロトロン“みらくる・20”による新しい X 線の発生」，放射光，**15**（3），15～27（2002）

4）齋藤勉，齋藤秀敏，「臨床からたどる放射線物理(4)放射線を測る　線量計測と放射線検出器」，臨床放射線，**56**（4），537～546（2011）.

放射線

5）柴田徳思 編，“放射線概論”，第 9 版，通商産業研究社（2015）.

6）藤本文範，小牧研一郎 著，“イオンビームによる物質分析・物質改質”，内田老鶴圃（2000）.

7）河田　燕 著，“物理工学実験シリーズ　9　放射線計測技術”，東京大学出版会（1978）.

8）和田正信 著，“物理学 One　Point 19 放射の物理”，共立出版（1982）.

原　子

9）伏見康治 著，“光る原子，波うつ電子”，丸善（2008）.

10）G. Herzberg 著，堀　建夫 訳，“原子スペクトルと原子構造”，丸善（1964）.

11）安孫子誠也，岡本拓司，小林昭三，田中一郎，夏目賢一，和田純夫 著，“はじめて読む物理学の歴史”，ベレ出版（2007）.

量子力学

12）朝永振一郎，「光子の裁判」（江沢　洋 編，“量子力学と私”，岩波文庫（1997）所収）

13）朝永振一郎，“量子力学 I, II”，みすず書房（1952）.

14）藤井賢一，日本物理学会誌，**69**，604（2014）.

相対性理論

15）A. Einstein 著，内山龍雄 訳，“相対性理論”（岩波文庫），岩波書店（1988）.

16）中野董夫，“物理入門コース　9　相対性理論”，岩波書店（1984）.

17）内山龍雄，“物理テキストシリーズ　8　相対性理論”，岩波書店（1987）.

1.7　現代物理

1.7.1　超低温

物質の世界では，内部の相互作用に基づくエネルギーを可能な限り低くして何らかの秩序状態になろうとする効果と，熱的な擾乱（じょうらん）のために，エネルギーの低下に逆らってでも無秩序になろうとする効果が競い合っている。十分な低温条件では，熱的な効果が小さくなるので，比較的弱い相互作用までが効果を発揮し，通常の温度では実現しない秩序が姿を現すようになる。さらに超低温域では，物質の構成要素の量子力学的な振る舞いが顕著になり，物質の性質にさらに劇的な変化が現れる場合がある。このような観点から，物性の基礎研究のためには超低温が重要であり，より低い温度の実現とその測定のための実験技術が追求されつづけている。今日の研究レベルでは，実験室内で mK 以下，数十 μK 程度までの低温が達成可能であり，この程度の温度を超低温とよぶ場合もあるが，ここではやや範囲を広げ，寒剤として液体ヘリウムが使用される温度，すなわち数十 K 以下の領域の温度測定のための種々の方法を紹介する。

a.　ヘリウム気体温度計

理想気体に近い気体である ^{4}He の圧力が絶対温度に比例することを利用して，圧力測定により温度を決める装置が，ヘリウム気体温度計である。被測定温度部分に ^{4}He の入った一定の体積の容器を置き，そこから室温の圧力計までを容積の無視できる細管でつないだ構造をもつ。測温部分の容器を小さくしにくい，温度変化に対する応答が遅いなどの不便な点があるが，熱力学の原理を直接適用する測定法であるため，他の温度センサーを校正するための一次温度計として使用される（適用温度領域は約 3～24 K）。

b.　蒸気圧温度計

ある物質からなる寒剤の沸点は，圧力だけの関数として定まる。そこで気体 - 液体共存の（沸騰状態の）寒剤中に浸された物体の温度を，寒剤の圧力調整によって加減することができ，その場合，物体の温度の絶対値が飽和蒸気圧測定によって求められる。これを実現する基本的な装置系は，液体ヘリウムなどの寒剤を閉じ込めた容器を真空ポンプなどで減圧すると同時に，水銀マノメーターなどにつないで蒸気圧をはかるようにしたものである。圧力から温度への換算は，（代表的な寒剤であれば）国際温度目盛（ITS）の補間式に従えばよい。寒剤ごとに適用温度領域が限られる（^{3}He については 0.65～3.2 K，^{4}He については 1.25～5.0 K の温度範囲が規定されている）。

c.　抵抗温度計

物質の電気抵抗の温度変化を利用して温度をはかる方法であり，基本的には通常の測温抵抗素子と同様の電圧降下の測定を行う。ただし，一般的な Pt 抵抗温度計は 15 K 以下で急に感度が失われるので，20 K 以下の温度では，半導体として振る舞う炭素抵抗素子あるいは Ge 抵抗温度センサーが使用される。これらにより 0.05 K 以下までの低温測定が可能であるが，素子の個体差があるため，あらかじめ校正をする必要がある。また，センサーの自己発熱を防ぐように抵抗測定のための励起電流を小さくすること，室温部分からの熱の流入を防ぐために熱伝導度の小さいリード線を使い，その途中を十分低温の部分にアンカーするなどの注意が必要である。さらに低温側では，20 mK～20 K で適用可能な酸化ルテニウム薄膜の抵抗温度計が使われる。

d.　熱電対

低温域で感度をもつ熱電対は限られ，貴金属ベースの希薄合金を使った熱電対 Au･Fe- クロメル，Au･Fe- ノーマル Ag，Au･Co-Cu などが使用される（適用温度は約 1 K 以上，ただし個体差の補正を要す）。測温部が小さく応答が速い利点があるので，熱的な物性を研究対象とする測定で多く利用される。

e. 超低温の特殊な測定法

蒸気圧温度計の通用限界以下の温度の絶対値を決めることは，それ自体が専門研究的な課題である。磁化させた強磁性金属中に埋め込んだ ^{60}Co などが放射する γ 線の角度分布から温度を決める核整列温度計により 0.03 K 程度までの温度決定がなされ，^{3}He の融解圧力をコンデンサーの電極の変位による容量変化として読み取る ^{3}He 融解圧温度計により 0.005 K 程度までの温度が決定される。二次温度計としては，Ge や炭素の抵抗温度計の他，常磁性化合物の磁化率の温度変化を見て温度をはかる磁気温度計（0.003 K 程度まで），Pt などの核磁気モーメントが磁場中で歳差運動することに伴う共鳴現象をパルス電磁波を使って見る NMR 温度計（μK に及ぶ領域で適用可能）などがある。

［萩原 亮］

1.7.2 半導体

a. 電気抵抗

半導体は金属と絶縁体の中間の電気抵抗を示す。そのために抵抗を測定することが重要である。電気抵抗の測定では試料と導線の間の接触抵抗が問題になる。通常 4 端子法とよばれる方法が用いられる。この方法では電流を流す外側の電極と電圧を測定する内側の電極からなる。流す電流が大きすぎると発熱するため試料の温度が変化してしまう。そこでできるだけ電流を小さくすることが重要である。導線を試料と接触させる方法はいくつかある。もっとも簡単には導線をはんだ付けした針状のものを試料に圧着する。二つ目の方法は試料の表面に導線を置き，上から銀ペーストをたらした後，ドライヤーで溶媒を飛ばす方法である。3 番目は試料表面の酸化膜を除いたのち，$ZnCl_2$ をフラックスとして In はんだではんだ付けする方法がある。さらにきっちり電極をつけようとすると空気中の酸素が問題になるので，Ar + H_2 雰囲気中で In 粒を試料の上に乗せ，180℃ 程度で In を溶かす方法がある。これらの方法が困難なときには半導体試料に不純物濃度が高い領域をつくって，そこに電極を付ける方法がとられている。

抵抗測定には直流電源と電圧計が必要となるが，電圧計としてはデジタルマルチメーターが便利である。電流の値を増加させたときに電圧がそれに比例して増加するとオームの法則が成立していることになり，電極がうまく付いていることを示している。このような電極をオーミック電極という。

b. 電気伝導度，キャリア濃度

試料の形状に依存しない物質固有の量として抵抗率または比抵抗とよばれるものがある。断面積 S が一定で長さ L の試料の長さ方向の抵抗が R であったとき，抵抗率 ρ は以下のように定義される。

$$R = \rho \frac{L}{S}$$

抵抗率の逆数は電気伝導度 σ といわれる。

$$\sigma = \frac{1}{\rho}$$

電気伝導度はキャリア濃度 n，電気素量 e，および移動度 μ を用いて

$$\sigma = ne\mu$$

と表すことができる。このためキャリア濃度または移動度を決めることが重要である。キャリア濃度は通常ホール測定によって求めることができる。

ホール測定は図 1 のような配置で行う。磁場 B を試料のある面に対して垂直に印加する。磁場に対して垂直に電流 I を流す。磁場と電流の双方に垂直な方向の電圧 V を測定する。磁場を印加した方向の試料の厚みを d とすると

$$V = R_{\mathrm{H}} \frac{IB}{d}$$

という関係式が成立する。この比例係数 R_{H} を

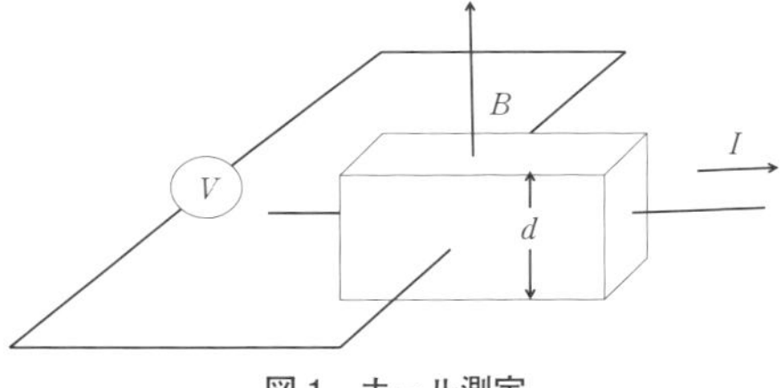

図 1 ホール測定

ホール係数という。ホール係数はキャリア濃度 n と以下のような関係があり，

$$R_{\mathrm{H}} = \frac{1}{ne}$$

キャリア数を求めることができるし，その符号によりキャリアが電子か正孔かも判別できる。

c. バンドギャップ

半導体の重要なパラメーターとしてバンドギャップがある。半導体を形成している原子どうしは共有結合をしており，その結合に関与している電子は価電子とよばれる。この価電子にどれだけのエネルギーを与えると自由電子になるかの目安になるエネルギーで半導体の色とも関係している。このエネルギーのことをバンドギャップエネルギーというが，簡単にはLEDの点灯しきい値から求めることができる。直流電源にLEDをつないで電圧を上げていくとある電圧で発光し始める。この電圧を数値はそのままで単位をVからeVに変化させるとエネルギーギャップの値が求まる。赤色LEDより青色のほうがしきい値が高く，バンドギャップが広いことが分かる。

バンドギャップをもう少し正確に測定するには光源と分光器が必要になる。光源は白色のハロゲンランプを用いた物が便利である。分光器はファイバー入力でCCD検出器の小型分光器によってパソコンと直接データのやりとりができる。光の吸収端からバンドギャップのエネルギーを求めることができる。半導体が直接遷移型か間接遷移型かが解析には必要になる。また励起子効果が大きく影響することが多く正確に求めるにはかなりの知識を必要とする。また試料の純度によってはバンド端に不純物に関係した構造が見られることが多く，半導体固有の性質を取り出すのが困難な場合も多い。

［中田　博保］

1.7.3　レーザー

a. レーザーの特長

レーザーはろうそく，太陽や蛍光灯などの日常出会う自然光とは明らかに性質が異なる。通常，励起状態の原子や分子が基底状態に落ちるときに，そのエネルギーを波長の短い電磁波（＝光）として放出する。自然光は光源中に含まれる多数の原子から独立に光が放出されることで得られるため，その波としての性質を考えたとき，図2（上）で示されるように光を構成する多数の波のそれぞれの長さは短く，かつ位相もそろっていない。これに対してレーザーは図2（下）で示されるように，光を構成する多数の波において，長さ方向でも幅方向でもきれいに位相がそろっていることが特徴である。この結果，単色性，直進性が優れ，干渉などを起こしやすいという性質を有している。このように，位相がそろっている光はコヒーレンス（可干渉性）がよいといわれる。

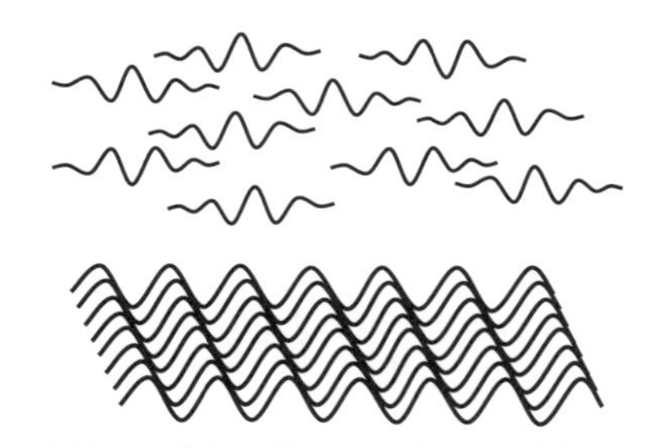

図2　自然光（上）とレーザー光（下）における波の位相

b. レーザー発振器

ではどのようにして，このようなコヒーレンスの良好な光（＝レーザー）が得られるのであろうか。A. Einstein（アインシュタイン，1879－1955）は原子と光（光子）との相互作用に吸収と自然放出に加えて，誘導放出という概念の存在を導入した（図3）。これは励起状態の原子の近くに光子が存在すると，それにより刺激されて，もともと存在した光子と同じ波長，同じ位相，同じ方向で励起原子から光子が放出されるというものである。つまりもともと存在した光の強度は，誘導放出によって位相がそろった状態で増強されるということになる。

実際のレーザー発振器では，図4に示すように，発光源となる多数の原子からなるレーザー媒質の両側をミラーで挟んだ構造となっている。これにより光を閉じ込めて何度も往復させることで，たてつづけに誘導放出を起こし，コヒー

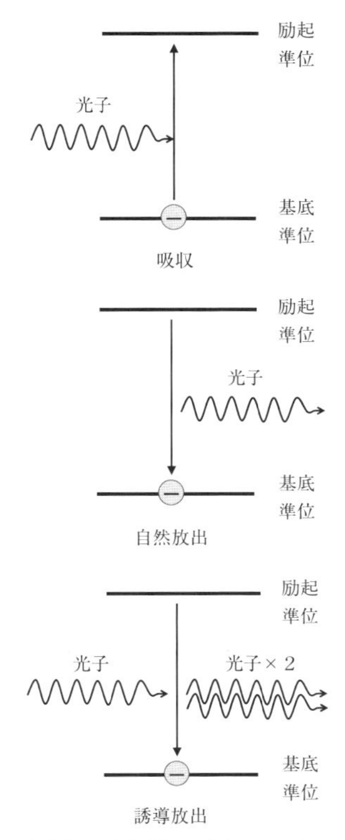

図3　光と原子中の電子の相互作用の三つの形

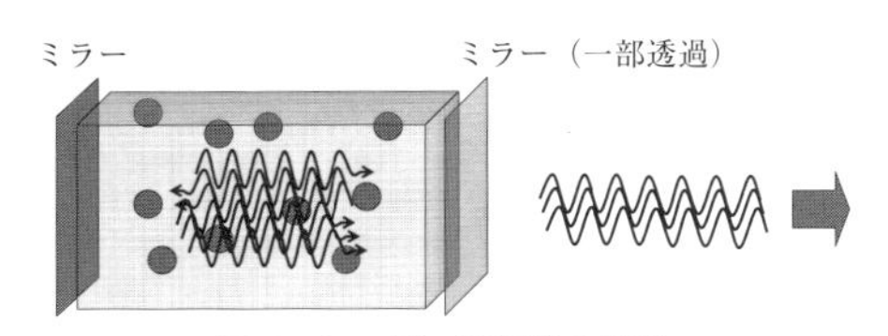

図4　レーザー発振器の構造

レントな光を増幅するようになっている。ミラーの一方を半透過性にすることで外部に光が取り出され，レーザー光として利用されることになる。

c. レーザーの応用

レーザーはそのコヒーレンスのよさを生かして様々な分野で応用されている。もっとも身近な例は，DVD，CD-ROM などの光ディスクであろう。光ディスクでは，図5で示されるように光をレンズで集光してディスク面に照射し，その反射率変化などを検出することで，ディスク上に記録された映像や音声などの情報を読み取るようになっている。この光の集光スポットが小さければ小さいほど高密度な情報が読み取れる。この小さなスポットを得るためにレーザーが必要なのである。

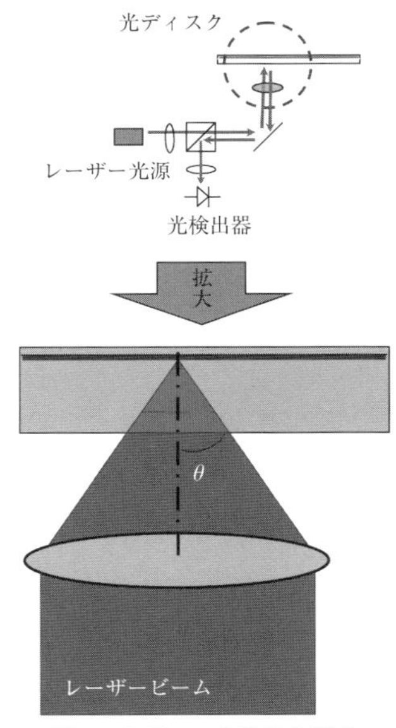

図5　光ディスク装置の構成

通常の蛍光灯などの光は位相が波の進行方向に対して垂直な方向でそろっておらず，完全に平行なビームを得ることはできない。レンズで集光しても光源の像が映し出されるだけである。一方，レーザーではこのビームの幅方向の位相がそろっていて，レンズで集光すれば理想的な光の回折限界にまで絞り込むことができる。このことを空間的コヒーレンスがよいという。その集光された光のスポット径 ϕ は，おおよそ

$$\phi \approx \lambda / n \sin \theta$$

で与えられる。ここで，λ は使用するレーザーの波長，n は光が伝播する媒質の屈折率，θ はレンズで集光する際の最大角である。この式からもわかるように，高密度な情報の再生を行うには，波長の短いレーザーを使う必要がある。

レーザーのもう一つの重要な応用は光通信で

ある。光通信では光の導波に光ファイバーが用いられる。情報は光のパルスの有無で行われ，パルス幅が短いほうが多量の情報が伝送できるので望ましい。光ファイバーは透明のガラスやプラスチックから形成され，通常図6のように中心部に屈折率の大きなコア部と，その周囲に屈折率の小さなクラッド部からなり，コア部にある程度小さな入射角をもって導入された光は，コア部とクラッド部の屈折率の違いにより全反射を繰り返すことでコア内部に閉じ込められて伝送される。ところで，コア材質は光の波長の違いに対して屈折率も変化する。したがって，長い距離を伝送すると，もし用いる光が自然光のように波長の異なる光の成分を含んでいれば，それらのファイバー中の速度が異なるために，パルスの形が徐々に崩れてきてしまうことになる。レーザーでは単色性が優れているので他の波長成分の光を含まず，波が長くつづいているため，このような用途に最適である（このことを時間的コヒーレンスがよいという）。

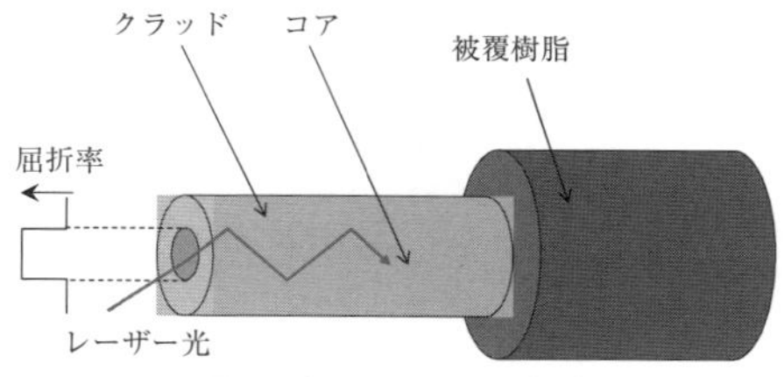

図6　光ファイバーの構造

良好な時間的コヒーレンスをもつということは，波の離れた部分を重ね合わせても，干渉が起きることを意味する。この干渉性のよさは様々な応用に用いられる。光ファイバージャイロはその一つである。図7に示すように，光源からのレーザービームは2分割されてファイバーループに導入され，ループを何回転も伝播した後に再び合成されて光検出器に至る。光検出器では二つのビームの合成による干渉の結果を検出する。もし，このファイバージャイロの系がわずかに回転したとしたら，合成される二つのビームの位相がずれ，干渉により検出される光に敏感に影響することになる。これがファイバージャイロの原理であり，航空機の飛行方向・姿勢制御などに用いられている。　［辻岡　強］

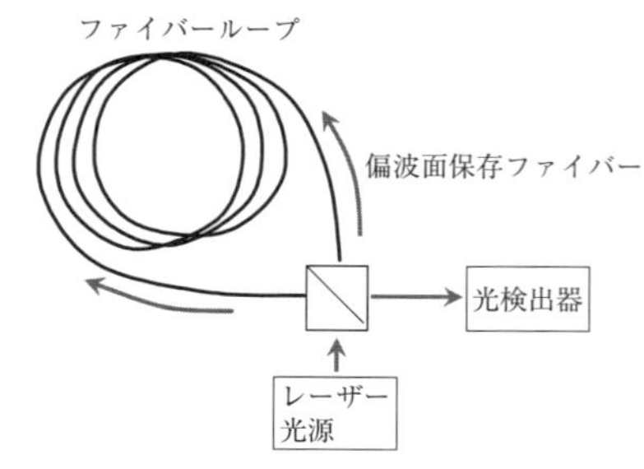

図7　光ファイバージャイロ

1.7.4　素粒子

現代物理では，素粒子は物質の素となる粒子だけではなく，力の素となる粒子と質量の素となる粒子に大別されている。

一部の素粒子は自然界に安定に存在するが，多くの素粒子は宇宙線の観測や素粒子実験で発見され，その性質が次第に解明されてきた。現在までに発見された素粒子を図8にまとめる。

a.　物質を構成する素粒子

通常の物質を構成するのは，電子 e と2種類のクォーク，u（アップ）と d（ダウン）である。2個の u クォークと1個の d クォークからなる複合粒子が陽子であり，1個の u クォークと2個の d クォークからなる複合粒子が中性子である。電子はそれ自体が素粒子である。

20世紀後半の加速器実験から，e，u，d に性質（電荷とスピン，相互作用）が似ているが，それらよりも質量の大きい素粒子が発見されてきた。電荷が $-e$ の電子 e に似ているのが，μ（ミューオン，μ 粒子），τ（タウオン，τ 粒子）である。電荷が $-1/3\,e$ の d に似ているのが，s（ストレンジ粒子），b（ボトム粒子）である。電荷が $+2/3\,e$ の u に似ているのが，c（チャーム粒子），t（トップ粒子）である。これらの質量の大きい粒子は不安定で，短時間で軽い粒子に崩壊する。そのため自然界には安定な粒子としては存在しない。加速器実験や宇宙線で発見される素粒子である。ニュートリノ（1.7.5参照）は弱い相互作用にかかわって現れる粒子

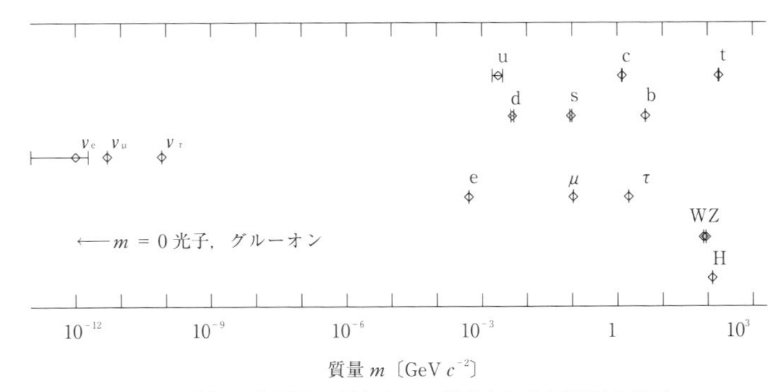

図 8　素粒子と質量：現在までに発見された素粒子の質量

GeV c^{-2} は質量の単位で，1 GeV c^{-2} がだいたい陽子の質量である。
［村山斉，“宇宙になぜ我々が存在するのか－最新素粒子論入門”，講談社ブルーバックス（2013）を参考に作成］

である。

b. 発見，測定：加速器実験

宇宙線の観測や加速器実験で素粒子の発見やその性質の探求が行われてきた。たとえば，電子 e^- と陽電子 e^+ を加速器により高いエネルギーまで加速して衝突させると，衝突エネルギー E をもとに $E = mc^2$ を満たすような大きな質量をもつ粒子が生成される。このようにしていろいろな素粒子が発見され，その性質が解明されてきた。その反応率を図 9 に示す。ρ，ω，ϕ は u，d クォークの束縛状態，J/ψ は c クォークの束縛状態，Υ は b クォークの束縛状態である。加速器や測定器の進歩に応じて，次第に重たい粒子が発見されてきた。もちろん，当初はクォークは未発見で，こういった測定をもとにクォーク模型が確立していった。Z 粒子は弱い力を伝える粒子である。

c. 力を伝える粒子

自然界の力を突き詰めて分類すると，電磁気力，弱い力，強い力，重力の四つの力に分類される。そして素粒子の間に働く力は図 10 のように粒子の交換と解釈されている。

電磁気力は図 10（a）のような光子 γ との交換であり，γ と電子 e などの粒子との反応の強さは粒子の「電荷」で決まる。γ の質量は 0 であるので，力の到達距離は無限大である。

弱い力は原子核の β 崩壊などの原因となる力であり，電磁気力より弱いため弱い力とよばれている。その素反応は図 10（b）のように W や Z 粒子の交換であり，W，Z とクォーク u，d や電子などの粒子との反応の強さは粒子の「弱電荷」で決まる。弱電荷の大きさは電磁気力と同程度であるが，W，Z が重いため力の及ぶ距離は陽子直径の 1/1000 程度と短距離である。その結果，弱い力は電磁気力に比べて弱く観測される。

強い力は原子核の核力の原因となる力であり，電磁気力より強いため強い力とよばれている。その素反応は図 10（c）のようにグルーオン g の交換であり，グルーオンとクォークなどの粒子との反応の強さは粒子の「色電荷」で決まる。クォークやグルーオンは色（color）をもつと表現するので「色電荷」とよばれる。これが強い力の場合の「電荷」に相当する。

重力はグラビトン（重力子）の交換と解釈できるが，グラビトンは発見されていない。グラビトンと粒子との反応の強さは粒子の「重力質量」で決まり，これが重力の場合の「電荷」に相当する。

重力を除く力は加速器実験で反応の強さが解明されてきた。その基礎となる理論は素粒子の標準模型とよばれている。

d. クォークの閉じ込め

クォークは単体では観測されていない。いつもクォークが 3 個集まったバリオンや 2 個集まったメソンのような複合粒子として発見され，

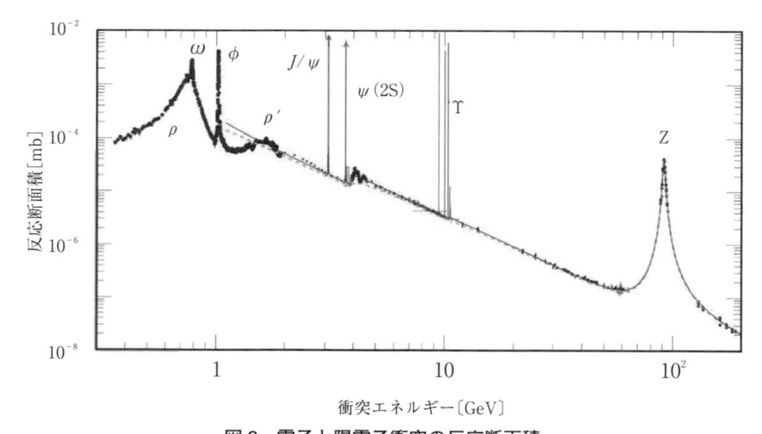

図9　電子と陽電子衝突の反応断面積

電子 e^- と陽電子 e^+ を衝突させたときの反応断面積：反応断面積 σ は反応率に比例し，σ が大きいほど反応が起こりやすい。1 b（バーン）= 10^{-28} m^2 は面積の単位。mb = 10^{-3} b である。

［Particle Data Group, "Review of Particle Physics", University of California（2014）］

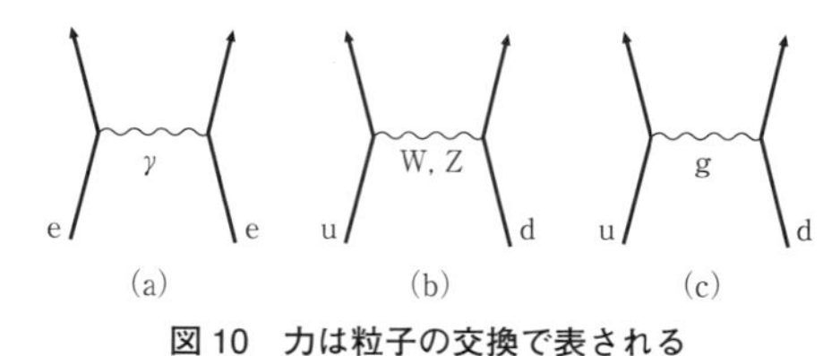

図10　力は粒子の交換で表される
(a)　電磁気力，(b)　弱い力，(c)　強い力

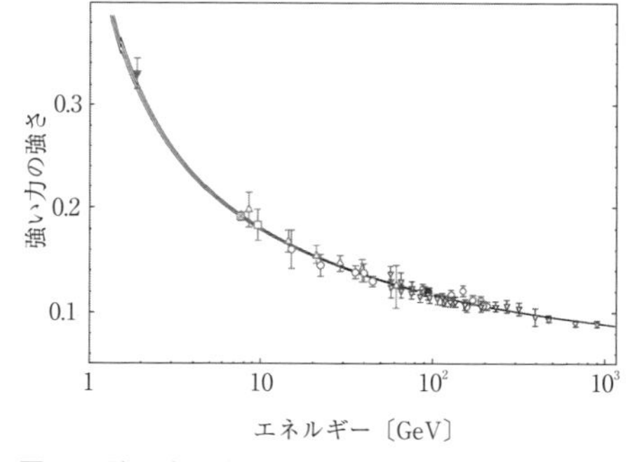

図11　強い力の強さ α_s のエネルギー依存性

プロットは各種実験からの測定値，曲線は理論値
［Particle Data Group, "Review of Particle Physics", University of California（2014）］

クォークの閉じ込めとよばれるようになった。これは力の強さがエネルギースケールにより変化することが原因と考えられている。測定結果を図11に示す。強い力の強さ α_s はエネルギーのスケールによって変化する。理論的にはグルーオンどうしが力を及ぼすため，低エネルギー（＝長距離）になるほど力が強くなり，α_s が大きくなる。エネルギーが約0.2 GeVで α_s は無限大に近づき，クォークの閉じ込めが起こる。逆に高エネルギー（＝短距離）では α_s が小さく，クォーク間の力は弱くなり自由に動く。これは漸近自由性とよばれる。

e.　Z^0 の物理

現在の素粒子の標準模型では，電磁相互作用と弱い相互作用は高いエネルギーでは統一されて，電弱相互作用とよばれている。その模型では中性の Z^0 粒子の存在が予言され，ヒッグス粒子により素粒子は質量を獲得している。

Z^0 粒子はヨーロッパにあるLEP加速器（Large Electron-Positron Collider）で大量に生成され，その性質が詳しく測定された。LEPでは電子と陽電子（電子の反粒子）を約45 GeVのエネルギーに加速し，正面衝突させて Z^0 粒子を生成した。数年に渡り実験をつづけイベント数は数百万に及び，クォークやレプトンへの崩壊率や崩壊の角度分布などが詳しく測定された。それをもとに Z^0 粒子の質量や寿命，ならびに電磁気力，弱い力，強い力の三つの力の強さが精密に決定された。

三つの力の強さはエネルギーのスケールにより変化し，高いエネルギーでは一つの力に統一すると考えられている（大統一理論）。LEP での精密な測定値にもとづいた三つの力の統一の様子を図 12 に示す。超対称性（SUSY：supersymmetry）をもつように拡張した標準理論では三つの力は高いエネルギーで大統一が可能であるが，SUSY のない標準模型では大統一ができないことが判明した。LEP での精密測定が，SUSY を支持する一つの実験証拠となっている。

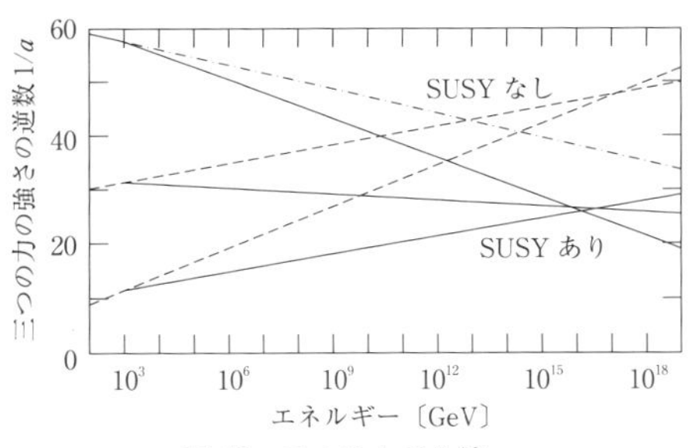

図 12　三つの力の大統一

［Particle Data Group, "Review of Particle Physics", Fig.16.1, University of California（2014）を参考に作成］

f.　ヒッグス粒子

ヒッグス粒子は素粒子の標準模型の中で素粒子に質量を与えるかなめの粒子として導入された。その質量は理論からは特定できず長らく未発見であったが，LEP などの加速器実験による精密測定から，ある程度の質量範囲に絞りこまれていた。2012 年 7 月に LHC（Large Hadron Collider）でヒッグス粒子と見られる新粒子の発見が発表され，その後の新粒子の複数の崩壊モードの解析によりヒッグス粒子と同定された。

LHC では陽子を円形加速器で加速し，約 7 TeV の衝突エネルギーで陽子どうしを衝突させる。種々の粒子が生成され，その飛跡を大型の検出器で測定し解析する。ヒッグス粒子が生成されるのは 1 兆回の衝突のうち 1 回程度の頻度である。

ヒッグス粒子 H は不安定で生成後にたちまち崩壊するので，ヒッグス粒子そのものを測定することはできない。ヒッグスが四つのレプトン l（e または μ）に壊れた場合の測定結果を図 13 に示す。横軸は崩壊してできた 4 体のレプトン（μ や e）をもとに再構築したヒッグスの質量である。矢印部分がヒッグス粒子ができた証拠であり，ピークの位置からヒッグスの質量が約 126 GeVc^{-2} と判明した。

ヒッグス粒子の発見は標準模型に登場する粒

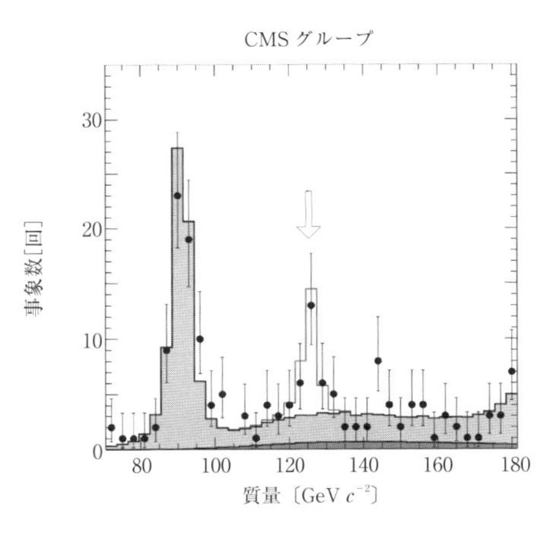

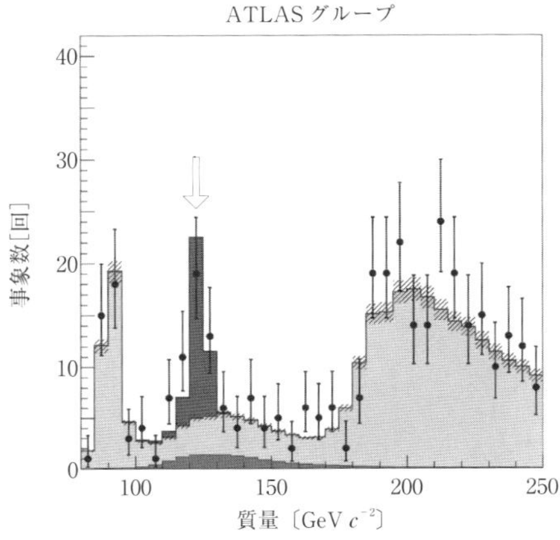

図 13　ヒッグス粒子の発見

黒丸がイベント，ヒストグラムが標準模型に基づいたシミュレーション

［Particle Data Group, "Review of Particle Physics", University of California（2014）］

子がすべて発見されたという意味で，重要な節目となるものである。また，ヒッグス粒子は質量生成の起源となる粒子であり，それ以前の粒子とは異質の重要な発見である。

しかし，未解明の問題が多く残されている。発見されたヒッグス粒子どうしの相互作用は未解明である。また，ヒッグス粒子の種類が発見された1種類のみなのか，他にも存在するのか解明されていない。素粒子の標準模型ではヒッグス粒子は1種類であるが，もし超対称性があれば複数の種類のヒッグス粒子の存在が予言されている。〔石原 諭〕

1.7.5　ニュートリノ

ニュートリノは電荷が0（中性），質量がほとんど0，スピンが1/2の粒子である。他の粒子とは弱い相互作用をする。反応率がきわめて小さく，物質の中をほとんど反応せずに通過する。たとえば，地球でさえもほとんど貫通する。

a.　予言と発見

ニュートリノは1930年にW. Pauli（パウリ，1900－1958）の理論的考察に基づき予言された。20世紀初頭，原子核のβ崩壊の研究から，崩壊前のエネルギーより崩壊後のエネルギーが減少していることが発見された。このエネルギー保存則が破れている困難を解決するために，エネルギーの減少分は未知の新粒子が持ち去っているという説をパウリが提唱した。その粒子がニュートリノ（ν）である。その後，原子炉内の核反応から出てくるニュートリノが実際に観測されて，ニュートリノの存在が確認された。

b.　Kamiokande

ニュートリノの検出器の一つとして日本のKamiokande（Kamioka Nucleon Decay Experiment）がある。地下1000 m程度の鉱山の跡地に巨大なタンクをつくり約3000トンの純水を貯める。たくさんのニュートリノがタンクの中を通過しているが，そのごく一部が水と反応して，チェレンコフ光とよばれる微弱な光を放射する。それをタンクの壁面に配置した高感度の光検出器（光電子増倍管）で電気信号に変えて検出する。1996年からは約5万トンの純水を蓄えたSuper-Kamiokandeに引き継がれている。

c.　ニュートリノ天文学

1987年，大マゼラン星雲で発生した超新星SN1987Aの爆発に伴うニュートリノ11例がKamiokandeで観測され，ニュートリノを観測手段とするニュートリノ天文学の幕開けとなった。図14に観測データを示す。超新星爆発で発生したニュートリノの時間分布やエネルギー強度を観測し，ニュートリノの観測をもとに超新星の爆発機構を裏付けた。またニュートリノの質量や寿命などについての上限を与えた。

d.　太陽ニュートリノ問題とその解決

太陽内部で起こる核融合反応に伴いニュートリノが発生する（太陽ニュートリノ）。その発生量は太陽標準模型により予想されていた。1970年頃からHomestakeの実験が行われてきたが，観測値は理論予想の半分に満たなかった。さらに，Kamiokandeなどでも観測が行われたが，太陽ニュートリノの観測値は太陽標準模型による理論予想に比べて，1/2から1/3程度と少なかった（太陽ニュートリノ問題）。

その後の観測の進展により太陽ニュートリノ問題は，太陽内部の核反応で生じた電子ニュートリノν_eが，μニュートリノν_μに振動する（種類が変わる）ためであると解明された。

e.　大気ニュートリノ問題とその解決

地球に降り注いでいる陽子などの宇宙線と大気との反応をもとにニュートリノが生成される（大気ニュートリノ）。その割合はν_μがν_eの2倍（$\nu_\mu / \nu_e = 2$）と理論的に予想されていた。しかし観測結果は$\nu_\mu = \nu_e = 1.2$程度と予想より少なかった（大気ニュートリノ問題）。

Super-Kamiokandeによる観測から，上方からくるν_μに比べ，下方からくるν_μが半分近くに減少している（図15）ことが発見された。下方からのνは地球の裏側の大気で生成し約1万km（地球の直径程度）の距離を移動するが，上方からのνは10 km程度しか移動しない。そして大気ニュートリノ問題は，大気中で生成したν_μがタウニュートリノν_τに振動するためであると解明された。

f.　ニュートリノ振動と質量

太陽ニュートリノ，大気ニュートリノだけで

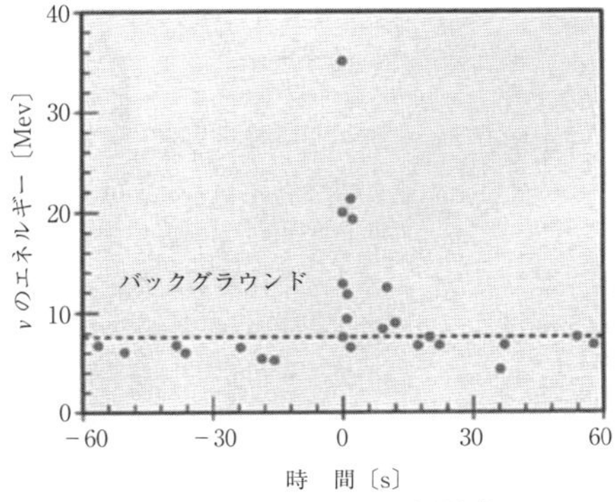

図 14　超新星 SN1987A の観測データ

〔http://www-sk.icrr.u-tokyo.ac.jp/〕

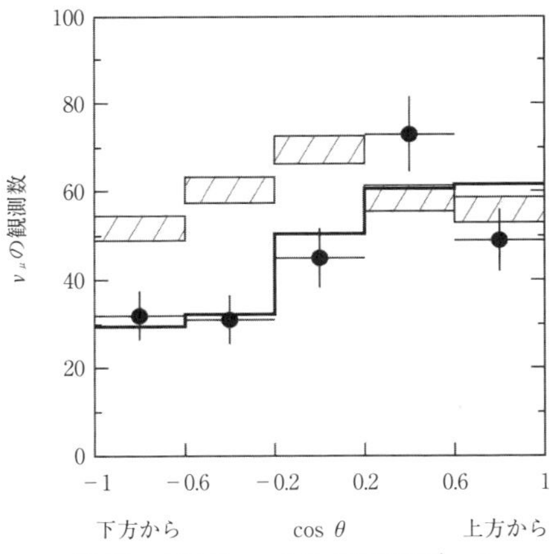

図 15　大気ニュートリノの観測データ

黒丸がニュートリノの測定データ。実線がニュートリノ振動を考慮して測定値にフィットした理論結果。斜線がニュートリノ振動がない場合の理論予想。

［Y. Fukuda, *et al.*, hep-ex/9807003v2, "Evidence for oscillation of atmospheric neutrinos", Fig.3 をもとに加工］

なく，人工的に発生したニュートリノの測定実験も行われニュートリノの性質が次第に解明され，3 種類のニュートリノ ν_e，ν_μ，ν_τ の間で振動することが実験的に確認された。もし 3 種類のニュートリノが同じ質量をもてばニュートリノの振動は起こらない。ニュートリノ振動の観測により，ニュートリノの質量の 2 乗の差 Δ_m^2 や振動の混合角が決定された。［石原　諭］

1.7.6　宇　宙

太古から人類は，天空に広がる星々を見上げ大いなる神秘と好奇心を抱いてきたに違いない。当初は，占星術であったものが観測技術の進歩により天文学へと発展していった。宇宙への関心は，ギリシャ時代の C. Ptolemaeus（プトレオマイオス，83 年頃－168 年頃）の天動説，そして 16 世紀の N. Copernicus（コペルニクス，1473－1543）の地動説へと流転して行った。そして，天文学は Tycho Brahe（ティコ・ブラーエ，1546－1601），J. Kepler（ケプラー，1571－1630）の先駆的な仕事に後押しされ，ついに I. Newton（ニュートン，1642－1727）の万有引力の法則が支える宇宙像へ結実して行った。

肉眼による観測の限界を突破したのは，1609 年の Galileo Galilei（ガリレオ・ガリレイ，1564－1642）の天体望遠鏡による月面のクレーター，木星の衛星，太陽の黒点の観測である。ガリレオがつくったのは屈折式とよばれるもので，後に，ニュートンは反射式を考案した。屈折式望遠鏡の基本構造は，光を集めるレンズと集めた光を目に導くレンズからなる。反射式望遠鏡は，集光のためにレンズの代わりに放物面に研磨された凹面鏡を用いる。今日，光学望遠鏡の主力になっているのは，大口径のものがつくれる反射式である。宇宙を見る目を手に入れた人類は，次々と地球外の天体を解明していった。観測の時代の到来である。

a.　観測の時代

ニュートン以来，17 世紀末までには六つの惑星（水星，金星，地球，火星，木星，土星）をもつわが太陽系と天球の数々の不動の恒星が宇宙の姿であった。

1718 年に英国の天文学者 E. Halley（ハレー，1656－1742）が，シリウス，アルクトゥルス，アルデバランといった恒星が 2000 年前の Hipparchus（ヒッパルコス，BC190 頃－BC120 頃）のカタログの位置からずれているのに気が付いた。2000 年前の観測がどれだけ信用できるかという疑問があるが，少なくとも恒星が動く可能性を指摘したという意味で重要な発見であった。光る星の中にもくっきりとした星とボーッとにじんだ星があることに気付く。今日では，長時間露出の写真撮影でにじんだ星の正体が分かる。たくさんの星が集まった銀河である。1784年，C. Messier（メシエ，1730－1817）は，こうしたボーッとした星々を徹底的に探査しカタログをつくり上げた。M100というと，大変美しい渦巻き銀河で，メシエのカタログの100番目を指す。

一方，太陽系の惑星探査もつづけられた。1781年にはドイツ生まれの英国の天文学者W. Herschel（ハーシェル，1738－1822）が天王星を発見した。太陽から距離が離れるに従い，惑星探査は観測的には非常にむずかしくなるが，惑星の軌道計算がその後の惑星発見を後押しする。1845年には，英国の天文学者J. C. Adams（アダムズ，1819－1892）は軌道計算により天王星のさらに外を回る惑星の軌道を予測したが，観測家の注意を引かなかった。一説には無視されたとあるが，その辺の詳しい事情は科学史に譲ろう。1846年フランスの天文学者U. Le Verrier（ルヴェリエ，1811－1877）が再度探索を呼びかけ，その年にベルリン天文台でJ. Galle（ガレ，1812－1910）がついに海王星を発見した。冥王星の発見には，さらに信じられない落ちが付く。1930年米国のC. Tombaugh（トンボー，1906－1997）が冥王星を発見した。トンボーも軌道計算によって予測された領域を探査していたのであるが，実は計算が間違っていたのに偶然冥王星の位置に近かったというのである。こうして，それぞれ発見のドラマを演じて，ついに今知られているすべての惑星（2006年に冥王星は準惑星の区分となった）がそろったのである。

惑星探査の間にも，人類は無数の星々に望遠鏡を向けていた。こうしてわれわれの観測対象は太陽系を離れ，より遠くの天体に向かうことになる。ここでちょっと念頭に置かなければならないのは，光の速度をもってしても宇宙を渡るにはあまりにも広いという点である。光が1年間に進む距離を1光年とよぶ。われわれの太陽系に最も近い恒星は，約4光年離れたケンタウルス座のプロキシマという星である。プロキシマから地球に光が届くまでに4年かかるので，今，見えているのは4年前のプロキシマの姿である。仮に，今この瞬間，プロキシマが消えても4年間は分からないのである。すなわち，われわれは宇宙の過去の姿を見ていることになる。そして，遠方になればなるほど過去に遡ることになる。遠方の天体までの距離は，地球公転軌道を利用した三角測量で求めることができる。距離が分かると，見掛けの位置ではなく銀河の実際の分布が分かってくる。こうして観測の時代は，膨大なデータの蓄積を残した。

b.　宇宙の構造

個々の天体の探査と同時に，それらが宇宙の中にどのように分布しているのかといった宇宙全体の構造を知ることは後に述べる宇宙の創世・進化の手掛かりになるという意味で非常に重要である。単純に宇宙には上も下もなく一様に分布しているというのがストレートな答えである。本当にそうなのだろうか。最新の機器を駆使した観測は，宇宙には大域的な構造があること解明してきている。

メシエがカタログ化した銀河は100個とちょっとであったが，今や1000億以上の銀河があることが分かっている。それらはバラバラに散らばっているのではなく，いくつもの集団にかたまっている。われわれの銀河もアンドロメダ銀河や大・小のマゼラン星雲とともに30個以上の銀河と集団をなし，直径500万光年の銀河群を形成している。数千個の銀河からなるもっと規模の大きい集団もあり，銀河団とよばれる。われわれに最も近い銀河団は6000万光年の距離にあるおとめ座銀河団で，その直径は1200万光年に及ぶ。多数のこのような銀河群，銀河団が知られているが，これらがさらに集まって固まりをなし超銀河団なるものを形成している。超銀河団には数万個の銀河が含まれ，直径が数億光年ある。

超銀河団のさらに上に構造があるのだろうか。1981年に，1億光年以上の広い範囲にわたって銀河がまったく観測されない領域が発見された。そのような領域をボイドとよぶ。しかも，いくつものボイドがちょうど泡のようにつながっているのである。銀河はボイドの表面に分布している。さらに1989年に，そのボイドに分布している銀河が壁のような構造をつくっているのが発見された。幅2億光年，長さ5億光年の大きな構造で，グレートウォールとよばれている。こういった発見に刺激され，現在，宇宙の大域的構造を明らかにするために，宇宙の地図づくりが急ピッチで進められている。

自然界の存在の形態には，どうも強いこだわりが感じられる。クォークが集まって核子に，核子が集まって原子核に，その周りに電子を捕獲して原子に，…銀河が集まり銀河団に，銀河団が集まり超銀河団に，…といわゆる「階層性」をもつのである。

c. 宇宙の創成・進化

今現在，われわれが観測する多様性に富む宇宙は，そもそもどのようにして創成されたのだろうか。この問題も太古から大きな議論の的になっていた。大きく分けると二つの考えに象徴される。一つは定常宇宙論，もう一つは膨張宇宙論である。

現代物理学的意味での論争は，一般相対性理論の誕生後である。当時は，定常宇宙論が主流であった。そこには，神は最初から完全な宇宙をつくったという宗教的信念の影響があった。定常宇宙論を強力に推進したのがF. Hoyle（ホイル, 1915－2001）である。一方，A. Einstein（アインシュタイン，1879－1955）は一般相対性理論の基礎方程式，アインシュタイン方程式が宇宙は膨張または収縮していること示していることを見出した。そこで，アインシュタインは一般相対性理論に宇宙項というものを意図的に導入し，基礎方程式に宇宙斥力という未知の力を導入した。

1922年にA. Friedmann（フリードマン，1888－1925）は宇宙は膨張しているとするフリードマンモデルを提唱した。これを転機に，膨張宇宙論の可能性が模索されることとなる。1929年，E. Hubble（ハッブル，1889－1953）は銀河の移動速度を観測するうちに，遠くにある銀河ほど速い速度で遠ざかっていることに気付いた。これが，ハッブルの法則である。この法則は宇宙が膨張していることを示している。現在，膨張しているならば過去に遡れば宇宙は一点に収縮していく。

1940年，G. Gamow（ガモフ，1904－1968）は宇宙は大爆発（ビッグバン）で始まり，膨張をつづけているというビッグバン宇宙論を提唱し，宇宙の創成と進化のシナリオを提示して見せた。それによると，宇宙は超高密度のエネルギー凝集体として出現した。宇宙の膨張速度から逆算すると，宇宙は約150億年前に誕生したことになる。当初のエネルギーの存在形態は光である。宇宙が膨張するにつれてエネルギー密度が下がっていく。エネルギー密度は温度に換算できる。温度が下がるにつれてエネルギーの一部は存在形態を光から物質に転化させ窮極粒子が誕生する。素粒子論が解明した窮極粒子は，現段階ではレプトンとクォークである。レプトンの代表は電子である。クォークから陽子と中性子がつくられる。この時点では，プラス電荷の陽子とマイナス電荷をもつ電子が宇宙を飛び交っていて，光は電荷に散乱され遠くまで飛べない状況にある。さらに，温度が下がると今度は陽子が電子を捕獲し水素が誕生する。陽子と電子の結合によって電荷が中性化する。すると，光は電荷に散乱されづらくなり宇宙全体に広がるようになる。これを「宇宙が晴れ上がった」と表現する。ビッグバンから約38万年後のことである。

1965年，レーダーの研究を行っていたA. Penzias（ペンジアス，1933－）とR. W. Wilson（ウィルソン，1936－）はどうしても消えない雑音に頭を悩ませていた。レーダーはこちらから電磁波を発射し障害物にあたって跳ね返って来る反射波から，遠方にある物体を探知する装置である。なるべく遠方の小さい物体を探知するには高性能の受信機が必要である。そのためには極力雑音を除去しなければならない。そして，どう頑張っても消えない雑音に出くわし，その雑音が天空のあらゆる方向から一様に入射してくる電磁波であることが分かったのである。この電磁波こそがビッグバン宇宙論の証拠となる2.7 K背景輻射なのである。宇宙が晴れ上がったときに宇宙に広がった電磁波は，その後，宇宙の膨張につれてエネルギー密度を下げて行く。宇宙という入れ物に充満している電磁波の波長が，入れ物のサイズが大きくなるため伸びていくのである。そして，現在のその電磁波のエネルギーを評価すると，まさしく絶対温度2.7 K（波長1 mm）になる。ペンジアス・ウイルソンは膨張宇宙論の証拠の一つを捕まえていたのである。

今日では，光学望遠鏡だけでなく，宇宙からやってくる様々な波長の電磁波が観測対象になっている。それぞれが得意不得意をもち，相互に補い合って宇宙の謎の解明を目指している。

［松山 豊樹］

1.7.7　プラズマ

プラズマとは巨視的には電気的中性を保ちつつ集団的な振る舞いをする，荷電粒子（電子やイオン）と中性粒子からなる気体と定義される。集団的振る舞いとは，荷電粒子間にはたらくクーロン力が遠距離力であることに起因する特徴である。一方，電気的中性とは，外部電場および荷電粒子の密度揺動による一時的な粗密などにより，プラズマ中に静電的なポテンシャルが誘起されたとしても，デバイ長とよばれるある特徴的な距離を目安として電子により遮蔽され，巨視的にはプラズマ中に電場が生じないことを意味する。つまり，プラズマであるためには，プラズマの代表的な長さがデバイ長より十分に大きいことが条件となる。ここで，デバイ長は電子の密度と温度の関数として定義される。

プラズマ診断法

プラズマにおける各種パラメーターを測定する方法は，プラズマ診断法とよばれる。プラズマ診断法には，プラズマ中の荷電粒子を電流として引き出したり，イオンや中性粒子を抽出したりして分析する“粒子的方法”と，プラズマからの光やプラズマに光（電磁波）を入射してその応答を観測する“光学的方法”に大別される。ここでは，代表的な粒子的方法のひとつである“シングルプローブ法”を紹介し，プラズマを特徴づける電子密度と電子温度をはかる方法について述べる。

シングルプローブ法　図16に直流放電により生成されるプラズマをプローブ法により測定する回路構成を示す。プラズマ中に十分に小さい電極（プローブ：ここでは形状を平面とする）を挿入し，プローブに印加する電圧 V_p を変化させると，電子とイオンの情報を含むプローブ電流 I_p がプラズマ中から抽出される。

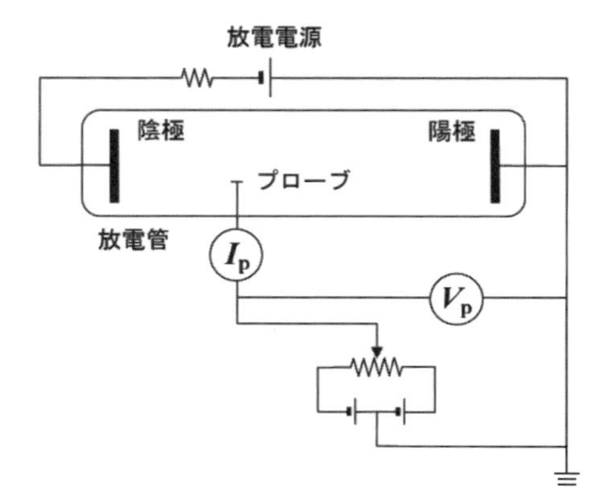

図16　直流放電により生成されるプラズマをプローブ法により測定する回路

V_p の関数として I_p をプロットすると，図17のような I-V 特性が得られる。この特性は，プラズマの空間電位 V_s と V_p との差 $V = V_p - V_s$ に関して，（Ⅰ）$V \geqq 0$：電子電流のみ流れる“電子電流飽和領域”，（Ⅱ）$V < 0$：電子電流とイオン電流が流れる“遷移領域”，（Ⅲ）$V \ll 0$：イオン電流のみ流れる“イオン電流飽和領域”に分けられる。

領域Ⅰ，Ⅱにおいて I_p の対数値を V_p に対してプロットすると図18が得られる。ここで，電子の速度分布をマクスウェル分布と仮定すると，領域Ⅱに対応する直線の傾きの逆数から電子温度 T_e を求めることができる。また，領域Ⅰ，Ⅱの外挿点Aから電子飽和電流 I_{es} が得られる。電子密度 n_e は得られた T_e と I_{es} を用いて，

$$n_e = (I_{es}/eS)\sqrt{2\pi m_e/kT_e}$$

より求めることができる。ここで，e は電気素量，S はプローブ表面積，m_e は電子質量，k はボルツマン定数である。低圧直流放電プラズマにおけるこれらの典型的な値は，$T_e = 1$〜$10\ \mathrm{eV}$，および $n_e = 10^{14}$〜$10^{16}\ \mathrm{m^{-3}}$ である。その他，浮遊電位 V_f（$I_p = 0$ となる点），イオン飽和電流 I_{is}（n_e を求めることが可能），プラズマの空間

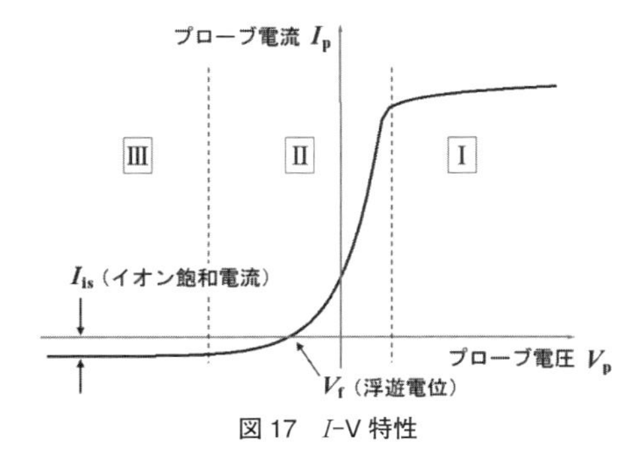

図 17　I-V 特性

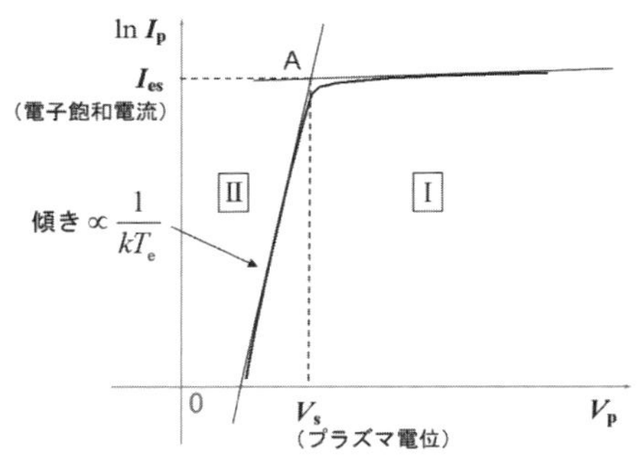

図 18　Ⅰ，Ⅱにおける I_p の対数値の V_p に対するプロット

電位 V_s も得られ，I_p-V_p 曲線を 2 階微分することにより電子のエネルギー分布関数を求めることもできる。

ここで述べたシングルプローブ法は，プラズマの名付け親である I. Langmuir（ラングミュア，1881－1957）らによって 1920 年代に考案され，現在においてなお広く使用されている。これは簡便な方法ながら，一度の測定により数多くの情報を任意の位置で得ることができる（空間的分解能が高い）という長所をもつためである。しかしながら，プラズマ中に直接プローブを挿入するためプラズマへの擾乱は避けられず，さらにプローブ印加電圧を掃引しつつ電流を抽出するため時間的分解能が低いという点は留意すべきである。　［谷口 和成］

1.7.8　ソリトン

ソリトンとは粒子のような振る舞いをする孤立した波のことである。歴史的には 1834 年にイギリスの J. Scott-Russell（スコット－ラッセル，1808－1882）が水路を進む船が急に止まったときに，船の船首から水の山が孤立した隆起となって，形を変えずに同じスピードで進んでいくのを観察したのがはじめである。その後，理論的には 1895 年に D. Korteweg（コルテヴェーク，1848－1941）と G. de Vries（ド・フリース，1866－1934）がスコット－ラッセルの発見した孤立した波を説明する方程式を導き出した。一次元的に伝わる波の方程式は，波の振幅を $u(x, t)$ とするとき

$$\frac{\partial^2}{\partial t^2}u(x,t) - c^2\frac{\partial^2}{\partial x^2}u(x,t) = 0 \qquad (1)$$

であるが，コルテヴェークとド・フリースが発見した方程式は

$$\frac{\partial}{\partial t}u(x,t) + 6u(x,t)\frac{\partial}{\partial x}u(x,t) + \frac{\partial^3}{\partial x^3}u(x,t) = 0 \qquad (2)$$

と非線形の方程式となっている。線形の方程式（1）は重ね合わせの原理が成立するので，一般解を求めるのは容易であるが，非線形の方程式（2）は重ね合わせの原理が成立しないので，一般解を求めるのは非常に困難である。それでもコルテヴェークとド・フリースは，方程式（2）の特殊解として孤立波を表す解を求めた。それは k と δ を任意の定数として

$$u(x,t) = 2k^2\mathrm{sech}^2\{k(x - 4k^2t) + \delta\} \qquad (3)$$

と表される。ただし，sech(x) は双曲線関数とよばれるものの一つで

$$\mathrm{sech}(x) = \frac{1}{\cosh(x)} = \frac{2}{\mathrm{e}^x + \mathrm{e}^{-x}} \qquad (4)$$

で定義される。$t = 0$ のときの式（3）のグラフは図 19 のようになる。k の値が大きいとき波の振幅 $2k^2$ も大きくなり，波の速度 $4k^2$ も速くなる。図 20 は時間がたつにつれて波の山が右に進んでいく様子を表している。方程式（1）の解には孤立波を表す解もあるが，どの孤立波も波が進んで行く速さは c と共通である。

さらに，方程式（2）の特殊解として特徴的なのは，図 21 の孤立波が二つあるときである。二つの孤立波はともに左から右に進んで行くの

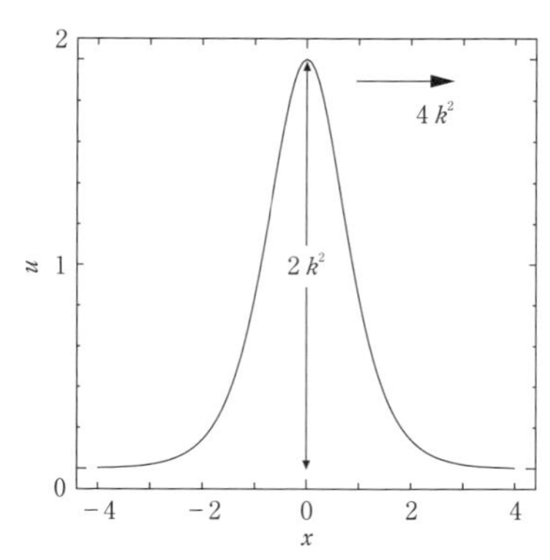

図19　$t=0$ のときの式 (3) のグラフ

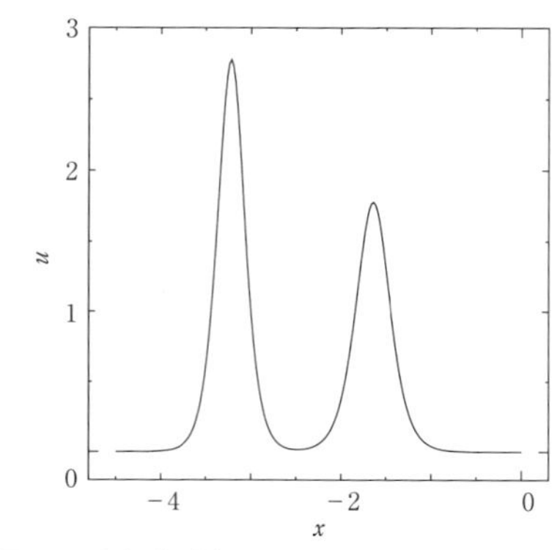

図21　方程式 (2) の孤立波が二つある特殊解

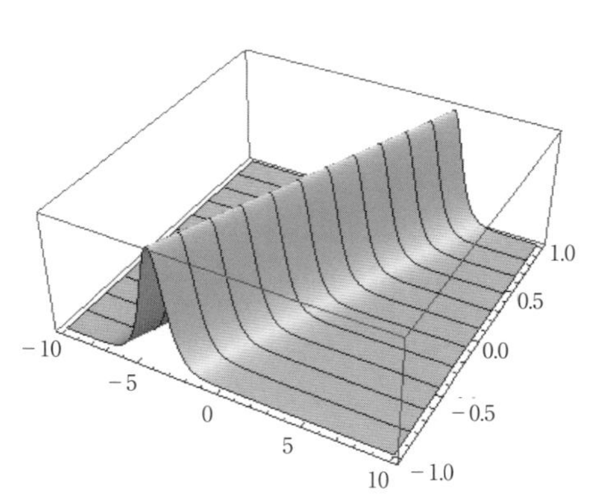

図20　時間がたつにつれて波の山が右に進んでいく様子

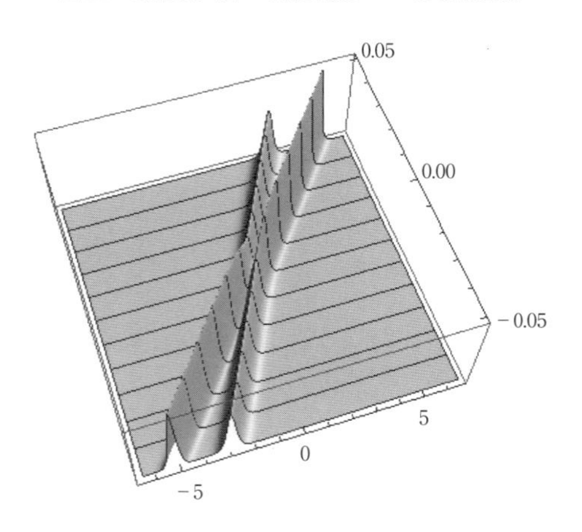

図22　左にあった振幅の大きい方の孤立波が振幅の小さい方の孤立波を追い越していく様子

だが，左の孤立波の方が右の孤立波より振幅が大きいので，左の孤立波の方が右の孤立波の方より速く進んでいく。図22のように，左にあった振幅の大きいほうの孤立波が振幅の小さい方の孤立波を追い越していく。図22は下左右が x 軸であり，上下が下から上へ時間が進んでいく方向を表している。このように各孤立波は安定に存在し，孤立波どうしが衝突しても衝突後に同じ孤立波ができる。この孤立波のことをソリトンとよぶ。孤立波が衝突によっても形を変えないことを発見したのはアメリカのN. Zabusky（ザブスキー，1929－）とM. Kruskal（クルスカル，1925－2006）で，方程式 (2) を数値的に解き，この性質の孤立波を見つけソリトンと名づけた。

方程式 (2) は非圧縮性完全流体の振る舞いを示す方程式から，水深に比較して水の波の波長が長いという近似で導き出されたもので，流体の波を表す方程式であるが，ソリトンは他の物質を媒質にする場合も発見されている。光ファイバーの中を伝わる光の波がソリトンの性質をもつことがわかっており，その光ソリトンを通信に利用しようと考えられている。その他，ポリアセチレン中を伝わるラジカルがソリトンの振る舞いをすることが知られている。

［喜綿 洋人］

1.7.9 カオス

カオスとは混沌を意味するが，物理現象としては，①力学系（微分方程式で振る舞いが決まる系）の解が不規則に振る舞うこと，②解の位相空間内での軌道が不安定であること，で定義される。カオスを示す力学系として，大気の変動モデルをE. Lorenz（ローレンツ，1917－2008）が数値的に解いて，カオスの性質を明らかにした。ローレンツの考えたモデルは

$$\frac{\mathrm{d}x}{\mathrm{d}t} = -px + py$$
$$\frac{\mathrm{d}y}{\mathrm{d}t} = -xz + rx - y$$
$$\frac{\mathrm{d}z}{\mathrm{d}t} = xy - bz$$

の $x(t)$，$y(t)$，$z(t)$ の三つの変数に関する微分方程式であり，p，r，b は任意の定数である。

ローレンツにならい $(p, r, b) = (10, 28, 8/3)$ として解いた微分方程式の解を xyz の三次元に図示すると図 23 のようになる。ただし，初期条件を $(x(0), y(0), z(0)) = (1, 1, 1)$ とした。このように，解の軌道はストレンジアトラクターとよばれる図形内を動き回る。ただし動き回り方は不規則である。図 24（口絵 1）の青は $x(t)$ の時間的な変化を表したものである。$x < 0$ のときには図 23 の左の渦巻きの軌道を，$x > 0$ のときには図 23 の右の渦巻きの軌道を回っており，その移り変わりは不規則であることがわかる。これが上で述べたカオスの定義①に相当する。

図 24（口絵 1）の赤は初期条件を $(x(0), y(0), z(0)) = (1.01, 1, 1)$ と青の場合から少し変えて，方程式を解いて $x(t)$ を図示した。初めは青の軌道と赤の軌道は重なっているが，あるところから大きくずれてくる。これがカオスの定義②に相当する軌道が不安定であることを表す。$t = 0$ におけるわずかなずれが時間が進むにつれて大きくなっていく。この初期値敏感性により，現実的にはモデルを作成しても，観測したときに無限の精度でデータを得ることができないので，モデルを用いた現象の長時間にわたる予測は不可能である。ただし，グラフで短時間に関しては青の軌道と赤の軌道は重なっているので，カオスの性質を示す系に関しても短時間であれば予測可能であることがわかる。

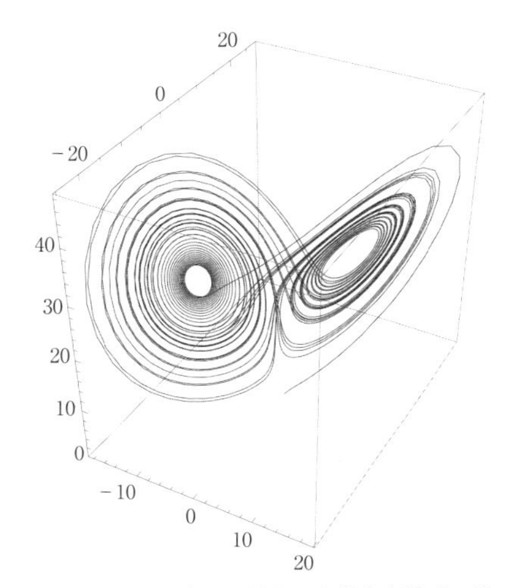

図 23　xyz の三次元に図示した微分方程式の解

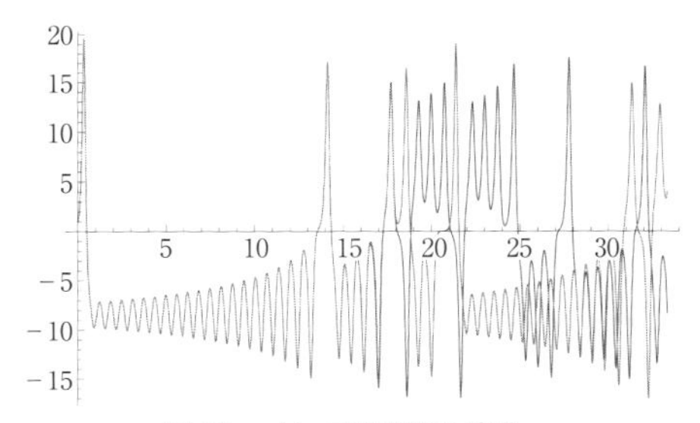

図 24　$x(t)$ の時間的な変化（口絵 1 参照）

複雑な物理現象を観測し解明するという点から考えると，対象とする系に関するすべての状態変数を観測できるわけではなく，また，どれだけの状態変数が系を記述するのに必要かもわからない。観測できる状態変数が一つしかない場合もある。この観測された少数の変数から，対象とする系の振る舞いがカオスかどうか調べる方法について述べる。

n 次元の力学系は n 個の状態変数を用いて表すことになるが，ただ一つの状態変数 $x(t)$ のみが観測されたとする。n 個の状態変数の代わりに，唯一観測された状態変数 $x(t)$ と，$x(t)$ から $n-1$ 個の τ ずつ時間の進んだデータセッ

ト $x(t) = (x(t), x(t+\tau), x(t+2\tau), \cdots, x(t+(n-1)\tau))$ をつくる。ローレンツモデルの $x(t)$ を用いて $n=3$, $\tau=0.1$ として，$x(t) = (x(t), x(t+\tau), x(t+2\tau))$ を三次元のグラフで表したものが図25であり，三つの状態変数 xyz を用いて描いたストレンジアトラクターと類似していることがわかる。

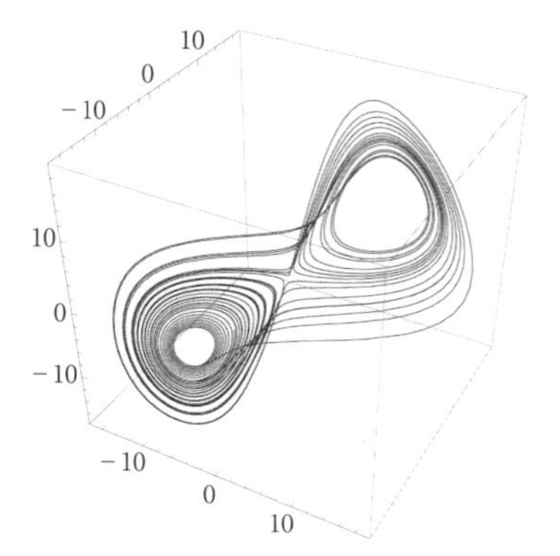

図25　ローレンツモデルの $x(t)$ を用いて表した三次元のグラフ

注目する現象がいくつの状態変数で記述されるか知るためには，アトラクターの次元がわかればよい。また，ストレンジアトラクターの次元は無限自由度の現象と，カオス現象を区別する重要な指標となる。すなわち，状態変数 $x(t)$ のみが観測できる現象がカオスかどうか知るためには，ストレンジアトラクターを構成できるかどうかにかかっている。上に示したように，カオスの現象の場合，適切な n, τ を用いれば一つの状態変数からストレンジアトラクターを構成できることがわかった。τ に関しては，振動している $x(t)$ の平均周期の数分の一とすればよいことがわかっている。一方，ストレンジアトラクターの次元は相関次元の方法で求めることができる。図26の○は様々な n のデータセット $x(t)$ を用いて相関次元 ν を求めたものであり，n の値が増加しても相関次元は2付近の値をとることがわかる。一方，×はランダムノイズから求めた相関次元で，n が増加すると相関次元も単調に増加することがわかる。$x(t)$ のみの観測であれば違いがわからない現象も，相関次元をみると異なることがわかる。このようにストレンジアトラクターの次元を求めることは，系の振る舞いがカオスの現象なのか熱による揺らぎのような無限自由度の現象なのかを区別する重要な指標となる。

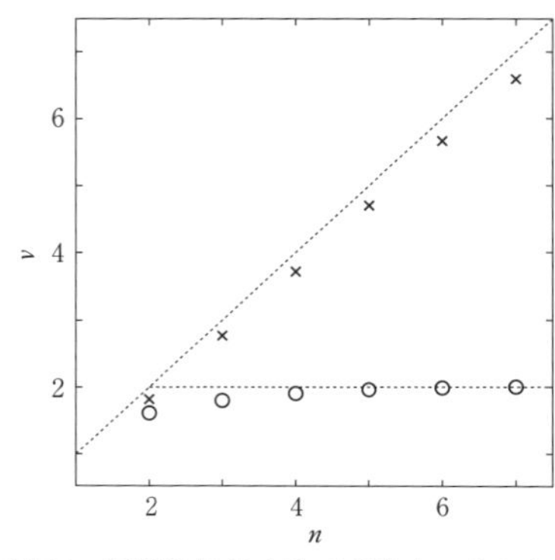

図26　相関次元の方法で求めたストレンジアトラクターの次元

実際の現象への適用として，100万年にわたる気温の観測データから相関次元を求めると3.1という値が得られた。これより，一見複雑に見える現象でも，少数の状態変数で記述できるカオス現象を示していることがわかる。

［喜綿　洋人］

1.7.10　フラクタル

非線形科学の分野でフラクタルはカオスと並んで双璧をなすテーマである。しかもこの二つは非線形力学系として深いつながりをもつ。しかしながら，それらの発見はそれぞれ独自の舞台の上でなされた。

フラクタルはまさしく「はかる」ことから発祥した。直線の長さは容易にはかることができる。はっきり関数形が分かっている曲線の長さも容易にはかれる。これらは，実際にはかってみてもよいし，数点の座標から直線，曲線の関数形に含まれるパラメーターを決定してもよい。ところが，関数形も何も不明な複雑に曲がった曲線の長さはどのようにしたら分かるだろうか。もちろん，原理的にははかってみればよいのであるが，この「原理的には」というところが曲者である。

a. 海岸線の長さの不思議

複雑に曲がった曲線の一例が海岸線である。地図で海岸線といってもそれはある縮尺で書かれたもので，一見真っ直ぐに見えても拡大するとその細部は複雑に曲がっている。英国の科学者L. Richardson（リチャードソン，1881－1953）は，海岸線の長さを等間隔ごとに折れた線で近似してはかるとき，その間隔がいろいろ変わるとどういう結果になるかを調べた。

具体的なはかり方であるが，物差しとコンパスで簡単にできる（製図用のデバイダーがあるとより正確である）。コンパスの足を幅 h に開き，地図上の海岸線を分割する。長さ h の線分の連続からなる折れ線で海岸線を近似するわけである。そして，その折れ線の長さ L を求める。折れ線は長さ h の線分がつながったものだから，線分の個数 N が分かれば，折れ線の長さ L は

$$L = h \times N$$

と求まる。このとき問題となるのは，コンパスの足の幅 h が変われば，当然，同じ海岸線を近似するのに必要な線分の本数 N は変化する。すなわち，線分の本数 N は h の関数で，それを $N(h)$ で表すことにする。同様に，折れ線の長さ L も一般には h に依存するはずで $L(h)$ と書くことにする。結局，海岸線を近似する折れ線の長さは

$$L(h) = h \times N(h)$$

で与えられる。

精度よく海岸線の長さを求めるにはコンパスの足の幅 h をできるだけ小さくすればよいと予想される。原理的には $h \to 0$ の極限で海岸線の長さに一致する。しかし実際には，$h = 0$ ではコンパスを進めることはできないので，様々の有限の h の値で折れ線の長さ $L(h)$ をはかり，それらの値を $h = 0$ に外挿して海岸線の長さを決定する。実際にこの作業を行うとまったく予想外の結果になる。なんと海岸線の長さは無限大という結果になる。一体，どういうことなのだろうか。

数値が大きく変化するデータの処理を行う際，よく行うのはデータ値の対数をとる手法である。今の場合もその手法を利用すると便利である。図27に当時リチャードソンが実測したデータの一部の両対数グラフを示す。横軸が $\log_{10} h$ で，縦軸が $\log_{10} L(h)$ である。いくつかの海岸線の測定結果がプロットされているが，いずれもほぼ直線にのっているのがわかる。直線

$$\log_{10} L(h) = a \times \log_{10} h + b$$

でフィッティングすると，a と b はそれぞれの海岸線に対して決まる定数となる。

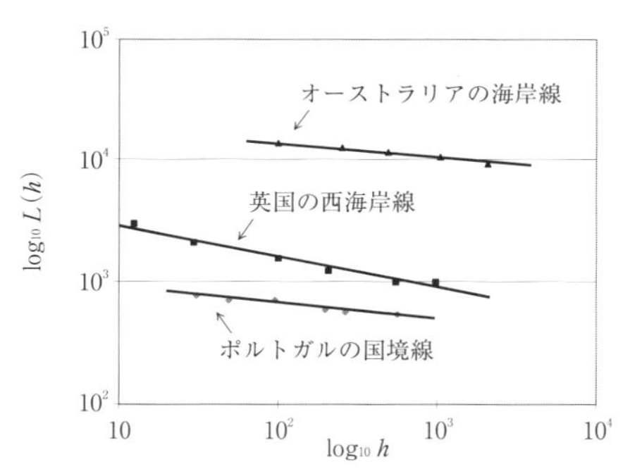

図 27 海岸線と国境線のフラクタル次元（h，L は km 単位）

b. 複雑さの定量化

ここでいよいよフラクタルの生みの親の B. Mandelbrot（マンデルブロ，1924－2010）が登場する。マンデルブロはフィッティング直線の傾き a に深い意味があることに気付いた。上記の式から，

$$\log_{10}[L(h)\ h^{-a}] = b$$

したがって，次式となる。

$$L(h) = 10^b \times h^a$$

この式は海岸線の長さが h にべき乗で依存し，そのべきが先ほどのフィッティング直線の傾き a で決まることを示している。海岸線の場合，実測によって a は負の値をとっているため，$h \to 0$ の極限で海岸線の長さは無限大となってしまう。h はコンパスの足の幅で，海岸線を折れ線で近似する際の分解能である。無限に小さい h，すなわち無限に高い分解能で海岸線の長さを測定することは無意味であることを示している。それよりももっと重要な意味がこの式には隠されている。

今，複雑に曲がった曲線を考えてきたが，コ

ンパスを使ったまったく同じことを直線に対しても適応できる。直線の場合はどうなるかというと，$a=0$の結果が得られる。直線の次元は一次元なので，それを明示的に示すために$a=1-D$とおくと，直線は$D=1$の場合で，直線の長さは$L(h)=10^b$となってもはやhに依存しなくなる。海岸線のように複雑な曲線になるとaは負，すなわちDは1以上になる。しかも，海岸線の曲がりが複雑なほどDが1からずれることが分かる。このDという量は曲線の曲がりの複雑さを指標する量で，フラクタル次元とよばれる。フラクタル次元はフィッティング直線の傾きaから$D=1-a$と決定されhを含まない。「長さ」という分かりやすい量よりも「複雑さ」というつかみどころのない量の方がはっきり決まるという意外な結果になる。

c.　フラクタル幾何学

マンデルブロはこの海岸線に端を発した不思議な幾何学を追求し，フラクタル幾何学を打ち立てた。1975年のことである。フラクタルとは，一般に特徴的な長さをもたない図形，構造，現象などの総称である。数学的には，自己相似性をもち，微分不可能で，非整数のフラクタル次元をもつ。様々なフラクタル図形が見出されてきたが，フラクタルの存在を世に知らしめたのは，美しいコンピューターグラフィックスで有名なジュリア集合，マンデルブロ集合である。

［松山　豊樹］

1.7.11　暗黒物質

宇宙は一体どういう姿をしているのだろうか？どのような過去をもちこれからどうなって行くのだろうか？人類はずっとその謎を追いかけてきた。Galileo Galilei（ガリレオ・ガリレイ，1564－1642）が約400年前に望遠鏡を地球外の天体に向けて以来，多くの謎が解かれるとともにまた多くの謎が生まれた。人類は様々な観測手段で宇宙を観測しつづけている。最も主力となっているのは光学望遠鏡で，今日では可視光だけではなく赤外線，紫外線，X線などの様々な波長の光（電磁波）を捕らえて，それぞれの領域の光の特性を生かした観測を行っている。それをのぞき込む「目」も進化した。高感度CCDカメラで信号を受信し，画像処理技術を駆使して多くの情報を得ることができるようになった。電波望遠鏡も重要な役割を果たしてきた。宇宙のあらゆる方向からやってくる2.7K背景輻射の発見は，ビッグバン宇宙論へ決定的な証拠を与えた。宇宙の始まりの大爆発の名残である宇宙背景輻射をとらえたのである。

さらに，望遠鏡は地球大気からの影響を避けるため地上から宇宙に飛び出し，地球衛星軌道を周回するまでになった。これによって，きわめて鮮明な観測が可能となった。地中深くにもぐった「望遠鏡」もある。宇宙から絶えず降り注ぐ宇宙線の影響を排除し，透過力の強いニュートリノを捕らえることで宇宙を観測するニュートリノ天文学やニュートリノ自身の性質や陽子崩壊を解明しようとする研究などが進んでいる。今後その研究成果が最も待望されているのは重力波の検出で，その準備も着々と進んでいる（2016年2月国際研究チームLIGO（ライゴ）が初の重力波の直接観測を発表。今後の検証および追試が待たれる）。

ここに至って，「はかれない」ことでその存在を認識するという，やや異常な事態に遭遇している。ちょっとしたパラダイムシフトが起きつつある。その代表格が暗黒物質である。

いくつかのきっかけがあったが，最も有名なのは銀河の回転曲線の問題である。渦巻き銀河は莫大な数の恒星や星間ガスなどの物質が万有引力の相互作用によって集団をつくって回転している。では，銀河中心からの距離とそれらの物質の速度の関係はどうなっているのだろう？ニュートン力学に従って評価してみると，その物質の速度は銀河中心部で増加し銀河周辺部に行くに従って減少していくことがわかる。ところが実際の観測では，その速度は銀河中心部付近で増加するが，ほぼ一定の値（フラット）のまま銀河外周部に至ることがわかった。この回転速度のフラットな振る舞いは，観測される銀河の物質分布とニュートン力学では再現できない。一体何が起きているのだろう？

そこで考えられたのが，銀河の中心付近のハローとよばれる部分の上下に，大質量の物質が分布しているとする仮説である。この質量分布によりフラットな振る舞いが再現され，銀河の回転曲線問題は解決される。しかし，光学望遠鏡による観測では，ハロー上下に物質は観測されない。そこで考え出されたのが暗黒物質（ダークマター）である。すなわち，宇宙には重力相互作用は行うが，電磁相互作用を行わない未知の物質である暗黒物質が存在するという仮説である。銀河のハローの上下に分布する物質は，暗黒物質だとするのである。

銀河回転曲線問題への対処だけであるならやや唐突な感を否めないが，その後のいくつかの局面で暗黒物質の存在感が増してきている。一つは，ボイド（泡）構造とよばれる宇宙の大規模構造の発見である。観測されている宇宙の物質総量では，ハッブルの法則によって決定される宇宙年齢の期間で，このような大規模構造を形成することはできないが，暗黒物質が存在するとそれが可能になることがコンピューターシミュレーションなどで示された。宇宙の大規模構造の形成のためには暗黒物質が必要だとする考えである。

なんとかして，暗黒物質の存在を確かめられないだろうか。暗黒物質は光を放射しないため直接観測するのは無理である。しかし，重力相互作用を行うと想定されている。もし暗黒物質の背後に光を発する銀河（集団）などがあると，大質量の暗黒物質によって光が曲げられる。一般相対性理論によると光は重力によって曲げられるため，物質分布がレンズの役割をする重力レンズ効果を起こす。したがって，暗黒物質が重力レンズ効果でつくる像を解析することで，暗黒物質の分布を解明できるはずである。このように，重力レンズ効果による暗黒物質の存在とその分布が探求されている。

もちろん，暗黒物質の存在とは別の観点から問題にアプローチする立場の研究も行われている。代表的なものは，ニュートン力学（根本的には一般相対性理論）の修正の可能性である。ニュートン力学は確かに地球上や太陽系内では，きわめて正確になりたっている。しかし，銀河規模のスケールでも正確である保証はない。そこでニュートン力学を修正する余地が生まれてくる。ただ，力学法則自体の修正は多くの他の力学現象で従来得られていた結果に影響を与える可能性が出てくる。それらも含めた慎重な検討が待たれる。

では一体，宇宙にはどれくらいの量の暗黒物質が存在するのだろうか？暗黒物質の正体はまだわからないが，今われわれが手にしている様々なデータから何か足りないと気づいている存在を「はかる」ことを考えようというのである。実は足りないものとしては，暗黒物質だけでは不十分で，暗黒エネルギー（ダークエネルギー）を考えなければならない。暗黒エネルギーは宇宙の加速膨張（1998 年に発見）を説明するためにその存在が想定されている。欧州宇宙機関は，宇宙望遠鏡プランクの宇宙マイクロ波背景輻射の観測結果に基づいて，暗黒物質，暗黒エネルギー，通常の物質の存在割合を見積もった（2013 年 3 月発表）。それによると，暗黒物質 26.8%，暗黒エネルギー68.3% で，通常の物質は 4.9% となった。われわれが知っている物質は，わずか 5% しかないという非常にショッキングな内容であった。

暗黒物質，暗黒エネルギーとは一体何なのだろうか？まだまだ，その全容解明には程遠い状況である。人類の英知が宇宙にどこまで迫れるだろうか？ ［松山 豊樹］

1.7.12 対称性の破れ

a. 対称性とは何か

対称性の破れをいう前に，対称性とは何かをいわなければならない。日頃，目にする自然や人間の手による造形物には，様々な対称性が存在する。分かりやすいのは，左右の対称性，平行移動の対称性，回転の対称性などの見たままの対称性である。左右の対称性の場合は，ある線で折り返したときその線の右側と左側がぴったり重なると対称性があるという。その意味で左右といっているのは便宜上の表現にすぎない。その線の向きによっては上下の対称性にもなる。要は 1 本の折り返し線に対して対称性があるかないかが問題である。平行移動，回転も同様で，平行移動や回転などのある操作を行っても操作を行う前と同じになるときに対称性があるという。そうでないとき，その操作に関しては対称性がないという。

自然界を見渡すとほとんど対称性がなりたっているのに，ほんのちょっとだけ対称性が乱れている場合をよく目にする。このとき，対称性はないと断じてしまうのが一つの立場で，それ自体まったく正しい。しかし，実は本来対称性があって，それが何らかの理由で破れたのだと考えたくもなる。「自然は本来，完全を好みそれが対称性として現れる。が，一方で自然は多様性を生み出すために，その対称性をほんのちょっとだけ破る」。この考え方は，古くから多くの先人たちによって議論され，今日では自然科学の重要な考え方の一つであるといっても過言ではない。

b. 対称性をはかる

対称性の有無が問題であるなら，それをはかるということはその対称性に対応する操作を行って判定すればよいわけである。実際に操作をしなくても長さや角度をはかると判別できる。対称性の有無をいうだけであれば簡単にできるかもしれないが，もともと対称性があったのに，それがほんのちょっとだけ破れたという見地に立つと，ではどのぐらい破れたのかという指標がほしくなる。見たままの対称性はまだわかりやすいが，自然界にはもっと抽象的な対称性が存在する。実は対称性は，保存量の存在と密接に関係していて，保存量をはかると対称性の破れが曖昧さなく判定できる。

一般に，ある対象に変換を行うと対象の一部に変換に対して不変な部分があり，不変な部分を特徴付ける不変量が存在することが分かる。これを保証するのがネーターの定理で，不変量はネーター流とよばれる。ネーター流から保存量が定義される。すなわち，対称性の破れをはかることは保存量をはかることに帰着される。

ある注目する対称性が破れるかどうかの判定は保存量をはかればよいが，ある対称性が破れた後の対象がさらに別の対称性をもつ場合がある。もっと複雑に，対象が異なる対称性をもつ状態に移り変わっていく場合もある。こういった場合には，異なる状態を区別する指標がさらに存在し，ある対称性が破れた後の残された対称性の保存量が指標となる。ところが実際には，対称性そのものがはっきりせず，しかしながら何らかの秩序を見出す場合がある。その秩序を上手く特徴づける量が見つかればそれが指標となる。これが秩序変数とよばれるものである。このように，対称性の破れは保存量，秩序変数をはかることによって調べることができる。

c. 非摂動論的効果による対称性の破れ

ところで，そもそも対称性の破れはどのようにして起きるのだろうか。その破れのメカニズムの代表例をあげてみよう。まずは，対称性を破る効果を明示的に導入する方法がある。このとき，どれぐらい破るかをパラメーターで制御することになる。破れの程度は小さいことを前提としているので自ずとパラメーターの値は小さくなる。このやり方では，なぜ対称性を破る効果が存在するのか，なぜ破れが小さいのかを説明できない点が大いに不満となる。

次の可能性は非摂動論的効果による破れである。対称性の問題に限らず一般に自然界で起きる現象には非線形効果，多体効果，量子効果などの効果がはいってきて，完全に問題を解き切るのは非常に困難である。こういったとき，一つのアプローチの方法は摂動論を用いることである。これらの効果を制御するパラメーターが十分に小さいとして，そのべき乗ごとに少しずつ効果を加えていく。これを摂動論的手法という。現実的にはある有限のべきで計算を打ち切らざるを得ない。しかしながら，対称性の破れという劇的な変化が起きるときは，摂動論そのものが有効ではなくなる。そういった場合，ある特定のタイプの補正に限定されるが，パラメーターの無限乗まで補正効果を足し上げる手法がある。それによって摂動論では到達できない新たな発見がなされる。

d. 自発的対称性の破れ

近年特に脚光を浴びているのが，自発的対称性の破れである。このメカニズムは非常に巧妙である。考える対象が対称性をもっている状態をエネルギー的に不安定な状態にする。対称性をもっている状態よりエネルギーが低い状態を，対称性を破らずに導入する。すなわち，対称性が破れた状態を対称に配置することで対称性そのものを維持する。その配置をつくりだすのがヒッグス場である。たとえば，対称性が破れた状態が二つ用意されたとする。その時点では対称性は破れていないが，対象は不安定な状態にある。安定性を得るために，対象は二つの対称性が破れた安定な状態のどちらか一つを選択する。この瞬間に対称性が破れる。二つの状態のうちのどちらを選ぶかには理由はなく，どちらを選んでも結果に違いはない。しかし，どちらかを選ばないと状態が安定しない。対象がまるで自発的に対称性が破れた状態を選択するかのようであるため自発的対称性の破れという意味深長な名前がついている。

e. 量子異常による対称性の破れ

最後に登場するのが量子異常による対称性の破れである。このメカニズムは古典物理学と量子物理学の狭間できらりと光る実に深淵な現象である。古典的な対称性が二つにあったとする。古典的には二つの対称性は両立し共存する。現代物理が明らかにしたのは，古典物理学は現実の現象を説明するには不十分で，量子論に移行することが必須である。この手順を量子化というが，ではこの量子化によってこれら二つの対称性はどうなるだろうか。

実は，ある特定の組み合わせに対して，対称性が両立しないことが明らかになっている。もう少し丁寧にいうと，量子化によって二つの対称性が両方とも破れるか，一方の対称性しか維持できず両立することはないというのである。これが，量子異常による対称性の破れである。この破れは量子効果が生み出す発散の困難と密接に関係している。ナイーブに量子効果を評価すると物理量が発散してしまう場合があり，この無限大の困難はくりこみ理論によって回避できることが解明されている。くりこみ理論の中の正則化といわれる処方の影響で量子異常が発生する。

テクニカルな点はさておいて，古典的な対称性が量子効果で破れるという事実はきわめて衝撃的である。破れは必然的であることを主張している。では，この破れの程度はどうかと問うと，考えている理論の基本常数などの自由度はさておき，数学的に強い制限を受けて決まってしまう。その強い制限とは，量子効果のもつ位相幾何学的性質に由来する。そして，この対称性の破れの程度が位相不変量と関係をもつ。位相不変量は厳密に整数値をとる。そのため，対称性の破れの程度が厳密に確定してしまうという驚くべき結果を導き出す。必然性と厳密性。これが量子異常による対称性の破れの驚くべき帰結である。

対称性の破れは，ミクロの世界からマクロの世界に至るまでの様々な局面で重要な役割を果たしてきた。その局面は，手に取って触れることのできるものから宇宙の進化や大規模構造などの超大域的な構造，根源物質の相互作用のありようにまで広がっている。また，対称性が潜む空間も相互作用を生み出す内部空間，エネルギー・運動量空間，位相（phase）空間などの抽象化の進んだ空間にまで広がっており，さらにそれを扱う数学も，群論，位相幾何学等を代表格に広い分野にまたがっている。対称性の存在，そして対称性の破れは実に深淵で，これからも自然を理解するための中心的テーマの一つでありつづけるだろう。　［松山 豊樹］

参考図書（1.7）

素粒子

1)　南部陽一郎，“クォーク　第2版”，講談社ブルーバックス（1998）.
2)　村山　斉，“宇宙になぜ我々が存在するのか－最新素粒子論入門”，講談社ブルーバックス（2013）.
3)　大栗博司，“超弦理論入門”，講談社ブルーバックス（2013）.

ニュートリノ

4)　小柴昌俊，“ニュートリノ天体物理学入門”，講談社ブルーバックス（2002）.

宇　宙

5)　S.W. Hawking 著，林　一 訳，“ホーキング，宇宙を語る―ビッグバンからブラックホールまで”（ハヤカワ文庫 NF），早川書房（1995）.
6)　S. Weinberg 著，小尾信彌 訳，“宇宙創成はじめの3分間”（ちくま学芸文庫），筑摩書房（2008）.
7)　日本物理学会 編，“宇宙の物質はどのようにできたのか—素粒子から生命へ”，日本評論社 (2015).

ソリトン

8) N. J. Zabusky, M. D. Kruskal, *Phys. Rev. Lett.*, **15**, 240 (1965).
9) C. S. Gardner, J. M. Greene, M. D. Kruskal, R. M. Miura, *Phys. Rev. Lett.*, **19**, 1095 (1967).
10) 戸田盛和，“物理30講シリーズ　3　波動と非線形問題30講”，朝倉書店 (1995).

カオス

11) E. N. Lorenz, *J. Atmos. Sci.*, **20**, 130 (1963).
12) C. Nicolis, G. Nicolis, *Nature*, **311**, 528 (1984).
13) S. H. Strogatz 著，田中久陽，中尾裕也，千葉逸人 訳，“ストロガッツ非線形ダイナミクスとカオス”，丸善出版 (2015).

フラクタル

14) 山口昌哉，“カオスとフラクタル—非線形の不思議”(ブルーバックス)，講談社 (1986).
15) B. Mandelbrot 著，広中平祐 監訳，“フラクタル幾何学（上）”(ちくま学芸文庫)，筑摩書房 (2011).
16) B. Mandelbrot 著，広中平祐 監訳，“フラクタル幾何学（下）”(ちくま学芸文庫)，筑摩書房 (2011).

暗黒物質

17) 小玉英雄，“数理科学ライブラリ 3　宇宙のダークマター—暗黒物質と宇宙論の展開”，サイエンス社 (1992).
18) 佐藤勝彦，“インフレーション宇宙論—ビッグバンの前に何が起こったのか”(ブルーバックス)，講談社 (2010).
19) 谷口義明，“宇宙進化の謎—暗黒物質の正体に迫る”(ブルーバックス)，講談社 (2011).

対称性の破れ

20) 南部陽一郎，“クォーク 第2版”(ブルーバックス)，講談社 (1998).
21) 西島和彦，“紀伊國屋数学叢書　27 場の理論”，紀伊國屋書店 (2008).
22) 藤川和男，“新物理学選書　経路積分と対称性の量子的破れ”(岩波オンデマンドブックス)，岩波書店 (2016).

さらに深く学ぶために(1章全体の参考図書)

1) R. Feynman 著，“ファインマン物理学 I ～ V”，岩波書店 (1986).
2) 和田純夫，“一般教養としての物理学入門”，岩波書店 (2001).
3) 物理学辞典編集委員会 編，“物理学辞典（三訂版)”，培風館 (2005).
4) 山崎弘郎，石川正俊，安藤　繁，今井秀孝，江刺正喜，大手　明，杉本栄次 編，“計測工学ハンドブック”，朝倉書店 (2011).
5) 計量研究所 編，“超精密計測がひらく世界－高精度計測が生み出す新しい物理（ブルーバックス)”，講談社 (1998).
6) 霜田光一，“歴史をかえた物理実験（パリティブックス)”，丸善 (1996).
7) E. Segre 著，久保亮五，矢崎裕二 訳，“古典物理学を創った人々－ガリレオからマクスウェルまで”，みすず書房 (1992).
8) E. Segre 著，久保亮五，矢崎裕二 訳，“X線からクォークまで—20世紀の物理学者たち”，みすず書房 (1982).
9) A. Rooney 著，立木　勝 訳，“物理学は歴史をどう変えてきたか—古代ギリシャの自然哲学から暗黒物質の謎まで”，東京書籍 (2015).

第2章　化　学

編集担当：尾関　徹，横井邦彦

2.1　物質の分類と利用

ここでは，物質をはかる歴史を，化学の立場からあらためてまとめてみた。

2.1.1　ものづくりの歴史

人間の“ものづくり”の始まりは，今から約200万年前とされる石器の製作までさかのぼる。おそらく偶然見つかった黒曜石のようなガラス質の石のかけらを利用しやすいように砕き磨くことで，食料の確保や加工がよりたやすくなり，私たちの祖先は大きく人口を増やしたといわれている。

以来，人間は“つくる”ことによりその歴史を築いてきた。“カルチャー（culture：文化）”という言葉に“耕す”という意味があるように，私たちの暮らしは長い歴史の中で人間が考え工夫し生み出してきたものの集合である。耕作，工作，製作，制作，創作，劇作，著作などという言葉が示すように，人間が創意工夫し新しいものをつくってきたこと，いわゆる広い意味での“インベンション（invention：発明）”が，今までの人間の文化を支えてきた大きな礎となっている。

ちなみに，辞書でインベンションの意味を調べると，発明，案出，考案，創意工夫，創造，創作，作品などといった言葉に翻訳される。つまりは人間が行う，あらゆる新しい“ものごと”を“つくる”行為（ものづくり）が，“インベンション＝発明”なのである。

この石器の使用に始まった発明の歴史をひもとくと，火の使用（約50万年前），宗教（約20万年前）・芸術（約数万年前）の考案，弓矢（約2万年前），家畜や農耕（約1万年前），土器・陶器（約1万年前），天秤と日時計（BC 5000年），銅器（BC 4000年），文字（BC 3500年），暦（BC 2800年），ビール（BC 1800年），鉄器（BC 1000年），貨幣（BC 700年），学問体系

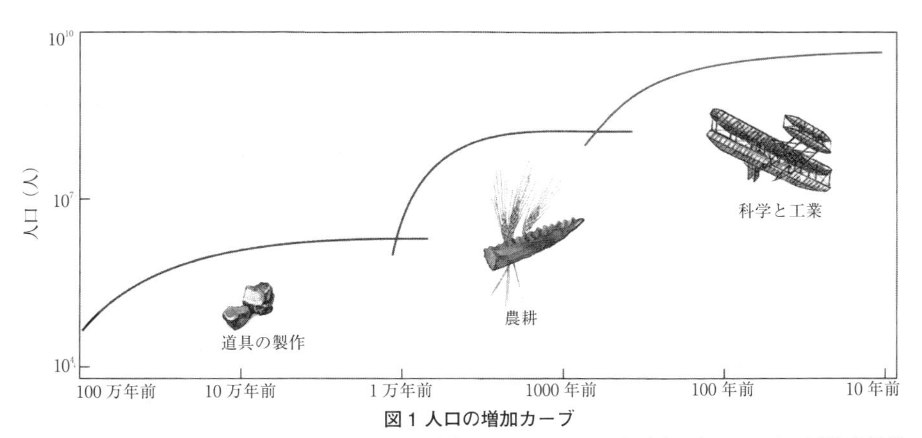

図1 人口の増加カーブ

世界の人口は過去100万年間に劇的に増大した。この増加には三つのステップがあり，各ステップでは最初急激だった増大がやがてなだらかになっている。最初の大きな増大では，人口は15万人から500万人に増えたが，これは道具の発達に一致している。第二の波で，人口は500万人から5億人にまで増えた。これは農業の登場に伴うものである。第三の5億人から56億人への増大は工業文明が勃興した結果である。道具の発明，農業，工業生産という三つの技術革新のそれぞれによって，人間は自然というものに直接依存する度合いを減少させることができた。

［R.W. Kates,「人類存続への道」日経サイエンス，p.144，1994年12月号より転載］

(BC 500年) などなど, 現在の多くの分野で文化の基盤となるものが, すでに2000年以上前に発明されていたことがわかる[1]。

なかでも, 農耕の発明は当時の人たちの暮らしをより豊かにし, 人口を大きく増やした。石器の発明に始まる道具の製作による人口の増加を人類の繁栄の"第一の波"とするなら, 農耕の発明が"第二の波"というべきものにあたる(図1参照)。

図1のグラフは米国の著名な生態学者で古生態学 (paleoecology) の創始者でもあるE. S. Deevey, Jr. (ディーヴェイ, 1914－1988) が1970年に提案したもので, 横軸に時間, 縦軸に世界人口の推定値を対数目盛で示している。時間軸は右端が現在で原点となっており, そこから左向きに過去へ何年遡るかで目盛られている。したがって, 対数目盛りの増加度合いが通常とは反対になっていることに注意してほしい。

このグラフからいずれの人口増加も発明により新たなものが生まれ, それを利用した結果, 大きな飛躍を遂げたということができる。また, おもしろいことに, 道具の発明では人口が15万人から500万人に増加し安定するまでに数十万年を要したとされるのに対し, 農耕の発明では, 数千年で500万人から5億人になったと推定されている。この安定するまでの期間の違いは, "情報の伝達速度 (発明が伝わっていくのに要する時間)" によるものだと考えられる。

さて, グラフにある"第三の波"は"自然科学の発明 (2.1.2参照)" によるものだと考えられる。この発明とその果実である工業の発展は, "グーテンベルクの印刷機の発明" (1440年) のおかげで, "またたく間" に世界に普及し, わずか数百年で人口を5億人から60億人に引き上げ, 今世紀中頃には100億人前後になると推定されている。

ものづくりの成果は世界のすみずみまで行きわたり, さらに20世紀の終わりには, コンピュータによるネットワークが情報を一瞬のうちに世界中の人に伝えることを可能にした。この発展が"飽和状態" に達したとき, 私たちの世界はどのようになっているのだろうか。

2.1.2　自然科学の発明

16世紀の後半, 今でいう異常気象がヨーロッパを襲った。以来100年あまり世界は"小氷期" とよばれる気候変動に悩まされた。そのため, 歴史的にはヨーロッパ各地では飢饉が頻発し, それによる一揆や反乱が勃発する"危機の17世紀" とよばれる時代に突入した。

この自然災害はエリザベス一世が統治していた当時のイギリスにとって, 攻め込もうとするスペインの無敵艦隊を沈没させる"神風" ともなったが (1588年), 一方で, 人々は度重なる冷夏・長雨による農作物の不作に苦しめられた。さらに, それに追い打ちをかけるかのようにペスト (黒死病) が繰り返しまん延し, 首都ロンドンだけでも半世紀で当時の人口の半分近くとなる数十万人におよぶ犠牲者を出した。街には死体があふれ弔鐘が絶え間なく鳴り響いた。

当時の学問は"スコラ主義" とよばれるものであった。これは, 紀元前に古代ギリシャによって創始されアリストテレスにより体系化された自然哲学をもとにそれを改編し, 自然の中に潜む普遍則は神が創り賜うた"神秘" であり, それゆえにペンタグラムや円のように"調和的" な美しさをもつものであるという信仰であった。このローマ・カトリック教会により守られてきた自然哲学は, 当時の自然の脅威の前には何の役にも立たなかった。人々はより実用的な学問を必要としていた。

そのような中, "悪貨は良貨を駆逐する" のことわざで有名なロンドンの大商人T. Gresham (グレシャム, 1519－1579) は, より実用的な学問を構築するために, その遺言で遺産の一部を投じて市民のために"自由七科 (リベラルアーツ)" を講じる大学をつくるように書き残し, "グレシャム・カレッジ" (1597年) を設立した。これが後の"イギリス王立協会" (1660年発足) へと発展する。

このような気風の中, 大革新への機は徐々に熟していった。当時, グレシャム家と姻戚関係にあったベーコン家にF. Bacon (ベーコン, 1561－1626) が生まれた。法学者で政治家, また随筆 (エッセイ) の祖としても知られるベーコンは，グレシャム家との交流などを通じて，人間が自然について考えるときに必ず陥る先入観（イドラ）が，旧来の自然哲学の方法の根本的な間違いであることに気づき，リベラルアーツに根ざした新しい“科学（サイエンス）”の方法論をあみだそうと試みた。

彼は，先人達の自然の探求の結果（自然誌，自然哲学）の中には「正当な方法で探求されたもの，検証されたもの，数えられ測定されたものは一つもない（『ノヴム・オルガヌム』，1620年刊）」と断言し，客観的な思索のよりどころは「予断なく“はかられた”結果から類推し，それをあらゆる角度から検証することにある」と説いた。自然を知るためには，正確に“はかる”ことこそが重要であり，その一点で“主観”と“客観”を切り離すことが可能であるという結論に達したわけである。一切の先入観を入れずに観測された結果から，どのような法則がなりたっているかを類推し，それを再び観測によって検証していくという，現代科学の基盤となっている“帰納法”による自然探求の方法が生まれた。それゆえに，ベーコンはアリストテレスの唱えた“演繹的な論理体系（オルガヌム）”を書き替えるものとして，『ノヴム・オルガヌム（新体系もしくは大革新）』を著した。そして，その冒頭で「自然の下僕であり解明者である人間は，自然の秩序について実際に観測した以上に理解することはできない」と述べている。

平たくいえば，ベーコンのいう自然探求の方法というのは，まずは“おもしろそうやから，とりあえずなんでもはかってみよか”という，いわば“趣味・道楽”の世界の観測から得られたデータの中に潜んでいる現象を発見し，再度，検証のために観測や実験を行うというのが本来の姿であると主張したわけである。それは自然科学の新しい方法論の発明であった。

この思想は当時の貴族階級に広く影響を与えた。その一人，イギリス王立協会の設立メンバーの一人でもあったR. Boyle（ボイル，1627－1691）は『懐疑的な化学者』（1661年刊）を著し，アリストテレスによる物質観を支持する“化学派”は，学説を証明するために都合のよい分析実験のみをやっており，しかも，その結果を学説に都合のよいように解釈していると痛烈に批判した。そして，合理的で先入観のない実験を行うことで物質を構成するものの姿が明らかになると述べた。しかし，実際にそういった分析実験が可能になるまでには，あと100年以上の歳月を要した（2.1.3参照）。つまり，物質が何でできているかという“おもしろい”テーマに取り組んではかってみようとしても，はかるための道具がなく，化学の分野での発見は，その道具が発明されるまで待たなければならなかったのである。

一方，天文や運動の分野では，精度の高い観測データが集まりつつあった。貴族の道楽で集められたTycho Brahe（ティコ・ブラーエ，1546－1601）による角度0.03度（2分）の精度での火星の運行記録から，J. Kepler（ケプラー，1571－1630）は楕円軌道の法則を発見した。同じ頃Galileo Galilei（ガリレオ・ガリレイ，1564－1642）は“望遠鏡”という新しい観測道具を自作し，それを用いて天体観測を行い，地動説に確信を得た。また，物体の運動を観測するための各種の実験装置を考案し，“自由落下の法則”や“慣性の法則”を見出した。これらの結果はイギリス王立協会でも，毎週水曜日に開かれる例会の席上，実験科学の天才R. Hooke（フック，1635－1703）らにより紹介され盛んに議論された。フックは当時の新しい自然の観測道具である“顕微鏡・望遠鏡・真空ポンプ”を自作し，それを駆使して演示実験を行い，次々と新しい観測結果や法則を検証していった。これがI. Newton（ニュートン，1642－1727）による“万有引力の法則”の発見につながる。物理学の誕生である。

2.1.3 発明から発見へ

人間の文化は，新しいものをつくることで生まれ（発明），それにより育ってきた（2.1.1参照）。それに対し当然，自然は人間の手でつくることはできないものである。しかし，自然は人間の文化全般にわたって，その基盤となっている。芸術は自然から得た感情を表現する手段であり，技術は自然の仕組みを模倣し利用することから始まった。そのために，人間は自然を知ろうとした。時をはかり暦をつくることで耕作の時期を知り，距離をはかり地図をつくることで物資のありかを伝えようとした。自然は人間にとって畏敬の存在であり，観察・探究の対象であった。

古来より人間は自らの五感を使って自然を観察してきた。アリストテレスは『形而上学』の冒頭で，「すべての人間は生まれつき知ることを求める」と述べている。しかし，いくら鋭い五感をもっていようとも，おのずから，それで知ることができるものは限られる。いくら眼のよい人でも望遠鏡や顕微鏡で見られる世界にはかなわない。自然をいくら知りたいと思っても，観察手段がなければ情報が限られてしまう。五感による観察だけでは，古代ギリシャの碩学達の業績以上に自然を知ることは不可能なのである。知りたいと思っても分からない，となると想像力を働かせ，自然はこうなっているに違いないという先入観に囚われることになる。これがベーコンのいう“イドラ”である。

図2は19世紀のイギリスの画家H. S. Marks（マークス，1829－1888）が描いた「科学は測定である（Science is Measurement)」という絵であるが，はかることができない科学者の困惑を表している。

“発掘で出てきた骨が何なのか知りたいと思っても，巻き尺でははかられへんなぁ，さあ，どないしょうか，神さんがつくったことにしたらどやろ？”

ベーコン自身は予断なく観測することの重要性，観測しえたもの以上に知ることはできないというその限界については正しい見解を示したが，実験科学者ではなかったので，具体的にはかることの困難性についてはあまり考えなかった。しかし，その思想が万有引力の法則の発見という果実にいたるまでには，ティコやガリレオ，フックなどの実験科学者による新しい道具の発明と，それによる新たな観測事実なしにはなしえなかったのである。

自然を知りたいと思っても観測した結果以上に知ることができない限り，先人達の知識の上に新たな知識を加えようとすれば，先人達が手にしえなかった新しい観測手法・測定道具の発明が重要である。“どうなっているんやろ”と考えた次には“こうなっているかもしれんな”という仮説を立てるのではなく，“どうやったらはかれるやろ”と考え，新しい観測手法・測定道具を創意工夫することこそが，自然科学の第一歩なのである。

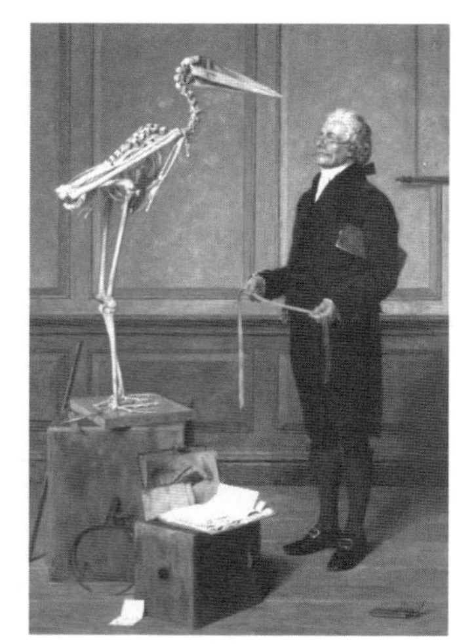

図2　Science is Measurement（油絵，1879年）

歴史が示すように，新しい観測手法・測定道具が生まれれば，それはあっという間に広まり，その観測・測定結果から導き出せる発見が次々ともたらされる。その結果，新しい道具を得た科学の分野は飛躍的に知識を増やす。それが終わり一段落すると，次の新しい手法が発明されるまで，その分野の進歩は停滞期を迎える。

新たな概念の提唱ではなく，新たな道具の発明こそが自然科学の“大革新（パラダイムシフト)”を生むのである。

発見とは英語のディスカバリィ（discovery）の訳である。この単語は“覆い（cover)”を“引き離す（dis)”という意味で，人間が今までに見出せなかった未知のものごとを初めて知ることを“発見”とよんでいる。“科学の発見”の中には，探検家が新しい島を発見したというのに似た“自然現象の発見”と，自然の中に潜む“法則の発見”とがある。もちろん，新しい観測手法・測定道具が発明されれば多くの自然現象の発見につながるが，既存の観測装置や実験器具を用いて見出されることも時にはある。しかし，新しい自然現象の中に潜む法則の発見となると，新しい道具の発明が不可欠なように思われる。その意味でも，測定道具や観測手法の発明なしに新しい“法則の発見”は生まれない。法則の発見とは，新たな観測手法・測定道具の発明から始まり，そのデータから類推して法則を考えだし，別の観点からの観測実験を通じて比較検証することで初めて得られるものなのである。

2.1.4　化学の発見

a. 質量保存の法則

ボイルによる古典的元素論の否定（2.1.2 参照）を契機として，“物質は何でできているのか？”という問いかけを解くための各種の“分析実験（ボイルの命名）”が試みられた。ボイル自身，フックとともに真空ポンプを用いて，燃焼についての実験を繰り返している。その中で彼は，真空中では炭も硫黄も燃えないこと，それに硝石（$NaNO_3$）を加えると燃えることから，燃えるための成分が空気や硝石に含まれること（今の酸素）を見出していた。しかし，ボイルの燃焼実験は状態変化の観察にとどまったため，酸素の発見までにはいたらなかった。

一方，当時のドイツでは J. J. Becher（ベッヒャー，1635－1681）や G. E. Stahl（シュタール，1660－1734）によって，燃焼の化学に対する新しい説が生まれた。これは“フロギストン説”とよばれ，ものが燃えるときに“フロギストン”が失われるという説で，分かりやすく，現象的には現在の酸化還元反応をうまく説明できるように見えた。しかし，実際には，ものが燃えると重さが増すという，この説では説明できない重大な矛盾を含んでいたのにもかかわらず，重量を正確にはかる実験がなされていなかったため，以来，100 年近くにわたり支持されることとなった。

燃焼実験を単なる現象の比較観察ではなく，天秤による重量測定を用いて解明しようとしたのが，フランスの化学者 A. Lavoisier（ラボアジェ，1743－1794）である。

ラボアジェは当時イギリスに比べ遅れていた実験器具の製作を大金を投じて奨励し，非常に精巧な温度計，気圧計，天秤，ガスメーター，ガラス細工などの製作技術を発展させた（図 3 参照）。これらの実験装置を駆使し，また，ガラス器具と精密天秤により化学反応の前後での重量変化を精確に測定した。これにより，化学反応前後での重量に変わりがないことを発見し，“質量保存の法則（物質不滅の法則）”を導き出した。また，燃焼過程での重量増加からフロギストン説の誤りを主張し，空気が酸素と窒素でなりたっていることを示した。

このラボアジェによる“重量分析法”の発明により，ボイルが唱えた“分析実験”は，百年の時を経て初めての成果を収めた。化学の誕生である。

b. 原子から分子へ

ラボアジェの発明した“重量分析法”はまたたく間に広まり，今まで知られている化学反応を重量分析法で検証することが始まった。なかでも，フランスの J. L. Proust（プルースト，1754－1826）は，いろいろな化学反応を用いてつくった炭酸銅とクジャク石として知られている岩石から得られたものを加熱して，その際に生成した水や二酸化炭素や酸化銅の重量分析を行い，天然のものでも人工のものでも，一つの化合物を構成する組成はまったく同じであることを発見した（“定比例の法則”，1799 年）。また，イギリスの J. Dalton（ドルトン，1766－1844）は 2 種類の元素が反応して化合物をつくるとき，化合物を構成する元素比は整数になるという“倍数比例の法則”を導き出し，原子説を提唱した（1802 年）。さらに同じ頃，フランスの J. L. Gay-Lussac（ゲーリュサック，1778－1850）は気体の反応において，反応の前後での気体の体積には簡単な整数比の関係があるという“気体反応の法則”を見出した（1805 年）。

ちょうど 1800 年頃，ボルタ電池が発明されたことに触発されたイギリスの H. Davy（デーヴィ，1778－1829）は溶融塩の電気分解を思いつき，この方法により金属ナトリウムとカリウムの単離に成功した（1807 年）。また，同様の方法でアルカリ土類金属を単離した。これらの結果は，現代の元素記号を考案したスウェーデ

精密天秤

実験室の大型天秤

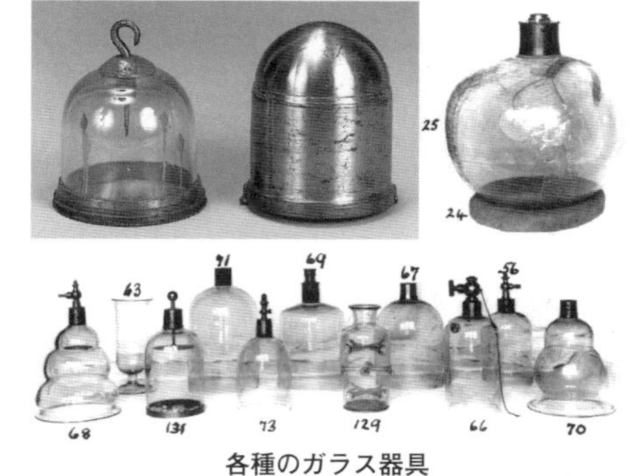

各種のガラス器具

図3 ラボアジェが用いた各種の実験道具

［http://moro.imss.fi.it/lavoisier/main.asp］

ンのJ. J. Berzelius（ベルセリウス，1779－1848）の類いまれな精密な定量分析技術によって追試され，当時知られていた40種以上の元素の原子量が決定された。

しかし，これらの結果には重大な問題があった。当時のドルトンやベルセリウスの考えは，電気的にプラスの元素とマイナスの元素が化合して化合物を形成するというものであった。これによれば，水は水素原子1に対して酸素原子1が化合したものである。これでは，ゲーリュサックが発見した気体反応の法則が説明できない。

この矛盾に気づいたイタリアのA. Avogadro（アボガドロ，1776－1856）は一定の温度・圧力・体積中に含まれる気体粒子の数は成分によらず同じであり，その気体粒子は原子である必要はなく原子どうしが化合した分子から構成されていても構わないとする“アボガドロの仮説”を唱えた（1811年）。そして，彼はそれにより，当時知られていた水の電気分解の結果から，どの水分子も水素原子と酸素原子を2対1の割合で含んでおり，その気体の重量比の測定から酸素分子も水素分子も2個の原子よりなり，原子の質量比は16対1であるという結論を導き出した（1811年）。

この考えは，ドルトンやベルセリウスから完全に無視され，それ以降約50年にわたり分子と原子は混同されたままの状態がつづいた。同種の原子どうしが結合して分子をつくるという考えは，のちに量子力学が登場するまでは解明されなかった。当時としては，とうてい受け入れがたい考えだったのかもしれない。

しかし，このアボガドロの業績は，1860年にドイツのカールスルーエで開催された第1回国際化学者会議において，イタリアのS. Cannizzaro（カニッツァーロ，1826－1910）により紹介され，後の周期表の発見へとつながる。

c. 周期表の発見

1859年，ロシアの化学者D. Mendeleev（メンデレーエフ，1834－1907）は，政府の命によりドイツのハイデルベルク大学へ留学した。このとき知り合ったカニッツァーロからアボガドロが唱えた分子の概念を聞かされ，強く影響を受けることとなる。ロシアへ戻った彼はサンクトペテルブルク工科大学の教授となり，当時知られていた63の元素をアボガドロの考えに基づいて計算した原子量の順番に並べると，その性質が周期的に変化することに気づき，周期表を発表した（1869年）。さらに，彼は当時の原子量を使うと，うまく表に当てはまらない元素があることに気づき，イリジウムとベリリウムの原子量を変えると同時に，当てはまらない場所を空欄にすることで，まだ発見されていない未知の元素の存在を予言した。この予言通りに，ガリウム（1871年），スカンジウム（1879年），ゲルマニウム（1886年）が発見され，元素の周期性が裏付けられた。しかし，なぜそうなるのかについては，スウェーデンのJ. Rydberg（リュードベリ，1854－1919年）による原子スペクトルの測定に始まる原子構造の研究と，量子力学の誕生を待たなければならなかった。

［紀本 岳志］

参考図書

1） I. Asimov, “Chronology of Science and Discovery”, Harper & Row (1989).

2.2　物質の基本的な性質のはかり方

多種多様の物質を取り扱う化学では，物質の諸性質，化学平衡，化学反応など，はかる対象となる系や現象に応じて，様々なはかり方が提案され用いられてきた。その原理は基本的には物理学の法則によるが，この節では，化学に共通していると考えられるはかり方について述べる。

2.2.1　質　量

質量測定は実験を定量的に行うときの基本であるので，まずこれについて述べ，その後，物質の密度の測定法を説明する。

質量測定には偏位法と零位法がある。前者は質量に比例する何らかの量を用いて，質量を間接的に測定する方法で，図1（a）に示すばねばかりを用いた測定がその例である。重力加速度は場所によって決まった値をとるので，ばねの伸びは，質量に比例する。あらかじめ質量既知の標準分銅を用いてばねの伸びと質量の比例関係を決めておき，試料に対するばねの伸びから試料の質量を測定する。後者の零位法は試料の質量と同じ質量の分銅を用いて釣り合いを確かめる方法（バランスチェック）で，図1（b）に示すような天秤を用いる。天秤の一方の受け皿に試料を載せ，他方には質量既知の分銅を載せて天秤を釣り合わせる。釣り合ったときの分銅の質量が試料の質量に等しい。高い精度を必要とする質量測定では，天秤による零位法が一般的である。

天秤についてもう少し詳しく述べよう。天秤は，上で述べたように，零位法による測定で非常に精度が高い。一昔前は，図1（b）に示したような天秤が用いられ，試料と実際の分銅を釣り合わせて質量が求められていた。しかし，近年では試料にかかる重力（重さ）と電磁力とを釣り合わせる電子天秤が主流となっている。

電子天秤の構成図を図2に示す。電子天秤は，はかり機構部，復元力発生機構部，制御機構部，

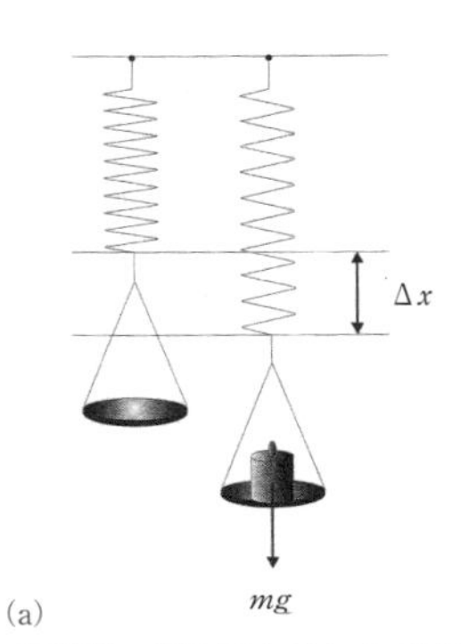

図1（a）偏位法－ばねばかりによる質量の測定

ばねの伸び Δx は試料にかかる重力 mg に比例する。m は質量，g は重力加速度である。

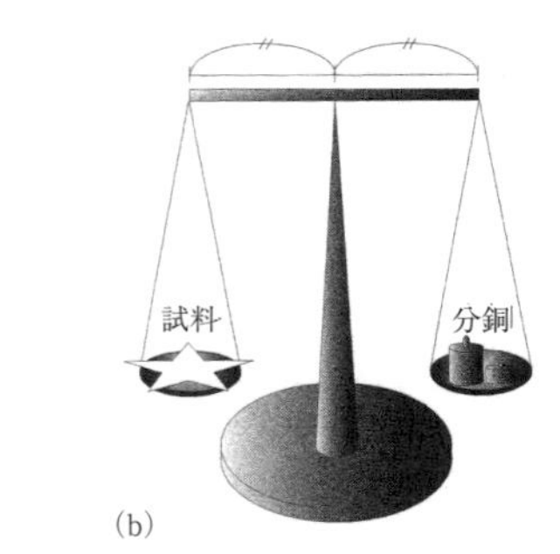

図1（b）　零位法の説明－天秤による質量の測定

試料の質量と同じ質量の分銅で釣り合いをとる。

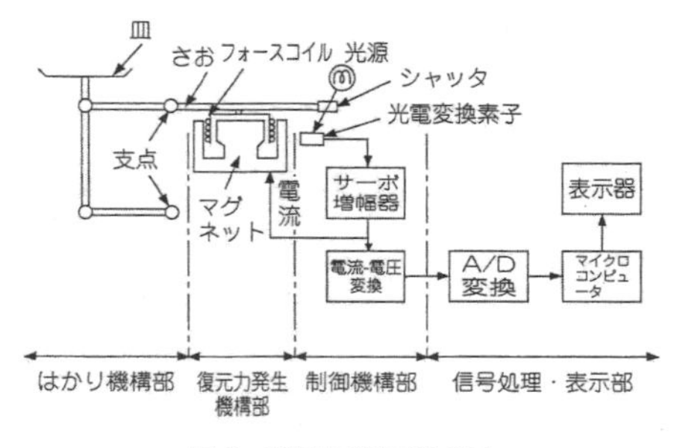

図2　電子天秤の構成図

［日本分析機器工業会 編，“分析機器総覧 1999”，p.113］

信号処理・表示部から構成される。復元力発生機構部は磁石とフォースコイルからなり，フォースコイルに電流が流れるとフレミングの左手の法則に従って電磁力が発生する。制御機構部では，皿の試料の重さによる下向きの力と釣り合わせるために必要な上向きの磁力を発生する電流が検知され，信号処理・表示部ではこの電流をもとにして信号が処理され，試料の質量が表示される。試料に作用する重力加速度は，測定する場所や環境に応じて変わるので，標準分銅によって校正する必要がある。実験室で使用する汎用的な電子天秤の秤量は100～200 g，感量は0.1 mgである。このため，この天秤による質量測定は有効数字が5桁あるいは6桁の精度の高い測定が可能である。

密度はある温度における物質がもつ質量の体積に対する比である。SI単位系では，体積1立方メートルあたりの質量〔$\mathrm{kg\,m^{-3}}$〕をいうが，〔$\mathrm{g\,cm^{-3}}$〕で表されることも多い。一方，比重はある温度において，ある体積を占める物質の質量と，それと同体積を占める標準物質の質量の比であり，単位をもたない。試料が液体や固体のときには標準物質は4℃における水である。気体では同温度，同圧力の空気を標準物質とする。〔$\mathrm{g\,cm^{-3}}$〕を単位として表された液体や固体の密度と比重はほぼ同じ数値になる。

a.　液体の密度

液体の密度を測定するためには比重瓶（図3）を用いる。密度を測定しようとする液体を比重瓶に充たし，これを恒温槽に20～30分間浸して放置する。このとき比重瓶の栓の隙間から溢れ出た液体をよく拭き取る。その後，比重瓶を恒温槽から取り出してこれを秤量する。この秤量値からあらかじめ求めておいた空の比重瓶の質量を引き液体の質量を求める。一方，比重瓶に密度が正確にわかっている標準試料（水）を充たし，これを秤量してその容積を求める。この容積と比重瓶中の液体の質量から密度を算出する。

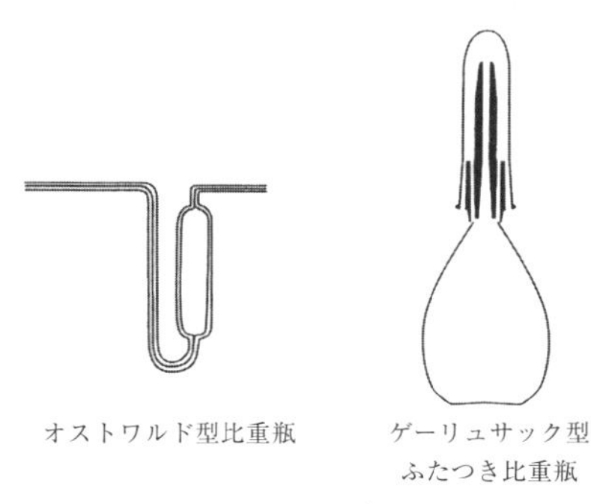

図3　比重瓶

［飯田隆，菅原正雄，鈴鹿敢，辻智也，宮入伸一 編，“イラストで見る化学実験の基礎知識　第3版”，p.51，丸善出版（2009）］

b.　固体の密度

あらかじめ質量mを測定しておいた固体試料を比重瓶に移し，これに水を充たしてその質量W^*を測定する。一方，比重瓶に水だけを充たしたときの質量Wを測定する。$W+m-W^*$は固体試料と同体積の水の質量に等しいから，この質量から体積を求めて固体試料の密度を算出する。

c.　気体の密度（デュマ法）

容積が既知の球形容器を真空に排気しその質量を測定する。次に，容器に試料気体を充たしその質量を測定する。両者の差が気体の質量である。この質量と容器の容積から気体の密度を求める。球形容器の容積を求めるには容器に水を充たして所定の温度の恒温槽に浸したあとこの質量を測定し，水の密度を用いて容積を算出する。

2.2.2　熱的性質

熱的性質は物質の熱容量や相転移に関連した性質である。したがって，温度や熱の精密な測定が基礎となる。熱力学温度（絶対温度）は熱力学の第二法則に関連して定義された物理量であり，これを直接的に決定できるのは理想的な気体温度計だけである。このような温度計を使用するのは事実上むずかしいので，実験では別の方法で校正された二次温度計が用いられる。Load Kelvin（ケルビン卿，1824－1907）は1気圧における水の凝固点と沸点の差を100度としたケルビン温度目盛り〔K〕を提案した。この目盛間隔は同じで水の凝固点を0度とした目盛りが摂氏（セルシウス）温度目盛り〔℃〕

である。また，水の凝固点と沸点の差を180度とし，氷の凝固点を32度としたのが華氏（ファーレンハイト）温度目盛り〔°F〕である。互いの関係は

℃ ＝ K − 273.15

°F ＝ （9/5）（K − 273.15）＋ 32

である。また，絶対温度の基準は水の三重点の温度で，これを273.16 Kとしている。低温や高温においていくつかの一次定点（物質の融点などを温度の基準点としたもの）があり，各種の温度計を校正するのに用いられる。

従来，実験室で用いられてきた温度計には水銀温度計とアルコール温度計があるが，近年水銀温度計は水銀の毒性のため特別な場合を除いて用いられない。これらの温度計は水銀やアルコール（現在は灯油など）を特別なガラスに封入したもので，それらの熱膨張を利用して温度を測定する。目盛りを直接読み取れるのが大きな特徴である。

温度計を用いて試料の温度を正確に測定するときには次のような注意が必要である。①目盛り面の直角方向から目盛りを読む。②温度計を液面の上端まで試料中に浸した状態（全浸没）で目盛りを読む。温度計全体を試料中に浸した状態（完全浸没）や全浸没でない部分浸没では補正が必要である。③長期間にわたる使用ではガラス目盛りに経年変化が生じるので定期的に校正する。

水銀温度計の一種であるベックマン温度計は，温度差を精密に測定するための温度計である。感度をよくするために球部を大きく毛管部を細くしてある。このため広い範囲の温度を測定することはできない。この不便さを補うために毛管の上部に水銀溜を設けて球部の水銀量を調節し，使用温度で水銀柱上端が目盛り範囲に入るようにすることができる。1目盛り0.01°で最高6°（目盛りは5°まで）の温度差を測定できる。

他の重要な温度計としては熱電対を利用した温度計がある（図4）。この温度計ではゼーベック効果を利用して試料の温度を測定する。2種の金属線を2ヵ所で接合して接合部を異なった温度（T_1，T_2）にすると熱起電力が発生する。この熱起電力を電位差計で測定することにより試料の温度を求めることができる。通常，2ヵ所のうちの一方は基準温度（0℃）にして使用する。白金－白金ロジウム10%（Pt＋10%Rh）（0～1450℃），クロメル（90%Ni＋10%Cr）－アルメル（95%Ni＋5%（Al，Si，Mn））（−200～1200℃）など各種の熱電対が市販されている。

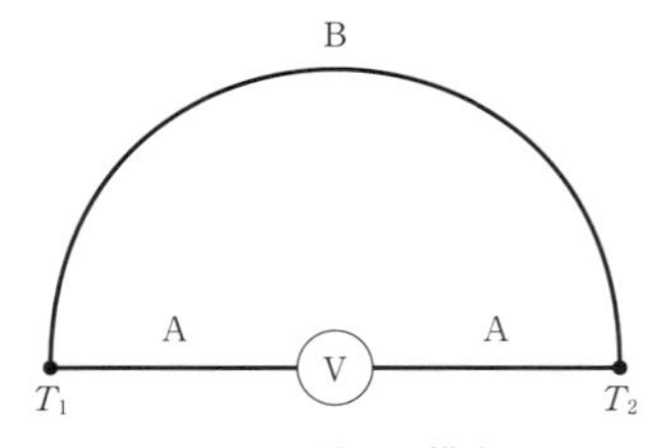

図4　熱電対の構成

異なる材質AとBで構成された熱電対の両端の温度T_1とT_2が異なるとき，両端に起電力が発生する。これをゼーベック効果という。

熱的性質の測定実験には温度計の他に熱量計が必須である（図5）。熱量計は簡単にいえば，熱が外部に逃げないような容器，たとえば魔法瓶に温度計を差し込んだものである。しかし熱の漏れを防ぐことは容易ではなく，測定の対象となる物質や反応，さらに測定の精度に応じて適当な熱量計の加工や測定系の工夫が必要となる。また，熱量計には標準の熱量を発生させるための電熱器などを備えておく必要がある。

a．沸点，凝固点

物質が何であるかを同定するもっとも簡単な方法の一つは沸点や凝固点を調べることである。液体を熱していくと，比較的低い温度では蒸気は液体の表面から蒸発するが，温度がさらに高くなると蒸気が液体の内部から泡として発生する。この現象が沸騰である。沸騰を起こす温度が沸点である。清浄な容器の中で液体を熱していくと，温度が沸点以上になっても沸騰が起こらず，何らかのきっかけで急に沸騰が起こることがある。これを突沸という。沸点を正確に測定するためには，液体にあらかじめ沸石（素焼きの細片）やガラスの毛管を入れておき，突沸を防いで沸騰が滑らかに起こるようにする。

溶質を含んだ希薄溶液の沸点は純溶媒の沸点より高い。この現象を沸点上昇という。沸点上

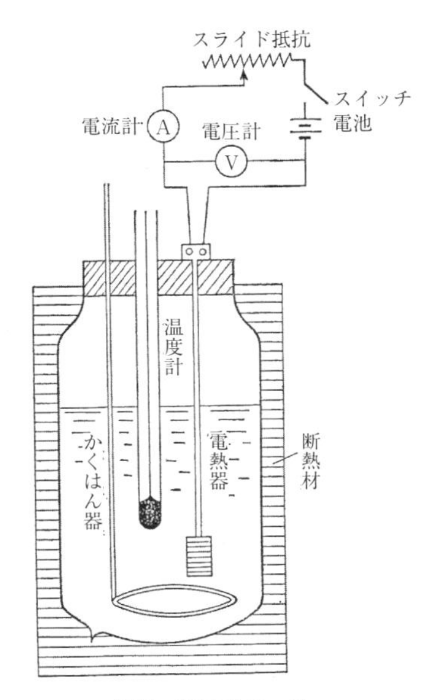

図5 熱量計の一例

［鮫島実三郎，“物理化学実験法 増補版”，p.229，裳華房（1977）］

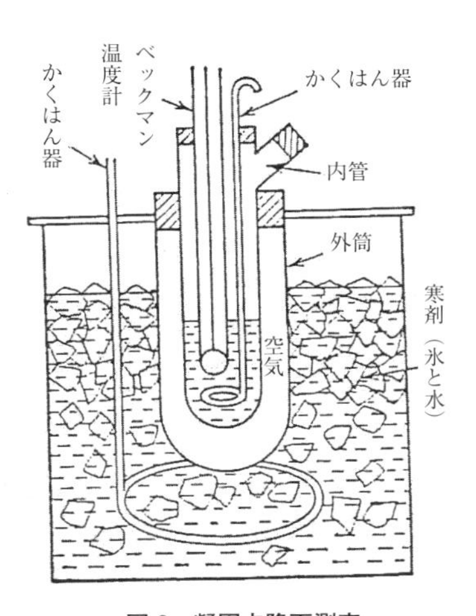

図6 凝固点降下測定

［千原秀昭 編，“物理化学実験法”，p.90，東京化学同人（1968）］

昇ΔT_bから溶質の分子量Mを推定することができる。この原理は2.4.5で詳しく述べる。

一方，物質が液体から固体に変化する温度を凝固点という。反対に固体から液体に変化する温度を融点という。本来，両者は一致するが，凝固点の測定ではしばしば過冷却が生じるので，これに注意する必要がある。測定には，試験管に試料と温度計を入れ，これをより太い試験管中に差し込んで二重底としたものを適当な方法で熱し（冷やし），固体から液体へ（液体から固体へ）変化するときの温度を読む。

200℃までの融点測定では，熱するための液体として濃硫酸を用いる。さらに高い温度が必要な場合は，硫酸中に硫酸カリウムを溶かしたものや硝酸カリウムと硝酸ナトリウム混合物を用いる。さらに高温の融点測定には，試料をるつぼに入れ，熱電対を挿入して融点を測定する。

溶質を含んだ希薄溶液では，純溶媒に比べて沸点は上昇するが，その溶液の凝固点は純溶媒のときに比べて低くなる。これを凝固点降下という。沸点上昇と同様に凝固点降下ΔT_fの値から溶質の分子量を推定することができる（2.4.5参照）。

凝固点降下の測定装置を図6に示す。試料溶液とベックマン温度計およびかくはん器を入れた試験管をより太い試験管に挿入し，これを冷却槽に浸す。ベックマン温度計を適当な時間間隔（30秒）で読み，冷却曲線を作成する。試料の入った試験管とより太い試験管の間に空気の間隙を確保する。この間隙は冷却が徐々に進むようにするための工夫である。図7に示すように，冷却曲線には過冷却による極小部（a，c）が現れる。純溶媒の冷却曲線は過冷却による極

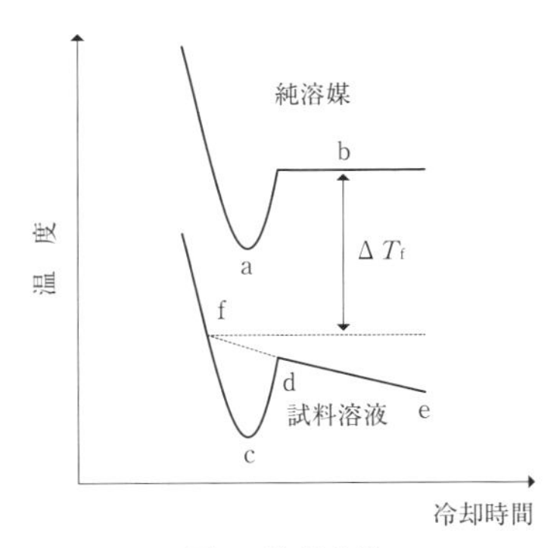

図7 冷却曲線

小（a）を経た後，一定の温度（b）に到達する。これが純溶媒の凝固点に対応する。一方，溶質を含む試料溶液の冷却曲線では，極小（c）の後，一定温度にはならず，温度は徐々にではあるが，直線的に下がる。（d－e）これは，溶液中の溶質濃度の増加によるものである。この直線部を外挿して，過冷却が生じないときの凝固点（f）を求め，凝固点降下 ΔT_f を決定する。

b. モル熱容量

モル熱容量は単位物質量の物質の温度を単位温度だけ上昇させるのに必要な熱量であり，単位は $\mathrm{J\,K^{-1}\,mol^{-1}}$ である。モル熱容量は温度に依存し，一定圧力で測定したモル熱容量を定圧モル熱容量 C_p，一定体積のモル熱容量を定積モル熱容量 C_v という。気体の場合，定圧モル熱容量と定積モル熱容量には大きな差がある。理想気体の場合は次式で示されるマイヤーの関係式がある。

$$C_p - C_v = R$$

固体のモル熱容量はノイマン－コップの経験則に従うものが多い。また，デュロン－プティの法則から常温またはそれ以上の温度において，モル熱容量は物質の種類を問わず $25\,\mathrm{J\,K^{-1}\,mol^{-1}}$ に近い値を取ることが予想される。

固体および液体では一定圧力で定圧モル熱容量を測定し，定積モル熱容量は定圧モル熱容量から熱力学的に計算することができる。

モル熱容量を測定するには，所定の温度に熱した試料を熱量計に投入し，熱量計の温度変化を測定すればよい。断熱性に優れた熱量計が必要であることは当然であるが，試料を含まない熱量計の熱容量をあらかじめ正確にはかっておかなければならない。このためには，電熱器を熱量計に入れて既知量の熱を発生させ，そのときに生じる温度変化から熱量計の熱容量を見積もる。

水に不溶の固体試料では，試料を熱し所定の温度になったことを確認した後，試料を吊している糸を切断して試料を熱量計に投入する。液体試料の場合は試料をガラス製アンプルに封入して所定の温度に熱した後，試料をアンプルごとすばやく熱量計に移す。

c. 融解熱

一定温度で固体が液体に融解するときに吸収する熱が融解熱である。これを測定するには試料の液体状態と固体状態でのモル熱容量（C_l および C_s）をそれぞれ融点以上と以下であらかじめ測定しておく。試料を融点より少し低い温度にして固体状態にしておき，これを熱量計に入れてその中で液体状態になるときの熱量を測定する。固体状態での試料の温度を t_1，試料がすべて液体状態になったときの熱量計の温度を t_2 とすると，試料の物質量を G，融点を T，熱量計内の試料が吸収した熱量を Q とすれば，

$$L = (Q/G) - C_l\,(t_2 - T) - C_s\,(T - t_1)$$

がなりたつ。ここで，L は試料 1 mol あたりの融解熱である。蒸発熱（気化熱）も同様の方法で測定できる。

d. 膨張率

一定圧力において試料が熱膨張するとき，単位温度変化に対する試料体積の変化量を基準の体積で除した量を体膨張率という。膨張率は一般に温度 θ と圧力 p に依存する。体膨張率 α は

$$\alpha = (\mathrm{d}V/\mathrm{d}\theta)_p/V_0$$

で表される。V_0 は 0℃ における体積である。固体の場合は，線膨張率

$$\beta = (\mathrm{d}l/\mathrm{d}\theta)_p/l_0$$

を用いることもある。l_0 は 0℃ における長さである。等方性物質では一般的に $\alpha \simeq 3\beta$ がなりたつ。

気体や液体の体膨張率を測定するには，一端が可動であるような膨張計に試料を入れ，これを所定の温度に設定した恒温槽に浸してその体積を測定する。温度－体積曲線を作成し，これから体膨張率を決定する。多くの気体は常温，常圧で理想気体と同様に振る舞う。したがって，体膨張率はシャルルの法則から $1/273.15\,\mathrm{K^{-1}}$ である。固体の膨張率は主に線膨張率として測定される。したがって，ある温度変化に対する試料の伸びを測定すればよい。しかし，固体の膨張率は非常に小さいため，わずかな伸びの測定や測定装置自身の熱膨張の影響により，これを正確に測定するのは非常にむずかしい。そのため，試料の伸びの測定には X 線回折，光干渉，静電容量などを用いた精密な測定が行われる。

2.2.3 電気的性質

物質の電気的性質といえば，固体の電気的性質すなわち伝導体か半導体か絶縁体の性質を思い浮かべるかも知れない。また，固体の伝導体の場合，比抵抗は非常に重要な物性の一つである。しかしここでは，化学に関連するイオンを含む溶液（電解質溶液）の電気的性質である電気伝導度と誘電率の測定について述べる。

電解質溶液の電気伝導度測定にはホイートストンブリッジがよく用いられる。このブリッジ回路は未知の電気抵抗や電気容量を正確に測定するために用いられるものである。図8はブリッジ回路の配線図である。R_s は標準抵抗で抵抗値は既知，R_u は被検物，R_v は可変抵抗で接点Tの位置によって左側の抵抗 R_L と右側の抵抗 R_R が同時に変化する。また，Dは検流計，Sは電源である。Dがゼロを示す，すなわち，Dに電流が流れないとき，次の関係式

$$\frac{R_R}{R_L} = \frac{R_u}{R_s}$$

を満足する。したがって，接点Tを注意深く動かすことによってDがゼロになるような R_R/R_L 比を求め，これに R_s を乗じて被検物の抵抗 R_u を求めることができる。

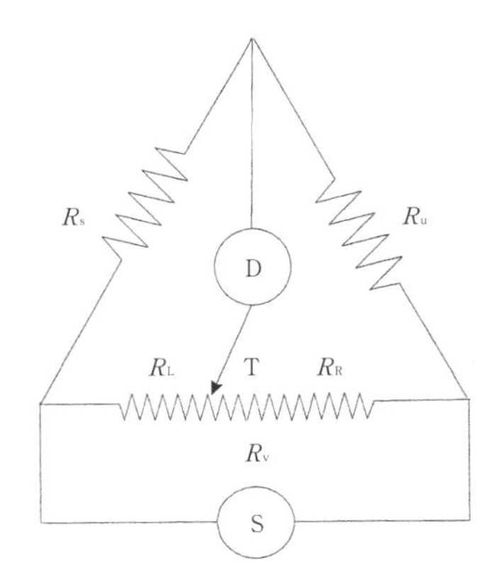

図8 ホイートストンブリッジ

a. 電気伝導度

溶液の電気伝導がオームの法則に従うとき，長さ l，断面積 A の柱状の溶液に対する電気抵抗を R とすれば，溶液の伝導率 κ は

$$\kappa = \frac{l}{RA}$$

と表される。したがって，ホイートストンブリッジの一辺に伝導度測定用セルを被検物として挿入して，その抵抗を測定すれば κ を求めることができる。交流電源を用いてこのような測定を行う場合はコールラウシュブリッジ法という。代表的な伝導度セルを図9に示す。セルはガラス製で，測定時には全体を恒温槽に浸す。水溶液の測定では電極として白金黒をめっきした白金（白金黒）がよく用いられる。電極間電圧は，通常，振幅2〜3V，周波数1kHz程度の交流が用いられる。交流を用いる理由は，溶液の抵抗に対して電極・電解質溶液界面における電極反応の影響を小さくするためである。

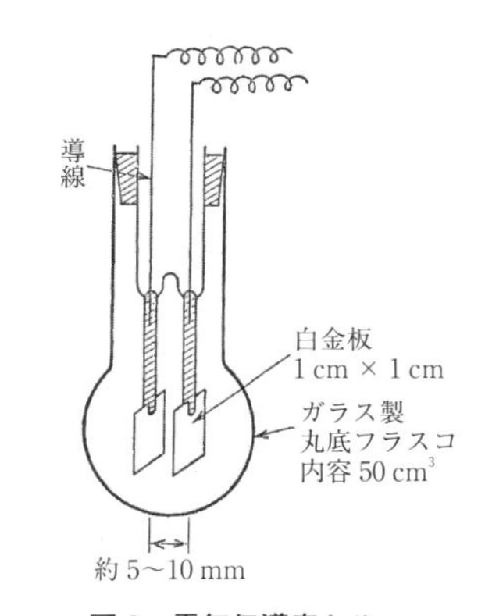

図9 電気伝導度セル

［千原秀昭 編，“物理化学実験法”，p. 163，東京化学同人（1968）］

ここで測定される値は試料溶液を充たしたセルの抵抗値であるが，電極間距離や電極面積は個々のセルによって異なるので，セルの l/A に相当する値であるセル定数 K_{cell} を，伝導度が正確にわかっている標準溶液（よく精製した塩化カリウムの水溶液）を用いて決定しておく必要がある。

試料溶液が単一の電解質の溶液の場合，κ を電解質濃度 c で割った量をモル伝導度 Λ といい，この値を異なった濃度で測定して，これを濃度の平方根に対してプロットすると，完全解離する電解質では

$$\Lambda = \Lambda^{\infty} - A\sqrt{c}$$

で表される直線関係が得られる。ここで，Λ^{∞} は無限希釈におけるモル伝導度とよばれる量で，種々の電解質の電気伝導度を比較するときに便利である。上式はコールラウシュの式として知られる式で，これを用いることによって十分希薄な溶液の $\sqrt{c}$ に対する Λ のプロットを外挿して Λ^{∞} を求めることができる。

c. 分極率と誘電率

イオンとは異なり分子は全体としては電気的に中性であるが，分子内での正電荷の重心と負電荷の重心は必ずしも一致していない。もともと一致していない分子は極性分子とよばれ永久双極子をもっているが，一致している分子は無極性分子とよばれ双極子をもたない。しかし，無極性分子でも外部から電場を作用させると双極子が誘起される。この現象を誘電分極という。このような分子の双極子間の相互作用が分子間力の原因となる。この相互作用は，気体，液体，固体によらず見られる。このような誘電分極を起こす物質を誘電体という。誘電率 ε は誘電分極に関連する量で，誘電分極の機構によって決まる。また，誘起双極子モーメントによるモル分極 P は，誘電率と分極率 α を用いて，

$$P = \frac{\varepsilon - 1}{\varepsilon + 2} \cdot \frac{M}{\rho} = \frac{4\pi N_A}{3}\alpha$$

と表され（クラウジウス－モソッティの式），この式をもとに誘電率の測定から分極率を求めることができる。ここで，M は分子量，ρ は密度，N_A はアボガドロ定数である。

一方，誘電率は蓄電器（コンデンサー）の静電容量 C と次のような関係をもつ。

$$C = \varepsilon A \,/\, d$$

ここで，d は蓄電器の電極間の距離，A は電極面積である。誘電率は直流または交流電圧（10^6 Hz 以下）を用いて蓄電器の静電容量を測定して求める。

2.2.4　光学的性質

ここで光とよぶものは波長の短い γ 線や X 線から波長の長い赤外線や電波までの広い範囲の電磁波一般を示す。光は波としての性質だけではなく粒子としての性質も備えており，光の粒を光子（光量子）とよぶ。光子のエネルギーは波長に反比例し，波長の短い光ほど 1 個の光子のエネルギーは大きい。すなわち，紫外線や可視光線の光子 1 個のエネルギーは赤外線や電波の光子 1 個のエネルギーよりも大きい。

物質が光と相互作用すると，光子のエネルギーに対応して様々な現象が起きる。光吸収，光放射，光散乱，屈折，光旋光などである。ここでは，化学として重要な溶液のモル吸光係数と屈折率の測定法を述べる。さらに，直線偏光状態の光が物質を透過するとき，その偏光面が透過距離に比例して回転する旋光能の測定法についても触れる。

a. モル吸光係数

図 10 に典型的なシングルビーム型の紫外・可視分光光度計の模式図を示す。光源のタングステンランプ（あるいはハロゲンランプ）から発せられた光は回折格子によって特定の波長の光に単色化され，試料溶液を入れた光学セルを透過して光電子増倍管によって検出される。

ある波長において，セルに入射する前の光の強度を I_0，セルを透過した後の光の強度を I とすると，透過率 T は

$$T = I/I_0$$

で表される。一方，透過率の逆数の常用対数は吸光度 A とよばれ，これはモル吸光係数 ε〔$\mathrm{mol^{-1}\,L\,cm^{-1}}$〕，光が試料溶液中を透過する距離（光路長）$l$〔cm〕，試料溶液中の被検物質の濃度 c

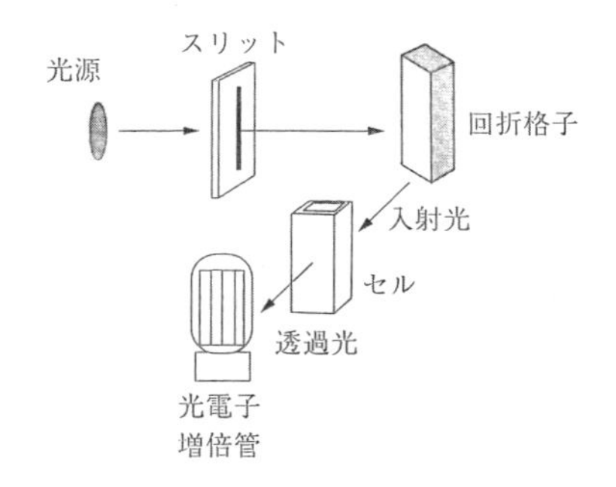

図 10　可視分光光度計の概略図

［飯田隆，菅原正雄，鈴鹿敢，辻智也，宮入伸一 編，"イラストで見る化学実験の基礎知識 第 3 版"，p.100，丸善出版（2009）］

〔mol L^{-1}〕の積に等しい。すなわち，

$$A = \log_{10}(1/T) = -\log_{10}T$$

および

$$A = \varepsilon lc$$

である。この式はランベルト‐ベール則として知られている。

測定ではまず入射光の波長を光吸収が生じる波長に合わせる。次に溶媒だけを含むセルを所定の場所に置いて吸光度を測定する。測定される吸光度 A_{obs} はセルによる吸光度 A_{cell} と溶媒による吸光度 A_B の和となる。次にセルに試料溶液を加えて吸光度を測定する。測定される吸光度 A'_{obs} はセルによる吸光度 A_{cell} と溶媒による吸光度 A_B および試料物質の吸光度 A_S の和となる。両者の差は試料物質の吸光度 A_S であるから，この値を光路長と濃度で除してモル吸光係数を求める。セルの光路長は，正確にモル吸光係数がわかっている溶液（たとえば，0.05 mol L^{-1} NaOH 水溶液中で，$K_2Cr_2O_7$ を用いて Cr(VI) の濃度を 5×10^{-5} mol L^{-1} としたもの）を用いて決定する。

b.　屈折率

図 11 は光が屈折率の高いガラス相から低い液相へ入射し，界面で屈折されるときの光線の動きを示す。入射角を θ_i，屈折角を θ_r とし，ガラスと液体の屈折率をそれぞれ n_1，n_2 とすれば，これらには

$$n_1 \sin \theta_i = n_2 \sin \theta_r$$

の関係，すなわち，スネルの法則がなりたつ。したがって，屈折率は原理的には屈折率が既知の物質（たとえばガラス）と試料物質で界面を構成し，界面での光の入射角と屈折角の測定から決定できる。

屈折率はモル吸光係数と同様，光の波長の関数であり，光吸収が起きる波長領域では異常分散のため大きく変化する。そこで，通常の測定では試料物質が光吸収を示さない波長を用いる。測定にはナトリウム D 線（波長 589.0 nm と 589.6 nm）や He-Ne レーザー光（632.8 nm）などの単色光を用いるのが一般的である。

様々な屈折計があるが，ここでは有名なアッベの屈折計について述べる。図 12 は屈折計の原理図である。屈折計は，屈折率の高いガラス

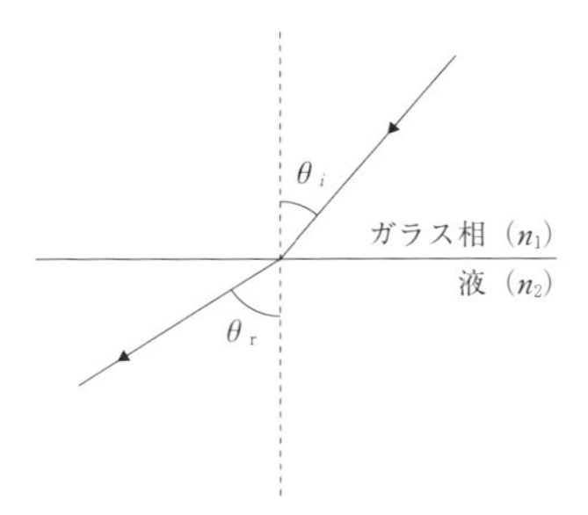

図 11　光線の反射と屈折

でつくられた 2 個の直角プリズムと望遠鏡から構成され，直角プリズムの間隙は数滴の液体試料で充たされる。

面 EF はすりガラスになっており，ここに入射した光は面 EF で散乱されていろいろな方向から液体試料に入射したのち，面 BC で再び屈折される。屈折光の屈折角 θ_r の最大値は臨界角 θ_c である。θ_r と θ_r' の間には，$\theta_r + \theta_r' = \delta$ の関係があり，プリズムの屈折率を n_1，空気の屈折率を 1 とすると，θ_r' と θ_i' の間には，スネルの法則から $n_1 = \sin \theta_i' / \sin \theta_r'$ の関係がなりたつ。$\theta_r = \theta_c$ のとき θ_i' は最小値の $(\theta_i')_{min} = \sin^{-1}[n_1 \sin(\delta - \theta_c)]$ となる。$(\theta_i')_{min}$ を境にして，θ_i' が小さい方向に光は出ないので，望遠鏡の右側の視野は暗く，左側

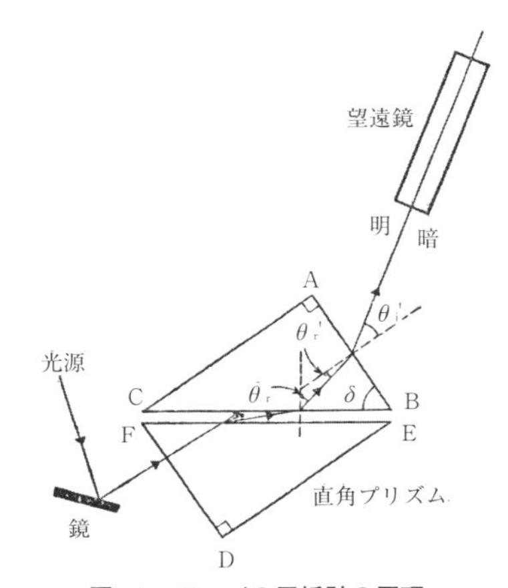

図 12　アッベの屈折計の原理

［日本化学会 編，“新実験化学講座　1 巻 基本操作 I”，p.145，丸善（1975）］

の視野は明るくなる。この明暗の境界線が望遠鏡の中央に来るように調整してθ_cを決め，液体の屈折率n_2を，$n_2 = n_1 \sin\theta_c = \sin\delta[n_1^2 - \sin^2(\theta_i')_{min}]^{1/2} - \cos\delta\sin[(\theta_i')_{min}]$の関係式から求める。実際のアッベの屈折計では望遠鏡を覗くと十字のマークが見えるので，このマークに明暗の境界線を合わせるように調整すると，自動的に試料液体の屈折率が表示されるように工夫されている。

c. 旋光能

旋光性は直線状に偏光した光線の偏光面（電磁波の電場が振動している面）が媒体を透過するとき，透過した距離に比例して回転する現象である。旋光性の測定は2.10で解説する有機化合物の光学異性体（鏡像異性体）の識別のさいに重要な方法となる。

旋光性を示す物質には偏光面を入射光に向かって右回りに回転させる右旋性物質と左回りに回転させる左旋性物質とがある。また，偏光面の回転角αは光が試料中を透過する距離（光路長）をl，試料の濃度をcとすれば

$$\alpha = [\alpha]\ lc$$

となる。ここで$[\alpha]$は比旋光度とよばれる。ナトリウムD線を用い，25℃で測定を行った比旋光度は$[\alpha]_D^{25}$と表示する。

旋光性の定義からわかるように，試料の旋光能を測定するには，試料溶液を入れたセルの両側にそれぞれ偏光素子（ニコルプリズム）を置いて，光の偏光面の回転を測定すればよい。このような装置を偏光計という。図13にリピッヒの偏光計の概略図を示す。

光源Aからの光はレンズBにより平行光線となり，偏光素子C（偏光子）を通過して直線偏光となる。この偏光の半分を偏光素子Dに，半分を試料溶液用セルEに入射する。光の偏光面は試料溶液を透過するに従い回転するが，その回転角を，望遠鏡Gを覗きながら，出射側の偏光素子F（検光子）を調節して決定する。偏光素子Dは一見余分なように思われるが，望遠鏡の視野にはEを透過した光だけではなくDから直接届く光の領域も現れるため，この領域の明るさを参照すればFの回転角の調整が容易になる。多くの食品中に含まれるショ糖は旋光性を示す代表的な物質である。このため，ショ糖濃度の測定には検糖計が用いられるが，これは偏光計の一種である。［樋上 照男］

参考図書

1)　井村久則，樋上照男“基礎から学ぶ分析化学”，化学同人（2015）.
2)　井村久則，樋上照男，“基礎から学ぶ機器分析化学”，化学同人（2016）.
3)　千原秀昭 監修，徂徠道夫，中澤康浩 編，“物理化学実験法 第5版”，東京化学同人（2011）.

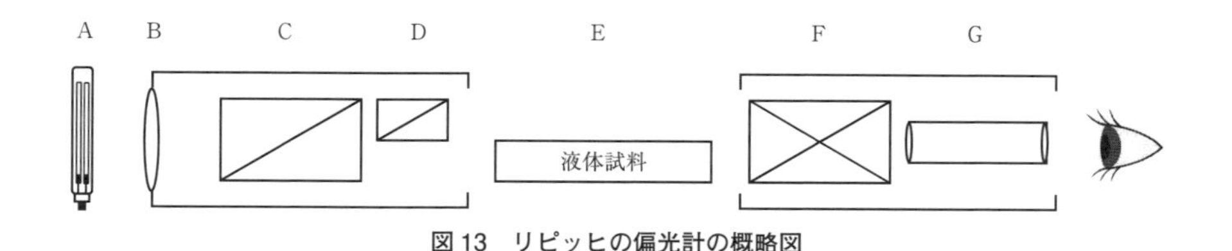

図13　リピッヒの偏光計の概略図

2.3　気体をはかる

2.3.1　物質の三態について

一般に形の変わらないものを固体とよび，形は簡単に変わるものの体積に変化がないものを液体とよんでいる。氷やバター，マーガリンなどを冷蔵庫から出すと，少しずつ融けていく様子が見える。すなわち，温度を高くすると，固体が融け，液体になることがある。水をやかんやビーカーに入れて加熱すると，そのうちに水が無くなってしまう。この現象は，液体の水から気体の水，すなわち水蒸気が生じたためである。固体，液体，気体と変化する様子は，圧力を一定にして温度を変化させることで見ることができるが，圧力が異なれば，温度を変化させた場合に見られる状態の変化が異なる。二酸化炭素はその一例で，1気圧の下では固体（ドライアイス）は，温度を上げると液体になることなく，いきなり気体になる。一方，5気圧以上のもとで温度を上げていくと，液体の状態を経て気体に変わる。

図1は一般的な物質の状態図である。状態図に描かれている線は，固体と液体，固体と気体，液体と気体が各々平衡状態にある温度と圧力を示している。固体－液体および固体－気体平衡を示す線は連続的で途切れることがないという意味で，図1の線分の端には矢印が描かれている。一方，液体－気体平衡を表す線分は特定の温度と圧力を示す点で途切れている。この点を臨界点とよぶ。

気体の圧力－体積－温度の関係を調べるには，一定質量の気体を体積可変の密閉容器に閉じ込め，一定の温度のもとで圧力を変化させたときの体積変化がはかられたり，一定圧力のもとで温度を変化させたときの体積変化がはかられる。図2にメタンの圧力－体積曲線を示す。臨界温度（190.6 K）以下では，圧力を高くしようとしても体積が小さくなり圧力が変化しない領域があるが，この部分では高い圧力を感じて気体の一部が液体になるために圧力が高くならない。すべての気体が液化すると，今度は，大きな圧力を与えても体積の減少は非常に小さくなる。一方，臨界温度以上では，圧力に応じて体積が連続的に変化する。

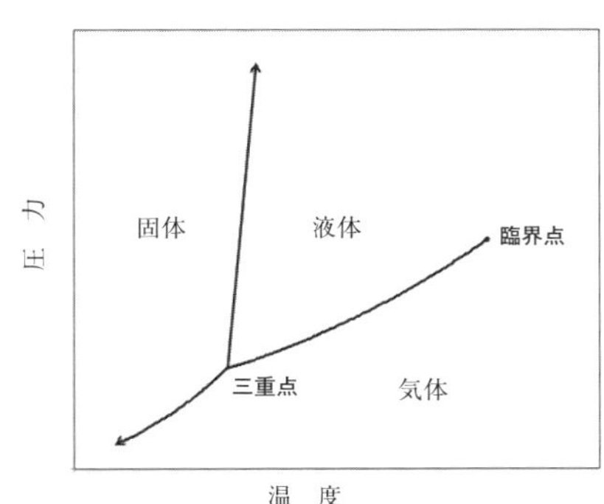

図1　一般的な状態図

2.3.2　気体の体積－圧力－温度の関係

a.　気体の体積と圧力の関係

1643年にE. Torricelli（トリチェリー，1608－1647）が，一端の閉じられた長さ約90 cm，

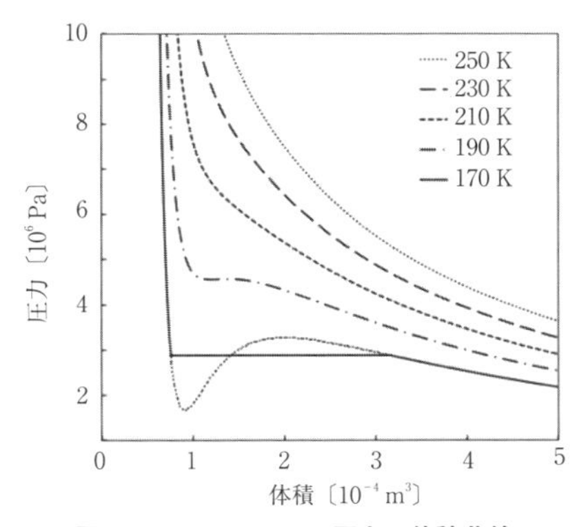

図2　メタン1モルの圧力—体積曲線
（曲線部分はファンデルワールス式をもとに計算）

直径約2.5 cmのガラス管に水銀を満たした後，水銀だめの中で垂直に立てると，管内の水銀の高さが水銀だめ上約76 cmまで下がることを発見した(図3)。管内の水銀より上の空間が「トリチェリーの真空」とよばれている部分である。

B. Pascal（パスカル，1623－1662）は管内の水銀が水銀だめの上の空気の圧力によって支えられているのならば，山の頂上で見られる管内の水銀の高さは，海水面付近で見られるよりも低くなるであろうと考えた。これを確かめる実験が1648年に山の頂上とふもとで行われ，頂上では76 cm以下にしかならないことが示された。R. Boyle（ボイル，1627－1691）はトリチェリー管をガラス鍾の中に立て，ガラス鍾内の空気を抜くと水銀だめ上の空気圧が下がり，管内の水銀の高さが低下することを示した。O. von Guericke（ゲーリケ，1602－1686）はトリチェリーの水銀柱の代わりに水柱を作成し，水柱の高さが日ごとに変動することを見出し，その原因を大気の圧力の変動であるとしている。

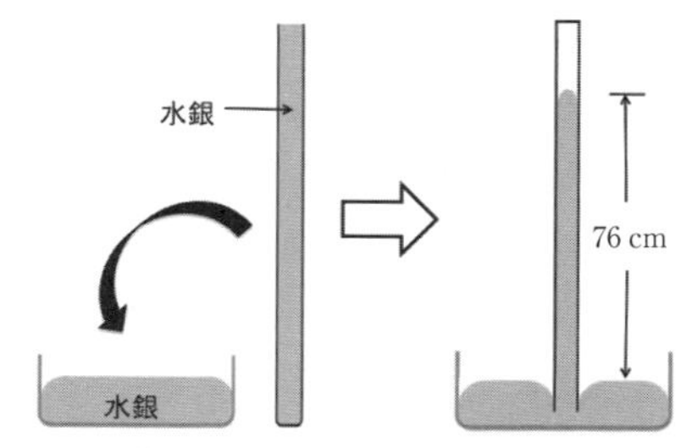

図3　「トリチェリーの真空」ができる様子

b.　ボイルの法則を導いた実験

ボイルは空気に圧力があることを，ガラス鍾の中に入れられた少ししぼんだ子羊の膀胱が，鍾から空気を抜くと膨れ上がるという実験を通して示した。ボイルはまた，完全にからにした膀胱をガラス鍾の中に入れ空気を抜くと，膀胱は膨らまないことも見つけだした。

空気の体積が圧力に反比例することについて，ボイルは図4のような丈夫なガラス管を用いて，左側の管中の空気が半分の体積になるまで圧縮されると，およそ2倍の圧力になるということ，そしてこの空気が，さらに半分の体積まで押し縮められれば，再び押し縮められる前の2倍，すなわち，もとの空気の4倍の圧力となることを明らかにした。

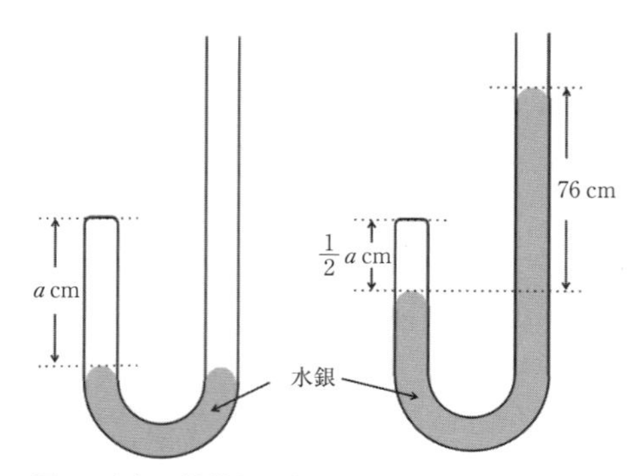

図4　空気の体積と圧力の関係を調べたボイルの装置の概略

ボイルはこの測定のときに温度に対して注意を払わなかったが，彼の観測事実は，いわゆる「ボイルの法則」から予測される数値と驚くべき一致を見たのである。

c.　気体の温度と体積の関係

Galileo Galilei（ガリレオ・ガリレイ，1564－1642）は空気の体積が温度によって変化することを利用した温度計を作成している。G. Amontons（アモントン，1663－1705）もまた温度に応じた空気の体積変化を利用した温度計を作成し，その過程で，体積がゼロになる温度（絶対零度）の概念に到達している。J. Charles（シャルル，1746－1823）もまた気体の体積と温度の関係について研究したが，公表しなかったため，その結果が多くの人に知られることがなかった。同様な結果はJ. L. Gay-Lussac（ゲーリュサック，1778－1850）の研究（1802）によるところがよく知られている。

気体の膨張係数を測定する際，ゲーリュサックは図5のような装置を用いた。測定対象の気体をフラスコに満たした後，水銀だめ上に逆さまに立てる。このフラスコはガラス管を通じて大気とつながっている。装置全体を室温から100℃まで熱するとフラスコ内の気体が徐々に膨張し，一部がガラス管を通して外へ逃げ出す。

十分に気体が逃げ出した後ガラス管を取り去り，装置全体を0℃にまで冷却すると，その間に気体の収縮が起こり，フラスコ内の圧力が下がるために水銀がフラスコの中に上昇する。フラスコ内の目盛りを読み取ることで，100℃における体積との差が求まる。ゲーリュサックによれば，0℃を基準にして100℃の体積は空気，水素，酸素および窒素で37.5，37.52，37.49および37.49%膨張した。この結果0℃を基準にして1℃あたりの膨張係数は0.00375（1/267）になった。すなわち，気体の種類や温度にかかわらず1℃あたりの体積の変化率は同じであることが確かめられた（ゲーリュサックの法則とよばれる）。

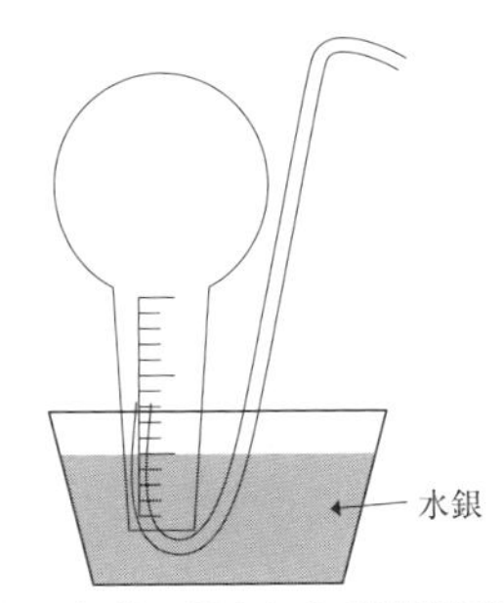

図5　気体の温度による膨張係数を調べたゲーリュサックの装置の概略

後に，この数値は容器中の水分の除去が不十分なまま得られたことが指摘され，F. Rudberg（ルードベリ，1800－1839）により乾燥した空気を用いて，空気の1℃あたりの膨張係数が0.00365（1/274）と改められた（1837）。その後，H. G. Magnus（マグヌス，1802－1870）により現在知られている数値に匹敵する0.003665（1/273）が得られた。ゲーリュサックの法則として知られる気体の体積と温度の関係は，空気や水素のように液化しにくい気体には当てはまるが，二酸化炭素や二酸化硫黄などの液化しやすい気体には厳密には当てはまらないことが分かった。また，気体の凝縮点に近づくほどゲーリュサックの法則が当てはまらなくなることも指摘され，H. V. Regnaut（ルノー，1810－1878）はこれらの現象を，気体分子が接近するほど分子間の引力が顕著になることで説明した。今でいう非理想性の原因の一つを分子間力に求めたのである。ボイルやゲーリュサックにより得られた法則が理想気体に当てはまるのに対して，それに当てはまらない気体は実在気体あるいは非理想気体として，後に，van der Waals（ファン・デル・ワールス，1837－1923）をはじめとする科学者により，その状態方程式が導き出されたのである。

2.3.3　気体分子間に働く力

理想気体の分子運動論は，分子に体積がなく，分子間に引力が働かないことが前提であり，室温付近の希ガスにはよく当てはまる。理想気体の状態方程式 $PV = nRT$ もまた同じ前提のもとで成立するが，一般の気体で沸点付近の温度と体積の関係は，理想気体とは異なることが分かる。1℃下がるごとに，0℃のときの体積の273分の1ずつ体積が減少するが，液化が起こるとこの関係は当然成立しなくなる。液化が起こることにより分子間引力があることは明白であり，温度の低下とともに分子の運動エネルギーが減少するため，引力の方の寄与が相対的に顕著になり液化するのである。ただし，臨界温度よりも高い温度では，運動エネルギーが大きいままなので，圧力を大きくしても液化が起こらず，均一な状態のまま分子間の平均距離が短くなる。分子の体積と分子間引力を考慮することでファンデルワールスの状態方程式が導き出される（コラム参照）。

希ガス，二酸化炭素，炭化水素などの分子間に働く力は分散力とよばれている。希ガスのように電荷分布が対称で無極性な原子では，双極子モーメントがゼロになるが，それは時間平均した場合のことである。一方，ある瞬間には電荷分布が対称ではなくなり，そのため双極子モーメントが生じる。このように瞬間的に双極子が生じると，隣接する中性分子の電荷分布も非対称となる（誘起双極子が生じる）。瞬間的な双極子と誘起双極の間で静電的な引力が生じるが，この力の時間平均はゼロにはならない。結果的に分子間力が生じることとなり，液化を引き起こす原因となるのである。

コラム　理想気体と実在気体

理想気体の状態方程式が $PV = nRT$ であるのに対して，分子間の引力と分子の体積を考慮したファンデルワールスの状態方程式は $(P + an^2/V^2)(V - nb) = nRT$ である（a および b は各々分子間引力と分子の体積の補正項）。実在気体の温度，圧力および体積の関係より a, b が見積られる。b は排除体積とよばれるが，その値は分子の体積と同じではない。下図のように，分子が半径 r の球と近似すると，一方の分子の中心は他方の分子の中心から $2r$ よりも近い所に入り込めない。したがって，半径 $2r$ の球の体積が，二つの分子が互いに入り込めない体積となるので，1分子あたりの排除体積は $1/2\ (4/3\pi(2r)^3) = 4 \times 4/3\pi r^3$，すなわち分子の体積の4倍となる。

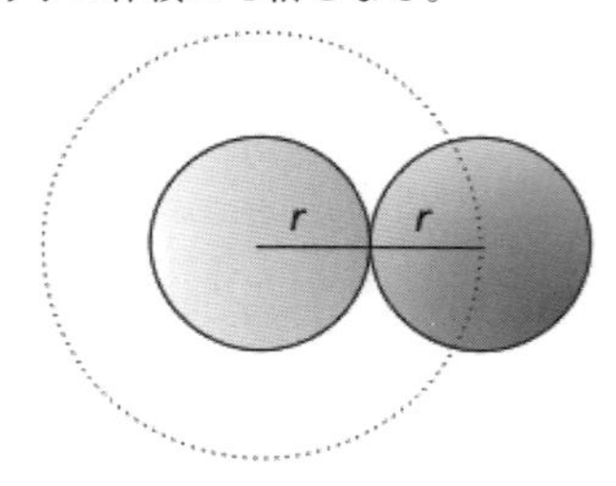

2.3.4　主要な気体の発見

a.　二酸化炭素

Aristoteles（アリストテレス，BC 384－BC 322）は空気は物質を構成する四元素（土，水，空気，火）の一つと考えていた。J.B. van Helmont（ヘルモント，1579－1644）は gas（気体）という言葉を提唱し，気体は液体，固体と並んで物質状態を表す用語として定着した。ヘルモントは特に木を燃やしたとき生じる気体の研究を熱心に行い，これを「木のガス」とよんだ。今日の二酸化炭素のことである。

白亜（炭酸カルシウム）を炉の中で焼くと生石灰（酸化カルシウム）が生成することはローマ時代から知られていたが，J. Black（ブラック，1728－1799）は白亜を強く熱すると気体（固定空気とよばれた）が発生し，重さが約44％減ることに気付いた。生石灰が水と化合して消石灰（水酸化カルシウム）が生じるが，このときに固定空気が存在すると白亜が生じることも見出した。さらには，固定空気は普通の空気中にも存在すること，酸の作用によっても白亜から遊離されることなどを明らかにした。固定空気はやがて二酸化炭素として認識されるようになるのである。

b.　水　素

1766年，H. Cavendish（キャベンディッシュ，1731－1810）は，ある金属を酸と反応させると非常に燃えやすい気体が発生することを見出した。その気体は「火の空気」と名付けられた。今でいう水素である。キャベンディッシュは水素を空気中で燃焼すれば水のみを生成すること，また，水の生成の際，水素と酸素の体積比が2対1になることも明らかにした。

c.　酸　素

気体を研究するには，気体を集める必要があるが，いわゆる水上置換法を考案したのは S. Hales（ヘールズ，1677－1761）である。水に溶けやすい気体を集めるためには不向きなので，J. Priestley（プリーストリー，1733－1804）は水銀を用いた。プリーストリーは，アンモニア，塩化水素，二酸化硫黄，一酸化窒素，一酸化二

はかってみよう　気体分子の動き方

気体分子運動論によれば分子1モルあたりの平均運動エネルギーは $(3/2)RT$ と表される。また，1分子の並進運動エネルギーは $(1/2)mv^2$ で与えられるので（ここで，m は分子の質量，v は平均速度）結局

$$(v^2)^{1/2} = (3RT/M)^{1/2}$$

が成立する（M は分子1モルの質量）。ここで，$(v^2)^{1/2}$ は根二乗平均速度とよばれ，分子の平均速度を示すものと考えてよい。すなわち，気体分子の運動する速度は分子量の平方根に逆比例することになるが，これを簡単な実験で示すことができる。

図6のような装置を組み立てる。風船中に気体をボンベから注入しその風船をT字管につないで注射器へ導入する。針穴から気体分子が出ていくと，シリンダーが下がる。20 mLの気体が針穴から出ていく速さを測定する。水素，酸素，窒素，二酸化炭素について速さを測定すると，分子量の平方根に逆比例することが分かる。

参考図書

日本化学会近畿支部 編，“もっと化学をたのしくする5分間”，p.158，化学同人（2003）.

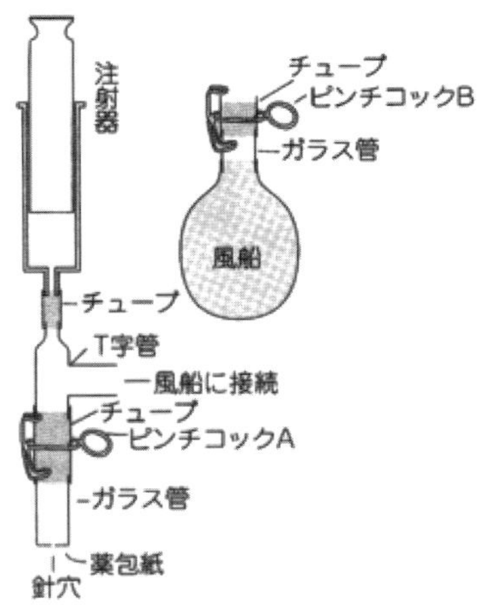

図6　気体の流出速度を示す実験装置

［日本化学会近畿支部 編，“もっと化学をたのしくする5分間”，p.159，化学同人（2003）］

窒素，一酸化炭素などを発見した。

プリーストリーはまた，水銀を空気中で加熱することで生成した物質（酸化水銀）を，空気を遮断し水銀を満たした容器中に入れ，レンズで光を集めて加熱すると，容器内に気体が発生することを見出した。この気体の中ではろうそくの炎が非常に大きくなり，また，加熱により赤くなった木片をこの気体中に入れると，火花とともに非常に速やかに焼けることにも気づいた。さらにはその気体の中にネズミを入れると，通常の空気だけを入れた容器中では15分間しか生きられないのに対して，この気体中では30分間以上も生きることが分かった。プリーストリー自身もこの気体を吸い込んでみたが，非常に軽やかで爽快な気分を味わうことができたという。すなわち，まったく新しい性質をもつ気体，今でいう酸素の存在が明らかになったのである。プリーストリーは一酸化窒素を空気と混合する際（二酸化窒素が生成し，酸素が消費されるために）減少する体積を用いて，空気の良質度の尺度としていた。この方法を用いて，酸化水銀から生じた酸素は通常の空気より5倍も良質であるとしている。同時期にK.W. Scheele（シェーレ，1742－1786）も硝酸カリウムの熱分解によって，酸素が発生することを発見している。

d. 窒　素

1772年D. Rutherford（ラザフォード，1749－1819）は，空気を満たした容器内でろうそくを燃やしつづけ，生じた二酸化炭素を取り除いても，容器内には二酸化炭素ではない別の気体がまだ多量に残っており，この気体も燃焼や動物の生存には役に立たないことに気づいた。A. Lavoisier（ラボアジェ，1743－1794）は空気の5分の1はプリーストリーが発見した気体で，これを酸素（oxygen，酸をつくる物質を意味するギリシャ語に由来）と命名した。残りの5分の4はラザフォードの発見した気体で，ラボアジェはこれをアゾート（azote，死を意味するギリシャ語に由来）とよんだ。これが後に窒素とよばれるようになったのである。

e. 希ガス

イギリスのLord Rayleigh（レイリー卿，1842－1919）とW. Ramsay（ラムゼー，1852－1916）は，化学的につくられた窒素（化学窒素）と，大気から取り出した窒素（大気窒素）の（一定容器内の）質量を比較し，後者がわずかに大きいことに気付いた。この原因を明らかにするために様々な実験を繰り返し，まったく新しい元素，すなわちアルゴンを発見した。

当時窒素は，大気から酸素，水蒸気，二酸化炭素を除くことでつくられていた。レイリーは窒素の製法として，アンモニアを分解する方法を採用した。アンモニアを空気と反応させることで製造した窒素（化学窒素とよんだ）の密度は，大気を原料とした窒素の密度よりも小さくなった。そして，大気中に，従来知られていない何か重いものがあるのではないかと考え，大気窒素から窒素を除くためにマグネシウムを用いた。窒素気流中で金属マグネシウムを強熱すると，窒化マグネシウムが生成することを利用し，約10 Lの大気窒素から窒素を除きつづけた結果，約100 cm^3の気体が得られ，その密度は水素の約19倍と求められた。この気体を真空放電管に詰め，そのスペクトル（物理1.4.9参照）を測定した結果，明らかに化学窒素とは異なるスペクトルが観測された。研究が進められた過程で，この気体が化学的な反応性に乏しいことが認められ，その不活性から，この気体は「アルゴン（ギリシャ語で働く（ergon）に否定語anを付けた造語で，働かない，不活性なという意味）」と名付けられた。

アルゴンの発見の後，ラムゼーはウランを含む鉱石を酸で溶かしたり，真空中で熱した際に発生する気体の性質についても，きわめて緻密に研究を重ねた。当時，太陽光のスペクトルを観測した結果，地球上の物質には見られない輝線が認められ，新しい元素としてヘリウムと名付けられていた。ラムゼーはウラン鉱石から得られた気体を精製し，そのスペクトルを測定したところ，ヘリウムに特徴的な輝線を見つけることができた。これによって，ヘリウムもまた地球上に存在することが確かめられた。密度や比熱をアルゴンの場合と同様に測定し，水素に次いで軽いこと，単原子の気体であることもまた導き出されている（コラム参照）。

コラム 単原子分子であること

気体分子が空間を動き回る，すなわち並進運動の自由度は x，y および z 方向の三つがある。また，分子は回転もしており，その自由度は xy，yz および zx 平面方向の三つがある。単原子分子の回転の自由度は 0，二原子分子や直線状 3 原子分子は分子軸を中心とした回転を除き回転の自由度は 2 であり，非直線状分子であれば回転の自由度は 3 である。気体分子の定圧熱容量 C_p と定積熱容量 C_v（1.3.3 参照）の比 γ は，並進運動と回転運動の自由度の和 ν との間で $\gamma = C_p / C_v = (2 + \nu)/\nu$ の関係がある（ここでは振動の自由度は考慮しなくてよいものとする）。すなわち，単原子分子（$\nu = 3$），2 原子分子や直線状 3 原子分子（$\nu = 5$）および非直線状分子（$\nu = 6$）では γ が各々1.67，1.40 および 1.33 となり，γ を見積もることで分子の形状が予測される。γ は熱測定以外に気体中の音速などをはかることからも見積もられる。

引きつづいてラムゼーらは約 750 cm^3 の液体空気を徐々に気化させ，10 cm^3 ほどになった残液からの気体を捕集し，酸素や窒素を除いた後スペクトルを測定した。その結果，未知の輝線を確認し，アルゴンよりも重い新元素クリプトンを発見した。引きつづき，大気から得た 15 L のアルゴンを分別蒸留することでネオンを発見した。同様に，大気から得られた液体アルゴンの分別蒸留を繰り返すことで，キセノンの発見と基本的性質が明らかにされた。その結果，周期表上でハロゲン族とアルカリ金属の間に新しい族が誕生したのである。

2.3.5 主要な気体のはかり方

気体の検出・定量はガスクロマトグラフィー（2.8.2 参照）や質量分析計（2.8.6 参照）によることが多いが，ここでは，それ以外の方法について述べる。

水 素　H_2 として存在する水素を，(1) 加熱した酸化銅上に通したり，(2) 酸素を加え爆発的に燃焼させる，ことで酸化して H_2O とする。この H_2O を吸湿剤（過塩素酸マグネシウムなど）により吸収させ，増加した質量より水素の量を求める。

酸 素

(1) 気体中の酸素をピロガロールの水酸化ナトリウム水溶液（窒素気流中で調製）に吸収させ，体積の減少量より酸素の存在量を求める。

(2) 試料溶液に硫酸マンガン(II)溶液を加えた後ヨウ化カリウムのアルカリ性溶液を加える。溶液中に溶存酸素が存在すると，水酸化マンガン(II)が酸化されて 4 価のマンガン化合物

話の種 わずかな違いにこだわった発見

ラムゼーは一酸化窒素などを原料として窒素をつくり，1 L あたりの気体の質量としての平均値 1.2511 g を得た。一方，大気窒素について得られた値は 1.2572 g である。ここでの違いは 0.5% と非常に小さいものであり，うっかりしていると見逃してしまいそうな数値である。はかることが正確にできていたために，わずかな違いを誤差とせず，明確な原因があるとの考えに基づいて研究を進めたことで大きな成果が生まれたのである。

となる。ここに，硫酸を加えてヨウ素を遊離させ，チオ硫酸イオンで滴定する（ウィンクラー法）。

オゾン　ヨウ化カリウム水溶液とオゾンを含む試料を反応させると，ヨウ化物イオンがオゾンにより酸化されて褐色のヨウ素を遊離する。オゾン濃度が低い場合は，デンプンを加えヨウ素デンプン反応による紫色を発色させる。いずれの場合も比色定量する。

窒　素　高温で金属と反応させて窒化物をつくり，その際の圧力変化を測定する方法がある。

塩　素　水溶液中に導くと次亜塩素酸が生成する。

$$Cl_2 + H_2O \longrightarrow HClO + H^+ + Cl^-$$

そこにジエチル-*p*-フェニレンジアミン(DPD)を加え，DPDが酸化されて生じる桃赤色を比色定量する。

塩化水素　水溶液中に導き，生じた塩化物イオンを硝酸銀滴定により求める。試料溶液に指示薬としてクロム酸カリウムを加え，そこに硝酸銀溶液を滴下すると，白色の塩化銀が生成する。溶液中の塩化物イオンがすべて沈殿し，銀イオン濃度が過剰になると，赤色のクロム酸銀が生成するので滴定終点を知ることができる。

二酸化炭素

(1)　二酸化炭素吸収管（ソーダ石灰）に導入し，その前後での質量差より求める。

$$CaO + CO_2 \longrightarrow CaCO_3$$

(2)　水酸化ナトリウム水溶液に導いた後，未反応のアルカリを硫酸溶液で滴定する。

二酸化硫黄　ヨウ素－ヨウ化カリウム水溶液に導き，硫酸イオンとヨウ化物イオンを生成させる。過剰のヨウ素をチオ硫酸イオンで滴定する。

$$SO_2 + H_2O \longrightarrow H_2SO_3$$

$$H_2SO_3 + I_2 + H_2O \longrightarrow SO_4^{2-} + 4H^+ + 2I^-$$

$$I_2 + 2S_2O_3^{2-} \longrightarrow 2I^- + S_4O_6^{2-}$$

硫化水素　ヨウ素－ヨウ化カリウム水溶液に導き，硫黄とヨウ化物イオンを生成させる。過剰のヨウ素をチオ硫酸イオンで滴定する

$$H_2S + I_2 \longrightarrow S + 2H^+ + 2I^-$$

$$I_2 + 2S_2O_3^{2-} \longrightarrow 2I^- + S_4O_6^{2-}$$

二酸化窒素　ザルツマン試薬（スルファニルアミド，酢酸，ナフチルエチレンジアミン）を含む吸収液に導き，カップリング反応により生成したアゾ色素の赤色を比色定量する。

アンモニア　硫酸溶液に導きアンモニウムイオンとした後，ナトリウムフェノラート溶液と次亜塩素酸溶液を加え，インドフェノールを生成させ，その青色を比色定量する。

［横井 邦彦］

参考図書

1)　日本化学会 編，“化学の原典 9 希ガスの発見と研究”，東京大学出版会（1976）．
2)　安田徳太郎 訳・編，“新訳 ダンネマン大自然科学史（復刻版）”，三省堂（2002）．
3)　R.G. Neville, “The Discovery of Boyle's Law” *J. Chem. Educ.*, **39**, 356（1962）．
4)　日本分析化学会 編，“分析化学便覧 改訂 5 版”，丸善（2001）．
5)　日本化学会 編，“新実験化学講座 9 分析化学 I”，丸善（1976）．

2.4　液体をはかる

2.4.1　液体とは

液体は気体と同様に流動性がある一方で，固体と同様に圧縮されにくく，ほぼ一定の体積をもつ。このため液体を極端な見方でとらえると，流動性を持つ物質であることから高密度な気体として，あるいは，凝集した物質であることから無秩序な固体として考えることも可能である。

液体を構成する分子（希ガス元素や液体金属では原子）は，固体のように互いに近接して存在する。このため，液体の密度は，固体のそれに比べて大差がない。しかし一方，個々の分子は固体の場合より激しく熱運動をしているので，互いの位置関係に規則性がなく絶えず動いている。ただ，分子のごく近傍においては，分子が規則的に配列された構造を保つ場合がある。しかし，数分子程度離れるとこうした秩序性は失われる。固体のように秩序正しい配列が長距離にわたって保たれる場合は，方向によって力学的・電気的・磁気的性質が異なること（異方性）があるが，液体では，長距離では秩序性が失われ平均化されるので，どの方向でみても諸性質は同じ（等方性）になる。このように，液体の分子の配列を示す構造は長距離では無秩序であり，しかも分子は互いに密に詰め合わされている訳でもなく，隙間の多い構造を取っている。この隙間に近傍の分子が入り込み，それによって生じた新たな隙間に別の分子が入る。この繰り返しによって液体は容易にその形を変えることができ，流動性をもつことになる。

最も一般的な液体は，水，エタノール，ベンゼンなどの分子性液体である。水以外の身近な分子性液体は炭化水素の場合が多く，一般に有機溶媒とよばれる。分子性液体の構成単位は非電解質の分子であり，分子間の相互作用は分子間力の他に，極性分子の場合は電気双極子モーメントによる静電的な相互作用が，分子内に水素原子をもち，かつ電気陰性度の大きな酸素，窒素，フッ素などの原子をもつ場合は水素結合が働く場合もある。希ガス元素の液体の場合は，構成単位が分子ではなく原子になる。この液体は球対称の構成原子どうしが分子間力で弱く相互作用して形成される。金属や合金は金属元素の原子を構成単位とした物質であるが，融点以上の高温になると液体になる。この液体金属は

コラム　アモルファスと液晶

液体と固体の区別がつきがたいものに，アモルファスと液晶がある。これらはガラスやディスプレイなど，ともに材料として身近に利用されている。アモルファスは過冷却された液体がそのまま固化してできたような物質である。たとえば，その一種であるガラスは固形物であり液体のように形を変えない。しかし，分子レベルで見ると，固体結晶のように三次元的に秩序正しく原子やイオンが配列しているわけではなく長距離での秩序性はない。そのため等方性であり，非常に流動性の低い液体として見なされることもある。一方，棒状の分子からなる液晶は，流動性があり形を変えるので見掛けは液体のように見える。しかし，その構成分子は向きを揃えた規則的な配列を保ち，その性質は固体と同様な異方性を示すため，異方性液体ともいわれる。

正電荷の金属イオンと負電荷の電子との間の相互作用により金属原子間に結合が生じている。イオン結晶である塩も高温では液体となる。これはイオン液体や溶融塩とよばれ，液体を構成する陽イオンと陰イオンの間に静電相互作用が働いている。

以上のように，液体はその構成単位や，構成成分間に働く相互作用に違いがあり，こうした違いによって液体は分類される。特に，液体を構成する分子，原子，またはイオン間に働く相互作用の違いは液体の性質の違いに大きく反映する。たとえば，これらの粒子の間に働く相互作用の大きさは，粒子間の相互作用を振り切って自由な気体の粒子になるさいの性質である沸点，蒸発熱に影響する。分子間力によりゆるやかに凝集して液化した酸素の沸点は－183.0℃と低く，蒸発熱も6.8 kJ mol^{-1}と小さい。希ガス元素のアルゴンの沸点と蒸発熱もそれぞれ－185.9℃と6.5 kJ mol^{-1}で，酸素と同程度である。アルゴンも酸素と同様に，原子間で弱く相互作用して液体が形成されるためである。一方，極性分子のアセトン$(CH_3)_2CO$の沸点と蒸発熱はそれぞれ56.5℃と29.0 kJ mol^{-1}で，ヒドロキシ基－OHをもつエタノールC_2H_5OHのそれらは78.3℃と38.6 kJ mol^{-1}である。これらの分子ではアセトン分子間で双極子相互作用が，エタノール分子間で水素結合が働くため，酸素やアルゴンに比べかなり沸点が高く蒸発熱も大きい。さらに，金属のナトリウムNaの沸点と蒸発熱はそれぞれ890℃と89.1 kJ mol^{-1}で，イオン性化合物のフッ化ナトリウムNaFのそれらは1704℃と209 kJ mol^{-1}である。どちらの物質も金属原子間，正負イオン間の強い相互作用のため，著しく沸点は高く蒸発熱も大きい。

私たちにとって，最も身近な液体は水である。その他に，ガソリン，灯油などの石油類，ミネラルオイル，食物油があげられる。日本酒やウイスキーなどのアルコール類は，水の中にエタノールを数十％程度含んでいる。液体の特徴の一つとして，その密度が固体と同程度であることがあげられる。ここでは，密度の温度による変化について取り上げる。

液体の密度を温度を変えながらはかることで，密度と温度との関係がわかる。液体の密度は比重瓶（ピクノメーター）とよばれるガラス容器を用いてはかることができる(2.2節，図3参照)。一定体積の比重瓶にはかりたい液体を入れて，一定温度に保ちながら比重瓶内が液体で一杯にまで満たされた状態にする。このときの比重瓶全体の質量を天秤ではかる。この質量から空の比重瓶の質量を差し引いて得られる液体の質量を比重瓶の内容積で割ることで密度が求められる。

一般的に，密度は温度の上昇とともに単純に小さくなる。この現象は熱膨張によって説明することができる。例外は水である。水は4℃で密度が最大となる。この現象は単純な熱膨張だけでは説明できず，水分子の集合状態の構造を

コラム　体積計―受用（うけよう）容器と出用（だしよう）容器

メスシリンダーやメスフラスコなどの体積計は，20℃のときの水の体積を基準にしてつくられているので，液体の体積を正確にはかるためには，20℃の温度で使用しなければならない。また，体積計を実験で用いるときに注意すべき点として，メスフラスコは液体が容器内に収まった状態で規定の体積になっている受用容器であり，メスシリンダー，ホールピペット，ビュレットは，容器から出た液体の体積が規定の体積になるようにつくられた出用容器であることである。使用にさいしては，これらの違いを知ったうえで使用しなければならない。体積をはかることは質量をはかることと並んで，化学実験におけるはかることの基本である。

やってみよう　液体の二相分離と乳化

液体には互いに混ざり合うものとそうでないものがある。化学的性質の似たものどうしはよく溶け合うが，異なる性質の液体どうしは溶け合わず，二つの相に分かれることがある。水と油は性質の異なるものどうしの代表例として，たとえにも使われるが，実際に水と油は溶け合わず二つの相に分離する。家庭にあるサラダ油などの食物油と水とをガラスコップなどの透明な容器に注ぎ，静かに置いておくと容器内で食物油が上，水が下にくる。これは水と食物油の密度が各々1.00 g cm^{-3} と約 0.92 g cm^{-3} であるためである。

また，この容器に液体状の台所用洗剤を加えてかきまぜてみると，油が小さな液滴になって液体中に広がるのが見られる。このように液体中に別の液体粒子が分散する現象を乳化といい，これにより生じる乳濁した液体をエマルションとよぶ。牛乳やマヨネーズもエマルションの一種である。

考慮する必要がある。水の例は特殊であり，この特徴のお陰で氷は水の上に浮き，低温の水が湖の底の方に沈むことになって水が底まで凍ることを防ぎ，水生生物が厳冬期でも生きることができる理由になっている。

水の体膨張率は 20℃ で 0.00021 であり，20℃ 近傍で水温が 1℃ 上昇すると，水の体積は約 0.021% 増加する。一方，有機溶媒の体膨張率は水の 5 倍以上大きい場合も多く，温度変化による体積の増減が大きく現れる。有機溶媒の場合，温度が 10℃ 上昇すると体積は 1～2% 程度増加する。

2.4.2　水

水は液体の代表のように考えられているが，実はその性質において液体の標準的な性質からは大きく外れている。このことは水の特殊性や異常性などといわれる。水の特殊性の一つとして，分子量 18 の低分子量化合物でありながら，融点と沸点が異常に高いことがあげられる。低分子量化合物の一つにメタンがある。メタン CH_4 は炭素の水素化物であり，水 H_2O も酸素の水素化物とみなすと，炭素と酸素は周期表上の同じ周期に位置することもあり，よい比較対象といえる。メタンの分子量は 16 で水と大差ないが，融点は −182.6℃，沸点は −161.5℃ であり，水の方が 200℃ 前後も高いことがわかる。

一方，酸素と同族の硫黄の水素化物である硫化水素 H_2S とも比較してみる。硫化水素の分子量は 34 で水の 2 倍ほど大きいが，融点は −85.5℃，沸点は −60.3℃ であり，やはり 100℃ 前後水の方が高い。また，融解熱と蒸発熱も他の低分子量化合物に比べ大きな値をもつ。メタンの融解熱と蒸発熱がそれぞれ 0.94 kJ mol^{-1} と 8.18 kJ mol^{-1}，硫化水素で 2.38 kJ mol^{-1} と 18.67 kJ mol^{-1} であるのに対し，水の場合は 6.01 kJ mol^{-1} と 40.66 kJ mol^{-1} で，数倍ほど大きな値をとる。

二つ目の特殊性は，水の密度が温度変化に伴い気体＜固体＜液体の順で大きくなり，液体と固体とで逆転することである。1 atm，0℃ での水の密度は，固体で 0.9168 g cm^{-3}，液体で 0.99984 g cm^{-3} となる。このため，固体の氷が液体の水に浮くという現象が見られる。また別の特殊性として，水は溶媒として食塩などの電解質をよく溶かす。20℃ の水 100 g は塩化ナトリウムを 35.8 g 溶かすが，メタノールは 1.43 g，エタノールは 0.145 g しか溶かさない。

水分子（図 1）の場合，隣り合った水分子の酸素原子が水素原子を介して水素結合で結び付けられる。一つの水分子は最大で四つの水素結合を形成することができるので，水素結合を介して四つの水分子が一つの水分子の周りに集まることになる。この水素結合は，共有結合やイ

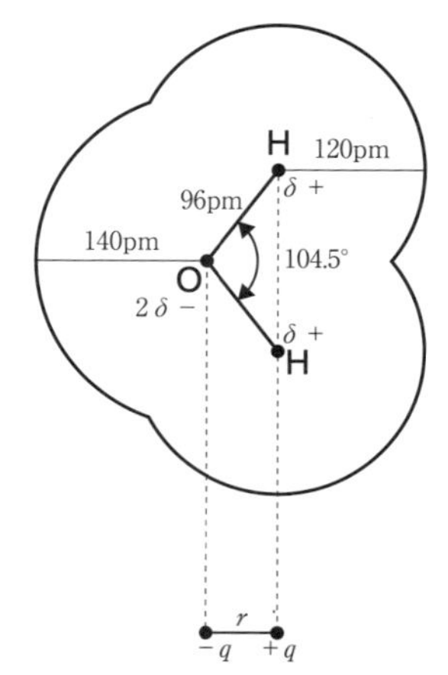

図1　水分子と電気双極子（pm = 10^{-12}m）

オン結合に比べると非常に弱い結合であるが，一般的な分子間の相互作用であるファンデルワールス力に比べるとかなり大きな相互作用となる。この強い水分子間の相互作用が，水の特殊性の最も大きな原因となっている。

また，一つの水分子のまわりには水素結合を介して4分子程度の水分子しか存在しないことから，水分子の集合体である水は分子間の隙間が大きい構造をとることになる。金属原子の集合体である金属の場合，一つの金属原子を取り囲む金属原子の数が最大で12であることを考えると，原子の詰まり方の疎密の違いは明らかである。この水の隙間の大きい構造も，水が異常性を示す要因の一つになっている。

2.4.3　蒸　発

液体は通常，大気と接して存在し一部は蒸発して大気中に飛散する。真空にした密閉容器の中に液体を入れると蒸発を始めるが，蒸発が進み蒸気密度が高くなると，容器内の気体の圧力も高くなる。そうすると，気体の分子は液体表面に衝突して液体中に戻るものも増える。そのうちに，液体から気体になる速さと気体から液体になる速さが等しくなると，見掛け上，気体の圧力が変化しなくなる平衡状態に達する。この平衡状態を気液平衡といい，平衡時の圧力を蒸気圧という。蒸気圧は液体の種類と温度によって決まる（図2）。

気液平衡は見掛け上変化が起こらない状態だが，実際には蒸発と凝縮とが同時に並行して生ずる動的な状況である。このように平衡を分子の運動の観点から見ることもできるが，一方で，エネルギーの観点から捉えることもできる。分子は互いに引力を及ぼし合って相互に近接し合うことでエネルギーを最小化しようとする傾向があり，気体から液体になろうとする。その反面，乱雑で無秩序な状態へ自発的に移行しようとする傾向もあり，液体よりも分子がバラバラになった気体の方が乱雑さは大きいので，液体から気体になろうとする。これら二つの互いに相反する傾向が折り合いを見つけ，分子の集合全体としてエネルギーを最も小さくした状態，それが平衡状態である。

蒸気圧は温度の上昇につれて上昇する。蒸気圧の温度に対する変化を表したグラフを蒸気圧曲線という（図2）。蒸気圧が大気圧（1気圧）を超えるまで温度が上昇すると，凝縮の速さが蒸発の速さに追いつかなくなるので，液体内部からの気化，すなわち沸騰が起こる。この液体の蒸気圧が大気圧に等しくなる温度を沸点という。

一般に，揮発性が高く蒸気圧の高い液体ほど，

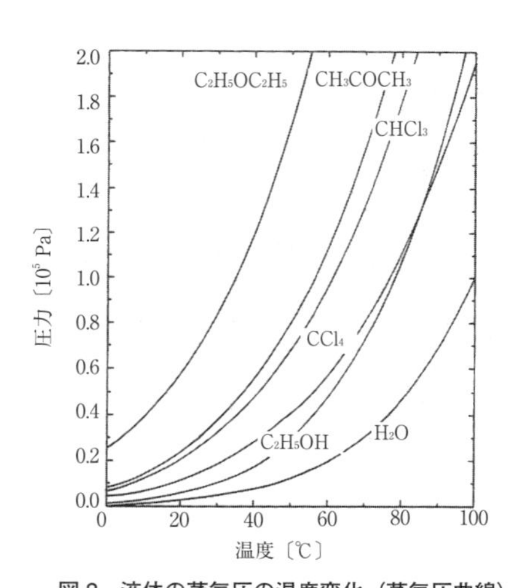

図2　液体の蒸気圧の温度変化（蒸気圧曲線）
［田嶋和夫，越沼征勝，小林光一，中村昭雄，“一般化学—現代化学のすがた—（第2版）”，p.55，丸善（2011）］

低い温度で蒸気圧が大気圧に達するので，沸点は低くなる。液体が蒸発するさいには，周りから蒸発熱が奪われる。液体が気体になる際には，液体中で分子間の引力に逆らって液体表面から飛び出すのに大きなエネルギーを必要とする。蒸発熱はそのエネルギーとして費やされる。蒸発熱は液体から気体への相変化に伴い吸収されるエネルギーで，この相変化の間，物質の温度は沸点に保たれる。周囲から物質が熱を与えられても，温度は変化しないので蒸発熱は潜熱とよばれることもある。

蒸発は液体が気体に変化する現象であるが，逆に気体が液体に変化する現象を液化または凝縮という。窒素やヘリウムは室温では蒸気圧が1気圧を超えるので気体であるが，温度を下げ蒸気圧が大気圧まで下がると液体となる。液体窒素と液体ヘリウムの1気圧での沸点はそれぞれ−195.80℃（77.35 K）と−268.93℃（4.22 K）でとても低いので，これらの液体は冷却剤として科学実験や工業プラントなどに用いられる。

2.4.4　蒸留・分留

液体の混合物を分ける手段の一つに蒸留や分留という操作がある。蒸留や分留は液体の沸点の違いを利用した分離方法である。沸点の違いは液体を構成している分子どうしの分子間力の違いを反映している。分子間力は分子の種類により異なるが，一般に分子量の小さな分子ほど分子を覆う電子雲が小さく，電子雲のゆらぎによって生じる分子間力も小さくなって沸点は低くなる。

2種類以上の液体を混ぜた混合物の温度を徐々に上げていくと，沸点の低い成分が先に気化するので，液体として残っている物質と分けることができる。これが蒸留である。沸点の違いが大きければ一度の蒸留で効率よく分離できる。しかし，低沸点の揮発成分が2種類以上ある場合には，一度の蒸留だけではお互いを完全に分離できない。そこで，蒸発，液化を繰り返して分離効率を上げる。これが分別蒸留，略して分留とよばれる。

混合液体が蒸発するさいには，沸点が低く揮発性のより高い液体の成分の方が蒸気中ではその割合が高くなる。それに対し混合蒸気が凝縮するさいには，沸点が高く揮発性がより低い液体の成分の方が先に凝縮し，生じた液体中ではその割合が高くなる。分留管や分留塔を用いて蒸発と凝縮を何度も繰り返すことで，最終的に得られる蒸気中には揮発されやすい成分が，液体中には同じく揮発されにくい成分が得られ，うまく分離することができる（図3）。液体状態の有機化合物の混合物を分離・精製するさいに分留は有効である。

こうした方法はアルコール発酵した水溶液からアルコールを蒸留分離する方法として古くから利用されてきた。ウイスキーや焼酎などの蒸留酒はこうした方法でつくられている。また，石油から種々の油（軽油，灯油など）を分離・精製するのにも用いられている。油中には多種類の炭化水素化合物が含まれているが，石油精製工場では，分留塔を使って，それぞれ沸点の異なる留分に分けている。燃料として用いられる石油は，分留により，沸点の低い方からガソリン，灯油，軽油，重油に分けられる。

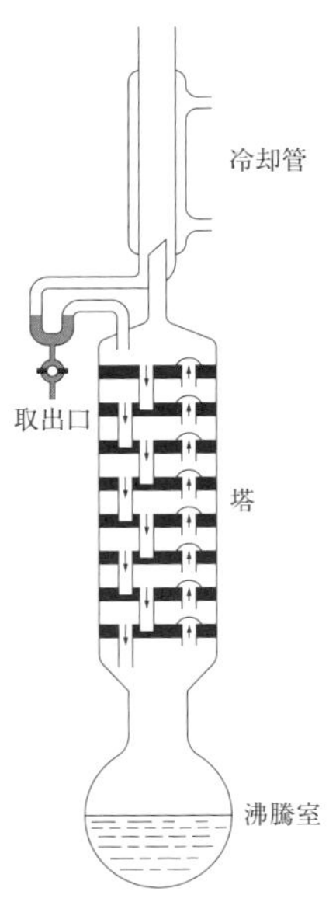

図3　分留装置

［細矢治夫，湯田坂雅子 共訳，“ムーア　基礎物理化学（上）”，p.206，東京化学同人（1985）］

2.4.5 溶　液

溶液は2種類以上の物質が混ざりあって液体状態になった混合物をいう。この混合物中，量の多い方を溶媒，少ないものを溶質という。一般的には，溶質を溶媒に溶解することで溶液が得られる。水とアルコールのように2種類の物質が任意の比で自由に混和する場合もあるが，一般には溶媒に溶ける溶質の量には限界があり，これを溶解度という。

溶液中に溶けた溶質の量は濃度として表される。この濃度表示にはいくつかの表記方法があるが，たとえば溶解度は質量比で表記される場合が多く，溶媒100 g中に溶ける溶質の質量〔g〕として表される。同じく質量を基準に用いた濃度として質量モル濃度がある。これは，溶媒1 kg中に溶かした溶質の物質量として表される。

質量モル濃度の定義式

$$m\,〔\mathrm{mol\ kg^{-1}}〕 = n\,〔\mathrm{mol}〕/W\,〔\mathrm{kg}〕$$

ここで，m は溶質の質量モル濃度〔$\mathrm{mol\ kg^{-1}}$〕，n は溶液中に含まれる溶質の物質量〔mol〕，W は溶媒の質量〔kg〕を表す。

このほか，実験上よく使われる濃度として容量モル濃度がある。これは，溶液の体積1 $\mathrm{dm^3}$（1 L）中に含まれる溶質の物質量で表される。一般にモル濃度というと，この容量モル濃度を示す。溶液の調製はメスフラスコやホールピペットなど体積計を用いて行われることが多いので溶液の体積に基づく濃度表示は実用的である。しかし，体積は質量と異なり温度によって変化するので，一定温度のもとではかり取る必要がある。

容量モル濃度の定義式

$$c\,〔\mathrm{mol\ dm^{-3}}〕 = n\,〔\mathrm{mol}〕/V\,〔\mathrm{dm^3}〕$$

ここで，c は溶質の容量モル濃度〔$\mathrm{mol\ dm^{-3}}$〕，n は溶液中に含まれる溶質の物質量〔mol〕，W は溶液の体積〔$\mathrm{dm^3}$〕を表す。

モル分率という濃度表現もある。これは，溶液を構成しているすべての成分の物質量の合計に対する対象とする溶質成分の物質量の比として表される。溶液に対する溶媒の物質量比を取ることで，溶媒のモル分率も決めることができる。熱力学など溶液の性質を理論的に取り扱うさいに用いられる。

モル分率の定義式

$$x_i = n_i\,〔\mathrm{mol}〕/\Sigma n_j\,〔\mathrm{mol}〕$$

ここで，x_i は成分 i のモル分率，n_i は溶液中に含まれる成分 i の物質量〔mol〕，Σn_j は溶液を構成するすべての成分の物質量の総和〔mol〕を表す。モル分率は無次元数である。

溶液は溶質を含むことで純粋な溶媒の場合とは性質が異なってくる。その例として，蒸気圧降下，沸点上昇，凝固点降下，浸透圧を取り上げる。

溶質濃度の小さな希薄な溶液では，溶媒の蒸気圧は溶媒のモル分率に比例することが知られている。この比例関係をラウールの法則という。

ラウールの法則　　$P_1 = x_1 P_1^0$

ここで，P_1^0 と P_1 はそれぞれ純溶媒の蒸気圧と溶液における溶媒の蒸気圧を表し，x_1 は溶媒のモル分率を表す。x_1 は1より小さな値をとることから，この式は溶液における溶媒の蒸気圧が純溶媒の蒸気圧より小さいことを示している。なぜ，溶液では蒸気圧が低下するのか。

蒸気圧とは，液体が蒸発して気体になろうとする傾向の強さを表している。溶質が存在すると液体表面の一部を溶質分子が覆うことになるので，その分，溶媒分子が気化する確率が低下し，気体になろうとする傾向が弱まるためであると考えるとわかりやすい。またエネルギーの観点から見ると，蒸気圧とは，液体が蒸発して気体になることで乱雑さを増そうとする傾向の現れでもある。液体が溶液の場合，溶質が混ざることで液体中の乱雑さがすでに増しているので，その分，蒸発により乱雑さを増す傾向が小さくてすむと捉えることもできる。このことを溶液の蒸気圧降下とよぶ。

海水浴などで衣服が海水で濡れると，真水に比べて乾きにくいと感じたことはないだろうか。海水は多くの電解質が溶けた溶液なので，この現象も溶液の蒸気圧降下の一例である。溶質と溶媒の2成分からなる希薄溶液については，蒸気圧降下度 ΔP はラウールの法則より次式で与えられる。

$$\Delta P = P_1^0 - P_1 = P_1^0 - x_1 P_1^0 = (1 - x_1)\,P_1^0$$

$= x_2 P_1^0$ （∵　$x_1 + x_2 = 1$）

ここで，x_2は溶質のモル分率を表す。

この式に見られるように，溶液における溶媒の蒸気圧は，同じ温度での純溶媒の蒸気圧に比べて溶質のモル分率分だけ低下する。このため，蒸気圧が大気圧と等しくなる温度，すなわち沸点は上昇する。このように溶液の沸点が上昇する現象を沸点上昇という。ラウールの法則から蒸気圧降下度が溶質のモル分率に比例するように，沸点上昇度ΔT_bは溶質の質量モル濃度mに比例する。

沸点上昇度　　$\Delta T_b = K_b m$

ここで，K_bはモル沸点上昇とよばれる定数で，溶媒の種類によりその値が異なる。

一方，溶液の凝固点も蒸気圧降下と関連がある。溶液の蒸気圧曲線が溶媒のそれよりも低圧側に下がると，気相，液相，固相の三相が共存する三重点が低圧，低温側に移動する。それにともない，固相と液相が共存する融解状態を示す融解曲線も純溶媒の場合よりも低温側に移動し凝固点は降下する（図4）。このように溶液の凝固点が下がる現象を凝固点降下という。沸点上昇と同様に，凝固点降下度ΔT_fは溶質の質量モル濃度mに比例する。

凝固点降下度　　$\Delta T_f = K_f m$

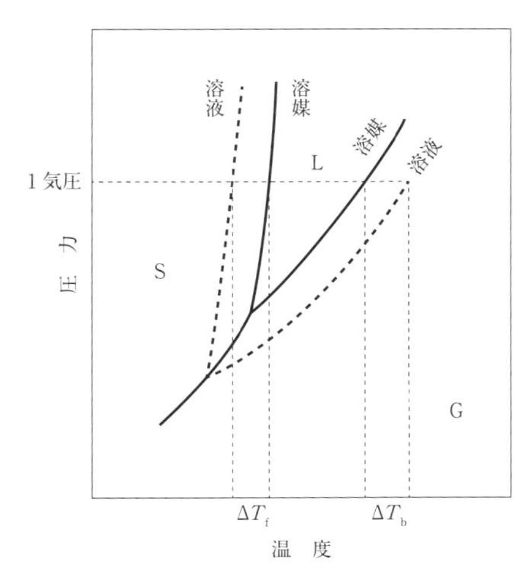

図4　蒸気圧降下に伴う凝固点降下と沸点上昇
（S：固相，L：液相，G：気相）
［竹本喜一，伊藤克子，"一般化学"，p.65，丸善（1996）］

ここで，K_fはモル凝固点降下とよばれる定数で，その値は溶媒の種類により異なる。

半透膜を用いた浸透圧の実験も溶液の蒸気圧降下と関係している。小さな溶媒分子は通過できるが大きな溶質分子は通過できない半透膜を境にして，溶液と純溶媒が接した状態にすると，溶媒分子は半透膜を通って純溶媒側から溶液側へ移動し，溶液の液面は純溶媒の液面よりも高くなる（図5）。この現象は溶液の蒸気圧降下に起因するものである。純溶媒の蒸気圧の方が溶液のそれに比べて高いので，蒸気が大気または容器壁に跳ね返されて溶液または純溶媒を押す圧力は純溶媒の方が高く，その差に相当する圧力が純溶媒から溶液にかかる。その圧力差を補償するように溶液の液面が溶媒分子の溶液側への移動により上昇して，液面の高さの差に相当する圧力が溶液から純溶媒にかかる。溶液と純溶媒の蒸気圧の違いによる圧力差と，液面の高さの違いによる圧力差が等しくなったとき，溶媒分子の移動が見掛け上止まる。このときの液面差に相当する圧力を浸透圧とよぶ。理論的誘導から浸透圧Π（ギリシャ文字のπの大文字）は溶質の容量モル濃度cに比例することがわかる。

浸透圧　　$\Pi = cRT$

ここで，Rは気体定数，Tは温度である。また，

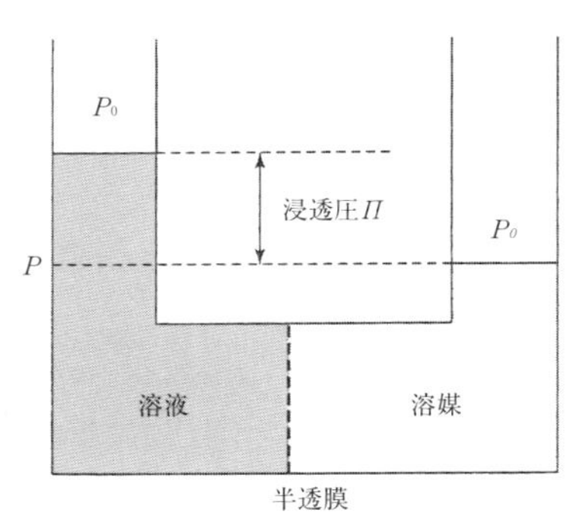

図5　浸透圧の原理（$P = P_0 + \Pi$）
（P_0：大気圧）
［田嶋和夫，越沼征勝，小林光一，中村昭雄，"一般化学—現代化学のすがた—（第2版）"，p.69，丸善（2011）］

コラム　食塩水と砂糖水

料理に用いられる食塩と砂糖は，家庭でも馴染み深い調味料であるが，これらを水に溶かした食塩水と砂糖水もやはり溶液の一種である。食塩水と砂糖水はいずれも透明な水溶液として見た目は同じだが，その味で区別することができる。実はこの二つの水溶液には，味以外にも大きな違いがある。それは電気を通す性質の違いである。食塩水は電気を通すが，砂糖水は通しにくい。食塩水では，塩化ナトリウム $NaCl$ が水中で電離して，ナトリウムイオン Na^+ と塩化物イオン Cl^- という電気を帯びたイオンが生じ，これらが電気を運ぶ担い手となる。一方砂糖水では，砂糖中のショ糖 $C_{12}H_{22}O_{11}$ は電気的に中性な分子の形で水に溶けている。この分子はイオンのように電気を帯びていないので電気を運ぶことができない。

食塩のように水中で電離してイオンを生じる物質を電解質とよび，それが溶けた溶液を電解質溶液という。一方，砂糖のように水中で分子の形で溶ける物質を非電解質とよび，その溶液を非電解質溶液という。

溶液側と溶媒側の両液面の高さが同じになるように，溶液側の液面に与える圧力は，溶媒分子が移動する前の溶液の浸透圧となる。

溶液の沸点上昇，凝固点降下あるいは浸透圧を利用して溶質の分子量をはかることができる。モル沸点上昇やモル凝固点降下のわかっている溶媒に，質量をはかった溶質を溶かして溶液をつくる。この溶液の沸点上昇度 ΔT_b，凝固点降下度 ΔT_f あるいは浸透圧 Π をはかることで，比例関係から溶質の質量モル濃度 m あるいは容量モル濃度 c がわかる。得られた濃度と既知の溶液体積から溶質の物質量がわかるので，溶質の質量を物質量で割って分子量を求めることができる。

2.4.6　溶解度

水とエタノールのように2種類の物質が任意の組成比で自由に混和する溶液の例も存在するが，溶媒に溶ける溶質の量に限界がある場合もある。溶媒中に溶け残った溶質が存在し，溶質の濃度が一定に保たれて平衡状態になっているとき，その溶液は飽和しているという。ある温度での飽和溶液における溶質の量を溶解度という。溶解度は溶質と溶媒の種類に依存するほか，温度と圧力によっても変化する。溶解度未満の溶質を含む溶液は不飽和とよばれる。一方，溶解度を超えて溶質を含む溶液が存在するとき，過飽和の状態といわれる。過飽和は平衡に達する前の一時的な状態であり，平衡に達すれば過剰の溶質は析出する。

溶解度は次のようにして求められる。溶媒に溶質を過剰に加えて，一定温度の飽和溶液を調製する。その上澄み液の適当量を取り出し，その質量〔g〕を測定する。その上澄み液中に含まれる溶質の質量〔g〕を，溶質が析出しないように注意しながら適当な方法で分析する。得られた溶液の質量と溶質の質量を用いて，溶解度を算出することができる。溶液 100 g あたりに溶けている溶質の質量〔g〕に換算すると，これが質量パーセント濃度で表示した溶解度となる。固体の溶解度の場合は，溶液の質量から溶質の質量を差し引いて求めた溶媒の質量を用いて，溶媒 100 g あたりに溶ける溶質の質量〔g〕に換算して溶解度を示すことが多い。

溶解度は溶液を扱う化学実験や化学プロセスにおいて重要である。溶解度の異なる2種類の物質を溶解度差を利用して分別することができる。これを再結晶法というが，再結晶法は代表的な分離法の一つとなっている。

2.4.7　溶質を分ける

溶液中の溶質をはかるさいに，場合によってはかりたい成分ごとに溶質を分けることが必要である。個々の成分に分けて取り出すことで，測定時の夾雑物の妨害を除くことができる。また，取り出した低濃度成分を濃縮して測定を可能にすることができる。あるいはまた，個々の成分ごとにその濃度を決定することが容易になる。このように，溶質を分けることは溶質をはかる前処理として重要な分析操作といえる。

溶質を分けるさいの要点の一つは，目的成分のみを溶液から別の物質へと選択的に移動させて分け取ることである。溶質を別の物質へ移す場合，溶液と物質との組み合わせにより，いくつかの場合が考えられる。溶液から固体，液体，気体へと移す3種類の場合があり，それぞれ固液分離，液液分離，気液分離とよんでいる。また，溶液と別の物質との間に膜を介在させる，膜分離という方法もある（表1）。

固液分離法の代表的なものは沈殿ろ過である。溶質を再結晶させたり，溶質と反応して沈殿を生成する沈殿剤を加えることで，固体である沈殿を生成させ，この沈殿をろ過して分け取る方法で，特に沈殿剤を用いて成分量をはかる方法は重量分析法として知られ，古くから基本的な分析方法として利用されている。

溶液を固体と接触させて固体に溶質を移動させて分ける固液分離の方法には，吸着，イオン交換，液体クロマトグラフィーなどがある。

吸着は活性炭などの多孔性の吸着剤表面に，電荷をもたない有機化合物などの溶質成分が吸着する現象で，有色成分や異臭成分の除去などに利用される。イオン交換は固体中のH^+やOH^-イオンなどと，それと同符号の溶液中のイオンが交換される現象である。これは，無機イオン成分の除去による純水の製造などに利用されている。

液体クロマトグラフィーはシリカゲルなどでできた微粒子状の固体を，円筒状のガラス製や金属製の筒に詰めた器具を用いる。この器具はカラムとよばれ，その中に詰められた固体の物質は充塡剤とよばれる。充塡剤には吸着剤やイオン交換樹脂なども用いられる。充塡剤である微粒子の隙間を通してカラム中を液体が流れ，重力やポンプ送液により溶液をこのカラム中に通すと，溶液中の成分と化学修飾された微粒子の表面とが相互作用を起こして，カラム中を移動していく。その移動速度は充塡剤と溶液成分との相互作用の度合いにより異なる。相互作用の大きな成分ほどゆっくりと移動し，カラムから遅く出てくることになる。一方，相互作用の小さな成分では速く移動し，早くカラムから出てくる。この移動速度の違い，すなわちカラムから成分が出てくる時間の差を利用して成分を分子レベルで分けることができる（図6）。分け取った成分は有機物の場合では紫外線の吸収を利用するなどして検知し，成分ごとにその量をはかることが可能である。

次に，液体と液体の組み合わせである液液分離について述べる。液液分離は水と油のような互いに混ざり合わない液体どうしを接触させて行う分離操作で，液液抽出や溶媒抽出とよばれている。この操作により，疎水性の有機化合物などの成分を水溶液の中から油である有機溶媒に移すことができる。水中でイオンとなる無機成分も，酸性物質や反対電荷をもつイオンと化合させて電荷を中和することで，無電荷の物質として有機溶媒中に取り出すことができる。こうした方法は微量成分を分離濃縮して濃度をはかるさいなどに利用される。有機溶媒の代わり

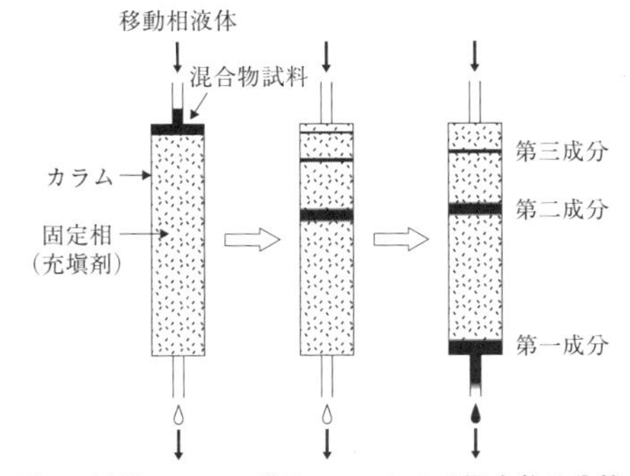

図6　液体クロマトグラフィーによる混合物の分離
［飯田隆，菅原正雄，鈴鹿敢，辻智也，宮入伸一 編，“イラストで見る化学実験の基礎知識 第3版”，p.62，丸善(2009)］

表1　溶質の分け方の例

分類	分離法	分離対象の例
固液分離	沈殿ろ過 吸着 イオン交換 液体クロマトグラフィー	無機塩，金属イオン，有機化合物 有機化合物 無機イオン 無機イオン，有機化合物
液液分離	液液抽出 超臨界流体抽出	有機化合物，金属イオン カフェイン
気液分離	蒸留法	揮発性有機化合物
膜分離	パーベーパレーション 半透膜	水，アルコール 無機塩，高分子化合物
その他	電気泳動法	タンパク質

に，気体と液体との中間的な流体である超臨界流体を用いる超臨界流体抽出という方法もある。

液体と気体の組み合わせである気液分離としては蒸留法がある。液体から気体になりやすい揮発性成分を蒸発により気化させて取り出す方法である。低沸点の有機化合物の分離に有効である。

次に，膜分離について述べる。

膜分離の一つとして，気液分離の界面に膜を用いるパーベーパレーション（浸透気化法）という方法がある。揮発成分の膜への浸透を利用することで，より低いエネルギーで揮発成分を気化させることが可能である。有機溶媒からの水分の除去に工業的に利用されているほか，水とアルコールの混合物からアルコールを濃縮する方法として応用が期待されている。

液液分離の界面に膜を用いる膜分離法もある。液体と液体とを膜で隔てることで，水と水の組み合わせが可能である。膜に空いた小さな孔を通して溶質や水分子が移動するが，分子やイオンの大きさにより膜を通過できるものとそうでないものに区分されるので，溶質を大きさに応じて分けたり濃縮することができる。半透膜には高分子を低分子や無機イオンと分ける限外ろ過膜や水分子だけを通す逆浸透膜がある。

その他の溶質の分け方として電気泳動法がある。溶液内に2本の電極を入れて電場を形成すると，電荷をもったイオンやコロイド粒子が異なる速さで泳動し，成分ごとに溶液内の異なる場所に移動する。これを原理とするのが電気泳動法である。タンパク質の分離に頻繁に用いられる他，様々なイオンの分離検出にも利用されている。

［向井　浩］

参考図書

1）B. H. Mahan 著，塩見賢吾，吉野諭吉，東慎之介 訳，“メイアン大学の化学〔Ｉ〕（第2版）” 廣川書店（1972）.
2）P. W. Atkins, J. de Paula 著，千原秀昭，中村亘男 訳，“アトキンス物理化学（上）第8版，東京化学同人（2009）.
3）国立天文台 編，“理科年表プレミアム”，丸善出版. http://www.rikanenpyo.jp/

2.5　固体をはかる

2.5.1　固体とは―なぜ固体は固体なのか？

固体は気体，液体とともにいわゆる物質の三態とよばれる状態の一つで，一般に大きな外力が働かない限り一定の形を保ちつづける。固体を構成している粒子を結び付けている力について考えるために，一例として塩化ナトリウムの結晶を取り上げる。ナトリウムイオンNa^+の粒子と塩化物イオンCl^-の粒子一つずつを結び付ける静電引力（クーロン引力）の大きさを計算すると2.91×10^{-9} Nとなり，イオン間の万有引力（1.90×10^{-42} N）に比べてはるかに大きく，この力によりNaClが固体として存在できていると理解され，これはイオン結合とよばれている。それでは固体を形成している粒子が電荷をもたない粒子であれば，どうであろうか。電気的に中性の分子は全体として無電荷のように見えても，実は分子内の正電荷の中心と負電荷の中心が異なっていることがある。これを永久双極子とよぶ。さらには，対称的な構造で永久双極子をもっていないように見える分子であっても，ある瞬間の電子密度分布が均一でなければ互いに静電引力を及ぼし合うことになり，分子どうしが接近して存在できることになる。希ガスのアルゴン（沸点87.45 K）の原子間相互作用エネルギーは2原子間では約1.6×10^{-21} Jと見積もられており，これは電気素量の約5%の正負の電荷が0.38 nm（アルゴンのファンデルワールス半径の2倍）まで近づくさいのエネルギー変化に匹敵する。このときの静電引力は約4×10^{-12} Nである。また，固体中で働く結合には，上記のイオン結合やファンデルワールス力による結合に加えて共有結合，水素結合，金属結合などがある。

これらの力は物質が液体の場合でも同様だが，液体の状態からさらに温度が下がり，原子や分子がある場所から別の場所へ移動するために必要なエネルギーを得られない温度になると，ある特定の位置にとどまり固体となる。

2.5.2　身近な固体のでき方

微結晶が生じるためには液体中のいくつかの分子が互いに規則的に結合する必要がある。しかし，微視的に運動している数個の近接した分子が同時に規則的に結合することは起こりにくい。そのため，融点以下でも結晶化が起こらない場合があり，これを過冷却の状態とよぶ。液体の内部で微結晶ができなくとも，液体が入っている容器の内壁に捉えられ，並進運動が停止した分子を核として結晶が成長することがある。あらかじめ成長させておいた小さな結晶を液体中に入れ，それをもとにして成長させることもできる。温度をきわめてゆっくりと降下させる場合，偶然（あるいは人為的に）生じた微結晶を核としてゆっくりと結晶化が進むと，大きな固体結晶が成長する。一方，温度を急激に下げると，液体中で数多くの分子の運動が低下し，いたるところで分子どうしが集合し結晶化するために，微細な結晶が多数生じることになる。いずれにしても液体中の分子の運動のエネルギーが取り去られることで運動が低下し，固体となる。このとき取り去られる熱が凝固熱（融解熱と絶対値は同じ）である。

2.5.3　固体の熱的性質―固体の融点

反対符号の荷電粒子が隣接しているイオン結晶においては，一般に融点が高いが，これは定常的な静電引力が大きいことの現れである。図1はイオン結晶であるリチウム，ナトリウム，カリウムのハロゲン化物（いずれも1価の陽イオンと陰イオンの組み合わせで，NaCl型とよばれる類似の結晶構造を有している）の融点とイオン間距離の関係を示している。どの場合でもハロゲン化物イオンが大きくなるにつれて融点が下がる。静電的な引力は正負のイオン間距離が長くなればその2乗に反比例する（クーロ

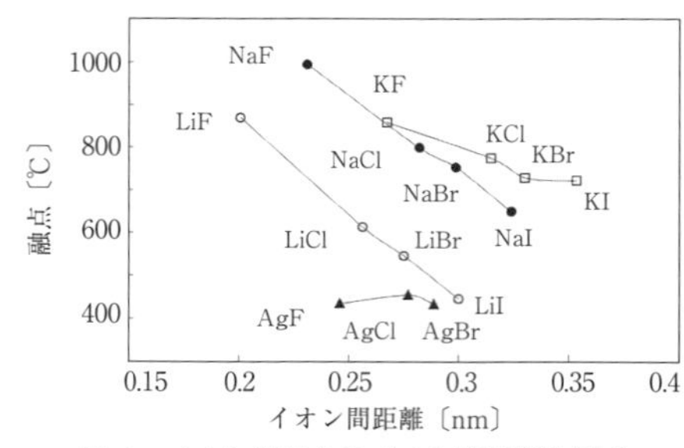

図1　イオン結晶中のイオン間距離と融点

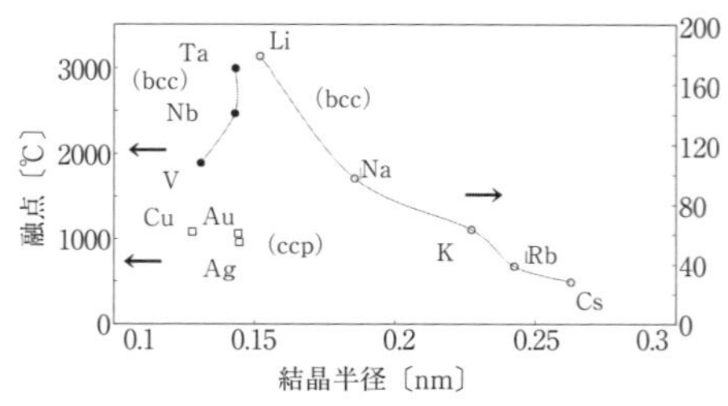

図2　金属結晶半径と融点 (bcc と ccp)

ンの法則）ので，この融点の違いが説明される。一方，LiF，NaF，KF や LiCl，NaCl，KCl および LiBr，NaBr，KBr のように，陰イオンを変えないで陽イオンが変わった場合，上記の関係が成立しない。この現象の主要な原因の一つは，リチウムイオンが陰イオンに比べて特異的に小さいために，リチウムイオンが陰イオンの隙間に入ってしまい，陰イオン間の斥力が大きくなるためである。Na^+ と K^+ の関係は通常通りと理解される。さらには，AgF, AgCl, AgBr の系列ではイオン間距離との間には顕著な相関がない。

金属原子の大きさと融点の例が図2である。アルカリ金属は体心立方構造（bcc）の結晶であり，原子半径の増加とともに融点が降下している。金属結合の状態は，しばしば「自由電子の海の中に金属イオンが浮かんでいる」と称されるが，この場合も電子と金属イオンの引力が結晶形成の主たる力と考えられている。そのため，陽イオンの半径が大きくなると引力の低下につながり，融点の降下が起きると考えられる。一方で，同じ体心立方構造の V, Nb, Ta の場合はまったく相反する傾向を示し，アルカリ金属に比べて著しく融点が高い。立方細密充填（ccp）の結晶である Cu, Ag, Au の場合も顕著な相関関係はない。すなわち，固体結晶中の原子やイオンの相互作用は静電気力が主たる役割を担っているとはいえ，その中身は単純ではなく，様々な要因が影響を及ぼしあっている。

直鎖状飽和炭化水素と対応する 1- アルコールの融点と沸点を図3に示す。飽和炭化水素では，沸点と融点はともに分子量が大きくなるにつれて高くなる。一方，飽和炭化水素の末端の炭素に結合している水素が一つだけヒドロキシ基に変わりアルコールになると，融点と沸点は分子量の増加とともに概ね高くなるが，炭化水素のみの場合に比べてさらに高くなる。

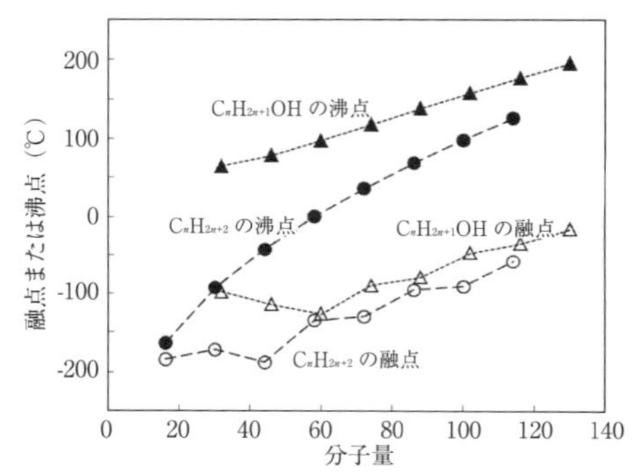

図3　直鎖状飽和炭化水素と対応する 1- アルコールの融点と沸点

また，14〜17 族元素の水素化合物については（図4），分子量に対して，融点も沸点と同様な変化を示す。融点の高低を左右する要因は，分子間水素結合，分子中の原子間結合の極性に起因する双極子間引力，また結合に極性がない場合や単原子分子では誘起双極子による引力などである。図4の窒素，酸素，フッ素では水素結合の影響が大きく現れている。

2.5.4　固体の形

a.　結晶形態

結晶を顕微鏡で観察すると，規則的な形であることが分かる。たとえば，食塩の結晶は立方

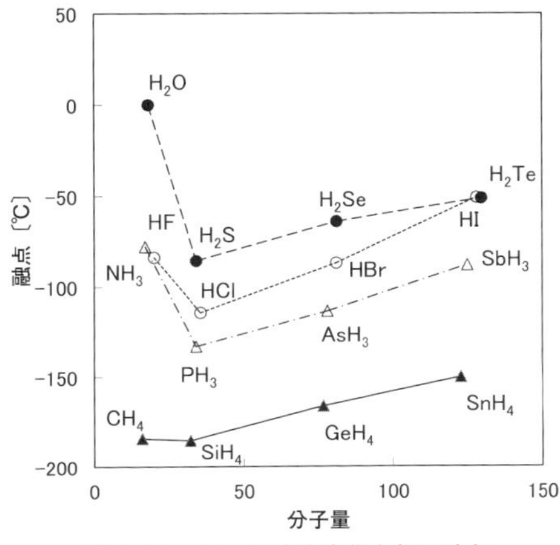

図 4（a）　14~17 族水素化合物の融点

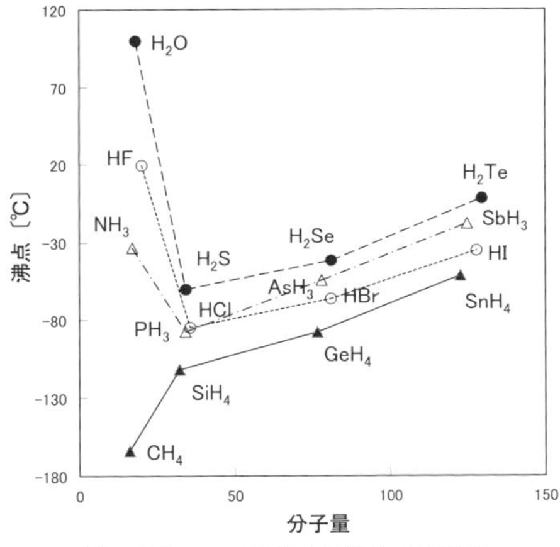

図 4（b）　14~17 族水素化合物の沸点

体であり，ミョウバンは正八面体を基本としている。このような結晶の外形を結晶形態，あるいは結晶形という。同じ結晶でも結晶化の条件（溶媒，温度，圧力など）が異なると，形態の違う結晶が得られることがある。食塩は食塩水からは立方体の結晶が得られるが，10% の尿素を含む水溶液からの再結晶を行うと，正八面体のものが得られる。同じ食塩の結晶でありながら，このように結晶形態が異なるのは，結晶の成長方向がそれぞれ異なるためである。食塩水から得られる結晶（図 5）は正方形の結晶面の成長速度 A が立方体の頂点方向の成長速度 B よりも遅く（$A \ll B$），10% の尿素を含む溶液からの結晶はその逆（$A \gg B$）である。これは，尿素を添加した場合，頂点方向の成長速度が抑制され，正方形の結晶面の成長速度よりも遅くなるためである。

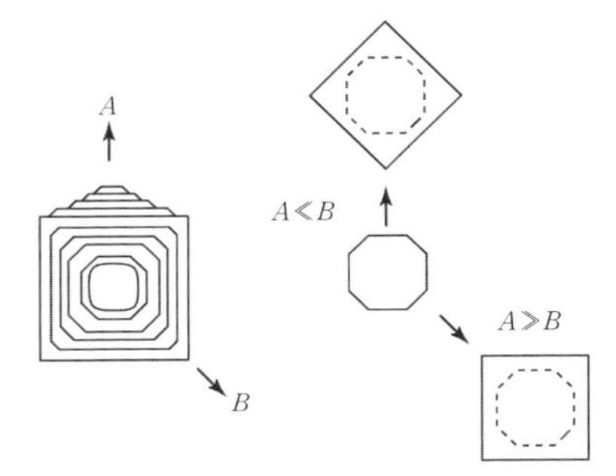

図 5　食塩の結晶成長方向

結晶は「原子・分子が規則的に並んでいる固体」と定義されるが，固体のうち原子・分子が規則的に並んでいないものは非晶質といい，ガラスはその代表例である。結晶構造における規則性は 1912 年に M. Laue（ラウエ，1879－1960）らによる X 線回折実験によって初めて証明された。一方，X 線の発見以前の 17 世紀頃から，鉱物結晶の形状に関する学術的な考察が行われていた。結晶を「はかる」ことは結晶の面と面の角度を測定することから始まり，1669 年に N. Steno（ステノ，1638－1686）は「同一結晶の二つの面のなす角度（これを面角といい，通常外角で表記される）は一定である」ことを発見した。これは面角一定の法則（面角不変の法則）とよばれ，結晶の成長条件によって結晶形態，すなわち外形が異なる場合でも，同じ面と面とのなす角度は変わらないことを見出した。これが結晶形態学の始まりといわれている。ちなみに水晶では，柱面（m 面）と柱面の角度はつねに 60°，錐面（r 面）と錐面の角度は 46° 16′，柱面と錐面では 38° 18′ であり（図 6），これらの角度を測定することで，その結晶が水晶であるかどうかも判断できる。なお，面角度の測定には最初は大き目の結晶を挟むことで角度を計る「接触測角器（図 7）」が用いられたが，その測定精度は低く，後に微結晶でも測定可能な「反射測角器（図8）」が発明され，0.5°の精度まで測定可能になった。

さらに18世紀の後半になると，原子・分子の配列構造を調べる手立てがなかったにもかかわらず，結晶の外形に規則性が現れる原因について考察がなされ，多くの研究者が結晶の規則性に関する仮説を提唱した。これは「結晶は非常に小さな単位が規則的に集まったものである」という考え方である。たとえばR. Hooke（フック，1635－1703）は球状の粒子を寄せ集めると，さまざまな結晶の形ができると考えた。ところが，この考え方では「同じ球状の粒子が六角柱状の水晶や立方体の黄鉄鉱を形成するのか？」という疑問を解くことはできなかった。この疑問を解消する考察を最初に行ったのがR. J. Haüy（アユイ，1743－1822）である。アユイはあるとき，牙のような形をした方解石（炭酸カルシウム）の標本を誤って床に落として壊してしまった。しかし，彼はその破片を修復することなく，さらに砕いて小さくなった結晶を観察した。そうすると方解石の結晶は同じ方向に割れて，どれも同じ形の平行六面体（図9（a）参照）に砕けていくことに気がつき，「結晶には基本単位となる形がある」ことを発見した。さらに，アユイは小さな平行六面体が実際に牙のような形を形成することについて，図9に示すような集合体を考えることによって説明した。アユイが見出した結晶の小さな基本単位は今日では「単位格子」とよばれ，これは結晶を構成している最小単位であり，結晶の規則性・対称性を表すとともに，先に述べた食塩とミョウバンのように，結晶の構造と外形を見事に関係づけることができる。

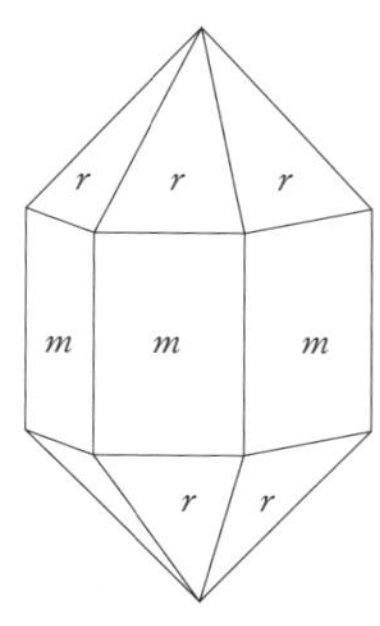

図6　水晶の結晶面

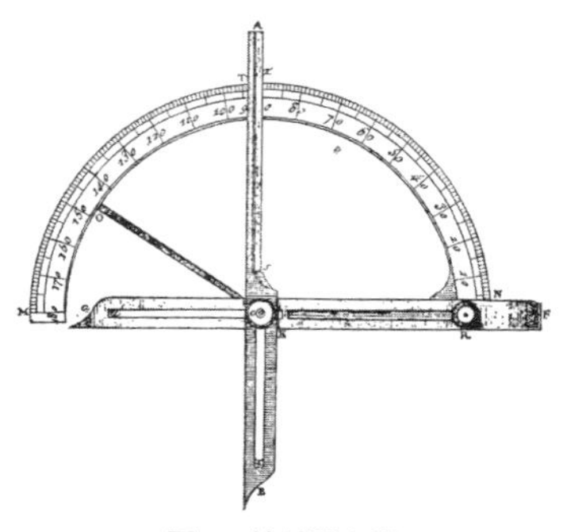

図7　接触測角器

［安田徳太郎　訳・編，“新訳　ダンネマン大自然科学史〈復刻版〉”，第5巻，p.508，三省堂（2002）］

図8　反射測角器

［神保小虎，“輓近鉱物学教科書”，開成館（1914）］

b．結晶多形

アユイの発見以前から，方解石はあられ石と混同されることがあったが，あられ石の結晶を方解石と同じように細かく砕くと，二つの結晶形態は異なっていた。しかしながら，M. H. Klaproth（クラプロート，1743－1817）が両者の組成分析を行ったところ，化学的には同一物質（ともに炭酸カルシウム）であることが明らかになった。同一物質が二つの異なる鉱物を形成しているという事実は受け入れがたいことであり，当時の学者を大いに悩ませた。その後，

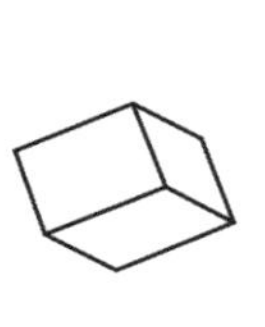

（a）　基本単位（単位格子）

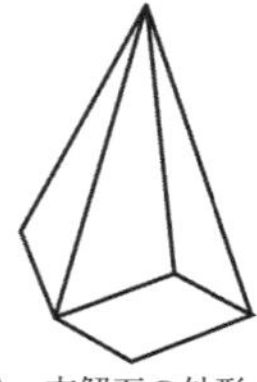

（b）　方解石の外形

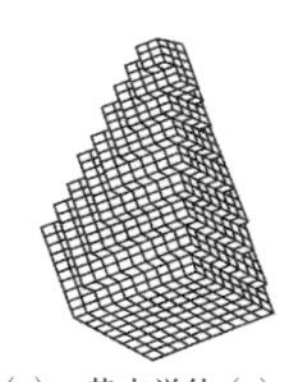

（c）　基本単位（a）の集合体

図9　方解石の結晶

これらの鉱物は同一物質ではあるが，結晶形態が異なる(つまり単位格子が異なる)「結晶多形」が存在するという考えにたどり着いた。結晶多形が生じる原因としては，主として結晶化のさいの温度，圧力であり，これらの条件の違いで原子あるいは分子が充塡していくさいの原子間あるいは分子間におけるエネルギーに多少の違いが生じ，それぞれの条件で異なる安定な充塡構造をとるためである。また，結晶多形は結晶化を起こさせるさいの溶媒の違いによっても生じることがあり，多形間では融点，密度，溶解度などの物性値が異なることから，注意が必要な場合がある。特に，医薬品のような薬理作用がある物質では，多形によってその有効性も異なるため，特定の多形結晶を得るための制御が不可欠となる。なお，氷には八つの多形が存在し，大気圧下では密度の小さい結晶($0.917\ \mathrm{g\ cm^{-3}}$)が安定であるが，2.5 GPa 以上の高圧下では密度の大きい多形（$1.50\ \mathrm{g\ cm^{-3}}$）が安定であり，その融点も高く 100℃ 以上である。

c. 単位格子

結晶の形態観察や考察を経て，数学的な研究すなわち規則性・対称性に関する研究が行われた。結晶の周期性を表すのに三つの座標軸を用いるが，このさいに回転対称性を有する軸（回転軸）を座標軸に選ぶと便利である。これは回転軸が対称性を有することから，座標軸をでたらめに選ぶことができなくなり，座標軸の取り方すなわち単位格子に条件がつく（単位格子とは，同種の原子，分子あるいはイオンの規則的な繰返し配列の，もっとも小さな単位をいう)。この条件に従って単位格子を分類すると七つの結晶系（七晶系）に整理されることが分かった。ここで，単位格子を定義するのに用いられるパラメーター（変数）は三つの稜（座標軸）とそれら二つのなす角である。これらの稜を結晶軸ならびになす角を軸角といい，それぞれ a, b, c, ならびに α，β，γ（それぞれ $b-c$，$c-a$，$a-b$ の軸間による角度）で表される。単位格子の形がもっとも対称性の高い立方体であるものを立方晶系という。食塩やミョウバンも立方晶系である。もっとも対称性の低い三斜晶系の格子は平行六面体で，三つの稜の長さはすべて異なり，そのなす角もすべて 90° ではない。なお，硫酸銅(II)五水和物の結晶は三斜晶系に属する。

さらに A. Bravais（ブラベ，1811－1863）は結晶の幾何学的な研究を推進し，1848 年にすべての結晶を七晶系に対応させて 14 種類の空間格子に分類した。ここで，単位格子の並び方としては，平行六面体の頂点からなる格子（これを単純格子という）をとる以外にも，対称性を考慮すると格子点（すべて同じ環境をもつように空間に並べられた点）を内部に含む多重単位格子をとった並び方も可能である。多重単位格子は体心格子，面心格子，底心格子と分類される。このうち，体心格子は格子の頂点のほかに中心（体心）にも同価点（対称操作を行っても等価である点）のあるものであり，面心格子とは頂点のほかに各面の中心（面心）にも同価点のあるもの，底心格子とは頂点のほかに平行な二つの面の中心（底心）にも同価点のあるものをいう。これらの格子のとり方と七晶系とを組み合わせると，対称性の関係から 14 通りしかなく，この格子の組み合わせをブラベ格子とよんでいる。七晶系とブラベ格子の関係を表 1 にまとめる。ここで，NaCl の単位格子がどのブラベ格子に属するか考えてみる。この場合，それぞれのイオンのみからなる格子に分けてみると考えやすい。図 10 に示すように，一方のイオン Cl^- の配置は面心立方格子であり，他方

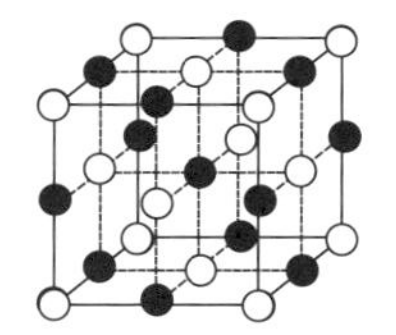

(a)　NaClの単位格子

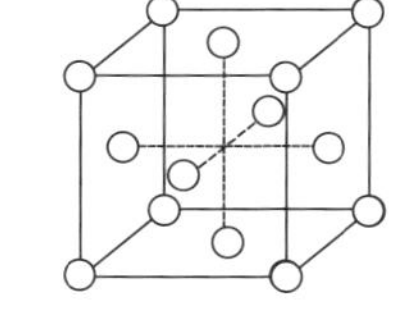

(b)　Cl^-のみの構造

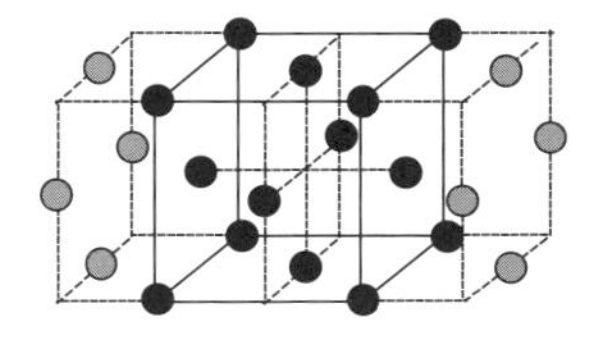

(c)　Na^+のみの構造

図 10　NaCl の結晶構造

表1　七晶系とブラベ格子

七晶系	単純格子	体心格子	面心格子	底心格子
立方晶 $a=b=c$, $\alpha=\beta=\gamma=90°$				
正方晶 $a=b\neq c$, $\alpha=\beta=\gamma=90°$				
直方晶（斜方晶） $a\neq b\neq c$, $\alpha=\beta=\gamma=90°$				
六方晶 $a=b\neq c$, $\alpha=\beta=90°$ $\gamma=120°$				
三方晶 $a=b=c$, $\alpha=\beta=\gamma\neq 90°$				
単斜晶 $a\neq b\neq c$, $\alpha=\gamma=90°$ $\beta\neq 90°$				
三斜晶 $a\neq b\neq c$, $\alpha\neq\beta\neq\gamma\neq 90°$				

の Na^+ の配置も半周期平行移動すると同じく面心立方格子であることが分かる。よって，この構造（NaCl 型構造）は面心立方格子に属する。一方，CsCl の単位格子についても同様に調べると，一見，体心立方格子のような格子もそれぞれのイオンが単純立方格子であることから，この構造（CsCl 型構造）は単純立方格子であることが分かる（図11）。

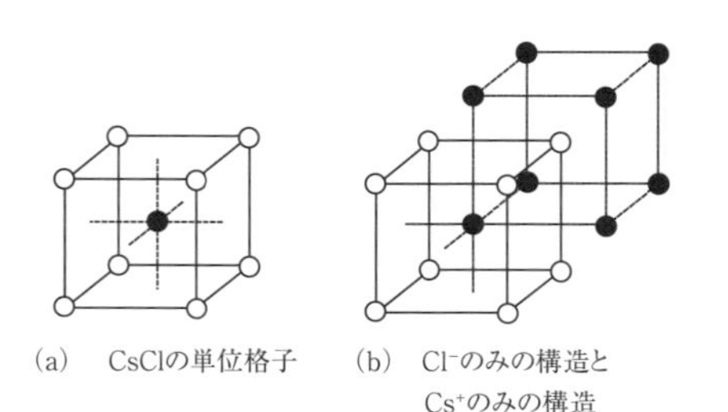

(a)　CsClの単位格子　(b)　Cl^-のみの構造とCs^+のみの構造

図11　CsCl の結晶構造

d.　多結晶

通常，X 線構造解析には単結晶が用いられる。単結晶とは一つの結晶においてその規則性が全領域にわたってなりたっているものを指す。一方，一粒の結晶でありながら複数の単結晶が集まり，それぞれ異なる配向で形成されたものを多結晶という。たとえば，食塩の結晶粒も顕微鏡で注意深く観察すると単一な立方体のものは少なく，多くは複数の単結晶の集合体であることが分かる。なお，多結晶は結晶化のさい埃などの不純物が多く存在する場合に生成しやすく，このような条件では単結晶が得られにくいという事実がある。これは，結晶が成長するさいに不純物がその表面に取り付くことで新たに結晶化の核となり，これを基点に色々な方向への結晶成長が起こるためであると考えられている。一方，陶磁器や人工骨などに利用されるセラミックスも金属酸化物の多結晶体であるが，これらの原料は粉末状態である。このように結晶，非晶質を問わず粉末状態の物質を粉体という。

e. 粉体の性質

粉体はその用途が多いことから，日常の至る所で見かけることができる。たとえば，小麦粉に代表される食品，顔料などの化粧品，コピー機のトナーや医薬品など例をあげればきりがない。粉体の歴史は古く，その始まりは旧石器時代（数十万年前）における絵画を描くための色粉や化粧用の顔料であったといわれている。

固体を粉末にすると表面積が大きくなり，溶媒と接触する面積も大きくなるため，溶解性や反応性が増大する。さらに，粒子径が数十 nm 以下になると，大きな固体（バルク体）にない

コラム　ブラベ格子から X 線構造解析まで

ブラベによる空間格子の分類に関する研究の一方で，群論を結晶の対称性に応用する研究が行われ，1830 年には J. F. C. Hessel（ヘッセル，1796－1872）によってすべての単位格子の対称性は 32 種類の点群に対応することが確認された。ここで，結晶における対称操作は並進操作（平行移動）を含まないものとしては回転，反転，鏡映であり，これらによって得られる独立な対称要素は回転軸（1 回軸，2 回軸，3 回軸，4 回軸，6 回軸），対称中心，対称面，回映軸（4 回回映軸）の計 8 種に限定される。ヘッセルはこれらの対称要素の組合せによって 32 種の対称性しか得られないことを証明した。この 32 種の対称性を晶族という。なお，当時は注目されなかったが，1867 年に A. Gadolin（ガドリン，1828－1892）によって再確認後，脚光を浴びることとなった。その後，M. Schönflies（シェーンフリース，1853－1928）らによって，対称要素に並進が加えられ，結晶の内部対称性まで含めると 230 種類の空間群に分類されることが明らかになった。ここで，単位格子は X 線，電子線，あるいは中性子線などによる回折測定によって決定されるが，この際には点群は欠かせないものである。これは単位格子の対称性は点群に対応しているためであり，最も対称性の高い格子（正しいブラベ格子）を選ばなければ，正しい結晶構造を導くことができない。

さらに，20 世紀に入りラウエらによって X 線は結晶によって回折され，結晶の対称性に基づいた回折パターンを示すことが発見された。この実験事実から結晶の規則性が証明された。さらに，W. L. Bragg（ブラッグ，1890－1971）は X 線の回折方向が結晶内部の原子が並んでいる面から反射された方向にあるのではないかと考え，父である W.H. Bragg とともに，雲母やせん亜鉛鉱（硫化亜鉛）のいろいろな結晶面を用いて回折実験を行い，この考えを立証した。これがブラッグの法則（あるいはブラッグの反射条件）である。ここで，X 線が反射される角度と反射 X 線の強度を調べると，その結晶面における原子配列を推定することできる。彼らは X 線回折パターンからダイヤモンドの構造解析を行い，結晶内で各炭素は正四面体的に結合した配列をしていることを明らかにした。このように，彼らは回折パターンから結晶内の原子配置を決定できるという X 線構造解析法を確立し，1915 年にノーベル物理学賞を受賞した。現在ではコンピューターの発達もあり，タンパク質など生体高分子の構造解析も行えるようになった。

機能が発現する。これを利用した技術をナノテクノロジーという。ナノテクノロジーとは固体粒子をナノメートル（10^{-9} m）のスケールで制御し，今までにない優れた機能をもった材料をつくり出し，これを活用する技術を指す。先に示したセラミックスもナノテクノロジーを利用した材料であり，金属よりも硬く，軽く，かつ形成しやすいという利点がある。

2.5.5　混合固体の分離と分離化学への固体の応用

a. 冶　金

固体の分離・精製の起源は古く，石器時代である紀元前5500年頃のペルシャでは，孔雀石を薪などで焼いて銅を得ていたことが伝えられている。孔雀石を木炭（炭素）といっしょに加熱すると，孔雀石の主成分である塩基性炭酸銅（$Cu_2(CO_3)(OH)_2$）の酸素が木炭の炭素と化合して二酸化炭素となり，鉱石から炭素と酸素を簡単に分離することができる。このようにして，鉱石から金属を精製する方法を冶金という。しかし，純粋な銅を得るためには，燃焼のさいに銅の融点（1083℃）以上の温度が必要であり，薪だけではその温度に到達するのはむずかしく，当時は不純物を含んだ粗銅しか得られていなかったと推測される。さらに，南メソポタミア地方では銅鉱石と錫鉱石の混合物を焼いたため，銅とスズの合金である青銅（ブロンズ）が得られた。青銅の融点は銅のそれより低いため，銅よりも簡単に得ることができ，さらに銅よりも硬いため，武器や道具としての利用価値が高く，それまで使っていた石器は青銅器に代わった。

b. ふるい

固体混合物からの分離の起源は，砕いて粉末状にした穀物と外皮とを分けることであったといわれている。このとき道具として使われたのは篩(ふるい)であり，これは紀元前100年頃とされている。また，ふるいとしては馬の尾の毛を織ってつくったものが使われていた。このようにふるいは粉末状の穀物と外皮を分けるだけでなく，網目の細かさを調整することで，同じ粉体でも粒度の違いで分けることが可能なため，原始的な分離方法であるが，現在でも広く利用されている。

ここで，ふるいの網の目をどんどん細かくし，ナノサイズまで小さくすると分子レベルの分離が可能になる。これを分子ふるい（モレキュラーシーブ）という。天然にも分子の分離に使われる物質が存在する。1756年にA. F. Cronstedt（クロンステッド，1722－1765）は銅鉱床の中にきれいな結晶（アルミノケイ酸塩）を見つけた。さらに，これを鉱物の分析に使用されていた吹管で加熱すると結晶が膨張し，中に含まれていた結晶水が水蒸気として放出することを発見した。彼はこの結晶をギリシャ語で「沸騰する岩石」という意味をもつゼオライトと名付けた。天然ゼオライトは火成岩の中にまれにしか存在しないが，人工的に合成する試みがなされ，現在では天然に存在しないものも合成されている。代表的なゼオライトの構造を図12に示す。ゼオライトはソーダライト単体の集合体であり，集合形態によって多数の種類に分類される。なお，A型ゼオライトには0.5 nm径の八員環状空孔が，Y型ゼオライトには0.9 nm径の十二員環状空孔がそれぞれ存在する。この空孔には水が吸着されているが（次ページの吸着・吸蔵を参照），加熱により水を取り除くと，これに二酸化炭素，アンモニア，メタノールなどの小さな分子が吸着される。さらに，この空孔の大きさは添加する陽イオンの種類によって調整することができる。ゼオライトの空孔は分子径に近いことから，分子サイズでのふるいに応用される。この他にもゼオライトには溶媒の乾燥剤，さらには反応触媒や陽イオン交換体などの用途があり，工業的にも幅広く使用されている。

c. 沈殿ろ過

混合物をビーカーに入れて溶媒を加え，溶媒に溶けるものと溶けないものがあれば，ろ過す

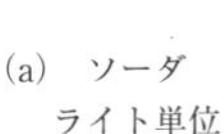

(a)　ソーダライト単位

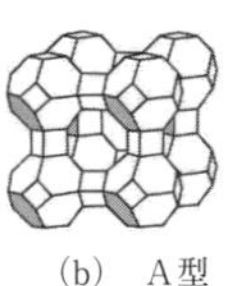

(b)　A型ゼオライト

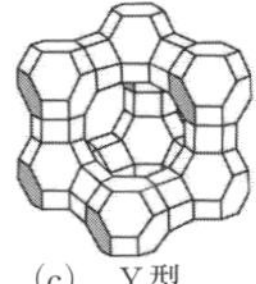

(c)　Y型ゼオライト

図12　ゼオライトの構造

ることでそれぞれを分離することができる。また，溶けないものが複数あっても，それらの固体の密度に有意な差があり，かつ溶媒（溶液）の密度がそれらの値の間にあれば，密度の違いによってこれらの固体を分離することができる。すなわち，固体の密度が溶液のそれよりも小さいと浮遊し，大きいと沈むことを利用する。密度の大きい固体がすべて沈むまで溶液を静置し，沈んだ固体をビーカーに残したまま，ゆっくりと溶液の上層のみを違うビーカーに移す。このような操作をデカンテーション（傾斜法）といい，ろ過の前に行うこともある。なお，ろ過の歴史は古く，古代ギリシャ時代には透明ワインを得るために布を用いて濾していたという記録がある。このように，ろ過は溶液中に存在する沈殿物を除去する場合に有効な方法である。この操作はろ過器である漏斗とろ材を組み合わせて行う。現在，一般的にろ材としてはセルロース製のろ紙を用いるがその種類は多く，目の細かさなど用途によって使い分けをしている。たとえば，沈殿を溶液から除去したい場合は定性用ろ紙を用いるが，粗大な沈殿のろ過には目の粗いものを，逆に細かい沈殿には目の細かいものを用いる。さらに，重量分析の場合には，ろ紙の灰化重量も重要となるため，灰化重量が既知のろ紙を用いる。この他にもろ材はろ過の対象物とその方法に応じて使い分けされている（表2）。

d. 吸着・吸蔵

固体の表面は均一に見えても，電子顕微鏡観察などミクロな視点で見れば，段差があったり窪みがあったりと凸凹のある状態である。このため，固体表面には酸素や窒素といった気体や水などの小さい分子が付着していることが多い。このような現象を吸着という。これに対して，表面ではなく固体の内部に異なる物質が取り込まれている現象を吸蔵という。なお，沈殿に不純物が含まれているのは他の金属イオンなどが吸着・吸蔵されているためであり，このように吸着・吸蔵は沈殿生成のさいには不純物を取り込むなどマイナス面もあるが，逆にこの現象は気体や水などの小さな物質の除去や貯蔵に利用することができる。

吸着の代表例として，シリカゲル $SiO_2 \cdot nH_2O$ による水の吸着を利用した脱水があげられる。シリカゲルは表面に小さな孔が空いた多孔質固体であるため（図13），通常の固体に比べて表面積が大きく，その孔の中に水などの小さな分子が吸着される。この場合に起こる吸着を「物理吸着」という。さらに実際のシリカゲ

表2　ろ過の種類とろ材との関係

	ろ材	ろ材の材質，特徴	孔径	圧力差〔kPa〕	用途
一般ろ過	ろ紙	セルロース繊維，目的別に定められたJISに基づく種類（定性：1種～4種，定量：5種A～Cと6種）	1 μm 以上	10～200	固－液分離，重量分析
	ガラスフィルター	ガラス細粒を成形した板を加熱半融したもの，耐薬品性大，JISで孔径によりG1－G4に分類			
精密ろ過	メンブランフィルター	ニトロセルロース，酢酸セルロース，ポリカーボネート，ポリテトラフルオロエチレン（PTFE，テフロン）	0.01～10 μm	10～200	微粒子の捕集，無菌ろ過
限外ろ過	限外ろ過膜	異方性多孔質ポリマー（ポリスルホン，セルロース，ポリアクリロニトリル，ポリオレフィン，セラミックス）	100 nm 以下	100～1000	高分子分離，ウイルス除去

［日本化学会　編，“分離精製技術ハンドブック”，p.363，丸善（1993）；ADVANTEC 社，“科学機器・ろ紙総合カタログ 2001/2002 などをもとに作成］

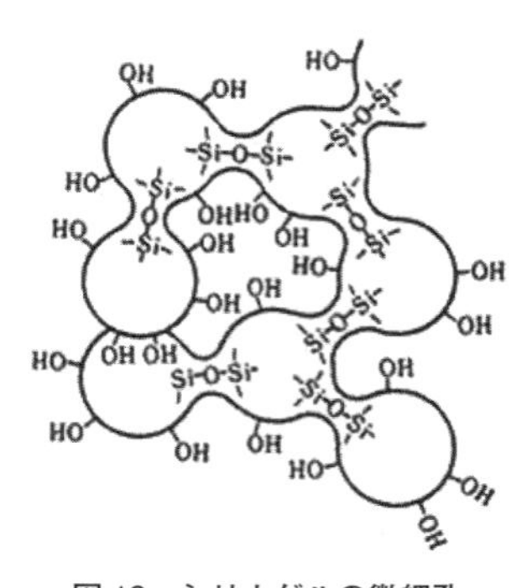

図 13　シリカゲルの微細孔

［妹尾学ら 編，“分離科学ハンドブック”，p.326，共立出版（1993）］

ルの表面はシラノール基 Si－OH となっているため，水などの極性分子は水素結合によっても吸着される。このタイプの吸着を「化学吸着」という。シリカゲルが水を吸収し乾燥剤として利用されるのは細孔が多く存在することと，その表面構造によるものである。なお，シリカゲル自体は無色の固体であるが，菓子などの乾燥剤として用いられるもの中には青い固体が混ざっている場合がある。これは，シリカゲルに塩化コバルト(II)が添加されているためである。塩化コバルト(II)は水が存在しないと青色を示すが，吸湿性のため水を含むとピンク色に変化する。よって，塩化コバルト(II)を添加しておくと，シリカゲルが乾燥しているかどうかが一目でわかる（2.13.5 参照）。

一方，ニッケル系，マグネシウム系などの合金の中には結晶内に効率よく水素を吸蔵する性質をもったものが存在する。これらは水素吸蔵合金とよばれ，加熱あるいは減圧すると吸蔵した水素が放出し，冷却あるいは加圧すると水素を再吸収することができる。たとえば，ランタン－ニッケル合金 $LaNi_5$ の場合，水素ボンベの圧力より低い圧力で水素を放出することや，同体積の高圧ボンベよりも多量の水素を貯蔵することが可能であることから，運搬時の安全性や取り扱いやすさの面からもこの合金が注目されている。

ここで，水素吸蔵の機構は以下のように考えられている。① 水素分子が合金の表面層（Ni 単体と La の酸化物や水酸化物が共存）に吸着する。② 吸着した水素分子の結合が切れて，水素原子に解離する。③ 水素原子が表面層から内部の金属原子の間にある隙間を自由に移動する。④ 水素吸蔵合金を形成する。また，水素放出の機構はこの反対の過程により進行する。合金による水素吸蔵の仕組みを図 14 に示す。

［横井邦彦（2.5.1～2.5.3）］，
［久保埜公二（2.5.4，2.5.5）］

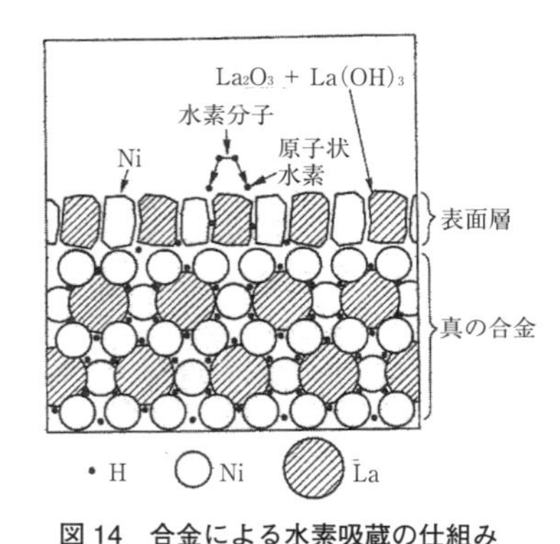

図 14　合金による水素吸蔵の仕組み

［足立吟也 編著，“希土類の科学”，p.582，共立出版（1999）］

参考図書

1)　齊藤喜彦，伊藤正時，“化学の話シリーズ 7 結晶の話”，培風館（1984）．
2)　松岡正邦，“結晶化工学”，培風館（2002）．
3)　芝　哲夫，“化学物語 25 講”，化学同人（1997）．
4)　大宮信光，“化学の常識おもしろ知識”，日本実業出版社（1995）．
5)　妹尾　学，高木　誠，武田邦彦，寺本正明，橋本　勉 編，“分離科学ハンドブック”，共立出版（1993）．
6)　足立吟也 編著，“希土類の科学”，化学同人（1999）．

2.6　元素にわける

2.6.1　原子説

物質の成り立ちについては，昔から多くの学者たちが様々な説を唱えてきた。古くは，Aristoteles（アリストテレス，BC 384－BC 322）の物質連続の説に代表される物質を連続的な物とみる考え方と，Leucippus（レウキッポス，BC 5 世紀）や Democritus（デモクリトス，BC 460－BC 370）による原子説などギリシャ時代にさかのぼる。当初，アリストテレスの物質連続説が優位であり，原子説は広まることはなかったが，宇宙が空虚な空間と無数の微粒子から構成され，分割できない究極の粒子に形や大きさの異なる様々な種類があり，同種の粒子が結合して物質を形づくるという考え方は，現在の物質に対する認識そのものであった。“原子（atom）”という言葉は，この究極の粒子を atomos（分割できないもの）と名付けたことに端を発しているといわれている。現在では，原子間力顕微鏡（AFM：atomic force microscope）や走査型トンネル顕微鏡（STM：scanning tunneling microscope），透過型電子顕微鏡（TEM：transmission electron microscope）などを用いることで，条件によっては原子を直接観察することが可能であるが，ギリシャ時代にこのような考えに至っていたことは驚きである。

その後，原子説は 19 世紀に J. Dalton（ドルトン，1766－1844）に取り上げられるまで歴史の表舞台に立つことはなかった。この時代には質量保存則（A. Lavoisier，ラボアジェ，1743－1794），定比例の法則（J.L. Proust，プルースト，1754－1826）などが既に法則として確立しており，ドルトンはこれを説明するために，純粋な物質がある性質と質量をもつ微粒子から構成され，化合物中の原子は単体の原子が結合した物であるという考えを導き出した。これが近代における原子説となる。原子説は 2 種類の元素が化合して 2 種類以上の化合物をつくるときに，一方の元素の一定量と化合する他方の元素の必要量の比が簡単な整数になるという，倍数比例の法則により実験的に確認された。しかしこの原子説では，気体の反応において反応する気体の体積や生成する気体の体積の間に簡単な整数比の関係があるという，気体反応の法則を説明することができなかった。それは，気体反応では，場合により複数個の原子が結び付いた分子が最小単位の粒子として存在するためであり，これを説明するために，アボガドロが分子説を提唱することになった。

2.6.2　分子説

1811 年にアボガドロは，気体反応の法則とドルトンの原子説の間の矛盾を解くために分子説を提案した。これは，気体状態の物質の最小構成単位として複数の原子からなる分子を想定したもので，この分子の概念は気体状態以外の物質にも適用され，科学全般の基礎的概念となった。ドルトンの原子説が提案されてから，原子の相対的な質量を求めることが盛んに行われるようになった。これが原子量であるが，これを求めるためには，気体中の原子数を知る必要があった（原子量の求め方については 2.7 節で詳しく述べる）。ドルトンや J. J. Berzelius（ベルセリウス，1779－1848）らは等温，等圧，同体積の気体は同数の原子を含むという仮説を提出したが，一方で反応する気体の体積や生成する気体の体積の間に等温，等圧下では簡単な整数比の関係があるという J. L. Gay-Lussac（ゲーリュサック，1778－1850）の気体反応の法則（1805）を満足するものではなかった。

アボガドロはこの矛盾を解決するために，異種原子間だけではなく，同種原子間にも結合が存在し粒子を形成するという仮説を提案し，これを分子と名付けた。この仮説は後にアボガドロの法則へとつながることになる。つまり，等温，等圧，同体積の気体には同数の分子が含まれるという説であり，この法則を用いれば原子量を決定することができることになるが，実際には，1858年のS. Cannizzaro（カニッツァーロ，1826－1910）の再提案まで科学者に受け入れられることはなかった。

2.6.3　原子の構造

物質の最小構成単位は原子であると考えられていたが，1911年E. Rutherford（ラザフォード，1871－1937）によって，原子の中心にさらに小さな粒子が存在することが示された。原子は原子核（核子）と電子によって構成され，原子核の大きさは原子のおよそ1万分の1程度になる。つまり原子核を直径1 cmのガラス玉とすると，原子は直径100 mとなり校庭いっぱい程度の大きさになる。原子核はさらに陽子と中性子からなる。陽子は質量 1.6726×10^{-27} kg，およそ 10^{-16} mの大きさをもつと考えられており，$1.6021773 \times 10^{-19}$ Cの正の電荷をもつ。一方，電子は静止質量 9.1094×10^{-31} kg，$-1.6021773 \times 10^{-19}$ Cの負電荷をもつため，静電気的な引力により電子が原子核の周辺に束縛されて存在している。原子核を中心にして電子が存在する層は殻とよばれ，原子核に近い順にK，L，M，N殻…とよばれる。それぞれの殻には順に2，8，18，32，…個の電子が存在することができ，このような電子の配置が原子の性質を決めることになる。

原子内の電子の運動は1913年N. Bohr（ボーア，1885－1962）によって古典力学を用いて説明されたが，ここで電子のもつ角運動量が離散的な値をとるというボーアの仮定が用いられた。これが前期量子論（古典量子論）の始まりとなる。ボーアの仮定は古典的な考え方では説明することが困難であったが，1924年L. de Broglie（ド・ブロイ，1892－1987）により物質波の概念を導入することで説明できることが明らかとなった。この考えは電子の回折実験により1927－28年に確認された。

現在では，電子の運動はE. Schrödinger（シュレディンガー，1887－1961）の提案した波動方程式により説明できることが知られており，これが量子力学の始まりとなる。多体問題を正確に解くことはできないので，電子の運動を厳密に解析的に表現できるのは1電子の場合のみであり，2電子以上を含む系では近似的に求めることになる（2.6.5参照）。また，原子番号の大きい元素の場合，内殻電子の速度が非常に大きくなるため相対論の効果が現れるようになり，これを正確に表現するためにはディラック方程式を用いる必要が生じる。ディラック方程式とは，量子力学の基本的な方程式であるシュレディンガー方程式に相対論を取り入れて拡張した方程式である。ディラックの方程式により，初めて電子のスピンが説明され，また反物質（陽電子）の存在も予言されることになった。

2.6.4　周期表と元素の性質

現在の周期表は元素を原子番号の小さいものから順に並べ，周期律に従って性質の似た元素を同じ列に並べたものであるが，現在使われる形になるまでには紆余曲折があった。

新規な元素が次々と発見されるにつれて，元素を様々な方法で分類することが試みられた。初期には原子番号という概念がなかったため原子量の順に元素を並べ，その規則性（周期律）が検討された。原子量の決め方については次節（2.7）で詳細に述べることにして，J. Newlands（ニューランズ，1838－1898）は原子量順に元素を並べ，それぞれの元素に番号を振り分類してオクターブの法則を提案した。また，L. Meyer（マイヤー，1830－1895）は元素の物理的性質，たとえば融点や原子容（原子体積ともいう，単体の原子1 molが占める体積，モル質量を密度で除した値）が周期的に変化することを見出した。まさに同じ頃，D. Mendeleev（メンデレーエフ，1834－1907）が1869年に周期表についての最初の論文を発表した。

この周期表は当時発見されていた約60種の元素について，①元素を原子量の順に並べるとその物性の周期性が現れる，②反応性などの類似した元素は原子量が近いか原子量の増加が一様である，などの事実を明らかにした。一方，マイヤーは翌年，同様の周期表についての論文を発表し，原子容の周期性を示すグラフを発表して，元素の性質が周期的な変化を示す代表的な例として報告した。

この周期表はメンデレーエフの周期表の問題点を補正したものであったが，さらに翌年，メンデレーエフが次の論文を発表した。この論文の周期表では元素を8族に分類し，亜族を設けている。また，VIII族には遷移元素があたるとして，その新元素の性質を予想し，この結果が発見されたばかりのインジウムの融点，比重，その他の性質の実測値と一致すること，さらに周期表の中で空位になっていた未知の元素について，その原子量，原子容，比重などの性質や化合物の性質まで予想し，その予想通りにガリウム，スカンジウム，ゲルマニウムが次々と発見されたことから，周期律および周期表の妥当性と重要性が広く認められるようになった。現在の周期表のように，原子番号の順に元素を整理するようになったのは，1913年H. Moseley（モーズリー，1887－1915）が特性X線のスペクトルからモーズリーの法則を見出し，原子番号の正確な意味が明らかにされてからになる。モーズリーの法則とは，元素の特性X線中のスペクトル線において，その波数の平方根が原子番号の一次関数になるという法則である。

元素の周期性を調べるために用いる性質としては，初期には原子番号という概念がなかったため，その原子量をはかることがもっとも簡単でかつ本質的であると考えられた。その測定方法の原理は，カニッツァーロによって与えられた。この方法は，まず測定対象の元素を含む多くの揮発性物質の分子量を測定する。これは，気体あるいは蒸気の状態にした物質の密度を測定し，それらを理想気体と仮定することで分子量を算出する。その後，分析によってその物質の1分子に含まれる原子の比を求め，それらの値の最小値を原子量とするものであった。現在では，島津製作所の田中耕一氏がノーベル賞を受賞したことで知られる，質量分析器によって各元素の同位体の存在比を加味し，質量を測定して原子量を求めるのが一般的である。

2.6.5　化学結合

a. 化学結合の概念とその表現方法

物質中では原子や分子どうしが化学結合により結びついている場合が多い。化学結合は大別するとイオン結合，共有結合，金属結合に分類される。結合の強さは結合エネルギーで表されるが，これは分子の生成熱をそれぞれの結合に割り振ることから求める方法が一般的である。

化学結合という概念はそう古くからあるわけではなく，これに近いものが19世紀，ドルトンにより提案されたのが最初であると思われる。後にアボガドロにより分子説が提案されることになるが，それでもなお化学結合という考えは現れてこない。最初に化学結合に該当する考えが示されたのは，1800年A. Volta（ボルタ，1745－1827）が電池を発明した以降になる。電流を流すことによって水が水素と酸素に電気分解されること，さらに無水の水酸化ナトリウムなどを電気分解（溶融塩電気分解）することで金属ナトリウムが得られることから，無機化合物は正と負それぞれの電気を帯びた原子が互いに結びつくことで構成されているという考えが提案された。これが現在のイオン結合に該当するものであると考えられる。

後に，シアン酸アンモニウムから尿素が合成され，無機化合物と有機化合物の間に差違がないことが明らかになり，この考えが有機物に拡張できるかに思われたが，有機物中のHがClに置換可能なことが示され，正と負の電荷をもった原子間に働く力だけでは，物質の成り立ちを説明できないことが明白となった。結合について，現在に近い考えを示したのは，ルイス式で知られるG.N. Lewis（ルイス，1875－1946）である。ルイスは「すべての化学を支配する重要な現象は電子対結合の形成である」とし，最外電子殻に存在する電子（原子価電子）が化学結合に関与し，できる限り多くの原子価電子を共有することで分子が構成されると考えた。この考え方は原子価結合法へと発展していった。

b. 原子価結合法と分子軌道法

原子価結合法　化学結合を議論するさいに結合を二つの電子で表すルイス式がよく用いられ，8電子則（あるいは$6n+2$電子則）などがよく知られているが，これは原子価結合法の特別な場合である。原子価結合法は分子の電子状態（結合状態）を考えるために各原子に局所的に存在する原子軌道を用い，電子の詰め方によって様々な結合状態を表現する。これを構造とよぶが，電子を詰めたさいに各原子の電荷が中性になる場合を共鳴構造，電荷に偏りが生じる場合をイオン構造とよぶ。このとき，複数の構造を想定してそれぞれの電子状態を足し合わせることで，より近似の高い電子状態を表すことができるようになる。このような方法で得られる電子状態は，本質的に分子軌道法と同様になる。このような構造の一つを分子に対応させたものが電子対結合法とよばれ，J.C. Slater（スレーター，1900－1976）と L. Pauling（ポーリング，1905－1994）により提唱された。これは，水素分子に関するハイトラー・ロンドン（Heitler-London）の理論を多原子分子に拡張したものである。ハイトラー・ロンドンの理論とは，二つの水素原子が水素分子を形成するさいに，それぞれの水素原子の原子軌道を重ね合わせた状態を考え，二つの電子が交換することで生じる二つの状態の重ね合わせにより安定化することで共有結合が生成するという理論である。

この場合，各原子の最外核にある電子について占有状態を考慮し，炭素では4電子，窒素では3あるいは5電子，酸素では2電子が結合電子となる。これらの最外殻電子が，それぞれ他の原子と電子対を形成することで結合すると考える。分子全体の構造は，結合を形成することで安定化する寄与と，電子間の反発による不安定化の寄与の両方を考慮し，それぞれの原子軌道の組み合わせによって結合が生じると考える。つまり，ψ_A と ψ_B という原子軌道がそれぞれの原子に存在したとすると，結合は $\psi_A \cdot \psi_B$ の形で表されるが一方で，A，B が同種の原子であった場合 $\psi_B \cdot \psi_A$ という表現も同時に成立する。また，一方の原子に電子が局在した場合，ψ_{A-} と ψ_{B+} あるいは ψ_{B-} と ψ_{A+} という組み合わせもあり得るため，全体として結合は，これらの様々な原子軌道の組み合わせによって表現されることになる。

分子軌道法　分子軌道法は分子全体に広がる波動関数を想定し，一般的にはこの波動関数を分子を構成する原子の原子軌道の線形結合により表現する。これを LCAO（linear combination of atomic orbitals）近似とよぶ。最初にこの方法で共役二重結合をもついわゆる π 電子系化合物について分子軌道を求め，紫外吸収スペクトルの実験値を説明したのはドイツの E. Hückel（ヒュッケル，1896－1980）であった。この π 電子のみに分子軌道法を適用した方法はヒュッケル法とよばれ，後に対象を全価電子に拡張した方法は拡張ヒュッケル法とよばれる。これらの方法は，経験的なパラメーターを用いて分子軌道を求めることから経験的方法とよばれた。さらに近似を進めた方法としてパリザー・パール・ポープル法（PPP 法：Pariser-Parr-Pople method）に代表される半経験的な方法がある。これらの手法では，それぞれ計算が困難であったり，時間がかかる部分を経験的に求めた値を用いることで簡略化し，現実的な時間内に計算を行うことができるように改良しており，近似の違いにより，さまざまな方法が開発されている。

一方で，このような近似をできるだけ排除して計算する方法は非経験的方法あるいは *ab initio* 法，あるいは第一原理計算法とよばれ，ハートリー・フォック（Hartree-Fock）法，ハートリー・フォック・スレーター（Hartree-Fock-Slater）法などがある。従来は，このような非経験的方法は，多くの積分計算を行うため非常に長い計算時間が必要であり，大型計算機やスーパーコンピューターを用いる必要があったが，昨今のコンピューターの性能の向上により，このような非経験的方法をパソコン上で行うことが可能となってきた。最近では，さらに多電子の電子状態を考慮したり，前述のディラック方程式を用いて電子の相対論効果を取り入れるといった方法も比較的簡単に取り扱うことができるようになっている。

c. 化学結合の分類と特徴

イオン結合　2種類以上の正と負の電荷をもったイオンの間で働く静電的な引力により形成される結合である。もっとも単純には正・負のイオンは剛体球のように考えられるが，現実的には原子あるいはイオンは電子雲によって覆われており，結合を形成する組み合わせによってその電荷が変化することから，一定の大きさをもつ剛体球として表すことは近似となる。そこで，それを補正するために，イオンに対する配位数，電荷などの違いにより，それぞれの大きさを整理しR.D. Shannon（シャノン）らが表にまとめている。イオン結合は共有結合，金属結合よりも弱いと表現されることが多いが，それは正確ではなく，二つのイオン間の結合としては非常に強いものである。

共有結合　一般的には，複数の原子により電子対が共有されることで形成される結合であるが，電子は波としての性質をもつため，よく電子配置で描かれるような，電子が1粒子として共有されるという描写は正確ではない。たとえば，分子軌道法では共有結合は電子の波の重ね合わせにより生じ，その程度も形式的な表現である結合次数にあるような，1，2，3，…といったものではなく連続的に変化するものになる。これは，有効共有結合電荷とよばれ，共有結合性の程度を示す目安となる。等核二原子分子のような場合を除き，すべての化学結合は共有結合性とイオン結合性の両方の性質を併せもっており，その程度によって共有結合的になるかイオン結合的になるかが決まる。このような結合の性質は理論的に求めたり，X線回折法を用いて得られる電子密度の分布から調べることができる。

水素結合　水分子は水素と酸素の電気陰性度の違いから，わずかに水素原子が正の，酸素原子が負の電荷を帯びているため極性をもつ。この極性のため，異なる水分子の酸素－水素間に引力が働くことで生じるような結合を水素結合とよぶ（高校の教科書では分子間力の一つに分類されている）。一般には，この結合はイオン的であり弱いとされているが，実際には共有結合の性質も含まれている。特に水の場合，二つの水分子間には水素原子の安定な位置が2ヵ所あり，その間を1～2ピコ秒程度の非常に短い時間の間に行き来している。水の中の水素イオンは非常に高速に移動できることが知られているが，それはこのような水素原子の動きが連鎖的に生じることが原因である。

配位結合　一般には，金属イオンや水素イオンの空の原子軌道に対して，配位子が非共有電子対を供与することで形成する結合を配位結合とよぶ。しかし，これは原子価結合法の考え方に基づいた名称であり，本質的には共有結合と同じである。つまり，この結合は共有結合性とイオン結合性の両方の性質を含んでおり，配位されるイオンと配位子の組み合わせによって，その程度が変化することになる。たとえば，オキソニウムイオンでは共有結合性が大きく，一方で金属イオンとの結合は，よりイオン結合的になる。

金属結合　金属原子が集合すると，原子核により生じるポテンシャルの重なりにより全体に電子の波動関数が広がる状態になる場合がある。このとき，この波動関数をとる電子は集合体全体に広がって運動するが，この電子が金属結合を形成する。このような電子は非常に移動しやすいため，この結合により形成される物質は高い電気伝導性を示す。分子軌道法から考えると，金属結合を形成する場合，それぞれの金属原子の原子軌道が重なり合い，全体に広がった軌道になると考えられるため，結合の形成過程としては共有結合と類似することになる。

分子間力　分子間に働く力の総称である。通常，分子間力は化学結合には含めないことが多い。それは，この力が「結合」とよばれるほどの相互作用を示さず，分子内の電子の偏りにより生じるわずかな静電気力により働く力と見なせるからである。　［小和田 善之］

参考図書

1）PHP研究所 編，“元素と周期表が7時間でわかる本”，PHP研究所（2014）．
2）M.E. ウィークス，H.M. レスター 著，大沼正則 監訳，“元素発見の歴史 3”，朝倉書店（1990）．
3）井口洋夫 著，“元素と周期律 改訂版”，裳華房（1981）．
4）馬淵久夫 編，“元素の事典”，朝倉書店（1994）．
5）岡田　功 編，“化学元素百科　化学元素の発見と由来”，オーム社（1991）．
6）P.A.M. Dirac，The Quantum Theory of the Electron, *Proc. R. Soc.*, **A 117**（778），610-624（1928）．
7）1度に1個しか作れないフレロビウム, *Nature Chemistry* **5**, 636（2013年7月号）．

表1 原子番号順に並べた元素の緒元

原子番号	名称	元素記号	原子量	発見年	発見者	由来	単離源	融点〔K〕	沸点〔K〕	密度（常温）	地殻中の存在度〔ppm〕	分類
1	水素	H	1.0079	1766（英）	キャベンディッシュ	ギリシャ語の水（hydro）	金属と酸	14.01	20.28	0.00008988	1520	非金属
2	ヘリウム	He	4.0026	1868（英）	ロッキヤー（ラムゼー）	ギリシャ語の太陽（helios）	太陽コロナのスペクトル（ウラン鉱石）	0.95	4.216	0.0001785	0.008	非金属
3	リチウム	Li	6.941	1817（スウェーデン）	アルフェドソン	ギリシャ語の石（lithos）	ペタル石（$LiAlSi_4O_{10}$）	453.69	1620	0.534	20	金属
4	ベリリウム	Be	9.0122	1797（仏）	ボークラン	緑柱石（beryl）	緑柱石（$3BeO \bullet Al_2O_3 \bullet 6SiO_3$）	1551	3243	1.8477	2.6	金属
5	ホウ素	B	10.811	1808（仏・英）	ゲーリュサック・デービー	ホウ砂（borax）	B_2O_3？	2573	3931	2.34	10	非金属
6	炭素	C	12.011	－	－	ラテン語の木炭（carbo）	－	3550	5100	2.26	480	非金属
7	窒素	N	14.007	1772（英）	ラザフォード	硝石（nitrum）	空気	63.29	77.4	0.001429	25	非金属
8	酸素	O	15.999	1774（英）	プリーストリー	ギリシャ語の酸（oxys）	酸化水銀	54.8	90.2	0.001	474000	非金属
9	フッ素	F	18.998	1886（仏）	モアッサン	蛍石（fluorite）	KF＋HF の電気分解	53.53	85.01	0.002	950	非金属
10	ネオン	Ne	20.18	1898（英）	ラムゼー・トラバース	ギリシャ語の新しい（neos）	液体空気	24.48	27.1	0.001	0.000	非金属
11	ナトリウム	Na	22.99	1807（英）	デービー	ギリシャ語 or ラテン語の炭酸ナトリウム（natron）or 天然ソーダ	NaOH の電気分解	370.96	1156.1	0.971	23000	金属
12	マグネシウム	Mg	24.305	1808（英）	デービー	ギリシャの Magnesia 地方（滑石の産地）	硫酸マグネシウムの電気分解	922	1363	1.738	23000	金属
13	アルミニウム	Al	26.982	1807（英）	デービー	ラボアジェの命名したミョウバン（alumine）	ミョウバンの電気分解	933.52	2740	2.698	82000	金属
14	ケイ素	Si	28.086	1823（スウェーデン）	ベルセリウス（単離）	ラテン語のケイ砂（silex）	SiF_4 の還元	1683	2628	2.329	277000	非金属

原子番号	名称	元素記号	原子量	発見年	発見者	由来	単離源	融点〔K〕	沸点〔K〕	密度（常温）	地殻中の存在度〔ppm〕	分類
15	リン	P	30.974	1669（独）	ブラント	ギリシャ語の光をもたらすもの（phosphoros）	尿の蒸発残留物	317.3	553	2.2	1000	非金属
16	硫黄	S	32.066	–	–	ラテン語の硫黄（sulpur）	–	386.0, 392.2	444.6	2.07	260	非金属
17	塩素	Cl	35.453	1774（スウェーデン）	シューレ	ギリシャ語の黄緑色（chloros）or ラテン語の（chlorus）	MnO_2 + HCl	172.17	239.18	0.003214	130	非金属
18	アルゴン	Ar	39.948	1894（英）	レイリー・ラムゼー	ギリシャ語の働く（ergon）の否定 an［造語］	空気	83.78	87.29	0.001784	1.2	非金属
19	カリウム	K	39.098	1807（英）	デービー	pot-ash（草木の灰）-ium（造語）	KOH の電気分解	336.8	1047	0.862	21000	金属
20	カルシウム	Ca	40.078	1808（英）	デービー	calcis（石灰石）	CaO の電気分解	1112	1757	1.55	41000	金属
21	スカンジウム	Sc	44.956	1879（スウェーデン）	ニルソン	スウェーデンのラテン語名スカンジア	ガドリン石	1814	3104	2.989	16	遷移金属
22	チタン	Ti	47.88	1789－91（英）	グレガー	ギリシャ神話の巨人タイタン	メナカン産のチタン鉄鉱	1998	3560	4.54	5600	遷移金属
23	バナジウム	V	50.942	1830（スウェーデン）	セフストレーム	スカンジナビア神話の女神バナジス	鉄鉱石	2160	3650	6.11	160	遷移金属
24	クロム	Cr	51.996	1797（仏）	ボークラン	ギリシャ語の色（chroma）	紅鉛鉱	2130	2945	7.19	約 100	遷移金属
25	マンガン	Mn	54.938	1774（スウェーデン）	シューレ	ギリシャ・マグネシア地方の黒い鉱物（magnesia nigra）	二酸化マンガンの炭素還元	1517	2235	7.44	950	遷移金属
26	鉄	Fe	55.845	–	–	ラテン語の鉱石（aes）。ラテン語のかたいに由来する ferrum？	–	1808	3023	7.874	41000	遷移金属
27	コバルト	Co	58.933	1730－37（スウェーデン）	ブラント	ドイツの悪霊コボルト（Kobold）	コバルト鉱石？	1768	3134	8.9	20	遷移金属

原子番号	名称	元素記号	原子量	発見年	発見者	由来	単離源	融点〔K〕	沸点〔K〕	密度（常温）	地殻中の存在度〔ppm〕	分類
28	ニッケル	Ni	58.693	1751（スウェーデン）	クローンステット	ドイツ語の悪魔の銅（Kupfernickel），ドイツ語の悪魔（Nicholas）	ニッケル鉱石（？）	1726	3005	8.902	75	遷移金属
29	銅	Cu	63.546	–	–	銅鉱山のあったキプロス島（Cyprus）	–	1356.6	2840	8.96	55	遷移金属
30	亜鉛	Zn	65.39	–	–	ドイツ語のフォークの先（Zinken）	–	692.73	1180	7.133	70	遷移金属
31	ガリウム	Ga	69.723	1875（仏）	ボアボードラン	ラテン語のフランス（Gallia）	閃亜鉛鉱	302.93	2676	5.907	15	金属
32	ゲルマニウム	Ge	72.61	1885（独）	ウィンクラー	ラテン語のドイツ（Germania）	アージロド鉱　硫銀ゲルマニウム鉱	1210.6	3103	5.323	1.5	金属
33	ヒ素	As	74.922	–	–	ギリシャ語のヒ素鉱石雄黄（arsenikon）	–	1090	886	5.78	1.8	非金属
34	セレン	Se	78.96	1817（スウェーデン）	ベルセリウス	ギリシャ語の月（Selene）	硫黄燃焼後の沈殿	490	958.1	4.79	0.05	非金属
35	臭素	Br	79.904	1826（仏）	バラール	ギリシャ語の悪臭（bromos）	塩湖の水　海草灰	265.9	331.93	0.00759	0.37	非金属
36	クリプトン	Kr	83.8	1898（英）	ラムゼー・トラバース	ギリシャ語の隠れた（kryptos）	液体空気	116.6	120.85	0.0037493	0.00001	非金属
37	ルビジウム	Rb	85.468	1861（独）	ブンゼン・キルヒホッフ	ラテン語の赤い（rubidus）	紅雲母	312.2	961	1.532	90	金属
38	ストロンチウム	Sr	87.62	1808（英）	デービー	スコットランドのStrontian 地方	ストロンチアン石	1042	1657	2.54	370	金属
39	イットリウム	Y	88.906	1794（スウェーデン）	ガドリン	スウェーデンの町イッテルビー（Ytterby）	ガドリン石	1795	3611	4.469	30	遷移金属
40	ジルコニウム	Zr	91.224	1789（独）	クラップロート	アラビア語の宝石ジルコン（zarqun）	ジルコン	2125	4650	6.506	170	遷移金属

原子番号	名称	元素記号	原子量	発見年	発見者	由来	単離源	融点〔K〕	沸点〔K〕	密度（常温）	地殻中の存在度〔ppm〕	分類
41	ニオブ	Nb	92.906	1801（英）	ハチェット	ギリシャ神話タンタロスの娘ニオベ（Niobe）	コロンブ石	2741	5015	8.57	20	遷移金属
42	モリブデン	Mo	95.94	1778(スウェーデン)	シューレ	ギリシャ語の鉛（molybdos）	輝水鉛鉱	2890	4885	10.22	1.5	遷移金属
43	テクネチウム	Tc	(99)	1937（伊）	ペリエ・セグネ	初めての人工元素，ギリシャ語の人工の（technikos）	モリブデンへの重陽子照射	2445	5150	11.5	0	遷移金属
44	ルテニウム	Ru	101.07	1844（露）	クラウス	ロシアの古地名（Ruthenia）	天然白金を王水に溶解して抽出	2583	4173	12.37	約 0.001	遷移金属
45	ロジウム	Rh	102.91	1803（英）	ウォラストン	塩の水溶液の色からギリシャ語のバラ色（rodeos）	白金鉱を王水に溶かした後還元	2239	4000	12.41	0.00002	遷移金属
46	パラジウム	Pd	106.42	1803（英）	ウォラストン	1801 に発見された小惑星 Pallas（アテネの守護女神）	白金鉱を王水に溶かした後還元	1825	3413	12.023	0.0006	遷移金属
47	銀	Ag	107.87	–	–	ギリシャ語の輝く（argyros）	–	1235.08	2485	10.5	0.07	遷移金属
48	カドミウム	Cd	112.41	1817（独）	シュトロマイヤー	フェニキアの伝説の王子カドムス（Kadmus）	炭酸亜鉛から分離	594.1	1038	8.65	0.11	遷移金属
49	インジウム	In	114.82	1863（独）	リヒター・ライヒ	元素のスペクトル線が藍色（indigo）	セン亜鉛鉱	429.32	2353	7.31	0.049	金属
50	スズ	Sn	118.71	–	–	英語のフォークの歯（tine）？	–	501.118	2543	5.75	2.2	金属
51	アンチモン	Sb	121.76	1450（独）？17 世紀？	トルデン？・ヴァレンティン？・テールデ？	ギリシャ語のしるし（stimmi）ラテン語の揮安鉱（stibium）	天然アンチモン？	903.89	1908	6.691	0.2	金属
52	テルル	Te	127.6	1782（オーストリア・ルーマニア）	ミュラー・ライヘンシュタイン	ラテン語の地球（tellus）	？	722.7	1263	6.24	0.005	非金属
53	ヨウ素	I	126.9	1811（仏）	クールトア	ギリシャ語の紫と形（ion + eidos）	海草灰	386.7	457.5	4.93	0.14	非金属

原子番号	名称	元素記号	原子量	発見年	発見者	由来	単離源	融点〔K〕	沸点〔K〕	密度（常温）	地殻中の存在度〔ppm〕	分類
54	キセノン	Xe	131.29	1898（英）	ラムゼー・トラバース	ギリシャ語の異邦人（xenos）	液体空気	163.1	166.1	0.0059	0.000002	非金属
55	セシウム	Cs	132.91	1860（英）	ブンゼン・キルヒホッフ	青い輝線スペクトルからラテン語の青空色（caesius）	鉱泉水	301.55	951.6	1.873	3	金属
56	バリウム	Ba	137.33	1774－77（スウェーデン）1808（英）？	シューレ・デービー？	ギリシャ語の重い（barys）	酸化バリウム？	998.16	1913.16	3.594	500	金属
57	ランタン	La	138.91	1839(スウェーデン)	モサンダー	ギリシャ語の隠れる（lanthanein）	硝酸セリウムとされた物質の熱分解	1194	3730	6.145	32	希土類
58	セリウム	Ce	140.12	1803(スウェーデン)（独）	ベルセリウス・ヒシンイェル・クラップロート	ローマ神話の女神ケレス（ceres）の名を取った小惑星セレス	ガドリン石	1072	3699	8.24	68	希土類
59	プラセオジム	Pr	140.91	1885（オーストリア）	ウェルスバッハ	ギリシャ語の緑（prasios）＋双子（didymos）	サマルスキー石から得られたジジミウムと思われていた物質から分離	1204	3785	6.773	9.5	希土類
60	ネオジム	Nd	144.24	1886（オーストリア）	ウェルスバッハ	ギリシャ語の新しい（neos）＋双子（didymos）	サマルスキー石から得られたジジミウムと思われていた物質から分離	1294	3341	7.007	38	希土類
61	プロメチウム	Pm	(145)	1944－46（米）	マリンスキー・グレンデニン・コライエル	ギリシャ神話の火の神プロメテウス（Prometheus）	ウランの核分裂生成物から陽イオンクロマトグラフィーにより分離	1441	約3000	7.22	超微量	希土類
62	サマリウム	Sm	150.36	1879（仏）	ボアボードラン	サマルスキー石の発見者 C. Samarski	サマルスキー石から得られたジジミウムと思われていた物質から分離	1350	2064	7.52	7.9	希土類

原子番号	名称	元素記号	原子量	発見年	発見者	由来	単離源	融点〔K〕	沸点〔K〕	密度（常温）	地殻中の存在度〔ppm〕	分類
63	ユーロピウム	Eu	151.96	1896（仏）	ドマルセ	発見地のヨーロッパ大陸	サマリウムと考えられていた物質から分離	1095	1870	5.243	2.1	希土類
64	ガドリニウム	Gd	157.25	1880（スイス）	マリニャック	最初の希土類発見者ガドリンあるいはガドリン石	ガドリン石とシジミウムとよばれる物質	1586	3539	7.9	7.7	希土類
65	テルビウム	Tb	158.93	1843(スウェーデン)	モサンダー	イットリアから分離されたテルビアから分離されたから	ガドリン石から得られたイットリア鉱石？	1629	3396	8.229	1.1	希土類
66	ジスプロシウム	Dy	162.5	1886（仏）	ボアボードラン	ギリシャ語の手に入れるのが困難な（dysprositos）	ホルミウム化合物	1685	2835	8.55	6	希土類
67	ホルミウム	Ho	164.93	1878(スウェーデン)	クレーベ	ラテン語のストックホルム（Holmia）	エルビウム酸化物	1747	2668	8.795	1.4	希土類
68	エルビウム	Er	167.26	1843(スウェーデン)	モサンダー	スウェーデンの町イッテルビー（Ytterby）	イットリア鉱石から得られたエルビウム酸化物	1802	3136	9.066	3.8	希土類
69	ツリウム	Tm	168.93	1879(スウェーデン)	クレーベ	スカンジナビア半島の地名ツーレ（Thule）など	エルビウム酸化物	1818	2220	9.321	0.48	希土類
70	イッテルビウム	Yb	173.04	1878（スイス）	マリニャック	スウェーデンの町イッテルビー（Ytterby）	エルビウム酸化物	1097	1466	6.965	3.3	希土類
71	ルテチウム	Lu	174.97	1907（仏・オーストリア）	ユルバン・ウェルスバッハ	ラテン語のパリ（Lutetia）	イッテルビア鉱石	1936	3668	9.84	0.51	希土類
72	ハフニウム	Hf	178.49	1923（デンマーク）	コスター・ヘベシー	ラテン語のコペンハーゲン（Hafnia）	ジルコン	2503	5470	13.31	5.3	遷移金属
73	タンタル	Ta	180.95	1802(スウェーデン)	エーケベリ	ギリシャ神話の神タンタロス（Tantalos）	タンタル石？？	3290	5731	16.654	2	遷移金属
74	タングステン	W	183.84	1781(スウェーデン)	シューレ	タングステン鉱石（灰重石）W は別名 Wolfart	タングステン鉱石	3695	5828	19.3	1	遷移金属

原子番号	名称	元素記号	原子量	発見年	発見者	由来	単離源	融点〔K〕	沸点〔K〕	密度（常温）	地殻中の存在度〔ppm〕	分類
75	レニウム	Re	186.21	1925（独）	ノダック・タッケ・ベルク	ラテン語のライン川（Rhenus）	白金鉱石	3459	5869	21.02	1	遷移金属
76	オスミウム	Os	190.23	1803（英）	テナント	OsO_4 の強い臭いからギリシャ語の臭い（osme）	白金鉱石	3306	5285	22.59	0.0004	遷移金属
77	イリジウム	Ir	192.22	1803（英）	テナント	塩類が多彩な色を持ちギリシャ神話の虹の女神（Iris）	白金鉱石	2739	4701	22.56	0.000003	遷移金属
78	白金	Pt	195.08	1741（英）	ウッド	スペイン語の小さい銀（platina）	白金鉱石	2041.4	4098	21.45	約 0.003	遷移金属
79	金	Au	196.97	–	–	インド・ヨーロッパ語の黄金（ghel）ラテン語の金（aurum）	–	1337.33	3129	19.32	0.0011	遷移金属
80	水銀	Hg	200.59	–	–	ローマ神話の商売の神（mercurius）	–	234.32	629.88	13.546	0.05	遷移金属
81	タリウム	Tl	204.38	1861（英）	クルックス	ギリシャ語の新緑の若々しい小枝（thallos）	硫酸工場の残留物	577	1746	11.85	0.6	金属
82	鉛	Pb	207.2	–	–	ラテン語の鉛（plumbum）	–	600.61	2022	11.35	14	金属
83	ビスマス	Bi	208.98	1753（仏）	ジェフロア（Junine？）	古代ドイツ語の白いもの？（Wismut）	鉛合金からの分離？	544.4	1837	9.747	0.048	金属
84	ポロニウム	Po	(210)	1898（仏）	キュリー夫人	マリー・キュリーの祖国ポーランド（Poland）	U, Th を含む天然鉱石	527	1235	9.32	超微量	金属
85	アスタチン	At	(210)	1940（米）	コールソン・マッケンジー・セグレ	ギリシャ語の不安定（astatos）	Bi への α 線照射	575	610	–	微量	非金属
86	ラドン	Rn	(222)	1900（独）	ドーン	ラジウムから	Ra の α 崩壊	202	211.3	0.00973	微量	非金属
87	フランシウム	Fr	(223)	1939（仏）	ペレー	ペレーの祖国（France）	Ac の α 崩壊	300	950	1.87	–	金属
88	ラジウム	Ra	(226)	1898（仏）	キュリー夫妻	ラテン語の放射（radius）	ピッチブレンド（閃ウラン鉱）	973	2010	5	0.0000006	金属

原子番号	名称	元素記号	原子量	発見年	発見者	由来	単離源	融点〔K〕	沸点〔K〕	密度（常温）	地殻中の存在度〔ppm〕	分類
89	アクチニウム	Ac	(227)	1899（仏）	ドビエルヌ	ギリシャ語の光線（aktis, aktinos）	ピッチブレンド（閃ウラン鉱）	1323	3473	10.06	微量	アクチノイド
90	トリウム	Th	232.04	1828(スウェーデン)	ベルセリウス	スカンジナビア神話の雷神(Thor)	ノルウェーのトール石	2028	5061	11.72	12	アクチノイド
91	プロトアクチニウム	Pa	231.04	1913（ポーランド）	ファヤン・ゲーリング	アクチニウムに先立つ元素の意	ウラン系列の崩壊	2113	4300	15.37	微量	アクチノイド
92	ウラン	U	238.03	1789（独）	クラップロート	1781年に発見された天王星（Uranus）	ピッチブレンド	1405	4070	18.95	2.4	アクチノイド
93	ネプツニウム	Np	(237)	1940（米）	マクミラン・アベルソン	海王星（Neptune）	Uへの中性子照射	910	4273	20.25	–	アクチノイド
94	プルトニウム	Pu	(239)	1940（米）	シーボーグ・マクミラン・ケネディ・ウォール	冥王星（Pluto）	^{238}Uへの重陽子照射後^{238}Npのβ壊変	914	3505	19.84	極微量	アクチノイド
95	アメリシウム	Am	(243)	1944（米）	シーボーグ・ジェームス・モーガン・ギオルソ	アメリカ大陸	^{239}Puへの中性子照射	1267	2880	13.67	0	アクチノイド
96	キュリウム	Cm	(247)	1944（米）	シーボーグ・ジェームス・・ギオルソ	キュリー夫妻	^{239}Puへのα線照射	1613	3383	13.3	0	アクチノイド
97	バークリウム	Bk	(247)	1949（米）	トンプソン・ギオルソ・シーボーグ	米国バークレー市(Berkeley)	^{241}Amへのα線照射	1259	–	14.79	0	アクチノイド
98	カリホルニウム	Cf	(252)	1950（米）	トンプソン・ストリート・ギオルソ・シーボーグ	米国カリフォルニア州	^{242}Cmへのα線照射	1173	–	15.1	0	アクチノイド
99	アインスタイニウム	Es	(252)	1952（米）	ギオルソ・ショパンのグループ	アインシュタイン	水爆実験の灰	1133	–	–	–	アクチノイド

原子番号	名称	元素記号	原子量	発見年	発見者	由来	単離源	融点〔K〕	沸点〔K〕	密度（常温）	地殻中の存在度〔ppm〕	分類
100	フェルミウム	Fm	(257)	1952（米）	シーボーグ・ギオルソ・トンプソンらのグループ	フェルミ	水爆実験の灰	–	–	–	–	アクチノイド
101	メンデレビウム	Md	(258)	1955（米）	ギオルソ・ハーベイ・ショパン・トンプソン・シーボーグ	メンデレーエフ	^{253}Esへのα線照射	–	–	–	–	アクチノイド
102	ノーベリウム	No	(259)	1958（米）	ギオルソ・シッケランド・ウォルトン・シーボーグ	ノーベル	^{244}Cmへの^{12}Cイオン照射	–	–	–	–	アクチノイド
103	ローレンシウム	Lr	(262)	1961（米）	ギオルソ・シッケランド・ラーシュ・ラティマー	ローレンス	$^{249-252}$Cfへの^{11}Bイオン照射	–	–	–	–	アクチノイド
104	ラザホージウム	Rf	(267)	1964（ソ連）	フレロフ	ラザフォード	^{242}Puへの^{22}Ne照射	–	–	–	–	遷移金属
105	ドブニウム	Db	(268)	1970（ソ連・米）	フレロフ・ギオルソらのグループ	旧ソ連の研究所所在地ドブナ（Dubna）	^{249}CfへのN核の照射	–	–	–	–	遷移金属
106	シーボーギウム	Sg	(271)	1974（ソ連，米）	フレロフ・ギオルソのグループ（同時）	シーボーグ	PbへのCrイオン照射，^{249}Cfへの^{18}O衝突	–	–	–	–	遷移金属
107	ボーリウム	Bh	(272)	1976（ソ連） 1981（独）	Oganessian, Armbruster・ミュンツェンベルグのグループ	ボーア	^{204}Biへの^{54}Crの照射	–	–	–	–	遷移金属

原子番号	名称	元素記号	原子量	発見年	発見者	由来	単離源	融点〔K〕	沸点〔K〕	密度（常温）	地殻中の存在度〔ppm〕	分類
108	ハッシウム	Hs	(277)	1984（独）	Armbruster・ミュンツェンベルグのグループ°	重イオン研究所のあるヘッセン（Hessen）のラテン名	–	–	–	–	–	遷移金属
109	マイトネリウム	Mt	(276)	1982（独）	Armbruster・ミュンツェンベルグのグループ°	マイトナー	^{209}Bi への ^{58}Fe の照射	–	–	–	–	遷移金属
110	ダームスタチウム	Ds	(281)	1994（独）	ホフマン？	重イオン研究所のある町ダルムスタット（Darmstadt）	Pb への Ni 核照射による核融合	–	–	–	–	遷移金属
111	レントゲニウム	Rg	(280)	1994（独）	ホフマン？	レントゲン	^{209}Bi への ^{54}Ni 照射による核融合	–	–	–	–	遷移金属
112	コペルシニウム	Cn	(285)	1996（独）	ホフマン？	コペルニクス	Pb への Zn 核照射による核融合	–	–	–	–	遷移金属
113	Nihonium（案）	Nh（案）	(284)	2004（日）	森田浩介（理化学研究所）	国名（日本）の日本語	^{209}Bi への ^{70}Zn 照射による核融合	–	–	–	–	
114	フロレピウム	Fl	(289)	1998（露）	露・ドゥブナ合同原子核研究所	露・研究所および創設者（G. Flyorovl）	Pu への Ca 核照射による核融合	–	–	–	–	
115	Moscovium（案）	Mc（案）	(289)	2004（露）	露・ドゥブナ合同原子核研究所，米・オークリッジ国立研究所，米・ヴァンダービルト大学および米・ローレンス・リバモア国立研究所	研究所の所在地（モスクワ州）	^{243}Am への ^{48}Ca 核照射による核融合	–	–	–	–	
116	リバモリウム	Lv	(293)	2000（露）	露・ドゥヴナ合同原子核研究所および米・ローレンス・リバモア国立研究所	米・研究所および所在地（リバモア）	^{248}Cm への ^{48}Ca による核融合	–	–	–	–	

原子番号	名称	元素記号	原子量	発見年	発見者	由来	単離源	融点〔K〕	沸点〔K〕	密度（常温）	地殻中の存在度〔ppm〕	分類
117	Tennessine（案）	Ts（案）	(294)	2010（露）	露・ドゥブナ合同原子核研究所，米・オークリッジ国立研究所，米・ヴァンダービルト大学および米・ローレンス・リバモア国立研究所	発見研究機関の所在地（テネシー州）	^{249}Bk への ^{48}Ca 核照射による核融合	–	–	–	–	
118	Oganesson（案）	Og（案）	(294)	2006（露）	露・ドゥヴナ合同原子核研究所および米・ローレンス・リバモア国立研究所	Y. Oganesian（人名）	^{249}Cf への ^{48}Ca 核照射による核融合	–	–	–	–	

2.7　原子量・分子量をはかる

2.7.1　原子・分子の存在はどのように認識されるようになったか？

原子量・分子量について解説する前に，もう一度「原子説と分子説」(2.6 節) について復習しておく必要がある。なぜなら，原子という粒子概念が現れて，その質量である「原子量」を決める研究が行われ，その後「分子」という概念が提案されたにもかかわらず，長い間無視されていたものが再び再考されるきっかけを与えたのは「分子量（化合物の質量)」に関する研究だからである。

前節で述べられたように，J. Dalton（ドルトン，1766－1844）は気体の性質に関する研究から，元素によって大きさ（質量）の異なる原子が存在することを主張し，1803 年に「原子説」を発表した。

その後，ドルトンは図 1 に示すような原子を表す円形記号を考案するとともに，さまざまな物質を化学分析し，各元素の質量パーセントをもっとも軽い元素である水素の質量と比較することで，それぞれの元素の相対的な原子量を決定した。彼の唱えた原子説は，「A と B の二つの元素からなる異なる 2 種類以上の化合物があるときは，A の一定量に対する B の量は簡単な整数比になる」という実験事実，すなわち「倍数比例の法則」によって証明された。実際にドルトンが計算した原子量は現在「当量」とよばれているものに対応するが，分析方法が不完全であったために，水素の原子量 1 に対し，酸素の原子量（当量）は 7 となっている。ドルトンは大部分の化合物は AB，AB_2，AB_3 のように二つの元素からなりたつという仮定に執着した。たとえば酸素（相対的重量 7，以下同様）を A，水素（1）を B とすると，水（8）は AB，フッ酸（15）は A_2B，塩酸（22）は A_3B と表され，これらの化合物の粒子もまた“atom”とよばれた。

図 1　ドルトンの原子記号と原子量

その後，ドルトンの理論を支持した T. Thomson（トムソン，1773－1852）や W.H. Wollaston（ウォラストン，1766－1828），および J. J. Berzelius（ベルセリウス，1779－1848）の実験によって「倍数比例の法則」は確立され，ほとんどの化学者は原子の存在を確信することになった。とりわけベルセリウスは，熟達した分析技術と鋭い直感から 1807 年以降，ほぼ 20 年間にわたって当時知られていた 43 の元素からなる約 2000 の化合物について精密な化学分析を行い，酸素原子を基準 100 として各元素の原子量（または当量）を決定したばかりでなく，セレン，ケイ素，チタンといった新しい元素を純粋な形で得ることにも成功した。さらにベルセリウスは元素のラテン語名の一部を化学記号として用いることも提案し，それが現在の元素記号（または原子記号）の基となっている。

1808 年に J. L. Gay-Lussac（ゲーリュサック，1778－1850）が発見した「反応する気体の体積と得られた気体状の反応生成物の体積とは簡単な整数の比となる」という「気体反応の法則」は，ドルトンの原子説から導かれる「異なる気体の同体積中には同一数の粒子（原子）がある」という見解とは矛盾していた。この矛盾を解決したのがA. Avogadro（アボガドロ，1776－1856）である。1819年アボガドロは「気体は分子からなる。分子はいくつかの原子が結合してできており，反応に際しては原子に分割される」と，「分子説」を提唱し，気体の最小粒子として，原子ではなく原子が結合した分子を考えれば，「原子説」と「気体反応の法則」を説明できることを示した。しかしながら，その根拠となるような実験は何ら行われなかったことに加えて，当時の代表的化学者ベルセリウスらの反対もあり，この「アボガドロの仮説」は，約50年間無視されつづけた。

その後，1858年にS. Cannizzaro（カニッツァーロ，1826－1910）が「気体反応の法則」と「アボガドロの仮説」に基づき，原子や分子，原子量や分子量の問題について新しい説明を試みた。そして1860年ドイツのカルルスルーエにおいて，ヨーロッパのほとんどすべての著名な化学者を集めて開かれた国際会議の席上，カニッツァーロの考えがほぼ受け入れられたことによって，原子と分子との区別，その区別に基づいた原子量表がようやく認められるようになった。

化学分析による原子量測定

カルルスルーエ会議以降ほぼ半世紀の間，正確な原子量の決定は化学者の重要な目標となった。カニッツァーロは，J. B. A. Dumas（デュマ，1800－1884）によって考案された蒸気密度測定法（またはデュマ法）を用いて，気化しやすい元素や揮発性化合物を構成する元素の原子量の大きさを求めた。原子量の測定に取り組んだ化学者のなかでもJ. S. Stas（スタス，1813－1891）はその精確な仕事で知られているが，1860年代，酸素の原子量16を基準として塩素，臭素，ナトリウムなど12の元素について原子量を決定し，それらの値はその後40年間，正確な値として認められた。さらに，T. W. Richards（リチャーズ，1868－1928）は従来の原子量測定法の誤差の原因について詳しく検討を加え，実験方法を改良することによって，スタスの値も含む従来の値に適切な訂正を加えた。リチャーズはアルカリ金属やアルカリ土類金属を含む30種近くの元素について原子量を決定しただけでなく，さらに，原子量とファラデーの電気化学当量との関係にも関心をもった。そして，銅と銀の電量計についても詳細な検討を加え，実験方法を改良することにより，ファラデーの電気分解の法則が厳密になりたつことを示した。

なお，この間の原子量測定の発展は，ろ紙やるつぼ，および化学天秤の改良といった重量分析における操作や装置の精密化によって支えられた。この他，容量分析やガス分析，そして電解分析も重要な手段として重宝された。

2.7.2　アボガドロ定数とは

アボガドロ定数とは炭素の同位体 ^{12}C の12 g中に含まれる炭素原子の数で，$6.022140857 \pm 0.000000074 \times 10^{23}$ mol^{-1} の値（2014年の推奨値）をもち，一般に N_A といった記号で表される。また，ここで使われるmol（モル）とは物質量の基本単位であり，1モルはアボガドロ定数と同数の物質粒子（原子，分子，遊離基，イオン，電子）を含む集団（系）の物質量として定義される。アボガドロ定数の求め方について，高校化学の教科書では，「ステアリン酸 $CH_3(CH_2)_{16}COOH$ のような長鎖脂肪酸の単分子膜の面積を分子1個の断面積で割って求める方法」，「電気分解で発生または析出した物質の質量と，電気分解に要した電気量を測定し，ファラデーの法則から求める方法」，「結晶構造の数値から求める方法」などが取り上げられている。現在，もっともよい精度が得られている測定法は，もっとも均一性に優れた材料の一つである ^{28}Si 同位体濃縮ケイ素単結晶を用いたものである。そこではまず，1 kgに研磨されたケイ素結晶の球の直径をレーザー干渉計により測定してその体積を決定，これを新たな密度標準として，X線干渉計によって測定されたケイ素結晶の格子定数とケイ素のモル質量の値を併せて計算しアボガドロ定数を決定している（X線結晶密度法）。

ところで，アボガドロ定数という名称を初めて使ったのはJ. Perrin（ペラン，1870－1942）

である（1909年）。ペランはブラウン運動を説明するために A. Einstein（アインシュタイン，1879－1955）が導いた関係式を，ほぼ同じ大きさの粒子個々の運動を顕微鏡で追跡するという実験で詳しく検証し，その理論が正しいことを示すとともに，アボガドロ定数を求めた（$N_A=6.5\sim7.2\times10^{23}\ \mathrm{mol^{-1}}$）。アインシュタインはまだ分子の実在性を疑う学者もいた1905年に，「溶媒分子は懸濁粒子にぶつかって力を及ぼす実体のある粒子である」と仮定すると，実際に観察されるブラウン運動を説明できることを示し，さらに，その観測結果からアボガドロ定数を求める方法を提案していた。

ペランの他にも，1915年超遠心機の発明で知られる T. Svedberg（スヴェドベリ，1884－1971）は，セレンや金の微粒子の沈降平衡や沈降速度の測定からアボガドロ定数を求め（$N_A=6.05\pm0.03\times10^{23}\ \mathrm{mol^{-1}}$），さらに1917年 R. A. Millikan（ミリカン，1868－1953）は油滴の実験から得た電子の電荷と銀電量計から求めたファラデー定数よりアボガドロ定数を提示した（$N_A=6.064\pm0.006\times10^{23}\ \mathrm{mol^{-1}}$）しかし，このミリカンの値は計算に用いた空気の粘度の値が不正確であったために，大きな誤差が生じたことが後で明らかとなった。その後1930年代になると，結晶の密度，原子量，X線回折による原子間距離のより精確なデータが提供されるようになって，アボガドロ定数の精度も0.1%以下と格段によくなった。

しかしながら，アボガドロ定数の精度は測定に用いる試料の原子量や分子量の精密さに依存するため，多くのSI基本定数の中では不確定さが大きいものの一つになっている。ケイ素結晶を用いた測定においても，結晶構造や同位体組成の不均質性があれば，モル質量およびアボガドロ定数にも影響が現れる。現在，SI基本単位であるkgに関しては，人間が作成した固有のキログラム原器による定義が表面汚染などの影響による質量変動の点で問題視され，再検討の対象となっている。キログラム原器に代わるものとしてはアボガドロ定数のほかに，ワットバランス法により実験的に精度よく決定できるプランク定数に基づく検討も進んでおり，近い将来，プランク定数の定義値によってキログラムが定義されることになりそうである。アボガドロ定数とプランク定数の間には厳密な関係式が成立するので，キログラムが再定義されることによってアボガドロ定数も正確に定められることになる。

2.7.3　同位体はいかにして発見されたか？

1895年の W. C. Röntgen（レントゲン，1845－1923）によるX線の発見が契機となり，A. Becquerel（ベクレル，1852－1908）や M. S. Curie と P. Curie（キュリー夫妻，マリー，1867－1934，ピエール，1859－1906）らによって，放射性物質についての研究が進み，数多くの放射能の異なる新元素が報告された。しかしながら，その当時周期表に残された空席はわずか10程であり，これら新しい放射性元素をすべて周期表にあてはめるのはむずかしい問題であった。1902年，F. Soddy（ソディ，1877－1956）は E. Rutherford（ラザフォード，1871－1937）と協力して，放射性物質の中で原子が崩壊し，その結果新しい元素ができるという放射性変換説を提唱した。さらに1913年には，原子番号は同じで原子量は異なる原子すなわち核種を同位体（またはアイソトープ）と名付け，この問題を解決したものの，放射性元素は非常にわずかな量しか手に入らなかったため原子量を決定することができず，同位体の存在を確認することはできなかった。一方，リチャーズもまた放射性鉱物に興味をもち，これまでにない精密な実験を行うことによって，放射性鉱物中に含まれる，放射性壊変の最終生成物である鉛の原子量（206.08）が普通の鉛の原子量（207.2）より小さいことを見出して，鉛の原子には少なくとも2種類の同位体があることを証明した。

質量分析による同位体の検出

1910年 F. W. Aston（アストン，1877－1945）は J. J. Thomson（トムソン，1856－1940）が陽極線を解析するために開発した方法をさらに発展させ，装置を改良してネオンガスを放電させたさいに生じる陽極線について実験したところ，質量の異なる2種類のものを含むことを見出した。その後，さらに装置の改良を重ねて1918年には質量分析器なる装置を製作し，非放射性元素であるネオンも質量数20と22の2種類の同位体の混合物であることを示したのは翌1919年のことであった。さらに装置の改良を進めたアストンは，1930年代の中頃までにほとんどすべての元素について，安定同位体の種類とその天然の同位体存在度の決定を終了した。また，アストンが提唱した，“原子質量はすべて限りなく整数に近い”という「原子質量の整数則」は，1815年W. Prout（プラウト，1785－1850）によって示された仮説（2.7.4参照）の再生というべきものであったが，原子核の構成を考えるうえで大きな役割を果たした。さらに，水素以外の原子について，整数則からのずれ，すなわち原子質量と質量数の差を一種の核結合エネルギーとみなしたが，これはまさに質量欠損の事実を示したものであった。

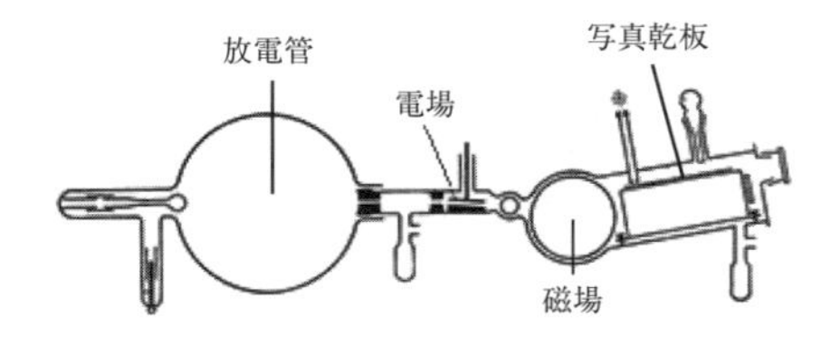

図2　アストンの質量分析器（1919年）

このように，同じ元素であっても多くの場合質量が異なる同位体（核種）がある割合で存在することが明らかになってくると，原子量の基準の選び方だけでなく，ある元素の原子量といった場合，それは平均原子量として定義されることになり，各核種の精密な原子量の測定のみならず，各核種の存在割合もまた精密に測定されなければならないことが明らかになってきた。

2.7.4　原子量の基準はどのように決められてきたのか？

原子量の基準の歴史的変遷に触れる前に，現在の原子量の定義とその単位について説明しておこう。原子の原子量とは，炭素の同位体の一つである^{12}C原子1個の質量を12として表した各原子の相対質量のことであり，相対原子質量ともいわれる。すなわち，単位のない無次元量となる。また，原子の質量を表す実用単位として原子質量単位も使われるが，これは^{12}C原子1個の質量の12分の1を表し，“amu”または“u”で表され，次のような値1 amu＝1.6605402×10^{-27} kgとなる。生化学の分野では，原子質量単位に対してダルトン（またはドルトン）Da（Dalton）という表記もよく使われるが，1 Da＝1 amuである。2.7.3で触れたように，多くの元素では質量数の異なる同位体がほぼ一定の割合で存在するので，このような元素の原子量は各同位体（原子）の存在比を考慮に入れて，各同位体（原子）の相対的質量を平均した値となる。なお，モル質量とは，物質1モルあたりの質量を意味するので，質量の単位としてgを用いるとモル質量の単位はg mol^{-1}となる。すなわち，各元素の原子量をg mol^{-1}で表したものがその元素のモル質量となる。

さて，2.7.1でも述べたように，原子量の基準として19世紀当初はドルトンが提唱したH＝1が用いられてきた。そのことと関連して，1815年プラウトは水素がもっとも軽い原子であること，そして他の元素の原子量は水素の整数倍になっていると思われることから，「水素がもっとも基本的な原子で，他の原子は水素原子から構成される」という仮説を提唱した。原子質量が陽子と中性子の数の和になるという今日の常識からすれば，真実に近いプラウトの仮説であったが，各元素の原子量が正確には整数倍にならないことが明らかになったこともあって，当時は受け入れられなかった。一方，多くの化学者達はほとんどの元素は安定で組成のはっきりした酸化物をつくることや，水素化物に比べて酸化物の分析が容易であったことから，酸素を基準として採用するようになった。ベルセリウスはO＝100としたが，精密な実験で知られるスタスがO＝16を唱えたこともあって，19世紀中頃になるとO＝16が用いられるようになった。1903年には国際原子量委員会が設置され，それ以後第一次世界大戦まで，酸素（^{16}O，^{17}O，^{18}Oの混合物である天然の酸素）を基準とし，O＝16をスケールとする原子量表が毎年発行されるようになった。

ところが，1929 年 W. F. Giauque（ジオーク，1895－1982）と H. L. Johnston（ジョンストン，1898－1965）が大気の吸収スペクトルの解析を行ったさいに酸素の同位体 ^{17}O と ^{18}O を発見し，1932 年には，その存在が質量分析法によって確認され，存在比も測定されるにいたって，酸素の基準は見直しを迫られることになった。その結果，化学ではそのままの基準 O＝16 が使われつづけたが（化学的原子量），物理では基準を $^{16}O=16$ とするようになった（物理的原子量）。その後，同位体比測定の精度がよくなるにつれ，多くの元素に関して天然物質中の同位体比が一定とならないこと，とりわけ水素，炭素，酸素といった軽元素に関しては，試料間でかなりの変動があることが明らかとなった。そのことを受けて，物理と化学の国際委員会で一本化の議論が進められたが，そこで，原子質量（原子量）の標準核種を何にするか，その標準原子質量をいくつにするか，といった点が問題となった。詳細は省くが質量分析法において高精度な原子質量測定が可能な点などを考慮し，結局，質量数 12 の炭素を基準とし，$^{12}C=12$ とする案が 1960～61 年に承認され現在に至っている。

今日では，国際純正・応用化学連合（The International Union of Pure and Applied Chemistry：IUPAC と略，1919 年創設）のなかの原子量および同位体存在度委員会が，隔年に会議を開いて元素の同位体組成および原子量

コラム　同位体比測定によって温度・年代・産地を決定する

温度をはかるには温度計，時間をはかるには時計を使うが，元素の同位体比をはかることによって過去の水温を推定したり，鉱物の生成年代を決定したりすることも可能となる。たとえば，地質時代の海水温度の推定には有孔虫がよく使われる。有孔虫の殻に含まれる炭酸カルシウムと水とは，次式で示される酸素同位体交換平衡にある。

$$CaC^{16}O_3 + H_2{}^{18}O \rightleftharpoons CaC^{18}O^{16}O_2 + H_2{}^{16}O$$

この平衡反応の同位体効果，すなわち炭酸カルシウム中の酸素同位体比 $^{18}O/^{16}O$ と水中の酸素同位体比との割合は平衡時の水温に依存して変化する。そこで，同位体効果の温度依存性を前もって実験で調べておけば，試料中の酸素同位体比をはかることによって有孔虫の生息していた当時の水温が推測できる。

年代決定には放射性同位体の放射性壊変を利用する。以下，1,000 万年前より古い年代の岩石の年代測定によく用いられる Rb-Sr 法について説明する。長石や雲母などのカリウムを含む鉱物中に含まれている天然放射性同位体 ^{87}Rb は，単位時間内にある決まった割合（半減期 488 億年）で，β^- 線を放出しながら安定同位体である ^{87}Sr に壊変する。そこで試料鉱物中の同位体比 $^{87}Sr/^{86}Sr$ と $^{87}Rb/^{87}Sr$ を測定すれば，試料の生成された年代を決定できる。

このほか，鉛の安定同位体 ^{206}Pb，^{207}Pb，^{208}Pb の比率が鉛鉱山ごとに異なることに着目すると，日本各地の遺跡から発掘された青銅鏡や銅剣といった考古遺物中の鉛安定同位体比を測定することによって，その産地を同定することもできる。また，火山から出てくる物質はマグマに由来する物質と，それ以外の起源を有する物質の混合物であるが，それらの物質の同位体比は異なるので，火山から出る物質（たとえば H_2O）の中に含まれている同位体の比率をはかることによって火山の噴火予知に役立てようとする研究もされている。

について議論し，必要があれば原子量の改訂を勧告している。わが国では，日本化学会が毎年4月に，最新のIUPACの勧告値に説明を付けた表をつくり配布している。このように，原子量は19世紀末から約50年間，主として化学的な分析法で求められてきたが，現在では質量分析計を用いて，同位体存在度とそれぞれの原子質量から原子量を求める方法が主流となっている。

2.7.5　分子量の定義とはかり方

分子量はその分子を構成している元素の原子量（相対原子質量）の総和であり，化学式が与えられていれば，原子量表を用いて簡単に求められる。分子量は原子量と同様に $^{12}C = 12$ を基準とした相対的な値となるため相対分子質量とよばれ，単位のない無次元量である。分野によっては原子質量同様，分子質量の単位としてダルトン（またはドルトン）Daが使われる。また，原子に同位体があるため，その組み合わせである分子の質量も一義的には決まらず，ある質量範囲に分布しており，実用的には原子量同様平均的な値を使うことになり，$g\ mol^{-1}$ の単位で表したモル質量の数値は，その物質の分子量に等しい。

a.　分子量の測定法

分子量を実験的に決定する方法にもいくつかあるが，原子量の測定同様もっとも精度の高い方法は質量分析法である。電子イオン化（EI），化学イオン化(CI)に加えて，高速原子衝撃(FAB)イオン化，エレクトロスプレーイオン化（ESI），マトリックス支援レーザー脱離イオン化（MALDI）など，ソフトなイオン化法の開発により，低分子有機化合物に限らず，有機金属化合物や高分子化合物の質量スペクトル測定も可能となってきた。図3に質量分析法によって得られた空気中の一酸化炭素 $^{12}C^{16}O$（分子量27.9949）と窒素 $^{14}N_2$（分子量28.0062），さらに微量のエチレン $^{12}C_2{}^1H_4$（分子量28.0312）の質量スペクトルを示すが，有効数字3桁で表すといずれも分子量が28.0となる3種類の物質が明確に区別されている。さらに装置の分解能を上げ，0.1ミリ質量単位（ミリマス）程度の精度で測定し，分子量の端数を計算することにより，やや複雑な化合物の元素組成を推定することも可能になる。このように，質量分析法は精度の点からみても優れており，最近では元素分析に代わる働きをするようになってきている。

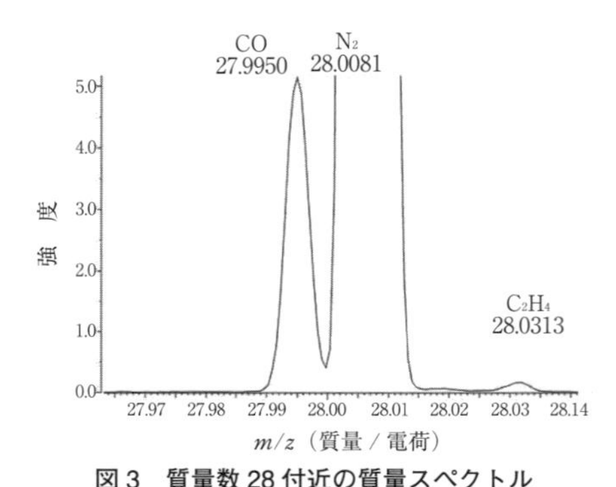

図3　質量数28付近の質量スペクトル

[旭川医科大学医学部附属実験実習機器センターホームページ]

このほか，気体および揮発性物質の場合には，理想気体の状態方程式を利用して分子量が求められる。高校化学の教科書でも揮発性物質（アセトン，クロロホルム，ヘキサンなど）を対象とし，温度一定の希薄な気体の密度をはかり，状態方程式を使って分子量を求める実験が取り上げられているが，これは「デュマ法」とか「ビクトル・マイヤー法」として知られる蒸気密度測定法の一つであり，図4のような器具が使われる。非常に簡便な方法としてスプレー缶タイプの小型ガスボンベを使うと，水上置換によりメスシリンダーを用いて気体の体積を，気体を取り出す前と取り出した後のボンベの質量差から気体の質量を求め，気体（たとえば酸素やブタン）の分子量を簡単に求めることができる。

不揮発性物質の場合には，適当な溶媒を使って希薄溶液を調製し，その束一的性質，すなわち蒸気圧降下，沸点上昇，凝固点降下，および浸透圧に基づいて分子量を測定する。これら希薄溶液の性質は低分子だけでなく高分子にも適用できるが，分子量が大きい高分子の場合には，一般に溶媒には溶けにくいうえ，分子量が大きくなるにつれて溶質分子間の相互作用も大きくなるので，それを避けるためにできる限り希薄

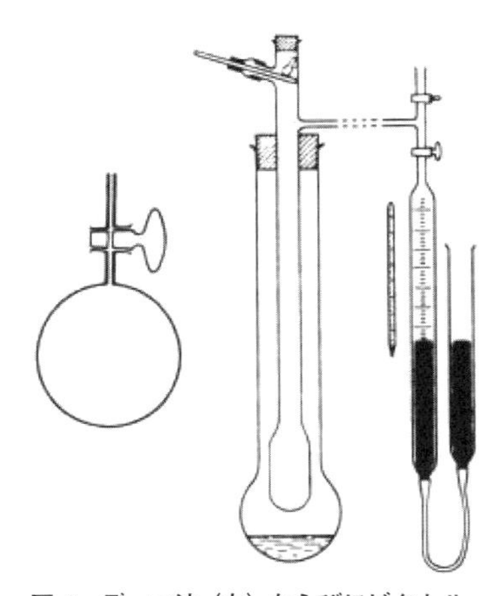

図4　デュマ法（左）ならびにビクトル・マイヤー法（右）で使われる器具

［長倉三郎ら 編，“岩波理化学辞典 第5版”，p.102，p.901，岩波書店（1998）］

な溶液にする必要がある。しかし，溶液のモル濃度が小さくなると凝固点降下度や沸点上昇度は小さくなり，凝固点降下法や沸点上昇法で高分子の分子量を測定することはむずかしくなる。これに対して，濃度が小さくても測定できる浸透圧法は高分子を通さない半透膜が多いので，分子量を測定するのによく利用される。とはいっても，分子量が非常に大きくなると浸透圧は低くて測定困難となり，逆に分子量が1万以下では半透膜を透過することがあるので，浸透圧を精度よく測定できるのは1万前後から30万程度までの分子量範囲となる。

精密な沸点上昇測定は圧力測定を必要とすることもあって，なかなかむずかしく誤差を生じやすいが，加熱することで初めて溶媒中に溶解する物質もあり，現在でも有効な測定手段となっている。凝固点降下測定の場合にも，精密な実験においては十分に乾燥脱気した溶媒を用いたり，アルゴン気流下で測定を行うなど注意が必要であるが，溶媒に溶解する化合物で分子量約500程度までの物質に適用できる。

また，溶液の浸透圧は，浸透圧計という装置で測定できるが，市販の高精度な装置を使えば，水で10,000程度，トルエンで40,000程度の分子量測定が可能となる。

b. 高分子の分子量とその測定

タンパク質などの生体関連物質を除くと，一般に高分子の分子量は不均一で分布があるため，一般には平均分子量として示される。平均分子量にもいくつかあり，たとえば数平均分子量M_nとは，各分子量M_iに試料中に存在するその分子量M_iの分子の数N_iで重みをつけることによって計算した平均値であり，一方，重量平均分子量M_wとは，各分子量M_iに試料中に存在するその分子量M_iの分子の総質量m_iで重みをつけることによって計算した平均値である。試料中に存在する全分子の個数をN，試料の総質量をmとすると，それぞれ次式で示される。

$$M_n = (1/N)\cdot(\Sigma N_i \cdot M_i)$$

$$M_w = (1/m)\cdot(\Sigma m_i \cdot M_i)$$

高分子の分子量測定法は大別して，絶対法と相対法の二つに分けられる。絶対法が測定原理に基づいて分子量を直接決定できる方法であるのに対し，相対法は構造的に同じで分子量のみ異なる一連の化合物に対してのみ適用でき，あらかじめ標準物質を用いて，測定しようとする性質（パラメーター）と分子量との関係がわかっていなければならない。絶対法としては，膜浸透圧法，蒸気相浸透圧法，光散乱法，超遠心法（沈降平衡法）が，相対法としては，粘度法，ゲル浸透クロマトグラフィー法（後述）がある。膜浸透圧法では，半透膜と圧力センサーを備えた浸透圧計を使って純溶媒と溶液との間に生じた浸透圧を測定する。蒸気相浸透圧法では，純溶媒と溶液の蒸気圧差によって生じた溶媒蒸気の凝縮速度の差を温度変化の差として検出する。いずれの方法からも数平均分子量M_nが求められる。一方，分子数に比例して光の散乱強度が変化することを利用した光散乱法からは重量平均分子量M_wが求められる。また，高分子が溶液中に存在すると溶液の粘度（または粘性率）が増加するので，高分子の分子量を粘度測定法によって求めることもできる。図5に示すのは簡単な構造をもつオストワルドの粘度計である。ただし，ここで得られるのは粘度平均分子量とよばれる値である。これらさまざまな方法で測定された平均分子量はその試料の分子量分布を反映するので，その組み合わせから分布の様子

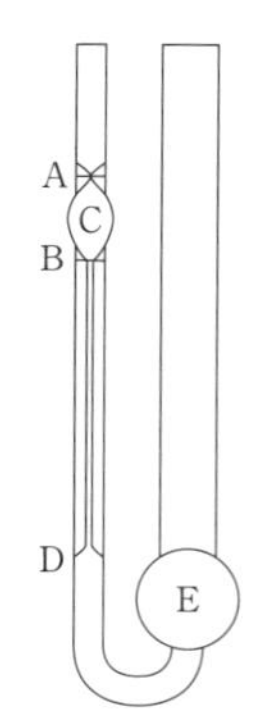

図5　オストワルドの粘度計の基本形

左側のガラス管のA点の少し上から右側の管のE点まで液体が満たされている状況をつくる。BからDまでが毛管になっている。重力下で液面がA点とB点の間を通過する時間をはかり粘性率を測定する。

［日本化学会 編，"第5版　実験化学講座2　基礎編Ⅱ　物理化学（上）"，p.2，丸善（2003）］

を推測することができる。

c.　超遠心法

ところで，タンパク質の分子量は数万から百万程度であるが，これに対し，デオキシリボ核酸（deoxyribonucleic acid：DNA）など核酸の分子量は小型ウイルスの300万からヒトゲノムDNAの1兆以上にも達する。タンパク質や核酸の分子量測定には，相対法であるゲル電気泳動法も利用されるが，主には絶対法である超遠心法で測定される。重力下，溶液内に置かれた高分子は質量の大小に依存して底に沈降する。この沈降速度は非常に遅いが，超遠心法では重力を遠心力に置き換えることによって沈降速度を速くしている。たとえば，10万回／分の高速回転が可能な超遠心機とよばれる装置を使うと，加速度が重力加速度の約80万倍となる遠心力を得ることができるので，遠心力によって分子量の異なる高分子を短時間で互いに分離することが可能となる。平均分子量や分子量分布を求めるさいには，密度勾配遠心法といった沈降平衡を利用する。密度勾配遠心法とは，低分子（一般には塩化セシウム）の溶液を長時間超遠心力場において沈降平衡をなりたたせ，液面から底に向かって一定の密度勾配をもった状態をつくる。そこに高分子が存在すると，高分子は遠心力によってだんだん底の方へ移動するものの，平衡時には高分子の密度と溶媒の密度が等しい位置に高分子が集まるので，その位置から分子量を求めることができる。

d.　質量分析法

最近では，高分子の分子量測定においても質量分析の利用が盛んになっている。新しいイオン化法の開発によってこれまで困難とされてきた高分子化合物も，分解を伴わずにイオン化されるようになったこと，加えて飛行時間（time-of-flight：TOF）型質量分析計の改良に伴い，高質量領域での測定も可能となってきたことが理由としてあげられる。図6に，前出のMALDIとよばれるイオン化法を用いてポリメタクリル酸メチルというポリマー（または重合体）をイオン化したときに得られた質量スペクトルを示す。重合分子数の異なるピーク群が観察されるが，各ピーク間の質量差はモノマー（または単量体）の質量100に対応している。このように，質量分析によればモノマーの組成とポリマーの分子量分布を同時に知ることができる。

e.　分子ふるい― GPC と SDS-PAGE

GPCとは溶質分子のサイズによって分別が行われる溶出クロマトグラフィーの一種，ゲル浸透クロマトグラフィー（gel permeation chromatography：GPC）の略称であり，サイズ排除クロマトグラフィー（size exclusion

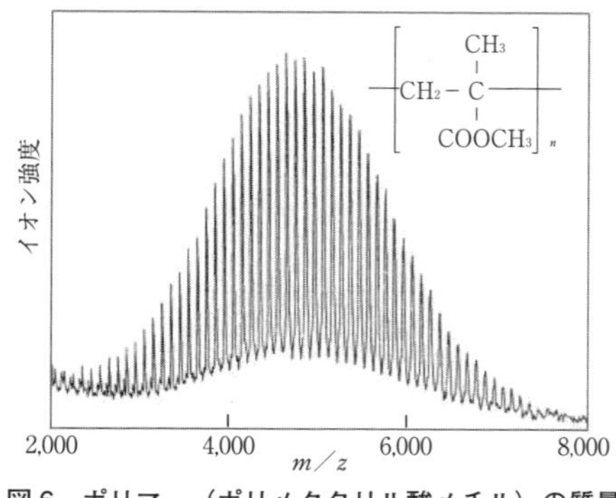

図6　ポリマー（ポリメタクリル酸メチル）の質量スペクトル

［B. S. Larsen, W. J. Simonsick, Jr., C. N. McEwen, *J. Am. Mass Spectrom.*, 7, 289（1996）を一部改変］

chromatography：SEC）としても知られている。多孔性のゲルが“分子ふるい”の能力をもつことを利用して溶質を分離するもので，適当な溶媒中で適度に膨潤させたゲルを円筒状のカラムに充塡し，これに上から試料溶液を注ぐと，ゲルの網目サイズよりも大きい分子はゲル内に浸透できないので素通りして速く溶出し，サイズの小さい分子は大きさの程度によって孔の内部に深く浸透して遅れて溶出してくる。その結果，試料に含まれる溶質分子は分子量によって分別される。分子量分布が測定されるという利点はあるが，あくまで相対的な測定であり，厳密には分離は分子量によるものではなく，試料の流体力学的体積に依存することに注意が必要である。

一方，SDS-PAGE は生化学の分野でタンパク質の分離によく使われている電気泳動法の一種であり，硫酸ドデシルナトリウム（sodium dodecyl sulfate：SDS）という陰イオン性界面活性剤を用いたポリアクリルアミドゲル電気泳動法（polyacryl-amide gel electrophoresis：PAGE）の略称である。目的タンパク質に加えられた SDS はタンパク質の非共有結合を破壊し，その高次構造を棒状に変性させるとともにタンパク質とほぼ一定の割合で結合するので，各分子の単位質量当たりの電荷はほぼ一定となる。この SDS-タンパク質複合体をゲル上で電気泳動させるとゲルの網目でふるい分けられ，サイズ（大きさ）の小さい分子ほど速く移動するので，分子量の違いによってタンパク質を分離できる。また，一定時間あたりの移動度とタンパク質のサイズが比例することから，分子マーカーとよばれる分子量既知の標準試料の移動度と比較することによって，分子量も求めることができる。ポリアクリルアミドゲルはゲル中の細孔径が密なため 100〜200 kDa 以下のタンパク質やポリペプチドを分離するのに適している。

［中田 隆二］

参考図書

・原子量・分子量の定義・測定についての歴史的解説

1) 日本化学会 編，“化学総説 10 化学における精密測定”，学会出版センター（1976）.

・SI 基本単位である kg の再定義に関する最近の解説

2) 倉本直樹，東 康史，藤井賢一，“基礎物理定数に基づく新しいキログラムとモルの定義”，ぶんせき，6 月号，pp. 229-236（2015）.

・さまざまな測定法による分子量測定の原理について学びたい人のために

3) P. Atkins, J. de Paula 著，千原秀昭，中村亘男 訳，“アトキンス物理化学 第 8 版（上）（下）”，東京化学同人（2009）.

2.8　有機化合物の構造をはかる

2.8.1　有機化合物とは

1770年にT.O. Bergman（ベリマン，1735－1784）が「有機化合物は生物体（organism）から得られたものであり，無機化合物は鉱物から得られたものである」という分類を行った。その頃の化学者の間には有機化合物に対する神秘的な崇拝思考があり，有機化合物はすべて生命体から得られるために，これらの物質には生命力（あるいは活力）が宿っていると考えられていた。この生命力の存在こそが無機化合物とはまったく異なった性質の源であると考えられていた。しかしながらその考えも，1828年にF. Wöhler（ヴェーラー，1800－1882）がシアン酸アンモニウムNH_4CNOから尿素NH_2CONH_2を合成したことによって覆され，有機化合物は生命力をもっておらず，実験室のフラスコの中で合成できることが示された。それでも「炭素や炭素を含む化合物」を有機化合物とよぶ方が何かと都合がいい場合が多く，有機化合物と無機化合物という分類が現在まで使われつづけている。

周期表を眺めると100個以上の元素が並んでいるにもかかわらず，炭素を含む有機化合物の数は非常に多く，それ以外の元素を含む無機化合物の数をすべて足し合わせても到底及ばない。これは，他の元素がもちえない二つの大きな特長を炭素がもっているからである。一つめの特長は炭素と炭素が互いに結合をつくることができることである。二つめは窒素，酸素から金属に至るまで多くの元素と結合をつくることができることである。これらの特長を組み合わせた結果，実に多種多様な有機化合物の存在が可能になる。現在では，数百万種類あるいは数千万種類の有機化合物が知られているといっても過言ではない。そして，この特長こそが有機化合物さらにはそれを扱う有機化学を魅力あるものにしている一方で，分離・精製や構造決定の過程を複雑にしている。有機化学の発展の歴史はこれらの周辺技術の進歩の歴史でもある。

2.8.2　有機化合物の分離と精製

有機化学を研究するうえでむずかしいのは化合物の分離・精製とその構造決定である。たとえば，天然物からある化合物を取り出そうとする場合，あるいは実験室で目的とする化合物を合成しようとするとき，フラスコの中に単一の化合物が残ることはほとんどなく，余程の幸運がない限り混合物として得られる。そこで，混合物が何成分からなっているかを知った後，それらを分離する必要がある。

以前は化合物の物理的性質の違いを利用して分離・精製をしていた。たとえば，沸点が大きく異なる場合は，蒸留すれば分離することができる。有機化合物は無機化合物に比べて熱に弱く分解しやすいので，高い沸点を有する化合物を分離するときは，フラスコの中の圧力を下げることによって沸点を下げて蒸留する減圧蒸留を用いる。また，固体から液体を経ずに直接気体に変化することを昇華というが，昇華性をもつ化合物ともたない化合物が混ざっている場合，加熱して出てきた蒸気を冷却することにより簡単に前者を取り出すことができる。同様に，溶媒に対する溶解度に大きな差があれば再結晶や抽出が有効な手段になる。しかしながら，そのように簡単にことが運ぶ場合の方がむしろまれであり，大体の場合においては分離したい化合物どうしの性質が似ていることが多く，物理的性質を利用するだけでは分離は困難である。そのようなときに利用されるのがクロマトグラフィーである。

クロマトグラフィー

沸点や融点などの性質が化合物によって異なるのと同様に，ものに対する吸着のしやすさも化合物によって異なる。ここで，吸着させるものを担体とよぶ。化合物を担体に吸着させた後に溶媒を流すと，化合物は吸着と脱離を繰り返しながら進んでいくが，これを展開するという。このとき，担体に吸着されにくい化合物は動きやすく長い距離を進み，逆に吸着されやすい化合物は短い距離しか進まない。そこで，その進む距離の違いによって分離することをクロマトグラフィーとよぶ。

たとえば，万年筆のインクは1種類の色素だけでつくられているのではなく，何種類かの化合物を混ぜ合わせて色合いを調整してつくられている。ろ紙のある部分にインクを1滴しみ込ませ，その部分が水に浸からないようにしながら，ろ紙を水に浸けると，徐々にしみ込んできた水がインクを運搬し始める。しばらく放置しておくと緑や赤の帯が見え始め，インクがカラフルな色素の混合物であることが分かる。この手法は紙を担体に使うので，ペーパークロマトグラフィーとよばれている。

実験室で，手元にある混合物が何成分の化合物からできているのかを調べる方法として，よく用いられるのがGC（ガスクロマトグラフィー）やHPLC（高速液体クロマトグラフィー）である。これらの機器には担体が内部にコーティングあるいは充塡された細い管（カラム）が内蔵されている。注射器で混合物を注入すると，GCなら混合物を加熱して気化させた後，ヘリウムやアルゴンなどの不活性ガスで展開し，HPLCなら溶媒を流して展開する。そして，カラムの出口のところにある紫外線の吸収や屈折率などを測定する検出器でカラムを通り抜けた化合物を順番に捕らえる。検出器と直結した記録計に現れたピークの数で何成分あるかがわかる。この使い方以外にどの程度の量が含まれているかを定量したり，化学反応の進行状況を追跡することも可能である。

高価な機器を使わずにもっと手軽に調べたい場合には，TLC（薄層クロマトグラフィー）を用いる。これは文字通りガラス板やプラスチック板の上に薄く担体が塗り付けてあるもので，混合物の溶液を点（スポット）としてしみ込ませる。そしてペーパークロマトグラフィーと同様に，スポットが浸からないように有機溶媒で展開すると，いくつかのスポットに分かれていき混合物の中に何成分あるのかがわかる。

しかし，手元にある混合物の中に何成分が混在しているのかがわかっても，それらを分離できなければ意味がない。それぞれの化合物を純粋な状態で取り出す（単離する）ときに，しばしば用いられるのが分取クロマトグラフィーという手法である。数cmの内径をもつガラス管（カラム）に担体を数十cmの高さで充塡し，混合物を一番上に吸着させる。そして上から溶媒を流して展開して，出口から出てくる溶液を受器で受ける。溶液が溜まるごとに受器を取り換えていった後，同じ化合物が含まれている溶液をまとめて濃縮すれば，それぞれの化合物を単離することができる。このとき，担体としてシリカゲル（二酸化ケイ素）やアルミナ（酸化アルミニウム）がよく用いられる。

2.8.3　有機化合物の構造決定

先に述べたように，炭素原子は炭素のみならず水素，窒素，酸素などの他の元素とも自由に結合をつくることができる。その結果，複雑な骨格の形成を可能にするが，それに伴って可能性がある構造（異性体）の数もそれだけ多くなる。たとえば，C_2H_6O という分子式を有する化合物は2種類しかないが，C_3H_8O では3種類に増え，$C_4H_{10}O$ になると8種類になる。原子の数や種類が増えれば増えるほど，異性体の数は等比級数的に増加する。

有機化合物の構造を知るための情報として，よく用いられるのが元素分析，X線結晶構造解析ならびに各種分光法である。元素分析から炭素，水素，窒素の組成比がわかる。また，単結晶を得ることが可能であれば，X線結晶構造解析は非常に有効な構造決定の手段になる。これは分子を実際に見ているのとほとんど同じような感覚であり，原子の配置や結合角，結合距離なども容易にわかる。そして，一般的に構造決定する際に中心的な役割を果たしているのが分光学的な手法である。

分光法はスペクトル法ともよばれるが，電磁波を用いて構造に関する情報を得る手法である。一般に光とよばれているものも電磁波の一種で，波の性質と粒子の性質を兼ね備えている。波の長さ，すなわち波長が短くなればなるほど大きなエネルギーをもつのに対して長い波長の電磁波は小さなエネルギーしかもっていない。電磁波はその波長の違いによって分類され，大きなエネルギーを有するものから順に，γ線，X線，紫外線，可視光線，赤外線，マイクロ波，ラジオ波とよばれる。エネルギーが異なるということは，それを有機化合物に照射したときに及ぼす影響も異なる。小さいエネルギーであれば，分子を回転させたり原子と原子の間の結合を振動させたりする程度であるが，高エネルギーになると，もっている電子が取られてイオン化することもある。異なる構造を有する化合物は違った波長の電磁波を吸収する。波長を変えながら電磁波を照射して，吸収される波長の違いから構造に関する情報を得る手法がスペクトル法である。

2.8.4　有機化合物の定性的な元素分析

有機化合物の構造を決定するさいに最初に行わなければならないのは，化合物がどのような元素から構成されているのかを知ることである。

簡単な化学反応によって成分元素を知るという試みは古くからなされてきた。炭素が含まれていれば燃焼するが，他の元素が含まれているかどうかはわからない。もっとも，炭素を含む化合物のことを有機化合物とよぶので，炭素が含まれているかどうかを知る実験はほとんど行わない。しかし，この燃やすという操作も注意深く行えば色々な情報が得られる。まず，試料が完全燃焼せずに灰が残れば，金属などの無機物が含まれている可能性を示す。また，炭素に比べて水素の比率が少ない化合物であるベンゼン C_6H_6 やアセチレン C_2H_2 などは，不完全燃焼するために黒いすすを出しながら燃える。また，タール状になれば熱で何らかの分解反応が起こっていることも考えられる。一方，ハロゲン元素は燃やすことによって容易にその存在を確かめることができる。それはバイルシュタインテストとよばれている方法で，銅線の先端を赤く熱して酸化銅の被膜をつくった後，試料をつけて再度炎の中に入れる。もし塩素が存在すれば緑色の炎が見られ，臭素やヨウ素の場合は青色の炎が観察されるが，フッ素では変化は見られない。

もう少し手間がかかることをいとわなければ，金属ナトリウムを使うことにより成分元素を簡単に知ることができる。金属ナトリウムは容易に電子を放出してナトリウムイオンになるが，この性質を利用して有機化合物を還元すると，ハロゲン原子はハロゲン化物イオン Cl^-，Br^-，I^- に，硫黄原子は硫化物イオン S^{2-} になる。また，窒素原子は炭素と一緒にシアン化物イオン CN^- に変換されるので，試料を金属ナトリウムと一緒に加熱して融解させた後にそれぞれのイオンを検出する反応を行えば，どのような元素が存在しているかがわかる。

2.8.5　有機化合物の定量的な元素分析

ここまで述べた方法は定性的な方法であって，定量的なものではない。定量的な元素分析を行って分子の組成式を知ることは，構造を決定するうえで大変重要である。

有機化合物は一般に過剰の酸素の存在下で燃焼させると，水素は水 H_2O に，炭素は二酸化炭素 CO_2 に変化する。それらを塩化カルシウムやソーダ石灰（水酸化ナトリウムと酸化カルシウムの混合物）に吸収させ，その重量の増加分をはかれば炭素と水素の組成比がわかる。また窒素を含む化合物の場合は，これらを窒素分子に変えてその量をはかる。残りの元素は酸素であることが多いので，これらの一連の操作によって炭素，水素，窒素，酸素の組成比がわかる。しかし，これはあくまで元素の比であり，(元素分析で得られた実験式 = 化合物の分子式）ではない。たとえば，元素分析によって CH_2O という実験式が得られた場合，それはホルムアルデヒド CH_2O かもしれないし，酢酸 $C_2H_4O_2$ なのかもしれない

18世紀の終わり頃，A. Lavoisier（ラボアジェ，1743－1794）は燃焼が酸素との化合であることを見出した。当時はフロギストン（燃素）という元素が失われて起こるものという考え方が一般的であったが，これを否定し元素の概念を確立した。その背景には「正しい実験と精密な測

定」という基礎があった。19 世紀になり，J. L. Gay-Lussac（ゲーリュサック，1778－1850）が酸化銅を用いたさいに有機化合物が完全燃焼することを見出した。そして，1830 年代になって J. F. von Liebig（リービッヒ，1803－1873）によってマクロの炭化水素分析法が考案され，さらに J. B. A. Dumas（デュマ，1800－1884）によって窒素の分析法も考案された。この頃が元素分析発祥の時代であるといえる。マクロ分析法というのは，試料の量が 0.1～0.2 g（100～200 mg）と今の分析法に比べかなり多量に用いる方法のことである。

それから 80 年ほど経った頃，F. Pregl（プレーグル，1869－1930）がそれまでの 100 分の 1 程度の試料量で測定することができるミクロ分析法を考案した。プレーグルはその業績によって 1923 年にノーベル化学賞を受賞している。試料が少なくてよいというのは，実験を行う者にとって実に素晴らしいことだが，微妙な重量変化を見極めるだけの高精度の天秤が開発されたからこそ，プレーグルの方法も実現したといえる。この方法では，約 10 g の吸収管の数 mg の増量を ± 数 μg の精度で測定する必要がある。10 g とは 10000 mg であり 10000000 μg になる。これを分かりやすい例で表すと，水を張った 50 m プールにバケツ 1 杯の水を入れて重さが変化した様子を正確にはかることに相当する。それを考えると，ここで必要とされる天秤の精度がいかに優れているかがわかる。さらに分析をする人にも高い技術が要求されていた。吸収管のガラス表面には 100 μg 前後の水が付着している。この表面をガーゼと鹿皮で丁寧に拭き取り，10 分ほど微量化学はかりの箱の中に静置してから，はかりのさおにかけるという操作を繰り返していた。これらの手順のうち一つでも手を抜くと再現性が得られないので，非常に根気と集中力を要する作業であった。

第二次世界大戦後の元素分析の歴史は，より簡便で高精度方法の開発の歴史であった。1950 年代には約 900℃ の高温が得られる電気炉や自動焼却装置を備えた元素分析装置が各メーカーから発売された。特に自動焼却装置の恩恵は大きく，分析をする人が装置の横につきっきりになる必要がなくなり，単純化された操作でより迅速に元素分析を行うことが可能になった。1960 年代は GC（ガスクロマトグラフィー）や各種分光法を実用化した装置が市販され始めた。当然のことながら，元素分析の装置にもこれらの技術を活用しようとする動きが起こり，益子洋一郎（1917－1991）が GC を利用した炭素水素窒素分析法を考案した。試料を燃焼させて生じる二酸化炭素，水，窒素のガスを GC で分離し定量する方法である。この原理を用いた装置は 1963 年に市販された。

また，1963 年には S. J. Clark（クラーク）によって新たな分析法が考案された。これは燃焼して生じた混合気体成分を差動熱伝導度を用いて定量する方法である。混合気体の状態で測定することができるという利点もあり，現在の元素分析装置の主流になっている方式である。燃焼ガスを酸化炉と還元炉を通過させると水，二酸化炭素，窒素の混合ガスになる。これを検出器内に導入する。検出器は，それぞれが水の吸収管，二酸化炭素の吸収管，およびディレーコイルに繋がっている 3 対の差動熱伝導度セルが直列に連結して構成されている。それぞれの対のところで混合ガスから水，二酸化炭素，窒素が順次除去された結果，入り口側と出口側との間で熱伝導度に差が生じるので，その値から各濃度を算出するという原理である（図 1）。

この方式では混合ガスから直接定量するという都合上，互いの影響も考慮する必要がありモル分率の補正計算が必要である。当時はまだ手回し計算機しかない時代だったのでデータ処理は相当に大変で，やがて 1970 年頃になると機器類の電子化が一気に加速され，コンピュータ一類の進歩により煩雑な計算も分析者が知らないうちに行われて，自動的にデータが得られるようになった。その頃には電子天秤も実用化され，分析のみならず試料の秤量も大きく改善された。最近では酸素や硫黄，ハロゲン元素の定量も可能になり，未知試料の組成式を簡単に知ることができる。また後述するように，高分解能の質量スペクトルを用いた分子式の確認法も頻繁に用いられるようになった。

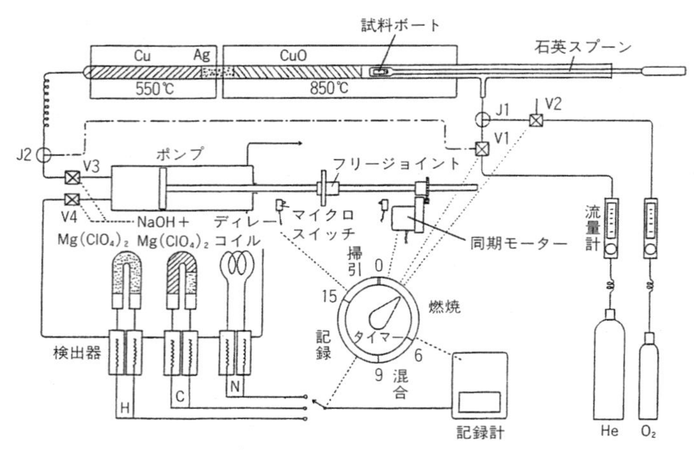

図1　CHN コーダー（炭素水素窒素分析計）MT-1 型の流路図

［ヤナコ分析工業株式会社技術グループ　編，"CHN コーダーの素顔"，p.4，ヤナコ分析工業株式会社（1993)］

2.8.6　有機化合物の構造解析

a.　質量分析

元素分析で組成式を知ることができても，それは分子式を知ったことにはならない。実験式が CH_2O でもホルムアルデヒドの可能性もあれば，酢酸の可能性もある。このような場合，質量スペクトル（分子の体重計）によって分子量を測定すれば分子式が確定する。ホルムアルデヒドなら分子量が 30 なので分子式は CH_2O であり，酢酸は分子量が60なので分子式は $C_2H_4O_2$ となる。

質量スペクトルは次のようにして測定される。有機化合物の試料に高エネルギーの熱電子流を当てると，化合物は電子を 1 個放出する。通常は電子の数は偶数であることが多いので，1 個失うと奇数個となり不対電子をもつことになる。このような化学種をラジカルとよぶ。また，電子は負電荷をもっているので，電子を放出した残りの骨格は正に帯電した陽イオン（カチオン）になる。このように両方の性質を兼ね備えた化学種をラジカルカチオンとよぶ。有機分子から電子を 1 個失って生じたラジカルカチオン（分子イオン）はさらに小さなパーツに解裂していくが，そのとき生じるのは電荷をもたないラジカルであったり，カチオンであったり，より小さなラジカルカチオンであったりする。こうして解裂することをフラグメンテーションという。

電子やイオンのように電荷をもつ化学種は，磁場の中に通すと進行方向が折り曲げられて真っ直ぐに進むことができない。同様に分子イオンも磁石の作用で進行方向が変えられ，その先に置いてある検出器に飛び込んでいく。しかし，電荷をもたない化学種は直進するので検出されない。検出器で検出された化学種を質量の順に並べて，整数値の棒グラフで表したものが質量スペクトルである。電子の質量は陽子（プロトン）や中性子に比べてかなり小さいことから，分子イオンのピークがその化合物の分子量に相当する。

フラグメンテーションは基本的に安定なカチオンが多く生じるように起こるので，大きなピークを見ればその化合物がどのような部分骨格を有しているのかがわかる。これは同じ分子量をもっていても，解裂の仕方が異なるために違うパターンのスペクトルを与えるということを意味する。フラグメンテーションは非常に複雑な様式で進行するので，すべてのピークの構造を帰属することは到底無理である。しかしこの複雑さを逆に活かせば，二つの化合物が同じものであるかどうか同定することが可能になる。

分子量は同位体が多く含まれるとそれだけ大きくなる。炭素は通常原子量が 12（^{12}C）であるが，13 のもの（^{13}C）も天然に存在する。水素も原子量が 1（^{1}H）だけでなく，2 のもの（^{2}H）が存在する。しかし，^{13}C の天然存在比は 1% 程度であり，^{2}H は 0.02% 程度であるので，質量スペクトルを測定してもノイズのようなピークが小さく見られる程度で大きな問題は生じない。一方，塩素の原子量が 35.5 であることはよく知られているが，これは ^{35}Cl と ^{37}Cl が 3 対 1 の比で天然に存在しているからである。実際にクロロメタン CH_3Cl の質量スペクトルを測定すると，50 と 52 のピークが 3 対 1 の高さで観察される。言い換えると分子イオンとそれより 2 大きいピークが 3 対 1 で現れていれば，その化合物は塩素を 1 個含んでいる可能性が高いといえる。また，臭素を 1 個含んでいる化合物の場合，^{79}Br と ^{81}Br が天然には 1 対 1 で存在するので分子イオンとそれより 2 大きいピークが 1 対 1 で現れる。

ところで，^{12}C はすべての原子量の基準で 12 という整数であるが，水素原子（^{1}H）は 1.0078 で，窒素原子（^{14}N）は 14.0031，酸素（^{16}O）は 15.9949 である。そこで，分子量が約 28 といっても一酸化炭素 CO は 27.9949 で，窒素分子 N_2 は 28.0062，エチレン $CH_2{=}CH_2$ は 28.0312 と，細かく見るとかなり異なる。現在では高感度（高分解能）の機械を用いることにより，これらの分子量のわずかな違いを見分けることができるようになり，元素分析に代用されるようになっている。

b.　核磁気共鳴スペクトル（NMR スペクトル）

原子は陽子と中性子からなる原子核とその周りの電子で構成されている。電荷をもつ化学種は磁場の中で影響を受けるが，原子核も例外ではない。1945 年に F. Bloch（ブロッホ，1905－1983）と E. M. Purcell（パーセル，1912－1997）はそれぞれ独立して，原子核がある周波数の電磁波（ここではラジオ波）を吸収することを見出した。1953 年には最初の NMR スペクトルを測定する市販品が現れ，現在に至るまで急速な発展を遂げてきた。一つの新しい発見がこれほどの短期間で有機化学の構造解析の中心的な手段として利用されるようになった例は他にはあまり見られない。現在ではこの機器がないと有機化学の研究を進めることができない。

最近では，同じ原理を用いた MRI という診断機械が病院で使われるようになっている。一般に，有機化合物の多くは炭素と水素から構成されているので，NMR スペクトルによってこれらの原子核の状態を調べることは，構造を決定するうえで有用な情報になる。簡単な構造の化合物であれば，水素核の NMR スペクトル（^{1}H NMR）だけで構造が決まってしまうことも珍しくない。

原子核は電磁波を吸収するが，その波長は原子核の周りの電子密度によって大きく影響を受ける。たとえば，電気陰性度が大きい酸素や窒素，ハロゲン原子が結合すると，それらの原子に電子が引き付けられるために炭素上の電子密度が低くなる。その結果，電子による妨害が軽減されるので，より少ないエネルギーの（波長が長い）電磁波が吸収されることになる。炭素に結合している水素核も同様の影響を受ける。したがって，吸収される電磁波の波長を調べれば，化合物分子中に含まれる原子がどのような状態で存在しているのかがわかる。さらに，環境が異なる（等価でない）原子核が何種類あるのかがわかる。簡単な例をあげると 1- クロロプロパン $CH_3CH_2CH_2Cl$ は水素を 7 個もっているが，塩素が結合している炭素上の水素とその隣の炭素上，および末端の炭素上の水素はそれぞれ塩素の影響が異なる。すなわち，これら 3 種類の水素は異なった電子密度を有しており環境が異なる。

NMR スペクトルには定量性がありその有用性をさらに高めている。先程の 1－クロロプロパンの場合，末端の炭素上には 3 個の水素が結合しているのに対し，残りの炭素には 2 個ずつ結合している。したがって，NMR スペクトルでは 3 対 2 対 2 という大きさの比でシグナルが現れる（図 2）。この定量性という特長を利用すれば，混合物の中にどれくらいの比で目的の

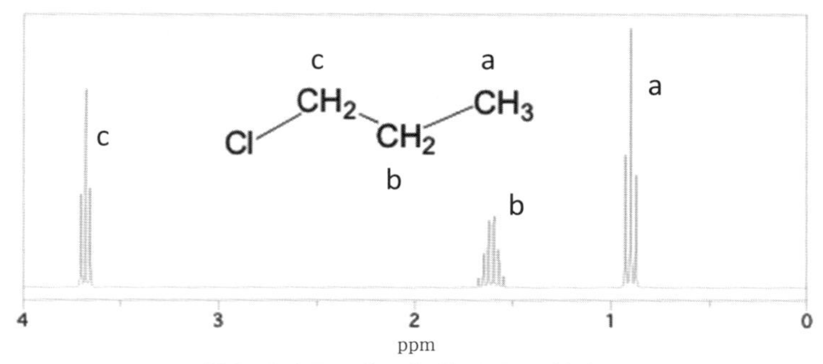

図2　1-クロロプロパンの NMR スペクトル

化合物が存在して，化学反応を行ったときにどれくらい原料が消費されたかなどの情報も得ることができる。クロマトグラフィーなどの分離操作を行わなくてもこれらの情報が得られることから，非常に便利で手軽な分析手段であるといえる。

NMR スペクトルのもう一つの特長は，水素がどのような順番で並んでいるのかがわかることである。隣の炭素に水素がない場合はシグナルは1本線で現れ，隣り合った炭素上に環境の異なった水素があると，互いに影響を及ぼし合ってシグナルが分裂する。隣に水素が1個ある場合は2本線に，2個なら3本線，3個なら4本線になる。先程示した1－クロロプロパンの場合，両端の炭素に結合している水素は隣の炭素に2個の水素があるので，いずれも3本線で現れる。それに対して，中央の水素は隣の炭素に3個と2個の水素があり，3個の水素によって4本に分裂した後，2個の水素によって3本に分裂するので，4×3の合計12本（見掛け上6本）に分裂する。その結果，この水素が2種類の水素に挟まれていることがわかる。

NMR スペクトルの測定技術の進歩は今なお進行中であり，かなり複雑な骨格を有する化合物の解析までできるようになってきた。しかし，NMR スペクトルも万能ではなく，他のスペクトルと組み合わせて使う必要がある。

c. 紫外－可視吸収スペクトル（UV-Vis スペクトル）

原子と原子の間の結合には単結合，二重結合，三重結合という3種類がある。後者の二つはすべての結合が同じ性質ではなく，1本の強く結合している σ（シグマ）結合と1本ないし2本の弱く結合している π（パイ）結合とからなっている。結合とは原子と原子が2個の電子によって結び付けられている状態を指すが，紫外線（波長が 200～400 nm）や可視光線（波長が 400～750 nm）を照射すると，そのエネルギーを吸収して結合に関与している電子が活発に動き始める。これを励起という。励起に必要なエネルギーは一様ではなく，結合の種類によって大きく異なる。言い換えると，紫外線や可視光線の波長を変えながら（エネルギーのレベルを少しずつ変えながら）化合物に照射して，吸収された電磁波の波長を調べることにより，その化合物がどのような電子状態であるかを知るのが UV-Vis スペクトルである。

二重結合と単結合が－CH=CH－CH=CH－CH=CH－… のように交互に繋がっている構造を共役系という。共役系が拡がれば拡がるほど π 結合の電子は動きやすくなり，吸収する電磁波の波長はどんどん長くなる。そして 400 nm を越えて可視領域の光を吸収することもある。400～750 nm の光がすべて集まると白色光という無色の光となるが，そのうちの一部である青い光が化合物によって吸収されると，全体としてその補色である黄色に着色する。UV-Vis スペクトルでは共役系の拡がり方などの電子状態や色に関する情報が得ることができる。しかし，NMR スペクトルのように構造決定をすることはできない。むしろ，スペクトルのパターンを比較して同じ化合物であるかどうかの同定に用いられたり，化学反応の進行状況を追跡することに用いられる。

d.　赤外吸収スペクトル（IR スペクトル）

可視領域の光よりさらに波長が長い光は赤外線とよばれる。赤外線は紫外線や可視光線に比べてエネルギーが小さいために，分子に及ぼす影響は小さくなる。すなわち，原子と原子の結合をばねのように振動させたり，結合と結合の角度を変えたりする。有機化合物に波長を変えながら赤外線を透過させ，化合物の構造に関する情報を得る手法を IR スペクトルという。

結合している二つの原子を，ばねで繋がった二つの球に見立てると，ばねは 1 本よりも 2 本，2 本よりも 3 本あった方が伸ばすのに力が要る。それと同様に，単結合，二重結合，三重結合と結合の数が増えるに従って，振動させるためにより大きなエネルギーの（波長が短い）赤外線が必要になる。また，電気陰性度が大きな原子が炭素や水素に結合した場合，赤外線が吸収される度合いが大きくなるので，IR スペクトルによってそのような結合の存在がわかる。その結果，炭素－酸素二重結合や窒素－水素単結合，炭素－炭素三重結合など，どのような部分構造を有しているのか，あるいはどのような官能基（次節（2.9）参照）が存在しているのかを知ることができる。

IR スペクトルには比較的単純なパターンを示す部分と複雑なパターンを示す部分がある。後者の部分では化合物ごとに異なったパターンを示し，ちょうど人によって指紋が異なるのに似ていることから，この部分を指紋領域とよぶ。この複雑なパターンを活用すれば二つの化合物が同じものであるかどうかという同定ができる。

e.　単結晶 X 線結晶構造解析

もし，試料全体を単一の結晶すなわち単結晶として得ることができるときは，X 線結晶構造解析によって直接的に分子の構造を見ることができる。

1912 年に M. von Laue（ラウエ，1879－1960）は硫酸銅の結晶の X 線回折像を初めて撮影した。その後，多くの無機化合物や単純な構造の有機化合物の X 線結晶構造解析が精力的に行われてきた。

特に有機化学においては，結合距離や結合角など，スペクトルを用いた方法では知ることができない構造に関する情報が得られることから，構造有機化学の発展に大きく寄与してきた。しかし，解析することができる分子の大きさには制限があり，ある大きさ以上の分子の構造解析は不可能に近いものであった。なぜなら解析を行うためには膨大な計算が必要で，手計算で処理するのは現実的に無理だったからである。しかし，1950 年代になってコンピューターが開発されてからは解析も容易になり，1958 年には化学的な解析では到底決定することができないと思われていたビタミン B_{12} やヘモグロビン，ミオグロビン，DNA などの構造が次々と明らかにされた。

X 線結晶構造解析で得られた構造は，直接的に見たものでかなり正確な構造を表している。しかし，これはあくまで結晶状態における構造であることを気に留めておかなければならない。というのは化合物を何かに溶かして溶液にした場合，溶媒などの影響によって構造が大きく変化することが珍しくないからである。溶液の中で化合物がどのように振る舞っているのかを知るためには，間接的ではあるがスペクトルを用いた方法による解析が必要になる。

有機化合物の構造を解析するためには，用途，目的に応じて分析手段を使い分けなければならず，それらを総合的に判断した上で結論を導かなければならない。　［西脇　永敏］

参考図書

R. M. Silverstein，F. X. Webster，D. J. Kiemle 著，荒木　峻，益子洋一郎，山本　修，鎌田利紘 訳，“有機化合物のスペクトルによる同定法 第 7 版”，東京化学同人（2006）.

2.9　有機化合物の官能基を知る

2.9.1　有機化合物の官能基による分類

2.8節では有機化合物の分離・精製と，組成式や分子量から分子式を求める方法が述べられている。しかし，分子式が決まったとしても有機化合物においては，多くの場合化合物を特定したことにはならない。たとえば，分子式が比較的簡単なC_4H_8Oとしても，次の（1）～（4）など，いくつもの異なる化合物の可能性がある。分子式が同一でありながら性質の異なる化合物を異性体といい，（1）～（4）のように原子の結合する順序が異なることにより生じる異性体を構造異性体と呼ぶ。構造異性体に加えて立体異性体も存在するが，これは2.10節で述べる。

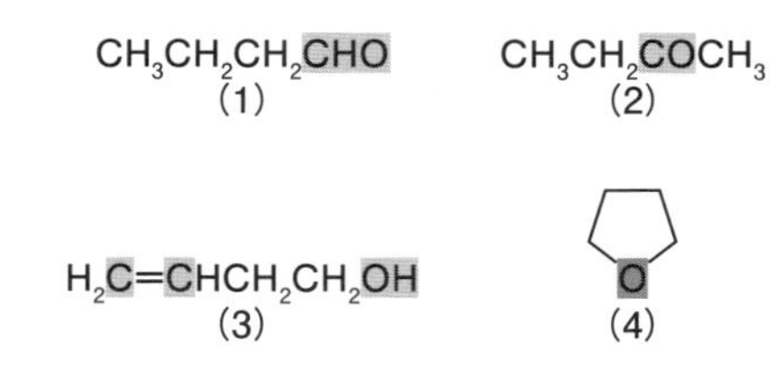

有機化合物の構造を特定するためには，官能基を強調した示性式を用いる必要がある。（1）～（4）はすべて示性式であり，それぞれの分子における官能基の部分がアミで示されている。重要なことは，官能基とはその有機分子中で特徴的な反応をする箇所である，という点である。したがって，複雑な構造をもつ天然物や分子量が数万にも達するような高分子であっても，分子中の官能基の反応性を十分に考慮して合成計画を立てることになる。

ある有機化合物中に存在する官能基を見つけることは，その有機化合物を分類することと密接に関係している。ここでは構成元素ごとに以下の（1）～（4）に分類した。

（1）　炭素と水素のみ（炭化水素系）

（2）　炭素，水素，酸素（含酸素系）

（3）　炭素，水素，窒素（含窒素系，ただし酸素も存在してもよい）

（4）　その他（硫黄，ハロゲン，金属など）

表1に代表的な有機化合物の種類，一般式とそれに含まれている官能基を示す。

2.9.2　官能基を調べる

現在では，官能基も含めた有機化合物の構造決定は，2.8節で述べた機器分析を用いて行われている。しかし，機器分析が発達する前から有機化合物の反応性や性質を決める官能基には多大な関心が注がれてきた。

ここでは，機器分析を用いない伝統的な物理的および化学的手法により官能基を見つける方法を述べる。伝統的な手法は，特に有機化学の基礎を学ぶ学生にとっては，有機化合物の分離・精製を理解するのに役立つであろう。

簡便に官能基を調べる方法の一つは，有機化合物の水，酸あるいはアルカリに対する溶解度を調べることである。この方法は，Kamm（カム）の分類に基づいており，その後改良が重ねられてきた。図1にその分類方法を示す。

炭素と水素のみから構成されている炭化水素は，C—H結合の極性が極めて小さいためにすべて水に不要であるが，極性を有する官能基（多くの場合，官能基と一致）が存在するようになると，大きな極性をもつ水分子と親和性を生じることになり，水に溶けやすくなる。いわゆる，似たものは似たものどうしでよく溶けるという“like dissolves like”の原理は有機化合物についても適用される。

たとえば，アルコール中のヒドロキシ基は水と水素結合を通じて強く相互作用できるので水に溶けやすくなる。ただし，R−OHの一般式で示されるように，アルキル基の炭素数が4ないし5を超えると疎水基であるアルキル基の影響がまさるようになり，水に溶けにくくなる。一方，極性の非常に大きなカルボン酸塩は炭素

表1　有機化合物の分類

種類	一般式	官能基
(1) 炭化水素系		
アルカン	$R-H$	なし
アルケン	$R^1R^2C=CR^3R^4$	$>C=C<$
アルキン	$R-C\equiv C-R^1$	$-C\equiv C-$
芳香族炭化水素	$C_6H_5-R^1$ (Ar−H)	C_6H_5- (−Ar)
(2) 含酸素系		
アルコール	$R-OH$	$-OH$
エーテル	$R-O-R'$	$-O-$
アルデヒド	R^1-CHO	$-C(=O)-H$
ケトン	$R-CO-R'$	$-C(=O)-$
カルボン酸	R^1-CO_2H	$-C(=O)-OH$
フェノール類	$Ar-OH$	$-OH$
エステル	R^1-CO_2R	$-C(=O)-O-$
酸無水物	$R-C(=O)-O-C(=O)-R'$	$-C(=O)-O-C(=O)-$
アセタール	$RO-C(R^1)(R^2)-OR'$	$RO-C-OR$
ヘミアセタール	$HO-C(R^1)(R^2)-OR$	$HO-C-OR$

種類	一般式	官能基
(3) 含窒素系		
アミン	$R-N(R^1)-R^2$	$-N<$
アミド	$R^1-CON(R^2)-R^3$	$-C(=O)-N<$
ニトロ化合物	$R-NO_2$	$-N^{+}(=O)-O^{-}$
アゾ化合物	$R-N=N-R'$	$-N=N-$
ニトリル	$R-CN$	$-C\equiv N$
イミン	$R^1R^2C=N-R^3$	$>C=N-$
(4) その他		
チオール	$R-SH$	$-SH$
スルフィド	$R-S-R'$	$-S-$
スルホン酸	$R-SO_3H$	$-S(=O)_2-OH$
スルホンアミド	$R-SO_2N(R^2)-R^1$	$-S(=O)_2-N<$
ハロアルカン	$R-X$	$-X$
ボロン酸	$R-B(OH)-OH$	$-B(OH)_2$
有機金属化合物	$R-M$	$-M$　M = Li
	$R-MX$	$-MX$　M = Mg, Zn

注） R, R′：アルキル基
　R^n（n = 1, 2, 3, 4）：アルキル基もしくは水素
　X：ハロゲン
　Ar：アリール基（フェニル基 C_6H_5- など）
　M：金属

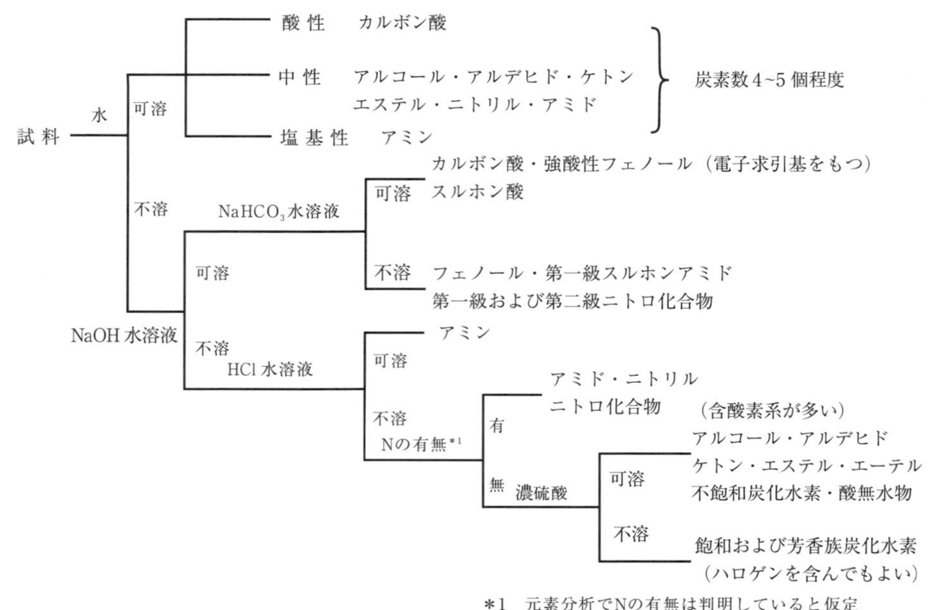

図1　溶解度による有機化合物の分類

数が20くらいになっても水に溶解する。

図1の溶解度測定は試料約10 mg（液体なら1～2滴）を水0.3 mLに対して行う。質量パーセント濃度で約3%とするが，これはあくまで目安であり厳密なものではない。同様に水酸化ナトリウム水溶液，炭酸水素ナトリウム水溶液，塩酸の水溶液の濃度はいずれも5～10%で行う。

前述のアルコールの場合，炭素数3以下のアルコールは水に任意の割合で混ざる（言い換えると無限大の溶解度）が，1-ブタノールと1-ペンタノールの水100 mLに対する溶解度は，それぞれ11 g，2.7 gであり，炭素数5の1-ペンタノールが水に可溶，不溶の境界線であることが分かる。境界線付近の試料については溶解速度が一般に遅いので，とりわけかきまぜ棒でよく混ぜ，激しく振り混ぜること，さらに時間を長くすることが必要である。

また，通常の分類とは異なるので意外に感じるかもしれないが，有機実験の抽出溶媒としてよく用いられるジエチルエーテルや酢酸エチルも水100 mLに対してそれぞれ7.5 g，8.6 g溶解するので水に可溶の分類に入る。

2.9.3　官能基の確認

2.9.2で述べた溶解度による分類で試料中に存在する官能基がある程度予測できる。次にその官能基が確かに存在することを調べるには，その官能基に特有な反応を行ってみるのがよい。表2に官能基の種類，それを確認する反応と試薬をまとめて示す。以下，表2の分類に従って，官能基を確認するための反応を解説する。

a.　不飽和炭素結合

【臭素法】

$$>C=C< \xrightarrow{Br_2} \text{C—C}(\text{Br}^+\text{ bridged}) + Br^-$$

$$\longrightarrow \text{Br—C—C—Br}\quad \text{アンチ付加}$$

表2 官能基の種類とその存在を確認するための主な反応とその試薬

官能基の種類	確認方法	用いる試薬
a. 不飽和炭素結合 (C＝C, C≡C)	臭素法 過マンガン酸塩法	臭素 過マンガン酸カリウム
b. アルコール	ルーカス試験 ヨードホルム反応	HCl, $ZnCl_2$ ヨウ素，ヨウ化カリウム，NaOH
c. アルデヒド	トレンス試験 フェーリング溶液の還元 シッフ試験	硫酸銀，アンモニア，ブドウ糖 酒石酸ナトリウムカリウム，硫酸銅，NaOH フクシン（p-ローズアニリン塩酸塩）， 亜硫酸水素ナトリウム，HCl
d. アルデヒド・ケトン	2,4-ジニトロフェニルヒドラゾンの生成 ヨードホルム試験	2,4-ジニトロフェニルヒドラジン 硫酸 ヨウ素，ヨウ化カリウム，NaOH
e. カルボン酸	炭酸水素ナトリウム水溶液 エステルもしくはアミドへの変換	炭酸水素ナトリウム
f. エステル・酸無水物	加水分解 ヒドロキサム酸試験	NaOH ヒドロキシアミン，塩化鉄(Ⅲ)
g. フェノール	塩化鉄(Ⅲ)試験法	塩化鉄(Ⅲ)
h. アミン	ヒンスベルク法 亜硝酸との反応	塩化ベンゼンスルホリル 亜硝酸ナトリウム，塩酸
i. アミド・ニトリル	アルカリもしくは酸での加水分解	NaOH もしくは硫酸
j. ニトロ化合物	還元	スズ，塩酸
k. ハロアルカン	硝酸銀のエタノール溶液	硝酸銀

約 50 mg の試料を四塩化炭素 1 mL に溶かし，約 2% の臭素の四塩化炭素溶液を 1 滴ずつよくかきまぜながら加える。臭素の褐色が付加反応により急速に消失すれば，不飽和炭素結合（C＝C，C≡C）が存在することを示す。

ただし，$C_6H_5CH=CHC_6H_5$ のような共役系では，付加反応が遅いため注意が必要である。

またフェノール類や α-水素をもつカルボニル化合物も臭素を脱色するが，これらでは付加反応ではなく，置換反応が起こっているので臭化水素の気体が発生する。臭化水素は四塩化炭素には溶解しないので，このことを利用して付加あるいは置換反応のいずれが起こったのかを判断する。アミン類も臭素と反応するので誤認に注意が必要である。

四塩化炭素および臭素は毒性が強いためドラフト内で行う。特に臭素が手などに付着するとひどいやけどになるため，チオ硫酸ナトリウム水溶液などを用意して，すぐに洗浄できるようにあらかじめ準備しておくとよい。

【過マンガン酸塩法】

$$\text{>C=C<} \xrightarrow{KMnO_4} \text{HO–C–C–OH} + MnO_2$$

シン付加

この方法はバイヤー試験法ともよばれる。約 50 mg の試料を水に溶かす（水に不要な場合はアセトンを代りに用いる）。これに約 2% の過マンガン酸カリウム水溶液を少しずつ加える。有機化合物は一般に過マンガン酸イオンにより酸化される微量の不純物を含むので，はじめの数滴が反応しても陽性ではなく，1 分間ほど赤紫色が継続した後，脱色するとともに黒茶色の二酸化マンガンの生成をもって陽性と判断する。

過マンガン酸塩法を用いるよい例はテトラフェニルエチレンである。これは臭素法では陰性だが，過マンガン酸塩では脱色する。

しかしながら，欠点は過マンガン酸塩の酸化力が強いので脱色は不飽和炭化水素のみで起こるのではなく，アルコール，アルデヒド，フェノール類，芳香族アミン類でも起こることである。

b. アルコール

$$2\,R{-}OH \xrightarrow{Na} RONa + H_2\uparrow$$

【金属ナトリウムとの反応】

金属ナトリウム（取り扱い注意）はアルコールと反応して水素を発生する。水素の発生で陽性とするが，試料にわずかでも水分が含まれていると，アルコールでなくても水がナトリウムと反応して水素を発生するので注意が必要である。試料が固体であればよく乾燥し，液体であれば乾燥剤を加えてから行う。図1の溶解度の分類において，アルコールはアルデヒド・ケトン・エステル・エーテルなどの含酸素系と同じ分類に入ることが多く，このうちアルデヒド・ケトン・エステルは後で述べる検出方法で基本的に区別できるが，エーテル類と区別するためには，水分が含まれていないことが重要である。

なお，酸性を示すフェノールやカルボン酸，およびα-水素をもつケトン類や酢酸エチルのような簡単なエステルもナトリウム金属と反応して水素を発生するので，アルコールに特有の反応というより，一般にヒドロキシ基で起こる反応である。

【ルーカス試験】

$$R{-}OH \xrightarrow{HCl\,+\,ZnCl_2} R{-}Cl$$

ルーカス試験は脂肪族アルコールが第一級，第二級，第三級のいずれであるかを調べる試験である。水に不溶な塩化アルキルが生成する速度によって区別するのであり，第三級アルコールではすぐに塩化アルキルが分離してくるのに対し，第二級では約5分程度要し，第一級では1時間程度では反応しない。アルコールとわかっている試料0.5 mLにルーカス試薬（濃塩酸と無水塩化亜鉛の等モル溶液）3 mLをすばやく加え，室温にて激しくかくはんする。生成する塩化アルキルの分離してくる時間で判断する。

【ヨードホルム試験】

$$R{-}CH(OH){-}CH_3 \xrightarrow{酸化} R{-}CO{-}CH_3 \xrightarrow{I_2,\ OH^-}$$

$$R{-}CO{-}CI_3 \xrightarrow{OH^-} R{-}COO^- + CHI_3$$

ヨードホルム試験は$R{-}CH(OH){-}CH_3$，$R{-}COCH_3$，もしくは$R{-}COCH_2COR$を検出する試験である。特異臭をもつ黄色の結晶であるヨードホルム（mp 119℃）が生成すれば陽性と判断する。

試料約0.1 gを水2 mLに溶かす（不溶であればジオキサンを加えて溶かしたり，水の代わりにメタノールを用いる）。5% 水酸化ナトリウム水溶液2 mLを加え，ついでヨウ素・ヨウ化カリウム試薬（ヨウ素1 gとヨウ化カリウム2 gを水10 mLに溶かした溶液）をよく振り混ぜながら少しずつ加え，ヨウ素の色が消えなくなるまで加える。ヨウ素の色が消失するのなら，ヨウ素・ヨウ化カリウム試薬を追加する。5分経過しても茶色が残っているときは約60℃に加温する。

c. アルデヒド

【トレンス試薬】

$$R{-}CHO \xrightarrow{[Ag(NH_3)_2]^+} R{-}COO^- + Ag$$

温和な酸化剤であるジアミン銀イオンはアルデヒドを酸化し，銀（銀鏡）を生成する。アルコール・ケトン・カルボン酸（ギ酸は除く）は銀を生成しない。フェーリング液よりトレンス試薬のほうが鋭敏であるとされている。

約5% 硝酸銀水溶液1 mLに希アンモニア水を加え，一度生じた沈殿（酸化銀）が再び溶けるまでアンモニア水を加える。これに試料約

0.05 g を加える。変化が起こらないときは 30~40℃ に温める。銀（銀鏡）が生成すれば陽性である。

アルデヒド以外に乳酸塩，アミン類なども陽性である。

【フェーリング液の還元】

$$R-CHO \xrightarrow{Cu^{2+}} R-CO_2H + Cu_2O$$

銅(Ⅱ)イオンがアルデヒドを酸化し，赤色沈殿の酸化銅(I)を生成する。

フェーリング液の調製は次のように行う。A 液：硫酸銅五水和物 0.35 g を水 5 mL に溶かす。B 液：酒石酸ナトリウムカリウム 1.73 g と水酸化ナトリウム 0.7 g を水 5 mL に溶かす。試料約 0.05 g にフェーリング液（A 液と B 液の等体積混合物）2~3 mL 加え，湯浴で数分間加温する。酸化銅(Ⅰ)の赤色沈殿が生成すれば陽性である。B 液の酒石酸ナトリウムカリウムは銅(Ⅱ)イオンが水酸化ナトリウム水溶液中で水酸化銅(Ⅱ)として沈殿するのを防ぐ役割を果たしている。

【シッフ試薬】

フクシン（*p*- ローズアニリン塩酸塩）の 0.1 % 水溶液（ピンク色）20 mL に飽和亜硫酸水素ナトリウム水溶液 0.8 mL を加える。約 1 時間後に，濃塩酸 0.4 mL をゆっくりと加えると無色のシッフ試薬ができる。試料約 0.1 g（2 滴）をシッフ試薬 2 mL に加え，赤紫色が生じれば陽性である。この反応はとても鋭敏なので，ケトンはシッフ試験に陰性のはずが，極少量でもアルデヒドを含んでいると誤って陽性と判断してしまうので注意が必要である。この反応の機構と生成物の構造について諸説があるが，ここでは J. A. Pincock（ピンコック）らの NMR による解析を基にして簡略化した反応式（一部改）を示した。

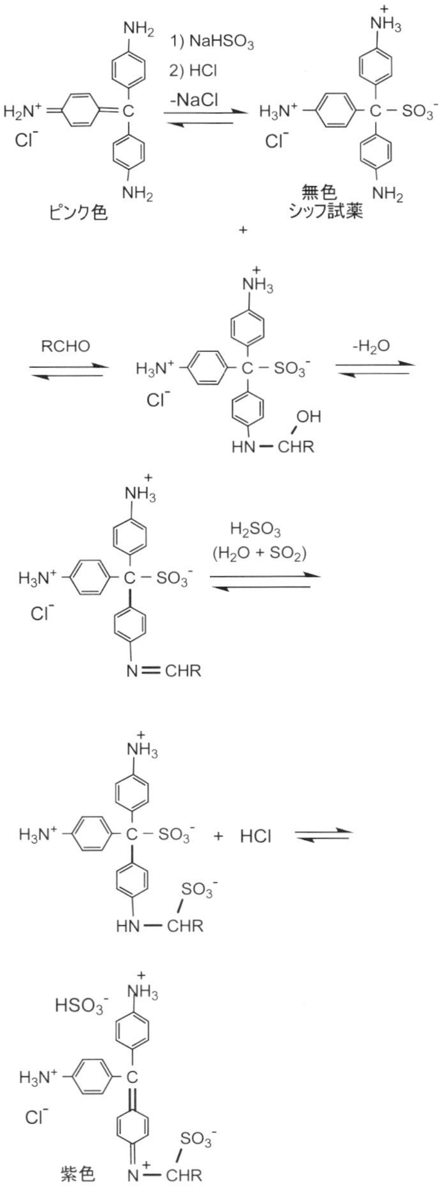

d. アルデヒドとケトン

【2,4-ジニトロフェニルヒドラゾンの生成】

$$R-CHO + \text{(2,4-dinitrophenylhydrazine: } O_2N, NHNH_2, NO_2) \longrightarrow O_2N-C_6H_3(NO_2)-NH-N{=}CHR$$

カルボニル基をもつアルデヒドとケトンに共通の反応で，結晶性（難溶性）の黄色～赤色の2,4-ジニトロフェニルヒドラゾンを生成する。エステルとアミドはこの反応に陰性である。Rが $-C=N-$ と共役していなければ黄色であり，ベンズアルデヒドのように共役系になると赤色になる。

2,4-ジニトロフェニルヒドラジン0.4 gを濃硫酸2 mLに溶かし，これを水（3 mL）とエタノール（10 mL）の混合溶液に加える（A液）。A液1滴をとり，そこに試料約50 mgを必要最小限のエタノールに溶かした溶液を加える。黄～赤色沈殿が生成すれば陽性である。10分経過しても沈殿が生成しない場合は少し加温し再び冷却する。2,4-ジニトロフェニルヒドラゾンは生成直後はオイル状になることがあり，しばらくすると結晶に変わる。

注意点としては，出発物質の2,4-ジニトロフェニルヒドラジンが赤橙色の固体なので，これと見まちがえないこと，アセタール $RCH(OR')_2$ も酸性条件下でアルデヒドになるので陽性になる。

【ヨードホルム試験】

b. のアルコールを参照せよ。

e. カルボン酸

多くの官能基が存在する有機化合物において，元素分析から炭素・水素・酸素のみから構成されることが分かっているのなら，カルボン酸を検出する有効な方法は図1に示した溶解度による分類である。すなわち，炭酸水素ナトリウム水溶液に二酸化炭素を発生させながら溶解する官能基としてはカルボキシ基が最も一般的である。電子求引基をもつフェノール類やスルホン酸との区別はそれぞれフェノール性ヒドロキシ基の検出試験，元素分析による硫黄の存在の有無で行う。

f. エステルと酸無水物

【加水分解】

$$RCOOR' \xrightarrow{NaOH} RCOONa + R'OH$$

$$RCOOCOR' \xrightarrow{NaOH} RCOONa + R'COONa$$

エステル（カルボン酸エステル）はアルカリで加水分解すると，アルコールとカルボン酸の塩に分解する。試料数gに10%水酸化ナトリウム水溶液50 mLを加え加熱還流を行う。この反応液を約10 mLほど蒸留すると，アルコールが揮発性（水より沸点が低い）ならこの留分に含まれる。炭酸ナトリウムの固体を加えていくと，水に難溶性のアルコールが上層に分かれてくる。蒸留した残渣を酸性（硫酸を用いる）にすれば，普通はカルボン酸が析出してくる。

フェノールとカルボン酸からなるエステルの場合は，アルカリで加水分解後，二酸化炭素を十分に通して抽出する。有機層にフェノールが残り，アルカリの水層にカルボン酸塩が存在することになり，カルボン酸塩は酸性にしてカルボン酸にもどす。

酸無水物（カルボン酸無水物）も，アルカリで容易に室温で加水分解してカルボン酸塩を生じる。したがって，反応温度の差によりエステルと酸無水物が区別できる。また，ベンズアルデヒドのような芳香族アルデヒドも，カニッツァロ反応によりアルコールとカルボン酸塩を生じるが，アルデヒドの検出により区別できる。

【ヒドロキサム酸試験】

$$R-COOR' + NH_2OH \longrightarrow R-CONHOH + R'-OH$$

$$R-COOCOR' + NH_2OH \longrightarrow R-CONHOH + R'-COOH$$

$$\underset{\text{（ヒドロキサム酸）}}{R-CONHOH} \xrightarrow{FeCl_3} Fe(RCONHO)_3$$

エステルおよび酸無水物はヒドロキシアミンと反応してヒドロキサム酸を生じ，これが鉄(Ⅲ)

イオンと呈色反応（赤紫色）を生じる。

試料約 0.1 g をヒドロキシアミン塩酸塩のメタノール溶液に加える。エステルと予想されるときには，水酸化カリウムのメタノール溶液をアルカリ性になるまで加える。次にこの溶液を加熱して沸騰させた後放冷する。7% メタノール性希塩酸（5 mL の濃塩酸を 25 mL のメタノールで希釈）を加えて酸性にした後，3% 塩化鉄(Ⅲ)水溶液を 2～3 滴加える。赤紫色になれば陽性である。

g. フェノール

【塩化鉄(Ⅲ)試験】

$$\text{C}_6\text{H}_5\text{OH} \xrightarrow{Fe^{3+}} \left[\left(\text{C}_6\text{H}_5\text{O}\right)_6\text{Fe}\right]^{3-}$$

多くのフェノール類は鉄(Ⅲ)と着色した錯体を生成する。赤～赤紫～紫～緑色に着色する。

試料約 0.05 g を水 5 mL に溶かし（水に不溶の場合はエタノールに溶かす），3% 塩化鉄水溶液を 1～2 滴加える。上記の色に変化すれば陽性である。水溶液では着色しない場合でもアルコール中では着色することがある。一般に，立体障害をもつフェノール類は着色しないが，ヒドロキシ安息香酸についてオルト体（サリチル酸）は着色し，メタ体とパラ体は陰性である。アセチルアセトンのようなエノール化しやすいものも陽性を示す。

h. アミン

【ヒンスベルグ試験】

第一級アミン

$$R\text{-}NH_2 + C_6H_5SO_2Cl \xrightarrow{KOH} C_6H_5SO_2NHR \text{（水に不溶）}$$

$$\xrightarrow{\text{過剰のKOH}} C_6H_5SO_2N^-R\,K^+ \text{（水に可溶）} \xrightarrow{H^+} \text{水に不溶}$$

この水素は酸性を示す（$SO_2N\underline{H}R$ の H）

第二級アミン

$$R^1\text{-}NH(R^2) + C_6H_5SO_2Cl \xrightarrow{KOH} C_6H_5SO_2NR^1R^2 \text{（水に不溶）}$$

$$\xrightarrow{\text{過剰のKOH}} \text{反応しない}$$

第三級アミン

$$R^1\text{-}N(R^2)\text{-}R^3 + C_6H_5SO_2Cl \xrightarrow{KOH} \text{反応しない}$$

$$R^1\text{-}N(R^2)\text{-}R^3 \xrightarrow{\text{過剰の塩酸}} R^1\text{-}N^+H(R^2)\text{-}R^3 \text{（水に可溶）}$$

ヒンスベルグ試験（塩化ベンゼンスルホニル試験）は第一級，第二級，第三級アミンを区別する試験である。

試料 0.5 g に 10% 水酸化カリウム溶液 10 mL を加え，さらに 10 滴の塩化ベンゼンスルホニルを加えよく振り混ぜる。塩化ベンゼンスルホニルの臭いがなくなるまで穏やかに加温し，その後放冷する。固体もしくは二層に分離しなければ第一級アミンの可能性があり，これを酸性にすることにより沈殿が生じることを確かめる。固体もしくは二層分離したなら，これを取り出して 5% 塩酸に溶けるかどうか調べる。塩酸に可溶なら第三級アミン，不溶なら第二級アミンと判断する。

【亜硝酸との反応】

脂肪族第一級アミン

$$R\text{-}NH_2 \xrightarrow{HNO_2} R\text{-}N_2^+ \longrightarrow N_2 + R\text{-}OH \text{ など}$$

芳香族第一級アミン

$$Ar\text{-}NH_2 \xrightarrow{HNO_2} Ar\text{-}N_2^+ \longrightarrow N_2 + Ar\text{-}OH$$

脂肪族第二級アミン
芳香族第二級アミン

$$R^1\text{-}NH(R^2) \xrightarrow{HNO_2} R^1\text{-}N(R^2)\text{-}NO \text{（水に不溶）}$$

脂肪族第一級アミンは亜硝酸と反応して窒素を発生しながら複雑な生成物を与える。芳香族第一級アミンは低温下でジアゾニウム塩を生成し，加温すると窒素を発生してフェノール類を与える。第二級アミンは水に不溶の油状物を通常生じる。試料約0.2 g を 2 mol L^{-1} 塩酸 5 mL に溶かし，氷冷下 10% 亜硝酸ナトリウム水溶液 2 mL を加える。ゆっくりと加温し，窒素を発生すれば第一級アミンと考えられ，液体の発生がなく油状物を与えれば第二級アミンと推測される。

i. アミドとニトリル

$$R-CN \xrightarrow{NaOH} RCONH_2$$

$$R-CONH_2 \xrightarrow{NaOH} RCO_2Na + NH_3$$

$$R-CONHR' \xrightarrow{NaOH} RCO_2Na + R'NH_2$$

ニトリルを 30〜40% 水酸化ナトリウム水溶液もしくは 50〜70% 硫酸で加熱還流すると，第一級アミドを与える。第一級アミドは 10% 水酸化ナトリウム水溶液と加熱すると，容易にアンモニアを発生しながらカルボン酸塩になる。第一級アミドの加水分解は 10% 硫酸で加熱還流しても起こる。置換アミドの加水分解は第一級アミドよりも起こりにくいので，アルカリ・酸のいずれでも，より過激な条件下で行う。

j. ニトロ化合物

【還　元】

$$R-NO_2 \xrightarrow{Sn,\ HCl} R-NH_2$$

ニトロ化合物を酸性水溶液中で還元（たとえばスズと塩酸）して第一級アミンへと変換し，これをアミン検出法で調べる。

試料約 0.5 g と粒状スズ 1 g を加え，ここに 6 mol L^{-1} 塩酸 10mL を少しずつ加えよく振り混ぜる（試料が難溶のときはエタノールを加える）。激しく水素が発生するが，それが収まった後加熱還流する。放冷後，2% 水酸化ナトリウム水溶液を加えてアルカリ性にし，抽出してアミンを取り出す。

k. ハロアルカン

ハロアルカンは硝酸銀のエタノール溶液と反応して不溶性のハロゲン化銀を生成する。

$$R-X + Ag^+ \longrightarrow AgX\downarrow + \text{他の生成物}$$

この反応は S_N1 で進行するのでカルボカチオンの安定性により反応速度が異なる。相対的な反応性は R が第三級〜ベンジル＞第二級＞第一級の順になる。

また，ハロゲンについては反応性は I ＞ Br ＞ Cl の順になる。通常，第三級のハロアルカンでは低温で反応し，第二級は高温下で反応する。第一級はさらに反応性が乏しく，芳香環に直接結合したハロゲンは反応しない。

試料約 0.02 g を 2% 硝酸銀のエタノール溶液に加える。5 分以内にハロゲン化銀の沈殿が生じれば，第三級のハロアルカンと判断する。反応が室温で起こらなければ，加熱還流する。約 5 分間還流して沈殿が生じたら第二級と判断する。

［谷　敬太］

参考図書

L.E. Fieser，K.L. Williamson 著，磯部　稔，家永和治，市川善康，今井邦雄，鈴木喜隆，中塚進一，中村英士 訳，“フィーザー／ウィリアムソン 有機化学実験 原書 8 版”，丸善（2000）.

2.10　立体構造をはかる

2.10.1　簡単な分子の立体構造

水素分子や酸素分子のような二つの原子からなる分子（二原子分子）の場合は，二つの原子間の距離が決まると原子の相対的な位置関係（分子の形）が決まる。しかし，水，アンモニアやメタンのように，三つ以上の原子からなる分子（多原子分子）になると，結合している原子間の距離（結合距離）だけでは分子の形は決まらなくなる。二つの結合のなす角度（結合角）も必要となる。水分子のH−O−Hの結合角が180°なら直線形分子だが，実際は104.5°でありV字形分子となる。一方，アンモニア分子のH−N−Hの結合角が120°なら三つの水素原子が正三角形の頂点にくる正三角形分子となる。しかし，実際には結合角は106.7°であり四つの原子は同一平面内には位置できず正三角錐形の分子となる。メタン分子の場合，構造式を書くときは平面的に表す。しかし，H−C−Hの結合角は109.5°でありメタンは平面形分子とはならず，四つの炭素原子が頂点にきた正四面体形の分子となる。分子の立体構造の違いについてはいろいろな説明方法があるが，ここでは，L.C. Pauling（ポーリング，1901−1994）によって考え出された混成軌道という考え方を用いる。

a.　メタン分子

メタン分子の炭素原子は最外殻のL殻に4個の価電子をもつ。このL殻を詳細に見ると2s軌道と三つの2p軌道に分かれている。図1に示すように2s軌道は球状であり，三つの2p軌道（$2p_x$軌道，$2p_y$軌道，$2p_z$軌道）はそれぞれx軸，y軸，z軸への方向性をもっている。2s軌道は2p軌道よりエネルギー的に安定で，三つの2p軌道は方向に関係なく同じエネルギーである。一つの軌道には電子は2個まで入れる。したがって，2s軌道には2個の電子が入り，残りの2個の電子は二つの2p軌道（仮に$2p_x$軌道，$2p_y$軌道とする）に1個ずつ入る。別々の軌道に1個ずつ入るのは同じ軌道に2個入るより電子間の反発が小さく，エネルギー的に安定だからである。共有結合は二つの原子がそれぞれの軌道にある1個ずつの電子を互いに共有しあって形成する。炭素原子には電子が1個入っている軌道は二つの2p軌道だけなので，困ったことに炭素原子に結合できる水素原子は2個のみとなり，メタン分子は形成されないことになる。

そこで，2s軌道にある電子の1個を$2p_z$軌道に移動させたと考えると，2s軌道と三つの2p軌道にはそれぞれ1個の電子が入っている状態になり4個の水素原子と結合できる。しかしそれでも困ったことに，生じるメタン分子の立体構造は正四面体形にはならない。この困難を解決してくれるのが混成軌道という考え方である。混成軌道は英語ではhybridized orbitalという。千宝菜（キャベツとコマツナのかけあわせ）のような「かけあわせ植物」をhybridized plantというが，「混成」とは「かけあわせ」という意味である。

メタン分子の場合はsp^3混成軌道をつくる。

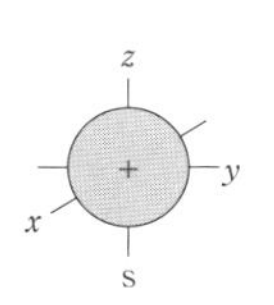

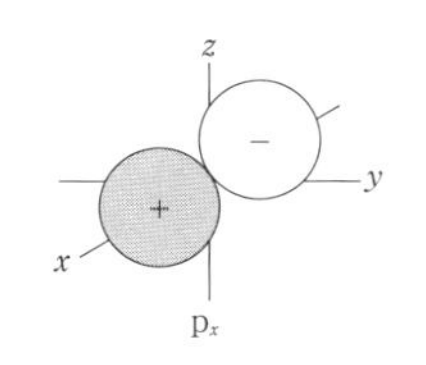

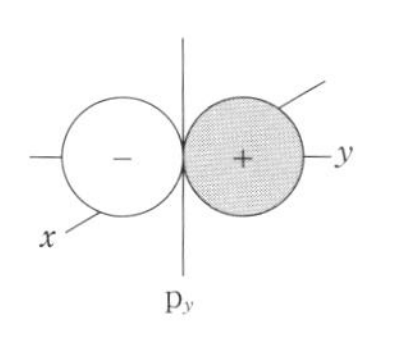

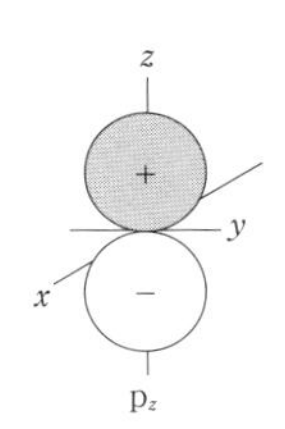

図1　s軌道とp軌道

このとき先程の2s軌道と三つの2p軌道にそれぞれ1個の電子が入っている状態を考える。そして，この合計四つの軌道を組み合わせて四つの等価な新しい軌道（これをsp^3混成軌道とよぶ）をつくったと考える。四つの等価な軌道に電子が入るとき反発を小さくするには，空間的に互いがもっとも離れる方向がいいことになる。したがって，炭素原子を中心として正四面体の四つの頂点の方向に軌道が位置することになる。しかも，炭素原子の四つのsp^3混成軌道には電子が1個ずつ入っている。そこで，そのそれぞれに水素原子のK殻（詳細な定義では1s軌道という）の電子が1個入って合計2個の電子を共有することにより，メタン分子が形成される。立体構造は正四面体形となる。

しかし，この説明に対して読者は二つの疑問をもつかもしれない。まず第一の疑問は，混成させる前に2s軌道にある電子の1個を$2p_z$軌道に移動させた状態を考えた。しかし，$2p_z$軌道は2s軌道よりはエネルギー的に不安定なので，無理をしていることになる（このようなエネルギー的に不安定な状態を励起状態という）。したがって，生じた四つのsp^3混成軌道も励起状態の軌道となってしまう。いま，メタン分子の立体構造を普通の状態である基底状態（エネルギー的に最も安定な状態）で考えようとしているので，これは明らかな論理矛盾である。この疑問には以下のように答えることができる。確かに炭素原子の四つのsp^3混成軌道は励起状態にある。しかし，考えているのは孤立した炭素原子ではなく，4個の水素原子が結合した炭素原子である。水素原子と炭素原子の結合による安定化効果により，メタン分子全体としては励起による不安定化が補われることになる。次に第二の疑問は，2s軌道と2p軌道は量子力学の手法を用いて求められた波動関数で表される確固たる物理的根拠をもつ原子軌道である。それを，勝手に組みあわせてつくり変えてもいいのかという疑問である。これに対しては，混成軌道が数学的に2s軌道，$2p_x$軌道，$2p_y$軌道，$2p_z$軌道を表す波動関数の線形結合により，4種類のsp^3混成軌道の波動関数がつくられていることから数学的にも問題がない。

b. アンモニア分子

アンモニア分子も同じようにsp^3混成軌道で考えることができる。窒素原子は炭素原子より1個電子が多いので，三つのsp^3混成軌道には電子が1個ずつ，残りの一つの混成軌道には電子が2個入る。電子が1個入っている混成軌道には水素原子の電子が1個入り，三つのN－Hの共有結合が形成されるとアンモニア分子となる。もう一つの混成軌道には電子が2個入っているが，これは水素原子とは共有結合をしていない電子対なので非共有電子対とよばれる。したがって，アンモニア分子は窒素原子を中心とする正三角形の形をとらず，窒素原子が中心にあって3個の水素を頂点とする正三角錐形になっていることがわかる。ところが，sp^3混成軌道はもともと正四面体形なので，幾何学的にはH－N－Hの結合角は109.5°になるはずが，実際のアンモニア分子中のH－N－Hの結合角はそれより少し小さい106.7°となる。

この違いは電子対間の反発を考えると説明できる。窒素原子の四つの混成軌道にはそれぞれ電子対が入っている。そのうち3対は水素原子との共有電子対で，1対は窒素原子の非共有電子対である。共有電子対は水素原子と共有しているため，非共有電子対と比べると窒素原子から少し離れた位置にある。そこで，共有電子対と非共有電子対の間の距離は共有電子対と共有電子対の間の距離より短くなる。一方，負の電荷をもった電子対間の反発は距離が短いほど大きくなるので，共有電子対と非共有電子対の間の反発は共有電子対と共有電子対の間の反発より大きくなり，非共有電子対の軌道は共有電子対の軌道と反発し互いに遠ざかろうとすると考えられる。つまり，非共有電子対の軌道と共有電子対の軌道間の角度が少し広がり，その影響で，より反発の小さい共有電子対のある軌道間の角度が少し小さくなった結果が106.7°というわけである。

c. 水分子

同様に水分子の構造も説明できる。酸素原子は窒素原子より電子が1個多いので，二つのsp^3混成軌道には電子が1個ずつ，残り二つの混成軌道には電子が2個入る。したがって，水素原子との共有電子対が2対，非共有電子対が2対できる。電子対間の反発の大きさは，（二つの非共有電子対間）＞（非共有電子対と共有電子対の間）＞（二つの共有電子対間）のような大小関係になるので，共有電子対のある軌道間の角度は少し小さな値104.5°となる。

2.10.2　有機化合物の立体構造

a.　エタン分子

メタン分子と同じように，他の有機化合物の立体構造も混成軌道を使って説明できる。エタン分子は二つの炭素原子が単結合している。炭素原子の sp^3 混成軌道にある電子を互いに共有しC－C結合をつくっている。残りの六つの sp^3 混成軌道もそれぞれ水素原子と電子を共有してC－H結合をつくりエタン分子ができる。C－C結合の周りに片方の CH_3 を回転させても，C－C結合をつくっている二つの sp^3 混成軌道の重なりの様子は変化しない。すなわち，C－C結合は回転が可能である。しかし，C－C結合の回転により異なる炭素原子に結合している三つずつの水素原子の相対的な位置が変わる。つまり，回転によりエタン分子は異なる立体構造になり，その一つ一つが異性体となる。これは回転によってできる異性体なので回転異性体という（コンホメーション異性体，配座異性体ともいう）。プロパン分子になると sp^3 混成軌道が重なってできるC－C結合が二つになり，残りの八つの sp^3 混成軌道はC－H結合をつくる。二つのC－C結合が回転すると立体構造も変化する。その一つ一つが回転異性体となる。ブタン，ペンタンと炭素原子の数が増加するに従い，どんどんと異性体の数が増加する。ペンタンの場合は両端の炭素原子に結合している水素原子がぶつかる異性体もできるようになる。炭素の数が非常に大きくなった分子がポリエチレンである。こうなると異性体の種類は途方もなく大きな数になる。

b.　エチレン分子

二つの炭素原子が二重結合しているエチレン（エテン）分子は，二つの炭素原子と四つの水素原子はすべて同じ平面内にある平面形分子である。一つの炭素原子に着目すると，三つの原子との結合は同じ平面内にある。この場合は，2s軌道と二つの2p軌道（仮に $2p_x$ 軌道，$2p_y$ 軌道とする）とを混成して三つの sp^2 混成軌道をつくる。三つの等価な軌道が互いにもっとも離れようとすると，炭素原子を中心として正三角形の頂点に向かうような方向に位置することになる。x 軸方向にある $2p_x$ 軌道と y 軸方向にある $2p_y$ 軌道を使って，三つの sp^2 混成軌道が xy 平面内につくられる。二つの炭素原子の sp^2 混成軌道の一つを y 軸方向で重ねると，C－C結合ができる。残り四つの sp^2 混成軌道にそれぞれ水素原子の1s軌道を重ねると，四つのC－H結合ができる。これまでの結合はすべて xy 平面内にあるのでエチレン分子は平面形となるが，混成に使わなかった炭素原子の $2p_z$ 軌道が z 軸方向に並んでいる。そこで，それぞれの $2p_z$ 軌道に電子が1個ずつあるので，これらが平行に並んだまま重なると考えると，もう一つの共有結合ができる。これにより炭素間の結合は二重結合となりエチレン分子ができる。

ところで，二つの2p軌道が平行に並んでできる結合は，これまで考えてきた二つの軌道の重なりでできる結合とは明らかに重なり方が違う。これまでの軌道の重なりは，すべて二つの原子の原子核を結ぶ線上に生じていた（こういう重なり方でできる結合を σ 結合と定義する）。ところが，二つの2p軌道が平行に並んでできる結合の場合は，二つの軌道の重なりは原子核を結ぶ直線から離れた位置で生じている。重なり方も σ 結合に比べて十分ではなく弱い結合なので，π 結合とよんで区別する（図2）。

エタン分子の場合は，C－C結合の周りに回転させても軌道の重なりは変化しなかった。ところが，エチレン分子の場合C－C結合の周りに回転させると，σ 結合は変化しないが π 結合をつくっている2p軌道の重なりは変化する。たとえば，90°だけ回転すれば重なりがなくなってしまう。つまり π 結合は切れてしまう。したがって，C＝C結合の周りには回転できないことになる。エチレンの二つの炭素原子に結合している水素原子を一つずつメチル基に置き換えたものが2-ブテンである。C＝C結合の周りには回転できないことから，2-ブテンに

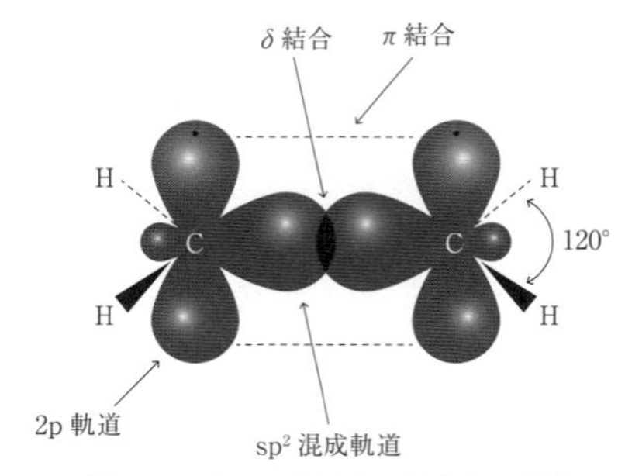

図2　エチレン分子のσ結合とπ結合

はシス形とトランス形の2種類の幾何異性体が生じる。

c. 1,3-ブタジエン分子

1,3-ブタジエンは示性式では CH_2=CH-CH=CH_2 と表される。各々の炭素原子はいずれも三つの原子と結合しているので，エチレンと同じように sp^2 混成軌道で考える。二つの2p軌道として $2p_x$ 軌道，$2p_y$ 軌道を使ったとすると，炭素原子の sp^2 混成軌道と水素原子の1s軌道の重なりでできる σ 結合はすべて *xy* 平面上にできる。混成に使わなかった炭素原子の $2p_z$ 軌道は *z* 軸に平行に四つ並ぶことになり，示性式にある二つの π 結合ができることになる。しかし，よく見てみると隣接する炭素原子間の距離は同じなので，二番目の炭素原子と三番目の炭素原子の間でも $2p_z$ 軌道どうしが重なり π 結合が生じる。CH_2=CH=CH=CH_2 というわけである。しかし，二番目の炭素原子と三番目の炭素原子の「結合の手」は5本となり，炭素原子の原子価は4であることに矛盾する。量子力学を用いた考え方では，炭素原子の $2p_z$ 軌道は四つの炭素原子全体としての連続した重なりをつくり，その共通した軌道の中に4個の電子が存在していると考える。このような電子を π 電子とよぶ。π 電子は共通した軌道の中ならどこにでも存在できる。つまり共通した軌道の中を移動できることになる。これは σ 結合により共有されている電子（σ 電子という）との大きな違いである。σ 電子が存在できる場所は重なっている二つの軌道の中に限定されている。結論からいうと，CH_2=CH-CH=CH_2 と CH_2=CH=CH=CH_2 のいずれもブタジエン分子の正確な姿を表していない。しかし，以上の正確な理解を前提として，慣習的に CH_2=CH-CH=CH_2 と表すことにしている。

ブタジエンのCH－CH＝の繰り返しをどんどん増やしてゆくとポリアセチレンになる。ポリアセチレン分子のすべての炭素原子の $2p_z$ 軌道は連続的に重なって，分子全体にわたって共通した軌道をつくっている。この軌道の中を π 電子が移動できる。電子が移動すると電流が流れたことになるので，ポリアセチレン分子は電気を通す性質をもつ分子，すなわち導電性の分子になる。これに対して，ポリエチレンは σ 結合だけなので電気は通さない。

ベンゼンもC－C結合とC＝C結合の繰り返しを構造にもっている。分子全体として平面形であるから，炭素原子の sp^2 混成軌道と水素原子の1s軌道の重なりで，σ 結合からなる環状の構造ができる。この平面に垂直方向に混成に用いなかった2p軌道が六つ並んで重なり，環状の共通した軌道をつくると，6個の π 電子がベンゼン分子全体を移動できることになる。このことがベンゼンなどの芳香族化合物に特有の性質を生み出す。

d. アセチレン分子

二つの炭素原子が三重結合しているアセチレン（エチン）分子は，二つの炭素原子と二つの水素原子が直線状に並んだ直線形分子である。したがって，炭素原子の2s軌道と2p軌道を混成させて二つのsp混成軌道をつくる。二つの軌道が互いにもっとも離れようとすると，炭素原子から見て反対方向に位置することになる。$2p_y$ 軌道で混成軌道をつくったとすると，二つの炭素原子のsp混成軌道どうしが *y* 軸上で重なってC－C結合をつくり，残りのそれぞれのsp混成軌道が水素原子の1s軌道と *y* 軸上で重なってC－H結合をつくる。つまり，*y* 軸に沿ってH－C－C－Hという直線構造ができあがる。混成に使わなかった $2p_x$ 軌道と $2p_z$ 軌道が，それぞれ *x* 軸と *z* 軸方向で重なって二つの π 結合をつくり，炭素原子間の結合は三重結合C≡Cとなる。

e. プロパジエン分子

最後に混成軌道の仕上げとして，プロパジエン（アレン）$CH_2=C=CH_2$ の立体構造を考えてみる。エタン CH_3-CH_3 は sp^3 混成軌道，エチレン $CH_2=CH_2$ は sp^2 混成軌道，アセチレン $CH \equiv CH$ は sp 混成軌道を用いて考えた。混成軌道は炭素原子の結合がどういう方向にあるかで考えないといけない。つまり，正四面体の頂点の方向なら sp^3 混成軌道，正三角形の頂点の方向なら sp^2 混成軌道，180° 逆の方向なら sp 混成軌道で考える。したがって，プロパジエンの両端の炭素原子は sp^2 混成軌道，中央の炭素原子は sp 混成軌道ということになる。ここで，図 3 に示すように，両端の CH_2 は同じ平面内ではなく互いに直交する位置関係にある。C－H の共有電子対を非共有電子対に置き換えると，二酸化炭素 O＝C＝O の立体構造に相当する。

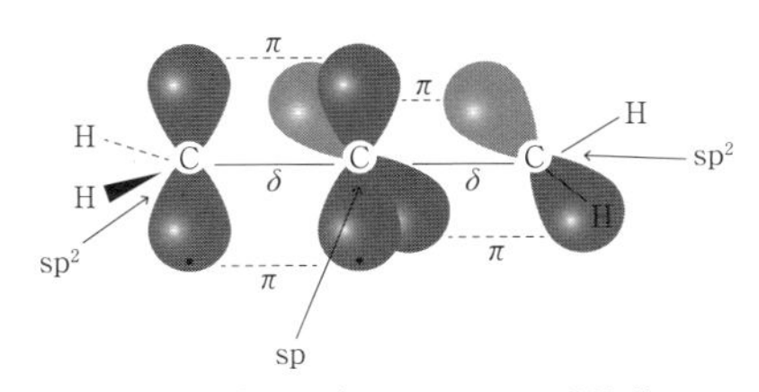

図 3　プロパジエン分子の混成軌道

2.10.3　鏡像異性体（光学異性体）

a.　キラルな分子とアキラルな分子

靴には左右があり，左靴は右靴とは形が違うので履き違えが起こる。しかし，鏡に映った左靴は右靴のように見える。つまり，左靴と右靴は実像と鏡像の関係にある。靴のように実像と鏡像が異なる（重ならない）形をキラルな形という。ところが，無地の靴下には履き違えはない。実像は鏡像と同じで重なる。こういう形をアキラルな形という。分子にもキラルな分子とアキラルな分子がある。実像と鏡像の関係にあるキラルな分子は互いに鏡像異性体（またはエナンチオマー）であるという（図 4）。

鏡像異性体をもちうる性質をキラリティーという。キラリティーはその生じ方により，中心性キラリティー，軸性キラリティー，面性キラリティー，分子のヘリシティー（ラセン性）から生じるキラリティーに分けられる。中心性キラリティーは 1 個の原子のまわりへの原子や原子団の配置様式の違いから生じる。アラニンは α－炭素原子に水素原子，アミノ基，カルボキシ基，メチル基が結合している。

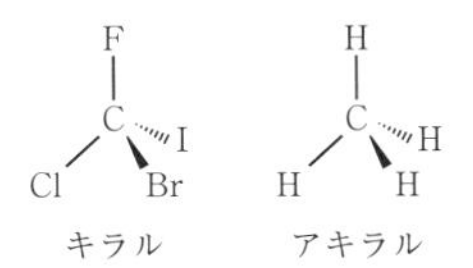

図 4　キラルとアキラルな分子の例

$$CH_3\overset{*}{C}HCOOH \quad (\text{C に } NH_2 \text{ が結合})$$

そこで，その結合の仕方の違いから，L-アラニンと D-アラニンが生じる。中心性キラリティーの中心をキラル中心という。アラニンの α－炭素原子のようにキラル中心にある炭素原子をキラル炭素原子（または不斉炭素原子）という。軸性キラリティーは一つの分子軸に関する原子や原子団の配置様式の違いから生じる。アレンの誘導体である 1,3-ジフェニルプロパジエン（ジフェニルアレン）はその例である。ジフェニルアレンには不斉炭素原子はないが鏡像異性体がある。面性キラリティーは一つの分子面に関する原子や原子団の配置様式の違いから生じる。ベンゼンのパラ位を複数のメチレン基で橋かけしているアンサ化合物の場合，ベンゼン環にかさ高い原子団が結合すると分子にキラリティーが生じる。[6]-ヘリセンなどのヘリセン類は芳香環の重なりを避けようとして，右巻きあるいは左巻きのらせん状の立体構造を形成する。分子内に不斉炭素原子はないが，分子のヘリシティーによるキラリティーを生じることになる。

b.　光学異性体

また，平面偏光の偏光面を回転させる性質を旋光性という。平面偏光は左右の円偏光からできているので，左右の円偏光に対する吸光度が異なる性質を円二色性という。分子の光学的な性質は分子内の電子と光（電磁波）との相互作用により生じる。キラルな分子の場合，分子の電子状態は二つの鏡像異性体で異なる。したがって，光との相互作用も異なり，旋光性や円二色性のような光学的性質にその違いが現れる。光学的性質が異なる異性体ということで，光学異性体ともよばれる。

鏡像異性体の相変化に関する性質，たとえば融点，融解熱などは，同種の分子間の相互作用により決まるので，2種類の鏡像異性体には差はない。鏡像異性体と別の分子との相互作用で決まる性質の場合は，相手の分子のキラリティーの有無に依存して，鏡像異性体の性質の差の有無が決まることになる。たとえば，通常の溶媒分子はほとんどがアキラルな分子なので，溶解度，溶解熱などの溶解に関する性質に差は生じない。しかし，相手の分子（あるいは分子の集合体）の相互作用する部分がキラルな場合は，鏡像異性体間で差が生じる。生体に関わる鏡像異性体の性質がこの場合にあたる。L-グルタミン酸には旨味があるが，D-グルタミン酸にはない。味は舌の細胞表面にある受容体タンパク質に味覚分子が認識されることにより生じると考えられている。この場合の受容体タンパク質の認識部位はキラルな性質をもっているため，L-グルタミン酸とは十分に相互作用するが，D-グルタミン酸とはそうでないと考える。また，D-グルコースには甘味があるがL-グルコースにはない。匂い物質についても同様である。(−)-メントールには，清涼感のあるハッカ香があるが，(+)-メントールでは弱くなる。さらに医薬品の生理作用についても同じことがいえる。サリドマイドの（*S*）-体は優れた鎮静睡眠作用があるが，（*R*）-体には恐ろしい催奇性がある。合成過程で生じる（*R*）-体を（*S*）-体から分離せずに販売処方したことが悲惨なサリドマイド薬禍を引き起こした。

c. 光学分割

通常の有機合成法では，鏡像異性体の混合物（特に等量混合物をラセミ体という）が生じる。混合物からそれぞれの鏡像異性体を単離精製すること（光学分割という）は非常に重要である。しかし，鏡像異性体の性質が異なるのは，そのキラリティーに関してだけである。したがって，通常の混合物の単離精製に比べると，鏡像異性体の単離精製は一般的に困難である。そこで，次のような方法が用いられている。

ラセミ体が溶液あるいは溶融状態から結晶化するとき，キラリティーの同じ分子が集まって結晶となることを自然分晶という。自然分晶する分子の場合は，一方の鏡像異性体の結晶を種結晶として用いることにより，混合物から優先的に同じ分子の結晶を成長させて分離することが可能となる。このような方法を優先晶出法という。工業的に合成されたグルタミン酸の光学分割は，以前にはこの方法で行われていた。しかし，どの化合物も自然分晶するわけではない。

化学的方法として，最も一般的に行われている方法にジアステレオマー法がある。鏡像異性体の関係にある分子にキラルな分子を反応させると，生成する2種類の分子は互いに鏡像異性体の関係ではなくなる。このような関係にある分子をジアステレオマーという。ジアステレオマーの場合は，融点や溶媒に対する溶解度が異なるので，一般的な分離法が適用できるようになる。目的とする分子のジアステレオマーの方を単離精製後，分解反応によりもとの分子に戻せば目的とする分子が得られる。

その他，生化学的方法として微生物が個体内で行う酵素反応を利用する発酵法と，単離した酵素を用いる酵素法がある。いずれも酵素が行う不斉識別反応を利用して，鏡像異性体の一方のみを合成する方法である。発酵法により種々のアミノ酸や抗生物質がつくられている。また，L-アミノアシラーゼという酵素を用いてL-アミノ酸がつくられている。さらに，キラルな分子を固定相として用いたり，アキラルな固定相の表面にキラルな分子を導入することにより，分子間相互作用の違いを利用して光学分割を行うクロマトグラフィー法が開発されている。

2.10.4 高分子化合物の立体構造

高分子化合物には，人工的につくられる合成高分子とタンパク質，核酸，多糖類のような天然高分子がある。そのいずれにも多数の共有結合が存在する。したがって，分子全体としては無数の回転異性体が生じることになる。つまり，無数の立体構造が考えられる。通常の温度の場合，単結合の周りの回転には，それほど大きな障害はないので，溶液中や溶融状態にある高分子の立体構造は時間とともにたえず変化しており，特定の安定な立体構造をとることはない。

a.　合成高分子の立体構造

高分子化合物は細長い分子なので，1本の細い糸にたとえることができる。糸を空中に放り投げてみると，地面に落ちた糸はいろいろな形になるが，そのほとんどが伸びた形にはならずに縮んだ形（糸まり形）になる。分子の場合も同じことがいえる。つまり，特定の安定な立体構造がない場合は，平均としての分子の形は伸びた形ではなく縮んだ形となる。もちろん，縮み方の様子は分子の種類（構造式の違い）や溶媒によって異なる。たとえば，ポリエチレンとポリスチレンは主鎖の炭素原子（sp^3混成軌道にある）に結合している原子団が異なる。したがって，C−C結合のまわりの各々の回転状態の安定性が異なり，溶媒の影響がない状態では，同じ重合度で比べるとポリスチレンの方が広がりが大きくなる。また，側鎖に芳香環があるポリスチレンは構造の類似しているベンゼンとは相互作用が大きい（親和性がよい）ため，ポリスチレンの糸まりのなかにベンゼン分子が入りやすく全体として広がる。しかし，芳香族ではないシクロヘキサンとは相互作用が弱いため，ポリスチレンの糸まりのなかにシクロヘキサン分子は入りにくく分子の広がりも小さい。

b.　天然高分子の立体構造

高分子化合物は本質的に特定の安定構造はとらずに，糸まり形になりやすいという特性をもっている。しかし，生命現象において特定の役割を果たすべき天然高分子の場合は，その機能を発現するための安定な立体構造が必要である。遺伝情報を伝達するDNA（デオキシリボ核酸）の場合は，主鎖のリン酸基間の負電荷の反発により糸まり形になるのを防いでいる。伸びた主鎖構造の方が分子間での塩基対を形成しやすいからである。生物体を支えるセルロースなどの多糖類は，主鎖の環状構造により回転異性体の数を抑えて糸まり形になるのを防いでいる。伸びた主鎖構造の方が分子が互いに並びやすく，分子間に強い相互作用を生じさせる集合体（繊維）を形成しやすいからである。

c.　タンパク質の立体構造

タンパク質分子の場合はどうだろうか。タンパク質分子は20種類のアミノ酸が縮合重合した分子である。主鎖は−N−C−C−の結合の反復からなっている。ペプチド基部分のC−N結合の長さは0.132 nmで通常の単結合の長さ0.147 nmよりも短く，約40%の二重結合性を有している。このため，ペプチド結合はトランス形にほぼ固定される。ただし，プロリン残基の前に位置するペプチド結合については，アミド結合ではなくイミド結合であるため，例外的にシス形となることもある。

ペプチド基にあるカルボニル酸素C=Oとアミド水素N−Hとの間には水素結合の形成が可能で，分子内における規則的な水素結合により，α-ヘリックス，β-シート，ターンとよばれる二次構造が形成される。α-ヘリックスは固い棒状の構造となり，β-シートは名前のとおりシート状の構造で，いずれもタンパク質の骨格的な役割を果たす。また，ターンはタンパク質の表面で主鎖の向きを変える働きをする。グルタミン酸残基やアラニン残基はα-ヘリックス部分に，バリン残基やイソロイシン残基はβ-シート部分に，アスパラギン残基やグリシン残基はターン部分によく見出され，側鎖の原子団がそれぞれの二次構造を安定化する傾向をもっていると考えられる。また，プロリン残基は側鎖の構造上α-ヘリックスやβ-シートを不安定化し，ターンを安定化する傾向がある。さらに，水素結合しうる原子団は側鎖部分にもあるので，水素結合は主鎖−側鎖や側鎖−側鎖間にも形成され，タンパク質の立体構造の形成に寄与している。

ところで，20種類のアミノ酸残基の中にはバリン残基，ロイシン残基，フェニルアラニン残基のように疎水性の側鎖をもつ残基と，グルタミン酸残基，アルギニン残基，セリン残基のように親水性の側鎖をもつ残基がある。タンパク質は水の中にあるので，疎水性の残基は分子の内部に入り込んで水から遠ざかろうとし，親水性の残基は分子の表面に出て水に近づこうとする。このような働きを疎水性相互作用というが，この疎水性相互作用もタンパク質分子の立体構造形成に大きな役割をはたしている。また，システイン残基の側鎖には−SH基がある。二つのシステイン残基の側鎖は酸化によりジスルフィド結合を形成し，主鎖間を共有結合で結ぶことにより立体構造を安定化することができる。さらに，グルタミン酸残基のような酸性アミノ酸残基やリシン残基のような塩基性残基の側鎖は水中では解離しているので，側鎖間に働く静電相互作用も立体構造の形成に寄与している。

各々のタンパク質には固有のアミノ酸配列があり，このアミノ酸配列に対応して水中でのアミノ酸残基間の相互作用をすべて総合することにより，もっとも安定な立体構造が一意的に形成される。そして，形成された立体構造に基づいて，個々のタンパク質分子としての特徴ある機能が発現する。グリコサミノグリカン（ムコ多糖）類を分解するリゾチームはグリコサミノグリカン類分子がはまり込める隙間を分子表面につくる。酸素を運ぶヘモグロビンは酸素が配位するヘム分子がちょうど入れる空間を分子内部につくる。

ところで，できあがった立体構造は固いものではないので，まわりの水分子も運動しているように，分子のあらゆる部分で振動や回転の運動様式による構造の揺らぎが生じている。運動しているがゆえに，分子機能の発現もあるというのが実際の姿である。もちろん，運動は基本構造の近傍に制限されている。温度の上昇により分子運動が激しくなり，この制限の限界を超えるほどになると，もとの立体構造にもどれなくなる。当然，分子機能は失われ温度上昇による熱変性が生じたことになる。

2.10.5　タンパク質の立体構造のはかり方

a.　X 線結晶構造解析

タンパク質の立体構造を決めるには個々の原子座標を確定する必要がある。こういう意味で，2.8 節で解説のあったX 線結晶構造解析が原理的に最も基本的な方法となる。しかしながら，低分子の化合物に比べると原子数が非常に多くなるため，実験で得られた影に関する情報から元の実像をつくりあげる方法である逆フーリエ変換が有効に作用しなくなる。この困難を克服するには，より有効な位相に関する情報が必要となる。その方法の一つが重原子同型置換法である。タンパク質分子の結晶に $K_3UO_2F_5$ や K_2PtCl_4 などの重原子試薬を結合させて得られた結晶と，元の結晶との回折強度の差を求めたり，あるいは元のタンパク質のメチオニンをセレノメチオニンに置換したタンパク質を遺伝子工学の手法を用いてつくり，このタンパク質の結晶と元の結晶との回折強度の差を求めることにより，困難を克服しようという方法である。また，構造が既知のタンパク質分子とアミノ酸配列が類似している場合は，その分子の実験情報も活用して困難を克服する分子置換解析法という方法も用いられる。

上記の方法は多くのタンパク質に適用され，約10万のタンパク質分子の立体構造（重複データを含む）がタンパク質データバンクに登録されるに至っている。しかしながら，重原子同型置換法では置換で得られた結晶と元の結晶が同型であることが前提となり，また分子置換解析法では類似したタンパク質の存在が前提となる。いかなるタンパク質分子にも適用可能かどうかについては問題点を残している。さらに，目的とするタンパク質分子の単結晶が得られることが，もっとも基本的な大前提である。実はこれが意外とむずかしく，X 線結晶構造解析の研究者が試行錯誤の苦労を重ねている。

b.　核磁気共鳴法（NMR 法）

第2の方法として，核磁気共鳴法（NMR 法）がある。静磁場中に置かれた原子の原子核が特定の周波数の電磁波を吸収・放出する現象（核磁気共鳴現象）を利用することにより，特定の原子間の距離，特定の共有結合のまわりの回転角，アミド水素の水素結合の有無，あるいは α-ヘリックスや β-シートの形成などに関する情報を得ることができる。これらの情報を総合的に満たす立体構造を決定しようという方法である。実験は水溶液でできるので，X 線結晶構造解析に比べてより天然の状態に近いタンパク質分子の立体構造が議論できる。立体構造を決める有効な方法であるが問題点もある。得られる個々の情報にはあいまいさが含まれているため，決められた立体構造の信頼度がタンパク質分子の部分で異なるのである。しかし一旦，立体構造としてグラフィック化されてしまうと，あたかもタンパク質分子のすべての部分が確定したかのような印象を与えてしまう。また，この方法の最大のポイントは重なりあっている無数ともいえるシグナル情報をいかにうまく分離し，個々の原子の原子核のシグナルとして確定させる（帰属させる）かにある。シグナル強度を上げるには，対象となるアミノ酸残基の ^{14}N を同位体 ^{15}N に置換すればいいのだが，同位体置換タンパク質の合成となると，^{15}N 置換アミノ酸試薬は高価なため経費の面で大きな問題が生じる。

2.10.6 理論的方法による分子の立体構造のはかり方

分子の立体構造を理論的方法により決めよう，あるいは予測しようという試みは，有機化学やタンパク質科学分野において始まり，コンピューターの汎用化と性能向上とともに，その役割の重みを増してきている。理論的方法は経験的方法と非経験的方法に大別される。

a. 経験的方法

分子力学法 経験的方法の一つに分子力学法がある。分子を構成する原子間にファンデルワールス相互作用や静電相互作用などが働いているとし，この相互作用エネルギーの総和で，分子の立体構造の安定性を評価する。相互作用の評価に必要なパラメーターの値は，立体構造がすでに求められている低分子化合物などの既存の実験値などから決定する。したがって，パラメーターの決定の仕方に任意性が生じることになり，立体構造の安定性はパラメーターに依存することになる。これが経験的方法とされる所以であり，この方法の最大の問題点といえる。

しかしながら，長年の研究成果の蓄積のなかで，パラメーターの信頼度は向上している。計算により得られた立体構造は，対象とする分子がとりうる安定な立体構造の集団のなかの一つの構造という視点を忘れない限り，計算の簡便性という面からも有効な方法となりうる。

分子動力学法 経験的方法のもう一つが分子動力学法で，分子をニュートンの運動方程式に従って運動している質点（原子）の集団として分子をとらえ，その動的挙動より立体構造の安定性を評価する（なお，量子力学の手法を用いた分子動力学法も行われているが，それは後述の非経験的方法に含まれるものとする）。

分子力学法では結合長と結合角を固定していたが，分子動力学法では同定せず，分子の実像に近い取り扱いにはなっている。しかし，自由度が増えた分だけ，必要なパラメーターの数が増えることになる。また分子力学法では，溶媒効果は特定の誘電率を有する「場」として評価せざるを得ないのに対して，分子動力学法では，溶媒分子についても質点の集団として取り扱えるので，溶媒効果を動的な分子間相互作用として直接評価しうるという長所がある。

分子グラフィックスとの併用により，分子の立体構造の動的な変化と相互作用様式の詳細を可視的に把握でき，実験結果の考察をより科学的に深める知見を提供することになる。

ところで，分子の安定な立体構造は堅固な構造であると考えやすい。しかしながら，分子動力学法が示す安定な立体構造は，それとは異なる分子像を提供する。安定とみなせる構造であってもつねに揺らいでおり，場合によっては一度別の構造に変化した後，再度元の構造に戻るということが，実際の分子動力学計算では起こりうる。このように，分子動力学法は，物質を構成する基本粒子は運動という本性を有しているという現代科学の物質観を具現してくれる優れた方法といえる。しかしながら，得られた結果には，経験的方法であるがゆえの任意性がつねに伴う。実験による検証が必要なことはいうまでもない。

b. 非経験的方法

分子の立体構造は分子内に存在している原子核と電子の集団に関わる相互作用により決まる。したがって，構造を解明する手段は量子論に基づいたものでなければならない。しかしながら，分子力学法と分子動力学法は基本的には古典物理学の枠内での方法であり，ここに経験的方法とならざるをえない本質がある。一切の経験則を排除し，分子内の電子の挙動を記述する量子論に基づいて，分子の電子状態を把握し，安定な立体構造を評価しようとするのが非経験的方法で，よく知られているものに *ab initio* 分子軌道法がある。

***ab initio* 分子軌道法**　*ab initio* とは from the beginning という意味のラテン語で，一切の経験則を排して，シュレディンガーの波動方程式の解を求めるという意味で用いられている。*ab initio* 分子軌道法では，分子のなかで電子は互いに独立して運動しているというモデル（ハートレー・ホック法）で分子のエネルギーのほとんどを評価し，より高度の精度が要求される場合に電子相関を取り入れるという方法がとられる。

密度汎関数法　もう一つの非経験的方法に密度汎関数法がある。「系の電子密度とエネルギーの間には1対1の対応関係がある」というホーヘンベルグ・コーンの定理に基づき電子相関効果を含む正確なエネルギーを求めようとする方法である。*ab initio* 分子軌道法より計算労力が小さいという利点があるが，問題はいかに正確な電子相関効果を含む密度汎関数を用いるかにある。

量子論の化学への適応は，実験値をパラメーターとして用いる半経験的な分子軌道法から始まった。半経験的な分子軌道法は，いかに優れた結果を与える方法であっても，内包する近似の域を越えることのない計算化学の域にとどまらざるをえなかった。しかしながら，量子論に基づく非経験的方法は，今後その理論的精査を進めることにより，実験から独立した理論的方法として発展してゆくものと期待される。特に実験の困難な系へ適用することにより，実験化学を先導する理論化学としての役割が大きくなってゆくものと考えられる。その一例を示す。

分子内に二重結合を含む3-アミノプロペン酸は脱水縮合重合すると，ペプチド結合の部分的二重結合性のため，二重結合と単結合が繰り返されるポリアセチレン類似の骨格構造を形成すると予測される。3-アミノプロペン酸のN端とC端をそれぞれアセチル基と *N*-メチルアミド基で保護した分子 CH_3-CO-NH-CH=CH-CO-NH-CH_3 について *ab initio* 分子軌道法計算を試みたところ，延伸した構造（図5）が唯一の安定な立体構造となり，π 電子共役型の電子状態にあることがわかった。4量体についても π 電子共役型の電子状態は保持されており，ポリアセチレン型の電子物性が期待される重合体となりうる可能性が示された。この化合物の合成報告はないが，予測結果に興味をもった研究者によって合成の試みがなされるときが来るかもしれない。

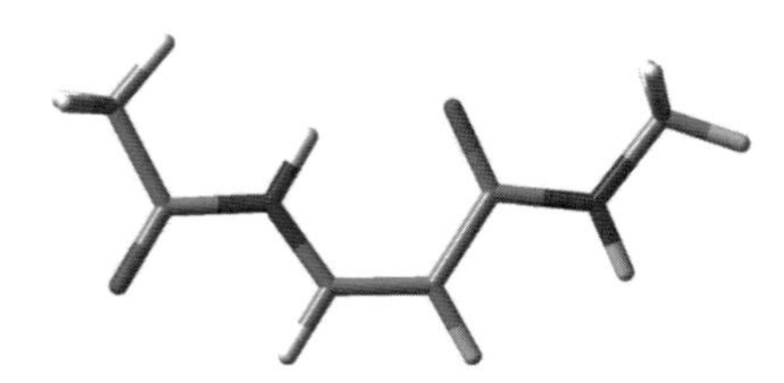

図5　CH_3-CO-NH-CH=CH-CO-NH-CH_3 の安定構造

c. 実験化学と理論化学

古代ギリシャの自然哲学の集大成ともいえるデモクリトス学派の原子論は，物質を構成する実体としての基本粒子の存在と，その基本属性としての運動を基盤とするすぐれた科学的認識に到達していた。しかしながら，実験観察を軽視した思索による自然認識であったため，アリストテレス学派に論駁されることになった。その後，変化を肯定的に捉えない中世の低迷時代を経て，ルネッサンスから産業革命へと向かうなかで，モノとその変化への関心が高まり，実験観察の事実に基づく近代の原子論が誕生した。実験科学の全盛期となるが，量子論の時代を迎えて，素粒子論の成果にみられるように理論科学の重みが増し始める。

化学の領域では，現在も実験化学の全盛期がつづいている。しかしながら，量子化学の手法は，実験化学を補助するという役割を越えて，理論化学として独自の領域を聞きつつある。分子の「立体構造をはかる」役割はもちろんのこと，自然のしくみ，そのものをはかる方法論としての重要性を増してくると考えられる。

［岡　勝仁］

参考図書

永瀬茂，平尾公彦，“岩波講座　現代化学への入門　第17巻　分子理論の展開”，岩波書店(2002).

2.11 電子状態をはかる

2.11.1 原子のイオン化

原子の最も外側の電子殻に入っている1～7個の電子（価電子とよばれる）は，内側のそれに比べて安定化の度合いが小さく，エネルギーが高くなっている。そのようにエネルギーの高い電子は，比較的小さなエネルギーを加えることによって原子から引き離されるため，反応性も高い。真空中で最もエネルギーの高い電子を原子から引き離して陽イオンをつくるさいに必要なエネルギーを第一イオン化エネルギーとよんでいる。

$$\mathrm{A} + \text{イオン化エネルギー} \longrightarrow \mathrm{A}^{+} + \mathrm{e}^{-} \quad (1)$$

イオン化エネルギーを原子番号順に示すと，図1のようになり元素の周期性と関係がある。

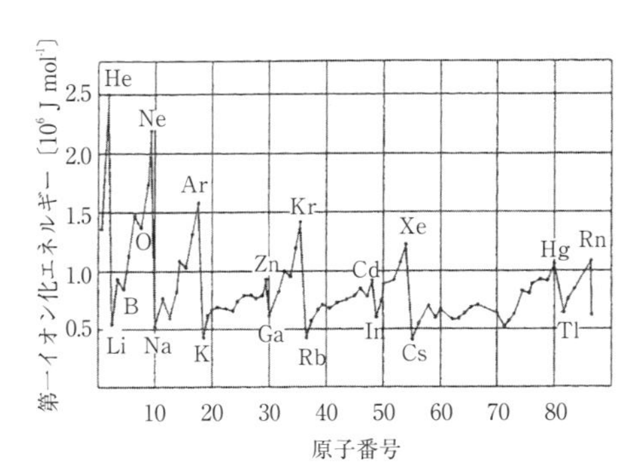

図1 イオン化エネルギーの原子番号による変化

Li，Na，Kなど1族のアルカリ金属元素ではイオン化エネルギーは小さく，容易に陽イオンとなる。同一周期ではLiからNeまでのように，原子番号が増えるとともにイオン化エネルギーは大きくなる傾向にある。He，Ne，Arなど18族元素の原子の価電子は0で，安定な閉殻構造をとるため，イオン化エネルギーは同一周期内で最も大きな値を示す。

同一周期内でのイオン化エネルギーの変化を細かくみると，MgやCaなど2族アルカリ土類金属元素のイオン化エネルギーが比較的大きい。これは，これらの原子の二つの価電子はs軌道を満たしており，閉殻に近い安定な状態をとっているからである。

また，N，Pなど第15族元素のイオン化エネルギーが比較的大きいのは，それらの原子状態で五つの価電子のうち二つはs軌道を満たし，残り三つがp軌道に一つずつ満たされたことにより安定化されているためである。

同族元素では，原子番号が大きくなるほど最外殻の電子と原子核との静電的結合力が小さくなるため，イオン化エネルギーは小さくなり反応性が増す。アルカリ金属元素の場合，その反応性が Li<Na<K<Rb<Cs と大きくなるのはこのためである。

一方，原子は電子を受け取って陰イオンになる。真空中で原子が電子を受け取り陰イオンになる場合に外部に放出されるエネルギーを電子親和力とよんでいる。

$$\mathrm{A} + \mathrm{e}^{-} \longrightarrow \mathrm{A}^{-} + \text{電子親和力} \quad (2)$$

17族元素のような原子は電子を失って陽イオン化するより電子を受け取ることで，18族のような閉殻構造をとった方が安定化できるので電子親和力が大きい。いくつかの電子親和力を表1に示す。電子親和力と周期表との関係は，イオン化エネルギーの場合に類似している。

原子はイオン化エネルギー I_{A} が大きいほど

表1 原子の電子親和力

元素	電子親和力〔kJ mol^{-1}〕	元素	電子親和力〔kJ mol^{-1}〕
H	72.8	O	141.0
Li	59.6	F	328.0
B	26.7	Cl	349.0
C	121.9	Br	324.7
N	−6.8	I	295.2

相手に電子を与えにくくなり，また電子親和力 E_A が大きいほど電子を受け取りやすくなる。I_A も E_A も原子の陰性を表すことから，R. S. Mulliken（マリケン，1896－1986）はそれらの平均値として原子の電気陰性度 χ_A を次のように定義した。

$$\chi_A = \frac{I_A + E_A}{2} \tag{3}$$

電気陰性度の大小と周期表との関係はイオン化エネルギーと同様の傾向が認められる。つまり，電気陰性度は周期表の左から右に移るほど，また下から上に行くほど大きくなる。こうして，アルカリ金属が電気的に陽性で，ハロゲンが陰性な原子であること，またFが最も陰性な原子であることがわかる（マリケンの他にL. C. Pauling（ポーリング，1901－1994）やA. L. Allred（オールレッド）も別の考え方で電気陰性度を提案している）。

異なった種類の原子が結合した分子では，原子の電気陰性度の違いにより分子内に電荷の偏りが生じる。たとえば，ハロゲン化水素分子HAを考えると，分子内での水素原子上の正電荷は HI<HBr<HCl<HF の順に大きくなっている。これはハロゲン原子Aの電気陰性度の大きさの順に一致する。

また，水溶液中での酸の強さ（酸解離定数の大きさ）は $HClO < HClO_2 < HClO_3 < HClO_4$ の順となる。これは電気陰性度が大きいOの数が塩素原子周囲に増えることで，中心の塩素原子から酸素原子へ電子が引き寄せられる程度が減少し，水素が結合している酸素原子の電子密度も減少するために，水素イオンとの間の静電的引力が減少し，水素イオンが離れやすくなるとして理解できる。逆にLiは電気陰性度が小さくLiHは強い塩基となる。

なお，イオン化エネルギーや電子親和力は単に原子だけでなく分子に対しても測定される。電子は原子の場合には原子固有の軌道に存在するのに対して，分子の場合には複数の元素からできる分子軌道に存在する。したがって，分子のイオン化エネルギーや電子親和力は分子軌道の情報を与える。そしてこの分子軌道は，元素間の特徴に由来する電子の偏りを反映している。

表2　原子の電気陰性度

(2.1) H 7.2						
(1.0) Li 3.0	(1.5) Be 4.4	(2.0) B 4.3	(2.5) C 6.3	(3.0) N 7.2	(3.5) O 7.5	(4.0) F 10.4
(0.9) Na 2.9	(1.2) Mg 3.7	(1.5) Al 3.3	(1.8) Si 4.9	(2.1) P 5.9	(2.5) S 6.2	(3.0) Cl 8.3
(0.8) K 2.2	(1.0) Ca	(1.6) Ga	(1.8) Ge	(2.0) As	(2.4) Se	(2.8) Br 7.6
(0.8) Rb 2.1	(1.0) Sr	(1.7) In	(1.8) Sn	(1.9) Sb	(2.1) Te	(2.5) I 6.8
(0.7) Cs 2.0	(0.9) Ba	(1.8) Tl	(1.8) Pb	(1.9) Bi	(2.0) Po	(2.2) At

注　元素記号の上に記した値がポーリングの電気陰性度，下に記した値がマリケンの値。
［玉虫文一 編，"化学－構造とエネルギー"，岩波書店（1971）］

2.11.2　分子内の電子分布の偏り

複数の原子が価電子を共有して結合をつくり分子となると，結合に関係する価電子は元の原子の状態とは違ってより広がった分布状態になる。また，電気陰性度の異なる原子の間に結合ができた場合には，結合に関与する価電子は電気陰性度の大きな原子に引きつけられてその周りにより多く分布する。このように価電子の分布に偏りができると，それぞれの原子核付近の価電子の密度が異なってくる。また，価電子は原子核による束縛が少ないために，外部の電場によりその分布状態が変化する。このような電子の状態が分子のさまざまな物理的・化学的性質を決定している。

同種の原子からなる分子（たとえば H_2，N_2，O_2 など）では価電子の分布に偏りがないが，異種の原子が結合してできた分子の場合，分子中のそれぞれの原子の電荷が異なってくる。簡単な二原子分子であるHF（フッ化水素）を例にとると，水素原子に比べてフッ素原子の電気陰性度が大きいので（表2参照），分子中では図2に示すように水素原子が正の電荷をフッ素原子が負の電荷をもち分極している。このためフッ化水素分子は電気双極子となる。同じように三原子分子である水分子も分極しているため，電気双極子としてとらえることができる。

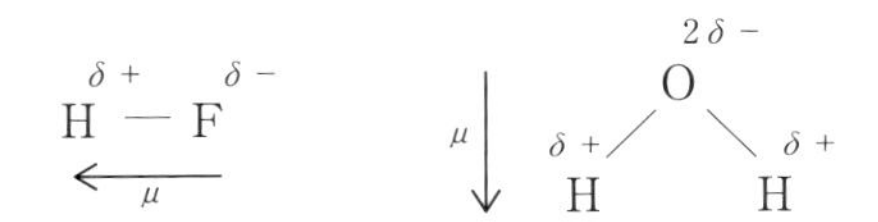

図2　フッ化水素分子と水分子の分子内での分極とその永久双極子モーメント

このような分子の極性の程度を表すために双極子モーメントμが用いられる。双極子モーメントの大きさは電荷の絶対値qと正負の電荷の中心間の距離rの積として次式で表される。

$$\mu = q \times r \tag{4}$$

双極子モーメントの単位はC mであるが，分子の双極子モーメントを議論する場合にはD（デバイ）という単位が用いられる。デバイは元々cgs単位系が主流であったころに利用されていた単位であるが，現在でもよく用いられており次のように表すことができる。

$$1\,\mathrm{D} \fallingdotseq 3.3356 \times 10^{-30}\,\mathrm{C\ m} \tag{5}$$

たとえば，電子の電荷の20%が同量の正の電荷から0.1 nm離れたところにあれば，その双極子モーメントは約1 Dとなる。双極子モーメントはベクトル量なので，矢印を用いて表される。矢印の方向は負電荷の中心から正電荷の中心に向けて書くが，一部の教科書などでは矢印を$+\!\!\longrightarrow$という形で表して，正から負の逆方向に書かれていることがあるので注意が必要である。

例として比較的小さな分子の双極子モーメントの値を表3に示す。ハロゲン化水素の系列やH_2OとH_2Sを比較すると，電気陰性度の差の大きな分子ほど双極子モーメントが大きくなっていることがわかる。また，分子が大きくなると分極した電荷間の距離rが大きくなり，双極子モーメントの値は大きくなる。

表3　分子の双極子モーメントμ〔D〕

分子	μ	分子	μ
H_2	0	HBr	0.827
O_2	0	HI	0.448
N_2	0	H_2O	1.855
Cl_2	0	H_2S	0.978
O_3	0.534	HCN	2.985
CO	0.110	NH_3	1.471
NO	0.159	NF_3	0.235
HF	1.827	CH_3Cl	1.8964
HCl	1.109	CH_3CN	3.925

また，電気陰性度の異なる複数の原子からなる分子の場合でも，分子の形や対称性によって各結合の双極子モーメントが打ち消しあって，分子全体では永久双極子モーメントが0になる場合がある（CH_4，CO_2など）。

電気双極子間には静電的な力が働くので，永久双極子モーメント（極性）をもった分子の液体や固体では融点，沸点などの性質が無極性の分子とは大きく異なる。表4に三つの有機化合物の双極子モーメントと沸点の関係を示す。これら三つの化合物の分子量はほぼ同じで，水素結合などの特殊な分子間の相互作用はないが，液体状態での分子の双極子間の相互作用により双極子モーメントの大きな化合物が安定化し，その沸点が高くなっている。

表4　有機化合物の双極子モーメントμと沸点

化合物	化学式	分子量	μ〔D〕	沸点〔℃〕
プロパン	$CH_3CH_2CH_3$	44	0	−42.1
アセトアルデヒド	CH_3CHO	44	2.69	20.4
アセトニトリル	CH_3CN	41	3.91	81.1

また溶液では，溶媒分子の双極子と溶質分子の双極子の相互作用が溶質分子の安定性（溶解性）に大きな影響を与える。さらに，化学反応においても分子内の電子の偏りが分子の反応性を決定する場合がある。さらに，分子の双極子モーメントをはかることによって分子の対象性

を推測することもできる。

このように，分子は結合に関与する価電子の分布に偏りができる場合に永久双極子モーメントをもつ。しかし，永久双極子をもたない分子や原子でも外部から電場を与えられた場合には，電子と原子核が電荷をもつため外部の電場によりその相対的な位置関係が変化する。とくに価電子は原子核による束縛が少ないために，外部の電場によりその分布状態が大きく変化する。そのため，外部から電場を与えると電子と原子核の変位によって分子が分極し，誘起双極子モーメントをもつことになる。このような分子や原子の分極のしやすさを表す指標となるのが分極率である。

分子や原子の分極によって生じる誘起双極子モーメント μ_{i}（iは“induced”の頭文字）は外部電場の強さ E に比例するので，分極率 α を用いて次のような式で表される。

$$\mu_{\mathrm{i}} = \alpha E \qquad (6)$$

分極率は価電子の分布の広がりが大きいほど大きくなると考えられる。したがって，分子内に広がる π 電子をもつ分子や原子半径の大きな原子を含む分子の分極率は大きくなる。分子が分極率をもつため，永久双極子モーメントをもたない分子にも分子間に相互作用が生じ，融点，沸点などの性質に影響を与える。

分子の双極子モーメントと分極率をはかるためにはいくつかの方法がある。図3に示すように永久双極子モーメントをもたない分子に電場をかけると，分子は分極して双極子モーメントが誘起される。二つの電極をコンデンサーとして考えると，その容量は電極間が真空である場合に比べてこの分子の分極により増加する。したがって，試料分子をはさんだコンデンサーの容量（誘電率）を測定することにより，分子の分極率を求めることができる。一方，分子が永久双極子モーメントをもつ場合には，図4に示すように分子自体が配向して永久双極子を電場方向に向けようとするため，やはりコンデンサー容量は増加する。この分子の配向による分極は分子自身の熱運動により妨げられるので，分極の程度は温度が高くなると小さくなる。また，永久双極子モーメントをもつ分子の場合にも分子の分極による双極子が同時に誘起されて容量増加に寄与するが，コンデンサー容量の温度変化を測定することにより，分子の永久双極子モーメントと分極率をそれぞれ求めることができる。

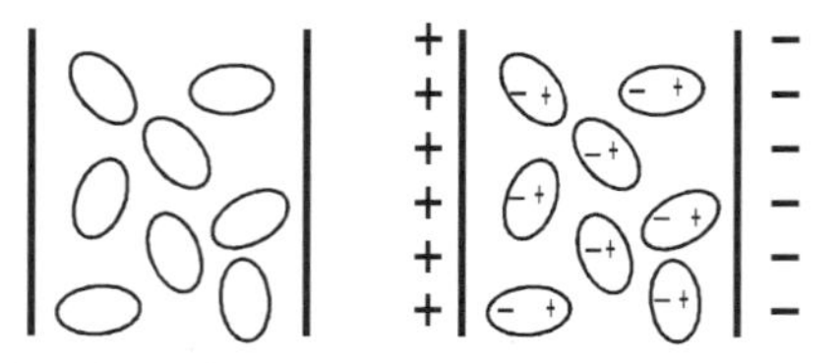

図3　永久双極子をもたない分子の電場による分極の様子

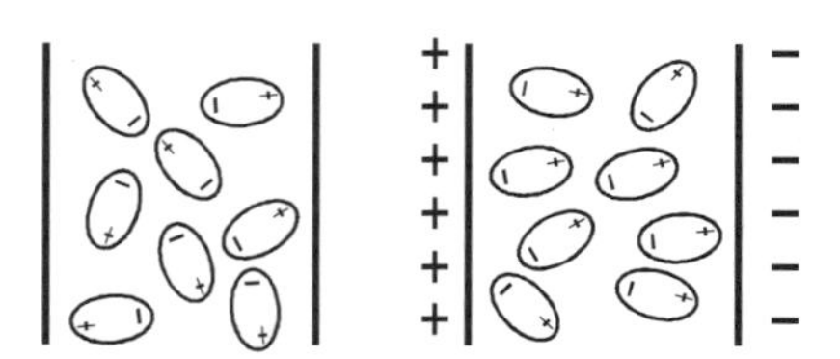

図4　永久双極子をもつ分子の電場による配向の様子

また，試料分子の屈折率を測定することにより，双極子モーメントと分極率を求めることができる。屈折率は光（電磁波）の電場に対する分子の分極の応答としてとらえることができる。外部電場による電子分布の変化はその応答時間が非常に短いため，高周波の電磁波に対して応答するが，原子核の変位はその応答がやや遅く，さらに双極子モーメントの配向は非常に遅い過程である。したがって，外部電場の周波数（光の周波数）が非常に高い場合の屈折率は電子の分極のみを反映する。一方，周波数が低いときの屈折率には双極子モーメントの配向と電子，原子の変位による分極率の両方が寄与するので，光の周波数を変化させて屈折率をはかることにより分子の双極子モーメントと分極率をそれぞれ求めることができる。

2.11.3　電子状態のはかり方

原子や分子の電子状態をはかるためには様々な方法が用いられているが，ここでは光を用いる電子状態のはかり方について述べる。

原子や分子を構成する電子はあるエネルギーで原子核に束縛され安定化している。この束縛エネルギーを電子の結合エネルギーともよぶ。原子，分子にこの結合エネルギーより大きなエネルギーをもつ光（電磁波 = 光子）を照射すると，原子や分子はある確率でその光子を吸収し，軌道にある電子はこの光子のエネルギーを使って原子核の束縛を逃れて自由な電子（光電子）となって放出される。この様子を図5に模式的に示す。

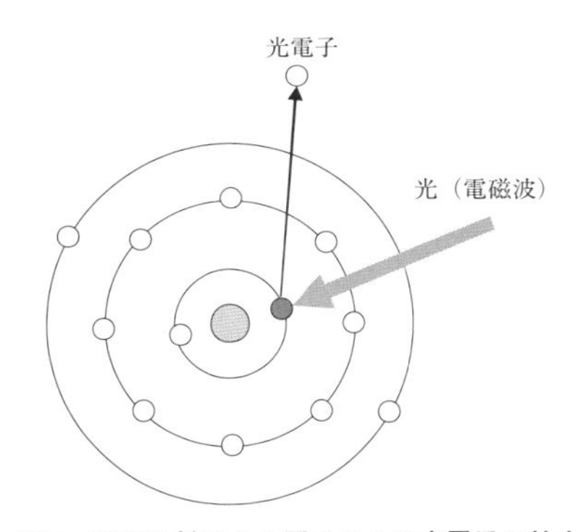

図5　光の照射による原子からの光電子の放出

電子の結合エネルギーのなかで最もエネルギーの小さい結合エネルギーが第一イオン化エネルギーとなる。通常，第一イオン化エネルギーは可視光から真空紫外線の電磁波のエネルギー領域にある。

第一イオン化エネルギーよりも大きなエネルギーをもつ光を原子に照射すると，さらに結合エネルギーの大きな電子の放出が始まる。非常に大きな光子エネルギーをもつX線を照射した場合には，原子核に強く束縛された内殻電子も放出される。電子の結合エネルギーよりも大きなエネルギーをもつ光を原子あるいは分子に照射したときには，吸収された光子のエネルギーは電子の結合エネルギーより大きいので，残りのエネルギーは原子から飛び出した光電子の運動エネルギーとなる。電子の結合エネルギーを E_b（b は“binding”の頭文字），照射光のエネルギーを $h\nu$，放出された光電子の運動エネルギーを E_k（k は“kinetic”の頭文字）とすると

$$E_b = h\nu - E_k \tag{7}$$

という関係が得られる。したがって，照射光のエネルギーがわかっていれば，試料から放出される光電子の運動エネルギーをはかることにより，電子の結合エネルギーを見積もることができる。このように電子の運動エネルギーを分析することを光電子分光とよぶ。光電子分光の分野では電子の結合エネルギーや運動エネルギーを eV（電子ボルト）という単位で表す。これは光電子分光を行う場合に，二つの電極間に電圧をかけて運動エネルギーの分析を行っているからで，1V の電圧で加速された電子の運動エネルギーが 1 eV に相当する（$1\ \mathrm{eV} = 1.6022 \times 10^{-19}\ \mathrm{J}$）。

照射光源として真空紫外線を用いて電子の結合エネルギーの分布を測定する方法を紫外光電子分光法（UPS：ultraviolet photoelectron spectroscopy）とよぶ。UPS を用いると結合に関与する価電子のエネルギー状態を詳しく知ることができる。また，各軌道の電子の占有状態を知ることができる。光源としてX線を用いた場合には，価電子のエネルギー領域だけでなく，結合には直接関与しない内殻電子の結合エネルギーに関する情報も得られる。内殻電子の結合エネルギーは，それぞれの原子に特有の軌道エネルギーを反映するが，原子の電荷によりその結合エネルギーの値が変化する。この変化量から原子の電荷や電子密度を見積もることができる。この方法はX線光電子分光法（XPS：X-ray photoelectron spectroscopy）とよばれ，さまざまな材料の電子状態分析法として広く利用されている。

上に述べた光電子分光法によれば，電子が存在する軌道エネルギーを詳しくはかることができ，原子の電荷や各原子上の電子密度を見積もることができるが，電子が存在しない空の軌道のエネルギーをはかることはできない。電子の授受を伴う化学反応を理解するためには，電子が存在する軌道だけではなく空の軌道の状態をはかる必要があり，そのために光の吸収や蛍光を利用する方法がある。

原子や分子に光を照射すると，ある軌道の電

子が照射した光を吸収し，そのエネルギーにより空の軌道に励起される。吸収が起こる光エネルギーは二つの軌道のエネルギー差に対応するので，吸収スペクトルを測定することにより空の軌道の情報が得られることになる。最も一般的な吸収測定は可視紫外領域の光吸収測定であるが，この光のエネルギー領域のスペクトルからは，最高占有軌道から最低非占有軌道への遷移など価電子に近い軌道のエネルギー状態に関する情報が得られる。ただし，光吸収による軌道間の遷移には実際に遷移が生じるための条件（選択律）が存在するため，すべての空の軌道について情報を得ることはできないこと，価電子付近の軌道が細かく分裂していることが多いことなどのため，スペクトルの解釈がむずかしい場合がある。さらにエネルギーの大きな光の吸収をはかれば，さらに軌道エネルギー差の大きな軌道の情報が得られる。たとえばX線の吸収スペクトルをはかれば，内殻の軌道から空の軌道への電子遷移が観測され，同じように空の軌道に関する情報が得られる。

また，光を吸収して電子がエネルギーの高い軌道に励起された分子は遷移状態となり，光を放出して元の基底状態に戻る場合がある。このとき放出される光が蛍光で，この蛍光のエネルギーがやはり軌道間のエネルギー差に対応しているため空の軌道の情報を得ることができる。蛍光を励起する方法についても可視紫外光による励起だけでなく，X線など各種のエネルギーの光が使われる。

上に述べた電子の放出を利用する方法では，電子のエネルギー状態（結合エネルギー）を直接はかることができるが，光の吸収や蛍光を利用して電子の状態をはかる方法では，二つの軌道の間のエネルギー差をはかることになり，電子（または軌道）のエネルギー状態の絶対的な測定はできない。

ここでは，電子状態をはかる方法として光を励起源として用いる方法を紹介したが，電子や加速したイオン，分子などを励起源として同じようなイオン化（電子の放出）や吸収の測定を行うことができる。

2.11.4　物質間の電子の授受（酸化還元反応）

前項では，光エネルギーなどを与えて原子をイオン化する，すなわち電子を取り去る手法を解説したが，物質間で電子が移動することがある。それを用いたものに電池があるが，ここでは，その原理について考えてみる。

硫酸銅水溶液に亜鉛板を入れると，次の酸化還元反応により銅が析出する。

$$\mathrm{Zn} + \mathrm{Cu}^{2+} \longrightarrow \mathrm{Zn}^{2+} + \mathrm{Cu} \qquad (8)$$

酸化還元反応は酸塩基反応とともに共役反応の典型的な例である。この反応は次の二つの反応式に分けることができ，これらを半反応とよぶ。次の半反応は酸化方向（水中でのイオン化反応）で表したものである。

$$\mathrm{Zn} \longrightarrow \mathrm{Zn}^{2+} + 2e^- \qquad (9)$$

$$\mathrm{Cu} \longrightarrow \mathrm{Cu}^{2+} + 2e^- \qquad (10)$$

反応 (8) が進行するということは，反応 (10) より反応 (9) の方が進行しやすく，反応 (10) は逆反応が進行することを示している。このような関係から水中でイオン化する能力の順を決めたものがイオン化傾向である。

$$\mathrm{K} > \mathrm{Ca} > \mathrm{Na} > \mathrm{Mg} > \mathrm{Al} > \mathrm{Zn} > \mathrm{Fe} > \mathrm{Ni} > \mathrm{Sn} > \mathrm{Pb} > \mathrm{H} > \mathrm{Cu} > \mathrm{Hg} > \mathrm{Ag} > \mathrm{Pt} > \mathrm{Au} \qquad (11)$$

式 (9) や式 (10) から考えると，イオン化傾向とはイオン化エネルギー（ここでの例のように電子の数が二つの場合は，第一と第二イオン化エネルギーの和）の値の大小から決まるように思われるが実際は異なる。金属から原子にする昇華エネルギーやイオンの水和エネルギーなど別の要因が含まれる。

そこで，酸化還元反応をエネルギー的に考える。化学平衡の関係にある物質のエネルギーを考えるには，キブズエネルギーとよばれる量を導入する。化学物質のギブズエネルギーGは

$$物質量\ n \times 化学ポテンシャル\ \mu \qquad (12)$$

で表される。さらに，μは次のように表される

$$\mu = \mu^\circ + RT \ln c \qquad (13)$$

ここで，μ°は標準状態の化学ポテンシャル，Rは気体定数，Tは絶対温度，cは濃度（厳密には活量）（2.13節参照）である。化学反応の

ギブズエネルギー変化 ΔG は化学反応による化学物質の μ の変化の和となる。たとえば，式(8) の酸化還元反応では次のように表される。

$$\mathrm{Ox\,1 + Red\,2 \rightleftarrows Red\,1 + Ox2} \quad (14)$$

$$\begin{aligned}\Delta G &= \mu(\mathrm{Red\,1}) + \mu(\mathrm{Ox2}) - \mu(\mathrm{Ox\,1}) - \mu(\mathrm{Red\,2}) \\ &= \mu^\circ(\mathrm{Red\,1}) + \mu^\circ(\mathrm{Ox2}) - \mu^\circ(\mathrm{Ox\,1}) - \mu^\circ(\mathrm{Red\,2}) \\ &\quad + RT\ln\frac{[\mathrm{Red\,1}][\mathrm{Ox\,2}]}{[\mathrm{Ox\,1}][\mathrm{Red\,2}]}\end{aligned} \quad (15)$$

ここで，化学種1（たとえば式 (8) の Cu）の酸化体を Ox 1，還元体を Red 1，化学種2（Zn）の酸化体を Ox 2, 還元体を Red 2 と書いている。化学種2の反応として次式を考え

$$\frac{1}{2}\mathrm{H_2} \longrightarrow \mathrm{H^+ + e^-} \quad (16)$$

$$\mathrm{Red\,2} = \frac{1}{2}\mathrm{H_2}\ (10^5\ \mathrm{Pa})$$

$$\mathrm{Ox\,2 = H^+}\ (1\ \mathrm{mol\,L^{-1}},\ \mathrm{pH\,0})$$

の条件を設定したとき

このような標準状態における H^+/H_2 の半電池を標準水素電極（SHE：standard hydrogen electrode）という。酸化還元反応は電子 e^- の動きなので，反応1モルあたりで変化する電子数を n とし，電気量は $Q = -nF$（F はファラデー定数）であることを考えると，エネルギー的に

$$\Delta G = -nF\,\Delta E$$

$$\Delta G^\circ = -nF\,\Delta E^\circ \quad (17)$$

と関係づけることができる。ここで，熱力学では $\mu^\circ(\mathrm{H_2},\ 10^5\ \mathrm{Pa}) = 0$，$\mu^\circ(\mathrm{H^+},\ \mathrm{pH} = 0) = 0$ と定義され，またSHEの電位をゼロとするので，

$$\Delta G^\circ = \mu^\circ(\mathrm{Red\,1}) - \mu^\circ(\mathrm{Ox\,1}) \quad (18)$$

となり，$\Delta E = E$，$\Delta E^\circ = E^\circ$ となる。こうして，一般的に次の還元半反応に対して電位で表すと

$$\mathrm{Ox\,1} + n\,\mathrm{e^-} \rightleftarrows \mathrm{Red\,1} \quad (19)$$

$$E = E^\circ + \frac{RT}{nF}\ln\frac{[\mathrm{Ox\,1}]}{[\mathrm{Red\,1}]} \quad (20)$$

となる。これをネルンスト式という。ここで，E を半反応 (19) の電極電位，E° を標準酸化還元電位という。E° が正であるほどその酸化還元対の酸化体は電子受容の力が強く，E° が負であるほどその酸化還元対の還元体は電子供与の力が強いことを示す。ネルンスト式は式(19)のように還元半反応に対して定義されるので，E° の順は酸化半反応に対していうイオン化傾向と逆の符号をとる。すなわち，E° の値が正で大きいほどイオン化傾向は小さい。たとえば，反応 (8) の場合は，$E^\circ(\mathrm{Cu}) > E^\circ(\mathrm{Zn})$ となる。

ここで，図6のようにダニエル電池に電圧計をつないだ場合を考える。このとき，次の酸化還元反応に伴う化学エネルギーから生まれる電子を動かす駆動力 $-\Delta G$ に対して，逆に電圧計から電池に電圧を加えて釣り合わせ，全体として電子が動かないようにしている。

$$\mathrm{Zn + Cu^{2+} \rightleftarrows Zn^{2+} + Cu} \quad (21)$$

このダニエル電池で生まれるエネルギーは，それぞれの還元半反応についてネルンスト式を用いると容易に理解できる。

$$\mathrm{Zn^{2+} + 2\,e^- \rightleftarrows Zn}$$

$$E(\mathrm{Zn}) = E^\circ(\mathrm{Zn}) + \frac{RT}{2F}\ln[\mathrm{Zn^{2+}}] \quad (22)$$

$$\mathrm{Cu^{2+} + 2e^- \rightleftarrows Cu}$$

$$E(\mathrm{Cu}) = E^\circ(\mathrm{Cu}) + \frac{RT}{2F}\ln[\mathrm{Cu^{2+}}] \quad (23)$$

ここで，Red 1 に対応する Cu 板や Red 2 に対応する Zn 板は，固体の純物質なので活量は1になり，式から消えている。

式 (21) の反応のギブズエネルギー変化 ΔG は式 (22) の正反応のそれ（$= -2FE(\mathrm{Cu})$）と式 (22) の逆反応のそれ（$= -2FE(\mathrm{Zn})$）の和なので

$$\begin{aligned}\Delta G &= -2FE(\mathrm{Cu}) + 2FE(\mathrm{Zn}) \\ &= -2F[E(\mathrm{Cu}) - E(\mathrm{Zn})]\end{aligned}$$

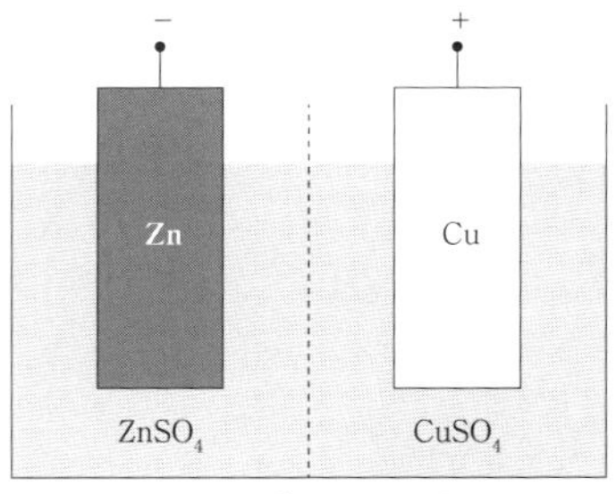

図6　ダニエル電池

$$= -2F\,[E^\circ(\mathrm{Cu}) - E^\circ(\mathrm{Zn})] - RT\ln\left(\frac{[\mathrm{Cu}^{2+}]}{[\mathrm{Zn}^{2+}]}\right) \qquad (24)$$

となる。ここで，$E(\mathrm{Cu}) - E(\mathrm{Zn})$ がダニエル電池の起電力であり，電圧計に表示される値である。また，$E^\circ(\mathrm{Cu}) - E^\circ(\mathrm{Zn})$ は標準起電力とよばれる値で，$CuSO_4$，$ZnSO_4$ がともに $1\ \mathrm{mol\ L^{-1}}$ のときの電池の起電力に相当する。

もう少し一般化した次の電子数 n の酸化還元反応

$$\mathrm{Ox\,1} + \mathrm{Red\,2} \rightleftharpoons \mathrm{Red1} + \mathrm{Ox\,2} \qquad (25)$$

の起電力 ΔE および標準起電力 ΔE°（$= E_1^\circ - E_2^\circ$）は

$$\Delta E = \Delta E^\circ + \frac{RT}{nF}\ln\left(\frac{[\mathrm{Ox\,1}][\mathrm{Red\,2}]}{[\mathrm{Red\,1}][\mathrm{Ox\,2}]}\right) \qquad (26)$$

となる。このように濃度既知の酸化還元物質で電池を組み立て，その起電力 ΔE を測定すると標準起電力 ΔE° が求まる。これらはあくまでも電位差としてしか測定できないが，SHE の E° はゼロと定義するので，何か未知の酸化還元半反応を SHE と組み合わせ，起電力測定すれば，その E° を求めることができる。これを順に組み合わせれば，いろいろな還元半反応の E° を求めることができる。そしてこのように，この標準酸化還元電位を用いると物質の電子授受の能力を定量的に表現できる。

これまでは金属とそのイオンについて解説したが，分子も電子雲の重なりによって分子軌道を形成し原子が結合しているので，分子レベルでの酸化と還元とは，それぞれ，ある分子軌道に存在する電子の引き抜きと空の分子軌道への電子の注入の過程と考えることができる。しかし，酸化還元反応の巨視的な考え方は金属／イオンの場合とまったく同じである。たとえば，燃料電池とは

$$1/2\,O_2 + H_2 \longrightarrow H_2O$$

の酸化還元反応で放出される化学エネルギーを電気エネルギーに変える装置であるが，

$$1/2\,O_2 + 2\,H^+ + 2\,e^- \rightleftharpoons H_2O$$

の標準酸化還元電位 $E^\circ(O_2)$ は 1.23 V で，

$$2\,H^+ + 2\,e^- \rightleftharpoons H_2$$

の $E^\circ(H_2)$ は 0 V なので，標準起電力として 1.23 V が理論値となる。そしてこの場合，この電池の標準ギブズエネルギー変化 ΔG°（$= -2F\,[E^\circ(O_2) - E^\circ(H_2)]$）は，$H_2O$ の標準生成ギブズエネルギー ΔG_f°（H_2O）に等しい。

一方，分子軌道論的にみると，分子の酸化とは，最もエネルギーの高い占有軌道の中にある電子を引き抜くことで，還元とは最もエネルギーの低い非占有軌道に電子を注入することを意味する。ある分子が基底状態 M にあるとき，電子は2ずつペアになって占有軌道に配置されている。基底状態からの1電子の酸化および還元過程を考えると，

$$M \longrightarrow M^+ + e^-$$

および

$$M + e^- \longrightarrow M^-$$

となる。これらの二つの電子移動過程に対してその標準酸化還元電位を E_{ox}，E_{red} とすると，最高占有軌道のエネルギーレベルは E_{ox} に，また最低非占有軌道のそれは E_{red} に関係づけることができる。一方，分子が最も少ないエネルギー（$= h\nu = hc/\lambda$，h はプランク定数，ν は 振動数，λ は波長，c は光速度）で光吸収して電子遷移するとき，最高占有軌道にある電子が，最低非占有軌道に遷移する。光子のエネルギーはこの二つの軌道エネルギーの差に等しくなる。したがって，分子の電子遷移のために吸収される1光子のエネルギーは $e\,(E_{ox} - E_{red})$ に関係付けられる（e は電気素量）。このように，標準酸化還元電位も電子遷移のために吸収される光の波長も，ともに分子の電子状態を反映していることがわかる。

［文珠四郎 秀昭，加納 健司］

参考図書

1)　G. C. Pimentel，R. D. Spratley 著，千原秀昭，大西俊一 訳，“化学結合－その量子論的理解”，東京化学同人（1974）.

2)　K. D. Sen, C. K. Jørgensen, ed., “Electronegativity (Structure and Bonding)”, Springer-Verlag (1987).

3)　大堺利行，加納健司，桑畑　進，“ベーシック電気化学”，化学同人（2000）.

2.12　化学反応をはかる

2.12.1　化学反応とは

二つの物質を混合すると，その物質を構成する原子の間で最も安定なエネルギー状態（後述するように，ギブズの自由エネルギーとして）になるように，電子が一つの化合物のある原子から抜け出して別の化合物の原子に移ったり，物質自身あるいは相互に原子の組換えが起こったり，さまざまな変化が生じる。これらの化学反応では，反応する前の物質を反応物，反応した後に生じた物質を生成物とよんでいる。そして，反応物と生成物との関係を化学式で表したものが化学反応式（または単に反応式）である。たとえば，水素と酸素が反応して水ができる反応は

$$2H_2 + O_2 \longrightarrow 2H_2O$$

のように，反応物を左側に生成物を右側に書いて，→で結んで表される（ただし，平衡状態であることを表す場合には $\rightleftarrows$ を用いる）。

化学反応では，化学反応式内に現れる一つの物質の一定量と反応する他の物質の量，また一定量の物質から生成する物質の量の間には一定の比例関係が見られる。われわれはある物質の量を，その物質の関与する化学反応を“はかる”ことによって知ることができる。しかし，さまざまな物質が混在する環境水，大気，食品，生体などに含まれる特定の物質を分析するためには，その物質に選択的な化学反応を用いる必要がある。これまで，いろいろな物質に対してさまざまな化学反応が検討されてきた。その例を表1に示す。

表1に示す化学反応の中で，中和反応や錯形成反応は原子どうしが電子対を共有する結合（共有結合）をつくる反応である。一方，酸化還元反応は化合物間で電子を授受する反応である。しかし，沈殿反応とイオン交換反応は関与するイオン自身は変化しないで，それらの集合状態や組み合わせだけが変わる反応である。このようなタイプの異なる化学反応について，以下，順を追って解説する。

表1　いろいろな化学反応を用いるはかりかたの例

化学反応	分析法	分析対象（例）
炎色反応	炎光光度法	金属原子（Li，Na，K，Cu，Ca，Sr，Ba）
燃焼反応	元素分析	元素（有機物中のC，H，N）
沈殿反応	重量分析	金属イオンなど（Ag^+，Ba^{2+}，Fe^{3+}，SO_4^{2-}）
中和反応	中和滴定	酸・塩基（食酢の酸度）
酸化還元反応	酸化還元滴定，電気化学測定	酸化還元物質（金属イオン，酸素，過酸化水素，アスコルビン酸，COD*）
錯形成反応	キレート滴定 吸光光度法	金属イオン（Ca^{2+}，Mg^{2+}→水の硬度） 各種イオン（Fe^{2+}，PO_4^{3-}，SiO_4^{4-}）
イオン交換反応	イオン交換クロマトグラフィー	各種無機イオンおよび有機イオン（タンパク質，DNAなど）
酵素反応	バイオセンサー	生体物質（グルコース，スクロース，尿酸，尿素，コレステロール）

＊　化学的酸素要求量

2.12.2　電子対を共有する反応

a. 酸・塩基反応

水溶液中の中和滴定では次の中和反応を利用している。

$$H^+ + OH^- \longrightarrow H_2O$$

塩酸や酢酸などの酸の溶液を水酸化ナトリウムなどのアルカリの溶液で滴定する場合，酸から供給されたH^+のすべてを中和するのに必要なOH^-の量をビュレットを用いてはかることができる。中和反応は速やかに，また定量的に進行し（ほぼ100% 反応が進むこと），酸の量を正確にはかることができる。

図1に強酸を強アルカリで滴定したさいの溶液中のH^+とOH^-の物質量の変化（a）とpHの変化（b）を示す。(a) を見るとアルカリの滴下量に比例して混合溶液中のH^+の物質量が減少し，滴定の終点ではほぼゼロになる。終点を越えるともう中和反応は起こらないので，余分なOH^-の物質量が滴下量に比例して増えていく。そして，(b) の滴定曲線では終点で急激なpHジャンプが見られる。滴定の終点はpHの急変するときの滴下量である。

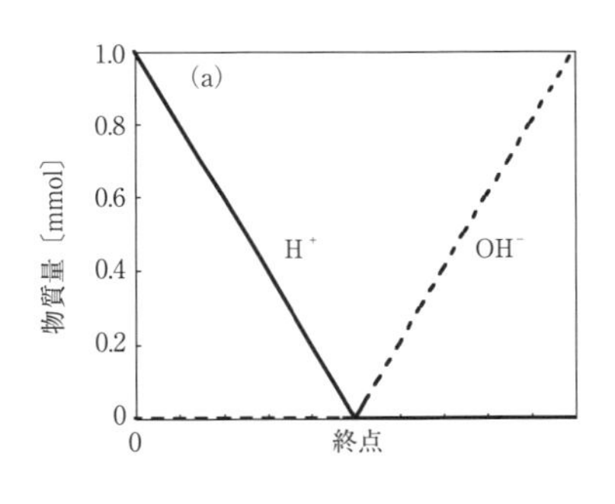

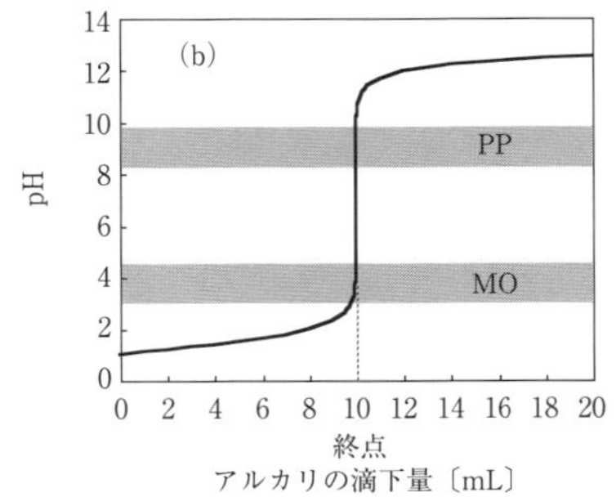

図1　強酸（0.1 mol L^{-1} HCl 10mL）の強アルカリ（0.1 mol L^{-1} NaOH）による中和滴定における混合溶液中の（a）H^+とOH^-の物質量の変化と（b）pH変化

アミの部分はフェノールフタレイン（PP）およびメチルオレンジ（MO）の変色域を示す.

pH（水素イオン指数）は溶液の酸性の強さを表す指標で，次のように定義される。

$$pH = -\log_{10}[H^+]$$

ただし，この式内の［H^+］は水素イオンの容量モル濃度（mol L^{-1}）を表す（精密な理論的取扱いでは，濃度ではなく活量を用いる）。一般に，水素イオン濃度は非常に広範囲に変化するため，このように対数で表す。したがって，H^+の濃度が10倍になるとpHが1小さくなる。このことを念頭において，もう一度図1の（b）を見ると，終点付近でH^+濃度の桁数が大きく変わっていることがわかる。そこで，このようなpHの変化を知るために，あらかじめ溶液にpH変化に応じて鋭敏に色が変化する色素を添加しておく。このような色素はpH指示薬とよばれる。pH指示薬はある特定のpHの区間で色を変え，このpHの区間を変色域とよぶ。図1には代表的なpH指示薬であるフェノールフタレイン（PP）とメチルオレンジ（MO）の変色域を示した。PPはpHが低いと無色で，高くなると赤に，MOは同様にpHが低いと赤で，高くなると黄に変わる。

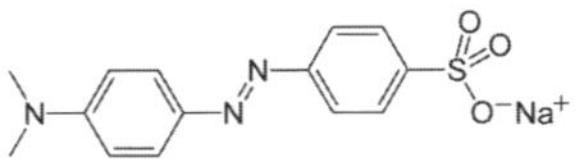

メチルオレンジ

pH指示薬が変色するしくみは，次のPPの例に示すように，溶液中で化学構造が変化するためである。

HO　OH

（酸型，ラクトン型，無色）

⇅

$+ 2H^+$

（塩基型，キノイド型，赤）

この反応式から明らかなように，pH 指示薬も酸の一つであり，H^+を解離することによって変色する。ちなみに紅茶にレモンを入れたときに色が薄くなったり，青い朝顔が酸性雨で赤くなったりするのも，このような pH 指示薬の変色のしくみと同じである。

このように pH 指示薬の変色反応を酸・塩基反応として理解することができるが，一般の酸にも完全に H^+を放出するもの（強酸という）から，放出しにくいもの（弱酸という）まである。同様に，pH 指示薬によっても H^+の放出しやすさに違いがあり，低い pH で変色するものから高い pH で変色するものまでさまざまである。このため，滴定する酸の種類によって使用する pH 指示薬を選ぶ必要がある。図 1 の例のように強酸を滴定する場合，指示薬は PP でも MO でも使用できるが，酢酸などの弱酸を滴定する場合は MO は使えない。

酸の強さを表す尺度に，酸解離定数がある。ブレンステッドの酸の定義（後述）に従うと，

やってみよう　紫キャベツ pH 指示薬

紫（赤）キャベツにはアントシアニンとよばれる色素が含まれている。この色素を抽出して，pH 指示薬をつくってみよう。

【つくり方】　紫キャベツを適当に小さくちぎってポリ袋に入れ，一つまみの食塩（添加物の入っていないもの）を加える。ポリ袋の中の空気を十分に追い出してから口を閉じ，5〜10 分間ほど両手でもみ続けると，濃い紫色の色水が出てくる。袋の端を切り，ふた付きの瓶に取り出す。

【使い方】　紫キャベツ pH 指示薬を透明のコップに入れ，適当に水で薄め，調べるものを数滴加えて色の変化を観察する。たとえば，酢，レモン果汁，食塩水，砂糖水，炭酸水素ナトリウム（重曹）水，せっけん水，台所用漂白剤などを調べてみよう。

紫キャベツ pH 指示薬は酸性（pH 0〜4）で赤〜桃色，中性（pH 5〜7）で紫色，塩基性（pH 8〜14）で青〜黄色を示す。

一塩基酸（HA）の水中での解離は，

$$HA \rightleftharpoons H^+ + A^-$$

で表され，酸解離定数は次式で定義される。

$$K_a = \frac{[H^+][A^-]}{[HA]}$$

この式の両辺に常用対数をとって変形すると，次の関係が得られる。

$$pH = pK_a + \log_{10}\frac{[A^-]}{[HA]}$$

$$(\text{ただし } pK_a = -\log_{10}K_a)$$

上記の式からわかるように，酸解離定数 K_a の値が大きいほど，また pK_a 値が小さいほど，その酸は解離して水素イオンを放出しやすい強い酸である。ちなみに酢酸の pK_a 値は 4.76，硫酸水素イオン（$HSO_4^- \rightleftharpoons H^+ + SO_4^{2-}$）は 1.96 である。

b. 錯形成反応

錯形成反応も広い意味で酸・塩基反応である。電離説を発表した S. A. Arrhenius（アレーニウス，1859－1927）は，“酸とは水溶液中で H^+（プロトン）を放出することができる物質であり，塩基とは水溶液中で OH^- を放出できる物質である”と定義した（1884 年）が，その後，J. N. Brønsted（ブレンステッド，1879－1947）と T. M. Lowry（ローリー，1874－1936）はアレーニウスの定義を拡張させ，1923 年にそれぞれ独立に，“酸とは H^+ を放出する物質，すなわちプロトン供与体であり，塩基とは相手から H^+ を受け取る物質，すなわちプロトン受容体である”と定義した。たとえば，NH_3 は H^+ を受け取るから塩基であり，NH_4^+ は H^+ を放出するから酸になる。

$$H^+ + NH_3 \rightleftharpoons NH_4^+$$

塩基　　　　酸

このように，一対として働く酸と塩基を共役酸塩基対とよぶ。

それでは，ここで次のような反応を考えてみよう。

$$Cu^{2+} + 4NH_3 \rightleftharpoons [Cu(NH_3)_4]^{2+}$$

上の二つの反応を比べてみると，H^+ が Cu^{2+} に代わっただけで似ていることに気づくであろう。ここで反応にかかわる電子に着目してみると，NH_3 の中の N 原子は五つの価電子をもっており，そのうちの三つの電子の各々は三つの H 原子のもつ電子と対になることで 3 本の共有結合をつくっている。そこでこの N 原子上には二つの価電子が結合せずに残っている。NH_3 のこの結合していない電子対を非共有電子対といい，溶液中に Cu^{2+} が存在すると，この非共有電子対が Cu^{2+} と結合をつくる。これを電子式で示すと次のようになる。

$$Cu^{2+} + 4\ \mathrm{H{:}\ddot{N}{:}H}\ (\text{N上に H}) \rightleftharpoons$$

ルイスの酸　　ルイスの塩基

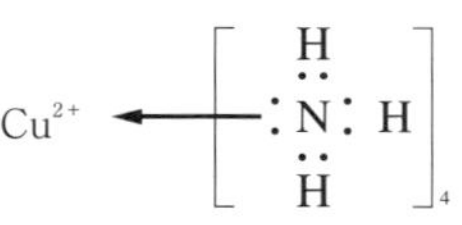

このように，片方の物質から非共有電子対を与えることを配位結合とよんでいる。配位結合によってできる $[Cu(NH_3)_4]^{2+}$ のような化合物を錯体または錯化合物，配位化合物，イオンなら錯イオンとよび，このような反応を錯形成反応とよんでいる。G. N. Lewis（ルイス，1875－1946）は錯形成反応も広義の酸・塩基反応と考え，“酸とは電子対を受け取ることのできる物質であり，塩基とは電子対を与えることのできる物質である”と定義した（1923）。

錯イオンをつくる金属としては，Cu 以外に Fe，Co，Ni，Zn，Mo，Pd，Ag，Cd などきわめて多数の金属がある。これらの金属のイオンの多くは配位結合によって色のある錯イオンをつくるので，金属イオンを分析するさいに錯形成反応が広く利用される。

しかし，この場合に分析方法の選択性を考える必要がある。上の反応では NH_3 が錯形成剤になるが，NH_3 は多くの金属イオンと反応して色のある錯イオンを生成する。そこで，実際の分析では，目的の金属イオンとだけ選択的に反応する錯形成剤を選ぶ。

たとえば，鉄(II)イオン Fe^{2+}（水溶液は淡青緑色）を分析する場合，1,10－フェナントロリン（phen と略記）という錯形成剤を用いる。

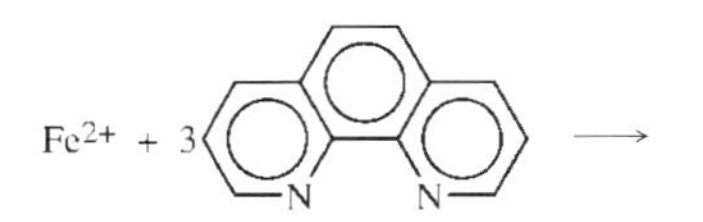

phen

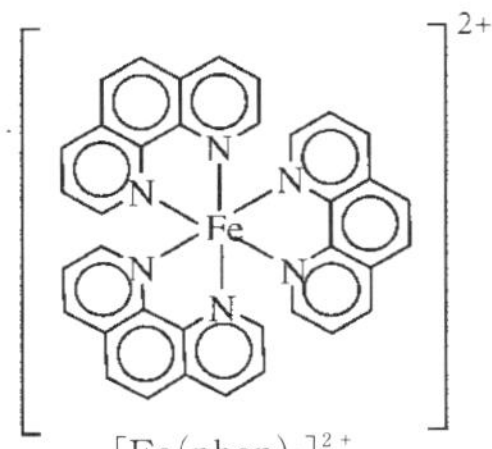

$[Fe(phen)_3]^{2+}$

三つの phen のそれぞれ二つの N 原子にある非共有電子対が，Fe^{2+} に六つの位置（正八面体の頂点）で結合する。生成した錯イオンは橙赤色を示す。この反応は phen が十分多量に存在すれば定量的に進行するので，溶液の色の濃さをはかることによって Fe^{2+} の濃度を知ることができる。だたし，phen もいくつかの金属イオンと反応して色のある錯イオンを生成するので，試薬の添加量や溶液の pH を適当に調節して，Fe^{2+} に対する選択性を高めるようにする。他にもさまざまな錯形成反応を利用した金属イオンの分析法がある。

2.12.3 電子を受け渡しする反応

a. 酸化還元反応

硫酸銅(Ⅱ)水溶液に金属の亜鉛板を入れると，亜鉛が亜鉛イオンとなって溶け，金属の銅が亜鉛板の上に析出する（2.11.4 参照）。

$$Cu^{2+} + Zn \longrightarrow Cu + Zn^{2+}$$

このとき，Cu^{2+} イオンは二つの電子を受け取って金属銅になる。このように，電子を受け取ることを還元という。一方，Zn は二つの電子を Cu^{2+} に与えて Zn^{2+} イオンになる。このように，電子が奪われることを酸化という。通常，酸化と還元は同時に起こるので，このような電子を受け渡しする反応を酸化還元反応とよんでいる。

酸化還元反応では，電子が増えたか減ったかを判定する道具として酸化数という概念を用いる。酸化数を使うと，たとえば一酸化炭素が酸素と反応して二酸化炭素ができるような反応の場合に，何が酸化され何が還元されたかを明確に判定することができる。

酸化された（酸化数増加）

(+Ⅱ)				(+Ⅳ)
$2\overline{C}\underline{O}$	+	$\underline{O}_2$	→	$2\overline{C}\underline{O}_2$
(−Ⅱ)		(0)		(−Ⅱ)

還元された（酸化数減少）

この場合，炭素原子の酸化数は＋Ⅱから＋Ⅳに増加しているので酸化されたことになり，酸素分子をつくっていた酸素原子の酸化数は 0 から −Ⅱ に減少しているので還元されたことになる。一般に，ある物質に酸素原子のような電気陰性度の大きな原子（O，Cl など）が付加する場合，その物質は酸化されたことになり，逆に電気陰性度の小さな水素原子が付加する場合，その物質は還元されたことになる（たとえば，$N_2 + 3H_2 \rightarrow 2NH_3$）。したがって，物質が酸素と化合する燃焼も酸化還元反応である。

酸化還元反応を用いる分析法には，各種の電気化学測定法（2.11.4 参照）を含めて多種多様なものがあるが，一例として酸化還元滴定があげられる。この方法では，他の物質を酸化する酸化剤または還元する還元剤の溶液を標準溶液として用いる。硫酸酸性中の過マンガン酸カリウムを酸化剤とする方法がよく知られているが，還元剤の種類によって次のような酸化還元反応が生じる。

$$2MnO_4^- + 5H_2C_2O_4 + 6H^+ \longrightarrow 2Mn^{2+} + 10CO_2 + 8H_2O$$

$$MnO_4^- + 5Fe^{2+} + 8H^+ \longrightarrow Mn^{2+} + 5Fe^{3+} + 4H_2O$$

$$2MnO_4^- + 5H_2O_2 + 6H^+ \longrightarrow 2Mn^{2+} + 5O_2 + 8H_2O$$

いずれの反応においても，マンガン原子の酸化数は＋Ⅶから＋Ⅱに減少しており，シュウ酸 $H_2C_2O_4$ などの還元剤を酸化している。第三番目の反応式を見たときに注意しなければならないことは，酸化剤としてもはたらく H_2O_2 が，この場合は還元剤としてはたらいていることである。これは，過マンガン酸が H_2O_2 よりもさらに強い酸化剤であるためで，同じ物質でも反応する相手によって酸化剤にも還元剤にもなることがある。なお，酸化剤や還元剤の強さの尺度として，酸化還元電位がある（2.11.4 参照）。

上に示した過マンガン酸による酸化還元反応は場合によっては加温などの操作が必要であるが，中和滴定の場合と同様，化学量論的に（つまり反応式に従って）比較的すみやかに反応が進行するので，還元剤の量を正確に滴定することができる。この滴定では過マンガン酸イオンの赤紫色が消える点を終点とするので，中和滴定のように別の指示薬を加える必要はない。

2.12.4 イオンの組み合わせの変わる反応

上で述べた電子対を共有したり，電子を授受する反応では，反応にかかわる物質の原子間の結合や電子状態が大きく変化するが，陽イオンと陰イオンとの静電引力によるイオン結合からなるイオン結晶やイオン交換樹脂などのイオン交換体において，イオンの組み合わせなどイオンの集合状態だけが変わるような反応があり，この反応もいろいろな物質の分離・分析法に広く用いられている。

a. 沈殿反応

ある種のイオン結晶は水などの溶媒に溶かすと陽イオンと陰イオンに解離し，電気伝導性を示す。このようなイオン結晶を電解質とよんでいる。いま，陽イオン B_1^+ と陰イオン A_1^- とからなる電解質が水に溶けているものとする。この溶液に，たとえば別の陰イオン A_2^- を含む電解質を加えると，B_1^+ と A_2^- が難溶性の塩をつくって沈殿することがある。このような反応を沈殿反応とよび，この反応を利用すると溶液中の目的のイオンだけを選択的に分離して定量することができる。

硝酸銀水溶液に塩化ナトリウム水溶液を加えると塩化銀の沈殿を生じる反応は，最もよく知られている。

$$AgNO_3 + NaCl \longrightarrow AgCl\downarrow + NaNO_3$$

水溶液中では，上記の反応式の塩はすべて独立なイオンとして存在するので，次のようなイオン反応式を書くことができる。

$$Ag^+ + Cl^- \longrightarrow AgCl\downarrow$$

このように，銀イオンは塩化物イオンと白い難溶性沈殿を生じる。したがって，沈殿試薬の NaCl を必要十分量加えてやれば，溶液中のほとんどすべての銀イオンを AgCl として沈殿させることができる。

また，このように選択的な沈殿反応を利用すると，多くの金属イオンを含む混合溶液から金属イオンを一つ一つ分離して検出することができる。この金属イオンの系統分析の一例を 図2 に示す。図に示すように沈殿試薬や溶液の温度などを順次変えながら，溶液中の金属イオンを一つずつ沈殿させる。現在，この金属イオンの系統分析は実際の分析現場ではほとんど用いられることはなくなったが，溶液中の金属イオンの反応性を学ぶうえできわめて有効である。

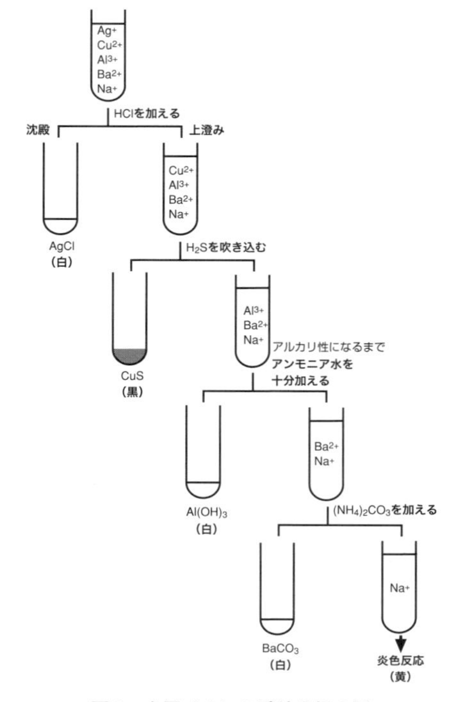

図2　金属イオンの系統分析の例

b. イオン交換

上述した沈殿反応では，正負のイオン間のイオン結合によりイオン結晶が生成したが，一方のイオン，たとえば陽イオンが特定の場所に固定されていることを想定してみよう。このとき，陰イオンとの間のイオン結合も特定の場所で生じることとなる。イオン交換樹脂のような大きな高分子の表面にイオンが固定されている場合がこれにあたる。イオン交換樹脂には大別して陽イオン交換樹脂と陰イオン交換樹脂がある。

陽イオン交換樹脂は架橋したポリスチレン共重合体などの合成樹脂に，カルボキシ基 $-COO^-H^+$ やスルホ基 $-SO_3^-H^+$ などの酸性基が結合したものである。これらの酸性基は水中で一部または完全に解離し，H^+ を水中の陽イオンと交換する。たとえば，NaCl 溶液と接すると次のように Na^+ を取り込んで H^+ を放出する。

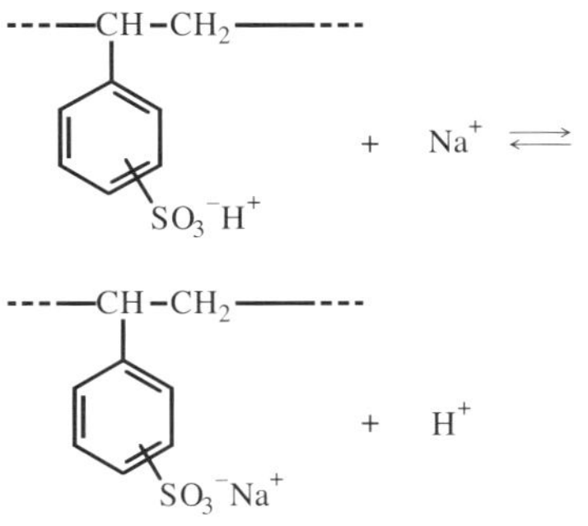

---CH−CH$_2$---（ベンゼン環−$SO_3^-H^+$）　+　Na^+　$\rightleftarrows$

---CH−CH$_2$---（ベンゼン環−$SO_3^-Na^+$）　+　H^+

このイオン交換反応は可逆であり，希塩酸や希硫酸などの H^+ 濃度の高い水溶液で処理すると再び酸型に戻るので何回でも使用できる。

一方，陰イオン交換樹脂も同様に，ポリスチレン共重合体に第四級アンモニウム基などの塩基性基を結合させたものであり，水中の陰イオンと次のようにイオン交換する。

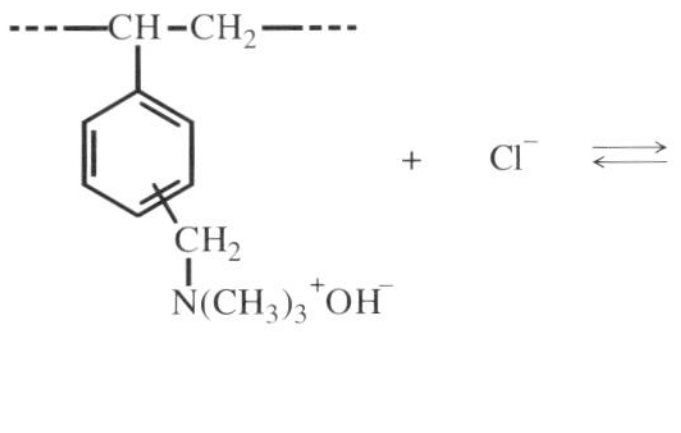

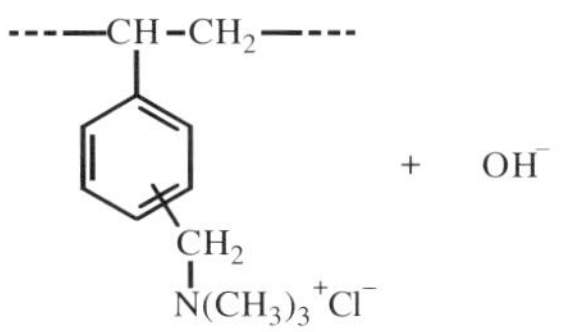

---CH−CH$_2$---（ベンゼン環−CH_2−$N(CH_3)_3^+OH^-$）　+　Cl^-　$\rightleftarrows$

---CH−CH$_2$---（ベンゼン環−CH_2−$N(CH_3)_3^+Cl^-$）　+　OH^-

このようなイオン交換樹脂のイオン交換基とイオンとの結合は静電的引力（クーロン引力）であるが，イオン交換樹脂やイオンの種類によりその結合力には違いがある。一般に，疎水性のイオンほどイオン交換樹脂に捕捉されやすい傾向がある。たとえば，1 価の陰イオンについては，イオン交換樹脂の種類にあまりよらず，$F^- < OH^- < Cl^- < NO_2^- < Br^- < NO_3^- < I^- < SCN^- < ClO_4^-$ の順に結合力が大きくなる。

このようなイオン選択性のあるイオン交換樹脂などを固定相として用いるクロマトグラフィー（2.4.7 節参照）の一種がイオン交換クロマトグラフィーである。イオン交換樹脂を充塡したカラムに試料混合物を入れ，適当な電解質溶液（溶離液）で展開すると，成分イオンが樹脂に対する結合力の違いに応じて分離され順に溶出する。この手法は他の種類のクロマトグラフィーと同様に，タンパク質，ペプチド，アミノ酸，DNA などの生体成分の分離分析にも威力を発揮している。

2.12.5　速い反応と遅い反応

2.12.2 で述べた塩酸と水酸化ナトリウム溶液との間の中和反応は非常に速い反応であるが，鉄が空気中でさびる反応は遅い反応である。このように，化学反応には速い反応から遅い反応までいろいろある。

化学反応の“速さ”を定量的に表すには反応速度という概念を用いる。いま，一定の容積の中で次のような反応が起こる場合を考えてみよう。

$$A + B \longrightarrow C + D$$

ここでは，簡単のため係数はすべて 1 とするが，このとき反応速度 v は次のように表される。

コラム　イオン交換による“純水”の製造

海水や水道水のようにいろいろなイオンを含む水を陽イオン交換樹脂と陰イオン交換樹脂で処理することによって，“純水”を製造することができる。原水中の陽イオンは陽イオン交換樹脂によってすべて H^+ に交換され，陰イオンは陰イオン交換樹脂によってすべて OH^- に交換される。原水中の陽イオンと陰イオンの総電荷数は等しいので，イオン交換によって放出された H^+ と OH^- の数は等しく，これらはただちに中和して“純水”ができる。ただし，ここでいう“純水”とは 10^{-7} mol L^{-1} 程度の H^+ と OH^- 以外のイオンをまったく含まない脱イオン水のことであり，大気から混入した窒素や酸素などの無電荷の物質は取り除かれていない。脱イオン水は大学などの研究機関や精密機械の工場などでよく使われている。

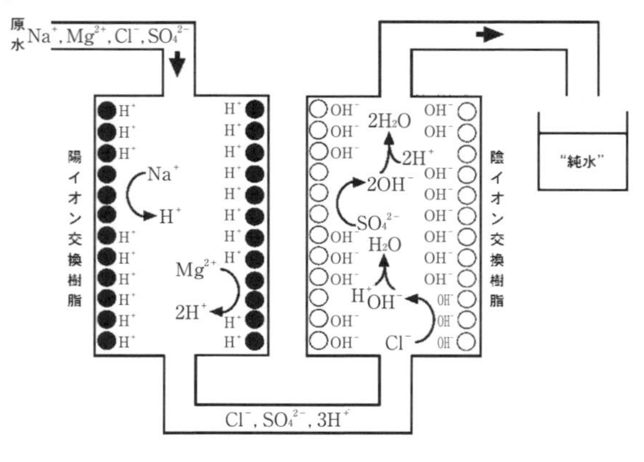

$$v = -\frac{d[A]}{dt} = -\frac{d[B]}{dt}$$

$$= \frac{d[C]}{dt} = \frac{d[D]}{dt} \quad (t \text{ は時間})$$

つまり，反応速度とは“単位時間内に変化する物質量（この場合は濃度）”である。化学反応式のとおり分子AとBが‘衝突’して反応が進む場合，その衝突頻度に依存する反応速度は物質の濃度に比例する。

$$v = k[A][B]$$

ここで，k は温度・圧力一定のとき一定の値であり，反応速度定数または単に速度定数とよばれる。

1889年アレーニウスはさまざまな化学反応の速度定数の測定から，速度定数が絶対温度 T に対して，次のような式で表されることを提案した。

$$k = A\exp(-E_a/RT)$$

ただし，A は頻度因子，E_a は活性化エネルギー，R は気体定数である。この式はアレーニウスの式とよばれているが，この式から温度が高くなるほど速度定数が大きくなることがわかる。そして，その温度依存性の程度を表す重要なパラメーターが活性化エネルギー E_a である。図3に H_2 と I_2 が反応して2HIが生成する反応のエネルギー変化を示す。反応が進行するためには，まず H_2 と I_2 が結合して活性錯体（または活性錯合体，活性複合体）という不安定な中間体を生成しなければならない。図中に E_a で示す活性化エネルギーを獲得できた H_2 分子と I_2 分子だけが，エネルギーの山を越えて反応できる。温度が高くなるほど大きなエネルギーをもつ分子の割合が多くなるので，反応が速く進むことになる。なお，反応後，反応物と生成物のエネルギーの差に相当する反応熱を発生する。

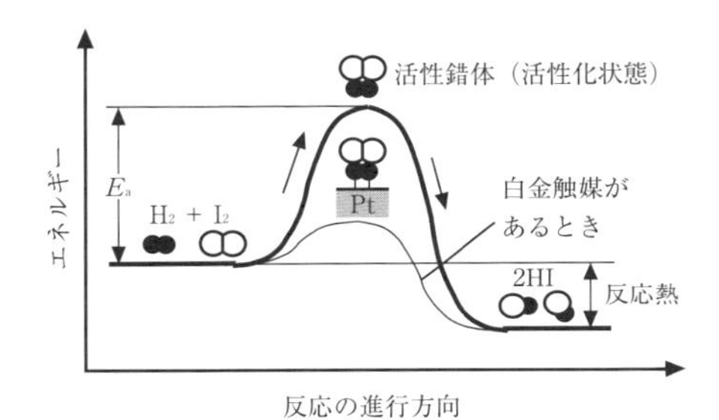

図3　化学反応の活性化エネルギーE_aと触媒のはたらき

図3は活性化エネルギーの山が触媒のはたらきによって低くなることを示している。この場合の触媒である白金の表面にはH_2分子が吸着するので活性錯体が安定化され，活性化エネルギーが小さくなると考えられる。このように，触媒を利用することによって遅い化学反応でも速く進行させることができる（ただし熱力学的に反応が進行可能なものに限る）。なお，触媒は化学反応の前後で量が変わらない。

触媒は自動車の排ガス中の有害物質（NO*x*，COなど）の除去や石油精製，アンモニアの製造（ハーバー・ボッシュ法），硝酸の製造（オストワルト法）などの工業反応に広く用いられている。また，われわれの体の中にも触媒がある。生体の触媒はタンパク質でできていて酵素とよばれている。酵素が作用する物質（基質）と酵素の関係は，しばしば「鍵と鍵穴」にたとえられる。基質（鍵）に結合する酵素の部位（鍵穴）の形状や化学的相互作用が適合すると，酵素と基質が結合して活性錯体を生成する。このとき，酵素が触媒となり基質が化学反応して変化する。このように特定の化合物の特定の反応だけにはたらく性質を酵素の基質特異性という。この酵素の優れた特性を利用した化学センサーの例を紹介しよう。

グルコースオキシダーゼ（GOD）は次の反応を触媒する。

$$\text{グルコース} + O_2 + H_2O \longrightarrow \text{グルコン酸} + H_2O_2$$

この反応では基質であるグルコース（ブドウ糖）が選択的に酸化される。このとき消費される酸素の減少量を酸素電極で検出するか，生成するH_2O_2の酸化電流を白金電極ではかればグルコースが定量できる。臨床分析に用いられるグルコースセンサーでは，酸素を他の酸化剤，たとえば$[Fe(CN)_6]^{3-}$に置き換え一定時間酵素反応をさせたのち，グルコースによる還元で生成した$[Fe(CN)_6]^{4-}$を炭素電極で酸化し，その電流値からグルコースを定量している。電極を含む部分は安価につくれるため使い捨てができる。すでに，糖尿病の患者が在宅のまま自分で血糖値を測定できる機器が市販されている（図4）。

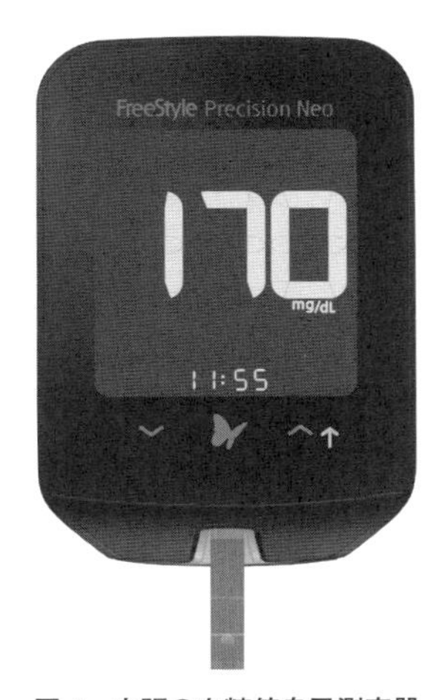

図4　市販の血糖値自己測定器

（フリースタイルプレシジョンネオの外観）
装置下部の先端で指先や耳たぶなどから血液を吸引して測定する。
［アボットジャパン株式会社の好意による］

2.12.6　溶液中の反応

食塩や砂糖などの物質が水などの溶媒に溶けるのはなぜだろうか？　アレーニウスは“電解質が水にとけるとクーロン力に逆らって陽イオンと陰イオンに電離する”と考えたが，その理由について十分な説明を与えることはできなかった。溶質が溶媒に溶けて溶液となるためには，溶質－溶質間や溶媒－溶媒間の相互作用よりも，溶質－溶媒間の安定化に働く相互作用の方が大きくなければならない。この溶質－溶媒間の相互作用によって溶質と溶媒が“結合”して分子群をつくることを溶媒和という。特に溶媒が水の場合を水和とよんでいる。図5に Na^+ イオンの水和の様子を示す。この場合，約4個の水分子が分子内で負に帯電した酸素原子をイオンの方に向けて“結合”する（ただし，これらの水分子は外側の水分子と絶えず交換している）。このようにして水分子と結合した Na^+ イオンは一種のアクアイオンであり，より一般的には水和イオンとよばれる。

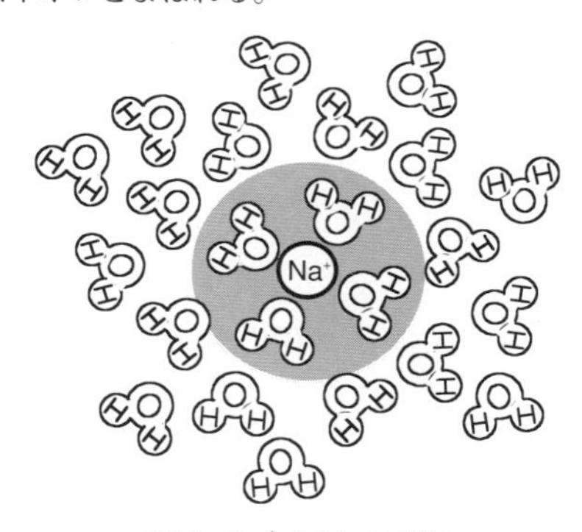

図5　Na^+ イオンの水和

いま，電解質 B^+A^- の溶解反応を仮想的に二つの過程に分けて考えてみる。

$$B^+A^-（結晶）\xrightarrow{\text{I}} B^+（気体）+ A^-（気体）$$

$$\xrightarrow{\text{II}} B^+（溶液）+ A^-（溶液）$$

Ⅰの過程は固体結晶中の B^+ と A^- との間のイオン結合を切って，ばらばら（気体状態）にする過程である。この過程には格子エネルギーとよばれる大きなエネルギーを必要とする。たとえばNaClの場合，$714\ \mathrm{kJ\ mol^{-1}}$ ものエネルギー（正確にはギブズ自由エネルギー，次節参照）を要する。しかし，この気体状態のイオンを溶媒に入れるⅡの過程において，格子エネルギーよりも大きなエネルギーが放出されると，イオンは結晶中よりも溶液中の方が安定となり，電解質が溶媒に溶けることになる。NaClの場合 Na^+ と Cl^- の水和によるエネルギー変化が合わせて $-723\ \mathrm{kJ\ mol^{-1}}$（ギブズ自由エネルギー）になり，この過程で放出されるエネルギーの方が $9\ \mathrm{kJ\ mol^{-1}}$ 程度大きくなるのでNaClが水に溶ける。なお，水に溶けにくいAgClのような結晶は水和エネルギーよりも格子エネルギーの方が大きい。

このように，溶媒和という現象はイオンなどの物質の溶解反応において，エネルギー的に見てきわめて重要な役割を担っていることがわかる。そして，すべての溶液中の化学反応において分子やイオンの溶媒和が反応の特性を大きく左右している。しかし，そのエネルギーの源については，実はまだ十分に解明されていないのが現状である。イオンの場合，その水和エネルギーの大部分はイオンと溶媒分子（双極子）との静電的な相互作用だと考えられているが，水素結合や配位結合などの化学的な相互作用も重要である。また，“like dissolves like.”（似たものは似たものを溶かす）という諺がある。つまり，親水性の物質は水に，疎水性の物質は有機溶媒によく溶けるということである。後者の疎水性な物質どうしの相互作用は，疎水性相互作用あるいは疎水結合などとよばれ，界面活性剤のミセル形成や生体膜などの構造形成において非常に重要であるが，その本質はまだよくわかっていない。　［大堺　利行］

参考図書

1)　日本分析化学会近畿支部 編，“はかってなんぼ 学校編”，3.4節，丸善（2002）.
2)　小熊幸一，酒井忠雄 編著，“基礎分析化学”，朝倉書店（2015）.

2.13 化学平衡をはかる

2.13.1 化学平衡とは

化学反応には酸塩基反応，錯形成反応，酸化還元反応，沈殿反応などがある。これらの反応の違いについては，前節までに紹介されている。これらの反応を一般化して書くと式（1）で表される。物質Aと物質Bを混ぜると，両者が反応して，物質Cと物質Dが生じるというものである。

$$\mathrm{A + B \rightleftharpoons C + D} \qquad (1)$$

式（1）のような化学反応式では，左辺を反応系，右辺を生成系とよぶ。反応によっては，中和反応のように反応がほとんど100％進行する場合と，そうでない場合がある。後者の場合，混合後十分な時間が経っても，式（1）の反応系の物質AとBが残っている。その場合，「反応は平衡状態にある」とよび，反応物の濃度[A]，[B]と生成物の濃度[C]，[D]の間に次のような関係が成立する。

$$K = \frac{[\mathrm{C}][\mathrm{D}]}{[\mathrm{A}][\mathrm{B}]} = （温度と圧力で決まる定数） \qquad (2)$$

ここで，物質A，Bなどが希薄溶液の溶質である場合には，[A]，[B]などに反応に関与するイオンや分子の容量モル濃度（$\mathrm{mol\,L^{-1}}$）を用いる。しかし，濃度が濃い場合には，単なる容量モル濃度ではなく，実質的に反応に関わる有効な濃度（「活量」とよばれる）を用いなければいけない。希薄な溶液では濃度と活量は等しくなるので，ここでは反応に関わる溶質に関しては希薄溶液として取り扱えると仮定する。また，溶媒や固体（沈殿を含む）が反応に関与する場合にはモル分率を用いる。もし，溶媒が純溶媒に近い場合，固体が純物質に近い場合には，それらのモル分率は1と考える。また，気体が反応に関わる場合には，[A]，[B]などに，その気体の分圧P_A，P_Bを用いる。このとき，式(2)で定義されるKは温度と圧力が決まれば一定の値を取り，平衡定数とよばれる。

ところで，中和反応のように反応が右側にほとんど100％進むと考えられている場合も，実はKの値が大きいだけで，ごくわずかの反応物は残っている。たとえば，最初[A]が1 $\mathrm{mol\,L^{-1}}$で，Bを過剰に入れて最終的にほとんど[B]＝1 $\mathrm{mol\,L^{-1}}$，[C]＝[D]＝1 $\mathrm{mol\,L^{-1}}$近くになったとしよう。もし，$K = 10^5$ならば[A]＝10^{-5} $\mathrm{mol\,L^{-1}}$となって，Aは99.999％反応により消失したことになる。実用的には，これを100％と考えてもよいが，現実には10^{-5} $\mathrm{mol\,L^{-1}}$相当のAが反応溶液中に残っている。実際，多くの反応はもっと不完全にしか進まない。それは，平衡定数Kの値がもっと小さいからである。それでは，どうして平衡定数Kの値に大小が生じるのであろうか。

平衡状態は静的に反応が止まっているのではなく，動的に反応は継続しているが，われわれが観測できる濃度や組成は一定になったものであることを，1863年ノルウェーの化学者C.M. Guldberg（グルベルグ，1836－1902）とP. Waage（ヴォーゲ，1833－1900）が明らかにした。つまり，化学平衡は，式（1）の右方向の反応（順反応とよぶ）と左方向の反応（逆反応とよぶ）の速度が等しくなって，見掛け上反応が止まったように見える状態をいう。溶液中の物質の濃度が式（2）で表されることを質量作用の法則あるいは化学平衡の法則とよんでいる。

今，式（1）の右向きの反応速度v_fはAとBの濃度に比例し，左向きの反応速度v_bはCとDの濃度に比例すると考える。

$$v_\mathrm{f} = k_\mathrm{f}[\mathrm{A}][\mathrm{B}] \qquad (3)$$

$$v_\mathrm{b} = k_\mathrm{b}[\mathrm{C}][\mathrm{D}] \qquad (4)$$

ここで，添字のfはforward（順反応）を，bはbackward（逆反応）を意味する。式（3）や式（4）の比例定数k_f，k_bは順反応および逆反応の反応速度定数で，温度および圧力が決まれば濃度によらない定数である。平衡状態では，右向きの反応の速度と左向きの反応の速度は等しい（$v_f = v_b$）から，

$$k_f[A][B] = k_b[C][D] \tag{5}$$

となり，

$$K = \frac{k_f}{k_b} = \frac{[C][D]}{[A][B]} \tag{6}$$

で表される平衡定数が一定値を取る。

もっと，一般的な反応では

$$a\,A + b\,B \rightleftharpoons c\,C + d\,D \tag{7}$$

ここで，a，b，c，d は A，B，C，D が反応に関わる個数を表す。

$$K = \frac{k_f}{k_b} = \frac{[C]^c[D]^d}{[A]^a[B]^b} = 一定 \tag{8}$$

となる。この平衡定数 K の値が大きいほど反応は右に偏ることになる。ここでは，

反応系 →（k_f）→
（反応系と生成系の中間にある活性化状態）
←（k_b）← 生成系　(9)

のように，途中に反応系と生成系の中間状態の活性化状態があり，反応系から活性化状態へのエネルギーの山を登る速さ k_f と，生成系から活性化状態への山を登る速さ k_b の比で平衡定数が決まると考える。実は，この比の計算の中で活性化状態にある物質のエネルギーは計算から消去され，生成系と反応系のエネルギーの差だけが平衡定数を決めることになる。そこで，活性化状態のエネルギーの高さは平衡定数には影響しない。実際に反応する速度 k_f と k_b は活性化状態のエネルギーの高さ（活性化エネルギー）に依存するが，その比の値（平衡定数）は活性化エネルギーの値には依存しないのである。

2.13.2　平衡定数の値を決めるもの

次に生成系と反応系のエネルギーがどのように平衡定数を決めるか，について考えてみよう。結論からいえば，平衡定数の値はギブズの自由エネルギーという熱力学的に定義されたエネルギーの次元をもつ量と関係づけることができ，ギブズの自由エネルギーは，ときに背反する二つの量，エンタルピーとエントロピーによって決められる。

a. エンタルピー

エンタルピーとは，物質を構成する分子内や分子間の相互作用の結果が反映されたエネルギーの総称であり，高等学校の化学の教科書に出てくる「化学エネルギー」に相当する。そこで，分子内や分子間にどのような相互作用が働くか簡単に見てみよう。

原子のエネルギー，分子のエネルギー，分子間のエネルギー　すでに別の節で議論されているように，原子は正の電荷をもった原子核と負の電荷をもった電子からできている。原子のエネルギーとは，電子の運動エネルギー，原子核と電子間のクローンエネルギー，および複数の電子間に働くクーロンエネルギーの和である。ある種の分子間では，双極子-双極子相互作用という別の相互作用が働いている場合もある。分子間に働くもう一つの大きな相互作用は水素結合である。また，個々の分子の運動に関連したエネルギーがある。それは，分子の振動エネルギー，回転エネルギー，および並進エネルギーである。

系の内部エネルギーとエンタルピー　今，われわれが対象とする物質の集団を系（system）という。この系内の分子は前項で述べたようなエネルギーをもっている。これらをまとめたものを系の内部エネルギーとよび U という記号で表す。

一方，注射器の中の気体を一つの系と考えた場合，「外部」（系の外側）から熱を与えられると，この注射器の中の空間は膨張し，外部に対して $P\Delta V$ に相当する膨張の仕事をする。P は外部と注射器が平衡にある圧力で，V は系の体積である。一般に，外部から系に加えられた熱量 Q の一部が外部に対する仕事 W に使われ，残りは内部エネルギーの増加 ΔU に使われる。

$$Q = \Delta U + W \tag{10}$$

これはエネルギーの保存則であり，熱力学第一法則とよばれる。仕事 W については，教科書によって，系が外部になす仕事を考える場合と，外部から系になされる仕事を考える場合があり，W の符号も変わってくるので注意してほしい。ここでは，系が外部に対してなす仕事を考え，その仕事が膨張の仕事だけの場合，$W = P\Delta V$

と表されるので，

$$Q = \Delta U + P\Delta V \qquad (11)$$

となる。ここで，次のような関数を導入する。

$$H = U + PV \qquad (12)$$

この関数は，系の内部エネルギーUと，系の体積Vと圧力Pを掛けたものの和で表され，エンタルピーとよばれる。エンタルピーは系のもつエネルギーであり，その系の化学エネルギーそのものである。エンタルピーの微小変化は

$$\Delta H = \Delta U + \Delta PV + P\Delta V \qquad (13)$$

のように表されるが，定圧過程（圧力一定）の場合$\Delta P = 0$なので

$$\Delta H = \Delta U + P\Delta V = Q \qquad (14)$$

となり，エンタルピーの変化量ΔHは，そのときに系が外部から得た熱量Qに等しくなる。このように，式（12）で定義されるエンタルピーは，その変化量ΔHが定圧過程における系の熱の吸収量に相当する。ここで，Qは系が熱を得るときに正の値，すなわち吸熱過程で正の値をとることに注意してほしい。

エンタルピーはその系の化学エネルギーそのものであると述べたが，ここで，標準生成エンタルピーとよばれる基準を考える。標準生成エンタルピーの値の一例を表1の第2欄に示すが，この表の値を使うと燃焼熱，蒸発熱，融解熱などが計算できる。すでに，いろいろな物質の1 molあたりの気体，液体，固体状態に対して，標準生成エンタルピーの値が便覧などにまとめられている。それは1気圧25℃（298.15K）で，もっとも安定な単体のエンタルピーをゼロと決め，化合物の場合には，それを構成する元素の単体からつくるときのエンタルピー変化を測定し，この値をその化合物の標準生成エンタルピー$\Delta_f H^\circ$と定義するものである。ここでの添字fはformation（生成）を意味している。

水の水蒸気への蒸発過程を考えてみると，25℃，1気圧において1 molの液体の水の標準生成エンタルピーの値は-285.840 kJ mol^{-1}であり，気体の水蒸気の標準生成エンタルピーの値は-241.826 kJ mol^{-1}である。水蒸気の標準生成エンタルピーの方が水の標準生成エンタルピーより大きいから，水から水蒸気への変化，す

表1　標準生成エンタルピー，標準生成ギブズ自由エネルギー，標準エントロピーの一例

	標準生成エンタルピー $\Delta_f H^\circ$〔kJ mol^{-1}〕	標準生成ギブズ自由エネルギー $\Delta_f G^\circ$〔kJ mol^{-1}〕	標準エントロピー ΔS°〔J K^{-1} mol^{-1}〕
H_2	0	0	130.59
O_2	0	0	205.03
N_2	0	0	191.50
H_2O（気体）	−241.826	−228.60	188.72
H_2O（液体）	−285.840	−237.19	69.94
NO（気体）	90.374	86.69	210.68
NO_2（気体）	33.850	51.48	240.5
NH_3（気体）	−46.1	−16.64	192.5
C（ダイヤモンド）	1.90	2.87	2.44
C（グラファイト）	0	0	5.69
CO（気体）	−110.523	−137.27	197.90
CO_2（気体）	−393.513	−394.38	213.64
CH_4（気体）	−74.848	−50.79	186.2
C_2H_2（気体）	226.75	209.2	200.81
C_6H_6（液体）	49.03	124.50	172.8
CH_3OH（液体）	−238.6	−166.2	127
S（斜方）	0	0	31.9
S（単斜）	0.30	0.10	32.6

〔斎藤篤義，曽谷紀之，長谷川正和，姫野貞之，本岡　達，"理科系学生のための基礎化学"，p.57，p.62，p.64，学術図書出版社（1989）〕

なわち水の蒸発はエネルギー的に不安定な変化である。そこで，1 mol の水分子の蒸発は

$$\begin{aligned}\Delta(\Delta H^\circ) &= \Delta_f H^\circ\ (\text{水蒸気}) - \Delta_f H^\circ\ (\text{水}) \\ &= -241.826\ \mathrm{kJ\ mol^{-1}} \\ &\quad -(-285.840\ \mathrm{kJ\ mol^{-1}}) \\ &= +44.014\ \mathrm{kJ\ mol^{-1}} \qquad (15)\end{aligned}$$

だけの系のエンタルピーの増加（系のもつ化学エネルギーの増加）を必要とし，そのために，系は外部から，44.014 kJ mol^{-1} だけのエネルギーをもらわなければならない。すなわち，系の外部から見ると，水の蒸発は吸熱反応となる。定圧過程では系の吸収する熱量はエンタルピー変化 ΔH に相当し，ΔH が正の値をもつときに吸熱反応である。

一方，反応と熱の出入り（発熱量または吸熱量）を次式

$$H_2O(\text{水}) = H_2O(\text{水蒸気}) + (\text{反応熱}) \quad (16)$$

のように書いて，これを熱化学方程式とよんでいる。この反応熱の値は反応が右に進んだときに発熱する場合は正の値，吸熱する場合は負の値で表すことになっている。そこで，式（16）の場合に反応熱は -44.014 kJ mol^{-1} であり吸熱反応を表す。先ほどのエンタルピー変化 ΔH は正の値なので反応熱とは反対符号になっていることに注意してほしい。

表1の標準生成エンタルピーの値がその物質の化学エネルギーと考えたとき，おもしろいことに気づく。炭素の同素体であるダイヤモンドの標準生成エンタルピーの値が 1.90 kJ mol^{-1} なのである。実は炭素のもっとも安定な単体とは何かというとグラファイト（黒鉛）である。グラファイトの標準生成エンタルピーの値はゼロであり，ダイヤモンドの標準生成エンタルピーの値が 1.90 kJ mol^{-1} である。ダイヤモンドとグラファイトは同じ炭素の同素体であるが，化学エネルギーとしてグラファイトの方がダイヤモンドより安定である。硫黄の場合，斜方晶系の硫黄の標準生成エンタルピーがゼロで，もっとも安定な単体であり，単斜晶系の硫黄はそれより不安定である。

b. エントロピー

前項では系のエンタルピーについて述べた。エンタルピー変化は定圧過程での反応熱に相当し，系のもっているエンタルピーが低いほどその系は安定である。今，ある分子が A という状態から B という状態へ移動できたと仮定しよう。この「移動」とは，液体状態の水分子が気体状態の水分子に変わることをイメージしてもらうとわかりやすい（なお以下では，標準生成エンタルピー $\Delta_f H^\circ(\mathrm{A})$，$\Delta_f H^\circ(\mathrm{B})$ と書くべきところを，H_A°，H_B° と表記する）。

状態	A →	B
エンタルピー	$H_A^\circ <$	H_B°
物質量	n_A ＞	n_B　(17)

このとき，$H_A^\circ < H_B^\circ$ とすると，1 mol の分子が A から B へ移動するときのエンタルピー変化 $\Delta H(H_B^\circ - H_A^\circ)$ は正で，状態 B は状態 A より不安定である。このとき，安定な状態 A をとる物質量 n_A は不安定な状態をとる物質量 n_B より多い。実際，温度が低いと分子は安定な状態 A をとろうとする。ところが，温度が高くなると，本来不安定な状態 B をとる分子の数 n_B が増えてくる。このとき，n_A と n_B の間には次のような関係が成立する。

$$n_B/n_A = \exp(-\Delta H/RT) \qquad (18)$$

これをボルツマン分布の式とよんでいる。ここで，T は絶対温度，R は気体定数である。絶対温度がゼロに近づくと右辺はゼロに近づき $n_B \to 0$ となる。一方，絶対温度が大きくなると，右辺の値は 1 に近づく（$n_A = n_B$）。しかし，決して n_A が n_B より小さくなることはない。

ところが，状態 A にいくつかの場合（場合の数 W_A）があり，状態 B にもいくつかの場合（場合の数 W_B）があるとしよう。「場合」とは実際にとりうる場所の数というイメージをもってもらうとよい。

状態	A →	B
エンタルピー	$H_A^\circ <$	H_B°
場合の数	W_A	W_B
物質量	n_A	n_B　(19)

そのとき，状態 A の特定の場合（場所）をとっている分子の数は（n_A/W_A），同様に，状態 B の特定の場合（場所）をとっている分子の数は（n_B/W_B）なので，場合の数を含めたボルツマン分布の式は次のようになる。

$$\frac{n_B/W_B}{n_A/W_A} = \exp(-\Delta H/RT) \quad (20)$$

これは，液体状態の水では，水という小さな空間に存在する場所が限られるのに，気体の水蒸気になると，もっと大きな空間を自由に飛び回れることを「場合の数」という量で表現したものである。$\Delta H = H_B^\circ - H_A^\circ$ であることを考慮して，この式（20）を変形すると，次式が得られる。

$$H_A^\circ - RT\ln W_A + RT\ln n_A = H_B^\circ - RT\ln W_B + RT\ln n_B \quad (21)$$

ただし，ln は自然対数を意味する。式（21）の左辺に注目すると，状態 A のエンタルピー H_A° が小さいほど，状態 A をとる物質量 n_A は大きくなる。また，左辺の第 2 項の $-RT\ln W_A$ は W_A が大きいほど全体として負に寄与するので，やはり状態 A をとる物質量 n_A を大きくする。ここで，

$$S_A^\circ = R\ln W_A \quad (22)$$

という熱力学関数を定義し，エントロピーとよんでいる。エントロピーは場合の数の自然対数をとり，それに気体定数をかけたものである。このエントロピーと系のとりうる状態との関係は，1877 年にオーストリアの物理学者 L. E. Boltzmann（ボルツマン，1844－1906）が，「熱平衡法則に関する力学的熱理論の第二主法則と確率計算の関係について」という論文の中で提唱したもので，ボルツマンの関係式とよばれる。ボルツマンは一つの粒子（分子）に対して，$S = k\ln W$ という関係式を提唱し，この式の中の比例定数 k はボルツマン定数とよばれる。このボルツマン定数 k をアボガドロ定数 N_A 倍したものが気体定数 R であり（$R = N_A k$），式（22）は 1 mol あたりのエントロピーを表している。

この式は，ある状態の場合の数が多いほど，いいかえれば自由度（乱雑さ）が大きいほど，エントロピーは大きくなり，その状態をとる分子数が増えることを教えてくれる。熱力学第三法則から「完全結晶物質のエントロピーは絶対零度でゼロである」とされ，比熱と，必要に応じて融解エンタルピーや蒸発エンタルピーを用いると，標準状態における物質 1 mol のエントロピーを計算で求めることができる。そのようにして得られた標準エントロピーの値を表 1 の第 4 欄に載せておいた。

c. ギブズ自由エネルギー

今，次のような関数を導入すると，

$$G_A = H_A^\circ - TS_A^\circ + RT\ln n_A$$
$$G_B = H_B^\circ - TS_B^\circ + RT\ln n_B \quad (23)$$

式（22）を考慮して，式（21）は

$$G_A = G_B \quad (24)$$

と書けるが，反応には

$$2\,NO_2 \rightleftharpoons N_2O_4$$

のような 1 相の気体中の成分間で生じる反応，液体の水が気体の水蒸気に変わるような界面（水面）を介した反応，固体や沈殿が関与する反応，希薄水溶液中の溶質間で生じる反応などがある。そこで，式（23）の右辺の第 3 項を，気体中の成分の場合には物質量 n_A の代わりに，その分圧 P_A〔atm〕（標準大気圧を 1 気圧としてこれを 1 atm と表したもの）を用いて次のように表し，

$$G_A = H_A^\circ - TS_A^\circ + RT\ln(P_A/\mathrm{atm}) \quad (25)$$

大量に存在する溶媒の場合には，溶液全体に対するモル分率 x_A を用いて次のように表し，

$$G_A = H_A^\circ - TS_A^\circ + RT\ln x_A \quad (26)$$

また，希薄水溶液中の溶質の場合には，モル濃度（容量モル濃度〔$\mathrm{mol\ L^{-1}}$〕）を用いて次のように表すことにする。

$$G_A = H_A^\circ - TS_A^\circ + RT\ln([\mathrm{A}]/(\mathrm{mol\ L^{-1}})) \quad (27)$$

これらの式で，第 3 項の対数の中の濃度をその単位で割っているのは，対数は単位のない数値にしか適用できないからである。なお，モル分率は単位をもたない。そこで一般に

気体中の成分の場合：

$$G_A = H_A^\circ - TS_A^\circ + RT\ln P_A \quad (25')$$

溶媒の場合：

$$G_A = H_A^\circ - TS_A^\circ + RT\ln x_A \quad (26')$$

希薄溶液の溶質の場合：

$$G_A = H_A^\circ - TS_A^\circ + RT\ln[\mathrm{A}] \quad (27')$$

と記述することが多い。これらの濃度項を用いる場合の比例定数などは第 2 項のエントロピー項で補正している。

式（25）～式（27）で定義された熱力学関数は，

物質Aの1 molあたりのギブズ自由エネルギーに相当する。ある系全体のギブズ自由エネルギーと，特定の物質Aの1 molあたりのギブズ自由エネルギーを区別するために，後者のG_Aをμ_Aで表し，物質Aの化学ポテンシャルとよぶことがある（2.11，2.12参照）。また，実際には，反応に寄与するのは濃度そのものではなく，濃度［A］にその溶液組成で決まる活量係数γをかけたγ[A]を使わなければいけない。このγ[A]をa_Aと書いてAの活量とよんでいる。活量は反応に関わる「有効濃度」と考えることができる。上の式の濃度項を含まない部分は

$$G_A^\circ = H_A^\circ - TS_A^\circ \qquad (28)$$

物質Aの標準生成ギブズ自由エネルギーとよばれている。表1の第3欄に，いくつかの物質について標準生成ギブズ自由エネルギーの値を載せた。表1では$\Delta_f G^\circ$と記されている。この標準生成ギブズ自由エネルギーの計算では，エントロピーの値に，表1の第4欄の標準エントロピーの値を直接使うのではなく，標準生成エンタルピーと同様，25℃，1気圧において最も安定な単体の物質のエントロピーの値をゼロとして標準生成エントロピーを求め，式（28）により標準生成ギブズ自由エネルギーを求めたものである。

平衡では

$$G_A = G_B \qquad (24)$$

となるので，その反応が水溶液中の溶質間で生じる反応の場合，濃度項に容量モル濃度を用いて，

$$G_A^\circ + RT\ln[A] = G_B^\circ + RT\ln[B] \qquad (29)$$

のように書くことができ，この式から，

$$-\Delta G^\circ = -(G_B^\circ - G_A^\circ)$$

$$= RT\ln\frac{[B]}{[A]} \qquad (30)$$

となる。右辺の対数の中は，まさに，平衡定数Kに相当するから，上式（30）から

$$-\Delta G^\circ = -(G_B^\circ - G_A^\circ) = RT\ln K \quad (31)$$

あるいは

$$K = \exp(-\Delta G^\circ/RT) \qquad (32)$$

という関係式が得られる。すなわち，反応が平衡にある場合には，そのときの平衡定数Kは，反応の標準ギブズ自由エネルギー変化と式(31)，式（32）のように関係づけられる。そして，平衡定数Kには，反応のエンタルピー変化（化学エネルギーとしての安定さの違い）と，エントロピー変化（反応系と生成系の二つの状態の場合の数，乱雑さ，自由度の違い）が関係していることがわかる。また，次式から

$$\Delta G^\circ = \Delta H^\circ - T\Delta S^\circ \qquad (33)$$

絶対温度Tが低い（小さい）ときにはエントロピー項の寄与は小さく，エンタルピーの低い状態，すなわち化学エネルギー的に安定な状態を分子がとり，絶対温度が高いときにはエントロピー項の寄与が大きい状態，すなわち，より場合の数が多くて自由で乱雑な状態を分子がとることがわかる。

一例として，水 ⇄ 水蒸気の平衡を考えると理解しやすい。液体の水の方が水蒸気より水分子間の相互作用（特に，水素結合）によって安定である。液体の水を水蒸気にするのは吸熱反応で，エンタルピー的（エネルギー的）には起こしにくい反応であることを考えれば，低い温度では水分子は水蒸気の状態をとらず，液体の水の状態（さらには，もっとエンタルピー的に安定な固体の氷の状態）をとるのは妥当な選択である。しかし，絶対温度が上がるとエントロピー，すなわち乱雑さの寄与が大きくなり，液体の水より自由に乱雑に運動できる水蒸気の状態を選択する。

平衡条件を与える式（24）に，水と水蒸気の平衡の場合を当てはめると次式が得られる。ここでは，水の濃度項として水溶液中の水のモル分率x_{liq}を水蒸気の濃度項には水蒸気の分圧P_{gas}を用いている。

$$\Delta H_{vap}^\circ - T\Delta S_{vap}^\circ + RT\ln P_{gas} - RT\ln x_{liq} = 0 \qquad (34)$$

ここで，ΔH_{vap}°は水の蒸発エンタルピー変化$H_{gas}^\circ - H_{liquid}^\circ$，$\Delta S_{vap}^\circ$は水の蒸発エントロピー変化$S_{gas}^\circ - S_{liquid}^\circ$である。

純水（$x_{liq} = 1$）が$P_{gas} = 1$気圧のとき沸騰する温度（沸点）は，式（34）から

$$\Delta H_{vap}^\circ - T_b\Delta S_{vap}^\circ = 0 \qquad (35)$$

$$T_b^\circ = \frac{\Delta H_{vap}^\circ}{\Delta S_{vap}^\circ} \qquad (36)$$

のように与えられる。ここで，添字の b は沸点（boiling point），vap は蒸発（vaporization）を示している。この T_b° を水の正常沸点とよぶこともある。実際には，蒸発エンタルピー ΔH_{vap}° は実測の蒸発熱の測定から求め，沸点 T_b も実験から決める。そして，この二つの量から蒸発エントロピー ΔS_{vap}° が得られる。

溶質を含む水溶液では溶媒の水のモル分率 x_{liq} は 1 よりも小さくなる。P_{gas} = 1 気圧のときの沸点は，式（34）から

$$T_b = \frac{\Delta H_{vap}^\circ}{\Delta S_{vap}^\circ + R \ln x_{liq}} \qquad (37)$$

のように与えられるが，溶質を含むため，$x_{liq} < 1$ となり，分母が式（36）に比べて小さくなり，この T_b は式（36）の T_b° より大きくなる。これが溶質を含む場合の沸点上昇である。この式（37）から，いくつかの近似を含めた式の誘導を行うと，高等学校の教科書に出てくるモル沸点上昇の式が導きだされる。

$$\Delta T = T_b - T_b^\circ = \frac{M_0 R (T_b^\circ)^2}{1000\ \Delta H_{vap}^\circ} m \qquad (38)$$

$$K_{bp} = \frac{M_0 R (T_b^\circ)^2}{1000\ \Delta H_{vap}^\circ} \qquad (39)$$

ここで，M_0 は溶媒の水の分子量を g mol^{-1} 単位で表したもの（M_0 = 18 g mol^{-1}）。R は気体定数，T_b° は純水の正常沸点（T_b° = 373.15 K），ΔH_{vap}° は正常沸点における純水の蒸発エンタルピー（ΔH_{vap}° = 40.66 kJ mol^{-1}），m は質量モル濃度である。K_{bp} はモル沸点上昇とよばれ，上記の値を代入して計算すると K_{bp} = 0.51 K kg mol^{-1} という値が得られる。エタノールなど，他の溶媒のモル沸点上昇の値も同様に計算から得ることができる。

2.13.3　ルシャトリエの法則

式（31）から，平衡定数がその反応の標準ギブズ自由エネルギー変化と関係づけられた。これから，

$$RT \ln K = -\Delta G^\circ = -(\Delta H^\circ - T\Delta S^\circ) = -(\Delta U^\circ + P\Delta V^\circ - T\Delta S^\circ) \qquad (40)$$

と表される。ここで，ΔU° は反応の内部エネルギー変化，ΔV° は反応に伴う系の体積変化，ΔS° は反応の標準生成エントロピー変化である。これから，温度一定条件下での平衡定数 K の圧力変化は

$$\mathrm{d} \ln K/\mathrm{d}P = -\Delta V^\circ/RT \qquad (41)$$

であり，また，圧力一定下での平衡定数 K の温度変化は

$$\begin{aligned} &\mathrm{d}(\Delta G^\circ/T)/\mathrm{d}T \\ &= \{(\mathrm{d}\Delta G^\circ/\mathrm{d}T)T - \Delta G^\circ\}/T^2 \\ &= (-\Delta S^\circ T - \Delta G^\circ)/T^2 \\ &= -\Delta H^\circ/T^2 \end{aligned} \qquad (42)$$

より，

$$\mathrm{d} \ln K/\mathrm{d}T = \Delta H^\circ/RT^2 \qquad (43)$$

で表される。

式（41）の温度一定条件下での平衡定数の圧力変化の式は，反応によって体積が増える反応（ΔV° が正）では，圧力が増加すると（dP が正），右辺が負になるので平衡定数 K は減少し，圧力が低下すると（dP が負）平衡定数は増加する。すなわち，外部からの圧力変化を打ち消すように体積変化し，平衡定数を変化させる。

また，式（43）で与えられる圧力一定での平衡定数 K の温度変化の式から，吸熱反応（ΔH° が正）のときは，温度が上昇すると（dT が正）平衡定数 K は大きくなり，吸熱反応を起こして温度を下げようとし，温度が低下すると（dT が負）平衡定数 K は小さくなり，発熱反応を起こして温度を上げようとする。すなわち，この場合も外部からの温度変化を打ち消す方向で，発熱・吸熱反応をするように平衡定数を変化させることがわかる。

これらは，系を変化させるような外部からの影響を取り除くように，系が自発的に変化することを意味し，化学反応系の慣性の法則ともいえる。この現象はルシャトリエ－ブラウンの法則として知られている。

2.13.4　ギブズ自由エネルギー，エンタルピー，エントロピーのはかり方

a.　標準生成ギブズ自由エネルギーのはかり方

式（31）を用いると，反応の平衡定数の値か

ら，その反応の標準生成ギブズ自由エネルギー変化が計算できる。

標準生成エンタルピーと同じように，25℃，1気圧において，もっとも安定な単体の物質の標準生成ギブズ自由エネルギーの値はゼロと決められている。そこで，それら単体から反応で生じる物質（たとえば，元素の酸化物など）の標準生成ギブズ自由エネルギーは，その生成反応の標準生成ギブズ自由エネルギー変化の値と等しくなる。

b. 標準生成エンタルピーのはかり方

エンタルピーを測定する方法には二つある。一つの方法は，すでに述べたように反応のエンタルピー変化は，定圧過程の反応熱に等しいので，定圧条件下での反応熱を実際に測定する方法である。

もう一つの方法は，実際に反応熱の熱量測定を行うのではなく，平衡定数の温度変化が反応のエンタルピー変化と式（43）のような関係があることを利用する方法である。このとき，式（43）を変形すると，次式のような関係が得られる。

$$\mathrm{d}\ln K/\mathrm{d}(1/T) = -\Delta H^\circ/R \quad (44)$$

そこで，いくつかの温度で平衡定数を測定し，得られた平衡定数の対数 $\ln K$ を縦軸に，温度の逆数 $1/T$ を横軸にプロットしたときの傾きが $-\Delta H^\circ/R$ になる。

c. 標準生成エントロピーのはかり方

反応の標準生成ギブズ自由エネルギー変化 ΔG° と反応の標準生成エンタルピー変化 ΔH° が得られたら，式（33）の関係から

$$\Delta S^\circ = (-\Delta G^\circ + \Delta H^\circ)/T \quad (45)$$

のようにして，反応の標準生成エントロピー変化が求められる。

2.13.5　エンタルピー，エントロピーと平衡定数

2.12節ではいろいろな化学反応について述べられたが，いずれの反応においても，その反応の平衡定数 K とギブズ自由エネルギー変化 ΔG° の間には次の関係がある。

$$K = \exp(-\Delta G^\circ/RT) \quad (32)$$

また，ギブズ自由エネルギーはその反応のエンタルピー変化とエントロピー変化と次の関係をもつ。

$$\Delta G^\circ = \Delta H^\circ - T\Delta S^\circ \quad (33)$$

そこで，平衡定数は

$$K = \exp\{-(\Delta H_A^\circ - T\Delta S_A^\circ)/RT\} \quad (46)$$

のように表すことができる。ここでは，エンタルピーとエントロピーが平衡定数に与える影響について述べることにする。

a. 水のイオン積

希薄な塩酸溶液や硝酸溶液では，分子状態の塩酸 HCl や硝酸 HNO_3 は存在せず，水素イオンと塩化物イオン，あるいは水素イオンと硝酸イオンにほぼ100% 解離している。ところが，酢酸のような弱酸の場合，酢酸分子の一部が未解離で残っている。

$$CH_3COOH \rightleftharpoons CH_3COO^- + H^+ \quad (47)$$

このときに，

$$K = \frac{[H^+][CH_3COO^-]}{[CH_3COOH]} = 1.8 \times 10^{-5} = \exp(-\Delta G^\circ/RT) \quad (48)$$

という関係を与える。この K を酢酸の酸解離平衡定数とよび，ΔG° は酢酸の解離反応のギブズ自由エネルギー変化である。

水の解離反応では，

$$H_2O \rightleftharpoons H^+ + OH^- \quad (49)$$

式（49）の反応の平衡定数は次のように表される。

$$K = \frac{[H^+][OH^-]}{x_{H_2O}} = \exp(-\Delta G^\circ/RT) \quad (50)$$

式（50）の分母は溶媒の水に関する項なので，濃度ではなくモル分率 x_{H_2O} が使われる。そして，希薄水溶液中では $x_{H_2O} = 1$ と考える。そこで，純水や希薄水溶液の水分子自身のイオン解離を考える場合，平衡定数は次のように簡略化される。

$$K = [H^+][OH^-] = \exp(-\Delta G^\circ/RT) \quad (51)$$

この値は水のイオン積とよばれ，25℃，1気圧において $K = 10^{-14}(\mathrm{mol\ L^{-1}})^2$ の値をとる。そこで，純水中では他にイオンが共存しないので $[H^+] = [OH^-]$ であり，$[H^+] = 10^{-7}\mathrm{mol\ L^{-1}}$

となる。pH は $-\log_{10}[H^+]$ と定義されるので，純水の pH は 7 になる。しかし，水のイオン解離反応は吸熱反応であるので，コラムに示したようにルシャトリエ－ブラウンの法則から，温度を上げると吸熱反応が進むように水のイオン解離が促進し，水のイオン積は大きくなる。

b. 錯生成定数に対するエンタルピーの効果とエントロピーの効果

非共有電子対をもつイオンや分子（配位子とよぶ）が，金属イオンに非共有電子対を供与して配位結合する反応が錯形成反応である。たとえば，銅イオンとアンモニアの間の反応は

$$Cu^{2+} + 4\ {:}NH_3 \rightleftharpoons [Cu(NH_3)_4]^{2+} \qquad (52)$$

のように書ける。この反応も溶液条件で右方向にも左方向にも進む平衡反応である。したがって，この反応の平衡定数は次のように定義できる。

$$K = \frac{[Cu(NH_3)_4]^{2+}}{[Cu^{2+}][NH_3]^4} = \exp(-\Delta G^\circ/RT) \qquad (53)$$

このような平衡定数を錯生成定数とよんでいる。種々の金属イオンと配位子との組み合わせに対する錯生成定数の値は便覧などに見ることができる。

硫酸銅の溶液にアンモニア水を加えていくと，まず青白い沈殿 $Cu(OH)_2$ を生じたのち，それが溶けて深青色の透明な溶液になる。この反応は，次の二段階の反応で説明できる。

$$Cu^{2+} + 2\,OH^- \rightleftharpoons Cu(OH)_2\downarrow \qquad (54)$$

$$Cu(OH)_2 + 4\,NH_3 \rightleftharpoons [Cu(NH_3)_4]^{2+} + 2\,OH^- \qquad (55)$$

しかし，式（54）で Cu^{2+} イオンというのは溶液中では水和イオンになっているので，正しくは

$$[Cu(OH_2)_4]^{2+} + 2\,OH^- \rightleftharpoons Cu(OH)_2\downarrow + 4\,H_2O \qquad (56)$$

と書くべきである（高校の教科書では $[Cu(NH_3)_4]^{2+}$ テトラアンミン銅(II)イオンが教えられているが，このイオンでは四つのアンモニアが銅イオンを中心とする平面正方形の各頂点に位置する構造をとっている。しかし，平面の上下方向にも距離が長くなるが，二つのアンモニアが銅と結合していると考えられている。そこで，$[Cu(NH_3)_4(NH_3)_2]^{2+}$ と記述するのがより正確である。水和イオンも同様に $[Cu(OH_2)_4]^{2+}$ ではなく $[Cu(OH_2)_4(OH_2)_2]^{2+}$ あるいは $[Cu(OH_2)_6]^{2+}$ と表記する場合もある）。すると，式（54）の反応は銅イオンが水分子よりも陰イオンである水酸化物イオンの方が相互作用しやすいので，その結合のパートナーを変えた反応と理解できる。一方，式（55）は銅イオンが陰イオンの水酸化物イオンよりもアンモニア分子の方が相互作用が強いことを教えてくれる。銅イオンは一般に O より N と強く相互作用する。

この O → N の順番は生成する錯イオンの化学エネルギー（エンタルピー）が安定化する順番である。

ところが，$[Cu(NH_3)_4]^{2+}$ が生じている溶液に EDTA（ethylenediaminetetraacetic acid）を 加えると，$[Cu(NH_3)_4]^{2+}$ の深青色がうすくなる。これは

$$[Cu(NH_3)_4]^{2+} + EDTA^{4-} \rightleftharpoons [CuEDTA]^{2-} + 4\,NH_3 \qquad (57)$$

の反応が生じたためである。EDTA はアルカリ性では -4 価の陰イオンであるが，もともとは

$$(HOOC{-}CH_2)_2N{-}CH_2{-}CH_2{-}N(CH_2{-}COOH)_2 \qquad (58)$$

のような分子であり，下線を引いた窒素原子と酸素原子が銅イオンと配位結合する。式（57）の反応で，左辺では Cu－N の結合が 4 個あったものが，右辺では 2 個に減っている。そこで，上で述べたエンタルピーの効果からすれば，銅イオンと酸素原子の結合より銅イオンと窒素原子の結合の方が強いはずで，式（57）の反応は起こりにくいはずである。しかし実際には，式（57）の反応が生じる。これを説明するのがエントロピーの効果である。式（57）の左辺には分子（ここでは，イオンであっても一体となって動けるものを分子とよぶことにする）は $[Cu(NH_3)_4]^{2+}$ と $EDTA^{4-}$ の二つであるのに対して，右辺では，分子は $[CuEDTA]^{2-}$ と 4 個の NH_3

の合わせて5個に分かれている。そうすると，2個の粒子で存在するよりは5個の粒子に分かれて存在する方が乱雑であり自由である。すなわち，エントロピーは式（57）の左辺より右辺の方が大きいと考えられる。そこで式（57）の反応が進む。

実際，EDTAは化学エネルギー（エンタルピー）的にはあまり安定化しないカルシウムイオンやマグネシウムイオンのようなアルカリ土類金属イオンとも錯イオンを形成することができる。これは，水和イオンとして存在していたカルシウムイオンやマグネシウムイオンの水和水を剝がして自由にしてやり，その代わりにEDTAが配位して$[CaEDTA]^{2-}$や$[MgEDTA]^{2-}$錯体をつくり，反応により自由になるイオン，分子の数が増えるためである。EDTAのように配位する場所が多数ある配位子をキレート配位子とよび，EDTAが錯体をつくりやすい効果をキレート効果とよんでいるが，実質的にはエントロピー効果である。カルシウムイオンやマグネシウムイオンが多く含まれる水は硬水とよばれる。このような水に含まれるカルシウムイオンやマグネシウムイオンの分析には，これらのイオンがEDTAと錯体形成をすることが利用されている。

また，コバルトイオンの溶液に適当な濃度で塩化物イオンを加えたとき，最初はピンク色なのに，溶液の温度を上げると青色に変わるという反応が知られている。このような反応は温度によって色が変わるので，サーモクロミズムとよばれているが，その反応は

$$[Co(OH_2)_6]^{2+} + 2\,Cl^- \rightleftharpoons [Co(OH_2)_2Cl_2] + 4\,H_2O \qquad (59)$$

のような平衡にあり，左辺の方の分子が三つに対して右辺の方の分子は五つなので，右辺の状態がより乱雑であり

$$K = \exp\{-(\Delta H_A^\circ - T\Delta S_A^\circ)/RT\} \qquad (60)$$

からわかるように，温度が高いとエントロピーの大きな右辺の方に平衡が移動したものと考えられる。これは，水は温度が高いとよりエントロピーの大きな水蒸気になるのと同じ現象と考えることができる。　　［小川 信明，尾関 徹］

参考図書

1）斎藤篤義，曽谷紀之，長谷川正和，姫野貞之，本岡　達，“理科系学生のための基礎化学”，学術図書出版社（1989）．

2）W. J. Moore 著，藤代亮一 訳，“ムーア物理化学 第4版（上・下）”，東京化学同人（1974）．

コラム　50℃の純水のpH

水のイオン積［H^+］［OH^-］は$10^{-14}$$(\mathrm{mol\ L^{-1}})^2$であり，それゆえ，純水中の水素イオン濃度は［$H^+$］= 10^{-7}mol L^{-1}となり，pHが7になる。しかし，これは25℃，1気圧の場合である。

もし，1気圧で50℃の純水のpHを知りたい場合には，式（43）を用いればよい。

$$H_2O \rightleftharpoons H^+ + OH^- \qquad (49)$$

の反応の標準エンタルピー変化ΔH°は，中和熱に負符号をつけたものに相当する（ΔH° = 55.9 kJ $\mathrm{mol^{-1}}$：吸熱反応）。これを式（43）に入れて，25℃から50℃まで積分すると，50℃の水のイオン積の値が得られる（実際にはエンタルピー変化の値も温度で変化するので，その補正が必要である）。

$$\int_{298\,\mathrm{K}}^{323\,\mathrm{K}} \mathrm{d}\ln K = \int_{298\,\mathrm{K}}^{323\,\mathrm{K}} \frac{\Delta H^\circ}{RT^2}\,\mathrm{d}T$$

実際に計算してみると，温度が上昇すると，水のイオン積K =［H^+］［OH^-］は大きくなる。そこで，中性の水のpHは7.0より小さくなる。これは，中和反応は発熱反応であり，その逆反応の水のイオン解離反応は吸熱反応であるので，ルシャトリエ－ブラウンの法則から，温度を上げると吸熱反応が進む。すなわち，水のイオン解離は進み，水のイオン積は大きくなり，水素イオン濃度が増えるので，中性の水のpHは7より小さくなる。

2.14 コロイドをはかる

高校の化学の教科書のコロイドの単元において，沸騰水中へ黄褐色の塩化鉄(Ⅲ)水溶液を数滴加えて，水酸化鉄(Ⅲ)の微粒子を調製する実験が紹介されている。その微粒子の大きさは直径 10^{-9}～10^{-6} m 程度とされ，これをコロイド粒子の大きさと定義している。一般に粒子の大きさが 10^{-6} m（1 μm）以下になると，粒子は沈みにくくなり，空気中や水中に浮遊するようになる。また，ブラウン運動をするようにもなる。私たちがよく目にする牛乳は，水の中に食用油脂のコロイド粒子が分散しているコロイドであり，光を乱反射して白く見える。霧や山で遭遇するガスは，空気中で水蒸気が凝縮して細かい水滴となったもので，これもコロイドである。

1856年，英国の王立研究所において M. Faraday（ファラデー，1791－1867）は 10×10^{-9} m（10 nm）以下の金のコロイド粒子を調製している。それは，160年近く経った現在も沈殿することなくアメジスト色の美しい色をもち，瓶の中で液状を保っているという。このように，10^{-6} m 以下の大きさの粒子が空気中，水中または液体や固体の中に浮遊しているとき，これをコロイドとよぶ。さらに，水酸化鉄(Ⅲ)のようなコロイド溶液をU字管に入れ電極を浸して直流電圧を印加すると，コロイド粒子はどちらかの極側に移動（電気泳動）するので，コロイド粒子は正または負の電荷（表面電位あるいはゼータ電位とよぶ）をもつと考えられる。そこで，コロイド粒子に関する測定では，サイズと表面電位の二つをはかることが大変重要なファクターとなる。

a. 粒子サイズの測定

粒子サイズの測定において一番確かな方法は，電子顕微鏡で直接粒子の画像を撮影し，その大きさをノギスなどで測定するものである。しかし，電子顕微鏡は大変高価な装置でなかなか簡単に測定できるものではない。最近よく利用される測定方法は動的光散乱法である。これは，コロイド粒子に横から強い光を当てると光の通路が濁ってみえるチンダル現象を利用した方法である。溶液中に分散している粒子は粒子径に依存したブラウン運動をしているため，粒子に光を照射したときに得られる散乱光は，大きな粒子ではゆっくりした揺らぎを，小さい粒子はすばやい揺らぎを示す。一般には強度の強いレーザ光を粒子群に当て，その散乱光強度の時間的な揺らぎを測定する。拡散する粒子のパターンが変化することから生じるランダムな強度の揺らぎを，正確な時間尺度で把握することで拡散係数を求める。これは光子相関法とよばれ，得られた拡散係数を用いて，アインシュタイン・ストークスの式により粒子径や粒度分布が求められる。

この方法では，たとえば棒状の粒子の場合，長さと幅を認識できないため，球状と仮定した平均直径が求められる。そこで棒状粒子のような球状でない粒子のサイズ測定では，電子顕微鏡による直接測定が求められる。金のナノ粒子のように粒子一つ一つが比較的球状で，電子顕微鏡測定でばらばらに独立して存在する場合は，近年開発されてきた種々の画像解析ソフトを用いることで，平均粒子径・粒度分布図・標準偏差など様々なデータを瞬時に得ることができる。

b. 表面電位の測定

一方，コロイド粒子の表面電位（ゼータ電位）を測定するために，これまで電気泳動法・電気浸透法・流動電位法・沈降電位法など様々な方法が開発されてきた。その中でも，粒子一つ一つが独立して分散している電気泳動法が，コロイド粒子のゼータ電位を正確に表しているとされ，近年急速に測定装置の開発が進んでいる。また，コロイド粒子の電気泳動速度を測定する方法として，① 回転プリズム法，② レーザードップラー法，③ 画像追跡法が知られている。

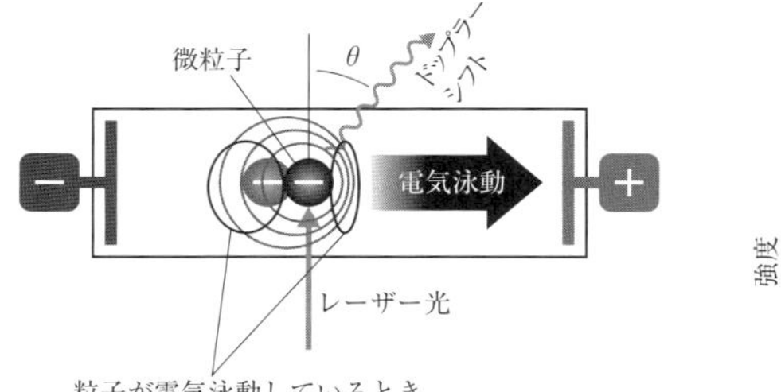

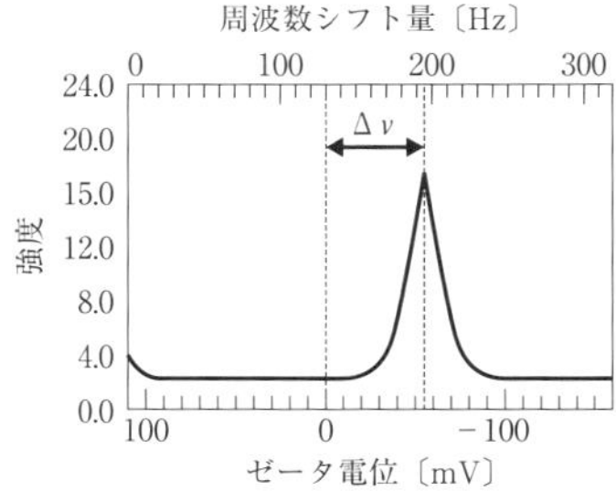

図１ ゼータ電位測定原理：電気泳動光散乱法（レーザードップラー法）

・泳動速度 V：$\Delta\nu = 2V \cdot n \cdot \sin(\theta/2)/\lambda$，ここで，$\Delta\nu$ はドップラーシフト量，n は溶媒の屈折率 λ はレーザー光の波長，θ は検出角度。（真の泳動速度＝見掛けの泳動速度－電気浸透流の速度）
・電気移動度 U：$U = V/E$，ここで，E は電場。
・ゼータ電位 ζ：$\zeta = 4\pi\eta U/\varepsilon$，ここで，$\eta$ は溶媒の粘度，ε は溶媒の誘電率。
〔大塚電子株式会社 HP https://www.otsukael.jp/product/detail/productid/93〕

①では顕微鏡下で粒子を電気泳動させ，光路中に置かれたプリズムが回転するようになっており，プリズムの回転は像の移動をもたらすので，粒子像が静止するときのプリズムの回転速度から粒子の速度を算出するものである。②では「光や音波が動いている物体に当たり反射したり散乱したりすると，光や音波の周波数が物体の速度に比例して変化する」というレーザードップラー効果を利用した方法である。身近には野球や速度取締りにおけるスピードガンとして用いられている。③では顕微鏡下で電気泳動によって動く粒子をパソコンに取り込み，一定時間に移動した粒子の距離から電気泳動速度（移動度という）が求められる。

最近では，前述した動的光散乱法測定装置にレーザードップラー法を搭載させることで，粒子サイズ（粒度分布も含めて）とゼータ電位を一緒に測定することを可能とした装置が主流となっている。②の測定原理を描いたモデル図１を以下に示す。 ［神鳥 和彦］

参考図書

1) 古澤邦夫 監修，“新しい分散・乳化の科学と応用技術の新展開”，テクノシステム（2006）.
2) 北原文雄，古澤邦夫，尾崎正孝，大島広行，“ゼータ電位 微粒子界面の物理化学”，サイエンティスト（1995）.

2.15　高分子をはかる

1920年代，ドイツの化学者 H. Staudinger（シュタウディンガー，1881－1965）が，共有結合でつながった分子量数万から数十万に及ぶような巨大な分子が存在すると提唱し，その存在を明らかにしたときから高分子（巨大分子）の化学は始まった。同じころ，遠く離れたアメリカでは W. H. Carothers（カロザース，1896－1937）が石油からつくられた小さな分子を繰り返しつないで，人類が初めて手にする合成高分子ナイロンをつくり上げた。シュタウディンガーとカロザースの功績によって20世紀は高分子の時代となった。一方，人類は，数千年前から綿，麻，絹，羊毛などの高分子化合物を天然繊維として利用してきた[1)]。

高分子の存在は分子量の精密な測定によって示されたが，次に知りたくなるのは精密な構造である。これについては，NMRや赤外吸収スペクトルなどが役に立つ。化学の教科書には高分子の構造がさも見てきたように詳しく書いてあるが，この記述を支えているのが，NMRやIRなどの測定結果である。

NMRやIRのような高価な装置を使わなくても，合成高分子材料を大雑把に見分ける方法はあり，実際にリサイクルの現場などでは簡便な方法が利用されている。主な方法は二つあり，一つは比重の差を利用する方法で，もう一つは燃やしてみる方法である。リサイクルマークと各プラスチックの比重を図1に示す。比重の差を利用するとある程度見分けることができる。また，これらのプラスチック材料は石油が原料であるだけによく燃える。飽和炭化水素であるポリエチレン，ポリプロピレンは完全燃焼すると水と二酸化炭素になる。スーパーマーケットなどの買い物袋はポリエチレンでできていることが多く，「燃やしても有害なガスを発生しません」などと書いてあるのはこのためである。ポリスチレンのような芳香族を含む高分子は相対的に炭素含有量が多いので，煤をたくさん出

PET	HDPE	PVC	LDPE	PP	PS	その他
1.33～	0.94～	1.39～	0.91～	0.90～	1.04～	
1.45	0.96	1.45	0.93	0.91	1.06	

図1　プラスチックにつけられているリサイクルマークとそれぞれの比重

［比重の出典：J. Brandrup, E.H. Immergut, E.A. Grulke, ed., "Polymer Handbook", 4th ed., Wiley-Interscience (1999)］

しながら激しく燃える。ポリ塩化ビニル，ポリ塩化ビニリデン（食品包装ラップに使われる）は塩素を含むため，銅線を用いると炎色反応を示すので見分けることができる。

高分子材料はその開発当初より絶縁性や自然界で分解しにくい安定性などが長所と考えられ，柔らかさなどは短所と考えられてきた。その後の発展ではそれらの長所や短所を補うような新しい材料の開発が行われ，現代の社会生活を安全，快適で便利なものにしている[1)]。その例をいくつか挙げる。

高分子材料はもともと絶縁体として開発され，使用されてきたが，2000年度のノーベル化学賞を受賞した白川英樹（1936－）らが開発したポリアセチレンなど，拡張された共役構造をもつ材料が開発されて以来，半導体あるいは導電性材料としても用いられるようになってきた[2)]。その後，導電性高分子材料の研究は発展し，リチウムイオン電池の電極材料として用いられるほか，フレキシブルディスプレイなどへの応用がはかられている。

高分子材料は石油からつくられた新材料で，腐敗したり分解したりすることはめったにない。当初これは安定性とみられ長所と考えられたが，徐々に廃棄の困難性が問題となり，自然の中で分解する材料が求められるようになった。生分解性の高分子材料が開発されたりリサイクル可能な高分子材料が開発されたりするなど，その

需要は年々高まっている[3]。2005年に開催された「愛・地球博（愛知万博）」では会場内の食堂などで生分解性のプラスチック材料やリサイクル可能な材料が広範囲に導入された。

プラスチック材料はもともとは低強度の材料であったが，金属部品に代わる性能をもつエンジニアリングプラスチックなどが開発され，さらに大きな構造物への応用も図られている[3]。なかでも繊維強化炭素複合材料（炭素繊維強化プラスチック，carbon fiber reinforced plastic (CFRP)）は非常に強靭で，2011年に初飛行したボーイング社の787型機では機体重量の50％がCFRPでできていて，エンジンなどを除くほぼすべての機体がこの複合材料でつくられている。

高校の化学の教科書ではラジカル重合のような付加重合で高分子ができる系について，原料のモノマーと生成物のポリマーの構造が書いてあるものの，途中の重合反応でどのようなことが起こっているのかについては記述がない。大学レベルの教科書では成長ラジカルの存在が示されている（図2）。これにも機器分析を利用した実験上の根拠が存在する。電子スピン共鳴分光（ESR：electron spin resonance）法を用いると，反応系中に短寿命不安定種として存在する成長ラジカルを直接観測することができる。

このように，教科書に書かれている高分子の分子量や構造などについては，明確な実験上の根拠が存在し，その結果をもとにして，あたかも見てきたような構造式が書かれている。こういった結果は化学に携わる研究者の不断の努力によってもたらされ，高校の化学の教科書に1行の説明が記載されるだけの事実を明らかにするために化学者の一生がかかっているといっても過言ではない。そのような事実を知ったうえで高校化学の教科書を眺めてみると，今までとは異なった視点から化学についての興味がもう一度湧き上がってくるかもしれない。

［梶原　篤］

参考図書

1)　高松秀機，“創造は天才だけのものか－模倣は創造への第一歩”，化学同人（1992）．
2)　白川英樹，“化学に魅せられて”，岩波新書（2001）．
3)　信州大学繊維学部　編，“はじめて学ぶ繊維”，日刊工業新聞社（2011）．

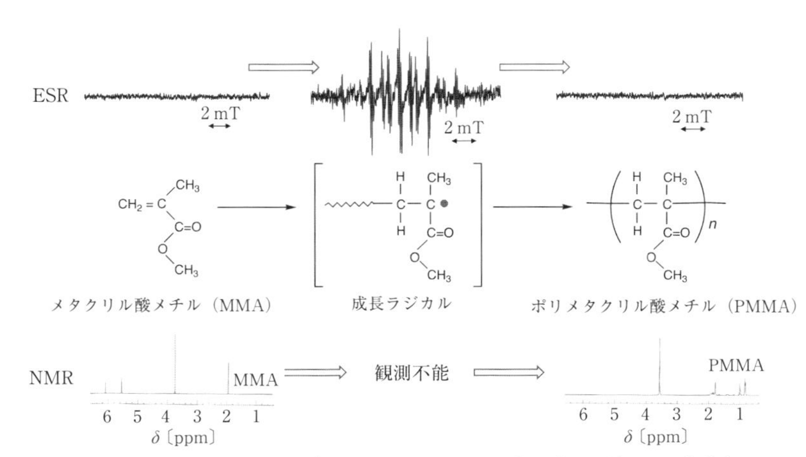

図2　メタクリル酸メチルのラジカル重合反応では反応中に成長ラジカルが生成する

大学レベルの高分子の教科書にはこのような記述があるが，その根拠は？　ESRでは成長ラジカルは観測できるがモノマーやポリマーは観測できない。NMRは成長ラジカルは観測できないがモノマーやポリマーの構造は詳細にわかる。［^{1}H NMRスペクトル：K. Hatada, T. Kitayama, “NMR Spectroscopy of Polymers”, Springer-Verlag (2004)］

2.16　フォトクロミック色素をはかる

有機化合物の単結合と二重結合の繰り返しでは，π 電子は共通した軌道の中を自由に移動できることを2.10節で述べた。このような結合領域は π 共役系とよばれる。この共役系が長くなると可視領域に有機化合物が光を吸収するようになり，無色だったものが色を示すようになる。1,3-ブタジエンのような共役系化合物は紫外領域に吸収があるので無色であるが，共役系が長くなると，たとえば人参に含まれる β-カロテンは 497 nm と 466 nm に光吸収を示し強いオレンジ色を示す。この β-カロテンと似た化学構造をもつものとして，網膜中に含まれる光受容蛋白色素のロドプシンがある。

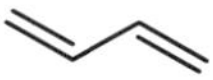

1,3-ブタジエン

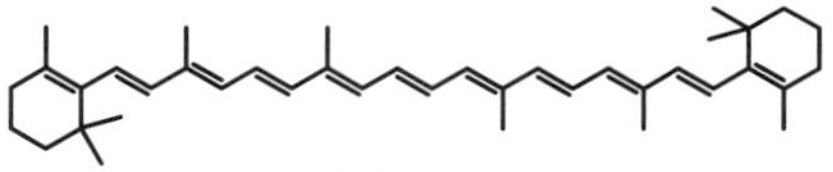

β-カロテン

ロドプシン　光 $+H_2O$ ⇄ $-H_2O$

全*trans*-レチナール　H_2N　＋　オプシン

全*trans*-レチナール ⇄ 11-*cis*-レチナール

ロドプシンはオプシンタンパクと 11-*cis*-レチナールが結合したもので，可視領域の 500 nm に吸収をもつ。この波長の光を当てるといくつかの反応を経たのちオプシンタンパクと全 *trans*-レチナールに分かれる。その光化学的な変化がオプシンタンパクの立体構造の変化をもたらし連鎖的にプロトンを遊離して，この化学変化が神経細胞である視細胞の興奮へと変換され視覚へとつながっていく。全 *trans*-レチナールは再び異性化され 11-*cis*-レチナールとなってオプシンと結合し，ロドプシンとして再利用される。

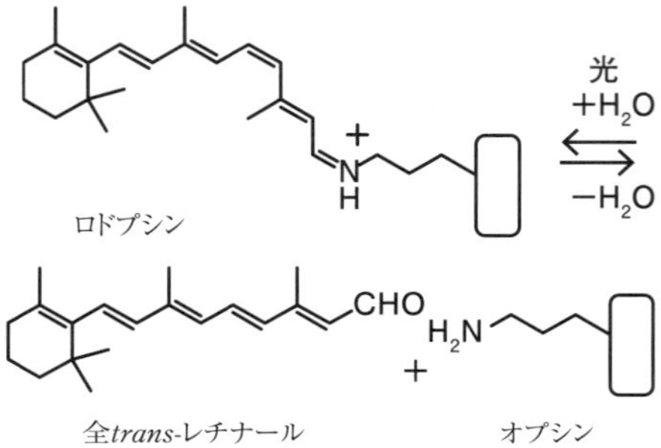

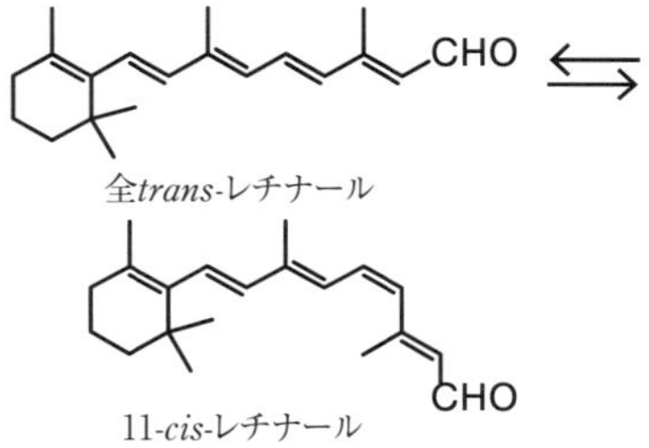

この反応はロドプシンが光照射のエネルギーによって化学構造が変化し，この変化した化合物が元のロドプシンに戻るという特徴がある。光照射によって反応が起こり，光や熱などのエネルギーを加えることによって再び元の化学構造へと戻るような反応をフォトクロミック反応とよぶ。

紫外線ビーズや忍者えのぐ，紫外線チェックカードは，いずれも人工的に合成されたスピロピラン誘導体というフォトクロミック色素が用いられている。用いられているフォトクロミック色素の化学構造の違いで紫外線照射時に青色や赤色などの色となるが，いずれも，可視光線や暗いところに放置すると室温（熱）で元の構造へと戻る性質も持っている。

sp³炭素　紫外線　sp²炭素
可視光線熱
スピロピラン（無色）　メロシアニン（紫色）

回転あり　紫外線　回転なし⇒共役系が長くなる
可視光線
ジアリールエテン（開環体）（無色）　ジアリールエテン（閉環体）（紫色）

紫外線照射によって紫色を示す代表的なスピロピランは上記のような化学構造をとっている。紫外線の光が当たらない状態では可視領域に吸収はなく無色である。紫外線の光のエネルギーで化学構造がメロシアニン構造へと変化し，可視領域の 570 nm 付近に吸収を示すようになる。スピロピランは無色であるが，これは共役系が矢印で示した sp^3 混成軌道をもつ炭素の部位で切れているためである。一方，メロシアニンは紫色であるが，メロシアニンの構造ではこの炭素の部分が sp^2 混成軌道をもつ炭素となっており分子全体に共役系がつながっている。ジアリールエテン誘導体など他の有機フォトクロミック色素においても，分子内部の共役系の長さの制御により色の可逆な変化が可能である。フォトクロミック色素は二つの構造の間の色変化だけでなく，分子構造の変化に伴って屈折率や誘電率，融点などの分子の性質も変わるため，この性質を生かして光記録媒体や調光材料，機能性インクなどさまざまな分野で応用研究が進められている。

［山口 忠承］

参考図書

1）高分子学会 編，“最先端材料システム One Point 8 フォトクロミズム”，共立出版（2012）．
2）村上規代，“忍者えのぐであそぼう－見えない紫外線をつかまえて環境学習”，仮説社（2012）．
3）前田章夫，“ポピュラー・サイエンス 視覚のメカニズム”，裳華房（1996）．

さらに深く学ぶために（2 章全体の参考図書）

1）安田徳太郎 訳・編，“新訳 ダンネマン大自然科学史（復刻版）”，三省堂（2002）．
2）I. Asimov 著，小山慶太，輪湖　博 訳，“アイザック・アシモフの科学と発見の年表”，丸善（1996）．
3）廣田　襄，“現代化学史：原子・分子の科学の発展”，京都大学学術出版会（2013）．
4）P. W. Atkins，J. de Paula 著，千原秀昭，中村亘男 訳，“アトキンス物理化学 第 8 版”，東京化学同人（2009）．
5）G. M. Barrow 著，大門　寛，堂免一成 訳，“バーロー物理化学 第 6 版”，東京化学同人（1999）．
6）W. J. Moore 著，藤代亮一 訳，“ムーア物理化学 第 4 版”，東京化学同人（1974）．
7）D.W.Ball 著，田中一義，阿竹　徹 監訳，田中一義 訳者代表，“ボール物理化学 第 2 版”，化学同人（2015）．
8）P. W. Atkins，J. Rourke，M. Weller，F. Armstrong，T. Overton 著，田中勝久，平尾一之，北川　進 訳，“シュライバー・アトキンス無機化学 第 4 版”，東京化学同人（2008）．
9）F.A. Cotton，P. L. Gaus，G .Wilkinson 著，中原勝儼 訳，“基礎無機化学”，培風館（1998）．

10）J.McMurry 著，伊東　椒，児玉三明，荻野敏夫，深津義正，通　元夫 訳，“マクマリー有機化学 第8版”，東京化学同人（2013）.
11）R. T. Morrison，R. N. Boyd 著，中西香爾，黒野昌庸，中平靖弘 訳，“モリソン・ボイド有機化学 第6版”東京化学同人（1994）.
12）R.A. Day Jr.，A.L. Underwood 著，鳥居泰男，康　智三 訳，“定量分析化学”，培風館（1982）.
13）G. D. Christian 著，原口紘炁 監訳，伊藤彰英，梅村知也，赤木　右，今任稔彦，大谷　肇 訳，“原著6版 クリスチャン分析化学 基礎編，機器分析編”，丸善（2005）.
14）小熊幸一，酒井忠雄 編著，“基礎分析化学”，朝倉書店（2015）.
15）高橋勝緒，玉虫怜太，“エッセンシャル電気化学”，東京化学同人（2000）.
16）大堺利行，桑畑　進，加納健司 著，“ベーシック電気化学”，化学同人（2000）.
17）E. R. Scerri 著，渡辺　正 訳，“サイエンスパレット 002 周期表－いまも進化中”，丸善出版（2013）.
18）北原文雄，渡辺　昌 著，“界面電気現象―基礎・測定・応用”，共立出版（1972）.
19）中澄博行 編，“機能性色素の科学－色素の基本から合成・反応，実際の応用まで”，化学同人（2013）.
20）船山信次 著，“知りたい！サイエンス こわくない有機化合物超入門－口紅からダイオキシンまで身近なものから理解する”，技術評論社（2014）.
21）河合　潤，樋上照男 編，“はかってなんぼ－分析化学入門，丸善（2000）.
日本分析化学会近畿支部 編，“はかってなんぼシリーズ”，丸善，学校編（2002）；環境編（2002）；社会編（2003）；職場編（2004）.
22）日本化学会 編，“化学便覧基礎編 改訂5版”丸善（2004）.
23）日本化学会 編，“化学便覧応用化学編 第7版”，丸善出版（2014）.
24）W. M. Haynes 編，“CRC Handbook of Chemistry and Physics”，96th Ed., CRC Press（2015）.
25）日本化学会 編，“実験化学講座 第5版”，全31巻，丸善（2003－2007）.
26）日本化学会近畿支部 編，“もっと化学を楽しくする5分間”，化学同人（2003）.

第3章　生　物

編集担当：関　隆晴，渥美茂明

3.1 細胞の構造をはかる

「人は60兆個の細胞からできている」と推定されている。この表現では細胞の大きさをイメージしにくい。そこで「手のひらの表皮では1 mm × 1 mmの正方形内に1,000個の細胞が並んでいる」と表現すると，その大きさをイメージしやすいだろう。こんな小さな細胞やその内部構造を観察・測定するには，鮮明な拡大像をつくる手段が必要である。本節では，顕微鏡の開発史，顕微鏡の概要，観察技法を概説し，細胞の構造をはかる方法と計測例を紹介する。

3.1.1 細胞の構造は肉眼では見えない―顕微鏡の開発史

どうしたらものを拡大して見ることができるだろうか？　曲面のあるガラスの花瓶に姿を映すと，ゆがんでいるが大きく見える。吹きガラスの技法が発達した1世紀には，人々はすでにこの不思議に気づいていたに違いない。蒲鉾型のガラスは拡大鏡として使われ，10世紀頃には透明度の高いガラスが工夫され，研磨術も進みレンズが誕生する。そして16世紀後半に，2枚の凸レンズを組み合わせた複式顕微鏡がオランダの眼鏡商であったJanssen（ヤンセン）父子によってつくられたといわれている。しかし，初めて微生物を観察できたA. van Leeuwenhoek（レーウェンフック，1632－1723）自作の顕微鏡は単式顕微鏡だった（図1a）。一般の虫めがねを考えると，なぜ単式顕微鏡で微生物を観察できたのか不思議になる。実は，焦点距離の短いレンズをつくれば，驚異的な拡大像を得られる。レーウェンフックの顕微鏡は直径数mmの水晶玉レンズを用いており，針の先に試料を付け，目をレンズに近づけて見ると（図1b），約200倍[1]にも拡大できた。

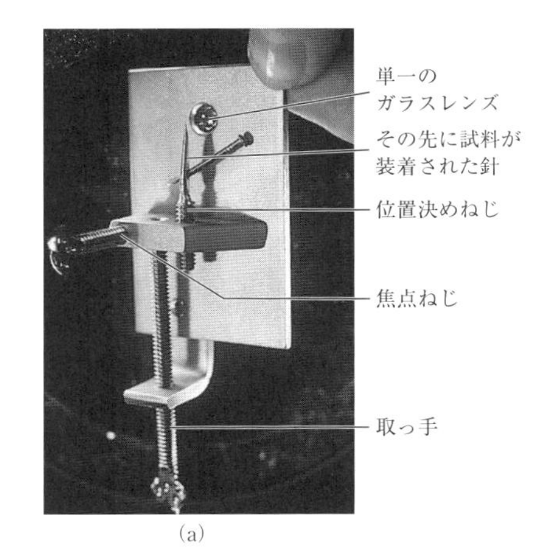

(a)

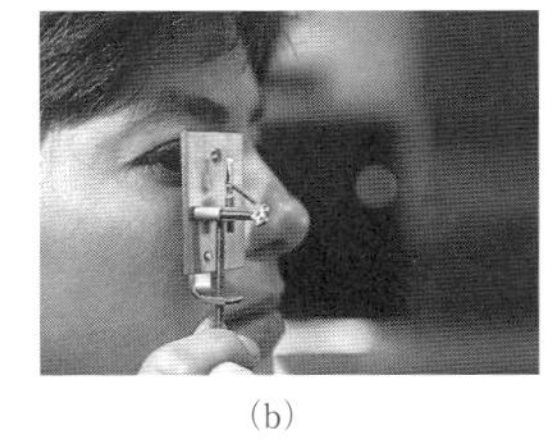

(b)

図1　レーウェンフックの単式顕微鏡の模型

a　種々のねじは試料を焦点に合う位置への移動に使う。
b　目をレンズに近づけて観察する。
［J. G. Black著，林英生，岩本愛吉，神谷茂，高橋秀美監訳，“ブラック微生物学”，第2版，p.52，丸善（2007）］

「細胞の構造をはかる」には，まず構造が見えなくてはならない。では，「ものが見える」とはどのようなことだろうか。もの（対象物）と周囲との間に明暗の差や色の差があると，そこにものがあると識別できる。真っ暗闇では物体は見えない。それは，明暗の差がなく，また太陽光が物体に当たったときの反射光による色の差もないためである。識別できる二つの物体が別々に見える最少の距離を分解能といい，人の眼では約0.1 mmである。二つの物体が二つに見えるためには，各物体からくる光が眼の網膜上の2個別々の視細胞を刺激し，それらの間には，刺激を受けない視細胞が少なくとも1個介在しなくてはならない（図2）。

1665年，R. Hooke（フック，1635－1701）は

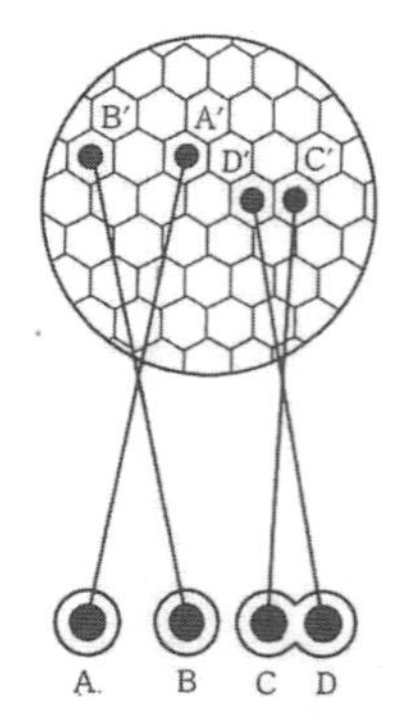

図2　ヒトの裸眼の分解能

物体が眼球網膜の視細胞に投影されるとき，物体AとBのように中間に一個の視細胞を置いて投影されると2点として識別される。しかし，物体CとDのように隣接する視細胞に投影されると，2点ではなく1点として識別される。

［本陣良平，"医学・生物学のための電子顕微鏡学入門"，p.20，朝倉書店（1968）］

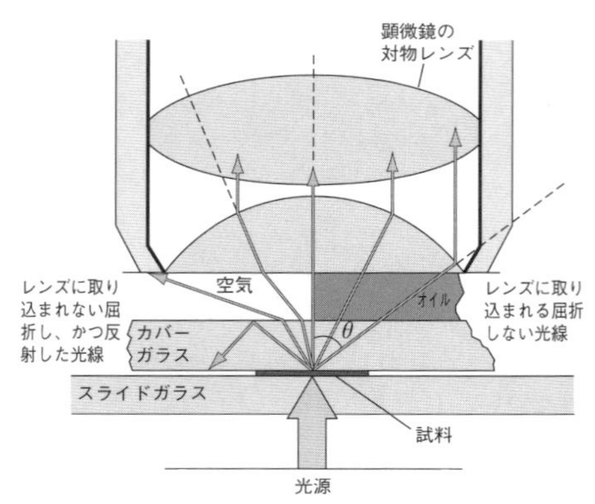

図3　油浸法

顕微鏡用スライドガラス，カバーガラス，レンズを通過する光はその都度屈折する。油浸法はカバーガラスとレンズと同じ屈折率のイマージョンオイルを用い，アッベの式の n 値を上げて分解能を高める（最大1.4）。

［J. G. Black 著，林英生，岩本愛吉，神谷茂，高橋秀美 監訳，"ブラック微生物学"，第2版，p.57，丸善（2007）］

コルク片が多数の小部屋（cell：細胞）からできていることを見つけた。彼の使用した顕微鏡は現在の雛形となる複式顕微鏡だった。レーウェンフックの顕微鏡と比べ拡大倍率は約50倍[1]と低いが，照明ランプとコンデンサーが加わっている。発見した小部屋は死んだ細胞の細胞壁だったが，彼はその後，生きている細胞では小部屋の穴に液が詰まっていることを推測し，また，植物や動物が同じ小部屋でできていること，つまり，「細胞が生物の構造の基本単位」であることに気づいている。にもかかわらず，植物（1838年），動物（1839年）の細胞説「細胞が構造と機能の基本単位」の確立まで約170年もかかっている。小さな細胞内の機能を捉えるレンズの改良と観察技法の開発に要した時間といえよう。顕微鏡の分解能は次のアッベの式で表される。

$$\text{顕微鏡の分解能} = 0.61\,\lambda / (n \cdot \sin\theta)$$

ここで，λ は使用する光の波長，n は試料と対物レンズ先端間の媒質がもつ屈折率，θ は光軸とレンズの一番外側を通る光線との角度である。1788年頃に n 値を大きくするため対物レンズを油に浸す油浸法（図3）が考案され，色消しレンズの作製とレンズの球面収差や色収差の改良もつづけられている。そして，1831年にR. Brown（ブラウン，1773－1858）は「植物の全細胞に核が存在する」ことを見出し，1835年には原形質が生命反応の場と考えられ，1838年の細胞説に至るのである。

アッベの式からわかるように，分解能は拡大倍率とは無関係で，可視光の最適条件（λ = 400 nm）でも0.2 μm弱が限界である。そこで工夫されたのが，観察物を際立たせる方法，つまり，対象物と周囲との明暗の差や色の差を高める方法である。1847年には細胞小器官などの染色法が導入され，顕微鏡も1903年に暗視野顕微鏡，1929年に蛍光顕微鏡，1930年に偏光型微分干渉顕微鏡，1935年に位相差顕微鏡が開発された。

しかし，光学顕微鏡では分解能0.2 μm弱を超えられない。そこで考案されたのが，光より波長（アッベの式の λ）の小さい電子線を使った電子顕微鏡で，1938年に透過型が試作され，1950年代から細胞内の微細構造が次々に明らかにされた（図4）。現在では「原子を見たい」という欲望も実現されている。

並行して「生きた細胞で細胞小器官や分子の動態を見たい」との思いは，1929年に開発さ

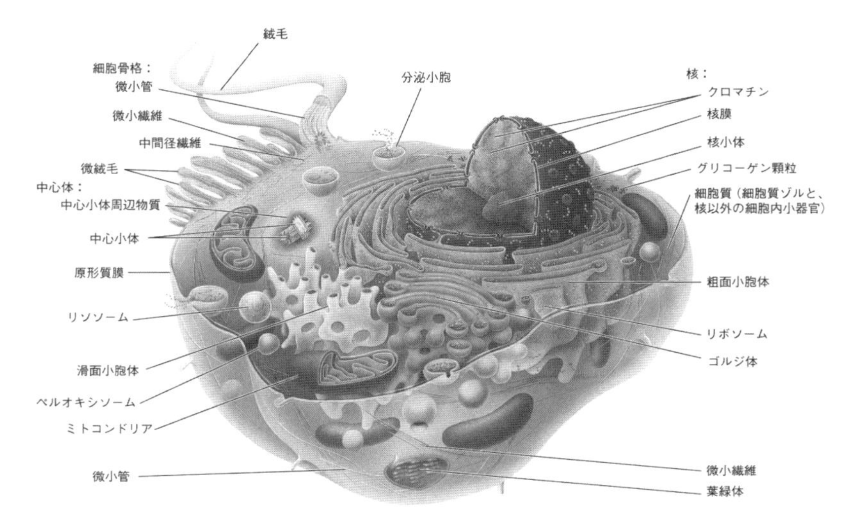

図4　真核細胞

動物と植物の各々に特異的な細胞小器官をすべて表示した模式図
［J. G. Black 著，林英生，岩本愛吉，神谷茂，高橋秀美 監訳，"ブラック微生物学"，第2版，p.96，丸善（2007）］

れた蛍光顕微鏡の性能を高め共焦点レーザー顕微鏡を生み出した（1969年）。現在，アッベの分解能 0.61 $\lambda/(n\cdot\sin\theta)$ の式を超えた高解像が様々な様式で追い求められている。

1665年に初めて観察された小部屋は死細胞の細胞壁だったが，現在は，生きた細胞内で動き回る分子まで見ることができる。「より小さな世界をより鮮明に見たい」との生物学者の思いが，物理・化学・工学系の研究者との連携によって種々の顕微鏡を発明し，顕微鏡の性能を上げ，工夫に満ちた観察技法を開発してきた[2]。

3.1.2 観察機器

教育現場で一般的な生物顕微鏡，教科書に写真が掲載されている電子顕微鏡，生物学・医学分野で威力を発揮している蛍光顕微鏡について概説する。

a. 生物顕微鏡（一般の光学顕微鏡）

2枚の凸レンズを組み合わせ，対物レンズによって倒立の実像を接眼レンズの焦点内に結ばせ，接眼レンズによってこの実像を拡大した虚像を見る。

b. 蛍光顕微鏡

試料に紫外線などの励起光を照射し，試料が発する蛍光を観察する（図5a，図9a）。

2014年ノーベル化学賞に輝いた超解像蛍光顕微鏡は，「見たい部分以外を励起させない（STED顕微鏡）」，または「分解能以上に接近した分子を同時に励起しない（PALM顕微鏡）」技法で次々に分子を撮影し，それらの画像を重ね合わせて高解像の1枚の画像を作成する。まさに「分解能 = 識別できる二つの物体が別々に見える最少の距離」を一方の物体を消去して確保しているのである。他にも，アッベの式の0.61を0.37にするなど，多様な超解像技術による超解像蛍光顕微鏡が開発されている。日本製の機種では（図5b），生きた細胞で，電子顕微鏡で撮影したようにクリステが見えるミトコンドリアの動態を撮影できた（図5a）。

c. 電子顕微鏡

光学顕微鏡の光源の代わりに電子線を，凸レンズの代わりに磁気コイルのレンズを使う。電子は波の性質をもち，光（可視光 400～800 nm）よりも波長が短く，かつ負に帯電した粒子の性質ももつため磁場によって収束・拡散できる。

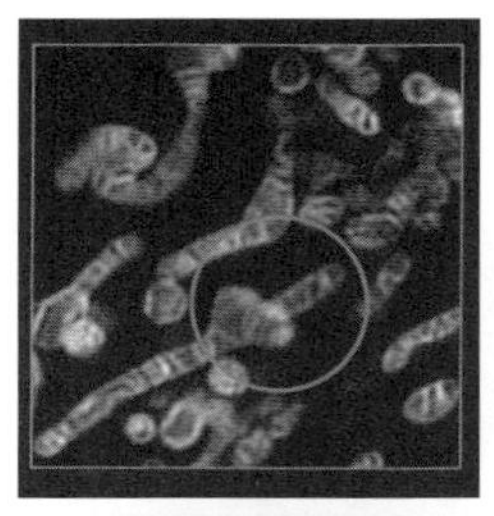

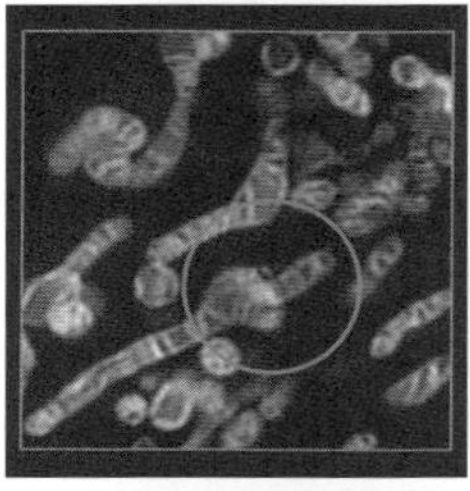

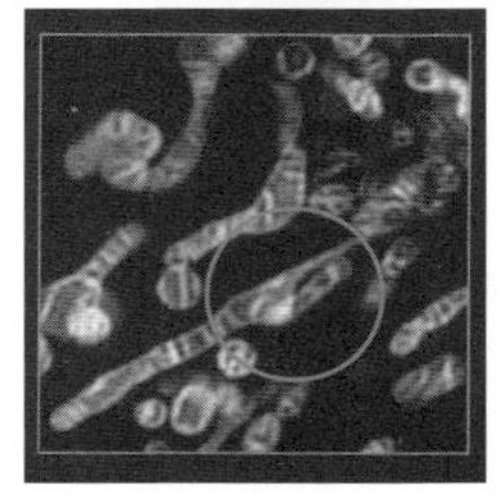

(a)

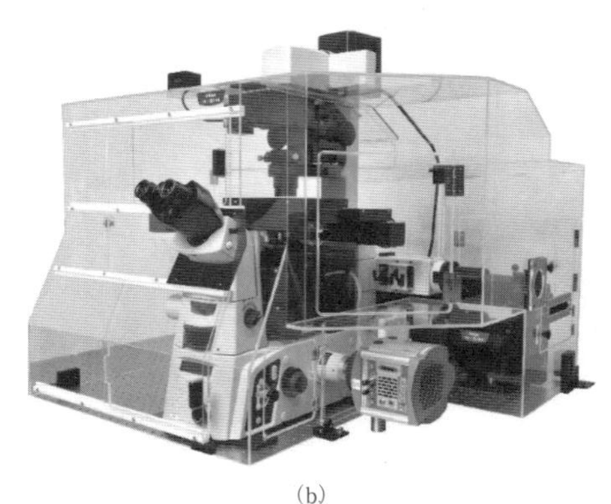

(b)

図5　超解像蛍光顕微鏡と撮影例

a　Mitotracker® Red 標識したミトコンドリア
各写真は2秒間隔（動画）。
［撮影：Dr. M. W. Davidson, Florida State University］
b　Nikon N-SIM（超解像蛍光顕微鏡）により生きた細胞で内部のクリステまで鮮明に見えるミトコンドリアの動的挙動が撮影された（a）。

図6　世界最高加速電圧の電子顕微鏡

（大阪大学超高圧電子顕微鏡センターに設置）
3000 kV まで加速でき厚い試料の観測が可能である。写真下部のはしごの上の女性の大きさから顕微鏡の巨大さがわかる。

電子線の波長は，電子の速度が速いほど短くなるので，高電圧で加速させて短い波長の電子線にする。透過型と走査型がある。

透過型電子顕微鏡　観察対象（切片・細胞質の一部など）に電子線を当て，透過した電子線の強弱で投影拡大像をつくる。一般的な電子顕微鏡の加速電圧は 80～200 kV だが，世界最高加速電圧の 3000 kV 超高圧電子顕微鏡が日本に設置されている（図6）。

走査型電子顕微鏡　試料表面に電子線を走査させ，電子線が当たった試料表面の凹凸部から放出される散乱電子と二次電子の量を測定し，その強弱を調節してモニターに三次元像をつくり出す（図7）。

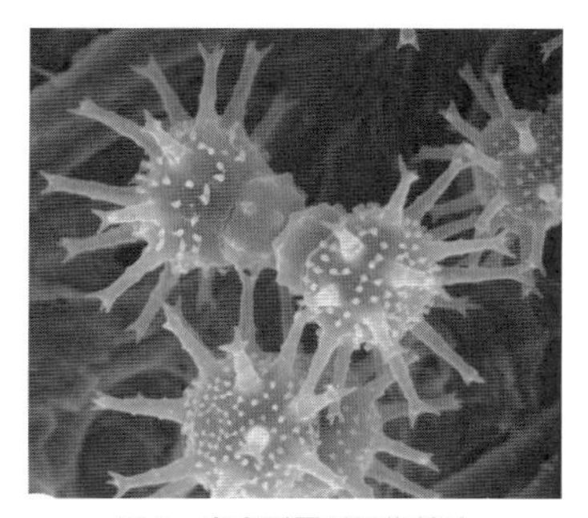

図 7 走査型電子顕微鏡法
細胞分裂後，一対の成長中の単細胞緑藻 *Staurastrum* sp.
［撮影：鈴木留美子］

3.1.3 標本作製・観察法

a. 光学顕微鏡

一時標本

① 微生物，血球や精子などを生きた状態で観察する方法

・観察の基本は，つねに微動ねじを調節して対象を立体的に捉えることである。

・カバーガラスの周囲をマニュキアで封じたり，カバーガラスの下にキャピラリーを置いて水分量を増したり，スライドガラス上に寒天を薄く敷くなどすると，長時間の観察が可能になる。

・無菌培養している細胞の観察・測定には，ふたを開かずに培養している容器の底から観察できる倒立顕微鏡や，対物レンズと試料台の間の広い実体顕微鏡が適している。

・原形質流動の流速は，接眼レンズ筒に接眼ミクロメーターを装着して測定する。

・スケッチや撮影した写真には，接眼ミクロメーターを使って計算した拡大倍率を表示する（データとして必須）。時にスケッチや写真に観察倍率が表示されている。この間違いを避けるためにも，接眼ミクロメーターはつねに装着しておきたい。装着・取り外しで接眼レンズ筒にほこりなどが混入することも防げる。

② 塗沫法：試料をスライドグラスに塗沫して乾燥させ，固定液や染色液で順次処理する（血液などの観察）。

③ 押しつぶし法：試料をカバーガラスの上から押して適度に分散させる（核分裂過程や唾線染色体などの観察）。この際，人工産物像（アーティファクト）に注意する必要がある。たとえば，コロニーを形成する緑藻 *Botryococcus braunii*（ボトリオコッカス・ブラウニィ：図 8）は多量の油を生産し細胞外に蓄積する。そのため，化石燃料に代わる新エネルギー資源の開発で注目されている。細胞外に蓄積した多量の油を強調するため，コロニー外に油がしみ出た写真が度々紹介されている（図 8 b）。これはまさにコロニーを力の限り押しつぶした成果なのだが，実態を反映していない。本藻は細胞外に分泌した液状の油が拡散しないように，その周りをコロニーシースとよばれる繊維層できっちり取り囲んでいる（図 8 d）。コロニーシースは電子顕微鏡で初めて観察された構造だが，その存在は光学顕微鏡でも少しの工夫で確認できる（図 8 c）。

④ 切片法：動物・植物組織を光学顕微鏡で鮮明に観察するには，厚さ 10 μm 以下の切片をつくる。

動物組織は柔らかく生の状態では薄い切片を作製できない。そのため，組織を固定してから脱水しキシレンを中間剤としてパラフィンに包埋する。パラフィン包埋された試料をミクロトームで薄い切片にし，スライドガラスに載せ，伸展し，観察目的に適した染色をして観察する。

植物組織は細胞壁があって硬いため，カミソリで薄い切片を作製して，そのまま，または染色して観察する。

⑤ レプリカ法：植物体の表面にセルロイドや接着剤を塗って型を取り，その型を観察する（葉の気孔の分布などの観察）。

細胞・組織化学　多くの微生物や生体試料はほぼ無色透明なため，多種多様な染色法が考案されている。

永久標本　動物組織は 3.1.3 a.「切片法」の染色まで行い，水洗・脱水後，バルサムに包埋する。植物組織は 3.1.3 a. ④「切片法」で作製した切片を染色してから水洗・脱水・バルサム包埋する。

b. 蛍光顕微鏡

細胞小器官・分子など観察対象に対する特異

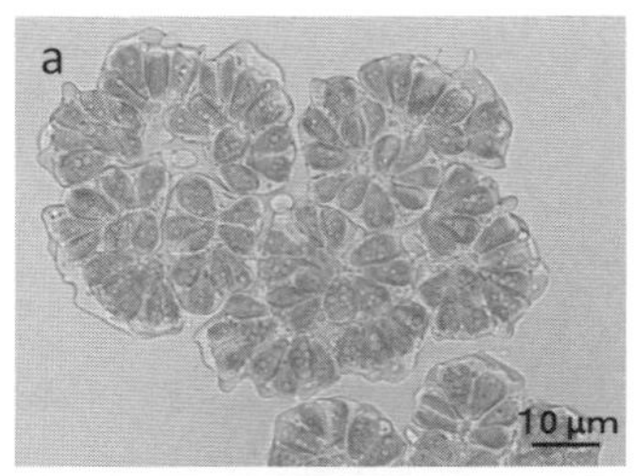

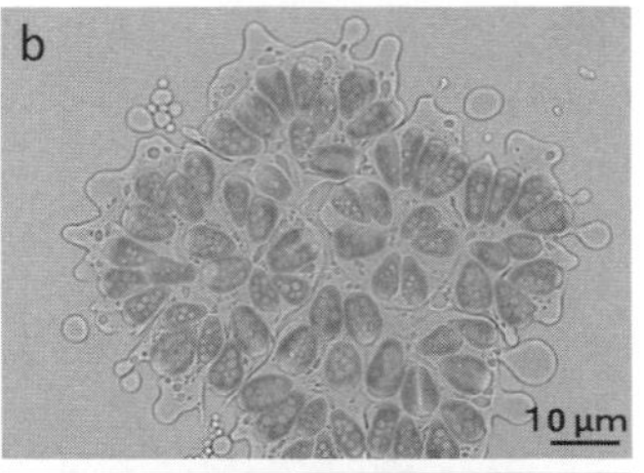

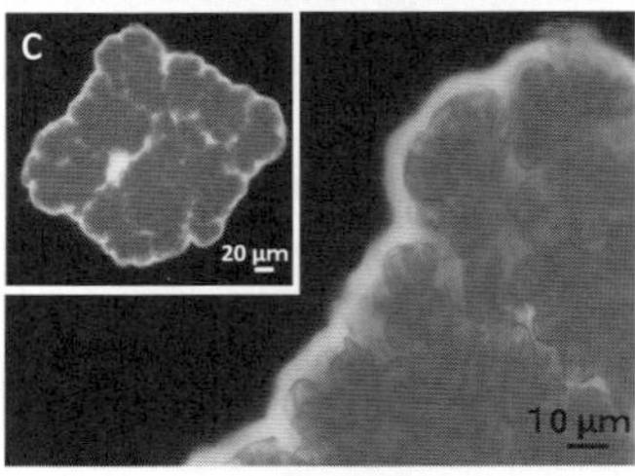

図8　多量の油を生産する緑藻 *Botryococcus braunii*

a, b, c　光学顕微鏡（a：適度に押しつぶされたコロニー，b：押しつぶし過ぎて液状油がしみ出ているコロニー，c：墨汁処理，コロニーシースは墨汁をはじき白い層に見える）

d　コロニーシースの電子顕微鏡切片像　コロニーシース（両矢印）を構築している繊維が見える。

[a, b　撮影：鈴木玲子，d 宇野由紀]

[c　Y. Uno, *et al., Algal Res.,* **8**, 214-223 (2015)]

性の高い蛍光色素で染色，または遺伝子工学によって細胞内で蛍光タンパク質（コラム参照）を発現させて観察・測定する。蛍光の退色が速いため励起光を当てたら素早く写真撮影する。

c. 透過型電子顕微鏡

電子は空気中の分子と衝突すると散乱するので，電子顕微鏡内は高真空である。そのため，水分を含む生きた状態では細胞を観察できない。超薄切片法が一般的だが，ネガティブ染色法，フリーズフラクチャー-レプリカ法（図10），免疫電子顕微鏡法，三次元構築法（図11 b，c），オートラジオグラフィー法など，観察目的によって多様な技法が開発されてきた。電子顕微鏡の試料作製には専門的な技術を要するので，ここでは一般的な超薄切片法だけを記す。

超薄切片法　　試料の固定 → 洗浄 → 脱水 → 樹脂包埋 → 切片作製 → 染色 → 観察を行う。生きた細胞での微細構造を保持するために最初の固定が大切である。一般的な化学固定法では，グルタルアルデヒドでタンパク質どうしを架橋し，四酸化オスミウムで脂質を黒化する。急速凍結置換法では生物試料を液体プロパン（−190℃）などで瞬時に凍結し，凍らせたままゆっくり細胞内の氷と固定剤とを置換して固定する。加圧凍結では 2100 bar（210 MPa）の加圧下で液体窒素（−200℃）を噴霧し，細胞を急速に凍結して固定する[3]。

3.1.4　細胞の構造をはかる

a. 光学顕微鏡ではかる

測定できる細胞構造はごく限られている。

核　　核は染色体として統合されたDNAを二重膜（核膜の内膜と外膜）で取り囲んだ構造である。

①　核の大きさ：DNAを染色するフォイルゲン染色や酢酸カーミン染色して観察する。大きさは，接眼ミクロメーターを用いて測定する。

②　染色体数：核細胞分裂中期の凝集した染色体で数える。①と同様に試料を染色し，押しつぶし法で観察する。

ヒトの染色体数は1956年に46本と確定されたが，それ以前には47本説や48本説も出た。試料を押しすぎて1本の染色体がちぎれれば

コラム　蛍光タンパク質

オワンクラゲから単離された緑色蛍光タンパク質（GFP：green fluorescent protein）は紫外線または青色光を吸収して緑色の蛍光を発する。観察したいタンパク質の遺伝子にGFP遺伝子を結合したキメラ遺伝子を作製して生物体に導入し，生体内で融合タンパク質を発現させる。蛍光顕微鏡下で目的タンパク質のダイナミックな動態を観察でき，生きた細胞でのリアルタイムの解析を可能にした。GFPは下村脩博士（1928－）がオワンクラゲより発見・精製し（19年間にすくったオワンクラゲは85万匹），他の2氏とともに2008年ノーベル化学賞を受賞した。現在は，種々の蛍光タンパク質が発見され構造ごとに染め分けることも可能である（多重染色）。

47本になるし，反対に2本の染色体が重なると46本以下に見える。

葉緑体　藻類や植物に特有な光合成を行う細胞小器官で，緑色のクロロフィルを含むため，生物顕微鏡でも観察でき大きさや数を測定できる。

緑藻アオミドロはらせん状の葉緑体を含むため *Spirogyra* の名が付いている。1細胞あたりの葉緑体数は種によって一定で1～16本である。この葉緑体数は顕微鏡の微動ねじを上下して立体的に観察し数える。数を意識しながらスケッチすると，よりリアルなスケッチを描けていることが多い。

細胞膜　細胞膜は細胞の内外を隔てる膜である。光学顕微鏡では細胞膜を見てはいるのだが，その構造は観察できない。植物細胞は細胞壁と密着しているため，原形質分離させて初めてその存在を実感できる。

b. 蛍光顕微鏡ではかる

細胞内のすべての構造は，それらの指標タンパク質に蛍光色素を付けて共焦点レーザー顕微鏡で立体像を捉えれば，その数を測定できるといっても過言ではない。葉緑体は紫外線照射で赤い蛍光を発するので（一次蛍光，口絵2：赤）無染色で数を計測できる。一方，分解能以下の分子が見えることからわかるように，対象物に付けた色素が発する蛍光を見るため，構造サイズの正確な測定には適さない。蛍光色素（ナイルレッド）で脂質を染色しオイルボディを計測した例を図9に示す。

c. 透過型電子顕微鏡ではかる

微細な構造の計測では，電子顕微鏡像が固定・脱水・樹脂包埋・染色などの処理を施した人工産物であることを忘れてはならない。

細胞膜と細胞小器官の膜　細胞膜は脂質二重層にタンパク質が分布している（図10a）。脂質分子とタンパク質分子はともに活発に動き回っているため，「細胞膜は液体である」と表現する専門家もいる。核，葉緑体（包膜，チラコイド膜）などの細胞小器官の膜も，脂質二重層にタンパク質が分布している構造である。脂質の種類，タンパク質の種類は各細胞小器官で特異的であり，それによって各小器官は特有の機能を営んでいる。

①　細胞膜の厚さ：電子顕微鏡の切片法で細胞膜は暗・明・暗の三層に見える（図10b）。この厚さを測定して，1977年頃から膜の全体の厚みは8～10 nmとされた。現在は「脂質二重層の厚み5 nm」である。この差は何を意味するのだろう？　電子顕微鏡切片法の試料は細胞微細構造を際立たせるために膜系を黒く染色している。そのため，膜（脂質二重層とタンパク質）に結合したオスミウム酸や鉛を含めて厚さを測定していた。タンパク質を含まない人工の脂質二重層を作製し，無染色で測定した値は5 nmである。

注意：教科書で見かける「細胞膜の厚さ5～10 nm」は許容範囲であるが，「脂質二重層5～

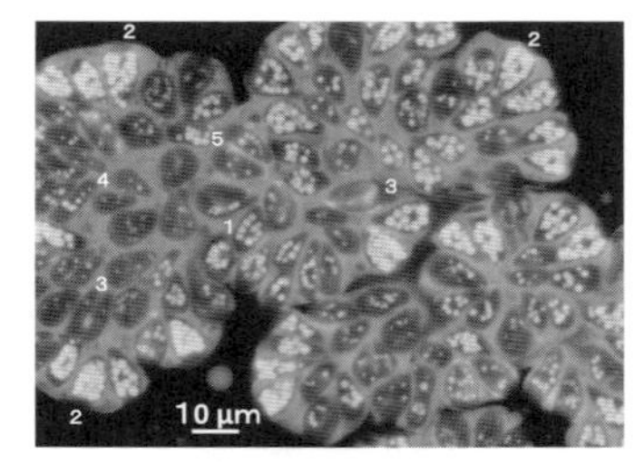

(a) 口絵2の一部

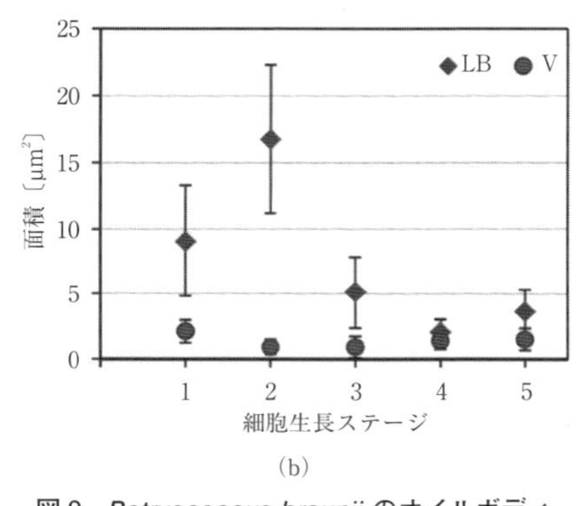

(b)

図9　*Botryococcus braunii* のオイルボディ

a　ナイルレッド染色・蛍光顕微鏡法：細胞内の白い球状構造がオイルボディで，細胞周辺の灰色部分が細胞外に蓄積したオイルである。

b　aの1～5で示した細胞生長段階によるオイルボディ面積の変化。細胞分裂前（ステージ2）にオイルボディが増大し，細胞分裂直後（ステージ3）に消失することから，オイルの細胞外分泌時期が特定された。LB：オイルボディ，V：液胞

［撮影：a　鈴木玲子］

［b　R. Suzuki, *et al.*, *PLoS ONE*, **8**, Issue 12：e81626（2013）］

10 nm」は正しくない。細胞膜の中で飽和脂肪酸を多く含む脂質ラフトの部分でも2倍もの厚さにはなっていない。

②　脂質二重層のタンパク質：膜タンパク質（図10 a）はフリーズフラクチャー法で観察し（図10 c，d），その分布密度をはかることができる。ただし，白金でシャドウイングしたレプリカを観察しているため，正確なタンパク質サイズは測定できない。

葉緑体　包膜で囲まれ，ストロマの大部分をチラコイドが占めている。チラコイドは膜にアンテナ複合体，電子伝達系，ATP合成酵素などを含み，所々層状に積み重なってグラナを形成している。

①　包膜数：切片法で数える。

葉緑体は原核生物のシアノバクテリアが真核生物に取り込まれて誕生したと考えられている。陸上植物や緑藻の葉緑体包膜は2枚だが，藻類では3枚（渦鞭毛藻など），4枚（クリプト藻，不等毛藻など）のものもあり，葉緑体をもった真核生物がさらに他の真核生物に取り込まれた証拠となっている。

②　グラナを構築するチラコイド数：切片法で数える。

陸上植物では10層以上のチラコイドが積み重なってグラナを形成している。藻類のなかには，グラナを構築しているチラコイド数が1層（灰色藻・紅藻），2層（クリプト藻など），3層（渦鞭毛藻，不等毛藻，ユーグレナ藻など）などある。進化の過程で，効率よく光を吸収するためにチラコイドの積み重なりを増やしたと考えられる。

小胞体　光学顕微鏡では観察しにくく電子顕微鏡の発明によって初めて発見された。細胞内で一続きの膜系で，リボソームを付着した粗面小胞体領域と付着していない滑面小胞体領域がある。小胞体は小胞輸送（小胞体 → ゴルジ体 → 細胞膜・細胞外またはリソソーム）の入り口である。分泌タンパク質やリソソームの分解酵素は小胞体上のリボソームで合成されると，ただちに小胞体内腔に入って細胞質基質から隔離される。以後，つねに膜で囲まれた状態で目的部位へ輸送される。小胞体は膜（脂質とタンパク質）の合成の場でもあり，細胞膜タンパク質も小胞輸送される。

①　リボソーム付着の粗面領域と滑面領域の割合・シート状領域と管状領域の割合：連続切片の三次元像で解析される（図11 b，c，口絵3）。

ゴルジ体　ゴルジ体は膜で囲まれた扁平な嚢（シスターネ）が積み重なった構造をしている（図12）。小胞体から糖タンパク質を入れた小胞を受け取る側（シス面）と糖タンパク質を選別し，小胞に詰め込んで放出する側（トランス面）がはっきり分かれ，極性をもった細胞小器官である（図12 b）。糖タンパク質の糖鎖を

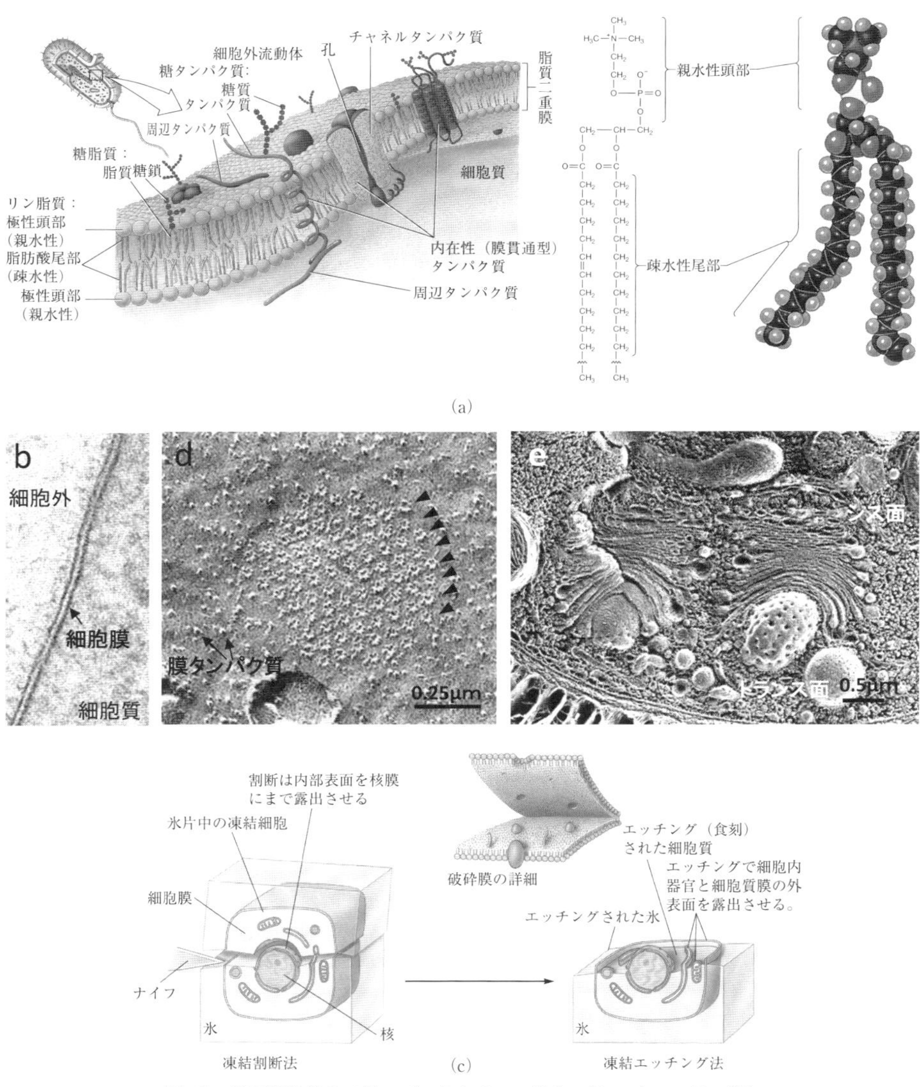

図 10　電子顕微鏡のフリーズフラクチャー法とフリーズエッチング法

a　膜の構造と膜の脂質二重層を構築しているグリセロリン脂質分子
b　電子顕微鏡切片法：細胞膜の三層構造が見える。
c　フリーズフラクチャー法とエッチング法
d　*Micrasterias crux-melitensis* の細胞膜のフリーズフラクチャー像：セルロース合成酵素群（矢尻）
e　*Botryococcus braunii* のゴルジ体のフリーズエッチング像
[a, c　J. G. Black 著，林英生，岩本愛吉，神谷茂，高橋秀美 監訳，“ブラック微生物学”，第 2 版，p.63，p.87，丸善（2007）]
[b, d　撮影：野口哲子]
[e　T. Noguchi, F. Kakami, *J. Plant Res.*, **112**, 175-186（1999）]

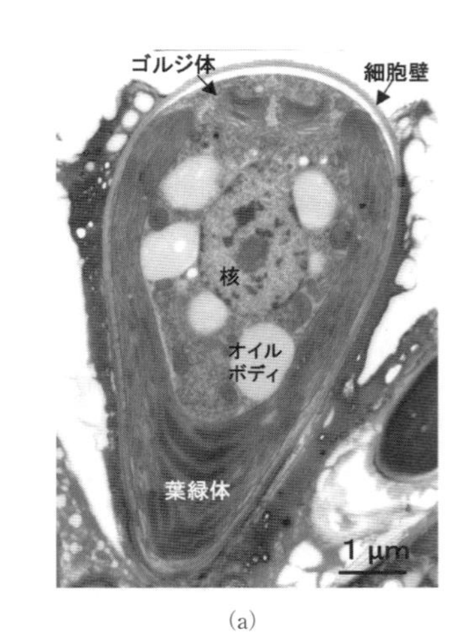

(a)

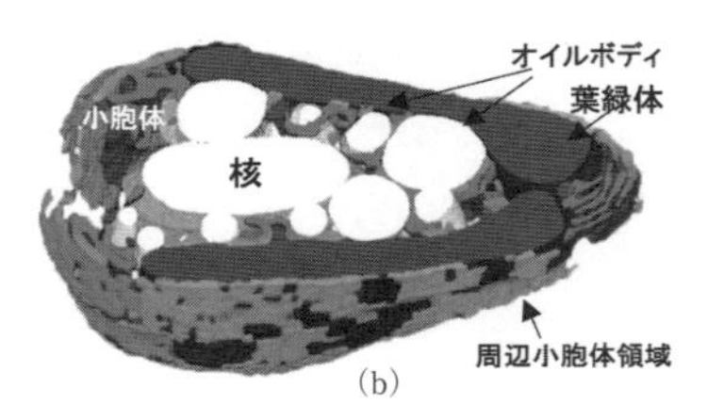

(b)

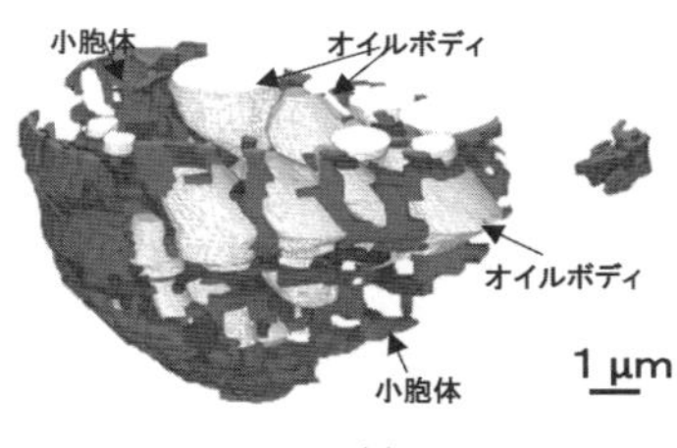

(c)

図11　透過型電子顕微鏡の連続切片法による *Botryococcus braunii* の立体構築（口絵3）

a　立体構築に用いた連続切片の1枚
b　細胞の半分（厚さ80 nmの切片38枚）の立体構築像。
c　bから核，葉緑体と周辺小胞体領域を除き，オイルボディと小胞体の立体関係を示す。
解像ソフトウェアを用いて，（色分けした）各構造の表面積，体積を計算できる。また，立体像を動画で回転したり，水平断面スライスできる。

［撮影・立体構築：鈴木玲子］

修飾し，植物細胞ではさらに細胞壁物質や粘液などの細胞外に分泌する多糖を合成する。

ゴルジ装置は1898年にイタリアのC. Golgi（ゴルジ，1843－1926）によって発見された。その後，植物細胞でも探索されたが，その存在は59年後の1957年に確かめられた。動物細胞では，ゴルジ体がリボン状に連なって一つの大きなゴルジ装置を構築しているので（図12 a），銀染色して光学顕微鏡で観察できたが，植物細胞では小さなゴルジ体（高等植物では直径約1 µm，図12 b）が細胞内に散在しているため，銀染色しても観察できなかったのである。結局，1950年代の電子顕微鏡の発明によって，植物細胞内にシスターネが積み重なった構造が観察され，その存在が証明された。

①　細胞周期を通した数の変化：現在は蛍光顕微鏡法が一般的だが，図13は電子顕微鏡の連続切片法による測定例である。動物細胞のゴルジ装置は核細胞分裂期に消失して娘細胞で再構築されるが，緑藻・植物細胞では多くの小さなゴルジ体が核細胞分裂前期前に同調して分裂することが単細胞緑藻で示された。

②　ゴルジスタックを構築しているシスターネ数：切片法で数える。ゴルジ体を構築しているシスターネ数はパン酵母1層，高等植物4～5層（図12 b），ユーグレナ十数層（図12 c）など種によって異なる。

3.1.5　画像解析・タンパク質の構造解析

顕微鏡画像の記録はスケッチ，写真からCCDカメラで瞬時にデジタル画像を得られるようになった。デジタルデータはコンピューターに保存され画像処理を可能にした。各種画像ソフトウェアを活用すると画像の三次元構築像（図11 b，c），さらに時間情報を加えた四次元構築像，異なる観察方法による画像の統合像を得られ，それらを活用した面積・体積の計算，ヒストグラムの作成などが可能になった。さらに，タンパク質サイズも電子顕微鏡像にX線結晶構造解析や核磁気共鳴法を組み合わせて解析可能になるなど，「細胞の構造をはかる」手段は発展しつづけている。　　　［野口 哲子］

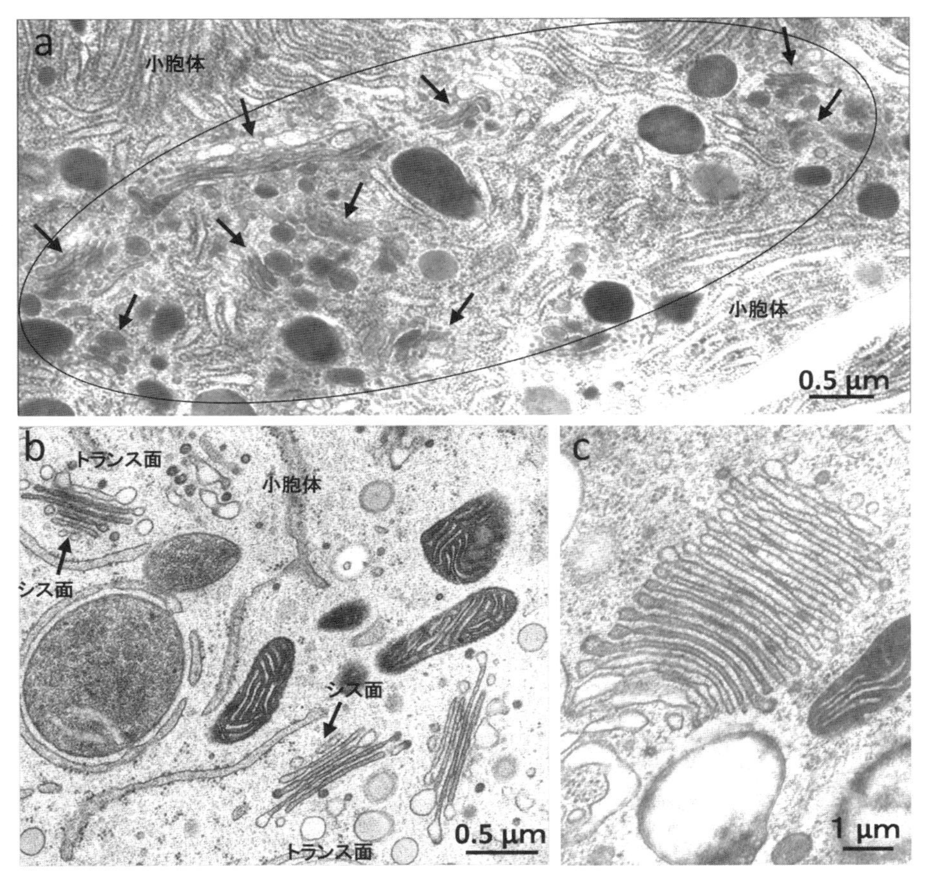

図 12　動物細胞と植物細胞のゴルジ体

a　マウスの膵臓細胞：楕円内のゴルジスタック（矢印）は連続切片で調べるとつながっている。
b　ムラサキツユクサの花粉：小さなゴルジ体（矢印）が分散している。
c　ユーグレナのゴルジ体：シスターネの層数が多い。
［撮影：a，c　石木裕子］
［a，b，c　野口哲子，*Plant Morphology*, **21**(1)，63-70（2009)］

参考図書

1）“第 2 章　レーベンフックの顕微鏡とロバート・フックの顕微鏡”，レーベンフック研究会（© 2007 Yasuaki Hotta）
2）T. Noguchi, Ed., S. Kawano, H. Tsukaya, S. Matsunaga, I. Karahara, A. Sakai, Y. Hayashi, “Atlas of Plant Cell Structure”, Springer (2014).
3）野口哲子，加圧凍結をはじめ急速凍結法で可能になった細胞微細構造の解析，*Plant Morphology*, **25**（1），21-27（2013).

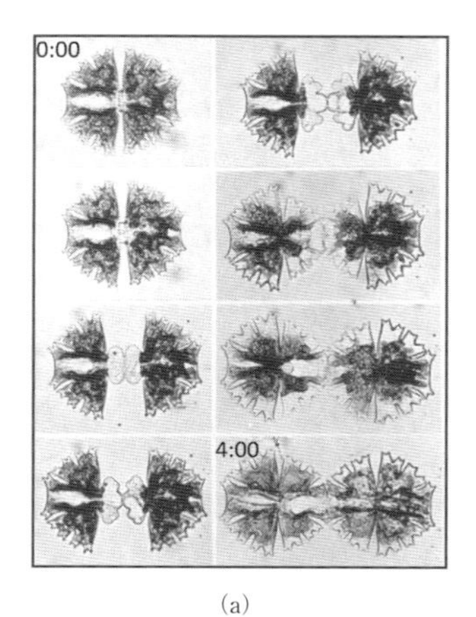

(a)

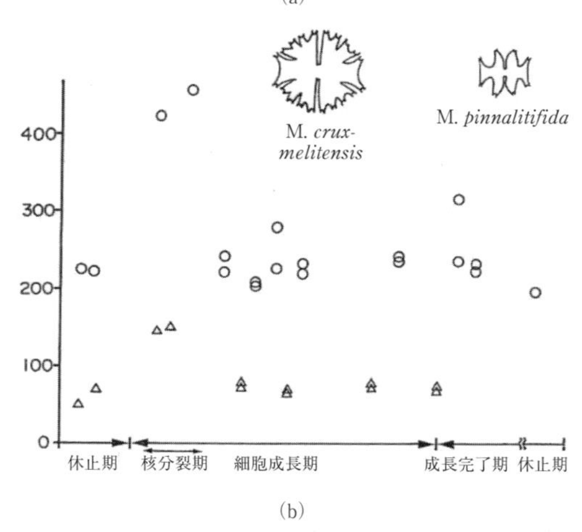

(b)

図 13　2種の単細胞緑藻 *Micrasterias* における細胞周期を通したゴルジ体数の変化

a　*M. crux-melitensis* の成長過程の光学顕微鏡像

b　電子顕微鏡連続切片法で測定したゴルジ体数：ゴルジ体は核分裂前に二分裂してその数を2倍にし，その後の細胞質分裂で元の数に戻ることがわかった。○　*M. crux-melitensis*，△　*M. pinnatifida*

［撮影：a　野口哲子］

［b　T. Noguchi, *Bot. Mag. Tokyo,* **96**, 277-280 (1983)］

3.2　生物の変わりやすさと変わりにくさ－遺伝

3.2.1　遺　伝

親の形質が子に伝わることを遺伝という。この現象は古代ギリシャ時代から知られていたが，それが科学的に証明されたのは19世紀中頃になってからである。

a. メンデル遺伝

初めて遺伝現象を科学的に実証したのは，オーストリア（現チェコ）の修道士であったG. J. Mendel（メンデル，1822－1884）であった。彼はエンドウの七つの形質に着目し，それぞれの形質の純系をつくって交雑実験を行い，法則性を見つけ出し1866年に発表した。この論文は，

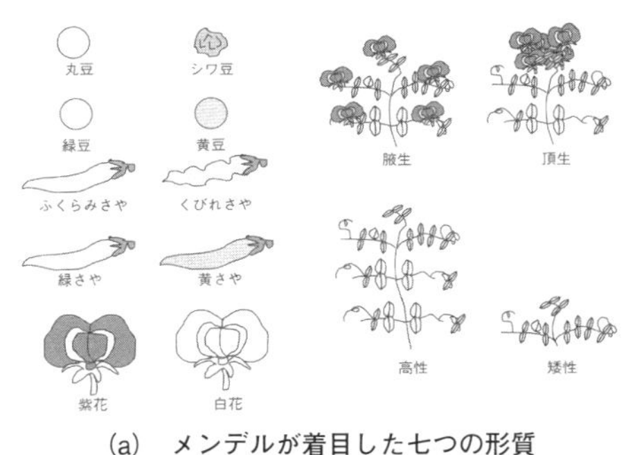

(a)　メンデルが着目した七つの形質

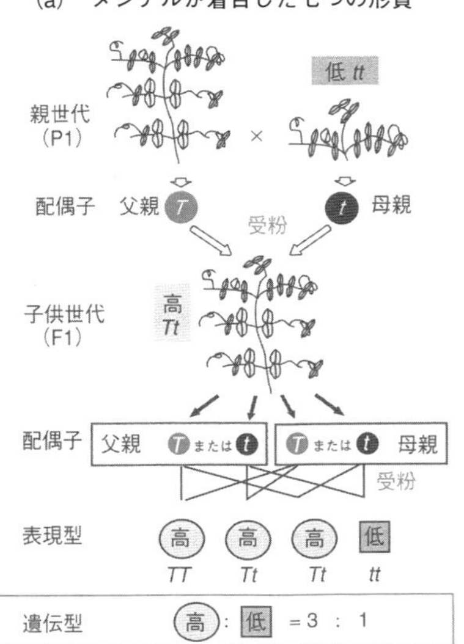

(b)　分離の法則

丸豆，黄色　シワ，緑色
親世代 (P1)　RRYY　×　rryy
配偶子（生殖細胞）　RY　ry
受粉
子供世代 (F1)　RrYy
配偶子　RY　Ry　rY　ry
1 : 1 : 1 : 1
受粉
9 : 3 : 3 : 1

雄しべ（花粉）の遺伝型

孫世代 (F2)

雌しべ（胚珠）の遺伝型	RY	Ry	rY	ry
RY	RYRY	RRYy	RrYY	RrYy
Ry	RRYy	RRyy	RrYy	RRyy
rY	RrYY	RrYy	rrYY	rrYy
ry	RrYy	Rryy	rrYy	rryy

(c)　独立の法則

図1　メンデルの遺伝の法則

［野島博，"生命科学の基礎"，pp.41-42，東京化学同人（2008）を改変］

親から子へ「遺伝因子」が伝えられると主張するまったく画期的なものであった。そのため，すぐには社会に受け入れられなかったが，1900年代にH. M. de Vries（ド・フリース，1848－1935）やC. E. Correns（コレンス，1864－1933），E. von Tschermak-Seysenegg（チェルマック，1871－1962）により再現性が確認され，メンデルの法則として広く受け入れられるようになった。

メンデルの法則は，優性の法則，分離の法則，独立の法則からなる。遺伝子には，表現型が現れやすい遺伝子（優性（顕性））と現れにくい遺伝子（劣性（潜性））があり，同時に存在した場合，優性の形質のみが表現型として現れることを優性の法則という。エンドウの七つの形質にはすべて優性のものと劣性のものとがある。雑種第一代において，両親から受け継いだ一対の対立遺伝子は融合せず，配偶子形成の際に分離し，それぞれの配偶子に受け継がれる。その結果，雑種第二代に雑種第一代で現れなかった劣性の形質が3：1の比率で現れる現象を分離の法則とよぶ。独立の法則は，2対以上の異なった形質の遺伝様式に関する法則である。つまり，別々の染色体上にある異なる二つ以上の形質が対立する場合，それぞれの形質は特定の組み合わせをなさずに独立して遺伝するという法則である。二遺伝子雑種の交配では9：3：3：1の比率になる。これらメンデルの法則を図1に示す。現在では，メンデルが使った形質の遺伝子がどの染色体上に位置しているかも解明されている（図2）。

また，遺伝学で使用される用語については，W. Bateson（ベイトソン，1861－1926）が10年以上にわたってメンデルの論文を英語に翻訳し，allelomorph（アレロモルフ＝allele；対立遺伝子），genetics（遺伝学），heterozygote（異型接合体；ヘテロ），homozygote（同型接合体；ホモ）などの用語を考案した。さらに彼は，交配実験での世代の図式化にP（parental；親の），F（filial；子の）などの表記法を使った。また，W. L. Johannsen（ヨハンセン，1857－1927）は純系のマメの大きさの遺伝の研究から，生物の外観と遺伝構成とを区別する必要性を示し，

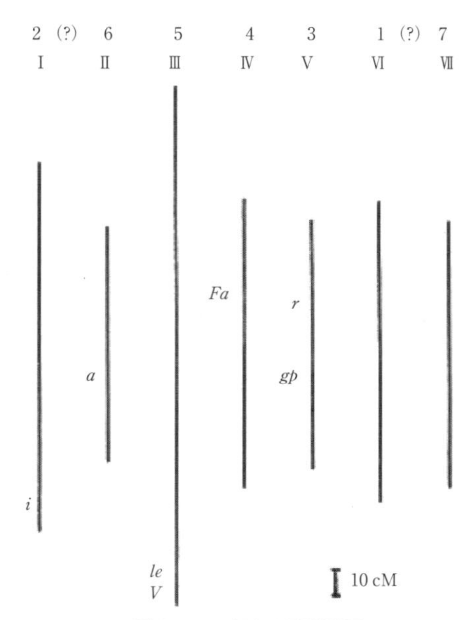

図2　エンドウの連鎖地図

図中のアラビア数字は染色体番号を，ローマ数字は連鎖群を示している。メンデルが実験に用いた七つの形質の遺伝要素は，子葉の色（I-*i*）が第I連鎖群に，種皮の色（花の色）（*A*-*a*）が第II連鎖群に，草丈の高さ（*Le*-*le*）と成熟したさやの形（*V*-*v*）が第III連鎖群に，花のつき方（*Fa*-*fa*）が第IV連鎖群に，種子の形（*R*-*r*）と未熟なさやの色（*Gp*-*gp*）が第V連鎖群にあることが確定されている。縦線は連鎖群の相対的な大きさを示すもので，染色体とは対応していない。また，図中のスケールバーは組換え価（単位はセンチモルガン）を示す。なお，第1および第2染色体と連鎖群の関係はまだ確定していない。EllisとPoyser（2002）より一部改変して引用。

［米澤義彦，生物教育，**51**(3)，38（2011）］

phenotype（表現型），genotype（遺伝子型）という用語を考案した。そして，gene（遺伝子）という言葉をつくった。

b.　その他の遺伝

メンデルの優性の法則に従わない例として，マルバアサガオの花の色が知られている。赤色のものと白色のものとを交配するとF1では中間のピンク色となり，F2では赤色：中間色：白色が1：2：1の比に分離する。同じ染色体上に存在する遺伝子に関しては，メンデルの独立の法則に従わず，一緒になって子孫に伝わる。これを遺伝子の連鎖という。その他，ヒトのX

染色体上に存在する色盲の遺伝子や血友病に関する遺伝子などは，その遺伝子が子に伝わった場合，男性と女性で表現型が異なる。このような性染色体に存在する遺伝子による伴性遺伝もある。また，劣性ホモになると致死になる致死遺伝子や母親の遺伝子型が卵子の細胞質を通じて子の形質として現れてくる母性遺伝もある。

3.2.2　遺伝物質の変化

遺伝物質であるDNAはつねに変化している。しかし，それを修復するメカニズムももっているため，表現型として現れることは少ない。体細胞で起こった遺伝子の変化が修復されずに残った場合は，細胞分裂によって娘細胞に受け継がれるが，その個体一代限りの変異である。しかし，卵子や精子になる生殖細胞で起こった遺伝子の変化は，子孫に伝えられることになり遺伝病の原因にもなる。

a.　突然変異

ある生物において，その生物集団の大多数の形質と異なる形質をもつようになることを突然変異といい，H. M. de Vries（ド・フリース，1848－1935）がオオマツヨイグサの栽培実験で発見し，命名した。突然変異は，DNAあるいはRNAの塩基配列に何らかの原因で物理的変化が生じることで起こる。突然変異は遺伝子内で起こることもあれば，遺伝子間領域で起こる場合もある。遺伝子間領域で起こった場合は，表現型としては何も変化が起こらない場合がほとんどであり，静的変異という。しかし，遺伝子内で起これば遺伝子産物に変化をもたらし，表現型にも影響を与える場合が少なくない。この場合，表現型が変化しているものを，野生型と区別して突然変異体とよぶ。DNA塩基配列の変化より起こりうる突然変異を図3に示す。

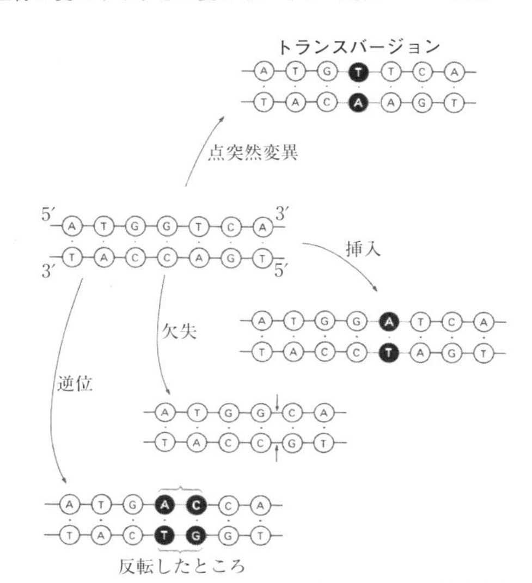

図3　突然変異により起こりうるDNA塩基配列の変化

［T. A. Brown著，西郷薫　監訳，"ブラウン 分子遺伝学（第3版）"，p.216，東京化学同人（1999）を改変］

これらの突然変異は，その内容によって様々なよび名がつけられている。1個の塩基の変化による突然変異を点突然変異という。プリン塩基どうし（A⇔G），ピリミジン塩基どうし（C⇔T）の塩基置換をトランジション，プリン塩基とピリミジン塩基との塩基置換（A，G⇔T，C）をトランスバージョンという。1個の塩基置換により1個のアミノ酸置換が起こり，その結果，遺伝子産物であるタンパク質の機能が変化する場合をミスセンス変異とよぶ。ミスセンス変異の典型的な例としては，細菌などに条件的致死をもたらす温度感受性突然変異がある。また，DNAの塩基配列とタンパク質のアミノ酸配列との相互関係が最初に指摘された鎌状赤血球貧血では，グロビンタンパク質の6番目のグルタミン酸（GAG）がバリン（GTG）に変化したトランスバージョンがもたらすミスセンス変異であった。

塩基置換により終止コドンに変わってタンパク質がつくられなくなる場合をナンセンス変異という。遺伝子の中に1個，あるいは2個の塩基（3の倍数以外）が付加（重複）されたり，欠失したりすると，読み枠（リーディングフレーム）がずれて，アミノ酸置換が連続して起きる。このような突然変異をフレームシフト変異という。欠失や重複は1塩基から数十塩基にわたる場合もある。フレームシフトを起こさない3の倍数の欠失や付加であってもタンパク質が機能しなくなる場合もある。

突然変異体は2回目の突然変異により野生型

に戻ることがある。これらの現象は復帰変異とよばれるが，初めの突然変異が起こった場所が自然に突然変異を起こしやすい場所（ホットスポット）でなければあまり起こらない。これらの遺伝子レベルの突然変異を図4に示す。

自然突然変異より高い頻度で突然変異を誘発する物理的・化学的要因を突然変異原という。物理的要因としては，宇宙線，X線，紫外線などがある。X線は活性酸素を発生させてDNAの二重鎖切断を起こすといわれている。紫外線はDNAの中の隣接したチミンどうしの間を結合させ（チミン二量体の形成），欠失を起こす（図5）。非常に多種類の化合物が突然変異を誘発する。例として，アルキル化剤や発がん物質であ

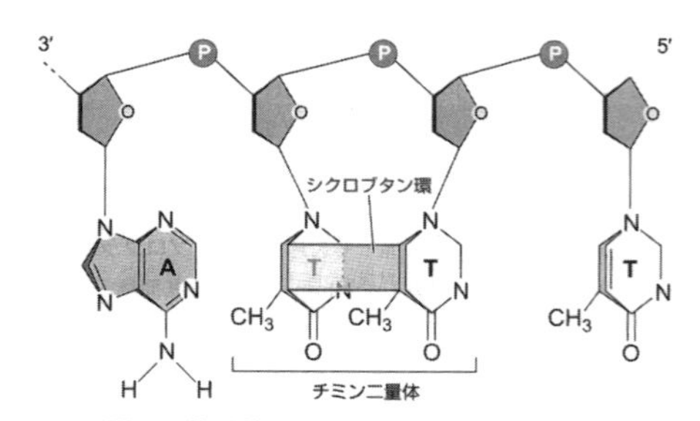

図5 紫外線により生じるチミン二量体

［J. D. Watson, T. A. Baker, S. P. Bel, A. Gann, M. Levine, R. Losick 著，中村 桂子 監訳，滋賀 陽子，中塚公子，宮下悦子 訳，"，遺伝子の分子生物学 第6版"，p.267，東京電機大学出版局（2010）；J. D. Watson, T. A. Baker, S. P. Bel, A. Gann, M. Levine, R. Losick, "Molecular Biology of the Gene 7th Ed.", p.322, Peason（2014）］

(a) ミスセンス点突然変異

Phe Asp **Glu** Pro Leu Cys Thr
5′-TTC GAT **G**AG CCC TTG TGC ACG-3′

↓ G→A変異

Phe Asp **Lys** Pro Leu Cys Thr
5′-TTC GAT **A**AG CCC TTG TGC ACG-3′

(b) ナンセンス点突然変異

Phe Asp Glu Pro Leu **Cys** Thr Arg Gly Pro
5′-TTC GAT GAG CCC TTG TG**C** ACG CGC GGT CCG-3′

↓ C→A変異

Phe Asp Glu Pro Leu **終止**
5′-TTC GAT GAG CCC TTG TG**A** ACG CGC GGT CCG-3′

(c) フレームシフト点突然変異

Phe Asp Glu **Pro** Leu Cys Thr Arg Gly Pro
5′-TTC GAT GAG **CCC** TTG TGC ACG CGC GGT CCG-3′

↓ Aの挿入

Phe Asp Glu **Thr** Leu Val His Ala Arg Ser
5′-TTC GAT GAG **ACC** CTT GTG CAC GCG CGG TCC G-3′

(d) サイレント点突然変異

Phe Asp Glu **Pro** Leu Cys Thr
5′-TTC GAT GAG **CCC** TTG TGC ACG-3′

↓ C→T変異

Phe Asp Glu **Pro** Leu Cys Thr
5′-TTC GAT GAG **CCT** TTG TGC ACG-3′

図4 遺伝子レベルの突然変異

［P. C. Winter, G. I. Hickey, H. L. Fletcher 著，東江昭夫，田嶋文生，西沢正文 訳，"キーノートシリーズ 遺伝学キーノート"，p.96，シュプリンガー・フェアラーク東京（2003）を改変］

るニトロソグアニジンなどがある。また，エチジウムやアクリジンなどの塩基間挿入剤（インターカレート剤）は短い欠失や挿入を引き起こし，変異の場所によっては重大な影響を与える。

染色体突然変異（染色体異常）は遺伝子を含む領域が広いため，生物に非常に大きな影響を及ぼす。これには，染色体の構造的・形態的変異と染色体数の変異がある。前者には，染色体の一部が消失した欠失，繰り返しが起った重複，2本の染色体がそれぞれ切断してつなぎ変わった転座，同一染色体の2ヵ所で切断が起こり，その中間部分の向きが逆になって再結合した逆位，染色体の一部が切れた切断などがある（図6）。たとえば，慢性骨髄性白血病は9番染色体と22番染色体の転座が原因である（図7）。

染色体数の変異としては，染色体数がゲノムのセットとして倍加した倍数性や，数本の染色体が増減した異数性がある。倍数性の例としては，ヒガンバナ，ギンブナ，人工種無しスイカの3倍体がある。異数性の例としては，ヒトの21番染色体が3本になったダウン症候群，X染色体が1本のターナー症候群，X染色体が2本の男性（XXY）であるクラインフェルター症候群などがある。

b. DNAの修復

すべての生物には，DNAが何らかの損傷を受けた場合に，即座にそれを修復するメカニズ

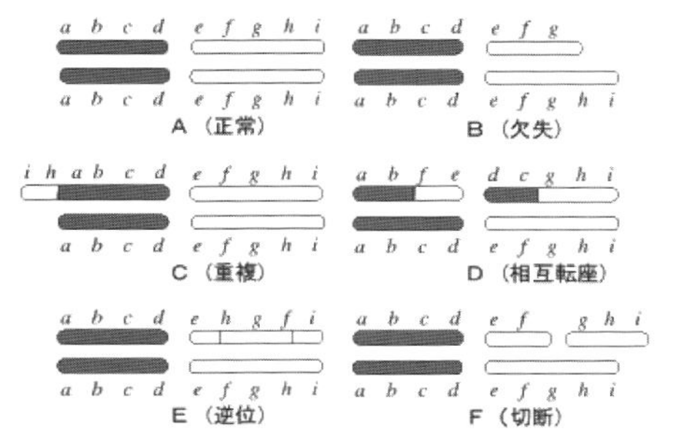

図６　染色体突然変異

［芦田譲治ら 編，“現代生物学講座 第７巻 遺伝と変異”，p.33，共立出版（1958）］

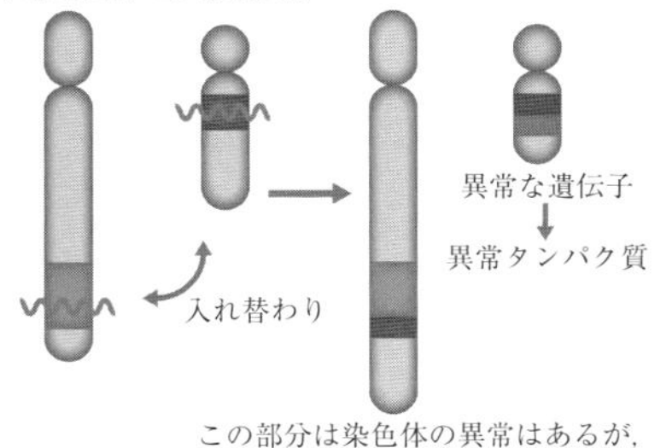

図７　慢性骨髄性白血病の染色体異常

［東京大学 生命科学構造化センター／生命科学ネットワーク，“生命科学教育画像集”，
http://csls-db.c.u-tokyo.ac.jp/search/detail?image_repository_id=788］

ムが備わっている。主な修復機構として，直接修復，塩基除去修復，ヌクレオチド除去修復，ミスマッチ修復などがある。

直接修復の代表的な例として光回復がある。光回復は紫外線などによるチミン二量体が可視光線によって回復する現象で，可視光によって活性化される DNA フォトリアーゼとよばれる酵素によって起こる（図 8）。自然界では細菌から有袋類まで広く存在するが，胎盤動物には存在しない。

塩基除去修復は損傷を受けた 1 塩基の除去と修復を行うもので，例としてはシトシンの自然発生的脱アミノ化によるウラシルへの変換を修復するものが知られている（図 9）。

ヌクレオチド除去修復は，ほとんどの生物に

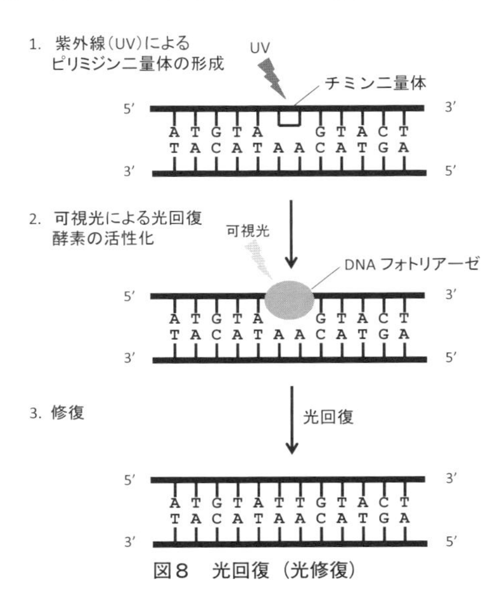

図８　光回復（光修復）

とって最も一般的な修復機構である。損傷を受けたヌクレオチドの両側の数塩基対のところで一本鎖に切れ目を入れて，損傷を受けた部分が切り出される。そのギャップを DNA ポリメラーゼと DNA リガーゼにより元どおりに修復する機構である（図 10）。

ミスマッチ修復は DNA の複製の際に働く機構である。DNA の複製時に，伸長していく DNA 鎖に間違った塩基が取り込まれた場合，その多くは DNA ポリメラーゼの校正機能で修正されるが，それでも見逃された場合は，ミスマッチ修復機構によって正しい塩基に修復される。この場合，親鎖のメチル化が目印となって修復されるべき娘鎖を区別して娘鎖のほうを修復する（図 11）。

DNA 修復機構に関する遺伝子に突然変異が起こると生物にとって重大な危機となる。DNA 損傷の修復機能が欠損して起こると考えられている疾病には，色素性乾皮症（XP：xeroderma pigmentosum），ウェルナー症候群などがある。色素性乾皮症の患者は DNA 修復機構に関する遺伝子の突然変異をもっており，日光などの紫外線によって受けた皮膚細胞の DNA の損傷を除去修復することができない。そのた

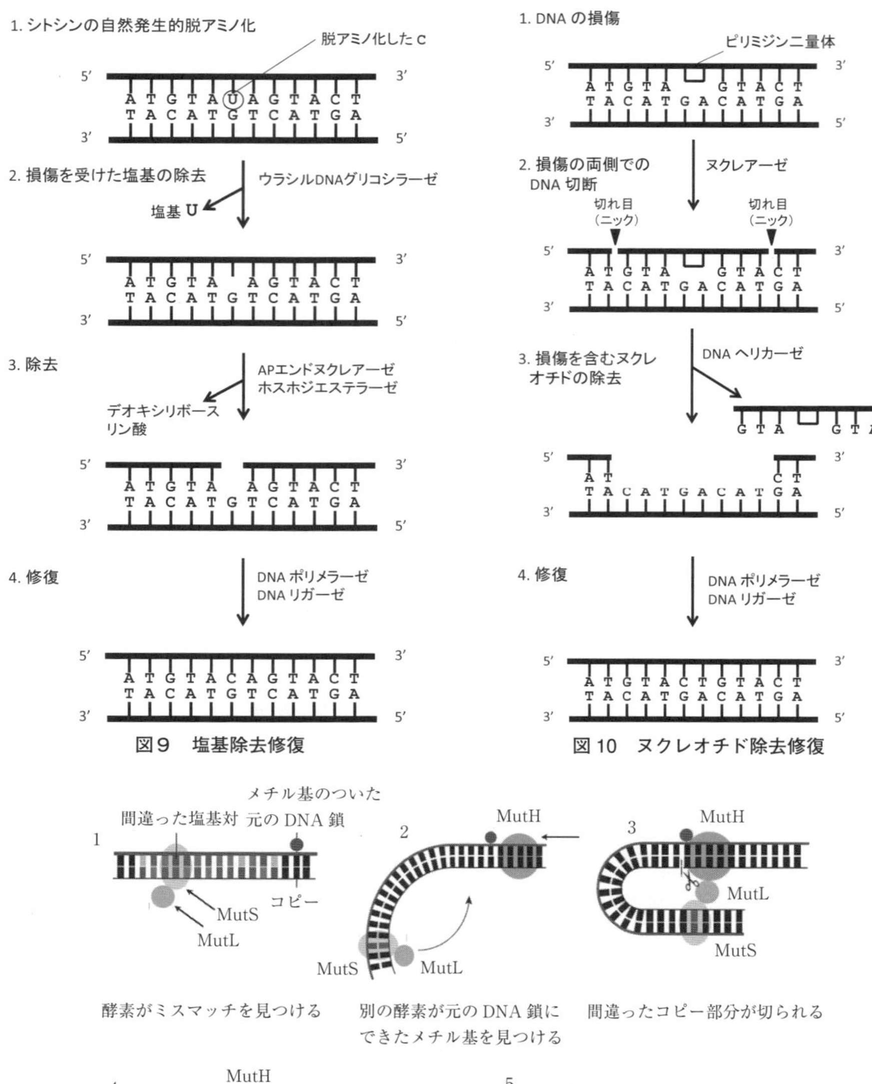

図９　塩基除去修復

図10　ヌクレオチド除去修復

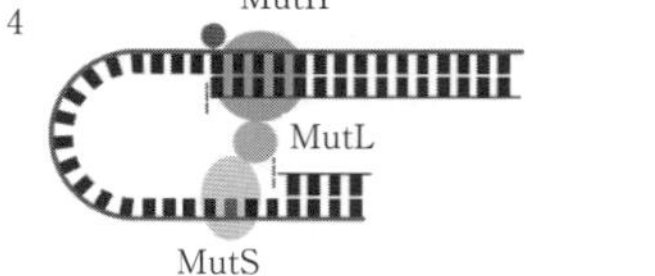

ミスマッチ部分が取り除かれる

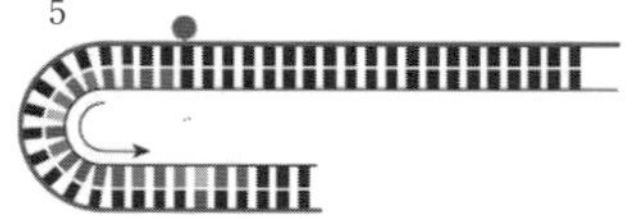

DNA ポリメラーゼが空いた部分も埋め，DNA リカーゼがひもをくっつける

図11　ミスマッチ修復

［ノーベル財団 HP より改変］

め，シミや発赤ができ，皮膚がんを発症する確率が高くなる。ウェルナー症候群の患者は，第8番染色体の短腕のWRN遺伝子（DNAヘリカーゼ）の突然変異（常染色体性劣性遺伝）をもち，成人性プロジェリア（成人性早老症）ともよばれる遺伝病を発症する。日本人では100万人に1～3名の割合である。

c. 組換え

DNA分子の大きい変化は組換えによって起きる。組換えは生物にとって有害であるばかりでなく，重要な役割も果たしている。細胞中のDNAに再編成を引き起こす組換えには，DNA塩基配列が非常によく似た部分をもつ2組の二本鎖DNA分子間で起こる相同的組換え，短い相同的な配列をもつ二つのDNA分子間で起こる部位特異的組換え，相同性がない二つのDNA分子間で起こる非相同的組換えがある。

一般的な相同的組換えのメカニズムを図12に示す。二つの相同的なDNA分子が互いに接近し，片方の二本鎖DNAが切断され，その末端が削られる。突出切断末端が相同部位に入り込み，部分的な対合が起こり分岐点が形成され移動することにより鎖が交換される。このとき，ヘテロ二本鎖（ホリデイ構造）が形成され，その後，その分岐点で鎖が切れて2本の別々のDNA分子になる。このようなDNAの相同組換えには，*recA*遺伝子のほか*rec*と名付けられた多くの遺伝子が関与している。減数分裂の際に相同組換えが起こると染色体間の交差を生じ，生殖に伴う遺伝形質の変換が起きる。

近年，遺伝情報を自由自在に設計して生物の特性を変えられるゲノム編集が注目されている。ゲノム編集では遺伝子組換えに比べて数千倍の高い精度で遺伝子操作が可能であり，農作物の改良，食品の開発，医療目的など多分野で使われている。これは，DNA修復と相同組換えのメカニズムを使った画期的な技術である。

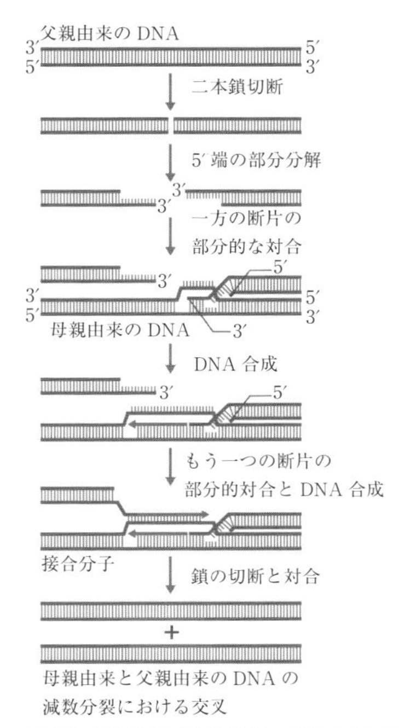

図12　減数分裂過程での一般的な相同組換え

［東京大学 生命科学構造化センター／生命科学ネットワーク，"生命科学教育画像集"，http://csls-db.c.u-tokyo.ac.jp/search/detail?image_repository_id=224］

d. 転　移

DNA上をあちこちに移ることができる短いDNA断片が関わる特殊な組換えのことを転移とよび，短い反復配列で挟まれた転移性因子を動く遺伝子，トランスポゾン（Tn：transposon）とよぶ。この現象は20世紀半ばに，B. McClintock（マクリントック，1902－1992）によってトウモロコシの実に見られる斑入り現象から発見された。その後，原核生物にも真核生物にもゲノムDNA上を動く多数のトランスポゾンが見つかっている。トランスポゾンには，DNAが切り出されて他の領域へ移動するDNAトランスポゾン（カット＆ペースト型）と，転写によりいったんRNAがつくられて，そこから逆転写されたcDNAがゲノムDNAに組み込まれるレトロトランスポゾン（コピー＆ペースト型）がある（図13，図14）。

トランスポゾンの両末端には短い逆方向反復配列があり，それらに挟まれてトランスポゼース（トランスポザーゼ）の遺伝子が存在するという構造的特徴がある。レトロトランスポゾンは両末端に同方向反復配列があり，それらに挟まれて逆転写酵素やインテグラーゼの遺伝子をもつなど，レトロウイルス様構造をもつ。一般的なトランスポゾンの構造を表1に示す。トランスポゾンの転移するDNA上の位置により，遺伝子の働きを阻害したり，逆に活性化したりする。たとえば，アサガオの花の色や模様にはトランスポゾンが関与していることが知られている。ヒトではゲノムの約半分もの領域が転移因子で構成されていることが分かっている（図15）。

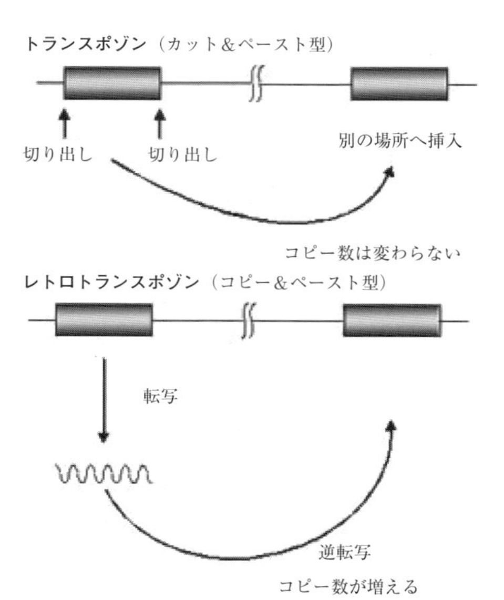

図13　トランスポゾンとレトロトランスポゾン
［©東京工業大学・岡田典弘名誉教授］

ゲノム中に見られる散在性反復配列は，SINE（short interspersed element：短い散在性反復配列）とLINE（long interspersed element：長い散在性反復配列）に分けられる。前者は通常500 bp（塩基対）以下で，後者はレトロウイルスのゲノムと類似しており，5 kbp（キロ塩基対）以上の長さをもつ。ヒトではSINEの一つであるAlu配列（Alu制限酵素で切断されることに由来する約300 bpの配列）がゲノムの約1割を占めている。この配列はヒトに特有の配列で，動物のDNAと区別するマーカーにもなる。また，個人によってその分布と方向が異なっているため，個人を識別するDNA鑑定によく利用されている。

3.2.3　DNA情報の変化によらない遺伝—エピジェネティクス

生命現象の多くは遺伝子の働きによって制御されている。遺伝子に起きた突然変異の影響が細胞分裂を通して受け継がれていくような遺伝的変化に対して，DNA塩基配列の変化を伴わ

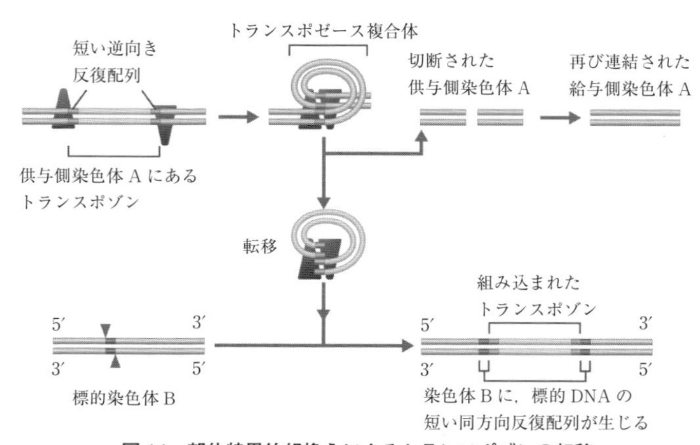

図14　部位特異的組換えによるトランスポゾンの転移
［東京大学 生命科学構造化センター／生命科学ネットワーク，“生命科学教育画像集”，http://csls-db.c.u-tokyo.ac.jp/search/detail?image_repository_id=225］

表1　トランスポゾンの構造

グループとその構造	移動に必要な特異的酵素	移動様式	例
DNA 型トランスポゾン 両端に短い逆方向反復配列がある	トランスポザーゼ	切り貼り経路か複製経路のどちらかによって DNA として移動する	・p 因子（ショウジョウバエ） ・AC-Ds（トウモロコシ） ・TN3，TN10（大腸菌） ・Tam3（キンギョソウ）
レトロウイルス型トランスポゾン 両端に同方向繰返しのある長い末端反復配列（LTR）がある	逆転写酵素とインテグラーゼ	LTR にあるプロモーターによってつくられる RNA 中間体を経て移動	・コピア（ショウジョウバエ） ・Ty1（酵母） ・THE-1（ヒト） ・Bs1（トウモロコシ）
非レトロウイルス型トランスポゾン AAAA TTTT 転写産物 RNA の 3′ 末端にポリ A があり，5′ 末端は切断されていることが多い	逆転写酵素とエンドヌクレアーゼ	隣のプロモーターからつくられる RNA 中間体を経て移動する	・F 因子（ショウジョウバエ） ・L1（ヒト） ・Cin4（トウモロコシ）

これらの因子の長さは 1,000 塩基対から約 1,200 塩基対の範囲にある。各グループには多数の因子が含まれるが，その一部だけを示してある。転移因子のほかに，一部ウイルスは転移機構によって宿主の染色体に入ったり出たりできる。このようなウイルスは最初の 2 グループのトランスポゾンに似ている。
［B. Alberts, A. Johnson, J. Lewis, M. Raff, K. Roberts 著，中村桂子，松原謙一　監訳，青山聖子，滋賀陽子，滝田郁子，中塚公子，羽田裕子，宮下悦子　訳，“細胞の分子生物学　第 5 版”，p.318，ニュートンプレス（2010）を改変］

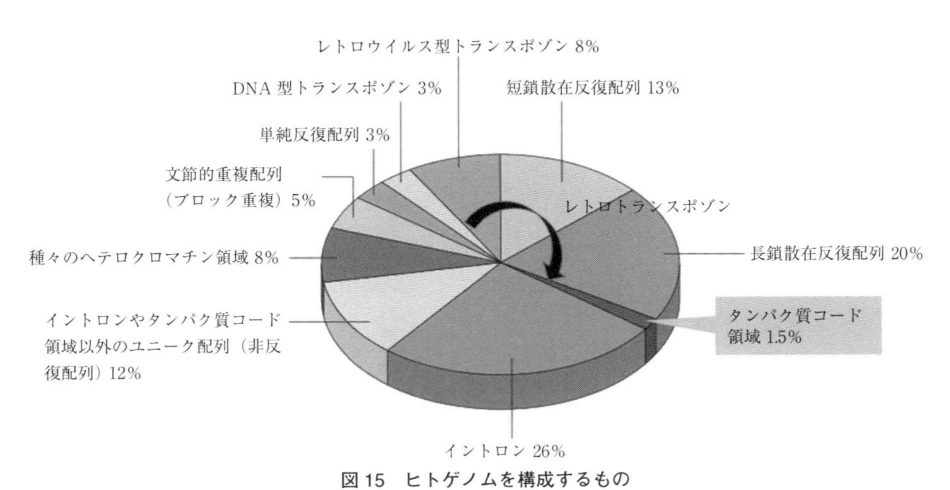

図 15　ヒトゲノムを構成するもの
［T. R. Gregory, *Nat. Rev. Genet.*, **6**, 699-708（September 2005）を改変］

ない後天的な遺伝子発現の制御機構が存在する。DNA 塩基配列がまったく同じであるクローンの一卵性双生児でも，表現型として異なった身体的特徴を示す。このように，DNA の塩基配列の違いによらない遺伝子発現の多様性を生み出すしくみをエピジェネティクスという。

a. エピジェネティクスの分子機構

エピジェネティクスの分子レベルの機構として最も代表的なものは，DNA のメチル化とヒストンの化学修飾である（図 16）。これらの修飾はヌクレオソームやクロマチンの形成にも影響を及ぼし，より高次のエピジェネティックな制御に関与する。そして，このような修飾を受けたゲノムのことをエピゲノムという（図 17，図 18）。三毛猫のクローンが米国でつくられたとき，クローン猫とゲノムを提供した猫とでは毛色模様が異なっており，三毛猫の毛色模様はゲノムの遺伝情報ではなくエピゲノムの違いで決まることが示された。

動物では，ゲノム DNA の 5′-CG-3′ の並び（CpG 配列）のシトシンがメチル化修飾を受ける。CpG 配列はゲノム上で散在的に存在するが，例外的に遺伝子の転写開始点上流に高頻度に存在する領域があり，CpG アイランドとよばれている。この領域のメチル化は転写活性と相関しており，ハウスキーピング遺伝子のような転写活性の高い遺伝子では低メチル化状態に，逆に転写抑制されている遺伝子では高メチル化状態になっている。

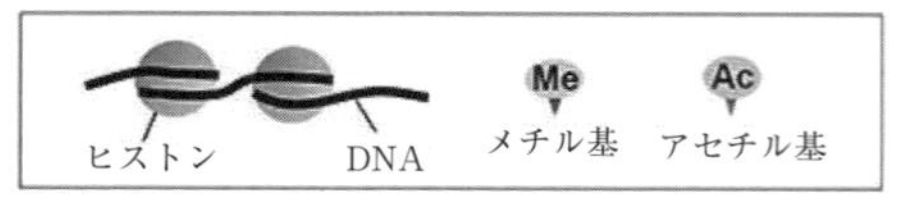

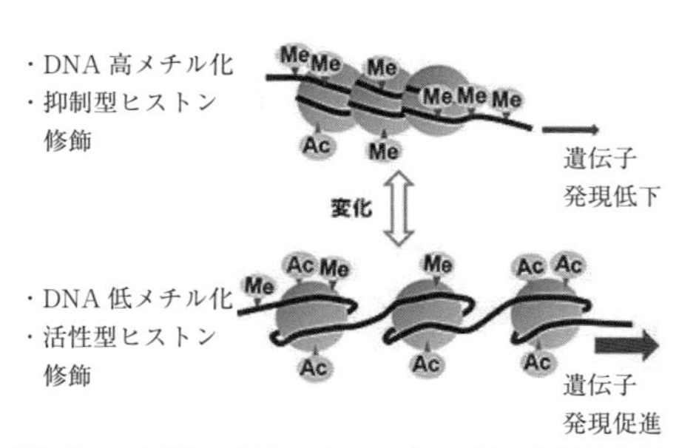

図 16　エピジェネティクスによる遺伝子発現の調節機構

［野原 恵子，「環境化学物質によって次世代に継承される健康影響とエピジェネティック変化の解明」国環研ニュース，30（5），5（2011）］

ヒストンはクロマチンを構成する主要なタンパク質で，H2A，H2B，H3，H4 の 4 種類のタンパク質が，それぞれ 2 分子ずつ集まった 8 量体を形成し，それに約 150 bp のゲノム DNA が巻き付いてヌクレオソームを形成している（図 19）。

ヒストンのアミノ基末端をヒストンテールとよび，アセチル化やメチル化，リン酸化など，さまざまな修飾を受け，これらの修飾の組合せにより転写活性やクロマチンの動態に影響を及ぼす。ヒストンのアセチル化はほぼすべて転写

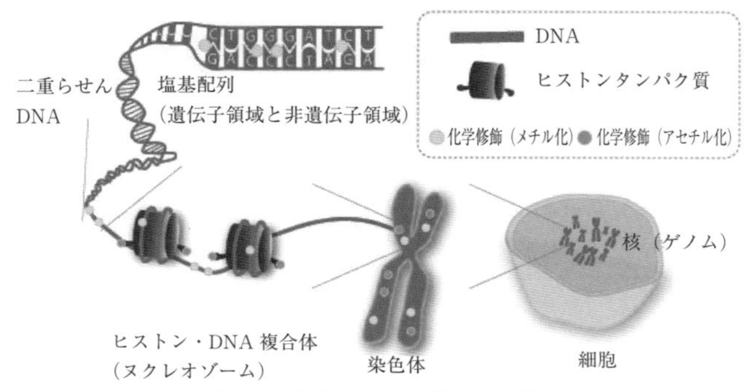

図 17　細胞の中のエピゲノムの情報

［© 国際ヒトエピゲノムコンソーシアム（IHEC）］

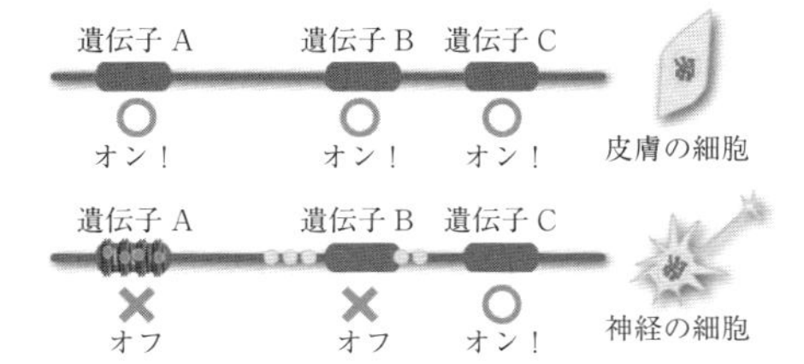

図 18 エピゲノムによって遺伝子のスイッチオン・オフが切り替わる

［© 国際ヒトエピゲノムコンソーシアム（IHEC)］

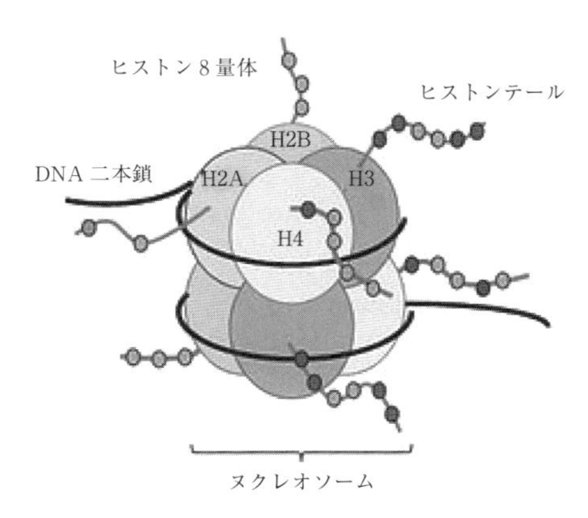

図 19 ヒストン 8 量体

［三村維真理，田中哲洋，「腎の低酸素環境がもたらすエピジェネティックな病態制御機構」医学のあゆみ，**249** (9)，959 (2014)］

の活性化に関与するが，メチル化は修飾される位置とメチル化の個数により作用が異なる。

女児に起こる進行性の神経疾患であるレット症候群の原因遺伝子は X 染色体上にあるメチル化 DNA 結合タンパク質の一種であることが知られている。また，がん細胞に特徴的なエピジェネティクス異常は，全体的な DNA 低メチル化による染色体の不安定化や，特定の CpG アイランドの高メチル化によるがん抑制遺伝子の発現低下が原因だと考えられている。植物では CpG の他に CpNpG や CpNpN のシトシンもメチル化される。しかし，出芽酵母や線虫では DNA メチル化が見つかっていない。一方，ヒストン修飾は出芽酵母や線虫にも広く見つかっていて，より汎用的なエピジェネティック機構と考えられる。

b. エピジェネティクスと RNA

約 30 億塩基対からなるヒトゲノムの解読結果が 2004 年 10 月に報告された。全ゲノム中，タンパク質をコードする領域はほんの 1.5% であり（図 15），残りの部分は既知の遺伝子と相同性が見られない部分や，機能するために必須な配列に変異などがあり実際の機能が疑わしい領域だったことから，一見，余分・無駄に見えるような未解明な領域に対してジャンク DNA という名称が付けられた。現在では，タンパク質をコードしていない領域という意味で，ノンコーディング DNA（ncDNA：non-coding DNA）とよばれている。また，このノンコーディング DNA を含めゲノムの様々な場所からできるタンパク質をコードしない RNA をノンコーディング RNA（ncRNA：non-coding RNA）とよぶ。この ncRNA の一部がエピゲノム制御に重要な役割を果たしていることが明らかになってきた。ncRNA には 20～30 b の低分子 RNA（siRNA，miRNA など）と 200～100 kb 超の長鎖 ncRNA（lncRNA：long non-coding RNA）がある。

低分子 RNA が直接的に遺伝子の発現量の調節や遺伝子構造の構築に深く関わることで，生命現象に影響する現象を RNA 干渉（RNAi：RNA interference）という。miRNA（micro RNA）は一本鎖の 21～25 b からなる短い RNA で，線虫で初めて発見され，動植物にも広く存在している。線虫や植物では発生・分化に関わることが知られている。siRNA（short interference RNA, small interfering RNA）は 21～23 bp の二本鎖 RNA で，配列特異性が高く特定の遺伝子の発現を抑制する。

siRNA，miRNA とも遺伝子発現抑制作用を有する点は共通しているが，遺伝子発現抑制作用のメカニズムは異なる。miRNA では mRNA に完全に相補的でない場合でも，mRNA を分解せずに翻訳阻害のみを引き起こし発現を抑制するのに対し，siRNA は相補的な配列の mRNA を分解し，遺伝子発現を抑制する。また，miRNA は内在遺伝子*の発現調節のための抑制システムで，siRNA は外来遺伝子*に対応するための抑制システムであると考えられている。低分子 RNA の制御機構を図 20 に示す。このような RNAi を使って人工的な遺伝子のノックダウン（発現量の人為的な抑制操作）も行われている。

lncRNA による制御は X 染色体の不活化に関与する Xist RNA（X-inactive specific transcript RNA）がマウスやヒトでよく知られている。X 染色体は雄では 1 本しかなく，1 本の X 染色体で生存に必要な遺伝子を発現させている。しかし，雌では X 染色体が 2 本あるため，過剰な量の遺伝子の発現を避けるためにどちらか片方の X 染色体を不活性化させている（遺伝子量補償）。Xist RNA は一方の染色体から発現し，X 染色体のほぼ全領域を覆い不活性化をもたらす。

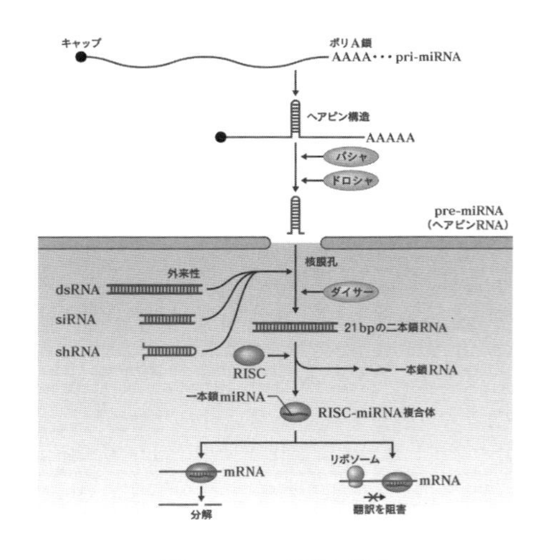

図 20　RNA 干渉の機構

［東京大学 生命科学構造化センター／生命科学ネットワーク，"生命科学教育画像集"，http://csls-db.c.u-tokyo.ac.jp/search/detail?image_repository_id=690］

*　その生物が元からもっている遺伝子を内在遺伝子，ウイルス感染や遺伝子導入によってもたらされた遺伝子を外来遺伝子とよぶ。

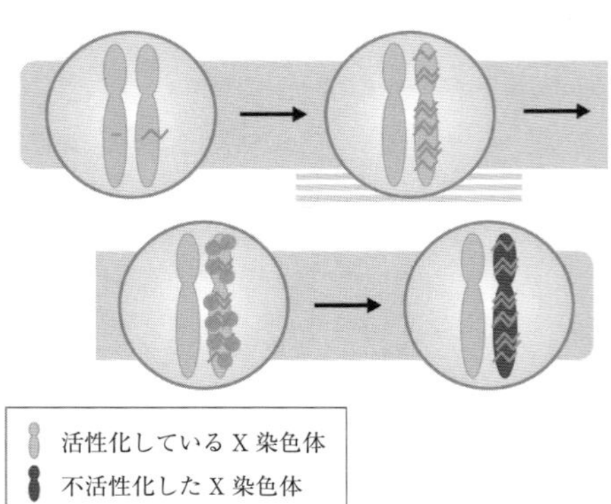

図 21　X 染色体の不活性化

2 本の X 染色体のうち片方の X 染色体で Xist RNA の発現が増強される．発現した Xist RNA はその X 染色体の全体に広がっていき，これを目印に PRC2 複合体（クロマチン制御因子）が形成される．PRC2 複合体によりヒストン H3 の 27 番目のリジン残基のトリメチル化修飾がグローバルに入り，X 染色体は不活性化される．

［Y. Hasegawa, N.Brockdorff, S. Kawano, K. Tsutui, K. Tsutui, S. Nakagawa, *Developmental Cell*, **19**, 469-476 (2010) を改変］

Xist RNA 以外にも哺乳類のエピジェネティック制御に関わる lncRNA はいくつか知られている。また，lncRNA による転写抑制は植物においても報告されている。lncRNA による制御の例を図 21 に示す。

c.　ゲノム刷り込み（ゲノムインプリンティング）

哺乳類（カモノハシなどの単孔類を除く）に特徴的なエピジェネティックな現象としてゲノム刷り込みがある。哺乳類は 2 倍体であり，母親由来の染色体と父親由来の染色体を 1 セットずつもつが，一部の遺伝子では，どちらかの遺伝子のみが利用される。DNA のメチル化などにより遺伝子に「印」あるいは「記憶」が刷り込まれ，子ではそれに従って遺伝子発現が生じる。このように，両親のどちらの遺伝子であるかを記憶していることをゲノム刷り込みという（図 22）。たとえば，ヒトの成長に関わるインスリン様成長因子は，必ず父親由来の遺伝子が使われ，母親由来の遺伝子が使われることはな

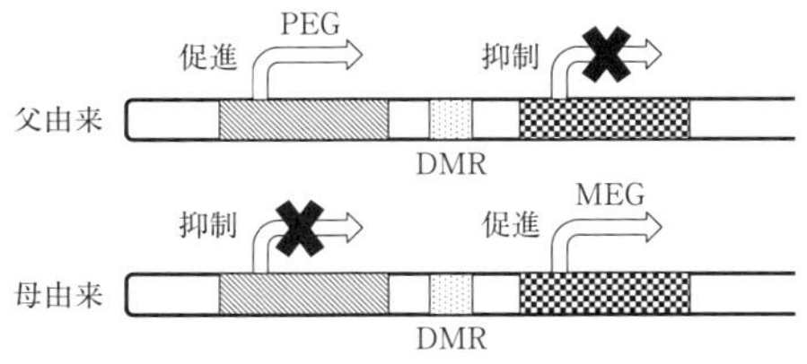

図 22 ゲノムインプリンティング
父・母の由来の違いにより対立遺伝子が異なる遺伝子発現をする。
PEG：父親性発現（paternally expressed genes）
MEG：母親性発現（maternally expressed genes）
DMR：メチル化可変領域（differentially methylated region）
DMR は親由来によりメチル化状態が異なる領域で，インプリンティング遺伝子の発現に関連する。

い。哺乳類には，このようにどちらか一方しか使われない遺伝子が 100～200 個くらい存在するといわれており，胎児の成長や個体の行動に関係することがわかっている。また哺乳類において単為生殖がみられないのは，ゲノム刷り込みがあるためだと考えられている。

d. リプログラミング

DNA メチル化などのエピジェネティックな標識の消去や再構成のことをリプログラミングという。2006 年に山中伸弥博士（1962－）は，分化した体細胞に四つの転写因子（山中因子）を導入することで，発生過程で獲得したエピジェネティック修飾を初期化し多能性幹細胞へ変化することを発見した。また最近の研究では，細胞の特異的な分化の鍵となる遺伝子群を導入することで，体細胞から直接，心筋，神経，肝細胞などのさまざまな分化細胞を誘導できることがわかってきた。このように，体細胞から多能性幹細胞を経ずに特異的な分化細胞に直接誘導することをダイレクトリプログラミングとよぶ（図 23）。 ［笠原 恵］

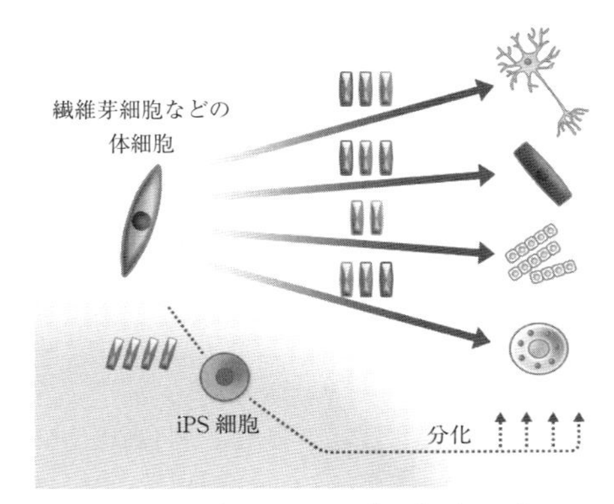

図 23 ダイレクトリプログラミング
線維芽細胞などからダイレクトリプログラミングにより様々な細胞を誘導。
［ⓒ 厚生労働省「ヒト幹細胞情報化推進事業」
http://www.skip.med.keio.ac.jp/general/article/direct/］

参考図書

1） J. D. Watson, T. A. Baker, S.P. Bel, A. Gann, M. Levine, R. Losick 著，中村 桂子 監訳，滋賀陽子，中塚公子，宮下悦子 訳，“遺伝子の分子生物学 第 6 版”，東京電機大学出版局（2010）．
2） B. Alberts, A. Johnson, J. Lewis, M.Raff, K. Roberts, P. Walter 著，中村桂子，松原謙一 監訳，“細胞の分子生物学 第 5 版”，ニュートンプレス（2010）．
3） D. Sadava, H. C. Heller, G. H. Orians, W. K. Purves, D. M. Hill 著，石崎泰樹，丸山敬 監訳，“カラー図解 アメリカ版 大学生物学の教科書，第 2 巻 分子遺伝学，第 3 巻 分子生物学”，講談社ブルーバックス（2010）．

3.3　DNAと遺伝子をはかる

3.3.1　核酸と遺伝子

T. H. Morgan（モルガン，1866－1945）一派の研究により染色体上に遺伝子が存在することが明らかになると，遺伝子の本体（遺伝物質）の探究が始まった。1920年頃までに染色体が二つの物質，タンパク質とDNA（deoxyribonucleic acid：デオキシリボ核酸）からなることが明らかとなっていたため，遺伝子の本体はこのどちらかに違いないと考えられていた。当初，タンパク質の方がDNAより多様性をもつと思われていたため，遺伝物質の有力な候補とされていた。しかし，肺炎双球菌を使った形質転換実験や放射性同位体を使ったバクテリオファージ（細菌に感染するウイルス）の感染実験などから，遺伝子の本体がDNAであることが広く受け入れられた。この時期に使われた超遠心，電気泳動，紫外分光の技術は，現代の分子生物学研究においても広く使用されている。そして，DNAという物質があらゆる生物に存在し，自己複製や機能発現の基礎となることが解明されてきた。

a. 核　酸

核酸には遺伝子の本体であるDNAとDNA情報からタンパク質を合成する過程で働くRNA（ribonucleic acid：リボ核酸）の2種類がある。双方とも糖（ペントース：五炭糖）にリン酸と塩基が結合したヌクレオチドが多数ホスホジエステル結合したポリヌクレオチドである。DNAは糖としてデオキシリボースを，塩基としてはアデニン（A），グアニン（G），シトシン（C），チミン（T）の4種類から構成されており二本鎖である。DNAはこれら四つの塩基の配列順序に生物の多様な遺伝情報を蓄えている。RNAは糖としてリボースを，塩基の種類としてはアデニン（A），グアニン（G），シトシン（C），ウラシル（U）の4種類から構成されており，一本鎖である（図1）。

b. DNAの構造

DNAの構造の解明には，今から約65年前にE. Chargaff（シャルガフ，1905－2002）がペーパークロマトグラフィーの技術を使って，DNAの塩基の存在比（A＝T, G＝C）が一定であることを示し，R. E. Franklin（フランクリン，1920－1958）がDNA結晶のX線回折像の解析により，DNAが二重らせん構造をとることを示していた。これらのデータに基づき1953年にJ. D. Watson（ワトソン，1928－）とF. H. C. Crick（クリック，1916－2004）により，DNAのA＝T, G＝C塩基対による二重らせんモデルが発表された。このDNAの構造を図2に示す。

DNAが二重らせん構造をとることのもつ意味は遺伝子として非常に意義深い。遺伝子は親から子に伝わるものであり，また，1個の多細胞生物のどの細胞にも同じ遺伝子のセットが含まれている。DNAが相補的な二本鎖であることは，複製のさいに片方の鎖を鋳型にして元と同じものをつくることができることを示唆している。また，DNAの片方の鎖が何らかの損傷を受けた場合，もう一方の鎖を鋳型に修復できる。

c. 遺伝子の構造

遺伝子の本体がDNAであることが受け入れられると，一組の染色体DNA全体（ゲノム）が遺伝子であるかという疑問が出てくる。このことは，原核生物と真核生物で大きく異なっていることが解明されてきた。遺伝子は基本的にATGで始まり，TAA，TGA，TAGで終わる。しかし，真核生物の場合，その間にタンパク質にならない部分（介在配列：イントロン）がかなりの割合で含まれている。原核生物の真正細菌はDNAのほとんどが遺伝子の部分であるといってもよい。重複して存在するものもある。しかし，真核生物の遺伝子ではタンパク質になる部分は全DNAの10％未満であるといわれ

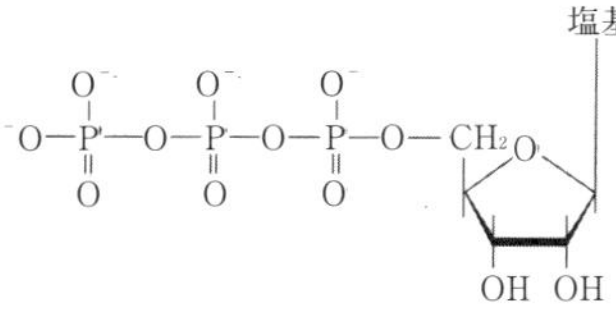

(a) ヌクレオチド

(b) 核酸構成成分

名称			略号	化学構造式
糖	D－リボース		Rib	 (Rib)
	2－デオキシ－D－リボース		dRib	(dRib)
塩基	プリン	アデニン	A	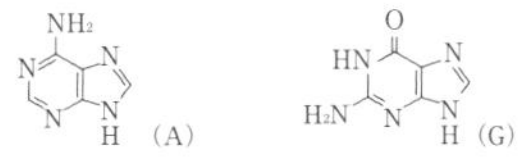 (A)
		グアニン	G	(G)
	ピリミジン	シトシン	C	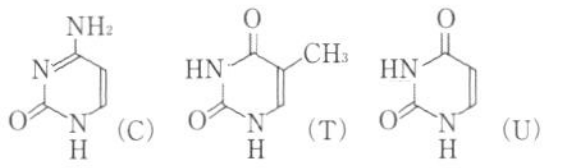 (C)
		チミン	T	(T)
		ウラシル	U	(U)

RNA 鎖

DNA 鎖

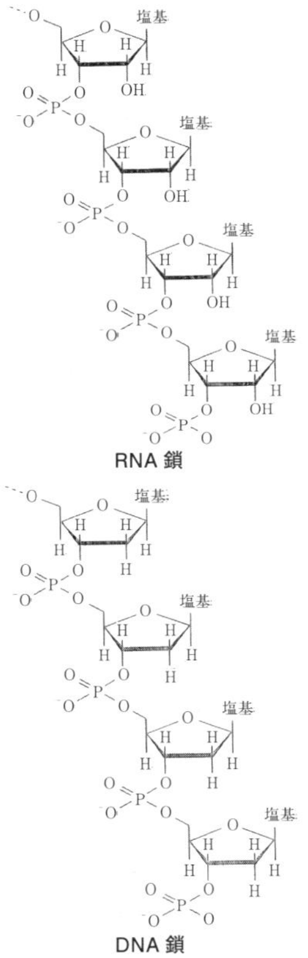

(c) ポリヌクレオチド

図1 核酸の構造

[(a), (b)：国立天文台 編, "理科年表　平成28年", pp.551, 552, 丸善出版 (2015)；(c)：日本化学会 編, "改訂5版 化学便覧 基礎編", p. I-655, 丸善出版 (2004)]

ている。真核生物は原核生物に比べてゲノムサイズが大きい（約1000倍以上の量のDNAを含む）ので，その解析は非常に困難だった。

近年DNA塩基配列解読の技術向上に伴い，多くの生物の全ゲノムの塩基配列が決定されて，遺伝子数が推定されてきている（表1）。今後，さらに解析が進むことにより，真核生物の遺伝子以外の部分の働きが解明されるだろう。

3.3.2 セントラルドグマ

DNA上に存在する遺伝情報がどのような過程を通して，タンパク質の合成に結びつくかという遺伝子の発現過程に関する探究がなされた。今日までのこれらの研究の発展には，細菌や真核細胞の無菌培養系の確立が重要な役割を果たしてきた。DNAの遺伝情報がそのまま細胞分裂のさいに複製される過程と，DNAの情報がタンパク質に変換される過程（DNA → mRNA → タンパク質）は，当時一方向にのみ起こると考えられており，この流れのことをセントラルドグマとよんだ（1958年にクリックにより提唱された考えである）。最近になって，RNAウイルスなどで，RNAからDNAの逆転写の過程の存在が明らかになってきたが，それでも多くの生物にとってのセントラルドグマの考え方は普遍的なものである（図3）。

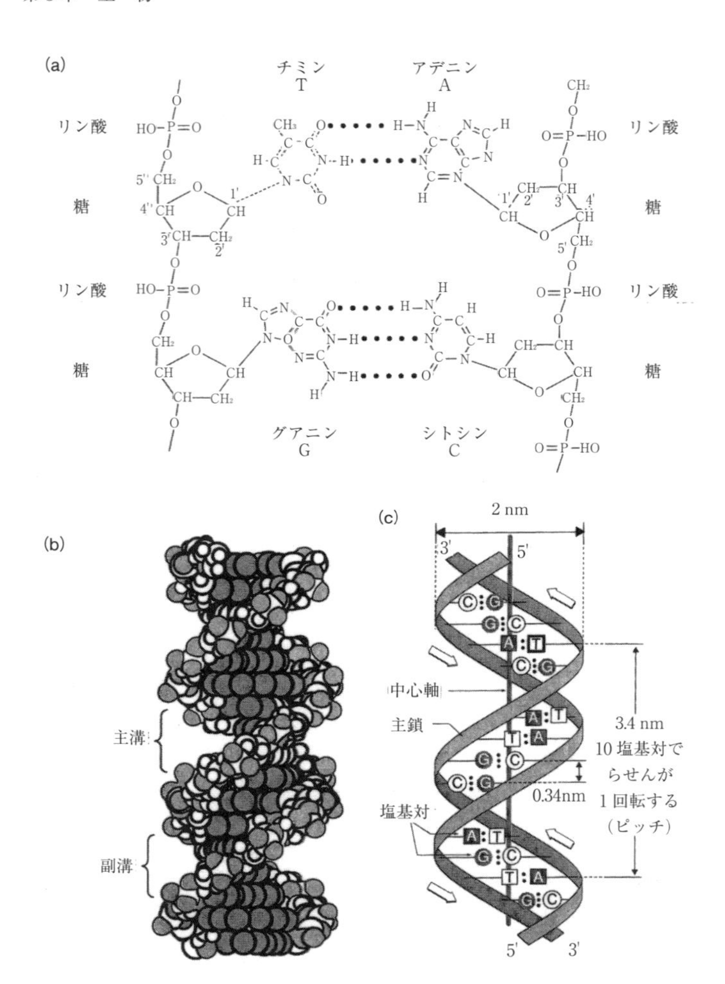

図 2　DNA 二重らせん構造

(a)　A・T および G・C 間の水素結合，(b) 分子の占める空間を考慮した全体の俯瞰図，薄いアミは塩基，大きな白丸はリンあるいは炭素原子，小さな白丸は水素原子，濃いアミは酸素原子，(c) 構造の詳細，10 塩基対でらせんが 1 回転する。

［野島博，“遺伝子工学への招待”，p.21，南江堂（1997）］

a. 複　製

生物は細胞レベルあるいは個体レベルで自己複製という重要な機能をもっている。このさい，重要なことは一つの細胞内に含まれている遺伝情報つまり全 DNA をそっくりそのまま複製することである。この複製の過程がどのようなメカニズムで行われるかという探究が近年までなされてきた。1958 年に M. Meselson（メセルソン，1930－）と F. Stahl（スタール，1929－）による重窒素 ^{15}N を用いた実験による DNA の二重らせん構造は片方の鎖を鋳型に，そっくりそのまま同じものをつくることができる半保存的複製（図 4）であるという発見と，その後の DNA ポリメラーゼ（DNA 合成酵素）の発見

表1 さまざまな生物のゲノムサイズと遺伝子数

生物種	ゲノムの大きさ〔Mbp〕	推定遺伝子数	遺伝子密度（遺伝子数 / Mbp）
原核生物（細菌）			
マイコプラズマ（*Mycoplasma genitalium*）	0.58	500	860
大腸菌（*Escherichia coli* K-12）	4.6	4400	950
窒素固定ラン藻 アナベナ（*Anabaena* sp. PCC 7120）	7	6100	871
真核生物			
菌類			
出芽酵母（*Saccharomyces cerevisiae*）	12	5800	480
分裂酵母（*Schizosaccharomyces pombe*）	12	4900	410
原生動物			
テトラヒメナ（*Tetrahymena thermophila*）	125	27000	220
無脊椎動物			
線虫（*Caenorhabditis elegans*）	103	20000	190
キイロショウジョウバエ（*Drosophila melanogaster*）	189	14700	82
マダコ（*Octopus bimaculoides*）	2700	33600	12
ミジンコ（*Daphnia pulex*）	200	31000	155
脊椎動物			
ヒト（*Homo sapiens*）	3,200	22000	6.9
マウス（*Mus musculus*）	2,600	22000	8.5
カモノハシ（*Omithorhynchus anatinus*）	2,200	18000	8.2
ニワトリ（*Gallus gallus*）	1,000	23000	23
メダカ（*Oryzias latipes*）	700	20000	29
植物			
シロイヌナズナ（*Arabidopsis thaliana*）	120	26500	220
カーネーション（*Dianthus caryophyllus*）	622	43000	69
イネ（*Oryza sativa*）	430	～45000	～100
トウモロコシ（*Zea mays*）	2,200	>45000	>20

注） 数値は変動される可能性がある。
［J. D. Watson, T. A. Baker, S. P. Bel, A. Gann, M. Levine, R. Losick 著，中村 桂子 監訳，滋賀 陽子，中塚公子，宮下悦子 訳，"，遺伝子の分子生物学 第6版"，p.139，東京電機大学出版局（2010）；J. D. Watson, T. A. Baker, S. P. Bel, A. Gann, M. Levine, R. Losick, "Molecular Biology of the Gene 7th Ed."，p.203，Peason（2014）を改変］

に始まり，生化学者や分子生物学者による長年の努力でそのメカニズムが確立されてきた。

DNA 上には複製起点（複製開始点）という場所があり，そこから DNA ポリメラーゼとよばれる酵素により鋳型にそって DNA を合成していく。一つの複製起点から複製される単位をレプリコンという。DNA の複製はすべての生物でよく似ている。この過程を図5に示す。

DNA の複製はヘリカーゼという酵素が ATP のエネルギーを使って DNA の二本鎖を一本鎖に解離することで始まる。複製が起こっている点を複製フォークとよぶ。それぞれの鎖で複製が行われるが，DNA ポリメラーゼは 5′ → 3′ 方向にしか鎖を伸ばすことができない。そこでリーディング鎖（DNA の 3′ → 5′ 鎖を鋳型として合成される鎖）では連続的に鎖を伸長させ，ラギング鎖（DNA の 5′ → 3′ 鎖を鋳型として合成される鎖）では短い RNA プライマーから不連続に短い鎖（岡崎フラグメント）を伸長させ，最後に DNA リガーゼで連結して複製を行う。

b. 転 写

DNA 上の遺伝情報をタンパク質に変換する過程で，DNA の遺伝情報をいったん mRNA

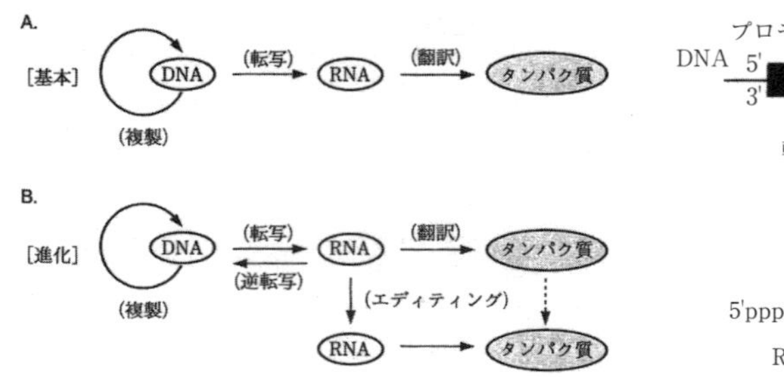

図3　セントラルドグマの変遷

DNA は自己複製することができ，その情報はいったん RNA に転写された後にタンパク質に翻訳される（A)。基本的セントラルドクマにさらに RNA ウイルスに見られる RNA から DNA に情報を写し変える“逆転写”の反応や，RNA およびタンパク質のエディティング反応が付加された（B)。

［田沼靖一，“第3版 分子生物学”，p.3，丸善（2011)］

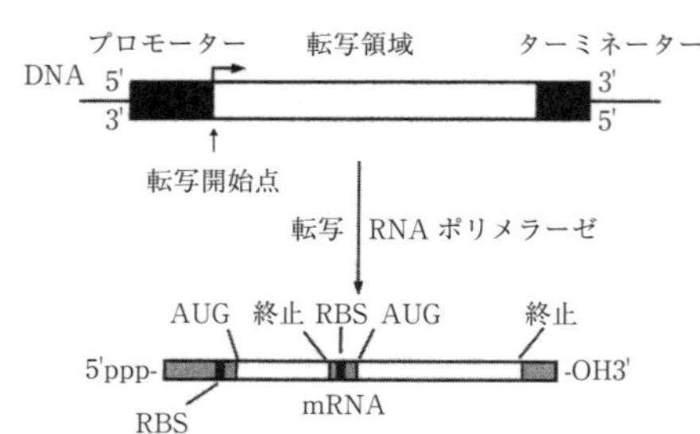

図6　原核生物の転写

RBS：リボソーム結合部位，AUG：開始コドン

［P. C. Turner，A. G. McLennan，A. D. Bates，M. R. H. White 著，田之倉優，村松知也，八木澤仁 訳，“キーノートシリーズ 分子生物学キーノート”，p.80，シュプリンガー・フェアラーク東京（2002)］

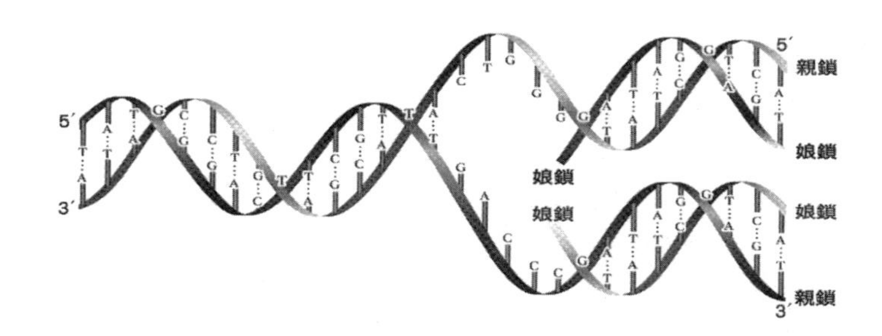

図4　半保存的複製

［東京大学 生命科学構造化センター／生命科学ネットワーク，“生命科学教育画像集”，http://csls-db.c.u-tokyo.ac.jp/search/detail?image_repository_id=690］

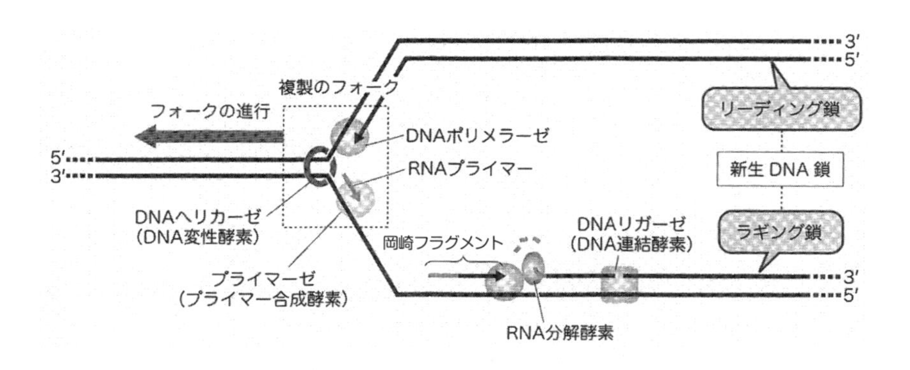

図5　複　製

［田村隆明，“基礎から学ぶ遺伝子工学”，p.38，羊土社（2012)］

(messenger RNA：伝令 RNA) に写し取る過程の存在が明かとなった。この過程を転写とよぶ。転写は基本的には DNA の情報を RNA ポリメラーゼ（RNA 合成酸素）という酵素によって DNA の 3′→5′ 鎖を鋳型として 5′→3′ 方向に mRNA を合成するのであるが，原核生物と真核生物でメカニズムが多少異なる。

原核生物では，3.3.1 c でも触れたが，ゲノムサイズが小さいこともあり，DNA 上のほとんどの部分が遺伝子であると考えてもよい。また，遺伝子の配列も機能よく配列されており，一つの仕組みに関する遺伝子がクラスターとなって並んでいることが多い（オペロン）。そのため，転写もオペロン単位で行われ，RNA ポリメラーゼが遺伝子の上流にあるプロモーターとよばれる部分に結合して転写開始点とよばれる部分から転写を開始し，ターミネーターとよばれる部分まで mRNA を合成する。このさい，DNA の塩基のチミンの代わりにウラシルが使われ，一本鎖の mRNA が合成されることになる（図 6)。

真核生物の転写はより複雑になっており細胞の核内で起こる。まず，真核生物の DNA 上の遺伝子は，エキソン（遺伝情報として必要な部分）とイントロン（介在配列，遺伝情報としては不必要な部分）からなっている。そのためまず最初に，遺伝子の部分全体（エキソン＋イントロン）が RNA ポリメラーゼにより mRNA 前駆体に転写されていく。その後，5′ 側に CAP（キャップ）構造が付加されてイントロン部分が切り出され（スプライシング），3′ 側にポリ A の尾（ポリ A テール）がついて安定化し成熟 mRNA となる。原核生物と違って通常一つの遺伝子ごとに転写される。そして，核から細胞質へと成熟 mRNA が移動する。真核生物には 3 種類の RNA ポリメラーゼが存在し，mRNA の合成には RNA ポリメラーゼ II が使われる。真核生物の転写過程を図 7 に示す。

c. 翻　訳

mRNA に写し取られた情報をタンパク質に変換する過程のことを翻訳とよぶ。RNA の塩基の種類は 4 種類，タンパク質の構成成分であるアミノ酸は 20 種類である。このことから

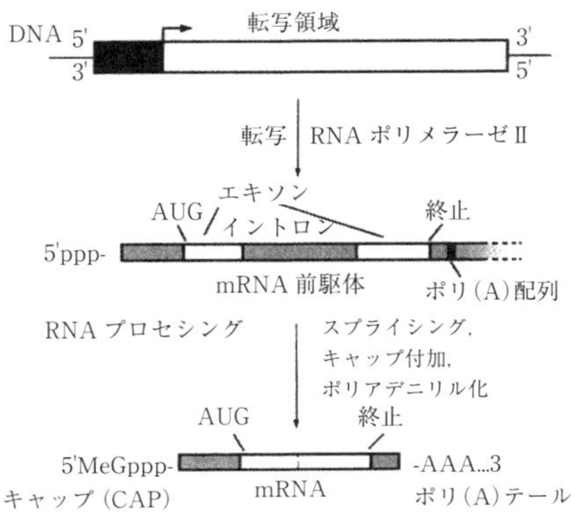

図 7　真核生物の転写

［P. C. Turner，A. G. McLennan，A. D. Bates，M. R. H. White 著，田之倉優，村松知也，八木澤仁 訳，“キーノートシリーズ　分子生物学キーノート”，p.81，シュプリンガー・フェアラーク東京（2002)］

RNA 塩基二つを暗号とした場合，4×4＝16 で 20 種に満たない。三つの場合 4×4×4＝64 となり，RNA 塩基三つで一つのアミノ酸に対応しているのではないかというトリプレットコードの仮説が有力となった。mRNA に写し取られた遺伝暗号が，どのように一つ一つのアミノ酸に対応するかという実験検証が重要なポイントとなった。1950 年代の人工 RNA 分子の合成と 1960 年代に行われたホモポリマー（ポリ U）の無細胞系への導入実験にはじまり，様々な塩基の組み合わせと量比を変化させてのアミノ酸合成実験から，mRNA の塩基の三つずつの組み合わせ（コドン）がそれぞれのアミノ酸に対応するという遺伝暗号表が 1966 年に完成した（表 2)。

翻訳の過程が起こる場所はリボソームであり，ここは rRNA（リボソーム RNA：ribosome RNA）とリボソームタンパク質でできている。原核生物と真核生物ではこのリボソームの大きさが異なる。リボソームは大小の二つのサブユニットからなっており，小さいサブユニットが mRNA に結合し，その mRNA 上のコドンに対応して，アンチコドンをもった tRNA（転移 RNA：transfer RNA）がアミノ酸を運んでくる。そして，アミノ酸がペプチド結合することにより mRNA の情報に対応したタンパク質を合成

表2　遺伝暗号表（コドン表）

		2文字目								
		U		C		A		G		3文字目
1文字目	U	UUU	Phe	UCU	Ser	UAU	Tyr	UGU	Cys	U
		UUC		UCC		UAC		UGC		C
		UUA	Leu	UCA		UAA	*	UGA	*	A
		UUG		UCG		UAG		UGG	Trp	G
	C	CUU		CCU	Pro	CAU	His	CGU	Arg	U
		CUC		CCC		CAC		CGC		C
		CUA		CCA		CAA	Gln	CGA		A
		CUG		CCG		CAG		CGG		G
	A	AUU	Ile	ACU	Thr	AAU	Asn	AGU	Ser	U
		AUC		ACC		AAC		AGC		C
		AUA		ACA		AAA	Lys	AGA	Arg	A
		AUG	Met	ACG		AAG		AGG		G
	G	GUU	Val	GCU	Ala	GAU	Asp	GGU	Gly	U
		GUC		GCC		GAC		GGC		C
		GUA		GCA		GAA	Glu	GGA		A
		GUG		GCG		GAG		GGG		G

注）Phe：フェニルアラニン（F），Leu：ロイシン（L），Ile：イソロイシン（I），Met：メチオニン（M），Val：バリン（V），Ser：セリン（S），Pro：プロリン（P），Thr：トレオニン（T），Ala：アラニン（A），Tyr：チロシン（Y），His：ヒスチジン（H），Gln：グルタミン（Q），Asn：アスパラギン（N），Lys：リシン（K），Asp：アスパラギン酸（D），Glu：グルタミン酸（E），Cys：システイン（C），Trp：トリプトファン（W），Arg：アルギニン（R），Gly：グリシン（G）
AUG：開始コドン，UAA，UAG，UGA：終止コドン（*）

していく。翻訳は基本的に開始コドン（AUG）で始まり，終止コドン（UAA，UAG，UGA）で終わる。そのため，基本的にどのタンパク質も最初のアミノ酸はメチオニンになっている。この過程を図8に示す。

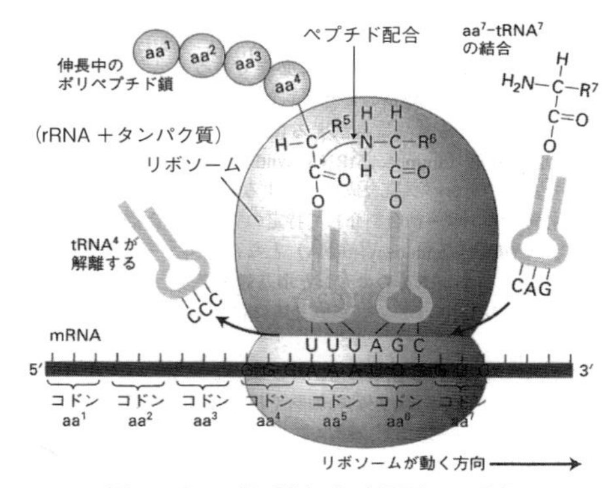

図8　タンパク質合成（翻訳）の過程

tRNAとリボソームの協働作業によって，mRNAの情報がタンパク質に翻訳される。mRNAのコドンとそれに相補的なtRNAのアンチコドンが塩基対を形成し，tRNAに結合しているアミノ酸が隣のアミノ酸とペプチド結合することでタンパク質が合成される。
aa：アミノ酸，R：側鎖
[A. J.F. Griffiths, W.M. Gelbart, J.H. Miller, R.C. Lewontin, "Modern Genetic Analysis", W. H. Freeman (1999) を改変]

3.3.3　原核生物の転写制御

細胞中のDNA上にはたくさんの遺伝子が存在しているが，これらの遺伝子すべてがつねに働いているわけではない。つねに発現して生命活動に必須な遺伝子をハウスキーピング遺伝子とよぶが，それ以外の遺伝子も数多く存在する。これらの遺伝子はある環境下でのみ発現するため，それ以外の環境下では遺伝子のスイッチがオフになっている。このように遺伝子発現のスイッチをオンにしたりオフにしたりする制御機構を生物はもっている。これら遺伝子発現の制御機構は大腸菌などの細菌類の酵素類の誘導・抑制の研究から解明されてきた。原核生物の主な発現制御は遺伝子の上流にあるプロモーター領域（RNAポリメラーゼの結合部位）やオペレーター領域（転写調節タンパク質の結合部位）に，転写調節タンパク質であるアクチベーターやリプレッサーが結合することにより，転写を誘導したり抑制したりする。以下に代表的な系を紹介する。

a.　ラクトースオペロン（*lac* operon）

この系はF. Jacob（ジャコブ，1920－2013）とJ. Monod（モノー，1910－1976）により発

見され，栄養源にラクトース（乳糖）がある場合に，それを取り込みグルコースとガラクトースに分解するという系である。このオペロンは三つの遺伝子からなり（*lacZ*：β-ガラクトシダーゼ，*lacY*：パーミアーゼ，*lacA*：トランスアセチラーゼ），ラクトースにより誘導される。ラクトースが培地中にない場合はLacI（*lac* リプレッサー）がオペレーターに結合することにより，転写が起こらないようになっている。しかし，ラクトースが培地中に糖源として存在すると，アロラクトース（ラクトースの異性体でラクトース分解のさいに生ずる中間物質）とリプレッサーが結合して，結果的にリプレッサーがオペレーターからはずれることにより転写が起こり，ラクトースを取り込む系が動き出す。制御機構を図9に示す。

また，この系はグルコース存在下で抑制されるカタボライト抑制とよばれる第二の調節機構ももち合わせている。そのため，グルコースとラクトースが共存した場合，グルコースを先に利用するように制御される。この系のプロモーター領域は後で述べる組換えDNA実験で使用するプラスミドDNAなどにも広く使われている。

b. トリプトファンオペロン（*trp* operon）

トリプトファンオペロンはアミノ酸であるトリプトファンの合成に関する五つの遺伝子から構成されている。この系の発現は *trp* リプレッサーにより抑制されている。*trp* リプレッサーはそれ自身ではオペレーターに結合できないが，トリプトファンが存在すると，トリプトファンとリプレッサーが結合しオペレーターに結合する。その結果，転写は抑制される。トリプトファンがない場合は，リプレッサーはオペレーターに結合できず転写が起こる。トリプトファンがあると転写が抑制されるという点では，上で述べたラクトースオペロン（ラクトースにより誘導される系）と逆の制御機構であるといえる。この制御機構を図10に示す。*trp* オペロンはまたアテニュエーション（転写減衰）という転写

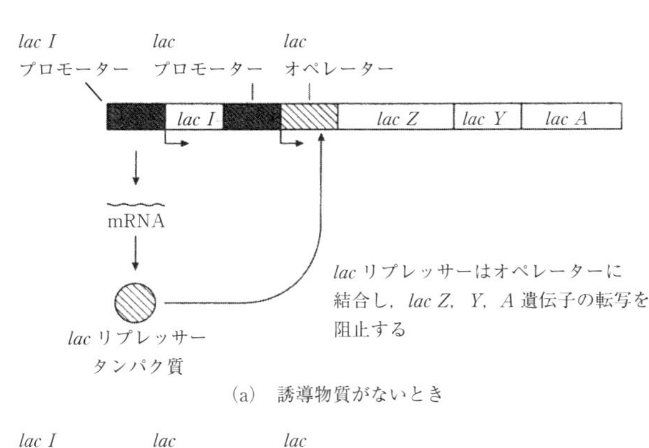

(a) 誘導物質がないとき

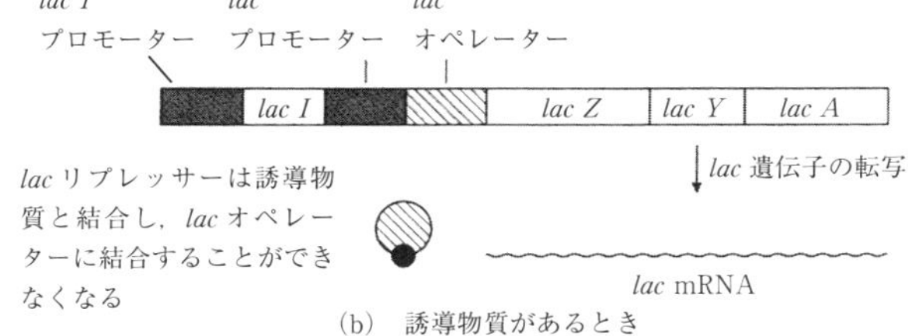

(b) 誘導物質があるとき

図9 *lac* オペロンの制御

[P. C. Winter, G. I. Hickey, H. L. Fletcher 著，東江昭夫，田嶋文生，西沢正文 訳，"キーノートシリーズ　遺伝学キーノート"，p.57，シュプリンガー・フェアラーク東京（2003）]

調節機構ももち二重の制御が行われている。

3.3.4　真核生物の転写制御

真核生物の遺伝子の転写制御は原核生物に比べて非常に複雑である。異なった細胞では異なった遺伝子が発現しており，また同じ細胞でも発生段階の異なる時期では異なった遺伝子が発現し，細胞の性質や役割を決定している。遺伝子発現の制御の異常は細胞のがん化などの疾病を引き起こす。真核生物の転写制御は主に転写効率の変化により行われている。真核生物の転写はRNAポリメラーゼIIがプロモーターのTATAボックス(5′-TATA(A/T)A(A/T)-3′)という特定の配列の部分で，基本転写因子と転写開始複合体をつくって結合し転写が起こる(図11)。

転写効率は転写開始点から離れたところにある100〜200 bp（base pair：塩基対）からなるエンハンサーとよばれる部位に転写因子が結合して転写を促進させたり，逆にサイレンサーとよばれる部位に転写を抑制するような転写因子を結合させ，転写を抑制させたりすることにより制御されている（図12)。

これらの転写因子は現在までに非常に多く同定されており，複数の転写因子により制御されている遺伝子も多い。転写因子の多くはDNA結合ドメインをもち，このドメインには共通のモチーフが存在することが知られている（図13)。

3.3.5　組換えDNA

1970年代初期に組換えDNAの実験手法が開発されてから，生物の様々な現象が分子レベルで明らかになってきた。この組換えDNA実験というのは，簡単にいうとDNAをはさみで切断し，必要な部分を運び屋とよばれるベクタ

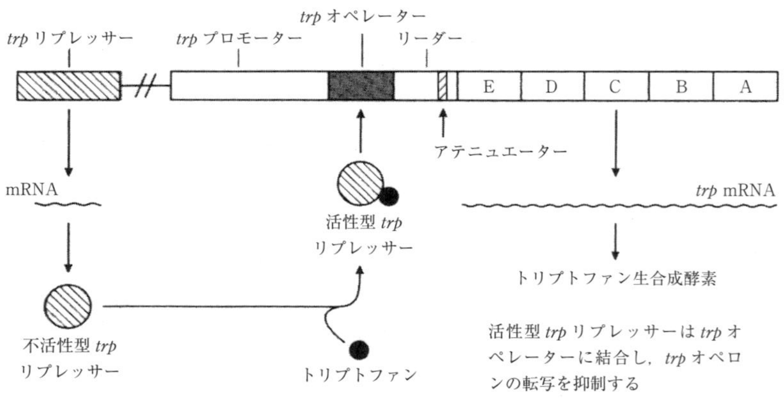

図10　*trp* オペロンの制御

［P. C. Winter, G. I. Hickey, H. L. Fletcher 著，東江昭夫，田嶋文生，西沢正文 訳，“キーノートシリーズ 遺伝学キーノート”，p.59，シュプリンガー・フェアラーク東京（2003)］

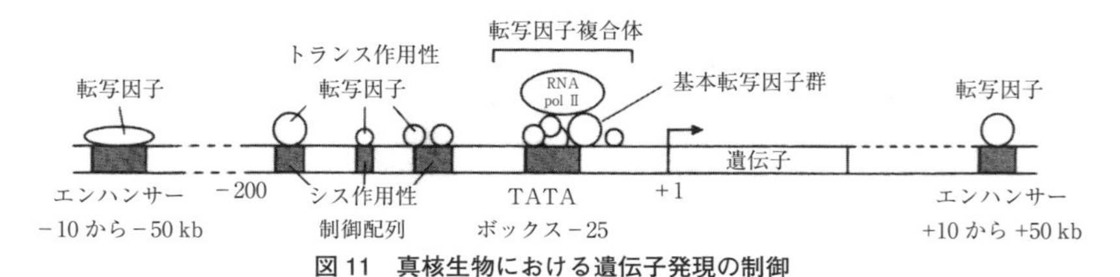

図11　真核生物における遺伝子発現の制御

［P. C. Winter, G. I. Hickey, H. L. Fletcher 著，東江昭夫，田嶋文生，西沢正文 訳，“キーノートシリーズ 遺伝学キーノート”，p.63，シュプリンガー・フェアラーク東京（2003)］

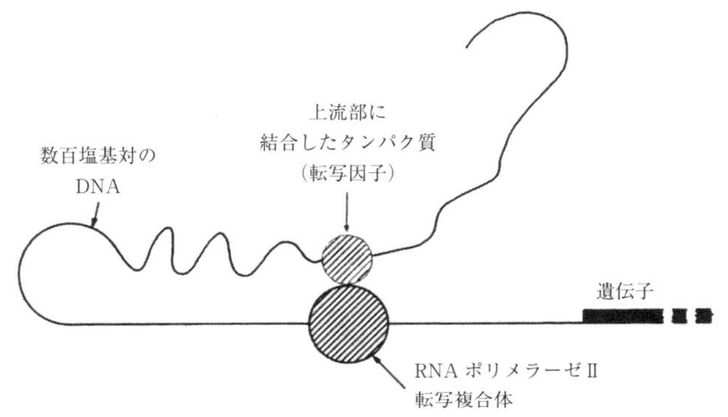

図12　離れた領域に結合する転写因子による転写制御

DNAが曲がることにより遺伝子の数百塩基対上流の位置に結合したタンパク質とプロモーターの接触を可能にする。

［T. A. Brown, 西郷薫　監訳, "ブラウン 分子遺伝学(第3版)", p.191, 東京化学同人(1999)］

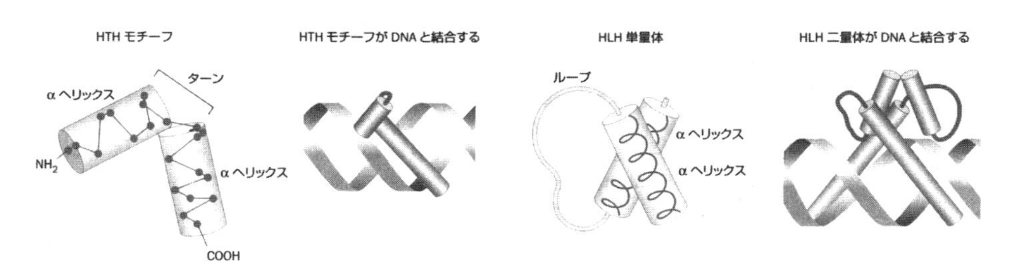

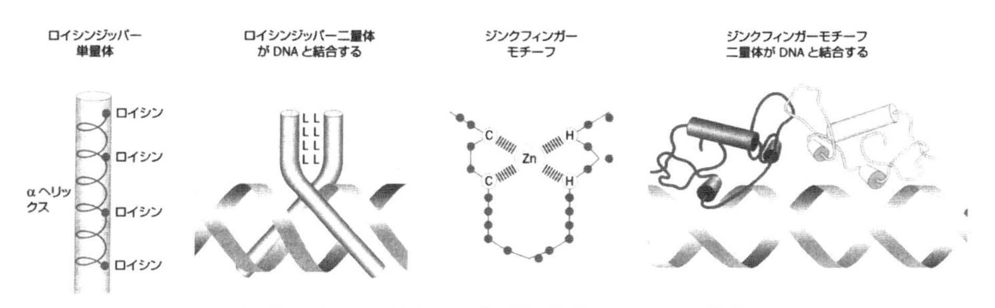

図13　転写因子とDNA結合タンパク質に共通してみられる構造モチーフ

HTH：ヘリックス-ターン-ヘリックス, HLH：ヘリックス-ループ-ヘリックス

［T. Strachan, A. Read著, 村松正實, 木南凌, 笹月健彦, 辻省次 監訳, "ヒトの分子生物学 第4版", p.118, メディカル・サイエンス・インターナショナル (2011)］

ーに糊で張り付け，それを細胞に入れ解析を行うことである。このはさみに当たるのが制限酵素であり，糊に相当するのがDNAリガーゼである。この中核をなす技術は遺伝子クローニングとよばれる。

組換えDNAは近年のわれわれの生活にも欠かせないものとなってきている。遺伝子組換え作物，遺伝子組換え食品，病気などの遺伝子診断，遺伝子治療，遺伝子組換え医薬品（バイオ医薬品）など，様々な分野で取り入れられている技術である。平成14（2002）年度から簡単な組換えDNA実験が中学校，高等学校でも実施可能になったことも，組換えDNA技術の汎用性と安全性が確立してきたためである。その基本的な過程を図14に示す。

a. 制限酵素とDNAリガーゼ

制限酵素は本来，外来のDNAが生体内に侵入してきたときに，自己のDNAと区別をして外来のものだけを切断するという自己防御機能を担う酵素として発見された。組換えDNAで使われる制限酵素は多数あるが，DNAの認識配列が6 bpや8 bpのものでパリンドローム（回転対称）配列を認識する酵素がよく使用されている。例として大腸菌から精製された*Eco*RIという制限酵素はGAATTCという配列を認識し，GとAの間で切断する。制限酵素の切断例を図15に示す。

一方，DNAリガーゼはDNAとDNAを連結する酵素で，組換えDNAでは糊の役目を果たす。この酵素はDNA複製の際に岡崎フラグメント間をホスホジエステル結合でつなぐ酵素として発見された。これら2種類の酵素の発見が組換えDNAの発展をもたらしてきたといえる。

b. ベクター

制限酵素で切ったDNA断片を組み込み，細胞内に運ぶ役目をするのがベクター（運び屋）である。ベクターは宿主とは別の自己の複製起点をもち，薬剤耐性の遺伝子などをもつ。ベクターには，プラスミドDNA（環状DNA），ファージ（細菌に感染するウィルス），ウイルス，YAC（yeast artificial chromosome），BAC（bacterial artificial chromosome），コスミド（プラスミドとλファージベクターの複合体）などがある。どれを使用するかは，組換えDNA実験の目的や挿入するDNAの長さ，導入する細胞の種類により異なってくる。

c. 形質転換

細菌の細胞にプラスミドなどを導入して，それらの形質を変換させる技術が形質転換である。組換えDNA実験でよく使用される大腸菌の形質転換には，カルシウムイオンによる細胞膜の透過性を変化させてプラスミドを導入しやすく

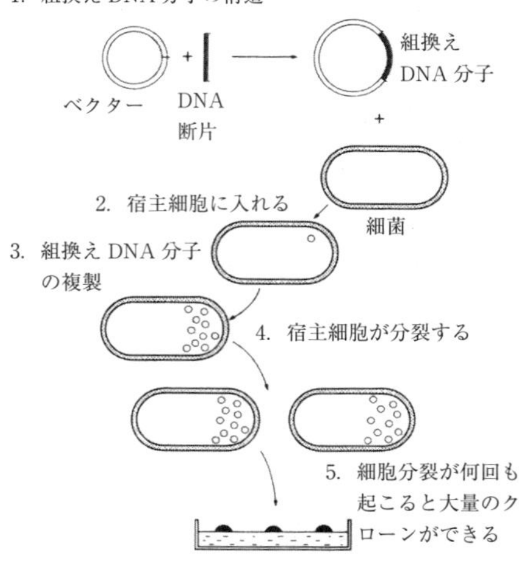

図14　遺伝子クローニング実験における基本的な手順

［T. A. Brown 著，西郷薫　監訳，“ブラウン 分子遺伝学（第3版）”，p.415，東京化学同人（1999）］

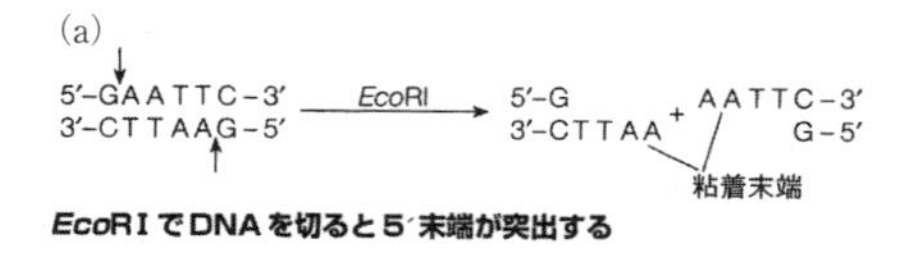

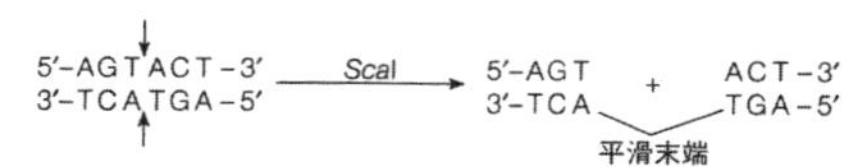

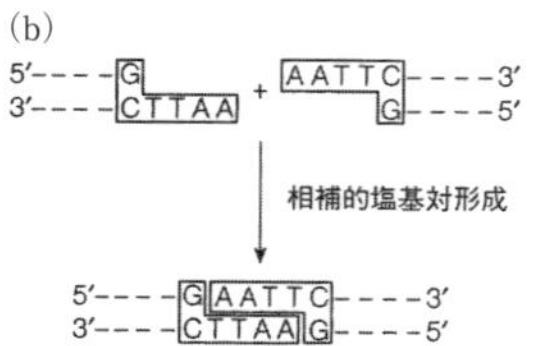

図15　(a) 制限酵素のDNAに対する作用，(b) 粘着末端間の相補的塩基対形成

［P. C. Winter，G. I. Hickey，H. L. Fletcher 著，東江昭夫，田嶋文生，西沢正文 訳，“キーノートシリーズ 遺伝学キーノート”，p.285，シュプリンガー・フェアラーク東京（2003）］

する方法や，高電圧で処理して一時的に細胞膜に孔をあけるエレクトロポレーション（電気穿孔法）がある。また，真核細胞に DNA を取り込ませることをトランスフェクションとよぶが，この方法としてはリン酸カルシウムを使った方法，エレクトロポレーション，物理的に直接，細胞に DNA を入れるマイクロインジェクション（微量注入）などがある。いずれも組換え DNA 実験には欠かせない手法である。

d. PCR（polymerase chain reaction）

PCR 法は K. B. Mullis（マリス，1944－）により考案された，組換え DNA 実験において幅広い応用性をもった技術である。特定の DNA 配列を短時間で 100 万倍以上に増幅させることができ，最近のバイオテクノロジーには欠かせない技術である。これは，DNA の鋳型にプライマー（短い DNA 断片）を結合させ，好熱細菌から精製した耐熱性 DNA ポリメラーゼにより DNA を合成する方法で，温度条件を 2，3 段階変化させるサイクルを 20，30 サイクル繰り返すことにより，DNA 断片を多量に増幅させる（図 16）。遺伝子の発現量の解析法としての定量 PCR やデジタル PCR などもある。

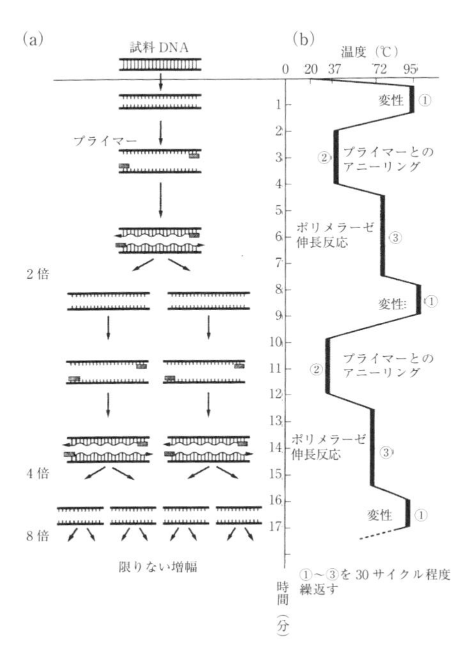

図 16　(a) PCR 法の原理，(b) 温度変化スケジュール

［野島博，"遺伝子工学への招待"，p.62，南江堂（1997)］

3.3.6　塩基配列の決定とその解析

遺伝暗号の解読の方法も時代とともに進化してきた。近年ではゲノム DNA を解読するという初期の頃には考えられなかった大量の情報まで解読可能になってきた。1970 年代後半に開発された DNA 塩基配列の解析の代表的な二つの解析法と DNA 塩基配列がもたらす情報の意味について以下に述べる。

a. マクサム－ギルバート法

この方法は A. Maxam（マクサム，1942－）と W. Gilbert（ギルバート，1932－）によって開発された技術で，末端標識した DNA 断片を 4 種類の塩基に特異的な化学試薬で修飾，切断し，電気泳動を行うことにより塩基配列を決定する方法である。

b. サンガー法（ジデオキシチェーンターミネーション法）

F. Sanger（サンガー，1918－2013）により開発された技術である。解読したい DNA 断片にプライマーを結合させ，そこから DNA ポリメラーゼで DNA を合成させるさいに，多量のデオキシリボヌクレオチド三リン酸（dNTP）と少量のジデオキシリボヌクレオチド三リン酸（ddNTP）を入れておくと，dNTP の代わりにランダムに ddNTP が取り込まれたところで DNA 合成がストップする。プライマーか ddNTP のどちらかに標識をしておき DNA 合成を行った後に電気泳動にかけて解析する（図 17）。

この技術がこれまで主流となっていた DNA 塩基配列解読法であり，初期の DNA 自動解析装置もこの方法を使用している。近年は，次世代シーケンサーの登場で大量の配列を同時並行で読み取ることにより解析速度が超高速化されている。ゲノム情報の解読が数日間で可能になってきている。

c. バイオインフォマティクス（生命情報学）

DNA の塩基配列が解読されると，そこからタンパク質のアミノ酸配列がわかる。また，新たなDNAの塩基配列を決定した場合，その情報はいろいろなデータベースに登録される。現在でも世界中で解読されたDNAの情報がデータベースに積み重ねられており，それらのデータベースとの検索により，解読したDNAがどんな遺伝子なのか，またどんなタンパク質をコードしているのかが解明できる。もし，未知の遺伝子であるとしても，どんなモチーフをもっているのかといった情報が得られる。このように，DNA塩基配列やタンパク質のアミノ酸配列の情報を集め，コンピューターを使って生命情報を解析する学問のことをバイオインフォマティクスとよび，今後さらに発展していくものと考えられる。　　　　　　　　　　［笠原　恵］

参考図書

1) J. D. Watson, T. A. Baker, S.P. Bel, A. Gann, M. Levine, R. Losick 著，中村 桂子 監訳，滋賀陽子，中塚公子，宮下悦子 訳，“遺伝子の分子生物学 第6版”，東京電機大学出版局（2010）．
2) B. Alberts, A. Johnson, J. Lewis, M.Raff, K. Roberts, P. Walter 著，中村桂子，松原謙一 監訳，“細胞の分子生物学 第5版”，ニュートンプレス（2010）．
3) D. Sadava, H. C. Heller, G. H. Orins, W. K. Purves, D. M. Hillis 著，石崎泰樹，丸山敬 監訳，“カラー図解 アメリカ版 大学生物学の教科書，第2巻 分子遺伝学，第3巻 分子生物学”，講談社ブルーバックス（2010）．

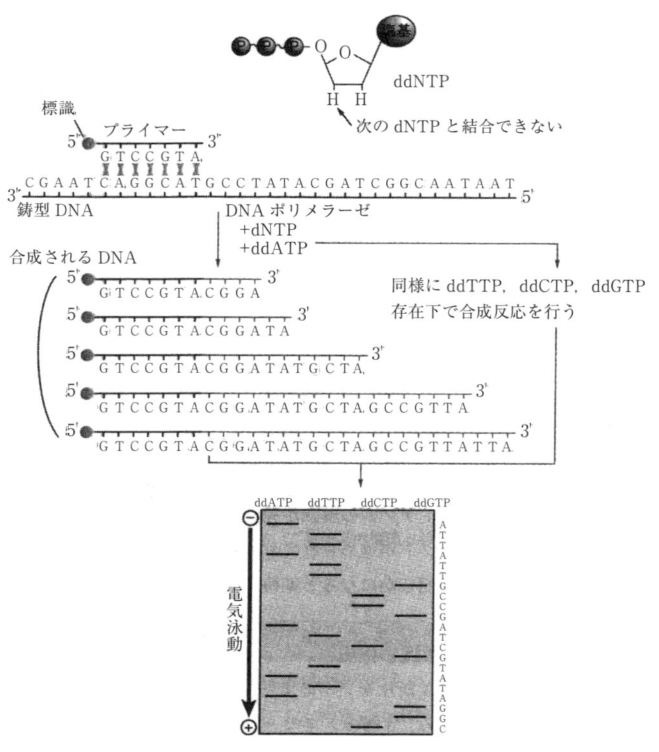

図17　サンガー法によるDNA塩基配列の解析

［赤坂甲治，“ゲノムサイエンスのための遺伝子科学入門”，p.215，裳華房（2002）］

3.4 生物の変化をはかる

3.4.1. 細胞の生死をはかる

a. 単細胞生物の死

生物学における死は単細胞と多細胞（個体）との間で区別されている。単細胞，特に細菌の死は抗生物質による細胞死を阻止帯で示すことができるように，細胞のもつ分裂能を阻害した結果であり，そのしくみはDNA合成，細胞分裂または子孫をつくる能力を失うことで死を規定している。細菌や培養細胞ではヒトが目視できるまで培養をして，最初1個であった細胞から形成されるコロニー（図3Cのf，g）の数を測定することによって環境因子に対しての感受性の度合いを求めることができる。たとえば，温熱感受性，紫外線感受性，放射線感受性，薬物・毒物感受性などがそれである。

b. 多細胞生物の死

一方，多細胞生物の死は個体全体での死を意味する。個体の一部での多くの細胞が生存していても個体全体から見た死で規定されている。したがって，個体の生死は細菌の生死のように，細胞分裂や子孫をつくる能力で測定できない。個体の死は当然生物が受精後の発生過程で繰り返されてきた細胞分裂能に依存しているが，心臓や脳などの個体にとって重要な器官の働きを失うことによって個体の死が規定されている。

c. ヒトの死

ヒトの個体死をどのように考えるか最近特に注目されている。医学において臓器移植の重要性からもヒトの死に関する考え方が長い間議論されてきた。脳死は死の判定に大きな問題を提起している。他のヒトの生命を救うための臓器移植には死の確認が必須であるからである。

(1) 判定対象症例

①器質的脳障害により深昏睡および無呼吸である。②原疾患が確実に診断されており，それに対し現行し得るすべての治療手段でも，回復の可能性がまったくないと判断される症例。

(2) 除外例

①小児（6歳未満），②脳死と類似した状態になり得る症例（急性薬物中毒・低体温・代謝，内分泌性障害）。

(3) 判定基準

①深昏睡，刺激に対して覚醒しない状態，痛み刺激に反応しない。グラスゴー・コーマ・スケールで3，開眼，発語，運動機能なし。②自発呼吸の消失，人工呼吸器をはずして自発呼吸の有無をみる検査（無呼吸テスト）必須。③瞳孔，瞳孔が固定し，瞳孔径は左右とも4mm以上。④脳幹反射の消失，対光反射・角膜反射・毛様脊髄反射・眼球頭反射・前庭反射・咽頭反射・咳反射の消失，自発運動，除脳硬直，除皮質硬直，けいれんが見られれば脳死でない。⑤平坦脳波，脳波検査法（上記①～④がすべて揃った場合に，正しい技術基準を守り，脳波が平坦であることを確認する。最低四導出で30分間にわたり記録する）。⑥時間的経過。上記①～④の条件が満たされた後6時間経過を見て変化がないことを確認するとされている。

d. アポトーシスとネクローシス

培養細胞や多細胞動物の個体を構成する組織での細胞死の過程には，まず細胞の外壁（細胞膜）が変化して細胞が膨潤し，その後でDNAや染色体が壊れる場合と，まずDNAや染色体が破壊される場合との2種があり，前者を様々な環境要因でもたらされる非計画的な細胞死，ネクローシス，後者を遺伝的に計画された能動的な細胞死，アポトーシスとよんでいる。ネクローシスでは細胞が傷つけられ，膨潤し，融解した結果，細胞の内容物は外へ流れ出てしまうので，それが周囲の細胞や生物全体へ影響を及ぼすこともある。遺伝子とは無関係に，周囲の環境の悪化に耐えられなくなった細胞の膜が破壊され，受動的に死んでいく現象である。

アポトーシスでは核と細胞質が凝縮し，細胞はアポトーシス小体とよばれる小片に分断される。このアポトーシス小体では断片化した染色体が細胞膜に結合しており，ただちに隣接する細胞かマクロファージ（免疫細胞の一種）が包み込んで食べてしまう。したがって細胞の内容物はこぼれることなく処理される。一般に，アポトーシスを起こす細胞は環境からの情報を受け取って死ぬべきかどうかを判断し，自らの自殺遺伝子を働かせて自爆する。よって能動的に死ぬといえる。アポトーシスの起こる例としては，①発生のときにおける形づくり，②体全体の細胞数の調整，③不要または危険な細胞の除去，④ウイルス感染を受けた細胞，自分の体に免疫反応を示す細胞，がん細胞などである。

3.4.2　細胞周期をはかる

a.　体細胞分裂

多細胞生物では生体を構成している一つの細胞（$2n$）が二つの細胞（それぞれが$2n$）に分裂することによって体を形成する。単細胞生物は個体の数を増やし，多細胞生物は体細胞分裂で数が増えて成長した後，生殖細胞（卵原細胞と精原細胞）に分化して減数分裂を行う。細菌類では一つの母細胞が細胞分裂を行い，同じ核相の娘細胞になり増殖する。細胞は増殖の過程において細胞あたりのDNA量が変動する。体細胞は$2n$であるので，DNAを合成して$4n$となり，細胞分裂して2個の細胞に分裂する。

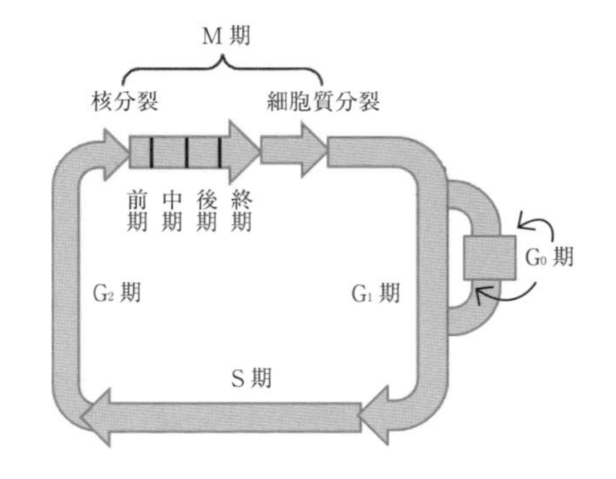

図1　細胞周期

G_1（DNA合成準備期）→S（DNA合成期）→G_2（有糸分裂の準備期）→M（有糸分裂による細胞分裂期）→G_1を繰り返す。S期に進まない場合は，静止期（G_0期）または老化，アポトーシス，分化などに進む。

細胞のDNA量を測定することによって細胞の周期を同定することができる。近年，細胞あたりのDNA量を測定できるようになったので，細胞分裂の時期の分析技術が進歩してきた。細胞周期には正常な状態であるかをチェックして次のステップに移るG_1/SとG_2/Mのチェックポイントがある。体細胞分裂の実験的測定法には，①ファックススキャンという機器を用いて，DNA量を測定したフローサイトメトリー（FCM）法（図2），②ブロモデオキシウリジン（BrdU/DNA）の二重染色による解析，③増殖関連遺伝子（Ki-67）抗原染色法，④サイクリンを対象にした解析法，⑤CKI（cyclin-dependent kinase inhibitor）を用いたウェスタンブロット法による解析などがある。

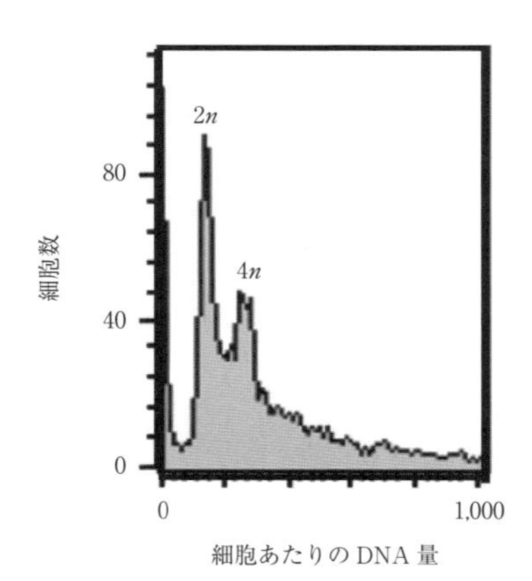

図2　フローサイトメトリー法で測定した実測値

$4n$はG_2を$2n$はG_1を全細胞数のうちどれほどの細胞の割合かを測定していることになる。

b.　減数分裂

複相（$2n$）の核が連続する2回の分裂を行って，単相（n）の核をもつ娘細胞が4個できる分裂。相同染色体が対合し交差が起こる。雌雄遺伝子の組み合わせによる多様性が現れる。

3.4.3　細胞増殖をはかる

（1）　光学顕微鏡による測定：単細胞生物，小さな多細胞生物（プランクトンなど），ヒト培養細胞は光学顕微鏡で血球計算板を用いて細胞数や匹数をはかる。

(2)　吸光計による測定：細菌などは間接的な測定法としては，集団ではかる方法として吸光計で濁度として測定する（図４の●）。

(3)　コールカウンターによる測定：液体の培養器の細胞や血球などはコールカウンターとよばれる機器で，測定しようとする細胞のサイズを規定して，それぞれの大きさの細胞を分けて細胞数を測定する。

(4)　コロニー形成能による測定：細菌やカビなどの微生物は培養器（寒天培地）を用いて，コロニー（図３Cのf，g）としてはかる。大腸菌などの細菌では終夜培養で測定できる。酵母菌やカビなどでは数日の培養日数が必要である。培養前の１匹が分裂してヒトの目で見えるまで増殖しているので，生物の分裂能力を測定していることになる。

(5)　ノギスなどによる測定：腫瘍の増殖はヌードマウスに移植した腫瘍の大きさ（短径と長径測定から計算する）をノギスなどで測定することによって求める。

3.4.4　突然変異をはかる

突然変異にはDNA複製過程でのミスや生体内化学物質によって生成されるDNA損傷から自然に突然変異（自然突然変異）が起こることがある。一方，紫外線・放射線・ある種の化学物質などの環境要因がDNA損傷をもたらすことによって，結果的に突然変異が生じること（人為突然変異）が明らかにされてきた。たとえば，紫外線はDNAの同一鎖上の相隣接するピリミジン塩基間に共有結合が生じ，ピリミジン二量体などの塩基損傷を形成する。放射線はDNA鎖に一本鎖切断や二本鎖切断を起こしたり，塩基に変化をもたらしたりする。化学物質の中には塩基の修飾，塩基との結合，架橋，DNA鎖切断などさまざまなDNA損傷を起こすものがある。それらのDNA損傷の生成がきっかけとなり，DNA複製や修復の過程で元とは異なったDNAの塩基配列となり，突然変異（遺伝情報の変化）が誘発される。医学においては，この突然変異が体細胞で起こるとがんの原因となる。がん関連遺伝子群に生じる突然変異ががん化の初期過程にも，がんの悪性化の原因ともなっている。一方，生殖細胞に突然変異が起こると子孫の遺伝病（先天性代謝異常症）の原因となる。自然誘発突然変異体や人為的突然変異体を作製することは新種の生物種の開発に利用されてきた。また，生命の進化の過程での突然変異は生物種の多様化に働いたものと考えられている。

3.4.5　遺伝毒性をはかる

遺伝子に損傷をもたらす化学物質を一般に遺伝毒性とよんでいる。遺伝毒性を測定する方法には紫外線や放射線が遺伝子損傷をもたらす研究成果が利用されている。特に紫外線や放射線に感受性な変異株とその野生株との性質の差が利用されている。

a.　感受性の利用

DNA修復欠損変異株の大腸菌をはじめとした細菌類や哺乳動物培養細胞を利用した生存率をコロニー形成能で求めることによって感受性を測定する（図３A）。Rec$^-$変異株が紫外線・放射線に特に感受性であることを利用して，化学物質が遺伝毒性をもっているかを利用した検査法をレックアッセイとよんでいる（図３B）。

b.　突然変異誘発の利用

突然変異測定には，①培養器の中に入れる薬剤に対する抵抗性の獲得頻度を測定する，②栄養要求性の変異株の非要求性への変化を測定する，などが用いられている（図３（AとC））。

生物体がもつ形態や色の変化を目安に突然変異誘発率を測定することもできる。たとえば，ショウジョウバエの形態や色や植物の雄蕊の色の変化を利用した突然変異の測定は特に有名である。化学物質の突然変異誘発能を測定することによって，発がん物質かどうかを測定することに利用してきた。そのような化学物質を変異原物質・放射線類似物質とよんでいる。

図３（A，C）では大腸菌での突然変異誘発の測定結果を示している。さらに、細胞内への化学物質の透過性をよくなるように工夫したサルモネラ菌も用いられている。また，化学物質が生体内で代謝を受けた後，遺伝毒性を示す場合もあるので，小型哺乳動物の肝臓の成分から

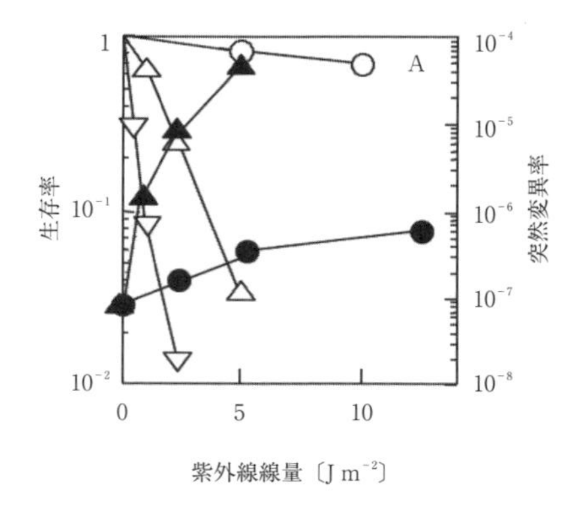

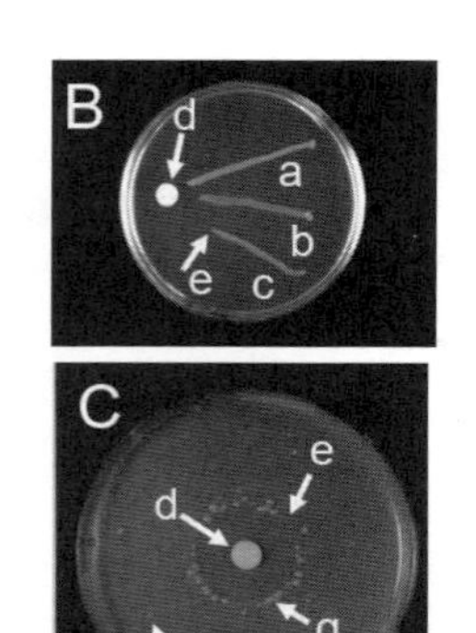

図3　大腸菌を用いての紫外線感受性と突然変異誘発率

（A）紫外線感受性株（△：Uvr⁻，▽：Rec⁻）とその野生株（○）の生存率。紫外線感受性株（▲：Uvr⁻）とその野生株（●）の突然変異誘発率。Uvr⁻と Rec⁻は野生株に比べて紫外線に高い感受性を示すことがわかる。紫外線で生じたDNA損傷を修復できないからである。これらの株はすべてアルギニン（Arg）要求性の変異株である。突然変異誘発率測定には最少培地で培養して，Arg非要求性への復帰突然変異を起こした場合のみ，コロニーを形成できる頻度を測定した。Uvr⁻株に突然変異が生じやすいことがわかる。このUvr⁻株はDNA損傷の除去修復能を欠損しているので，それ以外の修復の過程で突然変異が生じると考えられる。

このような性質を利用して化学物質の遺伝毒性を測定した［(B) と (C)］。紫外線感受性株（b：Uvr⁻，c：Rec⁻）とその野生株（a）をdのところまで，白金耳で大腸菌を塗った後，dのろ紙に遺伝毒性をもつ化学物質フリルフラマイド（薬品名パンフラン）を浸み込ませた後一晩培養した。eは生存の阻止を示している。阻止帯の長さがc，b，aの順序になっているのがわかる。Aの紫外線の感受性を反映している。化学物質の遺伝毒性の測定法として突然変異誘発能が利用されている例である（C)。最少培地に10^8個以上のUvr⁻株菌を広げた後，dのろ紙にパンフランを浸み込ませた後二晩培養した。eは遺伝毒性の阻止帯を示す。fは自然突然変異で生じたコロニーである。gはパンフランで誘発された突然変異コロニーである。阻止帯の周りに突然変異コロニーが誘発されていることがわかる。Uvr⁻株を用いたのは突然変異が生じやすいからである。阻止帯の中にコロニーがないのは遺伝毒性で大腸菌が生育阻害を受けたからである。

抽出した酵素（薬品として市販されている）を用いた方法（エイムズテスト）も利用されている。

c. 溶原性ファージを持っている大腸菌からファージが誘発される性質の利用

大腸菌にはラムダファージなどのファージが溶原化している株（λ^+）がある。紫外線・放射線によりDNAに損傷が生じるとファージが誘発される性質を利用して，化学物質が遺伝子損傷をもたらすのかを測定する方法である。ファージが誘発された場合は大腸菌が溶菌するので，培地の濁度（吸光度）が減少していることでわかる（図4の▼と▲）。コントロールとしてファージが溶原化していない細胞株（λ^-），さらにはファージ誘発がより感受性である変異株（λ^{inds}）を用いることによって，より正確にDNA損傷をもたらすのかを検証できる方法である。図4ではλ^{inds}株もλ^+株も培地にマイトマイシンC（MMC）を入れたときにλファージが誘発され大腸菌が溶菌してしまう。λ^{inds}株（▼）の方がλ^+株（▲）の方よりも溶菌しやすい。したがって，MMCがDNA損傷をもたらすことがわかる。

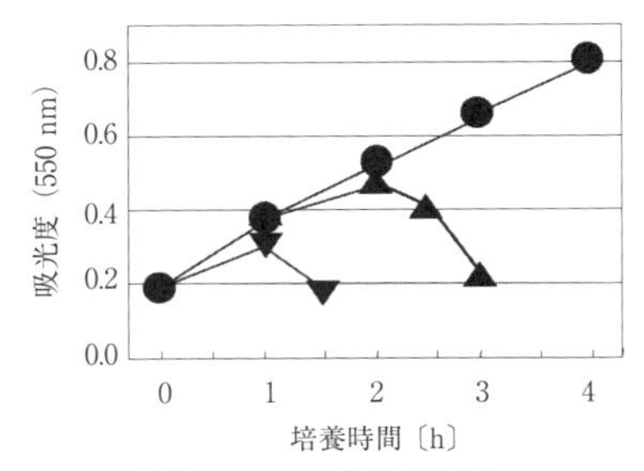

図 4　大腸菌 W3110 の細胞増殖と λ ファージの誘導

●：W3110（λ⁻），▲：W3110（λ⁺），▼：W3110（λ inds）に MMC を 0.4 μg mL⁻¹ になるように入れて培養した。W3110（λ⁻）にはこの濃度では増殖に影響を与えない。

d. 染色体異常誘発の利用

細胞の染色体を染色法の違いを工夫して，数の変化，長さの変化，染色パターンの変化，方向性の変化などを顕微鏡によって観察して測定することができる。放射線では染色体の断片が生じやすい。ヒトの染色体数遺伝病のダウン症候群の患者は 21 番目の染色体がトリソミー（3 本）になった染色体異常症である。

3.4.6 催奇性をはかる

ヒトの妊婦が原爆放射線に被ばくした場合に小頭症の子供が生まれたことが，放射線の生物影響の一つであるとされている。胎児の発生異常が原因とされている。催奇性の測定にはイモリやカエルの四肢や尾ひれを切断して，後に再生してくる現象を利用している。DNA に損傷をもたらす化学物質を再生部位に塗布することによって，奇形が生じる頻度を測定する。しかしながら、環境中に存在する化学物質が内分泌系（ホルモン）に影響を及ぼすことにより，生体に障害や有害な影響を引き起こす内分泌かく乱物質（環境ホルモン）も同じような作用をすることがあるので，必ずしも遺伝子に損傷をもたらすとは限らない。

3.4.7 老化をはかる

機能の衰えの多くは臓器の縮小や機能低下という形で現れてくる。手足の筋肉はやせ，骨の密度も低下してくる。もちろん脳細胞も減りつづけ，脳そのものが委縮してくるのが CT スキャンなどで観察される。記憶力や視力・聴力・体温調節などの生理機能の低下，足腰が弱るなど，壮年期を過ぎた 40 歳代から，ヒトのからだには外観，機能の両面にわたって若いときとは違った変化が見られる。老化現象は個人差が大きく，年齢を重ねることから起こる老化と病気などによって起こる老化とがある。DNA 修復能が欠損しているヒトの遺伝病の中には早老症の患者がみられ，若くして老化現象が現れてくる。

a. 皮膚表面の構造

外見から見て老化を示す明らかな変化の一つに皮膚老化がある。シミ，そばかす，しわ，たるみ，皮膚の厚さなどが変化し，静脈が浮き出てくるなどが目立ってくる。皮膚表層の変化はその下にある真皮中のコラーゲンの減少などによってもたらされる。その結果皮膚の伸縮性がなくなり，たるんで弾力性も失われる。血液の循環が悪くなり，皮膚を構成する細胞の数が減り，皮膚は薄くなり，透けるようになり，太い静脈まで表から見えるようになる。新しい皮膚の成長を促す繊維芽細胞の数も減る。皮膚はストレスへの対応力を失う。免疫反応も減り熱を放散する能力も失われる。暑さ寒さを感じる能力が鈍くなり，慢性的なダメージを修復する能力が減退し，細胞のターンオーバーの速度が落ち傷も直りにくくなる。

偏光フィルターやゼリーを用いて皮膚表面の乱反射を取り除き，皮膚表層の拡大鏡であるダーモスコピーで肉眼では分からない皮膚の内部構造をある程度判断することができる。ほくろやシミの色調やパターン，表層の血管構築が詳しく観察できる。

b. 細胞の老化

ヒトの胎児から採取した細胞はおよそ 50 回の分裂が限界である。限界まで分裂した細胞を老化細胞とよぶ。老化細胞では増殖が元に戻れないように抑制されており，増殖を促す処理を施しても再度増殖が始まることはない。テロメアは細胞の遺伝情報が詰まっている染色体の末端にあり，染色体を安定させ保護する役割をもっている。テロメアの長さは細胞の分裂ごとに短くなり，これが一種の寿命時計として機能する。テロメアがある長さに達するまで分裂すると細胞が老化する。したがって，テロメアの長さを測定することによって分裂時計の進行を感知し，細胞の老化を測定することができる。テロメアが一定長より短くなると不可逆的に増殖を止め，細胞老化とよばれる状態になる。

細胞老化は細胞分裂を止めることで，テロメア欠失による染色体の不安定化が起こることを阻止し，発がんなどから細胞を守る働きがあると考えられている。酸化ストレス，放射線，がん関連遺伝子の変異などによっても細胞老化が誘導される。このことから，細胞老化は細胞の異常な増殖を防ぎ，がんの発生を予防する生体の防御機構の一つとも考えられている。がん細胞ではテロメアの末端を伸長させる酵素テロメラーゼの活性が高まっていることが多い。がん細胞は細胞分裂してもテロメアの長さが短くならず，無限増殖能をもっている。

3.4.8　発がん性の測定

DNA に損傷をもたらす放射線・紫外線や化学物質は一般に細胞に突然変異を生じさせることによってがんを発症させることになる。そのような化学物質を発がん物質とよんでいる。実際のがん化能はマウスやラットなどの小型哺乳類を用いて測定している。特に発がん頻度を測定するには動物個体数を多く取り扱うことになる。食物や飲料水に化学物質を混入させたものを動物に投与したり皮膚に塗布したりして，その発がん性が定量化されてきた。

3.4.9　放射線被ばく線量の測定

放射線に被ばくしているときの線量はポケット線量計やガイガーカウンターを用いて測定され，総被ばく線量の測定には一般的にフイルムバッチが用いられている。これらの測定法は物理的測定とよばれている。一方，放射線に被ばくした生物学的影響を測定する場合を生物学的測定とよんでいる。

放射線に被ばくすると急性被ばく影響としてリンパ球の減少が見られることがある。放射線・放射性物質を使用する原子力発電所関連の労働者・医師・研究者に対して，その労働に従事する前と従事してから定期的にリンパ球数を測定している。宇宙飛行士や航空機パイロットも宇宙放射線を被ばくする可能性が高い。放射線によってもたらされる遺伝子の二本鎖切断を測定する技術が開発された。その二本鎖切断数を測定することによって，放射線被ばく線量を類推することができる（図 5）。

3.4.10　紫外線被ばく線量の測定

紫外線を細胞に照射すると同一鎖の DNA の相隣接するピリミジン塩基間に共有結合が生じることによってピリミジン二量体や 6-4 光産物が生じる。このことが細胞に致命傷となり，皮膚細胞にアポトーシスが生じ細胞死がもたらされる。海水浴をした後に皮膚の皮がむけることでもわかる。UV ケア化粧品を皮膚に塗ったり，帽子や日傘を用いたりして皮膚を太陽光に直接曝さないようにして，太陽紫外線を防ぐことがよく知られている。

ヒトの中には遺伝病の一つである日光に過敏な色素性乾皮症という患者がいる。DNA 除去修復の欠損症であることがわかっている。この患者は紫外線に特に感受性で，突然変異が生じやすく，若くして日光露光部に皮膚がんになりやすい。また，色素が沈着しやすい。

図 6 ではヒト培養細胞でピリミジン二量体を直接測定しているが，ピリミジン二量体の抗体を用いることによって皮膚構造のどの組織にピリミジン二量体が生じるのかをはかることができる。

［大西　武雄］

参考図書

1)　大西武雄 監修，“からだと光の事典”，朝倉書店（2010）.
2)　大西武雄 監修，“放射線医科学”，学会出版センター（2007）.

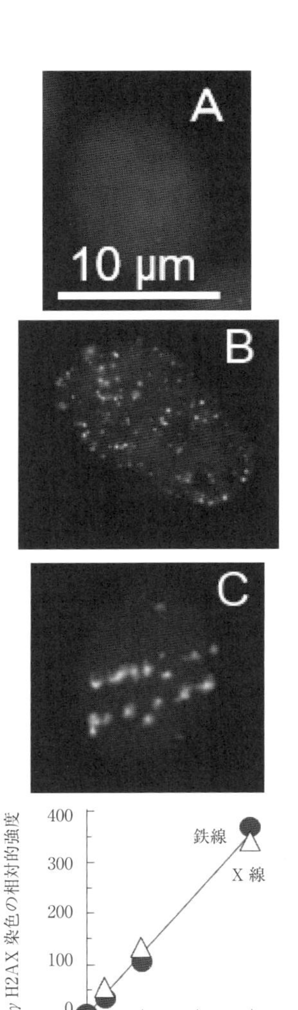

図 5　DNA の二本鎖切断の定量

リン酸化されたヒストンタンパク質（γ H2AX）の抗体が二本鎖切断を認識する。A～C は 1 個の細胞核を染色したものである。1 個の二本鎖切断が 1 個のフォーカス(写真では白い点として表示）を認識するほど感度がよい。ヒト培養細胞に X 線（△），鉄線（重粒子線，●）を照射した。非照射は A とグラフの 0 Gy である。放射線照射後 30 分間細胞を培養して固定し，γ H2AX の抗体で可視化したものである。両線とも直線的に二本鎖切断が生成される（グラフ）。非照射では二本鎖切断は観察されない(A)が，X 線 3 Gy では二本鎖切断が散在して生じる(B)。鉄線 0.6 Gy では直線的に二本鎖切断が生じ，2 本の重粒子線が核を貫いたことがわかる（C）。

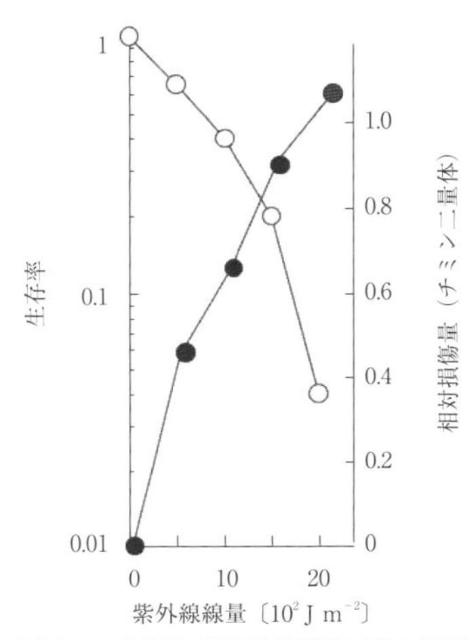

図 6　ヒト細胞の紫外線誘発 DNA 損傷量の測定

あらかじめ放射性チミジンで DNA を標識したヒトメラノーマ培養細胞に紫外線を照射した後，生存率（○）とペーパークロマトグラフィーでチミン二量体量を測定した(●)。

3.5　タンパク質と酵素をはかる

3.5.1　タンパク質の機能

タンパク質は20種類（最近は従来の20種類にセレノシステインとパイロリシンを加えて22種類となりつつある）のL-α-アミノ酸のアミノ基とカルボキシ基の間で脱水縮合反応が起こって，アミノ酸どうしがペプチド結合（アミド結合）で連結されたひも状の高分子であり，その一端にはアミノ基，他端にはカルボキシ基が残っている。主鎖は-N-C-C-N-C-C-の繰り返しであり，20種類のアミノ酸の違いは，側鎖とよばれる原子団の並び方の違いとしてそれぞれのタンパク質の特徴となっている（図1）。

つながるアミノ酸の数は数十から数千まで幅広いし，アミノ酸がつながったあとで，さらに側鎖によっては水酸化（プロリン，リシンなど），リン酸化（チロシン，セリンなど），グリコシル化（セリン，トレオニン，アスパラギンなど）などの反応を受けるためタンパク質の種類は非常に多数なものとなる。

タンパク質の機能を大まかに分類すると，酵素タンパク質（生体触媒），構造タンパク質（体の形を支える），貯蔵タンパク質（栄養の貯蔵），輸送タンパク質（酸素，栄養素，金属イオンの輸送），ホルモンタンパク質，毒素タンパク質，免疫タンパク質，膜タンパク質（細胞膜に結合しており細胞内外の情報伝達を行う），核タンパク質（細胞核にあって遺伝子DNAと結合している）など多くの種類と働きがある。

個々のタンパク質は種類ごとに定まったアミノ酸の数と，20種類のアミノ酸の並び方をもっているので，100個のアミノ酸からなるタンパク質には$20^{100} = 10^{130}$というような莫大な種類がありえるが，実際に使われているのはヒトの場合で数万種類である。個々のタンパク質のアミノ酸数と配列の仕方はすべてのタンパク質に対応する遺伝子があり，その遺伝子DNAの塩基配列として染色体に貯えられている。生物の種類が異なると，同じ機能をもつタンパク質でもそのアミノ酸配列が異なるし，アミノ酸の数すなわちその大きさ（分子量）が異なることもある。だから，牛肉を食べてもウシと同じ筋

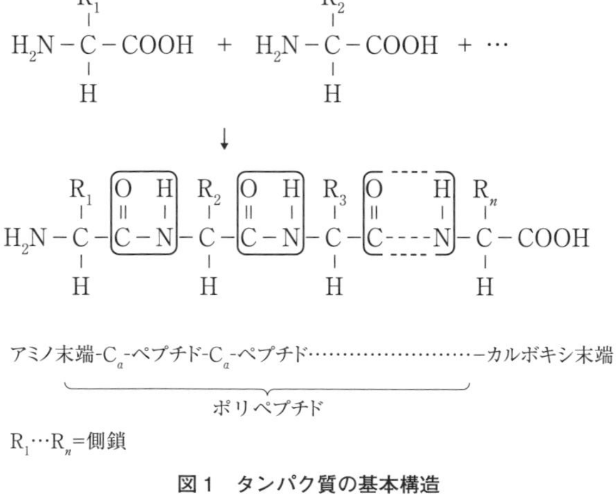

$H_2N-C(R_1)(H)-COOH + H_2N-C(R_2)(H)-COOH + \cdots$

↓

$H_2N-C(R_1)(H)-[C(=O)-N(H)]-C(R_2)(H)-[C(=O)-N(H)]-C(R_3)(H)-[C(=O)\text{----}N(H)]-C(R_n)(H)-COOH$

アミノ末端-C_α-ペプチド-C_α-ペプチド……………………………-カルボキシ末端

ポリペプチド

$R_1 \cdots R_n$=側鎖

図1　タンパク質の基本構造

肉をつけることはできない。ヒトの筋肉タンパク質につくり直す必要があるので，次に述べる消化酵素や合成酵素が必要となる。

では，タンパク質の主な機能を見てみよう。

a. 酵素タンパク質

酵素タンパク質とは化学反応を触媒する機能をもつタンパク質で，ここでは代表例として消化酵素について述べる。

消化酵素　アミラーゼ（デンプン分解酵素，唾液，小腸），ペプシン（タンパク質分解酵素，胃），トリプシン，キモトリプシン（タンパク質分解酵素，小腸），リパーゼ（脂質分解酵素，小腸）に代表されるタンパク質で，食物成分を加水分解する。そのために酵素は食物成分の分解すべき共有結合部位に結合し，この共有結合に水分子のHとOHを別々の部位に結合させて切る。この作用をする部位を酵素の活性部位あるいは活性中心という（図2）。

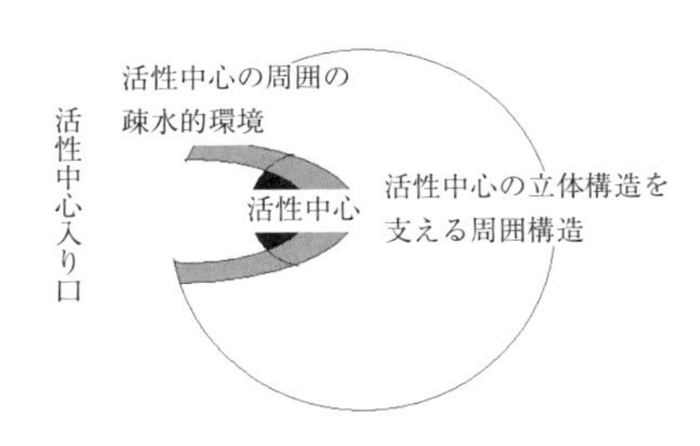

図2　酵素の活性中心

食物成分が加水分解を受けると，タンパク質はアミノ酸に，デンプンはグルコースに，脂質は脂肪酸とグリセロールという単量体になる。こういう小さい形になって初めて体内に吸収される。吸収されると今度はまた肝臓などを中心とする臓器で再びタンパク質に，グリコーゲンに，脂質につくり直される。このとき，食物としてとった牛肉のタンパク質はヒトのタンパク質とは異なるアミノ酸配列や大きさをもっているが，アミノ酸にしてしまってからは自由に人間のタンパク質のアミノ酸配列につくり直すことができる。そのおかげでいろいろな食物をとって，人間の体を成長させることができる。胃や腸はタンパク質分解酵素で分解されないように保護されているが，トリプシンやキモトリプシンをつくる臓器である膵臓から腸までの移動中にその分解機能を発揮しないように，酵素の活性部位を自分でふさいだ形（トリプシノーゲン，キモトリプシノーゲンとよばれる酵素の前駆体）でつくられて移動する。腸に到達すると活性部位をふさいでいた部分が切り取られて，消化酵素としての機能を発現する。

酵素機能はアミノ酸でできたタンパク質だけでは実現できないものが多いので，酵素の活性中心にはアミノ酸のほかに補酵素とよばれる活性に富んだ有機化合物や金属イオンが結合して，酵素機能で重要な役割を果たしている。補酵素の多くはビタミンとして重要な栄養素となっている。

b. 構造タンパク質

ヒトの体を支えるのはコラーゲンというタンパク質であり骨と腱の主成分である。コラーゲンは長さ300 nm，太さ1 nm以下の非常に細い繊維状タンパク質が3本より合わさった太さ1.5 nmの棒状分子である。この分子も細胞内で合成された直後はプレプロコラーゲンとよばれる前駆体である。前駆体は何段階かの分解反応を受けてコラーゲンとなる。3本鎖のコラーゲン分子はさらに集合して太い繊維となり，この繊維がさらに太い繊維をつくり，という具合に集まって丈夫な骨や腱をつくる。骨は高分子であるコラーゲンと無機のリン酸カルシウムが複合体をつくっており，硬く丈夫であるがセッコウのようにもろくはない。腱はほぼ純粋のコラーゲンなのでしなやかな丈夫さをもつ。

爪や毛，皮膚，毛，鳥の羽はケラチンという構造タンパク質でできている。ケラチンは架橋構造が多く水に溶けない性質で体の表面を覆っている。

肺胞は息をするたびに膨らんだり縮んだりするが，この弾性に富んだ構造はエラスチンというタンパク質が主成分となっている。エラスチンはやはり架橋構造が多いが，ケラチンと異なりゴムのような弾性的な性質をもっている。

c. 貯蔵タンパク質

酸素貯蔵のミオグロビン，脂質貯蔵の卵黄タンパク質，鉄イオン貯蔵用のフェリチンなどがある。

d. 輸送タンパク質

栄養素や金属イオンを体内のあらゆる部分にある細胞に配達する役割をもつタンパク質で，輸送する分子ごとに異なるタンパク質が対応している。例として，脂質を運搬するリポタンパク質，鉄イオンを輸送するトランスフェリン，脂肪酸や薬物を運ぶ血清アルブミン，酸素を運ぶヘモグロビンがある。

e. 免疫タンパク質

体内に侵入して病因となる細菌やウイルスに結合して無毒化する免疫グロブリン（G, A, D, E, M の5種類がある），免疫グロブリンが結合した細菌を攻撃する補体系などがある。

3.5.2　酵素反応をはかる

酵素は化学反応の速度を早める触媒として働くので反応の前後での変化はない。つまり，繰り返し使いうる。例をアルコール脱水素酵素に見てみよう。エタノールから水素を二つ取り去るとアセトアルデヒドになる。

$$CH_3CH_2OH \longrightarrow CH_3CHO + 2H$$

この反応は酵素反応の典型的な例であり，アルコールのように反応を受ける分子を基質（または反応物），アルデヒドのように反応後にできる分子を生成物という。体内ではこの反応は肝臓にある酵素の触媒により円滑に進められる。哺乳類の肝臓にある酵素は分子量39,800のタンパク質が二つでできており図3に示すような形をしている。

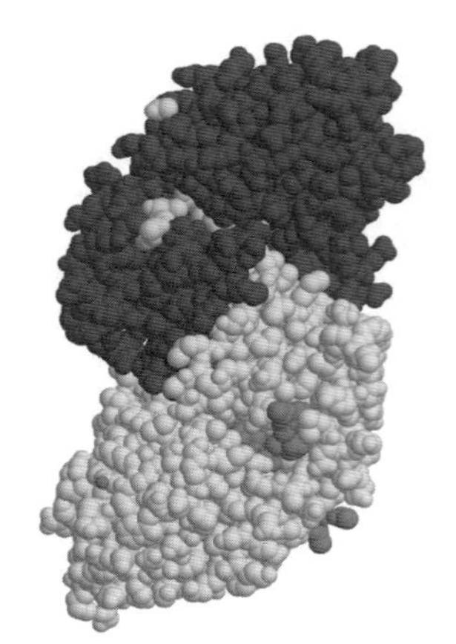

図3　アルコール脱水素酵素の構造

アミノ酸だけではエタノールから水素を取り出す仕事はできないので，この酵素の活性中心には亜鉛イオンが一つあり，また水素を受け取る補酵素としてニコチンアミドアデニンジヌクレオチドの酸化型（NAD^+）を使う。酵素をE，基質をS，生成物をPとすると一般の酵素反応は次のように書ける。

$$E + S \rightleftarrows ES \longrightarrow EP \longrightarrow E + P \qquad (1)$$

つまり，酵素と基質が溶液中で出会いESという複合体をつくる。この段階ではEとSが非共有結合で結合しただけの複合体なので，すぐ離れてもとの状態に戻ることもある。しかし，基質と酵素の親和性はかなり高いので，一度結合するとそう簡単には離れない（結合定数が大きい）。そこで矢印は両方を向いている。ESの状態でしばらくすると，活性中心の亜鉛イオンやNAD^+が働いて活性中心に結合したままで生成物が生じる。生成物に変わると酵素との親和性が小さくなり自然に酵素と生成物は離れる。この一連の反応過程を次のように簡単に書き表したものがミカエリス・メンテンの反応機構である。

$$E + S \underset{k_{21}}{\overset{k_{12}}{\rightleftarrows}} ES \overset{k_{23}}{\longrightarrow} E + P \qquad (2)$$

ここで，k_{12}は基質と酵素が溶液中で出会ってから結合するまでの速度定数，k_{21}は基質－酵素の複合体が離れてしまって元の基質と酵素に分かれる場合の速度定数，k_{23}は酵素の触媒機能が完全に終わるまで基質－酵素複合体が離れず，最後に産物と酵素の分かれるさいの速度定数である。この反応機構を使って反応速度論を適用すると，生成物の生じてくる速度を（モル/時間）の単位で測定する実験から，酵素と基質の親和性の尺度となるミカエリス定数と酵素反応の最大速度を得ることができる。

速度定数に反応物の濃度を掛けると本当の反応速度となるので，複合体ができる速度を$k_{12}[S][E]$，複合体が壊れる速度を$k_{21}[ES]$，産物ができる速度を$k_{23}[ES]$とすると次式が得られる。

複合体の正味の生成速度

$$\frac{d[ES]}{dt} = k_{12}[E][S] - (k_{21} + k_{23})[ES] \quad (3)$$

産物の生成速度

$$\frac{d[P]}{dt} = k_{23}[ES] \quad (4)$$

反応が進むと［ES］は増加してゆき，実際にはすぐに定常状態に達して一定になる。そこで，複合体の濃度［ES］の時間変化をゼロ（つまり複合体の生成速度と分解速度が同じ）として定常状態の式を求める。［ES］の時間変化がゼロだから

$$\frac{d[ES]}{dt} = 0 \quad (5)$$

$$\therefore \quad k_{12}[S][E] = (k_{21} + k_{23})[ES]$$

この式を変形して

$$\frac{[E][S]}{[ES]} = \frac{k_{23} + k_{21}}{k_{12}} = K_m \quad (6)$$

と書直しておく。ここで，K_m をミカエリス定数という。

酵素の全濃度を［E］$_0$ とすると，これは複合体を形成している酵素［ES］と，形成していない酵素［E］の濃度の和に等しいから

$$[E]_0 = [ES] + [E] \quad (7)$$

がなりたつ。この式と上の式から［E］を消去して［ES］を求めると

$$[ES] = \frac{[E]_0[S]}{[S] + K_m} \quad (8)$$

となるから，複合体の定常状態における生成速度は次式で表すことができる。

$$\frac{d[P]}{dt} = k_{23}[ES]$$

$$= \frac{k_{23}[E]_0[S]}{[S] + K_m} \quad (9)$$

基質と酵素を混合して反応を開始した初期の短い時間内に，まず複合体が定常状態に達するが，基質を大量に加えて反応を進めるので，反応を開始してから5分とか10分という短い時間内では，基質の濃度はほぼ初期濃度のままと考えることができる。そこで

$$[S] = [S]_0 \quad (10)$$

とおける。よって反応の初期の速度を v_0 とすると，v_0 は次式で表すことができる。

$$v_0 = \frac{k_{23}[E]_0[S]_0}{[S]_0 + K_m} = \frac{v_{max}[S]_0}{[S]_0 + K_m} \quad (11)$$

こうして得られるPの生成速度は基質濃度［S］に関して双曲線型の依存を示す。酵素濃度に比べて100倍以上高い濃度の基質溶液に酵素を添加して反応を開始して，開始後数分から十数分の短い時間内に生成するPの量を測定すると，その量は時間に比例する。また，短い時間内に生成するPの量は基質の総量に比べるとわずかなので，この間の基質濃度には変化がないとして，［S］の代わりに［S］$_0$ という記号を使い，これは実験の開始前に用意した基質溶液の濃度に等しいとする。これを初速度法という。基質の初濃度を10倍以上変化させて4点以上での実験を行ってそれぞれの条件での初速度を得る。この値を基質の初濃度の値に対してプロットすると，図4のような双曲線型のグラフが得られる。

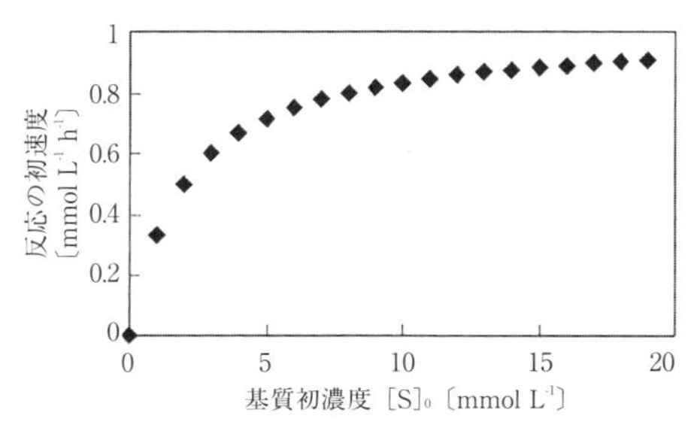

図4　初速度と初濃度のグラフ

このグラフを最もよく再現するように，式(11)の中の K_m と v_{max} の最適値を求める。コンピューターで非線形カーブフィッティングを行うか，式（11）を変形して直線プロットに書き換え，初速度の逆数 $1/v$ と基質初濃度の逆数 $1/[S]_0$ をプロットする。そうすると，実験値を通る最適の直線の傾きと縦軸との交点が，それぞれ K_m/v_{max}，$1/v_{max}$ となるので，まず交点の値の逆数として v_{max} を得る。ついで，傾きを v_{max} で割ると K_m を求めることができる。

このような逆数プロットをラインウェーバー・バークプロットという。このほかにも少しずつ異なるプロット法がある。

K_m は反応速度定数を使って $(k_{21}+k_{23})/k_{12}$ と書けるので，k_{23} が k_{21} に比べて小さいときには k_{21}/k_{12} に近い値となる。この値はESという複合体の解離定数に相当するので，ミカエリス定数が大きい酵素と基質の組み合わせは親和性が低く，反対にこの定数が小さい場合は親和性が高いという目安になる。多くの場合に $k_{23} \ll k_{21}$ がなりたつので，ミカエリス定数のこのような解釈は的を射たものとなっている。

以上のような扱いを定常状態法というが，この方法では k_{12}，k_{21}，k_{23} を個別に求めることはできない。反応速度論としては，反応機構に対して仮定した反応速度定数をすべて求めるのが目的となるので，この3個の速度定数を求める工夫が必要となる。

k_{12}，k_{21}，k_{23} を個別に求めるには定常状態法でない反応速度論を使う。この場合は，EとSのモル濃度を同じくらいにして，ストップト・フロー法を使って両者を急速に混ぜると，短時間のうちにかなりの量のES複合体が生じるが，ESからEPへの変化はまだほとんど起こっていないという条件で実験をする。こうすると反応は

$$E + S \rightleftharpoons ES$$

と簡単に書けるので，その反応は二次反応となり，ESの生成速度あるいは基質の消失速度を分光学的に測定して速度定数 k_{12}，k_{21} を求めることができる。

酵素が基質を結合するさいには，酵素自身もその形を変えるということがはっきりしてきている。その顕著な例がグルコース酸化酵素である。

酵素の必要性

なぜ酵素が必要かというと，体内の化学反応は自然には進行しないものが大半だからである。そういう化学反応を特別，熱を加えたりしないで，体温で必要な速度で進行させるには触媒が必要である。しかし，触媒を必要としない反応は生体反応としては使いにくい。なぜなら，生体にとってすべての化学反応は必要なときに進行し，必要のないときは止まっていてほしいからである。必要のないときに止まらない反応は生体内では使えない。そのため，反応の生成物が必要になると，これをつくる反応を触媒する酵素を増産する，あるいは活性化する，生成物が余った状態になると酵素をつくるのをやめたり，酵素活性を阻害する分子を使って酵素の触媒機能を止める，という具合に，酵素の量と活性を制御することで体内の化学反応の調和を保っているわけである。そこで阻害剤や活性化剤が重要となる。

酵素阻害剤

酵素の阻害剤には大きく分けて競争的阻害剤と非競争的阻害剤がある。前者の化学構造は基質によく似ているので，酵素の活性中心に強く結合する。しかし，酵素の触媒効果を受けて生成物に変わることがないため永久に酵素に結合したままになるので，その酵素は以後活性を発揮することができない。もちろん，阻害剤濃度が低下して解離定数より低い状態になれば阻害剤は酵素からはずれるので，酵素の機能は回復される。阻害剤の例として，消化酵素であるタンパク質分解酵素を阻害するいろいろなタンパク質性阻害剤（トリプシンインヒビター，キモトリプシンインヒビターなど）がある。タンパク質なのでタンパク質分解酵素に結合するが，その後の反応が進まないという典型的な例である。

アロステリック効果

酵素の機能を阻害する分子の中には，基質とは構造が似ていないものも多い。このような場合，阻害剤は酵素の活性中心に結合するのではなく，活性中心とは異なる場所に結合して酵素の構造変化を引き起こす。この構造変化が活性中心に及んで機能を低下させる。逆に結合することによって酵素活性を上昇させる分子もある。このように，酵素の活性中心でない場所に結合して酵素活性を制御する分子をアロステリック阻害剤あるいは活性化剤という。アロステリックとは，基質とは異なる形をもつ分子による制御という意味である。そしてこのような効果をアロステリック効果という。

アロステリック効果を示す酵素はサブユニット構造をもつものがほとんどである。その機構を初めて説明したのは，J. Monod（モノー，1910－1976），J.P. Changeux（シャンジュー，1936

－），J. Wyman，（ワイマン，1901－1995）らである。その説によると，たとえば4個のサブユニットをもつ酵素の場合，4個とも基質と結合しにくいR形をとっているのが普通の状態なので，そのままでは活性が低い。しかし，4個とも基質と結合しやすいT形をとるものも極少数ある。この状態でアロステリック活性化剤がR形に結合すると酵素は活性のあるT形に変化するが，サブユニットの全部に活性化剤が付いて初めて4個全体がT形に変わる。ここで強い協同現象的効果が現れる。

活性化剤がない場合でもR形には基質が結合しにくいので，基質濃度を次第に高めていってもなかなか酵素活性は上昇しない。それでも基質濃度を高めてゆくと，次第に4サブユニットともに基質が結合した酵素が増える。こういう酵素は4サブユニットが一度に活性の高いT形に変化するので，ある基質濃度から急激に酵素活性が上昇する。この様子を酵素活性と基質濃度のグラフで表すと図5のようになり，ミカエリス－メンテン反応機構の場合の双曲線型のカーブからS字型（シグモイド型）のカーブとなることがわかる。

アロステリック効果が顕著なのは，酵素ではないが酸素吸着機能をもち4個のサブユニットからできているヘモグロビンの場合であり，サブユニットが1個のミオグロビンの酸素吸着曲線と比べるためシグモイド型の曲線を図6に示す。

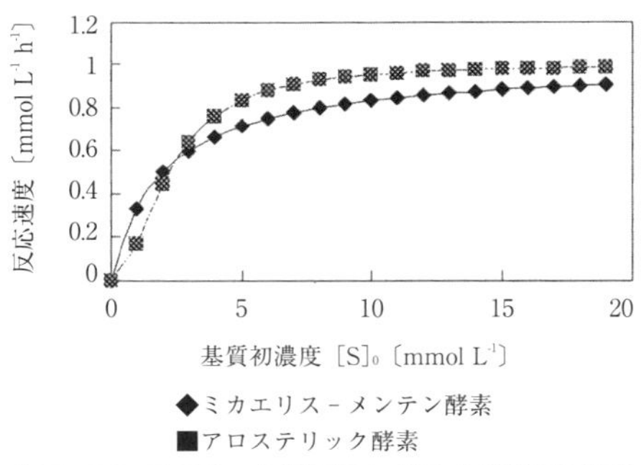

図5　アロステリック酵素のシグモイド型活性曲線

3.5.3　タンパク質の構造を調べる

タンパク質はアミノ酸がつながった高分子鎖として合成されるが，合成後もひものままというわけではなく，数秒間の間にアミノ酸配列によって決まる特有の立体構造を実現する。この立体構造形成過程をフォールディング過程とよぶ。立体構造は主鎖および側鎖を形成する原子団が非共有結合によって力を及ぼしあい，水との親和性の低い疎水性側鎖を内側に，水と親和性の高い親水性側鎖を表面に残し，全体として球状にうまくパックしたものであり，タンパク

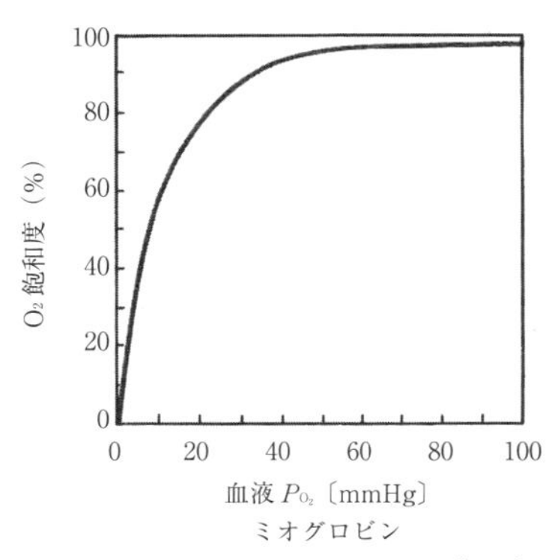

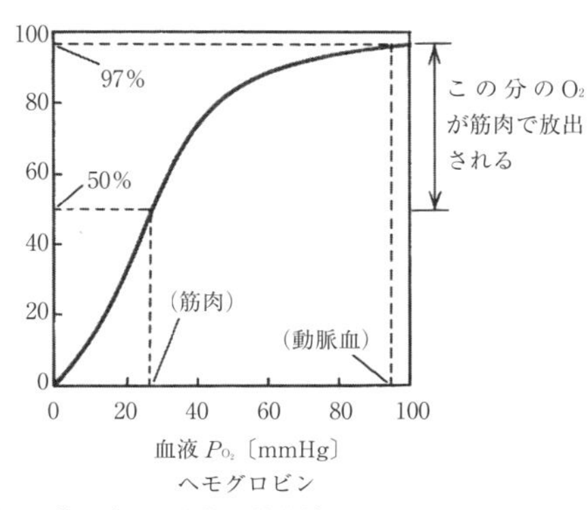

図6　ヘモグロビンとミオグロビンの酸素吸着曲線

ヘモグロビンのグラフの意味は，酸素圧の低いときは酸素が非常につきにくく，酸素圧が20 mmHgを超えるころから急速に酸素の吸着が増大し，40 mmHgで80%近い飽和度となる。これに比べるとミオグロビンの方は酸素圧の低いところから急速に飽和し，酸素圧20 mmHgでは80%近い飽和度をもつ。

質が酵素機能など生物機能を発現するために必要なものである。

ここで非共有結合とよんだのは，水素結合，ファンデルワールス力，イオン結合，疎水的相互作用などすべてを含んだものであり，タンパク質1分子をつくっている数千から数万の原子や原子団の間に働く力なので非常に複雑な相互作用となる。この中から立体構造形成に適した組み合わせを選ぶ作業をタンパク質分子は1秒もかからず成し遂げる。タンパク質の立体構造の一例を図7に示す。

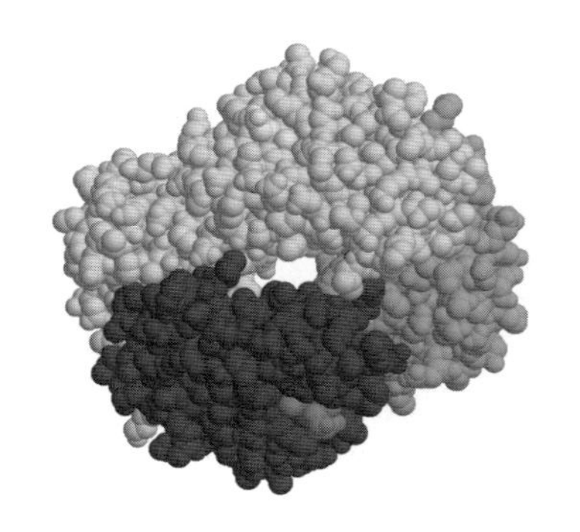

図7　タンパク質の立体構造の例

立体構造の基本となるのは，主鎖のペプチド結合にあるN−HとC=Oの間でできるN−H--Oいう水素結合を基本とするα-ヘリックスとβ-シート構造である。このような主鎖の基本構造を二次構造という。二次構造であるα-ヘリックスやβ-シートの外側には，アミノ酸配列によって決まる側鎖が一定の間隔で並んでいる。いくつかのα-ヘリックスやβ-シートの側鎖どうしの間に水素結合，イオン結合，疎水相互作用などが働くとヘリックスどうし，シートどうし，あるいはヘリックスとシートが集まり，それらの間にあった水分子を排除してコンパクトにまとまった構造をつくる。こうしてできた構造を三次構造とよぶ。三次構造は先に述べたように，表面が親水性で内部に疎水性側鎖を集めたほぼ球状の構造をとっている場合が多い。もちろんコラーゲンのような繊維状タンパク質は球状構造をとらないようにアミノ酸配列が決められている。

a.　アミノ酸配列

タンパク質の構造を知るためには，そのアミノ酸配列を有機化学的方法で解明する必要がある。もっとも普及している方法はエドマン分解法という方法で，タンパク質のアミノ末端のアミノ基に図8のようにエドマン試薬（フェニルイソチオシアナート）を作用させて，一番端のアミノ酸をフェニルチオヒダントイン（PTH）アミノ酸として切り取る。このアミノ酸は蛍光性なので，微量での識別が容易であるのが特徴で，20種類の標準アミノ酸のフェニルチオヒダントイン誘導体とクロマトグラフィーによる泳動位置を比較して，どういうアミノ酸かを決定する。残ったタンパク質の一つ短くなったアミノ酸の末端に再び同じ処理をすると2番目のアミノ酸が決まる。こうして反応を繰り返すと大体30〜50番目くらいまでのアミノ酸配列を決定できる。この作業は現在では自動機械でかなりの部分をできるようになっているので，およそアミノ酸を30くらいの長さに切ったタン

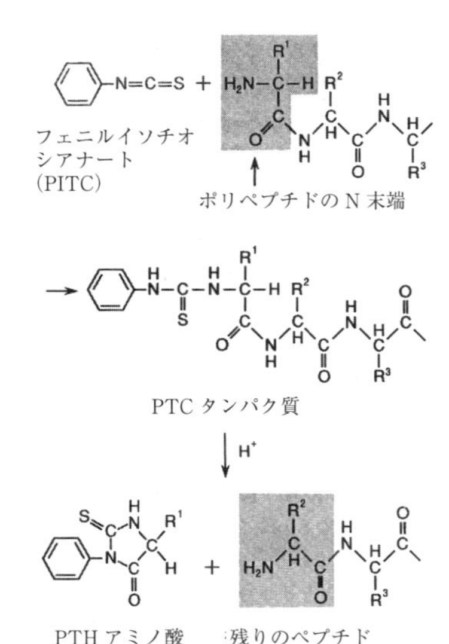

図8　エドマン分解法の化学反応

PTHアミノ酸を分離してR^1，R^2，R^3の種類を次々に決めてゆく。長いアミノ酸配列を決めるときは，まずタンパク質を酵素分解で決まった長さのペプチドに分類しておいてからエドマン分解法を用いる。

パク質を機械に入れるとアミノ酸配列がわかる。元のタンパク質が30のアミノ酸より長い場合は，いくつかの異なる長さに切ってからエドマン分解法を繰り返すと，それぞれの断片のつながり方もわかる。図8にエドマン分解法のあらすじを示す。

タンパク質のもつ共有結合は主鎖のペプチド結合のほかに，システイン残基の側鎖間にできるジスルフィド架橋結合がある。これは，本来直線状であるタンパク質鎖にループ構造を導入することにより立体構造をできやすくしている。

b. 分子量の決定

タンパク質の分子量はアミノ酸配列が決まれば決まるようにみえるが，先に述べた三次構造のほかに四次構造というものがあり，タンパク質の分子はこの四次構造で決まる。四次構造は三次構造をもつタンパク質鎖が複数個集まってつくる小さい結晶のような構造であり，主として非共有結合で集まる。四次構造はまたサブユニット構造ともいい，一つ一つのタンパク質鎖をサブユニットとよぶ。サブユニットどうしがジスルフィド結合で結ばれている場合もある。このような四次構造まで考慮した分子量は非共有結合を壊さない方法，すなわち沈降平衡法，光散乱法，浸透圧法などの物理的方法で求めることができる。

c. X線結晶解析

タンパク質の立体構造を知るためには，種類ごとに分けたあと目的タンパク質の結晶をつくり，X線を照射して結晶内の原子配置を決める実験をする。結晶をつくるには純粋に精製したタンパク質の濃厚水溶液（数10 mg mL^{-1}）に硫酸アンモニウム，ポリエチレングリコールなどタンパク質の溶解度を低下させる物質を入れて数日から数週間一定温度で静置する。そうするとゆっくりとタンパク質結晶が成長する。この結晶（単結晶といって結晶のすべての領域で原子配列が同じ結晶）に波長の決まったX線を照射してその散乱される方向を調べると，これが結晶内の原子配列を正確に反映した方向となっている。また散乱されるX線の強度を測定すると結晶内の単位胞（ふつうタンパク質を1個含む立体部分で単位格子ともよぶ）内にあるタンパク質分子の中の原子が格子の原点に対してどういう位置関係にあるのかがわかる。こうして，結晶解析法によりタンパク質の構造を知ることができる。この方法では試料の大きさにほぼ制限がないので，リボソームのように分子量が数百万におよぶ複合体の解析にも成功している。

d. NMR法

また，結晶をつくらないで構造を知る方法として核磁気共鳴法（NMR：nuclear magnetic resonance）による方法が発達した。この場合は，溶液のNMRスペクトルをとり，各吸収線がどのアミノ酸のどの原子に由来するものかを決定しておき，その後で各吸収線を与える原子間の距離を測定し，原子間距離だけの情報からその三次元構造を決定する。この方法は結晶化という段階が必要ない点が特長であるが，分子量が10万を越えるような大きなタンパク質には適用がむずかしい。

e. 円二色性

タンパク質の立体構造はわからないが，α-ヘリックスとβ-シートという二次構造の割合を知る方法として円二色性スペクトル法がある。古典的に知られている糖の旋光性と起源を同じくする，光学異性体と光の相互作用が基礎となっている。たとえば，α-ヘリックスは右巻きらせんなので，左巻きらせんとは重ね合わせることができない。つまり，α-ヘリックスやβ-シートはそれ自体が対称性を欠く構造なので，右円偏光と左円偏光に対する吸光度が異なる。その差はタンパク質分子の構造がもつα-ヘリックスやβ-シートに比例するので，二次構造研究には役に立つ。

f. 赤外，可視紫外，蛍光スペクトル法

これらの光学的方法ではタンパク質分子内の特定化学結合の状態（α-ヘリックスかβ-シートかなど）や，芳香族側鎖（チロシン，トリプトファンなど）が溶媒である水に接しているか，分子内部に埋まっているか，などを調べることができる。

3.5.4 タンパク質の分子量測定

タンパク質のような巨大分子の分子量は基本的には共有結合でつながった原子団の原子量の総和である。しかし，このような共有結合した単位の複数個が非共有結合とよばれる弱い相互作用を介して集まって機能単位を形成している場合は，共有結合，非共有結合で集合した機能単位の分子量を指すことが普通である。この場合，共有結合による本来の分子をサブユニット，非共有結合で集まった機能単位を四次構造あるいはホロタンパク質とよぶ。そのいずれの分子量も生化学的に重要な情報となるので，どのような方法でどちらの分子量を測定するかを明確にしておく必要がある。

a. 沈降法

沈降速度　タンパク質溶液を入れたセルをローターに収めて超遠心機で回転し，重力加速度の数万から数十万倍の遠心加速度をかけると溶媒より密度の高いタンパク質は回転中心から外側に向かって沈降を始める。その速度はタンパク質の分子量，形状，密度，遠心加速度，溶媒密度に依存するが，純水中の単位加速度による沈降速度に換算したものを“沈降係数”と定めると，これは，分子量，形状，密度という分子の性質だけに依存する。これだけでは分子量は求められないが，同じように分子量，形状に依存する拡散係数を測定し，二つの値を利用すると分子量を求めることができる。

沈降平衡　上記の超遠心機の回転数を下げ，長時間の遠心後にもタンパク質がセルの底に沈まない条件にすると，タンパク質がセル内に濃度勾配をつくって分布する。この分布状態はタンパク質の分子量と密度，および溶媒の密度に依存するので，それぞれの密度を既知とすれば分子量が求められる。

b. 光散乱法

タンパク質溶液にレーザー光を照射し，溶液からの散乱光の散乱角度依存性を測定することにより，分子量と形状を知ることができる。

c. 浸透圧法

古くから知られている分子量測定法であるが，試料の分子量が大きいと圧力変化が小さいので測定がむずかしくなる。いくつか試みがあるが，現在は広く用いられているとはいいがたい。

d. 質量分析法

従来は比較的小さい分子の分子量測定に用いられていたが，MALDI－TOF 法（マトリックス支援レーザー脱離イオン化法と飛行時間型質量分析法の組合せ，MALDI：matrix-assisted laser desorption ionization，TOF：time of flight）の開発により，数万から数十万の分子量をもつ巨大分子にも適用できるようになり一気に応用が広まった。マトリックスとよばれる有機分子と試料タンパク質を混合し，固体表面に載せて紫外ないし赤外レーザー光を照射する。マトリックス分子がレーザー光を吸収し，試料である巨大分子を伴って蒸発する。巨大分子はイオン化され，マトリックス分子が気化した後，分解されることなくそのまま質量分析（TOF）に供される。TOF 質量分析では，電場で加速されて真空中に送り出された分子イオンが，質量と荷電数の比に依存した速度で一定距離を飛行し，軽く荷電数の多いものから先にターゲットであるカウンターに到着する。その値から荷電数を推定し，これに対応した分子量を非常に精密に算出することができる。

e. ゲル電気泳動法（PAGE：polyacrylamide gel electrophoresis）

生化学分野で比較的簡便に用いられる分子量推定法として電気泳動法がある。下記のいずれの場合も，分子量既知の標準試料に対する泳動結果に比較した場合の推定分子量であることを忘れないようにしたい。いわゆる native gel とよばれる変性剤非存在下でのゲル電気泳動法では，ゲルの濃度に勾配をつけたグラジエントゲルを用いる。試料はゲル中を移動するさいに，ゲルの網目の大きさが分子サイズより小さくなるあたりで移動が止まる。分子の移動が止まる位置を分子量既知の標準試料による結果と比較することにより試料の分子量を推定する。分子は非共有結合による四次構造をもったまま移動するので，機能を保った native protein としての大きさを知ることができる。

f. SDS-PAGE

ほとんどのタンパク質は強力な陰イオン性界

面活性剤（変性剤）であるSDS（sodium dodecyl sulfate：ドデシル硫酸ナトリウム）で処理すると，非共有結合による四次構造は破壊され共有結合による本来の分子単位となる。非共有結合により保たれていた三次構造，二次構造もおおかた破壊される。このような状態のタンパク質に対して，SDS存在下での電気泳動法を行うと，試料分子の移動度は分子量に依存し，いくつかの標準試料の移動度と比較することにより，試料の分子量を推定することができる。さらに精度を高めるには，濃度の異なる数種類のゲル中での移動度を測定し，ゲル濃度と移動度のグラフをつくる。そのグラフの傾きが分子量をより正確に反映している（ファーガソンプロット）。

タンパク質は共有結合で結合した糖類や脂質を含む場合もあるし，非共有結合している補酵素，金属イオンを含む場合もあるので，分子量測定では目的によって，また方法によって得られる分子量の性質をよく理解する必要がある。

3.5.5 タンパク質の精製

タンパク質には多数の種類があることを先に述べたが，生体試料をすりつぶしてタンパク質を抽出しても，これは多くのタンパク質の混合物である。この混合物からタンパク質を種類別に分け取ることを分画するというが，この過程がタンパク質の精製である。タンパク質は種類ごとにアミノ酸配列とアミノ酸の数（大きさ，分子量）が異なるので，分子量と表面に出ている側鎖の性質の違いで分画する。

a. 遠心分離

細胞を破砕したあとの混合物を大まかに細胞膜分画，細胞質分画，核分画というように分けるには遠心分離法を使う。高速で回転するローターの中に試料溶液を入れた容器を円状に並べておくと，溶液内の各成分に遠心力と浮力の合力がかかるので，比重が大きく分子量が大きいものは早く沈降し，比重が小さく分子量の小さいものはゆっくり沈降する。比重が溶媒より小さい場合は浮遊する。ローターが大きく回転数が大きいほど遠心力は大きくなるので，分画の効率はよく短時間で終了する。終わった後，試料を入れたチューブの上方あるいは下方から試料層を順次取り出すことにより分画ができる（図9）。

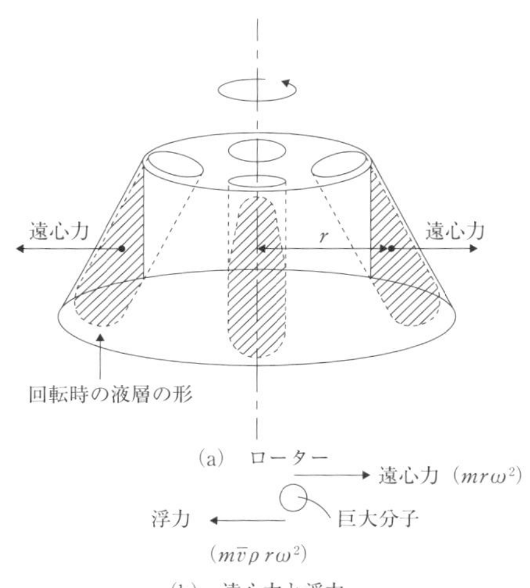

図9 遠心分離の原理

合力＝$mr\omega^2(1-\bar{v}\rho)$（$m$：巨大分子質量，$r$：ローターの回転中心からの距離，$\bar{v}$：巨大分子の部分比容，$\rho$：溶液の密度，$\omega$：ローターの回転角速度（＝$2\pi\times$毎秒の回転数）

b. 密度勾配遠心法

遠心する場合，溶媒にスクロースあるいはグリセロールを試料チューブの底の方は濃度が高く，上方は薄く入れ，チューブ内に密度勾配をつくる。この一番上に試料溶液を薄く層状において遠心すると，試料層がスクロース密度勾配中を沈降するさいに，それぞれの比重に応じた速度で沈降するので分画効率を上げることができる。遠心中にチューブが水平となる水平ローターとよばれるローターを用いるのがよい。場合によっては，スクロース密度と試料密度が一致する場所で試料の沈降が止まり，個々の試料成分がバンドとして分画される。

c. ゲルクロマトグラフィー

タンパク質をその見掛けの大きさによって分画する。ゲルはデキストランやシリカでできており多孔性である。この穴の大きさに応じてゲル内に浸透していける分子の大きさが決まる。

孔より小さい分子はゲル内に浸透し，大きい分子は浸透しないので，小さいゲルを充塡したカラムの上から試料を流すと大きいものはゲルの間を通り抜けていち早く溶出し，小さいものはゲル内をジグザグに移動しながら出てくるので時間がかかる。溶出までにかかる時間あるいは溶出までに出てくる緩衝液の体積により分子をその大きさで分画できる（図10）。

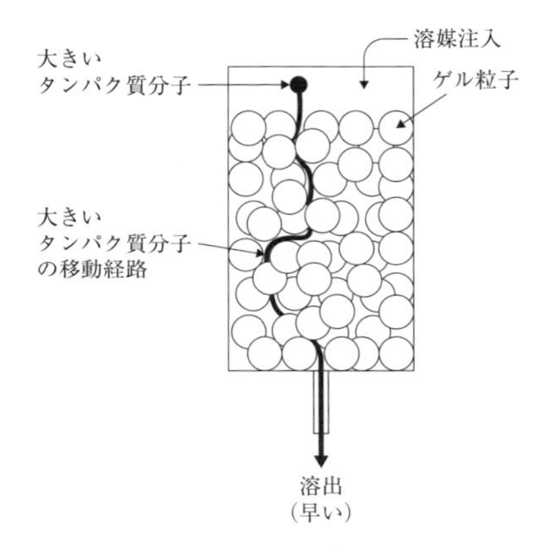

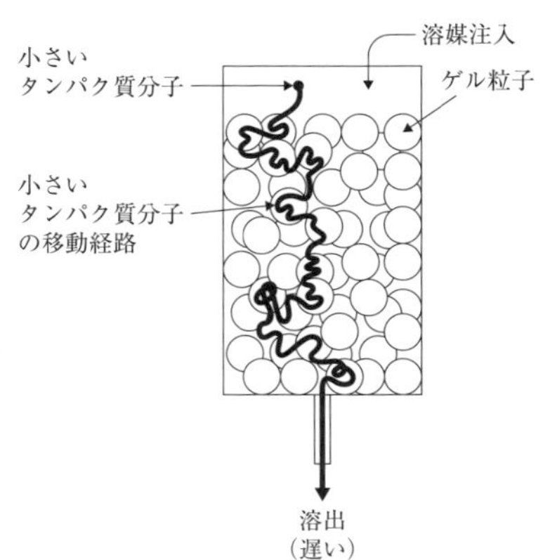

図10　ゲルクロマトグラフィーの原理図

この場合の分子の大きさとは，分子量というよりは分子の広がりに対応するので，同じ分子量をもつ分子でもその形がコンパクトで球状のものは見掛け上小さく，細長いものや溶媒を含んで膨潤したものは大きい分子として溶出する。

d.　イオン交換クロマトグラフィー

タンパク質の表面には親水性のアミノ酸が分布しているが，その中でグルタミン酸，アスパラギン酸は中性pHでは負電荷をもち，リシン，アルギニンは陽電荷をもつ。ヒスチジンは場合により異なる電荷をもつ。そこで，タンパク質によってこういう側鎖をいくつもつかにより合計の表面電荷が異なる。この差を利用してタンパク質を分画するのがイオン交換クロマトグラフィーである。カルボキシメチルセルロース（CMC：carboxymethyl cellulose）樹脂でつくったカラムでは，樹脂が負電荷をもつので合計電荷が正のタンパク質が樹脂に結合し，負電荷をもつタンパク質は結合せず，カラムから流れ出す。反対に正電荷をもつジエチルアミノエチルセルロース（DEAE：diethylaminoethyl cellulose）樹脂を使うと負電荷をもつタンパク質をカラムに吸着させ，正電荷をもつものは溶出するようにできる。樹脂に結合したタンパク質を溶出回収するには，塩濃度を高くした緩衝液を用いてカラムを洗うように溶出する。緩衝液のpHを微妙に変化させることにより，カラムに吸着している複合体数種のタンパク質を順次溶出することもできる。

e.　アフィニティークロマトグラフィー

カラムの樹脂に分画を目的とするタンパク質と強い相互作用をもつ低分子あるいは高分子（リガンドという）を結合しておくと，カラムの上から目的タンパク質を含む混合液を流したときに，目的タンパク質だけがカラムに吸着して後はすべて結合せずに流れ出す。カラムを洗ってから，リガンド－タンパク質相互作用を弱める条件で溶出を行うと，目的タンパク質が1回のカラム操作で純化できる。抗体－抗原反応や糖鎖とレクチン（糖鎖結合タンパク質）の組み合わせがよく用いられる。

f.　電気泳動法

タンパク質溶液の両端に正負の電極を置いて通電すると，電荷をもつタンパク質は表面の合計電荷がプラスのものは負電極方向へ，マイナスのものは陽電極方向へゆっくり移動する。この移動速度はおのおののタンパク質がもつ電荷量と電場の強さの積に比例し，分子の流体力学的摩擦係数に反比例する。自由溶液中の電気泳動法は振動などの影響に弱いので，デンプンやポリアクリルアミドゲルを支持体として，タンパク質がその中を移動するゲル電気泳動法が一般的な方法である。この場合の摩擦係数は流体力学的な摩擦だけでなく，ゲルの網目とタンパク質の大きさの関係に大きく依存するので，タンパク質の大きさに依存した分画を効率的に行うことができる（図11）。

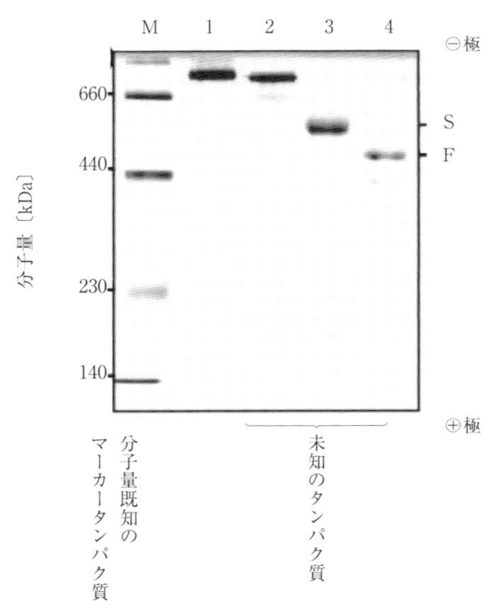

図11　電気泳動法によるタンパク質の分離例

g. SDS電気泳動法

前述したように，タンパク質の電気泳動法を行うときに，タンパク質の立体構造を破壊する界面活性剤であるドデシル硫酸ナトリウム(SDS)を入れておくと，立体構造が壊れるだけでなくSDSがタンパク質の単位質量あたりだいたい一定量が結合した複合体となるので，すべてのタンパク質は大きさは異なるが同じ性質をもつ高分子鎖となる。このような分子をアクリルアミドゲル中で電気泳動すると分子量の小さいものは早く泳動し，大きいものはゆっくり泳動される。この方法でタンパク質の分子量を相対的に決定し分別することができる。個々のタンパク質はゲルを切り取ってから溶出して精製できる。ただし，タンパク質の性質が一般的な性質と著しく異なる糖タンパク質ではこの方法では正しい分子量が得られない。

3.5.6 電子顕微鏡でタンパク質の構造を見る

a. 透過型電子顕微鏡による負染色観察

電子顕微鏡には透過型電子顕微鏡（TEM：transmission electron microscope）と走査電子顕微鏡（後述）の2種類がある。前者は一般の光学顕微鏡と同じ原理であり，電子線を試料全体に照射したあと散乱電子線を電磁レンズで集光して試料の拡大映像を得る。電子線が真っ直ぐ進むように，電子顕微鏡の中は高度の真空に保つ必要がある。試料が電子線を散乱する程度によって得られる映像のコントラストが決まるので，試料を載せるカーボン膜と比較して電子線散乱能が大きい試料が綺麗に観察される。タンパク質は炭素，水素，酸素，窒素が主な成分なのでカーボン膜との散乱能に違いが少なくコントラストがつかない。そこで，タンパク質を見るには電子線散乱能の大きい重原子をタンパク質の形にそって結合させるか，タンパク質のない隙間の部分に重原子溶液をしみ込ませて乾燥する方法をとる。普通は負染色法という後者の方法をとる。そうすると，乾燥後に重金属塩が固まった部分が電子線を散乱する映像として得られるので，反対に重金属が浸透しなかった部分をタンパク質の形として認識する。この方法で撮影したタンパク質の画像を図12に示す。

b. 免疫電子顕微鏡法

電子顕微鏡で見るタンパク質の画像では，見ているものが一体何なのかは実際にはわからない。そこで，見えているものが目的とするタンパク質であるかどうかを確認したり，あるいは見えている分子のどの部分に知りたい機能部位があるのか，というようなことを知るためには，目的タンパク質や目的部位と特異的に結合する免疫タンパク質を用意して，これが結合する相手や部位を電子顕微鏡画像上で確定する。この方法を免疫電子顕微鏡法という。免疫タンパク質は特異なY字形をもつので電子顕微鏡で識別することも可能である。

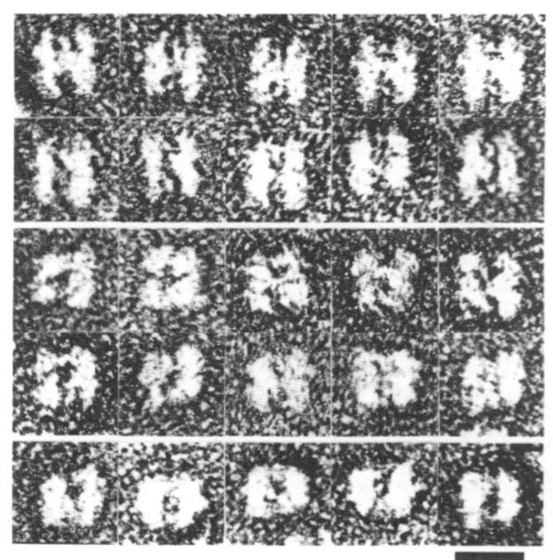

図 12　透過型電子顕微鏡による負染色タンパク質映像

巨大分子として知られている脂肪酸合成酵素と α_2-マクログロブリン。α_2-マクログロブリンは分子ネズミ捕りとよばれる血液タンパク質であり，100 種類以上のタンパク質分解酵素を捕獲しその機能を封じる機能をもつ。タンパク質分解酵素捕獲前（上 4 段）と捕獲後（下 2 段）で異なる形を示す。

c.　単一分子構造の再構成法

負染色をしないで分子を水の無定形結晶（アモルファスアイス）中に閉じ込めて観察すると，立体構造が保持された状態で見ることができるし，試料ステージを傾けて写真を撮れば 1 分子をいろいろな角度から眺めることができるので，何百枚という写真からその立体構造を再構築することができる。

d.　電子線回折法

試料が薄い二次元結晶のように規則正しく並んでいる場合は，X 線結晶解析法と似た方法で電子線回折を行い試料の内部構造まで解析することができる。

e.　走査型電子顕微鏡（SEM：scanning electron microscope）

透過型電子顕微鏡のように試料全面に電子線を一時に照射するのではなく，細く絞った電子線を試料の 1 点 1 点に照射しながら，各点で照射電子線の刺激を受けて試料からでてくる二次電子線の量を測定する。二次電子線量は試料の材質と電子線に対する角度によって変化するので，試料の形態が擬似立体画像として得られる。映像の解像度は主として照射する電子ビームの細さに依存する。試料に導電性がないと，照射電子線からの電子が試料表面に蓄積して照射電子線の方向を反らせるなどの影響で分解能を低下させるので，生体試料の場合は表面を金や白金，タングステンなどの金属でコートして観察する。像は非常に立体感のある魅力的なものである（図 13）。

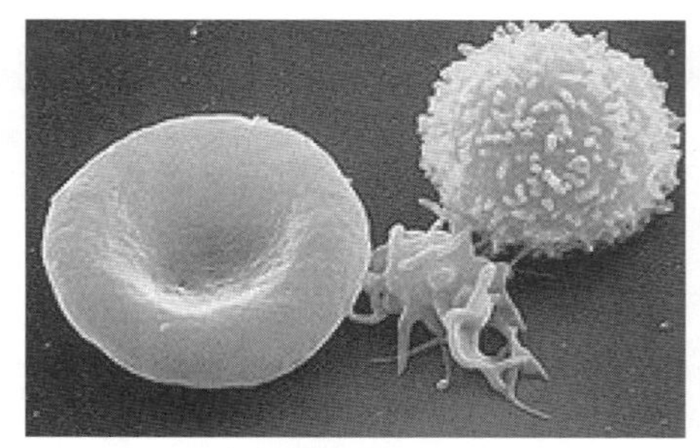

図 13　走査型電子顕微鏡による映像

赤血球（左），血小板（中），白血球（右）

［Wikipedia「Platelet」］

走査型電子顕微鏡の分解能は透過型電子顕微鏡の分解能より低いので，分子を直接観察することは容易ではないが，抗体分子などが観察されている。

3.5.7　原子間力顕微鏡でタンパク質の構造を見る

同じように顕微鏡で見るといっても，光学顕微鏡，蛍光顕微鏡，電子顕微鏡といろいろある中で，原子間力顕微鏡（AFM：atomic force microscope）は一風変わっている。レンズを使って細胞の拡大像を見るのではなく，細い針で細胞の表面に触る機械である。この針は小さく薄い板ばねの先端に付いているので，針を下ろしていって細胞表面に触ってそれ以上は下げられなくなると板ばねが上に反る。針をどのくらい下ろしたところで，ばねが上に反りだすかということを記録して針を上に引き上げる。ついで，針を一定距離横に移動して，また針を下げていきどこで細胞に接触するかを記録する。

この記録を横方向と縦方向に繰り返すと針の下にある細胞の凹凸が記録されるので，これを元に細胞の三次元凹凸像を拡大してスクリーンに示すことができる。これが原子間力顕微鏡であり，その結果得られた映像を図 14 に示す。高さは色で表されている。図 14 には原子間力顕微鏡の動作の説明図も載せてある。

原子間力とは原子と原子の間に働く弱い力のことで，原子の崩壊によって生じる原子力ではないので，放射能が出るというような心配はない。また，原子と原子が強く引き合って共有結合を形成して新しい分子をつくりだす意味での力ではなく，ただ原子が小さいボールとして弱く引き合うファンデルワールス力のことである。また，原子どうしがぶつかってはじきあう斥力も引力とは反対方向に働く原子間力である。針が細胞表面に触る位置を記録することは，針と細胞の間に斥力が働きはじめる位置を記録することになるので原子間力顕微鏡とよぶ。針が細いので細胞のように大きいものも DNA のように細いものも，見ることができる。

DNA が集まっている染色体はどう見えるだろうか。染色体には DNA だけでなく DNA をまとめる役割を果たしているタンパク質があり，このタンパク質と DNA が集まっているところは，ぶつぶつとした粒子状の映像が撮れ，さらに染色体全体としては光学顕微鏡でも観察できるような染色体の形を原子間力顕微鏡でも見ることができる。

さて，原子間力顕微鏡の特長は，針が相手に触ってものを見るという点にある。たとえば，針の先に DNA をつけて細胞内に刺し入れると，この DNA を細胞の中に入れることができる。あるいは針を細胞の中に入れて引き抜くと，針に細胞の中にあった分子（タンパク質や RNA）が吸着して回収されてくる。染色体に針を差し込んでから引き抜くと，染色体の DNA が長々と引き伸ばされてくる，というような“分子操作”ができるのが特長である。まるで自分の指で細胞や DNA に触っているような感じを味わうことができるいままでにない顕微鏡である(図 16)。

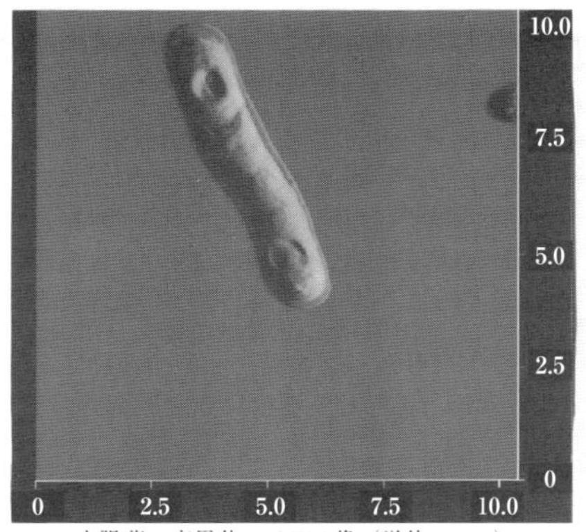

大腸菌の変異体の AFM 像（単位：μm）

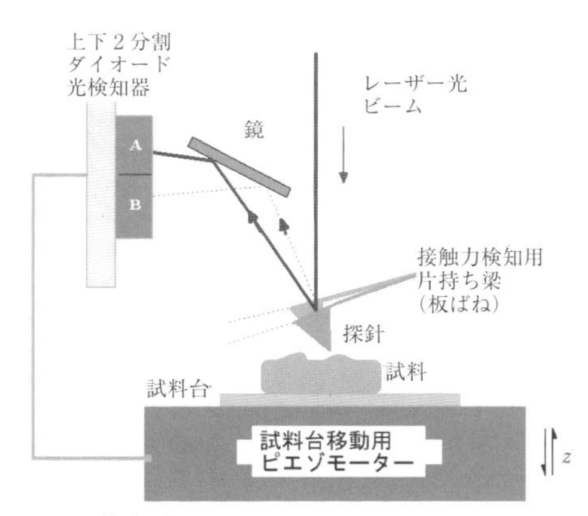

図 14　原子間力顕微鏡による細胞観察と動作原理

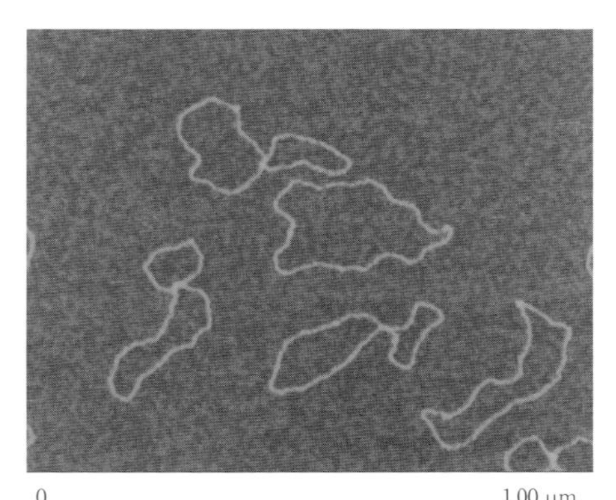

図 15　DNA の原子間力顕微鏡による映像

3.5.8　原子間力顕微鏡で生体高分子の物性をはかる

試料に触ることは試料の硬さを測定できることになるので，原子間力顕微鏡を使うと細胞の硬い部分と柔らかい部分を区別したり，タンパク質1分子の硬さを測定したりすることができる。

a. タンパク質を引き伸ばす

タンパク質は図7のように小さく丸まったひも状の分子であるが，この分子の中のどこがしっかり固まっており，どこが緩やかに丸まっているか，ということはひもの両端をつかんで引き伸ばしてみるとわかる。するすると伸びてく

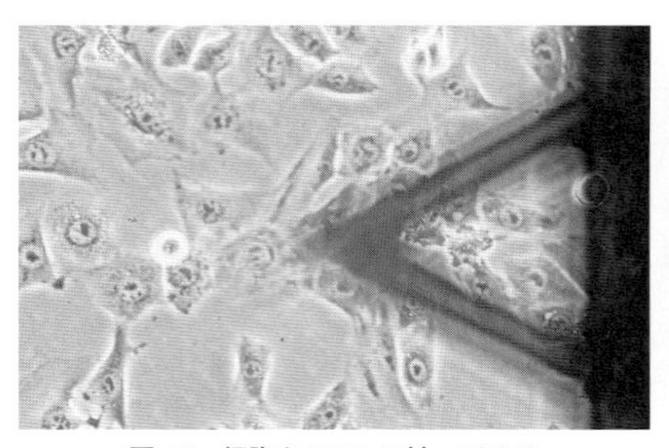

図16　細胞やDNAに触ってみる

培養細胞（背景）に狙いを定めてAFMの探針をつけた片持ち梁（カンチレバー）を近づける。

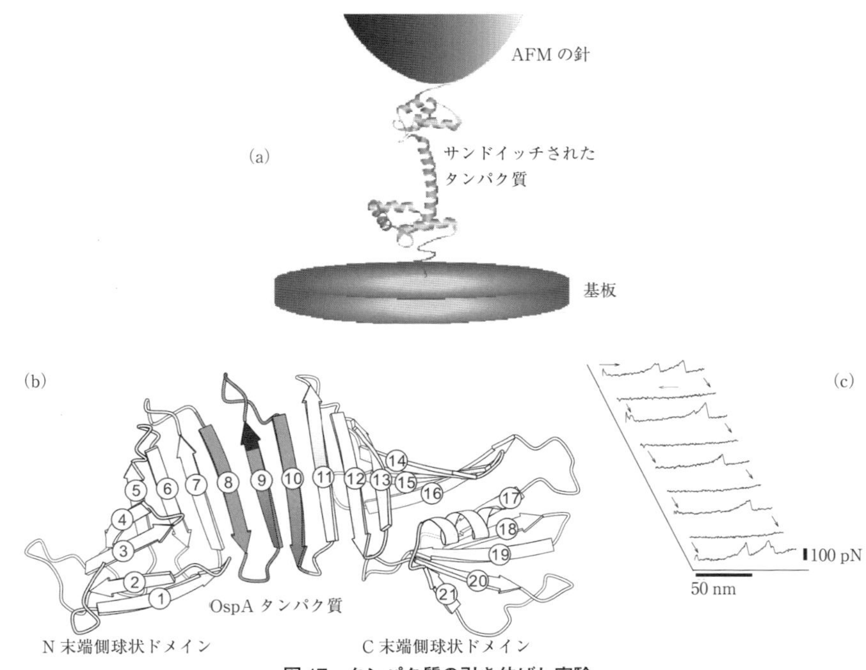

図17　タンパク質の引き伸ばし実験

タンパク質1分子をAFMの探針と基板の間に挟んで上下を共有結合で固定したあと，探針と基板の間の距離を増すとタンパク質が上下に引き伸ばされる。図（a）の場合は分子の両端に二つの球状ドメイン構造を持つカルモジュリンというタンパク質（左）を引き伸ばしている。図（b）はOspAというβ-シート構造からなる分子の構造。図（c）ではこの分子を伸ばしたり縮めたりしたときの力（縦軸）と分子の伸び（横軸）の関係図。1回目の延伸で，二つの球状構造が破壊されるフォースピークが2個見られる。そのあと縮めて再び引き伸ばすと，球状構造が1個だけ復元されている場合が多いが，この図の最後で2個とも復元され，ついで延伸により破壊されている。

る部分は柔らかく，伸びが止まった後に相当大きな力をかけて引き伸ばして初めてガクッと壊れる部分は硬く固まっていた部分である。こういうことが分子のレベルでわかることから，タンパク質の生命を維持する機構についての理解を深めることができる（図 17）。

b. 抗原－抗体反応を力で測定する

タンパク質を引っ張ってその構造を壊してしまうような大きな力をかけないでもできることを考えてみよう。E. Jenner（ジェンナー，1749－1823）が牛痘にかかったことのある人は天然痘にかからないことをヒントにしてはじめた種痘の予防は，種痘により体内に免疫という機能が生じることを利用したものである。このとき，体内には天然痘ウイルスに結合する性質をもつ免疫抗体というタンパク質ができている。この抗体タンパク質と天然痘ウイルスの間の反応を抗体－抗原反応という。この反応は，抗体タンパク質のある決まった場所への抗原となるウイルスタンパク質の非共有結合による吸着である。

そこで，その吸着の強さを測定するために，原子間力顕微鏡の針に抗原タンパク質を，針の下にあるガラス板には抗体を固定しておいて針とガラス板を近づけると抗体－抗原反応が起こって両者はつながってしまう。こうしておいて，針とガラス板をゆっくり引き離していくと，はじめは抗体－抗原結合が切れないので，針をつけてある板ばねが下向きに引き寄せられる。ガラス板をさらに下げていくと板ばねの反りが大きくなり，抗原抗体間の結合を切ろうとする力が次第に大きくかかってくる。そして，ついにその結合が切れるとばねはポンと上に飛び上がり，反りのない水平位置に戻る。この飛び上がりの大きさに板ばねのばね定数を乗じると，抗体－抗原間の結合を切るに必要な力が得られたことになる（図 18）。こうして測定してみると，だいたいこのような非共有結合によるタンパク質どうしの結合は 50 ないし 100 pN（ピコニュートン：10^{-12} kg m s^{-2}）という小さい力で切断されることがわかる。化学で学習する C－C や C－H という共有結合はこの 30 倍程度の力をかけないと切れない。

c. 細胞表面受容体のマッピング

この方法を細胞表面で使ってみると，どういうことがわかるだろうか。細胞表面にはたくさんの受容体とよばれるタンパク質が脂質膜に埋まっている。このタンパク質にホルモンや毒素が結合すると細胞内に信号が伝わり，細胞は増殖を始めたり死への道を早めたりする。この受容体にはいろいろな種類があるので，細胞表面のどのような受容体がどういう密度で分布しているのか，というようなことは探針にある種の受容体にのみ結合する抗体をつけておき，細胞

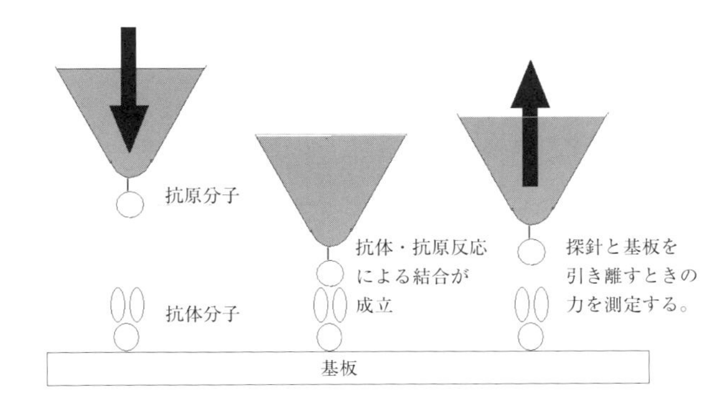

図 18　抗体 - 抗原間の結合を切る実験

（左）AFM 探針に抗原，基板に抗体を固定して近づける，（中）両者が接触して抗体 - 抗原反応により結合ができる，（右）探針と基板を引き離す際に測定される力が抗体 - 抗原反応の力学的測定値となる。

表面を点々と針を近づけては引き離す作業をつづけると，この特別の受容体が細胞表面でどのように分布しているかが二次元の地図として描き出される。これが細胞を機能で見るという一つの例となる（図19）。

d. 細胞内からの mRNA 採取と同定

細胞内から分子を取ってくる実験の例として，細胞質にある mRNA 分子を取ってくる方法を説明しよう。mRNA とはメッセンジャーRNA という分子で，染色体にある DNA がもつ遺伝情報を細胞質まで運んでくる役目を担っているポリリボヌクレオチドとよばれる分子である。この分子は遺伝子ごとに異なる情報を細胞質まで運んでくるので，何百，何千という異なる分子種がある。mRNA のもち出してきた遺伝子情報を元に，細胞質にあるリボソームを使ってタンパク質が合成される。だから，細胞質で合成されているタンパク質について知りたければ mRNA を分析すればよい。もちろん，タンパク質を直接調べるに越したことはないが，それはちょっとむずかしいという場合は mRNA の分析で代用する。普通の方法ではたくさんの細胞を集めてきてすりつぶし，中にある mRNA を集めて分析する。しかし，原子間力顕微鏡を使うと前に述べたように細胞にただ針を刺すだけで mRNA を取ってくることができる。いろいろな mRNA が吸着してくるので，調べたい遺伝子情報をもつ mRNA を特別に選んで，同じ情報をもつ DNA のかたちで百万倍以上に増やし（PCR 法：polymerase chain reaction），その塩基配列を調べると，どういう遺伝子情報が細胞内で発現されていたかがわかる。たくさんの細胞をすりつぶしてはわからない個々の細胞による特定遺伝子の発現状況の違いとか，同じ細胞内でも場所によって mRNA の濃度が異なることなどが，単一生細胞を相手にするこの方法で知ることができるようになる。

近年，原子間力顕微鏡の試料表面走査速度を格段に速める進歩があり，巨大分子が基板上を動く様子が視覚的にとらえられるようになった。たとえば，以前から知られていた筋肉タンパク質の動きが手に取るようにわかる。アクチンという繊維状タンパク質の上をミオシンというモータータンパク質が2本脚で「いちに，いちに」と歩く様子が分子レベルで明らかにされている。蛍光顕微鏡を利用して証明された ATP 合成酵

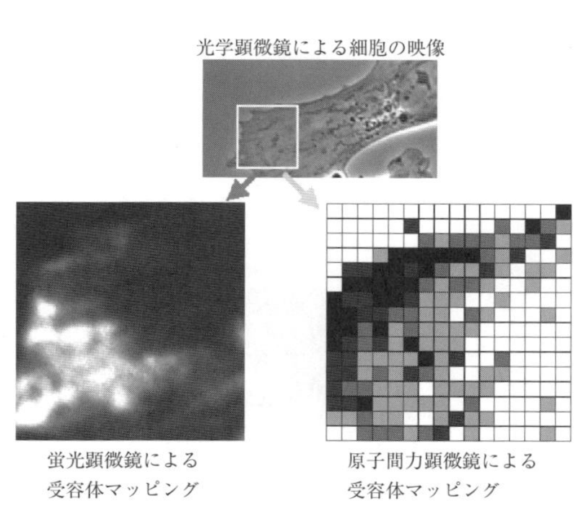

図19　細胞表面での受容体マッピング

（上）まず細胞の全体像を光学顕微鏡でとらえ，その一部を選んで AFM による力学的マッピングを行う，（下右）AFM による力学的マッピング像。黒い部分は受容体に特異的なリガンドを結合した探針と細胞の相互作用が強く，白い部分は弱い。（下左）同じ部分を蛍光抗体結合により蛍光顕微鏡でマッピングした結果。

素がプロトンの流れを利用して回転しながら機能を発現している様子を視覚化した研究と並んで，分子の動きを直接観察し，その速度や効率を測定する非常に興味深い成果である。

このように原子間力顕微鏡は原子・分子に直接触り，その凹凸を画像としてスクリーン上に描き出す非常に面白い機械である。原子・分子のように小さいものでなければ，われわれが実際に指で触れて相手の高さを想像したり，硬さと柔らかさを数字で表したりするように，個々の原子・分子についての凹凸や硬さ・柔らかさを描き出してくれる。一度使ってみたい気持ちにはならないだろうか。［猪飼 篤］

参考図書

1) 猪飼 篤，“化学入門コース 8 生化学”，岩波書店（1999）.
（アロステリックを数学的に理解するための参考書）
2) J. Darnell 他 著，野田春彦 他 訳，“分子細胞生物学”，東京化学同人（1993）.
3) R. Chang 著，岩澤康裕 訳，“生命科学系のための物理化学”，東京化学同人（2006）.
4) 猪飼 篤 他 編，“タンパク質の事典”，朝倉書店（2008）.
5) I. Tinoko 他 著，猪飼 篤，伏見 譲 監訳，“バイオサイエンスのための物理化学”，東京化学同人（2015）.
6) J. M. Berg, L. Stryer 他 著，入村達郎 他 訳，“ストライヤー生化学”，東京化学同人（2013）.

3.6　代謝をはかる－呼吸

3.6.1　代　謝

19世紀前半，動物の細胞学説を提唱したことで有名なT. Schwann（シュワン，1810－1882）は，生体内で起こる物質の化学変化を代謝とよんだ。物質が連続して化学変化を受ける道筋を代謝経路，途中の生成物を代謝中間体または中間代謝物とよぶ。代謝は異化と同化に分けることができる。異化は複雑な構造の有機物がより低分子の有機物や無機物に分解されることであり，その中でも解糖系，発酵，呼吸など生命活動に必要なエネルギーをATP（adenosine triphosphate：アデノシン三リン酸）の形で生産する代謝をエネルギー代謝とよぶ。同化は異化とは逆に無機物や低分子有機物を材料にして，糖，脂質，核酸，タンパク質など生体の維持や活動に必要な複雑な化合物が合成される代謝のことである。同化にはエネルギーが必要であり，植物の光合成や化学合成細菌における炭酸同化を除いて，異化によって生産されるエネルギー物質が供給される。

代謝における個々の化学反応にはそれぞれの反応を触媒する酵素が関与している。そのため，代謝経路の解明には，酵素阻害剤による阻害実験，突然変異株の利用，およびトレーサー法の三つの手法が用いられてきた。

酵素阻害剤により代謝を止めると，阻害部位より上流の代謝中間体の蓄積と下流の代謝中間体および最終産物の減少をもたらすことから代謝経路が推定できる。フッ化物やモノヨード酢酸による解糖系の阻害実験，マロン酸によるクエン酸回路の阻害実験，ロテノン，アンチマイシンA，シアン化合物による電子伝達系の段階的な阻害実験などが歴史的に重要な役割を果たした。

突然変異株を利用した代謝経路の研究は，G. W. Beadle（ビードル，1903－1989）とE. L. Tatum（テータム，1909－1975）によって初めて導入された。ある代謝経路の特定の酵素遺伝子が変異し，致死的な酵素の欠損が起こった微生物株は最小培地では生育できないが，培地に欠損した部位から下流側の代謝中間体を加えると生育できる。そのような株を栄養要求株とよぶ。彼らはアカパンカビにX線を照射して得られた3種のアルギニン要求株の栄養要求性の違いからアルギニン合成経路を解明した。この方法は代謝をブロックする阻害剤実験と原理的には同じだが，任意の酵素に欠損を起こさせることができるので，より汎用性がある。彼らの実験手法はその後，大腸菌やショウジョウバエに応用され，分子遺伝学の基礎となった。

トレーサー法は最も強力な代謝解析方法であり，その特徴は放射性同位体で標識した分子が生体内で化学変化を受ける過程を，各種のクロマトグラフィーによる分離と放射活性の測定を組み合わせて直接的に追跡できるところにあり，定量的な測定から生体物質の代謝回転速度も求められる。トレーサー法を用いた初期の研究として$^{14}CO_2$を用いたM. Calvin（カルビン，1911－1997）による光合成の炭酸同化経路の解明が有名である。この方法が開発されるや代謝研究にとって必須の方法となった。現在では放射性核種として^{3}H，^{14}C，^{32}P，^{35}S，^{125}Iが利用でき，これらはシンチレーションカウンターを用いて核種ごとに検出できることから，一度に複数の核種で標識する多重標識法も行われている。現在よく用いられるパルスチェイス法は，放射性同位体で標識した代謝出発物質を短時間だけ細胞に与えた後，出発物質を標識していないものに置きかえて，時間を追ってどの物質へ放射活性が移行するかを調べる方法である（図1）。

近年，核磁気共鳴（NMR：nuclear magnetic resonance）法を応用したトレーサー法が脚光を浴びている。この方法はNMR測定が可能な安定同位体^{13}Cや^{31}Pで化合物を標識するもので，NMR装置を用いて標識化合物の化学変化を追

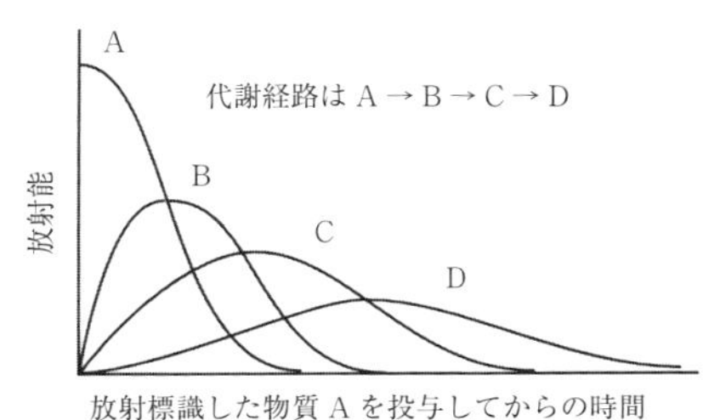

図1　パルスチェイス法による代謝経路の解明

跡する。複雑な構造の分子を構成する個々の原子は，周囲に配置する原子から受ける電磁気的影響が各々異なっている。NMR 装置を使えば，同種の原子でも電磁気的状態が異なれば NMR シグナルも異なるので互いに区別でき，分子の化学変化は NMR シグナルの変化として検出できる。たとえば，グルコースの1位の炭素を ^{13}C で標識した場合，遊離のグルコースで存在するときと，グリコーゲン中のグルコースとして存在するときでは ^{13}C-NMR シグナルが異なる。この方法は測定が簡便であり，一度の測定で網羅的に解析できる。さらには，放射線防御の必要がなく，検体を破壊せずに測定できる利点がある。

これらの方法と，代謝系を構成する個々の酵素についての酵素化学的研究とが組み合わされて代謝全体の流れが解明される。これまでに解明された代謝経路は，代謝マップにまとめられている。これをたどれば，生体内での代謝過程やそれらに関わる酵素の情報が得られるようになっている。　[川村　三志夫]

3.6.2　解糖系と発酵

a. 解　糖

解糖という言葉は筋組織の収縮運動時にグリコーゲンが分解され乳酸が生成される現象に由来する。しかし，生化学的研究の進展に伴い解糖，発酵，呼吸の代謝経路に共通性が見出されるに至って，グルコースから，それらの代謝の分岐点であるピルビン酸までの嫌気的代謝経路を一般に解糖あるいは解糖系とよぶようになった。また，解糖系の解明に大きく寄与した研究者の名前を冠して，エムデン－マイヤーホフ経路（EM 経路）あるいはエムデン－マイヤーホフ－パルナス経路（EMP 経路）ともよばれる。

解糖系の解明はアルコール発酵の研究から始まり，動物の筋組織を用いた研究へとつながって全容が解明された。アルコール発酵に関わっては古くから多くの研究がなされ，1787 年 A. Lavoisier（ラボアジェ，1743－1794）は化学分析により消失する糖分と生成するエタノールと二酸化炭素の間に化学量論的な関係を見出した。しかし，真に科学的な研究は 19 世紀末に行われた E. Buchner（ブフナー，1860－1917）の実験に始まる。ブフナーは酵母をすり潰してろ過して得た生きた細胞を含まない無細胞抽出液でも，ショ糖を加えるとアルコール発酵が起こることを発見した。彼がショ糖を加えたのは防腐剤としてであり，この発見はまったくの偶然であったが，これにより，「発酵には生きている酵母が必要である」という L. Pasteur（パスツール，1822－1895）の説と，「発酵は酵母が菌体外に分泌する発酵素によって触媒される化学反応である」という J. von Liebig（リービッヒ，1803－1873）の説の争いに決着がつけられた。このことは，機械論が生気論に対して絶対的に勝利したことを意味し，生命のない抽出液を用いた純粋な化学的研究が生命活動解明の手段として意義をもつことが示された。すなわち，生化学の始まりである。古い教科書によく見られるチマーゼは，ブフナーが酵母の抽出液を単一の発酵素と考えて名付けたものである。

つづいて，A. Harden（ハーデン，1865－1940）と W. J. Young（ヤング，1878－1942）により耐熱性で透析により除かれる低分子成分の存在が明らかにされコチマーゼと名付けられた。しかし，チマーゼもコチマーゼも複雑な成分の混合物であり，その全容の解明には 50 年を要した。その間，酵素タンパク質に代表される不安定な生体成分を扱うために，新たな装置や分離分析技術が登場した。すなわち，組織や細胞の破砕物から生体成分を安定に分離抽出するために冷却遠心分離機が開発され，生体物質を個別に分離精製するために種々のカラムクロマトグラフィー法や電気泳動法が考案された。また，生体成分の同定や定量のために分光光度計を用いた分光学的測定法が考案され，酵素化学の進展に大きく寄与した。これらが，アミノ酸分析機，プロテインシークエンサー，DNAシークエンサーなど，現代の生化学を支える分析装置の基礎となった。

解糖系は図2の反応①～⑩に示すような10種類の酵素が触媒する反応で構成されており，機能的に大きく二つの部分に分けられる。前半の五つの酵素反応は準備段階であり，ここでは2度のキナーゼ反応により2分子のATPを消費してフルクトース1,6-二リン酸が生成され，これが炭素骨格の真ん中から解裂を受けて2分子のグリセルアルデヒド3-リン酸に変換される。

後半の五つの酵素反応はエネルギー獲得段階であり，グリセルアルデヒド3-リン酸は最終的にピルビン酸に変換される。その途上で1,3-ビスホスホグリセリン酸とホスホエノールピルビン酸の二つの高エネルギーリン酸化合物が生じ，これらのリン酸基が特異的なキナーゼの作用によりADP（adenosine diphosphate：アデノシン二リン酸）に転移されて，合計4分子のATPが生成される。このようなキナーゼ反応によるATPの合成機構を基質レベルのリン酸化とよぶ。解糖系全体のATP消費と生成の収支から，グルコース1分子あたり2分子のATPが生産される。

また，図2の反応⑥は解糖系唯一の酸化反応（脱水素反応）であり，酸化還元補酵素であるNAD^+（ニコチンアミドアデニンジヌクレオチド：nicotinamide adenine dinucleotide）が還元されてNADHとなる。細胞内のNAD^+は量的に限られているので，解糖系が連続して働くには，NADHをNAD^+に再酸化する必要がある。好気的代謝では電子伝達系がその役目をするが，嫌気的代謝では別の反応が必要となる。筋組織の無酸素運動では，乳酸脱水素酵素の逆反応によりピルビン酸が乳酸に還元されるのに伴ってNADHがNAD^+に再酸化される（図2の反応⑪)。筋組織に乳酸が蓄積するとpHが

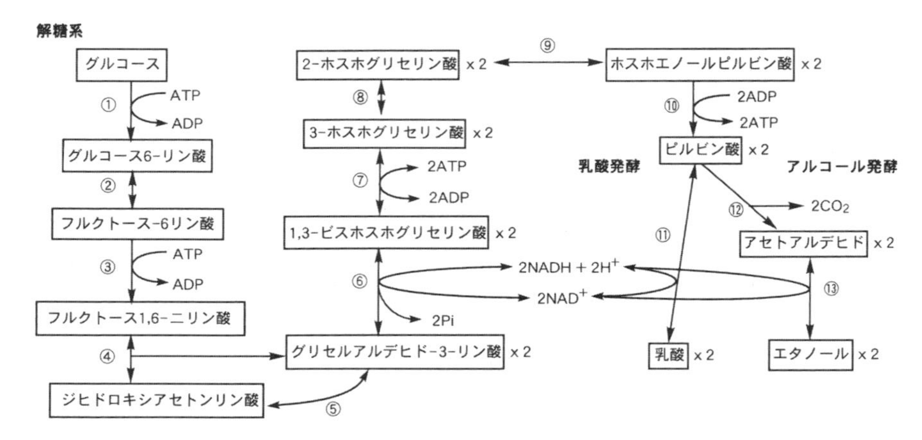

図2　グルコースの嫌気的分解代謝

解糖系の酵素

①ヘキソキナーゼ，②グルコース6-リン酸イソメラーゼ，③ホスホフルクトキナーゼ，④アルドラーゼ，⑤トリオースリン酸イソメラーゼ，⑤グリセルアルデヒド-3-リン酸脱水素酵素，⑦ホスホグリセリン酸キナーゼ，⑧ホスホグリセロムターゼ，⑨エノラーゼ，⑩ピルビン酸キナーゼ

乳酸発酵の酵素

⑪乳酸脱水素酵素

アルコール発酵の酵素

⑫ピルビン酸脱炭酸酵素，⑬アルコール脱水素酵素

低下し筋の動きが低下する。蓄積した乳酸は血液によって肝臓に運ばれて処理される。このことから，スポーツ選手の疲労度の指標として血液中の乳酸濃度が測定される。乳酸菌の乳酸発酵も筋組織とまったく同じ代謝であり，乳酸は菌体外へ排泄される。酵母のアルコール発酵では，ピルビン酸が脱炭酸されてアセトアルデヒドとなり，これがアルコール脱水素酵素の逆反応でエタノールに還元されるのに伴いNADHはNAD^+に再酸化される（図2の反応⑫，⑬）。

b. 発　酵

以上のように，アルコール発酵や乳酸発酵は解糖系を主経路としたグルコースの嫌気的代謝であり，同様に解糖系を主経路とする発酵として，酢酸発酵，酪酸発酵，アセトン－ブタノール発酵，プロピオン酸発酵などが知られている。しかし，微生物界には多様な代謝系が存在し，解糖系の一部が変形したエントナー・ドゥドロフ経路によるアルコール発酵や，解糖系の前半部分がペントースリン酸経路を経由して乳酸とエタノールを生成するヘテロ乳酸発酵などが見出されている。さらに，2種類のアミノ酸を栄養源とし一方のアミノ酸を酸化して生じるNADHで他方のアミノ酸を還元し，アンモニアと酢酸を生成する発酵（スティックランド反応）も知られている。このように発酵は補酵素NAD^+/NADHを介して有機物を有機物で酸化する嫌気的反応であり，ATPは基質レベルのリン酸化で合成されることを特徴としたエネルギー代謝であると定義できる。

本来，発酵はヒトにとって役立つ微生物作用のことで，ヒトに害になる作用を腐敗とよんで区別した。自然界の微生物を使った古くからの発酵は，酒，食酢，パン，ヨーグルトなどの二次的な食品の生産に利用されてきた。このような古典的発酵で作用する微生物代謝は上記の発酵の定義に当てはまるものであった。しかし現代では，代謝機能に人為的な改変を施した微生物を用いて，自然界では見られないような物質生産が行われるようになった。そのため，産業生産における発酵は嫌気的エネルギー代謝の範疇には収まらなくなっている。たとえば，アミノ酸は通常は調節機能が働いて生体内で必要量しか合成されない同化産物であるが，その調節機能を解除するような変異を起こさせた微生物を用いて，特定のアミノ酸を大量に生産させることができる。これをアミノ酸発酵とよぶ。同様にして，核酸関連物質やビタミン類などの多くの微量因子が発酵法によって工業的に生産されている。［川村 三志夫］

3.6.3 ペントースリン酸経路

ペントースリン酸経路は解糖系とは別経路のグルコースの嫌気的分解代謝であり，ヘキソースリン酸シャントやホスホグルコン酸経路ともよばれる。動物では細胞質に局在し，植物では細胞質とプラスチド（色素体）の両方に局在する。1935年，O. Warburg（ワールブルグ，1883－1970）は赤血球において，グルコース6-リン酸が酸化されて6-ホスホグルコン酸になる反応を見出し，この反応に関係する補酵素としてNADPHの存在を明らかにした。その後，F. Dickens（ディケンズ，1899－1986，ワールブルグの弟子）やE. Racker（ラッカー，1913－1991），B.L. Horecker（ホーレッカー，1914－2010），E. E. Conn（コーン，1923－）らの研究によりペントースリン酸経路の全容が明らかにされた。この経緯からワールブルグ－ディケンズ経路という呼称もある。また，代謝経路の類似性から，光合成のカルビン－ベンソン回路を還元的ペントースリン酸経路，グルコース代謝を酸化的ペントースリン酸経路とよぶこともある。

この代謝経路（図3）の前半部（反応①～③）は酸化的脱炭酸反応を含む不可逆的酸化過程であり，ヘキソースリン酸がペントースリン酸に変換される。後半部（反応④～⑦）はペントースリン酸の異性化反応や，トランスケトラーゼとトランスアルドラーゼによる炭素骨格の組み換え反応などからなる可逆的非酸化過程である。この経路により出発物質のグルコース6-リン酸3分子から6分子のNADPH，3分子のCO_2，2分子のフルクトース6-リン酸，1分子のグリセルアルデヒド3-リン酸が生成される。出発物質のグルコース6-リン酸と生成物のフルクトース6-リン酸およびグリセルアルデヒド3-

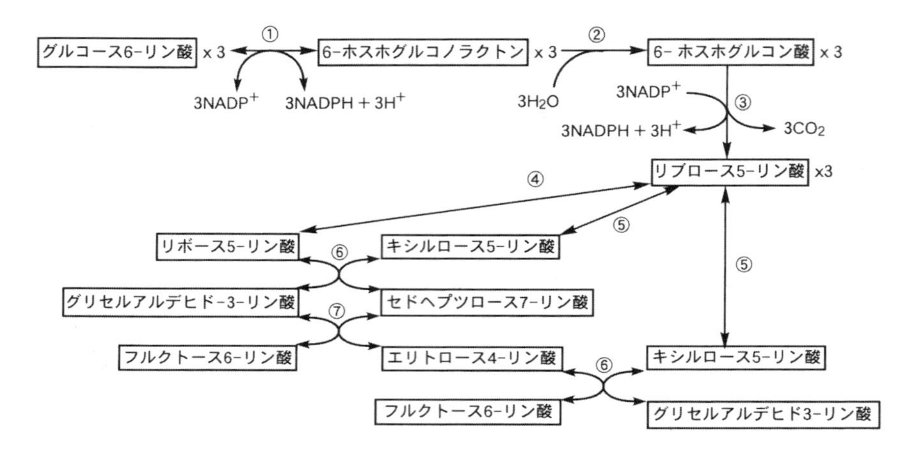

図3　ペントースリン酸経路

酵素：①グルコース 6- リン酸脱水素酵素，②6- ホスホグルコノラクトナーゼ，③6- ホスホグルコン酸脱水素酵素，④リボースリン酸イソメラーゼ，⑤リブロースリン酸 3- エピメラーゼ，⑥トランスケトラーゼ，⑦トランスアルドラーゼ

リン酸は，いずれも解糖系の代謝中間体であるので，この経路は解糖系の迂回路とも見なせる(ヘキソースリン酸シャントの由来)。また，フルクトース 6- リン酸は解糖系のグルコース 6-リン酸イソメラーゼの逆反応によってグルコース 6- リン酸に変換されると再度この経路に入ることができるので，ペントースリン酸回路ともよばれる。

この経路が 2 回転すると 6 分子の CO_2 が生成されるので，結果的にグルコース 1 分子が完全に分解されたことになる。ペントースリン酸経路で生成される NADPH は NADH にリン酸基が一つ結合した化合物で，酸化還元力は両者に差はないが，NADH はエネルギー生産専用に使われ，NADPH は脂肪酸合成系などの同化代謝に必要な還元力として供給される。代謝中間体であるリボース 5- リン酸は，核酸や酸化還元補酵素を構成するヌクレオチドの部品として供給される。また，エリトロース 4- リン酸は植物の芳香族アミノ酸の合成に関わるシキミ酸経路の出発物質となる。

ペントースリン酸経路は脂肪酸合成やステロイド合成などの生合成が盛んな脂肪組織や乳腺，副腎皮質などで活性が高い。グルコース代謝における解糖系とペントースリン酸経路の割合は ^{14}C を使ったトレーサー実験で調べられる。ペントースリン酸経路ではグルコースの 6 位の炭素が特異的に脱炭酸されるが，解糖系ではグルコースの 1 位と 6 位の炭素はともにピルビン酸の 3 位の炭素として同じ速度で代謝される。したがって，1 位の炭素をラベルした［$1-^{14}C$］グルコースと 6 位の炭素をラベルした［$6-^{14}C$］グルコースの，それぞれの $^{14}CO_2$ への代謝速度を測定すれば両代謝系の割合が求められる。しかしこの方法では，代謝の内部で逆流や分岐が起こることは考慮されない。近年は ^{13}C でラベルしたグルコースを代謝させ，定常状態での ^{13}C の代謝系内分布を NMR で測定することにより比較的正確な代謝の流れが分かるようになった。

［川村　三志夫］

3.6.4　呼　吸

呼吸というと，私たちが直感的に思い浮かべるのは肺呼吸であるが，18 世紀後半には燃焼が酸素との結合であることを発見したラボアジェによって，モルモットを使った質量測定実験が行われ，呼吸はゆっくりとした燃焼であるとの考えが示された。呼吸器や体表面での気体の拡散を介して行う空気中の酸素と体内の CO_2 のガス交換を外呼吸という。外呼吸で取り入れた酸素は，細胞内に入って有機物の酸化的分解によるATP生産に利用される。これを内呼吸とよぶ。生物にとってエネルギー源となる有機物は，栄養学で三大栄養素とよばれる糖質，脂質，タンパク質である。真核生物の呼吸におけるこれらの分解過程は，図4に示すように三段階に分けることができる。第一段階では，それぞれを構成する小単位へ分解される。第二段階では，それらが解糖系やβ酸化などの異化代謝経路を経て，共通の代謝中間体であるアセチルCoA（coenzyme A）へと変換され，第三段階のクエン酸回路に入ってCO_2へと分解される（アミノ酸の中には直接クエン酸回路の代謝中間体へと代謝されるものもある）。

このように，呼吸ではすべての栄養素の酸化分解過程がミトコンドリアのクエン酸回路へと集約する。これを酸化過程の集中とよぶ。図5に示すようにクエン酸回路は，その名の通りアセチルCoAとオキサロ酢酸からクエン酸が生成する反応に始まる八段階の酵素反応（反応②～⑨）を経て，再びオキサロ酢酸に戻る回路状の代謝経路である。また，クエン酸が三つのカルボキシ基をもつことからトリカルボン酸回路（TCA回路：tricarboxylic acid cycle），あるいはこの代謝系が回路であることを見出したH.A. Krebs（クレブス，1900－1981）の名を冠してクレブス回路ともよばれる。

これらの呼吸による分解過程全般において，有機物の酸化に直接関わっているのが様々な脱水素酵素群である。脱水素酵素によって基質から引き抜かれた2組の水素イオンと電子は酸化型補酵素のNAD^+あるいはFAD（flavin adenine dinucleotide）に渡され，それぞれ還元型のNADHあるいは$FADH_2$が生成する。これらの補酵素は電子伝達系を介して酸素分子を還元し（言い換えると酸素分子によって酸化され）水が生成される。これと共役してATPが合成される機構を酸化的リン酸化とよぶ（3.6.5，3.6.6参照）。要するに，これら酸化還元補酵素の役割は，内呼吸において有機物の酸化分解過程と酸素による酸化過程との間の橋渡しをすることである。

分析技術が未発達であった19世紀後半から20世紀前半にかけて，呼吸の研究にはワールブルグ検圧計による検圧法が盛んに用いられた。この方法は密閉した定容量のフラスコ内で起こる気体の吸収や発生を伴った反応を，圧力変化として測定する方法である。ワールブルグによるシトクロムオキシダーゼの研究やクレブスによるクエン酸回路の研究では，検圧法による酸素消費測定が威力を発揮した。呼吸で消費した酸素と生成したCO_2のモル比（$[CO_2]/[O_2]$）は呼吸商（RQ：respiratory quotient）とよばれ，呼吸基質の元素組成に依存することから，検圧

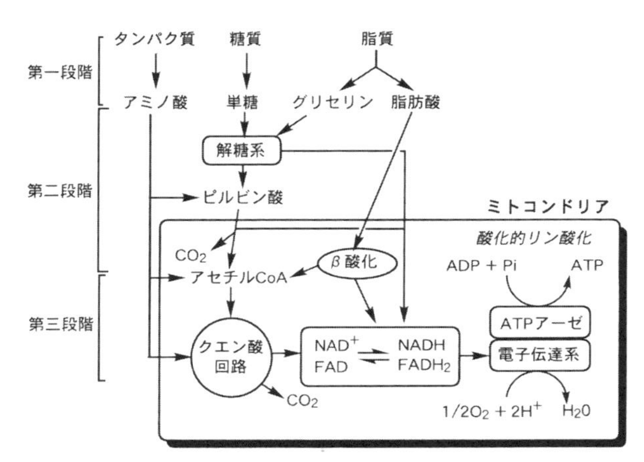

図4　栄養素の異化代謝と酸化過程の集中

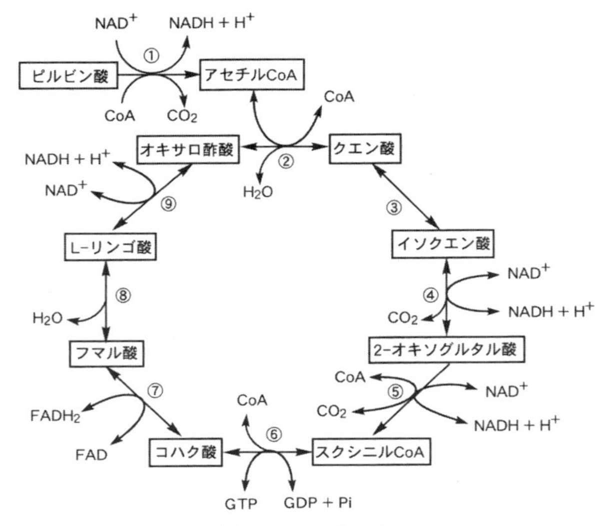

図5　クエン酸回路

酵素：①ピルビン酸脱水素酵素，②クエン酸シンターゼ，③アコニターゼ，④イソクエン酸脱水素酵素，⑤2-オキソグルタル酸脱水素酵素，⑤スクシニルCoAシンテターゼ，⑦コハク酸脱水素酵素，⑧フマラーゼ，⑨L-リンゴ酸脱水素酵素

法によるRQの測定は代謝経路研究の手掛かりとなった。現代の生化学では，このような方法は用いられなくなったが，生理学の分野では呼吸機能の検査にO_2センサーとCO_2センサーを用いたRQの測定が利用されている。

RQの理論値は呼吸基質の燃焼式から導き出せる。グルコースの燃焼式

$$C_6H_{12}O_6 + 6O_2 \longrightarrow 6CO_2 + 6H_2O$$

から糖質のRQは$6CO_2/6O_2 = 1$，同様にして脂肪酸は0.7，タンパク質は0.8〜0.86と計算される。種子発芽時のRQは脂肪やタンパク質を貯蔵する大豆では0.8，デンプンを主とするイネでは1に近くなる。臓器のRQは動脈血と静脈血のガス組成から求められ，脳ではRQが1に近く糖質が呼吸基質となっている。冬眠中の動物は体脂肪を栄養源にしているのでRQは低い。　　　　　　　　　　　　　　［川村　三志夫］

3.6.5　ミトコンドリア

ミトコンドリアは真核生物にのみ存在する細胞内オルガネラ（構造体）であり，酸素呼吸代謝の最末端を担っている（3.6.4参照）。図6上に示すように，ミトコンドリアは外膜と内膜の二重の膜で包まれたオルガネラであり，内膜はクリステとよばれるひだ状に内側に折れ曲がった構造をしており，その内部の区画をマトリックスとよぶ。クエン酸回路やβ酸化系などの可溶性の代謝酵素群はマトリックスに局在し，電子伝達系やATPアーゼは内膜に埋め込まれて存在する。ミトコンドリアは独自の環状DNA，RNAおよびリボゾームをもち，分裂増殖することから，その起源は真核生物の先祖となる細胞内に共生していた好気性バクテリアであるとする細胞内共生説がL. Margulis（マーグリス，1938－2011）によって唱えられている。

呼吸の項（3.6.4）で述べたように，呼吸の酸化過程はミトコンドリアに集中するので，呼吸の研究において細胞を破砕してミトコンドリアのみを取り出し，種々の燃焼基質を用いて酸素の消費速度や阻害剤の影響を検討する実験が行われた。電子伝達系とATPアーゼの項（3.6.6）で述べるように，ミトコンドリアの構造そのも

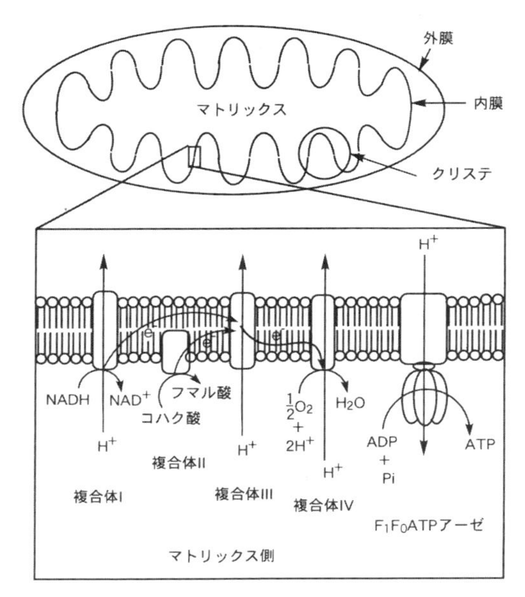

図6　ミトコンドリアの構造と電子伝達系

のがATP合成の一端を担っていることから，これらの実験の成否はいかに無傷に近いミトコンドリアを単離できるかにかかっている。

1940年代に確立されたミトコンドリアの遠心分離法は，遠心力による強い重力場における微小粒子の沈降速度の差を利用した方法である。たとえば，ラットの肝臓を1mm幅程度に切り，緩衝液を含む等張液を加えてホモゲナイザーで軽く摩砕し，遠心チューブに摩砕したサンプルを入れてローターを3,000 rpm（revolutions per min：回転／分）程度で回転させ壊れてない組織や細胞を取り除く。上澄みとして得た無細胞抽出液を平均10,000 g の遠心力下で10分程度遠心すると，沈殿としてミトコンドリアを含む画分が得られる。この沈殿をもう一度緩衝液を含む等張液に懸濁し試料として使用する。材料によっては遠心分離でミトコンドリアを痛めることもある。たとえば，ハエの胸筋ミトコンドリアはホモゲナイザーで摩砕しても遠心分離しても傷つき，その機能を調べる妨げとなる。胸筋ミトコンドリアの簡便な単離は胸部を必要に応じて集め，乳鉢で押しつぶし三重にしたガーゼで組織片を取り除くといった手順で行う。

単離したミトコンドリアの呼吸機能を測定するには酸素電極が用いられる。よく用いられるクラーク型酸素電極の原理は簡単で，図7に示すように白金の陰極と銀の陽極からなり，その上を薄いテフロン膜が覆っている。電極間には0.6 Vの電圧をかけ電極間に流れる電流を電流計で測定する。試料液とテフロン膜に包まれた電解液（KCl）の酸素濃度は平衡になっていると仮定している。このような酸素電極を用いたミトコンドリアの呼吸測定によって何がわかるのだろうか？

慎重に単離したミトコンドリアを用いて，その酸素消費速度を測定すると図8のようになる。ミトコンドリアが単離時に含んでいた呼吸基質のみで呼吸させせると，①のような酸素消費速度を示す。この状態では無機リン酸，酸素は十分ある（状態①）。そこに外部からADPを加えると少しだけ速度が上昇する（状態②）。さらに呼吸基質を添加すると最大速度となる（状態③）。呼吸基質は残っていてもADPが欠乏すると速度が低下する（状態④）。ADPを加える

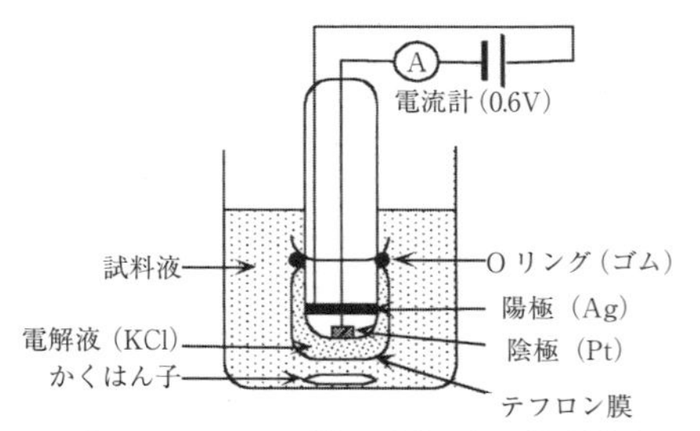

図7　クラーク型複合酸素電極の基本構造

陽極と陰極を包埋する支持体にはガラスや樹脂が用いられている。電解液にはKClを含む緩衝液，保水剤としてグリセロールを加えたものなどがある。テフロン膜と陰極・陽極の間は，レスポンスが悪くなるのでできるだけ隙間をつくらないようにする。

と状態③に戻るが，反応キュベット中の酸素が枯渇すると酸素の消費速度を測定できない（状態⑤）。状態③と状態④の比を呼吸調節比という。さらに，状態①に加えたADPのモル数と状態③で消費した酸素のモル比をP/O比といい，酸素1原子が消費されることに伴うATPの生成モル数を表す。しかし，無傷のミトコンドリアを調製することはむずかしく，ミトコンドリアの損傷の程度が大きいと状態②と状態③，状態③と状態④の速度の変化点が明確ではなくなり，正確なP/O比を求めることは困難である。これまでの測定により，近似的にNADHを補酵素とする呼吸基質のP/O比は3，$FADH_2$を補酵素とする場合は2とされている。

［和田野 晃］

3.6.6　電子伝達系とATPアーゼ

3.6.4と3.6.5で述べたように，酸素による酸化と共役したATP合成を酸化的リン酸化とよぶ。酸化的リン酸化の機構は1961年にP. D. Mitchell（ミッチェル，1920－1992）によって発表された化学浸透圧説によって説明された。すなわち，ミトコンドリア内膜に存在する電子伝達系の働きで水素イオン（プロトン）がマトリックスから内膜の外へ輸送されることにより，プロトン濃度勾配と膜間電位が形成される（これを電気化学ポテンシャルとよぶ），プロトンがマトリックスにもどるときに電気化学ポテンシャルを利用してATPアーゼ（ミトコンドリアの酵素はF_1F_0ATPアーゼとよばれる）によってADPとリン酸からATPが合成される。当時の研究者たちは，電子伝達系とATP合成の間に高エネルギーリン酸化合物を中間体とした基質レベルのリン酸化（化学共役説）を仮定し，その化合物を探し求めていたので，ミッチェルの化学浸透圧説はすぐには認められなかった。しかし，内膜内外のプロトン濃度勾配をアンカップラーとよばれる化合物によって解消させるとATP合成が阻害されることや，葉緑体

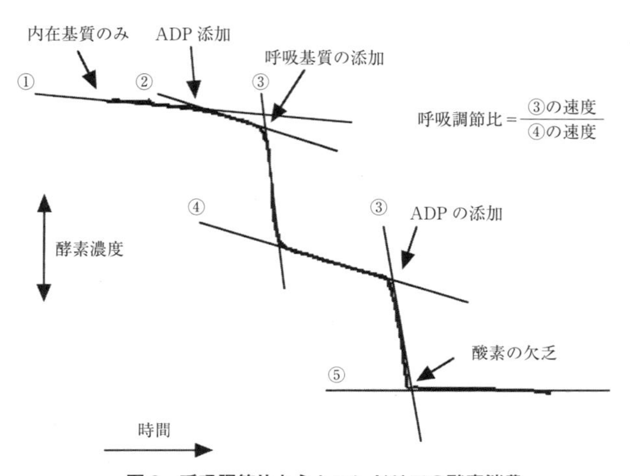

図8　呼吸調節比とミトコンドリアの酸素消費

での光リン酸化がプロトン濃度勾配によって起こることが報告され，ミッチェルの説が認められた。

ミトコンドリアを単離しオスミウム酸で固定して電子顕微鏡で観察すると，内膜の表面に無数のF_1F_0ATPアーゼの顆粒が観察される。このようにして種々のサンプル作成法や特殊な染色法により電子顕微鏡で明らかにされた内膜の構造と，ミトコンドリアを破壊し内膜から抽出された成分を分離して生化学的に調べた結果から，図6のような模式図が示されている。外膜も内膜も小さい丸で示した親水性部分と平行線で示した疎水性部分よりなる脂質二重膜で構成され，その中には機能を司るタンパク質が埋まっている。

主な機能タンパク複合体は複合体I，複合体II，複合体III，複合体IVとよばれている複数の酸化還元酵素や電子運搬体が集まってできている複合体とF_1F_0ATPアーゼである。電子の流れはNADHから複合体I，複合体III，複合体IVを経て酸素に至る系列と，コハク酸から複合体II，複合体III，複合体IVを経て酸素に至る系列がある。複合体IIはコハク酸脱水酵素であり，内部に結合している補酵素FADが還元され$FADH_2$となる。図には示さなかったが，複合体IとIIIあるいは複合体IIとIIIの間の酸化還元は，コエンザイムQとよばれる膜に内在する遊離の補酵素が仲介し，複合体IIIとIVの間はシトクロムcとよばれる内膜の表面に結合した酵素が仲介する。複合体の中でI，III，IVはプロトン輸送機能をもつがIIはもたない。したがって，二つの電子が酸素まで運ばれる間につくられるプロトン濃度勾配と膜間電位によるエネルギーは，NADHからの系列ではATP 3分子の合成に相当し，コハク酸（$FADH_2$）からの系列ではATP 2分子の合成に相当する。このことが，ミトコンドリアの呼吸測定におけるP/O比に反映している（3.6.5参照）。

このような電子伝達系のもつプロトン輸送機能は，どのようにして測定されるのであろうか。その原理は比較的簡単で，プロトン濃度の指標つまりpHの変化を観察すればよい。単離ミトコンドリアとpH微小電極を使った実験では，酸素1原子当たり約10個のプロトンが内膜外へ輸送される結果が得られている。また，ミトコンドリア内膜から複合体を単離精製し，それをリポソーム（人工的につくった脂質二重層の小胞）に埋め込んだ再構成系をつくり，各複合体単独のプロトン輸送機能も同様に測定されている。F_1F_0ATPアーゼをプロトン3～4個が通過することで，1分子のATPが合成されるとすると，単離ミトコンドリアを使った結果からP/O比は2.5～3.3になる。　［和田野 晃］

3.6.7 代謝のコンピューターシミュレーション

解糖系の研究から始まった代謝研究は，おおよそ1世紀を経た現在，大部分の主要経路が明らかにされた。これまでの研究は代謝の経路を構成する個々の酵素や関連した静的な側面を捕らえてきたが，今後の課題は細胞や組織において，あるいはそれらが置かれた環境において，代謝がどのように流れるかの動的な側面を明らかにすることである。そこで，近年発展目覚ましい情報処理技術の応用，すなわち代謝のコンピューターシミュレーションの試みが盛んに行われるようになってきた。

動的ということは何を意味するのだろうか？たとえば，大腸菌の細胞の中に取り込まれたグルコースが，どのように同化されたり異化されたりするかの時間経過を明らかにすることは，時間軸上の動的側面を明らかにすることになる。一方，大腸菌といっても直径は10^{-6} m単位であるので，10^{-10} m単位の大きさのグルコースが菌内で均一に存在しているとは考えられない。グルコースが菌外から補給されるとすると，細胞膜付近と菌の中心では濃度が異なると考える方が納得しやすい。拡散によるグルコースの立体的分布を明らかにすることは，空間軸上の動的側面を明らかにすることになろう。つまり，生物の最小単位である細胞の中での代謝のシミュレーションでさえ，時間軸と空間軸を両方扱うことになる。そのうえ，細胞内には原形質流動があり，原核生物にはミトコンドリアや葉緑体などの細胞内オルガネラがないとはいうもの

コラム　ATP, NADH, NADPH, $FADH_2$

ATPは高エネルギー物質といわれるが，マイナスの電荷をもつリン酸が3分子結合しており，相互の電荷の反発で加水分解されたとき大きなエネルギー変化を生じるのが特徴である。生物はそのエネルギー変化を他の反応に必要なエネルギーとして利用することにより，生物が生きられる温度下で多くの吸エネルギー反応を可能にしている。

代謝の測定では，よく分光測定が用いられる。特にNADH・NADPHの変化量は分光測定で検出が容易なので，多くの代謝物や酵素の反応速度を測定するために用いられる。それは，NADH・NADPHがタンパク質やその構成成分のアミノ酸，核酸やその構成成分のヌクレオチドと異なる吸収スペクトルを示し，その吸収極大340 nmでの分子吸光係数が比較的大きいからである。酸化型のNAD^+・$NADP^+$が還元型の吸収極大340 nmでほとんど光を吸収しないことも大きな特徴である（下図）。酸化型と還元型の340 nmの吸光度の差が酵素活性や中間代謝物の測定によく使われる。さらに，NADH（還元型）とNAD^+（酸化型）の酸化還元電位は−0.32 Vと酸素の0.82 Vに比べてきわめて低いにもかかわらず，酸素が存在する水溶液中でも酸化されないで安定に存在するのが特徴である。$FADH_2$は1電子を他の物質に渡し，ラジカルとして安定に存在することができる。NADHの酸化は2電子酸化であるが，FADはその2電子を受け取り，1電子ずつを他の酸化還元物質に安定して渡すことができる。　　　　［和田野 晃］

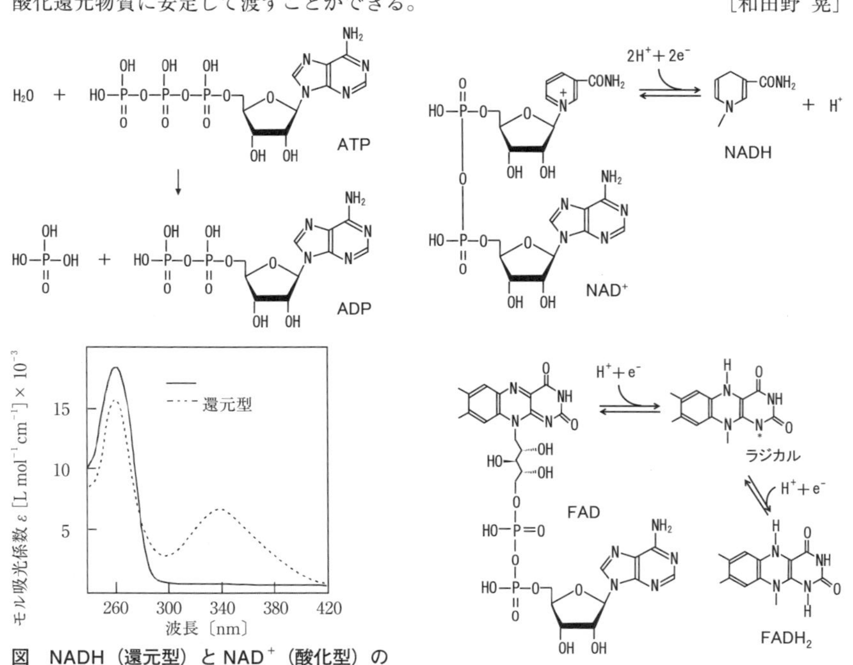

図　NADH（還元型）とNAD^+（酸化型）の光吸収スペクトル

の，リボゾームなどの顆粒は存在し決して溶液系とはいえない。固体系と溶液系が織り成す均質でない系の溶質は当然均質ではないわけで，この系をシミュレートすることは現在大きな課題を含んでいる。そのことを象徴するかのように，現在ではシミュレーションはいくつかの階層に別れている。

最下層は単一の酵素反応の時間経過を微分方程式として表現し，それをルンゲクッタ法などの近似解法で解くことで，反応の予測やその機構を明らかにする酵素キネティクスの段階である。これらは，その式の表現や解法も複雑ではないので，古くはFortranやBasicなどのプログラム言語で簡単に記述でき，エクセルなどのスプレッドシートでも計算が可能である。また，1996年にIBMからリリースされたフリーソフトChemical Kinetics Simulatorは，パソコンを使って簡単なキネティクスを記述できたことから，多様な分野の研究者に利用されてきた。その機能を拡張した最新版が2015年にColumbia Hill Technical ConsultingからKinetiscopeとしてリリースされ，WindowsやMac OS X，Linuxに対応したパッケージが無料でダウンロードできる。この階層では，一般に反応系は一様であると仮定しても少なくとも生化学の観点からは問題がない。

次の階層は，複数の酵素反応の時間経過を連立微分方程式として表現し，近似解法で解くことで反応の予測や系全体の制御機構を明らかにする段階である。たとえば，クエン酸回路をモデル化し，その制御機構や基質の濃度の影響を検討するには，少なくとも8種の酵素反応が関与する連立微分方程式を解く必要がある。もちろんこの段階では，クエン酸回路が機能するミトコンドリアとその細胞内オルガネラが存在する細胞質との物質の流れも，濃度分布も考慮する必要が出てくる。したがって，そのプログラムは相当複雑なものになる。この階層での代表的なシミュレーターにGEPASIがあり，現在バージョン3.30のWindows版がダウンロードできる。そのマニュアルは日本語訳され，著者が管理する日本のサイト（GEPASIのサイトからリンクが張られている）からダウンロードできる。

代謝シミュレーターの究極の目標は，遺伝子発現やシグナル伝達なども含めたシミュレーションによりバーチャル細胞をコンピューター上で構築することである。その先駆けとして1996年に日本において細胞シミュレーターE-Cellのプロジェクトが立ち上がり，現在も開発が進められつつある。これは膨大なソフトであるが，最新バージョンはシミュレーションのスケールに応じてスーパーコンピューターからデスクトップパソコンまでの多様なプラットホームに対応できるため，代謝を専門にする人にも身近なものとなっている。呼吸や光合成の制御を論じる道具としては面白いのではないかと期待している。

最初にも記したように，現在のところ空間的拡散も含めての代謝シミュレーターはない。したがって，その使用者は限界を見極めて対応しなければならない。そのためには，決して実際の測定値をおろそかにしないことである。測定値にこそ真実があることを認識の上で，多くの測定値を定量的に考察するためとより深い洞察のもとでの測定をするための優れた道具としてシミュレーターが使われる。　［和田野 晃］

参考図書

1) 岡山繁樹，高橋義夫，若松國光，小泉修他，“基礎生物学シリーズ 生命とエネルギー”，共立出版（1981）.
2) 香川靖雄，“UP BIOLOGY シリーズ 生体膜と生体エネルギー 第3版”，東京大学出版会（1985）.
3) D. G. Nicholls, S.J. Ferguson, “Bioenergetics 3”, Academic Press（2002）.

3.7　光合成をはかる

3.7.1　光合成

光合成とは，光エネルギーを利用してATP（adenosine triphosphate）と還元力（物質としてはNADPH(nicotinamide adenine dinucleotide phosphate）還元型（図1）である。これは水から取り出した活性型水素と考えることもできる）をつくり，さらにこれらを用いて，空気中の二酸化炭素を還元して糖をつくる過程である。光合成の研究は，原子や分子のレベルから葉緑体・オルガネラ・細胞，さらに光合成生物の個体，生態系，地球環境までの空間スケールにおよぶ一方，生命進化・光合成反応の進化と，それに伴う地球環境の共進化という数十億年の時間スケールから，光エネルギーを吸収して色素分子が励起されるfs（フェムト秒：10^{-15}秒）の現象にまで及ぶ広大なものである。

また，物質の存在量としても，光合成生物は地球生態系の生産者グループとして，たとえば炭酸固定酵素のRubisCO（p.373参照）は地球上で最も多量にある酵素タンパク質であるし，色素としてはクロロフィルが最多であろう。細胞や細胞内の膜を構成する脂質としては，葉緑体や光合成細菌の膜を主に構成するガラクトースを含む糖脂質が最多である。量的に多いものばかりでなく，光合成生物は，ヒトの健康に密接に関係する多不飽和脂肪酸や，抗酸化物質のカロテノイド，ビタミンE，ビタミンC，その他ヒトの健康に良いことは間違いないが，その寄与する機構はまだ詳細に分かっていない様々なフラボノイド化合物を供給している。

光合成は地球全体の生命システム（生態系）にとって最も重要な仕組みといっていいであろう。光合成生物（独立栄養生物：エコシステムとして見た場合の生産者）がつくり出す有機物が，光合成をしない人間や動物・微生物（従属栄養生物：消費者・分解者）の栄養源として重要であるばかりでなく，光合成の排出ガスである酸素が多量に蓄積して，現在のような地球生態系をつくった。現在，酸素発生型光合成を行っている生物は，陸上の高等植物や植物性プランクトン（以上は真核生物：ミトコンドリアおよび葉緑体をもつ）および細菌の仲間（原核生物）であるシアノバクテリアである。

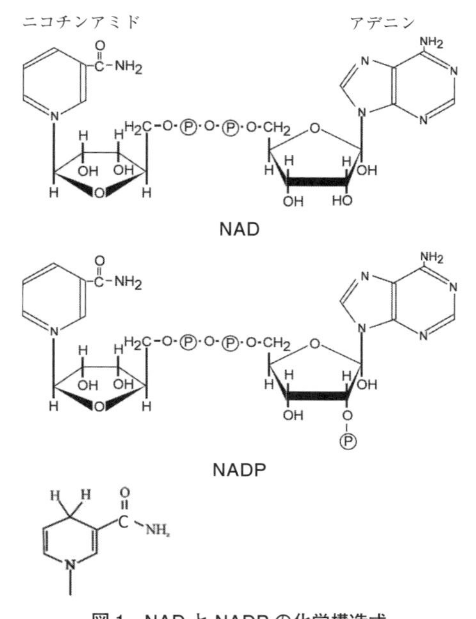

図1　NADとNADPの化学構造式

一番下はNADとNADPHの還元型ニコチンアミド部分が2電子と1水素イオンを得たときの構造。

光合成とは光エネルギーを使って無機物から有機物をつくる「独立栄養」代謝の一様式である。炭素源として二酸化炭素が，還元力（水素の供給源）としては水あるいは硫化水素などが用いられる。ただでさえ酸化されている水分子を還元剤として用いる場合は，水分子がさらに酸化分解されて，水素が（実際は水素イオンと電子が）還元力として取り出され，残った酸素はガスとして放出される。そして，生じた還元力 NADPH と ATP が二酸化炭素 CO_2 の還元，すなわち炭酸固定に用いられる（カルビン回路，p.371）。全体としては式（1）のような反応式を構成する。反応生成物を［CH_2O］と記したが，実際にはこの 6 倍の六炭糖（たとえばブドウ糖）と考えてほしい（しかし，実際の光合成産物はブドウ糖ではない。カルビン回路参照）。水分子の酸素が酸素ガスとして発生するのだから（下線をつけた酸素原子），両辺から H_2O を差し引いてはいけない。

$$CO_2 + 2H_2\underline{O} \xrightarrow{\text{光エネルギー}} [CH_2O] + \underline{O}_2 + H_2O \qquad (1)$$

水以外の物質を還元剤とする場合は，その反応は多岐にわたるが，硫化水素を硫黄まで酸化する場合を考えると，次のように書ける。

$$CO_2 + 2H_2S \xrightarrow{\text{光エネルギー}} [CH_2O] + 2S + H_2O \qquad (1')$$

式（1）のような光合成の方式を酸素発生型光合成とよび，シアノバクテリアと紅藻・緑藻などの藻類や高等植物が行っている。これに対し，シアノバクテリア以外の光合成細菌は，式（1′）で代表される方式の光合成を行う。

NADPH は明反応の項で説明する電子伝達系（非回路的電子伝達系）の働きで直接合成されるが，ATP 合成の方は，電子伝達に伴ってチラコイド膜内外に形成される水素イオン（H^+，プロトン）の濃度勾配と膜電位（すなわちプロトン駆動力）によって駆動される F-ATP（「3.6.6 電子伝達系と ATP アーゼ」の項で説明されている）によって行われる。

3.7.2 光合成生物の細胞内共生による進化

生命の発生後数億年して，地球内部で大きく成長した熱対流がつくり出した地球磁場が，太陽からの有害な荷電粒子線（陽子，電子，プラズマ）を遮るようになってはじめて，生命が海の表面近くに存在できるようになった。そうなると，豊富な太陽光のエネルギーを利用する光合成生物（まだ水分解・酸素発生能をもたないが，別々に発生した 2 種類の異なる光化学反応中心のいずれかをもつ細菌類）が出現・増殖して，有機物の量（バイオマス）が急増した（同時に二酸化炭素は減少した）。その後しばらくして，2 種類の光化学反応中心を併せもち，それぞれの反応中心を少し改良して，水を酸化し，同時に NADPH をつくるようになったシアノ

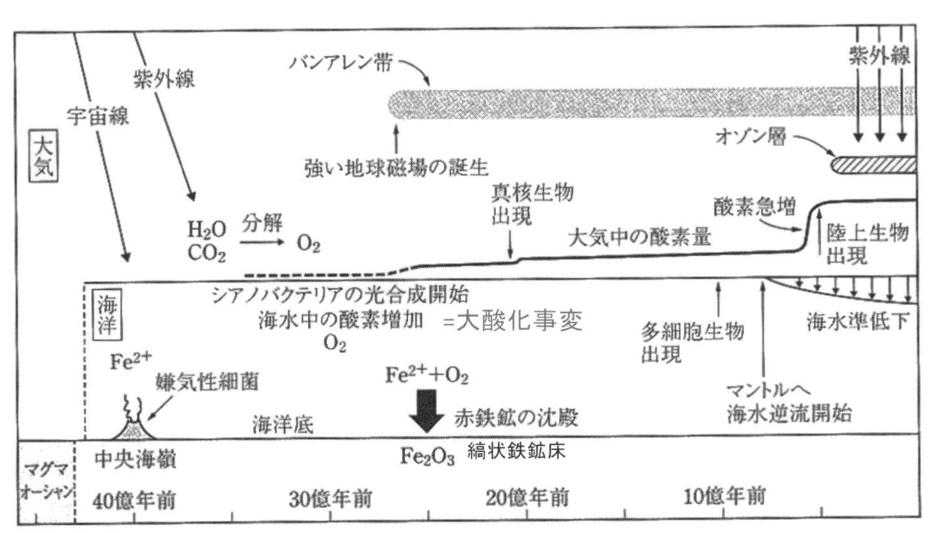

図 2　地質時代から現代までの大気中二酸化炭素・酸素の濃度変化の概略図

［丸山茂徳，磯崎行雄，“生命と地球の歴史”，岩波新書（1998）］

バクテリアの祖先が出現した。彼らは大量にある水を水素源として，不要な酸素を大量に発生し始めた（図2）。

発生した酸素は海水中の2価鉄イオンを中心とする大量の還元物質によって消費された。今から約25億年前，還元物質を消費しつくしてはじめて地球大気に酸素が蓄積を始めた。これを大酸化事変とよぶ。この頃に酸化沈殿した3価鉄イオンが，現在縞状鉄鉱床として大量に存在している。人類はこの鉄鉱石と，ほとんどが光合成生物の生産物（遺骸）に由来する石炭・石油などの化石燃料を利用して現在の文明を築いた。しかし，今や文明を維持・発展させるための石炭・石油など化石燃料の大量消費に伴って急増した大気中二酸化炭素の温室効果による地球温暖化に苦しんでいる。

酸素は現在の生物にとっても毒性がある。特に電子を受け取ったO_2^-や，その代謝産物は活性酸素種（ROS：reactive oxygen species）とよばれ，DNAなどの生体分子を傷つけ，がんや突然変異の原因にもなる。そのため，酸素が蓄積しはじめた当時の生物にとっても，生き延びるために，ROSの解毒系を進化させることが必須であっただろう。さらに，酸素は生命の進化に大きな影響を与えた。

第一に，海水中に酸素が蓄積し始めると，有機物を酸素で酸化する酸素呼吸を行う細菌が進化した。これにより，生命はそれまでと比較にならないほど大きなエネルギーを獲得できるようになった。好気性細菌の誕生である。さらに一部の原核生物（古細菌の一系統と考えられている）は，核膜を含む細胞内膜系をつくる能力を獲得し，酸素の害からDNAを守るとともに，食作用をするように進化した。そのような古細菌の一部（最近発見された*Lokiarchaeota*[1]）が，いつも近くで生活していた好気性細菌を細胞内膜の袋に閉じ込めて，細胞内オルガネラ，すなわちミトコンドリアとして維持するようになった（細胞内共生）。これが真核生物の始まりである。共生体がもっていたゲノムDNAは，その多くが宿主の核に移行して，宿主のゲノムは複数の生物（原核生物）のゲノムからなるキメラとなったが，ミトコンドリアにも小さなゲノムDNAが残った（このことは次の葉緑体の獲得の場合でも同じである）。

第二に，これは地質学的にはずっと後（顕生代古生代以降）の話になるが，大気中に酸素が蓄積すると，太陽光の紫外線と反応してオゾンが生成し，紫外線をさえぎるようになった（オゾン層の形成）。このため，海中で進化した生物が陸上に進出することが可能になった(図2)。

上記のように細胞内共生でミトコンドリアを獲得して成立した真核生物の一部が，さらにシアノバクテリアの祖先をプラスチド（葉緑体とその派生的存在の総称）として細胞内共生させた（遺伝子の比較系統解析から約16億年前と考えられる[2]）。この真核生物の系統は，ごく初期に灰色藻，紅藻，緑藻の3系統に分かれた(これらを一次共生植物ともよぶ)。そして，さらに，紅藻，緑藻の一部が，別の系統の真核生物に二次共生して，一次共生植物以外の様々な現存の光合成生物を発生させた。これらを二次共生植物とよぶ。

具体的には，緑藻を二次共生させたユーグレナ（ミドリムシ）の仲間とクロロラクニオン藻，そして紅藻を二次共生させたクリプト藻類，ハプト藻類，黄色藻類（Stramenopiles[3]としてまとめられている中の褐藻・珪藻などの不等毛藻類），渦鞭毛藻類（夜光虫の仲間の赤潮藻類の多く）などがそれであり，生物全体の系統樹で見ると，真菌類・動物系統以外のすべての系統に散在しているように見える。また，渦鞭毛藻の近縁生物には，退化した葉緑体（主に脂肪酸・ヘム合成の場所として必須であるようだ）をもつ人の病原体であるマラリア原虫やトキソプラズマが含まれる。

以上の二次共生植物のうち，クロロラクニオン藻とクリプト藻類の一部には，二重膜で包まれた内部に，二重包膜をもつ葉緑体以外に，一次共生植物（緑藻あるいは紅藻）の痕跡核（染色体DNAを含むのでヌクレオモルフとよばれる）が存在するので，二次共生植物であることが明らかである。また，一部の渦鞭毛藻類は，さらに最初の二次共生葉緑体を失った後に，二次光合成植物であるクリプト藻，ハプト藻，あるいは珪藻を取り込んで自らの色素体とする三次共生であることも確認された。すなわち，渦鞭毛藻植物は，最初は紅藻を内部共生させた二次共生植物であったのだが，自身の葉緑体を自在に取り替えること（三次共生）が可能であるように見える。これら二次共生・三次共生の場合には，葉緑体は，一次共生植物に通常の2枚の包膜に加えて，3番目の膜（ユーグレナの場合）あるいはさらに2枚の膜（他の二次・三次共生藻の場合）に囲まれており，一番外側の膜（3番目ないし4番目）は宿主側の食胞に相当すると考えられる。

最近の遺伝子情報の研究によると，もともとユーグレナの仲間は紅藻を二次共生葉緑体としてもっていたが，それを失い動物のような生活に戻った。しかし，ユーグレナだけは，別の緑藻を細胞内共生させて現在に至ったと提唱されている[4)]。渦鞭毛藻やユーグレナの例は，一旦光合成生物になった場合，葉緑体を何かの拍子に失ったとしても，また二次共生・三次共生を起こしやすいということのようだ。

さらに，細胞内共生により光合成生物を葉緑体というオルガネラにする進化上の前段階の状態がいくつか報告されている。ミドリゾウリムシが緑藻 *Chlorella* を，*Ambystoma maculatum*（トラフサンショウウオの仲間）の幼生が別の緑藻を細胞内に一時維持できること，軟体動物のウミウシが食藻の葉緑体を，やはり自身の消化管の細胞内にかなり長期間維持できることなど，盗葉緑体とよばれる現象がある（後者では，光合成に必要な遺伝子のごく一部が核ゲノムに移行しているとの報告がある）。また，鞭毛虫 *Hatena arenicola* はプラシノ藻（緑藻）を細胞内に維持できるが，分裂させることができないので，自身が分裂すると一方にのみ共生藻が伝わり，他方は，また新たに共生藻と出合うまでは，鞭毛をもった動物的存在になってしまう。

さらに，第二の一次共生の初期段階と想定される例も存在する。*Paulinela chromatophora* とよばれる有殻アメーバは，現存のシアノバクテリア *Synechococcus/Prochlorococcus* グループ（葉緑体を含むラン藻の系統とはまったく別の系統）の近縁種を2個，細胞内に共生させており，この共生体はクロマトフォアとよばれている（図3）。このクロマトフォアは宿主細胞から取り出されると，単独では増殖できないが，宿主細胞内では宿主の分裂とは別に分裂し，細胞内につねに2個維持されている（分裂時には娘細胞がその1個ずつを受け継ぐ）。また，そ

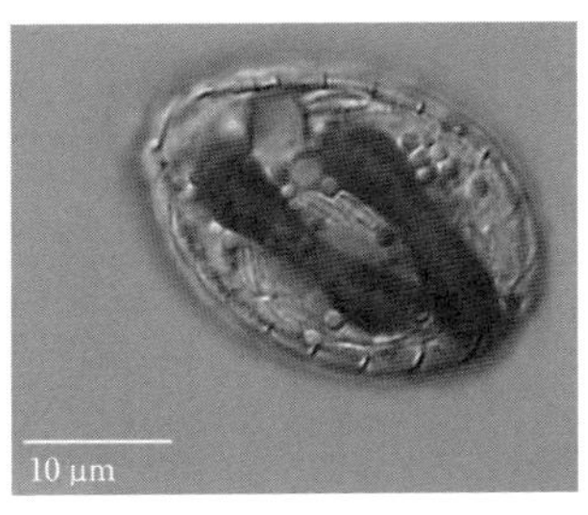

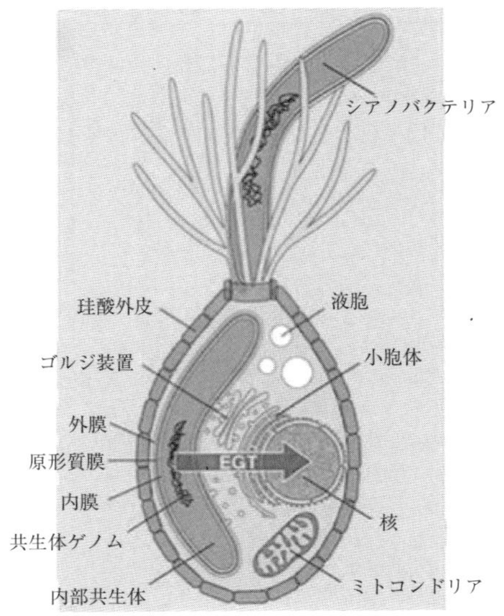

図3　*Paulinella chromatophora* とその内部共生シアノバクテリア（クロマトフォア）の光学顕微鏡写真（上）と模式図（下）

この状態は進化上第二の一次共生の初期形と見なされる。クロマトフォアは単独生活のシアノバクテリアと同様に，内外二つの膜とその間のペプチドグリカン層で囲まれている。この共生シアノバクテリアのゲノム遺伝子の一部はすでに核へ移行している（EGT：endosymbiotic gene transfer）。細胞質で合成されたクロマトフォアのタンパク質がどのように元の場所に輸送されるかは分かっていない。
[http://schaechter.asmblog.org/schaechter/2012/06/how-an-endosymbiont-earns-tenure.html]

のゲノムは，単独で生育するシアノバクテリアと比べ約3分の1と小さくなっており，遺伝子数も4分の1ほどになっている[5]。したがって，光合成に必要な遺伝子の多くは，葉緑体同様核ゲノムに移行していると考えられる。つまり，上記一次共生植物をつくった16億年前の事変に加え，進化の上でごく最近（6千万年程前と推測されている[6]）2度目の光合成オルガネラ（正確には葉緑体とはいえない）の獲得すなわち一次共生が起こったと考えられる。

高等植物の葉緑体は環境や存在する組織によって色々な形態をとりうる（一般に色素体とよぶ）。これについてまとめておこう。光合成を行う典型的な葉緑体以外に，その胚や組織発生初期の原始的な形プロプラスチド，光のない条件で生育したためクロロフィル合成ができず黄色いカロテノイドのみをもったエチオプラスト（黄色体と呼ぶこともある），さらに，果実などで最初は緑色だったが，クロロフィルを失ってカロテノイドなどをもつ有色体（クロモプラスト），デンプンを大量に貯めたアミロプラストなどである。

1) A. Spang, *et al.*, "Complex archaea that bridge the gap between prokaryotes and eukaryotes", *Nature*, **521**, 173-179 (2015).
2) H.S. Yoon, *et al.*, "A molecular timeline for the origin of photosynthetic eukaryotes", *Mol. Biol. Evol.*, **21**, 809-818 (2004).
3) 褐藻，珪藻，黄緑藻，黄金色藻，卵菌を含む分類群
4) S. Maruyama, *et al.*, "Eukaryote-to-eukaryote gene transfer gives rise to genome mosaicism in euglenids", *BMC Evolutionary Bio.*, **11**, 105 (2011).
5) J.Nowak, *et al.*, "Chromatophore genome sequence of *Paulinella* sheds light on acquisition of photosynthesis by eukaryotes", *Curr. Biol.*, **18**, 410-418 (2008).
6) H.S. Yoon, *et al.*, "Minimal plastid genome evolution in the *Paulinella* endosymbiont", *Curr. Biol.*, **16**, R670-R672 (2006).

3.7.3　光合成の反応

光合成の過程は，①膜の中で起こる光化学反応と酸化還元反応（すなわち光エネルギーで駆動される電子伝達反応）によって，ATPと還元力を供与するNADPHを合成する"明反応"と，②そこで合成されたATPとNADPHを用いてCO_2の固定・還元を行う"暗反応"とに分けられる。前者の反応は細菌の細胞膜あるいは葉緑体・シアノバクテリアのチラコイド膜とよばれる膜で起こるものであり，後者の反応は光合成細菌・シアノバクテリアの細胞質あるいは葉緑

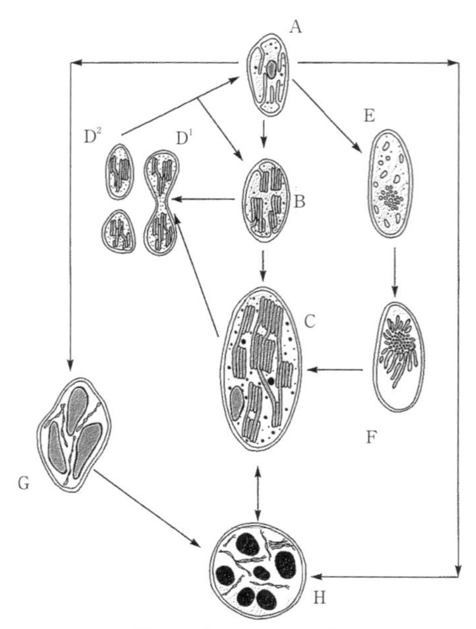

図4　プラスチドの分化

発生・発芽途上の胚や分裂組織の周辺の未分化な細胞にはプロプラスチド（A）とよばれる構造が見られる。プロプラスチドは緑化とよばれる過程（B）を経て緑色の成熟した葉緑体（C）になる。葉緑体は分裂によって細胞とは独立に増殖する（D1，D2）。光を遮られた植物は黄化し，そのとき葉緑体はエチオプラスト（E）になる。光が回復するとエチオプラストに含まれていたprolamellar bodyは管状構造（F）をつくった後急速にチラコイド膜を形成して緑化する。重力を感知する根端のコルメラ細胞や茎のデンプン鞘細胞，あるいは，イモや種子の貯蔵組織にはデンプンをため込んだアミロプラスト（G）が存在する。トマトの果皮，サツマイモの周皮，ニンジンの組織には赤や，黄色の色素（カロテノイド）などを貯めた有色体クロモプラスト（H）が存在する。
［B. G. Bowes, "A Colour Atlas of Plant Structure", *Nordic. J. Botany*, **17**(1), 38 (1997)］

体のストロマとよばれる可溶性部分で起こる回路的な酵素反応である。

a. 光合成明反応（膜で起こる反応）

光エネルギーを吸収して励起エネルギーとして貯え，それを光化学反応中心へと伝達する分子は，主としてクロロフィル（以下 Chl）とよばれる色素である。Chl には多数の種類があるが，多くの光合成生物は主として Chl *a* と *b* をもつ。それらが緑色に見えるのは，この Chl が赤と青の光（種類によって吸収波長は多少異なるが）を吸収するからである。様々な光合成色素の吸収スペクトルを図 5 に示す。

Chl 以外にカロテノイドおよびフィコビリン色素*（補助光合成色素ともよばれる）も葉緑体や光合成細菌に含まれる。しかし，光化学反応中心複合体で直接光化学反応に関わる色素は，Chl *a* 分子やその誘導体のみである。

Chl はミトコンドリアの電子伝達系で働くシトクロムに含まれる色素ヘムと構造的には似ているが，中心の金属イオンがヘムでは鉄イオンであるのに対し，Mg^{2+} であることが大きく異なる。また，ヘムでは鉄イオン自身が酸化還元を受け，2 価／3 価の状態を遷移するのに対し，光合成系の場合は，最終的に励起エネルギーが集められる反応中心 Chl の π 電子が失われて，光化学反応中心複合体で近傍に存在する電子受容体に電子を渡し，自身は酸化されるという点で異なる。

この光化学反応中心複合体には，反応中心 Chl 以外の Chl やカロテノイドなどの補助色素が含まれており，光エネルギーを周りの同種分子から受け取り，最終的に反応中心へとエネルギーを受け渡し，まさに集光の役割を果たしている。また，さらに周囲には光エネルギーを最初に吸収して自身の励起エネルギー（電子が基底状態から励起状態へと遷移する）として一旦貯えては反応中心へ送る働きをもち，Chl *a*, *b* を量比 1 対 1 で含む，専用の膜タンパク質

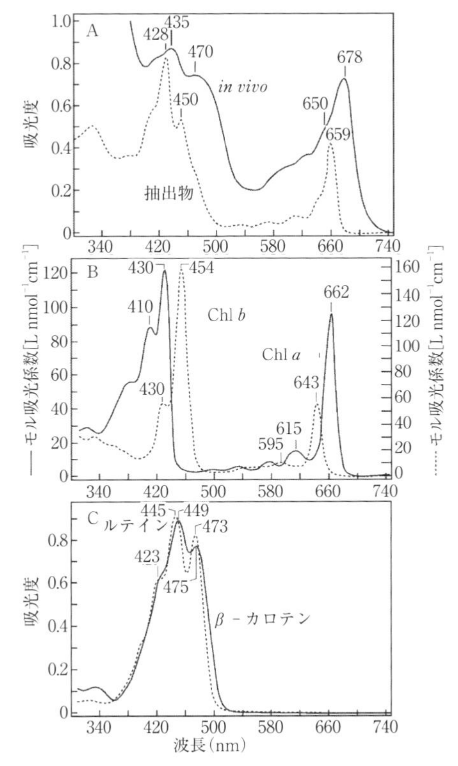

図 5 光合成色素の吸収スペクトル

Sparmannia africann の葉を使用。

A：葉とその抽出物のスペクトルの比較。

B：Chl *a*（実線）と Chl *b*（点線）の吸収スペクトルの比較。チラコイド膜中には Chl *a* と *b* は 2.3：1 の割合で存在する。

C：補助光合成色素 β－カロテン（実線）とルテイン（点線）の吸収スペクトル。

［H. Mohr, P. Schopfer（translated by G. Lawlor, D. W. Lawlor),“Plant Physiology”, p.158, Springer-Velrag (1995)］

（LHCP：light-harvesting chlorophyll *a*/*b* protein）からなる“集光性クロロフィルタンパク質複合体”とよばれているものがある。チラコイド膜の Chl の半分以上はこの複合体を構成し，残りが先に述べた反応中心複合体を構成する。全体として，Chl 分子 250〜500 分子に一つの反応中心が存在する。

これらの葉緑体に含まれる色素の内 Chl とカ

＊ シアノバクテリアや真核藻類のうち灰色藻，紅藻，クリプト藻などがもつ赤色・赤外光受容リセプタのフィトクロムと同様，開環テトラピロール（Chl の環状構造が開いた構造）の誘導体。

ロテノイド（β-カロテンなど数種のカロテンと酸素原子を含むキサントフィル（後述））の大部分はタンパク質との複合体をつくって（それと共有結合しないで）存在している。これに対し，フィコビリン色素はタンパク質と共有結合して，それが多数集合したフィコビリソームとよばれる，膜に付着した構造として存在している。そして，チラコイド膜の集光Chlタンパク質複合体にエネルギーを与える。

光化学反応中心複合体と光合成電子伝達系　集光性Chlタンパク質複合体で集められた光エネルギーは，最終的に2種類の光化学反応中心複合体のいずれかに集められる。光化学系I/IIの反応中心複合体では，集められたChlの励起エネルギーを利用して，それぞれP700，P680とよばれるChlの二量体が電荷分離を起こし，自身は酸化され，電子伝達の最初の成分（反応中心Chlのごく近くに存在する），系IIの場合はフェオフィチン（ChlからMgがはずれた分子）に，系Iの場合は別のChl分子，そしてさらにFe-Sセンターに電子を渡し，酸化剤と還元剤のペアができあがる。酸化力が強く水を酸化する能力のある光化学系IIと，もう一つは還元力が強く$NADP^+$を還元してNADPHをつくることのできる光化学系Iである。この二つの光化学系が直列に働いて，水を酸化して得られた電子を最終的に$NADP^+$の還元に使用している。そしてこの二つの光化学系をつなぐのが，呼吸の電子伝達系と起源を同じくする光合成の電子伝達系である。光化学系IIから電子を受け取ったキノンからシトクロム*b/f*複合体→プラストシアニンへと受け渡された電子が，最終的に光化学系Iに渡される。

光化学系IIの一部として，水から電子を受け取る酸化側は水酸化系ともよばれる，4個のフォトンのエネルギーを順次受け取って2分子の水を酸化して，酸素分子と四つの水素イオンを放出し，D1タンパク質のTyr残基を経て4電子を電子伝達系を経て光化学系IIの反応中心複合体へと渡す。この水酸化系はMnとCaなどからなるMnクラスターとよばれる複雑な構造（図6）で，S_0の状態から電子を反応中心の方へ受け渡して，四つのうち一つのMn原子が酸化されS_1状態に遷移する。同様に電子を渡しては，S_2・S_3の順に移り変わり，最終的に4番目の電子を放出してS_4状態になると，2分子の水を分解して酸素分子と水素イオン四つを放出してS_0に戻るという複雑な反応を行う。

最近，光化学系II反応中心の一つの状態の精密な構造が決定された（図6）が，酸素発生の仕組みはまだまだ未解明である（太陽電池＋水素発生装置ともいえるこの反応を人工的に行うことができれば人類の将来は明るい！）。

電子伝達系では，好気呼吸の項で記述されているのと似て，4電子あたり12個の水素イオンをチラコイド膜外（ストロマ）からチラコイド内腔へ送り込む。結果としてチラコイド内腔は非常な酸性（pH 4程度）となる。さらに，光化学系Iがこの電子伝達系より電子を受け取り，最終的にフェレドキシン（FD：ferredoxin）を経て，FNR（ferredoxin-NADP reductase）が2電子あたり1分子の$NADP^+$を還元してNADPHを生成する。また，電子伝達系でつくられた水素イオンの濃度勾配を利用して，呼吸の項で説明されたものと類似の葉緑体ATP合成酵素（F-ATPase）がATPをつくる（後述）。

結果として，8個のフォトンのエネルギーを使用して4電子の伝達が起こり，次式で示される反応が起こったことになる。

$$2H_2O + 2NADP^+ \longrightarrow O_2 + 2NADPH + 2H^+ \qquad (2)$$

この式を見ると基質となり酸化される水の水素原子がNADPHに入るように見えるが，実際は水分解の場所と$NADP^+$還元の場所は膜の反対側であり，$NADP^+$の還元には手近の水素イオンが使われる。

同時に水素イオンがチラコイド膜を越えて輸送（図7でQサイクルと示した部分：4電子輸送されると8水素イオン）あるいは発生（水の酸化：O_2発生あたり4水素イオン）・消費（NADPH生成）されて，正味で12個の水素イオンがチラコイド膜外から膜内へと輸送された勘定になる。この水素イオンの濃度勾配を使って，F-ATPaseがATPを合成する。

$$ADP + Pi \rightarrow ATP + H_2O$$

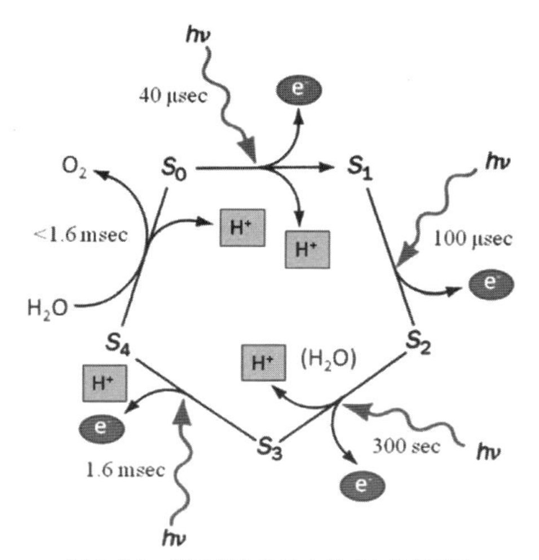

図 6（a）　酸素発生の Kok サイクルモデル

［沈建仁，光合成水分解・酸素発生を可能にする光化学系 II の原子構造，光合成研究，**21**（3），114（2011）］

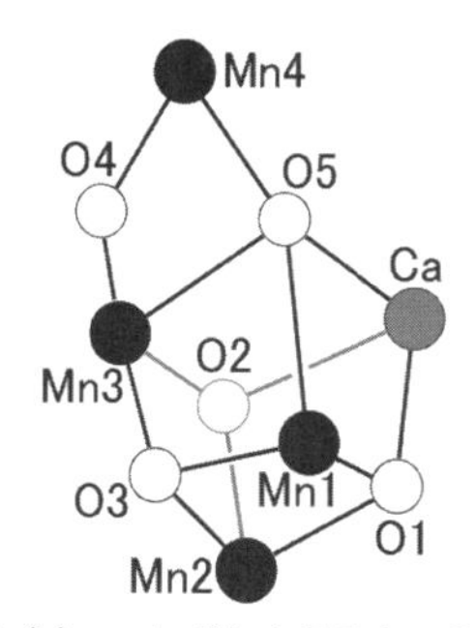

図 6（b）　マンガンクラスターの構造

この構造は S1 状態だと考えられている。O5 が反応に関与する水分子二つのうち一つの酸素原子，もう一つの水分子は Ca または Mn4 の近傍に配位している可能性が最も高い。

［http://www.photosynthesis.jp/newres.html（Y. Umena, *et al.*, "Crystal structure of oxygen-evolving photosystem II at a resolution of 1.9Å", *Nature*, **473**, 55（2011）の図を基に作成）］

電子伝達あたりの ATP 合成量は，現在でも正確に求められてはいない（下記の回路的電子伝達が同時に起こっていることも，その理由の一つである）が，4 電子伝達（2NADPH 生成）あたり，3 の値をとると考えられている。以上のような電子伝達・ATP 合成の過程を非回路的（non-cyclic）光リン酸化反応とよぶ。まとめて書くと次のようになる。

$$2H_2O + 2NADP^+ + 3ADP + 3Pi \longrightarrow O_2 + 2NADPH + 2H^+ + 3ATP + 3H_2O$$

これ以外に，光化学系 I のみが働いて，電子伝達系から受け取った電子を電子伝達系の初めの部分のキノンあるいはシトクロム *b/f* 複合体へ戻してしまう，正味の酸化還元は起こらない回路的（cyclic）光リン酸化反応も起こっており，正味の酸化還元反応なしに水素イオンを輸送し ATP 合成に寄与している。これは，プラストキノンプールの酸化還元状態の調節，ATP の必要に応じた供給などの役割をも果たしている。

以上の光化学反応および電子伝達反応を図 7 にまとめた。このような図は，酸化還元電位（還元力の強さが強いものほど上）の順に様々な電子伝達成分を配置しており，その形から Z 経路（スキーム）とよばれる。そして，それぞれの相対的場所がほぼ（あくまでほぼ！）チラコイド膜内の場所に対応しており，膜の外側 = ストロマ側が図の上に相当する。

カロテノイドとくにキサントフィルの役割　カロテンやキサントフィル類は Chl の吸収できない緑の光を吸収でき，そのエネルギーを Chl に伝える場合がある。しかし，それらの主要な役割は光エネルギーが過剰なときに，葉緑体の余分なエネルギーを熱として放散したり，その悪影響を防いだりする役割の方が大きい。

カロテノイドは八つのイソプレノイド単位が重合した構造をもつが，酸素を含まないカロテンと，酸素を含むキサントフィルとに分けられる。前者は，補助光合成色素として Chl にエネルギーを渡すこともあるが，実は Chl が過剰に光を吸収して，エネルギーが過剰になったときに発生する活性酸素を消去してその害を防ぐ抗酸化剤としての役割が大きい。Chl がエネルギーを吸収した状態におかれると，その一部が三重項 Chl とよばれる特別な状態になる。この三重項 Chl が酸素と反応すると一重項酸素という活性酸素が生じ，細胞に害を与える可能性が高まる。β - カロテンはこの三重項 Chl または一重項酸素と反応して，それらを元の Chl や酸素

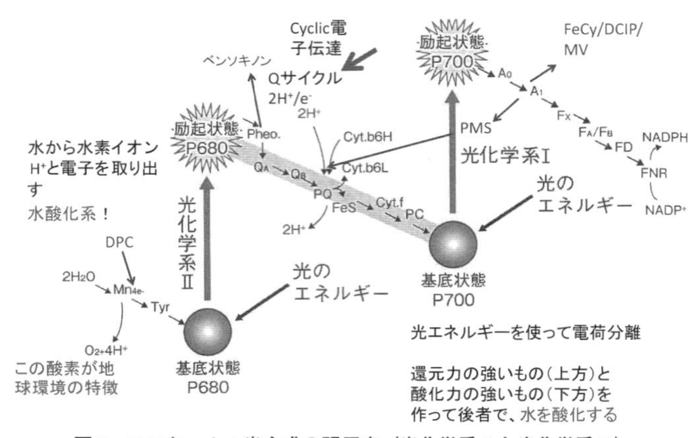

図7　Zスキーム：光合成の明反応（光化学系Ⅰと光化学系Ⅱ）

光化学系Ⅰ：A_0 は Chl 1 分子，A_1 は 2 分子のビタミン K_1，Fx，F_A/F_B はともに Fe-S センター
光化学系Ⅱ：Pheo はフェオフィチン，QA, QB は反応中心に固定されたプラストキノン分子
FD：ferredoxin, FNR：ferredoxin-NADP reductase, Tyr：電子供与体として働く D1 タンパク質の Tyr（チロシン）残基

［田近英一，“大気の進化 46 億年 O_2 と CO_2－酸素と二酸化炭素の不思議な関係”，技術評論社（2011）を改変］

に戻して危険が広がらないようにする役割を果たす。

キサントフィルには，ビオラキサンチン，アンテラキサンチン，ゼアキサンチンの3種，およびさらに数種類が知られている。最初の3種のキサントフィルは分子内に含む酸素の数が異なり（エポキシ結合が0～2個ある），酸素を付加もしくは取り外す酵素の反応により相互変換する。このなかで，ビオラキサンチンはアンテナ色素の機能をもち得るが，それ以外はChlへエネルギーを渡すアンテナの役割を果たさず，むしろ光エネルギー過剰のときに，Chlから受け取った余計なエネルギーを熱に変えて放出してしまう。光が強すぎる場合には，上記三重項クロロフィルや一重項酸素，あるいは酸素が直接光化学系から電子を受け取った O_2^- などが多量に発生し，光合成の電子伝達系成分を破壊してしまう場合がある（光阻害：特に光化学系Ⅱが傷害を受け，それの構成成分の一つのタンパク質サブユニットがはずれて分解され，新しい分子と入れ替わる）。その結果，NADPHの合成能が低下して炭酸固定系がうまく働かなくなり，ATP消費があまり起こらなくなる。そしてATP合成（プロトンをチラコイド膜内からストロマ側へ輸送することで駆動される）も低下するので，チラコイド膜内部のpHが低下する。これによって，ビオラキサンチンデエポキシダーゼが活性化され，アンテラキサンチン，ゼアキサンチンへと変換される。このようになると，Chlの励起エネルギーが熱として放散されやすくなり，光阻害から光化学系が守られる。このような光環境による3種のキサントフィルの相互変換（強光時の酸素添加と，弱光あるいは暗黒時の脱酸素反応）はキサントフィルサイクルとよばれている。

b.　光合成暗反応（ストロマで起こる炭酸固定反応）

明反応でつくられたATPとNADPHを利用して，二酸化炭素を還元同化する反応である。

M. Calvin（カルビン，1911－1979）らの1940年代の放射性同位体（アイソトープ）^{11}C やその後 ^{14}C を用いた研究から炭酸固定の最初期産物が炭素数3のリン酸を含む有機酸（3-ホスホグリセリン酸，PGA：3-phosphoglyceric acid）であること，さらにこれが糖リン酸（炭素数3，4，5，6，7）に変換され，最終的にショ糖やデンプンに変えられるということが次第に解明された。

最初に二酸化炭素を受け取るはずの化合物（炭素数2と推定された）は見つからなかったが，最終的に炭素数5のリブロース1,5-二リン酸が受容体であることが分かった。これによって図8のような経路が確定し，解明の中心となった研究者の名を取ってカルビン－ベンソン回路と名付けられた。光合成的炭素還元回路ともよばれるこの経路の炭酸固定反応は，RubisCO（ribulose-1,5-bisphosphate carboxylase/oxygenase: リブロース1,5-二リン酸カルボキシラーゼ／オキシゲナーゼ：オキシゲナーゼという言葉の意味については後述）によって触媒される，簡単には（炭素についてだけ示すと）$C_5 + CO_2 \rightarrow 2C_3$と表せる反応である。この酵素は地球上で最も大量に存在するタンパク質であろうと想定される（つまり活性が低く効率が悪いので，光合成生物・植物はこの酵素を葉の可溶性タンパク質の数十パーセントもつくる必要がある）。

初期反応産物C_3（PGA）2分子のうち一方の分子にCO_2が取り込まれている。3分子の二酸化炭素が固定されて6分子のPGAが生成したとして，その後の反応の概略を図8によって説明する。まず，6分子ずつのNADPHとATPを消費して，6分子のPGAは6分子の三炭糖リン酸（TP：triose phosphate）（図8ではグリセルアルデヒド三リン酸としてGAPと表記しているが，トリオースイソメラーゼによってこれと平衡にあるジヒドロキシアセトンリン酸も含まれる）に還元される（還元段階）。光合成の産物として，1分子のTPは回路の外に取り出され，残り5分子のTPから，アルドラーゼ，トランスケトラーゼなどの働きで3分子のCO_2受容体C_5（リブロース1,5-二リン酸）を再生して，回路を完結させるのが残りの部分（再生段階）の役割である。この部分の最後の反応でリブロース1-リン酸にリン酸基をもう一つ付けるのに3分子のATPが使われる。合わせて9分子のATPと6分子のNADPHが消費され，3分子のCO_2から1分子の三単糖リン酸が生成したことになる。

光合成カルビン回路の産物が葉緑体内で一旦貯蔵される場合は，解糖系の逆反応でTPから

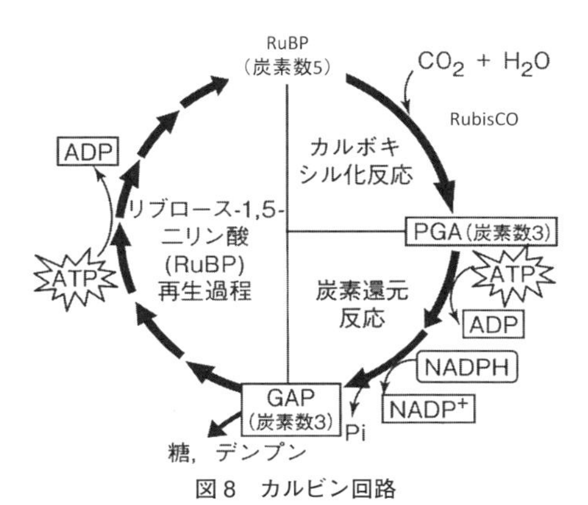

図8　カルビン回路

［神阪盛一郎，谷本英一 共編，"新しい植物科学－環境と食と農業の基礎"，培風館（2010）］

つくられたグルコース1-リン酸から多糖類のデンプンがつくられる。光合成産物を葉緑体外へ出す場合は，主としてTPあるいはPGAを無機リン酸と交換する輸送体（PGAとTP専用の膜輸送体で，プラスチド型リン酸輸送体とよばれるものの一種である。これ以外にも類似分子［PEP（ホスホエノールピルビン酸），ペントースリン酸，グルコース6-リン酸］を基質とする数種類のホモログがある）によって運び出されるので，葉緑体としての光合成反応は次のようになる（リン酸が葉緑体での光合成反応に必要な基質であることに注意されたい）。

$$3CO_2 + 6H_2O + \text{Pi（細胞質から）} \longrightarrow \text{TP（細胞質へ）} + 3O_2 + 3H_2O \quad (3)$$

多くの植物の細胞質では，葉緑体から輸送されてきたTPからショ糖（グルコースとフルクトースからなる二糖類）が合成され，これが転流基質として植物体の他の部分へ送られる。一部の生物学の教科書に書かれているような光合成産物としてグルコースがつくられる場合はほとんどない。しかしながら，一般的な光合成の反応式としては，以上の明反応と暗反応によって仮想的に六炭糖が生成したとして，式（1）を6倍して式（4）のように表すと分かりやすいので，かえって誤解を招くのである。

$$6CO_2 + 12H_2O + \xrightarrow{\text{光エネルギー}} C_6H_{12}O_6 + 6O_2 + 6H_2O \quad (4)$$

3.7.4　光呼吸

RubisCO（RuBP carboxylase/oxygenase）の名前に含まれるオキシゲナーゼ活性は，二酸化炭素の代わりに空気中にふんだんにある酸素を基質とする反応を起こす。

$RuBP + O_2 \rightarrow$
　PGA ＋ ホスホグリコール酸　(5)

ここで，生成したホスホグリコール酸から生ずるグリコール酸は有毒なので，以下で説明するような三つのオルガネラが関与する複雑な反応系で代謝され，結果として酸素を消費して二酸化炭素を放出する反応が起こる（図9）。光照射時に光合成と一緒に起こる見掛け上の呼吸反応ということから，この反応系は光呼吸と名付けられた。グリコール酸経路ともよばれるこの反応が起こることで，酸素が光合成を阻害し，結果的に光合成炭酸同化の効率を下げることになる。

オキシゲナーゼ反応2回あたりの反応（と反応が起きる場所）を順に記すと

1. $2O_2 + 2RuBP \rightarrow 2PGA$ ＋2ホスホグリコール酸（上記オキシゲナーゼ反応：葉緑体）
2. 2ホスホグリコール酸→2グリコール酸＋2Pi（葉緑体）
3. グリコール酸＋$2O_2 \rightarrow$ 2グリオキシル酸＋$2H_2O_2$
   $2H_2O_2$ はカタラーゼによって分解され $2H_2O + O_2$ となるので，正味で $1 \times O_2$ 消費
4. 2グリオキシル酸＋セリン／Glu→2グリシン＋ヒドロキシピルビン酸／2-OG（以上ペルオキシソーム）
5. グリシン＋NAD^+＋THF→$CO_2 + NH_3$＋NADH＋メチレンTHF
6. グリシン＋メチレンTHF＋H_2O→セリン＋THF（以上ミトコンドリア）
7. セリン＋グリオキシル酸→ヒドロキシピルビン酸＋グリシン（4の反応の片方と同じ）
8. ヒドロキシピルビン酸＋NADH→グリセリン酸＋NAD^+（以上ペルオキシソーム）
9. グリセリン酸＋ATP→PGA＋ADP（葉緑体）

（THF：テトラヒドロ葉酸，それ以外の化合物の構造は図9を参照）

2から9の反応を合わせると次のようになる。

2ホスホグリコール酸＋$3O_2$
＋ATP＋Glu＋H_2O ⟶
PGA ＋ NH_3 ＋ CO_2 ＋ ADP ＋ 2Pi ＋ 2-OG

（GluはグルタミンE酸，2-OGはTCA回路の中間体でもある2-オキソグルタル酸である）

生体に毒性のアンモニアが生ずるので，これをアミノ基にするためにさらに次の反応が葉緑体で起こる。

10. $NH_3 + 2\text{-OG} + 2Fd_{red} + ATP \longrightarrow$
　$Glu + 2Fd_{ox} + ADP + Pi$

（アンモニアの再固定，Fdを再還元するのに$1/2O_2$発生：グルタミン合成酵素GSとグルタミン－2-オキソグルタル酸アミノ基転移酵素GOGAT2種の酵素が必要な複雑な反応）

1〜10の反応全体では，以下のようになる。

$2RuBP + 2.5O_2 \rightarrow 3PGA + CO_2$
（3 ATP/2 Fd消費）　(6)

陸上植物では，乾燥しすぎて気孔を開けられないとき，カルボキシラーゼ反応とオキシゲナーゼ反応が1:2の割合で同時に起こるとすると，(6)の反応に加えて以下の反応が起こる

$CO_2 + RuBP \rightarrow 2PGA$　(7)

(6)と合わせて合計5PGAが生成するので，カルビン回路での代謝を考えると

5PGA→5TP→3RuBP（8ATP/5NADPH消費 $2.5O_2$ 発生）　(8)

(6)から(8)を合わせると以下のようになり，正味の反応変化はまったくない状態である。

$CO_2 + 3RuBP + 2.5O_2 \rightarrow$
$3RuBP + CO_2 + 2.5O_2$

つまり，CO_2/O_2 のガス交換なし（気孔を閉じた状態）で，光合成と光呼吸の反応が同時に起き，光エネルギーをある程度消費していることになる。結果として光合成反応系全体（明反応＋暗反応＋光呼吸系，光阻害（p.372）をできるだけ抑えるために，）を動かして，吸収した光エネルギーを消費していることになる。

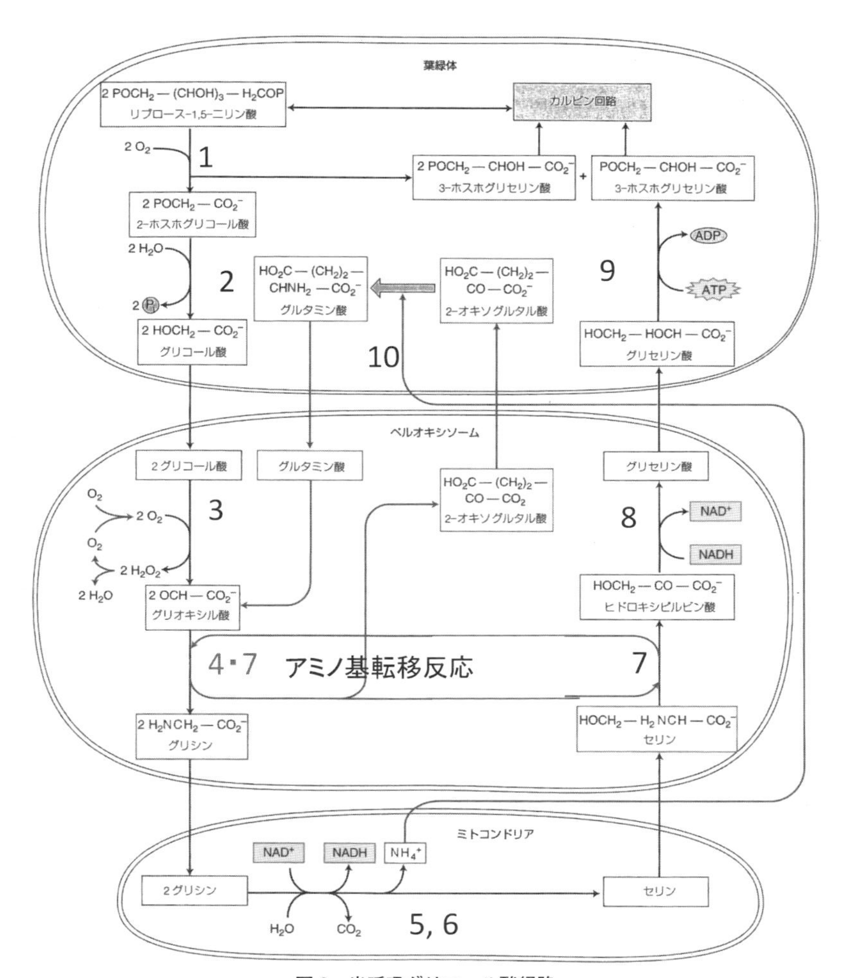

図 9　光呼吸グリコール酸経路

ここでは，アンモニアの再固定の反応 10 は簡略化されている。

[B.B. Buchanan，W. Gruissem，J. L. Russell 編，杉山達夫 監修，"植物の生化学・分子生物学"，学会出版センター（2005）]

3.7.5　C_4 光合成経路

トウモロコシやサトウキビ，ススキのような一群の植物では，C_4 ジカルボン酸経路とよばれる代謝経路で二酸化炭素を濃縮することができ C_4 植物とよばれる。これらの植物の葉はクランツ（ドイツ語で花輪）構造という特徴を示す。普通の植物（C_3 植物：C_3 化合物を炭酸固定の初期産物とするカルビン回路のみをもつ）の維管束はまばらで，その間には多数の葉肉細胞が散らばっている。これに対し，トウモロコシを代表とする C_4 植物の維管束の間隔は非常に狭く（図 10），維管束間には四層の光合成細胞があるのみである。維管束を中心にして考えて，内側の維管束鞘細胞とその外側を取り巻く葉肉細胞からなる構造をクランツ単位とよぶ。

葉肉細胞の葉緑体にはカルビン回路がなく，代わりに細胞質の PEP-C（ホスホエノールピルビン酸カルボキシラーゼ）という酵素で二酸化炭素を固定してOAA（オキサロ酢酸）を合成し，これが葉緑体由来の還元力NADPHを使ってリンゴ酸脱水素酵素（MDH：malate dehydrogenase）がリンゴ酸に変える。そして，リンゴ酸は，内側の維管束鞘細胞に原形質連絡を通じた拡散で送り込まれる。維管束鞘細胞には，リンゴ酸の脱炭酸酵素（ME：malic enzyme）とカルビン回路が局在しており，送り込まれた有機酸を脱炭酸し，生成した高濃度の二酸化炭素をカルビン回路で効率的に同化する。結果として，RubisCOのオキシゲナーゼ活性は抑制される。残ったC_3化合物ピルビン酸は葉肉細胞に戻され，葉緑体に能動的に取り込まれて，光合成系由来のATPを用いてCO_2の受容体PEPが再生される（ピルビン酸リン酸ジキナーゼにより触媒される。下記参照)。高温と乾燥に適応した光合成のやり方といえる。

脱炭酸酵素には，図11に示すリンゴ酸酵素の2種類，葉緑体局在のNADP-ME（リンゴ酸酵素)とミトコンドリア局在のNAD-ME（トウモロコシ・サトウキビはNADP-ME型，キビはNAD-ME型と，同じイネ科近縁種でも代謝が異なる）に加えて，PEP-カルボキシキナーゼ（細胞質局在）がある。後者が脱炭酸酵素である植物（ギニアグラス，ローズグラスなど）は代謝が少し異なり，OAAはアミノ基転移を受けてアスパラギン酸となり，維管束鞘細胞の細胞質で脱アミノ化されてOAAに戻る。これがPEP-CKで脱炭酸されるのだが，NAD-MEも多少働いていて代謝系が非常に複雑である。

PEPカルボキシラーゼは，タンパク質当たりの活性もCO_2に対する親和性も高いので，気孔を閉じ気味（同時に蒸散を減らして水を節約する）にしても十分炭酸固定を行うことがで

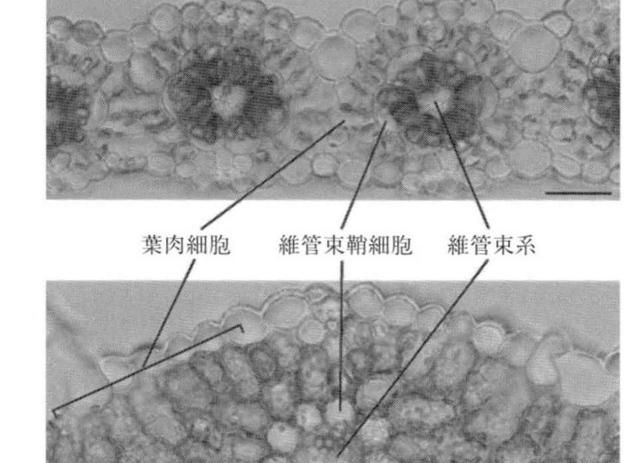

図10（a）　C_4植物のクランツ構造（上）とC_3植物（下）

C_4植物は維管束とそれを取り巻く緑色の濃い維管束鞘細胞色の薄い葉肉細胞の2層の光合成細胞からなる。C_3植物では維管束鞘細胞は緑色をしていない。

［© 光合成辞典　http://photosyn.jp/pwiki/index.php?　クランツ型葉構造］

図10（b）　サフラニン染色したトウモロコシ（C_4，上）とオオムギ（C_3，下）の葉

濃い部分が維管束で，トウモロコシでは維管束の間隔が非常に狭くなっている（写真内に11もの維管束［真ん中の一つは太い大維管束］が見える）が，オオムギでは三つのみである。単子葉植物は並行脈なので維管束の間隔が見やすい。しかし，双子葉植物にもC_4植物は存在する。

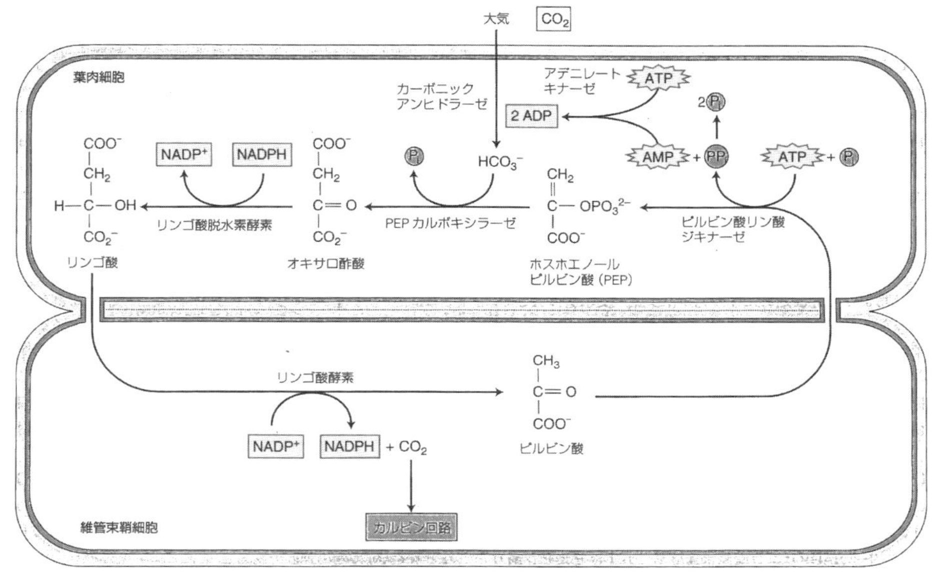

図 11　NADP-ME 型 C_4 植物における代謝の概容

葉肉細胞での PPDK- リンゴ酸脱水素酵素の反応，維管束鞘細胞でのリンゴ酸酵素，カルビン回路の反応は，いずれも葉緑体で行われる。唯一 PEP カルボキシラーゼのみが細胞質の反応である。

[B.B. Buchanan, W. Gruissem, J. L. Russell 編，杉山達夫 監修，“植物の生化学・分子生物学”，学会出版センター（2005）]

きる。C_4 植物は最初の CO_2 を固定する酵素 PEP カルボキシラーゼが C_3 のピルビン酸から C_4 の OAA をつくるために，2 分子の ATP を余計に必要とする（先に述べたピルビン酸リン酸ジキナーゼ反応）。エネルギー消費の点からは C_3 植物に比べて多少投資が多いが，RubisCO の存在する場所に CO_2 が濃縮されることで，オキシゲナーゼ活性すなわち光呼吸が抑えられ，RubisCO の量も少なくてすむことから CO_2 の固定効率はよい。また，C_3 と比べて光合成産物に重い同位体である ^{13}C をより多く取り込むことになり，$^{13}C/^{12}C$ の同位体比が高く（$\delta^{13}C$ の値が C_3 の $-30‰$（パーミル）前後であるのに対し $-10‰$ 以上となることが多い），この値から，C_3/C_4 植物を容易に区別できる。

このような高効率の光合成を行うことのできる C_4 植物は，熱帯から亜熱帯，特にサバンナに多く分布しているが，温帯地域で日陰に適応している C_4 植物もある。日本では，特に夏場に多く見られる単子葉植物（イネ科とカヤツリグサ科）の多くは，C_4 植物と考えてよい。

3.7.6　CAM－乾燥への最大限の適応

C_4 光合成が 2 種の細胞の共同とすれば，CAM（classulacean acid metabolism: ベンケイソウ型酸代謝）は 1 種類の細胞のみによる，昼と夜のシフトによる共同作業といえる。具体的には，夜間は昼間と比べ低温なので，乾燥の心配なしに気孔を開けて二酸化炭素を取り入れ，C_4 光合成経路中の葉肉細胞で起こる反応を行ってリンゴ酸を大量につくり液胞に貯めておく。昼間は，気孔を閉じてリンゴ酸を脱炭酸して発生した二酸化炭素を同化するものである（図 12）。CAM 植物は昼間には大量のデンプン（多くの場合）を葉緑体に蓄積し（図 13 のグルカン），夜間はこれを消費して PEP を大量に合成し，PEP カルボキシラーゼへと供給している。C_4 植物の場合と似ていて，脱炭酸酵素は NADP-ME と NAD-ME がある（後者は PEP-CK を

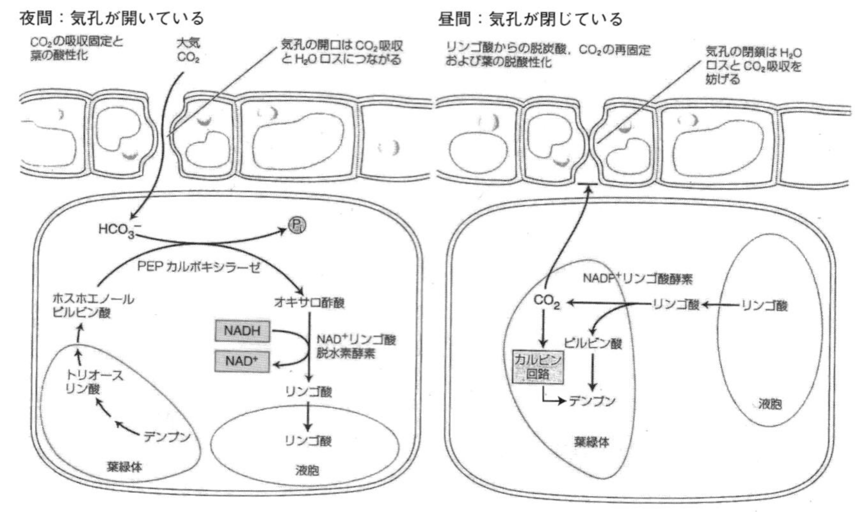

図12　CAM光合成

光合成反応のCO_2固定の時間的な分業。夜間にCO_2が取り込まれ固定される。日中に脱炭酸とCO_2の再固定が葉の中で行われる。CAM植物の有利な点は夜間のみ気孔を開口し日中閉じるため，蒸散による水分ロスを大きく抑制できることにある。

［B.B. Buchanan，W. Gruissem，J. L. Russell 編，杉山達夫 監修，“植物の生化学・分子生物学”，学会出版センター（2005)］

もある程度の活性を示す)。

CAM植物のほとんどは，サボテン（葉は針になっている）やベンケイソウなど多肉（肉厚の葉を持つ）植物である。エネルギー的には，デンプンを貯めては使用することで，かなり無駄をしているが，水を失いやすい昼間に気孔をできるだけ開けない，水を最大限節約する生存戦略を取っている。

さらに複雑なことに，朝方と夕方（図13のⅡ期とⅣ期）では，気孔から直接RubisCOへの固定も行うので，ややこしい。さらに誘導型（乾燥ストレス刺激によりC_3型からCAM型に変化する）CAM植物もある。最近は，食品としても扱われているアイスプラント（*Mesembryanthemum crystallinum*）がそれである。

3.7.7　光合成をはかる

表1に様々なレベルで光合成反応に直接あるいは間接的に関係する反応・応答を測定する方法の概要をまとめた。重要なものや測定しやすいものを順に説明していこう。

a.　葉緑体を単離する

葉をブレンダーで摩砕して，遠心分離して，包膜を壊したチラコイド膜を沈殿させる場合もあるが，Walkerの無傷葉緑体を単離する原法に従うと，浸透圧調節のための0.33 M ソルビトールと，1 mM $MgCl_2$，1 mM $MnCl_2$，2 mM EDTA, 緩衝液（pH 7前後）と，さらに抗酸化剤として2 mM アスコルビン酸（0.1% BSAを加えてもよい）を含んだ液を用いる。ホウレンソウなどの葉をミキサー，ブレンダーなどで機械的に壊すと，包膜を維持した（無傷の）葉緑体がある程度得られるが，包膜が壊れたチラコイド膜も含まれるので，50% と 80% の Percoll（Sigma-Aldrich 製）液で密度勾配遠心すると，界面に無傷の葉緑体が回収できる。

あるいは，材料によってはブレンダーではなく，一旦プロトプラスト（細胞壁多糖消化酵素（セルラーゼとペクチナーゼ）で葉切片を消化して得る細胞壁のない植物細胞）にしてから葉緑体を取り出す。プロトプラストの液を孔径20 μm程度のナイロンメッシュを通すことで穏

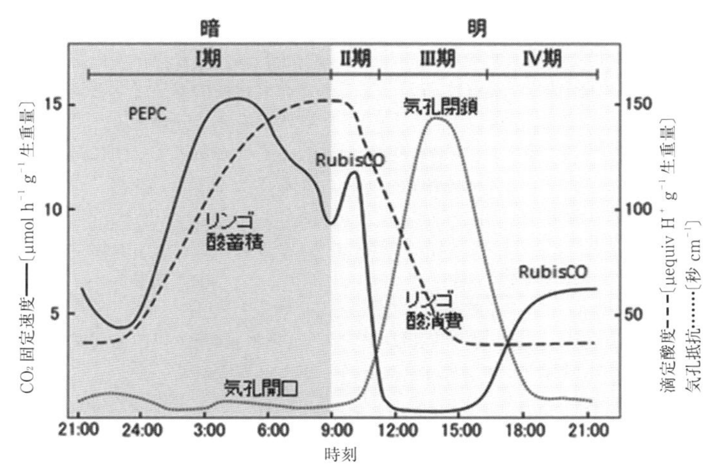

図 13　CAM 植物の CO_2 固定速度，滴定酸度と気孔抵抗（閉鎖度）の変化を示す日周変化

I 期では，気孔を開いて PEP カルボキシラーゼ（PEPC）により CO_2 からリンゴ酸をつくって液胞に蓄えている。III 期では，そのリンゴ酸を脱炭酸して，カルビン回路に供給している。それぞれリンゴ酸量の増加と減少に対応している。しかし，明け方の II 期では，気孔から取り込んだ CO_2 が直接 RubisCO に固定される分もある。また，夕方の IV 期では，リンゴ酸が使い尽くされてしまって，C_3 植物と同じような光合成をしている。

［© 光合成辞典　http://photosyn.jp/pwiki/index.php?　ベンケイソウ型有機酸代謝（CAM）］

表 1　光合成反応に直接・間接的に関係する反応・応答を測定する方法

	生態系	個体・細胞	葉緑体	チラコイド膜・単離光化学系
ガス交換	○	○	○	
光吸収・吸収スペクトル変化・蛍光	○	○	○	○
電子伝達・ヒル反応・酸素発生		○	○	○
ΔpH・膜電位（チラコイド膜）			○	○
光合成産物・炭素同位体比		○	○	
転流・他の生物への移動	○	○		

やかに細胞膜を破壊すると，80% 以上の回収率で無傷葉緑体を得ることができる。

b. 光合成組織の量をはかる

葉緑体がどれほど含まれているかを直接はかるのはむずかしいので，葉あるいは単離葉緑体の場合は光合成色素クロロフィルの量をはかることになる。

葉緑体標品や葉を，80% エタノールになるように 100% エタノールを加えてすりつぶし，適当に希釈・遠心して，（Chl a と b のみからなる高等植物の場合は）Chl a と b の合計量を以下の式で計算する（両者の吸収極大が異なるので，それぞれの極大に対応する 2 波長での吸光度から求める）。

$$\mathrm{Chl}\ a = 12.25 \times A_{663.6} - 2.85 \times A_{646.6}$$

$$\mathrm{Chl}\ b = 20.31 \times A_{646.6} - 5.91 \times A_{663.6}$$

$$\mathrm{Chl}\ a + \mathrm{Chl}\ b = 6.34 \times A_{663.6} + 17.46 \times A_{646.6}$$

c. 光合成産物をはかる

カルビン－ベンソン回路の発見・解明のところで説明したように，放射性同位元素 ^{14}C をトレーサーとして用いる。要は，光合成の一方の基質である CO_2 の炭素に標識を付けて，植物体，葉，あるいは葉緑体に与えて，その行き先－固定された分（気体ではなくなる）を測定・分析する。CO_2 が有機物（固体）に変化するのだから，反応液を酸性にすれば溶液に溶けていた CO_2 は追い出されるので，残った溶液の放射能をはかれば，炭酸固定量ひいてはChlあたりの炭酸固定速度を容易に測定できる。

ちなみに，ルーベン－カルビン－ベンソンの初期の実験では，^{11}C や ^{14}C でラベルされた光合成産物をペーパークロマトグラフィーで分析して，化合物ごとに分離して，一番初期に現れる分子，すなわちRubisCOの反応産物を3-PGAであると同定した。

この ^{14}C でラベルされた光合成産物の組織間の移動（転流）を昔ながらのオートラジオグラフィー（植物体を写真感板に密着して感光させる）を用いて測定することもできるが，最近はイメージングプレート（半導体でできており，放射線があたるとその部分が励起され，温度あるいは光の刺激で貯められていたエネルギーが光として放出されるので，その光を専用リーダーで精密測定する）を用いたルミノグラフィーも行われる。

また，光合成産物のデンプンをヨウ素デンプン反応で染めてみることも可能であるが，ネギやタマネギのようにデンプンを貯めず，単糖や二糖類を貯める植物（そのような葉を糖葉とよぶ）もあるので注意が必要である。

d. 二酸化炭素をはかる

基質となる大気中の二酸化炭素濃度の減少を測定することもできる。二酸化炭素は地球大気を温暖に保つ温室効果をもつ。二酸化炭素が赤外線を吸収することを利用して，植物（あるいは葉）を入れたチャンバーからポンプで気体を吸い出し，チャンバーに入る気体と出ていく気体の赤外線吸収を測定・比較することで光合成活性を測定することもできる。また，二酸化炭素を大量に溶解させpHを下げた培養液中で藻類や水草に光合成を行わせるとpHが上昇する。pH指示薬にBTB（ブロモフェノールブルー）を用いて定性的に光合成を測定する方法が教科書に掲載されている。

e. 酸素発生をはかる

光合成のもう一つの産物である酸素を測定するのも比較的容易である。酸素それ自身は光吸収がないので光測定は無理であるが，酸素電極なるものがあって，主に溶液中の酸素濃度をはかることができる（図14）。その原理を説明しよう。

陽極では，

$$Ag\text{（電極）} \longrightarrow Ag^+ + e^-$$
$$Ag^+ + Cl^- \longrightarrow AgCl$$

（電極表面がAgClの沈殿で覆われるので時々磨く必要がある）

陰極（白金電極）では，

$$O_2 + 2H_2O + 2e^- \longrightarrow H_2O_2 + 2e^- + 2OH^-$$

さらに

$$H_2O_2 + 2e^- \longrightarrow 2OH^-$$

という反応で，0.6 V程度の電圧をかけると酸素濃度に依存した電流が発生する。NaClを含む電極液が二つの電極をつないでおり，全体を酸素など気体のみを通すテフロン薄膜で覆い，膜の反対側が反応液となっている。薄膜内と反応液の酸素濃度をできるだけ近づけるように，反応液をかくはん子（磁石）・かくはんユニットを用いて，葉緑体を破壊しない程度によくかくはんする。

25℃で21％酸素を含む大気と平衡になった葉緑体を懸濁した水溶液中には，250 μMの酸素が溶存していることを前提に，反応液中の葉緑体に含まれるChlあたりの光合成活性を計算する。いい状態（包膜があまり壊れていない，すなわちストロマのカルビン回路が働き得る状態）の葉緑体では，50～100 μmol O_2/mg Chl程度の光合成速度を示す。

同様な測定として，パルス光を用いて酸素発生を開放系で測定すると，酸素酸化系の五つの状態（S_0～S_4：S_4 は S_0 にすぐに変わる）の遷移を目に見える形で観測することができる。暗所では S_1 の状態になっているので，3回目のパルス光で酸素が発生する。その後は，4回周期で酸素発生のピークが見られるが，やがて反応中心すべてが応答しないばらつきのため，周期がはっきりしなくなる（図15）。水草などについては，酸素発生を気泡の形成で見積もるこ

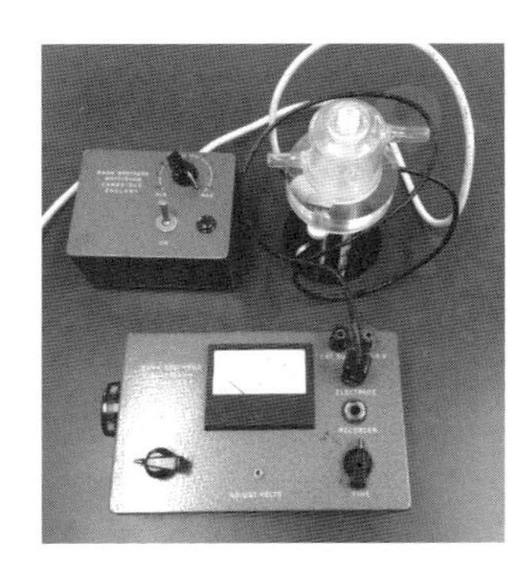

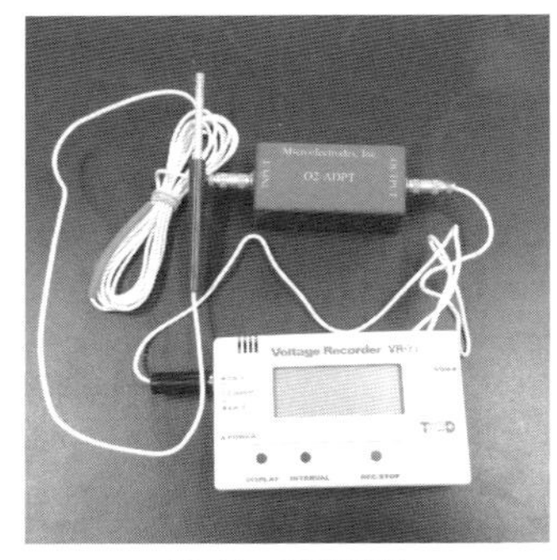

図 14　酸素電極

数十年変わることなく使われてきたガラスセル型の酸素電極（上）と，細い電極型の最近の酸素電極（下）。

［写真提供：渥美茂明］

ともできるが，精度は期待できない。

f. ヒル反応をはかる

無傷葉緑体であればストロマ成分を保持しているので，上記のように炭酸固定に伴う活性がはかれるが，包膜が壊れてしまった裸のチラコイド膜になると，もう炭酸固定反応はできず，明反応あるいはその部分反応をはかることしかできない。しかも，NADPH の還元に必要な酵素成分 FNR も失われてしまっているので，人工的な電子受容体を加える必要がある。電子受容体を加えて測定した電子伝達反応を，初期の光合成反応研究者の R.Hill（ヒル，1899－1991）の名前をとってヒル反応とよぶ。加える酸化剤が電子を受け取る場所によって，Z スキームのいろいろな部分の活性を測定することができる（図 7 参照）。もちろん，その際の酸素

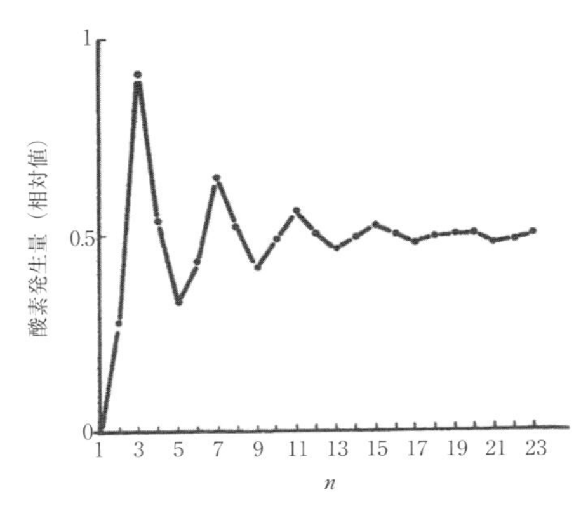

図 15　水酸化系の回路的反応を示すパルス光による酸素発生（クロレラ）の 4 回周期を示す測定結果

［P. Joliot, *Photosynthesis Research*, **76**, 66（2003）］

発生を測定することも可能であるし，酸化還元で色が変化する電子供与あるいは受容体であれば，その酸化あるいは還元を直接比色定量することもできる。

具体的には，以下のような酸化還元剤（吸収が変化する場合はその波長と差ミリ分子吸光係数 $mM^{-1}\,cm^{-1}$ と記す）を用いることが多い。差ミリ分子吸光係数 $mM^{-1}\,cm^{-1}$ とは，1 mM 濃度の試薬溶液が完全に還元（あるいは酸化）されたときの光路 1 cm での吸光度変化の値である。大きいほど色の変化が大きいことになる。

電子受容体　　通常は光学系 I から電子を受け取るが，チラコイドの状態が悪いと光学系 II からも受け取る（図 7 参照）。

フェリシアン化カリウム（FeCy）（420 nm/1），DCIP（dichlorophenolindophenol：600 nm/19）：この二つはヒル酸化剤としてその還元を直接比色定量できる。室内光ではヒル反応がほとんど起きないので，キュベットに入れて数十秒間光照射して液の吸光度を測定することでヒル反応を定量できる（もちろんできるだけ遮光する方が正確になるが）

メチルビオロゲン（MV：除草剤のパラコート。光化学系から受け取った電子をすぐに O_2 に渡して O_2^- と過酸化水素を発生する）：1 mM MV に発生する過酸化水素を分解するカタラーゼを

阻害する1 mM KCNを加えておくと，発生する酸素を測定できる。この場合，光学系II側で発生する酸素の2倍の酸素を消費するので，酸素消費として測定できる。

系IIからの電子受容体：ベンゾキノンあるいはその誘導体を用いると系IIの活性（酸素発生）を測定できる。さらに，系IIへの電子供与体DPC（diphenylcarbazide）を加えると系IIの反応中心のみの活性も測定可能である。

PMS（phenazine methosulfate）を加えると，光学系Iから電子を受け取り，それを系Iの酸化側に受け渡してくれるので，系Iのみが関わる循環的電子伝達を起こさせることができる。

g. チラコイド膜のpH勾配・膜電位やそれによって駆動されるATP合成をはかる

光合成明反応のもう一つの産物である，ATPあるいはその合成駆動力であるチラコイド膜内外のpH勾配を測定することもできる。チラコイド膜にヒル反応を起こさせると，チラコイド膜内へ水素イオンが輸送され酸性化するが，溶液（あるいはストロマ）は逆にアルカリ化する。これをpH電極を用いて測定することができる。また，葉緑体の包膜内ストロマのアルカリ化を放射性の弱酸分子の取り込みで測定することもできる。弱酸は非解離型が電荷をもたないので膜を自由に透過でき，pHが高い方で解離して蓄積する。

また，ADPと無機リン酸を加えておけば，F-ATPaseによってATPが合成されるので，その量を測定することもできる。以前は，放射性核種^{32}P無機リン酸を用いて有機リン酸画分への取り込みを測定した。現在は，そんな危険な実験は必要なく，ルシフェリン・ルシフェラーゼとルミノメーターを用いて，ATPを直接発光測定することができる。

また，チラコイド膜に膜電位が生じるとカロテノイドへ影響が及び，吸収極大が多少ずれる（475 nmで減少，515 nmで増加）。このエレクトロクロミックシフトによって，プロトン駆動力の一方の膜電位の形成を間接的に測定することができる。

h. 蛍光をはかる

これは，説明するのが一番むずかしい測定方法である。光合成に使われるChlの励起エネルギーは集光Chlで集められ，反応中心の周辺に存在するChlに移行し，最終的に反応中心のChlダイマーに伝えられて，光化学反応が起こる。先に述べた反応中心での電荷分離である。そして負電荷・正電荷がそれぞれ，その先・手前の成分に電子を伝え，あるいは電子を受け取るのである。光化学反応に使われる以外の余分なエネルギーは，主として蛍光として放出されるか，カロテノイドなどを介して直接熱として放散される（後者は主に光化学系IIから放出される）。つまり，光合成膜が受けた励起エネルギーのうち光化学反応に使われなかった分は，熱あるいは蛍光として放出される。逆に，蛍光測定の側からいうと，蛍光が減少した場合は，光化学反応が活性化したか，熱放散が活性化したかのいずれかである。これらを蛍光の減少（蛍光消光，quenching）と捉えて，前者を光化学的蛍光消光，後者を非光化学的蛍光消光（NPQ：nonphotochemical quenching）とよぶ。PAM（pulse amplitude modulated，パルス変調）蛍光測定という方法では，弱い赤色LEDパルス光（1〜100 kHz）を測定光として用い，暗所あるいは光合成に有効な光（励起光）をあてたとき，それぞれで連続的に蛍光を測定する。その一例を図16に示すが，それぞれの条件で，この測定パルス光と同期した蛍光信号だけを取り出しているので，線でつながってはいるが，あくまで点々のつながりであると理解してほしい。

そして，さらに飽和パルス光をときどき（たとえば10秒間隔で）あてて（すべての反応中心が反応を起こした最大蛍光状態，つまりNPQだけが起こっている状態をつくり），蛍光を測定することで，NPQ,光化学系の状態や，光合成の量子収率，電子伝達系の活性（サイクリック電子伝達なども含め）などを測定することができる。図17では，NPQ成分（光阻害による成分qI，集光性Chlタンパク質複合体の系IIから系Iへの移動による成分qT，キサントフィルサイクルの働きによる熱放散qEからなる）と，光化学的蛍光消光成分（qP）が示されている。F_m，F_m'，$F_v = F_m - F_m'$，F_0

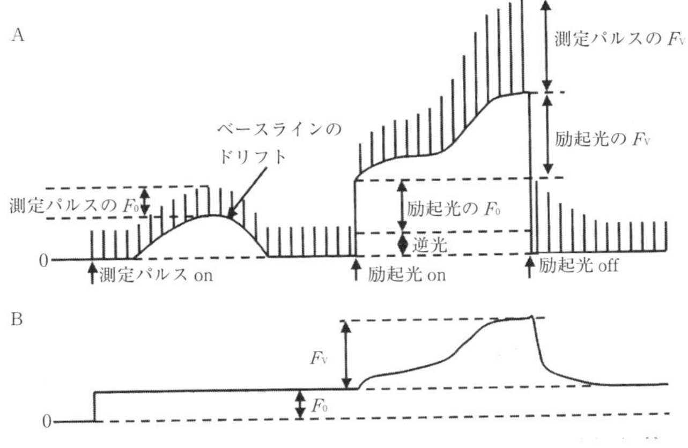

図 16 パルス変調法による蛍光測定の原理

A：光検知部位での蛍光強度，B：取り出された変調シグナル
［園池公毅，光合成研究法「クロロフィル蛍光と吸収による光合成測定」，低温科学，**67**，507（2008）］

などから，様々な仮定によりパラメーターを設定することで，光化学系の状態や系 II の量子収率を見積もることができる。

最近では，イメージング PAM という画像処理もできる蛍光測定装置があり，植物体全体の蛍光をそのまま測定することもできる。

［大西　純一］

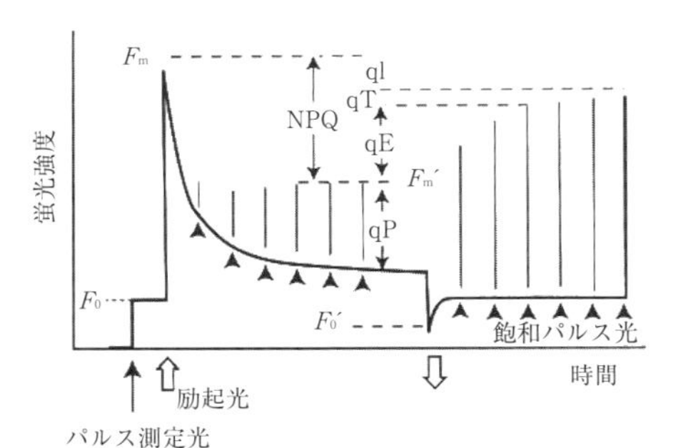

図　17　PAM 測定による様々な蛍光消光成分

［ⓒ光合成辞典　http://photosyn.jp/pwiki/index.php?「PAM 蛍光法」］

参考図書

1)　竹内正幸，石原勝敏 編著，“生物の実験－基礎と応用”，第 5 章「光合成と呼吸」，裳華房（1992）.
2)　日本光生物学協会光と生命の事典編集委員会 編，“光と生命の事典”，朝倉書店（2016）.

3.8　細胞レベルではかる個体の調節

3.8.1　はじめに

生物は細胞が構造と機能の基本単位である。原核細胞生物はほぼすべて単細胞で生活しているが，シアノバクテリアや連鎖球菌のようにつながって生活しているものもある。真核細胞生物にはゾウリムシやアメーバのように単細胞で生活しているものも多いが，動物と植物と菌類は真核多細胞生物である。

不思議なことに多細胞生物の1個体は全体として一つの社会であるかのように，調和のとれたふるまいをしている。ここでは多細胞生物の個体において，どのようにして多くの細胞が調和のとれたふるまいをすることができるのか，その調節の基本的仕組みについて，動物を例に見てゆく。

ところで，多細胞生物はいくつぐらいの細胞でできているのだろう？

ヒトのもつ一番大きな細胞は直径約0.1 mm（100 μm）の卵細胞である。精子と受精してできた受精卵は，二つ，四つ，八つと分裂（卵割）し，細胞は分化しながら卵管中で数を増やす。しかし，外から栄養を摂ることはないので，細胞一つ一つの大きさは小さくなってゆく。やがて子宮に着床して母体から栄養を供給されるようになると，細胞は分裂しても小さくならずに数を増やし，胚盤から胚子，胎児へと成長して出産される。

そこで，ヒトの細胞を平均1辺が10 μmの立方体（卵細胞の体積の約1,000分の1）と仮定し，細胞の比重を1（1 g cm^{-3}）として計算すると，1 gの細胞の塊はいくつの細胞でできているか計算できる。

答えは10億個 /gである。

ヒトは60兆個の細胞でできているとよく教科書に書いてあるが，ヒトの平均体重を60 kgとすると，上の計算で正しいことになる。動物は1 kgあたり約1兆個の細胞でできた生き物である。

こんな細胞の塊でありながら，どうやって細胞社会として環境に適応しながら恒常性（ホメオスタシス）を保っているのだろう？　この節では，多細胞生物の生命現象を細胞の立場で理解することを目指す。

細胞は細胞膜で包まれた閉じた袋である。細胞が外の世界の情報をキャッチするのは，細胞膜にあり，外部からの刺激を受け取るタンパク質である。こういう働きをするタンパク質を受容体（レセプター）とよぶ（3.5図19参照）。細胞は様々な外からの刺激に対する多様な受容体をもっている。

受容体が刺激を受け取ると，その受容体タンパク質の構造が変化する。そして受容体が構造変化すると，受容体のもつイオン透過性が変化するケースや，受容体の構造変化がいくつかの方法で細胞の中のタンパク質に伝えられるケースもあり，細胞の中で様々な分子間相互作用（化学反応）が引き起こされる。細胞内の様子はスイッチを入れられたように一時的に変化する。これを細胞内情報変換とよぶ。スイッチを切る働きをする仕組みも細胞はもっている。スイッチが切れなければ調節はできない。

スイッチが入り細胞の働きが変化すると，その細胞から体内（細胞間隙）に放出されていた情報伝達物質（シグナル分子）の量が変化し，そのシグナル分子を受け取る受容体をもっている他の細胞にスイッチが入り，その働きが変化する。このとき，水溶性のシグナル分子は細胞膜にある受容体に受け取られるが，脂溶性のシグナル分子は細胞膜を通過し，核内にある受容体（核内受容体）に受け取られてDNAの遺伝情報発現を調節する。

このような細胞間情報伝達（図1）の連鎖（ネットワーク）により細胞社会は調節され，全体として調和のとれた個体としての働きを営んでいる。感覚系，内分泌系，神経系，さらには免

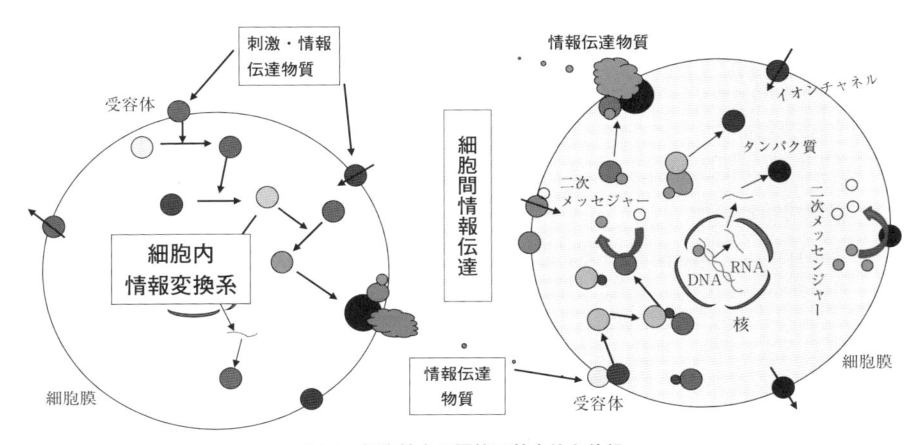

図1　細胞社会の調節の基本的な仕組
［© 関 隆晴］

疫系として組織レベルで調節される現象を，細胞レベル，分子レベルまで掘り下げて「はかる」ことによって見えてきた個体の調節機構について紹介する。

3.8.2　刺激受容

多細胞生物が体の内外の刺激を受け取るのに重要な役割を担う場が細胞膜である。多細胞生物は外部環境からの様々な刺激（熱，音，光，化学物質，磁気など）を，多くは体表にある感覚細胞の細胞膜中の受容体タンパク質（膜受容体）で受け取る。その結果，細胞内情報変換系が作動し感覚細胞が応答する。また，多細胞生物の細胞は体内を満たす体液（細胞外液）や他の細胞からも様々な情報を得て応答する。多細胞生物では細胞間情報伝達系が発達している。この場合は膜受容体以外に核内受容体を介する場合がある。次にそれらの受容体を紹介する。

a.　膜受容体

細胞膜にあり，細胞外からやってくる様々な刺激を選択的に受容するタンパク質で，大きく3種類に分類できる。

1)　Gタンパク質共役受容体（GPCR：G-protein coupling receptor）　GPCR は細胞表面受容体の最大ファミリーでヒトでは900種類以上あるといわれている。GPCR は1本のポリペプチド鎖が7本のαヘリックスをもち細胞膜を7回貫通する構造をしている。体外の刺激がこの受容体に直接作用したり，体内のシグナル分子が結合したりすると，細胞内の三量体Gタンパク質が活性化されて細胞応答が生じる。光量子受容体（ロドプシンなど）やアドレナリン受容体，神経伝達物質や多くのペプチドホルモンの受容体などが属する。

2)　酵素連結型受容体　酵素連結型受容体は膜貫通タンパク質で，シグナル分子結合部分は細胞膜の外側にある。シグナル分子が結合すると細胞質側の領域の酵素（チロシンキナーゼやグアニル酸シクラーゼ，ホスファターゼなど）活性が高まる。酵素活性をもつ別のアダプタータンパク質が結合している場合もある。インスリン受容体，多くの成長因子の受容体が属する。

3)　イオンチャネル型受容体　シグナル分子の結合によって受容体の構造が変化し，イオンチャネル（図1）の開閉が起こる。その結果，膜で隔てられた細胞内外のイオンの移動が調節され膜電位が変化する。骨格筋や副腎髄質の細胞膜にあるニコチン型アセチルコリン受容体はこの一種である。

b.　核内受容体

核内受容体とは細胞内タンパク質の一種で，細胞膜を透過したステロイドホルモンやビタミンD群，レチノイン酸などの脂溶性シグナル分子がこの受容体に結合することにより，核内でのDNA転写を調節する転写因子型受容体である。細胞質内や核内に存在し，DNAに結合するための特別な構造をもっている。ヒトでは48種存在する。

3.8.3　細胞内情報変換系

体外からの刺激や，ホルモン，神経伝達物質，および増殖因子などの細胞間情報伝達物質（一次メッセンジャー）が受容体に結合すると，活性化された受容体は情報を細胞内で伝達するための細胞内情報伝達物質（二次メッセンジャー）の産生機構を活性化または抑制する（図1）。これが刺激あるいはシグナル分子による最初の細胞内情報変換である。

二次メッセンジャーは次の標的タンパク質に作用して，その機能を活性化あるいは不活性化させ，さらにそのタンパク質が次のタンパク質の機能に影響を及ぼす。あたかも連続した滝（カスケード）のように連鎖反応が起こる。この過程で情報の増幅が起こり，最終的な標的としてのタンパク質の活性変化や遺伝子の発現調節が起こる。

一つの受容体の標的は複数あり，様々な活性を変化させる場合もある。また通常，個々の細胞には異なる複数の受容体が発現している。これらが互いの細胞内情報変換機構に影響を及ぼす（クロストーク）ことが多くある。互いに促進することも抑制することもある。その結果，細胞の成長，移動，増殖，分化，生存および死などさまざまな細胞機能が調節される。

細胞内情報変換系には以下のように様々なタイプが存在する。

a. Gタンパク質共役受容体を介した細胞内情報変換系

一次メッセンジャーがGPCRに結合・作用すると，細胞質側にあるGタンパク質を活性化する。

Gタンパク質はα，β，γの3種類のサブユニットからなり，αサブユニットはGPCRが活性化されると結合していたGDPをGTPと交換するとともに，GTP-αサブユニットは$\beta\gamma$サブユニット複合体と分離する。つづいてGTP-αサブユニットと$\beta\gamma$サブユニット複合体は細胞膜内面を側方に移動し，イオンチャネルや膜結合型酵素と相互作用する。Gタンパク質の標的となる膜結合型酵素は，アデニル酸シクラーゼ（AC：adenyl cyclase）やホスホリパーゼC，ホスホジエステラーゼなどで，それぞれが二次メッセンジャーを産生または分解し，細胞外シグナルを増幅する。

なお，活性化したGタンパク質のGTP-αサブユニットはゆっくりとGTPをGDPに加水分解して不活性化する。不活性化したGDP-αサブユニットは標的タンパク質から解離し，また$\beta\gamma$複合体もイオンチャネルなどの標的タンパク質から解離して，両者は再結合することにより，不活性型Gタンパク質三量体にもどる。

Gタンパク質はαサブユニットの機能および遺伝子の相違から，G_s，G_i，G_o，G_q，G_t，G_{olf}などのサブファミリーに分類されている。G_sとG_iは，それぞれアデニル酸シクラーゼを促進あるいは抑制する。G_oは神経組織に多く発現している。G_qはホスホリパーゼCを活性化し，G_tとG_{olf}はそれぞれ視細胞と嗅細胞の細胞内情報変換に重要な役割を果たしている。

1)　アデニル酸シクラーゼが関わる細胞内情報変換系　活性化したGタンパク質が結合し，活性化したアデニル酸シクラーゼは，二次メッセンジャー分子であるサイクリックAMP（cAMP：3′,5′-cyclic adenosine monophosphate）を産生する。cAMPはリボースの3′位と5′位の炭素がリン酸で環状になった環状ヌクレオチドの一種である。cAMPは細胞質においてアデニル酸シクラーゼの働きによりアデノシン三リン酸（ATP）から合成され，環状ヌクレオチドホスホジエステラーゼ（PDE：cyclic nucleotide phosphodiesterase）の働きにより速やかに分解されて，アデノシン5′-リン酸（5′-AMP）となる。この合成と分解のバランスにより細胞内cAMP濃度が規定される。cAMPの細胞内濃度は細胞外からの刺激後数秒のうちに数十倍以上となり，ホルモンなどの低濃度のシグナル分子に対しても迅速で確実な応答ができる。

cAMPの標的分子としては，プロテインキナーゼA（PKA：cAMP-dependent protein kinase A），Epac（exchange protein directly activated by cAMP），CNG チャネル（cyclic nucleotide gated channel）の3種がよく知られており，多種多様なcAMP下流シグナルを媒介する。

活性化されたPKAは基質タンパク質表面のセリンまたはトレオニン残基を特異的にリン酸化し，そのタンパク質を活性化する。PKAによりリン酸化を受ける基質タンパク質は，電位依存性Ca^{2+}チャネル，電位依存性Na^{+}チャネル，AMPA型グルタミン酸受容体，IP_3受容体などのイオンチャネル，細胞骨格制御因子，低分子Gタンパク質RhoA，細胞接着分子α4インテグリン，ミオシン軽鎖キナーゼなど，多くの種類が同定されている。

また，活性化されたPKAは核質へと入り，CREB（cAMP response element binding protein），NF-κB，NFATなどの転写調節因子をリン酸化して遺伝子発現をも制御する。

2） ホスホリパーゼCが関わる細胞内情報変換系　Gタンパク質が結合し活性化されたホスホリパーゼCは，細胞膜の細胞質側の表面に少量存在するホスファチジルイノシトール4,5-二リン酸というリン脂質から，2種類の二次メッセンジャー分子，1,4,5-イノシトール三リン酸（IP_3）とジアシルグリセロール（DAG：diacylglycerol）を生成する。水溶性のIP_3は細胞質に拡散し，小胞体のCa^{2+}チャネルを開口させ，小胞体内に貯蔵されていたCa^{2+}を細胞内に流出させる。

一般に，細胞質のCa^{2+}濃度は低濃度で細胞外に比べ10,000分の1程度に維持されている。これは細胞質内のCa^{2+}を細胞外へ能動輸送しているためと，Ca^{2+}を細胞内の小胞体（Ca^{2+}ストア）に能動輸送して貯蔵する仕組みによる。また，一部のCa^{2+}はタンパク質と結合した状態で細胞質中に存在している。細胞外Ca^{2+}のほとんどは骨などの硬組織に貯蔵されている。これらの細胞質以外のCa^{2+}は何らかの刺激をきっかけとして細胞質に流入することにより細胞内のタンパク質と結合してその機能調節を行い，幅広い細胞応答へとつながっている。

細胞質内のタンパク質，カルモジュリンは機能発現のためにCa^{2+}を必要とする。ヒトのカルモジュリンは全体で149アミノ酸からなり，四つのカルシウム結合部位をもつ。Ca^{2+}の結合により構造変化してCa^{2+}-カルモジュリン複合体を形成し，様々なタンパク質の機能制御を行う。代表的な酵素にCa^{2+}-キナーゼ（Ca^{2+}/calmodulin-dependent protein kinase）がある。この酵素はタンパク質中のセリンとトレオニンをリン酸化する。また，細胞骨格タンパク質と結合することにより細胞骨格機能制御を行う。Ca^{2+}を介した情報変換系は筋収縮，細胞分裂，神経伝達などに関与している。

疎水性のために細胞膜に残ったDAGはCa^{2+}とともにプロテインキナーゼC（PKC）を活性化し，活性化されたPKCは細胞内の様々なタンパク質をリン酸化し，活性化させるだけでなく，DNAの転写など様々な細胞応答を調節する。DAGはさらにアラキドン酸産生の代謝基質ともなる。

3） イオンチャネルが関わる細胞内情報変換系　活性化Gタンパク質によりイオンチャネルが開く。たとえば，副交感神経系の神経伝達物質アセチルコリン（Ach：acetylcholine）が心筋細胞のGPCRに結合すると，Gタンパク質が活性化されて$\beta\gamma$複合体が解離し，心筋細胞の細胞膜にあるK^{+}チャネルの細胞質側に結合してチャネルを開く。これにより心筋細胞は過分極し，心筋の収縮回数が減少する。

b. 酵素連結型受容体を介した細胞内情報変換系

酵素連結型受容体のうち最も多いのは，（受容体タンパクの）細胞内尾部領域が標的タンパク質のチロシンをリン酸化するチロシンキナーゼとなっているもので，受容体型チロシンキナーゼ（RTK：receptor tyrosine kinase）という。RTKの膜貫通領域はαヘリックスで1回だけ膜を貫通している。シグナル分子が結合すると，2個の受容体分子が一緒になって二量体を形成し，それぞれの細胞内尾部が接触して互いに相手をリン酸化する。RTKの種類が異なるとシグナルを伝達される細胞内のタンパク質も異なるが，ほとんどのRTKにより活性化されるタンパク質にRasとよばれるGTP結合タンパク質がある。Rasは最後にはMAPキナーゼ（MAPK：mitogen-activated protein kinase）カスケードを活性化し，様々な細胞質内のタンパク質と核内の転写調節因子を活性化する。よく知られている例としては，上皮成長因子受容体（EGFR：epi-dermal growth factor receptor）がある。酵素連結型受容体は，細胞の成長，増殖，移動を調整するシグナル分子に応答するものが多いので，この受容体を介するシグナル伝達の異常が，がんの発症原因の一つになっている。

c. イオンチャネル型受容体を介した細胞内情報変換系

直接イオンチャネルと結合した受容体も多く，これらの受容体－チャネル複合体はリガンド（受容体に結合する物質）依存性チャネルとよばれている。リガンドがこの受容体に結合するとイオンチャネルが短時間開くので，膜電位が変化することでその生理学的活性が変化する。どのイオンを透過させるかによってイオンチャネルの特性が異なり，特定のイオンのみを透過するチャネルもあれば，いくつかのイオンを透過させるチャネルもある。

膜電位の変化が最終的な応答である例は神経伝達物質（グルタミン酸，γ－アミノ酪酸など）の作用により神経細胞を活性化させたり逆に活性化を阻害したりする場合である。その他に膜電位の変化が別の生理活性を引き起こすこともある。イオンチャネルの活性化により生じた細胞の脱分極が電位依存性イオンチャネルを活性化して細胞応答を引き起こす場合である。たとえば，副腎髄質クロム親和性細胞の細胞膜にあるニコチン性アセチルコリン受容体にアセチルコリンが結合すると膜のNa^+透過性が高まり脱分極が起こる。その脱分極により電位依存性Ca^{2+}チャネルが開き，細胞内のCa^{2+}濃度が上昇し，開口分泌（エクソサイトーシス）によってアドレナリンが分泌される。

d. 核内受容体を介した細胞内情報変換系

副腎皮質ホルモン，性ステロイドホルモン，甲状腺ホルモン，ビタミンD_3，レチノイン酸などは脂溶性のため，細胞膜を通過して直接細胞内に入り，細胞質内あるいは核内にある受容体と結合する。シグナル分子と結合すると核内受容体は二量体を形成し，DNA二本鎖の特定の部位を認識，結合する。その結果，結合部位が支配するDNA鎖の転写が制御される。

e. 細胞内情報変換系におけるアロステリック調節

プロテインキナーゼA（PKA）とカルモジュリンは細胞内リガンドである二次メッセンジャーのcAMPやCa^{2+}との結合部位を1分子あたり複数もつ。PKAはcAMP結合部位をもつ調節サブユニットR二つと，リン酸化触媒部位を持つ触媒サブユニットC二つにより構成される四量体ホロ酵素R_2-C_2である。cAMPが調節サブユニットに結合すると，調節サブユニットと触媒サブユニットの結合が解離し，これによりPKAの触媒サブユニットのリン酸化活性が出現する。リガンドの結合親和性は高度に調節されており，リガンドが一つの部位に結合すると他の部位に対するリガンドの結合性が漸次変化していく。この方法で，リガンドの濃度変化が比較的小さな範囲であっても大きな活性変動が可能となる。このように，リガンドが正のエフェクターとして共同作用して生理活性を高めるアロステリック調節が行われている。

f. 細胞内情報変換系におけるクロストーク

一つの細胞にはさまざまな受容体が存在しており，一つの受容体からさまざまな反応が次々とカスケード（滝）のように起こる。このとき，異なる受容体による作用でも細胞内情報変換の過程で同じ物質を利用することがある。このように，カスケードによって受容体どうしは反応の一部を共有することで互いに影響し合う。これをクロストークという。

3.8.4　細胞間情報伝達系

多細胞生物の細胞は周りの細胞と細胞外液という「内部環境」からのシグナルを受けてそれに応答する。このように，細胞間で情報を交換しながら細胞は組織として，器官としてさらには一つの個体として統合されている。細胞間情報伝達の様式は圧力を除いて多くは化学物質を介する。細胞間の情報伝達様式は次の五つに分けられる。

(1)　内分泌（エンドクリン）型：情報伝達物質（ホルモン）が血流によって運ばれる。標的器官では，ホルモン分子は毛細血管から出て細胞外液中へ入り，標的細胞の受容体に結合する。

(2)　傍分泌（パラクリン）型：情報伝達物質は細胞周辺の細胞外液によって運ばれる。

(3)　自己分泌（オートクリン）型：自分で分泌した情報伝達物質を分泌細胞自身が受ける。

(4)　神経（ニューロクリン）型：神経細胞の軸索末端からシナプス部位に情報伝達物質（神経伝達物質）が分泌される。このため，限局したシナプス部位でのみ情報伝達が可能である。

(5)　細胞接触型：抗原提示細胞と接触してリンパ球が活性化されるように，細胞と細胞の間で接触した状態で情報伝達される。

次に，それぞれに関わる細胞間情報伝達物質とその作用について紹介する。

a. ホルモンによる情報伝達

伝達様式は（1）の内分泌型である。内分泌細胞によって合成・分泌され，血流にのって全身をめぐり，そのホルモン受容体を発現する標的細胞に作用する。したがって，内分泌腺から遠く離れた組織の細胞もその調節を受けることができる。このようにホルモンの効き方は拡散と血流に依存するので，ふつう分泌されてから標的細胞に達するのに数分かかる。ホルモンは血中で薄まるので，低い濃度でも効果を現す（通常＜10^{-8} M）。したがってホルモン受容体は一般にリガンドとの親和性が高い。ホルモンの種類と作用は多様である。

1)　種　類　ホルモンの種類は化学構造により，生理活性アミン，ペプチドホルモン，ステロイドホルモンに分類される。

生理活性アミンにはアドレナリン，ノルアドレナリン，甲状腺ホルモンなどがあり，ペプチドホルモンには下垂体ホルモンやインスリンなどがある。これらの多くが水溶性で標的細胞の細胞膜受容体に結合して細胞内情報変換系を起動する。一方，ステロイドホルモンには副腎皮質ホルモン，男性ホルモン，女性ホルモンがある。脂溶性で，血中では特別な運搬タンパク質に結合することで可溶となり運ばれる。細胞膜に達すると容易に通過して細胞質から核へ到達し，核内（一部は細胞質）にある受容体に結合してDNAに作用し，特定のタンパク質の合成を制御する。

2)　ホルモンによる調節機構　内分泌腺は様々なシグナルに応答してホルモンを分泌して体内の恒常性を維持している。

①　血液中の物質による分泌調節

例：血中グルコース濃度によって膵臓のランゲルハンス島β細胞からのインスリン分泌が調節される。

②　血液中の他のホルモンによる調節

生体内外の環境因子は視床下部を含む様々な脳部位で情報処理され，その結果，視床下部から様々なホルモンが放出される。視床下部弓状核・隆起核由来のホルモンは下垂体門脈へと分泌され，下垂体前葉からのホルモンの分泌を促進あるいは抑制する。一方，視索上核・室傍核で産生されるホルモン（抗利尿ホルモンとオキシトシン）は，脳下垂体後葉まで伸びる軸索末端から血中へと分泌されて末梢の標的器官に作用する。下垂体前葉より分泌された刺激ホルモンは血流にのって標的臓器に達し，その臓器のホルモン産生を高める。このように，内分泌系には視床下部を頂点とする階層性がある。

また，二つのホルモンが拮抗的に働く場合も知られている。たとえば，膵臓のβ細胞由来のインスリンは前述のように血糖値を減少させる働きがあるが，膵臓のα細胞由来のグルカゴンはグリコーゲンを分解して血糖値を増大させる働きがある。

③　神経活性による分泌調節

例：下垂体後葉からのオキシトシン分泌は乳首吸引刺激を発端とする神経回路の活性により分泌促進される。

3)　フィードバック制御　ホルモンの作用は以下の二つの仕組みによってバランスが保たれている

①　血中ホルモン濃度の調節

ホルモンの分泌速度を調節して血中ホルモン

の濃度を調節する。特に血中ホルモン濃度の上昇が視床下部や下垂体の分泌を抑制するように働く場合を負のフィードバックとよぶ。多くのホルモン作用は負のフィードバックにより血中濃度を小さな変動範囲内に留めている。下垂体前葉ホルモンが視床下部に作用する経路を短環フィードバック，標的臓器が視床下部や下垂体に作用する経路を長環フィードバックとよぶ。

②　ホルモン感受性の調節

受容体数（通常細胞1個あたり500個～10万個）や，受容体の感受性，細胞内情報伝達系などの調節を行う。

ホルモンの作用が持続すると，受容体数や受容体活性が減少し標的細胞の感受性が低下する。これをダウンレギュレーションという。一部のホルモン（黄体形成ホルモン，成長ホルモン）では，パルス分泌によりこの現象を抑制する。

一方，ホルモンレベルが下がると受容体数や受容体の活性が高まり，ホルモンの動向に過敏に反応するようになる。これをアップレギュレーションという。

b.　ホルモン類似物質による情報伝達

伝達様式は（2）傍分泌型と，（3）自己分泌型である。ヒスタミン，ブラジキニン，セロトニン，プロスタグランジン，ロイコトリエンなどはホルモンと類似の作用を示すが特定の分泌器官をもたず，オータコイドとよばれる。作用範囲は分泌細胞自身（自己分泌），または近傍の細胞（傍分泌）に限定される。

c.　増殖因子，サイトカインによる情報伝達

伝達様式は（2）傍分泌型，（3）自己分泌型，（5）細胞接触型であり，局所的な作用を示す。

増殖因子は細胞の増殖を促進するばかりでなく，細胞がアポトーシスによって死ぬことを抑制する働きや，ときには細胞増殖を抑制することもあり，その作用は多様である。増殖因子にはそれぞれの増殖因子に特異的に結合する受容体が存在し，増殖因子受容体を発現する細胞（標的細胞）に結合することで増殖因子のシグナルを標的細胞に伝達し，細胞の分裂促進作用を示す。

感染や炎症，免疫応答時には主に血液中に存在するリンパ球や繊維芽細胞，上皮細胞から分子量数万の糖タンパク質サイトカインが自己分泌あるいは傍分泌され，免疫・炎症時の生理作用に加えて造血性細胞の分化に介在する。増殖因子もサイトカインも細胞の増殖と分化，細胞骨格系の制御を介した形態変化といった細胞応答を引き起こす。

d.　神経伝達物質による情報伝達

伝達様式は（3）自己分泌型と（4）神経（ニューロクリン）型である。

シナプスで行われるシグナル分子の伝達自体は傍分泌型であるが，途中，電気シグナルが介在するため，長距離の高速の情報伝達が可能である。神経伝達物質の親和性は低いが，神経筋接合部でのアセチルコリン濃度は5×10^{-4} M とホルモンに比べて濃度が高い。

神経伝達物質は神経細胞の軸索末端から放出される。神経軸索末端と神経伝達物質の受容体をもった神経細胞との間はシナプス（シナプス間の距離は20～30 nm）により神経終末と標的細胞が近接して結合しているため，神経系におけるミリ秒単位の情報処理と構成している神経細胞どうしあるいは神経細胞と標的細胞間の個別対応が可能となる。

1）　神経細胞の興奮とその伝導・伝達

ここでは，神経細胞の興奮の仕組みとその伝導・伝達方式について紹介する。

通常動物の細胞内は細胞外に比較してK^+濃度が高くNa^+濃度が低い状態に保たれている。細胞内のK^+の一部はK^+のリークチャネルを通って細胞外へと移動する。その結果，細胞内が細胞外に比べて数十 mV 電位が低い（－数十 mV）。この電位を静止膜電位という。

生体を構成する細胞のうち神経細胞や筋，感覚細胞は刺激に対して反応する。すなわち，イオンチャネルの開閉を引き起こし，膜電位を変化させ電気信号を発生する能力をもっている。電気信号を発生することを興奮という。細胞の種類によって興奮の過程は異なる。ここでは神経細胞の例を紹介する。

神経細胞の細胞膜に存在する電位依存性Na^+チャネルとK^+チャネルは膜電位の変化に依存してその開閉が制御される。神経細胞が刺激を受けて膜電位がある閾値（いきち）まで上昇するとNa^+チャネルが次々に開き膜電位が静止膜電位から0 mVに近づく。この状態を脱分極という。脱分極によりNa^+チャネルが活性化し，Na^+が一気に流入して膜電位が一瞬＋に逆転する。Na^+チャネルは膜電位の変化に鋭敏で開口するとすぐに不活性化され，膜電位は再逆転する。その後，電位依存性K^+チャネルが開き，細胞外にK^+が流出する。K^+はしばらく流出しつづけるため静止膜電位よりも低い電位（過分極）となるが，やがてK^+チャネルも不活性化して静止膜電位にもどる。この一連の電位変化を活動電位という（5.2.3 図7参照）。活動電位の大きさは刺激の強さと関係なくつねに一定である（全か無かの法則）。いったん活動電位が生じると隣接部のNa^+チャネルが膜電位の上昇を感知し，ドミノ倒しのように次々と開口するため膜電位の変化が一気に軸索末端まで伝導する。通常，細胞体で生じた活動電位は軸索末端へと一方向性に伝導していくが，それは一度開いたNa^+チャネルは不活化状態となるので，しばらく反応しなくなるためである。軸索末端では次の神経細胞にシナプス構造を介して情報が伝達される。

感覚細胞から神経細胞へと興奮が伝達される場合もシナプスを介する。シナプスにはギャップ結合を介する電気シナプスと，化学物質（神経伝達物質）を介する化学シナプスがある。電気シナプスは直接細胞どうしがつながっているため化学シナプスよりも伝達速度が速い。

化学シナプスでは活動電位が軸索末端に達すると神経終末が脱分極するために，シナプス前膜にある電位依存性カルシウムチャネルが開き，Ca^{2+}が神経終末に流入する。その結果，シナプス前膜にある神経伝達物質を蓄えている小胞がシナプス前膜と融合し，神経伝達物質はシナプス間隙へと放出されて拡散する。そして神経伝達物質は標的細胞のシナプス後膜の受容体に結合する。その後起こる現象は受容体の種類による。

化学シナプスには興奮性と抑制性がある。興奮性シナプスは伝達先の細胞を興奮させる。すなわち，シナプス後膜に脱分極を生じさせる。この場合，分泌されたグルタミン酸やアセチルコリンなどの神経伝達物質により，シナプス後膜にある受容体のNa^+チャネルが開かれ，その結果，膜電位が上昇して伝達先の細胞の興奮（興奮性シナプス後電位，EPSP：excitatory postsynaptic potential）が起こる。このEPSPは単一では小さくて活動電位を発生させることはできない。しかし，シナプス前の神経細胞が高頻度に刺激を受けてEPSPが時間的・空間的に重なり，膜電位が閾値を越えると活動電位が生じる。また，持続的な神経細胞の興奮によりシナプス間隙での神経伝達物質の量が増加すると伝達効率が高くなり，より大きなシナプス後電位が生じる。

通常，神経伝達物質に対する受容体はシナプス後膜に存在するが，シナプス前膜にも存在する場合がある。たとえばセロトニン，ノルアドレナリン，ドーパミンを神経伝達物質とするモノアミン神経ではシナプス前膜に自己受容体とよばれる受容体が存在し，放出されたモノアミンが自己受容体に結合すると，軸索末端からのモノアミン放出を抑えることによりモノアミンのシナプス部位での量を調節するフィードバックシステムが作動する。

抑制性シナプスは伝達先の細胞の興奮を抑制する。すなわち，シナプス後膜に過分極電位（抑制性シナプス後電位，IPSP：inhibitory postsynaptic potential）を生じさせる。この場合はγアミノ酪酸やグリシンなどの神経伝達物質により，シナプス後膜にある受容体のCl^-チャネルやK^+チャネルが開かれ，その結果膜電位が低下するため伝達先の細胞の興奮が起きにくくなる。

2) 神経系の働き—感覚細胞から中枢そして効果器へ　多細胞生物は環境からの刺激を感覚細胞で受け取り，その情報を電位に変換して神経細胞に伝え，さらに介在神経細胞において情報を統合し，その結果を運動神経細胞へと伝え，運動神経細胞は効果器（筋肉や外分泌腺）へ情報伝達して生体反応を起こす。感覚細胞から効果器の細胞まで，細胞間の情報の伝達はシナプスを介して行われる。

感覚細胞は外部環境の刺激（光，音，揮発性分子，水溶性分子，温度，触圧など）を特異的な受容体でキャッチすると刺激に応答して特定のイオンチャネルが開閉し，膜電位が静止膜電位から刺激量に応じて変化する。これを受容器電位という。受容器電位発生の過程は感覚細胞の種類によって様々である。受容器電位は基本的には脱分極性の電位であるが，視細胞や内耳の有毛細胞のように過分極するものもある。感覚刺激の強弱は受容器電位の振幅の大小に変換される。閾値を越えると活動電位が生じるケースもある。受容器電位発生の後，シナプスを介して感覚神経に興奮が伝えられ活動電位が生じる。ここで，感覚刺激の強弱は感覚神経での活動電位の頻度に変換される。さらに，感覚神経の活動は中枢（脊髄や脳）の神経細胞に伝達され，介在ニューロンによる修飾を受けるなどして神経回路網による情報処理を受け，最終的には運動ニューロンを介して効果器での応答を引き起こす。

ここで，感覚細胞の応答例として嗅覚と視覚のケースを紹介する。

① 嗅　覚

におい物質を感知する嗅細胞は線毛上にGタンパク質共役型受容体をもつ。におい物質の結合によりこのGPCRが刺激されると嗅覚特異性Gタンパク質G_{olf}が活性化し，アデニル酸シクラーゼを活性化する。その結果，cAMPが増加し，cAMP依存性陽イオンチャネルが開き，Na^+が流入することで嗅細胞は脱分極し，活動電位が発生する。この活動電位が嗅細胞の軸索を伝導し，脳の嗅球でシナプスを介して僧帽・房飾細胞に化学伝達される。さらに脳の複雑な神経回路により情報処理されて嗅覚が大脳皮質で生じる。

② 視　覚

眼の網膜にある桿体光受容細胞（桿体）はきわめて高い感度で光刺激に応答する。桿体の外節には円盤状の膜の袋（ディスクとよばれる）が数百枚積み重なった構造があり，その膜には光受容体（ロドプシン）が埋め込まれていている。細胞膜にはcGMP依存性カチオンチャネルがあり，その一部はcGMPが結合して開き，Na^+やCa^{2+}が細胞内に流入するため，少し分極（−30〜40 mV）した静止膜電位をもっている。GPCRであるロドプシン1分子が光を受容すると約100分子のトランスデューシンとよばれるGタンパク質G_tと反応し，GTP-αサブユニットを解離させる。GTP-αサブユニットはディスク膜にあるcGMPホスホジエステラーゼ（cGMP-PDE）を活性化する。cGMP-PDEは約100分子のcGMPを加水分解し，1個の光量子を受容したロドプシンが約10,000分子のcGMPを分解することになる。

細胞内のcGMP濃度が減少するとカチオンチャネルに結合しているcGMPが遊離し，開いていたカチオンチャネルの一部が閉じてカチオンの流入が減少する。このようにして桿体細胞は光を受容すると過分極する。その結果，視細胞の内節末端から放出されていた情報伝達物質（グルタミン酸）の分泌量が減少し，シナプスを介して隣接する水平細胞と双極細胞のイオンチャネル型受容体に受けとられるグルタミン酸量が減少し，水平細胞と双極細胞の応答が減少する。

網膜にある多くの視細胞の光受容情報は，水平細胞と双極細胞を介し，さらにアマクリン細胞という介在ニューロンの情報処理も加味して，最終的に双極細胞から神経節細胞に伝えられる。神経節細胞は網膜で処理された情報を活動電位の頻度に変換し，その軸索（視神経）を大脳にまで伸ばしてシナプスで情報伝達を行う。脳ではさらに複雑な神経細胞間情報伝達による情報処理が行われて大脳皮質で視覚が生じ，様々な随意・不随意活動に関与している。

3)　自律神経系による恒常性の維持　内分泌系と並んで恒常性の維持に重大な役割を担うのが自律神経系である。自律神経系は不随意運動を行う器官を支配しており，原則として意識からは独立した末梢神経系である。

自律神経系は内臓器官の平滑筋・心筋・腺に分布し,呼吸・循環・消化・吸収・代謝・排泄・分泌・生殖・体温維持などを調節することで，生体を一定の状態に維持する機能をはたしている。

自律神経系は，求心性神経（自律神経系求心路）と遠心性神経（自律神経系遠心路）とからなる。遠心性神経は交感神経系と副交感神経系からなる。これら両方の系が一つの器官に分布し（二重支配），多くの場合，相反する作用を及ぼし，両者のバランスにより各器官の働きが調節されている。また，つねに活動しており（緊張性活動），この活動の増減が支配臓器の活動に直節影響する。内分泌系と同様，自律神経系の最高中枢は視床下部である。自律神経系はホルモンの分泌を調整し，内分泌系は神経系の活動を調節する。このように自律神経系と内分泌系が協調しながら複雑な調節を行うことにより，外部環境の変動に適応して内部環境の恒常性を維持することが可能となる。

3.8.5　おわりに

人はあたかも何らかの「意思」によって調和のとれた体をもち活動をしているかのように思いがちである。しかし，1 kg あたり約 1 兆個の細胞からなる真核多細胞生物であるヒトを科学的に「はかる」と，見えてくるのは不思議としかいいようのない細胞の働きである。

一つひとつの細胞が刺激を受容し，細胞内情報変換系によって働きが変化し，その変化を細胞間情報伝達によって細胞ネットワークを構築してヒトとなる。そして外部環境に適応し，個体の恒常性を維持し，子孫を残している。

分子の動きと構造を「はかり」，細胞の仕組みと働きを「はかり」，細胞ネットワークとしての個体を「はかり」，地球環境と生命体の総体としての生態系を「はかる」ことによって，いつの日か人がヒトを「わかる」日が来るのであろう。　　　　　　　　　［豊田ふみよ，関 隆晴］

参考図書

1）G. Pocock, C. D. Richards, D. A.Richards 著，岡野栄之，鯉渕典之，上村慶一 監訳，“オックスフォード生理学”，原書第 4 版，丸善出版 (2016).
2）大地陸男，“生理学テキスト”，第 7 版，文光堂 (2013).
3）東京大学生命科学教科書編集委員会 編，“理系総合のための生命科学─分子・細胞・個体から知る「生命」のしくみ”，第 3 版，羊土社 (2013).

3.9 生態をはかる

3.9.1 自然選択をはかる

a. 形質を調べる

自然選択によって，様々な適応的性質が進化してきた。自然選択は「生物の性質が個体の間で異なり」,「その性質の違いで個体が生涯に残せる子どもの数が異なる」とき生じる。さらに，その性質が子どもに遺伝するとき，集団中にその性質が広がっていくことで「自然選択による進化」が起こる。自然選択が働いているかどうか，ある生物の性質は自然選択によって進化した結果なのかどうかを調べるには様々な方法がある。一つの直接的な方法は，野外で個体間で変異のある形質と適応度の関係を調べることである。

有名な例に，ガラパゴッスに生息するダーウィンフィンチの研究がある。くちばしの高い（太い）個体は，より硬い種子を食べることができる。干ばつのためにフィンチの食べ物として硬い種子が多くなった年は，くちばしの高い個体の方が生存率が高いと考えられる。そこで，くちばしの高さと生存率の関係をはかり，統計的に有意な関係がみられたとき，自然選択が働いたことになる。さらに，親のくちばしの高さ（母親と父親の平均値）が高いほど，その子どものくちばしも高くなるかどうかを調べることで，くちばしの高さの遺伝率が推定され，干ばつによって集団中にくちばしのより高い個体が増えていくかが予測される。

しかし，このように野外において，個体の性質のばらつきを調べ，されにその性質と個体の適応度（一生に残せる子どもの数）を調べるのは簡単ではない。また，野外で調査した結果，性質の違いと個体間に適応度の違いが観察できなかったとしても，過去にその性質に自然選択が働いていたかもしれない。

b. 遺伝子を調べる

近年，様々な性質の違いに関係する遺伝子を特定することが可能になってきている。性質に関連する遺伝子がわかれば，その遺伝子に自然選択が働いているかどうかを測定することができる。

グッピーを例にみていこう。グッピーの雄は多様な色彩や形の婚姻色をもち，個体によって多様である。また，雌は，より大きくより鮮やかなオレンジスポットをもつ雄と交尾をする傾向があるが，その雌の雄に対する選好性にも多様性がある。このようなことから，形質の多様性と性選択の仕組みを解明するうえで重要な生物となっている。さらに，グッピーには，体色に対する雌の選好性に関係して，色覚にも個体による変異があることが知られている。生物の網膜にある視細胞には，オプシンというタンパク質とレチナールからなる視物質があり，それぞれ異なる波長の光を吸収することにより色を知覚する。そのうちの一つである *LWS-1* というオプシン遺伝子は，もっとも長波長（黄色からオレンジ色の光を感受）を感受し，その遺伝子には二つの対立遺伝子があることがわかった。*LWS-1*（*Ser*）はより長波長を感受し，*LWS-1*（*Ala*）は短波長を感受する。この二つの遺伝子は野外で多型（二つの対立遺伝子が同じ集団に維持されている）として存在しているのだが，この遺伝子には自然選択が働いて，集団中に維持されているのだろうか？

自然選択によって二つの異なる遺伝子が維持される機構として，二つが考えられる。一つの集団の中で，頻度依存選択やヘテロ接合が有利になって，多型が維持されるように自然選択が働く場合と，異なる集団で異なる方向に自然選択が働いている場合である。これらを調べるためには二つの方法がある。

一つは，Tajima の *D* という指標を用いる方法である。Tajima の *D* は，DNA の塩基配列間の塩基の違い（塩基多様度）と多型のあるサイトがいくつあるかという多型サイト数の差から計算するもので，$D = 0$ のとき，その遺伝子は中立（自然選択がなく，遺伝子の違いが個体の生存や繁殖に影響しない），$D > 0$ のときは，複数の遺伝子が自然選択によって積極的に維持されている平衡選択を示し，$D < 0$ ときは，自然選択によって特定の遺伝子が急速に頻度を上昇させている場合（選択的一掃）を示す。しかし，D の値は個体数の変化にも影響を受ける。個体数が増大しているときは $D < 0$ になり，減少しているときは $D > 0$ を示す。そこで，自然選択が働いていないことが分かっている中立遺伝子で計算した D と比べて，正あるいは負に偏っているかどうかで，その遺伝子に自然選択が働いているかどうかを推定する。

もう一つは集団の分化を指定する F_{ST} を使う方法で，これは

$$F_{ST} = (H_T - H_S)\ H_T$$

で計算する。たとえば，二つの集団があったとする。それぞれの集団内でランダムに交配が起こったとするとき期待されるヘテロ接合頻度が H_S で（オプシンの場合は，*LWS-1*（*Ala*）/ *LWS-1*（*Ser*）の頻度）ある。もし二つの集団は，一つの集団として，ランダムに交配していたとしたときに期待されるヘテロ接合頻度が H_T である。二つの集団が一つの集団として交配しているなら，H_S と H_T は等しくなり F_{ST} は0になり，もし二つの集団は，互いに交配せずに独立に交配し，異なる遺伝子が集団間で交代すると F_{ST} は1になる。そのため，F_{ST} は二つの集団が隔離されてからの時間，あるいは二つの集団でどれくらい遺伝子流動があるかの指標とされる。もし二つの集団で異なる遺伝子が有利になるように自然選択が働いているとすると，その遺伝子の F_{ST} は，中立の遺伝子の F_{ST} と比べて高くなる。

グッピーの *LWS-1* の二つの対立遺伝子をグッピーの原産地トリニダッド島の様々な場所で調べた。その遺伝子の頻度は，特に南部と北部

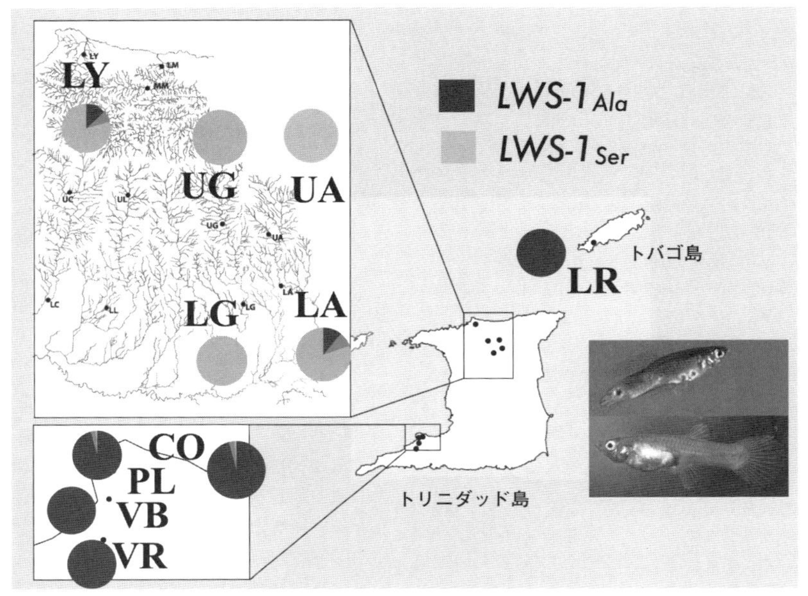

図1　グッピーの原産地，トリニダッド島・トバゴ島での10地点での *LWS-1* の二つの対立遺伝子の頻度

［A. Tezuka, S. Kasagi, C. van Oosterhout, M. McMullan, W. M. Iwasaki, D. Kasai, M. Yamamichi, H. Innan, S. Kawamura, M. Kawata, Divergent selection on opsin gene variation in guppy（*Poecilia reticulata*）populations of Trinidad and Tobago, *Heredity*, **113**, 381–389（2014）を改変］

で違っているのがわかる（図1）。結果，F_{ST} の値は0.810で，中立遺伝子から期待される F_{ST} の値よりも高いことがわかる（図2a）。それに対し，TajimaのDの値は，集団によって−1.95から1.039の様々な値をとるが，中立遺伝子のTajimaのDと比べたとき，有意に正あるいは負に偏った値を示した集団はなかった（図2b）。このことから，グッピーの*LWS-1*の二つの対立遺伝子は，北部では*LWS-1*（*Ser*）が自然選択で有利になり，南部では*LWS-1*（*Ala*）が有利になっていることが示された。北部の環境は，南部の環境に比べ，溶存酸素量が高く，水の透明度が高い。このため，水の透明度の高い水の光環境では，より長波長を感受する*LWS-1*（*Ser*）が有利になり，濁って藻類の多い環境では，*LWS-1*（*Ala*）が自然選択で有利になっていると考えられる。［河田 雅圭］

（a）*LWS-1*の F_{ST}

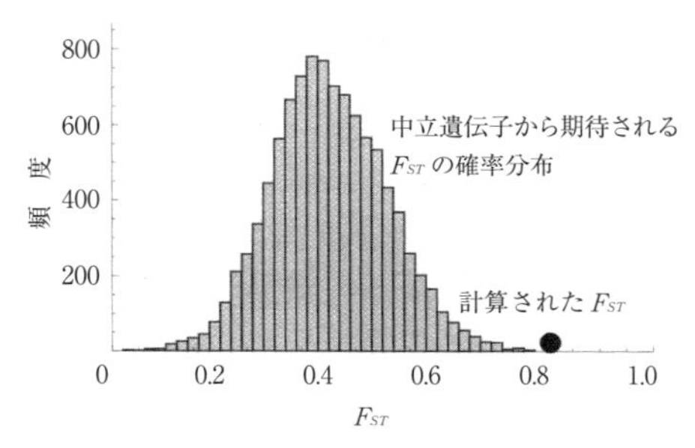

（b）*LWS-1*のTajimaのD

UA：D = 0.772（P = 0.279）
LA：D = 0.642（P = 0.269）
UG：D = − 1.035（P = 0.867）
LG：D = − 1.321（P = 0.943）
LY：D = 0.684（P = 0.280）
PL：D = − 1.95（P = 0.999）
VB：D = 1.039（P = 0.175）
CO：D = − 0.282（P = 0.596）
VR：D = 0.525（P = 0.289）
LR：D = − 0.382（P = 0.618）

図2　*LWS-1*の頻度から計算された F_{ST} とTajimaのD

（a）トリニダッド島とトバゴ島の10地点の*LWS-1*の頻度から計算した F_{ST} の値0.81で中立遺伝子から期待される F_{ST} の分布を示した。
（b）各10の地点でのTajimaのDの値。PはDの値が中立遺伝子から期待されるよりも正あるいは負に偏っているかどうかを検定したときの危険率。Pが小さいほど偏っているとされる。
［A. Tezuka, S. Kasagi, C. van Oosterhout, M. McMullan, W. M. Iwasaki, D. Kasai, M. Yamamichi, H. Innan, S. Kawamura, M. Kawata, Divergent selection on opsin gene variation in guppy（*Poecilia reticulata*）populations of Trinidad and Tobago, *Heredity*, **113**, 381–389（2014）］

参考図書（3.9.1）

1）山道真人，印南秀樹，はじめようエコゲノミクス（5）　自然選択の検出（その1）。日本生態学会誌，**60**，293-302（2010）.
2）山道真人，印南秀樹，はじめようエコゲノミクス（5）　自然選択の検出（その2）。日本生態学会誌 **61**，237-249（2011）.
・日本生態学会誌は以下のサイトから無料でダウンロードできる。
http://ci.nii.ac.jp/vol_issue/nels/AN00193852_ja.html
3）A. Tezuka, S. Kasagi, C. van Oosterhout, M. McMullan, W. M. Iwasaki, D. Kasai, M. Yamamichi, H. Innan, S. Kawamura, M. Kawata, Divergent selection on opsin gene variation in guppy（*Poecilia reticulata*）populations of Trinidad and Tobago, *Heredity*, **113**, 381–389（2014）.

3.9.2　生物間相互作用をはかる

高校の生物教科書では，生物間相互作用として競争（種内・種間）や捕食作用などが解説されている。生物間相互作用の理解は，個別の生物間相互作用を逐一説明するのではなく，自然生態系における多種共存のメカニズムとして，生物群集の総体的な視点で理解する必要がある。多種共存のメカニズムとしては，20世紀を通じて二つの大きな学説があった。一つはニッチ（生態的地位）を分けることによる共存であり（ニッチ分割），もう一つは非平衡共存説である。以下，順に解説する。

a.　種間競争とニッチ分割

自然界での生物集団では，密度に依存した作用（種内競争と密度効果，種間競争）により個体数動態が規定されていると考える学説は，A. J. Nicolson（1933, 1948）らに代表される。この流れを汲んだのがR.H. MacArthurとR. Levins（1967）の「ニッチの類似限界説」である。これは，Lotka-Volterraの連立微分競争方程式を基礎として，資源軸の上に資源利用曲線（正規分布でニッチの位置と広がりを規定）としてニッチを定量的に表現している。そして，資源利用曲線の重なりとしてニッチ重複度を求め，このニッチ重複度が大きいと種間競争圧は強いと考える。

図3は種1〜3の3種を考えたモデルで，ニッチの離れ具合dとニッチの幅wでニッチ重複度が規定される概念図である。dが大きくwが小さいとニッチ重複度は小さく共存しやすい。一方，dが小さくwが大きいとニッチ重複度は大きくなり，共存できにくくなる。この理論をもとに，自然界でニッチ重複度を推定する指数がつくられた。たとえば，資源（餌や生活場）の項目jを種iが利用するときのLevinsのニッチ重複度指数は$\alpha_{12} = \sum_j p_{1j} p_{2j} / \sum_j p_{1j}^2$となり，これはLotka-Volterra競争方程式の係数α_{12}と相同である。また，Piankaのニッチ重複度指数は，種1と種2について，Levinsの指数を積率相関係数のように相乗平均をとるものである。

$$\alpha_{12} = \sum_j p_{1j} p_{2j} / \sqrt{\sum_j p_{1j}^2 \sum_j p_{2j}^2}$$

このようなニッチ重複度指数を使った生物群集の多種共存を示した研究例として，Pianka（1974）がある（図4）。これは，半砂漠性トカゲの生物群集を対象に，北アメリカ（大盆地砂漠・モハベ・ソノラ砂漠），南アフリカ（カラハリ砂漠），豪州（グレートビクトリア砂漠）の三大陸で，多種共存とニッチ重複度指数の関連を調べたものである。共存しているトカゲ種数が多いほど，種間のニッチ重複度指数が小さくなっている傾向が見られる。同じ地域で生息しているトカゲの種数が少数だと，ニッチが多少重複していても共存できる。しかし，同じ地域でトカゲ種数が多種になると，餌や棲み場所を細かく分けて専門化しないと共存できなくなる。このように1970年代後半までは，ニッチ分割に基づく多種共存理論が先行していた。

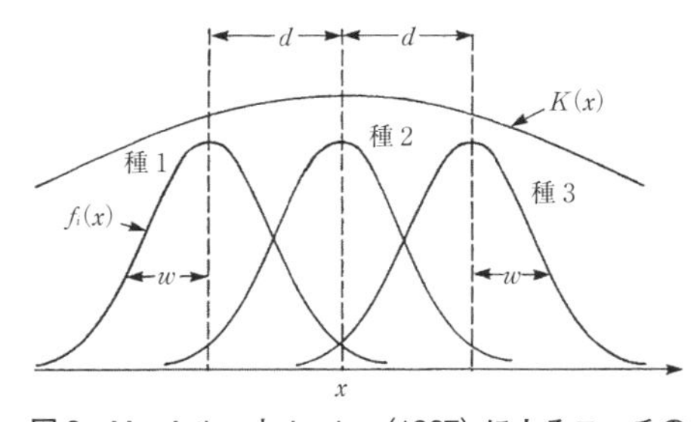

図3　MacArthurとLevins（1967）によるニッチの類似限界理論の模式図

資源軸xの上に，種1〜種3のニッチ$f_i(x)$が正規分布の資源利用曲線として描かれている。$K(x)$は資源軸xの位置での環境収容力である。ニッチの平均距離dと分散wが与えられれば，各種のニッチ重複度が正規分布の重なりとして理論的に予測できる。ニッチの重なりが大きくなるほど，種2は他種と安定共存がむずかしくなる。

［嶋田正和，粕谷英一，山村 則男，伊藤嘉昭，"動物生態学 新版"，海游舎（2005）］

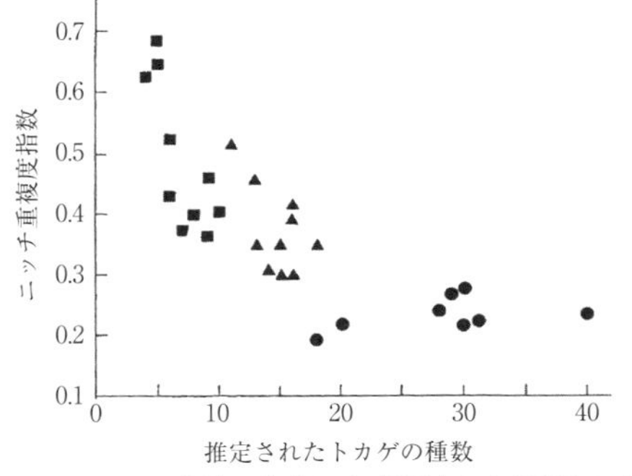

図4　三つの大陸で比較した砂漠性トカゲ群集におけるニッチ重複度指数のパターン

■は北米の大盆地，モハベ，ソノラ砂漠，▲は南アフリカのカラハリ砂漠，●は豪州のグレートビクトリア砂漠。各調査地でのニッチ重複度の平均値を示す。

［嶋田正和，粕谷英一，山村 則男，伊藤嘉昭，"動物生態学 新版"，海游舎（2005）］

b. 非平衡学説の台頭

ニッチ分割の多種共存理論は，生態系における生き物の需要に対して，餌や生活場の供給が消費され，余剰がない状態を想定している。そのため，これは個体数の平衡状態を考えた理論となる。ところが，1980年代に入って一部の生物群集研究者はこの仮定は間違っていると主張し始めた。

図5はStrong（1986）による自然界での生

物集団の動態の概念である。生物集団が低密度のときは餌や棲み場所が多く余っているので，生物集団は急速に増加する。しかし，餌や棲み場所が消費し尽くされて集団が飽和している上限のレベルに達するのは，実はまれであり，一般には乾燥や天候不良の物理的要因や天敵による捕食で，集団は頻繁に減少するだろう。そのため，生物集団は密度効果のあいまいなレベルを増減するのが一般と考えられる。つまり，自然界では餌や棲み場所は余っているのがふつうで，高校の生物教科書によく登場する「ガウゼの競争的排除則」(「同じニッチをめぐって競争する2種は平衡状態では共存できない」とする生態学の法則）にまで密度が高くなり，種間競争するレベルにまでは達しないことになる。よって，ニッチ分割が大きい値を示したとしても，それは餌や棲み場所が余っているために各生物種が自らの選好性に応じて餌や棲み場所を利用した結果だと考えるのが，Strong らの概念である。

図6は Strong（1982）が発表した事例で，

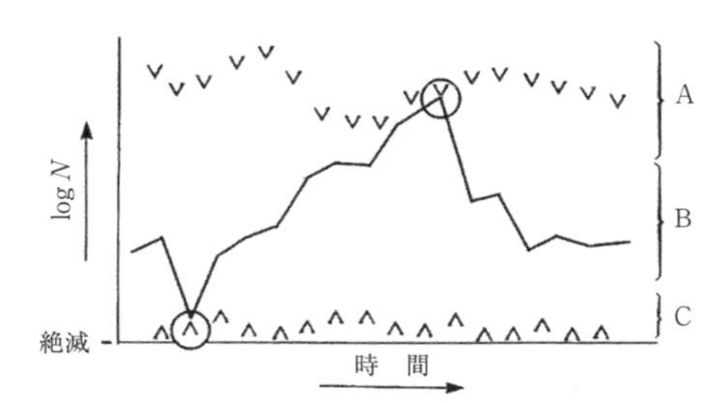

図5　自然界での生物集団の動態の模式図

A：飽和しているレベル（死亡要因は資源の枯渇，天敵，移出による），B：密度効果のあいまいな領域（物理的要因，資源の質，天敵による），C：極低密度（増加要因は移入による）

低密度のときは餌や棲み場所が多いので生物集団は急速に増加する。しかし，乾燥や天候不良の物理的要因や天敵による捕食，他の棲み場所へ移動するなど負の要因で集団は減少するので，餌や棲み場所が消費し尽くされる飽和レベルに達するのはまれである。その結果，生物集団は密度効果のあいまいなレベルを増減するのが一般的と考えられる。

［嶋田正和，粕谷英一，山村 則男，伊藤嘉昭，“動物生態学 新版”，海游舎（2005)］

中央アメリカに生息するバショウ *Heliconia* につくハムシ群集のデータである。バショウの若葉は大きな筒状の巻き葉で，その中に特有のハムシが生息している。多い調査地では8種，1本の若葉で5種も見つかるという。そこで各調査地ごとの共存種数と，1本の若葉を棲み分ける傾向か共有する傾向かを，$\sqrt{x^2}$ の指数で解析した。その結果，多くは1本の若葉を共有する傾向が見られた（図6)。共存が許される要因としては，一つにはバショウが大きな若葉をもつためにハムシ類による摂食量は若葉全体の1.5% 程度でしかなく，若葉は多く余っていること，もう一つは卵や蛹期の寄生蜂が天敵として高い死亡率をもたらしていることである。このように，自然界では競争は必ずしも卓越した相互作用ではない事例が多く報告されている。

c. 変動主要因の検出

では，自然界での生物集団は，どのような要因で動態が規定されているかについて，変動主要因分析（key-factor analysis）を紹介したい。ある生物集団で，齢別個体数のデータが得られているとする。最初の齢期を N_0，最後の齢期を N_z とすると，出生個体数からみた生存率は N_z / N_0 である。これは，

$$\frac{N_z}{N_0} = \left(\frac{N_z}{N_{z-1}}\right)\left(\frac{N_{z-1}}{N_{z-2}}\right)\cdots\left(\frac{N_2}{N_1}\right)\left(\frac{N_1}{N_0}\right)$$

である。両辺対数を取ると，

$$\log N_z - \log N_0 = (\log N_z - \log N_{z-1}) + \cdots + (\log N_1 - \log N_0)$$

両辺は生存率を取るために（　）内は実数ではすべて <1 であるため，対数では負となる。そのため，両辺に -1 をかけて死亡率を反映した式（生存率の逆数）に変える。

$$\log N_0 - \log N_z = (\log N_{z-1} - \log N_z) + \cdots + (\log N_0 - \log N_1)$$

この各項を各齢期 i の死亡率 k_i，一生を通じての死亡率を K とすると，以下を得る。

$$K = k_1 + k_2 + \cdots + k_z$$

Varley と Gradwell（1960）はカシワの害虫であるナミスジフユナミシャクの生命表のデータをもとに，各齢期の k_i を計算しそれをグラフ化して，全期間を通じての死亡率 K と最も平行的に変化する k_i の死亡要因を変動主要因

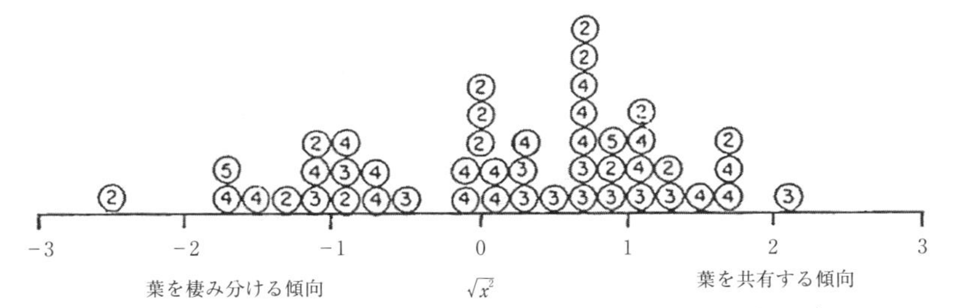

図6 バショウ *Heliconia* につくハムシ群集の各調査地での共存種数のデータ

各丸は一つの調査地を表し，丸内の数字は共存種数を示す。横軸は $\sqrt{x^2}$ 指数の値。これが正だと若葉を共数する傾向で，負だと若葉を棲み分ける傾向を意味する。

［嶋田正和，粕谷英一，山村 則男，伊藤嘉昭，"動物生態学 新版"，海游舎（2005）］

(key factor）とした（図7)。図7では，k_1 すなわち冬期の消失が全期間を通じての死亡の変動主要因である。これは，基本的に K と各齢期の k_i の相関係数を取ることで特定できる。

d. まとめ

自然界で生物間相互作用をはかるときには，図7のように多くの要因が影響を及ぼすことに留意する必要がある。それは，個体数レベル（個体数密度）に依存するために，単純にニッチ重複度だけをはかる1970年代の群集理論は1980年代に批判にさらされたのは，当然のことであった。一般には，大型肉食獣では種内・種間競争がとても厳しい。一方，栄養段階が下に降りると，植食性昆虫は強い種内・種間競争を示すことは少ない。ただし，多くの害虫は単独種で爆発的に増え，植え込みや樹木を丸裸にすることもある。要するに，図5のどの状態を私たちは見ているのかを理解することが大切である。最近は，生物間相互用と生物群集の成り立ちを多元的な要因から理解することが一般となっている。［嶋田 正和］

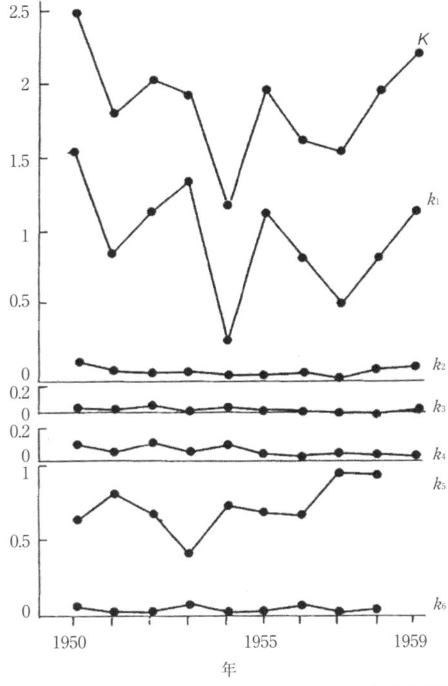

図7 Varley と Gradwell（1960）による変動要因分析

$K = k_1 + k_2 + \cdots + k_6$，$k_1$：冬の消失，$k_2$：寄生バエによる寄生，$k_3$：他の幼虫寄生者，$k_4$：病気，$k_5$：捕食による蛹の死亡，$k_6$：蛹寄生蜂による寄生

［嶋田正和，粕谷英一，山村 則男，伊藤嘉昭，"動物生態学 新版"，海游舎（2005）］

参考図書（3.9.2）

嶋田正和，粕谷英一，山村 則男，伊藤嘉昭，"動物生態学新版"，海游舎（2005）.

3.9.3 生物群集をはかる

a. 種の多様性

生物の種数は，個体数と並んで生態学における最も重要な指標である。種の多様性は単に種数ではかることもあるが，個体数も加味して評価することも多い。その理由は，仮に二つの群集に含まれる種の数がまったく同じであっても，各種の個体数のバランスによって群集の構造が大きく異なるからである。表1の三つの群集はどれも4種を含むが，群集Bでは個体数が種ごとに一様であり，群集Cは最も偏りが大きい。こうした度合いを確率論や情報理論で定式化したものがシンプソンの指数 D とシャノンの指数 H' である。種 i が群集全体に占める個体数の割合を p_i とすると，各指数は以下のように表せる。

$$D = 1 - \sum_{i=1}^{S} p_i^2 \qquad (1)$$

$$H' = - \sum_{i=1}^{S} p_i \log_2 p_i \qquad (2)$$

ただし，S は群集中の種数を表す。いずれの指数でも，群集Bの多様性が高く，群集Cの多様性が低い。

表1　4種の生物から構成される三つの生物群集と多様度指数

群集	種1	種2	種3	種4	多様度指数	
					シンプソン	シャノン
A	100	40	50	10	0.65	1.68
B	50	50	50	50	0.75	2.00
C	160	20	10	10	0.35	1.02

また，種の多様性には空間的な階層性があり，それを評価することも重要である。ある生息地に住んでいる種数は α 多様性，異なる生息地間での種の入れ替わりを β 多様性，複数の生息地を合わせた大きなスケールでの種数を γ 多様性という。α 多様性と γ 多様性は異なる空間スケールでの種数であり，しばしば局所スケールと地域スケール（または景観スケール）での種数として対比される。β 多様性は二つのスケールを橋渡しするもので，γ 多様性と α 多様性の差として表される。図8の二つの地域で考えると，α 多様性はともに4.5であるが，γ 多様性が地域Bで高い。それは地域Bで生息地間の種の入れ替わりが大きく，β 多様性が高いからである。

地域A

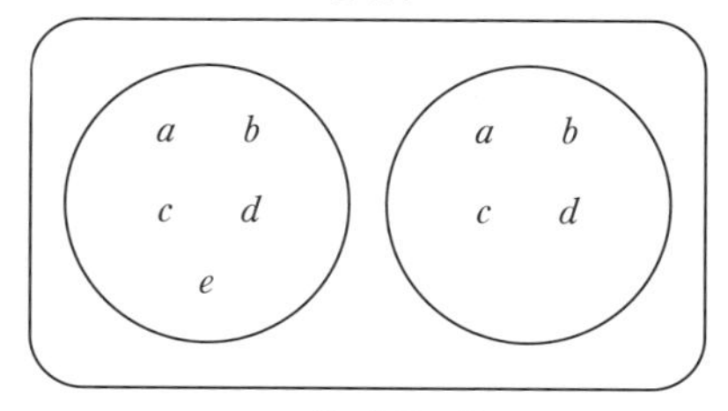

$\alpha = (5+4)/2 = 4.5$
$\gamma = 5$
$\beta = 5 - 4.5 = 0.5$

地域B

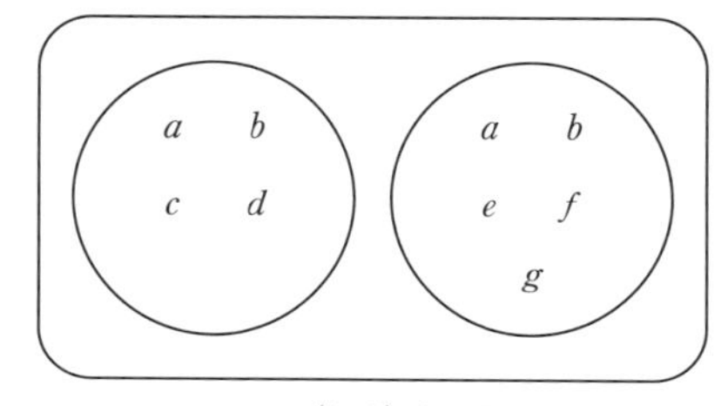

$\alpha = (4+5)/2 = 4.5$
$\gamma = 7$
$\beta = 7 - 4.5 = 2.5$

図8　二つの地域における α，β，γ 多様性
円は局所群集を表し，小文字のアルファベットの違いは種の違いを表す。

b. 食物網

生物群集のなかの種を捕食・被食関係で結んだものを食物網という。食物網のなかでの種の位置は栄養段階として表され，一次生産者は1，一次消費者は2，二次消費者は3となる。また，捕食者と被食者を結ぶ線をリンクとよぶ。したがって，ある消費者の栄養段階は，生産者からその消費者までのリンク数に1を足した値になる。しかし，実際には消費者はさまざまな餌種を食べることが多いため，捕食・被食の関係は直線的ではなく網目状になる。捕食・被食関係は，捕食の現場の直接観察や，胃内容物を調べることで推定できる。他にも体組織を構成する元素の安定同位体比や胃内容のDNAを分析することで餌の起源を推定することもできる。

よく用いられる安定同位体は炭素（質量数

12と13）と窒素（質量数14と15）である。組織中に含まれる希な安定同位体比が，世界基準で定められている標準物質の同位体比と比べて隔たっている度合いを千分率（‰，パーミル）で表示したものが使われる（炭素：δ^{13}C（‰），窒素：δ^{15}N（‰））。窒素では，排泄物として軽い同位体がより多く排出されるため，重い同位体が体内で濃縮される。そのため栄養段階を一つ上がるごとにδ^{15}Nは約3.4‰上がる。一方，δ^{13}Cは栄養段階が上がっても1‰程しか上がらないが，生産者の炭素固定の過程の違いによりδ^{13}Cは変化するので，対象動物のδ^{13}Cに近い生産者が主な餌の起源として推定することができる（図9）。　［宮下　直］

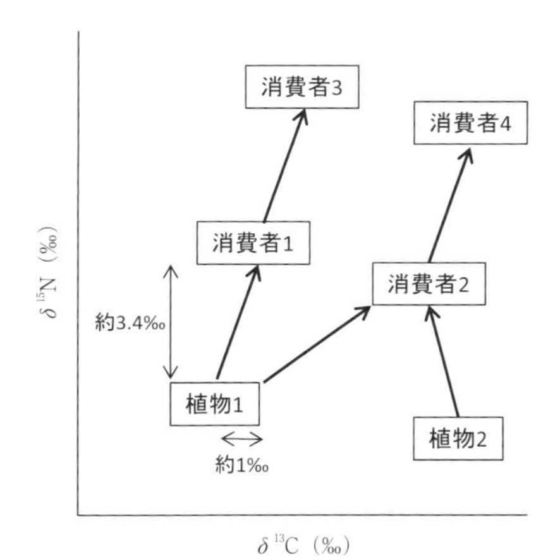

図9　炭素と窒素の安定同位体比をもとにした食物網の構造

消費者が特定の生産者を摂食する場合は，同位体比は一定の率で上昇する。炭素の同位体比が異なる複数の生産者を摂食する場合は，それらの摂食割合に応じて安定同位体比は変化する。消費者2は植物2を植物1よりも多く摂食している。

3.9.4　景観構造をはかる

生態学では，複数の生態系の組み合わせを景観とよぶ。里山はその例で，水田や雑木林，草地などの集合体である。ここでは景観構造をはかる二つの尺度を紹介する。

a.　組成の異質性

これは景観内に存在する要素（景観要素）の数や各要素が景観内に占める面積割合などで表される。景観異質性で最もよく用いられる指標は，種の多様性の評価で用いられるシンプソンの指数やシャノンの指数である（3.9.3式（1），式（2））。ただし，p_iは景観内で景観要素iが占める面積割合である。日本の伝統的な里山景観を評価する指標である里山指数は，シンプソン指数を基にしている。この指数では，市街地はp_iの算出からは除外され，農地がまったく存在しない景観は里山指数の算出対象とはならない。一般に，組成の異質性が高いと種の多様性が高まることが知られているが，広大な森林や草原を生息地とする生物群の場合には，むしろ異質性が多様性を低下させることもある。

b.　形状の異質性

この指標は，景観要素の複雑性や配置（たとえばある要素が集中しているか一様に分布しているか）で表される。様々な指標が提唱されているが，ここでは使い道の多い二つを紹介する。

景観の複雑性の指標として，ある景観要素の総面積Aに対する周辺長Pの比率P/Aがある。この値が大きいほど，景観要素が入り組んだ複雑な形状をしている。林縁を生息地や採食場所とする生物では，この指数が高いと出現確率や個体数が高くなることが知られている。

景観要素の配置に関しては，Hanskiの指数がよく用いられる。この指数は，ある特定の景観要素（たとえば生物の生息地またはパッチ）に注目し，それらの景観内での集合度合を表す指標で，連結性（connectivity）とよばれている。

$$H_i = \sum_{j=1}^{S} \exp(-\alpha d_{ij}) A_j$$

ここで，H_iは生息地iに注目した生息地の連結性，d_{ij}は生息地iとjの距離，A_jは生息地jの面積，αは対象種の分散能力，Sは周辺の生息地の数である。この値を景観内のすべての生息地で平均（または総和）したものが，景観全体での連結性の指標となる。　［宮下　直］

3.9.5　生物の絶滅リスクの評価

現在，地球規模で生物多様性の減少が進んでおり，科学的根拠に基づいた絶滅リスクの評価が重要となっている。絶滅リスクの評価法には様々あるが，個体群動態を記述するモデルを用いて，近い将来に種や個体群が絶滅する確率を計算する方法が望ましいとされている。

絶滅確率は，基本的に現時点の個体数と個体群の増加率がわかれば計算できる。現在の個体数 N_0 と各世代 t の増加率 λ_t が与えられると，T 年後の個体数 N_T は以下の式で表される。

$$N_T = N_0 \times \lambda_0 \times \lambda_1 \cdots \lambda_{T-1} \qquad (3)$$

野外では増加率は変動するので，変動を何らかの方法で推定して組み込む必要がある。絶滅の判断は，個体数が2以下になることを基準にしてもよいが，人口学的な確率性（ゆらぎ）を考慮して，50個体以下を絶滅の基準にする場合もある。T 世代までの計算を何度も繰り返し，そのうちで絶滅の基準を下回った回数の割合が絶滅確率となる。　［宮下　直］

参考図書（3.9.3〜3.9.5）

1）宮下　直，野田隆史，“群集生態学”，東京大学出版会（2003）.
2）宮下　直，井鷺裕司，千葉　聡，“生物多様性と生態学”，朝倉書店（2012）.

3.9.6　生態系における物質循環・エネルギー流をはかる

a.　はじめに

「生態系」は生物と非生物の相互作用系であり，生態系をめぐる物質やエネルギーの流れや循環には植物，動物，昆虫，微生物などの生物と，大気，水，岩石，土壌などの非生物が相互に関わりあいながら形成されている（図10）。物質やエネルギーの流れを調べることにより，生態系全体の有機物生産力や，水，炭素，窒素，養分，水質などの動態に関連する環境形成機能の評価につながる。また，純一次生産として生態系へ流入したエネルギーが各栄養段階における生産者，消費者，分解者によってどのように蓄積，消費されるのかを調べることにより，生態系の食物連鎖と物質循環との関係性を理解することができる。最近では炭素や窒素の安定同位体比を用いて，食物連鎖の栄養段階に基づいた生態系の構造を解析することが可能となっている。

生態系をめぐるエネルギーの流れは水や有機物の動態と密接に関わっている。大気と生態系間でのエネルギー収支を調べることで，生態系全体の蒸発散量などを評価することができる。たとえば，森林生態系の上空に設置した観測タワーなどにおける微気象観測（渦相関法など）を精密に行うことにより，大気－林冠境界面での水，エネルギー，二酸化炭素の流れを定量化することができ，生態系全体の水収支や炭素収支を評価することが可能である。

生態系の物質循環やエネルギー流を測定するさいには，対象とする生態系の構成要素や変動

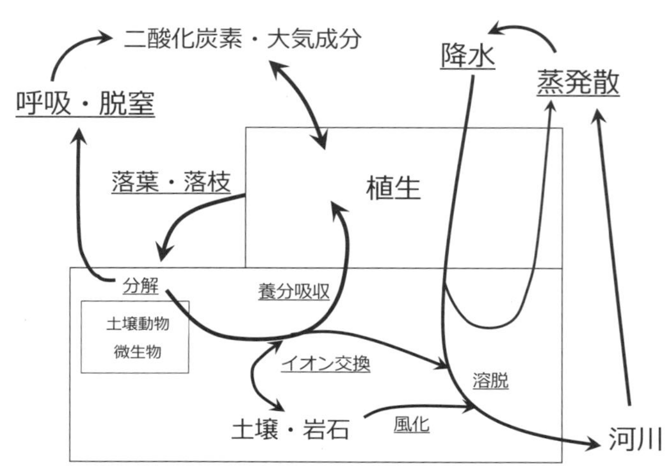

図10　生態系における物質・エネルギー循環の概念図

性，研究目的に応じて，その空間スケールや測定時間，繰り返し数を十分に配慮する必要がある。植物個体レベルで数時間，数日程度の測定で十分な場合や，集水域スケールで通年あるいは数年間以上の観測を必要する場合もある。

b. 降雨や河川水をはかる

大気からは降水としての水分だけでなく，さまざまな物質が大気沈着として生態系に供給されている（図10）。それらには雨や雪に含まれて供給される湿性沈着や，ガスやエアロゾルとして供給される乾性沈着が含まれている。生態系へ供給される大気沈着の濃度や量をはかることにより，生態系への養分（窒素など）供給速度や大気汚染影響等を評価することができる。

また，河川に流れ出る水質成分の濃度やフラックス(単位土地面積あたりの物質移動速度)は，集水域における生態系全体の物質循環を反映して形成されている。そのため，集水域末端における河川水質の季節変化や，大気沈着成分との濃度比較，物質収支を調べることにより，集水域生態系の水質形成機能や物質保持能力が評価される。河川の水質成分濃度やフラックスの形成には，集水域における水文特性（浸透，貯留，蒸発，排水など）が深く関わっていることにも注意が必要である。

たとえば，大気沈着によって供給される窒素フラックスと，河川へ流出する窒素フラックスを比較することで，その集水域生態系が窒素養分を正味保持しているのか，あるいは生態系から河川へ窒素が正味流出しているのかを把握することができる。大気汚染が進行することにより，生態系（おもに植物や微生物）が養分として必要とする以上の窒素が大気沈着として供給されると，生態系が窒素を正味保持できなくなることで河川へ窒素（おもに硝酸態窒素）が溶脱することが「生態系の窒素飽和現象」として知られている。最近では，硝酸態窒素や硫酸イオンなどに含まれる窒素，硫黄，酸素などの天然安定同位体を解析することで，河川へ流出する成分がどこを起源（大気，土壌，地質など）としているのかを推定することが可能となってきている。

c. リターをはかる

生物の枯死部分をリターとよぶが，森林生態系などでは多量の落葉・落枝がリターフォールとして林冠から土壌へと供給される。リターの形質（成分濃度など）や量は気候，地域，植物種，養分状態などによって大きく異なることが知られている。したがって，地球温暖化，大気汚染，生物多様性損失に伴ってリター動態が変化することが懸念されており，多くの研究が行われている。リターの生産量や養分量は，生態系の純一次生産量や養分吸収量の多くを占めているので，リターを調べることで生態系の有機物生産や養分循環，エネルギー流の全体量を大まかに把握することができる。また，リターの成分濃度(炭素／窒素比，リグニン濃度など)は，落下後における土壌動物や土壌微生物によるリター分解速度に影響することから，生態系全体の養分循環速度や土壌の養分肥沃度を評価する上でも重要である。

たとえば，養分濃度の低いリターを生産する生態系では，リター分解速度が遅いことにより土壌の養分肥沃度が低く維持され，それにより植生の養分吸収が高まらず，結果としてリターの養分濃度が低い状態が繰り返し維持されるといった「フィードバック機構」が存在する場合がある。また，異なる種のリターが混合して存在することにより，分解者の種類や活性が変化し，単一種のリターの場合と比べてリター分解速度が変化する場合があることも指摘されている。

d. 土壌をはかる

土壌は生態系の物質循環やエネルギー流における「かなめ」として機能しており，土壌の理化学的性質や生物活性などを調べることにより，生態系全体の養分状態や生産性，環境形成機能を評価することにつながる。とりわけ，土壌微生物による栄養塩の代謝活性，土壌コロイドによる成分吸着やイオン交換反応，土壌孔隙内の透水性・保水性などは生態系全体における物質動態や収支に深く関わっている。

たとえば，土壌微生物による窒素無機化・硝化速度（有機態窒素がアンモニウム態窒素や硝酸態窒素へ変化する速度）は，地温・水分条件や土壌化学性，有機物特性などに応じて幅広い値を示すことが知られている。そして，窒素が養分律速となっている多くの温帯林生態系などにおいては，生物生産，水質形成を評価するうえで，土壌微生物による窒素代謝速度が鍵となるプロセスとして特に重要である。

また，土壌表面からの二酸化炭素放出（土壌呼吸）速度は，土壌微生物呼吸と根呼吸の合計であり，生態系全体の総光合成量と比べても量的に大きいことから，生態系の炭素固定機能やエネルギー流を評価するさい，炭素・エネルギー収支の構成要素としてとても重要である。

また，土壌中での物質循環と河川水質との関係性を理解するためには，ライシメーターなどを用いて土壌内を流れる土壌溶液の成分組成や動態を調べることが必要である。最近では，分子生物学的手法を用いて土壌微生物のDNAやRNA組成を分析することにより，土壌内の物質循環を駆動している土壌微生物群集の種組成や特性を詳しく調べることができる技術が発展をつづけている。

d. 物質循環・エネルギー流と生態系評価

生態系の物質循環やエネルギー流は，それぞれの気候，地質，地形などの環境条件に対応しながら，多様な時間スケールの中で変化をしながらも持続的に形成されている。物質循環の各構成要素を調べ，その関係性や変動性を解析することで，その生態系の成り立ちや維持機構についての理解を深めることができる。

また，生態系の物質循環が駆動した結果として，気候調節，水質形成など人間社会にとって有益である環境形成作用や生態系サービスが生み出されている。生態系の炭素収支や窒素循環，各種成分動態の観測研究や野外実験を行うことにより，生態系プロセスの基礎的な理解のみならず，生態系の環境保全機能や生態系サービスの創出機構の解明へとつながるであろう。

［柴田 英昭］

参考図書（3.9.6）

1） 柴田英昭 著，占部城太郎，日浦勉，辻和希 編，“生態学フィールド調査法シリーズ1 森林集水域の物質循環調査法”，共立出版（2015）.
2） 森林立地学会 編，“森のバランス－植物と土壌の相互作用”，東海大学出版会（2012）.
3） 南川雅男，吉岡崇仁 共編，日本地球化学会 監修，“地球化学講座5生物地球化学”，培風館（2006）.

3.10　生物分類を通してはかる生物の多様性と進化

3.10.1　生物の分類

生物の種類に名前をつけてそれらを区別することは，人類の歴史とともに始まったと考えられている。古くギリシャ時代（紀元前8世紀～紀元前4世紀頃）においても，動物・植物・鉱物の区別が行われ，たとえば動物を，陸上生活をするもの，水中生活をするもの，空中生活をするものなどに区別し，また，植物を茎の特徴で木本や草本などに区別している。このように，生物の生活域やある特定の性質だけに注目し，生物を実用的または形式的なやり方で分類することを人為分類という。

しかしたとえば，生殖器官である花の構造を中心に考えると，草本のカラスノエンドウと木本のハリエンジュは，ともに左右相称の合弁花であるので，同じグループ（マメ科）に分類される。このように個々の生物がもつ形質に基づいて分類すると，自ずから生物の類縁関係を反映した分類が行われることになる。これを自然分類という。

また，生物の名前は誰でもつけることができるが，研究者がそれぞれ勝手に名前をつけたのでは普遍的なものにはならない。一つの分類体系を世界中の研究者が共通して用いることができるようにするには，名前をつけるときのルールが必要である。

このルールの基礎をつくったのが，スウェーデンのC. Linnaeus（リンネ，1707－1778）である。彼は一つの生物の名称を，属名＋種小名という二つの単語を組み合わせた二名法によって表現する方法を提案した。たとえば，ヒトを *Homo sapiens* と表す方法である。この場合，属名と種小名はラテン語（あるいはラテン語化された現地語）を用いることになっている。また，動物や植物に新しい名前をつけて，その生物の特徴を「言葉」で表現することを「記載する」という。この場合，その種に属している多くの個体のうちのただ一つを選んで，その形質を詳細に記載する。この選ばれた個体を「基準（模式）標本」あるいは「タイプ」という。このようにして名付けられた国際的に通用する種名を学名という。

このような命名上の規約は，1930年に“国際植物命名規約”が，また1961年に“国際動物命名規約”が合意され，生物に新しく名前をつけるときのルールが明確化された。しかし，両者の命名規約は独自に作成されたために，動物と植物で同じ学名が付けられている場合もある。また，“国際植物命名規約”には，現在は「植物界」から別の「界」に移された藻類や菌類の命名に関する条項も含まれているため，2011年からはその名称が“国際藻類・菌類・植物命名規約”に変更されている。また，原核生物の命名に関しては，これらとは別に“国際細菌命名規約”がある。

なお，生物の名称にはそれぞれの国の言語で名付けられた名称があり，日本語で付けられた生物名を和名というが，和名の付け方については規約のようなものはない。

3.10.2　分類の基準形質

生物を分類する場合，個体のもつすべての形質を分類に使用することができる。たとえば，葉の形やおしべの数，花粉粒の表面の模様，発生途上の胚の形，あるいはDNAの特定部分の塩基配列などである。しかし，すべての生物において，これらの形質のデータが簡単に入手できるわけではない。

また，生物を分類する場合，つねに生きた個体が利用できるとは限らない。したがって，生きた個体が利用できない場合は「死んだ個体」，すなわち「標本」を利用して形質を調べることもある。このような場合は，「発生途上の胚の形」という形質は利用できない。

言い換えれば，生物を分類する場合は標本でも調べることができ，しかも簡便な方法，たとえば，肉眼，ルーペ，顕微鏡などで観察できる形態学的形質が利用される。これらの形態学的形質は，体長や草丈など，形質の長さ・高さ・幅などであり，一般には「距離」を測定するため距離測定法とよばれている。しかし，長さや太さといった生物体の大きさに関する形質は生物の生活環境によって影響されることもあるので，生活環境によって影響を受けにくいとされている生殖器官の形質が分類に利用されることが多い。

また最近では，「形状」とその変異を数値として定量化する方法も試みられている。

形態測定学は対象物の形状（シェイプ）と，その変異を定量化する方法論を取り扱う研究分野を指し，農作物の形の解析や形態の進化の研究などに応用されている。通常は，形状と大きさを分離して独立に解析する。ランドマーク法，楕円フーリエ法，セミランドマーク法などがある。

しかし，形態学的形質のみでは種を識別することができない場合も多く，そのようなときには，たとえば染色体の数や大きさといった細胞遺伝学的な形質や，一年生であるか多年生であるかといった生理学的な形質が用いられることもある。また，形態学的形質が利用の困難な細菌の分類や，系統関係を考慮に入れた分類では，特定の遺伝子領域（DNA）の塩基配列やリボソームに含まれるRNA（rRNA）の塩基配列などの分子生物学的形質も利用される。

一方，より上位の分類群では，生物体に含まれる物質，言い換えれば化学成分が分類に適用されることもある。たとえば，光合成色素であるクロロフィルは，a，b，c_1，c_2，c_3，d，fに細分され，このうちaは陸上植物やいわゆる藻類に共通して含まれるが，bは陸上植物と緑藻類に，c_1〜c_3は珪藻類や褐藻類などに特異的に含まれるクロロフィルである。このように，生物体に含まれる化学物質によって生物を分類することを化学分類とよぶ。

3.10.3　種と分類群

現在，分類学で一般的に用いられている体系は，リンネ式階層分類体系とよばれているものである。これは，多様な生物の中に区別できる集合体に名前をつけて，それらを階層的に配列するものである。この場合，最下層の集合体は二名法によって学名の付けられた種であり，これが生物を分類するときの単位となっている。

a.　種の定義

種は実在する生物の個体そのものではなくて，ある生物群に対する総括的な概念であるので，明確に定義することはむずかしい。しかし前述のように，形態学的に識別できる個体は別種とされ，また，生物のもつ様々な特徴（＝形質）が明らかになるにつれて，細胞遺伝学的な特徴や生理・生化学的な特徴などを分類の基準として取り入れた種概念も提唱されている。

一方，形態的にはほとんど区別できない生物群であっても，交配できなかったり，交配しても子孫を生じることができない場合がある。このような場合を「生殖的に隔離されている」というが，同所的に生活していても生殖的に隔離されている種は同胞種とよばれている。たとえば，ヨーロッパに生息しマラリヤを媒介する蚊の一群は，成体の特徴からは区別ができず，以前は1種と考えられていたが，現在は生殖的に強く隔離された6種からなっており，遺伝的に混じり合わないことが判明している。

このように近年では，形態学的には区別ができなくても，生殖的に隔離されている場合，言い換えれば遺伝的に隔離された生物群を種とする考え方が定着している。この考え方に基づく種概念を生物学的種概念といい，現在一般的に支持されているE. W. Mayr（マイア（マイヤーとも表記する），1904－2005）の生物学的種概念では，「実際にあるいは潜在的に相互交配する自然集団のグループで，他の同様の集団から生殖的に隔離されている自然集団の集合体」と定義されている。すなわち，相互交配によって遺伝子の交換が可能な生物集団を一つの種と見なす考え方である。

しかし実際には，交配可能かどうかということをすべての生物で確認することは困難であり，現実的には形態学的に「異なっている」と認識できる特徴があれば別種として扱う，いわゆる形態学的種概念が併用されている。

また，生物によっては一つの種が幅広い環境条件に対応して生活している場合がある。この場合，環境条件の変化に伴って，個体群間に漸変的な，あるいは段階的な違いが生じると，全体としてその変化が勾配（＝クライン）として観察される場合がある。たとえば，アメリカのシェラネバタ山脈に生育しているキク科ノコギリソウ属の一種の種子を，高度の異なる地点から集めて同じ圃場で栽培した場合，低地からの系統は草丈が高く，高地からの系統では低いという漸変的な勾配が認められた。このような違いは，それぞれの系統の遺伝的な違いを反映したものであり，生育環境への適応と考えられている。このノコギリソウ属の例のように，変異は連続的であるが，「高地型」と「低地型」ともいえるような明瞭な形態的な違いが存在する場合，言い換えれば生育地の違いと対応して現れる型を生態型とよんでいる。

さらに，1年に2回以上発生する動物（おもに昆虫類）では，発生する季節によって著しく異なった形態を示すものがあり，それぞれ発生する季節に応じて，春型，夏型，秋型などとよばれる。チョウ類では，大きさ（アゲハチョウ），斑紋（サカハチチョウ），翅形（キタテハ）など，季節により一見別種と思われるほど異なるものがある。このように季節によってその形態が異なる場合を季節型という。

b. 分類単位

生物を形態学的な特徴に基づいて分類すると，いろいろな階層の集まりができる。この集まり，すなわち分類単位をタクソンという。その最も下位の階層が種である。また，種より上位の階層に，「属」，「科」，「目」，「綱」，「門」，「界」と順に名称をつけることになっている。しかし，それぞれの階層に属するグループが多くなると，その階層内にさらに下位の区分を設けることもあり，この場合は，たとえば「亜種」，「亜属」，「亜科」などの名称を用いる（表1）。なお，国際動物命名規約では，種の下位区分としては「亜種」のみが認められているが，国際藻類・菌類・植物命名規約では「亜種」のほかに，「変種」や「品種」という下位区分も認められている。

表1 リンネ式階層分類体系で用いられる階級

	階級	
国際命名規約の規定を受けない階級	界*	Kingdom
	門*	Phylum（植物では Division）
	亜門	Subphylum（植物では Subdivision）
	上綱	Superclass
	綱*	Class
	亜綱	Subclass
	目*	Order
	亜目	Suborder
科階級群	上科	Superfamily
	科*	Family
	亜科	Subfamily
	族	Tribe
属階級群	属*	Genus
	亜属	Subgenus
	節**	Section
種階級群	種*	Species
	亜種	Subspecies
	変種**	Variety
	品種**	Forma

* 基本的階級で必ず用いる，** 植物に固有な階級
［馬渡峻輔，"動物分類学の論理－多様性を認識する方法"，p.10，東京大学出版会（1994）を一部改変］

c. 五界説

生物の最も高次の分類群は「界」とよばれる。界を区別する特徴は科学の進歩とともに変遷があったが，現在ではR. H. Whittaker（ホイッタカー，1920－1980）の提唱した生物界を大きく五つの界に区別する考え方が一般的である（図1）。すなわち，現存する生物は，遺伝情報の担い手であるDNAが，細胞の中の「核」とよばれる細胞質から「膜」によって仕切られた区画の中に存在する真核生物と，「膜」によって仕切られておらず細胞質内の限られた空間に存在する原核生物に大別される。この真核生物と原核生物は，「核」の有無のほかに，小胞体やゴルジ体などの細胞小器官の有無，タンパク質の合成の場となっているリボソームの大きさなど，いくつかの点でも異なっている。

したがって，現存する生物は一義的には真核生物と原核生物に区別され，原核生物群は「モネラ界」とよばれている。一方，真核生物は一つの個体が単細胞からなる生物（単細胞生物）と複数の細胞からなる生物（多細胞生物）に区別され，単細胞生物群は「原生生物（プロチスタ）界」とよばれる。さらに，多細胞生物は，その構造と生活史および栄養摂取の方法の違いにより，「植物界」，「菌界」および「動物界」に区別される。

植物界に属する生物は，個体を維持するために必要な栄養分を光合成によって得る，いわゆる独立栄養生物である。菌界に属する生物は従属栄養生物で，多くの場合，他の生物を分解する酵素を分泌して，その分解物を吸収する。動物界の生物は他の生物を食べる（摂取する）ことによって個体を維持している従属栄養生物である。

このように，現存する生物をモネラ界，原生生物界，植物界，菌界および動物界に区別する考え方を五界説という。しかし，モネラ界に属する生物の中で，高温，高塩分濃度などの特殊な環境で生活する細菌は，モネラ界の他の生物群とは細胞膜や細胞壁の組成が異なるため，「古細菌界」として独立させ，残りの生物群を「真正細菌界」とする六界説も提唱されている。

さらに，リボソームを構成するRNAの一つである16s rRNAの塩基配列の解析から，この

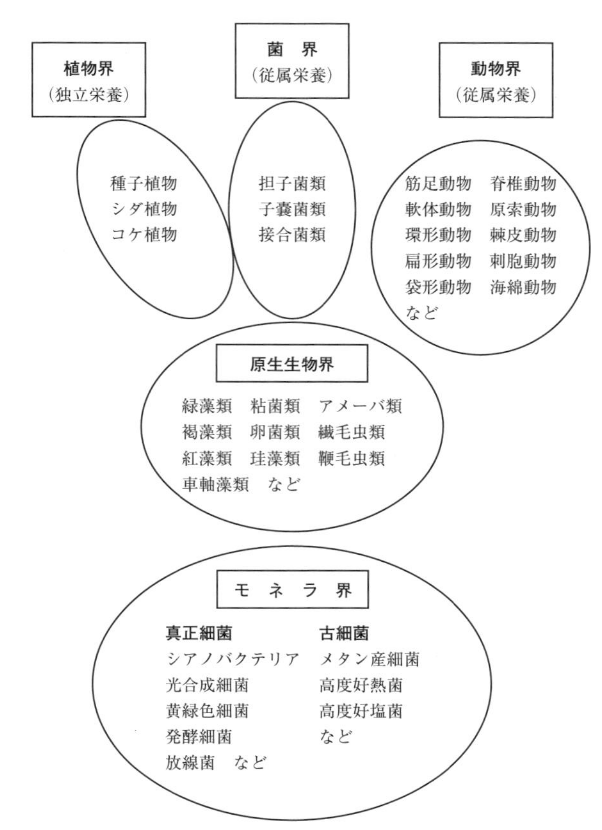

図1　ホイッタカーによって提案され，マーギュリスとシュワルツによって一部改訂された生物の五界説の模式図

古細菌は真正細菌よりもむしろ真核生物に近縁であることがわかり，生物界を三つの「ドメイン（超界）」，すなわち，バクテリア（細菌）ドメイン，アーケア（古細菌）ドメインおよびユーカリア（真核細胞）ドメインに大別する考え方（三ドメイン説）も提唱されている（図2）。

3.10.4　種分化

生物の進化や系統を考えるうえでの基本的な単位は種であり，新たな種が生じることによって，進化が進んできたと考えられている。生物学的種概念では遺伝的な交流がある集団が一つの種と見なされるが，このような集団から，何らかの形で遺伝的な交流が起きないような集団が生じると，新しい種が形成されることになる。これを種分化という。

種分化は基本的には遺伝情報であるDNAの塩基配列の変化（塩基の欠失，挿入，置換など）に起因すると考えられている。このような塩基配列の変化は突然変異とよばれているが，DNA複製時のミスや，化学物質あるいは放射線などによるDNA損傷の修復ミスなどによって生ずると考えられている。

DNAの塩基配列は基本的にはタンパク質のアミノ酸配列を規定しているので，DNAの塩基配列の変化はタンパク質のアミノ酸配列の変化を伴うことがある。また，生体内のタンパク質の多くは生体内で化学反応の触媒（＝酵素）としてはたらいており，アミノ酸配列の変化に伴うタンパク質の立体構造の変化によって，触媒としての機能を失ったり，あるいは別の化学反応の触媒としてはたらくようになる。その結果，生物体の構造や機能に変化が生じ，一つの種内に多様性が生まれる原因となる。

たとえば，花の色は，多くの場合，アントシアニンとよばれる色素によって発現されるが，

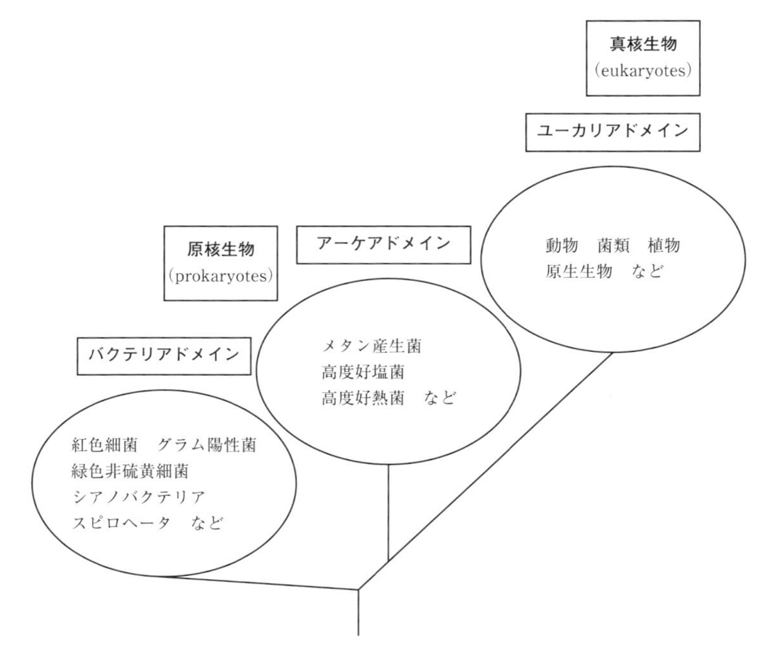

図2　ウーズらの三ドメイン説による生物界の分類とそれらに含まれる主な生物群

各ドメインの名称は研究者によって異なっているため，英語名をそのままカタカナ書きとした。

［C.R. Woese, O. Kandler, M. L. Wheelis, "Towards a natural system of organisms: Proposal for the domains Archaea, Bacteria, and Eukarya", *Proc. Natl. Acad. Sci. USA*, **87**, 4576-4579（1990）をもとに作成］

アントシアニンの基本構造に，異なる種類の糖が，異なる位置に付加されることによって，赤，青，紫などの色が発現する。これらの付加反応は異なる酵素によって触媒されるために，一つの酵素の有無によって，その花の色が赤になったり青になったりする場合があり，DNA の塩基配列の変化が，結果として花の色を変化させることになる。

もちろん，塩基配列の変化すべてがアミノ酸配列の変化を誘発するわけではなく，また，新しく生じたアミノ酸配列が個体の生存に不利な場合には，後述する自然選択によって集団中から除去される。しかし，アミノ酸配列の変化によって生じた新しいタンパク質が個体の生存に不利でなければ，変化したアミノ酸配列をもつタンパク質を規定する塩基配列は集団中に保存されることになる。

アミノ酸配列の変化には，DNA の塩基配列の変化と同様に，アミノ酸の欠失，挿入，置換などがあり，これらはタンパク質のもつ電荷に変化をもたらすことがある。この変化はタンパク質の電気泳動によって確認することができる。もし，このタンパク質が酵素である場合，活性中心におけるアミノ酸配列の変化は酵素の働きに影響を与えるので，いい換えれば，生物の生存に大きく関与するので，その生物種内に保存されることはほとんどない。しかし，アミノ酸配列の変化が活性中心以外の部分で起こると，酵素としての働きが失われずに，酵素タンパク質の多型性（＝酵素多型）として保存されることになる。さらに，同じ種に属する異なる個体群で酵素多型を調べることによって，種内の遺伝子の多型とその頻度を調べることにつながるので，種内変異は，外見上の形質の変異だけではなくて，遺伝子レベルの変異として把握できることになる。

a. 種分化の要因

種分化が起こる機構についてはこれまでに様々な仮説が提案されているが，地理的な要因によって遺伝的な交流が起こらなくなった地理的隔離と，生殖器官の構造変化や繁殖時期（たとえば開花時期など）の変化などによる生殖的隔離に大別される。

生殖器官の構造変化や繁殖時期の変化などによる生殖的隔離は個体間の交配前の隔離であるが，交配が起きて雑種ができるがその雑種に正常な子孫が生じることができない交配後の隔離もある。

地理的隔離では，もともと同所的に生活していた集団が何らかの要因によって集団が分割されて遺伝的な交流が起こらなくなったあとに，生殖的隔離が生じたと考えられている（図3）。しかし，地理的隔離が生じた後にも生殖的な隔離が起きていない場合，言い変えれば，地理的に離れた場所で生活しており，別種とされている個体を人工的に交配すると稔性のある子孫を生じる例も報告されており，地理的隔離が種分化の要因としてどのような意味をもっているか

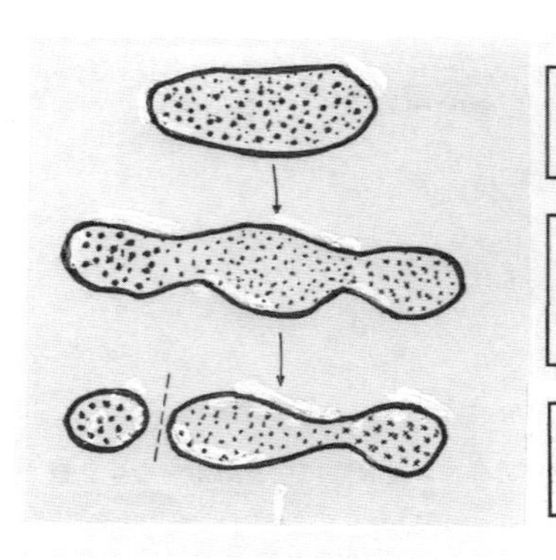

図3　地理的隔離による種分化の模式図

ということについては，現在も論争がつづいている。

一方で，地理的隔離が成立する以前に生殖的隔離が生じ，同所的に生活しながらも遺伝的な交流が起こらない例も報告されている。したがって，種分化の要因としての地理的隔離と生殖的隔離の関係については，種の定義とあわせて，さらに議論される必要がある。

b. 雑種形成による倍数体

植物では，地理的隔離と生殖的隔離以外にも，雑種形成と染色体の倍数化による種分化が知られている。前述のように一般的には，雑種が形成されても正常な子孫を生じることができないため，種分化につながることはない。これは，雑種個体において正常な生殖細胞の形成が妨げられることによる。すなわち，有性生殖を行う動物や植物では，一般的には生殖細胞形成時の減数分裂において相同染色体が対合し，対合した相同染色体が互いに異なる分裂極に移動することによって正常な生殖細胞が形成される。しかし雑種個体では，同じ染色体数をもつ個体どうしの雑種であっても，相同染色体がなかったり，あるいは一部の染色体しか相同でないために染色体の分配が乱れて，正常な生殖細胞が形成されない。このため，雑種個体が正常な子孫を残すことができず，種として存続できない。

しかし，減数分裂の第一分裂後期に染色体の移動がスムーズに行われないことによって，本来ならば両局に移動する染色体が移動しないで赤道板付近にとどまると，隔膜が形成されずに一つの核となる場合がある。この現象を復旧核形成というが，第二分裂は正常に行われるために，結果として非減数の生殖細胞が形成される。この非減数の，いい換えれば二倍性の生殖細胞どうしが融合すると四倍性の個体が生ずる。この四倍性の個体は片親由来の染色体を2組ずつもち，結果として正常な相同染色体をもつことになるために正常な生殖細胞を形成することが可能になり，染色体の倍加した雑種個体として存続できるようになる。

このような雑種起源の倍数性個体（＝倍数体）は異質倍数体とよばれるが，雑種によらない倍数体（ある個体の減数分裂において何らかの要因で非減数の生殖細胞が形成され，この非減数の生殖細胞どうしの融合による倍数体）も知られている。これは同質倍数体とよばれているが，相同染色体を4個もつために，減数分裂時に四価染色体が形成され，結果として第一分裂における染色体の分配が異常となるため，種として安定するためには，相同染色体間に何らかの分化を生じて，四価染色体を形成しない仕組みを確立することが必要であると考えられている。

このようにして生じた倍数体は一般に，二倍体に比べてより広い環境条件に適応できることが知られており，新しい生育地に進出して新しい種として分化していく可能性を秘めている。

3.10.5　系統と進化

地球上に生活している多種多様な生物を理解するために，分類という方法で種の記載・整理が行われてきたが，C.R. Darwin（ダーウィン，1809－1882）によって生物の「進化」という概念が明確に示され，生物の歴史を追跡する系統学が発展した。これによって，リンネによってまとめられた「階層分類」の考え方は，系統と進化を両輪とする分類体系，すなわち系統分類学として再構築されていった。

ダーウィンの「進化」の概念は，生物の形質には変異があり，生息環境に最も適した変異をもつ個体が生き残って子孫を増やしていくというものである。たとえば，ガラパゴス諸島に生息するフィンチのくちばしの形は島ごとに異なっているが，これはそれぞれの島に生息するフィンチのえさが異なっていることによるものであり，「適応」と「自然選択」によって「生物の進化」が生じるという考えである。

また「進化」とは，前に述べたように，生物のもつ形質が世代を経るにつれて変化する現象であるが，外見上形質の変化が認められない場合でも，遺伝子の変異が集団内に生じて，その変異した遺伝子の頻度が集団内で変化すれば，進化と見なされる。すなわち，生物学で用いる「進化」は，その背景にある遺伝的変化を重視し，個体群内の遺伝子頻度の変化として定義されるようになってきた。なお，成長や変態のような個体発生上の変化は進化とはいわない。

a. 自然選択と人為選択

生物のもつ形質や遺伝子頻度が人間による意図的な選抜（人為選択）によって変化することもある。この場合，選択の方向は「ウイルスに耐性がある」とか，「多量の良質な乳を出す」といった「人間にとって有用な方向」に偏るが，自然界でもある方向性をもった進化が生じているように観察される場合がある。たとえば，砂漠で生活する植物は，葉からの蒸散を最小限にするために葉が針状に変化したり，日中は気孔を開かないという，砂漠という水分条件の厳しい環境に適応した方向に進化している。このような進化は，生物が「ある意図」をもって形質を変化させているように論じられることがあるが，遺伝子の変化はランダムに生じており，あくまでも砂漠という環境に適した形質が厳しい水分条件の下で選択された結果にすぎない。このような自然環境の選択圧による選択を自然選択という。

b. 性選択

生物の形質は自然環境の選択圧だけによって進化するのではなくて，有性生殖を行う生物では配偶相手の「選り好み」によって進化する場合も知られている。たとえば，クジャクの雄の美しい飾り羽は，雄どうしの戦いに無用であるばかりか，派手な色彩をつくるためにはかなりのエネルギーを必要とするし，また，このような派手で大きな羽は普段の生活に邪魔であるばかりか，捕食者にも狙われやすくなる。それにもかかわらず，このような形質がクジャクという種内に維持されているのは，大きな飾り羽や派手な色彩をもつということが，「強い生存力」を示す指標になっているためではないかと考えられている。雌はこのような指標に基づいて，より美しい飾り羽をもった雄を選ぶことによって，より強い生存力の雄を選ぶことになり，結果的に「強い遺伝子」を子孫に伝えることができるのではないかと推測されている。このような配偶者による「選り好み」を性選択という。

c. 共進化

ある地域に生活する生物は互いに影響し合って生活している。たとえば，大半の被子植物は受粉に昆虫などの手助けを必要としている。このため，植物は何らかの「便宜」を昆虫などに与えているわけであるが，受粉を媒介しない昆虫なども吸蜜に訪花する。そこで，植物は花の開口部から蜜腺までの距離を長くするなどして，受粉を媒介する昆虫などだけに吸蜜できるように進化したと考えられる例も知られている。

マダガスカル島に自生しているある種のランは蜜腺（距）の長さが 30 cm もあるが，このランの受粉を媒介するのは，吻（ふん）の長さが 25 cm もあるスズメガである。スズメガの吻は長い方が蜜腺の底に溜まった蜜を吸うのに有利であるが，ランにとっても蜜腺が浅すぎるとスズメガが蜜だけを吸って花粉塊を体に付けずに飛び去る危険性が増すので，蜜腺の深い方が花粉塊を運搬してもらう確率が高くなる。このように，ランの蜜腺とスズメガの吻の長さは，どちらもより長い方が有利なので，今日見られるような極端な長さにまで進化したものと考えられている。

d. 中立説

DNA に起きた塩基配列の変化によってもたらされるアミノ酸配列の変化は，表現型の変化を伴わない場合が多く，このような分子レベルの変化は自然選択の影響を受けにくい。このような変化が集団中に維持されるか否かは偶然によるもの（これを遺伝的浮動という）であることを理論的に体系づけたのは木村資生（1924－1994）であり（1968），「分子進化の中立説」，あるいは単に「中立説」とよばれている。この木村の中立説は，当初は自然選択説と対立する考えとされていたが，木村自身は「対立するものではなくて，並立するもの」と考えており，この考えは現在では多くの研究者に受け入れられている。

すなわち，遺伝子の変化には方向性がないために，遺伝子の変化が生物の生存にとってどのような影響を受けるかは予測できない。安定した環境の中では多様な表現型が許容される場合が多いが，いったん生活環境に変化が生ずると，環境の変化に適応できる表現型と適応できない表現型が生じ，適応できない表現型は世代を経るごとにその個体数が減少する。このことは，その表現型を発現する遺伝子に選択が働いたことになる。

このように，ある特定の遺伝子型が世代を経て増加する要因としては，安定した環境下では遺伝的浮動が主であり，不安定な環境下では自然選択が主となると考えられている。

なお，自然選択を原動力とした進化説はダーウィニズムとよばれるが，現在の進化説は自然選択以外の要因，たとえば遺伝的浮動や隔離なども進化の原動力と考えるようになっている。このように，集団遺伝学や生態学などの知見も取り入れた進化の考え方を総合説（研究者によってはネオダーウィニズムという場合もある）という。

e. 系統樹

生物の進化やその分かれた道筋を，枝分かれした樹状の図として示したものが系統樹である。系統樹は1840年にE. Hitchcock（ヒッチコック，1793－1864）が描いたのが最初とされるが，現在私たちが「一番古い系統樹」として目にするのは，「個体発生は系統発生を繰り返す」と述べたE. Haeckel（ヘッケル，1834－1919）の描いた系統樹である。このヘッケルの系統樹はダーウィンの進化論に刺激されて描かれたと考えられているが，「明確な根拠がなく，恣意的なもの」という批判もある。

このような曖昧な形式の系統樹に対して，現在ではより正確な系統樹を描く試みもなされている。たとえば，「門」以下の分類群では，その「門」に属する生物の様々な形質を選び出し，それらを一定の手順で比較し，類似点を求めつつ分岐図を描く方法が確立されている。このようにして描かれた系統樹は，あくまでも表現型の類似度に基づくものであり，真の系統とは異なる場合がある。

これに対して，ある特定の遺伝子の塩基配列やタンパク質のアミノ酸配列などの分子遺伝学的情報を用いて系統樹を描くことによって，分岐の絶対年代までを示すことができる。すなわち，DNAの塩基配列が変化する割合はどの生物でもほぼ一定であるので，ある特定の領域の塩基配列の違いを比較することによって系統樹を描くことができる。この方法では，分岐点での類似度や信頼度は数値で示され，また，枝の長さは進化に要した時間を表す。このような系統樹は分子系統樹とよばれる。

被子植物ではDNAの塩基配列に基づいた新しい分類体系が公表されているが，従来の分類

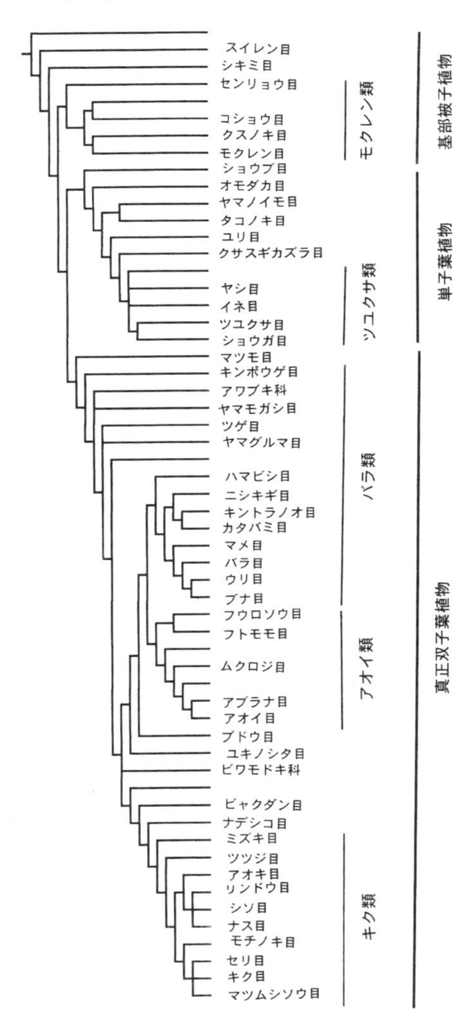

図4 DNAの塩基配列に基づいた被子植物の新しい分類体系

「目名」が空欄の箇所は，日本産の植物が報告されていない「目」を示す。また，「目」より上位の分類階級（綱や門など）は確定していない。

［The Angiosperm Phylogeny Group, *Botanical J. Linnean Soc.*, **161**, 108（2009）とウィキペディア：APG体系をもとに作成］

体系とは大きく異なっている。すなわち，従来は，被子植物は単子葉植物と双子葉植物に大別され，双子葉植物はさらに合弁花類と離弁花類に区別されていたが，新しい分類体系では，基部被子植物（モクレン類で，呼称はまだ確定していない），単子葉植物，真正双子葉植物の3グループに大別されている。また，合弁花類と離弁花類という区別はなくなっている（図4）。

3.10.6　生物の多様性

a.　遺伝子の多様性（遺伝的多様性）

有性生殖を行う生物では，多くの場合，生殖細胞が形成される際に減数分裂が行われる。この分裂は第一分裂と第二分裂に区別され，第一分裂前期における相同染色体の対合という現象によって，結果的に新しくできる細胞の染色体数が半減する。

対合した雄親由来の染色体と雌親由来の染色体は，第一分裂後期に対合面で分かれて二つの分裂極にランダムに移動する。たとえば，$2n = 6$の染色体をもつ生物では，3組の相同染色体のランダムな分配によって8（$=2^3$）個の異なる染色体の組み合わせをもつ生殖細胞が生じる（図5）。また，対合した相同染色体の染色分体間で染色体の一部分を交換する乗換え（＝交叉）という現象が起こるために，生じる生殖細胞の染色体構成はさらに多様となる。

このようにして形成された多様な遺伝子構成をもつ生殖細胞が合体することによって生ずる新しい個体の遺伝子構成はさらに多様となり，同じ両親から生じた個体であっても同じ遺伝子組成をもつ個体はあり得ないといっても過言ではない。すなわち，有性生殖を行う生物では，生殖細胞形成時の減数分裂によって個体のもつ遺伝的な多様性が増大していく。

また，遺伝子突然変異によって生じたDNAの塩基配列の変化がタンパク質のアミノ酸配列や立体構造を変化させ，その変異が自然選択によって集団中から排除されない場合も，個体のもつ遺伝的な多様性が増大していく。

b.　種の多様性

一般に「種の多様性」という場合は，「種数の多さ」の意味で使用されることが多い。リンネが1700年代後半に生物の分類法を考案して以来，これまでに記載された生物は約125万種であるが，実際に地球上にどれだけの生物種が生活しているかという推定は，研究者によって300万種〜1億種と大きく異なっていた。しかし，最近のC. Mora（モラ）ら（2011）の研究では，地球上には約870±130万種の真核生物が生活していると試算している。ただ，原核生物については言及していない。

一方，生態学の分野では，「種の多様性」と

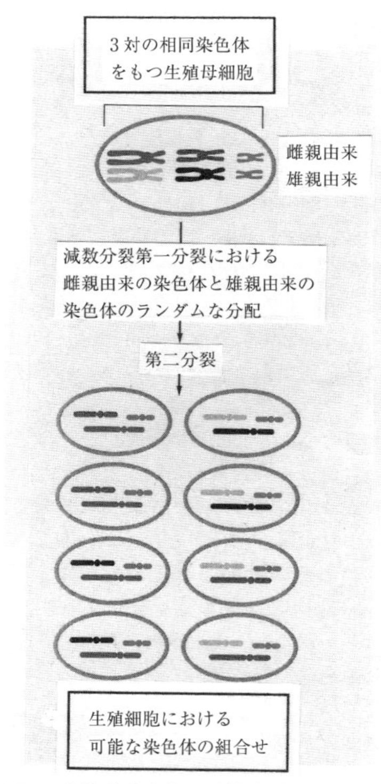

図5　有性生殖生物の減数分裂において遺伝的に多様な生殖細胞が形成される仕組みの例

減数分裂前期で対合した3対の相同染色体は後期に二つの細胞にランダムに分配されるため，結果として8種類の異なる染色体構成をもつ生殖細胞が形成される。

［B. Alberts, A. Johnson, J. Lewis, M. Raff, K. Roberts, P. Walter, “Molecular Biology of the Cells, 5th ed.（Reference edition）”, p.1279, Garland Science（2008）］

いう用語はある一定の空間内に生活する生物種の多様さの意味で用いられる。すなわち，ある生物群集において多種多様な生物が生活している状態，あるいはそれを数量的に表現した概念である。この場合，種類の豊富さと同時に，その群集で生活する種の個体数の均等性が重要である。たとえば，ある空間に10種100個体が生活しているとき，10種が10個体ずつ生活している場合と，1種が91個体で残りの9種が1個体ずつの場合では，前者の方が「多様性が大きい」という。

c. 生態系の多様性

生態系とは生物群集とそれを取り巻く自然環境を一つの系と見なす概念であるが，生態系には広大な森林から小さな湖沼まで様々な大きさのものがある。一般には，見掛けのはっきり違う自然環境はそれぞれを独立の生態系と見なして，たとえば，森林生態系，河川生態系，海洋生態系などとよぶ。しかし，同じ森林生態系でも気温や降水量，あるいは地形などによってそれを構成する植物の種類が異なり，また，その中で生活する動物の種類も異なるので，熱帯雨林や針葉樹林といった様々な森林生態系が存在する。このように，ある地域の自然環境に応じて様々な生態系が存在することを，生態系の多様性という。

前述したある空間における種の多様性は，基本的には生態系の多様性に依存するので，両者を区別して論じることはできないといえる。すなわち，種の多様性を保全するためには，生態系の多様性を保全する必要がある。言い換えれば，生態系の多様性を保全することが種の多様性を保全することにつながる。　［米澤 義彦］

参考図書

1) L. Margulis, K.V. Schwartz, "Five Kingdoms－An Illustrated Guide to the Phyla of Life on Earth", W. H. Freeman & Co. (1982) ［川島誠一郎，根平邦人 訳，"図説・生物界ガイド 五つの王国"，日経サイエンス社 (1987)］
2) 馬渡峻輔，"動物分類学の論理－多様性を認識する方法"，東京大学出版会 (1994).
3) 長谷川眞理子，"進化とは何だろうか"，岩波ジュニア新書 (1999).

さらに深く学ぶために(3章全体の参考図書)

1) B. Alberts, A. Johnson, J. Lewis, D. Morgan, M. Raff, K. Roberts, P. Walter, "Molecular Biology of the Cell", 6th Ed., Garland Science (2014).
2) J. D. Watson, T. A. Baker, S. P. Bell, A. Gann, M. Levine, R. M. Losick, "Molecular Biology of the Gene", International Ed. of 7th revised Ed., Pearson (2013).
3) D. E. Sadava , D. M. Hillis, H. C. Heller, M. Berenbaum, "Life: The Science of Biology", 10th Ed., W. H. Freeman, Sinauer Association (2012).

第4章　地　学

編集担当：西村年晴

4.1　宇宙をはかる

4.1.1　天体の見掛けの運動をはかる（天球，日周運動，恒星と惑星，季節と星座）

天空は丸く見える。そこに太陽や月や星が張りついていて，観察者を中心に回転しているように感じられることから「天球」という概念を考える。天球は地球を天空に投影したものと見なすことができるため，理解しやすいという利点がある。

天体までの距離は通常はわからないので，天体はすべて天球にはりついていると考える。ちょうど地表面上に大陸があるように，天体は天球面上にあると見なすのである。すると，地球上の経度・緯度に相当する座標として赤経・赤緯を考えることができる。

赤経・赤緯　赤経・赤緯を用いる赤道座標系（図1）では，天の赤道を赤緯0°，天の北極を+90°，天の南極を−90°とし，赤経の原点は春分点にとる。春分点は春分の日に太陽がある場所で，黄道と天の赤道の交点の一つである（もう一つの交点は秋分点）。地球の経度の流儀と違い，赤経の単位としては時刻と同じ時分秒を用い東向きにはかる。

たとえば，シリウスを例にとると（赤経，赤緯）=（6 h 45 m 8.9 s，−16° 42′58″）である。春分の日の場合，太陽（=春分点にある）が南中してから約6 h 45 m後にシリウスが南中するはずである。こうした関係があるので赤経は時刻の単位ではかるのである。

太陽日，恒星日　「天球は1日で1回転する」と表現するが，厳密にいえば24時間後に同じ星が南中するわけではない。太陽は確かに24時間後であるが，恒星は23時56分後である。この後者の時間を恒星日とよんでいる。すなわち，

$$1\ 恒星日 = 0.99727\ 太陽日 = 23時56分4秒太陽時 \quad (1)$$

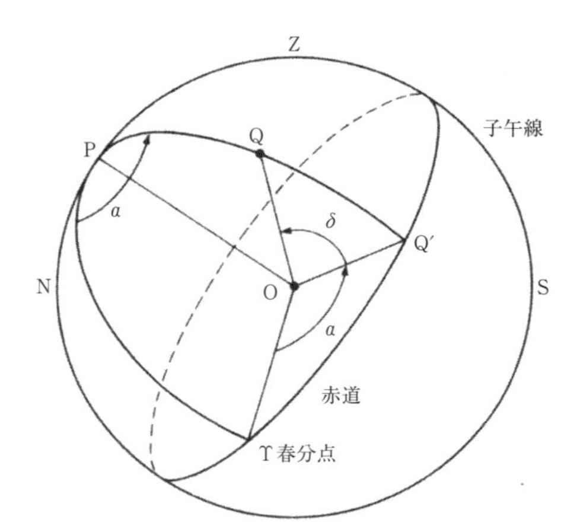

図1　天球の図（赤道座標）

Pは天の北極，Zは天頂を示す。Qの位置にある天体の座標はαとδで表す。

である。4分の差はおもに地球の公転の効果である。つまり，星は毎日4分（太陽時で）ずつ出没時刻や南中時刻が早くなるのである。恒星時はそのとき南中している天体の赤経と定義されていて，たとえば，赤経が6 h 45 m 8.9 sのシリウスは恒星時6 h 45 m 8.9 sに南中する。

天体の高度・方位角　天空に目当ての天体が見えるかどうか，見えるとするとどのあたりか，を表すには高度・方位角を用いるのが便利である。これを地平座標系とよぶ（図2）。

高度は地平面を0°，天頂を90°とする。また，天頂からはかった角度を天頂距離といい，高度と同じように使うことがある。基準となる地平面は水準器を用いて決定するか，錘を垂らして地球重力の中心方向を定め，それに垂直な方向として決定する。

方位角は通常真南を0°にとり西回りに360°まではかる。真南は太陽や星の南中高度が最も高くなる方向として決定できる。

高度・方位角を測定する装置は経緯儀（トランシット）やセオドライトなどの名称で広く市

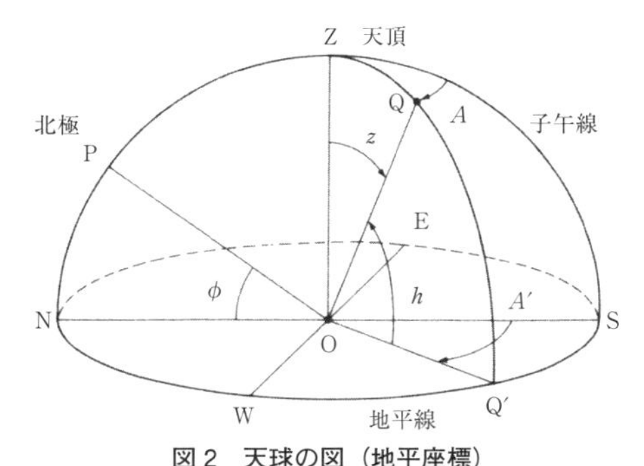

図 2　天球の図（地平座標）

Q の位置にある天体の座標は h と A で表す。

販されている。航海によく使用されていた六分儀は天体の高度を測定する器械である。

天体の南中高度 h はその天体の赤緯を δ とすると，

$$h = 90 - \phi + \delta \qquad (2)$$

である。ここで，ϕ はその地点の緯度である。そこで，h を測定すれば赤緯 δ がわかる。南中高度の重要性はここにあり，そこで高度（および南中時刻）を精密に測定する子午儀・子午環といった装置が開発されてきた。

時　刻　天体の赤経は時刻（恒星時）と一体の関係にあることを先に述べた。つまり，天体の南中時刻を測定すれば時刻が得られるのである。日常生活では恒星に基づく時刻より太陽の運行を示す時刻の方が便利なので，太陽の示す恒星時，つまり太陽時を用いることにしている（実際にはこれに 12 時間の補正を加え，真夜中が 0 時となるようにしている）。地球の公転の影響により太陽の赤経は刻々と変化するので，太陽が南中して次に南中するまでの時刻である 1 太陽日は式（1）で示したように，恒星が 1 回転するのに要する時間（＝恒星日）よりやや長い。

通常，1 太陽日は 24 時間としているが，これは年間平均の話であって（平均太陽時），地球軌道は楕円であることや自転軸の傾斜などが効いて，実際の太陽時（真太陽時）とは必ずしも一致しない。この差を均時差とよんでいる。日時計が示す時刻は真太陽時なので，これを通常の時刻（平均太陽時）に換算するには均時差を補正しなければならない。

なお，現在用いている時刻体系は協定世界時とよばれるもので，1 秒の刻みは原子時計ではかり，平均太陽時とのずれがつねに 0.9 秒以下になるよう閏秒を挿入したりして調整することになっている。このずれは地球の自転が遅くなっていることに起因するもので，おもに月の潮汐の影響といわれている。

季節と星座　式（1）で示したように，1 恒星日＝23 時 56 分 4 秒太陽時であるから，星は毎日約 4 分ずつ早く昇る。したがって，1ヵ月後には 2 時間早くなるというように，夕方見える星々のようすは毎日少しずつ変化し，季節ごとに見えやすい星座が変化する。その季節に夕方の東空に見える星たちをその季節の星座としている。

もちろん，これは地球の公転運動の反映であり，地球からは太陽が星々の間を移動しているように見える（実際には太陽が明るすぎて星と一緒には見えないが）。このとき，太陽の移動する経路が黄道であり，天の赤道とは地球自転軸の傾斜角に等しい 23.5° 傾き，春分点と秋分点で交わっている。黄道上にある星座 12（うお，おひつじ，おうし，ふたご，かに，しし，おとめ，てんびん，さそり，いて，やぎ，みずがめ）を特に黄道 12 星座といい，季節による太陽の位置を大雑把に示すのに好都合であり，昔からよく使われてきた。

太陽の天球上での位置を厳密に示すには子午儀での観測を待たなければならないが，学校での観察でも簡単にできる簡便な方法としては太陽の影を使うのがよい。影が最も短くなる時刻が南中時刻であり，その方向が南北線にあたる。

4.1.2　宇宙から来る信号（電磁波）の観測

地球以外の天体（宇宙）についての人類がもつ知識のほとんどは，天体から来る光（電磁波）の観測によってもたらされる。人類の歴史が始まって以来 20 世紀に至るまでの間，天体の観測は人間の眼に感じる光（可視光線）のみによって行われてきた。20 世紀の前半に電波による観測が始まり，第二次世界大戦の後になって X 線による観測が始まった。これによって人類

コラム　天体の出没時刻

太陽や月の出没時刻は新聞などに予報値が毎日掲載されている。これは実際に観測しているわけではなく，長年の経験から算出された予報値である。太陽では上縁が地平線に接する時刻，月では中心が地平線に接する時刻として定義されている。この「接するように見える時刻」において天体の高度が実際に0になるか，というとそうではない。大気差とよばれる地球大気による浮き上がり現象のため，地平線下約34.4分角にある天体が見掛け上地平線高度0に見えるためである。時間にするとおよそ2分程度である。

実は，大気差は大気の状態に大きく左右されるため，一定しているわけではない。ハワイのマウナケア山頂から星の出る時刻を測定した例では，時間にして5分程度のばらつきがあったという。わが国では地平線・水平線が見えるところが少なく，新聞の予報値を実際に確かめることは困難であるが，日の出入り時刻も予報値よりずれることは大いに考えられる。

の宇宙観は大きな変革を迫られた。20世紀が終わるまでには，最もエネルギーの高い電磁波であるガンマ（γ）線による観測や赤外線による観測が本格的に行われるようになり，現代的な宇宙像が確立していった。

さまざまな電磁波の性質とそれらによる天体観測について概観しておくことは，宇宙を学ぶうえで非常に有用である。

電磁波は波であって，その波長（λと表す）または振動数（νと表す）によって区分されている。なお，波長と振動数の積は光速（$c = 2.99 \times 10^{8}\,\mathrm{m\,s^{-1}}$）に等しく，電磁波のもつエネルギーの大きさは，$E = h\nu$（$h$はプランク定数）で表される。すなわち，振動数の大きい（波長の短い）電磁波ほど大きなエネルギーをもつ。

伝統的に使われている電磁波の区分を図3に示す。可視光線は波長400 nm（ナノメートル，$1\,\mathrm{nm} = 10^{-9}\,\mathrm{m}$）（紫色）から780 nm（赤色）の間にあり，この中に虹の7色が含まれている。可視光線は電磁波全体から見た場合，非常に狭い波長範囲をカバーしているにすぎない。

宇宙には非常に高温の天体から極端に低温の天体まで様々なものがある。それらの天体が放射する電磁波の強さが最大になる波長は，その天体の温度に反比例するという関係（ウィーンの変位則）を使うと，温度が100万Kの天体はX線を，温度が300 Kの天体（地球がその一例）は赤外線を主として放射していることになる。可視光線で見えている天体は温度が数千Kから数万Kの天体（恒星）が主であるが，この範囲で見ている限り，X線で光る高温の天体や電波で明るい低温の天体の存在は見過ごされてしまう。事実20世紀の中頃まではそのような状態であった。

ところで，われわれ人類は地球の表面から空を見ているが，上にあげたすべての電磁波が地表から観測できる訳ではない。地球の大気は大部分の電磁波に対して不透明であり，可視光線と電波の一部のみが大気に遮られることなく地表に到達する。この波長領域は「地球大気の窓」とよばれている。

γ線とX線は地球大気に含まれる原子や分子の原子によってほぼ100％吸収される。紫外線は大気中にある酸素とオゾンによって吸収され地表に届かない（見方を変えると，地球大気があるおかげで生命活動にとって危険なX線や紫外線に曝される危険が回避されているのである）。赤外線は（一部を除き）二酸化炭素や水蒸気によって吸収され，波長1 m以上の電波は電離層によって反射されるため地表に届かない。このため，γ線やX線で天体観測をしようとすれば，大気の影響を受けない場所，す

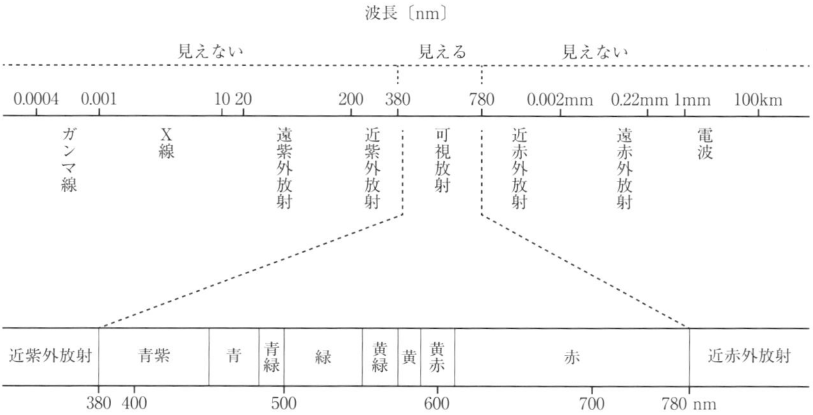

図 3　電磁波のスペクトル

なわち大気圏外に観測装置を持ち出さなくてはならない。つまり，ロケットや人工衛星を使うことが必要になり，これらが実用化された1960年代以降になってこれらの波長域での観測が可能になったのである。

いろいろな波長の電磁波を使って天体観測を行うためには，それぞれに適した検出器（信号に反応し記録を残すための装置）が必要になる。ここでは可視光線の検出器について簡単に説明する。人類の歴史のなかでほとんどの時間では，天体観測は人間の肉眼で行われてきた。その場合，検出器といえば目の網膜がそれに当たる。19世紀の後半になって写真術（光とハロゲン化銀との化学反応を利用する）が天文学に導入され大革命をもたらした。写真を使えば長い時間の光の蓄積が可能になり，肉眼観測では考えられないような暗い天体の客観的な観測が可能になったからである。20世紀の終わりには，写真に代わってCCD（charge coupled device）が導入された。それは写真に比べて観測効率と測定の精度が格段に向上する性能をもっていることから，天文学に再び革命をもたらすことになった。

4.1.3　宇宙から来るニュートリノの観測

ニュートリノとは，1933年にW. Pauli（パウリ，1900－1958）によって理論的に存在を予言され，26年後に実験で確認された電気的に中性（電荷ゼロ）で，重さ（質量）がほとんどゼロの素粒子である。他の粒子との相互作用が非常に弱く物質を素通りするため，宇宙のはるか彼方や太陽の中心部で発生したニュートリノはそのまま地球に到達する。天文学でニュートリノが注目されたのは，太陽のエネルギー源は中心核で起きている水素4個からヘリウムを生成する核融合反応であり，そのときに発生するニュートリノの観測ができれば，太陽中心の状態を直接観測できるとのアイデアが出てからのことである。

アメリカのR. Davis Jr（デイビス・ジュニア，1914－2006）は，地底深くの鉱道に設置した観測装置で長年にわたって太陽から来るニュートリノの観測を行い，観測されるニュートリノの数は理論的な予測の約半分しかないことを示し，天文学に大問題を提供した（太陽ニュートリノ問題とよばれる）。この謎に対しては標準的とされていた太陽の内部構造のモデルに誤りがあるとか，ニュートリノの性質に理解されていない点があるとか，色々な学説が唱えられた。この問題は後にニュートリノが3種類の粒子の間で変化すること（ニュートリノ振動）に原因があることが確認されて解決をみた。

日本では岐阜県神岡町の亜鉛鉱山の地底に東京大学が設置した観測装置（カミオカンデ）によって1987年2月23日に大マジェラン星雲に起きた超新星からのニュートリノをとらえるこ

とに成功した。太陽の十数倍の質量をもつ恒星の一生の最後には，星の中心核が重力崩壊を起こして超新星爆発を起こすことは理論的には予想されていたが，この観測によって超新星の研究が一気に進み，ニュートリノ天文学のさきがけとなった。この観測は太陽系外からのニュートリノをとらえた最初の例であり，その功績で小柴昌俊博士（東京大学名誉教授，1926－）に2002年のノーベル物理学賞が授与された。カミオカンデはより大規模で高性能のスーパーカミオカンデに交代し，太陽ニュートリノ問題の解決に貢献した。その後，ニュートリノ振動をさらに詳しく調べるため，茨城県つくば市にある高エネルギー加速器研究機構（KEK）で発生させた人工ニュートリノを岐阜県神岡町の観測装置（スーパーカミオカンデ）に打ち込んで検出する実験（K2K 実験）が行われ，2005年10月に終了した。これらの功績により梶田隆章博士（東京大学教授，1959－）に2015年のノーベル物理学賞が授与されたことは記憶に新しい。

4.1.4　恒星の表面温度をはかる

夜空に光る点として観測される恒星の実体は光を放つガスの球体であり，太陽と似たものが単に遠方にあるから暗く見えているにすぎない。このことが認識されたのは19世紀の前半に恒星の距離が年周視差法で測定できるようになり，その本来の明るさが知られるようになって以後のことである。さらに，恒星にもさまざまな温度や明るさをもつものがあることが知られるようになったのは，19世紀の末にそのスペクトルが観測されるようになってからのことである。20世紀に入って，量子論その他の物理学の進歩に伴い，恒星を構成する色々な元素の分光学的な性質が知られるようになり，それらを基に恒星のスペクトルの特徴が物理的に理解されるようになった。イタリアのP. Angelo Secchi（アンジェロ・セッキ，1818－1878）やイギリスのW. Huggins（ハギンス，1824－1910）らの先駆的な仕事を受け，ハーバード大学天文台のA. J. Cannon（キャノン，1863－1941）は1924年までに全天の約10等より明るい恒星およそ20万個のスペクトル分類（ハーバード分類とよばれる）を行ってカタログを出版した。これがHD（Henry Draper）カタログとよばれるものであり，現代的な恒星物理学の出発点となったものである。

ハーバード分類は恒星を表面温度の高いものから低いものへと一列に並べたもので，これは温度系列とよばれる。この分類の基本は，様々な原子（あるいはイオン）のスペクトルが強く見えるか弱く見える（あるいは見えない）か，の違いは主に恒星の表面大気の温度によることを利用して温度計として使うのである。たとえば，ヘリウムはイオン化（電離）するのに大きなエネルギーを必要とし，したがって，ヘリウムのイオン（電離ヘリウム）のスペクトル線が見える星は数万K以上の表面温度になっていなくてはならない。逆に，分子は高温になると解離してしまうので，分子のバンドスペクトルが見える星は高温の星ではありえず，低温の星である。このような考察から恒星を分類したものが表1である。

恒星の表面温度を推定する別の方法として色指数を温度計として使う用いる方法がある。色指数とは特定の波長帯の光を選択的に通す複数のフィルター（たとえば，青色の光Blueと可視Visualの光を通すBおよびVフィルター）を使って恒星の明るさ（B等級とV等級）を測定し，それらの差（B－V）を色指数とよぶ。恒星の連続スペクトルの形は，その表面温度の黒体放射でほぼ近似でき，その放射の極大波長は高温になるほど短波長（青）になることを利用するのである。たとえば，高温のO型星は青や紫外線を強く放射するのでその色は青く，したがって，色指数（B－V）は小さくなる。逆に，低温のM型星は赤から近赤外線を強く放射するのでその色は赤く，したがって，色指数（B－V）は大きい。色指数（B－V）のゼロ点はスペクトル型A0型の星で定義される。

4.1.5　宇宙の距離はしご

星，星雲あるいは銀河を研究したい場合には，それらの天体までの距離を正確に知ることがまず重要である。それがわからなければ，天体の

表 1　表面温度による恒星の分類

スペクトル型	スペクトルの特徴	色指数（B − V）	温度範囲〔K〕
O	電離ヘリウム（He II）の吸収線が見える。	− 0.35	50000
		− 0.31	31000
B	電離ヘリウムの線は消え，中性ヘリウム（He I）の吸収線が見え，B2 型で極大になる。	− 0.3	30000
		− 0.03	10000
A	ヘリウムの吸収線は見えず，水素のバルマー線が非常に強いことが特徴	0	9700
		0.27	7400
F	水素のバルマー線はしだいに弱くなり，代わって電離カルシウム（Ca II）の H，K 線が見えてくる。	0.27	7300
	CH 分子の吸収帯である G バンドが F2 型で見え始める。	0.56	6000
G	水素のバルマー線はさらに弱くなり，中性の金属線と G バンドが強くなる。	0.56	5900
		0.8	5150
K	中性の金属線がさらに強くなり，晩期 K 型星では MgH の分子バンドが見え始める。	0.85	5100
		1.35	3900
M	バルマー線はほとんど見えず，TiO の分子バンドが現れ，晩期 M 型では非常に強くなる。	1.4	3700
		1.65	−

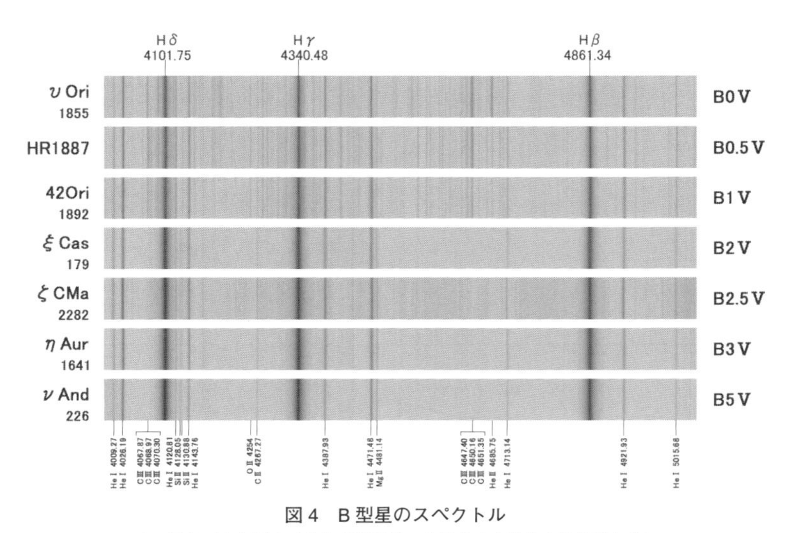

図 4　B 型星のスペクトル

［© 国立天文台岡山天体物理観測所，大阪教育大学宇宙科学研究室］

本当の明るさ（絶対等級）とか本当の大きさはわからないからである。ところが，宇宙全体の天体の距離を同じ方法で求めることは不可能で，何種類もの方法を併用し，近いところから遠いところへと順につなぐ方法がとられる。このことを宇宙の距離はしごとよぶ。

一般に距離を測定する方法としては次の3種類が考えられる。

(1)　三角測量の方法：これは普通の地図作成にも用いる方法であり，天体までの距離を幾何学を使って決定する。方法が単純なだけにあいまいさがなく信頼性が高い。

(2)　本当の明るさ（絶対等級）のわかっている天体の見掛けの明るさを測定する：天体の見掛けの明るさ（実視等級）は距離の2乗に逆比例して暗くなることを利用する方法である。標準光源法ともよばれる。

(3)　本当の大きさのわかっている天体の見掛けの大きさを測定する：距離が遠くなればなるほど，見掛けの大きさはそれに逆比例して小さくなることを利用する。

【第1段】　はしごの第1段には，地球が太陽の周りを公転する軌道の両端から見ると，天球上の星の位置が違って見えるという現象（年周視差）を利用する。年周視差は天体の距離の定義にも使われていて，太陽と地球の距離（1天文単位）を底辺として頂角が1秒角になる距離を1パーセク（pc）とよんでいる。1 pc は 3.08×10^{16}m，2.06×10^{5} 天文単位，3.26 光年にあたる。太陽から1 pc 以内には他の恒星は1個も知られていない。太陽に最も近い恒星はケンタウルス座αとよばれる1等星であり，距離は 1.35 pc である。

1992年に恒星の距離測定を目的とした人工衛星（ヒッパルコス）が打ち上げられ，12万個あまりの星の年周視差データを記載したカタログが1997年に出版された。これによって距離のデータのある恒星の数は一気に増加したが，距離の信頼度10% 以上の恒星は 100 pc 以内のものに限られている。これは銀河系の大きさ（約 30 kpc（キロパーセク））に比べれば太陽近傍のほんの一部しかカバーしていない。銀河系の正確な地図を年周視差のデータを使って作成するプロジェクトがいくつも進行中（たとえば，ヨーロッパ宇宙機関　ESA が 2013 年に打ち上げた GAIA 計画，日本で推進されている JASMINE 計画など）であり，2020 年代前半には数億個の星の距離を記載したカタログの完成が予定されている。

【第2段】　宇宙はしごの第3段へのつなぎとして重要なものに散開星団がある。特にヒアデス星団は太陽に近く，昔からよく研究されてきた。この星団はヒッパルコス衛星の観測の結果，距離 46.34 ± 0.27 pc にあることが知られている。ヒアデスのような星団には同時に形成されたと考えられる星が多数含まれており，質量の違いによって色－等級図の上で一列に並んでいる。進化が進んでない低質量の星は色－等級図の上で左上から右下に並んでおり（主系列），どの星団にも見られる。遠方の星団を観測して主系

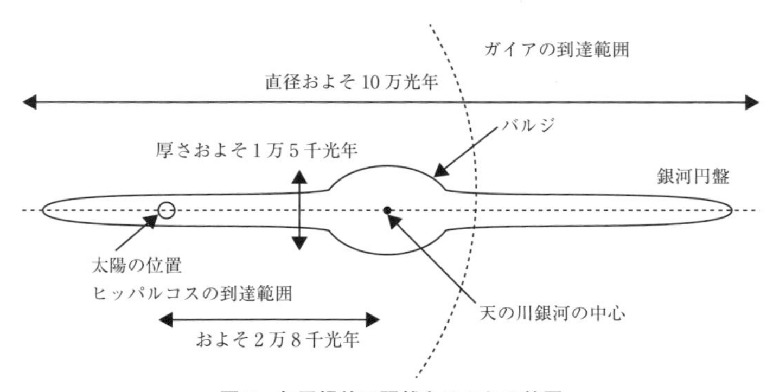

図5　年周視差で距離をはかれる範囲

列の見掛けの明るさを求め，（距離のわかっている）ヒアデスの主系列との明るさの差をとれば，その星団までの距離が算出できる（主系列フィッティング法）。そのような星団の中に，進化の進んだ星でセファイドとよばれる変光星があれば，セファイドの周期光度関係を利用することによって，はしごの第3段が構築できる。

【第3段】　20世紀はじめにアメリカのH. Leavitt（リービット，1868－1921）によってマジェラン星雲（銀河系の伴銀河）に多数見られるセファイド型変光星の研究が行われ，明るい星ほど変光の周期が長いことが発見された。いろいろな周期をもつセファイド型変光星の絶対等級が求められれば，図6のような関係（周期光度関係）を作成でき，距離のわからない銀河のセファイド型変光星の周期を観測できればこの関係によって絶対等級がわかり，見掛けの等級の測定と組み合わせることでその銀河の距離を求めることができる。星の明るさの変化は観測が容易であるし信頼性が高いので，多くの銀河で試みられてきた。1990年代にはハッブル・キープロジェクトとして，できるだけ遠方の銀河でセファイド型変光星を発見してその周期を決定する観測がハッブル宇宙望遠鏡を用いて行われ，現在ではおよそ15 Mpc（メガパーセク）にあるおとめ座銀河団までの距離がこの方法で決定できるようになった。

【第4段】　15 Mpcよりさらに遠方になると，絶対等級の明るいセファイド型変光星といえども非常に暗くなるので，さまざまな他の方法が考案されている。その中に，渦巻き銀河の回転速度が大きい銀河ほど絶対等級が明るいという関係（タリー・フィッシャー関係）を利用する方法がある。渦巻き銀河の長軸に沿って分光器のスリットを当てて銀河のスペクトルを観測し，スペクトル線のズレを測定する。ズレの大きさは視線速度の大きさに比例する（ドップラー効果）ので，銀河の形の計測（具体的には長軸と短軸の比を求める）からその銀河の傾き角が分かれば回転速度に直すことができる。この方法は約100 Mpcまでの銀河に適用可能である。

【第5段】　100 Mpcを超えると，明るい銀河といえども点状の光のシミのようにしか見えなくなる。それを超えてはしごを伸ばすには，銀河自身の明るさに匹敵するものを使う必要がある。

そこで登場するのが，Ia型とよばれる超新星の光度曲線を用いる方法である。Ia型超新星はスペクトルに水素の線が見えないことが特徴であるが，これまでの研究からその極大光度（もっとも明るくなったときの明るさ）はどの銀河で起きてもほぼ一定（B等級で約－19.5等）であることが知られている。そのことを利用して，遠方の銀河で起きるIa型超新星の光度曲線を観測し，極大光度を決定して距離を求めるわけである。この方法によれば，およそ1000 Mpcまでの距離決定が可能とされる。

図7にこれまでに述べたいろいろな方法の適用可能範囲を示す。この図からもわかるように，距離決定のはしごは文字通り1段目の上に2段目が乗り，その上に3段目が乗るという構造になっていて，途中のどこかに大きな誤りがあれば，それより上の段は信頼性を失ってしまう。その意味で第1段（年周視差法）は重要であり，ヒアデス星団の距離についての細かい議論が繰り返し行われている理由もそこにある。

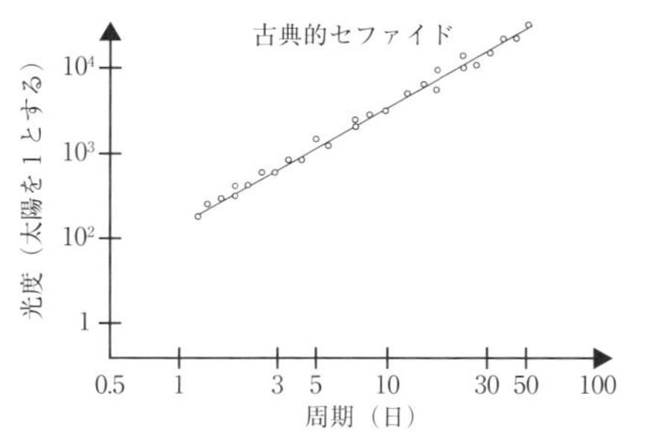

図6　セファイドの周期光度関係

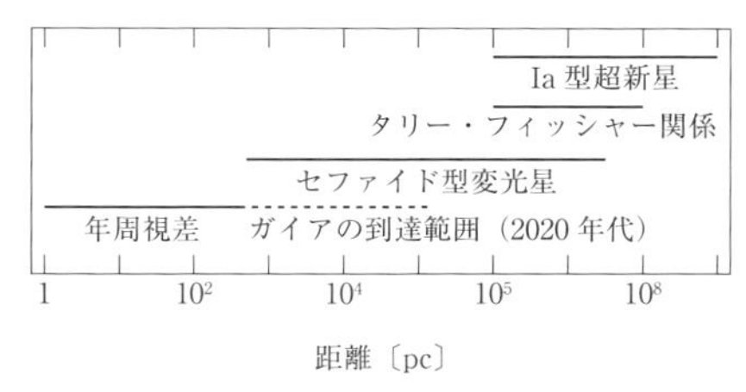

図7　距離はしごの模式図

4.1.6　太陽系と太陽の年齢をはかる

a.　隕石の放射年代

惑星や太陽など太陽系の天体はいつごろ形成されたのか，という問題は自然科学の大問題である。これに答える一つの方法として，岩石，鉱物に含まれている放射性同位体の数を計測して，その岩石が固体になって以来の経過時間を求める方法（放射年代学）がある。自然界に存在する物質の中には，いつまで経っても変化しない安定な同位体と，時間経過とともに壊れていく不安定な同位体があり，後者の場合，最初にあった原子の数が半分になるまでの時間（半減期）は核種ごとに決まっていて，置かれた環境によらない。これらの中から十分長い（たとえば10億年以上）半減期をもつ同位体を選んで，採取した試料（たとえば地球にある岩石，月や小惑星の岩石，あるいは隕石）を分析し，その同位体（親核）の数と壊変の結果生じた物質の同位体（娘核）の数を測定すれば，簡単な計算でその岩石が固体になって以来の経過時間（固化年代という）を求めることができる（正確には，岩石の形成時にすでに存在した娘核の数をなんらかの方法で決めて，それを引くことが必要である）。

放射性壊変に際しては，1個の親核から1個の娘核が生成され，それらの総和は変わらない（その物質の出入りはない）ことが前提になっている。そのため，ある岩石が形成された後に液体か気体の状態になったら，外からの物質の混入や反対に流出がありうるので，時計としては成立しなくなる。

太陽系の年齢推定に使われる代表的な放射性同位体を表2に示す。

太陽系全体が形成された年代を示す最もよい試料と考えられているものは隕石である。隕石には石質隕石，石鉄隕石，鉄隕石などさまざまな種類が知られているが，できて以来一度も融解していないと考えられる隕石から求めた年代はほぼ一定していて45.7±1.0億年を指す。この年代は原始太陽系星雲の中で固体物質が形成された時代を示すものと考えられている。地球上に存在する岩石の研究は非常に多く行われているが，40億年以上の年代を示すものはほとんど見つかっていない。このことは，地球という天体の形成は隕石の形成より5億年以上遅れたことを意味するのではなく，始めのころの5億年程度は地球が融解した状態になっていて，そのころにできた岩石は現在残っていないためと解釈されている。

表2　太陽系の年齢推定に使われる代表的な放射性同位体

親核	娘核	半減期（年）
^{40}K	^{40}Ca，^{40}Ar	1.31×10^{9}
^{87}Rb	^{87}Sr	4.99×10^{10}
^{232}Th	^{208}Pb	1.40×10^{10}
^{235}U	^{207}Pb	7.04×10^{8}
^{238}U	^{206}Pb	4.47×10^{9}

b.　太陽の年齢

太陽系の年齢は，太陽そのものの現在の明るさ（太陽が放射するエネルギー量，すなわち太陽光度）から推定することもできる。太陽の現在の質量，半径，光度，化学組成などは正確に知られている。そこで，その質量と化学組成をもつ星ができたと仮定して，現在の状態になるまでに何年かかるかをモデル計算によって求めるのである。最近のモデル計算の結果を図8に示す。

この図はいわゆる色－等級図（H－R図）であって，横軸には星（この場合は太陽）の有効温度，縦軸には星の光度をプロットしてある。図中の点Aは原始太陽が進化してきて中心核で水素の核融合反応が始まった時点（0歳主系列）の状態を表している。これによると，できたばかりの太陽は現在より30%ほど暗く，表面温度も現在より150Kほど低かったことがわかる。時間の経過とともに，太陽は図の矢印の方向に進化し，点Eには40億年後，点Fには52億年後に到達すると予想される。現在の太陽は図の中の二重丸で示されているが，点Eと点Fのほぼ中間に位置している。したがって，現在の太陽は0歳主系列に到達してから，およそ45億年程度が経過していると推定できる。た

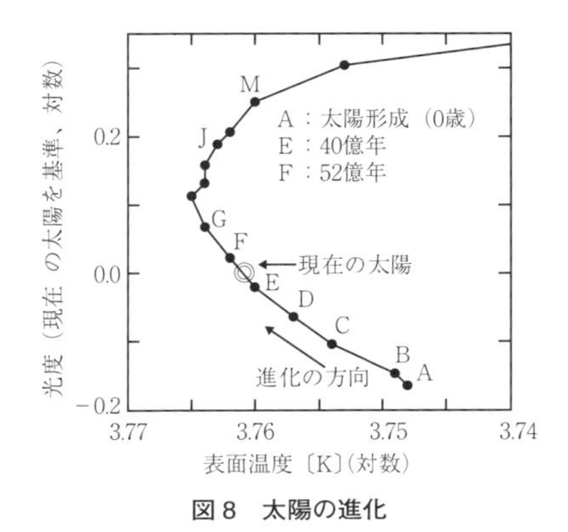

図8　太陽の進化

だし，この結果はモデル計算によるものであることに注意しなくてはならない。最近の別のモデルによると42±2億年という推定もある。

いずれにしても，隕石から求められた太陽系の年齢は，太陽そのものの現在の光度から求められた年齢と1ないし2億年の誤差で一致している。

4.1.7　恒星の年齢をはかる

星団などに属さず単独でいる恒星の年齢を決めることは一般に困難で，特別な場合にその上限値が推定できるのみである。恒星の寿命はそれができたときにもっていた質量によって決まり，大質量の星ほど寿命が短いという原理を適用して推定が可能となる。恒星が水素の核融合反応によって光っていられる時間（主系列寿命という）は，理論的にかなりはっきりと決まっている。たとえば，高温のO型主系列星があって，その質量は50太陽質量と推定できたとしよう。そのような星の主系列寿命は短く，約600万年程度とわかっているので，その星の年齢の上限は約600万年といえる。一方で，K型の主系列星があって，その質量が0.7太陽質量である場合には，そのような星の主系列寿命は非常に長く約500億年にもなる。したがって，このような単独星の年齢を推定することは困難で，せいぜい宇宙年齢（約138億年といわれている）より若いとしかいえない。

プレアデス星団やヒアデス星団のような星団に属する星の場合には，それらのH−R図の観

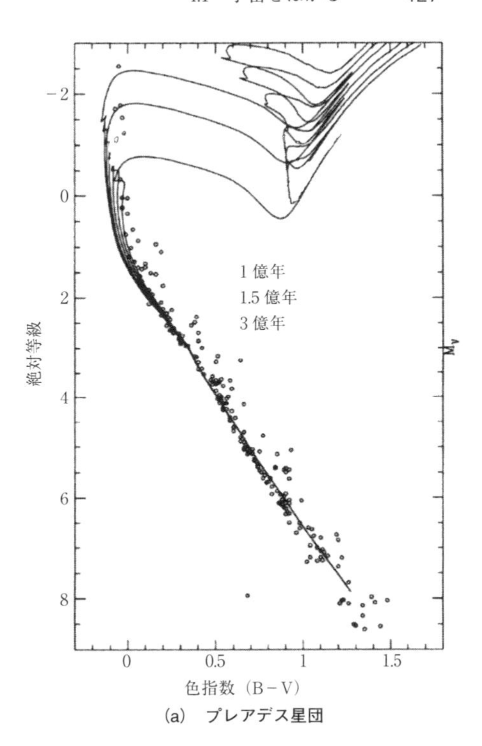

(a)　プレアデス星団

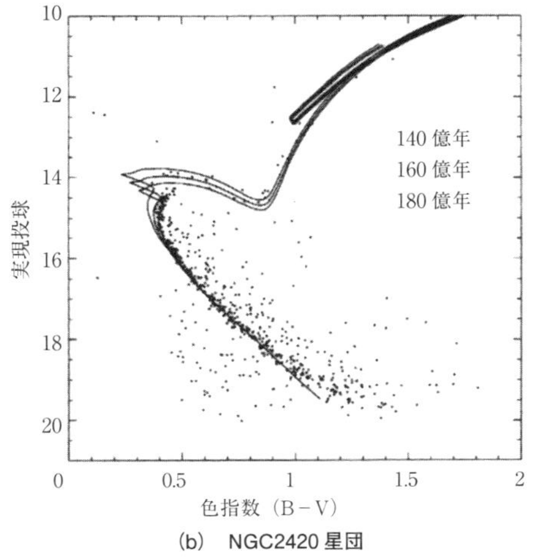

(b)　NGC2420星団

図9　星団の色−等級図（H−R図）と等年齢曲線
［I. Dominguez, A. Chieffi, M. Limongi, O. Straniero, *Astrophys. J.*, **524**, 226（1999）］

測結果と恒星進化の理論を比較することで年齢の推定が可能である。星団に属する恒星は一つの星間雲からほぼ同時に生まれたもので等年齢であり，同じ化学組成をもつ。H－R図上のいろいろな位置にメンバーの星があるのは，単に質量の違いを反映しているだけである。ここでも恒星の進化は質量の大きいものから順に進むという原則があるわけで，そのことを利用する。具体的には，計算機の中で質量の違う多数の恒星を同時発生させ，時間を追ってその集団のH－R図の形がどのように変化するかを計算する。ある年齢を与えれば，その時点でのH－R図は決まるが，そのような図を等年齢曲線(isochrone)という。このような線を沢山計算しておき，観測と比較する訳である。図9は散開星団プレアデスと球状星団NGC2420の年齢決定の結果を示している。このようにして多くの星団の年齢推定が行われ，散開星団では若いものから古いものまで年齢の幅が広いこと，一方，球状星団はいずれも非常に古く，若いものはないことがわかっている。

恒星の年齢を推定するもう一つの方法として，星のスペクトル中に見られる放射性元素の組成を決定し，放射年代学の方法を適用することも行われている。この場合によく用いられるのは，半減期140億年のTh（トリウム）140である。低温度で鉄の組成が太陽の100分の1以下の金属欠乏星には，紫外線波長域にThの吸収線が見られるものがある。その吸収線の測定から現在のTh組成を決め，一方で放射性崩壊をしない別の元素の組成から，もともとのTh組成を推定する。Thの減少率が分かれば，それまでに要する時間は容易に計算できる。この方法でかなりの数の非常に古い時代にできたと考えられる星の年齢が推定されている。ただし，この方法は，速い中性子捕獲過程（rプロセス）によって形成される重元素の相対組成はどこでも太陽で観測される値と同じという仮定が使われている。その仮定が正しいかについては，超新星によって重元素のできる比率は違うという議論があることに注意しなくてはならない。もし，それが正しくなければ，これは一般性をもった方法としては成立しない。　　　　　［定金 晃三］

参考図書

1）　須藤　靖，“ものの大きさ：自然の階層・宇宙の階層”，東京大学出版会（2008）.
2）　縣　秀彦，“宇宙のはかり方 ビジュアル雑学図鑑”，グラフィック社（2011）.
3）　磯部琇三　他編，“天文の事典”，朝倉書店（2003）.

4.2　地球の大気圏と水圏をはかる

4.2.1　大気圏をはかる

a. 大気の組成

地球大気は地球の重力によって地球表面に引きつけられている。大気の組成は，表1に示すように現在では窒素78.1%，酸素20.9%，アルゴン0.9%であることが知られているが，18世紀後半までは空気は四元素（土・水・空気・火）の一つと考えられ分解不可能と考えられていた。しかし，18世紀後半に，空気から酸素，窒素が相次いで発見され，また，それから100年以上経過した19世紀末には，窒素と酸素以外に空気中に化学反応を示さない不活性なガスであるアルゴンが発見された。現在では，さらに，二酸化炭素，ネオン，ヘリウム，メタン，オゾンなども空気中に存在することが知られているが，この中で最も多い二酸化炭素でさえ0.04%しかない（他の気体の存在比はさらに1桁以上少ない）ので，これらの気体は総称して微量気体ともいわれる。

このような大気の組成は，46億年前に地球が誕生してからずっと同じであったわけではない。地球が誕生した頃の原始大気は，現在の太陽と同じように水素やヘリウムが主成分の星間ガスであったと考えられている。その後，地球は凝集して固まり，微惑星との衝突の衝撃や地球内部の火山活動によって，内部から多くのガスが噴出し地球表面を覆った。この噴出したガスに覆われた地球大気のことを原始大気に対して二次大気といい，その組成は，酸素を除く現在の地球大気の成分がほぼ含まれていたと考えられる。しかし，その組成比は現在と大きく異なり，水蒸気，二酸化炭素が主で，それぞれ約200気圧，約25気圧であったと推定されている。

このうち水蒸気は，地球表層の温度ではすべて気体として存在することができず，地球の冷却とともに凝結し，液体の水になる量が増え，大気中に含まれる量は減少した。大量に凝結した水は海となって地球表面を覆うようになったが，初期の海は塩化水素が多く溶けていたので酸性を示し，大気中の二酸化炭素は溶かすことができず，大気の主成分は二酸化炭素となった。その後，地表面のカルシウム，マグネシウム，ナトリウム，カリウムなどの金属イオンが，降水で海に流れ込むようになると酸性の海は中和され，やがてアルカリ性になり，大気中の二酸化炭素は海水中に多く溶け込むようになった。その結果，大気中の二酸化炭素は減少し，現在と同じような窒素が主体の大気となった。その後，30数億年前にサンゴ虫が誕生するようになって，海水中の二酸化炭素はサンゴ虫に固定されるようになったために，大気から海に溶ける二酸化炭素が増加し，大気中の二酸化炭素はさらに減少した。また，約20億年前に光合成をする藍藻類が誕生すると，徐々に大気中の酸素が増加し，現在のような組成になったと考えられている。

大気の総量は，およそ5×10^{18} kg（地球の質量の100万分の1）である。しかし，質量と

表1　大気の組成比

		存在比〔%〕	存在比〔ppm〕
窒　素	N_2	78.08	780800
酸　素	O_2	20.95	209500
アルゴン	Ar	0.93	9340
二酸化炭素	CO_2	0.04	400
ネオン	Ne	0.00	18.18
ヘリウム	He	0.00	5.24
メタン	CH_4	0.00	1.7
クリプトン	Kr	0.00	1.14
水　素	H_2	0.00	0.55

〔http://nssdc.gsfc.nasa.gov/planetary/factsheet/earthfact.html〕

して表現してもあまり実感がわかない。むしろ大気の量としては，鉛直方向の気柱の重さを示す気圧で表現することが多い。大気圧は地表付近では約1気圧（1013 hPa）で，高度が上がると下がる。気圧と高度の関係を示す別の目安として，5.5 km 上昇するごとに気圧はおおよそ半分になる，というのがある。これを用いると，高度5.5 km で気圧は約500 hPa，11 km で約250 hPa，16.5 km で約125 hPa になり，地上からその高度までに含まれる大気の量は，それぞれ1/2，3/4，7/8になる。したがって，上空の空気の量は高度とともに指数関数的に減少しつづけ，限りなくつづくことになるが，実際には，高度100 km 以上では気圧が低すぎて空気分子は解離現象が見られ，空気分子のそれぞれ特有の性質が失われている。

先に述べた大気組成を各高度で調べると，地表から高度80 km 付近までは，地表付近のそれと変わらずほぼ一定なので，この範囲では地球大気が鉛直によく混ざっていることがわかる。一方，これ以上の高度では解離した分子やイオンが増加し，大気の組成は軽いものが多くなっている。一般に，気象学の分野で扱われるのは高度80 km 付近までの現象で，これより高高度の現象は超高層物理学という分野で扱われることが多い。高度80 km 以上にある大気の量は全大気の100万分の1にすぎないが，少ないながらも大気は存在し，高度100 km 付近にオーロラが主として現れることからも，このような高度にも大気があることがわかる。

b. 大気圏の層構造

図1は大気圏内の気温の鉛直分布を示している。地球表面付近の気温は意外にも下がったり上がったり結構複雑な変化を示している。この変化を基に気温の鉛直減率（高度の増加に伴う気温の減少率）の差によって，下層から対流圏，成層圏，中間圏，熱圏という区分をしている。最下層の対流圏は地表から高度11 km 付近までで，気温は100 m について約0.65℃ の割合で高度とともに減少している。（19世紀半ばに導かれた）熱力学第一法則から考えると，高度が上がり気圧が下がれば空気塊は膨張し，外に仕事をすることになるから，内部の温度は下がらざるを得ない。したがって，その頃は上空に上るにつれて気温はずっと下がりつづけると考えられていた。

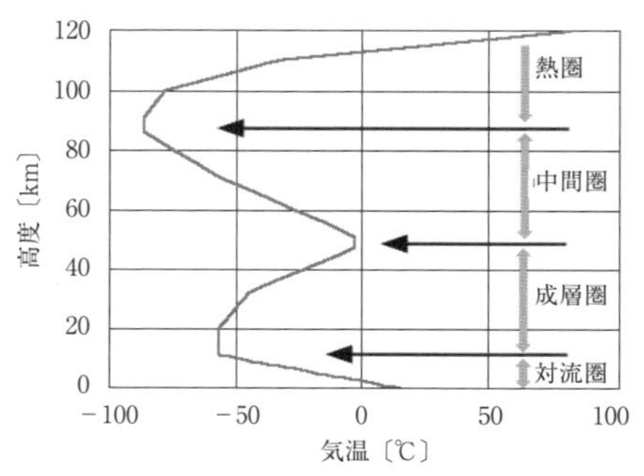

図1　地球大気の気温鉛直分布

しかし，20世紀初頭の1901年に温度計をつけた気球を上空約14 km まで飛ばしたフランスの気象学者 Teisserenc de Bortt（ティスランド・ボール，1855－1913）によって，高度11 km 以上の高度で気温の鉛直減率がほぼ0になることが発見され，この高度より高いところでは気温が上がることが，その後に観測されるようになり，成層圏と名づけられた。気球や第二次世界大戦後に使われるようになったロケットなどによってさらに観測をつづけた結果，成層圏は高度約50 km まで気温が上昇し，この高度付近に気温の極大値が見られることがわかった。

高度11 km 以下の対流圏や高度11 km 以上の成層圏という名前は，対流圏では下層の方が暖かいために大気が不安定の状態になり「対流」が起こりやすいと考えられるのに対し，成層圏では上に行くほど暖かくなるので，非常に安定で上下の混合が起こりにくい「成層」した状態であると当初は考えられたからである。したがって，成層圏が発見された頃は，対流圏と成層圏の大気の性質が大きく異なることが予想されたが，その後の観測からあまり変わらないことがわかってきた。

成層圏で気温が高温になっている理由は，この層自体が太陽放射を受けて加熱されているからである。太陽放射のエネルギーの大部分を占める可視光領域は大気中でほとんど吸収されず地表まで到達するが，波長の短い紫外線領域は，成層圏にある酸素やオゾンによって吸収される。紫外線の中でも波長の短い紫外線は，酸素分子と反応してオゾンを生成するときに吸収され，波長の長い紫外線はオゾンが酸素分子に解離するときに吸収される。この後者の反応は，発熱反応となるのでその熱のために大気が加熱され，成層圏内の気温が高くなる。このように，成層圏のオゾンの生成消滅反応は，成層圏の気温を上げるという役割を担っているが，われわれ人間をはじめとする地球上の生物にとっては，これらの反応によって太陽放射に含まれる紫外線などの生物に有害な光線を取り除いてくれるフィルターとしての役割りがきわめて重要である。

4.2.2　水圏をはかる

a.　海洋と水の存在量

地球表層にある水の総量は 14 億 km^3（1.4×10^{21} kg）といわれている。原始地球上には，ほとんどなかったと考えられている水が，どのような過程で現在のような多量の水をもつ惑星になったのだろう。微惑星の衝突や合体を繰り返して地球が誕生した頃，地球の表面にはマグマの海が広がり，高温のため地球内部から噴出した水蒸気は凝結できず，水蒸気が主成分の大気が広がっていた。その後，地球が徐々に冷える過程で気体の水蒸気から液体の水になったと考えられている。

地球は太陽から適当な距離（1.5×10^{11} m（1 天文単位））があるため，その表面温度は冷たすぎず暑すぎない温度になり，すべての水が氷（固体）になったり，すべての水が水蒸気（気体）になるわけではなく，水（液体）として大量に存在するようになった。その大量の水が，最大 20 km の高度差がある地球表面の凹凸を埋めるように地球表面の 70% を覆い，陸上の平均標高が 800 m ほどであるのに対し海底の深さの平均は 3700 m にも達する奥行きの深い海洋を形成した。

このように，地球上の水のほとんどは海洋（液体）に存在し，すべての水の 97.5% が海水である。残りの 2.5% が淡水であるが地下水に 0.75%，固体の氷として氷河や氷床に 1.7% 存在するため，われわれが普通利用できる湿地や土壌中の水および湖沼や河川に存在する水は合わせてもわずか 0.03% にすぎない（図 2 参照）。また，雨や曇りなど天気に深く関わる気体中の水は，水蒸気や雲水として大気中に存在するが，その量はさらに 1 桁少なく地球上の水の 0.001 % とその割合は非常に少ない。

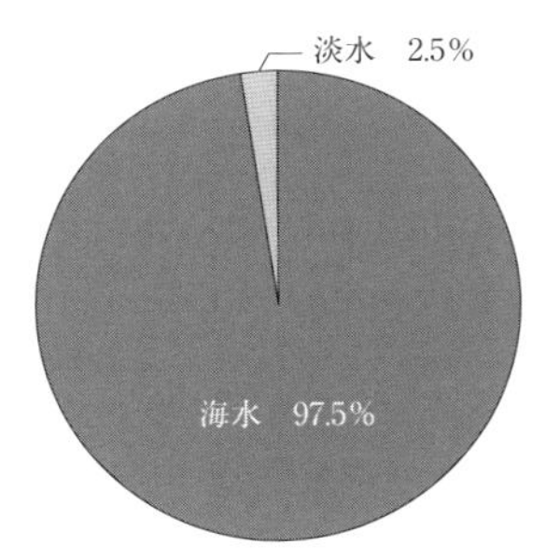

地球表層の水の量 14 億 km^3

淡　水

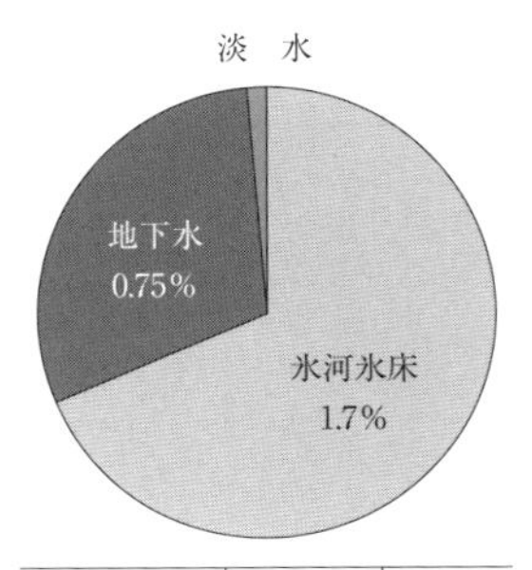

	全水量中（%）	淡水中（%）
氷河氷床	1.7	69
地下水	0.75	30
湿地＋土壌	0.02	0.9
湖沼＋河川	0.007	0.3

図 2　地球表層の水の存在量と存在比

b.　水の特異な性質

水という物質は，熱的性質として比熱が 4.2 J g^{-1} K^{-1}（1 cal g^{-1} K^{-1}）と多くの物質の中できわめて大きく，地殻を構成する玄武岩や花崗岩の比熱に比べても 4〜5 倍大きい値をもつ特異な物質である（表 2 参照）。したがって，地表が太陽放射に暖められたとき，海面は地面に比べ暖まりにくく冷めにくくなり，水が広く地球を覆っているので，海洋がない仮想的な地球と比較すると，地球表面の気温の変動ははるかに小さくなるはずである。

表2　種々の物質の比熱容量

物質名	比熱容量〔kJ kg^{-1} K^{-1}〕
水	4.2
エタノール	2.4
ベンゼン	1.7
水銀	0.14
ガラス	0.8
鉛	0.13
白金	0.134
銀	0.23
銅	0.38
鉄	0.44
アルミニウム	0.9

また，もう一つ別の水の熱的な性質として，状態変化の潜熱の値が大きいことがあげられる（表3，表4を参照）。たとえば，25℃ の水1gを蒸発させるのに2.45 kJ（583 cal）の莫大な熱（蒸発熱，凝結熱）が必要なので，海面が太陽放射によって暖められたとき，その熱は海水の温度を上げるだけでなく水を蒸発させるのにも使われるため，海水温はそれほど上がらず変化が小さくなるはずである。同様に氷点下の冷たい空気と接する海面は，0℃ の水1gを凍結させると336 J（80 cal）の熱（凍結熱，融解熱）が出るので，水温が大きく下がることはない。このようなことから，水で覆われた地球表面は，温度変化が小さくなる。さらに，海水の大部分は液体，つまり流体であることから，容易に移動する（流れる）ので，地球表面の暖かい熱を低緯度から高緯度側に，あるいは冷たい熱を高緯度側から低緯度側に運び，地球表面の場所による気温の違いを小さくする働きを大気とともに貢献している。

表3　種々の物質の蒸発熱

物質名	沸点〔℃〕	蒸発熱〔kJ kg^{-1}〕
水	100	2257
メチルアルコール	64.7	1101
エチルアルコール	78.3	838
アンモニア	−33.5	1372
エーテル	34.5	327
液体酸素	−182.96	213
液体窒素	−195.8	199
水銀	356.7	290

表4　種々の物質の融解熱

物質名	融点〔℃〕	融解熱〔kJ kg^{-1}〕
水	0	335
メチルアルコール	−97.8	99
エチルアルコール	−114.5	109
アンモニア	−77	333
液体酸素	−218.4	27.5
液体窒素	−210	51.4
水銀	−38.9	11.7
金	1064	64.5
銀	961.9	105
銅	1084.5	210
鉄	1535	271
鉛	327	22.6

水の特異な性質として，さらにもう一つ付け加えるならば，固体の水（氷）の密度（0.917 g cm^{-3}）は，液体の水の密度（1.0 g cm^{-3}）より小さいことがあげられる。地球上のほとんどの物質は，その固体より液体の方が密度が小さいのに対して，氷と水の密度の関係はその逆で氷（固体）は必ず水（液体）に浮く。たとえば，海面が結氷温度（約 −2℃ ）以下に冷やされると海氷が成長し，もし氷が水より重ければ海底に氷が沈

殿することになるが，そうはならず海氷は必ず水に浮く。海洋は大気層と違って太陽光を透過しないため，大気の底である地表では太陽光で照らされて明るいのに対し，海底は真っ暗である。海洋では70 m潜るだけで99.9%の太陽光線は吸収されている。このことは，大気と海洋の暖まり方に大きな差を生じさせている。大気は，ほとんどの太陽放射を透過させて，その下端の地表面で太陽放射を受け，地表面に接した最下端から暖まるのに対し，海洋では上端つまり海面付近でほとんどの太陽放射を吸収し，上端から暖められる。したがって，もし氷が海底に沈めば，太陽放射によって暖められることもなく，なかなか融けないと考えられる。これは海底にすむ生物にとって致命的な出来事になるはずである。しかしながら実際の氷は海洋上に浮く。このため，浮いた海氷は冷えた大気と海洋の間で断熱材の働きをし，海面上の冷気を海の内部に伝えにくくし，海洋内部はそれほど冷えず，海底深くまで凍ることはまずない。このように水で覆われた地球は，生物が過ごしやすい環境をつくっている。

4.2.3　気象要素をはかる

ある場所，ある時刻の天気の特性を表す要素で，気温・湿度・風向・風速・気圧・日射量・日照時間・視程・雲量・降水量などがある。天気の状態を客観的に表すために，これらの要素を数量として測定し用いられるが，雲形や霧の有無，雷の記録なども気象要素に含まれる。

日本では1875年（明治8年）6月1日から台風などの暴風雨対策のため，気象庁の前身東京気象台で気温，風向風速などの気象要素を1日3回観測する気象観測が始められ，これを記念して6月1日を気象記念日としている。その後，気象観測は全国の気象台や測候所で行われるようになり，気象要素の観測がつづけられている。1974年11月からは，約1300ヵ所（約17 km四方に1ヵ所）で観測された雨量などのデータをオンラインで自動的に毎時集めるようにし，アメダス観測網のデータとして公開している。アメダス観測網は，正式には地域気象観測システムといい，英語名がAutomated Meteorological Data Acquisition Systemであることから，「アメダス（AMeDAS）」と名づけられた。「アムダス（AMDAS）」と名づけてもよかったが，せっかく雨をはかるのだから「アメダス（AMeDAS）」になった。約1300ヵ所の観測点のすべてで雨量を観測しているが，このうち約800ヵ所では雨量だけでなく，気温，風向・風速，日照時間も観測している。

気象庁では，これらの地上気象要素の観測だけでなく，気球に吊るした気象観測器によって約30 kmの上空までの気圧・気温・湿度・風向・風速をはかる高層気象観測も行っている。16ヵ所の観測点で1日2回（または4回）の高層気象観測が行われ，数値予報の初期値として用いられ天気予報に利用されている。

また，近年の気象観測は，よりよい天気予報や防災の観点から，いわゆる気象要素の観測だけではなく，多種類の気象項目の観測が行われている。たとえば1977年から静止気象衛星「ひまわり」によって1時間ごとの雲域の監視を行い，台風や豪雨の予測に利用されている。さらに，1980年代からは全国20ヵ所の気象レーダーがデジタル化され，それぞれを合成した降雨域の観測が利用されて短時間強雨の監視に用いられている。また，2001年からは上空5 kmまでの10分ごとの風速分布の観測ができるウインドプロファイラーを全国25ヵ所に設置しはじめ，上空の風の細かい時間変化や局地的な強風などの観測が行われている。

4.2.4　気温をはかる

a.　地上気温

大気の温度。ふつう，地上気温というと1.25～2 mの高さで測定される気温のことを指し，日本ではほぼ1.5 mの高さを基準にしている。この高さは大人が立ったときに感じる温度の高さと見ることもできる。一般にこれより下では，日中は太陽放射を受けた地面に近くなるので気温がより高くなり，夜間は冷えて重くなった空気が下層に貯まるので気温がより低くなる傾向がある。測定時の注意としては，温度計は日射による温度上昇を避けるため太陽の光が直接当たらないようにし，かつ地上の照り返しもない場所で，風通しをよくしてはかるのが基本である。気象台では露場とよばれる芝生で覆われた平坦な地面の上で観測している。また，発熱するもののそばでは代表性が得られないので，開けた風通しのよいところではかるのが望ましい。気象台やアメダスの観測点では，換気扇で強制的に $5\,\mathrm{m\,s^{-1}}$ 程度の風を流している円筒内に温度計を設置し，温度計の感部が周りの空気と温度差がないようにして測定している。

b. 温度と温度計

気温の単位は，国際的には摂氏（℃）が使われるが，欧米では華氏（°F）を用いることがある。摂氏は1742年にスウェーデンのA. Celsius（セルシウス，1701－1744）が0℃を水の沸点，100℃を氷の融点としてつくった温度の目盛り（現在とは逆）で，華氏は1714年にドイツのD. Fahrenheit（ファーレンハイト，1686－1736）が0°Fを水と氷と塩化アンモニウムの共存状態（氷と塩を混ぜた状態）の温度，32°Fを水と氷の混合状態の温度としてつくった目盛りである。摂氏，華氏と書くのは，セルシウス，ファーレンハイトを摂爾修，華倫海と漢字で表記したからである。華氏 F と摂氏 C の関係は

$$F = (9/5) \times C + 32$$

で表される。

そもそも温度計は1600年頃にイタリアのGalileo Galilei（ガリレオ・ガリレイ，1564－1642）が空気の膨張の程度が温度によって変わることを利用してつくったのが始まりとされている。しかし，空気の体積は気圧によっても変動するので，温度による変化だけをはかることはむずかしい。そこで，より正確な温度測定を目指したファーレンハイトは，常温の広い範囲で液体である水銀に着目して，その熱膨張を利用した水銀棒温度計を作成した。水銀の利点として，温度によって体膨張率の差が大きく変化しないことから，ガラス管につけた等間隔の目盛りで，熱力学的に等間隔の温度を表すことができ，広く使われるようになった。しかし，水銀は取り扱いがむずかしいことや融点が－38.9℃であるから，それ以下の温度測定には使えないので，近年，気象台やアメダスでは，温度によって白金の抵抗が変化することを利用した白金抵抗温度計を使うようになっている。白金は酸やアルカリに侵されず錆びにくく安定な金属であり，これを用いた温度計は測定精度が高く，かつ長期間安定に動作する利点がある。

一般に広く用いられている棒温度計は，赤色の染料を入れたアルコールが用いられていることが多い。しかし，アルコールは78.3℃が沸点なのでそれより高温まではかれるアルコール温度計は，実はアルコールの温度計ではない。水の沸点（100℃）などを測定するアルコール温度計は，通常はアルコールではなく，沸点が100℃より高い灯油を用いている灯油温度計である。

4.2.5　気圧をはかる

a. 気圧計

気圧が数量的に扱われるようになったのは，1643年にイタリアのE. Torricelli（トリチェリー，1608－1647）による水銀柱の実験が行われてからである。彼は一端を閉じた長さ1 m程度のガラス管に水銀を満たし，口の開いた他端を水銀容器の中に立て管を鉛直にしたとき，管内の水銀は容器の水銀面から約760 mmの高さまで下降して止まることを実証した(図3参照)。これは，管内の水銀の重さによる圧力と気圧が容器の水銀面で釣り合っていることことに他ならない。フォルタン気圧計などの水銀気圧計はこの原理を応用したものである。この実験を水銀ではなく水でしようとすると，水銀の密度が $13.6\,\mathrm{g\,cm^{-3}}$，水の密度が $1\,\mathrm{g\,cm^{-3}}$ であることから，13.6倍の10.33 m以上の長いガラス管が必

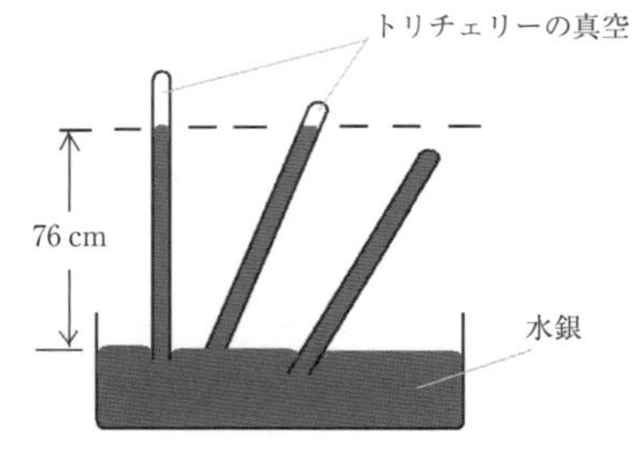

図3　トリチェリーの真空

要である。気圧から水銀柱の高さや水柱の高さなどへの変換は，重力加速度を $9.8\ \mathrm{m\ s^{-1}}$ としたとき，次式に要約される。

$$\begin{aligned}1\ \mathrm{atm} &= 760\ \mathrm{mmHg} = 760 \times 13.6\ \mathrm{mmH_2O}\\ &= 1033.6\ \mathrm{cmH_2O}\\ &= 1033.6\ \mathrm{g\ cm^{-2}} \times 980\ \mathrm{cm\ s^{-2}}\\ &= 10336\ \mathrm{kg\ m^{-2}} \times 9.8\ \mathrm{m\ s^{-2}}\\ &= 10336 \times 9.8\ \mathrm{N\ m^{-2}}\\ &= 101292.8\ \mathrm{N\ m^{-2}} = 1013\ \mathrm{hPa}\end{aligned}$$

水銀気圧計で精度よく測定するためには，その原理から水銀密度の温度変化や測定場所の重力差の補正が必要である。また，水銀が1 m近いガラス管に封入されていることから取り扱いに注意が必要で，測器を移動して測定することがむずかしい。このような欠点のない，より簡便な気圧計として空盒（くうごう）気圧計がある。これは，真空の缶が大気圧によってつぶれる度合いを拡大して表示できるようにしたもので，アネロイド気圧計ともよばれる。アネロイドとはギリシャ語で「液体がない」という意味である。小型軽量で持ち運びにも便利なため一般家庭の室内用としても広く用いられているが，水銀気圧計に比べ精度が悪いのが欠点である。最近，気象台などでは連続測定ができる電子化された測器として，薄肉金属の円筒の共振周波数が気圧により変化することを利用した円筒振動型気圧計や，水晶振動子の振動周波数が気圧により変化することを利用した水晶振動型気圧計が用いられている。

b.　現地気圧と海面気圧

トリチェリーの気圧測定の追試を行ったフランスのB. Pascal（パスカル，1623－1662）は，1648年に気圧が山に登ると低くなるという，高さによる気圧の変化を確かめた。地上付近では10 m高さが増すと気圧は1 hPa減少し，1000 mの山の上は約900 hPa，2000 mの山の上では約800 hPa，3000 mでは約700 hPaである。3776 mの富士山山頂の平均気圧は約640 hPaであるから，平地の工場で密封された袋入り菓子は，山の上では風船のように膨らんでいる。したがって，天気図上で各地の気圧を比較するとき，測定された値そのもので比較することは無意味なので，基準高度の気圧に換算して比較する。たとえば，地上天気図で示される気圧は，測定された気圧を高度と気温をもとに平均海面高度に換算した気圧である。この気圧の換算を気圧の海面補正，またその気圧を海面気圧といい，実際に測定された現地気圧と区別して用いる。

一方，海水は密度が $1.01\sim1.05\ \mathrm{g\ cm^{-3}}$ なので，約10 mの水深差が1気圧に相当する。したがって，10 m潜るごとに1気圧増加し，100 mで10気圧，1000 mで100気圧増加する。海水の密度は深くなってもほとんど変化しないので，たとえば6500 mまで潜った潜水艦の壁には，外から651気圧，内部からは1気圧がかかるので，650気圧の圧力差に耐えていることになる。

c.　気圧と天気

ドイツのO. von Guericke（ゲーリケ，1602－1686）は，1650年にマグデブルクの半球実験でよく知られた二つの密着した金属半球から空気を抜き，16頭の馬で引き離そうとしたができなかった実験を行い，気圧の大きさの実証を行っている。また，彼は1660年に暴風があったとき気圧の測定を行い，暴風の前兆として気圧が下がることを明らかにした。これは気圧と天気の関係を初めて示した画期的な出来事で，天気図に気圧分布が使われるきっかけとなった。しかし実際に，気圧分布としての天気図が描かれるのは1820年にドイツのH. Brandes（ブランデス，1777－1834）が1783年の観測記録をもとに作成したのが最初である。

4.2.6　露点をはかる

水蒸気を含む空気を同じ気圧のもとで冷却していくと，ある温度で空気中の水蒸気は飽和に達し凝結を始め露が生じる。この温度を露点温度といい，単に露点ということもある。氷点下では露ではなく霜になるので霜点ということがある。

露点温度は，鏡のように磨き上げた金属の表面を徐々に冷却させ，露や霜が付着するときの温度をはかるようにした露点計とよばれる測器で測定される。しかし，露や霜の検出を人間の目で行う方法は誤差が大きいため，近年は，塩化リチウム露点計とよばれる電子工学的方法による測器で測定されている。この原理は，次のようなものである。塩化リチウム水溶液に電気を流すと発熱し，水分が蒸発する。水分が蒸発すると溶液の濃度が高くなり，一部が析出し再結晶化する。再結晶化すると電流が流れにくくなり温度が下がる。温度が下がると水蒸気が吸収され，溶液の濃度が低くなり電気が流れる。これを何度か繰り返すと大気中の水蒸気の量と平衡状態になり，その溶液の温度から露点が求められる，というものである

4.2.7　飽和水蒸気圧（飽和水蒸気量）をはかる

飽和水蒸気量とは空気中に含みうる水蒸気の量のこと。水という物質の気体の姿である水蒸気は，100℃ 以下であれば液体である水や固体の氷と共存しうる。しかし，一定体積中に含みうる水蒸気の量には限界があり，その最大量は，そのときの温度によってのみ決まる。たとえば，10℃ では 12.28 hPa，20℃ では 23.37 hPa，30℃ では 42.43 hPa で，その値はわれわれが生活する温度付近では，気温が 8℃ 上がるごとに約 2 倍に増加する（表 5，図 4）。したがって，1 気圧のもとで空気中の水蒸気が占める最大分圧は，10℃，20℃，30℃ の場合，それぞれ約 1%，約 2%，約 4% であり，蒸し暑いと思っても水蒸気量としては大気中の高々4% 程度である。また，温度が低い場合，相対湿度が高いといっても水蒸気量の絶対量は少ないことになる。

0℃ で飽和している空気の水蒸気圧は 6.11 hPa であり，これは 40℃ で相対湿度が 8% の空気がもつ水蒸気圧とほぼ同じである。したがって，南極や北極の低温の大気は，水蒸気量そのものから見ると砂漠並みに乾燥していることがわかる。同様に，高度が上がると気温が下がるので，上空の大気も乾燥している。たとえば，日本付近では地上付近の平均気温が 15℃ であるのに対し上空 5000 m の平均気温は −18℃ になるため，飽和蒸気圧はそれぞれ，17.04 hPa と 1.49 hPa となり，その比は約 12 分の 1 である。したがって，もし地上付近にある空気が 5000 m まで上昇すると，この蒸気圧の差の水蒸気が凝結し液体の水や固体の氷になるので，ほとんどの水蒸気が雲粒になる。水蒸気を含む空気が上昇するとき，水蒸気は搾り取られるように減少していくのである。さらに，高高度の対流圏界面付近の高度 10 km 付近（250 hPa）まで上れば気温は約 −50℃ なので，たとえ飽和していても水蒸気の量はわずか（0.063 hPa）で，その量は空気の 0.02% 程度になり，微量気体といわれる二酸化炭素の量より少なく非常に微量になる。外気を取り入れながら飛んでいるジェット機内は加湿しないと非常に乾燥しているのである。

表 5　水の飽和蒸気圧

気温〔℃〕	飽和蒸気圧〔hPa〕
−20	1.24
−15	1.91
−10	2.86
−5	4.21
0	6.11
5	8.72
10	12.28
15	17.04
20	23.37
25	31.66
30	42.43
35	56.22
40	73.75
45	95.83
50	123.35

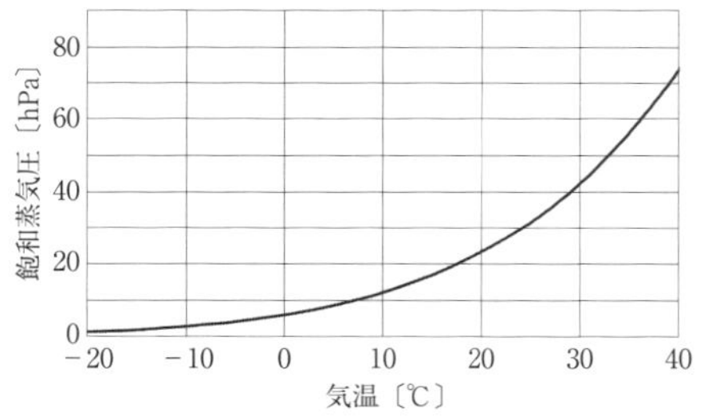

図 4　水の飽和蒸気圧と気温の関係

4.2.8　湿度をはかる

湿度とは空気中の湿り程度を示す量のこと。空気中の水蒸気の絶対量として絶対湿度として

表すこともあるが，水蒸気量とその温度における飽和水蒸気量の比である相対湿度で表すことが多い。湿度の測定として，広く用いられているのは原始的な毛髪湿度計による方法である。これは，髪の毛が湿ると伸び，乾くと縮むことを利用して1783年にスイスのH.B. de Saussure（ソシュール，1740－1799）が作成したものである。もともと西洋でつくられたので，毛髪は金髪女性のものがよいという説があるが定かではない。低価格，使いやすさ，経時変化の小ささなどから現在でも広く用いられているが，低温時の反応の悪さ，時定数の大きさ，測定精度が悪いなどの欠点もある。

測定原理がわかる方法として乾球と湿球の1組の温度計から湿度を求める方法がある。湿球の感部に水で湿らせたガーゼなどを巻き，蒸発によって温度が下がる程度を測定した湿球温度と，ガーゼなどを巻かずに普通に測定した乾球温度の比較から湿度を求める方法である。乾燥していれば蒸発によって奪われる熱量が大きくなるため湿球温度は低くなり，ほとんど飽和していれば蒸発することもないので湿球温度は乾球温度と等しくなる。湿球の感部にあたる風速によって蒸発量も変わるので，ぜんまい仕掛けや小型モーターでファンを回し，感部に当たる空気の速度を一定に保つように工夫された通風乾湿計がよく用いられている。1887年ドイツの気象学者R. Aßmann（アスマン，1845－1918）によって考案された通風乾湿計がその原型で，湿度測定の基準用として現在も使われている。表6はアスマン通風乾湿計で測定した乾球と湿球の温度から湿度を求める早見表である。

近年は，高分子薄膜を電極で挟んだコンデンサーに電圧をかけると，湿度の増減によってその薄膜の誘電率が変化し抵抗値が変わることを利用した電子工学的方法が用いられ，連続測定などが行われている。しかし，低温では空気中に含みうる絶対的な水蒸気量がそもそも少ないので湿度そのものの測定はむずかしく，相対湿度などの測定値には大きな誤差が含まれることが多い。

4.2.9　雲

雲は空中に浮かんだふわふわの物体のように見えるが，微小な水滴や氷の粒が空中に漂ってできている。浮かんでいるように見えるのは，微小な水滴や氷の粒の落下速度が小さいため，それほど下降しないことや弱い上昇気流中でも持ち上げられるためである。霧も本質的には雲と同じで，地表面に接していれば雲ではなく霧という。雲が白や黒あるいは輝いて見えるのは，個々の粒が太陽光を散乱，反射，吸収などをするからである。

a.　雲の分類と雲量

光のあたり方，粒の大きさと単位体積中の粒

表6　通風式乾湿計の湿度早見表

		乾球温度と湿球温度の差〔℃〕										
		0	1	2	3	4	5	6	7	8	9	10
乾球温度〔℃〕	35	100	93	87	80	74	68	63	57	52	47	42
	30	100	92	85	78	72	65	59	53	47	41	36
	25	100	92	84	76	68	61	54	47	41	34	28
	20	100	91	81	73	64	56	48	40	32	25	18
	15	100	89	78	68	58	48	39	30	21	12	4
	10	100	87	74	62	50	38	27	16	5		
	5	100	84	69	53	38	24	9				
	0	100	80	60	40	21	2					

子数，雲粒が水滴であるか氷の粒であるかの違い，によって雲の見え方は変わる。その外観によって雲は，基本的には10種に大別され，十種雲形として知られている（表7参照）。これは1803年にイギリスの気象学者L. Howard（ハワード，1772－1864）が分類したものが基礎となっている。10種のうち巻雲・巻層雲・巻積雲・高層雲・高積雲・乱層雲・層雲・層積雲の8種が水平に広がる層状雲で，積雲・積乱雲の2種が鉛直方向に伸びる対流雲である。この層状雲と対流雲の違いは，主として上昇流の大きさによる差で，一般に層状雲では前線面に沿うような大規模な数 $cm\ s^{-1}$ 程度の上昇流であるのに対し，対流雲では数 $m\ s^{-1}$ の上昇流であることが多い。

ちょっと古い本を見ると「巻雲」と「絹雲」が混在していることがあるが，これは「巻」を「ケン」と読まず「カン」と読むという当用漢字の読み方の改定が一昔前（1972年）に一時的に行われたからである。それで一時的に「絹」の字を借りて使用していたが，1988年に当用漢字の読み方の規制が緩くなり，「巻」を「ケン」と読むことが認められ，「巻雲」が復活した。もともとは，はけで掃いたような雲筋の先が巻いている様子から名づけられている。

雲を構成する粒子すべてを「雲粒」という場合が多いが，液体の「雲粒」と固体の「氷晶」に分けていう場合もある。また層状雲は，雲の高さによって上層雲・中層雲・下層雲に分けることもある。一般に，積乱雲の上部や巻雲・巻層雲・巻積雲などの上層雲は「氷晶」からなり，その輪郭がはっきりわからないのに対し，積雲や高積雲などは「雲粒」からなり，輪郭ははっきりと見える。

雲の観測は，雲形や雲の高さだけでなく，雲量についても行われる。雲量は全天を10としてその割合を記したもので，1以下が快晴，2～8が晴れ，9以上が曇りである。雲の出現高度は，水蒸気が十分にある対流圏内にほとんど限られる。強い上昇流がある発達した積乱雲の場合は，雲頂が対流圏界面を越える場合があるが，成層圏は大気が安定なため上昇をつづけることはできない。対流圏界面の高度は赤道付近で約18 kmで，高緯度になるほど低くなり，極地方では約8 kmである。

表7　十種雲形

上層雲	巻　雲 Cirrus(Ci)
	巻積雲 Cirrocumulus(Cc)
	巻層雲 Cirrostratus(Cs)
中層雲	高積雲 Altocumulus(Ac)
	高層雲 Altostratus(As)
	乱層雲 Nimbostratus(Ns)
下層雲	層積雲 Stratocumulus(Sc)
	層　雲 Stratus(St)
対流雲	積雲 Cumulus(Cu)
	積乱雲 Cumulonimbus(Cb)

b. 雲　粒

雲粒は空気が上昇中に断熱膨張に伴う冷却によって気温が下がり，水蒸気が飽和に達した後，凝結して発生する。半径1 μm以下の非常に小さい粒子では，曲率をもつ面に対する飽和蒸気圧は平面に対する飽和蒸気圧より大きいので，雲粒が成長するためにはより大きな過飽和度が必要であるが，塩化ナトリウムなどの吸湿性の凝結核があると未飽和の相対湿度80% 程度でも水滴としての成長が始まる。雲粒は成長の初期段階では水蒸気の凝結によって成長するが，その成長速度は粒子の直径が大きくなるほど遅くなり，雨粒の大きさまで成長するには時間がかかりすぎる。実際，天然の雲では雲が発生してからわずか30分か1時間後に降り出すことがあるので，雨粒の大きさまで凝結過程のみで成長することはなく，雲粒がある程度まで大きくなると雲粒どうしの併合過程で急速に成長するようになる。

雲粒の半径はおよそ2〜50 μmで，代表的雲粒の大きさは雲によって多少異なるがおよそ10 μmである。雲粒と雨滴とは便宜上大きさの違いで区別し，半径100 μmを境目としている。単位体積中の雲粒の数は100〜400個/cm^3程度である。一般に，大陸性の雲の場合は凝結核となる粒子が多いため雲粒数が多く，海洋性の雲の場合は凝結核が少ないため雲粒数は少ない。

単位体積中の雲粒の水量の総和を雲水量というが，その値は，小さい積雲では0.1〜0.2 g m^{-3}程度で1 g m^{-3}を越えることはまれである。雄大積雲では1 g m^{-3}以上，積乱雲では5 g m^{-3}程度，層状の雲では0.05〜0.5 g m^{-3}程度である。濃い霧や雲の中に入ると前がまったく見えないほど視程が悪くなる場合があるが，水の量とすればわずかである。たとえば，雲粒の直径を20 μm，雲粒の個数を1 cm^3あたり1000個とかなり濃い雲を仮定する。このとき雲粒は1 mm間隔に並んでいることになり，この値からはぎっしり詰まっているように思えるが，その水の量は4 g m^{-3}にすぎない。また，雲粒を野球のボールほどに拡大してみると，雲粒どうしの間隔は約4 mとなり，4 mごとに区切られた部屋にボールが1つずつ入った状態である。濃い雲でも雲の中はすかすかで，雲粒どうしが併合するのは簡単ではないことがわかるだろう。雲粒，霧粒，雨粒のおよその大きさを知ってもらうために，それぞれの大きさの比がわかるように図5に示す。

0℃以下の雲の中では，雲粒は水滴ではなく

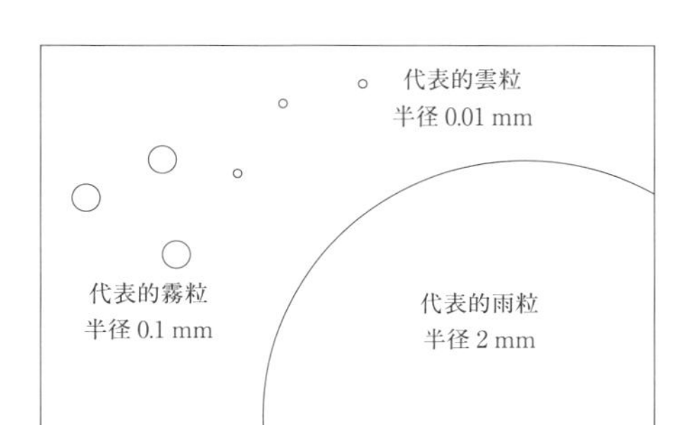

図5　代表的な雲粒，霧粒，雨粒の大きさの比較

氷晶になる。しかし，氷晶になるためには氷晶核が必要で，氷晶核が少ない場合は－40℃まで凍らずに過冷却水滴として存在することがある。雲頂温度が－4℃までの雲はほとんど過冷却水滴からなり，－10℃では50%の雲に過冷却水滴があり，－20℃では5%の雲に過冷却水滴があると思ってよい。いったん過冷却水滴の雲の中に氷晶が現れると，水に対する飽和蒸気圧は氷に対する飽和蒸気圧よりも大きいので，過冷却水滴から蒸発した水蒸気は氷晶上に昇華する。この過程によって，氷晶は急速に成長し雪結晶となる。

雪結晶の形は，角板，星状，扇状，樹枝状など様々である。この形の違いは，気温と湿度によって決まることを中谷宇吉郎（1900－1962）が1934年に世界で初めて人工的に雪結晶をつくったことから明らかにした。雪結晶は－15℃付近で樹枝状の結晶になること，水蒸気量が多いと枝が多い結晶になること，などがわかり，逆に，雪結晶の形を見ればその結晶がつくられた雲の中の気温や湿度が推定できるので「雪は天から送られた手紙である」という有名な言葉を残した。

4.2.10　雨をはかる

a.　雨量計

雨の量を表すには，降った雨の体積ではなく降った雨が貯まった深さで表す。このとき，降った量だけでなく，どれだけの時間でその雨が貯まったかの時間を示さないとどのような雨かはわからない。一般に，貯まった深さはmm単位で表し，観測時間は10分間，1時間，1日などが使われる。たとえば，10分間に10 mmの雨が貯まるような雨は土砂降りで，ときには災害を引き起こすが，1日かけて10 mmになるような雨はしとしとした雨で，災害を起こすようなことはまずない。雨量を表すには時間も合わせて記す必要がある。

日本で一般に使われている雨量計は直径20 cmの転倒枡雨量計（図6参照）で，0.5 mm相当の雨が降ると，ししおどしのようになった枡が転倒し，転倒回数から降水量が計測される仕組みになっている。雨ではなく雪やあられ，

ひょうなどの場合は，雨量計を加熱し水に融かした後に測定するか，あらかじめ受水部に温水を貯めておき，その中に新たに降雪などが入ったときにあふれ出た水の量を測定する方法で行われている。

図6（a）　転倒枡雨量計（直径20 cm）

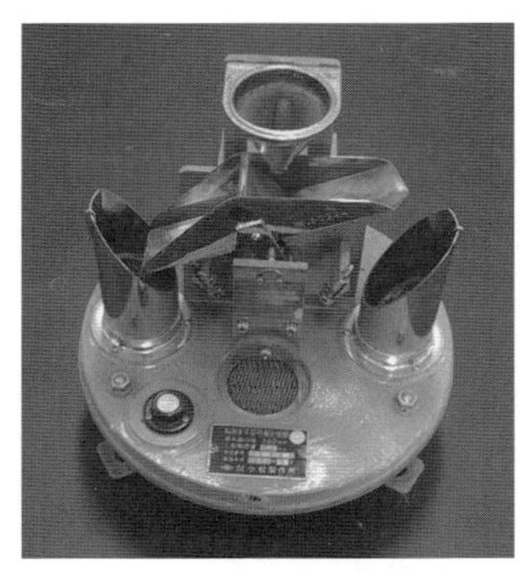

図6（b）　転倒枡雨量計内部の転倒枡

b. 降水量

日本の年平均雨量は約1500 mmであるが，紀伊半島の大台ケ原では年降水量が8000 mmを越えたこともあり，気温などに比べると，雨量は場所によって大きく変わるのが特徴である。これは，雲や雨の形成が地形などの局地的なものに影響されることを示している。

地球上の大気中の水蒸気をすべて水にして，地上に落とすと約25 mmの厚さになる。降水量の多い場所は，水蒸気が集まりやすく，雲ができやすく，効率よく降水が形成されやすい場所である。地球全体で平均した年降水量は約1000 mmで水蒸気量が25 mmなので，水蒸気から雨に等しい確率で変換されるとすると年間約40回入れ替わり，地上の水が蒸発しても，平均すると10日程度で雨になって再び地上に落下していることがわかる。

c. 雨　滴

雨滴は雲の中で雲粒や氷晶が成長してできる。0℃ 以下の雲の中で過冷却した雲粒と氷晶が共存するとき，水と氷の飽和蒸気圧が異なることから，雲粒の凝結成長より氷晶の昇華凝結の方が大きくなり，氷晶のみが急速に成長する。すなわち，氷の飽和水蒸気圧は，同温度の水の飽和水蒸気圧よりも低いために，水滴と氷晶が共存するときは，水滴がどんどん蒸発していく一方で，氷晶は大きく成長する。このため氷晶は雪結晶へと成長し，粒径が大きくなるので互いに併合しやすくなり雪片となって降下し，0℃以上になると融解して雨滴ができる。このような雨滴の形成過程は氷晶過程を経ているので冷たい雨とよばれる。一方，氷晶過程を含まず，雲粒の凝結成長と併合成長だけから雨滴が形成される過程を暖かい雨とよぶ。熱帯の背の低い雲からの雨を除いて，世界中の雨のほとんどが冷たい雨の過程で生じている。

4.2.11　風をはかる

a. 風の発生

温度差がある空気が接すると，暖かい空気は密度が小さく軽いため上昇し，冷たい空気は密度が大きく重いため下降する。このとき，下層では冷たい空気側から暖かい空気側に，上層では暖かい空気側から冷たい空気側に，風が起こる。海風陸風やモンスーンなどの季節風などは，このような原因で生じた高圧側から低圧側に向かって吹いている。これに加え大規模な風には，地球は1日1回転の自転をしているので，自転によるコリオリ力が影響する。このため，高圧側から低圧側にまっすぐ吹かず，摩擦がなければ北半球では高圧部を右側にして等圧線に平行に，地上付近の摩擦があるところでは等圧線に平行ではなく，低圧部に向かって斜めに風が吹く。風と等圧線とのなす角は海上では10～20度，陸上ではそれ以上で，ときには45度以上になることもある。この風と気圧配置の関係について，オランダのC. H. D. Buys Ballot（ボイス・バロット，1817－1890）は北半球では風を背にしたとき，低圧部が左側，高圧部が右側にあるというボイス・バロットの法則を1857年にまとめた。

b. 風向と風速

風は風向と風速の二つの量で表し，一般に鉛直方向の風速に比べ水平方向の風速が小さいので水平成分のみで表す。風向は風の吹いてくる方向をいい，たとえば北風は北から南へ吹く風である。しかし，風向および風速はたえず変動しているので，通常ある時刻の値は，その時刻の直前10分間の平均値で示す。一般に，風向の表し方は16方位，または北を0度にとり，そこから時計回りの角度を10または20で割った整数値で表すことが多い。

風速は1秒間に空気が移動する距離をいい，その単位として一般的には $m\,s^{-1}$ を用いるが，$km\,h^{-1}$，$mile\,h^{-1}$（mph），kt（ノット）を用いることもある。風速は絶えず変化するので，単に風速といった場合は数分以上の一定時間をとった平均風速を示し，瞬間的な風速の値は瞬間風速という。風速の範囲を12に分割した風力で表すことがある。表8に示すビューフォート風力階級は，1808年英国海軍のF. Beaufort（ビューフォート，1774－1857）提督が発案したもので，帆船に及ぼす風の効果を考えに入れてつくられ，その後改良を重ねて陸上でも使用されるようになった。

風が強いときは，気温より寒く感じることがよくある。風冷えとよばれ，同じ気温であっても風速が大きくなるほど体の表面から熱が逃げるので体感温度は下がる。経験的に $3\,m\,s^{-1}$ 以下の弱い風のときは風速が $1\,m\,s^{-1}$ 大きくなると体感温度は1℃ 下がり，3～$5\,m\,s^{-1}$ のときは $1\,m\,s^{-1}$ につき体感温度は2～3℃ 下がる。たとえば，0℃ で風速 $5\,m\,s^{-1}$ であれば体感温度は－8℃ である。強風時にはウインドブレーカーなどを着用するのが賢明である。

表8 ビューフォート風力階級

風力階級	相当風速〔$m\,s^{-1}$〕	地表物の状態（陸上）
0	0～0.2	静穏。煙はまっすぐに昇る。
1	0.3～1.5	風向きは煙がなびくのでわかるが，風見には感じない。
2	1.6～3.3	顔に風を感じる。木の葉が動く。風見も動きだす。
3	3.4～5.4	木の葉や細かい小枝がたえず動く。軽い旗が開く。
4	5.5～7.9	砂埃がたち，紙片が舞い上がる。小枝が動く。
5	8.0～10.7	葉のある灌木がゆれはじめる。池や沼の水面に波頭がたつ。
6	10.8～13.8	大枝が動く。電線が鳴る。傘はさしにくい。
7	13.9～17.1	樹木全体がゆれる。風に向かっては歩きにくい。
8	17.2～20.7	小枝が折れる。風に向かっては歩けない。
9	20.8～24.4	人家にわずかの損害がおこる。
10	24.5～28.4	陸地の内部ではめずらしい。樹木が根こそぎになる。人家に大損害が起こる。
11	28.5～32.6	めったに起こらない広い範囲の破壊を伴う。
12	32.7以上	

4.2.12　気　団

水平方向に数百～数千 km，高さは1～数 km の幅で，広範囲に温度や水蒸気量などの性質がほぼ一様な空気の集まりを気団という。広い範囲で一様な性質をもつ気団が形成されるためには，一般に風の弱い状態が長くつづき，地表面や海水面に接する大気の性質が均一化することが必要である。中緯度では一般に偏西風が強く，低気圧や前線など擾乱（じょうらん）が周期的に通過するので気団は形成されにくく，低緯度地方や高緯度地方の広い大陸上や海洋上で気団は形成されやすい。夏の熱帯の海洋上，冬の寒帯の大陸上に停滞する大規模な高気圧の圏内は，このような気団の発生する場所として適している。

日本付近では，夏季は亜熱帯高圧帯にある太平洋高気圧が北西に張り出し，小笠原諸島付近に中心をもつ小笠原高気圧ができる。この高気圧で覆われた地域では，暖かい海面の影響で高温多湿の小笠原気団が形成され，これに覆われた日本列島は蒸し暑い晴天がつづく。高気圧の縁辺部では，小笠原気団から流れ出た湿舌（しつぜつ）とよばれる高温多湿の南寄りの気流が日本列島上空に達し，局地的な強雨をもたらす原因となる。また，この気団がより冷たい北方の北海道東方へ広がると，冷たい海面によって下層から冷やされて低い逆転層ができ霧や層雲が発生する。釧路の霧で代表される北海道東部の霧はこの典型である。

コラム　風速の単位

日本では，風速の単位としては一般に $\mathrm{m\,s^{-1}}$（1秒間に何 m 進むか）を使うことが多いのに対し，新幹線や車などの乗り物や野球の投手が投げるボールの速度には $\mathrm{km\,h^{-1}}$（1時間に何 km 進むか）を使うことが多い。風速は風で飛ばされる飛距離を考える上で，1秒を単位とした $\mathrm{m\,s^{-1}}$ を使うのが生活習慣上便利であるし，乗り物は所要時間と距離の関係を示す上で，1時間を単位とした $\mathrm{km\,h^{-1}}$ を使うことが便利である。野球の投手が投げるボールがなぜ時速で表示されるかは謎ではあるが，おそらくアメリカのベースボールのピッチャーの投球が mph（1時間に何 mile 進むか）という1時間を単位とした速度で表示された影響や，早いものの代名詞として使われる新幹線の速度が時速で表示されているからだろう。日本では，現象によって時速や秒速を使い分けているのに対し，アメリカでは時速である mph だけで表示していることが多い。たとえば，日本では台風の進行速度は時速で表しているのに対し，台風の中心付近の最大風速は秒速で表している。また，航空機は時速で表示しているが，ジェット気流などの風速は秒速で表示している。日本では航空機が風に乗って進む場合の足し算は単位の換算が必要で面倒である。一方，アメリカではどちらも時速の mph で表しているので足し算が楽である。

次に，kt（ノット）について。熱帯低気圧の中心付近の最大風速が 17.2 $\mathrm{m\,s^{-1}}$ 以上のものを台風というが，この 17.2 $\mathrm{m\,s^{-1}}$ という小数点第1位までの中途半端な数字は，34 kt（ノット）という整数の数値を $\mathrm{m\,s^{-1}}$ に変換したからである。ノットは帆船時代の名残で，船舶や海上の風の速度によく用いられている。1 kt は1海里（1852 m）を1時間で進む速度である。1海里は緯度1度（約 111 km）の距離の 60 分の1のことなので，10 kt で進む船は6時間で1緯度分進む。台風は海上で発生するので，台風の定義には海上で便利な単位である kt が使われた。

一方，冬季は世界最大級の寒気団であるシベリア気団が日本海を渡って南下してくる。シベリアは高緯度地方にあるので冬季は日射が少なく，放射冷却のため冷え，南にはチベット山地があるため南に広がることができず，冷たい空気が蓄積される。こうして形成された低温で乾燥しているシベリア気団が対馬海流の流れ込んだ暖かい日本海上に出ると下層から暖められるため不安定となり，日本に到達するまでに対流混合層が徐々に厚くなり，かつ多量の水蒸気を含むようになる。これが日本海側の雪をもたらす原因となる。

4.2.13　高気圧

高気圧とは周囲よりも相対的に気圧の高いところのことで，天気図では閉じた等圧線で囲まれた気圧の高い領域として表される。基準気圧たとえば1気圧（1013 hPa）より高いところを高気圧というわけではない。高気圧は周囲に比べ空気の重さが大きいので，高気圧の下層では空気が四方へ吹き出している。北半球では時計回りに，南半球では反時計回りに空気が高気圧の中心から吹き出しているが，これに見合う量の空気が上層から下降気流となって地表近くに降り高気圧が維持されている。この下降流のため，高気圧付近では雲がなく一般に天気がよい。

大規模な高気圧は温暖高気圧と寒冷高気圧に分けられる。温暖高気圧は上層で空気の収束が起こり下層から対流圏上層まで全高度で気圧が高い高気圧である。日本付近では夏季に発達する北太平洋高気圧（亜熱帯高気圧）がこのタイプの高気圧で背の高い高気圧ともいわれる。一方，寒冷高気圧は上層での空気の収束とは別に，地表近くに冷たく重い空気が貯まり，その重さで気圧が高くなってできる高気圧である。日本付近では冬季大陸が冷却するために，地表近くの空気が冷え重くなってできるシベリア高気圧がこのタイプの高気圧である。寒冷高気圧の高さはおよそ2000 mまでと低く，これを背の低い高気圧ともいう。

さらに規模の小さい局地的な高気圧として，地形性高気圧がある。この高気圧は夜間放射冷却などによりできた冷気が貯まってできる高気圧で，内陸の盆地などに発生しやすい。この高気圧の高さは1000 m程度までで，日中は気温が上がり消滅するが，沿岸ではこの高気圧から吹き出す弱い風が海上の湿った空気との間に前線をつくり，雲や降水を形成することがある。冬季北海道西岸に生じる線状の雲はこれが原因となることがある。また，メソ高気圧や雷雨高気圧とよばれる局地的な高気圧もある。これは，発達した積乱雲から降る激しい降雨が落下中に蒸発することから空気を冷やし，また空気を引き擦りおろすことから冷気塊が雲底下に溜まり（冷気プール），高気圧となるものである。

4.2.14　低気圧

低気圧とは周囲よりも相対的に気圧の低いところのことで，天気図では閉じた等圧線で囲まれた気圧の低い領域として表される。基準気圧たとえば1気圧（1013 hPa）より低いところを低気圧というわけではない。低気圧は周囲より気圧が低く，四方から風が吹き込む。北半球では反時計回りに吹き込み，中心付近で収束した空気は上昇する。このため，低気圧付近では雲や降水が形成されやすく，一般に天気が悪い。

低気圧には，温帯や寒帯で発生する温帯低気圧と熱帯で発生する熱帯低気圧がある。両者は，発生場所だけでなく発生・発達のためのエネルギー，発生の仕組みが異なる。温帯低気圧は，極域側の冷たい空気と赤道側の暖かい空気の境界付近で冷たい空気が暖かい空気にもぐり込む位置エネルギーを運動エネルギーに変えて発達するのに対し，熱帯低気圧は暖かい海上で多量の水蒸気が凝結して雲粒になるときに発生する潜熱によって発達する。温帯低気圧は気温傾度の大きな寒気と暖気の境界付近に発生するので気温のほぼ一様な熱帯には発生せず，熱帯低気圧は多量の水蒸気の凝結が必要なので気温が低く水蒸気量が少ない温帯や寒帯には発生しない。温帯低気圧は前線を伴い，熱帯低気圧は前線を伴わないのは，このような理由からである。

日本付近の温帯低気圧の進路としては，南西諸島から北東に進み，北海道東部からアリューシャン列島の方へ進むものが最も多い。この場合，西日本から東日本まで日本の広い範囲に降水をもたらす。冬季には，急速に発達しながら日本の南海上を北東に低気圧が進み，太平洋側の地方に大雪や季節外れの大雨を降らすことがしばしばある。日本海に発達した低気圧が進むと，日本付近は南風が強くなり日本海側ではフェーン現象が起こり山火事などの大火が発生しやすくなる。春一番の強風をもたらす低気圧はこのタイプが多い。

4.2.15　前　線

気温や水蒸気量，風向，風速など性質の異なる二つの空気の境目を前線あるいは前線面という。一般には寒気と暖気の境界を示し，この付近では気温が急激に変化するので不連続線や不連続面ということもある。暖気が寒気に乗り上げて滑昇するものを温暖前線，寒気が暖気にもぐり込むものを寒冷前線，ほとんど動きがないものを停滞前線という。一般に，温暖前線に伴う雨は地雨性で降雨域も広いが，寒冷前線に伴う雨はしゅう雨性で降雨域は狭い傾向がある。しかし，温暖前線の近くで強い対流が起こり大雨になることもある。

停滞前線は温暖前線に似た性質をもち，梅雨前線や秋雨前線は規模の大きい停滞前線の例である。前線上に発生した温帯低気圧が発達して閉そくが始まると閉そく前線ができる。日本付近では，台風と梅雨前線あるいはその組合せによって大雨や災害をもたらす豪雨が発生することが多い。　　　　　　　　　　　［小西　啓之］

参考図書

1)　小倉義光，“一般気象学”，東京大学出版会（1999）．
2)　和達清夫　監修，“最新　気象の辞典”，東京堂出版（1993）．

コラム　気象衛星

宇宙からの地球観測は，初めての人工衛星スプートニク1号が1957年に打ち上げられて以来進展してきた。気象衛星は地球から宇宙空間に反射や放射されている可視光域や赤外線波長の電磁波を観測し，地球表層の雲・水蒸気・微量気体の分布を観測している。近年は，衛星から地球に向かって電波を出し，その反射の強度から地球表層の降水量を観測する衛星も上がっている。

静止気象衛星「ひまわり」は，可視光線，赤外線および水蒸気に吸収される特定の赤外線を使って雲などを観測している。可視画像は白く写っている雲ほど厚みがあり，雨を伴うことが多いなど，視覚的に分かりやすいが，夜間は見えないことや，朝夕は雲は見えても太陽光が斜めからあたっているので，極端に淡く写るなどの欠点もある。

赤外画像は温度の低い雲つまり高いところにある雲を白く表している。高い雲には夏の夕立や集中豪雨をもたらす積乱雲のような厚い雲もあれば，晴れた日にはるか上空に薄く現れる巻雲のような雲もある。このため白く写っている雲が積乱雲か巻雲かは，赤外画像からは分かりにくい。またごく低い雲や霧の温度は地上温度とあまり差がないので地表と区別がつきにくく，赤外画像では識別しにくい。

水蒸気画像は水蒸気に吸収される性質をもった特定の赤外線を使って観測するもので，基本的には温度の分布を表しているが，水蒸気による吸収が支配的なので，画像の明暗は水蒸気の多少に対応している。水蒸気画像では湿った部分が白く，乾いた部分が黒く表現される。

4.3　地球の大きさとかたちをはかる

4.3.1　地球の大きさをはかる

アレキサンドリアの図書館長であったギリシャ人のEratosthenes（エラトステネス，BC 276－194）が，紀元前230年頃に地球の大きさを初めてはかったといわれている。彼は夏至の日の正午に，エジプトのシエネ（現在のアスワン）にある深い井戸の真上から日が射すことを知り，約925 km離れたアレキサンドリアで垂直に立てた棒の影の長さを夏至の日にはかり，太陽光線の入ってくる角度7.2°から地球の半径7365 kmを求めた（図1）。彼の場合，日の出のときに太陽の上端が地平線に現れてから下端が地平線を離れるまでの間に，人間が太陽に向かって歩く距離と定義された単位（スタジオン，複数形はスタジア）で長い距離を表しているので，精度が悪くなるが，原理は正しいもので現在もその方法は応用されている。なお，1スタジオンは約180 mであり，古代ギリシャの陸上競技は1スタジオンの直線距離で行われ，競技場もスタジオンを基準にして設計されたので，「スタジアム」という言葉の語源になった。

距離の測定のために用いられたのは，近年までは精密な巻き尺と高精度のトランシットを使って角度をはかることによって距離を測定する方法であった。その後，レーザー測距儀が開発されてからは精度が急激に向上したが，測量の対象が直接見えないとはかれない。最近，複数の人工衛星からの信号を同時に受信して位置を測定するGPS（global positioning system，汎地球測位システム）を用いて距離をはかることができるようになった。さらに，宇宙技術（超長基線電波干渉法）を利用して，クエーサーからの電波を同時に2ヵ所以上の地点での電波望遠鏡で受信して，その到達時間の差から受信点間の距離をきわめて高精度に測定することも行われ，プレートの動きまでもがはかれるようになった。　［西村　年晴］

4.3.2　地球のかたちをはかる

「地球は丸い」と最初にいったのはPythagoras（ピタゴラス，BC 580頃－500頃）であるとされているが，特に証拠を挙げているわけではなく，「完全な形」である球に違いないとの信念であったようである。その後，Aristoteles（アリストテレス，BC 384－322）は，月食のときの影の輪郭が丸いことなどを証拠として挙げている。人間が長距離の旅行をするようにな

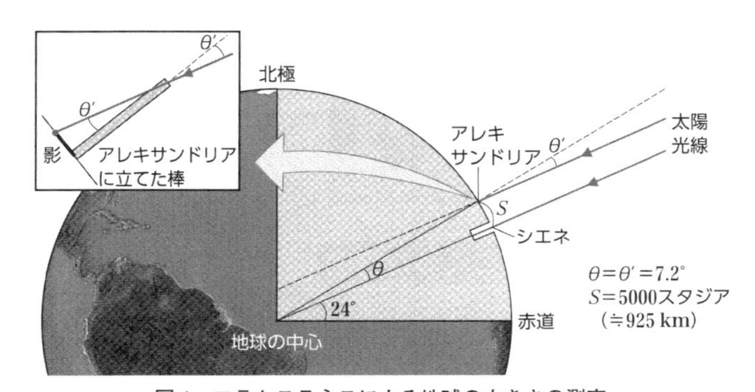

図1　エラトステネスによる地球の大きさの測定

［“ニューステージ新地学図表”，p.56，浜島書店（2013年発行版）］

ってから，太陽や星の出入りの時刻が東西方向で異なることや北極星などの恒星や星座の高度が南北方向で異なることなどに基づいて，地球が丸いということが認識されるようになった。15世紀半ば頃から17世紀半ば頃まで主にポルトガルとスペインによりアフリカ・アジア・アメリカ大陸への大規模な航海が行われた大航海時代に，F. Magellan（マゼラン，1480－1521）の艦隊が1522年に史上初の世界一周をなし遂げて，「地球が丸い」ことを実証した。

一口に「丸い」といっても完全な球なのかあるいは少しいびつな楕円体なのかについては，I. Newton（ニュートン，1642－1727）がプリンキピア（*Philosophiae Naturalis Principia Mathematica*，1687年刊，和訳名“自然哲学の数学的諸原理”）の中で地球はその自転による遠心力が原因で，楕円体であるはずであるという予想を述べている。このことについては，1735年にフランス学士院がスカンジナビア半島北部のラップランド（北緯66°20′），フランスのパリ周辺（北緯45°）および南米エクアドル（南緯1°31′）で緯度1°あたりの子午線の弧の長さ（ラップランド111.99 km，パリ周辺111.16 km，エクアドル110.66 km）を正確に測量して，地球が赤道方向にふくらんだ楕円体であることを実証した。

その後，平均海水面を陸地内部にまで延長させた滑らかな面（「4.3.3 ジオイド」参照）を想定し，ジオイドに最も近い回転楕円体（4.3.4「地球楕円体をはかる」参照）の長半径・短半径・扁平率（「4.3.5 扁平率」参照）で地球の形を表現するようになった。

現在も正確な形を求めるための努力がつづけられており，より正確な測量を実施したり，人工衛星の軌道のゆらぎを観測している。

［西村　年晴］

4.3.3　ジオイド

ジオイドとは測量などのために考え出された仮想的な地球の表面である。ジオイドの概念は抽象的でむずかしいが，簡単にいうと平均的な海水面に一致した面のことであり，陸上ではトンネルや運河を掘って海水を引き入れたときの平均的な水面に相当する（図2）。また少しむずかしく表現すれば，各地点における重力の方向に垂直で平均海水準を通る重力の等ポテンシャル面の連なりである。ジオイドは地球上を海水で覆ったと仮定した面なので，地形の起伏があまり反映されない滑らかな面である。しかし，大規模な地下構造の違いなどは反映されるので，準拠楕円体（「4.3.4 地球楕円体をはかる」参照）よりは凸凹した形をしている（図3）。

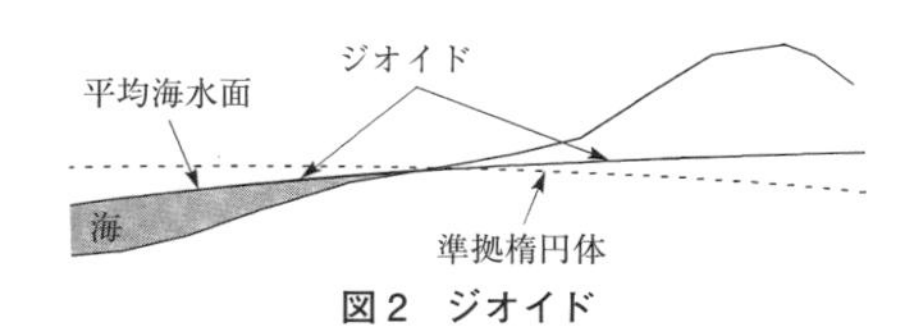

図2　ジオイド

何か理解しにくいジオイドではあるが，地図の作成時はたいへん重要な役割を果たす。地形図上の水平方向の位置は，準拠楕円体を基準とした緯度経度で定めることができる。しかし，地形図のもう一つの重要な情報である各地点の標高は何か基準がなければはかることはできない。ジオイドはその高さの原点となる。日本の場合，東京湾の平均海水準を標高0 mとしているが，湾岸地域は地盤が脆弱なため，東京都千代田区の国会図書館内に測量原点（標高24.4140 m）を設けて全国の標高を決定している。

［竹村　静夫］

4.3.4　地球楕円体をはかる

地球の実際の形に近似した回転楕円体のことをいう。「地球が丸い」ことは，今日，常識といってもよいであろう。そもそも日本語の場合には，読んで字の通り「地球」という言葉の中にすでに球体の意味が含まれている。地球が球形であることを初めて提唱したのは，ピタゴラスやアリストテレスといった古代ヨーロッパの著名人たちであったが，早くも紀元前3世紀には，地球が球体であることを前提に地球の半径の計測がなされている（「4.3.2 地球のかたちをはかる」参照）。実に驚くべきことである。その後，中世の長い沈滞を乗り越え，16，17世紀のヨーロッパでは精密な天体観測の結果から，

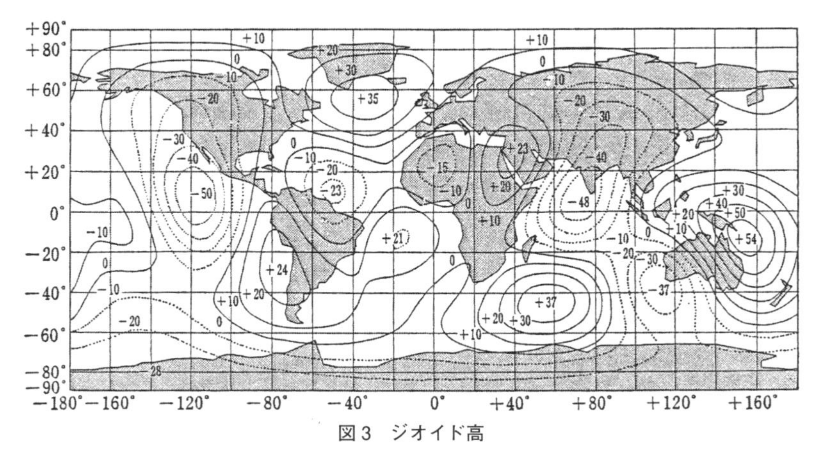

図3　ジオイド高

実線：ジオイドが地球楕円体より高いところ，破線：ジオイドが地球楕円体より低いところ，数学：m

［鈴木次郎，“地球物理学概論”，p. 57，朝倉書店（1974）］

太陽系の惑星の運動がほぼ正確に計算され，万有引力の法則なども発見される。

このような情勢の中で，科学者たちは地球が本当に完全な球体なのかと疑い始めた。地球が自転していれば，自転軸から離れている方が遠心力が強くはたらく。つまり，極地域では遠心力がほとんどないのに対して，赤道地域でそれは最大となる。これが地球の外形に反映されれば，赤道半径（地球を赤道にそって「横に」切った断面の半径）が極半径（北極と南極を通るように「縦に」切ったときの断面の半径）よりも大きな楕円体になるはずである。ニュートンは物理的な計算から地球は赤道半径が極半径よりも大きい回転楕円体であると主張した。しかし，当時これを実証することは容易なことではなかった。ルイ14世下のフランスはすでに近代的な三角測量網を整備しつつあり，この問題の解決に当たっても大きく貢献した。もし，ニュートンらが主張するように地球が赤道方向に間延びした楕円体であれば，緯度1°に対する地球表面の距離は赤道地域より極地域の方が大きくなるはずである。そこでフランスはこの問題を解決するため，北極圏と赤道地方に測量隊をわざわざ派遣した。その結果，緯度1°に対する地表の距離は極地域の方が赤道地域より約1.4 km長いことが報告された。地球は真の球体ではなく，赤道半径の方が大きい回転楕円体であることが初めて実証されたのである。

さて，地球楕円体（準拠楕円体ともいわれる）の問題は，21世紀の日本においても過去のことではない。本当の地球の形は，簡単な計算式で表されるような回転楕円体ではない（「4.3.3 ジオイド」参照）。したがって地図を作成するためには，基準となる座標の元になる楕円体を定める必要がある。地球楕円体は17世紀のC. Huygens（ホイヘンス，1629−1695）やニュートン以来，多数，提案されてきた（「4.3.5 偏平率」参照）。各国の政府は歴史的な経緯などから，異なった地球楕円体を準拠楕円体として自国の地図を作成してきた。日本では明治以来つい最近まで，ベッセルの楕円体（Bessel，1841）を準拠楕円体として用いてきた。しかし，準拠している楕円体が異なれば，当然のことながら地図はつながらず，様々な障害が生じるばかりでなく，紛争の種にもなりかねない。そこで，1967年の段階で測地学者の世界的な集まりは，国際的な新しい準拠楕円体の導入を世界各国に求めた。しかし，準拠楕円体の変更には多大な手間が必要なため，新しい楕円体の導入はなかなか進まなかった。

その後，人工衛星などを用いためざましい測量技術の進展と国際的な研究協力により，1979

年には新しい楕円体としてGRS80（Geodetic Reference System, 1980）が国際機関により発表された。日本では，2002年にGRS80に基づいてつくられた世界測地系の導入に踏み切った。2002年以降に国土地理院から発行された地形図には，従来の測地系（日本測地系）と新しい世界測地系に基づく緯度経度が併せて表記されている。［竹村 静夫］

4.3.5　偏平率

ここで述べる偏平率とは，地球楕円体が真の球体からどの程度，ひずんでいるかを示す指標である。地球楕円体の赤道半径を a，極半径を b としたとき（図4），偏平率 f は次式に基づき，一般に分数で表現される。

$$f = (a - b) / b$$

つまり，極半径と赤道半径の差が大きいほど偏平率は大きくなる。ちなみに代表的な地球楕円体とその偏平率は表1の通りである。

［竹村 静夫］

参考図書

“ニューステージ新地学図表”，浜島書店（2013年発行版）.

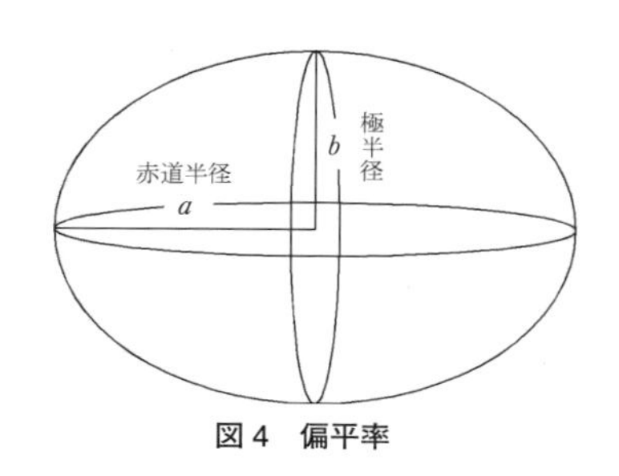

図4　偏平率

表1　各種の地球楕円体

楕円体	年	赤道半径 a〔m〕	扁平率の逆数（$1/f$）	使用している主要国
ベッセル	1841	6377397.155	299.153	
改訂クラーク	1880	6378249.145	293.466	アフリカ各国
クラソフスキー	1940	6378245	298.3	ロシア
エベレスト	1956	6377301.243	300.802	インド
オーストラリア国際（IAU-65）	1965	6378160	298.25	
サウスアメリカ 1969	1969	6378160	298.25	南米各国
IAG-67	1967	6378160	298.247	
WGS-72	1972	6378135	298.26	
IAU-76	1976	6378140	298.257	
測地基準系（GRS 80）	1979	6378137	298.25722101	米国，欧州各国，日本
WGS-84	1997	6378137	298.257223	

［国立天文台　編，“理科年表，平成28年”，p.582，丸善出版（2015）］

4.4 固体地球の内部構造をはかる

4.4.1 地球の質量をはかる

地球の質量はどのようにしてはかられたのであろうか。もちろん，地球を直接はかることはできないので，実に巧妙な方法が考えられた。

地球上のある地点である物質の重さをはかることはできる。重さはその物質と地球との間にはたらく引力と，その物質にはたらく遠心力との合力であることを利用する。つまり，重力加速度と万有引力定数が分かれば地球の質量が分かる。重力加速度は，振り子の周期をはかったり，物体の投げ上げ運動の測定から求めることができる。万有引力定数は 1798 年に H. Cavendish（キャベンディッシュ，1731－1810）が実に巧妙なねじり秤という装置を作成して決めることに成功した（図 1）。

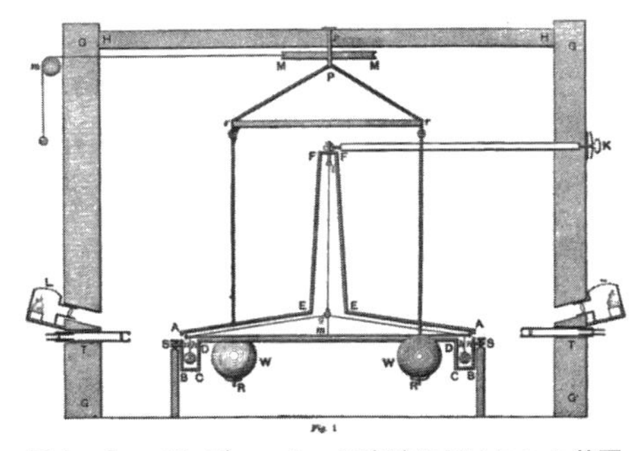

図 1　キャベンディッシュの実験に用いられた装置
［A.S.McKenzie, ed., "Scientific Memoirs Vol.9 The Laws of Gravitation", p.62, American Book（1900）］

このようにしてはかることができた地球の質量と，別の方法ではかることのできた地球の大きさから，地球の平均密度が 5.52 g cm^{-3} であることが求められた。ところが，地表の多くの岩石の密度は 2.5～3.1 g cm^{-3} 程度なので，地球の内部には密度の大きいものがあることになる。

［西村 年晴］

4.4.2 固体地球の内部構造をはかる

地球の内部には密度の大きいものがあることが分かっても，密度の変化が漸移的なのか，あるいは密度が急激に変化する不連続面があるのかが問題として残り，地球内部の物質を知るためにいろいろな調査が行われた。まずは，実際に掘ってボーリング調査をする方法であり，現在も深海掘削がつづけられているが，せいぜい数 km の深さまでである。これまで人類が掘った最も深い穴は，ロシア北西部のコラ半島におけるものであるが，それでも 12 km 余である。もう少し深いところの情報をもたらすものとしては火山噴出物であるが数 10 km 程度の深さであり，半径が約 6400 km の地球では，表面を少しひっかいた程度でしかない。

地球内部の状態を推定するために有力なのは地震波の解析である。地震とはある程度深い地下で，固体の岩盤が破壊されたときに出る波が伝わってきて地表を揺らす現象であり，岩盤が最初に破壊された点を震源，その真上の地表の点を震央という。

地震波には，固体・液体・気体の中を密度変化が伝わる P 波（primary wave，縦波あるいは疎密波ともいう）と固体の中だけをねじれが伝わる S 波（secondary wave，横波ともいう），および地球の表面を伝わる表面波があるが，P 波と S 波の伝わり方が内部構造の推定に使われる。P 波は地震の際に最初に細かくガタガタと揺れる波で，振動方向と波の進行方向が平行で伝播速度は 5～7 km s^{-1}，S 波は次いで大きくユサユサと揺れる波で振動方向と波の進行方向が直交しており伝播速度は 3～4 km s^{-1} である。

観測地点の震央からの距離と地震が起きてから最初の P 波が到達するまでの時間との関係を表す走時曲線には折れ曲がりが認められることが多く（図 2），これは地下には地震波の速

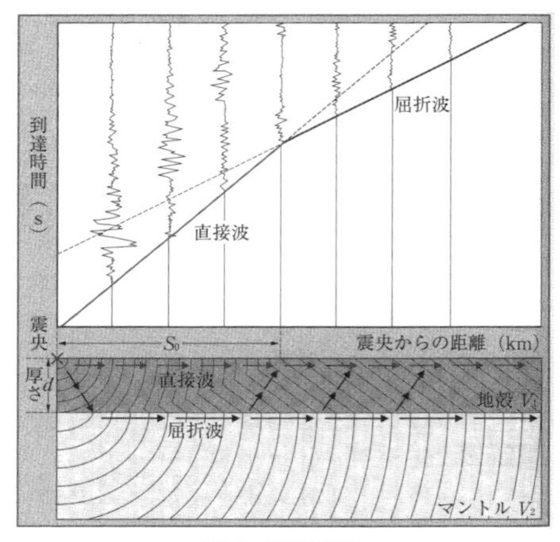

図2　走時曲線

［“ニューステージ新地学図表”，p.62，浜島書店（2013年発行版）］

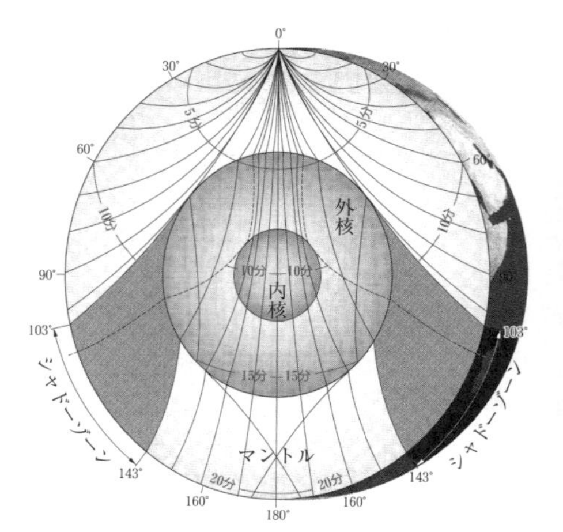

図3　地球の層構造

［“ニューステージ新地学図表”，p.64，浜島書店（2013年発行版）］

度が急に大きくなる部分があることを示すもので，この不連続面を発見したクロアチアの地震学者 A. Mohorovicic（モホロビチッチ，1857－1936）にちなんでモホロビチッチ不連続面（モホ不連続面あるいはモホ面）といい，大陸地域では約 30〜50 km の深さにある。モホ面より上を地殻，下をマントルという。その後，S波が到達しないシャドーゾーンがあることから，ドイツ生まれの地震学者 B.Gutenberg（グーテンベルク，1889－1960）によりマントルの下に存在する核との間の不連続面が発見された。その不連続面をグーテンベルク不連続面もしくは核－マントル境界面といい，約 2,900 km の深さにある。さらに，シャドーゾーンの一部で弱いP波が発見され，核の内部にも不連続面があることが分かり，発見者デンマークの地震学者 I.Lehmann（レーマン，1888－1993）にちなんでレーマン不連続面といい，約 5,100 km の深さにある。

現在では，地球はその表面から，地殻，マントル，外核，内核からなる層構造をなしており，S波が通過しないことから外核は液体であり，地殻，マントル，内核は固体であると推定されている（図3）。　［西村　年晴］

参考図書

“ニューステージ新地学図表”，浜島書店（2013年発行版）.

4.5　鉱物と岩石をはかる

地球表層部（地殻およびマントル上部）は岩石から構成されており，地球表層部における現象や変遷を推定するには，岩石およびそれを構成する鉱物を詳しく観察することが必要である。

4.5.1　鉱　物

鉱物とは天然に産しほぼ一定の物理的・化学的性質を有する固体の無機物であり，現在4,800種以上の鉱物が知られている。鉱物は主としてその化学的性質によって分類されているが，岩石を構成する鉱物（造岩鉱物という）の多くはケイ酸塩鉱物であり，4個の酸素原子が正四面体構造をつくり，その中心部に1個のケイ素原子を含むという基本的構造をもっている。

鉱物とよく混同される言葉に結晶という言葉がある。結晶とは鉱物を構成している原子が規則正しい周期性をもって配列しているもので，ほとんどすべての鉱物は結晶である。1種類以上の鉱物の集合体が岩石である。

昔から人々は，岩石を構成している鉱物の色や形や硬さなどを調べて区別し分類してきた。19世紀中頃には偏光顕微鏡（あるいは岩石顕微鏡）が発明されて，鉱物や岩石の性質が詳しく調べられるようになった。その後，X線回折分析計とか電子顕微鏡の発明やその著しい進展により，鉱物の結晶構造や鉱物・岩石の化学組成などを容易にかつ詳細に求めることができるようになり，マグマの発生に関わる地球内部の物質を推定することも可能になった。高温高圧実験が行われるようになると，もっと深いところにある岩石の種類や状態を推定することもできるようになったのである。

各種の分析機器を駆使して鉱物や岩石を詳しく調べて地球の謎を解明することは大きな目標の一つであるが，その前々段階として昔ながらの基本的な方法で観察できることも大切である。その方法とは次の通りである。

まず，岩石の新鮮な面を出して，乱反射をなくして観察しやすくするために湿らせ，観察しようとする面に光をあてて明るくしてルーペを用いて岩石を構成している鉱物の特徴を観察する。ルーペの倍率は10倍程度で十分である。観察すべき特徴とは，色，形，大きさ，硬さである。私たちの身近にある岩石中の鉱物の色としては，無色透明，白色，ピンク，黒色ないし濃褐色，および濃緑色である。形としては，粒状，短冊状，板状，短柱状，長柱状ないし針状の区別で十分である。

鉱物の硬さを見るには，モースの硬度計を利用する。モースの硬度計とは10種類の標準鉱物を決めてあるもので，硬度1は滑石，硬度2はセッコウ，硬度3は方解石（石灰岩の主成分），硬度4は蛍石，硬度5はリン灰石，硬度6はカリ長石，硬度7は石英（チャートの主成分），硬度8はトパーズ，硬度9はコランダム，硬度10はダイヤモンドである。ここでいうモース硬度とは傷のつきにくさを表すものであって，衝撃に対する強さを表すものではない。標準鉱物がなくても代用品として爪の硬度は2.5，鉄釘の硬度は4.5であることを知っておくと鑑定に便利である。

このように色と形を観察することによって，半透明（淡灰色）で粒状ならば石英，白くて四角い短冊状ならば長石類（斜長石，カリ長石），ピンクで四角い短冊状ならばカリ長石，黒（濃褐・濃緑）くて六角板状ならば黒雲母，黒くて短柱状ならば輝石類，黒くて長柱状ないし針状ならば角閃石類，濃緑色で粒状ならばかんらん石，というように鑑定できるようになる。

［西村　年晴］

4.5.2　岩　石

鑑定した鉱物の形（特に角の丸さ），大きさ，量比などから岩石を分類することになる。岩石は，マグマが冷えて固まった火成岩，元の岩石が何であれ地球表面で侵食され運搬されどこかにたまった堆積物が固まった堆積岩，ある岩石がその生成時とは異なる温度・圧力にさらされることによって生じる変成岩の3種類に分類されることが一般的である。

ほとんどすべての粒の角が角ばっていれば火成岩であり（図1参照），粒径がほぼ同じでぎっしり詰まっている（等粒状組織という）岩石はマグマが地下深いところでゆっくり冷えたと考えられており深成岩とよばれる。

深成岩は含まれている有色鉱物の量（色指数という）によって，斑れい岩，閃緑岩，および花こう岩に分けられる。一方，微粒ないし極細粒（石基という）の中に角ばった粗粒結晶（斑晶という）が散在する（斑状組織という）岩石はマグマが地表に噴出して急激に冷やされたものであり，火山岩とよばれる。火山岩は斑晶鉱物の違いによって，玄武岩，安山岩，および流紋岩に分けられる。「溶岩（熔岩とも書く）」，「凝灰岩」は火山岩であるが，鉱物の組み合わせや化学組成によって分類されるものではなく，噴出形態の違いによってつけられる岩石名である。化学分析値があれば，SiO_2の含有量が火成岩の分類の基準にされることもある。深成岩と火山岩の中間的な性質をもつ火成岩は半深成岩とよばれている。

角が丸い粒が多ければ堆積岩であり，粒径の大きさによって分ける。粒径が2 mmより大きな粒子が多ければ礫岩，粒径が2〜1/16 mmの粒子が多ければ砂岩，1/16 mm以下の粒子が多ければ泥岩という。礫岩・砂岩・泥岩は，既存の岩石の破片や鉱物片が集積してできるもので砕屑岩としてまとめられることもある。固結した堆積岩，特に砂岩では，岩石薄片を偏光顕微鏡下で観察して粒径をはかるのであるが，おおまかな特徴を知るためならば，ルーペで粗粒・中粒・細粒の区別がつけば十分である。未固結の堆積物の粒度を調べるには，篩（ふるい）を用いたり，水中での落下速度を測定して詳しい粒度分析を行う必要がある。砕屑岩で観察すべき特徴は，粒度以外にも，礫の組成，鉱物の組成，角の丸さを示す円磨度，粒径の揃い具合を示す淘汰度（分級度ともいう）である。

砕屑岩以外の堆積岩としては，生物の遺骸を多く含む石灰岩やチャートが重要である。石灰岩とチャートは外見上よく似ているものが多く両者を区別するには，希塩酸で発泡するか，ナイフで傷つくかという方法がきわめて有効である。

変成岩は，ある岩石がその生成時とは異なる高温や高圧の状態に長時間さらされて構成鉱物が変質したり別の鉱物に変わったりするときに生じるので，めずらしい色や構造を示すものが多い。マグマが貫入するとマグマに接した岩石が高熱状態になり接触変成岩（熱変成岩ともいう）を生じる。泥岩あるいは細粒の砂岩ならば，微粒の黒雲母が多く生成されて特徴的な黒紫色を呈する緻密なホルンフェルスとなり，石灰岩ならば方解石の再結晶が起こって粗粒の粒子からなる結晶質石灰岩（石材名としては大理石）に変化する。ホルンフェルスという岩石名は，割れたときの断面の形が動物の角（つの）に似ているので，ドイツ語のHorn（角）とFelsen（石）による。プレート境界などでは広範囲で高圧状態になるので，高圧下で安定な鉱物が生じ，針状・柱状・板状の鉱物がほぼ並行に並ぶようになるので硬いがはがれやすい粘板岩や片岩となる（広域変成岩もしくは動力変成岩という）。

［西村 年晴］

参考図書

“ニューステージ新地学図表”，浜島書店（2013年発行版）.

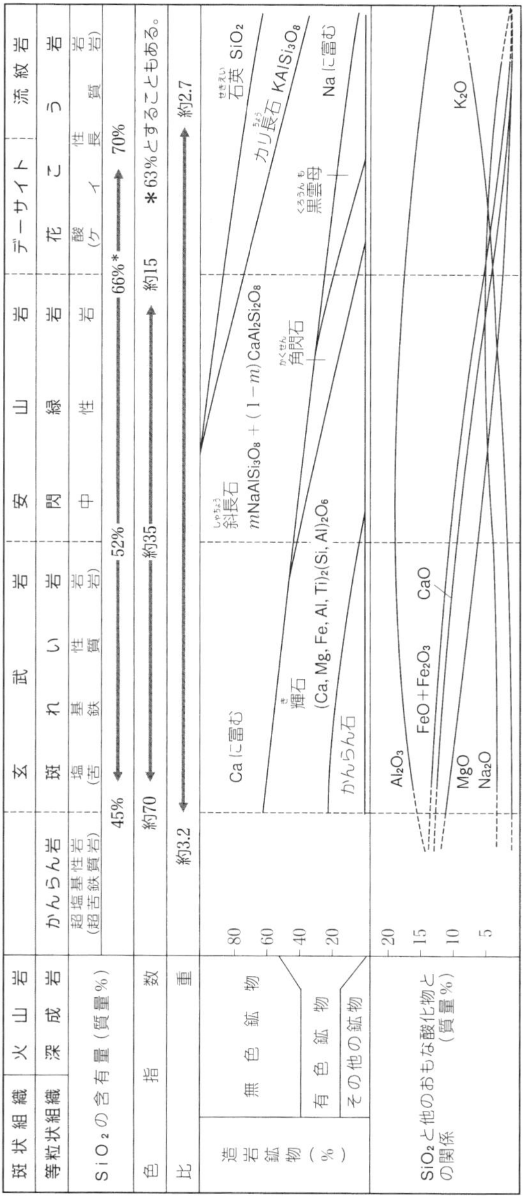

斑状組織	火山岩		玄武岩	安山岩	デーサイト	流紋岩
等粒状組織	深成岩	かんらん岩	斑れい岩	閃緑岩	花こう岩	
SiO_2の含有量（質量%）		超塩基性岩（超苦鉄質岩）	塩基性岩（苦鉄質岩）	中性岩	酸性岩（ケイ長質岩）	
		45% ←	52%	66%* →	70%	
色指数		約70 ←	約35	→ 約15	＊63%とすることもある。	
比重		約3.2 ←			→ 約2.7	

造岩鉱物（%）: 無色鉱物, 有色鉱物, その他の鉱物

80, 60, 40, 20

Caに富む

斜長石（しゃちょう） $mNaAlSi_3O_8 + (1-m)CaAl_2Si_2O_8$

石英（せきえい） SiO_2

カリ長石（ちょう） $KAlSi_3O_8$

輝石（き） $(Ca, Mg, Fe, Al, Ti)_2(Si, Al)_2O_6$

角閃石（かくせん）

黒雲母（くろうんも）

Naに富む

かんらん石

SiO_2と他のおもな酸化物との関係（質量%）

20, 15, 10, 5

Al_2O_3

$FeO + Fe_2O_3$

CaO

MgO

Na_2O

K_2O

図1　火成岩の分類

［“ニューステージ新地学図表，浜島書店，p.99，（2013年発行版）］

4.6　地層とその変形をはかる

4.6.1　地層をはかる

地層とは層状の堆積物もしくは堆積岩で，厚さよりも水平方向への広がりが大きいものであり，地球表面で起こる地質現象の証拠の多くが地層の中に残される。したがって，堆積物や堆積岩を詳しく観察しいろいろな性質をはかれば，堆積物のもとになった物質，たまり方，たまった場所，硬い岩石になるまでの変化および固化してからの変化，さらには地殻変動をも推定することができる。

地層は上下方向に何枚も重なっていることが多く，縞模様が見られる。その縞模様を地層面あるいは層理面という。地層をつくる物質がたまった直後は水平の面をなすから，地層面が傾いているとそれだけで何らかの変動があったことの証拠になる。したがって，地層面がどの向きにどのくらい傾いているのかということ（地層の走向・傾斜という）がもっとも基本的な情報である。走向とは地層面と水平面との交線の方向，傾斜とは地層面と水平面とのなす角度であり，クリノメーターという道具を用いてはかる。

地層の上下方向の重なりに関しては，N. Steno（ステノ, 1638－1687）が提唱した地層累重の法則がある。これは，「上の地層は下の地層より新しい」というきわめて基本的でかつ重要な法則である。しかし，地層形成後の断層や褶曲により地層の上下が逆転することもおおいにありうる。したがって，地層の重なりが見られるとき，堆積した時点での上下を明確にする必要がある。そのためには，地層に見られるいろいろな堆積構造を観察することが有用である（図1）。

地層の断面で見られる構造としては，級化層理，斜交層理，火炎構造がある。級化層理とは1枚の地層のうち，一方では粗粒であるが他方では細粒であり両者の変化が漸移的なもので，

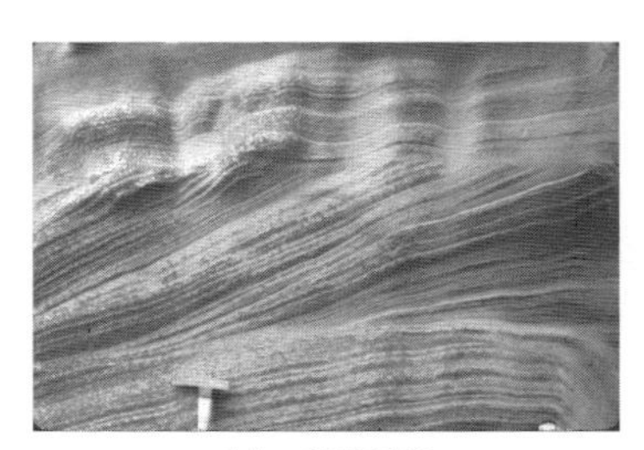

(a)　斜交層理
沖縄県・与那国島

(b)　漣　痕
高知県・千尋崎

(c)　級化層理
兵庫県・南あわじ市

図1　地層に見られるいろいろな堆積構造
［(a)～(d) 撮影：西村年晴］

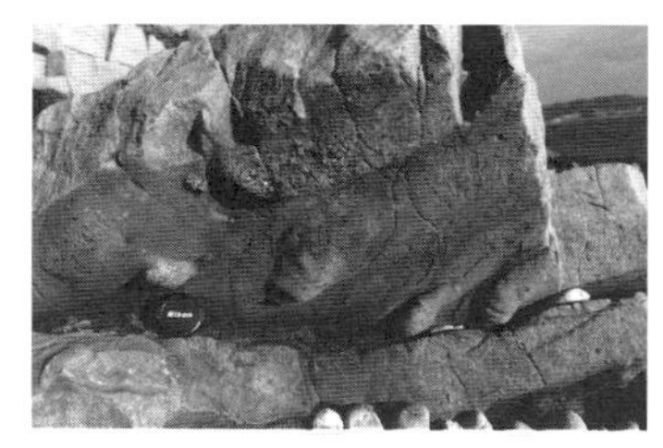

(d)　流　痕
兵庫県・南あわじ市

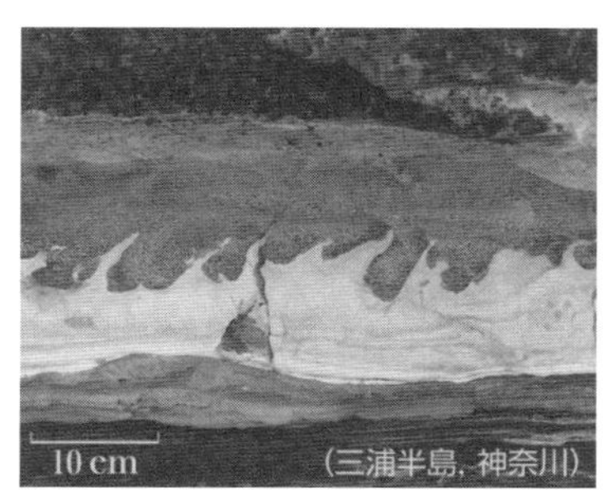

(e)　火炎構造
「(e)“ニューステージ新地学図表”，p.117，浜島書店（2013 年発行版）」

図 1　つづき

粗粒部分がもともとの下である。斜交層理とは層理面と斜交する細かい縞模様が見られるもので縞模様を切っている方が上である。火炎構造とは下の地層がまだ固まっていないときに上に堆積したものがその重みで下方にめり込んで炎のように見える構造である。これらの構造は地層の上下判定に役立つものであり，斜交層理では堆積物をもたらした水流や風の向きまで推定できる場合が多い。

地層の上面に見られる構造としては漣痕（れんこん）がある。漣痕とは水の流れによって水底堆積物の表面にできる上にとがった山形の模様であり，干潮時の干潟でよく見ることができる。この模様がある方が上である。

地層の下面に見られる構造としては流痕がある。これは，堆積物をもたらした水流によって，すでにあった堆積物の表面が削られそのくぼみに新しい堆積物がたまったもので，これがある方が下であり，流れの向きまで知ることができる。

以上述べたこと以外にも，地層の厚さや連続性，堆積物の特徴そのもの（礫の大きさや組成，砂粒子の大きさや組成，円磨度や淘汰度，化石の有無など），さらには，断層や節理（岩石中に見られる変位を伴わない割れ目）の有無とその走向・傾斜などを観察・測定する必要がある。

［西村　年晴］

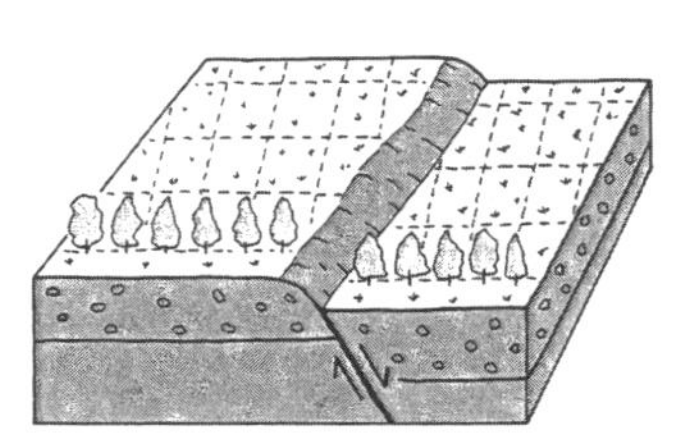

(a)　正断層

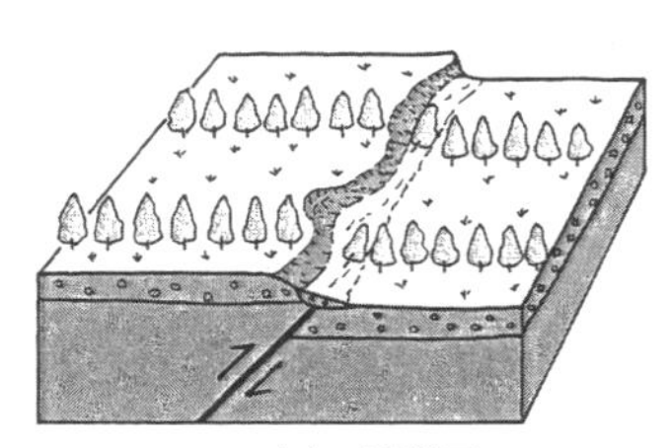

(b)　逆断層

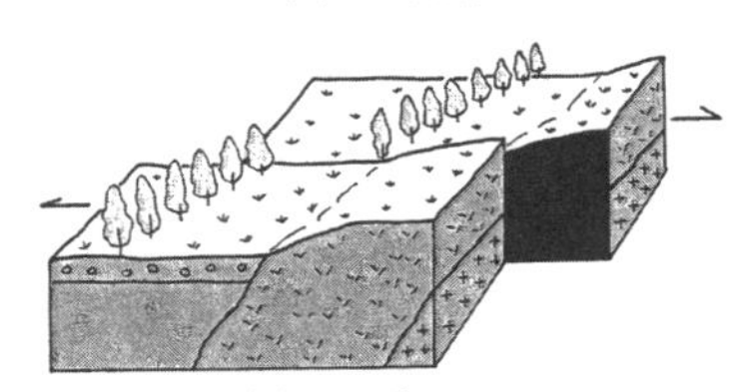

(c)　横ずれ断層

図 2　断層の分類

(a)　正断層：断層（黒い太線）の上側の岩体が相対的に下がっている。
(b)　逆断層：上側の岩体が下側の岩体の上にのし上がっている。このとき，のしあがった岩体の先端部の崖は図のように崩れていることが多い。その崖（断層崖）と地下の断層面（黒い太線）とはつながっていない。
(c)　横ずれ断層：この図は断層に向かって向こう側の岩体が右へ動いている右ずれ断層である。左へ動く場合（左ずれ）もある。断層面は黒く塗りつぶしてある。
［松田時彦，“シリーズ自然景観の読み方 2 動く大地を読む”，p. 2，岩波書店（1992）］

4.6.2　断層をはかる

地球科学の分野で断層とは，地層・岩石が周囲からの応力で破断され，それに沿って変位が生じているものを意味する。変位の大きさは問わない。日本の中央構造線や北アメリカ西部のサンアンドレアス断層のような巨大なものにも，顕微鏡下ではじめて観察されるような微細なものに対しても用いられる。断層は様々な基準で分類されるが，断層面で隔てられた二つのブロックの相対的な運動方向で区分するのが一般的であろう（図2）。ただし，正断層または逆断層と横ずれ断層の運動センスは，実際の断層の場合には共存しているのが普通である。たとえば，兵庫県南部地震を引き起した野島断層の大部分は，逆断層でなおかつ右横ずれ断層である。

地質時代に形成された古い断層の変位量を知ることはむずかしいが，摩擦のため断層面に生じた条線の方向や断層破砕帯に発達する独特の構造から，運動方向が読み取れる場合は少なくない（図3）。なお，「断層」という言葉は医学の分野での「断層撮影」や，まれに大きな崖と

図3　断層破砕帯に見られる構造

［E. H. Rutter, *et al.*, edited by Chi-yuen Wang, “Internal structure of fault zones”, p.2, Birkhäuser Verlag (1986)］

いう意味でも使われるが，地球科学的には誤った用法である。　［竹村 静夫］

4.6.3　活断層をはかる

活断層とは第四紀後期に活動した断層で，将来も活動する可能性のある断層のことをいう。活断層には一定の速度でじわじわと動くクリープ型の断層も含まれるが，大多数は直下型地震の震源断層として重要である。近年，活断層の活動度や将来に地震が起きる確率などが公表され，世間の注目を集めている。これらを知るた

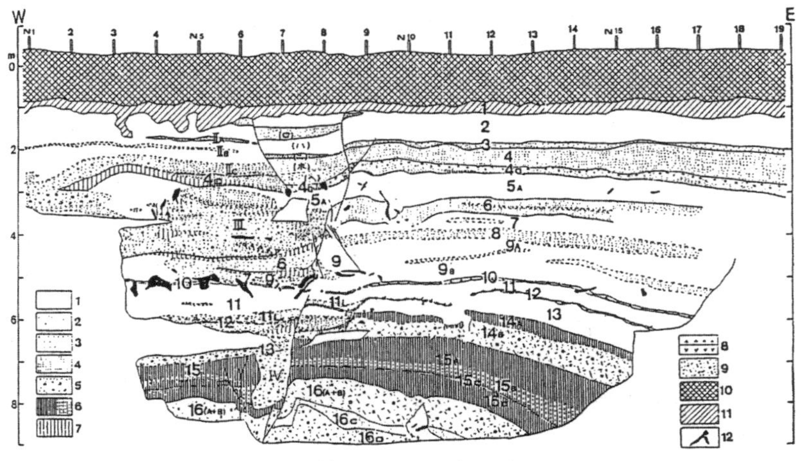

図4　活断層トレンチの壁面スケッチ

丹那断層（丹那盆地名賀地区）のトレンチ調査（丹那断層発掘調査研究グループ，1983）
中央の地層の不連続部に丹那断層がある。縦のスケールは斜面の長さ〔m〕で，深さはそれを1.4で割る。
1：シルト，2：細粒砂，3：中粒砂，4：組粒砂，5：砂礫，6：泥炭，7：腐植帯，8：火山灰，9：泥流堆積物，10：盛土，11：水田耕作土，12：木片や樹根

［松田時彦，“シリーズ自然景観の読み方 2 動く大地を読む”，p. 120，岩波書店（1992）］

めには，まず断層運動によって形成された地形や周辺の地質の詳しい調査が必要である。場合によっては地球物理学的な方法（音波探査など）で地下構造も検討される。また，活動度の高い断層は歴史時代にも地震を起こした可能性があるので，古文書に残された地震被害の記録も調べられる。さらに兵庫県南部地震以降は，有効な手段としてトレンチ調査が多く行われるようになった。

トレンチ調査とは，あらかじめ活断層の位置を調査・確定したうえで，それを横切るように大きな溝を掘り，その溝の壁面で断層とその周りの地層を観察する方法である（図4）。断層によって切られた地層の変位量は，その地層が堆積してから現在までの断層運動の累積である。そして，その地層の堆積年代が判明すれば，活断層の変位速度をある程度，定量的に表現することができる（地層の年代測定には火山灰をかぎ層とする方法や炭素14法などが利用される）。また，壁面に現れた地層は下位のものほど古いので，一般には下位の地層ほど断層による変位量が大きい。条件に恵まれた場合，これらの解析を通して変位のイベント（≒地震）の時期や回数，1回の地震での変位量を推定することも可能である（図5）。日本では，このような調査からもたらされた情報を総合して，活断層の活動度が4段階（AA，A，B，C）に分けて発表されている。

ただし，ここで是非とも覚えておいていただきたいことは，活断層から離れて住んでいたり，近くの断層の活動度が低くても決して安全ではないということである。日本列島を含む東アジア東縁部は，過去2億年以上の間つねにプレート境界に位置してきたと考えられており，現在も日本列島周辺ではいくつかのプレートが押し合いへし合いしている状況である。このような地質学的な条件のもとでは，足下に知られていない活断層が存在する可能性は決して低くない。いたずらに活断層の存在を恐れるのではなく，いざというときの減災対策を心掛けたいものである。　［竹村 静夫］

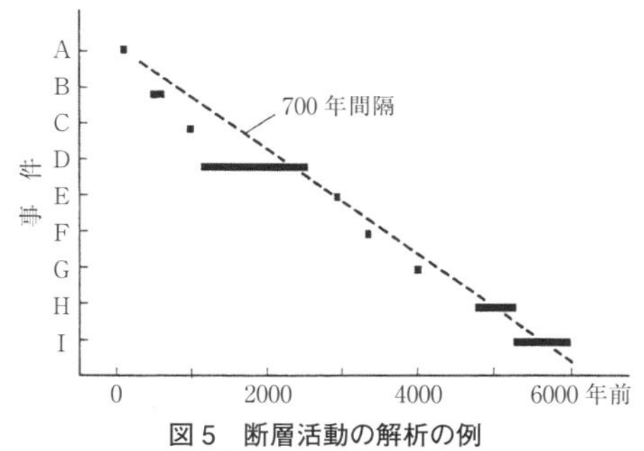

図5　断層活動の解析の例

トレンチ壁面から読みとった丹那断層の過去の9回の活動（A～I）と，その年代（丹那断層発掘調査研究グループ，1983）．横長の四角が，断層が動いた事件の年代。その年代に幅があるのは，必ずしも正確な年代が決定できないため。左端の四角が1930年の北伊豆地震。斜めの破線は700年間隔を表す。多くの事件がこの破線の上またはその近くにあり，ほぼ700年間隔で事件が起こっていることが分かる。

［松田時彦，“シリーズ自然景観の読み方 2 動く大地を読む”，p. 125，岩波書店（1992）］

4.6.4　褶曲（しゅうきょく）

褶曲とは層状構造（地層や変成岩の片理面など）をもつ堆積物や岩石が周囲からの応力を受け，連続的に波状に変形した構造のことをいう（図6）。断層と同じくスケールは問わないので，大山脈を形づくるような巨大なものでも，顕微鏡サイズの微視的なものでも同じ褶曲という用語が使用される。

周囲からの応力で形成される点で褶曲と断層

図6　褶　曲

［撮影：竹村静夫］

は同じであるが，未固結堆積物などの例外を除き，一般に褶曲の方が地下深部で形成されることが多い。破断を伴わず連続的に変形するメカニズムは，温度・圧力条件と岩石自体の物性により変化する。現在，地表に露出した地層・岩石に残された褶曲構造は，過去に起こった「地殻変動の化石」として地史を考察する上で大変貴重なデータとなる。　［竹村 静夫］

4.6.5　地殻変動をはかる

地殻変動とは大地が広域的に沈降・隆起したり水平方向に移動したりすることをいう。日本列島のような変動帯では，大地がきわめてゆっくり隆起・沈降していることはめずらしくない。図7に示すように現在，高い山地になっている所は，第四紀に入ってからの隆起量が大きい地域に相当している。

地形は侵食作用や堆積作用の影響を受けて刻々と変化しているが，大局的には過去の地殻変動の集積によって形成されたものである。たとえば，河岸・海岸段丘やリアス式海岸は隆起と沈降の結果，形成された地形である。また，地震による動きは急に起こる地殻変動の例である。褶曲や断層（「4.6.4 褶曲」，「4.6.2 断層をはかる」参照）は過去の地殻変動の跡といえる。年に数mm以下の地殻変動はかつては何十年にも及ぶ地道な測量の結果はじめて感知できるものであったが，現在では測量技術の進歩により，比較的短期間の観測で測定できるようになった（図8）。　［竹村 静夫］

参考図書

“ニューステージ新地学図表”，浜島書店（2013年発行版）．

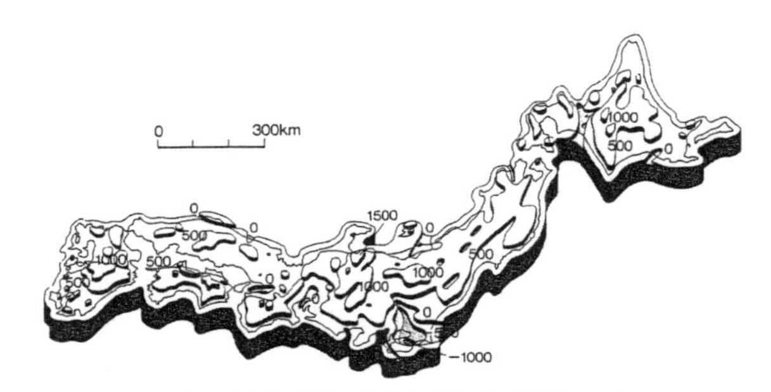

図7　過去200万年間の日本列島の変動量

［“地学IB　平成5年度版”，p.49，東京書籍（1992）］

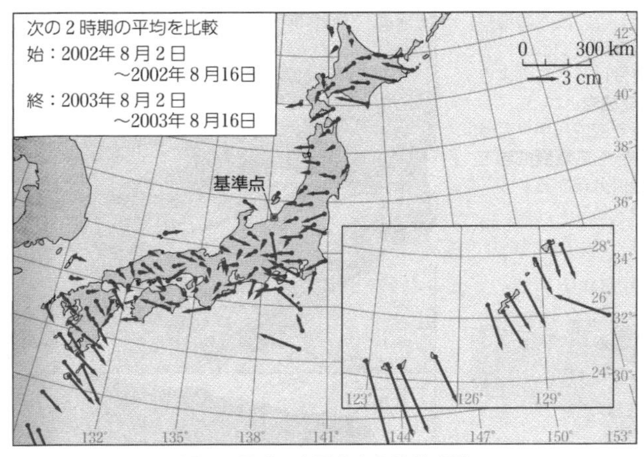

図8　最近の水平方向の地殻変動

全国1,200ヵ所のGNSS連続観測局（電子基準点）からのデータをもとに，日本各地の地殻変動をほぼリアルタイムにとらえている。

［国土地理院　http://mekira.gsi.go.jp］

4.7　地球の歴史をはかる

4.7.1　化　石

化石とは過去の地質時代の生物の遺骸や痕跡のことをいう。普通は地層の中に保存された大昔の生物の骨格や殻などで，たとえばアンモナイトや貝化石，恐竜の骨格，三葉虫などがすぐに思い浮かぶ。ごくまれにはその生物の軟体部まで残っていることもあり，ジュラ紀の始祖鳥の羽毛やカンブリア紀のバージェス動物群などが有名である。また，生物が残した住み跡や這い跡，糞なども化石で，生痕化石や糞化石とよばれ，恐竜の足跡や地層中の底生生物の住み穴などもこれに入る。

化石は「石に化ける」と書かれるため，時々「これは化石になっていますか？」という質問を受ける。しかし，化石の定義にはその成分や硬さなどは関係なく，古い地層中から見つけられた生物の遺骸はすべて化石である。貝殻やサンゴなどの炭酸カルシウムの骨格や，脊椎動物のリン酸カルシウムの骨格など，生物の硬組織が地層中に残ることが多い。生物体そのものではなく，その形のみが砂や泥の中に残される場合もあるが，これも化石である。ではどの程度古ければ化石というのか？　それにはあまり厳密な定義はないが，最近の生物の死骸などは化石とはよばず，地層中に含まれるもののみをいう。

化石は元々ヨーロッパの言語ではフォッシル（fossil）とよばれ，掘り出されたものという意味である。地層中に含まれる化石は古くから注目されていたが，当初は生物起源のものだけでなく，岩石や鉱物なども含まれていた。ヨーロッパで，化石が生物起源であることを初めて指摘したのは，15 世紀の Leonardo da Vinci（レオナルド・ダ・ヴィンチ，1452－1519）だという。彼は陸上の土木工事などで見つかった貝殻を，昔の生物の遺骸と考えたのである。東洋ではもっと古くからこうした考えがあり，唐の顔真卿や南宋の朱熹が，山中に見られる貝殻の化石が過去の生物の遺骸であり，大地が海から山へ変化したことを記している。また「化石」という語は日本でつくられ，現在は中国でも使われているが，最初に書物に記したのは平賀源内であるらしい。

ヨーロッパでは長らく化石は地中で無機的に生ずると考えられてきた。その後，17 世紀の N. Steno（ステノ，1638－1687）（地層累重の法則の提唱者）らの研究を経て，化石が生物起源であることが徐々に受け入れられていった。19 世紀になると産業革命による石炭の需要も増え，地層や化石の研究も進んでいった。その中でもイギリスの W. Smith（スミス，1769－1839）は，ある地層群には独特の化石群集が含まれ，他の上下の地層群とは区別できることに気付いた。この原理を用いてスミスは，イングランド，ウェールズの地層を時代別に区分し，ほぼ現在と同じ地質図を初めて作成した（「4.7.2 示準化石」参照）。

化石が生物起源であることは受け入れられたものの，19 世紀までのヨーロッパではキリスト教の考えに従って，それらは聖書にあるノアの洪水によって死に絶えた生物の遺骸であると考えられた。しかしその後，C.R. Darwin（ダーウィン，1809－1882）によって進化論が提唱され，化石が過去の地球上に繁栄した生物の遺骸であることが認められていった。

現在では，多くの種類の生物の地質時代の化石が発見されている。小さいものではバクテリアや単細胞生物から大型恐竜の骨格まで，生物の分類群も原核生物から原生生物，植物，動物などの様々なグループに及ぶ。また，19 世紀までは化石の記録は古生代初めのカンブリア紀より前のものは知られていなかったが，現在では最も古い生命の記録はおよそ 35 億年前のバクテリアの化石であり，先カンブリア時代にも多くの生物が生息して地球環境に影響を及ぼしたことが知られている。

このように化石は地球の生命進化の歴史の唯一の証拠である。そこで最近では，保存のよい化石から遺伝子を取り出し，過去の生物のDNAを解析しようとする映画「ジュラシック・パーク」のような研究が進められている。また，地層の年代をはかる決め手になることから，地球の歴史を年代区分し（示準化石），さらに地球の過去の環境を復元するためにも用いられる（示相化石）。　［竹村 厚司］

4.7.2　示準化石

化石のうちで年代決定に有効な化石を示準化石という。世界中の多くの地層は化石によってその年代が決められているが，化石でなぜ年代が決められるのだろうか。

アルプスなどを除くヨーロッパの多くの地域は安定地域に属し，化石を含む地層が広く分布している。これらの地層や化石の研究が古くから行われてきたが，19世紀初めにはフランスのG. Cuvier（キュヴィエ，1769－1832）やイギリスのスミスらによって，含まれる化石によって地層が区別できることが明らかになってきた。そのうちでも有名なのは，英国地質学の父ともよばれるスミスである。

イギリスのイングランドとウェールズには，古生代のカンブリア紀から新生代にいたる地層が古い方から順に積み重なっている。これらの地層はさまざまな岩石や堆積物からできているが，地層を下から上に見ていくとそこに含まれる化石群集が変わっていく。そして同じ化石群集が再び現れることはない。このような化石群集の変化はイギリスのどこでも同じように現れるため，遠く隔たっていても同じ地層であると決められる（これを対比するという）。スミスはこのようにしてイングランド・ウェールズ中の地層を追跡し，初の地質図にまとめあげたのだった。

ヨーロッパではその後19世紀に，特色のある化石群を含むさまざまな連続した地層群が区別され，多くの研究者によって名前が付けられていった。現在でも時代名として残るカンブリア紀やジュラ紀などがその名前で，これらの時代はその元の地層が形成された時代を表している。それぞれの時代は地層の上下関係により順序が決まっている。この地層と化石に基づいた年代を地質年代といい，各時代の元となる地層のある場所を模式地という。19世紀以後，これらの時代名や区分についてほぼ国際的に統一され，模式地についても整備されつつある。地質年代とは，地球の歴史の生物進化の歴史による区分である。

示準化石を用いて地層の年代をはかるのは，この国際共通の年代尺度のどこに当てはまるかを決めることである。具体的には，化石を用いて模式地の地層に対比する（同じ時代であると決める）ことをいう。

ある生物の種は地質時代の中で，ある別の種から進化して出現し，最後は別の種に進化するかまたは絶滅する。どの生物種も地質時代の限られた時間内，かつ限られた分布地域に生存していた。したがって，離れた場所での地層から同じ化石種が産出すれば，その地層はその化石種の生存期間内で同時であるといえる。よって対比に有効な示準化石とは，多く産出し，分布地域が広く，また生存期間が短い生物種の化石である。

示準化石として従来から国際的な対比に使われてきた化石としては，三葉虫や筆石，アンモナイト，フズリナ，貝類，腕足類などが有名である。これらはすべて海生の無脊椎動物で，古くから研究されてきた化石である。近年では海洋の研究が進み，海生プランクトンの化石が世界的な対比に最も有効である。これらは微化石とよばれ，有孔虫や石灰質ナンノ化石，放散虫，珪藻などで，遠洋性の堆積物はこれらの微化石からなり，現在最も精度の高い年代決定のできる示準化石である。　［竹村 厚司］

4.7.3　示相化石

示相化石とは，地層が堆積した過去の地球環境についての手がかりになる化石をいう。地球上のすべての生物種は，地表や水中または地下のある限られた環境の下に生息している。したがって，地層中に含まれる化石には，その地層が堆積した場所や環境についての情報が含まれており，すべての化石は環境を示すといえる。

たとえば，示準化石として広い分布域を示すような化石であっても，その化石を含む地層は地球上のどこにでも堆積するわけではない。たとえば，浮遊性微化石（「4.7.2 示準化石」参照）が多産するような地層の場合，普通は海域でも陸から離れた遠洋性の環境が考えられる。さらに含まれる微化石種によっては，たとえば熱帯域か寒冷域かというような海域の違いも決定できる。

しかし通常，示相化石とよばれるのは，示準化石に比べて生息範囲が狭く生息期間の長い底生生物などをいう場合が多い。よく示される示相化石の例としては，たとえばサンゴ化石や貝類などがある。サンゴは一般に暖かい浅い海に成育し，特にサンゴ礁は熱帯域で発達する。貝類は海域から淡水域までの広い範囲に多種多様な種類が分布し，海の深度や底質，塩分濃度，水温などによって種類や群集が異なるため，過去の地球環境を示すよい示相化石となりうる。さらに，過去の地球の気候変動などを知る上では，植物化石やその花粉化石なども重要である。

ただし，これらの化石から過去の環境を復元するうえでは，化石が地層中にどのように含まれているかについての注意が必要である。地層中に含まれる化石生物は，その場所で生息していたとは限らない。生物の死後，遺骸や骨格が水流などで運搬され，砂や泥とともに移動して堆積することはよくあることである。このような化石を異地性の化石という。貝化石などは地層中に密集して含まれていることが多いが，こうした化石密集層の多くは生物遺骸が運搬されて密集したものである。このような異地性の化石の場合，単純に化石生物の生態から環境を復元することはできない。

それに対し，化石生物が生息していた場所でそのまま化石となったものを原地性（または現地性）の化石という。たとえば，生息時の体制を維持したまま地層に埋もれた貝化石や，サンゴ礁，埋没林，生痕化石などは原地性の化石の代表である。これらの化石は過去の地球環境をはかることのできる示相化石である。

［竹村　厚司］

4.7.4　元素の放射壊変―絶対年代をはかる

地球の歴史や進化を知るうえで，岩石や地層ができた年代をはかることは不可欠の要素である。地球の年代を考えるうえで 2 種類の年代の手法がある。一つは相対年代で，化石と地層の上下関係から時間の前後関係を知る方法である（「4.7.2 示準化石」参照）。もう一つは絶対年代または数値年代といい，現在より何年前という具体的な数値を求める方法である。いわば日本史における西暦何年や天正何年が絶対年代であるのに対し，鎌倉時代や室町時代が相対年代に対応する。絶対年代の測定法にはいくつかの種類があるが，大部分は放射性同位元素の壊変を利用した放射年代で，この方法が最も広範囲に行われ信頼されている。

自然界には約 90 種の元素が存在している。各元素の原子は中心の原子核とその周囲をまわる電子からなり，原子核はさらに陽子と中性子からなる。元素の種類は原子核中の陽子数（原子番号）によって決まるが，中性子の数は同じ元素でも異なるものがある。これを同位体または同位元素という。原子核中の陽子と中性子の数を足したものを質量数というが，同位体とは原子番号が同じで質量数が異なるものである。同位体を表すために質量数を元素記号の左上につけて，たとえば水素では ^{1}H，^{2}H，^{3}H などと書く。^{1}H は通常の水素原子で原子核が陽子 1 個のみからなり，^{2}H（重水素（デューテリウム）という）は陽子と中性子 1 個ずつ，^{3}H（三重水素（トリチウム）という）は陽子 1 個，中性子 2 個からなる。同位体は化学的性質はほとんど同じであるが，中性子数が違うために原子の重さが異なっている。

同位体の中には，自然に放射線を出して他の元素に変わってしまう不安定な同位体もある。これを放射性同位体といい，他の元素に変わることを放射壊変という。それ以外の，放射壊変せずにいつまでも存在しつづける同位体は安定同位体とよばれる。水素の例では，^{1}H，^{2}H は安定同位体であるが，^{3}H は放射性同位体である。放射壊変のときに放出される放射線は α 線，β 線，γ 線などで，α 線はヘリウムの原子核の流れ，β線は電子，γ線は波長の短い電磁波である。

放射性同位体のある特定の原子がいつ壊変するかは偶然に左右され，確率的にしか決められない。しかし，ある時間内にどれだけの割合の原子が壊変するかは求められる。そこで，放射性同位体の半数の原子が壊変する時間を半減期（図1）とよぶ。放射壊変する元の同位体を親核種，新たにできる元素を娘核種とよぶが，半減期とは親核種の原子数が半分になる時間である。この放射壊変の割合は温度や圧力に関係なく同位体により一定であるため，放射性同位体の元々の量と，親核種，娘核種の割合などが分かれば，それが含まれる岩石や鉱物の年代を知ることができる。

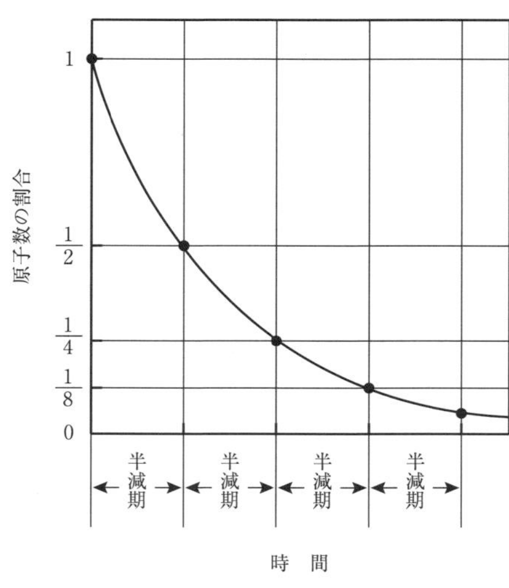

図1　半減期の模式図

古くから多くの人々が岩石や地層，そして地球の年齢を知りたいと考えてきた（「4.7.5 地球の年齢をはかる」参照）。この放射性同位体の壊変によって年代を測定する道を開いたのは E. Rutherford（ラザフォード，1871－1937）で，1906年にウランとその壊変によるヘリウムの割合によって鉱物の年代をはかることを初めて試みた。だがヘリウムは気体で岩石中から逃げやすいため，B. Boltwood（ボルトウッド，1870－1927）はウランとその壊変生成物である鉛との割合から年代測定を行った（1907年）。この方法はウラン－鉛法とよばれ，現在もよく利用される年代測定法である。1911年にはイギリスの有名な地質学者 A. Holmes（ホームズ，1890－1965）が，ウラン－鉛法によって得られた年代を用いて地質年代表を作成している。

その後，他のさまざまな放射性同位体を用いた年代測定法が開発されてきた（図2）。たとえば ^{87}Rb の ^{87}Sr への壊変を利用するルビジウム－ストロンチウム法や，^{40}K から ^{40}Ar への壊変によるカリウム－アルゴン法などがその代表で，これらの手法は地球上の岩石や鉱物の年代決定に最も広く利用されている。この他にも数多くの手法が開発されており，なかでも炭素14（^{14}C）法が最も有名である。これは宇宙線によって生成され大気中に一定の割合で含まれる ^{14}C を用いるもので，考古学の試料や第四紀末の生物試料などの年代測定に利用される。ただし ^{14}C は半減期が約5,700年と短いため，数万年よりも古い時代の試料には使えない。先にあげたいくつかの手法の半減期は約10億年から100億年以上と長いため，数万～数十万年より古い地質時代の岩石や鉱物の年代測定に利用される。この他にも，^{238}U の自発核分裂による鉱物中の飛跡をはかるフィッション・トラック法などもあり，地質学の研究に広く利用されている。

このような放射壊変による年代測定は，親核種や娘核種の量比を正確にはかる必要がある。そのために最近では各種の質量分析計が開発され，元素の同位体比をきわめて精密にはかることができ，精度の高い年代値が得られるようになっている。しかし，このような放射年代にもいくつかの限界がある。岩石や鉱物の形成後に元素の移動があると，測定した年代はその岩石の形成年代を示さない。また一般に，火山起源以外の堆積岩は年代測定をしても堆積年代にはならない。したがって，地球の歴史の年代尺度は相対年代と絶対年代を組み合わせて利用しているのである。　［竹村　厚司］

測定法	放射性同位体	最終生成同位体	半減期(年)	測定年代(年) 10^4 10^5 10^6 10^7 10^8 10^9	測定対象
U-Pb 法	^{238}U	^{206}Pb	4.5×10^9		岩石(鉱物)
	^{235}U	^{207}Pb	7.0×10^8		
Th-Pb 法	^{232}Th	^{208}Pb	1.4×10^{10}		
Rb-Sr 法	^{87}Rb	^{87}Sr	4.9×10^{10}		
K-Ar 法	^{40}K	^{40}Ar, ^{40}Ca	1.3×10^9		
^{14}C 法	^{14}C	^{14}N	5.7×10^3		木材・貝殻など

図 2　放射年代測定法

［"ニューステージ新地学図表", p.135, 浜島書店（2013 年発行版）］

4.7.5　地球の年齢をはかる

私たちが住む地球がいつどのようにしてできたのかは，昔からの大問題だった。現在では，地球は他の太陽系の天体とともに約 46 億年前に星間ガスが収縮によって集まり，微惑星が集積して誕生したと考えられている。この地球の年齢は，いったいどのようにはかられてきたのだろうか？

東洋では古来，地球の年齢などについての考察はあまりなかったようだが，ヨーロッパではキリスト教の影響で，聖書の記述から世界と人類の歴史を組み立てる試みが多くなされた。たとえば，17 世紀アイルランドの J. Ussher（アッシャー，1581－1656）は旧約聖書の記述を中心に足し合わせて，紀元前 4004 年にこの世界が創造されたとしている。

しかし，19 世紀になり地層や化石の研究が進んでくると，聖書の天地創造説に対する疑問が広がった。化石を含む地層の積み重なりから多くの時代区分が可能になり，特に地球の年齢についてももっと古い年代値が考えられた。イギリスの地質学者 C. Lyell（ライエル，1797－1875）や生物学者ダーウィンは地層の形成の速度や生物の進化などから，地球の年齢は少なくとも数億年以上だろうと推測していた。

それに対し，物理学者の Lord Kelvin（ケルビン卿，1824－1907）は，太陽と地球の熱の損失という純粋に物理学的な量から地球の年代を求めようとした。地球は誕生当時は熱く融けており，現在まで熱が冷えていったと考えて，地球の熱の損失量から年代を計算した。その結果は 1 億年以下と，ライエルやダーウィンの推定した年代よりもはるかに若いものであった。ケルビンの年代はあまりに若すぎて，地層の形成や生物進化から考えると無理があったのだが，その定量的な手法のために強い影響力をもった。

ケルビン卿の理論が間違ったのは，当時まだ放射性元素や太陽のエネルギー源（核融合）についての知識がなかったためだった。ウランやトリウムなどの放射性元素は壊変して別の元素になるとき，大きなエネルギーを放出する（「4.7.4 元素の放射壊変」参照）。地球内部には放射性元素という熱源が存在するため，地球はケルビンが考えたように熱を損失して冷える一方ではなく，熱の出入りのバランスがとれた状態を保っている。そのために実際には地球の年齢ははるかに古いのである。

結局，地球の年齢をはかるには，放射性同位体の壊変に基づく放射年代の測定が唯一の方法である。だがどの岩石の年代をはかると地球の年齢がわかるのだろうか？　地球の地表にある岩石のほとんどは地球誕生以後にできたものなのである。

太陽系の天体は星間雲が集積してほぼ同時に形成された。地球が誕生したときとほぼ同時にできた物質に隕石がある。隕石のおもな成分はカンラン岩質の岩石と鉄である。これは地球内部のマントルと核に相当し，隕石が地球のような惑星の破片であることが分かる。これら多数の隕石の放射年代は 45～46 億年で，平均は約 45.5 億年である。この数値が現在，地球の年齢として広く認められている。

ちなみに現在，地球上で最も古い岩石はカナダ北部で見つかっている片麻岩で，約 40 億年前のものである。また，オーストラリアでは約 43 億年前の年代を示す鉱物粒子も発見されている。地球外で隕石以外に放射年代がはかられているのは月の石である。月の表面は白く見える「陸」と黒く見える「海」からなるが，この色の違いは表面の岩石の違いである。陸は斜長石を多く含む白っぽい斜長岩からなり，海は玄武岩でできている。このうち陸は40億年以上の年代を示し，太陽系形成後すぐにできた地形である。このような地球や月の岩石の年代も，地球の年齢が約46億年であるとする現在の見解と矛盾しない。　［竹村 厚司］

4.7.6　過去の気候変動をはかる

a. 氷河時代の認識

現在，私たちは過去の地球において氷期と間氷期が何回も繰り返されてきたことを知っている。このような認識はどのようにして確立されていったのであろうか。

探究の発端は，ドイツ周辺の平原に点在する「迷子石」であったようである。これは，巨大な角張った岩塊が現在の河川とは無関係の場所に点在し，同種の岩石が近隣のどこにも見あたらず由来が不明のために「迷子石」とよばれたものである。18世紀末に，この「迷子石」は氷河が運んできたものであると喝破したのはJ.W. von Goethe（ゲーテ，1749－1832）であるといわれている。

ヨーロッパアルプスでは谷氷河が現存しており実証的な議論が可能であった。「昔は氷河がもっと大きかった」という猟師の話に興味をもって地質学的な研究を行って，氷河学を大いに進展させたJ.L.R. Agassiz（アガシー,1807－1873）は氷河期の発見者として知られている。

現在，フェノスカンディアおよび北米大陸に大氷床があったことは広く認識されているが，その証拠として挙げられたのは，①氷河が運んできた終堆石（terminal moraine）の列と堆積物（tillite）の特徴，②礫種からみた供給岩体の場所，③氷河が流れるときに基盤岩につける引っ掻き傷である擦痕の向き，および，④フェノスカンディアの異常なまでの隆起（1 cm/年程度）である。

次いで，氷期が何回あったかについては，ドナウ川支流地域の段丘層に関する地形学的・地質学的研究からはドナウ・ギュンツ・ミンデル・リス・ヴュルムの5回の氷期，東部熱帯太平洋深海堆積物中の炭酸塩鉱物量の周期的変動からは9対の氷期・間氷期が知られるようになり，気候変動は確かにあったという認識が広がっていった。

b. 気候変動の要因とミランコビッチサイクル

気候変動の原因として最大のものは日射量の変化であり，その要因としてセルビアの地球物理学者M. Milankovic（ミランコビッチ，1879－1958）は地球と太陽との位置関係に着目し，氷期の原因を地球回転の変動に求めた。地球の自転軸の歳差運動（1.9万年，2.2万年，2.4万年の周期），自転軸の傾きの変化（21.5～24.5°の間で変化し，周期は4.1万年），および公転軌道面の離心率の変化（9.5万年，12.5万年，40万年の周期）を勘案して，日射量の緯度分布と季節変化について計算した。1920年に「氷期の原因に関する天文学説」を発表して，氷期の時期が60万年前くらいまでは割合よく合うことを示し，一躍脚光を浴びた。

ところが，彼の示した変動曲線と，当時考えられていた氷期の年代とが合わないところがあったり，日射量変化だけでは氷河の消長には少なすぎるので，その他の要因すなわち太陽定数そのものの変化，地球大気中の吸収や散乱，地表の海陸分布や山脈の存在などを考慮に入れるべきだとの意見・反論が相次ぎ，いつしか忘れられそうになった。しかし，1976年に劇的に復活した。深海底堆積物中の微化石殻の酸素同位体比の変動に，41万年，10万年，4.1万年，2.3万年，1.9万年の卓越する周期が認められたのである。

c. 酸素同位体組成による古海水温の推定

酸素には^{16}O，^{17}O，^{18}Oの3種の安定同位体があり，その存在比は原子数比でそれぞれ99.763%，0.0372%，0.1995%である。酸素同位体比は試料の$^{18}O/^{16}O$値の標準物質（SMOW（standard mean ocean water），標準平均海水）における値からの偏差を千分率で表し

$$\delta^{18}O = \frac{\{(^{18}O/^{16}O)_{SAMPLE} - (^{18}O/^{16}O)_{SMOW}\}}{(^{18}O/^{16}O)_{SMOW}} \times 1{,}000$$

の式によって計算される。標準平均海水として低緯度表面海水が用いられている。

低緯度の海面から水が蒸発するときは，重い ^{18}O が軽い ^{16}O よりも多く海水の中にとどまり，その水蒸気が移動して中・高緯度もしくは内陸部で雨となるときには，軽い ^{16}O の方が重い ^{18}O よりも多く水蒸気の中にとどまる。したがって，赤道から極地に向かうにつれ，海岸から内陸に向かうにつれ，$\delta^{18}O$ は小さく（軽く）なる。

高緯度で降水の酸素同位体比を測定すると季節変化が認められ，夏に大きく冬に小さいことが分かり，降水中の同位対比がその生成温度に規制されていることが知られている。降水あるいは雪が氷となって積み重なって氷河になる場所では，氷柱試料中の同位体比が過去の気温変化を指示することになる。北西グリーンランドで採取された氷柱を用いて最近 12 万年間の酸素同位体比の変化を調べると，9〜10 万年かけて寒冷化し，1 万年前に急に温暖化したこと，および 6 万年前の寒冷化が顕著であることが分かった。

氷河を試料として分析する場合は遡れる時間に限度があるので，もっと古い時代について検討するためには，深海堆積物に含まれる微化石（この場合は有孔虫）の殻を試料とする。海水中の有孔虫は，大気から海水に溶け込んだ二酸化炭素を使って炭酸カルシウムの殻をつくる。海水温が違うと取り込まれる酸素同位体比が変化する。暖かい時期につくられた殻には軽い酸素がより多く，寒い時期には重い酸素がより多く取り込まれるので，有孔虫殻の酸素同位体比は海水の温度と海水の同位体比で決まる。

淡水は海水よりも同位体比が小さいので，氷床が融けると海水の同位体比は下がる。大陸氷河が存在しない時代には海水の同位体比は一定なので，殻の同位体比の変動は海水温の変動を直接示す。一方，氷河の消長がある時代には海水の同位体比が変動し，寒冷時には海水中に重い酸素が多く，温暖時には軽い酸素が増える。この傾向は上に述べた殻が取り込む酸素が重いか軽いかの傾向と同じであるので，有孔虫殻の酸素同位体比の変動で温暖化・寒冷化を知ることができる。

深海底コアから産出する浮遊性有孔虫化石殻の酸素同位体比を調べると，350 万年前ころから同位体比の変動が認められ，特に，70 万年前からはほぼ 10 万年の周期の変動が 7〜8 回規則正しく繰り返していることが明らかになった。西赤道太平洋，東赤道太平洋，カリブ海，北大西洋，中央大西洋，南大西洋，北東インド洋，南東インド洋における変動曲線は驚くほどよく一致するもので，このことは全地球規模で海洋全体が同じ変動をしたことを示している。変動曲線の形は鋸歯状で非対称であり，大陸氷河は 1 万年で急激に融けて 8〜9 万年でゆっくり発達し，現在は間氷期でそのピークは約 6,000 年前で，人間活動による気候への影響がなければ今後 7〜8 万年は氷期に向かって徐々に寒冷化することが予想されている。

さらに古い時代（特に中生代）については，よく産出するベレムナイト化石（頭足類でイカの仲間）の分析によって変動が明らかにされ，もっと古い古生代については，石灰岩そのものを分析して大まかではあるがきわめて長い周期の変動が認められている。 ［西村 年晴］

参考図書

“ニューステージ新地学図表”，浜島書店（2013 年発行版）.

4.8　自然災害をはかる

災害列島日本ともいわれるように日本は災害の多い国である。災害と一口に言っても，人間が多く寄り集まって住むことによって起こる都市災害や，病原菌がきわめて広範囲に蔓延して起こる災害もあるが，多くの人が災害というときには，自然現象が原因となって起こる自然災害を指すことが多い。自然現象によって人間社会が被害を受けるものが自然災害となるのであって，被害がなければ単なる自然現象である。ある自然現象が災害になるかならないかを決めるのは，その現象の規模の大きさ・スピードであり，さらにそういう現象に対して私たちがどのような社会をつくっているかである。たとえば，ときには甚大な被害をもたらす台風でも，規模が小さく適度な降水であれば「恵み」の雨になるのである。

自然災害には地震・火山・台風によるものや津波・洪水・干ばつ・竜巻, 地すべり・山崩れ・土石流などの地盤災害など実に多くの種類がある。日本列島に自然災害が多いのは，その位置に原因がある。現在の地球上にはアルプス・ヒマラヤ造山帯と環太平洋造山帯という二つの造山帯があり，日本列島は環太平洋造山帯の中にすっぽり入っている。造山帯はプレートの境界でもあるので地震や火山が多く，また，造山帯は地表の起伏を大きくする作用と小さくする作用がせめぎ合っている場所なので，地盤災害が頻繁に起こるのである。

日本列島に住む限り，私たちはいつかはどこかで何らかの災害に遭うので災害は決して他人事ではない。私たち一人ひとりが防災意識を高め，いろいろな準備をしておくことがきわめて重要である。地震に強い建物をつくったり耐震補強を施す，自主防災組織に参加するなどして，災害に遭うことは避けられないことであるとしても被害をできるだけ小さくする減災に取り組むべきである。その第一歩として，自分が住んでいる土地の成り立ちや身近な自然を十分に理解し，そこではどういうことが起こってきたのか，今後どういうことが起こりうるのかについて理解しておくことが肝要である。そのためには，最近きわめて多くの地方自治体で発行されている各種ハザードマップや，インターネットで公開されている都道府県単位のハザードマップを活用することが望ましい。さらに，2004年度から消防庁が開発・整備し，2007年から一部の地方公共団体で運用が始まっている全国瞬時警報システム（通称Jアラート）には，地震情報・津波情報・火山情報・気象情報・有事関連情報が含まれており，事前に登録した携帯電話などへのメール配信も可能である。

本節では，近年とみに関心が高まっている地震・津波・火山の3項目を取り上げて解説する。

［西村　年晴］

4.8.1　地　震

地震とは地下深いところで岩盤が破壊されたときに出る波が地表を揺らす現象であり，その規模はマグニチュードMで表される。Mは最初はC.F. Richter（リヒター，1900－1985）が考案したもので，震央から100 kmの地点に置かれた一定規格の地震計による記録の最大振幅（μm単位）の常用対数値として1935年に定義されたリヒタースケールM_lとして長く使用されてきた。近年では，地震が起こったときに生じる断層面の面積，断層の変位量，および岩石の剛性率の積で表されるモーメントマグニチュードM_wが用いられることが多い。日本では，通常, 気象庁マグニチュードM_jが使われている。これは，周期5秒までの強い揺れを観測する強震計で記録した地震波形の最大振幅の値を用いて計算するもので，地震発生から数分で計算できるので速報が可能であり，しかもモーメントマグニチュードM_wの値とよく一致する。しかし，巨大地震では値が規模に応じて変化しにくいという欠点がある。

地震が発するエネルギーE〔J〕とマグニチュードMの間には

$$\log_{10} E = 4.8 + 1.5\,M$$

の関係があり，マグニチュードが1増えると地震のエネルギーは31.6倍になり，2増えると地震のエネルギーは1,000倍になる。マグニチュードが0.2増えるだけでエネルギーは約2倍になるのである。

震度は観測地（地表）での揺れの大きさを示す指標で，日本では気象庁震度階級が使われている。かつては震度0〜7の8段階であったが，1995年の阪神・淡路大震災の後に改訂されて，現在では震度0〜7であるが，震度5と震度6がそれぞれ強・弱に分けられて10段階となっており，それぞれの震度で起こる現象が細かく例示されているのが大きな特徴である。

マグニチュードが大きいほど震度も大きくなるが，観測地点が震源から遠いほどその場所の震度は小さくなる。つまり，大きな地震であっても遠ければ震度は小さいが，直下で起こった地震ならばマグニチュードが小さくても揺れは大きくなる。

また，地震のときの揺れ方が地盤によって異なるということも理解しておく必要がある。堅い岩盤の上に住んでいる人もいるが，私たちの多くは軟弱地盤である沖積平野に住んでいる。地震波の伝わり方は岩盤と軟弱地盤とでは異なる。堅い岩盤はカタカタと小刻みに揺れる周波数がやや大きい波を通しやすいが，軟弱地盤はユサユサと大きく揺れる周波数が小さい波を通しやすいという性質があり，しかも私たちの多くが住んでいる軟弱地盤上の木造家屋は周波数が小さい波でよく揺れるのである。一口に軟弱地盤あるいは沖積平野といっても決して一様ではない。

沖積平野とは川が洪水を起こして上流から運んできた土砂をまき散らしてつくったもので，礫や砂などの粗粒堆積物でできている自然堤防と洪水で溢れた泥などの細粒堆積物でできている後背湿地とで構成されている。細粒堆積物が多い方が地震のときの揺れ方が大きいことも知られているので，自分が住んでいる所が砂が多くたまる場所だったのかあるいは泥がたまりやすい場所だったのかを知る，つまり，土地の成り立ちを理解することが防災の第一歩であるともいえる。ある土地の成り立ちを理解するためには，明治時代初期に旧陸軍陸地測量部が作成した関東地方の「迅速測図」や関西地方の「仮製地形図」および初期の頃の国土地理院が発行した地形図が役に立つ。

地震発生のときには強い揺れによる建物の倒壊だけではなく，山間部では山崩れ，海岸部では津波，沖積平野や埋め立て地では液状化なども起こる。現時点においては残念ながら地震予知はまだできない状況であるが，今後発生することが予想されている地震でどの程度の揺れになるのかについては，内閣府資料として公表されている「表層地盤の揺れやすさマップ」や「予防対策用震度分布」がウェブサイトから入手できるので，大いに活用することが望ましい。

携帯電話などでも入手できる緊急地震速報とは，地震発生直後に検知したP波を瞬時に解析してS波による大きな揺れの到達時間や大きさなどを予測して，その情報を提供するシステムであり，ほんのわずかな時間（初期微動継続時間という）でも活用して被害の軽減に役立てようというものである（P波，S波は「4.4.2 固体地球の内部構造をはかる」参照）。震源があまりにも近い場合は，猶予時間が短すぎて間に合わない場合もある。

このことと関連して大森公式を知っておくと便利である。1899年に地震学者の大森房吉（1868−1923）が発表したもので，初期微動継続時間t〔s〕をはかれば，観測地点から震源までの距離D〔km〕が求まるという式である。

$$D = k \cdot t$$

ここで，kは大森係数といわれ$6\sim8\ \mathrm{km\,s^{-1}}$と表される。

最近，長周期地震動が話題に取り上げられることが多い。これは約2〜20秒という長い周期で揺れる地震動で低周波地震動といわれることもある。強震計が高密度に設置された1970年代から長周期地震動の存在と性質が研究されるようになり，特に高層建築が増えた近年，防災の観点から関心を集めている。日本では2000年鳥取県西部地震の際に大分県で観測されて以来，2004年新潟県中越地震，2007年新潟県中越沖地震でも東京の高層ビルで観測された。記憶に新しいところでは2011年東北地方太平洋沖地震（東日本大震災）のときに，東京都内の超高層ビルで10数分間，最大1m以上の横揺れを観測した。

近い将来に発生が予想されている東海地震・東南海地震・南海地震の際に起こるであろう長周期地震動で，大きな被害を被るであろう大都市圏の高層ビルに関して，揺れの大きさと継続時間を推定する作業が進められている。気象庁が現在用いている震度階級は周期0.2～1秒程度の揺れに合わせた指標なので，これとは別に2013年に長周期地震動階級（階級1～階級4の4段階）を設定して試行的に運用を開始し，2015年末までに階級3の長周期地震動を2回観測した。高層ビルの評価作業を進めると同時に，喫緊の課題として，揺れの軽減に関する方策についても努力がつづけられている。

［西村 年晴］

4.8.2　津　波

津波とは海域で起こった地震により海底面が隆起もしくは沈降して生じる大規模な波の伝播である。波長が非常に長く数百km，波高も5m超と巨大になることが多い。「波」という語が含まれているが，海水面の上下運動である波浪やうねりとはまったく異なるもので，巨大な水塊の移動である。2011年東北地方太平洋沖地震のときに見せつけられたそのすさまじい破壊力は忘れられないものである。津波を起こす原因は地震だけではなく，海岸に近いところでの山体崩壊，海底地すべり，隕石落下などでも津波は起こる。山体崩壊の例として，1792年に島原半島の雲仙岳の火山活動で眉山（まゆやま）が崩壊し，対岸の熊本県に津波が押し寄せた「島原大変肥後迷惑」とよばれている災害が有名である。

「津波」という語は沖合では被害が出なくても津（＝港）では大きな被害が出ることに由来しており，日本では古くから用いられてきた。英語圏では“tidal wave”あるいは“seismic sea wave”と表現されていたが，現在では“tsunami”が用いられており国際語となっている。

津波は沖合から海岸に近づいて海底が浅くなると波高が高くなり，海岸線では沖合の数倍に達する。特にリアス式海岸のように湾口が広く湾奥が狭い地形では，波高が非常に高くなり被害を増加させる。陸地に押し寄せた津波はしばらくすると沖合に引き，再び押し寄せるというように「押し波」と「引き波」を何回か繰り返してやがて減衰する。10回以上繰り返すこともあり，第1波よりも第2波や第3波が最も大きくなる傾向がある。また，最初の波が「押し波」とは限らず「引き波」の場合もある。一般的には，重力による落下が加速させるから「押し波」よりも「引き波」の方が流速が大きい。

津波の伝播速度は水深と波高で決まる。外洋では水深に比べて波高は無視できるほど小さいので，外洋での津波の速度V〔m s^{-1}〕は重力加速度g〔m s^{-2}〕と水深d〔m〕の積の平方根で近似でき

$$V = \sqrt{g \cdot d}$$

と表せる。水深1,500mでは時速約440km，水深4,000mならば時速720kmとなり，非常に速いものである。津波が沿岸に近づくと水深が浅くなって津波の波高が増すので　速度は

$$V = \sqrt{g \cdot (d + H)}$$

となる。ここで，H〔m〕は波高である。水深15m，波高5mでは津波の速さはおよそ時速50kmとなる。1960年のチリ地震津波ではチリから日本まで平均時速750kmで20～24時間後に日本に到達した。2011年の東日本大震災では平均時速115kmで宮古市の沿岸に到達している。

ハワイのオアフ島にはアメリカ海洋大気庁が設置した太平洋津波警報センターがあり，国際的な津波予測情報を発表する津波警報システムを運用している。このシステムは，太平洋の海底（約6,000mの深さ）数ヵ所に設置した海底圧力レコーダーで津波の通過を検知し，そのデータを海面ブイを通じて送信するもので，太平洋での津波予報や津波警報は大幅に改善された。日本でも沿岸に設置してある潮位計で潮位を観測し予報・警報に役立てている。

表1　津波警報・注意報の種類と予想される津波の高さ

種類	発表基準	予想される津波の高さ	発表される津波の高さ
大津波警報	3 m＜	10 m＜予想高さ	10 m 超
		5 m＜予想高さ≦10 m	10 m
		3 m＜予想高さ≦5 m	5 m
津波警報	1〜3 m	1 m＜予想高さ≦3 m	3 m
津波注意報	0.2〜1 m	0.2 m≦予想高さ≦1 m	1 m

津波による災害の発生が予想される場合には，地震発生後約3分程度で気象庁が津波警報・注意報を発表する（表1）。この警報は3ランクに区分され，予想される津波の高さが0.2〜1 mの場合は津波注意報，1〜3 mは津波警報，3 mを超える場合は大津波警報であり，大津波警報では5 m，10 m，10 m 超という数値も併せて発表される。また同時に，津波予報区ごとの津波の到達予想時刻と高さ，各地の満潮時刻・津波の到達予想時刻に関する情報も発表される。

津波が河口から数 km 上流まで河川を遡上することもあり，海岸から離れているからといって安心であるとは限らない。海抜高度の低い沖積平野では浸水地域が広範囲に及ぶことが十分考えられるので，都市部での地下街への浸水にも留意すべきであって，携帯電話などで地震の発生や津波情報などをいち早く知ることができるようにしておくことが肝要と思われる。

2011年3月の東日本大震災で甚大な津波被害が発生したことから，同年6月に日本政府は11月5日を「津波防災の日」とすることを決めた。1854年11月5日に起こった安政南海地震で，大津波が和歌山県広村（現・広川町）を襲った際に，庄屋の濱口梧陵（1820－1885）が収穫されたばかりの稲わらに火をつけて，暗闇の中で逃げ遅れていた人たちを高台に避難させて命を救ったという「稲むらの火」の故事にちなむものである。2015年には津波の甚大な被害を経験した日本とチリが主導して，国連総会本会議において，11月5日を「世界津波の日」に定める決議案が満場一致で採択された。この日には，津波防災の啓発に向けた行事や訓練が国や地方公共団体によって実施されている。津波に関する警報などが発令されたら，沿岸部や川沿いにいる人は，とにかくただちに高台や避難ビルなど安全な場所に避難すべきであり，そういう場所の位置やそこまでに要する時間を考えておくのが望ましい。最近は避難タワーの新設や水に浮く防水シェルターの開発が進められている。

津波が海底や海岸の堆積物を削り取って別の場所に再堆積させた砂泥や岩塊を津波堆積物といい，主として泥が堆積する湿地や湖沼の中に砂層として保存されていることが多い。日本では過去の津波の発生時期や繰り返し間隔を解明するために，1980年代以降精力的な調査・研究が進められており，平野部での津波堆積物の分布を調べることによって，津波の浸水域や規模の大きさを推定することも調査・研究の目標とされている。津波堆積物として特定するためには，対象の砂層に海凄の珪藻や有孔虫が含まれているかどうか，砂粒の分級度がいいかどうかなどを調べるのであるが，決め手がなかなかないのが現状である。最近，砂層の化学分析結果のうち限られた成分が，津波堆積物として特定することができるのではないかとの報告もあり，この分野の研究の進展が待たれる。

［西村　年晴］

4.8.3　火　山

火山は地下のマグマが地表あるいは水中で噴出することによって形成されるもので，富士山に代表されるような成層火山，ハワイのマウナロア山のような楯状火山，昭和新山や平成新山のような溶岩ドーム（溶岩円頂丘），デカン高原のような溶岩台地などに分類されている。これらの地形の特徴はマグマの性質の違いによるものである。主として安山岩質のマグマが爆発的噴火を繰り返して，溶岩層や火山灰層が積み重なって円錐形に近い形になるのが成層火山であり，粘性が低く流動性の高い玄武岩質の溶岩が傾斜の緩い火山体を形成するのが楯状火山とよばれるものである。マグマの粘性がきわめて高く，爆発的な噴火を起こさずに火口から塊となって押し出されるのが溶岩ドームである。きわめて大規模な溶岩流が積み重なって広大な台地が形成されるのが溶岩台地であり，玄武岩質であることが多い。

火山は地球上のどこにでもできるのではなく，3種類の場所に限られる。一つはマントルが上昇してきて，プレートが新しく生成される海嶺とよばれるところである。二つ目はプレートが沈み込む場所である海溝に平行に分布するもので，日本のほとんどすべての火山はこれに相当する。火山分布の海溝側の境界線を火山フロントあるいは火山前線といい，火山フロントより海溝側に火山はない。三つ目は海嶺や海溝とは関係なく大量のマグマが継続的に供給される場所でホットスポットとよばれ，ハワイ諸島やガラパゴス諸島などがこれに当たる。

かつて日本では，千島火山帯，富士火山帯，霧島火山帯など七つの火山帯に区分していたが現在では使われておらず，プレートテクトニクスに基づいて，太平洋プレートの沈み込みに起因する東日本火山帯と，フィリピン海プレートの沈み込みに起因する西日本火山帯の二つに大別されている。

以前は火山を活火山，休火山，および死火山に区分していたこともあったが，現在では「活火山」と「その他の火山」に分けられている。2003年の火山噴火予知連絡会による定義では，活火山とは「概ね過去1万年以内に噴火した火山及び現在活発な噴気活動のある火山」である。その定義によれば日本の活火山の数は110であり，世界中の活火山数約1,500の約7%がこの狭い国土に密集しており火山大国といわれる所以である。

この110の活火山のうち47火山を火山噴火予知連絡会が常時観測対象の火山として選定し，気象庁が観測施設（地震計，傾斜計，空振計，GPS観測装置，遠望カメラなど）を整備し，大学などの研究機関や自治体・防災機関からのデータ提供も受け，火山活動を24時間体制で監視して噴火の前兆を捉え，噴火警報などを適確に発表することとなっている。常時観測対象の火山47のうち重点的に観測や研究を行う火山として，16の火山が重点観測火山として選定されていたが，2014年の御嶽山噴火を受けて，新たに御嶽山を含む九つの火山が重点化され，現在では25の火山が重点観測火山である。

火山噴火による被害を軽減するために，噴火の時期・場所・様式を予測するのが噴火予知であるが，噴火には明らかな前兆現象が認められるので，地震予知よりは予測しやすい。多くの火山では，噴火の数ヵ月前くらいから震源の浅い火山性地震が起こり徐々に発生回数が増していき，震動波形の特徴や周波数成分の分布が火山性地震とは異なる火山性微動も発生するようになる。マグマの上昇に伴う地盤隆起が観測されることも多い。火山の地下の電気抵抗や地磁気の変化，地下水温の上昇や火山ガスの組成変化などが見られることもある。これらの前兆現象に基づいて火山活動が活発化すると予想されても，噴火に至らずそのまま火山活動が低下していくこともあって，残念ながら噴火予知も万全ではない。

噴火予知の成功例としては，2000年の有珠山噴火が有名である。有珠山は噴火記録が多く，噴火周期が短くて噴火を体験した人が多かったことに加え，北海道大学有珠火山観測所の研究者が，火山の静穏な時期から周辺市町のハザードマップを作成することなどを通じて様々な啓発活動などを行って地元住民との信頼関係ができあがっていて，噴火直前の避難が可能であったと思われる。

以前は,「緊急火山情報」「臨時火山情報」「火山観測情報」の3種類の情報を発表する体制となっていたが，発表される情報の解釈に関して若干の混乱があった。現在では区分としては「予報」,「警報」，および「特別警報」の3区分で，それぞれ，噴火予報，噴火警報（火口周辺），および噴火警報（居住地域）と呼称する（表2）。

噴火予報・噴火警報に対応する噴火警戒レベルは，火山活動の大きさによりレベル1からレベル5の5段階に区分されている。噴火予報に対してはレベル1の「平常」であったが，2014年9月の御嶽山噴火をふまえて「活火山であることに留意」と表現が変更された。噴火警報（火口周辺）に対してはレベル2「火口周辺規制」およびレベル3「入山規制」であり，噴火警報（居住地域）に対してはレベル4「避難準備」およびレベル5「避難」である。噴火警報レベル5が初めて適用されたのは，2015年5月の口永良部島における噴火のときである。

噴火予知に関しては地震を観測したり，土地の隆起をはかったりされているが，近年新しい方法としてミュオグラフィー観測という方法が試みられている。これは素粒子ミューオンの高い透過能力を利用して火山体内部の密度変化を調べようというもので，2006年以降浅間山で観測され透視に成功している。2009年の噴火前後の観測結果を比較することでマグマの挙動を推定することも可能となっているが，火山体全体を透視できるわけではなく火口周辺に限られるのが現状である。斯学の発展を待ちたい。

火山災害としては多様な現象がある。まず挙げられるのは溶岩流と降灰である。溶岩流は火口から噴出したマグマが高温の液体のまま地表を流れ下るもので，通過する地域のあらゆるもの（建物，道路，農耕地，森林，集落など）を焼失，埋没させてしまう。しかし，流下速度は比較的遅いので避難できる。小さな噴石や火山灰は，ときには数kmから数百km以上運ばれて風下側の広範囲に降下・堆積するので，農作物の被害，交通機関への影響，家屋の倒壊，航空機のエンジントラブルなど広く社会生活に深刻な影響を及ぼす。大規模な場合には気候変動まで起こすこともある。戦後最悪の犠牲者58人を出した2014年御嶽山の噴火では犠牲者の多くは噴石の直撃による死亡とのことである。

1991年雲仙普賢岳の噴火の際に多くの人が知るようになった現象に火砕流というものがあり，43人の犠牲者を出した。火砕流とは高温の火山灰や岩塊，空気や水蒸気が一体となって急速に山体を流下する現象で，規模の大きな噴煙柱や溶岩ドームの崩壊などにより発生し，破壊力が大きくきわめて恐ろしい火山現象である。流下速度は時速100kmを超え，温度は数百℃にも達し，火砕流から身を守ることは不可能である。

積雪期に噴火すると融雪型火山泥流が発生し，流下速度は時速60kmを超えることもあり，谷筋や沢沿いをはるか遠方まで一気に流下する。1926年十勝岳の噴火の際に発生した。

火山ガスとは，マグマが上昇して地表に近づくと圧力が低くなるので含まれていた揮発性成分が火口や噴気孔から出てくるものである。9割以上は水蒸気であるが二酸化炭素，二酸化硫黄，硫化水素，一酸化炭素，フッ化水素，塩化水素などが含まれており，有毒ガスなので過去に死亡事故も発生している。2000年からの三宅島の噴火では，多量の火山ガス放出による居住地域への影響が続いたため，住民は4年半もの長期の避難生活を強いられた。

火山噴火により噴出された岩石や火山灰が堆積しているところに大雨が降ると土石流や泥流

表2　噴火警報・予報の種類と噴火警戒レベル

呼　称	区　分	対応する噴火警戒レベル	
噴火警報（居住地域） 別称：噴火警報	特別警報	5	避難
		4	避難準備
噴火警報（火口周辺） 別称：火口周辺警報	警報	3	入山規制
		2	火口周辺規制
噴火予報	予報	1	活火山であることに留意

が発生しやすくなる。火山灰が積もったところでは，数ミリ程度の雨でも発生することがあり，これらの土石流や泥流は，高速で斜面を流れ下り，大きな被害をもたらす。

このように火山噴火はいろいろな災害をもたらすが，私たちに恵みも与えてくれる。火山灰は肥沃な土壌のもとであり，マグマで熱せられた地下水や蒸気は地熱発電に利用できる。火山独特の地形による景観や温泉によって多くの人を惹きつける観光地が日本には多くある。しかし，活火山であるという危険な一面は決して忘れてはならないことであり，登山や温泉を楽しむ前に噴火に関する情報をチェックするだけの心構えを持ちたいものである。　［西村 年晴］

参考図書

“ニューステージ新地学図表”，浜島書店（2013年発行版）.

第５章　人と生活

編集担当：松村京子

5.1　からだの状態をはかる

5.1.1　循環(心臓・血管系)の状態をはかる

a. 脈拍数・血圧をはかる

血液の流れは電気の流れと同じくオームの法則に従う。すなわち，

血圧 ＝ 血流量 × 血管抵抗

という関係が成立する。この三つの数値のうち，循環系の状態をはかるのに一番知りたいのは血圧でなくて血流量である。しかし，血流量（全身で考えるなら心拍出量）をはかるのはむずかしく，日常的に循環系の状態を調べるのには血圧と，最も簡単には脈拍数をはかる。

ふだん脈拍数は動脈が体表に一番近く出ている手首の親指側の橈骨（とうこつ）動脈を触れてはかるが，橈骨動脈以外に体表から脈拍を触れるところが鼠径部の大腿動脈や肘窩（ちゅうか）の上腕動脈など数ヵ所ある。救急状態で心臓が動いているかどうかを調べるためには頸動脈を触れる。不整や異常な頻脈があれば，その性質を調べるために心電図検査が必要になる。

1分間の脈拍数（正しくは心拍数）は，220からその人の年齢を引いた値くらいまで増加することができる。その値とその人の安静時の脈拍数との真ん中くらいの脈拍数となる強さの運動を20分以上つづけると，有酸素（エアロビック）運動で脂肪を燃焼させることができるといわれている。そのような運動時の脈拍数を持続的にはかるためには，胸部に心電図センサーを付けたり，指に皮下血流の拍動流を検知するセンサーを付けたりして計測し，それを表示する腕時計を使う。

血圧は正確には動脈を穿刺して圧トランスデューサーにつなぎ，電気信号に変換してはかる。心拍に応じて変化するその血圧波形のピークの値を収縮期血圧，一番低い値を拡張期血圧というが，循環系の状態を捉えるのには，理論的には血圧波形を積分して得られる平均血圧が重要である（波形信号を積分回路に通して簡単に求められる）。通常，平均血圧は収縮期－拡張期血圧の差（脈圧）の下から1/3くらいのあたりにある。

そのような観血的な方法は日常的には使えないから，ふだんの血圧測定ではマンシェット法ではかる（図1）。すなわち，マンシェットを上腕に巻いて血圧計につなぎ，空気でふくらませて圧をかけて血流を止めたところからゆっくりと空気圧を下げていったときに，肘窩の動脈の上に置いた聴診器で拍動音（コロトコフ音）が聞こえ始めるところを最高血圧，さらに下げていって拍動音が消えるところを最低血圧とする。最高血圧はほぼ正確に収縮期血圧に一致する。最低血圧の方は拡張期血圧とだいたい一致する場合が多いが，しだいに音が弱くなってどこで聞こえなくなるのかわかりにくかったり，ときに異常はなくても空気圧が0になるまで聞こえることもある。なぜ最高血圧と最低血圧の間だけ音が聞こえるのかはよくわかっていない。医療用の自動血圧計では，コロトコフ音ではなく血管の振動を直接感知するなどの方法ではかっている。

マンシェットは上腕の2/3以上を覆う幅が必要で，細いマンシェットだと血流を止めるのに強い圧が必要となって，血圧が正しい値より高

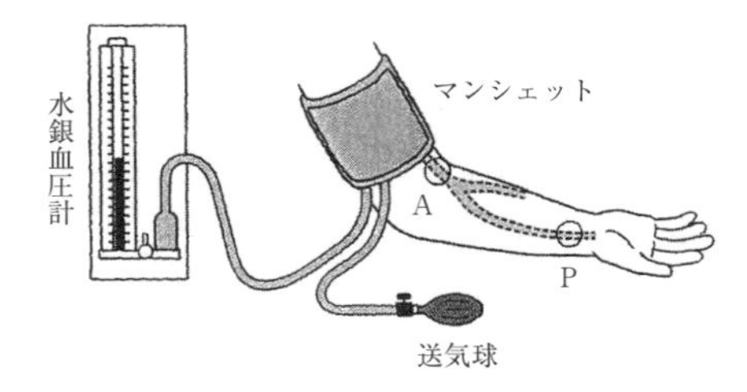

図1　マンシェット法による血圧測定

聴診器は肘窩の動脈の上（A）に当てる。触診のときは手首の橈骨動脈（P）を触れる。

［香山雪彦，前川剛志，"病棟で働く人のための生理学 改訂第4版"，p.44，学研メディカル秀潤社（2013)］

く出てしまう。肘窩に聴診器を当てられないときには橈骨動脈の触診で最高血圧だけをはかる。高血圧の診断には十分に安静を保った状態で測定する必要がある。

b. 心臓の活動状態をはかる

心臓の活動状態を知るためには心電図を記録する（図2）。心電図で知りうるのは，①心臓の興奮性の異常，すなわちブロックとよばれることの多い興奮性の低下や頻脈や期外収縮（＝不整脈）などの異常興奮，および，②心筋に対する冠状動脈からの血液供給の状態である。後者は血液供給が悪くなると心外膜面に比べて心内膜面の心筋の方が傷つきやすく，心室壁内外で電位差が生じるために，心電図ではST区間が基線よりも下がる（血液供給が完全に遮断されて心筋が壊死を起こした心筋梗塞では，この区間が基線より上がる）ことなどから診断できる。

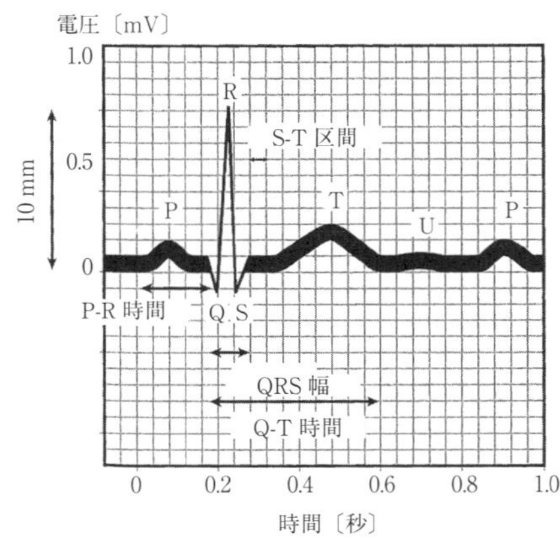

図2　典型的な心電図波形の模式図と各波形成分の名付け方

［香山雪彦，前川剛志，"病棟で働く人のための生理学 改訂第4版"，p.35，学研メディカル秀潤社（2013）］

また，最近の技術の進歩により，心臓の形や動きは超音波エコー検査で知ることができるようになった。超音波エコー検査は，皮膚表面から内部に超音波を発射して，内部組織に当たって反射して帰ってくる量と時間によって内部の構造を調べる方法であるが（硬い組織に当たるほど反射量が多く，深部の組織ほど帰ってくるのに時間がかかる），心電図の各波形に同期させて超音波を発射し，検出した信号をコンピューター処理して二次元・三次元画像化することによって心臓の形や動きを観察できる。この検査で知りうるのは，①心室・心房の大きさと動き，②心室壁の厚さと柔軟性などの状態，③弁の動き，④駆出率（流入量の何％が拍出されるか）などである。

c. 心不全の状態をはかる

心臓の活動が正常に保たれず，環流してきた血液を十分に送り出せなくなった状態を心不全というが，心不全の状態になると静脈側に血液が貯留する（静脈圧が高くなる）ことによって，皮下（特に重力がかかる下肢）に浮腫が生じる。その状態を客観的に数値で表すには中心静脈圧を測定する。中心静脈は右心房付近の上・下大静脈のことで，肘，鎖骨下，大腿，内頸静脈などから長いカテーテルをその部まで挿入して圧をはかる（通常は右心房の高さからの水柱圧 cmH_2O で表す）。このカテーテルは中心静脈栄養にも使え，全身状態の悪い人の管理に有用である。

しかし，中心静脈圧は心不全の状態を示すといっても，それは右心室の機能であり，本当に知りたいのは左心室の機能である。そのためには肺動脈楔入圧（「せつにゅうあつ」あるいは「けつにゅうあつ」「きつにゅうあつ」と読む）をはかる。これは，静脈から細いチューブ（スワン－ガンツカテーテル，図3）を先端手前の小さな風船をふくらませて血流に乗せることによって右心室を通って肺動脈まで安全に挿入する。次にその（ふだんは空気を抜いておく）風船をふくらませてその部の動脈をふさいで右心室収縮の圧が及ばない状態にする。その先の圧が，肺毛細血管圧ひいては左心房圧によって変化するため，左心室の機能を反映する数値となる。また，心不全の程度は心不全時に心室筋からの分泌量が増える脳性ナトリウム利尿ホルモン（BNP：brain natriuretic peptide）の血中濃度をはかることによって推察できる。

心不全時の心臓の活動状態を的確に捉えるためには，冒頭に循環の状態として最も知りたいのは血流量だと述べたように，全身の血流をま

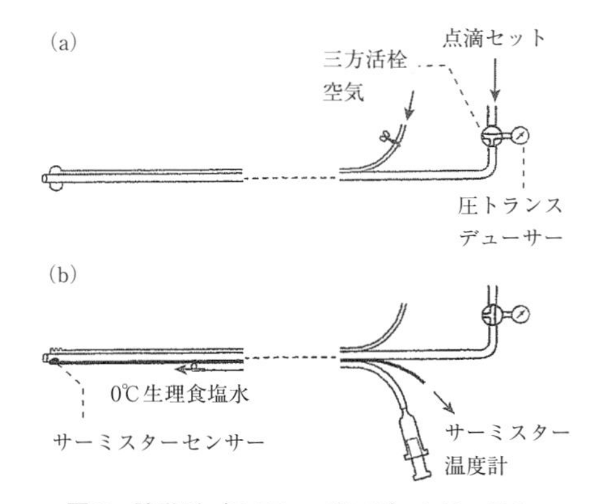

図3　肺動脈（スワン - ガンツ）カテーテル。
(a) オリジナルのスワン - ガンツカテーテル，(b) 心拍出量測定用カテーテル
［香山雪彦，前川剛志，“病棟で働く人のための生理学 改訂第4版”，p.46，学研メディカル秀潤社（2013)］

かなう心拍出量を知りたい。しかし，心拍出量をはかるのはかなり困難で，昔は動脈血－静脈血（それも右心房内の血液）の酸素含量の差と，呼気を集めてはかる酸素消費量から計算する方法（フィックの原理）しかなく，臨床的にはほとんど不可能だった。ところが1970年代に，温度希釈法という方法でその瞬間の心拍出量を繰り返しはかることができるようになった。これには心拍出量測定用のスワン－ガンツカテーテルを用い，先端に組み込まれたサーミスター温度計で血液温を測定して，30 cm 手前から0℃に冷やした生理食塩水を注入したときの温度変化から心拍出量を計算する（拍出量が少ないほど温度低下が大きい）。さらに，カテーテル自体に発熱媒体を組み込んで自動的に測定する装置も使われる。

この方法で心拍出量をはかるには，温度の低下（あるいは上昇）をその曲線を積分した面積として（しかも2回目以後の収縮による部分を除去するために，その部分を1回だけの収縮があったものと想定した指数関数曲線で近似させて）はかるという複雑な計算のため，高額な専用の心拍出量計算機が必要である（使い捨てのカテーテルも1本数万円する）。しかし，心拍出量測定は重篤な状態にある患者の治療に画期的な進歩をもたらした。特に心筋梗塞などの重症な心不全患者の状態を的確に把握し治療を選択するためには，心拍出量と前述の肺動脈楔入圧を組み合わせて判断することが求められる。

［香山 雪彦］

5.1.2　呼吸の状態をはかる

呼吸の状態をはかる主な方法は換気量の測定（スパイロメトリー）と，血液ガスの測定である。

換気量の測定にもいろいろな方法や測定項目があるが，その中で最も重要なのは，肺活量と努力肺活量（時間肺活量ともいう）の測定である。肺活量（最大に息を吸って最大に吐き出せる量）が体の大きさを考慮に入れてふつうより減少している状態を拘束性障害というが，これは肺線維症など肺胞の状態が悪くなる疾患や，胸郭の広がりが抑制される状態によって生じる。努力肺活量というのは，呼気を一気に吐き出したときに，0.5秒あるいは1秒以内に肺活量のどれくらいの割合を吐き出せるかという数値（0.5秒率，1秒率）で，典型的には気管支喘息や慢性閉塞性肺疾患（COPD：chronic obstructive pulmonary disease）などによる気道の狭窄（閉塞性障害）のときに低下する。努力肺活量と同じ目的で最大呼気速度（ピークフロー）をはかることもある。

血液ガスというのは血液中に溶けている気体，特に酸素と二酸化炭素（炭酸ガス）であるが，本当はその量を知りたいけれど，それをはかるのは技術的にむずかしく，通常は血液ガス分析装置を用いてその分圧をはかる（分圧というのは，地表ではかる場合には全部で1気圧＝760 mmHg になる混合気体の中に，それぞれの気体が占める割合に応じた圧である）。血液ガス分析は動脈血を採取して行う。静脈血は流れる組織によって値が異なっていて，肺動脈を流れる混合静脈血での分析以外には意味がない。

酸素に関しては，赤外線の吸収が酸素ヘモグロビンと還元ヘモグロビンで異なっていることを利用したパルスオキシメーターという装置でヘモグロビンの酸素飽和度をはかる方法もよく利用される。そのセンサーを指先などにつけて

末梢血の酸素飽和度（動脈血の飽和度とほぼ一致する）を簡単にはかることができる装置が臨床的にきわめて有用で，ベッドサイドでの全身状態の把握に使われる。

どんな原因であれ呼吸状態が悪くなって換気量が減少すれば，動脈血の二酸化炭素分圧が上昇する。一方，動脈血の酸素分圧の方は換気量の減少それ自体よりも，つぶれて換気のない肺胞（無気肺）が生じることや，血液循環を含む全身状態が悪くなって酸素を大きく失った静脈血が還ってくることによって低下することが多い。その動脈血の酸素分圧が低下した状態を低酸素症（詳しくは低酸素性低酸素症）というが，その状態では酸素吸入を行っても根本的な改善を期待できないことが多い。なぜなら，吸気中の酸素分圧を上げても，ヘモグロビンの酸素解離曲線（図4）の特徴から肺で余分に取り込める酸素はごくわずかだからである。

［香山 雪彦］

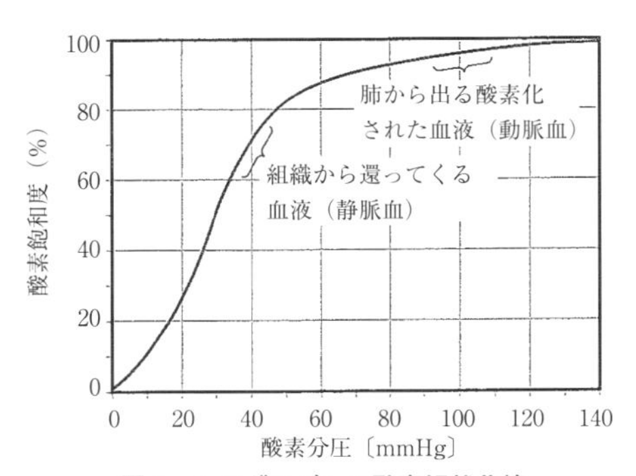

図4　ヘモグロビンの酸素解離曲線

肺胞空気や動脈血の酸素分圧では飽和に近くなっていて，酸素分圧を上げても余分に結合できる酸素はわずかである。

［香山雪彦，前川剛志，“病棟で働く人のための生理学 改訂第4版”，p.60，学研メディカル秀潤社（2013）］

5.1.3　血液・体液の状態をはかる

血液・体液の状態といっても，浸透圧，電解質（イオン）濃度，酸塩基平衡状態，血球数など様々な要因が関係する。

a.　浸透圧をはかる

浸透圧は溶液中に溶けている分子の数で決まるもので，体液の場合は通常，圧力ではなく，一定体積（ふつうは1リットル）中の分子の数の指標（モル）で表す（実際に使う単位は1/1,000のミリをつけたmmol/Lで，浸透圧を意味することを明確にするときにはmOsm/Lと表示し，Osmはオスモルと読む）。血液に溶けている分子の中でタンパク質だけは分子が大きくて血管の外には出ていけないため，この分の浸透圧を膠質浸透圧と称して特別に扱う。膠質浸透圧は毛細血管の部分で血圧によって押し出される水を血管内に引き戻す力として作用する。それゆえ，栄養状態が悪くなって低タンパク血症を生じると，水を血管内に引き戻す力が弱くなって，（腎臓や心臓が悪くなくても）浮腫を生じる。

b.　電解質濃度をはかる

体液は細胞内液と細胞外液に分けられ，細胞内液にはK^+が，細胞外液にはNa^+が多く含まれているというように，その電解質構成はまったく異なっている。臨床的には血清という細胞外液のNa^+，K^+，Ca^{2+}，Cl^-，HCO_3^-などの濃度をはかる。単位はモル濃度に電荷数を考慮に入れたmEq/Lで（Eqはequivalentの略で，日本語では等量もしくは当量という），細胞外液のNa^+は140，K^+は4〜5 mEq/Lくらいである。この中で最も注意しなければならないのはK^+の値で，これが増えても減っても心停止の危険性が生じる。

c.　酸塩基平衡をはかる

酸塩基平衡に関しては，細胞外液のpHは7.40付近に保たれている。このpHを変化させる現象は呼吸性要因と非呼吸性要因に分けられる（後者は一般的には代謝性要因とよぶことが多いが代謝以外の現象も多い）（図5）。呼吸性要因というのは溶ければ酸になる二酸化炭素（炭酸ガス）がどれだけ含まれるかということであり，呼吸のところで述べた動脈血の二酸化炭素分圧で表して，正常値（40±5 mmHg）以上は換気量の低下を示す。非呼吸性要因には糖の嫌気性代謝による乳酸産生，肝臓での乳酸やケトン体処理，腎臓でのH^+排出，胃や十二指

腸での H^+ や HCO_3^- 分泌など多くのことが絡むが，どのような指標で表すかはなかなかむずかしく，数値として一番簡単なのは正常値が±0になるようにつくられたBE（base excess（塩基過剰の意），単位はイオン濃度と同じ mEq/L）で，プラスの数値はアルカリ性に，マイナスの数値は酸性に傾いていることを示す。

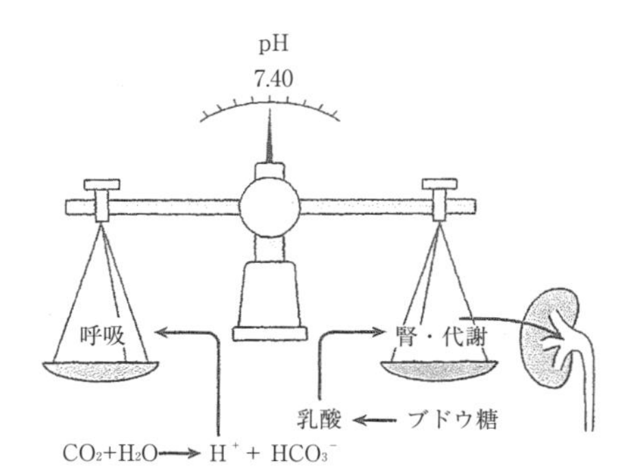

図5　酸塩基平衡の呼吸性要因と非呼吸性要因のバランス

［香山雪彦，前川剛志，"病棟で働く人のための生理学 改訂第4版"，p.76，学研メディカル秀潤社（2013）］

d. 血球数をはかる

血球で一番多いのは赤血球で，これが減る貧血は赤血球数以外にヘモグロビン濃度やヘマトクリット値（血液を遠心分離して沈殿させた赤血球の体積割合）などで調べる。俗に，気分が悪くなったりして「貧血」を起こして倒れるのは貧血ではなく，一過性の低血圧による脳の虚血である。多量の汗をかいたりして水分を失うと，血液が粘稠になって（ヘマトクリット値が高くなる）流れにくくなり，心筋梗塞などを起こしやすくなるので注意が必要である。

白血球数は感染症や白血病などの診断に重要であるが，どの種類の白血球が増える（あるいは減る）かを調べることも重要である。血小板数は出血傾向が高まったときに必須の検査項目であるが，このときには同時にフィブリノーゲンや他の凝固因子の濃度も調べるべきである。

［香山 雪彦］

5.1.4　糖・脂肪代謝（糖尿病や肥満の状態）をはかる

a. 嫌気性解糖と好気性解糖

からだのいかなる活動にもATP（adenosine triphosphate：アデノシン三リン酸）という形で蓄えられた化学エネルギーが使われる。このATPを合成するのに最も利用しやすいのはブドウ糖である。ブドウ糖からエネルギーを取り出すのに，酸素がないと分解はピルビン酸までしか進まない（この過程を嫌気性解糖という）。それは途中で生じる H^+ を酸素と反応させて処理することができないためで，この場合，H^+ をピルビン酸と反応させて乳酸にすることによって処理する。したがって，血液中の乳酸量をはかれば嫌気性解糖が進んでいるかどうかを知りうる（肝臓の機能が正常であるという条件が付くが）。この過程でできるATPはごく少量で，これだけで生きていけるのはある種の細菌（乳酸菌と総称されるものやクロストリジウム属などの嫌気性菌）だけである。

酸素があれば好気性解糖が進む。すなわち，ピルビン酸をオキサロ酢酸と反応させてクエン酸にし，それを徐々に変化させながらオキサロ酢酸に戻していく過程（クエン酸回路：TCA（tricarboxylic acid cycle）サイクル）で生じる H^+ を細胞内小器官のミトコンドリアで酸素と反応させて水にすることにより，大量のATPが生成される（このように酸素を使って燃やすのは水素であり，二酸化炭素はカルボシキ基 −COOH から脱炭酸という反応によって産生される）。

b. 血糖値をはかる

血液中のブドウ糖が使われるためには細胞内に取り込まれなければならないが，この取込みにはインスリンが必要であり，インスリン不足（糖分過剰摂取による相対的不足も含む）や肥満により脂肪細胞からインスリンの効き方を悪くする物質の放出が多くなった場合には血中のブドウ糖濃度（血糖値）が高い状態，すなわち糖尿病になる。糖尿病は尿中にブドウ糖が排泄されるためについた名前であるが，尿中にブドウ糖が排出されることは単に結果であって（腎小体で原尿中に押し出されるブドウ糖を尿細管で再吸収できる量に限度がある)，浸透圧効果によって尿量が増える（したがって喉が渇く）こと以外に特に問題ではない。問題は血糖値の高い状態が長くつづくと腎臓，神経，網膜などの障害の原因となったり，感染症を起こしやすくなることである。

したがって，糖尿病の検査として最も重要なのは血糖値の測定である。血糖値は炭水化物を食べると当然上がるため，空腹時の血糖値をはかる必要があり，また，空腹時に一定量のブドウ糖を与えてその後の血糖値（および分泌されるインスリン量）の経過を見る検査も行われる。

しかし，血糖値はその頃の食事量によって影響される。健康診断のときなどは，その前に数日だけ節制する人たちも多い。それゆえ過去数ヵ月の血糖値の経過（糖尿病コントロールの良否）を見るためには，ヘモグロビン（Hb）にブドウ糖が結合したHbA_{1C}の量をはかる。この物質の合成量はそのときの血糖値に依存しており，一度つくられると赤血球の平均寿命である約120日の間保持される。したがって，HbA_{1C}の血中濃度は検査前3〜4ヵ月の平均の血糖値を反映する（直近のダイエットによるごまかしは利かない）ため，現在では糖尿病の検査として最も重要な指標となっている。

そのHbA_{1C}測定はそれだけを独立に行わなければならないため，献血者へのサービスとして報告される血液検査では，自動分析機で他の物質と一括して測定できるグリコアルブミンを測定する。この物質はタンパク質のアルブミンにブドウ糖が結合したもので，アルブミンがつくられるときの血糖値に依存しており，アルブミンの平均寿命である2〜3週間の平均血糖値を反映する。

c.　コレステロールをはかる

脂肪はエネルギー源になる以外に，細胞膜，神経線維の絶縁物質やプロスタグランジンなどの重要物質の材料であり，脂肪の中でもコレステロールは副腎皮質や性ホルモンの材料として重要である。血液中のコレステロールにはLDL（low-density lipoprotein）に結合したものとHDL（high-density lipoprotein）に結合したものがあり，前者が動脈硬化（動脈壁の内膜下に蓄積して内腔を狭くする粥状硬化）を起こすために問題になるのであって，後者は逆に動脈壁からコレステロールを除去する作用があるため，前者を悪玉コレステロール，後者を善玉コレステロールとよぶことがある。

臨床検査では中性脂肪，LDLコレステロール，HDLコレステロールをはかる。LDLコレステロール値は高いのが，HDLコレステロール値は低いのが問題になるが，最近ではそれらを別々に考えるのではなく，LH比（LDLコレステロール値／HDLコレステロール値）という両者のバランスも重要と考えられるようになってきている。この比が2.0を超えていると動脈硬化が疑われ，2.5を超えていると硬化巣に血栓ができていて心筋梗塞などを起こす危険性が高いと指摘されている。

d.　肥満をはかる

動物は一般に飢餓状態を生き延びるようにつくられているために，摂取されたカロリー源の余剰分は脂肪に合成されて蓄積される。その脂肪が多くなると肥満になるが，肥満は上記のように動脈硬化につながるために，あるいはやせている方が美人であるとする社会にまん延している幻想のために，その肥満度を知りたいという欲求が生じる。このためには昔から標準体重という数値（たとえば身長から100を引いて0.9をかける）が使われていたが適切ではなく，現在ではBMI（body mass index：体格指数・肥満指数という日本語もあるようであるが，BMIで通じるようになっている）が使われる。

BMIは体重（kg）を身長（m）の2乗で割った数値である（実際に計算するときは体重を身長で割り，その値をもう一度身長で割る)。この数値が使われるのは，体の大きさで絶対量の変わる基礎代謝量や心拍出量は，その体の大きさの指標として（身長や体重ではなく）体表面積と最もよく比例関係が成立するという過去の研究と関連している。脂肪は代謝が不活発で血流量も少ないから体重から割り引いて考えなければならないが，脂肪が多いとからだが丸くなり，体積が同じでも表面積が小さくなるから，体の大きさを表すのに体表面積が適切な数値となるのであろう。BMI計算に使う身長の2乗は体表面積ではないが，計算が容易な代用値として使われる。

平均的に見るとであるが，BMIが22くらいの人がもっとも健康で長生きする可能性が高いといわれている。20以下はやせ気味，18以下はやせすぎで，25以上は太り気味，30以上は太りすぎ，35以上になると将来に生命の危険が生じる極度の肥満である。もちろん，がりがりにやせた人でも太った人でもまったく健康で長生きする人もいるが，たとえばやせすぎが栄養不足によるとしたら感染症に弱くなったり骨粗鬆症を起こしやすくなったりするし，太りすぎの人がそのままの生活をつづけるといずれ糖尿病や高血圧・動脈硬化に伴う生活習慣病によって生活の質（QOL：quality of life）が悪化する危険性が高くなる。生活習慣病の確率はBMIが25以上で比例的に高くなるといわれている。

体に蓄積している脂肪量をはかろうとする試みも一般化しつつある。最も簡単なのは，上腕の背側面など場所を決めて，つまんだときの皮下脂肪の厚さをはかることである。体脂肪計を使って体脂肪率をはかる方法もよく使われるようになっているが，この装置は脂肪は血液や細胞外液が少なくて電気を通しにくいため，からだの2点間の電気抵抗から脂肪量を推定しようとするもので，したがって発汗などの皮膚の状態の変化によって誤差が大きくなることを知っておかなければならない。研究のためには除脂肪体重（lean body mass）を用いることがあり，これは体を水に沈めて浮力分だけ軽くなった体重をはかるなどの方法で計算する。

健康診断のためには，皮下脂肪よりも健康への影響の大きい内臓脂肪の量を知りたい（内臓脂肪が多いと脂肪肝を伴いやすく，その影響でコレステロールや血糖値が高くなりやすいうえに，内臓脂肪そのものも動脈硬化を促す物質を放出するといわれているためである）。その詳しい診断には，腹部のへそを基準とした一定断面のX線CT（computed tomography：コンピューター断層撮影）写真上で脂肪の面積をはかる。しかし，この方法はふつうの健康診断では使えず，それに代わるものとしてへその高さでの腹囲をはかる。これが基準値以上あって内臓脂肪型肥満が疑われ，それに高脂血症，高血糖，高血圧などを伴っているとメタボリックシンドロームと診断され，生活習慣病の危険性が指摘される。しかし，腹囲の基準値が男性で85 cm，女性で90 cmと女性の方が大きいことなど，この基準値や腹囲をはかること自体の意味を疑う見方もある。　［香山 雪彦］

5.1.5　腎臓の機能状態をはかる

腎臓の機能状態をはかるためには，腎臓から排出される物質（外から検査のために投与する物質の場合もある）の量をはかる方法と，排出されるべきものが血液中にたまっていないかどうかを調べる方法とがある。

a.　尿の量をはかる

前者の一番簡単なものは，水の排出量を調べる尿量測定である。尿量は水の摂取量によって大きく変わるために正常値というものは考えにくいが，一応1,500 mL/日くらいを標準とすると，（1日は1,440分なので）これは1 mL/minとなり，手術中や重症な患者の尿量を導尿により持続的にはかっているときの目安にしやすい（小児の場合は，体重1 kgあたり1時間に1 mLくらいとすればよい）。

この持続的にはかる尿量は（腎臓が正常に機能している場合には）循環系の状態の指標にもなる。なぜなら，十分な尿量が得られていれば，それは腎臓に十分な血液が流れていることを意味し，そのときは脳や心臓という他の重要臓器にも十分な血流があることは確かだからである（もちろん，その部の動脈に閉塞があればこの限りでない）。

b.　腎不全の状態をはかる

腎臓の機能が低下して腎不全の状態になると老廃物を排泄しきれなくなり，それは血液中に残って，その濃度が高くなってくる（その状態を尿毒症という）。腎臓の機能が正常でも，血圧低下で腎血流量が少なくなるなどして尿量が標準量の3分の1以下になると，腎臓が最大に濃縮能力を発揮しても老廃物の体内残留が起こる。その血液中に蓄積する最大のものは尿素で，血中の尿素窒素量（BUN：blood urea nitrogen）の測定は重要な腎機能のスクリーニング法として昔から使われている。しかし，尿素はタンパク質（アミノ酸）の最終代謝産物で（そのアミノ基から肝臓で合成される），栄養状態の悪い患者では腎機能が悪くても血中濃度が高くならない。そのため，栄養状態に左右されない物質として，筋肉だけに含まれ，生理的再生のために毎日ほぼ一定数の筋細胞が壊れて放出されるクレアチンの代謝産物として腎臓から排出されるクレアチニンの血中濃度も測定する。

その血中クレアチニン濃度で尿中クレアチニン濃度を割り，1分間の尿量をかけた数値をクレアチニンクリアランスと称し，腎臓が老廃物を排出する能力の検査として使われる。これは腎糸球体でのろ過機能を示すが，この機能をもっと厳密にはかるためには，糸球体でろ過されて尿管ではまったく吸収も排出もされない物質であるイヌリンを投与して行うイヌリンクリアランス法を用いる。

腎不全の状態では H^+ の排出がうまくいかなくなるために，非呼吸性アシドーシスが生じて血液の pH が低下する。また，K^+ の排出による調節もできなくなって高カリウム血症を起こすが，これが運動時などに筋細胞中から漏れ出る大量の K^+ で強く生じると，心停止による急死の原因となる。 ［香山 雪彦］

5.1.6 肝臓の機能状態をはかる

肝臓はあまりに多くの機能を果たしており，そのどれを指標にして肝臓の機能をはかるかは簡単にいえない。健康診断で最もよく使われるのは，肝細胞に多く含まれる酵素類の血中濃度をはかることで，各種の肝炎などで肝細胞が壊されるとこれらの酵素が血液中にたくさん出てくることを利用する。そのような診断に使われる酵素は，ALT（alanine aminotransferase），GPT（glutamic-pyruvic transaminase）から改称された），AST（aspartate aminotransferase），GOT（glutamic-oxaloacetic transaminase）から改称された），ALP(alkaline phosphatase)，LDH（lactate dehydrogenase），γ-GT（γ-glutamyl transferase），γ-GTP(γ-glutamyl transpeptidase）ともいう）などで，最後のものは特にアルコール性肝障害で高くなるといわれている。ただし，たとえば AST は心筋にも含まれるので心筋梗塞のときにも高くなるなど，一つの酵素の測定だけでは診断できないことが多い。

肝硬変など肝臓の機能が失われてくると，肝臓で合成されるアルブミンなどのタンパク質が血液中に少なくなり，尿素合成ができなくなってアンモニアが増えてくるなど，さまざまな変化が起こってくるので，そのような肝臓が関係するさまざまな物質の量をはかって残っている肝機能の程度を知る。肝臓で処理されるビリルビン（ヘモグロビンのヘム核の代謝産物）の量の測定や，ビリルビンの蓄積で起こってくる黄疸の程度の検査も重要であるが，これらについては赤血球の破壊（溶血）の増加によるものとビリルビンの種類の同定により識別する必要がある。ICG（indocyanine green）という肝臓から排出される色素を投与して，その血中濃度を調べることも肝機能検査として行われる。

［香山 雪彦］

5.1.7 眠りの状態をはかる

大脳皮質の活動状態は脳波で観察することができる。活動の抑制状態では，多くの神経細胞が同期して活動する傾向が高まるために，脳波では振幅の大きな徐波（周波数の低い波）が見られるようになる。一方，大脳が活発に活動している状態では，神経細胞がばらばらに活動するために，脳波は低振幅の速波（周波数の高い波）になる。

この脳波を利用して睡眠という状態の研究が進んだのは，脳波計が使えるようになった1950年代からである。それにより，昔から睡眠というのは脳も身体も単純に休んでいる状態だと思われていたが，そうではない状態の睡眠，すなわち行動的には明らかに眠っていて身体は休んでいるが脳波で見ると大脳はかなり活発に活動している状態が発見された。この状態は，そのときに活発な眼球運動（rapid eye movement）があるために REM 睡眠と名づけられているが，REM はこの状態の特徴の一つにすぎないから逆説睡眠とよぶべきという考え方も

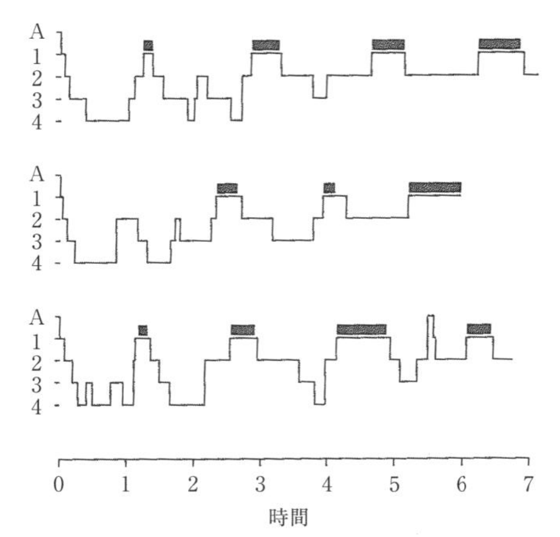

図6　一夜の睡眠経過の3人の例

縦軸のAは覚醒，1～4は徐波睡眠（non-REM睡眠）の深度。上に黒いバーがついているのはREM睡眠の時期。［香山雪彦，前川剛志，“病棟で働く人のための生理学 改訂第4版”，p.109，学研メディカル秀潤社（2013）］

ある（逆説というのは大脳の活動と身体の間にパラドックスがあるという意味である）。REM睡眠時の他の特徴は，全身の筋肉が完全に弛緩すること，呼吸や心拍のリズムが乱れること，男性なら陰茎勃起が起こること，そして活発な夢を見ていることなどである。

REM睡眠でない大脳の活動が抑制状態にあるふつうの睡眠はnon-REM睡眠あるいは（脳波に徐波が見られるため）徐波睡眠と名づける。一夜の睡眠の中では，入眠はふつう徐波睡眠で始まって，それがしばらくつづくと急にREM睡眠に入り，それが数分～数十分つづいてまた徐波睡眠に戻ることを1.5～2時間くらいの周期で数回繰り返す（図6）。徐波睡眠の深度を脳波の徐波などの状態によって4段階に分けるが，徐波睡眠は眠りに入った直後に一番深く，明け方には浅くなる。一方，REM睡眠は最初は短時間で明け方に長くなる。

このように，脳も休んでいる徐波睡眠に関しては，睡眠の絶対量を（時間×深度）と仮定すると，睡眠量の大半は一夜の睡眠の前半で十分に得られていることになる。しかし，睡眠の満足度の研究によると，明け方の浅い眠りの時間が重要であると報告されている。このことは睡眠欲求度の研究でも裏付けられる。その研究では，睡眠に快適な環境におかれたときに何分以内に入眠したかが脳波記録によって調べられた。そうすると，ふだんの生活で夜に寝る時間帯以外に，昼過ぎに睡眠欲求が高まることが証明された（もちろん夜よりは弱い）。そのため，生物時計には概日リズム（circadian rhythm）に加えて半日のリズムもあるという説もある。この昼の睡眠欲求が生じなくてすむのは，夜の睡眠が8時間以上得られたときのみであると報告されている。

上述のようにREM睡眠中には活発な夢を見ているが，そのあとに脳が抑制された状態である徐波睡眠を経過すると，その夢は記憶に残らない。REM睡眠から直接に覚醒すると夢は短期記憶に残るが，その内容は場面が脈絡なく転換していくような非現実的なものであることが多い。しかし，夢はREM睡眠のときだけに見るものではなく，徐波睡眠中にも脳内では夢様の活動が生じている。しかし，脳の活動が抑制された状態のために記憶には残らず，たとえば深い徐波睡眠中に夢様の脳の活動が直接に行動を引き起こす夢中遊行症では，そこから覚醒してもなぜ自分がそのようなことをしたか理解できない。浅い徐波睡眠中に夢を見たことが覚醒後に思い出せるときには，その内容はそのままのことが現実の生活にありうるようなものである。そのことは，浅い徐波睡眠とそっくりの状態をバルビツール酸誘導体の麻酔薬でつくると，問いかけに本当のことを話すことが多いこととも関連していて，この薬剤は自白強制剤としても使われることがある。　　　　　［香山 雪彦］

参考図書（5.1.1～5.1.7）

香山雪彦，前川剛志，“病棟で働く人のための生理学 改訂第4版”，学研メディカル秀潤社（2013）.

5.1.8　体温をはかる

a. 体温の調節

自律性体温調節と行動性体温調節　　体温は昔から，そして今でもなお病気の状態と経過を知るために必ず測定される項目の一つである。

実際，体温計は古くは17世紀前半から診断に用いられている。日本では体温というとわきの下の温度，すなわち腋窩（えきか）温がはかられることが多いために，皮膚の温度が「体温」であると考えがちである。しかし，皮膚の温度は周囲の温度に容易に左右される。実際には，身体のなかで一定に保たれるように調節されているのは，身体の深部の温度（核心温），特に脳の温度である。

体温は身体内部での熱の産生と，まわりの環境との間の熱の移動のバランスによって決まる。これは，物体の温度の物理的な決まり方とまったく同じである。すなわち，環境からの，あるいは環境への受動的な熱の移動は，伝導・対流・放射によって起こる。変温動物の体温はこのような環境との熱のやりとりのみで決まるが，ヒトのような恒温動物ではこのような環境との熱のやりとりの他に身体内での積極的な熱の産生がある。熱の産生は摂取した食物の代謝により生じる熱，あるいは本来は随意運動に使われるはずの骨格筋の不随意の収縮である“ふるえ”などによって起こる。また，熱の放散量を調節することもできる。汗の蒸発による蒸散熱，皮膚の血管の拡張による熱の放散などがそれである。皮膚の血管は，逆に収縮することによって熱の放散を減少させる役割ももつ。身体の多くの臓器や器官を動員して，不随意のうちに行われる体温の調節を自律性体温調節という。

しかし，ヒトの日常生活においてより重要なのは，行動によって環境との間の熱の収支を変えることによって行う体温の調節である。汗をかくことによって体温の調節を行うと，身体にとって貴重な水分や塩分などを失う。しかし，日陰に入る，あるいは冷房を入れるといった行動を行うと，はじめにその行動そのものにわずかな労力を要するだけで，その後は快適な温度環境が得られ体温は一定に保たれる。ふるえは確かに身体を暖める効果があるが，本来は身体の移動や動作に使うべき力学的なエネルギーを熱の産生に使ってしまっている。しかし，ストーブに点火する行動を1回行えば，その後は労力を使うことなく熱を得ることができる。このような何らかの行動によって行う体温の調節のことを行動性体温調節という。恒温動物では自律性体温調節・行動性体温調節ともに行うことができる。しかし，変温動物では行動性体温調節は可能であるが，自律性体温調節はむずかしい。

体温の調節機構　われわれは部屋の温度を調節するとき，部屋の中におかれた温度計を見て温度を調節する。同じように身体では脳の温度を測定して体温を調節する。人体のなかの温度計は脳の中の温度感受性神経とよばれる神経である。温度感受性神経は温度に応じてその神経活動の反応性を変えることによって体温を測定している。温度感受性神経は脳の中の視床下部とよばれる部位に多く存在する。視床下部は体温を調節する身体内での最上位の中枢でもある。視床下部の温度を上げるためにふるえなどの反応が，視床下部の温度を下げるために発汗などの反応が生じる。ふるえによって生じた温度の上昇や発汗によって生じた温度の低下は視床下部の温度感受性神経で感知される。

行動性体温調節のメカニズムはいまだ十分にはわかっていないが，温度に対して感じる快感あるいは不快感が行動性体温調節を起こすきっかけになっている。身体の温度はこのようなさまざまな調節系を動員して，脳が正常に働くことができる温度，すなわち，35℃から40℃程度の範囲に調節されている。

温度の感受機構は脳以外に皮膚にも分布している。皮膚の温度の受容器は皮膚温度そのものよりも，皮膚の温度の上昇傾向，あるいは皮膚の温度の下降傾向を感受する。現在の環境の中にそのまま滞在すると体温が上昇するのか下降するのかを感知し，行動性や自律性の体温調節が前もって行われるように脳に情報を送っている。

うつ熱と発熱　体温が異常に上昇する反応としてうつ熱と発熱がある。真夏の熱中症などで生じる体温の上昇はうつ熱であり，かぜをひいたときに生じる体温の上昇は発熱である。見た目はどちらも体温の上昇であるが，実はこの二つの体温の上昇はまったく異なる意味をもっている。うつ熱は外部からの熱の流入が大きすぎて熱の放散が追いつかない状態である。熱射病がこれに相当する。この場合には，ただちに身体を冷やすなどして積極的に温度を下げていく必要がある。つまり，うつ熱は身体の体温調節の不全状態である。

逆にかぜをひいたときなどにみられる発熱は，実は身体が積極的に体温を上げている状態である。発熱の始まりの時期には，しばしば悪寒がしてふるえが起こる。これは，身体の温度を積極的に上げようと体温調節中枢が働くために，熱を産生するふるえが起こるからである。また，悪寒は体温が調節されようとしている温度よりも低いために生じた温度に対する不快感である。つまり，発熱は身体が積極的に体温の高い状態にしようとしている反応である。実際，動物実験では病原菌に感染させた場合，体温の上昇した個体の方が体温の上昇しなかった個体よりも生存率が高いことが知られている。発熱のときの体温の上昇は，プロスタグランジンとよばれる体内で産生される生理活性物質が関係することが知られている。熱を下げるために用いられる解熱剤は，実はプロスタグランジンの産生を抑える物質である。うつ熱にはプロスタグランジンの関与は少なく，うつ熱で上昇した体温を解熱剤で下げることはできない。

b. 体温をはかる

体温をはかるために使われる方法　水銀温度計が以前はよく用いられたが，水銀の毒性のために現在は市販されていない。

サーミスターはマンガン，コバルトのような金属の酸化物でつくられた温度センサーである。温度が上がることにより電気抵抗が上がる。様々な形状のものが作成できる。

熱電対は2種の金属線を2ヵ所で接合してリングを形成し，二つの接合箇所の温度を変えることによって電流が流れる性質を利用するものである。金属線としては銅－コンスタンタン，白金ロジウム－白金などの組み合わせが用いられる。細い線状のものを作成しやすい。

半導体温度センサーは2種の半導体を接合させたものに一定の電流を流すと，温度に応じて電圧が下がることを利用して温度を計測するものである。集積回路技術により温度計測部とそれにつづく増幅部などを同一チップの上で小型につくることができる。

サーモグラフィーとは温度分布を二次元の画像として表示するものを指す。物体はその温度に応じて熱放射とよばれる電磁波を常に発している。この電磁波の大部分は赤外線であるため，赤外線の強さをはかって温度を測定することが可能であり，この方法を赤外放射温度計という。最近のサーモグラフィーは赤外放射温度計を用いて，温度分布をカラー画像表示するものとしてよく知られている。

核心温をはかる　核心温をはかるには温度範囲が35～41℃程度で0.1℃の精度ではかれることが必要である。女性の基礎体温の測定では，0.05℃までの精度が必要である。

口の中に温度計を入れる口内温は，欧米では一般的な温度計測法になっている。安静にして体温計の感温部を舌下におき約3分後に測定する方法が一般的である。口内温は核心温よりも0.4℃程度低い。

腋窩温はわきの下に感温部を挿入し，腕を胸部に密着させて測定する。約10分後の温度を計測する方法が一般的である。腋窩温は口内温よりも0.3℃程度低い。検温時間を30分程度に延長すれば口内温とほぼ同様の温度になることが知られている。測定開始直後の30秒から2分程度の温度変化から，腋窩温を推定して表示することにより測定時間を短縮した体温計も普及している。

鼓膜温はサーミスターや熱電対を鼓膜に直接接触させるか，あるいは赤外放射温度計を用いて測定する。鼓膜温は脳に流れ込む動脈の血液の温度とほぼ一致する。

病院の手術中や麻酔中などの核心温の測定には直腸の温度や食道の温度が測定される。直腸温では肛門から約8cmのところに感温部がおかれるようにする。食道温では心臓と同じ位置に感温部がおかれるようにする。また，最近では尿道に挿入するカテーテルに温度計をつけ，膀胱温を測定することも行われている。また，皮膚の一部を断熱材で覆い体表からの熱の損失を防いで，核心温と皮膚温度をほぼ一致させ，測定する方法もある。新生児の核心温の測定などに用いられている。

皮膚温をはかる　皮膚温そのものは簡単には温度計を貼り付けることで測定は可能であるが，実際は赤外放射温度計を用いたサーモグラフィーにより皮膚温度の分布を測定することが広く行われている。末梢血管の循環不全の診断や乳がんなどの表在性の腫瘍の診断など，医学的な応用が知られている。　［細野 剛良］

参考図書

1) 彼末一之 監修，永島計 他 編，"からだと温度の事典"，朝倉書店（2011）.
2) 山越憲一，戸川達男，"生体用センサと計測装置"，コロナ社（2000）.

5.1.9　性周期をはかる

性周期とは成熟期個体に現れる体内の生殖器官の日あるいは年の周期の変化である。ヒトの場合，男性には性周期をみせる現象は存在しない。したがって，ここでは女性の性周期に限定する。

a. ヒトの性周期

ヒトの場合，性周期の変化のうえで最も明瞭なものは月経である。月経とは5日程度で終了する子宮内膜からの周期的な出血のことを指す。初経から閉経までの約40年間，妊娠期・授乳期を除いて見られる変化である。したがって，ヒトの性周期はしばしば月経周期ともいわれる。なお，月経を「生理」とよぶことがあるが，「生理」はまったくの俗語であり科学的な議論では用いてはいけない。

性周期の形成には，脳の一部分である視床下部・下垂体と卵巣の三つの臓器のホルモン変化が関係する。視床下部は大脳の表面からみて最も深いところにある。視床下部の中のいくつかの神経細胞の集団が性周期の形成に関連する。下垂体は視床下部の底部から突出し，頭蓋骨の上に載っている小さな臓器である。下垂体の前半部分と視床下部は細い血管によって結ばれ，その中を流れるホルモンが情報の伝達をする。実際，視床下部から黄体化ホルモン刺激ホルモンとよばれるホルモンが流れ込んで下垂体を刺激する。下垂体からは2種類のホルモン，卵胞刺激ホルモンと黄体化ホルモンが分泌され，こ

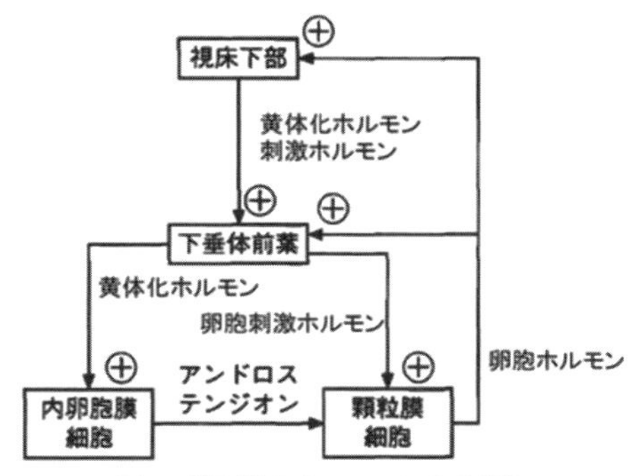

図7　排卵期のホルモンによる調節
［彼末一之，能勢博 編，"やさしい生理学 改訂6版"，p.178，南江堂（2011）］

れらが卵巣の内卵胞膜細胞や顆粒膜細胞に対して働く（図7）。卵胞刺激ホルモンは卵巣の原始卵胞を刺激し増大・成熟させる。月経と次の月経のほぼ中間の時期には黄体化ホルモンの働きによって，その成熟した卵が放出（排卵）され卵管から子宮内部に向かう。排卵から子宮に達するまでに精子と出合うと子宮の壁に着床し妊娠が成立する。卵胞刺激ホルモンの作用によって卵巣から卵胞ホルモンが血液中に放出される。また，排卵後は卵の放出後に残った部分に黄体とよばれる部分が形成され，黄体からは黄体ホルモンが血液中に放出される。卵胞ホルモン，黄体ホルモンは子宮内膜の構造の変化，気分の変化などの全身的な影響を見せる。

b. 性周期をはかる

月経周期　月経の始まりの日を月経周期のカウントの第1日目とする。ある月経の始まりから次の月経の開始までが1回の周期である。月経周期は28〜30日であることが多い。1回の月経の開始から出血の終了までの期間を月経期，月経期の終わりから排卵までの時期を卵胞期，排卵の前後を排卵期，排卵期の終わりから次の月経の始まりまでを黄体期という。子宮の内膜の状態に注目して，卵胞期のことを増殖期，黄体期のことを分泌期ということもある。

日常生活で性周期をはかる　基礎体温は日常生活ではかれる代表的なものである。基礎体温は十分な睡眠をとって休息した後の身体の深部の体温を指す。実際は「婦人体温計」の名称

で市販されている体温計を用い，起床する前に口内温をはかることによって測定する。基礎体温は卵胞期から排卵期までは低い体温が持続する（低温相）が，排卵期ごろから0.5℃ 程度の上昇が起こり，12日前後の間高い体温（高温相）が持続する。月経が近づくと徐々に低下し，月経時期に低温相の体温まで低下する。基礎体温の変化の主な原因は卵巣から分泌される卵胞ホルモンと黄体ホルモンの変動が，脳の体温を調節する中枢に作用するためとされているが，その本態は不明な点が多い。

c.　医療機関で性周期をはかる

超音波診断装置を用いて性周期をはかることが広く行われている。子宮内膜と卵巣の形態を観察の対象にする。子宮内膜は月経期には幅が数mmの細い線として観察されるが，卵胞期に次第に幅が広くなり，黄体期には十数mmの幅のある帯として観察される。卵巣には月経期ごろには直径数mmの楕円形の卵が観察されるが，これは次第に大きくなり排卵期には直径20〜30 mmになる。黄体期には黄体が直径数cmの楕円にみえ月経期が近づくと縮小する。

基礎体温は医療機関でも不妊症や月経不順の診断など，多くの目的で利用されている。血液検査によって性周期をはかることができる。卵胞ホルモン，黄体ホルモン，黄体化ホルモン，卵胞刺激ホルモンは通常の検査としてはかることができる。しかし，採血を必要とするので頻回にできるものではない。子宮内膜の日付診といって子宮内膜の採取を行って顕微鏡で観察し性周期をはかることもある。　［細野　剛良］

参考図書

1)　彼末一之，能勢博 編，“やさしい生理学 改訂第6版”，南江堂（2011）.
2)　医療情報科学研究所 編，“病気がみえる vol.9 婦人科・乳腺外科”，メディックメディア（2013）.

5.1.10　からだの発達をはかる

a.　胎児のからだの発達をはかる

超音波診断装置ではかる　現在，胎児のからだの大きさや運動機能発達をはかるために，最も信頼性が高い方法は超音波診断装置による超音波断層法である。胎児の大きさをはかるときにX線を使う方法は今日ではほとんど使われない。

妊娠12週頃までは，出生後の座高に相当する胎児の頭の先から尻までの長さ（頭殿長）の測定が行われる。妊娠7〜8週で1 cm程度である。

妊娠12週以降では，胎児の頭部の直径，胎児の大腿骨の長さ，胎児の胴体の断面積などを計測して胎児の体重を推定する。種々の計算式が知られている。胎児の体重の正常発達曲線が知られている。胎児は身体を曲げた状態にあるので身長の測定はむずかしい。血液に当たって反射した超音波の周波数から血流の速さをはかることもでき，そのデータから胎盤のはたらきをはかれる。

胎児の臓器の機能の発達もはかることができる。心臓，脳など重要な臓器の発育の程度や形態の異常をはかることもできる。腎臓・膀胱の機能発達の指標になる胎児の排尿は妊娠16週ごろから観察できる。胎児の運動機能の発達もはかることができる。妊娠10週ごろから上下肢，躯幹の運動がみえる。妊娠週数が進むにつれて息をするかのような呼吸様運動や四肢の細やかな運動もめだってくる。妊娠後期には全身の運動がある時期と活動のない時期が交互にみられるようになる。

胎児は羊水とよばれる水の中に浮いているが，超音波診断装置の画面を見ながら羊水を採取し，胎児の肺の成熟の程度をはかることもできる。超音波診断装置の進歩により，胎児の立体像（3D）や動画の立体像（4D）の表示が可能になっている。また，胎児の心臓などを複数の任意の断面によって観察することも可能になりつつある。これらを用いて，胎児の身体をはかって先天性の病気を診断することも可能になりつつある。

胎児心拍数図ではかる　胎児心拍数図は分娩監視装置を用いて胎児の心拍数の変動をグラフ化したものである。同時に子宮収縮も記録することが多い。胎児心拍数図によって胎児の神経系の発達をはかることができる。胎児の心拍数は正常で1分あたり約120〜160拍であるが，この心拍数は成人の約2倍である。妊娠後期には胎児の身体の動きに伴って，一過性頻脈とよばれる15〜30拍程度の心拍数の増加がみられる。妊娠30週を過ぎると胎児の覚醒時と非覚醒時で異なった2相性のパターンがみられるようになる。これらは胎児の中枢神経系の発達をはかる指標になる。

その他の方法　母体の腹囲や子宮の長さの計測からある程度，胎児の発育状況を推定することができる。

b. 新生児・乳幼児・小児の発達をはかる

からだの大きさの発達をはかる　身長・体重は広く用いられている指標である。出生時には身長約50 cm，体重約3 kgであったものが，18歳ごろまでには，身長が約3.0〜3.5倍，体重が15〜25倍に達する。乳幼児期と思春期に身長，体重が急激に増加する時期がある。頭囲・胸囲などからもからだの大きさの発達をはかることができる。

形態からみた発達の指標としては，歯の数があげられる。乳歯は生後6ヵ月ごろから生えはじめ2〜3歳で生え終わる。永久歯は6歳ごろから生えはじめ14歳ごろまでに28本程度がはえる。

医療機関では骨の成熟のようすから，からだの発達をはかることができる。手のX線写真を用いて骨年齢の測定が行われる。新生児期には手のひらの骨の一部は明瞭には見えないが，年齢が進むにつれて次第に白くはっきり写るようになる。女児は男児より骨発育が早い。

からだの機能の発達をはかる　からだの機能の発達のうちでは，特に脳の発達が重要である。新生児期には，頭を後方に動かすことによって抱きつくような姿勢をとるMoro反射，指を手のひらに当てると手を握る把握反射などの特有の反射が見られるが，これらは4〜6ヵ月程度で消失する。

運動の発達では，粗大運動として4ヵ月ごろの首のすわり，12ヵ月ごろの一人立ちなどが参考にされるが個人差が大きい。3ヵ月ごろのおもちゃをつかむ，12ヵ月ごろの母指と他の指でものをつまむなどの微細運動も指標になる。

粗大運動や微細運動の発達，言語の発達，親や周囲のこどもに対する対人関係などの観点から発達を総合的に判断する検査法があり，いくつかの乳幼児発達スクリーニング検査が知られている。これらの検査の結果によって得られた発達年齢と実際の出生後の年齢（暦年齢）の比から発達指数が計算される。　［細野 剛良］

参考図書

1） 医療情報科学研究所 編，“病気がみえる vol.10 産科”，メディックメディア（2013）.
2） 神田清子 編，“看護データブック 第4版”，医学書院（2012）.

5.1.11 感染症をはかる

病原微生物がヒトの体内に入り込むことを感染といい，その結果起きる疾患のことを感染症という。従来は，伝染病とよばれていたが，平成10年（1998）に「感染症の予防及び感染症の患者に対する医療に関する法律」が公布されたことに伴い感染症とよぶようになった。感染が成立するための条件は，感染を受ける側であるヒト（宿主とよぶ），原因となる病原微生物，感染経路の三つであり，どれが欠けても感染は成立しない。これらを感染症成立のための三大要因という。

a. 病原微生物とは

病原微生物には細菌，ウイルスが一般的である。細菌は原核生物であり，単細胞でもある。細胞壁と細胞膜をもち，内部にはDNAとリボソームがあるが，真核細胞と異なり細胞区画はなく形状は様々である。一方，ウイルスはタンパク質でできた殻の中に主にDNAまたはRNAを含んでいるだけで，増殖するためには他の生物で体内の細胞内に入り込み，遺伝子に組み込まれて初めて増殖が可能となる。病原性細菌にはペスト，コレラ，赤痢，結核，腸管出血性大腸菌，百日咳など，ウイルスには，痘そう（天然痘），エボラ出血熱，デング熱，SARS（重症急性呼吸器症候群），ジカ熱，インフルエンザ，ポリオ，麻しん，風しん，咽頭結膜熱，感染性胃腸炎（ノロウイルス），HIV（ヒト免疫不全ウイルス）などがあげられる。

感染症に罹ったかどうかをはかることは，季節によって流行する感染症や身体に現れる症状によってある程度判断することは可能である。しかしながら，症状が身体症状などに現れない不顕性感染の場合には，自分自身には症状が出なくても周囲の人に対して感染の媒体となることもあるので注意が必要である。また，インフルエンザウイルスなどのようにその遺伝子が変異することで，症状の重さが変わることもあるため，自分自身で判断することは困難である。したがって，感染症に罹っているかどうかを正確にはかるためには，医療機関を受診し医師による診断を求めることが必要となる。感染症に罹らないためには予防接種が重要な予防手段となる。

b. 免　疫

ヒトの体を構成する細胞は，一部の例外を除き自己と非自己を識別するために細胞表面に「MHC クラスⅠ」分子が存在する。病原微生物（抗原）は体内では細胞内に侵入することで増殖をつづける。一方，感染した細胞は細胞膜に存在する MHC クラスⅠ分子に抗原の断片を提示することで非自己化する。ヒトの体には様々な免疫を司る細胞（免疫担当細胞）が存在する。たとえば，白血球であるマクロファージ，好中球や樹状細胞は血流を介して抗原と出合った場合にはそれぞれ細胞内に取り込んだり（食作用），樹状突起部分で抗原の種類を認識したりすることにより，抗原が体内に侵入したことを認識し，それぞれヘルパーT 細胞に抗原提示する。抗原提示を受けたヘルパーT 細胞は，情報伝達物質（サイトカイン）を放出して抗原侵入に関する情報提供を行う。免疫を担当するナチュラルキラーT 細胞（NK 細胞），B 細胞やマクロファージは，情報提供により活性化される。NK 細胞は抗原に感染した細胞を標的とし，B 細胞は抗原に特異的な抗体（免疫グロブリン IgG）を産生し，抗体を放出して抗原を不活化するように働く。このメカニズムは，B 細胞が受けた抗原提示をもとに，遺伝子組み換えを行うことによって 1 対 1 の鍵と鍵穴関係となる抗体 IgG を形成するものである。これらの免疫応答は，感染後，直ちに応答するものから時間をおいて応答するものまで様々であるが，この際の免疫反応として熱がでたり，傷口の膿となったりすることもある。

c. 免疫が効かなくなる場合

ヒト免疫不全ウイルス（HIV：human immunodeficiency virus）は，免疫システムの司令官となるはずのヘルパーT 細胞の CD 4 部分に結合して細胞内に侵入する。その後，ヘルパーT 細胞内で増殖することにより，ヘルパーT 細胞自身が HIV を抗原として認識できなくなる。これが免疫不全といわれる所以である。さらに増殖を繰り返した後，ヘルパーT 細胞の細胞膜をもぎ取るようにして発芽するとともにヘルパーT 細胞を破壊する。免疫が働かないことから 10 年ほどの時間経過とともに免疫不全により，通常は発病しないような日和見感染を引き起こし AIDS（acquired immune deficiency syndrome）に至る。

d. 感染症予防

感染源対策すなわち病原微生物を排除することであり，消毒や殺菌などがその手段である。2 番目には感染経路対策であり，感染経路を遮断すること，すなわち周囲の環境を衛生的に保つことである。3 番目には感受性者対策であり，体の抵抗力を高めること，すなわちバランスのとれた食事，規則正しい生活習慣，適度な運動，予防接種が考えられる。

e. 二度なし現象と予防接種

いったん感染症に罹ると二度は感染しないという昔からの言い伝えがある。これは，一度感染して体の中に抗体ができると，感染時に一部の免疫記憶がメモリーB 細胞として骨髄中に移動して保存されるからであり，二度目の感染時にはすばやく免疫応答できることによるものである。痘そうは 1980 年に WHO が根絶宣言をした唯一の感染症である。かつては感染したヒトのかさぶたを鼻から吸引するなどの方法を用いた記録もあるが，ウイルスが生存している場合には症状を発するなど危険性の高い方法であった。

E. Jenner（ジェンナー，1749－1823）は牛痘にかかった乳搾りの女性が痘そうには罹らないことをヒントに種痘を考案した。現在の予防接種には，毒力を大幅に弱めた生きた微生物を使った生ワクチン，死滅した病原体を用いた不活化した不活化ワクチン，毒素の毒性を失わせて抗原性だけを残したトキソイドが使われる。

f. 学校における感染症

学校において集団活動をする場合に，感染症がいったん発生するとあっという間に児童生徒などの間に拡がることから「学校保健安全法及び施行規則」において『学校において予防すべき感染症』を規定した。第一種の感染症は「感染症法（略称）の一類感染症と結核を除く二類感染症」を規定している。第二種の感染症は「空気感染又は飛沫感染するもので，児童生徒等の罹患が多く，学校において流行を拡げる可能性が高い感染症」を規定している。第三種は「学校教育活動を通じ，学校において流行を広げる可能性がある感染症」を規定している。

［鬼頭　英明］

参考図書

多田富雄 監修，萩原清文 著，“好きになる免疫学”，講談社サイエンティフィク（2012）.

5.1.12　薬物乱用・危険ドラッグを知る

a. 薬物乱用

薬物乱用とは，社会規範から逸脱した目的や方法で薬物を自己使用することである。乱用される薬物に共通する特徴は，薬物依存を引き起こすことである。薬物乱用を行う者は，興味からであったり，仲間からの誘いであったり，あるいは現実から逃避するためであったりと，いろいろなきっかけで薬物に手を染めるが，それは気分を変えるためにするのであり，気分，それを感じるのは脳である。

脳は血液・脳関門（blood brain barrier）という仕組みにより守られており，多くの有害物質は脳に移行しない。しかし，この関門を簡単にすり抜ける一群の薬物（あるいは化学物質）があり，関門を通り抜けて脳に至る。したがって気分を変えるのである。専門的には脳の働きである精神に作用するということで向精神薬とよばれる薬物のグループである。これらの薬物は脳に至り，脳にその薬物の記憶をつける。薬物依存はこの仕組みで起こる。薬物依存により，乱用をつづけた者は薬物が止められなくなり，薬物依存症という病気になる。

依存を起こす薬物には様々なものがあり，様々なかたちで人の気分を変え，依存に至る記憶を生む。覚せい剤や麻薬のコカインなどは興奮作用があり，一時的に高揚した気分を起こす（その後，つぶれとよばれる落ち込んだ嫌な気分になる）。阿片，ヘロインなどは抑制作用があり，また，LSDやマジックマッシュルームなどは景色がゆがんで見えたり，けばけばしい色がついて見えたりする幻覚・幻視を引き起こ

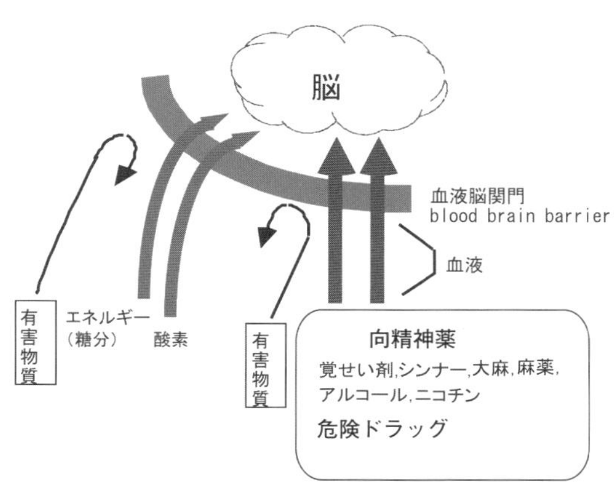

図8　向精神薬が脳に作用する様子（模式図）

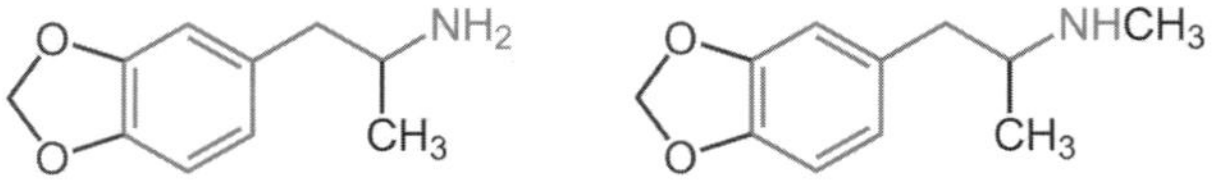

ラブドラッグ　　MDMA（エクスタシー）

デザイナードラッグ

アンフェタミン（アイススピード）　　メタンフェタミン（ヒロポン）

覚せい剤

危険な作用発現に共通の構造部位がある

図9　覚せい剤とデザイナードラッグ

す。大麻や幻覚を起こす物質が混ぜてある脱法ハーブなどもこのグループである。気分の変わり方は薬物によって異なるが，依存を引き起こすという点では共通である。酒のなかのアルコール，たばこのニコチンも依存性のある薬物である。

薬物依存は，人だけでなく動物でも起こるが，このような危険な薬物を自らの意思で身体のなかに入れるのは人間だけである。薬物乱用は人間だけがする行為・行動，すなわち危険行動であり，薬物乱用の流行を人間の社会現象として捉える視点が必要である。

b.　危険ドラッグ

薬物乱用はつねに変化する社会現象である。厳しい規制にもかかわらず薬物問題が後を絶たない。近年の傾向は，次々と新しい危険な化学物質が現れ乱用されていることである。危険な薬物は，その化学構造を示して法律で禁止されるが，規制された化学構造を少し変えて，法律の網の目をくぐることが繰り返されている。

法律の網の目をくぐることを目的に，規制された化学構造を変えた物質は一般にデザイナードラッグとよばれる。デザイナーが流行する服のデザインを変えるように，危険な薬物の化学構造を変えてつくられる。たとえば，MDMAという薬物がある。エクスタシーとよばれていたものである。MDMAとはmethylenedioxy methamphetamineの頭文字をとったもので，この最後の部分methamphetamineはわが国でかって大流行し，現在でも乱用される危険薬物の代表でもある覚せい剤である。MDMAは覚せい剤の化学構造とは少し異なるので，覚せい剤取締法を逃れて使われた。覚せい剤をもとにつくられたMDMAは，覚せい剤より毒性が強く，乱用による死亡事故が相次いだ。現在わが国では，覚せい剤より厳しく麻薬として指定され規制されている。

近年，「脱法ハーブ」，「脱法ドラッグ」などとよばれる一連の薬物も，デザイナードラッグの仲間である。最初は大麻の関連薬物，その後カチノン系とよばれる覚せい剤関連の，より毒性の強い薬物の乱用が広がり，規制を逃れた新しい化学物質の乱用による死亡事故や交通事故などが相次いだ。規制を逃れるだけでなく，「合法ドラッグ」などといかにも違法性がないように感じさせる情報操作も広がった。

2014年7月，日本政府はこれらの薬物を「危険ドラッグ」と総称して，一括して厳しく取り締まる方針を示した。「危険ドラッグ」は単一化学物質を指すのではなく，法律で規制されている薬物の化学構造の一部を変えて，法規制を逃れようとする一連の複数の化学物質を指すものであり，これらの化学物質はいずれも，脳（中枢神経系）に強い毒性を示し，薬物依存を引き

表1　危険ドラッグの特徴

・法律で規制されている薬物の化学構造式を変化させ，法律の網の目くぐりをしようとする薬物。
・脳（中枢神経系）に作用。その効果だけを目的とし、有害性（致死性、精神毒性、依存性）などにはまったく配慮しない薬物。
・ハーブ、アロマなど危険性を隠蔽する名称や好奇心をくすぐる名称が付けられているものが多い。薬物単独のものや植物の葉などにふりかけたものなど。
・基本的にわが国の国内で合成されず、国外から密輸される。

起こすきわめて危険性の高いものである。また，ひとつひとつの化学物質の規制に加えて，これらの化合物に共通する基本骨格も規制の対象にされている。　　［勝野 眞吾］

危険ドラッグ・薬物乱用に関する厚生労働省ホームページ
http://www.mhlw.go.jp/stf/seisakunitsuite/bunya/kenkou_iryou/iyakuhin/yakubuturanyou

参考図書

1）勝野眞吾 編著，石川哲也，川畑哲朗，西岡伸紀，吉本佐雅子 共著，“世界の薬物乱用防止教育”，薬事日報社（2004）.
2）日本学校保健会，“薬物乱用防止教室マニュアル 平成26年度改訂”（2015）.
3）日本学校保健会，“喫煙，飲酒，薬物乱用防止に関する用語事典”（2002）.
4）内藤裕史，“薬物乱用・中毒百科－覚醒剤から咳止めまで”，丸善（2011）.

5.2　こころをはかる

5.2.1　感覚をはかる

a.　感覚の種類

生体には生体内・外に生じる刺激に応ずる感覚器官が存在する。感覚器官で受容された情報は感覚神経を通って中枢神経系に伝えられ，大脳皮質感覚野に到達して分析され感覚が生じる。

感覚は特殊感覚，体性感覚，内臓感覚に大別される。特殊感覚とは特定の刺激を特定の部位に存在する特殊な受容器が受け取って生じる感覚で，視覚（見る），聴覚（聞く），平衡覚（体の傾きを知る），味覚（味わう），嗅覚（におう）に分類される。体性感覚とは全身の皮膚や粘膜あるいは深部の組織への刺激で生じる感覚であり，皮膚感覚と深部感覚に分類される。皮膚感覚はさらに触覚，圧覚，温覚，冷覚，痛覚に分けられる。内臓感覚は内臓から生じる感覚で，空腹感，尿意などの臓器感覚と内臓感覚に分けられる。前者は生理的な状態を反映する感覚であるが，後者は疾病時に生じる警告信号である。

b.　感覚の一般的特徴

適刺激　ある受容器を活動させるために最適な刺激をその受容器の適刺激という。たとえば，光は眼（視覚）の適刺激であり，空気の振動は耳（聴覚）の適刺激である。

閾値（いきち）　感覚を生じる最小の刺激の強さのことで2種類に分けられる。一つは検知閾で，刺激を特定できないが，何らかの刺激が加わったと感じる最小の刺激強度をいう。さらに刺激強度を増すと，刺激の種類を特定できるようになる。このときの閾値を認知閾という。たとえば，0.1% の砂糖水は無味の水とは違うが何の味かわからない。しかし，0.12% に濃くすると甘いとわかった場合，検知閾は 0.1%，認知閾は 0.12% である。

刺激の強さと感覚の強さ　刺激の強さに比例して感覚の強さも大きくなるが，あまりに刺激が強くなると感覚は頭打ちになりそれ以上大きくならない。二つの刺激（たとえば異なった重さの物体をもったとき）の違いを区別できる最小の刺激強度の差を弁別閾という。たとえば，両手に 100 g ずつの物体をもち，どちらかに重さを少しずつ加えて行って 110 g になったとき重くなったと感じたとすれば 10 g が弁別閾である。

順　応　刺激をつづけて与えているにもかかわらず，感覚が次第に弱く感じる現象を順応という。順応の程度（速さ）は感覚により大きく異なり，嗅覚はすぐに順応するが痛覚は順応が遅い。

反　射　感覚情報は無意識のうちの反射活動を引き起こすことがある。たとえば，目に強い光が入ると瞳孔が縮小する（対光反射）。また，酸味により唾液がたくさん分泌される（味覚-唾液反射）。感覚の強さを反射活動の大きさからはかることができる。

c.　皮膚感覚

感覚点　皮膚表面には感覚を生じる部位が点状に散在していて，それぞれ触圧点，温点，冷点，痛点という。平均すると皮膚 1 cm^2 あたり触圧点は 25，温点は 1～4，冷点は 2～13，痛点は 100～200 個存在するが，その数（密度）は身体部位によって大きく異なる。

2点弁別閾　2点識別法は触覚の鋭敏度を計測する方法の一つである。先端のとがったノギスなどを用い，両先端を同時かつ同じ強さで皮膚上に軽く押し当て，2点と感じる最小距離を求め，これをその部位での2点弁別閾とする。感覚神経が密に分布する唇，舌先，手の指の先端などは2点弁別閾が小さい。

d.　深部感覚

皮下，筋，筋膜，腱，骨膜，関節などにある受容器によって感受される感覚を深部感覚という。たとえば，手に持った荷物の重さを感じる重量感覚や，目を閉じていても手足の相互の位置関係や関節の動きなどを認識することができる位置感覚がある。

e. 視　覚

視覚は光の情報を眼によって感受して生じる感覚である。ヒトが見ることができる光の波長はほぼ 400 nm（紫）～800 nm（赤）と狭い範囲であるが，明暗，色，物の形の識別を行うことが可能である。

眼は眼球とその付属器（眼瞼と結膜，涙器，眼筋）からなる。眼球は直径約 2.5 cm の球体で，その 5/6 は眼窩内に埋まっている。前部の 1/6 の透明部が外界に面していて角膜とよばれ，眼瞼（まぶた）を閉じることにより保護される。眼球内部は眼房，水晶体（レンズ），硝子体からなる（図 1 参照）。水晶体には毛様体からの平滑筋が毛様体小帯として付着し，収縮したり（水晶体は引っ張られる）緩んだりして水晶体の厚さが変わり遠近調節をする。また，毛様体筋は膜状に水晶体前面に円形に広がり眼球に入る光の量を調節する。この円形の膜状の平滑筋を光彩，中央の光を通す部分を瞳孔，眼球壁の最内層を網膜という。網膜には杆（状）体細胞，錐（状）体細胞とよばれる 2 種類の視細胞がある。杆体細胞は薄暗いところで働き，明暗や形を区別するのに対し，錐体細胞は色や形を識別する。

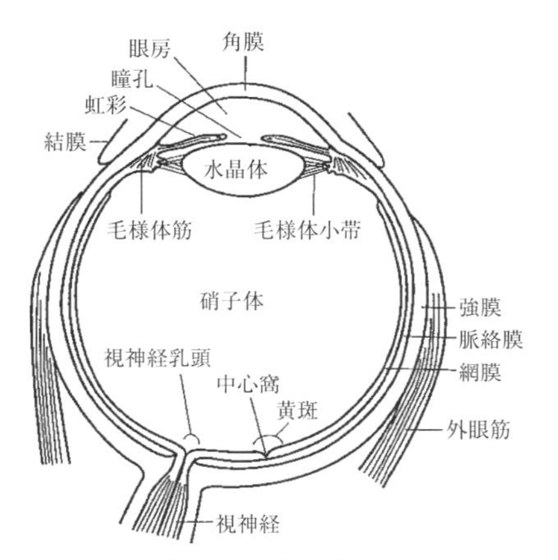

図 1　眼の構造（右眼の水平断面図，上から見た図）
［佐藤昭夫，佐伯由香 編，“人体の構造と機能　第 2 版”，p.244，医歯薬出版（2005）］

視　力　視覚の分解能のこと。空間の 2 点を 2 点として区別できる能力をいう。視力検査では黒色の環の一部の切れ目がどちらを向いているかを測定するが，この環のことをランドルト環という。5 m 離れて 1.5 mm 切れ目（視角が 1 分となる）を見分けられたとき，視力を 1 とする。

光の屈折　正常では，眼に入る物体の像は主に水晶体の厚みを変えることにより網膜上に焦点を結ぶ。これを正視という。遠くの物体の像が網膜の前に結像する屈折異常の場合を近視といい凹レンズで補正する。逆に，網膜の後ろに結像する場合を遠視といい凸レンズで補正する。

視　野　片目について，ある 1 点を注視させた状態で，その眼で見える空間の範囲を視野という。通常その範囲は角度で表し，注視点から鼻側は 60°，耳側は 100°，上方は 60°，下方は 70° である。注視点から外側約 15° の付近に小円形の見えない部分があり，盲班（マリオットの盲点）といわれる。視神経が通る視神経乳頭には視細胞がないために生じる現象である。

色　覚　錐体細胞はそれぞれ赤，緑，青のいずれかに最大感度を示す赤錐体，緑錐体，青錐体の 3 種類に分類される。健常者はこれら 3 種類すべての錐体をもつので三色型色覚者という。色覚異常者は，赤と緑の錐体のどちらかに異常があるために赤と緑の区別ができない二色型色覚者と，錐体が欠落しているため明暗のみを感じる一色型色覚者に大きく分けられる。色覚はあるが，色の識別能力が低く色の見分けに時間がかかり，また光が強くないと識別できない状態を色弱という。

反　射　光が眼に入ると無意識に瞳孔が小さくなり（縮瞳），光の入力を制限する。これを対光反射という。近くのものを見るときには，水晶体の厚みが増大して縮瞳が起こり，両眼が「より目」となり視線を内方に向ける反応が起こる。これを輻輳（ふくそう）反射という。また，目の前に物が急に接近したり，角膜が刺激されると眼瞼を反射的に閉じて眼球を保護する。これを瞬目反射（角膜反射，眼瞼反射）という。

f. 聴　覚

聴覚とは音刺激が内耳の蝸牛にある有毛細胞によって受容されて生じる感覚である。音刺激により空気の粗密波（縦波）（すなわち音波）が生じる。音波が外耳，中耳を経て内耳に達する場合を空気伝導といい，音波が頭蓋骨を経て直接内耳に伝わる場合を骨伝導という。

可聴限界　ヒトの耳で聞き得る音の振動数は20～20000 Hzの間であるが，加齢とともに上限が低下する。

音の高さ　周波数によって決められる。普通の会話の周波数の範囲は200～4000Hzで，周波数が高い方が高い音に聞こえる。

音の強さ　音の強さを決めるのは音圧（音波の振幅）で，デシベル（dB）単位がよく用いられる。可聴振動数の音でも音が小さすぎる場合には聞こえない。したがって，音の強さと振動数の両方を考慮して可聴限界を図にしたものを聴力図（オーディオメトリー）という。

音源の方向　両耳で聞くと，音波が両耳に達するまでの時間差，両耳における音の強さの差，音波の位相差によって音源の方向が判断できる。また，立体的に聞こえる。

g. 平衡感覚

平衡感覚は頭の動きや重力に対する頭の傾きの変化を感じたり，体の直線運動や回転運動の速度変化（つまり加速度）を感じ取るものである。ヒトはこれを手掛かりにして適切な姿勢をとり，体を安定させることができる。平衡感覚を受容する器官は内耳にある前庭器官で，二つの前庭（耳石器）と三つの半規管からなる。平衡感覚のうち静的なものは前庭で，動的なものは半規管で感受され，体の位置や動きの情報を得て体の姿勢の調節に働く。しかし，強い回転運動により半規管が強く刺激されるとめまいが生じる。

h. 味　覚

口腔内に取り込まれた物質の化学的刺激によって生じる感覚を味覚という。味覚には甘味，うま味，塩味，酸味，苦味の五つの基本味がある。「甘味」の代表的物質はショ糖で，低濃度から高濃度にわたり快感を呈する。甘味は体に必要なエネルギーの源を摂取しているという信号である。「うま味」は昆布に多く含まれるグルタミン酸ナトリウムやかつお節に多いイノシン酸ナトリウムの味で，たんぱく質摂取の信号である。「塩味」の代表は食塩で，ミネラル摂取の信号を，「酸味」はクエン酸などの有機酸の場合は代謝促進の信号を，腐って乳酸発酵した場合は腐敗物の信号，また「苦味」は毒物であるという警告信号である。

口腔内に取り込まれた化学物質の刺激を受け取る最小の構造物は，花の蕾（つぼみ）に似ているので味蕾（みらい）とよばれ，その中には細長い紡錘形をした味細胞が50～100個集合している。味蕾は舌前方部に散在する茸状乳頭，舌縁後部の葉状乳頭，舌根部の有郭乳頭に存在するほか，軟口蓋，咽頭・咽頭部にも認められる。味蕾総数は舌に約5,000個，舌以外に約2,500個とされている。

酸味や苦味は体が避けるべき味であるから，われわれは低い濃度から検知できる能力をもつが，食塩，砂糖など体が必要とする物質の味はより高濃度で感じる。これらの味覚感受性には人種差，性差がほとんどないとされている。

味覚感受性を調べる方法には，各種濃度の基本味溶液を一定量（たとえば10 mL）口の中に入れその味を答えさせる「全口腔法」，味溶液を含む一定面積（通常直径5 mmの円形）のろ紙を舌や軟口蓋に置き，局所の味覚感受性を調べる「ろ紙ディスク法」がある。全口腔法で調べた5基本味の検知閾はショ糖0.01 M（mol L^{-1}），グルタミン酸ナトリウム0.001 M，食塩0.01 M，酒石酸0.001 M，塩酸キニーネ0.000008 Mである。

i. 嗅　覚

嗅覚とは揮発性の化学物質が鼻腔の天井部分にある嗅上皮の嗅細胞を刺激して生じる感覚である。嗅細胞は総数約2,000万個あり，各嗅細胞から約10本の嗅小毛が伸びている。嗅覚受容体はこの嗅小毛に存在し，匂い刺激を受け取る。受容体は約400種類あり，一つの嗅細胞には一つの受容体が存在する。各匂い物質は複数の受容体と結合するため，嗅細胞は匂いの種類に応じて異なったパターンで興奮することになり，数多くの匂いの識別ができる。この点，受容体が5種類しかない味覚の場合と大きく異なる。

同じ匂い物質であっても，濃度により異なった匂いと感じる場合がある。たとえば，スカトールという物質は低濃度ではジャスミンのような香りであるが，高濃度になると糞便のような悪臭となる。また，すでに述べたように嗅覚の特徴は順応が速いことである。

嗅覚を引き起こす匂い物質は自然界に2万種類存在すると考えられている。ヒトの嗅覚はイヌに比べて鈍く，酪酸で100万倍閾値が高いことが知られている。においの閾値は測定方法により値が変わるが，いまのところ世界的に統一された嗅覚検査法はない。現在，日本国内では「T＆Tオルファクトメーター」による基準嗅力検査法が行われ，嗅覚障害の有無の判定，障害の程度の判定に用いられている。この検査法では，代表的なにおいの種類として，バラの花，カラメル（焦げた砂糖），汗，桃の果実，糞のにおいの5種類の基準臭が定められており，その基準濃度として，嗅覚健常者が感じる平均的最低濃度が定められている。これらの各基準臭の最低濃度を0として，これより10倍ずつ濃いものを1, 2, 3, 4, 5とし，1/10ずつ薄いものを−1，−2として8段階の濃度が設定され，基準嗅覚表が作成される。嗅覚健常者の嗅覚表では，5種の基準臭の検知閾が0付近に，認知閾は1付近にある。嗅覚減退の判定には「認知閾」を用いる。5臭のなかでどれか一つだけを感じないようであれば，そのヒトはそのにおいに対して嗅盲である可能性が高い。

［山本 隆］

5.2.2 情動（感情）をはかる

情動とは嬉しい，悲しいなど，内面で感じる情動体験があり，自律神経系や内分泌系の生理的自律反応と，表情，行動，発話などの表出行動がみられる反応のことである。研究面では情動という言葉を使うが，一般的には感情とよばれることが多い。

情動は周囲や体内の環境変化によって，目，耳，皮膚や内臓などの末梢の感覚器が刺激されることで発現する。そこで受容された信号が脳に伝わる。それらの信号が脳内で統合され，今までの記憶や経験と照合・評価されて，嬉しい，悲しいなどの内的な情動体験が生まれる。それと同時に顔の表情，声，態度などの行動が変化し，自律神経系や内分泌系の生理的自律反応が起きる（図2）。私たちは内的な情動体験を直接見ることはできないが，言葉や，表情，身振り，手振り，声などの変化から相手の内面にある情動の変化を読み取る。しかし，情動行動は意図的に調節することが可能である。そのため，心の中では悲しくても笑って対応することができるように，表情，行動，言語には真の情動体験を表出していない場合がある。一方，生理的自律反応は調節できないものであるため，行動に表れない情動体験そのものが表れる。したがって，自律神経系，内分泌系の反応を測定することによって情動を把握することができる。

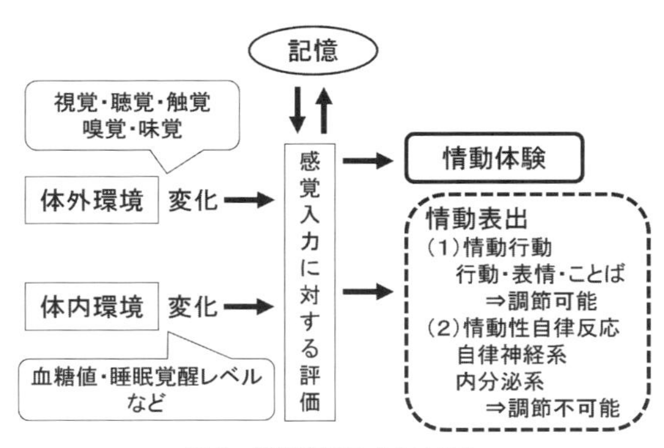

図2 情動喚起のメカニズム

上で述べたように，相手の情動体験そのものを知ることはむずかしい。しかし，それに伴う情動行動を観察したり，生理的反応を測定したりすることにより相手の内面の情動体験を捉えることが可能となる。ここでは，「情動をはかる」ために用いられる方法について述べる。

a. 皮膚電気活動

私たちはハラハラ，ドキドキするような場面を「手に汗握る」と表現することがある。そのようなときには手掌に精神性発汗が発現している。情動の変化は交感神経系の活動を変化させ，手掌や手指，足の裏に精神性発汗を起こすのである。この現象を利用して人の情動体験を知る方法がある。手掌や手指に一対の電極を装着し，電極間に微弱な電流を流して皮膚の抵抗変化（SCA：skin conductance activity）を測定する方法と，電極間の電位差（SPA：skin potential activity）を測定する方法がある。この方法は「嘘発見器」としても知られており，嘘をついたときの心の動揺を検出する。実際に警察での取調べにも使われている。

b. サーモグラム

情動変化を捉える指標として注目されているのがサーモグラムである。赤外線を使ったサーモカメラで遠隔から顔面皮膚温を測定する方法で，その装置をサーモグラフィーとよぶ。測定するものは表面の温度であるが，顔表面の温度変化は末梢血管の血流量に依存する。そして，その血流量は交感神経による末梢血管の収縮・拡張で決まる。交感神経活動は情動喚起に伴うことからサーモグラムは交感神経の活動，すなわち情動体験をモニターすることができる。交感神経の活動が高まると顔面の末梢血管が収縮し，皮膚温が低下する。電極を装着することなく遠隔から測定するため，装着による影響がなく，微妙に変化する情動の測定に適している。

図3は乳児の笑いに伴う顔面のサーモグラムを示している。生後4ヵ月以降で笑いに伴う鼻部皮膚温の低下が見られる。交感神経活動が高まり鼻部の血管が収縮した変化を捉えている。この交感神経活動の変化は乳児の快情動に伴うものと考えられる。一方，2〜3ヵ月ではそのような変化は見られず，交感神経活動の亢進が起こらなかったことが分かる。このように，サーモグラムで交感神経活動を捉えることにより情動変化を知ることができる。

その他，交感神経の活動が高まれば，心臓血管系では心拍数の増加，血圧の上昇，呼吸器系では呼吸数の増加，深呼吸，消化器系では胃の運動，および胃液分泌の低下，泌尿器系では頻

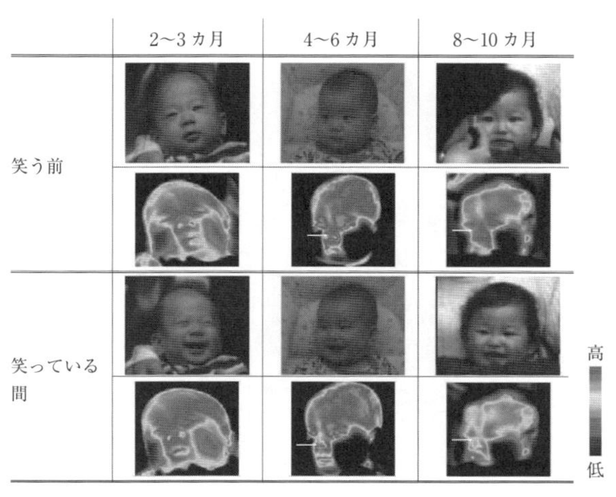

図3　乳児の快情動時のサーモグラム（口絵4参照）

［Nakanishi & Imai-Matsumura, 2008］

尿，また，瞳孔の拡大，とり肌などが発現する。これらを指標として情動変化を捉えることは可能であるが，電極などの装着を伴うため，その影響を考慮しなければならない場合も考えられる。

c. コルチゾール

ストレス時に副腎皮質から分泌されるホルモン，グルココルチコイド（glucocorticoid）を測定することによって，心の状態，ストレス状態を知る方法が用いられている。グルココルチコイドはコルチゾール（cortisol）とも言われ，情動が喚起されたときの内分泌系の反応の指標として使われる。

ネガティブな情動が喚起されると，視床下部でCRH（corticotropin releasing hormone）が産生されて，脳下垂体前葉に作用し，ACTH（adorenocorticotropic hormone）がつくられる。ACTHが副腎皮質に作用し，コルチゾールが分泌され血中に入る。血中のコルチゾール濃度を測定すれば情動性ストレスをはかることができる。しかし，血液の採取は医師や看護師などにしかできない。ところが，近年，唾液から微量のコルチゾールを検出する方法が開発された。

この唾液中のコルチゾール濃度を定量する方法が情動の指標として用いられる。ただし，血中のコルチゾール変化は情動喚起後すぐに発現するが，唾液中のコルチゾール濃度の変化はそれより約20分遅れる。副腎皮質で分泌されたコルチゾールが血液を介して唾液腺に到達し，そこで分泌される唾液に混ざって出てくるためである。そのため特定の刺激に対する情動発現を知るためには，この時間差を考慮して唾液を採取する必要がある。唾液の採取は，綿を口に入れて唾液を含ませることによって行う。棒状の綿をカプセルにセットした測定用キットが市販されている。採取後，唾液を採取した綿をカプセルに戻し，分析まで冷凍保存することも可能である。唾液を採取するだけなので被験者には負担がかからず情動の測定には適している。

d. 視　線

近年，モニターからの映像の視聴やメガネ式のアイ・カメラを付けることで，視線を計測す

図4　視線計測の様子

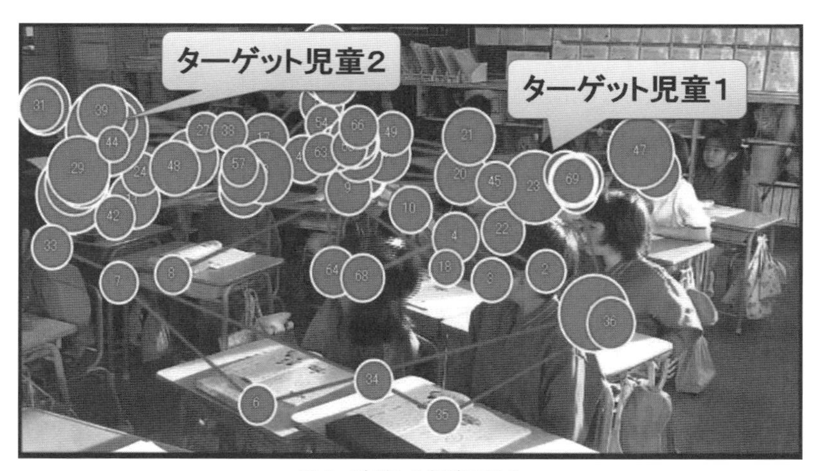

図5　計測した視線の動き
［Yamamoto & Imai-Matsumura, 2013］

ることができる。特定の箇所をどれほど頻繁に，長時間，早く注視するのかを捉えることができる。モニター型の視線計測装置を図4に，視線の計測結果を図5に示す。図5は教室の授業の様子を示す映像を視聴している一人の被験者（教師）の視線の動きを示したものである。これは，気になる児童1と児童2に気づいた教師の事例で，それらのターゲット児童1と2に頻繁に長く視線停留している（図5の円が大きいほど視線停留時間が長く，円の数が多いほど頻繁に視線を停留していることを示す。また円には数字が示されていて，視線停留の順序を示す）。視線停留回数は多いほど，視線を向ける人にとって視線対象が価値のあるものであり，視線停留時間が長いほど理解などの情報処理にかかる時間が長いことを示すとされる。

視線計測の原理は，人の目に無侵襲の近赤外線光を照射し，瞳孔に写った輝点をカメラで撮影し，瞳孔の中心位置からの輝点の方向と距離で目の動きを把握することによる。あらかじめ，キャリブレーションとして視線停留ポイントと輝点の位置を測定しておくことにより，視線の注視点を計測する。

e. 表情分析システム

情動変化に伴う表情・態度・動作などの運動系の反応は，意思によってコントロールできるために，情動が喚起されてもその情動を示す表情や行動を表出させないこともある。また，情動表出行動は成育環境による影響が大きく，個人，民族，教育などによって表出の仕方が異なる。そのため，表情から情動を読み取ることはむずかしいといえるが，P. Ekman（エクマン，1934－）と W. Friesen（フリーセン，1933－）は，表情の筋肉の動きを観察・評価して情動を捉えようとする Facial Action Coding System（FACS）を開発している（1978）。彼らは表情筋の筋電図を測定して，表情筋の微細な動きや活動強度を定量化し，それらを基に表情を分析するシステム FACS を作成した。

さらに，エクマンらの喜び，驚き，恐怖，嫌悪，怒り，悲しみを標準化した顔写真などを用いて，表情から情動を読み取る能力の測定も行われている。　　　　　　　　　　［松村 京子］

5.2.3　脳をはかる

a. 脳と神経細胞

私たちが感じたり，考えたり，歩いたり，呼吸したり，体温を保ったりできるのは，脳で高度な信号処理が行われているからである。ヒト成人の脳の体積は約 1400 cm^3 で，それは神経細胞（ニューロン）（図6），グリア細胞，血管からできている。これらの中で脳の信号処理に中心的役割を果たすのが神経細胞である。グリア細胞と血管は神経細胞に栄養や酸素を供給し，不要な物質を排除して神経細胞が働きやすいような脳内環境をつくっている。ヒトの脳にどれ位の数の神経細胞があるかについては，脳科学が急速に発展している現在でも確たる数値は得られていないが1000億個以上と考えられている。グリア細胞の数は神経細胞のさらに10倍程である。一つの神経細胞は樹状突起，細胞体（直径 10 μm～数 10 μm（$1\ \mu m = 10^{-6}\ m$）），軸索（長さ数 10 μm～数 10 cm）という部分からなる。

細胞体や樹状突起には他の神経細胞の軸索終末が接着し，シナプスという構造をつくっている。ここでは神経細胞間の信号伝達が行われる。

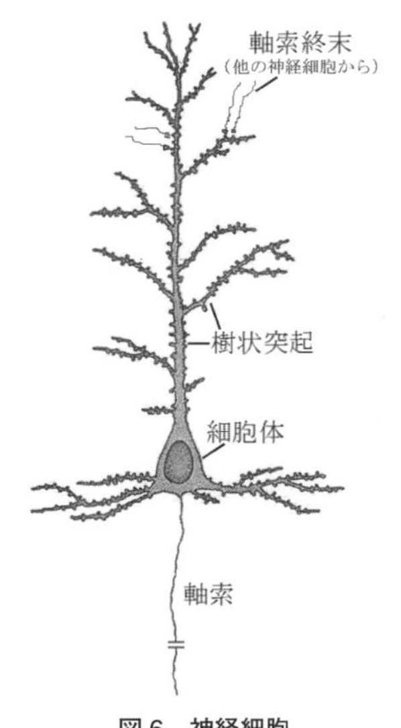

図6　神経細胞

一つの神経細胞には数千個から1万個に及ぶシナプスがある。神経細胞はこれら多数のシナプスからの入力信号を統合し，その結果を軸索を通して多数の神経細胞に出力する。このようにして，神経細胞は複雑なネットワークを形成し，高度な信号処理を可能にしている。

b. 神経細胞の活動をはかる

神経細胞は細胞内外の電位差（膜電位）を利用して信号処理を行う。したがって，神経細胞の活動を調べるには神経細胞の中や近傍で電流や電位差の測定を行う（図7）。通常，神経細胞の内側は外側に対して約−60 mVの電位にある（静止電位）。これは先端の細い電極を神経細胞に刺して測定することができる（細胞内記録法）。シナプス入力や他の要因で膜電位は変化する。膜電位が−60 mVより正側に変化して，ある値（閾値）に達すると急峻なパルス状の膜電位変化が発生する。この膜電位変化を活動電位とよぶ。活動電位は高速で軸索を伝わり軸索終末に達する。その速さは1秒間に0.5 m〜100 m以上にも及ぶ。活動電位が軸索終末に達すると，そこで神経伝達物質の放出を促し次の神経細胞の膜電位を変化させる。これがシナプス伝達である。軸索を伝わる信号の強弱は活動電位の振幅ではなく頻度で表現され，それは放出される神経伝達物質の量に対応する。したがって，一つの神経細胞の活動状態を知るには，そこで単位時間あたりにいくつの活動電位が発生するかはかればよい。そのためには，神経細胞近傍の電位変化を測定する（細胞外記録法）。最近では神経細胞に特殊な色素を取り込ませ，光学的に膜電位の変化や，それに伴う細胞内イオン濃度の変化を測定することも可能になっている（光学的記録法）。

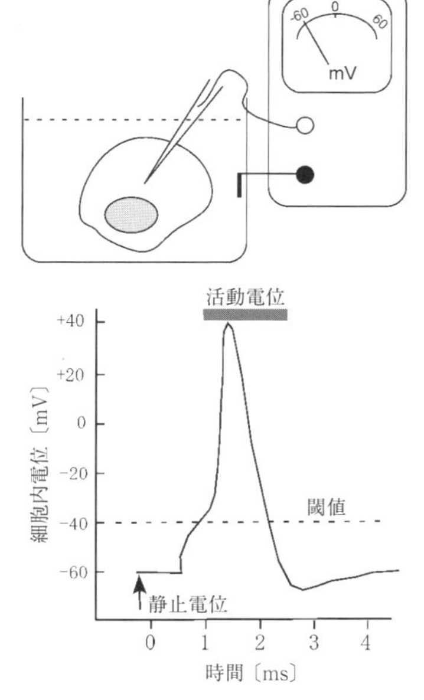

図7 細胞内電位

神経細胞に静止電位や活動電位が発生するのは，細胞内外のイオン濃度に不均衡があり，かつ細胞膜のイオン透過性が刺激によって変化するからである。細胞膜自体はイオンをほとんど通さないが，細胞膜に埋め込まれているイオンチャネルというタンパク質がイオンを通す穴をつくる。この穴は刺激に応じて開いたり閉じたりする。イオン濃度の不均衡があるところでイオンチャネルが開くとイオンが濃度勾配に従って細胞膜を横切る。このイオンの動きが膜電位を変化させ活動電位の発生を促進したり，抑制したりする。イオンチャネルの開閉状態はパッチクランプ法によって観察することができる。

c. 脳の活動をはかる

上で述べたように神経細胞の活動をはかるには脳に電極を刺入したり，脳から神経細胞を取り出したりする必要がある。しかし，この方法では脳に損傷をつくってしまうので，動物実験には適用できても，実際に生きているヒトに適用することはできない。また，この手法では脳の中にある1000億個以上といわれる神経細胞の1個ないし数個しか観察することができない。そのため，ヒトの脳の活動を安全にかつ包括的に測定する方法が開発されてきた。特に近年では脳活動の画像化技術の進展が目覚しい。このような脳活動の測定原理は大きく分けて二つある。一つは，神経細胞の電気活動に由来する信号を検出する方法。他の一つは，神経細胞の活動に依存した血流量，ブドウ糖代謝の変化を検出する方法である。

d. 神経細胞の電気活動に由来する信号をはかる

脳波・誘発電位　頭皮上の2点に電極を当て増幅器を通して電位差を測定すると，振幅が10 μV～100 μV，周波数が数 Hz～30 Hz の律動的な電位変化が記録できる。これが脳波である。脳波は大脳皮質神経細胞の樹状突起の電気活動によって頭皮上に生ずる電位差である。個々の樹状突起の活動が頭皮上に引き起こす電位変化は微小であるが，多数の樹状突起が同期して活動するので，その総和として大きな振幅の電位差が頭皮上で記録できる。脳波の周波数と振幅は睡眠・覚せい状態によって明瞭に変化するので，睡眠状態を判定する手段となっている。精神作業によっても脳波は変化する。またてんかん発作の場合は神経細胞の異常興奮によって脳波上に特徴的な変化が起こるので，診断にも有用である。誘発電位は被験者に音や光などの刺激を加え，その刺激に対して起こる頭皮上の電位変化である。誘発電位は脳波より振幅が小さいので脳波の中に埋没しているが，刺激を繰り返して行い，刺激に同期させて脳波を加算平均すると誘発電位だけが抽出できる。誘発電位によって，種々の感覚刺激が大脳皮質に伝わる速さや，反応する脳領域を知ることができる。

長所：簡便かつ安全に測定ができる。時間解像力が高い（1/1,000 秒単位）。

短所：空間解像力が低い。すなわち，記録した脳波が大脳皮質のどの領域に由来しているのかを厳密に決定できない。これは，神経細胞と電極の間に介在する生体組織の電気伝導度が不均一であるため，そこを流れる電流の起源を頭皮上の電位差から逆算しにくいからである。脳の深部の計測はできない。

脳磁図（MEG：magnetoencephalography）

電流が流れると右ねじの法則に従って磁場が発生する。脳も例外でなく，大脳皮質の神経細胞の樹状突起内に電流が流れると磁場が発生し，これを頭の外から測定することができる。これが脳磁図である。その周波数は脳波と同様であるが，振幅は 10^{-13} T（テスラ）～10^{-15} T ときわめて小さく，地球の磁場の1億分の1以下しかない。そのため，高感度の検出器と磁気遮蔽した測定室が必要となる。1チャネル分の検出器は磁束検出コイルと SQUID（superconducting quantum interference device：超伝導量子干渉計）の1対を液体ヘリウム中で－270℃に冷やしたもので，これを多チャネル（たとえば30チャネル）頭の周囲に配置する。頭皮上の多点で測定した磁場をコンピューターで処理し，信号源の位置を計算する。チャネル数が多いほど信号源の推定が高精度になる。刺激に同期して磁場を加算平均することで，誘発脳磁図を測定することができる。脳波よりも空間解像度が高いので，種々の刺激に反応する脳領域を mm の単位で決定できる。また，単純な感覚刺激だけでなく，言語認知活動など，高次の脳活動に関る脳領域を特定することもできる。

長所：安全で 1/1,000 秒単位の時間解像力と mm 単位の空間解像力をもつ。脳波と比べて解像力が高いのは，磁場の分布が頭部組織の影響を受けないからである。

短所：大規模で高価（数億円）な装置が必要である。液体ヘリウムの補充のためランニングコストもかかる。脳の深部の計測はできない。

MEG の特徴，具体例は 5.2.4 を参照されたい。

e. 脳の血流・代謝に由来する信号をはかる

先に述べたように，神経細胞の信号処理は細胞内外のイオンの濃度勾配を利用して行われる。このイオンの濃度勾配を維持するために，神経細胞はエネルギーを消費してイオンポンプを駆動している。脳で消費されるエネルギーの 90 % がイオン濃度勾配の維持のために使われるという。したがって，ある領域で神経細胞の活動が高まると，そこではイオン濃度勾配を維持するためにより多くのエネルギーが必要となる。そのため，その領域の血流が増加し，より多くの燃料（ブドウ糖）と酸素が供給される。すなわち，神経活動が高まった脳領域を血流量増加あるいはブドウ糖消費の増加を手掛かりにして知ることができる。

PET（positron emission tomography：陽電子放出断層撮影法）　ポジトロン（陽電子）を放出しながら崩壊する放射性同位元素をポジトロン核種という。PET はポジトロン核種で標識した化合物を体内に投与し，その体内分布を画像化する方法である。ポジトロン核種として ^{15}O，^{11}C，^{18}F が一般に用いられる。これらの核種で標識した化合物（標識化合物）を被験者の静脈から投与する。標識化合物はその性質に応じて生体内に分布し，ポジトロンを放出する。

たとえば，脳血流を測定する場合には ^{15}O で標識した水（^{15}O-H_2O）を投与し，それが血流量に応じて生体内に分布する。標識化合物のポジトロン核種は一定の速さ（半減期）で崩壊し，ポジトロンを放出する。ポジトロンはその周囲の自由電子（陰電子）と反応して消滅し，そこから180℃ 方向にガンマ線（電磁波）が放射される［図 8（a)］。この両方向に放射されたガンマ線は光速で体内を貫き，体外にリング状に配置した高感度検出器で同時に捉えられる［図 8（b)］。二つの検出器が同時にガンマ線を捉えたとき，その検出器を結ぶ線上のどこかに信号源（すなわちポジトロンを放出した標識化合物）があったとみなすことができる。標識化合物が高密度に分布している脳領域（たとえば血流量の多い領域）からは大量のガンマ線が放射され，その方向はランダムである。コンピューターを用いて，ガンマ線を同時に捉えた検出器を結ぶ線を重ねていくと，標識化合物（血流量）の密度を画像化することができる［図 8（b)］。

この方法を用いて，ヒトが感覚刺激を受けたり，高度の精神作業を行ったりするときに脳のどの領域が働いているかを知ることができる［図 8（c)］。また，^{18}F 標識ブドウ糖はブドウ糖と同様に細胞に取り込まれるが，その代謝は途中で止まり ^{18}F が細胞内に蓄積する。^{18}F 標識ブドウ糖の蓄積量を画像化することで，ブドウ糖消費の盛んな脳領域を知ることもできる。^{11}C で標識した様々な化合物で，神経伝達物質の受容体分布や神経伝達物質合成酵素の活性を画像化することもできる。

長所：脳の神経活動だけでなく，多様な脳内の生化学反応を画像化することができる。脳以外の臓器にも適用でき，がんの診断にも有用である。

短所：大規模な施設（ポジトロン核種をつくるためのサイクロトロン，ポジトロン標識化合物を合成する設備，PET 装置）とそれを稼動するための人員が必要である。脳波，脳磁図と比べて時間解像力が低い（分単位）。ポジトロン合成，標識のためのランニングコストがかかる。被験者がレントゲン検査程度の放射線被曝をする。

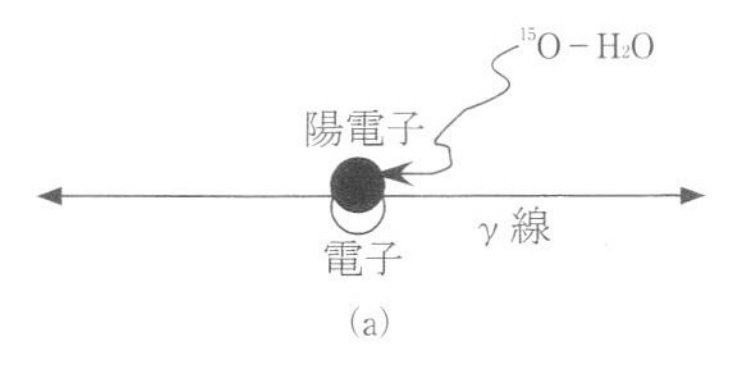

(a)

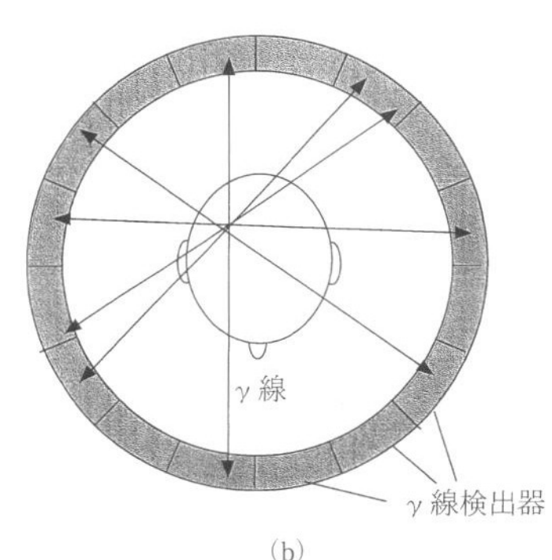

(b)

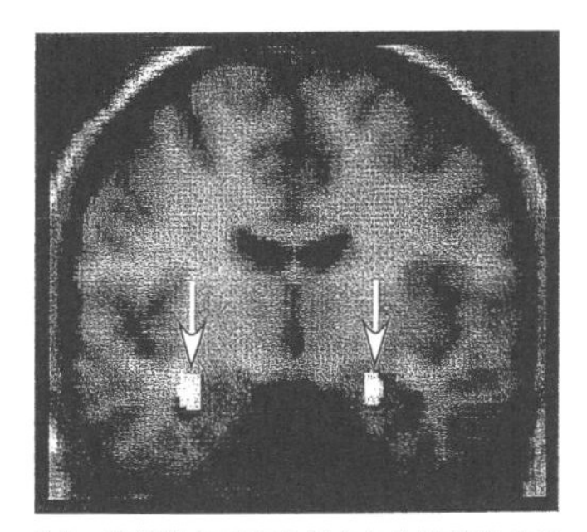

(c)　脅迫的な言葉を見たときに活性化される脳部位（扁桃体，矢印）。PET で脳血流の変化が見られた領域を MRI 画像に重ねて表示してある。

図 8　PET の原理と画像の一例

［N. Isenberg, D. Silbersweig, A. Engelien, S. Emmerich, K. Malavade, B. Beattie, A. C. Leon, E. Stern, *Proc. Natl. Acad. Sci. USA*, **96**, 10457 (1999)］

PET による脳内物質の測定については 5.2.5

を参照されたい。

fMRI（functional magnetic resonance imaging：機能的磁気共鳴イメージング）　fMRIは生体中の原子の磁性を利用して，脳血流量を画像化する手法である。その基盤となった技術はMRI（magnetic resonance imaging：磁気共鳴イメージング）であり，さらにMRIはNMR（nuclear magnetic resonance：核磁気共鳴）という物理現象に基づく。NMRとは次のような現象である。生体を構成する原子のうち水素やリンの原子核は磁性をもつ。このような原子を含む化合物を強い磁場の中に置き，外部から高周波の電磁波を照射すると，それぞれの原子特有の周波数で電磁波を吸収し，照射を止めると電磁波を放出する。これがNMR信号である。NMR信号の強さ，周波数，減衰する時定数などは化合物の性状により変化する。たとえば，水と脂肪と骨にはそれぞれ水素原子が含まれるが，そこからのNMR信号には違いがある。この違いを強調して，生体内の水素原子核からのNMR信号を画像化したものがMRIである。頭の外部から，脳内の構造があたかも解剖したかのようにきわめて鮮明に映し出されるのには驚かされる。

このようにMRIは体内の臓器や組織の形を見るきわめて優れた方法である。さて，これでどのように脳血流量を調べるのか。血液中の赤血球にはヘモグロビンという鉄を含むタンパク質が大量に存在し，酸素の運搬を行っている。ヘモグロビンの状態には，その中の鉄が酸素と結合した状態（オキシヘモグロビン）と酸素を離した状態（デオキシヘモグロビン）がある。このうち，デオキシヘモグロビンの鉄は磁性をもち，それが水素原子のNMR信号を乱し弱める。逆に，神経活動が高まった脳部位には酸素を多く含んだ新鮮な血液（オキシヘモグロビン）が大量に流入し，デオキシヘモグロビンが減る。その結果，水素原子のNMR信号が強くなる。このような原理で，刺激によってNMR信号の強くなる領域を血流量の増えた領域，すなわち神経活動が増加した領域とみなす。種々の精神作業に関与する脳領域の研究に最も有用な手段となっている。

長所：空間解像度が高い（mm単位），安全，PETと比べて時間解像度が高い（秒単位），脳の深部にも適用可能。

短所：高価。強い磁場を発生させるために超伝導磁石を使用する。そのため液体ヘリウムの定期的な補充が必要。

fMRIの具体例は5.2.6を参照されたい。

［松村　潔］

参考図書

1）　泰羅雅登，中村克樹 監訳，“カールソン神経科学テキスト 脳と行動”，第4版，丸善出版(2013).

2）　E. R. Kandel, J. H. Schwartz, ed., 金澤一郎，宮下保司 監修，“カンデル神経科学”，メディカルサイエンスインターナショナル（2014).

5.2.4　脳磁図（MEG：magnetoencephalography）

一般的にはヘルメット状の機械［図9（a）］で，ヒトの頭部に被せることにより活動している脳の「時間」［図9（b）］と「場所」［図9（c）］とを推定するものである。特徴として，①fMRIやPET（後述）と異なり，脳活動の起きた「時間」を1/1,000秒の精度で特定できるため，脳のどの場所が，どの順番に働いたかが分かる。②測定に際し放射線，電磁波の照射などが不要なため安全性が高い。③磁場が頭蓋骨や頭皮の影響を受けないため，脳波検査より「場所」を特定する精度が高いことがあげられる。

神経細胞内を流れる「電流」は周囲に磁場を生じる。MEGのヘルメット内にある数百個の磁場センサーはその磁場を捉え，磁場の向きと強さから，活動した神経細胞の「場所」と「活動の強さ（電流）」を推定できる。また，磁場は神経が活動した瞬間に生じるため，磁場を観測したタイミングから神経が活動した「時間」も特定できる。

これら脳内の「電流」「場所」「時間」を知ることができる特徴から，医学領域においては脳内に異常な電流が生じる疾患である「てんかん」における原因部位の特定，治療計画の立案に必要な情報を提供する。また各種脳外科手術に先立ち，疾患原因部位や身体の動きや言語を司る

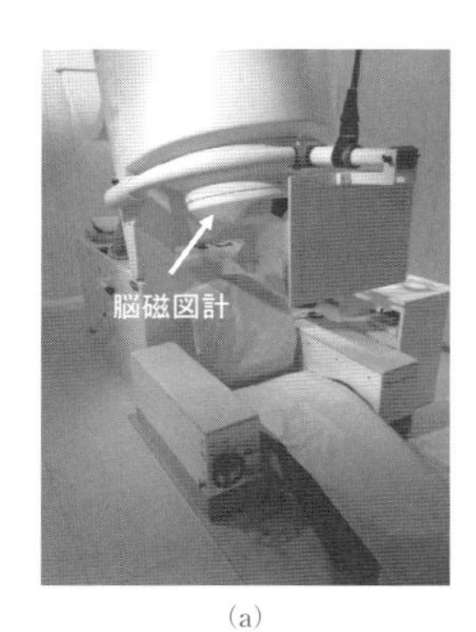

(a)

刺激に対する脳の応答

刺激が提示された瞬間

磁場〔10^{-15} T〕

時間〔ms〕

(b)

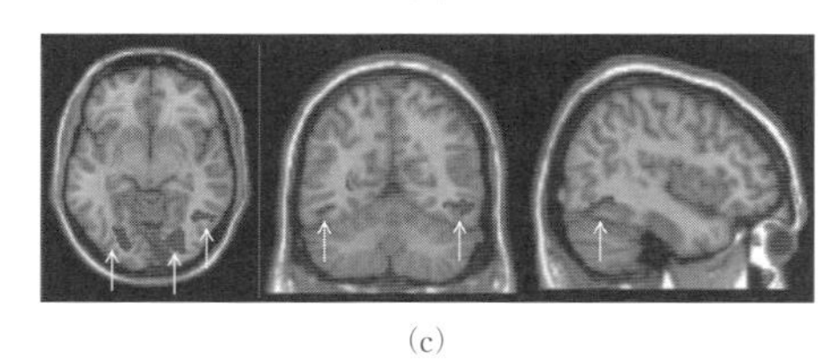

(c)

図9 (a) MEG外観, (b) 磁場変化の実測例, (c) →の場所が活動したと推定される脳領域

〔Wellcome Trust Centre for Neuroimaging University College London〕

重要な場所を特定することで，術後の障害を最小限に抑えた最適な手術計画を立てるために用いられる。脳科学分野においては，時間と場所の情報を生かし，感覚や認知が生じるための脳内の情報の流れの研究に用いられている。

〔鳴原　良仁〕

5.2.5　PET（positron emission tomography：陽電子放出断層撮影法）

ヒトの感情は脳内物質の作用で引き起こされる。たとえば，ドーパミンは神経伝達物質の一つで，パーキンソン病や統合失調症などの疾患にも関わる物質として知られるが，他者から褒められたとき（社会的報酬）やお金をもらえたとき（金銭的報酬），喜びを感じるときに脳内に放出されることがわかっている。また，その結果やる気が出るため（動機づけ），「褒めて伸ばす」ということはこのドーパミン神経系の作用によるものである。快楽を生み出すことはそれに対する依存も生み出し，覚醒剤などの薬物依存にもこのドーパミン神経系が関わっている。

セロトニンもまた神経伝達物質の一つであり，脳内でのセロトニン量が低下すると不安になったりうつ状態になったりする。うつ病の治療では，脳内のセロトニン量を増加させるように選択的セロトニン再取り込み阻害薬を使った治療が多いのはこのためである。

PETを使うとこれらの脳内物質の動態が定量的に測定できる。ドーパミン神経系では，ドーパミン受容体や輸送体に結合するPETプローブ（ポジトロン核種で標識された化合物）が数種類開発されている。これらのPETプローブは体内に投与されるとドーパミン受容体や輸送体に結合し，そこでガンマ線を放出する。そのガンマ線を検出し，受容体や輸送体が脳のどの部位にどのくらい存在しているかということが測定できる。^{11}Cで標識されたラクロプライドというPETプローブはドーパミンD_2受容体に結合するものであり，これを体内に投与してPETスキャンを行うと，ドーパミンD_2受容体が脳の線条体（尾状核，被殻）に高濃度に分布していることがわかる（図10）。[^{11}C] ラクロプライドを使ったPET試験は様々あり，ゲームの成功の報酬としてお金がもらえるときに側坐核という部位でドーパミンが放出されていることや，恋人の写真を見てドキドキするときに眼窩前頭野という部位でドーパミンが放出されていることが報告されている。側坐核や眼窩前頭野という部位はいずれも報酬系に関わる部位として知られている。

セロトニン神経系においても，セロトニン受容体や輸送体に結合するPETプローブが複数開発されており，PET試験によってうつ病患

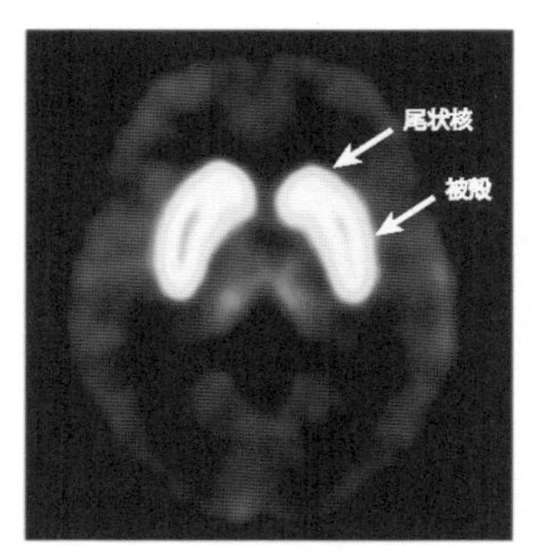

図10　[^{11}C] ラクロプライドを用いた機能的PET画像

ヒト脳の水平断面。脳内の尾状核および被殻という部位にドーパミン D_2 受容体が多く分布していることがわかる。

者において脳内のセロトニンの輸送体が減少していることが明らかになった。また，PETを使うとうつ病の治療に使われる選択的セロトニン再取り込み阻害薬に対する感受性の個人差が測定でき，今後一人一人に合ったオーダーメイド医療が可能になるであろう。

ここにあげた以外にも数多くの分子の動態を観察できるPETプローブが開発されており，PET技術を使うとヒトの感情・性格に関わる生体分子が明らかにすることができるため，今後精神疾患や反社会的パーソナリティ障害などの治療への応用が期待される。　［高橋 佳代］

5.2.6　fMRI（functional magnetic resonance imaging：機能的磁気共鳴イメージング）

ヒトが物事を認知し，行動に移すときの司令塔である脳はどのように活動しているのか？この疑問に答えるために，非侵襲的に脳の活動を観測できる，可視化できる脳機能イメージング技術は有用であり，fMRIがその威力を発揮する。

通常のfMRIの実験は，MRI装置にヒトが横になった安静仰臥位の状態で行われる（図11)。頭部を囲む装置に鏡を装着し，被験者はその鏡を介して装置の外側からプロジェクターでスクリーンに投影された画面をみることができる。よって，画面上にある小説の1ページ分を映せば，ヒトが物語の内容の理解に要する脳活動パターンを明らかにすることができる。たとえば，画面上に，2秒ごとに「まりこは」,「みつめた」,「あおい」,「うみを」…と，計20回（40秒間）の言葉を呈示し，言葉を繋げて物語の内容の理解を試みる場合，脳の左側の側頭葉の一部「中側頭回」の神経細胞が特異的に活性化する（図12)。一方，物語の内容を理解せずに，呈示される各言葉の中に母音が含まれているかどうかのみを判断する場合，脳の左側の後頭葉の傍に位置する「紡錘状回」の特異的な活動がみられる（図13)。つまり，内容理解のためには「中前頭回」の神経活動が必要であり，文字認識には「紡錘状回」の神経活動を必要とすることが理解できる。そして，内容理解と母音抽出の同時作業を要する二重課題を遂行する場合，

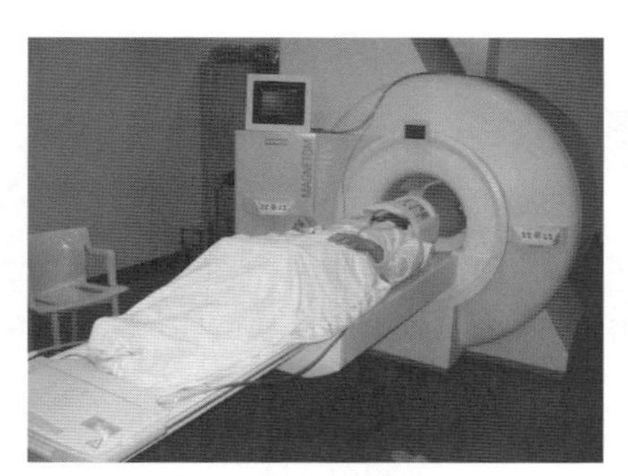

図11　fMRI実験風景

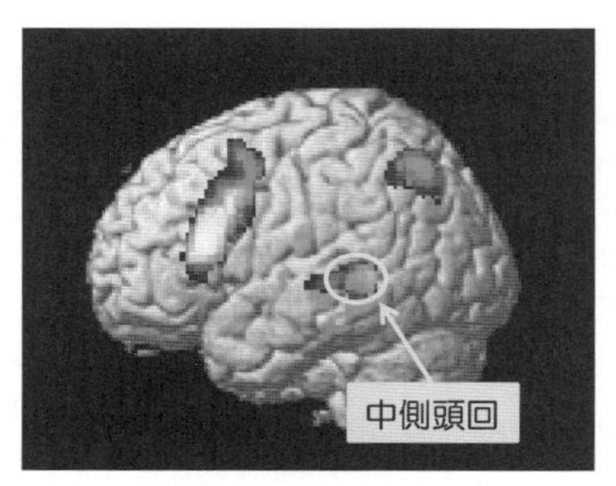

図12　物語の内容理解に関わる「中側頭回」の活性化

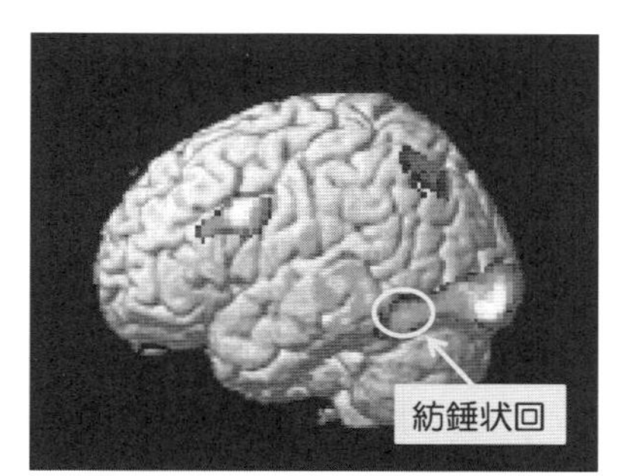

図 13　言葉の母音抽出に関わる「紡錘状回」の活性化

中前頭回と紡錘状回の神経活動は低下する。これらの脳領域の活動低下は，内容理解と母音抽出の両方の作業を同時に行うことが単独作業時に比べて困難であることを意味する。

このように，fMRI の技術を用いることで，ヒトの様々な認知的作業の背景にある脳内の精緻な神経活動パターンを明らかにすることが可能であり，医学，教育学，心理学や経済学と fMRI のその応用分野は多様である。

［水野 敬］

参考図書

1） K. Mizuno, M. Tanaka, H. C. Tanabe, N. Sadato, Y. Watanabe,The neural substrates associated with attentional resources and difficulty of concurrent processing of the two verbal tasks. *Neuropsychologia*, **50**（8），1998-2009（2012）.

2） 月本洋，菊池吉晃，妹尾淳史，安保雅博，渡邉修，米本恭三，“脳機能画像解析入門 SPM で fMRI，拡散テンソルを使いこなす”，医歯薬出版（2007）.

5.3　人の生活環境をはかる

5.3.1　食品の栄養素をはかる

食品は栄養素の供給源であり，ヒトは食品を摂取することにより栄養素を消化，吸収，代謝して栄養とする。さらに，食品は安全で，おいしく食べることができるものでなければならない。食品にはいろいろな成分が含まれており（図1），炭水化物，たんぱく質，脂質，無機質（ミネラル），ビタミンが栄養素である。

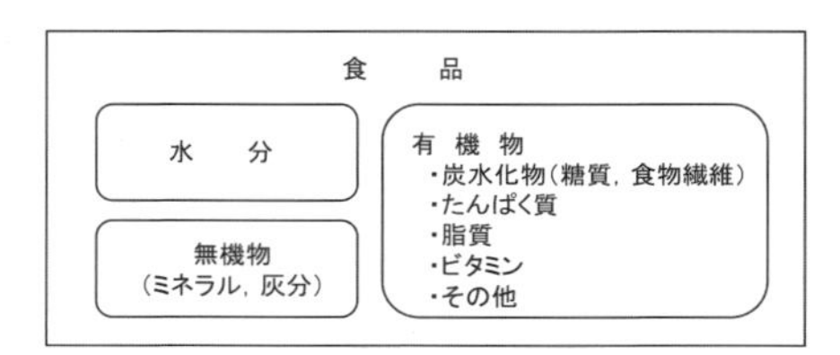

図1　食品のおもな成分

多成分系である食品をそのまま丸ごと使って，すべての栄養素を同時にはかることはできない。まず，目的とする成分が抽出される方法で試料を処理してから，それぞれの成分に適する方法で定量する。

食事の栄養価は通常，「日本食品標準成分表」（文部科学省）の値をもとに計算される。成分表に示されている標準成分値とは，国内において年間を通じて普通に摂取する場合の全国的な平均値を表すという概念に基づいて求められた値である。以下に食品成分表に掲載されている主要成分の分析方法について示す。

a.　たんぱく質

たんぱく質はアミノ酸の重合体であり，構成元素は炭素，酸素，水素，窒素，硫黄などである。このうち窒素は約16% 含まれている。食品のたんぱく質をはかるには窒素を目安にする。食品の窒素含量に6.25（100/16）の係数（窒素-たんぱく質換算係数）を乗じてたんぱく質含量を算出する。

どんな食品も濃硫酸とともに加熱すると分解する。このとき食品中たんぱく質の窒素はすべてアンモニアに変わっている。このアンモニアを蒸留し，塩酸で滴定する方法（改良ケルダール法）によって窒素量がわかる。食品中には，たんぱく質以外にも窒素化合物がいくらかあってアンモニアに変わるが，この量はわずかである。先の係数6.25は平均値なので，正確にたんぱく質量を知るためには，食品ごとに決められた係数（小麦粉・うどん5.70，米5.95，乳・乳製品6.38など）を乗じてたんぱく質量を求める。

b.　脂　質

脂質は食品中の有機溶媒に溶ける有機化合物の総称であり，中性脂肪のほかにリン脂質，ステロイドなども含んでいる。成分値は脂質の総重量で示してある。多くの食品では脂質の大部分を中性脂肪が占める。脂質の測定はジエチルエーテルによるソックスレー抽出法，クロロホルム-メタノール混液抽出法，レーゼ・ゴットリーブ法または酸分解法により行う。

c.　炭水化物

炭水化物は生体内で主にエネルギー源として利用される重要な成分である。炭水化物はいわゆる「差引き法による炭水化物」，すなわち，水分，たんぱく質，脂質および灰分の合計（g）を100 g から差し引いた値で示されている。食品成分表の炭水化物の値には食物繊維も含まれている。食物繊維は「ヒトの消化酵素で消化されない食品中の難消化性成分の総体」として，プロスキー変法により別に測定している。水溶性食物繊維，不溶性食物繊維，および両者の合計を総量として炭水化物とは別項目で示されている。

d.　エネルギー

エネルギーは栄養素ではないが，栄養価の指標の一つである。食物のもつエネルギーはボンべ熱量計という装置を用いて試料を高圧酸素中で完全燃焼させたときに発生する熱量として測定される。では，食物のもつエネルギー量と生体内で利用できるエネルギー量は同じだろうか。炭水化物や脂質では，二つの異なった燃焼過程でのエネルギー量の変化は等しく，熱量計の測定値が生体内での燃焼価と考えてよい。一方，たんぱく質を熱量計で燃焼させると，水，二酸化炭素および窒素ガスや酸化窒素ガスなどになるが，生体内では水，二酸化炭素および不完全燃焼の形である尿素，尿酸などになる。したがって，たんぱく質の熱量から尿素などの尿中への損失分を差し引いて生体内での燃焼価と考える。W. O. Atwater（アトウォーター，1844－1907）は多数の食品の燃焼エネルギーと消化吸収率から生理的燃焼価を算定し，炭水化物，脂質，たんぱく質のエネルギーをそれぞれ1 g あたり4, 9, 4 kcal とした（アトウォーター係数）。

エネルギー源になる栄養素は，炭水化物，脂質，たんぱく質であるので，可食部100 g あたりの炭水化物，脂質およびたんぱく質の重量（g）を定量し，これらに各成分のエネルギー換算係数を乗じると食品のエネルギー値が算出できる。換算係数については，穀類，動物性食品，油脂類，大豆および大豆製品のうち主要な食品については，「日本標準成分表の改訂に関する調査」の結果に基づく係数を適用する（表1）。その他の食品については，原則としてFAO/WHO合同特別専門委員会報告の値を，適用すべき換算係数が明らかではないものにはアトウォーター係数を適用する。

表1　主要な食品のエネルギー換算係数

食品群と主要食品	たんぱく質〔kcal g^{-1}〕	脂　質〔kcal g^{-1}〕	炭水化物〔kcal g^{-1}〕
穀類　精白米	3.96	8.37	4.20
小麦粉	4.32	8.37	4.20
豆類　大豆（煮豆）	4.00	8.46	4.07
魚介類	4.22	9.41	4.11
肉類	4.22	9.41	4.11
卵類	4.32	9.41	3.68

無機質やビタミン類の微量成分などは，それぞれの物質に適した方法で含有量が求められている。無機質には主として原子吸光光度法が，ビタミン類には高速液体クロマトグラフィーまたは微生物学的定量法が用いられている。

食品成分を簡便に定量する機器や方法は様々あるが，適用できる食品の範囲や定量値の表し方などを理解したうえで測定しなければならない。［岸田 恵津］

5.3.2　栄養バランスを知る

人が身体を成長・発達させ，健康を維持・増進するためには何をどれだけ食べればよいのであろうか。「バランスよく食べましょう」というよびかけを耳にする。これは食事摂取基準で示される数字に基づいている。食事摂取基準は日本人が健康を維持するために摂取すべき栄養素とその量を示したガイドラインで，5年ごとに厚生労働省から公表される。しかし，食事摂取基準を理解し，食品成分表を使って栄養価計算を行い，栄養バランスを評価することは一般の人にはむずかしい。日常生活でより簡便に食事摂取基準を活用し，栄養バランスのよい食事をととのえるために考案されたものとして食品群や料理群がある。献立作成や食品選択のさいにこれらを活用するとよい。

a.　日本人の食事摂取基準

食事摂取基準では，エネルギーや栄養素の摂取不足や摂取過剰による健康障害および生活習慣病を防ぐために「摂取量の範囲」を示し，その範囲に摂取量がある場合が望ましいとする考え方を導入している。また，エネルギーや栄養素の望ましい摂取量は個人によって異なり，「真の」望ましい摂取量は測定することも算定することもできないので，確率論的な考え方を導入している。

これらの二つの基本的な考え方に基づき，エネルギーについては「推定エネルギー必要量」，栄養素については「推定平均必要量」「推奨量」「目安量」「耐容上限量」および「目標量」の5種類の指標を示し，これらの総称を「食事摂取基準」としている（図2）。

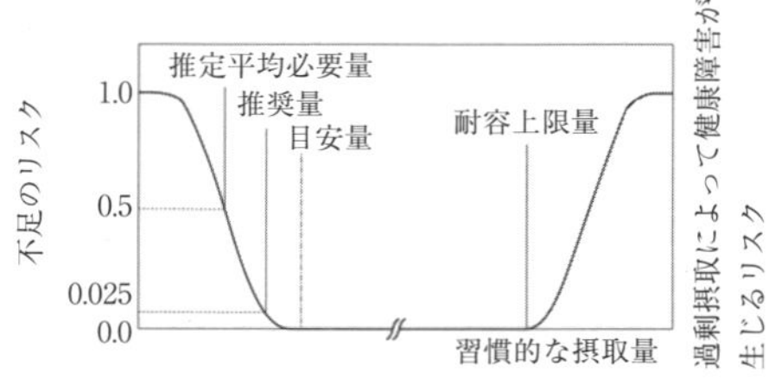

図2　食事摂取基準の各指標について

縦軸は個人の場合は不足または過剰によって健康障害が生じる確率を，集団の場合は不足または過剰状態にある人の割合を示す。不足の確率が推定平均必要量では0.5（50%）あり，推奨量では0.025（2.5%）あることを示す。
［厚生労働省，「日本人の食事摂取基準（2010年版）概要」］

b.　食品群と料理群

食品群は日常使用する食品について，食品中に主として含まれる栄養素が似ているものを集めていくつかのグループに分けたものである（表2，表3）。また，「食生活指針」（厚生省・農林水産省・文部省，2000年）には，望ましい食事のとり方として，「主食，主菜，副菜といった料理をバランスよく」という記述がある。このような料理群の摂取量目安を示したのが食事バランスガイドである（表4）。

三色食品群　昭和27年（1952）広島県庁の岡田正美が提唱し，栄養改善普及会の近藤とし子が普及に努めた食品群である。栄養素のはたらきの特徴から，食品を色別（赤，黄，緑）の三つの群に分けている。日本の伝統的な食べ方である「一汁三菜」（主食・主菜・副菜・汁物）に発すると考えられている。

六つの基礎食品群　栄養教育の教材として厚生省保健医療局から示された食品群である。栄養成分が類似している食品を六つに分類し，それらを組み合わせて食べることで栄養バランスがとれるように工夫されている。

食事バランスガイド　厚生労働省と農林水産省は日本人の「食生活指針」を具体的な行動に結びつけるために，食事バランスガイドを作成した。これは，料理の組み合わせから栄養バランスを見直すツールである。1日に「何を」「どれだけ」食べたらいいのかを，コマの形と料理のイラストで表現している。料理の区分は，主

表2　三色食品群

群	はたらき	主な栄養素	主な食品
赤群	血や肉をつくるもの	たんぱく質，脂質，ビタミンB群，カルシウム	魚，肉，豆類，乳，卵
黄群	力や体温となるもの	炭水化物，脂質，ビタミンA・D・B_1	穀物，砂糖，油脂，いも類
緑群	からだの調子をよくするもの	カロテン，ビタミンC，カルシウム，ヨード	緑黄色野菜，淡色野菜，海草，きのこ

表3　六つの基礎食品群

群	はたらき	主な栄養素	主な食品
第1群	骨や筋肉などをつくる エネルギー源となる	たんぱく質	魚，肉，卵，大豆・大豆製品
第2群	骨・歯をつくる 体の各機能を調節	無機質	牛乳･乳製品，海草，小魚類
第3群	皮膚や粘膜の保護 体の各機能を調節	カロテン	緑黄色野菜
第4群	体の各機能を調節	ビタミンC	淡色野菜，果物
第5群	エネルギー源となる 体の各機能を調節	炭水化物	穀類，いも類，砂糖
第6群	エネルギー源となる	脂肪	油脂

表4　食事バランスガイド

区　分	主な栄養素	主な料理，食品
主食	炭水化物	ごはん，パン，めん類，パスタなど
主菜	たんぱく質	肉，魚，卵，大豆・大豆製品
副菜	ビタミン，ミネラル	野菜，きのこ，いも，海藻
牛乳・乳製品	カルシウム	牛乳・乳製品
果物	ビタミンC，カリウム	果物

食，主菜，副菜，牛乳・乳製品，果物の五つである。［岸田 恵津］

5.3.3 食品の安全性をはかる

食品は健康を保つために必要不可欠のものであるが，食品に人間の健康を害する危害が混入していると健康に悪影響をもたらす。危害には病原性微生物や寄生虫などの生物的要因，自然毒素，食品成分などの化学的要因，混入異物などの物理的要因がある。

食品を食べることは，食べる人に対して多かれ少なかれ「リスク」になる可能性がある。このリスクとは，食品中に存在する危害要因が引き起こす有害作用の起こる確率と有害作用の程度との関数として与えられる概念であり，食べた後に起こりうる何らかの不都合とも考えることができる。そこで，許容しうるリスクであるか，加工・調理や食べ方で避けうるリスクであるか，または禁止などの制限が必要なものであるのかを科学的に判断しなければならない。食品におけるリスク評価の概要を図3に示す。科学的なリスク評価を行い，さらにできる限り多くの人々と情報交換を行って，必要な場合には規制を行う。多くの先進国で採用されているこうした考え方は，食品添加物や農薬などの均一な組成をもつ化合物について発展したものであるが，有害微生物の制御や組成が不均一な丸ごと食品の安全性についても適用されるようになった。

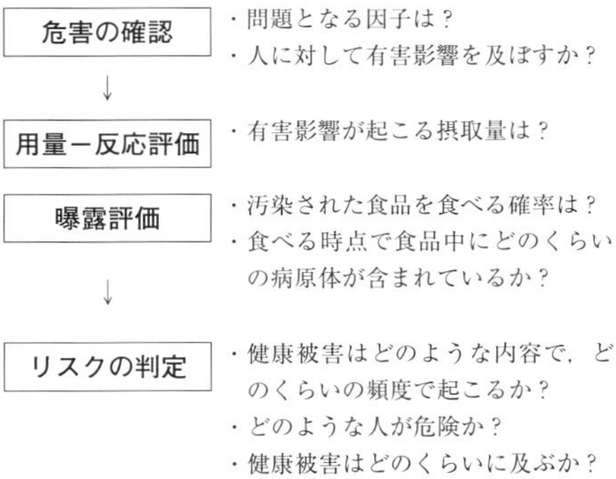

危害の確認	・問題となる因子は？ ・人に対して有害影響を及ぼすか？
↓	
用量－反応評価	・有害影響が起こる摂取量は？
曝露評価	・汚染された食品を食べる確率は？ ・食べる時点で食品中にどのくらいの病原体が含まれているか？
↓	
リスクの判定	・健康被害はどのような内容で，どのくらいの頻度で起こるか？ ・どのような人が危険か？ ・健康被害はどのくらいに及ぶか？

図3　食品におけるリスク評価の概要

食品添加物の安全性

食生活の変化とともに加工食品の消費が増加している。加工食品には非常に多くの種類があり，すべての危害の可能性を考慮しておく必要がある。ここでは食品添加物を取り上げて安全性について考えみよう。加工食品にはさまざまな目的で食品添加物が使用されており，これらは毎日とりつづけても安全でなければならない。食品添加物のような化学物質は，程度の差はあるが過剰に摂取すると何らかの害が起こるかも知れない。たとえば，食塩や砂糖，ビタミンAやDなどもとりすぎると有害である。食品添加物の安全性は化学分析や毒性試験などによって検討される。試験は通常，実験動物を使って行われている。毒性試験には次のような方法がある。

一般毒性試験：反復投与毒性試験（28日間，90日間，1年間）

特殊毒性試験：繁殖試験，催奇形性試験，発がん性試験，抗原性試験，変異原性試験

いろいろな安全性試験の結果を検討し，実験動物に毒性の影響を与えない量（最大無毒性量）を求める。次に，この最大無毒性量からヒトが1日にその量以下ならば食べても有害ではない量，すなわち1日摂取許容量（ADI：acceptable daily intake）を求める。ADIはヒトがある物質を生涯にわたってとりつづけても危険や障害がないと考えられる1日量のことで，通常mg/kg/day（kgは体重）で表される。

ヒトと実験動物では物質に対する感受性が異なる。また，ヒトにも個人差がある。そこで，動物実験で得られた最大無毒性量に，安全係数（safety factor）をかけて得た値を安全量，すなわちADIとみなす。安全係数はヒトと動物実験の違いや年齢，性別などの個人差を考慮するためのものであり，通常は1/100，場合によっては1/200～1/500という値が採用される。

ADIは食品添加物の使用量や食品中の残留農薬許容量を決定する場合に，重要な根拠となる一つの数値である。食品添加物の摂取量がADIを超えないように，食品衛生法の規定に基づいて，食品添加物の使用基準が設けられて

いる。

毒性試験の結果は絶対的なものではなく，一つの目安である。なぜなら，これらの実験をヒトで実施することはできず，実験動物で得られた値であるからである。しかし，これらの試験を否定すれば，食品添加物は一切使用できないことになる。こうした意味から安全係数を考慮している。また，食品添加物の使用については，有効性と安全性の両面から判断しなければならない。　［岸田 恵津］

5.3.4　食品のおいしさをはかる

a. 機械を使っておいしさをはかる－おいしさとテクスチャー

食物のおいしさを左右する要因の一つにテクスチャーがある。テクスチャーとは古くから織物の風合の意味で使われてきたが，最近では食品を手や口で感じる触感に対応する性質としても使われるようになった。食品のテクスチャーには硬さ，粘り，弾力性，凝集性，付着性，脆さ，舌触り，歯切れ，歯ごたえ，滑らかさ，口どけ，飲み込みやすさなどがある。図4は食品のテクスチャーを調理の状態から食べる段階までに対応させて整理したものである。

食品の力学的特性　こんにゃくやスポンジケーキなどには，外力を除けば物体が直ちにもとの状態に戻り，内部応力が消滅する性質すなわち弾性という力学特性がある。一方，流動性のある物体にはスープやクズのように流れやすいものから流れにくいものまでがあり，この流動に対する抵抗の大小，すなわち液体の内部摩擦である粘性をもつ。食品の多くは完全な弾性体，粘性体であることはほとんどなく弾性，粘性の両方の性質をもつ粘弾性体である。したがって，外力による変形は完全にもどらない。特に一定荷重下の変形挙動をクリープ現象，一定変形下の応力変化を応力緩和現象とよぶ。

食品の粘弾性は主として微小変形領域の力学特性として測定されるが，実際に食品を食べる段階では，「割れる」「切れる」「引っ張る」「押す」などの大変形領域である咀嚼現象を無視できない。物体に圧縮，引張り，ずりの力を加えると変形を生じ，ついには裂け目ができて二つあるいはそれ以上に分離する。識別可能な割れ目が生じたときを破壊，二つ以上に分離することを破断という。

力学的特性の測定　食品の大変形の力学的特性をはかる方法には，レオメーターやクリープメーターによる定速圧縮破断，定速伸長破断，一定応力破断測定などがある。また，テクスチャープロファイルを示すことのできる機器としてテクスチュロメーターが開発され，食品の咀嚼現象を調べることが可能となった。

レオメーターで得られる破断応力とは食品の破断に対する抵抗力であり，破断エネルギーは食品の強靱さを示すもので破断に要する仕事量である。これらの破断試験に用いる試料の大きさはその表面積が2^2～3^2 cm^2 ぐらいで，試料の高さは1.5～3.0 cm ぐらいが適当である。試料を圧縮するためのプランジャーの面積は一般に試料の表面積よりも大きいものが必要であり，材質はステンレスやアクリル製，形は歯型，くさび型，ディスク型などがあるため試料の性質に応じて使い分ける。試料に対するプランジャーの圧縮速度や測定温度は一定とし，プランジャーの最下点と試料台（試料の底面）の隙間の限界値については，試料が破断しかつプランジャーが試料の底面に衝突しない位置に設定する必要がある。一般的には，試料厚みの50～90 % の間に設定される。

一方，食品のテクスチャー測定は人間が実際に食品を食べたときの感覚を数値化することを目的としている。試料の大きさ，プランジャーの選択，測定温度などは破断測定と同様であるが，テクスチャー測定の場合，プランジャーを定速で上下運動させるものが多く，圧縮回数は2回が一般的である。テクスチャー曲線からは試料の硬さ，付着性，凝集性，もろさ，ガム性，弾力性，咀嚼性などの結果が得られる。たとえば通常，ハイアミロース，ワキシー（モチ性）小麦粉などで調製したパンの保存中の軟らかさをレオメーターで測定すると，モチ性小麦粉を含むパンは通常小麦粉のものよりも有意に破断強度を低下させ，パンの保存性を高める。また，焼成直後のパンの咀嚼性や付着性は大きくなり，軟らかくかつ粘りとモチモチ感のあるパンとな

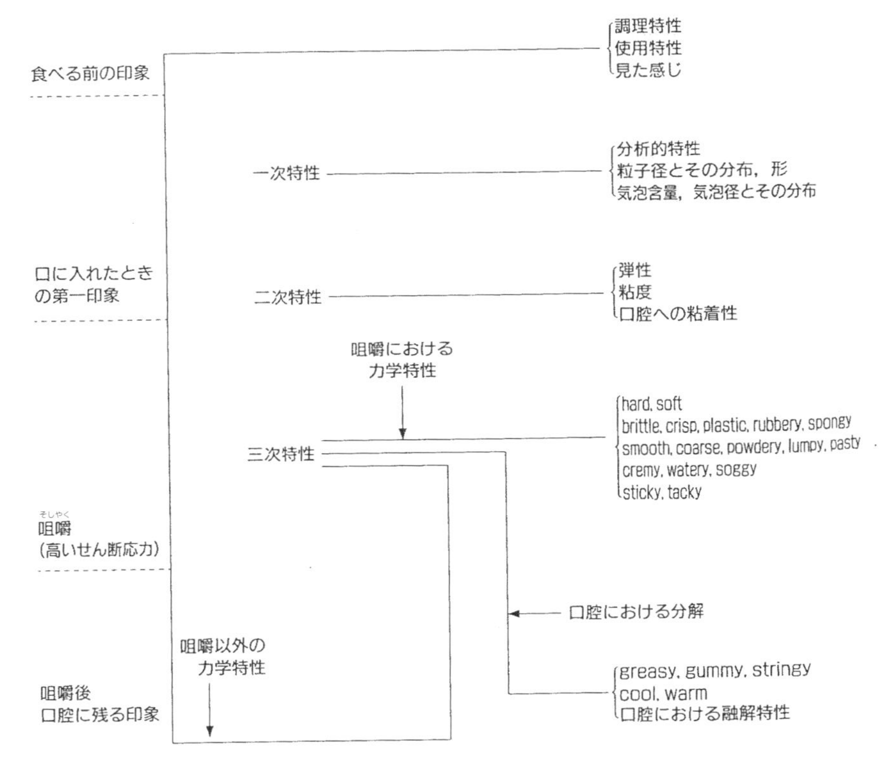

図4　シャーマンが提唱したテクスチャープロファイル

［P. Sherman, *J. Food. Sci.*, **34**, 458-462（1969）（増成隆志，川端晶子 編著，"21世紀の調理学3美味学"，p.172，建帛社（1997））］

る。また，モチ性小麦粉を使用したゆで麺に一定のひずみを与えながら引張破断試験を行うと，麺が破断する（切れる）までの伸びは通常小麦粉よりも大きくかつ引張強度は小さくなり，麺の食感として一般的に粘弾性のあるモチモチした食感に対応する測定結果が得られる。

b. 人の五感を使っておいしさをはかる－おいしさと五感

食品のおいしさは図5に示すように五感，すなわち味覚，嗅覚，視覚，触覚，聴覚の感覚受容器を通じて知覚され，過去の経験とも照合し総合的に判断されて評価される。現在，食品の味は甘味，酸味，塩味，苦味，うま味の五つの基本味からつくり出されているが，人は味を食品の中で単独に感知するのではなく，図5に示したように香りやテクスチャー，その他の様々な要因と相互作用しながら感知している。

味を感じる器官と閾値　私たちは舌から味を感じる。舌はその部位によって基本味に対する感受性が異なり，舌の先端部は甘味，側縁部は酸味，舌根部は苦味，先端部と側縁部では塩味をよく感じる。舌に存在する味蕾（みらい）細胞を各呈味成分が刺激し，その情報が味覚神経を通じて脳に伝えられ味が感知される。物質に対して人が呈味成分を含む水溶液から味覚刺激を感じることができる最小濃度（%）を閾値（いきち）という。人は甘味（0.16%）の閾値が比較的高いが，酸味（0.00092%）と苦味（0.0001

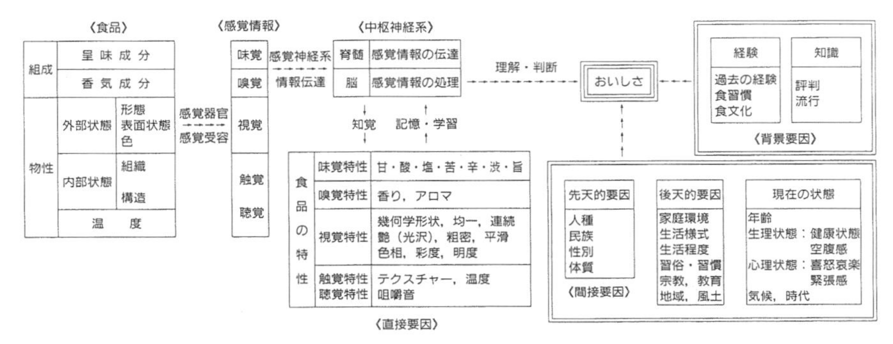

図5　食品のおいしさの判定過程

［増成隆志，川端晶子 編著，"21世紀の調理学3美味学"，p.199，建帛社（1997）］

%）は非常に低く，これは生態防御に関係すると考えられている。しかし，実際の食事では2種以上の味物質を同時に摂取しているため，各味覚を単に混合した味を感じるのではなく，対比，相殺，マスキング，変調，相乗効果などが生じ複雑な味となって感知される（5.2.1 h 参照）。

官能評価　食品のおいしさを人の感覚器官を使い客観的にはかる方法が官能評価である。官能評価には食品の特性を評価する「分析型官能評価」と，食品の好みを調査する「嗜好型官能評価」がある。官能評価の評価対象者の集団をパネルという。前者は人間の感情を極力排除しその感覚器官を測定機器として利用するため，分析型パネルには鋭敏な感度が要求され専門的な訓練が必要である。一方，後者はおいしさや嗜好を人間の感情を使って判断する。こちらは，評価される食品を介して人間の特性を知ることが目的なので，できるだけ偏りなく多くのパネルを選ぶことが必要である。官能評価の際には周囲の雰囲気などの影響を避けるため，各自個室にはいって評価するパネルブース法がとられることもある。また，連続評価による感覚低下（疲労）や一時的変化（順応）などの効果が生じるため，これらを避けるために同時検査する試料数をできるだけ少なくする必要もある。

官能評価には主に，①差を識別する，②優劣の順位をつける，③数値化する方法などがある。さらに，①には客観的な順位のある（たとえば一方は甘味濃度が高い）2種類の試料から，ある特性に該当する（甘味の強い）方を選ばせる「2点比較法」などがある。また，②には複数の試料に対して特性の強弱や嗜好性の程度について順位をつけさせる「順位法」があり，これは多数の試料を迅速に評価する場合に適している。さらに，③には数値尺度を使用し食品の特性や嗜好に評点を与える「評点法」がある。通常は，食品の品質管理には「分析型評価」が適当であり，食品の品質改良や開発のために試作品の一般的な嗜好調査を行うときは「2点比較法」や「評点法」などが用いられる。

日本のテクスチャー文化は古代から噛むことで，硬さ，軟らかさ，歯ごたえ，歯ざわりなどを楽しむ習慣があり今日まで受け継がれている。テクスチャーの言語表現の日米比較を行ったところ，テクスチャー語彙はアメリカ人の78語に対して日本人は406語であり，この理由として多様な日本料理に由来する色調・色彩に対する繊細さと，元来日本語に多く含まれる擬声語や擬態語の食べ物の描写における広い利用があるとされている。このような食文化に支えられた日本人の優れた官能評価能力が複雑・繊細な味と食感を楽しめる多数の食品を生み出してきたと考えられる。　［前田 智子］

5.3.5　繊維の材質をはかる

a. 繊維の太さをはかる

「髪の毛の太さってどれくらいか知っていますか？」という問いにきちんと答えられるだろうか。「1ミリよりも細いよね」とか「1ミクロンくらいですか」という大学生の返事にはあきれてしまうが，考えてみれば1 mm 以下の長さの単位については知ってはいるが，実際「はかる」ことを経験することは少ないのではないだろうか。さて，1 mm の1000分の1の長さ単位はマイクロメートル（μm）である（現在でもミクロンという人がいるが，これはすでに単位としては用いられていない）。文房具として使用する「ものさし」の最小刻みは1 mm であるから，目分量でも1 mm の半分以下とか，あと少しで1 mm ということはわかるかもしれないが，1 mm 以下を測定するには「ノギス」が一般的である。しかし，木材や金属のような硬いものはノギスで測定しても問題ないが，繊維のような柔らかく押しつぶされて変形する可能性のあるものにはノギスは不適格である。そこで「マイクロメーター」を用いる（図6）。数 μm 程度の誤差はあるが，使用法はごく簡単で子供でもかなり正確に測定できる。マイクロメーターはノギスと違って材料を圧縮しないようにラチェットストップがついていて空回りするようになっている。それでも柔らかい繊維やフィルムは多少とも変形する危険がある。ちょうど衣料品に使用される繊維材料はどれも10～50 μm の範囲であることを考えると，手軽にしかも安価な器具で測定するにはマイクロメーターにかなうものはない（めがね拭きに使用される超極細繊維などの直径1 μm 以下は測定できない）。

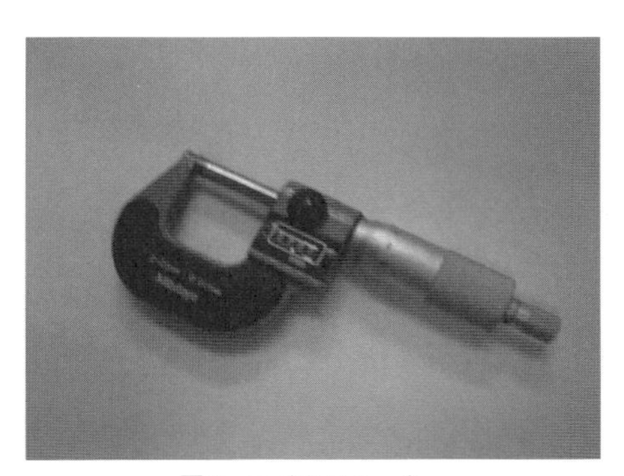

図6　マイクロメーター

ところで繊維の断面はいつも円形であるとは限らない。いや，円形のほうがどちらかというとまれである。髪の毛や羊毛，それにポリエステルやナイロンのように合成繊維でも溶融紡糸によって製造されるものは，太さが均一でほぼ円形である。しかし，その他の繊維の断面はほとんどが変形している（ポリエステルではさまざまな機能を出すうえでわざと異型断面繊維がつくられる）。したがって，繊維の正しい太さの測定というのは案外とむずかしい問題である。

では，もっと正確に測定するにはどうするか。学校の理科室にあるものでは光学顕微鏡である。高級なものでなくても学生実験用のものでよい。繊維1本をスライドガラスの上に置き，両端をセロテープで固定する。繊維試料は上下のフォーカスが合いにくいため幅がぼやけるが，慣れるとだいたいの感覚でわかるようになる。もしも，鉱物顕微鏡のように偏光装置が備わっていれば，クロスニコル下で視野を暗くして繊維を浮かび上がらせると測定しやすい（繊維は引っ張り条件下で異方性になっているため色がつく）。さて，こうして繊維1本の顕微鏡写真をわずかにフォーカスを変えて，そして試料位置を変えて数枚の写真を撮る。一方，同じ倍率で1 mm を正確に100等分したゲージ（市販されている）の写真を撮る。写真上の繊維の太さとゲージの100 μm（あるいは10 μm）の長さの実測値の比をとることによって，かなり正確に繊維の太さが測定できる。光学顕微鏡法で実際に測定した繊維の例を図7に示す。断面の形状は正式にはパラフィン包埋してミクロトームで切断して試料をつくるが，簡便法としてコルク片に繊維を通し，鋭いかみそりの刃で薄く切ったものでもよい。これを顕微鏡観察すれば断面の形とともに太さも測定できる。

さらに高度な測定法もある。よく繊維の書物に写真が掲載されている拡大写真は走査型電子

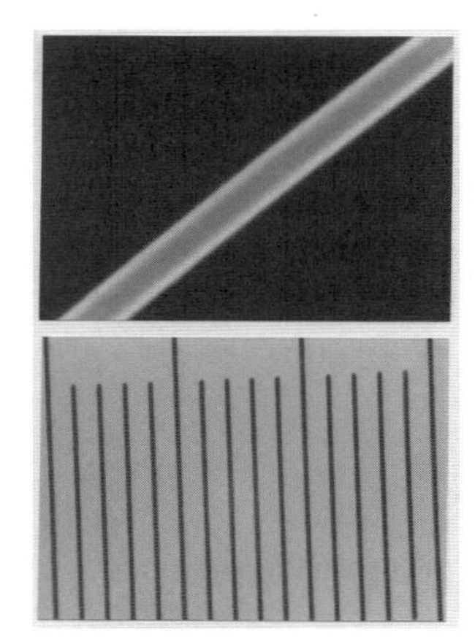

図7　繊維の写真とゲージの写真
ナイロンモノフィラメントの偏光顕微鏡での撮影。同じ倍率での基準ゲージ。両者の実測からこのナイロン繊維は太さが 24 μm であった。マイクロメーターで同じ繊維を測定したところ 22 μm であった。

顕微鏡（SEM：scanning electron microscope）によるものである。非接触の方法ではレーザーを用いる方法がある（レーザーポインターでもOK）。垂直に固定した繊維1本にレーザー光を当てると散乱光がレーザーと反対側に立てたスクリーンに像として得られる。散乱像は点状に水平上に現れるが，この点間隔を測定することにより繊維の径が測定できる。理論式（ミー散乱理論といわれる）はむずかしいが，一度繊維試料とレーザーとスクリーンの位置をセッティングしてマスター曲線を作成しておくと，いつでも利用できる面白い方法である。物理や数学の好きな人にはお薦めである。

b.　繊維の力学特性をはかる

もし繊維が力学的に非常に弱い物質であると仮定するとどうなるだろう。服を引っ張っただけで，ボロボロっと引き裂かれたり，ズボンをはくときに少し足が引っかかっただけで破れてしまう。これでは衣服にならない。合成繊維の第1号ナイロンが世に登場した1940年頃，「蜘蛛の糸よりも細く，鋼鉄よりも強い」といわれた。大げさなと思われるかもしれないが，単位面積（通常1 mm^2）あたりの強度は確かに鋼鉄に匹敵する。天然繊維では麻も非常に「強い」繊維である。ここでいう「強い」とは，学術的には「引張強度」で，繊維が切断するまで引っ張った瞬間の力である。もし，糸を数本束にして両手で引っ張ってみるとよい。手のほうが切れそうになる。

先に繊維の太さについて述べたが，なぜことごとく衣料に使用される繊維は大体10～50 μm程度の直径なのであろうか。実は，この細さこそが繊維の強さの秘密なのである。もちろんわざと太い合成繊維でつくった服は着心地もすごく悪いであろうが，それよりも現実の力学的特性が弱くなる。

さて，繊維が「強い」という一般的なイメージはさまざまに解釈される。伸びにくさ，裂けにくさ，しなやかさも「強さ」かもしれないが，それでは混乱するのできちんと定義がある。その一つが上記の「引張強度」である。他の強さの指標は「引張弾性率」（ヤング率）である。「引張強度」はあくまでも切断時の力であり，繊維がどの程度伸びるかということと関係ない。極端にいえば，グーンと伸びても切れる瞬間の力が大きければ「引張強度」は大きい。これは，われわれの「強い」という感覚からややずれているので「引張弾性率」がある。「引張弾性率」は繊維をある一定の長さに伸ばすのに必要な力である。両者とも単位は現在では「GPa（ギガパスカル）」が用いられている。1 kg重 mm^{-2} = 0.0098 GPaである。実用的な衣料用繊維の最大値としては，引張強度ではナイロンの1.1 GPa（繊維1 mm^2あたり100 kgの体重の人がぶら下がっても切れない程度），弾性率ではポリエステルの15 GPaである。

実験的には簡単な装置をつくることはむずかしいので，引張試験機を用いる以外にはない。試料は木綿や羊毛あるいは合成繊維でも短繊維（ステープル）の場合は，ほぼ同じ長さの繊維を選んで紙の上に並べ両端を接着剤で固定する。絹をはじめ合成繊維でも長繊維（ステープル）の場合は，チャック間が3 cmになるように調節する。繊維の場合には結束強度や引っ掛け強度を測定する場合もある。また，繊維で重要な

「ねじり特性」もある。先に単位について触れたが，このような力学的な特性はすべて繊維の断面積の関数であるから，繊維の太さを知ることはまず重要である。

c．布の吸湿性・吸水性をはかる

布の「吸湿性」とは一般に，その布に含まれる平衡量とともに，どの程度の速度で湿度を吸うかという速度量の二つの概念を含んでいる。しかし，どちらかというと「吸湿性」という用語は平衡量を指し示す場合が多いように思える。さて，平衡量という観点では「吸湿性」はその布を構成する繊維素材の吸湿性を直接反映する「化学的特性」である。したがって，綿布の吸湿率は綿繊維の吸湿率と値は同じはずであり，化学構造がすべてを決めている。しかし，布の吸水性は繊維そのものの加工や織り方によって変化する「物理的特性」であるので，繊維素材の吸水率とはまったく異なってくる。この点がややこしいが「水」は表面張力が大きいので，液体の水は気体の水（水蒸気）とはまったく別の物質であると考えてもよい。たとえば「羊毛の吸湿性は繊維の中では最も大きいが，繊維表面のキューティクルによって水をはじく性質がある」。これは羊毛の大きな特徴の説明であるが，一見矛盾しているかのように思える。「気体の水」と「液体の水」を同じ水だとすれば説明がつかなくなってしまう。また，吸湿性，吸水性についてもきちんと用語と現象を整理しなくてはいけない。学術論文で使用する用語には「吸湿率」（水分率と同義），「水分率」（乾燥試料を基準），「含水率」（湿潤試料が基準）がある。とくに比較的よく水を吸う物質では，基準が乾燥状態なのか湿潤状態なのかで値が変わってくるので要注意である。

吸湿性をはかるということは，現実には空気中の水分をどれだけ布が吸っているかということである。一昔前は布団の綿（わた）には木綿が使われていた（現在はポリエステルが中心）。木綿は室温，湿度65% で約 8 g 程度の水蒸気を吸っている。だから湿度の高い雨の日にはもっと重くなる。年配の方では，布団を天日干すると軽くなったという経験をお持ちの方も多いだろうが，現在のポリエステルの布団では重さに変化はない。

布の吸湿率の測定を示そう。最も良く知られた方法で，しかもかなり正確なのはデシケーター法である（図 8）。湿度の一定条件をつくるため，デシケーターに飽和塩溶液を使用する場合と，濃度の異なる硫酸を使用する場合がある。飽和塩溶液の方が廃棄する場合には簡単であるが（濃硫酸の中和は時間がかかる），長期にわたって使用するには塩が析出しないように温度管理をうまくする必要がある。飽和塩の種類と平衡蒸気圧は，たとえば塩化ナトリウム（35 % 溶液）で相対湿度 70% の環境ができる。

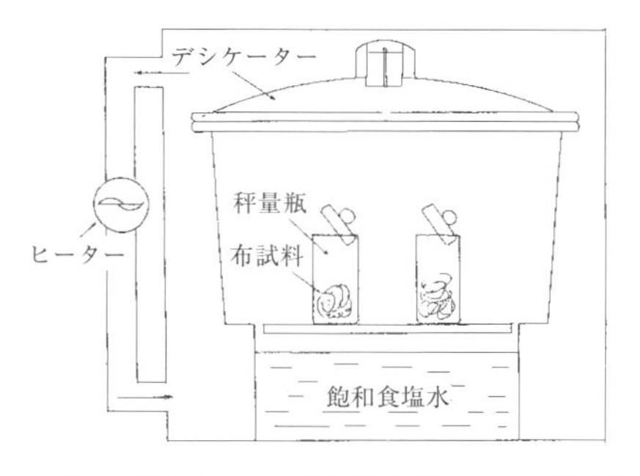

図 8　デシケーター法による吸湿実験の模式図

実験方法は以下のとおりである。

①使用する秤量瓶をよく洗浄し，熱乾燥後，精密天秤で重量を測定する。②布試料約 1 g をその秤量瓶に入れる。③秤量瓶のふたを開放してオーブンで約 100℃，2 日間加熱する。温度が数十℃ まで下がった段階で秤量瓶のふたをすばやく閉め，再び精密天秤で重量を測定する。④飽和塩溶液を入れたデシケーター内に，布の入った秤量瓶を開放して 3 本入れる。デシケーターのふたをする。もし，デシケーターのふたが活栓付きであればアスピレーターで数十秒デシケーター内の空気を吸引する（この操作によってデシケーター内の湿度は早く一定値に達する）。⑤温度管理した部屋に 10 日以上放置し，デシケーターのふたを取った直後に秤量瓶のふたを閉め重量測定を行う。

表4　飽和食塩水を使ったデシケーター法による繊維の吸湿性の実験例（20℃）

	秤量瓶の重量〔g〕	布乾燥試料を入れた秤量瓶の重量〔g〕	布の乾燥試料〔g〕	デシケーターから出した直後の布乾燥試料を入れた秤量瓶の重量〔g〕	吸湿水分量〔g〕	水分率（吸湿率）（%）	公定水分率（JISによる）（%）
試料	A	B	$(A-B)$	C	$(C-B)$	$(C-B)/(A-B)$	
綿	22.6791	23.9923	1.3132	24.1078	0.1155	8.80	8.5
羊毛	23.0374	24.2977	1.2603	24.1399	0.195	15.5	15.0
絹	23.0745	24.0342	0.9597	24.1399	0.1057	11.0	12.0
ポリエステル	22.8763	24.4516	1.5753	24.4604	0.0088	0.56	0.4
ナイロン	22.9318	24.2658	1.3340	24.3330	0.0672	5.0	4.5

大学生が授業で測定した実際の結果を表4に示す。公定水分率とほぼ一致している。デシケーターは湿度の異なるものを最低でも5種類は用意しておく。また，3本の秤量瓶を用いるのは平均値を出すためである。一連の操作は2週間以上を要するが，これらの操作によって精度よく「水分率」が測定できる。「含水率」も同時に計算できるが，吸湿性の比較的小さい繊維の場合には含水率の値は水分率とあまり変わらない。一方，吸湿速度の測定はかなりむずかしい。いわゆるガラス管を組み合わせた真空ラインを作成して，精密石英スプリングあるいは電子天秤を組み込み吸湿速度を測定する。このような測定では重量はマイクログラムまで評価でき，時間とともに変化率を追跡することにより水蒸気の「拡散定数」が物理量として得られる。

吸水性の場合にも「平衡量」と「速度量」の二つの概念を含んでいる。吸湿とは違って，吸水は目に見える現象であるから速度の測定は容易である。したがって，吸水性は「吸水率（保水率）」「吸水速度」の両面から比較的容易にはかることができる。例を示すと，一定時間水に浸した一定の大きさの布試料（通常7.5 cm × 7.5 cm）を同じ条件で脱水し，含水量を試料重量で除すことによって吸水率（この場合は保水率ともいう）が測定できる。吸水速度の最も簡単な比較実験は，布片を一定の大きさ（1 cm × 1 cm）に切り，ゆっくりと水面に浮かべた後に沈み始めるまでの時間を観測する方法である。これでも繊維の種類によりかなりの違いが生じる。より正確には滴下法，バイレック法（吸い上げ法）がある。バイレック法は縦長に切った布試料をつるし，下端1 cmを水中につけ10分後の上昇した水分高さをはかる。これらについての詳細は実験書を参考にしてほしい。なお，吸水速度と吸湿速度とは何も相関関係がない。

［福田 光完］

5.3.6　人体をはかる

人体をはかってみよう。といっても身長や座高ではない。手を60°の角度で上に挙げたときの指先までの高さ，目の高さ，肘頭（ちゅうとう）の高さ，手を下に垂らしたときの指先端までの高さをはかってみよう。それは年齢によって当然異なるから，いろいろな年齢のそれをはかってグラフにしてみると，幼児期から50歳くらいまでの間の各部寸法は身長とほぼ比例することがわかる（図9）。

この人体の各部の高さと，ものの高さを比べてみると，それぞれ，手を伸ばして届く高さの上限，見える高さの限界，もっとも引っ張りやすい高さ，使いやすい棚の高さの下限であることがわかる。つまり，ものの高さは身長と密接に関係があることがわかる。すると，身長を基準にしたひと（各部）・ものの高さ寸法の略算値をつくることができる（図10）。

人体の頭・手・足の寸法をはかってみよう。頭長，頭幅，頭高といった頭の寸法はたとえば

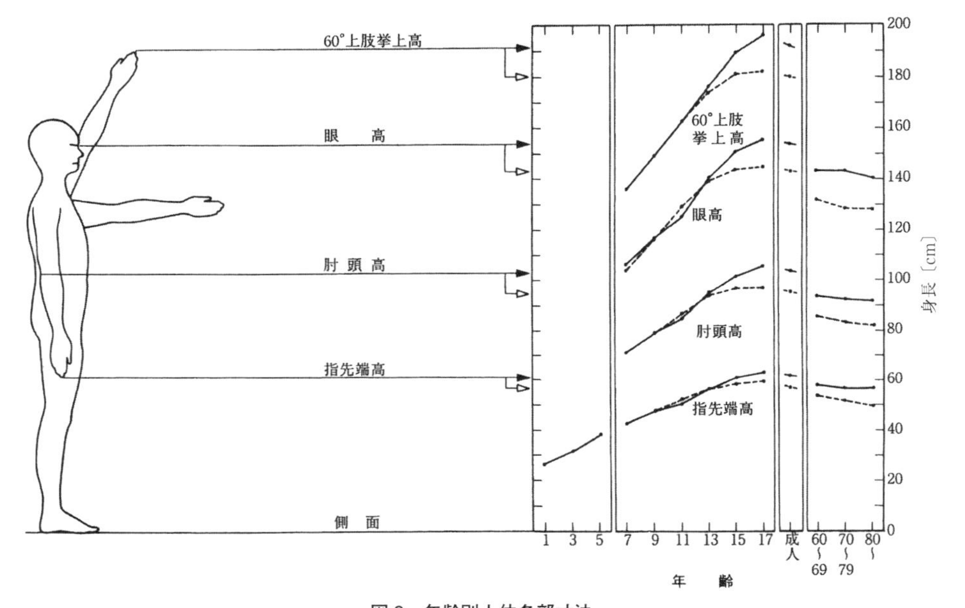

図9　年齢別人体各部寸法

［日本建築学会 編，"コンパクト建築設計資料集成"，p.28，丸善（1986）］

ベビーベッドの柵幅を決めるときに考慮しなければならないものだし，手幅，手長，第Ⅲ指最大厚はドアや家具のとっての幅を，足幅，足長，足背高，足背長は階段の踏み面や台類のけ込み部を考えるときに必要となる。

このように，ものをつくるとき，人体の寸法を考慮したほうがよいことがわかる。そして，そこには，たとえば身長を基準にしたひと・ものの高さ寸法の略算比のように，一定の関係を認めることができるということが了解されよう。

こうした人体の寸法を私たちの生活空間に用いることは，最近に始まったことではない。かなり古くからある，といってよい。それは私たち人間の住む空間だから，当然のことかもしれない。実際，長さの単位も，洋の東西を問わず，人体各部の寸法をもとにつくられている（図11）。

人体寸法を私たちの生活空間に用いていくと，人体そのものを用いることに行きつく。その一例として，古代ギリシャ・アテナイ（現アテネ）の神域アクロポリスの神殿の一つ，エレクティオンが挙げられる。そこには6本の女像柱で支えられた建物がある。

また，古代ギリシャ建築の構成の基本となった円柱の形式（オーダーとよばれる）に三つあることはよく知られている。これは古代ローマにも受け継がれている。これらの柱はそれぞれ人体を模倣したものである。これを発見した古代ローマの建築家 Marcus Vitruvius Pollio（ウィトルーウィウス，BC 80/70 頃－BC 15 以降）は，これらの柱について彼の著書"De architectura libri decem"（森田慶一 訳注，"ウィトルーウィウス建築書 第2版"，東海大学出版会（1979））に次のように述べている。ドーリス式の柱は「荷を負うに適しかつ見たところも是認される美しさをもつためにはどんな割付けでそれを造り上げることができるかを探求して，男子の足跡を測ってそれを身長に当てはめた。男子では足は身長の六分の一であることを見いだしたから，かれらは同じことを柱に移し，そして柱身の下部をどんな太さにしようとも，

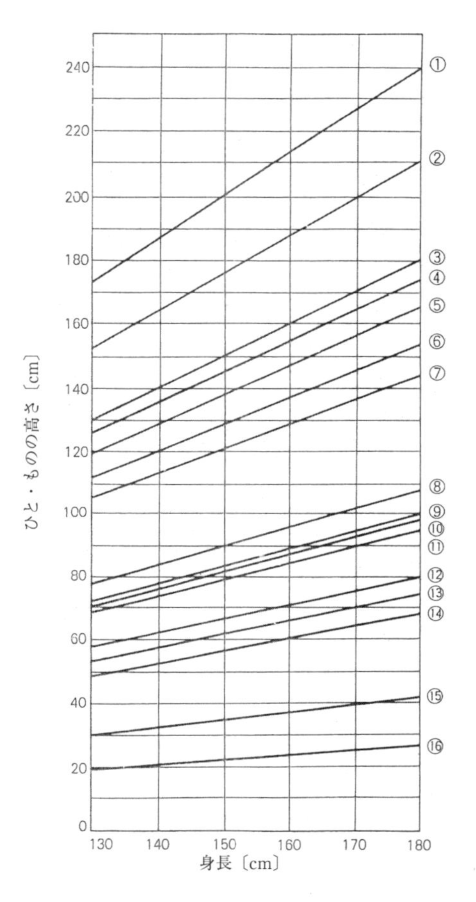

番号	ひと・ものの高さ	身長を基準にした略算比
①	手をのばして届く高さ	1.33
②	物を出し入れできる棚の高さ（上限）	1.17
③	指　極	1.0
④	視線を遮る隔壁の高さ	0.97
⑤	眼　高	0.92
⑥	使いやすい棚の高さ（上限）	0.86
⑦	肩峰点の高さ	0.8
⑧	引張りやすい高さ（最大力）	0.6
⑨	人体の重心高	0.56
⑩	立位の作業点，座高	0.55
⑪	調理台の高さ	0.53
⑫	洗面台の高さ	0.44
⑬	事務用机の高さ＊	0.4
⑭	使いやすい棚の高さ（下限）	0.38
⑮	作業用いすの高さ＊	0.25
⑯	作業用いすの座面・背もたれ点距離	0.14

＊　履物の高さは含まない

図10　身長を基準にしたひと・ものの高さ寸法の略算値

［日本建築学会 編，“コンパクト建築設計資料集成”，p.28，丸善（1986）］

その六倍だけを柱頭も含めた高さにもって行った」ものだという。アクロポリスのパルテノン神殿はこのドーリス式の柱を使ったものとしてもっともよく知られているが，それは全ギリシャにとっての理想の美の表現であったという。残る二つの柱形式についても，イオーニア式の柱は細やかさと飾りとシュムメトリアをもつ婦人の姿，コリントゥス式の柱はもっと繊細で装飾を用いていっそう美しい効果をうる少女の姿だと述べている。

インドネシアのバリ島では，こうした人体あるいは人体寸法を彼らの生活空間に今も用いている。建物の構造をみていくと，建物の屋根は頭，柱は胴体，盛土基礎は足，と彼らは理解している。柱も同じく頭，胴体，足からなっていると考えて柱を彫りきざむ。このようなとらえ方は，建物やその構成部位だけでなく住居敷地の構成にもみられる。祖先の祠を祀るスペースは頭，生活・仕事のスペースは胴体，入り口や台所・豚小屋は足である。これだけでなく，バリ人は，あらゆるものを人体の三つの部分からなっていると考えている。彼らの生活空間であるバリ島も，山は頭，彼らの日常生活の場は胴体，海は足であると理解している。

このような宇宙観にまで及ばなくとも，建物をより美しく見せようとすることは古代からみられることであり，そのときに人体寸法を用いることも同様である。そこで人体寸法を科学的に解明しようと思い立った人々がいても不思議ではない。

その一人にイタリア・ルネッサンスを代表する画家 Leonardo da Vinci（レオナルド・ダ・

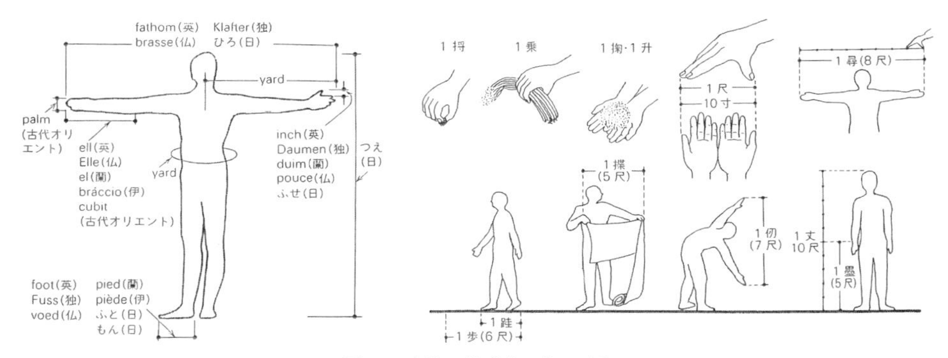

図 11　人体に基づく尺度の呼称

［戸沼幸市，“人間尺度論”，彰国社（1979）］

ヴィンチ，1452-1519）がいる。彼はウィトルーウィウスが上述の“De architectura libri decem”の中で，腕を伸ばした人間は円と正方形の両方に正しく内接すると主張していることに強く感銘を受けたようで，「人体の中心は自然に臍（へそ）である。なぜなら，もし人が手と足を広げて仰向けにねかされ，コムパスの先端がその臍に置かれるならば，円周線を描くことによって両方の手と足の指がその線に接するから」「人体に円の図形がつくられるのと同様に，四角い図形もそれに見いだされる…足の底から頭の頂まで測り，その計測が広げた両手に移されたならば，定規をあてて正方形になっている平面と同様に，同じ幅と高さがそこに見いだされる…」（同前書）ことから，あの有名な「人体のプロポーション」（図 12）を描いた。この図の人物は 40 歳ころのダ・ヴィンチ自身だともいわれている。画家としてだけでなく，科学者として建築に，機械に，さらには人体や動物の解剖図までも手がけたダ・ヴィンチは，静的な比例のみならず，人体解剖学と運動の法則とを考慮に入れることによって，人体の運動にも一貫した原理を見出そうとしたのである。

近代建築の三巨匠の一人，フランスの建築家 Le Corbusier（ル・コルビュジエ，1887－1965）の“Le Modulor”（モデュロール）は，このような人体寸法を規範とした比例理論を追及して完成させたもののひとつである。これは，デザインのためのモデュール（寸法基準）の提案であり，身長約 183 cm を標準寸法とした整数比，黄金比，フィボナチ級数列などの組み合わせによる尺度体系である。彼自身はパルテノンを取り上げ，それが一定の規則に従い，連絡ある系統をなし，根本的な統一さえ認めているところの尺度がある，と評価している。そのことから考えて，パルテノンへの深い造詣が理論化を推し進める原動力であったことがうかがわれる。彼はまた，人体デッサンも多数遺している。そして，このモデュロールを用いてマルセイユの集合住宅「ユニテ・ダビタシオン」などの設計を行っている。

わが国では，建築家の磯崎新が，今は亡きマリリン・モンローの肢体を規範にした『モンロー定規』をつくったことがある。

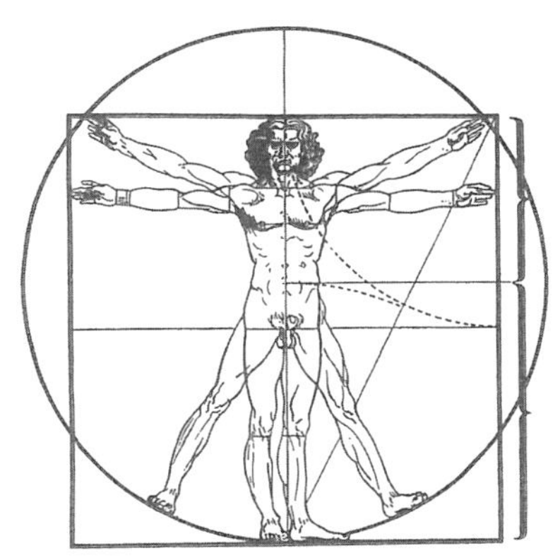

図 12　ダ・ヴィンチの人体のプロポーション

しかし，日本人は柱や住まいにカミを見出しはしたが，その建築にあたり人体のアナロジーあるいは人体寸法を直接用いることは，ついぞ考えなかったようである。

［川西 尋子，中岡 義介］

参考図書

1) 森田慶一　訳注，“ウィトルーウィウス建築書”，東海大学出版会（1979）.
2) Eko. Budihardjo, “Architectural Conservation in Bali”, Gadjah Mada University Press (1986).
3) ル・コルビュジエ 著，吉阪隆正 訳，“モデュロール1（SD選書111）”，鹿島出版会（1976）；*ibid.*, “モデュロール2（SD選書112）”，鹿島出版会（1976）.

5.3.7　へやをはかる

へやの寸法をはかってみよう。へやの寸法には平面寸法と立体寸法がある。天井高，窓や出入り口の高さ，腰高などが立体寸法であるが，一つずつ実際にはからなければ，見ただけでは見当がつかない。ましてやそれを図に表すとなると，間取りつまり平面寸法を書くようにすらすらとはいかないに違いない。

まず，天井高について見てみよう。日本の住宅の天井高は2.3 m前後であるが，欧米では天井が高い。2.7～3 mくらいある。建築学者の上田篤は“日本人と住まい”（岩波新書（1974））の中で，これは文化の違いによるもので，天井が高いのはヨーロッパ人の「向天思想」からきている，と述べている。日本も最初は中国建築の影響を受け，寺院や寝殿造（しんでんづくり）の一部に格子に板を張った格天井（ごうてんじょう）とよばれる高い天井がつくられた。今日のような低い天井になったのは，茶室にはじまる数寄屋造（すきやづくり）からである。茶室とは草の庵（いおり）つまり庶民の住宅を範としたものであるから，低い天井になったのは庶民建築の影響ということができよう。そして，「天井の高きは冬寒く燈暗し」と兼好法師がいったように，日本では天井が高いのは住みにくいとされてきたのである。

実際，和室で天井が高すぎるとなんとなく落ち着かない。窓高が低いほうが広々と感じる。ところが，洋間では天井高が重要である。狭いへやほど天井を高くした方が落ち着く。これは，床の上にじかに座る和室と床にイスを置いて座る洋間とでは，視線の高さが異なるからである。しかし，そこまで考えて自分の家をつくる人はあまりいまい。和洋折衷である現代の住宅において立体寸法はもっと考慮されるべき問題かもしれないが，どうも私たちは立体寸法に疎いようである。

それに比べると，日本人はへやの広さを示す平面寸法感覚が発達している。日本では畳の数でへやの広さを示す。マンションのLDKの広さも約13畳（じょう）と，畳が使われる。LDKに畳を敷くわけではないが，平方メートルを使わずに畳で示す。これは，畳の数により日本人がへやのおおよその広さを把握できるからに他ならない。また，住居専用面積72.6 m^2（22坪）のように，平方メートルと坪数が併記されることが多い。1坪は3.3 m^2であるが，畳に換算すると2畳のことである。ここでも，畳の数を基準にして考えるほうがわかりやすい。

日本の建築はふつう基準となる格子の上で平面を考える。住宅の平面をつくるとき，素人でも半間（はんげん）の格子の上で，何畳のへやをどこにつくろうかと考える。畳の寸法は半間×一間である。だから，格子ふたつで畳1枚となる。たとえば，6畳のへやは12の格子からなる方形で表される。間（けん）は柱と柱の間を指し示す言葉で，古来から日本の建築に用いられてきた長さの単位である。そして，住宅の玄関の間口が一間というように現在でも使われる。半間，一間はメートル法で示せば，おおざっぱに90 cm，180 cmとなる。

このように，日本の生活の中に根付いた畳が，日本人がへやの大きさを推測するめやすになっている。日本の住宅では，畳の数が基準，つまり畳がモデュールになっているのである。畳を基準にすることにより，日本人は平面寸法感覚がかなり発達しているのである。

それでは，畳の寸法をはかってみよう。すると，さまざまな寸法が出てくるのには，まったく驚かされる。地域にもよるが，戸建て住宅と集合住宅によっても違いがある。

古くは地方によって基準が異なり，その中で京間と東京間がよく知られている。京間は東京間よりひと回り大きい。8畳のへやなら両者の面積差は2.25 m²もある（図13）。京間は京都を中心に用いられ，基準となる畳の寸法は数種あるが，畳の長辺を6尺3寸（189 cm）にするのが一般的である。京間畳は京都周辺の近畿地方などこの家にも合う規格型で，家財道具の一つと考えられていた。戦前までの都市の住宅のほとんどが借家で，畳が備え付けられていなかったからである。引っ越しの際には畳を持参して移動した。

一方，東京間は江戸間・田舎間ともよばれ，関東地方の町家で用いられた。柱心距離を一間とし，一間を6尺（180 cm）と定めたため京間よりも小さい。この他に，長辺約182 cmの中京間もある。さらには，住宅の種類によっても異なる。公団住宅（日本住宅公団（現・都市再生機構）が供給した住宅）の畳は長辺が160 cm，木造文化アパート（関西地方に多く建てられた木造2階建の棟割りアパート）の畳に至っては，なんと長辺が140 cmというものもある。

このように，日本の住宅のモデュールが畳であるにもかかわらず，畳のサイズはまちまちで全国で統一されていない。現代人は，何畳というだけで自分自身が身につけている畳の大きさでへやの広さを大まかにつかむのだが，基準となっている畳の正確な寸法にまで関心があるとはさほど感じられない。

この畳をはじめとして，障子や襖などの建具や瓦も微調整可能な建築部品である。一応の規格材料はあるが，職人によって製造され，さらに現場で各家に合わせて微調整できる日本独特の建築部品である。

畳の語源は，ものをたたんだり積み重ねたりすることにあるから，畳の発生をそういうものと考えれば，古く竪穴（たてあな）住居にもそれを見出すことができる。山上憶良の歌の一節に「直土（ひたつち）に藁解き敷きて」とあるように，土間の上に藁や籾を敷き詰めて暮らしていた。高床住居も，板の間に動物の皮や布などをうすべりのように敷き詰めていた。土間や床の上にものを敷いて暮らすことが，もともと日本の生活習慣であった。

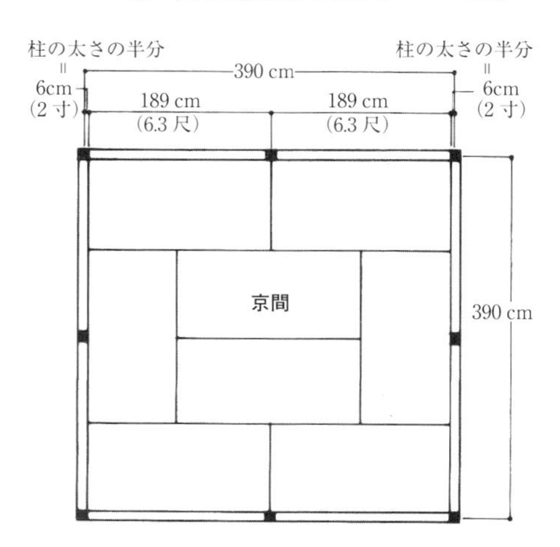

3.9 m × 3.9 m = 15.21 m²

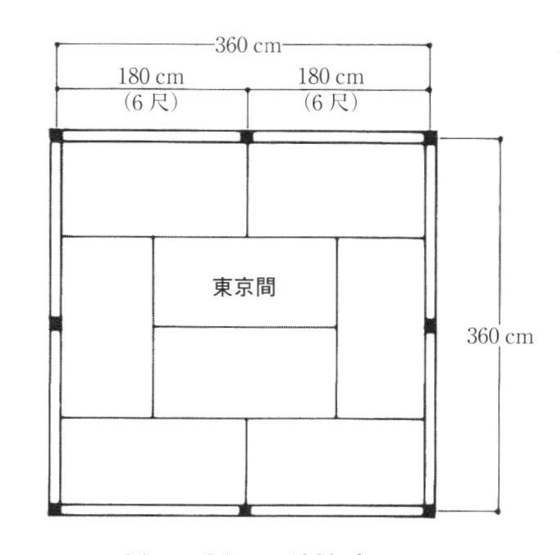

3.6 m × 3.6 m = 12.96 m²

図13 京間と東京間の寸法差

［湯川聡子，井上洋子，"住居学入門 新訂版"，学芸出版社（2004）］

畳がはじめて登場するのは平安時代の上層階級の住宅である寝殿造になってからである。しかし，現在のようにへや全体に畳を敷き詰めるのではなく，内部が板敷であったため，座るところにだけ畳を敷く置畳（おきたたみ）であった。畳を2枚並べた上に茵（しとね）を敷くのがつねであった。畳縁の色は身分の上下を表した。しかし，庶民は土間に床座のままであった。

当時は，このような床に座る形式以外に，倚子（いし）などによる腰掛ける形式も用いられたが，儀式の場合だけで一般の日常生活には定着しなかった。また，寝殿の寝室となった塗籠（ぬりごめ）の内部には御帳（みちょう）が置かれ，その中には寝るための台の上に畳を2枚並べて敷き，さらに竜鬢（りゅうびん）の地敷きを重ね，まくらなどを置いた。

また，『春日権現験記（かすがごんげんけんき）』（14世紀初め）の老尼の住まいに，寝るところにだけ置畳を敷いた状態（図14）と，僧侶が畳を運んでいる場面が描かれている。また，『石山寺縁起（いしやまでらえんぎ）』には，へやのまわりにだけ畳をつねに敷いておく追い廻しという敷き方が見られる。そして，15世紀以後になると，追い廻しから畳がへや全体に敷き詰められるようになる。

図14　寝るところにだけ畳を敷いた状態（『春日権現験記』）

このように，世界に類をみない日本特有の住文化ともいうべき畳は，座る・寝るという機能をもった敷物であり，イスであり，ベッドなのである。

一方，室町時代から桃山時代における代表的な建築である書院造は，へやの寸法を割り出す方法を大きく変えた。それまでは，京間を基準単位として真々制（しんしんせい，座敷を囲む柱の中心から中心までの寸法を基準とする）で「柱割」をする方法であったが，京間畳を基準単位とする内法制（うちのりせい）で「畳割」をする方法へと大きく転換させたのである。この畳割により畳の大きさが同じになり，今まで不可能であった敷き替えが可能になった。さらに江戸の末期に，畳の枚数によって柱の大きさを割り出す座敷の設計方法が考案された。すなわち，畳を基準とした建築設計が生み出されたのである。

畳は稲わらを糸でさし固めた床（とこ）に藺草（いぐさ）で編んだ畳表（たたみおもて）をつけ，縁に布帛（ふはく）を付けて仕上げる。畳表の裏返しや交換によって何代にもわたって使いつづけることができる。年1回，大掃除のときにはほこりや害虫を除くためにたたかれる運命にあるのもそれゆえであるが，今やそのような光景を目にすることはほとんどない。それは，畳床がダニの発生を抑制する新素材になり，畳表も藺草に代わって天然樹脂とプラスチックやカルシウムの複合材が用いられるようになったこと，そして手軽に使用できる殺虫剤の普及によるところが大きい。

最近のマンションには，畳のへやがまったくないものもでてきた。しかし，実際には存在しないのではなく，“にわか座敷”をつくることができる工夫がなされている。収納していた畳を必要なときに出してくることにより，容易に座敷を出現させることができる。フローリングとよばれる板敷の普及に伴った，平安時代の寝殿造さながらの置畳の復活ともいえよう。正方形で縁のない置畳は，軽量で，カラフルな色や市松模様の畳表もあり，洋風のリビングを和室に転用しても違和感なく，フレキシブルな空間を演出してくれる。

西洋では人体がモデュールとなったが，日本ではついぞ人体寸法を用いることを考えなかった。つまり，人体寸法そのものを用いるのではなく，畳という“もの”に置き換えたのである。人体に基づく尺度の呼称（5.3.6，図11）に示されるように，人間が両手を広げたときの寸法は6尺である。また，「立って半畳，寝て一畳」といわれるように，畳の寸法は人体寸法と大いに関係がある。日本人の生活の中で変遷を繰り返してきた畳ではあるが，今後も住意識をはかるモデュールとして，その地位を譲ることはないであろう。　[川西 尋子，中岡 義介]

参考図書

平井聖，“図説　日本住宅の歴史”，学芸出版社(1980).

5.3.8　かべをはかる

日本の住宅は，伝統的に木による軸組構造でつくられている。その壁の厚さをはかってみると，柱を外側から塗り込む大壁（おおかべ）づくりで 15 cm，柱が露出する真壁（しんかべ）づくりで 6 cm，茶室にいたっては 4 cm である。では，日本の鉄筋コンクリートの壁はというと，仕上げを含んでも 20 cm しかない。

一方，ヨーロッパの住宅は石やレンガによる組積造である。イギリスの二戸連続建て住宅の戸境壁にいたっては，そのレンガの厚さが 70 cm もある。ドイツの住宅の外壁はレンガを縦方向に 2 枚積んでその厚さが約 49 cm，内壁（間仕切り壁）ではレンガ 1 枚で 24 cm というのが壁の基準とされてきた。これは，上層階級の住宅に限ったことではない。庶民の住宅も壁は厚いのである。

19 世紀末から 20 世紀初頭にかけて，ブラジル・サンパウロではコーヒーによって富を得たコーヒー貴族といわれる人々が，あこがれのヨーロッパ風大邸宅をつぎつぎに建設した。そのひとつを見てみよう。地階では，外壁やほとんどの間仕切り壁がほぼ 70 cm である。1 階の外壁もほぼ 70 cm であるが，間仕切り壁は約 40 cm である。2 階になると外壁はほぼ 40 cm で，間仕切り壁はそれより薄く，レンガ 1 枚分でほぼ 20 cm である。地階から 1 階，2 階と上階になるに従い壁の厚さが少しずつ薄くなっているが，ヨーロッパの住宅のように壁は厚い。

では，なぜヨーロッパの住宅の壁は厚いのだろうか。ヨーロッパ建築において，壁は外界の熱，音，光，空気などの移動を完全に遮断し，さらに外敵を防ぐ，なくてはならないものである。壁は厚く丈夫でなければ，シェルターとしての役目を果たさないのである。

それに対して，日本の上層階層の建築にはもともと壁はなかったといってよかろう。壁という字は中国から移入されたもので，それに「かべ」という言葉をあてはめたのである。『和漢三才図絵（わかんさんさいずえ）』に「壁は室（しつ）の屏蔽（へいべい）なり」と記されているように，日本の壁は，構え，隔てるもの，つまりたんなる間の仕切り，間仕切りを意味する。

壁をもたない理由は，夏の暑さや湿気に耐えるために開放的にすることを旨としたためである。きわめて薄い隔てしかなくとも，日本人は人と人との間に，あるいはへやとへやとの間にはっきりした遮蔽，距離を認めてきたのである。

しかし，壁がまったくなかったわけではない。天皇即位後はじめての収穫を祝うための建物である大嘗宮（だいじょうきゅう）正殿の壁は，竹枠に草をつけ，その外側にも内側にもむしろを用いた。また，平安時代の寝殿造には，1ヵ所だけ壁で囲まれた夜御殿（よるのおとど）とよばれる寝室となる塗籠（ぬりごめ）が設けられているが，建物の外周は蔀戸（しとみど）という吊り下げ格子戸がはめ込まれるだけで，内部は間仕切り壁もなく，屏風や几帳などを立てて区画を設けるという開放的な空間であった。しかし，これは周りを高い塀で囲まれた貴族の住まいだからこそできたことである。庶民の住宅である町家では，大路に向かって網代（あじろ）壁と入り口が交互に並び，内部は泥を塗りたくったような粗末な壁で囲い込んだものであったが，壁は棚を吊ったりものをかけたりする収納空間としてなくてはならないものであった。ただ，それはけっして堅固な壁ではなかった。

壁の厚さから考えると，ヨーロッパの住宅では，家全体の面積に占める壁の面積の割合が大変高いことがわかる。そこで，ヨーロッパでは壁の面積をへやの面積から差し引いたものを使っている。つまり内法制（うちのりせい）で，へやの広さには壁の厚みが含まれないのである。ところが日本では，柱の中心から中心までを結んだ線を間（ま）とする真々柱間制（しんしんはしらませい）を用いるため，壁の厚みの部分がつねにへやの面積に算入される。だから，床面積といっても，実際に使うことのできる有効面積は，それより小さくなっているのである。それも壁の厚さが，いや薄さがなせることであろう。

このような日本の壁だから，ピアノなどの楽器の音をなかなか遮断してくれない。そこで考え出されたのが，もとの壁の上に遮断用の壁をもう1枚張ったり，壁の中に充填剤を入れたりすることである。壁を厚くしようとすれば，技術的には柱の寸法を変えるなどしなければならないが，吸音材や断熱材などの開発と普及にみるように，壁そのものにのみ目が向けられている。その結果，へやの寸法はますます小さくなっているのである。　［川西 尋子，中岡 義介］

参考図書

中岡義介，"奥座敷は奥にない—日本の住まいを解剖する"，彰国社（1986）.

5.3.9　住まいの衛生・安全性をはかる

近年の住生活は，高断熱，高気密の住宅，新建材の多用，住宅を閉め切った状態にする住み方，衛生嗜好などによる芳香剤，防虫剤などの多用によって室内空気が汚染されやすくなっている。室内空気汚染は健康に悪影響を及ぼし，住みつづけることを困難にする場合が出てくる。ここでは，住宅と住み方の課題からシックハウスとダニやカビの生物被害についてみていくことにする。

a.　シックハウス症候群

シックハウス症候群は室内空気中の揮発性化学物質が原因で，頭痛や疲労感，眼や鼻の刺激，のどの渇き，吐き気，眠気や集中力の低下などの健康障害をもたらす現象である。シックハウス症候群は化学物質を多量に浴びることによって，そのときには自覚症状がなくても体内の神経システムがその化学物質に対して過剰な防御反応を示す症状である。個人差があるものの，化学物質過敏症はppb（10億分の1）からppt（1兆分の1）レベルで症状が現れる。1980年頃から欧米で大きな社会問題になり，わが国においても住宅ばかりでなく，学校建築などでも問題が起こっている。

シックハウス症候群は，合板，パーティクルボード，木フローリング，化粧板，家具，壁紙，塗料，木材保存剤，防虫剤，防蟻剤，芳香剤に含まれるホルムアルデヒド，揮発性有機化合物（VOC：volatile organic compounds）が，人体の許容される限度を超えて高濃度になって引き起こされる。合板，パーティクルボード，木フローリング，化粧板や家具，壁紙には，溶剤，可塑剤，接着剤，難燃化剤としてトルエン，キシレン，トリメチルベンゼン，*n*-ヘキサン，アセトン，酢酸エチル他の有機化合物が用いられている。この現象は気密性が高い構造や換気が行われにくいこととがあわさって起こっている。化学物資の濃度の高い空間に長期間住みつづけていると現れやすい。化学物質の発生量は通常新築・増改築直後が最多で，日数が経過すると減少する。また，温度が高いと発生量が多く，室内濃度が高くなる。

濃度は換気量によって左右され，換気量が多ければ濃度は薄められ，居住者が吸い込む量は減少する。

測定の手順　　室内空気質（indoor air quality）の揮発性有機化合物の測定については，厚生労働省の「シックハウス（室内空気汚染）問題に関する検討会」によって測定手順が示されている。30分間程度窓などの開口部を開け，その後5時間以上（できれば8時間以上）閉鎖する。その際，家具や扉などは開けておく。経過後密閉した室内中央に機器を置き個相捕集する。測定は，午後2時から3時にすることが望ましいとしている。

測定方法　　ホルムアルデヒドなどのアルデヒド類はDNPHカートリッジ（DNPH：2,4-dinitrophenyl hydrazine）で捕集し，高速液体クロマトグラフィーを用いて定性，定量する。また，VOCはTENAX®-TAや活性炭などの吸着剤を用いて捕集して，加熱脱着し，ガスクロマトグラフィーを用いてその成分組成と吸着量を分析し，各成分の濃度を算出する。測定方法には，アクティブ法，パッシブ法と小型チャンバーを用いた放散量測定法がある。アクティブ法は活性炭などが詰まっている捕集管に，ポンプで室内の空気を通して化学物質を捕集する方法で，この方法が通常用いられている。測定中には騒音があり，またポンプが必要である。パッシブ法は捕集管を設置し，これに周囲の空気に含まれている化学物質を吸着し，後で吸着した物質を抽出して分析する方法である。ポンプで捕集するのではなく，拡散原理を用いた測定である。吸引速度が遅いので捕集に時間がかかる。測定物質は微量であるので，測定，分析にあたって高度な専門技術が必要である。また，デシケーター法は住宅の建材などからホルムアルデヒドの放散量を計測するものである。

室内濃度のガイドライン　厚生労働省の「シックハウス（室内空気汚染）問題に関する検討会」において，個別の揮発性有機化合物（VOC）の指針値等と総揮発性有機化合物（TVOC）の暫定目標値が示されている。室内濃度指針値等は，ホルムアルデヒド，アセトアルデヒド，トルエン，キシレン，エチルベンゼン，スチレン，パラジクロロベンゼン，テトラデカン，クロルピリホス，フェノブカルブ，ダイアジノン，フタル酸ジ-*n*-ブチル，フタル酸ジ-2-エチルヘキシルの13物質について定められている。室内濃度指針値を表5に示す。

また，総揮発性有機化合物の暫定目標値を400 μg/m^{3}と定めて総量規制を行っている。同検討会は継続中で，順次指針値が定められて行く予定である。

室内空気汚染対策　室内空気汚染対策としては，発生源対策と換気，高温多湿にしないことである。発生源対策としては，建材，内装材

表5　揮発性有機化合物の室内濃度指針値

揮発性有機化合物	室内濃度指針値*	毒性指標	設定日
ホルムアルデヒド	100 μg/m^3（0.08 ppm）	ヒト吸入暴露における鼻咽頭粘膜への刺激	1997.6.13
アセトアルデヒド	48 μg/m^3（0.03 ppm）	ラットの経気道暴露における鼻腔嗅覚上皮への影響	2002.1.22
トルエン	260 μg/m^3（0.07 ppm）	ヒト吸入暴露における神経行動機能及び生殖発生への影響	2000.6.26
キシレン	870 μg/m^3（0.20 ppm）	妊娠ラット吸入暴露における出生児の中枢神経系発達への影響	2000.6.26
エチルベンゼン	3,800 μg/m^3（0.88 ppm）	マウス及びラット吸入暴露における肝臓及び腎臓への影響	2000.12.15
スチレン	220 μg/m^3（0.05 ppm）	ラット吸入暴露における脳や肝臓への影響	2000.12.15
パラジクロロベンゼン	240 μg/m^3（0.04 ppm）	ビーグル犬経口暴露における肝臓及び腎臓等への影響	2000.6.26
テトラデカン	330 μg/m^3（0.04 ppm）	C_8〜C_{16}混合物のラット経口暴露における肝臓への影響	2001.7.5
クロルピリホス	1 μg/m^3（0.07 ppb） 小児の場合 0.1 μg/m^3（0.007 ppb）	母ラット経口暴露における新生児の神経発達への影響及び新生児脳への形態学的影響	2000.12.15
フェノブカルブ	33 μg/m^3（3.8 ppb）	ラットの経口暴露におけるコリンエステラーゼ活性などへの影響	2002.1.22
ダイアジノン	0.29 μg/m^3（0.02 ppb）	ラット吸入暴露における血漿及び赤血球コリンエステラーゼ活性への影響	2001.7.5
フタル酸ジ-*n*-ブチル	220 μg/m^3（0.02 ppm）	母ラット経口暴露における新生児の生殖器の構造異常等の影響	2000.12.15
フタル酸ジ-2-エチルヘキシル	120 μg/m^3（7.6 ppb）	ラット経口暴露における精巣への病理組織学的影響	2001.7.5

＊　両単位の換算は25℃の場合による。
厚生労働省の資料による。

には無垢の単層フローリング，無塗装，畳，天然リノリューム，壁紙に天然材や化学物質の低濃度の材を用いる。平成15年7月の「建築基準法」の改正（最終改正は平成27年6月）で，ホルムアルデヒド類に関する建材，換気設備が規制され，クロルピリホス（殺虫剤（防蟻剤）・農薬）の使用が禁止された。そして，換気による早期排出である。気密性の高い住宅には自然換気のみでは必要換気量をまかなうことができないので機械換気を行い，換気を心掛け，換気回数を増やすなどの住み方の技術が必要である。そして，高温多湿ほど発生量が多いので，できるだけ室内の温湿度を低く保つようにする。

b. ダ　ニ

住宅内のダニ類は，虫体，卵，糞が空気中に浮遊することによって空気汚染源となり，気管支喘息やアレルギー性鼻炎，眼アレルギー，アトピー性皮膚炎の吸入性抗原である。また，虫咬症を起こし不快感を生じる。

ハウスダストに多くみられるダニは，チリダニ，イエササラダニ，ツメダニである。チリダニ科は人や動物のふけや垢を好むため，畳やじゅうたんなどの床材，布団・ベッドなどの寝具，布製椅子など広範囲に及んでいる。イエササラダニ科は畳床が主な生息場所である。ツメダニ科は人を刺したり噛んだりして虫咬症を起こす。ダニは1mm以内のきわめて小さな虫のため，なかなか肉眼で見ることができない。

ダニの生育条件　　ダニの生育条件は，①栄養分，②酸素（空気），③温度，④湿度，⑤繁殖に適した場所である。ダニの栄養分はふけ，塵やゴミなどであり，生育に適した温度は20～30℃，湿度は60～80％である。そして，潜って卵が産める場所であることである。そのため，これらの条件がそろうと生育はきわめて迅速である。ダニ数は，畳，じゅうたん，布団ともに素材の表面に比べ，いずれも内部に多い。夏季から秋季のはじめにかけて増殖しやすい。

ダニの検出法　　部屋の隅や暗い湿った場所を選び，床面にぴったりと清浄な掃除機をあてて一定面積を吸い取り，表面のごみを集め，集塵袋ごとポリエチレン袋に入れて一息吹き入れてゴミの中に湿度を与えてできるだけ早く持ち帰る。持ち帰ったゴミは9メッシュで十分篩ったのち200メッシュの細塵の目方をはかる。飽和食塩水浮遊分離法で分離し，顕微鏡下で同定する。細塵に飽和食塩水と1滴の中性洗剤を注ぎよくかくはんする。全液を遠心分離し，上澄み液をろ過する。さらに沈殿物に再び飽和食塩水を加え，上述の行程をもう一度繰り返す。

住宅内のダニの防除法　　生育条件の一つを欠くことによって発生ならびに生育を阻止することができる。乾燥，除湿，清掃，清浄，薬剤，結露の防止や室内の清潔度の維持である。被害が軽いうちは，通風・換気と室内のダニの餌となる塵埃をコンスタントに除く清掃や日光に干すことを続けることで解決する。ダニの防除には駆除と予防がある。予防には，風通し，日光干しを含んだ防湿乾燥の物理的予防や殺ダニ剤，殺虫剤や忌避剤を用いた化学的予防がある。

c. カ　ビ

住宅内には多くのカビが生息している。住宅に現れる主要なカビには，耐乾性のアスペルギルス（コウジカビ），ペニシリウム（アオカビ），好湿性のクラドスポリウム（クロカビ），フザリウム（アカカビ），アルテルナリア（ススカビ）がある（図15）。カビは大量に発生するとアレルギーの原因となり，健康を害したり，カビ臭が生じ，様々な汚染や劣化の原因になる。

カビの発生条件　　カビの発生条件はほぼダニと同じである。生育温度は17～40℃，適温は20～30℃である。湿度は65～90％，65％

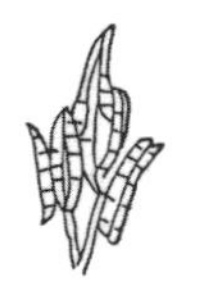

図15　カビの種類

［健康住宅推進協議会，『これだけは知っておきたい健康住宅の知識』，p72，鹿島出版会（1999）］

以下では急速に発育が困難になる。栄養分は建築内装材や付着したゴミや埃である。カビの発生しやすい場所は，室内外の温度差によって結露の生じやすい場所，水蒸気の発生量の多い場所，カビの栄養分のある場所である。建築後躯体のコンクリートが十分乾燥しないうちに通気性の悪いビニルクロスなどの内装材を使用するとコンクリートの水分が逃げ場を失って過湿となる。また，冬場の浴室内のように，室内の温度差によって水蒸気量の発生が多く，また浴用せっけんが飛び散っている場所は，せっけんかすや身体の垢や皮脂などでカビが発生しやすい。

カビの調査法　カビの調査方法は，①エアサンプラーにカビの培地をセットし，一定量の空気を培地の表面に衝突させてカビを培地に付着させ，この培地を取り出して培養し，カビの種類や数を測定するエアサンプラー法，および，②カビ数を測定したい場所に培地を一定時間放置し，空中から落下してきたカビを培地に受け，カビ数を測定する空中落下菌測定法が一般的である。

カビの発生を防ぐには，室内空気の淀むところをつくらないこと，結露したら朝のうちに拭き取り，過湿状態をつくらないようにすることである。　［冨士田 亮子］

参考図書

1) 日本建築学会，"シックハウス対策のバイブル"，彰国社（2002）．
2) ハウスジャパン・プロジェクト 編著，松村秀一，田辺新一 監修，"生活を創造する21世紀型住宅のすがた"，東洋経済新報社（2001）．
3) 李憲俊，"おもしろサイエンス　カビの科学"，日刊工業新聞社（2013）．
4) 高鳥浩介，久米田裕子 編，"かびのはなし—ミクロな隣人のサイエンス"，朝倉書店（2013）．
5) 島野智久・高久元 編，"ダニのはなし—人間との関わり"，朝倉書店（2016）．

5.3.10　住まいの快適性をはかる

住まいの快適性を見る一つの指標として「明るさ」を見る。明るさは視作業上必要なばかりでなく，部屋の雰囲気をつくり，心理的にも重要な要素である。

室内内部に対する明るさの要求は室別のあかりばかりでなく，室内でどのような生活行為（作業）が行われるかによって異なる。室内全般を均一に明るくすることが求められるが，場合によっては部分的な明るさで十分な場合もある。視力は一般に暗いときには小さく，明るくなるに従って増大するが，1,000 lx でほぼ最大となる。一定程度を超えると視作業に伴う疲労は増す。また，適切でない方向から光があたると，作業者の影になり手元に影ができ，見たいものや見たいところに影ができる。照度，照度分布，陰影，輝度，輝度分布，グレア，光色，演色性が重要なポイントとなる。

照度の測定　照度の測定には照度計を用いる。照度計は種々の原理によるものがあるが，光電池照度計が広く用いられている。測定点は，作業面は1点でよいが，室内の場合は周囲より1 m 離れた4隅と室中央部の5測点の照度をはかり平均をとる。室内の測定の高さは目的にもよるが，作業面の高さを原則とする。特に指定がない場合には，床上80 cm，和室では畳上40 cm，廊下では床面を基準面とする。

照度基準　照明基準がJIS（日本工業規格）で示されている（表6）。維持照度は作業の場所と内容によって決められている。これはものを見るという点から定められている基準である。

自然採光と照明　明るさは自然採光と照明によって得られる。採光は太陽の直射光ではなく天空光を基準にするが，季節，時刻や天候によって左右される。また，入射角度や方位によって影響を受ける。さらに，開口部の透過率ばかりでなく，室内の内装材の反射率によって異なる。そのため，相対評価である昼光率を基準にする。

昼光率 ＝（室内照度／戸外天空光照度）× 100（％）

昼光率は壁面にある側窓，屋根面にある天窓，また底光窓と窓の方向や位置，大きさによって異なる。横長の窓より縦長の窓ほど室内の奥深くまで明るい。天井に近いほど室内全体を比較

表6　住宅の照明の維持照度（JIS 照明基準総則　JIS Z 9110：2010 抜粋）

（単位：lx）

居間	書斎	子供室・勉強室	応接室（洋間）	座敷	食堂	台所	寝室
手芸 1000 裁縫 1000 読書 500 団らん 200 娯楽 200 全般 50	勉強 750 読書 750 VDT 作業 500 全般 100	勉強 750 読書 750 遊び 200 コンピュータゲーム 200 全般 100	テーブル 200 ソファー 200 飾り棚 200 全般 100	座卓 200 床の間 200 全般 100	食卓 300 全般 50	調理台 300 流し台 300 全般 100	読書 500 化粧 500 全般 20 深夜 2

家事室・作業室	浴室・脱衣室・化粧室	便所	階段・廊下	納戸・物置	玄関（内側）	門・玄関（外側）	車庫
手芸 1000 裁縫 1000 ミシン 1000 工作 500 VDT 作業 500 洗濯 200 全般 100	ひげそり 300 化粧 300 洗面 300 全般 100	全般 75	全般 50 深夜 2	全般 30	鏡 500 靴脱ぎ 200 飾り棚 200 全般 100	表札・門標 30 新聞受け 30 押しボタン 30 通路 5 防犯 2	全般 50 **庭** パーティー 100 食事 100 テラス 30 全般 30 通路 5 防犯 2

注記1　それぞれの場所の用途に応じて全般照明と局部照明とを併用することが望ましい。
注記2　居間，応接室および寝室については調光を可能にすることが望ましい。

的均一に明るくする。また，天窓は側窓の3倍の照度が得られる。

照明は，それぞれの場所や用途に応じて全般照明と局部照明を併用することが望ましく，また，だんらん，就寝には調光できることが望ましい。さらに，エネルギー消費への配慮も必要となっている。　［冨士田 亮子］

さらに深く学ぶために（5章全体の参考図書）

1）泰羅雅登，中村克樹 監訳，“第4版 カールソン神経科学テキスト　脳と行動”，丸善出版（2013）．

2）J. P.J. Pinel 著，佐藤 敬，泉井 亮，若林 孝一，飛鳥井 望 訳，“ピネル バイオサイコロジー－脳 心と行動の神経科学”，西村書店（2005）．

3）C. Collin 著，小須田 健 訳，“心理学大図鑑”，三省堂（2013）．

4）池谷裕二 監修，“大人のための図鑑 脳と心のしくみ”，新星出版社（2015）

5）香山雪彦，前川剛志，“病棟で働く人のための生理学 改訂第4版”，学研メディカル秀潤社（2013）．

あとがき

この本は，物理・化学・生物・地学・家庭（人と生活）の分野で，何を，どのようにはかって，何がわかったかをまとめたものです。二つの総論と分野ごとの各論によって構成されています。ここでは，本書“自然科学のためのはかる百科”（以下，“はかる百科”）の出版の経緯について少し述べたいと思います。

今から16年前，日本分析化学会近畿支部の有志が，「はかってなんぼ（分析化学入門）」という本を丸善から出版しました。この本を出版するに至った動機は，当時，理科に関する知識が結果のみ暗記され，その結果がどのような測定から得られたのか，「はかる」方法や条件・環境の説明が軽視されていると感じたからです。そこで，物質の量，濃度，性質を「はかる」方法を中心に，自然を認識する上で「はかる」ことがいかに重要かを伝えようと上記の本が出版されました。その後，日本分析化学会近畿支部編集という形で，“はかってなんぼ”シリーズの学校編，社会編，職場編，環境編の4冊がいろいろな執筆者の協力で出版されました。これらは，いずれも，分析化学の観点から書かれた本です。“はかる百科”の化学分野の編集委員二人も日本分析化学会の会員で，上記の“はかってなんぼ”シリーズの刊行に協力しました。

その後，“はかってなんぼ”シリーズが分析化学の視点で書かれているとすれば，理科分野全般から，物理，化学，生物，地学，そして，家庭（人と生活）を含めた範囲で，「はかる」ことの重要性を，学校教育を念頭に広く解説する本の企画が丸善から持ち上がりました。それが，この“はかる百科”です。そこで，各分野の7人の編集委員が決まり，執筆項目の選定，その分野の専門家への執筆依頼を行い，“はかる百科”の制作がスタートしました。

“はかる百科”の出版作業は2001年にスタートし，多数の原稿も集まるなか，諸般の事情からフリーズ状態に陥ってしまいました。その後，約12年のフリーズ期間を経て，2015年，“はかる百科”の出版作業の再開に関する丸善との協議の結果，2016

年に発刊するにふさわしい新しい“(新) はかる百科”の出版を目指して作業が再会されることになりました。そのため，多数の新しい項目を追加するとともに，すでに脱稿されていた原稿も修正し，最新の情報も追加しました。そしてこの度，多数の皆様のご協力のもとで無事に出版まで漕ぎ着けることができました。丸善出版企画・編集部の安平進氏と中村俊司氏には忍耐と寛容にあふれたご支援をいただきました。あらためて，感謝の意を表したいと思います。

“はかる百科”の出版がスタートしてからの15年間は，非常に長い月日であったように思えます。その間も含めて，近年様々な分析機器が研究開発されました。電子顕微鏡，質量分析器，電気泳動，X線分光など，種々の大型の分析装置にコンピュータが組み込まれ，現在，この本に取り上げられているすべての分野で必須の分析装置として動いています。今では，試料を機器の試料台に載せてスイッチを押すと，研究者に必要な情報が機器についたワークステーション（コンピュータ）のスクリーンの上にデータとして表示されるようになってきました。知りたい情報が簡単に得られるようになったことは素晴らしいことですが，その一方で，その装置がどのような原理で動き，どのように動作しているのか，ほとんどブラックボックスになってしまいました。しかし，そのブラックボックスの部分でこれまでの先輩諸氏の研究から得た知識が活用されています。そこで，私たちがこの本を読みなおしたとき，この本は，過去と現在をつなぐような，すなわち，ブラックボックスとなってしまった現代の測定装置の中身がのぞけるような本になっていることに気づきました。同時に，すでに広く知られている事実は，どのような経緯で人類共通の知識になったのか，そこに「はかる」ことはどのように関わってきたのかなどについても記述されています。

加えて，この15年間に起こった出来事として忘れてはならないのが2011年の東日本大震災です。私たちの日本は，過去に様々な地震や津波を経験しており，自然災害は決して他人事ではないと痛感させられました。予知と防災が非常に重要です。今，地震の大きさや放射線の強さなどが数値化され，「はかる」ことがわれわれの生活に直結していることも広く理解されるようになったと感じています。

まえがきでも書きましたように，私たちは，この本の読者として，中学校ならびに高等学校の先生，高校生，低学年の大学生を想定することにしました。それは，高校生が高等学校の教科書で学習する内容と，大学，特に，研究者養成を目指した大学で学ぶ内容のギャップが大きく，このギャップを少しでも埋めることで自然科学の理解に連続性を持たせたいと考えたからです。さらには，今は簡単に理解できることでも，そのような理解に到達するまでには自然科学における多くの先人の様々な研究と議論があったことを，身近に感じていただけるように考えました。私たちが生きている現代は，自然科学の発展の歴史が基盤になっているといえるでしょう。その自然科学を学び，いずれは社会を支える存在になる皆さん，ならびにそれを支える立場の方々が，「これはなぜこうなっているのか」と思われるとき，この“自然科学のためのはかる百科”が少しでもお役に立てれば幸いであると思っています。

2016 年 9 月

尾 関　　徹
横 井 邦 彦

索　引

1. 事項索引，欧文索引，人名索引の３種類の索引がある。

・欧文索引は冒頭にギリシャ文字の索引を掲げ，つづいてラテン文字の索引を掲載した。

・人名索引には人名そのものを掲げ，人名の付いた用語は事項索引に載せた。

【例】ボルツマン（人名索引）
　　ボルツマン定数（事項索引）

2. 事項索引，人名索引

・五十音順に配列したが，濁音・半濁音は清音として読み，片仮名の長音は無視して配列した。

【例】グルコースオキシダーゼは「クルコスオキシタセ」と読んで配列した。
　　ゲーリュサックは「ケリユサツク」と読んで配列した。

・化合物の結合位置を表す数字は無視して配列した。

【例】3- アミノプロペン酸は「アミノフロヘンサン」と読んで配列した。

3. 欧文を含む用語

・欧文で始まる用語は欧文索引に掲載した。

【例】X 線回折

・日本語で始まり欧文を含む用語は事項索引に掲載した。

【例】組換え DNA

事項索引

◆ーえ

◆ーお

◆―か

◆—き

◆—く

◆一け

◆一こ

◆ーさ

◆ーそ

◆ーた

◆—ち

◆—つ

◆—て

◆—と

◆―な

◆―に

◆―ぬ

◆―ね

◆―の

◆―は

◆ーひ

◆—へ

◆—ほ

◆—ま

◆—み

◆—む

◆—め

◆—も

◆—や

◆ーれ

◆ーろ

◆ーわ

欧文索引

ギリシャ文字

ラテン文字

人名索引

◆─た行

◆─な行

◆─は行

◆─ま行

◆─や行

◆─ら行

◆─わ

自然科学のためのはかる百科

平成 28 年 11 月 10 日　発　行

編　者　渥美　茂明・尾関　　徹・越桐　國雄・
関　　隆晴・西村　年晴・松村　京子・
横井　邦彦

発行者　池　田　和　博

発行所　丸善出版株式会社
〒101-0051 東京都千代田区神田神保町二丁目17番
編集：電話(03)3512-3266／FAX(03)3512-3272
営業：電話(03)3512-3256／FAX(03)3512-3270
http://pub.maruzen.co.jp/

組版　株式会社 明昌堂／印刷　株式会社 日本制作センター／
製本　株式会社 星共社

ISBN 978-4-621-30048-0 C 0540　　Printed in Japan